WAVE PROPAGATION IN MATERIALS AND STRUCTURES

波在材料及结构中的传播

Srinivasan Gopalakrishnan 著
牛海燕 苗成 刘立胜 张金咏 译
王士付 校注

武汉理工大学出版社
·武 汉·

WAVE PROPAGATION IN MATERIALS AND STRUCTURES 1st Edition/by Srinivasan Gopalakrishnan/ISBN：978-1-4822-6279-7

图书在版编目(CIP)数据

波在材料及结构中的传播＝Wave Propagation in Materials and Structures/(印)斯里尼瓦桑・戈帕拉克里希南(Srinivasan Gopalakrishnan)著；牛海燕等译. —武汉：武汉理工大学出版社，2024.1

ISBN 978-7-5629-6990-7

Ⅰ.①波… Ⅱ.①斯… ②牛… Ⅲ.①波传播—研究 Ⅳ.①O4

中国国家版本馆 CIP 数据核字(2024)第 002270 号

湖北省版权局著作权合同登记　图字:17-2024-011 号

波在材料及结构中的传播

【印】Srinivasan Gopalakrishnan 著

牛海燕　苗　成　刘立胜　张金咏　**译**

王士付　**校注**

出 版 者:武汉理工大学出版社　**地　　址**:武汉市珞狮路 122 号武汉理工大学内

网　　址:http://www.wutp.com.cn　**邮　　编**:430070

电　　话:(027)87515798　87515778　**传　　真**:(027)87165708

出 版 人:田　禾

责任编辑:陈军东　**项目负责**:彭佳佳

责任校对:彭佳佳　杨祎晨　**责任印制**:吴正刚

印 刷 者:武汉邮科印务有限公司　**发 行 者**:全国新华书店经销

开　　本:787×1092　1/16　**印　　张**:50　**字　　数**:1280 千字

版　　次:2024 年 1 月第 1 版　2024 年 1 月第 1 次印刷

书　　号:ISBN 978-7-5629-6990-7

定　　价:228.00 元

谨以本书献给我的父母

Srinivasan 和 Saraswati，

我的妻子 Anu 和我的孩子

Karthik 和 Keerthana

译者序

波在固体材料与结构中的传播是一个非常美妙和复杂的过程。由动力学方程演变而来的固体波动方程是描述这类现象的控制方程，众所周知，这个方程求解具有相当的难度，特别是在复杂介质和结构中的求解更是一个难题。国内外的大多数专著基本只介绍相关控制方程以及应力波相互作用的基本概念，而关于复杂材料和结构中的传播问题的相关研究则涉及较少。2022 年我们查阅到了 Srinivasan Gopalakrishnan 教授所著的《Wave propagation in materials and structures》，该书从波的传播基本概念和控制方程出发，系统介绍了近 18 年来作者以及国外相关研究人员在波传播问题求解这一难题上的研究成果，包括波动方程的数值求解理论和方法、新材料和结构中的波控制方程和传播规律、波传播领域的前沿发展方向展望等。正值我们在进行应力波传播相关项目的研究，正在寻求解决问题的途径和方法，该书无疑给我们提供了一种思路，让我们对波传播问题的研究方法有了更全方位的认识，拓展了我们的研究思路。《Wave propagation in materials and structures》一书具有比较完整的内容体系。采用模块化的方式编写，共包括基础知识部分（第 1 章至第 5 章）、波导的基本概念（第 6 至第 7 章）、复杂结构中波的传播问题（第 8 章至第 11 章）、波传播研究的数值方法及其应用（第 12 章至第 16 章）、波的延伸研究（第 17 章至第 18 章）章五个模块。其中，第 1 章简要介绍了波传播的基本概念，第二章介绍了弹性理论和梯度弹性理论，第三章介绍了波在各向异性和非均匀介质中的传播，第四章讨论了积分变换，第五章介绍了谱分析概念，第六章和第七章介绍了波在各向同性波导中的传播概念，第八章讨论了波在层压复合波导中的传播问题，第九章讨论了波在夹层结构中的传播，第十章介绍了波在功能梯度结构中的传播，第十一章讨论了波在纳米结构中的传播，第十二章和第十三章分别讨论了用数值和半解析方法获得波传播响应的方法，第十四章讨论了智能复合波导中的波传播，第十五章讨论波在有缺陷波导中的传播，第十六章讨论周期结构中的波传播，第十七章和第十八章介绍了波传播的延伸研究。模块化的结构便于读者按照自己的基础进行阅读和学习。比如：如读者未具备相关基础知识，则可以从波导的基本概念开始学习；如具备了相关基础知识和波相关知识，并且只关心波传播计算方法，则可以从第十二章开始学习。考虑到英文原著篇幅宏大，为方便国内相关领域研究人员阅读和学习，从 2023 年 4 月起，我们组建了翻译团队，开始了这本著作的翻译，经过翻译团队的共同努力和求实严谨的工作，终于完成了本书的翻译，希望通过该书与读者们共同分享波传播研究的最新进展和成果，提高相关领域的研究水平。该书的翻译出版可以为国内从事波的传播问题的研究人员，包括力学、机械、船舶、结构工程、材料科学等研究人员、高等院校师生等在开展相关研究、设计和学习时提供指导和借鉴。本书的译者分别来自中国人民解放军 63963 部队、中国兵器工业集团第五二研究所、武汉理工大学等单位。牛海燕、苗成、刘立胜、张金咏对本书内容进行了统稿。刘坤负责第 1～2 章翻译、翟筱隆负责第 3～4 章翻译、马涛负责第 5 章翻译、张帅负责第 6 章翻译、郭远峻负责第 7 章翻译、赵春旭负责第 8～10 章翻译、路瑞佼负责第 11 章翻译、于国际负责第 12 章翻译、杨子臻负责第 13 章翻译、党伟负责第 14 章翻译、王琦程负责第 15 章翻译、董意负责第 16 章翻译、李丽欣负责第 17 章及索引翻译、汪丽晨负责第 18 章翻译。褚亮亮、李君负责第 1～5 章校对、梅海负责第 6～7 章校对、蒋茂圆负责第 8～10 章校对、姜亚中负责第 11 和 12(部分)章校对、刘翔负责第 12(部分)和 13 章校对、徐爽负责第 14～15 章校对、赖欣负责第 16～18 章校对，王士付、褚庆国、张浩对本书内容进行了审校。受译者翻译水平所限，书中不妥之处在所难免。恳请广大读者批评指正，以便今后进一步修订完善！愿本书的出版能为我国波传播领域的研究发展提供一点帮助。

前　言

波的传播是一个激动人心的领域，在各种工程和科学学科中都有应用。它涉及介质中关于时间的信号的传播，这里的介质可以是真空、水、材料或结构。介质可以表征为一组元件或波导。信号传播的方式以及与边界的相互作用因波导的不同而不同。这些信号的持续时间很短(通常在微秒或更小的数量级)，频率很高。直到20世纪80年代，只有物理学家在研究不同波导中波的传播。近年来，波传播在从海啸建模到纳米技术的各种领域都有应用。如今，大多数航空航天结构检查都需要涉及波传播的方法。在石油或水勘探领域，需要用波传播的方法来确定石油或水位。对波传播分析的需求是众所周知的，地震强度的确定需要先确定传播的P波和S波；结构设计，特别是飞机设计，在此基础上发生了巨大的变化，设计师更加重视轻质和高强度的构件，因此，在飞机上，复合材料由于其高刚度和低密度而逐渐取代了传统的铝材料。此外，这些结构被分级或具有内置的智能材料补丁，以使其具有多功能性。有些材料还可能存在缺陷(如裂缝、分层，特别是在层压结构中)，或者其材料性能对波极不均匀。因此，在利用这些材料的轻质优势时，还要考虑它们的抗冲击强度低，损伤机制非常复杂。这需要利用波传播技术对材料的性能进行不断检查。另一种广泛应用于航天器和海军舰艇的结构是混合夹层结构，它具有薄且高强的面板、厚且柔软的内芯，内芯对称地放置在面板之间。这种结构的目的是，在冲击时使能量的耗散最大。理解这些结构中的能量耗散机制需要理解波传播。

近年来，随着声学和光学超材料(结构中具有周期性，可以自适应地改变结构的刚度、质量和阻尼特性的材料)的出现，在低频范围内，可以引入带隙来进行结构在动态载荷下的设计。这需要在频域内进行分析，此时，波传播技术变得非常重要。波传播技术对理解纳米结构原子间势能引起的力学行为非常重要。这些力在太赫兹水平上传播，此类结构需要在微尺度水平上进行复杂的波传播分析。

因此，我们认为波传播可以用于分析各种问题，而涵盖这些主题的书在我所知的范围内是没有的。关于波传播有很多经典书，但其中大多数都是介绍性的。本书的主要目的是将波传播的入门和高级主题整合到一起。考虑到波传播的多学科性质，这样的内容安排是有必要的。本书的编写采用逐步模块化的方式，在章节组织上，依据主题逐步引入复杂内容。本书有 18 章。第 1～8 章介绍了波传播的所有基本理论，可以很容易地用于学习该主题的入门课程，而第 9～18 章构成了波传播的高级主题。每一章都提供了复杂程度不断增加的数值例子，以清楚地展示概念。波传播的求解在计算上是十分困难和耗费资源的，因此第 12 章和第 13 章介绍了两种不同的方法，即有限元法和谱有限元法，这些章节将重点关注波传播。排在本书最后，本书还介绍了在有限元法中如何处理空间域中的波传播。另外，本书在末尾为读者提供了详尽的参考文献列表。

本书是我所在的研究小组在印度班加罗尔印度科学研究所过去 18 年里进行的研究成果。在过去的 18 个月里，我非常努力地完成了本书，这是非常忙碌的 18 个月。写一本完整的关于波传播的书是我的梦想，在此我感谢帮助我实现梦。首先，我要感谢我的博士生导师詹姆斯·弗朗西斯·多伊尔教授，我在美国印第安纳州西拉斐特普渡大学读研究生期间，他向我介绍了这个令人兴奋的领域。本书的几个部分是我许多研究生的作品，没有他们，本书是不可能完成的。在过去的 18 年里，本书的创作时断时续，特别要感谢我的研究生 D. Roy Mahapatra 博士、Abhir Chakraborty 博士、Debiprasad Ghosh 博士、Mira Mitra 博士、M. V. V. S. Murthy 博士、Amuthan Arunkumar 博士、V. Ajith 博士、S. Narendar、A. Nag、D. S. Sriknanth Kumar、Adhir Garg、C. V. S. Shastry、R. Sridhar、Raghavendra Kulkarni 和 Pawan Soami，我与这些优秀的研究生一起度过了一段非凡的旅程，没有他们，本书也是不可能完成的。最后，我要深深感谢我的家人，尤其是我的妻子 Anu 和我的孩子 Karthik 和 Keerthana，感谢他们理解、包容我在完成本书时的繁忙和不稳定的作息。

Srinivasan Gopalakrishnan

目　　录

第1章

简　　介

波的传播在科学和工程领域中有着广泛的应用。人们能看到东西、能听到声音都是因为波。调频收音机、电视、手机和X光机等诸多光电领域设备的运行都依赖于电磁波。声音也是以波的形式在空气中传播。当艺术家演奏小提琴、吉他或曼陀林时，振动的琴弦产生驻波，迫使附近的空气振动形成声波，声波运动到人的耳朵，我们就可以听见这些弦乐器的声音。波传播是自然界中最普遍和最重要的现象之一。波可以在固体内部传播，也可以在固体表面传播，如地震波在地球表面传播。波在水面也可以传播，向水池中扔一块石头会产生圆形涟漪，通常称之为圆形水波。海啸中还会出现另外一种类型的特殊水波，它会掀翻大型船只，将建筑物和其他重要基础设施连根拔起。可见波在介质中的传播有利也有弊。

上述波传播现象都是人们耳熟能详的，还有一些波传播现象多数人并未留意，比如马路上车流扰动信号所传播的波，我们若在缓慢的交通行驶的情形下可以体会到这种扰动波；还有心脏表面传播的螺旋波，它控制着心脏的跳动。在物理学世界里，量子力学告诉我们，万物皆是波。

1.1　波的基本含义

谈到波的定义，人们首先想到的是查阅标准词典，例如《牛津英语词典》，将波定义为一种物理粒子的周期性扰动，这种扰动可以在没有粒子净运动的情况下传播，例如波动运动、热量或声音的传播。但这个定义可能不够严谨，如乐器中的驻波，不会在介质中传播。波与传播介质之间的相互作用，使波的定义变得更复杂。例如，向池塘中扔一块石头，池塘表面会产生波并在水中传播，但介质并不发生变化。此外，如果波在有裂纹的实体介质中传播，会改变波的周期特性，产生新的波。波在各向异性材料中的传播也是如此，如在复合材料中由于刚度和惯性耦合也会产生新的波。涵盖波传播的所有方面是一项艰巨的任务，因此很难对波做出全面、准确的定义，人们通常将其视为一组具有相似性的普遍现象。有专门的教材讲解不同介质中的不同波的传播，在本书中，仅限于不同材料体系中的机械波。与在真空和空气中传播的电磁波不同，机械波的传播需要介质。这意味着波在不同介质中传播时波速不同，也就是说，机械波在钢和铝中的传播速度是不同的，这将在后文中进行详细阐述。

1.1.1 行波

任何一维机械波或其他波，在 x 轴正方向上以速度 c_0 运动，可表示为

$$u_i(x,t) = Af(x - c_0 t) \tag{1.1}$$

在上述方程中，$u_i(x,t)$ 通常表示机械波的形变，它是空间 x 和时间 t 的函数，A 是波的振幅。函数 $f(x-c_0 t)$ 可以是任何表示波特征的函数。通常，可用式(1.1)表示的波也称为行波。如果考虑长度为 L 的有限一维介质，那么沿着 x 正方向上传播的入射波由式(1.1)给出。该波在整个长度 L 上传播，并在 x 负方向上作为新波反射回来。

$$u_r(x,t) = Bg(x + c_0 t) \tag{1.2}$$

其中，$u_r(x,t)$ 表示反射波的形变，函数 $g(x+c_0 t)$ 表示反射波。此处仅考虑线性行为，叠加原理成立，因此总波为入射波和反射波的叠加和。即

$$\begin{aligned} u &= u_i(x,t) + u_r(x,t) \\ &= Af(x - c_0 t) + Bg(x + c_0 t) \end{aligned} \tag{1.3}$$

方程式(1.3)通常称为达朗贝尔解，它是二阶一维双曲波动方程的解。本书的第 6 章将详细介绍该方程。这种解不适用于四阶和四阶以上的偏微分方程。如果表示入射波和反射波的函数由正弦或余弦函数给出，则这些函数是振荡的，通常称为时间谐波。在这种情况下，式(1.3)变为

$$u(x,t) = A\cos(kx - c_0 t) + B\cos(kx + c_0 t) \tag{1.4}$$

其中，k 称为波传播的波数。在阅读本书的过程中，读者将意识到该参数非常重要，它决定了波的物理性质。入射波和反射波的振幅 A 和 B 由波传播介质的边界条件确定。现在只考虑式(1.4)的第一部分，其本质上是以速度 c_0 传播的振荡正弦谐波，如图 1.1 所示。

通过此图对波进行分析。图 1.1 中，波有一系列波峰和波谷。两个连续波峰(或波谷)之间的距离称为波长，用 λ 表示。从图 1.1 中还可以看出，信号是周期的，周期表示为 T，周期与频率 f 相关(以赫兹为单位表示为 $f=1/T$)。通常用 ω(角频率)表示频率并通过关系式 $\omega=2\pi f$ 与 f 相关。总的来说，式(1.4)的第一部分指沿 x 方向

以速度 c_0 传播的余弦波。当波的频率增加时会发生什么？答案是，当频率增大时，周期缩短，因此脉冲宽度将收缩，波长更小。已知波的波长和频率，可以使用表达式 $c_0=\lambda f$ 确定波的速度。此外，波数 k 与速度相关，$k=w/c_0$，ω 是以周/秒或弧度/秒表示的角频率。

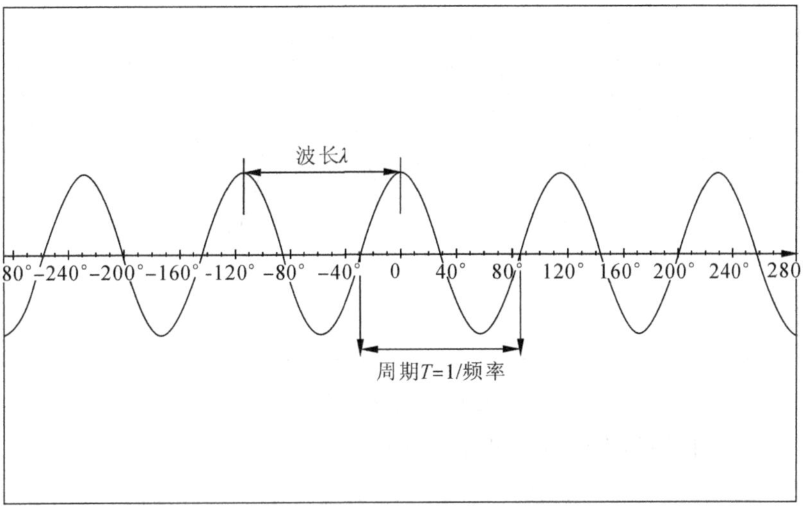

图 1.1　振荡正弦谐波的分析

1.1.2　驻波

本节将介绍多个波（特别是入射波和反射波）在机械结构中的相互作用而产生的重要现象，这种相互作用产生的新波称为驻波。驻波的基本特征是在空间固定不动，对于不同的波频率，只有其振幅随波频率的变化而变化。下面使用式(1.4)对这一现象进行解释。假设入射波 $A\cos(kx-c_0t)$ 在有限一维机械结构中传播，该入射波产生与入射波振幅相同的反射波 $A\cos(kx+c_0t)$。总变形场由下式给出

$$\begin{aligned}u(x,t)&=A[\cos(kx-c_0t)+\cos(kx+c_0t)]\\&=A[\cos kx\cos c_0t+\sin kx\sin c_0t+\cos kx\cos c_0t-\sin kx\sin c_0t]\\&=2A\cos kx\cos c_0t\end{aligned}\tag{1.5}$$

式(1.5)表示由于入射波和反射波的叠加作用而产生的驻波。这个波的振幅为($2A\cos kx$)，它在不同波频率下的位置（如图 1.2 中的波 A、B、C 和 D 所示）在空间上是不变的。图 1.2 给出了式(1.5)表达的驻波示例图。

驻波在机械或金属结构中十分常见。以金属杆结构为例，当入射波与杆自由边界相互作用时，会产生反射波，反射波振幅与入射波振幅相同，传播方向相反；同样的，波与固定边界相互作用，也会产生与入射波方向相反的反射波，但振幅为负值。这两种

情况下两个波叠加都会产生驻波，然而波形却大不相同。

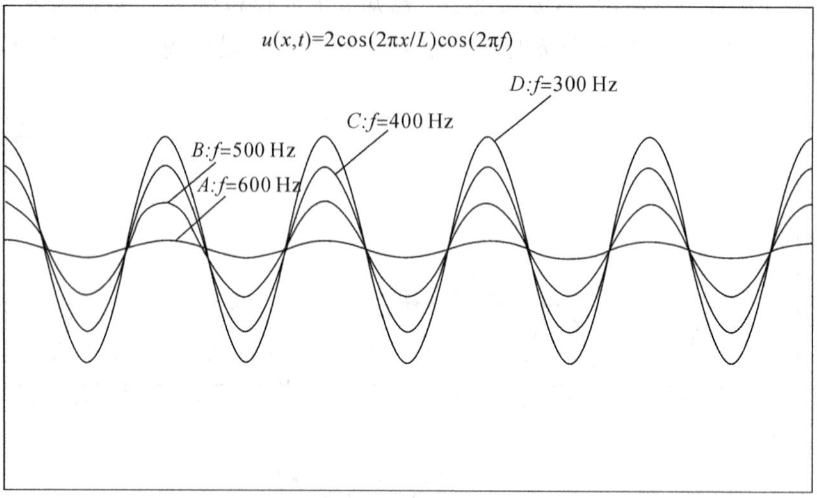

图 1.2 驻波的示例

在一维介质传播的机械波还可分为纵波和横波两类。在二维或者三维介质中波传播异常复杂，无法准确定义纵波或横波，本书主要基于波传播的性能和传播方向进行分类，后续章节中将进行详细阐述。本书未涉及机械波传播的一些基础知识，读者可参考许多经典教材，例如文献[115]和[275]。

1.2 波在结构和材料中传播的研究意义

如前所述，波传播在许多学科中都有广泛应用。在结构和材料领域，基于波传播的工具已经有了越来越多的应用，特别是在结构健康监测、振动和噪声的主动控制方面。此外，波传播在材料科学领域也取得了巨大进展（基于波传播分析设计全新的结构材料，以满足特定的设计标准）。在大多数情况下，这些材料不像金属那样是各向同性的。它们要么是各向异性的（如层压复合材料），要么是非均匀的（如功能梯度材料），一些材料的行为可能与超弹性材料一样呈非线性。与传统结构相比，这些结构具有了一些原来不存在的特殊性能。例如，由于层堆叠方式不同，层压复合材料有时可以表现出刚度和惯性耦合。这种耦合会导致介质中所有三维运动的耦合。也就是说，如果层板不对称堆叠，在层压复合材料梁中轴向运动和弯曲运动会耦合。在波传播术语中，这种现象称为刚度和惯性耦合导致的模式转换，即轴向冲击导致弯曲运动，反之亦然。参考文献[171]和[301]对层压复合材料的行为，刚度和惯性耦合对其响应的影响进行了很好的综述。类似地，当波在非均匀介质中传播时（如在功能梯度材料中），波以衰减的方式传播，传统平面波的定义将不再成立。在这些材料中，进行系统的波传播分析有助于了解这些材料的物理特性。

谱分析可以揭示波行为的本质，供某些材料的特殊频率范围。在这些材料中，某些频率的波响应被延迟甚至被阻止。许多声学超材料都是基于波传播分析设计的[324]。结构工程中的动力学分析可分为两类：一类是低频加载，另一类是高频加载，低频加载属于结构动力学问题，高频加载属于波传播问题。在结构动力学问题中，动荷载的频率范围约为几百赫兹，设计者最感兴趣的是荷载对结构的长期(或稳态)影响。因此，前几个低阶归一化模式和固有频率足以评估结构的性能。响应的相位信息在这里并不重要，大多数结构动力学问题都属于这一类。对于高频加载的波传播问题，输入载荷的频率非常高(能达到千赫或者更高的数量级)，因此短期效应(瞬态响应)变得非常关键，许多高阶模式将参与放大动态响应，冲击和爆炸类型的载荷属于这一类。波传播的多模式现象使得相位信息在波动力学分析中非常重要。文献[126]很好地给出了这类高频加载波传播的谱分析研究。

对于许多科学家/工程师来说，结构动力学和波动力学之间的区别并不明显。传统意义上，结构设计人员不会对超出特定频率的结构行为感兴趣，这些结构基本上处于较低的频率范围。对于这种情况，通用有限元分析可以满足设计者的要求。然而，当要求结构能够承受异常复杂和恶劣的载荷时，这些荷载本质上就是一种多模式现象，属于波传播的研究范围，不再是结构动力学。也就是说，结构除了动力响应外，相位信息也将变得重要。在恶劣荷载作用下的结构完整性评估是一个复杂的过程，目前可用的分析工具尚不足以处理这些结构的建模。在这本书中，提供了一些波传播分析方法，将有助于弥补现有分析工具的不足。

对微型设备的日益重视促使科学家们寻找可以在原子尺度上处理的新型材料。在这方面，具有纳米厚度的纳米材料和结构已经引起了微电子和纳米技术领域科学界的极大兴趣。越来越多的纳米结构，如超薄膜、纳米线和纳米管，已成为纳米机电系统(NEMS)的基本构件。为了实现各种器件在纳米尺度下的长期稳定性和可靠性，研究人员需要深入了解纳米材料和结构的力学特性，特别是随时间变化的动态特性。在众多技术中，研究人员普遍认为高频声波技术是测试表征纳米结构弹性介质的一种有效无损方法。Hernandez 等[149]利用高频激光激发引导声波，采用声学频散曲线对氮化硅膜的面内力学性能和残余应力进行了评价。Philip 等人通过分析激光产生的表面波频散，确定了三种纳米金刚石薄膜和独立金刚石片的杨氏模量和密度的平均值[280]。

碳纳米管(CNT)等纳米结构可以传播太赫兹(THz)数量级的波。研究纳米材料和纳米声子器件中的太赫兹波，是纳米材料波特性研究的新领域[95,299,317]。随着材料尺度变小，其抗变形能力越来越多地取决于内部或外部的不连续特征结构(如表面、晶界、应变梯度和位错)。虽然已经提出了许多预测纳米材料力学性能的复杂方法，但难以解决极端负载条件下纳米材料的表面、界面、其他不连续结构和变形梯度等内部结构所带来的问题。从长远来看，原子尺度的模拟可能是一个潜在的解决方案。但这种方法的作用有限，需要大量计算时间，同时计算会产生海量数据。如果使用连续介质模型，特别是使用非局域或弹性模型的波传播分析，有可能解决上述问题。

波传播研究主要包括波数和波速的评估，如相位速度和群速度。群速度的概念可能有助于理解碳纳米管的波动力学，因为它与波传播的能量传输相关。本书的着眼点之一是研究波在纳米结构中的传播，从群速度或能量传递的角度来确定长度尺度对波频散的影响。为了描述纳米结构的微观结构对其力学性能的影响，可假设该纳米结构的材料模型为一种非局域弹性材料，也就是给定参考位置的应力状态不仅取决于该位置的应变，还取决于应变的高阶梯度，以及微观结构的影响。据报道，局域弹性模型（不考虑纳米尺度的影响）和非局域弹性模型（考虑纳米尺度的影响）都可以正确预测低波数。然而，局域弹性模型的计算结果与非局域弹性模型的计算结果有明显的偏差，尤其是在非常高的波数下。因此，微观结构对纳米尺度结构中波的频散起着重要作用。由于纳米材料和器件的太赫兹物理是碳纳米管波动特性的主要关注点，因此小尺度效应在准确地预测频散关系方面发挥着重要作用。在如此高的频率下，波长在纳米级。

以上讨论表明，波在材料和结构中的传播分析确实是一个复杂的问题，需要对材料科学、力学和数值解析方法都有一定的了解。有许多经典的教科书，如文献[4]、[94]、[127]、[137]和[306]，主要介绍了特定材料体系中的基本波传播概念。大多数书籍没有解决波传播的数值解问题，这是解决和理解复杂结构波导在复杂高频载荷下的结构响应所必需的。本书提供了在同一研究框架下、不同材料系统的波传播分析方法。

1.3 本书的整体架构

波在材料系统中的传播是一种动态现象，包括传播、反射、传递以及在介质中产生新的应力波。波在介质中的传播有两个重要参数，即波数和群速度。这两个参数有助于识别波的性质，即频散波或非频散波。频散波的重要特征是群速度随频率而变化，在传播时波形会发生改变。相反，非频散波的波数与频率有线性关系，致使波形在传播时不会改变。此外，对波的传播而言，相位信息也至关重要，即波在时域的传播与频域的相位变化是相关联的。波数和群速度又取决于两个重要因素，即传播介质的材料性质和控制材料系统运动的微分方程，在后面章节中将会对此进行阐明。本书的主要目标是聚焦波在不同材料系统中传播的物理机制，研究它们与不同边界的相互作用，以及相互作用所产生的新波。波在不同材料系统中的传播物理理论在本书中将以具有普适性的方式介绍，相同的原理将足以解决本书中没有涉及的任何新材料系统中的波传播问题。本书涵盖的内容分为 18 章，每章内容总结如下。

任何三维材料系统通常都由平衡方程控制。因此，本书在第 2 章首先介绍了弹性理论。在三维空间中对波的分析相当复杂，因此需要做许多简化假设，简化为二维或一维问题进行分析，这些简化模型称为波导模型(相关定义将在后文给出)。为了分析波在纳米结构中的传播，仅用弹性理论定义的连续介质理论是不够的，需要利用梯度弹性理论将尺度效应引入统一的连续介质建模框架中。因此，在第 2 章中还介绍了梯度弹性理论，并推导了相应的纳米杆、纳米束、石墨烯等纳米结构波导模型。本书在第 3 章介绍了波在各向异性和非均匀介质中的传播，概述了层压复合材料结构和功能梯度结构的基本力学性质。同时为便于理解波的物理特性，波的传播分析大多是在频域中进行的。因采用积分变换的数值工具可在时域和频域变换信号，所以第 4 章讨论了积分变换，其中重点讨论了傅里叶变换、小波变换、拉普拉斯变换的基本原理及其数值实现。波传播的核心是谱分析，它可以计算波数和群速度。对于基本波导而言，计算很简单，而对于复杂波导，随着波动(或自由度)数量的增加，计算会变得非常困难，例如三明治结构。因此，第 5 章向读者介绍了谱分析概念，并概述了计算波参数的详细步骤。本书的第 2～5 章为基础知识，对其深入理解，有助于后面各章的学习。

第 6 章和第 7 章介绍了波在各向同性波导中的传播概念，其中详细讨论了波在一维波导(杆、梁和框架)和二维波导(膜和板)中的传播，包括初级波导和高阶波导，并给出了计算 P 波、SH 波和 SV 波速度和响应的方法。此外，还讨论了波在锥形波导和旋转波导中的传播以及兰姆波和瑞利波在双界介质中的传播。第 8 章讨论了波在层合复合波导中的传播问题，和第 6 章、第 7 章一样，主要集中在一维和二维复合波导中的波动行为。在复合波导中，由于材料的各向异性常会产生耦合作用，使 P 波、SV 波和 SH 波之间没有明显的区别，因此，常用于各向同性固体二维波动方程求解的亥姆霍兹分解方法并不适用，本章重点介绍了分波法如何用于获得二维复合波导的波模式，最后介绍了二维复合波导中获得兰姆波模式的方法。第 9 章讨论了波在夹层结构中的传播，夹层结构一般具有薄的表面和厚而软的夹芯，表面可以是各向同性固体材料，也可以是层压复合材料。波在这种结构中的传播涉及多重运动，因此非常复杂。在本章中，采用光谱分析在一维夹心波导中获得波传播模式。第 10 章讨论了波在纳米结构中的传播，采用梯度弹性理论揭示尺度参数对波传播的影响，本章以碳纳米管为重点，涵盖了纳米杆、纳米束、旋转纳米管、耦合纳米棒系统、石墨烯和石墨烯弹性基板等结构，在分析中，比较了应力梯度理论、应变梯度理论和分子动力学解在波动行为上的差异。第 11 章介绍了波在功能梯度结构中的传播，重点在于采用光谱分析来揭示一维、二维非均匀波导中的波的行为。

第 12 章和第 13 章分别讨论了用数值和半解析方法获得波传播响应的方法。第

12 章介绍了有限元法，包括专门适用于波传播的有限元新方法。除传统的 h 型有限元方法外，还介绍了两种新的有限元方法，两种新的时间积分方案，即超收敛有限元法和时域谱单元有限元法，以及 Taylor-Galerkin 方案和能量动量守恒时间积分器。第 13 章向读者介绍了频域谱有限元法，包括基于傅里叶变换、小波变换和拉普拉斯变换的谱有限元计算方法，概述了几种不同的一维和二维材料波导的光谱有限元法，通过提供大量的数值算例，说明该方法在求解波传播问题中的有效性。

在之后几章使用第 12 章和第 13 章中的概念，研究波在某些类型波导中的传播。第 14 章重点讨论智能复合波导中的波传播，包括不同智能材料的复合材料，即锆钛酸铅(PZT)等压电陶瓷材料，特芬诺(Terfenol)等磁致伸缩材料，以及钛酸锰铅(PMNPT)等电致伸缩材料，以及嵌入式或表面安装智能材料贴片结构的 SFEM(谱有限元法)模型开发。第 15 章讨论波在有缺陷波导中的传播，缺陷材料主要包括分层(或水平裂缝)材料、纤维断裂(垂直裂缝)材料、吸湿复合材料和多孔复合材料等，本章内容可用于结构健康监测领域研究。第 16 章讨论周期结构中的波传播，结合第 12 章和第 13 章中所介绍的两种不同数值模型，即 FEM 和 SFEM，讨论波在具有周期性切割、周期性水平和交错裂缝结构中的传播。

第 17 章和第 18 章介绍了波传播的延伸研究。波在材料中的传播特性主要取决于材料的机械性能，特别是其中具有独立特性的材料机械性能。而具有独立特性的材料机械性能数量则由材料结构对称性决定，如二维复合材料就有 4 个独立的材料力学属性参数以及密度，准确地测量它们相当具有挑战性，且会涉及很强的不确定性。因此波的传播研究往往需要在一种不确定的结构中进行。在第 17 章向读者介绍研究不确定结构中波传播的方法。包括蒙特卡罗模拟技术、灵敏度分析以及对金属和复合波导的大量参数研究，以揭示材料不确定性对波传播的关键影响。第 18 章介绍了非线性波导，特别是超弹性波导的建模和分析方法，主要考虑由 6 个参数和 9 个参数的 Murnaghan 连续本构模型定义的超弹性材料，推导了其控制方程、有限元模型和谱单元模型公式，通过大量数值分析，重点研究了此类复杂非线性材料系统中的波传播。

为便于理解，整本书采用模块化形式编写，所涉及主题按照复杂程度递增顺序展开。迄今为止，在同一理论框架下介绍波在如此多不同类型的材料系统和结构中传播的书籍，仅此一本，这正是本书想去努力地填补的空白。

第2章

局域和非局域弹性的概念介绍

本章简要阐述弹性理论(局域理论)和梯度弹性理论(非局域理论)的基本概念。波传播分析需要推导控制微分方程并进行求解,以获得描述其传播特性的波数和波特性变化。对于常规结构和材料,通常是基于局域理论推导其控制方程;而对于纳米结构,由于小尺度效应占主导地位,则是基于非局域理论来推导控制方程。

在局域理论或弹性理论中,波在其中传播的控制方程的求解方法是:将结构或材料在保持连续性假定下看作无数个微元的集合体,每个微元为一个自由体,可以给出其三维应力状态,微元的平衡方程本质就是整个体系的动力学控制方程。在想要简化的方向上将三维运动方程进行积分,可以得到此方向上应力的合力,从而可以将三维运动方程简化为二维或一维的问题。这就是弹性理论控制方程的推导过程。由此可见,在此方法中,将涉及张量和向量。本章第一部分将阐述局域理论的基本定义和原理。

在连续介质模型中,可以用质量、温度、电压和应力等几个可以直接测量的变量来描述一个系统。不同于连续介质模型,微观物理世界是由相互作用力影响下运动的原子所组成。这种原子尺度的研究有助于明确宏观物理量内涵及它们间的相关性,并增强对各物理理论的理解。在新的建模理念中,由于原子模拟计算成本高昂,许多研究人员试图将微观概念(如键长)嵌入到宏观连续体理论中,这种将微观结构的性质嵌入弹性理论或局域理论的方法称为非局域理论。在文献中介绍的诸多非局域理论中,梯度弹性模型被广泛使用。梯度弹性理论包括应力梯度理论和应变梯度理论,本章的第二部分将阐述这两种梯度弹性理论之间的区别。

在许多经典书籍中都充分解释了弹性理论和梯度弹性理论,本章就不再赘述,仅为读者提供足够的背景知识,以便于理解结构/材料系统的运动控制方程建立过程。

2.1 弹性理论概论

本节简要介绍局域理论(弹性理论)的基本概念,以便读者更好地理解后续章节。读者也可以参考更多关于弹性理论的经典文献[99,345],获得更深入的理解。本节以描述运动作为开始,并由此推导出应变的表达式,然后定义应力和本构模型的概念,探讨关于弹性对称性问题。对于大多数问题,有时并不需要在三维空间中描述物体的状态,可以通过既定步骤将问题简化为二维或一维问题。本节最后给出了弹性问题的不同求解方法。

2.1.1 运动描述

考虑一些由于施加载荷后发生变形的物体,见图 2.1(a),设 $\boldsymbol{u}^0$ 为其在时间 $t=0$(未变形构型)的位置,而 $\boldsymbol{u}^t$ 为其在时刻 t 的位置。物体的运动可以用欧拉坐标表示为

$$\boldsymbol{u}=\boldsymbol{u}(x^0,y^0,z^0,t) \tag{2.1}$$

上式通常用于表示运动中的流体,而拉格朗日坐标通常用于描述固体的运动,其形式如下

$$\boldsymbol{u}^0=\boldsymbol{u}^0(x,y,z,t) \tag{2.2}$$

其中,$\boldsymbol{u}^0$ 表示初始位置向量。本节中,黑体小写字母表示向量,而黑体大写字母表示矩阵。

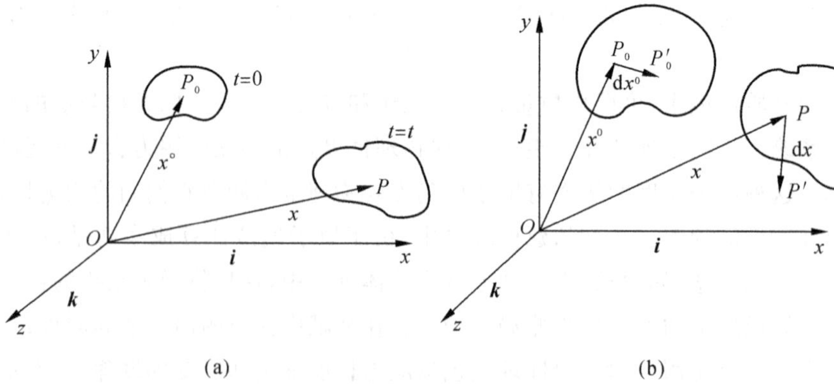

图 2.1 物体的变形

(a)物体的未变形和变形构型;(b)相邻点的变形

根据上述定义的运动,材料导数表示将有所不同。在欧拉参考系中 $\boldsymbol{u}(x^0,y^0,z^0,t)$ 的导数由下式给出:

$$\frac{\mathrm{d}\boldsymbol{u}}{\mathrm{d}t}=\frac{\partial \boldsymbol{u}}{\partial t} \tag{2.3}$$

而在拉格朗日参考系中 $\boldsymbol{u}(x^0, y^0, z^0, t)$ 的导数由下式给出：

$$\frac{\mathrm{d}\boldsymbol{u}}{\mathrm{d}t}=\frac{\partial \boldsymbol{u}}{\partial t}+\frac{\partial \boldsymbol{u}}{\partial x}\frac{\mathrm{d}x}{\mathrm{d}t}+\frac{\partial \boldsymbol{u}}{\partial y}\frac{\mathrm{d}y}{\mathrm{d}t}+\frac{\partial \boldsymbol{u}}{\partial z}\frac{\mathrm{d}z}{\mathrm{d}t}=\frac{\mathrm{d}\boldsymbol{u}}{\mathrm{d}t}+\boldsymbol{v}_x\frac{\partial \boldsymbol{u}}{\partial x}+\boldsymbol{v}_y\frac{\partial \boldsymbol{u}}{\partial y}+\boldsymbol{v}_z\frac{\partial \boldsymbol{u}}{\partial z} \tag{2.4}$$

其中 $\boldsymbol{v}_x, \boldsymbol{v}_y, \boldsymbol{v}_z$ 是材料三个方向上的传递速度。

粒子的运动是根据粒子的坐标来定义。例如，位移为粒子从一个位置移动到另一个位置的最短距离。如果两点的位置向量为 $\boldsymbol{r}_1$ 和 $\boldsymbol{r}_2$，则位移向量 $\boldsymbol{u}$ 由下式给出：

$$\boldsymbol{u}=\boldsymbol{r}_2-\boldsymbol{r}_1=(x_2\boldsymbol{i}+y_2\boldsymbol{j}+z_2\boldsymbol{k})-(x_1\boldsymbol{i}+y_1\boldsymbol{j}+z_2\boldsymbol{k})$$

换言之，位移向量可以写成：

$$\boldsymbol{u}=(x_2-x_1)\boldsymbol{i}+(y_2-y_1)\boldsymbol{j}+(z_2-z_1)\boldsymbol{k} \tag{2.5}$$

变形是初始构型和最终构型的状态差异，变形梯度是局域弹性理论中广泛使用的一个概念，它涉及相邻粒子的行为。在 $t=0$ 时刻，认为点 P_0 和 P'_0 之间的距离为 $\mathrm{d}\boldsymbol{r}^0=\mathrm{d}x^0\boldsymbol{i}+\mathrm{d}y^0\boldsymbol{j}+\mathrm{d}z^0\boldsymbol{k}$，见图 2.1(b)，在 t 时刻，两点分别移动到 P 和 P' 位置，因此新的距离可以表示为 $\mathrm{d}\boldsymbol{r}=\mathrm{d}x\boldsymbol{i}+\mathrm{d}y\boldsymbol{j}+\mathrm{d}z\boldsymbol{k}$，$P$ 和 P' 两点位置的关联由下式给出：$\boldsymbol{r}+\mathrm{d}\boldsymbol{r}=(x+\mathrm{d}x)\boldsymbol{i}+(y+\mathrm{d}y)\boldsymbol{j}+(z+\mathrm{d}z)\boldsymbol{k}$.

考虑向量中的第一项，即 $(x+\mathrm{d}x)$。在时间 $t=0$ 时，将该项泰勒展开得到

$$x+\mathrm{d}x=x+\frac{\partial x}{\partial x^0}\mathrm{d}x^0+\frac{\partial x}{\partial y^0}\mathrm{d}y^0+\frac{\partial x}{\partial z^0}\mathrm{d}z^0 \tag{2.6}$$

其给出以下关系：

$$\mathrm{d}x=\frac{\partial x}{\partial x^0}\mathrm{d}x^0+\frac{\partial x}{\partial y^0}\mathrm{d}y^0+\frac{\partial x}{\partial z^0}\mathrm{d}z^0$$

以类似的方式，$y+\mathrm{d}y$ 和 $z+\mathrm{d}z$ 可以扩展和简化为：

$$\mathrm{d}y=\frac{\partial y}{\partial x^0}\mathrm{d}x^0+\frac{\partial y}{\partial y^0}\mathrm{d}y^0+\frac{\partial y}{\partial z^0}\mathrm{d}z^0$$

$$\mathrm{d}z=\frac{\partial z}{\partial x^0}\mathrm{d}x^0+\frac{\partial z}{\partial y^0}\mathrm{d}y^0+\frac{\partial z}{\partial z^0}\mathrm{d}z^0$$

在弹性理论中，采用张量形式表示，将长表达式转换为短表达式。感兴趣的读者，可查阅文献[99]，了解张量微积分的更多细节。

回到对运动的描述，上面的方程可以用张量表示为

$$\mathrm{d}x_i=\frac{\partial x_i}{\partial x_j^0}\mathrm{d}x_j^0 \qquad i,j=1,2,3 \tag{2.7}$$

式中，$x_1=x, x_2=y, x_3=z$。

类似地，在时间 $t=0$ 时粒子的运动可以用当前时间 t 表示为：

$$\mathrm{d}x_i^0=\frac{\partial x_i^0}{\partial x_j}\mathrm{d}x_j \qquad i,j=1,2,3 \tag{2.8}$$

参量$\partial x_i/\partial x_j^0$和$\partial x_i^0/\partial x_j$是变形梯度，是描述任何变形状态的基础，以矩阵形式展开，式(2.7)和式(2.8)可以表示为：

$$d\boldsymbol{r}=\boldsymbol{J}_0 d\boldsymbol{r}^0$$

$$\begin{Bmatrix} dx \\ dy \\ dz \end{Bmatrix}=\begin{bmatrix} \dfrac{\partial x}{\partial x^0} & \dfrac{\partial x}{\partial y^0} & \dfrac{\partial x}{\partial z^0} \\ \dfrac{\partial y}{\partial x^0} & \dfrac{\partial y}{\partial y^0} & \dfrac{\partial y}{\partial z^0} \\ \dfrac{\partial z}{\partial x^0} & \dfrac{\partial z}{\partial y^0} & \dfrac{\partial z}{\partial z^0} \end{bmatrix}\begin{Bmatrix} dx^0 \\ dy^0 \\ dz^0 \end{Bmatrix} \tag{2.9}$$

和

$$d\boldsymbol{r}^0=\boldsymbol{J} d\boldsymbol{r}$$

$$\begin{Bmatrix} dx^0 \\ dy^0 \\ dz^0 \end{Bmatrix}=\begin{bmatrix} \dfrac{\partial x^0}{\partial x} & \dfrac{\partial x^0}{\partial y} & \dfrac{\partial x^0}{\partial z} \\ \dfrac{\partial y^0}{\partial x} & \dfrac{\partial y^0}{\partial y} & \dfrac{\partial y^0}{\partial z} \\ \dfrac{\partial z^0}{\partial x} & \dfrac{\partial z^0}{\partial y} & \dfrac{\partial z^0}{\partial z} \end{bmatrix}\begin{Bmatrix} dx \\ dy \\ dz \end{Bmatrix} \tag{2.10}$$

矩阵$\boldsymbol{J}$和$\boldsymbol{J}_0$是雅可比矩阵。考虑到变形是连续的，雅可比矩阵的行列式一定不为零。由于有限体积的区域不能变为零体积或无限体积，因此雅可比矩阵$\boldsymbol{J}$和$\boldsymbol{J}_0$需要满足以下条件：

$$0<J_0<\infty, 0<J<\infty \tag{2.11}$$

其中，$J=\det[\boldsymbol{J}]$，$J_0=\det[\boldsymbol{J}_0]$。上述条件常用于验证变形在物理上的容许性，且能导出线、面积或体积的变形表达式。

2.1.2 应变

应变是物体内粒子间相对位移的度量，有三种不同的应变度量，可根据以下三种定义对具有初始和最终长度(L_0和L)的试样进行描述。

工程应变：

$$\varepsilon=\frac{L-L_0}{L_0}=\frac{\Delta L}{L_0}$$

真实应变：

$$\varepsilon^t=\frac{\Delta L}{L}=\frac{\Delta L}{L_0+\Delta L}$$

对数应变：

$$\varepsilon^n=\int_{L_0}^{L}\frac{dl}{l}=\ln\left(\frac{L}{L_0}\right)$$

根据上述三种定义，最终长度 L 可以用初始长度及不同的应变量来表示。

工程长度：

$$L=L_0+\Delta L=L_0+L_0\varepsilon=L_0(1+\varepsilon)$$

真实长度：

$$L=L_0+\Delta L=L_0+\frac{\varepsilon^{\mathrm{t}}L_0}{(1-\varepsilon^{\mathrm{t}})}=\frac{L_0}{(1-\varepsilon^{\mathrm{t}})}$$

对数长度：

$$L=L_0\exp(\varepsilon^{\mathrm{n}})$$

三种应变度量通过以下表达式相关：

$$\varepsilon^{\mathrm{t}}=\frac{\varepsilon}{1+\varepsilon},\quad \varepsilon^{\mathrm{n}}=\ln(1+\varepsilon)$$

通常情况下，通过考虑两个相邻材料颗粒之间距离的变化来确定应变度量。假定坐标为(x^0,y^0,z^0)和$(x^0+\mathrm{d}x^0,y^0+\mathrm{d}y^0,z^0+\mathrm{d}z^0)$的两个材料颗粒，运动后，这些粒子具有坐标$(x,y,z)$和$(x+\mathrm{d}x,y+\mathrm{d}y,z+\mathrm{d}z)$。这些相邻粒子之间的初始距离和最终距离由下式给出：

$$(\mathrm{d}r^0)^2=(\mathrm{d}x^0)^2+(\mathrm{d}y^0)^2+(\mathrm{d}z^0)^2 \tag{2.12}$$

$$\mathrm{d}r^2=(\mathrm{d}x)^2+(\mathrm{d}y)^2+(\mathrm{d}z)^2 \tag{2.13}$$

代入式(2.9)，式(2.13)可以改写为：

$$\mathrm{d}r^2=\mathrm{d}\boldsymbol{r}^{\mathrm{t}}\mathrm{d}\boldsymbol{r}=\mathrm{d}\boldsymbol{r}^{0^{\mathrm{T}}}\boldsymbol{J}_0^{\mathrm{T}}\boldsymbol{J}_0\ \mathrm{d}\boldsymbol{r}^0 \tag{2.14}$$

在结果中，$\mathrm{d}r^2$ 与$(\mathrm{d}r^0)^2$ 是不同的，可以得到

$$\begin{aligned}\mathrm{d}r^2-(\mathrm{d}r^0)^2 &=\mathrm{d}\boldsymbol{r}^{0^{\mathrm{T}}}\boldsymbol{J}_0^{\mathrm{T}}\boldsymbol{J}_0\mathrm{d}\boldsymbol{r}^0-\mathrm{d}\boldsymbol{r}^{0^{\mathrm{T}}}\mathrm{d}\boldsymbol{r}^0\\ &=2\mathrm{d}\boldsymbol{r}^{0^{\mathrm{T}}}\boldsymbol{E}_0\mathrm{d}\boldsymbol{r}^0\end{aligned} \tag{2.15}$$

其中 $\boldsymbol{E}_0=\boldsymbol{J}_0^{\mathrm{T}}\boldsymbol{J}_0-\boldsymbol{I}$。上述测量给出了两个对旋转不敏感的材料颗粒之间的相对位移。如果使用欧拉参考系，则相对位移由下式给出

$$\begin{aligned}\mathrm{d}r^2-(\mathrm{d}r^0)^2 &=\mathrm{d}\boldsymbol{r}^{\mathrm{T}}\mathrm{d}\boldsymbol{r}-\mathrm{d}\boldsymbol{r}^{\mathrm{T}}\boldsymbol{J}^{\mathrm{T}}\boldsymbol{J}\mathrm{d}\boldsymbol{r}\\ &=2\mathrm{d}\boldsymbol{r}^{\mathrm{T}}\boldsymbol{E}\mathrm{d}\boldsymbol{r}\end{aligned} \tag{2.16}$$

其中 $\boldsymbol{E}=\boldsymbol{I}-\boldsymbol{J}^{\mathrm{T}}\boldsymbol{J}$。在方程(2.15)和(2.16)中，矩阵 $\boldsymbol{E}_0$ 和 $\boldsymbol{E}$ 分别是拉格朗日和欧拉应变张量。张量形式分别为：

$$E_{0_{ij}}=\frac{1}{2}\left(\frac{\partial x_m}{\partial x_i^0}\frac{\partial x_m}{\partial x_j^0}-\delta_{ij}\right) \tag{2.17}$$

$$E_{ij}=\frac{1}{2}\left(\delta_{ij}-\frac{\partial x_m^0}{\partial x_i}\frac{\partial x_m^0}{\partial x_j}\right) \tag{2.18}$$

通过考虑长度为 $\mathrm{d}r^0=\mathrm{d}x^0$ 的线元素，可以确定 $E_{0_{ij}}$ 和 E_{ij} 的物理意义。每单位长度 E_{0_1} 线元素的延伸由下式给出：

$$E_{0_1}=\frac{\mathrm{d}r-\mathrm{d}r^0}{\mathrm{d}r^0}\text{或 }\mathrm{d}r=(1+E_{0_1})\mathrm{d}r^0 \tag{2.19}$$

$$\mathrm{d}r^2-\mathrm{d}r^{0^2}=2E_{0_{11}}\mathrm{d}r^{0^2} \tag{2.20}$$

结合以上内容,可以将 E_{0_1} 和 $E_{0_{11}}$ 之间的关系建立为

$$E_{0_{11}}=E_{0_1}+\frac{1}{2}E_{0_1}^2\text{ 或 }E_{0_1}=\sqrt{1+2E_{0_{11}}}-1 \tag{2.21}$$

对上式右端进行二项式展开,得到:

$$E=(1+E_{0_{11}}-\frac{1}{2}E_{0_{11}}^2+\cdots)-1\approx E_{0_{11}}-\frac{1}{2}E_{0_{11}}^2 \tag{2.22}$$

当 $E_{0_{11}}$ 较小时,$E_{0_1}=E_{0_{11}}$,因此,$E_{0_{11}}$ 可以解释为仅当延伸非常小时每单位长度的伸长率。同样,可以写:

$$E_{0_2}=\sqrt{1+2E_{0_{22}}}-1,\quad E_{0_3}=\sqrt{1+2E_{0_{33}}}-1 \tag{2.23}$$

2.1.3 应变-位移关系

在随后的分析方法中,通常用到位移和位移梯度,而不是变形梯度,用 u、v 和 w 分别代表三个坐标方向上位移,可以写为:

$$x=x^0+u,\quad y=y^0+v,\quad z=z^0+w \tag{2.24}$$

求导可得

$$\frac{\partial x}{\partial x^0}=1+\frac{\partial u}{\partial x^0},\quad \frac{\partial y}{\partial x^0}=\frac{\partial v}{\partial x^0},\quad \frac{\partial z}{\partial x^0}=\frac{\partial w}{\partial x^0}$$

$$\frac{\partial x}{\partial y^0}=\frac{\partial u}{\partial y^0},\quad \frac{\partial y}{\partial y^0}=1+\frac{\partial v}{\partial y^0},\quad \frac{\partial z}{\partial y^0}=\frac{\partial w}{\partial y^0}$$

$$\frac{\partial x}{\partial z^0}=\frac{\partial u}{\partial z^0},\quad \frac{\partial y}{\partial z^0}=\frac{\partial v}{\partial z^0},\quad \frac{\partial z}{\partial z^0}=1+\frac{\partial w}{\partial z^0}$$

采用张量形式,可以将上述方程写成:

$$\frac{\partial x_m}{\partial x_i^0}=\frac{\partial u_m}{\partial x_i^0}+\delta_{im} \tag{2.25}$$

同样,上式可以写为

$$\frac{\partial x^0}{\partial x}=1-\frac{\partial u}{\partial x},\quad \frac{\partial y^0}{\partial x}=-\frac{\partial v}{\partial x},\quad \frac{\partial z^0}{\partial x}=-\frac{\partial w}{\partial x}$$

$$\frac{\partial x^0}{\partial y}=-\frac{\partial u}{\partial y},\quad \frac{\partial y^0}{\partial y}=1-\frac{\partial v}{\partial y},\quad \frac{\partial z^0}{\partial y}=-\frac{\partial w}{\partial y}$$

$$\frac{\partial x^0}{\partial z}=-\frac{\partial u}{\partial z},\quad \frac{\partial y^0}{\partial z}=-\frac{\partial v}{\partial z},\quad \frac{\partial z^0}{\partial z}=1-\frac{\partial w}{\partial z}$$

在张量形式下,上述方程变成

$$\frac{\partial x_m^0}{\partial x_i}=\delta_{im}-\frac{\partial u_m}{\partial x_i} \tag{2.26}$$

其中，δ_{im} 是克罗内克符号 δ。将式(2.25)和式(2.26)代入拉格朗日应变张量和欧拉应变张量中，经过一些简化，得到

$$\left.\begin{aligned} E_{0_{ij}} &= \frac{1}{2}\left[\frac{\partial u_i}{\partial x_j^0}+\frac{\partial u_j}{\partial x_i^0}+\frac{\partial u_m}{\partial x_i^0}\frac{\partial u_m}{\partial x_j^0}\right] \\ E_{ij} &= \frac{1}{2}\left[\frac{\partial u_i}{\partial x_j}+\frac{\partial u_j}{\partial x_i}+\frac{\partial u_m}{\partial x_i}\frac{\partial u_m}{\partial x_j}\right] \end{aligned}\right\} \tag{2.27}$$

在上述两个方程中，前两项均代表应变张量的线性部分，最后一项代表非线性部分，这两个张量是对称的。当位移梯度很小时，可以忽略上述张量中的非线性部分。因此，无限小的应变分量可以直接解释为角度的延伸或变化。此外，与材料颗粒相比，应变非常小，这表明变形非常小。因此，对于非常小的变形，可以得出以下结论

$$E_{0_{ij}} = E_{ij} = \varepsilon_{ij}$$

其中，ε_{ij} 表示拉格朗日或欧拉应变张量的线性部分，通过展开任一方程的第一部分获得。式(2.27)可由下式给出

$$\varepsilon_{11} = \frac{\partial u}{\partial x^0},\quad \varepsilon_{12} = \frac{1}{2}\left[\frac{\partial u}{\partial y^0}+\frac{\partial v}{\partial x^0}\right],\quad \varepsilon_{13} = \frac{1}{2}\left[\frac{\partial u}{\partial z^0}+\frac{\partial w}{\partial x^0}\right]$$

$$\varepsilon_{22} = \frac{\partial v}{\partial y^0},\quad \varepsilon_{23} = \frac{1}{2}\left[\frac{\partial v}{\partial z^0}+\frac{\partial w}{\partial y^0}\right],\quad \varepsilon_{33} = \frac{\partial w}{\partial z^0}$$

此外，对于小变形，以下条件通常成立。

$$u_i/L \ll 1$$

其中 L 是所考虑物体的最小尺寸。如果上述条件成立，那么可以断定 $x_i^0 = x_i$。也就是说，无须区分欧拉坐标和拉格朗日坐标，位移的函数形式及其分量在这两种参照系中变得相同。换句话说，由于固体更多地用拉格朗日参考系来标识，所以本书中所提供的所有公式都在拉格朗日参考系。

2.1.4 应力

应变(变形)通常是由施加在连续体或通过接触产生的力或力矩引起的。由于发生在连续体的表面，接触力通常称为表面牵引力。不同类型的力或力矩可以是外力、相互作用力或接触力，取决于作用方式。外力的作用来自物体之外，例如重力载荷、磁性载荷等。物体内部会产生相互作用力。最常见的是接触力，会产生应力或压力。

为了解释应力的概念，考虑变形构型中面积为 ΔA 的一个微元面，见图 2.2(a)。力和力矩应该作用在这个微元面面积上，使它们相互抵消，或者说，微元面应该处于平衡状态。这些力可以被认为是接触力，它们作用于物体内部。设 $\boldsymbol{n}$ 为垂直于微元面的单位矢量，$\Delta \boldsymbol{f}$ 为施加在表面元素 ΔA 上的合力。在 ΔA 非常小的极限情况下，可将牵引力定义：

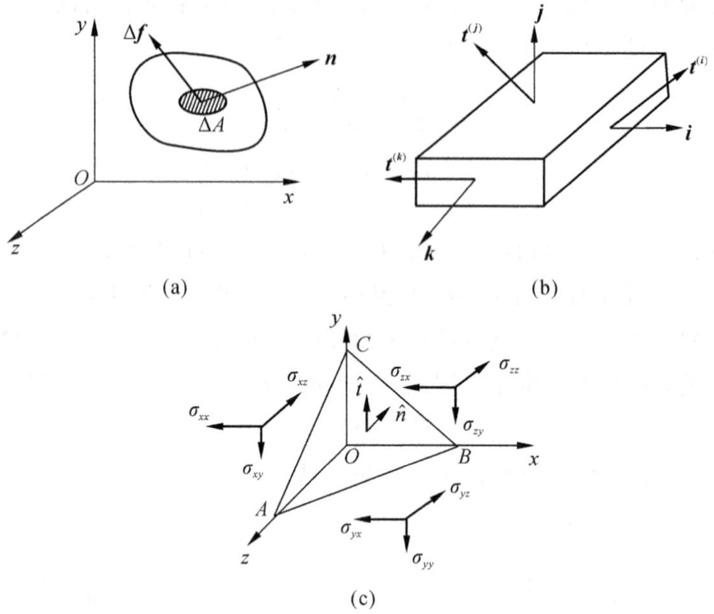

图 2.2　连续体微元应力分析

(a)任意连续体的一部分;(b)具有应力矢量和向外单位法线的应力立方体;

(c)作用在四面体任意表面上的应力

$$\boldsymbol{t}^{(n)}=\frac{\mathrm{d}\boldsymbol{f}}{\mathrm{d}A}=\lim_{\Delta A\to 0}\frac{\Delta \boldsymbol{f}}{\Delta A} \tag{2.28}$$

若假定材料是连续的,这个牵引力矢量描述了作用在每单位面积上的力。上标($\boldsymbol{n}$)是为了表示牵引力矢量取决于该区域的方向。为了给出牵引力矢量的显式表示,考虑图 2.2(b)所示的微元体,它显示了牵引力矢量在立方体三个面上的分量。考虑到 $\boldsymbol{n}=\boldsymbol{i}$,

$$\boldsymbol{t}^{(i)}=t_x^{(i)}\boldsymbol{i}+t_y^{(i)}\boldsymbol{j}+t_z^{(i)}\boldsymbol{k}$$

类似地,对于 $\boldsymbol{n}=\boldsymbol{j}$ 和 $\boldsymbol{n}=\boldsymbol{k}$,

$$\boldsymbol{t}^{(j)}=t_x^{(j)}\boldsymbol{i}+t_y^{(j)}\boldsymbol{j}+t_z^{(j)}\boldsymbol{k}$$

$$\boldsymbol{t}^{(k)}=t_x^{(k)}\boldsymbol{i}+t_y^{(k)}\boldsymbol{j}+t_z^{(k)}\boldsymbol{k}$$

通过引入二阶张量 $\sigma_{ij}=t_j^{(i)}$ 来简化上述定义,它描述了牵引力的方向及其应用平面。即在 x-z 平面上,$\sigma_{xx}=t_x^{(i)}$,$\sigma_{xz}=t_z^{(i)}$,$\sigma_{zx}=t_x^{(k)}$。因此,牵引力矢量 $\boldsymbol{t}^{(n)}$ 在面上的投影为正应力分量 σ_{xx}、σ_{yy} 和 σ_{zz},而垂直于外法线 $\boldsymbol{n}$ 的投影为剪应力分量 σ_{xy}、σ_{yz}、σ_{zx}、σ_{yx}、σ_{zy} 和 σ_{xz}。包含全部 9 个应力分量 σ_{ij} 的矩阵称为柯西应力张量,它是一个对称张量,即 $\sigma_{ij}=\sigma_{ji}$。接下来,可以建立牵引力矢量 $\boldsymbol{t}^{(n)}$ 和外法线 $\boldsymbol{n}$ 之间的关系。为此,考虑图 2.2(c)所示的四面体的任意表面。在垂直于参考轴的面上,由作用于平面上的应力分量 σ_{ij} 表示三个应力矢量分量。例如,作用在垂直于 x 轴的面上的应力表示为 σ_{xx}、σ_{xy}

和σ_{xz}。四面体的平衡要求作用在它上面的合力为 0。由于沿 x 方向平衡可给出

$$t_x \mathrm{d}A - \sigma_{xx}\mathrm{d}A_x - \sigma_{yx}\mathrm{d}A_y - \sigma_{zx}\mathrm{d}A_z + b_x\rho \mathrm{d}V = 0 \tag{2.29}$$

其中 b_x 是体力矢量 $\boldsymbol{b}$ 的 x 分量，t_x 是牵引力矢量 $\boldsymbol{t}^{(n)}$ 的 x 分量，$\mathrm{d}A_x$、$\mathrm{d}A_y$、$\mathrm{d}A_z$ 是垂直于坐标轴 x、y、z 轴的面积，而 $\mathrm{d}A$ 是倾斜表面 ABC 的面积。$\mathrm{d}V=\frac{1}{3}h\mathrm{d}A$ 是四面体的体积，其中 h 是任意点到斜面 ABC 的最小距离。外向法向量可以用沿三个参考方向的单位向量来表示，如下所示 $\boldsymbol{n}=n_x\boldsymbol{i}+n_y\boldsymbol{j}+n_z\boldsymbol{k}$。基本面积 $\mathrm{d}A_i$ 现在可以根据单位法向量的分量写成

$$\mathrm{d}A_x = n_x \mathrm{d}A,\quad \mathrm{d}A_y = n_y \mathrm{d}A,\quad \mathrm{d}A_z = n_z \mathrm{d}A \tag{2.30}$$

将式(2.29)代入式(2.30)，设 $\mathrm{d}A\to 0$，得到 x 方向的牵引力-应力关系为

$$t_x = \sigma_{xx} n_x + \sigma_{yx} n_y + \sigma_{zx} n_z \tag{2.31}$$

类似地，y 和 z 方向的牵引力-应力关系可以写成

$$t_y = \sigma_{xy} n_x + \sigma_{yy} n_y + \sigma_{zy} n_z$$

$$t_z = \sigma_{xz} n_x + \sigma_{yz} n_y + \sigma_{zz} n_z$$

上述方程可以以张量形式写成

$$t_i = \sigma_{ij} n_j \tag{2.32}$$

这对于任何外法线向量和任何坐标系都是有效的。因此，可以得出结论，如果给出应力张量 σ_{ij}，物体中的应力状态就完全确定了。换句话说，给定任何表面和相关的单位法线向量 $\boldsymbol{n}$，如果应力张量已知，就有可能确定作用在该表面上的牵引力。

2.1.5 主应力

在上一节中，已经知道作用在一个表面上的应力矢量取决于表面的法向量 $\boldsymbol{n}$，一般来说，它们不平行于 $\boldsymbol{n}$。现在试图求出 $\boldsymbol{n}$，使应力矢量作用在 $\boldsymbol{n}$ 的方向上

$$t_i = \lambda n_i \tag{2.33}$$

其中 λ 是表示应力矢量大小的标量，$\boldsymbol{n}_i$ 是满足上述条件的主方向，λ 称为主应力，综合式(2.32)，式(2.33)可得：

$$\delta_{ij} n_j = \lambda n_i$$

上述等式可以写成矩阵形式

$$[[\boldsymbol{\sigma}]-\lambda[\boldsymbol{I}]]\boldsymbol{n}=0 \tag{2.34}$$

将上述问题简化为大小为 3×3 的标准特征值问题，其中特征向量给出主方向 n_1、n_2、n_3，特征值给出主应力 λ_1、λ_2、λ_3。这个问题可以通过使矩阵的行列式$[[\boldsymbol{\sigma}]-\lambda[\boldsymbol{I}]]$等于零来解决。将上述矩阵的行列式展开，得到以下 λ 中的三次多项式方程

$$\lambda^3 - I_1\lambda^2 + I_2\lambda - I_3 = 0 \tag{2.35}$$

其中，I_1、I_2、I_3称为应力不变量，其数值不依赖于所采用的坐标系，可以写成应力

张量 σ_{ij} 的分量或主应力分量 λ_i 的形式

$$\left.\begin{aligned} I_1 &= \sigma_{xx}+\sigma_{yy}+\sigma_{zz}=\sigma_{ii}=\lambda_1+\lambda_2+\lambda_3 \\ I_2 &= \frac{1}{2}(I_1^2-\sigma_{ij}\sigma_{ij})=\lambda_1\lambda_2+\lambda_2\lambda_3+\lambda_3\lambda_1 \\ I_3 &= \frac{1}{3}(3I_1I_2-I_1^3+\sigma_{ij}\sigma_{jk}\sigma_{kl})=\lambda_1\lambda_2\lambda_3 \end{aligned}\right\} \tag{2.36}$$

此外，主方向必须满足以下关系

$$n_1^2+n_2^2+n_3^2=1 \tag{2.37}$$

从特征值分析的相关定理可以证明，应力张量是对称的，主方向是相互正交的，因此特征值总是实数。

正应力

为了从柯西应力张量获得正应力，将正应力 σ_n 定义为应力矢量在相应表面单位法向 $\boldsymbol{n}$ 方向上的分量，通过应力矢量和法向矢量的点积得到，即

$$\sigma_n=t_i n_i=\sigma_{ij}n_i n_j$$

如果选择坐标轴，使它们与主应力方向一致，那么柯西应力张量就变成

$$\sigma_{xx}=\lambda_1,\quad \sigma_{yy}=\lambda_2,\quad \sigma_{zz}=\lambda_3$$

可以得到正应力为

$$\sigma_n=\lambda_1 n_1^2+\lambda_2 n_2^2+\lambda_3 n_3^2 \tag{2.38}$$

如果 $\lambda_1>\lambda_2>\lambda_3$，那么将式(2.37)和式(2.38)联立知 λ_1 和 λ_3 分别是在所考虑点上的最大和最小正应力。

2.1.6 本构关系

本构关系即应力张量与应变张量的关系，一般是指将描述连续介质变形的参量与描述内力的参量联系起来的一组关系式。具体是指将变形的应变张量与应力张量联系起来的一组关系式，又称本构方程。不同的物质，在不同的变形条件下，有不同的本构关系，也称为不同的本构模型。本构关系是结构或者材料的宏观力学性能的综合反映，通常是在一定假设下建立的：

1. 物体中物质点在每一时刻的应力，由组成物体的全部物质点的运动状态唯一确定。

2. 应力只取决于变形的状态，而不取决于变形的过程。因此，通常忽略材料非线性。

3. 结构在荷载撤除后会恢复原来的形状。

4. 温度变化只会引起形状或体积的变化，不会直接影响应力。

5. 材料是均匀的。也就是说，材料属性不是空间坐标的函数。

6. 位移和应变很小，远小于物体的几何尺寸。

处理具有非线性的材料或纳米结构时，需要放宽这些假设，因为尺度的影响将是主要的。

本构关系可以用两种不同的方法建立：一种是基于第二条假设，称之为胡克弹性体；另一种是基于虚功原理，称为格林弹性体。对于线弹性固体，这两种方法给出的是基本相同的材料矩阵。第 18 章介绍了基于虚功原理获得超弹性材料的本构关系。

胡克弹性体

该本构模型通常被称为胡克定律，它基于这样的假设：对于一个弹性体，应力只取决于变形，而不取决于变形的过程，这在数学上可以表示为

$$\sigma_{ij}=f_{ij}(\varepsilon_{ij}) \tag{2.39}$$

通过初始配置($t=0$)的泰勒级数展开上述项，得到

$$\sigma_{ij}=f_{ij}(0)+\left[\frac{\partial f_{ij}(0)}{\partial\varepsilon_{kl}}\right]\varepsilon_{kl}+\frac{1}{2}\left[\frac{\partial^2 f_{ij}(0)}{\partial\varepsilon_{kl}\varepsilon_{mn}}\right]\varepsilon_{kl}\varepsilon_{mn}+\cdots \tag{2.40}$$

如果初始应力为零的假设成立，则当 $\varepsilon_{ij}=0$ 时 $\sigma_{ij}=0$。这个条件导致 $f_{ij}=0$。式(2.40)的第二项为线性项，表达式中其他项均为非线性项。只保留由于小应变假设的线性项，式(2.40)可以写成

$$\sigma_{ij}=C_{ijkl}\varepsilon_{kl},\quad C_{ijkl}=\left[\frac{\partial f_{ij}(0)}{\partial\varepsilon_{kl}}\right] \tag{2.41}$$

式(2.41)被称为胡克定律，该定律指出应力张量与应变张量通过本构矩阵的四阶张量线性相关。

式(2.41)中的 C_{ijkl} 是弹性常数的四阶张量，与应力和应变无关。常量 C_{ijkl} 的张量性质遵循微分商规则，根据商规则，对于一个四阶张量，它应该有 $3^4=81$ 个元素。由于应力张量($\sigma_{ij}=\sigma_{ji}$)是对称的，可得到 $C_{ijkl}=C_{jikl}$；此外，当应变张量也对称时($\varepsilon_{kl}=\varepsilon_{lk}$)，有 $C_{ijkl}=C_{ijlk}$。在这些条件下，四阶张量 C_{ijkl} 将只有 36 个独立常数。因此，弹性常数的总数不能超过 36，因为应力张量和应变张量中最大的独立元素各只有 6 个。通过这些约简，广义胡克定律可以写成矩阵形式为

$$\begin{Bmatrix}\sigma_{xx}\\\sigma_{yy}\\\sigma_{zz}\\\tau_{yz}\\\tau_{xz}\\\tau_{xy}\end{Bmatrix}=\begin{bmatrix}C_{11}&C_{12}&C_{13}&C_{14}&C_{15}&C_{16}\\C_{21}&C_{22}&C_{23}&C_{24}&C_{25}&C_{26}\\C_{31}&C_{32}&C_{33}&C_{34}&C_{35}&C_{36}\\C_{41}&C_{42}&C_{43}&C_{44}&C_{45}&C_{46}\\C_{51}&C_{52}&C_{53}&C_{54}&C_{55}&C_{56}\\C_{61}&C_{62}&C_{63}&C_{64}&C_{65}&C_{66}\end{bmatrix}\begin{Bmatrix}\varepsilon_{xx}\\\varepsilon_{yy}\\\varepsilon_{zz}\\\gamma_{yz}\\\gamma_{xz}\\\gamma_{xy}\end{Bmatrix} \tag{2.42}$$

其中 τ 代表各自平面上的剪切应力，而 γ 是相应的剪切应变。对于大多数弹性固

体，利用材料在不同参考平面的对称性，可以进一步减少弹性常数的数量。

格林弹性体

推导本构关系的另一种方法是利用功和能量原理。这种方法通常被称为格林弹性体法。对于弹性材料，它将给出与胡克弹性体相同的材料矩阵。基于格林弹性体法假设，即弹性力所做的功完全转化为势能，而且势能完全来源于物体受到外力作用所产生的变形。这种方法所基于的虚功原理在 2.1.8 节中有详细说明。考虑一个体积 V，密度 ρ 的物体，在表面 S 上受到表面引力 $\boldsymbol{t}=t_x\boldsymbol{i}+t_y\boldsymbol{j}+t_z\boldsymbol{k}$，内部体力 $\boldsymbol{b}=b_x\boldsymbol{i}+b_y\boldsymbol{j}+b_z\boldsymbol{k}$，如图 2.3 所示。

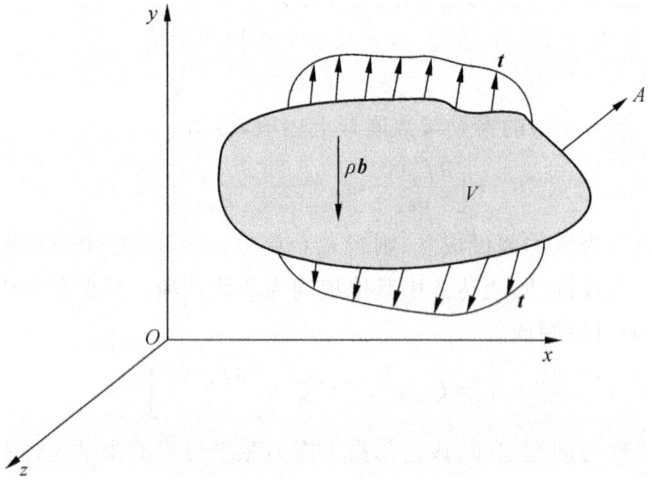

图 2.3 力作用下任意小体积

将牛顿第二运动定律应用于图 2.3 所示的单元体，得到

$$\int_A \boldsymbol{t}\,\mathrm{d}A+\int_V \rho\boldsymbol{b}\,\mathrm{d}V=\int_V \rho\ddot{\boldsymbol{u}}\,\mathrm{d}V \tag{2.43}$$

$$\int_A x\times\boldsymbol{t}\mathrm{d}A+\int_V x\times\rho\,\boldsymbol{b}\,\mathrm{d}V=\int_V x\times\rho\ddot{\boldsymbol{u}}\,\mathrm{d}V \tag{2.44}$$

其中，$\boldsymbol{t}$ 为面积 A 边界面上的拉力矢量，V 为物体的总体积，$\ddot{\boldsymbol{u}}$ 为加速度矢量。首先考虑作用在物体上的所有力和力矩，由式(2.43)和式(2.44)给出。体积为 V 的物体，作用于曲面 S 上的力 t_i 所做的总增量(虚)功 $\mathrm{d}W_e$，由增量(虚)位移 $\mathrm{d}u_i$ 给出。

$$\mathrm{d}W_e=\int_S t_i\,\mathrm{d}u_i\,\mathrm{d}A+\int_V \rho b_i\,\mathrm{d}u_i\,\mathrm{d}V \tag{2.45}$$

利用散度定理[184]，可以将曲面积分转化为体积积分，则上式为

$$\mathrm{d}W_e=\int_V \sigma_{ij}\,\mathrm{d}\left(\frac{\partial u_i}{\partial x_j}\right)\mathrm{d}V=\int_V \sigma_{ij}\,\mathrm{d}\varepsilon_{ij} \tag{2.46}$$

势能的变化(也称为应变能)可由下式表示

$$dU = \int_V dU dV \tag{2.47}$$

其中 U 为单位体积的势能(也称为应变能密度函数)。假设 U 只是变形(应变)的函数,是这个材料模型所基于的基本假设,可以这样写

$$dU = dU(\varepsilon_{ij}) = \frac{\partial U}{\partial \varepsilon_{ij}} d\varepsilon_{ij}$$

代入式(2.47),有

$$dU = \int_V \frac{\partial U}{\partial \varepsilon_{ij}} d\varepsilon_{ij} \tag{2.48}$$

比较式(2.48)和式(2.46),有

$$dU = dW_e \text{ 或者} \int_V \sigma_{ij} d\varepsilon_{ij} = \int_V \frac{\partial U}{\partial \varepsilon_{ij}} d\varepsilon_{ij} \tag{2.49}$$

由于应变 $d\varepsilon_{ij}$ 的变化是任意的,可以使被积函数相等,这样就得到,

$$\sigma_{ij} = \frac{\partial U}{\partial \varepsilon_{ij}} \tag{2.50}$$

方程(2.49)是著名的虚功原理(PVW),它是许多数值方法的核心,如有限元法(FEM)。本节将在第 2.1.8 节中重新讨论这个定理。回到本构模型,式(2.50)可以用关于其初始状态的泰勒级数展开为

$$\sigma_{ij} = \frac{\partial U}{\partial \varepsilon_{ij}} = \left[\frac{\partial U(0)}{\partial \varepsilon_{ij}}\right] + \left[\frac{\partial^2 U(0)}{\partial \varepsilon_{ij} \varepsilon_{kl}}\right] \varepsilon_{kl} + \cdots = \sigma_{ij}^0 + C_{ijkl} \varepsilon_{kl} \tag{2.51}$$

假设应变为零时应力为零,则上式简化为

$$\sigma_{ij} = C_{ijkl} \varepsilon_{kl}$$

同前期的推导,由于应力张量和应变张量的对称性,C_{ijkl} 张量中独立常数的数量为 36。又因为

$$C_{ijkl} = \left[\frac{\partial^2 U(0)}{\partial \varepsilon_{ij} \varepsilon_{kl}}\right] = \left[\frac{\partial^2 U(0)}{\partial \varepsilon_{kl} \varepsilon_{ij}}\right] = C_{klij}$$

这种对称性将独立常数的数量减少到 21 个。

2.1.7 弹性对称性

具有全部 36 个独立弹性常数的材料通常称为各向异性体(三斜对称系)。然而,如果一种材料的内部组成具有任何形式的对称性,那么在弹性性质中也可以观察到对称性。这种对称的存在会减少独立常数的数量。以 x、y 和 z 定义物体的初始坐标系,x'、y' 和 z' 为第二坐标系,它与第一坐标系按照弹性对称的形式对称。由于两个坐标系中相似轴的方向在弹性性质上是等价的,所以广义胡克定律方程在两个坐标系中

形式相同，对应的常数也应相同。这种简化在广义胡克定律中可以得到如下结果。

单斜各向异性介质：有且仅有一个弹性对称面

假设材料系统是关于 z 轴对称的，第二个坐标系 x'，y' 和 z' 可以用下面的单位向量来描

$$e_1=\{1,0,0\},e_2=\{0,1,0\},e_3=\{0,0,-1\}$$

利用这一点，可以构造一个以单位向量作为变换矩阵列的变换矩阵。对于上述情况，变换矩阵和在初始坐标系中的应力张量变成

$$\boldsymbol{T}=\begin{bmatrix}1 & 0 & 0\\0 & 1 & 0\\0 & 0 & -1\end{bmatrix}$$

所以

$$[\boldsymbol{\sigma}']=\boldsymbol{T}^{\mathrm{T}}[\boldsymbol{\sigma}]\boldsymbol{T}=\begin{bmatrix}\sigma_{xx} & \tau_{xy} & -\sigma_{xz}\\ \tau_{yx} & \sigma_{yy} & -\tau_{yx}\\ -\sigma_{zx} & -\tau_{zy} & \sigma_{zz}\end{bmatrix}$$

同样地，在初始坐标中变换应变得到

$$[\boldsymbol{\varepsilon}']=\begin{bmatrix}\varepsilon_{xx} & \gamma_{xy} & -\varepsilon_{xz}\\ \gamma_{yx} & \varepsilon_{yy} & -\gamma_{yz}\\ -\varepsilon_{zx} & -\gamma_{zy} & \varepsilon_{zz}\end{bmatrix}$$

所以

$$[\boldsymbol{\sigma}']=\boldsymbol{C}[\boldsymbol{\varepsilon}']$$

利用上述关系，得到原坐标系中的本构关系为

$$\begin{Bmatrix}\sigma_{xx}\\ \sigma_{yy}\\ \sigma_{zz}\\ \tau_{yz}\\ \tau_{xz}\\ \tau_{xy}\end{Bmatrix}=\begin{bmatrix}C_{11} & C_{12} & C_{13} & -C_{14} & -C_{15} & C_{16}\\ C_{21} & C_{22} & C_{23} & -C_{24} & -C_{25} & C_{26}\\ C_{31} & C_{32} & C_{33} & -C_{34} & -C_{35} & C_{36}\\ -C_{41} & -C_{42} & -C_{43} & C_{44} & C_{45} & -C_{46}\\ -C_{51} & -C_{52} & -C_{53} & C_{54} & C_{55} & -C_{56}\\ C_{61} & C_{62} & C_{63} & -C_{64} & -C_{65} & C_{66}\end{bmatrix}\begin{Bmatrix}\varepsilon_{xx}\\ \varepsilon_{yy}\\ \varepsilon_{zz}\\ \gamma_{yz}\\ \gamma_{xz}\\ \gamma_{xy}\end{Bmatrix}$$

将上述矩阵与一般矩阵式(2.42)相比得出结论：

$$C_{14}=C_{15}=C_{24}=C_{25}=C_{34}=C_{35}=C_{46}=C_{56}=0$$

因此，单斜系统的材料矩阵就变成：

$$\begin{bmatrix} C_{11} & C_{12} & C_{13} & 0 & 0 & C_{16} \\ C_{12} & C_{22} & C_{23} & 0 & 0 & C_{26} \\ C_{13} & C_{23} & C_{33} & 0 & 0 & C_{36} \\ 0 & 0 & 0 & C_{44} & C_{45} & 0 \\ 0 & 0 & 0 & C_{45} & C_{55} & 0 \\ C_{16} & C_{26} & C_{36} & 0 & 0 & C_{66} \end{bmatrix} \tag{2.52}$$

因此，在单斜系统的情况下，必须确定 13 个独立弹性常数来定义材料矩阵。

正交各向异性介质：有三个正交的对称面

正交各向异性介质最常见的例子是层状复合材料，将在第 3 章中展开讨论。在这里，物体的原始坐标系垂直于三个平面。正交各向异性保证了当坐标方向相反时，力学行为不会发生变化。按照单斜体系所描述的步骤，正交各向异性体系的材料矩阵为：

$$\begin{bmatrix} C_{11} & C_{12} & C_{13} & 0 & 0 & 0 \\ C_{12} & C_{22} & C_{23} & 0 & 0 & 0 \\ C_{13} & C_{23} & C_{33} & 0 & 0 & 0 \\ 0 & 0 & 0 & C_{44} & 0 & 0 \\ 0 & 0 & 0 & 0 & C_{55} & 0 \\ 0 & 0 & 0 & 0 & 0 & C_{66} \end{bmatrix} \tag{2.53}$$

必须确定的弹性常数的数量为 9。这些常数与弹性常数的关系见参考文献[171]。

各向同性介质：有无穷多个对称面

各向同性体系是结构材料中最常见的材料体系。在这种条件下，每一个面都可成为对称面，每一个轴也是如此。可以证明，这种材料的材料矩阵只需要确定两个弹性常数，表示如下：

$$\begin{bmatrix} C_{11} & C_{12} & C_{12} & 0 & 0 & 0 \\ C_{12} & C_{11} & C_{12} & 0 & 0 & 0 \\ C_{12} & C_{12} & C_{11} & 0 & 0 & 0 \\ 0 & 0 & 0 & \frac{1}{2}(C_{11}-C_{12}) & 0 & 0 \\ 0 & 0 & 0 & 0 & \frac{1}{2}(C_{11}-C_{12}) & 0 \\ 0 & 0 & 0 & 0 & 0 & \frac{1}{2}(C_{11}-C_{12}) \end{bmatrix} \tag{2.54}$$

其中

$$C_{11}=\lambda+2G,\quad C_{12}=\lambda$$

常数 λ 和 G 是拉梅常数，各向同性材料的应力-应变关系通常表示为

$$\sigma_{ij}=\lambda\varepsilon_{kk}\delta_{ij}+2G\varepsilon_{ij},\quad 2G\varepsilon_{ij}=\sigma_{ij}-\frac{\lambda}{3\lambda+2G}\sigma_{kk}\delta_{ij} \tag{2.55}$$

注意，除各向同性材料外，系数都是在特定坐标系下给出的。

实际上，各向同性材料的弹性常数就是体积模量 K、杨氏模量 E、泊松比 ν。这些量与拉梅常数有关，定义如下：

$$K=\frac{1}{3}(3\lambda+2G),\quad \nu=\frac{\lambda}{2(\lambda+2G)} \tag{2.56}$$

常数之间的其他关系是

$$\lambda=\frac{\nu E}{(1+\nu)(1-2\nu)},\quad G=\frac{E}{2(1+\nu)},\quad K=\frac{E}{3(1-2\nu)} \tag{2.57}$$

2.1.8 运动控制方程

有许多方法可以导出连续介质中微分控制方程。最常见的方法是在连续性介质中选取一个独立单元体，根据其在三维空间中应力和载荷平衡，就可以获得所需的运动控制方程。同时，使用牛顿第二运动定律不仅可以推导控制方程，还可以建立柯西应力张量的对称性。

为了导出平衡方程，首先回到图 2.3，有一个体积为 V 的物体，其密度为 ρ，并受到体力 $\boldsymbol{b}=b_x\boldsymbol{i}+b_y\boldsymbol{j}+b_z\boldsymbol{k}$ 和表面力 $\boldsymbol{t}=t_x\boldsymbol{i}+t_y\boldsymbol{j}+t_z\boldsymbol{k}$ 的共同作用，依据牛顿第二运动定律，其运动控制方程可由式(2.43)和式(2.44)给出。这两个方程用张量形式表示可以写成：

$$\int_A t_i\,\mathrm{d}A+\int_V \rho b_i\,\mathrm{d}V=\int_V \rho\ddot{u}_i\,\mathrm{d}V$$

$$\int_A \varepsilon_{ijk}x_jt_k\,\mathrm{d}A+\int_V \varepsilon_{ijk}x_jb_k\rho\,\mathrm{d}V=\int_V \varepsilon_{ijk}x_j\rho\ddot{u}_k\,\mathrm{d}V \tag{2.58}$$

在这里 ε_{ijk} 是用于表示任意两个向量叉积的置换张量。将式(2.32)代入式(2.58)，采用上一节提及的散度定理，有：

$$\int_A t_i\,\mathrm{d}A=\int_A \sigma_{pi}n_p\,\mathrm{d}A=\int_V \frac{\partial\sigma_{pi}}{\partial x_p}\mathrm{d}V$$

进一步简化为

$$\int_V\left[\frac{\partial\sigma_{pi}}{\partial x_p}+\rho b_i-\rho\ddot{u}_i\right]\mathrm{d}V$$

$$=\int_V\left[\frac{\partial(\varepsilon_{ijk}x_j\sigma_{pk})}{\partial x_k}+\rho\varepsilon_{ijk}x_jb_k-\rho\varepsilon_{ijk}x_j\ddot{u}_k\right]\mathrm{d}V \tag{2.59}$$

第二个方程中的第一项可以写成

$$\frac{\partial}{\partial x_p}(x_j\sigma_{pk})=\sigma_{jk}+x_j\frac{\partial\sigma_{pk}}{\partial x_p}$$

使用上述方程式代入式(2.59),可以得到控制平衡方程

$$\frac{\partial\sigma_{pi}}{\partial x_p}+\rho b_i=\rho\ddot{u},\quad \varepsilon_{ijk}\sigma_{jk}=0 \tag{2.60}$$

第一个方程给出了连续介质中的应力控制微分方程,第二个方程表明柯西应力张量 σ_{ij} 是对称的,即 $\sigma_{ij}=\sigma_{ji}$。上述方程将是后续研究内容的核心。值得一提的是,在柯西应力张量中的 9 个应力分量中,只有 6 个是独立的,这是张量对称性的结果。导出的平衡方程对于小变形和大变形分析都是有效的。

2.1.9 三维弹性问题的降维

三维应力状态下的物体可以由三个空间坐标和一个时间坐标的可变函数进行描述。为了准确解决三维弹性问题,需要找到系统的控制平衡方程[式(2.59)]的解,该方程受到某些约束,例如系统表面和内部的边界条件。要得到方程的数值解非常困难,在大多数情况下是不可能的。事实上,精确的弹性解决方案只适用于少数问题。因此,在可能的情况下,需要进行一些近似以降低问题的复杂性。通过理解问题的物理性质,并根据所寻求的解决方案,对应力状态或变形状态进行假设,可将问题的复杂性从三维减少到二维或一维。

2.1.10 弹性力学中的平面问题:简化为二维

在力学中有某些类型的问题,可以对应力状态或应变状态做出一定的假设。这类问题称为弹性力学中的平面问题。平面问题可分为两类,如果对应力进行了假设,则称为平面应力问题,如果对应变进行了假设,那么称为平面应变问题。在这两种情况下,本构关系都会发生变化,所有变量都可简化为只有两个空间变量和一个时间变量的函数。接下来将详细地描述这些模型。

平面应力问题

图 2.4 是平面应力条件下的非常薄的板。

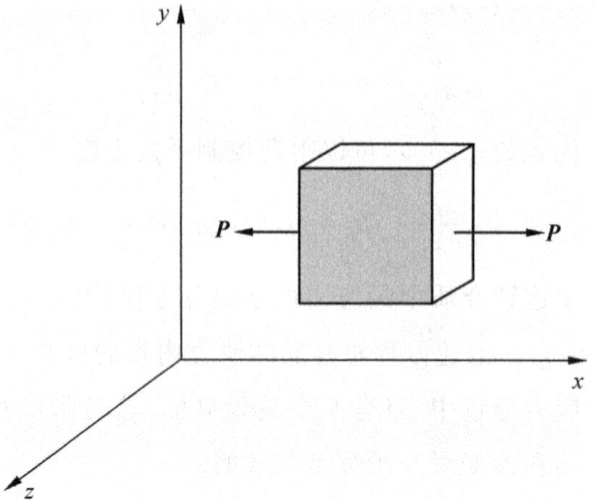

图 2.4 平面应力条件下的薄平面

如果 x-y 平面中的板沿 z 方向很薄，那么垂直于板平面的应力可以忽略。此外，还可以假设 x-z 和 y-z 平面中的相应剪力(τ_{yz} 和 τ_{xz})为零。通过上面的假定，方程得到了极大的简化。以下是解决平面应力问题所需的方程：

• 平衡方程：

$$\frac{\partial \sigma_{xx}}{\partial x}+\frac{\partial \tau_{xy}}{\partial y}+b_x=\rho\frac{\partial^2 u}{\partial t^2},\quad \frac{\partial \tau_{xy}}{\partial x}+\frac{\partial \sigma_{yy}}{\partial y}+b_y=\rho\frac{\partial^2 v}{\partial t^2} \tag{2.61}$$

• 应变-位移关系：

$$\varepsilon_{xx}=\frac{\partial u}{\partial x},\quad \varepsilon_{yy}=\frac{\partial v}{\partial y},\quad \gamma_{xy}=\frac{\partial u}{\partial y}+\frac{\partial v}{\partial x}$$

• 应力-应变关系：

应力-应变关系是通过在广义胡克定律[式(2.41)]中插入 $\sigma_{zz}=0$，$\tau_{xz}=0$，$\tau_{yz}=0$，并用位移代替应变后求解方程得到的。替换后，得到

$$\left.\begin{aligned}\sigma_{xx}&=\frac{E}{(1-\nu^2)}\left(\frac{\partial u}{\partial x}+\nu\frac{\partial v}{\partial y}\right)\\ \sigma_{yy}&=\frac{E}{(1-\nu^2)}\left(\frac{\partial v}{\partial y}+\nu\frac{\partial u}{\partial x}\right)\\ \tau_{xy}&=G\gamma_{xy}\end{aligned}\right\} \tag{2.62}$$

协调性条件：

如果要用基于应力的(将在下一小节中解释)，则要求满足协调性方程，该方程为

$$2\frac{\partial^2 \gamma_{xy}}{\partial x\partial y}=\frac{\partial^2 \varepsilon_{xx}}{\partial y^2}+\frac{\partial^2 \varepsilon_{yy}}{\partial x^2}$$

注意，尽管在平面应力情况下，法向应力 σ_{zz} 为零，但法向应变 ε_{zz} 不为零，其值可根据三维本构方程计算。

平面应变问题

第二种简化称为平面应变简化，假定物体在垂直于加载平面的方向上是刚性的，即应变 $\varepsilon_{zz}=\varepsilon_{xz}=\varepsilon_{yz}=0$。可得到简化的三维本构模型和与平面应力情况相同的应力-应变关系，如前所述。

一维简化

一维结构是其中一个维度远长于其他两个维度的结构。这在机械结构中是常见的，如杆或梁等结构元件，通常都可以被理想化为一维结构。碳纳米管也可以被理想化为具有圆形截面的一维结构。由于其中一个维度远大于其他两个维度，可以根据问题背后的物理原理对应力状态做出一些假设。基于加载方向，在各向同性材料结构中，一维简化将给出两个不同的偏微分方程，一个控制横向或弯曲行为，另一个控制纵向或轴向行为。在各向异性材料结构中，这两种行为是耦合的，简化导致更复杂的方程。在这种结构中，控制方程通常是用哈密顿原理得到的（这将在后面的章节中介绍）。根据运动学假设，每一个控制方程都可以进一步分类为初等或高阶方程。这些概念将在接下来的内容中进行解释。

横向载荷的简化一维方程

图 2.5(a)给出了一维结构的坐标轴、合应力和相应变形的定义示意。$F(x,t)$是轴向合应力，$M(x,t)$是由弯曲载荷产生的合力矩，$V(x,t)$是由弯曲载荷产生的剪切应力产生的剪切合应力，$Q(x,t)$是由轴向载荷产生的剪切合力，$u(x,t)$，$v(x,t)$是坐标方向 x 和 y 上的变形，$\varphi(x,t)$代表横截面的旋转或斜率，而 $\psi(x,t)$代表由轴向载荷产生的横向收缩。假设该结构由各向同性材料构成，因此弯曲和轴向行为是不耦合的。我们现在从二维平衡方程即式(2.61)开始分析。

为了从所有场变量中消去 y，对控制方程采用某种平均格式。设 $u(x,y,t)$，$v(x,y,t)$为二维位移场，平衡方程可改写为

$$\frac{\partial \sigma_{xx}}{\partial x}+\frac{\partial \tau_{xy}}{\partial y}+b_x=\rho\frac{\partial^2 \bar{u}}{\partial t^2},\quad \frac{\partial \tau_{xy}}{\partial x}+\frac{\partial \sigma_{yy}}{\partial y}+b_y=\rho\frac{\partial^2 \bar{v}}{\partial t^2} \tag{2.63}$$

将第一个方程乘以 y，并沿着厚度坐标对两个方程进行积分。得

$$-\frac{\partial M}{\partial x}+\int_{-h/2}^{h/2}\frac{\partial \tau_{xy}}{\partial y}by\,\mathrm{d}y=\int_{-h/2}^{h/2}\rho\frac{\partial^2 \bar{u}}{\partial t^2}by\,\mathrm{d}y \tag{2.64}$$

$$\frac{\partial V}{\partial x}+\int_{-h/2}^{h/2}\frac{\partial \sigma_{yy}}{\partial y}b\,\mathrm{d}y=\int_{-h/2}^{h/2}\rho\frac{\partial^2 \bar{v}}{\partial t^2}b\,\mathrm{d}y \tag{2.65}$$

其中，由图 2.5(b)，假设正应力在深度上近似线性变化，剪应力近似抛物线变化，

把合力矩 M 和合剪力 V 写成

$$M=-\int_{-h/2}^{h/2}\sigma_{xx}yb\,\mathrm{d}y,\quad V=\int_{-h/2}^{h/2}\tau_{xy}b\,\mathrm{d}y$$

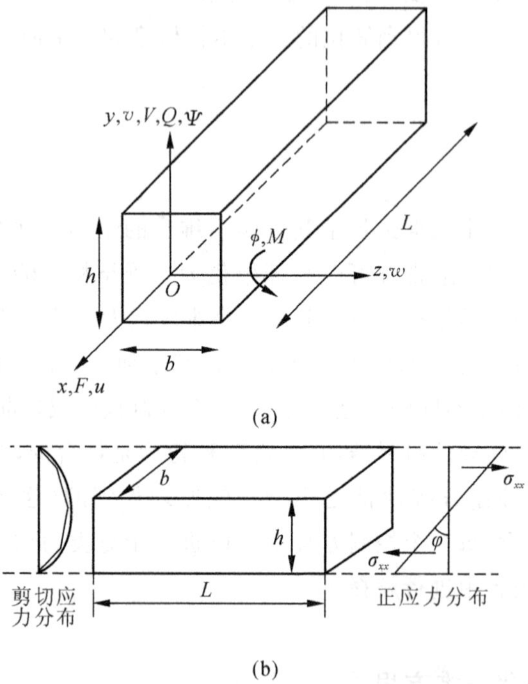

图 2.5 一维结构的应力分析

(a)一个可能运动的一维结构;(b)基本梁和铁木辛柯梁中的正应力和剪应力分布

同样,假设正应变呈线性变化,可以将轴向变形写成横截面斜率 φ 的函数,即 $\bar{u}(x,y,t)=-y\varphi(x,t)$、$\partial\bar{u}/\partial y=-\varphi$。利用这些关系,再简化式(2.64)和式(2.65)。现在考虑式(2.64)的第二项,假设顶面和底面是自由面,可通过分部积分来简化这个方程

$$\int_{-h/2}^{h/2}\frac{\partial\tau_{xy}}{\partial y}by\,\mathrm{d}y=\tau_{xy}\Big|_{-h/2}^{h/2}-\int_{-h/2}^{h/2}\tau_{xy}b\,\mathrm{d}y=0-V$$

方程(2.65)的最后一项可简化为

$$\int_{-h/2}^{h/2}\rho\frac{\partial^2\bar{v}}{\partial t^2}b\mathrm{d}y=\rho\frac{\partial^2\bar{v}}{\partial t^2}b\frac{y^2}{2}\Big|_{-h/2}^{h/2}+\int_{-h/2}^{h/2}\rho\frac{\partial^2\varphi}{\partial t^2}\frac{y^2}{2}b\mathrm{d}y$$

在上面的等式中利用了关系 $\partial\bar{u}/\partial y=-\varphi$。易知 $\int_A y^2b\mathrm{d}y=I$ 是截面的转动惯量,重写式(2.64)为

$$\frac{\partial M}{\partial x}+V=\rho I\frac{\partial^2\varphi}{\partial t^2}\tag{2.66}$$

现在考虑等式(2.65),假设厚度方向上的面是自由面,则方程中的第二项为零,方

程可以写成

$$\frac{\partial V}{\partial x}=\rho A\,\frac{\partial^2 \bar{v}}{\partial t^2} \tag{2.67}$$

式(2.66)和式(2.67)本质上是受弯曲荷载作用结构的一维运动简化方程。这里，$\rho A\partial^2 \bar{v}/\partial t^2$ 是平动惯量，$\rho I\partial^2 \varphi/\partial t^2$ 是转动惯量。上面的方程是用合应力表示的，也可以根据梁的弯曲理论用变形表示。例如，如果使用基本弯曲理论或欧拉-伯努利理论[99]，假设转动惯量为零，则

$$M=EI\,\frac{\partial^2 \bar{v}}{\partial x^2},V=EI\,\frac{\partial^3 \bar{v}}{\partial x^3} \tag{2.68}$$

将式(2.68)代入式(2.67)[式(2.66)中转动惯量为零]，一维基本梁的控制微分方程为

$$EI\,\frac{\partial^4 \bar{v}}{\partial x^4}=\rho A\,\frac{\partial^2 \bar{v}}{\partial t^2} \tag{2.69}$$

需要注意的是控制微分方程是用横向位移 $\bar{v}$ 表示的，斜率 φ 可由横向变形导出 $\varphi=\partial\bar{v}/\partial x$。

接下来，在式(2.66)和式(2.67)中代入合力矩 M 和合剪力 V 的表达式，得到对应于高阶理论的简化一维运动方程。这个高阶弯曲理论被称为铁木辛柯梁理论(也称为一阶剪切变形理论)。在这个理论中，截面的斜率不是由横向变形得出的。由于剪切变形的引入，截面在弯曲前后不再保持为平面，从而违背了基本弯曲理论。因此，斜率是一个独立变量。接下来，对于这个理论，需要用变形 $\bar{v}$ 和 φ 来表示应力，以获得运动方程。这可以用哈密顿原理推导出来。详尽的推导过程可以在文献[99]中找到。此处直接引用文献[99]中 $M(x,t)$ 和 $V(x,t)$ 的表达式

$$M=EI\,\frac{\partial \varphi}{\partial x},\quad V=GAK\left(\varphi-\frac{\partial \bar{v}}{\partial x}\right) \tag{2.70}$$

其中 G 为剪切模量，A 为横截面面积，K 为剪切修正系数，用于调整剪切应力分布，使其接近于剪应力的精确分布。此外，转动惯量在这个理论中十分重要，不能忽略。在将式(2.70)代入式(2.64)和式(2.65)中，得到一维结构的控制方程为

$$\frac{\partial}{\partial x}(EI\,\frac{\partial \varphi}{\partial x})+GAK(\varphi-\frac{\partial \bar{v}}{\partial x})=\rho I\,\frac{\partial^2 \varphi}{\partial t^2} \tag{2.71}$$

$$\frac{\partial}{\partial x}\left[GAK(\varphi-\frac{\partial \bar{v}}{\partial x})\right]=\rho A\,\frac{\partial^2 \bar{v}}{\partial t^2} \tag{2.72}$$

轴向载荷的简化一维方程

接着，推导控制轴向运动的一维运动方程。为此，将 y 与式(2.63)的第二部分相乘，然后将两个方程在厚度方向积分，有

$$-\frac{\partial F}{\partial x}+\int_{-h/2}^{h/2}\frac{\partial \tau_{xy}}{\partial y}b\,\mathrm{d}y=\int_{-h/2}^{h/2}\rho\,\frac{\partial^2\bar{u}}{\partial t^2}y\,\mathrm{d}y \tag{2.73}$$

$$\frac{\partial Q}{\partial x}+\int_{-h/2}^{h/2}\frac{\partial \sigma_{yy}}{\partial y}by\,\mathrm{d}y=\int_{-h/2}^{h/2}\rho\,\frac{\partial^2\bar{v}}{\partial t^2}by\,\mathrm{d}y \tag{2.74}$$

式中，轴向合应力 $F(x,t)$ 和侧向合应力 $Q(x,t)$ 为

$$F=-\int_{-h/2}^{h/2}\sigma_{xx}b\,\mathrm{d}y,\ Q=\int_{-h/2}^{h/2}\tau_{xy}by\,\mathrm{d}y$$

假设顶部和底部表面为自由面，使用与前面横向加载情况相同的方法，式(2.73)和式(2.74)可简化为

$$\frac{\partial F}{\partial x}=\rho A\,\frac{\partial^2\bar{u}}{\partial t^2} \tag{2.75}$$

$$\frac{\partial Q}{\partial x}-S=\rho I\,\frac{\partial^2\psi}{\partial t^2} \tag{2.76}$$

式中

$$S=\int_{-h/2}^{h/2}\delta_{yy}b\,\mathrm{d}y,\ \bar{v}=y\psi \tag{2.77}$$

方程式 (2.75)和(2.76)表示高阶杆的控制方程，通常称为明德林-赫尔曼(Mindlin-Herrmann)方程。这个方程是明德林和赫尔曼首次给出的，是基于圆形横截面的方程[241]。后来 Martin 等人将其扩展到矩形截面[225]。在第 6 章中，我们将用这个理论来说明波在这种高阶结构中传播的一些重要而有趣的特征。控制方程由式(2.75)和式(2.76)给出，如果忽略横向收缩的影响，简化为基本杆理论所对应的方程，相应的推导见第 6 章。

2.1.11 弹性线性理论的解法

在前面的小节中提出的理论形成了弹性理论场方程的基础。在本节中，这些公式被重新表述，以便于解决边值问题。这里概述的分析过程是基于以下假设：

1. 小变形。

2. 本构关系是线性的。在这种线性假设下，材料可以是各向同性、正交各向同性、横向各向同性等。

在三维弹性理论中，有 15 个未知数，即 6 个应力分量、6 个应变分量和 3 个位移。因此，为了完全解决一个问题，我们需要 15 个方程，这些方程来自 3 个平衡方程[等式(2.60)]，6 个应力-应变关系[等式(2.41)]和 6 个应变-位移关系[等式 (2.25)]。此外，曲面 S 上的边界条件必须满足。这些条件可以是规定的位移 u_i 和规定的表面牵引力 $t_i=\sigma_{ij}n_j$。

对上述 15 个方程的求解，有两种不同的解决方法，一种是假设位移为基本未知

量，而另一种方法则将应力视为未知量。在前者中，当我们以位移为基本未知量开始分析时，位移的相容性得到了保证，然而，平衡并不能保证，因此它们在解决过程中被强制执行。在后者中，由于应力是基本未知的，平衡得到了保证，但位移的相容性不能保证，因此必须在求解过程中强制执行。

位移法：纳维方程

在这种方法中，位移被视为基本的未知量，即在每一点上，有三个未知函数 u，v 和 w。换句话说，是通过强制平衡。为此，应力首先用位移表示。即，首先利用应变-位移关系[等式(2.25)]将应变表示为这必须是在应力平衡约束条件下确定，随后转化为应力。对于各向同性固体，它们可以写成

$$\sigma_{ij}=G(\frac{\partial u_i}{\partial x_j}+\frac{\partial u_j}{\partial x_i})+\lambda\frac{\partial u_k}{\partial x_k}\delta_{ij} \tag{2.78}$$

将其代入平衡方程[式(2.60)]，有

$$G\frac{\partial^2 u_i}{\partial x_k\partial x_k}+(\lambda+G)\frac{\partial^2 u_k}{\partial x_i\partial x_k}+\rho b_i=0 \tag{2.79}$$

上式即为纳维尔方程(Navier's equation)，该方程包含三个位移变量，为求解方程必须满足下列边界条件

$$S_u: u_i \text{ 须确定}$$

$$S_t:\lambda\frac{\partial u_k}{\partial x_k}n_i+G(\frac{\partial u_i}{\partial x_j}+\frac{\partial u_j}{\partial x_i})n_j=t_i \text{ 须确定}$$

注意，拉力边界条件是一组非齐次微分方程，上述方程不能直接求解，求解上述方程最常见的方法是利用亥姆霍兹理论[94]，将位移场表示为标量势($\overline{\boldsymbol{\Phi}}$)和矢量势($\boldsymbol{H}$)。位移场的形式如下

$$u_i=\frac{\partial\overline{\boldsymbol{\Phi}}}{\partial x_i}+\varepsilon_{ijk}\frac{\partial \boldsymbol{H}_k}{\partial x_j},\quad \frac{\partial \boldsymbol{H}_k}{\partial x_k}=0 \tag{2.80}$$

其中，ε_{ijk} 为置换符号，那么纳维方程可表示为

$$(\lambda+2G)\frac{\partial}{\partial x_i}\nabla^2\overline{\boldsymbol{\Phi}}+G\varepsilon_{ijk}\nabla^2\boldsymbol{H}=0 \tag{2.81}$$

这个方程满足

$$\nabla^2\overline{\boldsymbol{\Phi}}=\text{常数},\nabla^2\boldsymbol{H}=\text{常数} \tag{2.82}$$

这样，问题就简化为一组泊松方程的求解，这比求解式(2.79)更容易。位移由式(2.80)得到。值得注意的是，上述使用亥姆霍兹分解的求解过程，仅适用于各向同性材料和结构。

应力法：Beltrami-Mitchell 方程

在该方法中，假定应力为基本未知量。也就是说，在物体的每一点上，都有 6 个未

知量，即 σ_{xx}、σ_{yy}、σ_{zz}、τ_{xy}、τ_{yz} 和 τ_{zx}。这些应力显然必须满足平衡方程，然而，平衡方程仅有三个。其余的条件来自自洽条件，即应变必须是自洽的。

通过广义胡克定律可以将应力场转化为应变，而应变-位移关系又可以转化为位移场。在此过程中，得到了 6 个独立的位移偏微分等式 ε_{ij}。当 ε_{ij} 为任意值时，位移场可能不唯一。因此，为了得到位移的唯一解，需要对 ε_{ij} 进行约束。通过两次求导应变-位移关系[式(2.25)]，有

$$\frac{\partial^2 \varepsilon_{ij}}{\partial x_k \partial x_l}=\frac{1}{2}\left(\frac{\partial^3 u_i}{\partial x_j \partial x_k \partial x_l}+\frac{\partial^3 u_j}{\partial x_i \partial x_k \partial x_l}\right) \tag{2.83}$$

交换下标和简化可以得到下面的式子

$$\frac{\partial^2 \varepsilon_{ij}}{\partial x_k \partial x_l}+\frac{\partial^2 \varepsilon_{kl}}{\partial x_i \partial x_j}-\frac{\partial^2 \varepsilon_{ik}}{\partial x_j \partial x_l}-\frac{\partial^2 \varepsilon_{jl}}{\partial x_i \partial x_k}=0 \tag{2.84}$$

上述关系中共有 81 个等式，其中有些等式是恒等满足的，有些等式是重复的。只有六个等式是独立且有意义的，展开所有的下标标记，有下面的等式

$$\frac{\partial^2 \varepsilon_{xx}}{\partial y \partial z}=\frac{\partial}{\partial x}\left(-\frac{\partial \varepsilon_{yz}}{\partial x}+\frac{\partial \varepsilon_{zx}}{\partial y}+\frac{\partial \varepsilon_{xy}}{\partial z}\right), \quad \frac{\partial^2 \varepsilon_{xy}}{\partial x \partial y}=\frac{\partial^2 \varepsilon_{xx}}{\partial y^2}+\frac{\partial^2 \varepsilon_{yy}}{\partial x^2}$$

$$\frac{\partial^2 \varepsilon_{yy}}{\partial z \partial x}=\frac{\partial}{\partial y}\left(-\frac{\partial \varepsilon_{xz}}{\partial y}+\frac{\partial \varepsilon_{xy}}{\partial z}+\frac{\partial \varepsilon_{yz}}{\partial x}\right), \quad \frac{\partial^2 \varepsilon_{yz}}{\partial y \partial z}=\frac{\partial^2 \varepsilon_{yy}}{\partial z^2}+\frac{\partial^2 \varepsilon_{zz}}{\partial y^2}$$

$$\frac{\partial^2 \varepsilon_{zz}}{\partial x \partial y}=\frac{\partial}{\partial z}\left(-\frac{\partial \varepsilon_{xy}}{\partial z}+\frac{\partial \varepsilon_{yz}}{\partial x}+\frac{\partial \varepsilon_{xz}}{\partial y}\right), \quad \frac{\partial^2 \varepsilon_{zx}}{\partial z \partial x}=\frac{\partial^2 \varepsilon_{zz}}{\partial x^2}+\frac{\partial^2 \varepsilon_{yy}}{\partial z^2}$$

上述六个式子统称为相容方程。

应力形式的一般求解过程如下：对于各向同性材料，首先利用胡克定律将应变转化为应力，其形式为：

$$\varepsilon_{ij}=\frac{1+\nu}{E}\sigma_{ij}-\frac{\nu}{E}\sigma_{kk}\delta_{ij}$$

通过替换相容方程[式(2.85)]中的应变，并使用平衡方程进行一些简化，得到

$$\frac{\partial^2 \sigma_{ij}}{\partial x_k \partial x_k}+\left(\frac{1}{1+\nu}\right)\frac{\partial^2 \sigma_{kk}}{\partial x_i \partial x_j}+\left(\frac{\nu}{1-\nu}\right)\rho\frac{\partial b_k}{\partial x_k}\delta_{ij}+\rho\left(\frac{\partial b_i}{\partial x_j}+\frac{\partial b_j}{\partial x_i}\right)=0 \tag{2.85}$$

为了保证应力场是自洽的，需满足上述等式和平衡方程。此外，它还必须满足力和位移边界条件。

2.2 梯度弹性理论

经典连续介质固体力学在工程和生命科学的许多分支中都有应用。连续介质理论用一些可以直接测量的变量来描述一个系统，如质量，温度，电压和应力，在科学史中其有效性通过各种物理现象都得到了证明。连续介质理论最初研究的尺度范围是从毫米到米，用以描述肉眼捕捉到的材料或系统的行为；但在 20 世纪，也发展了一些

理论用来描述材料在原子尺度、地球尺度和天文尺度上演变的现象，包括描述位错、断层和地震的弹性理论和相对论弹性固体等。在过去的几年里，引入了梯度弹性理论，并将其广泛用于预测材料在纳米尺度的行为。

世界上所有的物质都是由原子组成的，原子在相互作用力的影响下运动，这些微观尺度上的相互作用是许多宏观现象的物理起源，原子研究有助于确定宏观性质以及它们的相关性，有助于理解各种物理理论。科学家提出了很多微连续介质理论（通常被称为梯度弹性理论）用于描述材料在原子尺度上的行为。微连续介质理论与经典连续介质理论的根本区别在于，微连续介质理论将微观结构的性质嵌入到连续介质理论的框架中，也就是说，微连续介质理论是描述材料长程相互作用的非局域连续介质模型。这将连续介质模型的应用扩展到微观空间和涉及短时间尺度的问题。微形态理论[104],[109]将物质实体视为大量可变形粒子的连续集合，每个粒子的大小和内部结构都是有限的。利用无穷小变形和慢速运动等假设，微形态理论可以简化为 Mindlin 的微观结构理论[236]。当材料的微观结构被认为是刚性时，就形成了微极理论[104]。假设微惯性恒定，微极理论与 Cosserat 理论相同[76]，消除了粒子的宏观运动与其内部结构的微观运动的区别，成为偶应力理论[234],[307]。当粒子缩小到质量点时，所有的理论都缩小到经典的弹性理论或上一节解释的局部理论。

接下来讨论梯度弹性理论的研究背景。在原子理论中，实验数据和新型设备（如原子力显微镜）观测表明，经典的弹性理论不足以准确详尽地描述纳米尺度的变形现象。更值得注意的是，弹性理论无法解释尺寸效应。此外，在经典弹性理论中，由于应力应变是基于点对点的假设，不能消除由于施加点荷载而产生的或发生在位错线和裂纹尖端的弹性奇点，对于发生在界面上的不连续点也是如此。另一类不能用经典理论处理的重要问题是材料弹性或塑性不稳定性问题，例如孪生、马氏体转变（弹性不稳定性），以及颈缩和剪切带（塑性不稳定性）。当材料某一区域发生应变软化或相变时，由于缺乏内部长度参数，均匀应力-应变曲线会包含负斜率这个不稳定因素而在连续介质理论中，内部长度参数是所有材料系统微观结构的特征参数。梯度弹性理论可以有效地解决这些问题。

在原子尺度下，材料的特征长度通常足够小，因此，为了适用于经典连续介质模型，需要考虑小的长度尺度，如原子间的晶格间距、晶粒尺寸等。虽然可以通过分子动力学（MD）模拟解决，但其庞大的计算成本限制了其用于一般分析，而传统的连续介质模型又不能处理尺寸效应。因此，最好的选择是使用那些相对简单的连续介质模型方法，同时在这些方法中纳入尺寸效应。这可以通过使用梯度弹性理论来实现。假设应力不仅取决于所考虑的单个点上的应变，而且取决于物体所有点上的应变。在这一理论中，内部尺寸或尺度可以在本构方程中简单地表示为材料参数。这种非局域连续介质力学模型已被广泛接受，并应用于波传播、位错、裂纹等问题中[167]。Peddison 等人最初提出的[167]非局域连续介质理论在纳米技术中的应用，基于简化的非局域模型分析了梁结构的静态变形。在本书中，将使用非局域连续介质力学来分析纳米结构（如 CNTs 和石墨烯片）中的波传播，这将在第 11 章中进行讨论。

自 19 世纪 50 年代以来，科学家就开始使用梯度弹性理论来研究结构的力学行为。Cauchy[51-53]使用高阶空间导数来近似模拟离散的晶格模型的性质，将晶格基元体积作为一个额外的本构参数。该模型可以在没有任何数学证明的情况下，捕捉现象的物理本质，具有很强的探索性。Voigt[364,365,385]在融合运动学、平衡定律和体现离散晶格特性的晶体本构关系的基础上提出了新的理论。该理论非常全面，将分子旋转、分子位移以及它们的共轭力涵盖在内，因此其运动微分方程异常复杂，难以求解，需要对其进行额外假设。后来，在 20 世纪初还出现了 Cosserat 理论[76]。该理论假设三维连续介质运动方程包含三个位移分量和三个微旋转的运动，并将偶应力和共轭微旋转包含在方程中。但这一理论仍需要确定太多参数，因此在工程中缺乏吸引力。这方面的研究进展一直很慢，直到 19 世纪 60 年代才有所突破。东欧和美洲都有这方面的工作报道。东欧有名的著作有[192]，[193]，[202]和[277]；在西方，先驱性工作有 Toupin[307],[348]，Mindlin 及其同事[234],[235],[237]-[240]，Kroner[187],[188]，Green 和 Rivlin[138],[139]。起初上述理论的重点是扩展偶应力理论。但大多数理论，特别是来自西方世界的理论，在数学上是相当抽象的，包含了所有的高阶梯度，使得理解现象背后的物理本质非常困难。20 世纪 80 年代，爱林根提出了应力梯度理论[106]，极大地推动了该领域的发展。随后，在 20 世纪 80 年代中期，Aifantis 和他的同事[5],[6]在这一领域开展了开拓性研究。文献[11]很好地介绍了上述梯度弹性理论。与 19 世纪 50 年代和 60 年代的早期理论相比，这些较新的理论很简单，包含较少的高阶导数和本构参数，实践起来简单直接。

在本书中，只介绍两种非常简单的梯度弹性理论用于波传播的研究，一种是基于爱林根形式的应力梯度理论，另一种是应变梯度理论。这两种理论将在下一小节中详细描述。

2.2.1 爱林根应力梯度理论

爱林根弹性应力梯度理论（ESGT）定义晶格平均应力和应变是由周围的近邻相互作用而产生的等效效应。在这个理论中，假设物体中参考点坐标 $x=(x_1,x_2,x_3)$，处的应力状态不仅取决于该点的应变状态，还取决于由坐标向量 $\boldsymbol{x}'$ 给出的所有其他相邻点处的应变状态，这与晶格动力学的原子理论和声子频散的实验观察一致。在非局域弹性表示形式中，本构关系常对整个相关区域进行积分，该积分包含一个描述非局域的核心函数，这个核心函数给出了区域内不同位置的应变对一个给定位置处应力

非局域的影响。文献[107]给出了一个无体积力作用的线性、均匀、各向同性的非局域弹性固体的本构方程，表述如下，

$$\sigma_{kl,k}+\rho(f_l-\ddot{u}_l)=0 \tag{2.86}$$

$$\sigma_{kl}(\boldsymbol{x})=\int_{\Omega}\alpha(|\boldsymbol{x}-\boldsymbol{x}'|,\xi)\sigma_{kl}^{c}(\boldsymbol{x}')\mathrm{d}\Omega(\boldsymbol{x}') \tag{2.87}$$

$$\sigma_{kl}^{c}(\boldsymbol{x}')=\lambda\boldsymbol{e}_{rr}(\boldsymbol{x}')\delta_{kl}+2\mu\boldsymbol{e}_{kl}(\boldsymbol{x}') \tag{2.88}$$

$$\boldsymbol{e}_{kl}(\boldsymbol{x}')=\frac{1}{2}\left(\frac{\partial u_k(\boldsymbol{x}')}{\partial x_l'}+\frac{\partial u_l(\boldsymbol{x}')}{\partial x_k'}\right) \tag{2.89}$$

式(2.86)为平衡方程，其中 σ_{kl}、ρ、f_l 和 u_l 分别为 t 时刻物体中某参考点处的应力张量、质量密度、体积力密度和位移矢量。式(2.88)为经典本构关系，其中 $\sigma_{kl}^{c}(\boldsymbol{x}')$ 是体中任意点 $\boldsymbol{x}'$ 处的经典应力张量，通过在同一点处的拉梅常数 λ 与 μ 与线性应变张量 $\boldsymbol{e}_{kl}(\boldsymbol{x}')$ 相关。式(2.89)为经典的应变-位移关系。在式(2.86)和式(2.89)以及式(2.87)相应的经典弹性力学等式之间，唯一的区别是使用非局域模量将全局(或非局域)应力张量 σ_{kl} 与经典应力张量 $\sigma_{kl}^{c}(\boldsymbol{x}')$ 联系起来。非局域模量 $\alpha(|\boldsymbol{x}-\boldsymbol{x}'|,\xi)$ 是式(2.87)的核心，是非局域特性相对应的参数[289]。式(2.87)的量纲分析清楚地表明非局域模量的量纲为[长度单位]$^{-3}$，因此它依赖于特征长度比 $\frac{a}{l}$，其中 a 是内部特征长度(晶格参数，颗粒大小，颗粒距离)，l 为系统的外部特征长度(波长、裂纹长度、试样尺寸或尺寸)[105]，Ω 为主体所占据的区域。因此非局域模量可以写成如下形式：

$$\alpha=\alpha(|\boldsymbol{x}-\boldsymbol{x}'|,\xi),\quad \xi=\frac{e_0 a}{l} \tag{2.90}$$

其中 e_0 是一个适合于材料的常数，每种材料都必须单独确定[105]。

经过一定的假设[105]，应力梯度理论的积分-偏微分等式可以简化为偏微分等式。例如，式(2.87)采用以下简单形式：

$$(1-\xi^2 l^2\nabla^2)\sigma_{kl}(\boldsymbol{x})=\sigma_{kl}^{c}(\boldsymbol{x})=C_{klmn}\varepsilon_{mn}(\boldsymbol{x}) \tag{2.91}$$

其中 C_{ijkl} 是经典各向同性的弹性模量张量，ε_{mn} 是应变张量，其中 ∇^2 表示应力张量 $\sigma_{kl,k}$ 和 $\xi=\frac{e_0 a}{l}$ 上的二阶空间梯度。将上述 ESGT 模型与晶格动力学波恩-卡门模型的波频表达式进行比较，可见等式(2.91)是有效的[105]。爱林根指出的最大误差为 6%，与非局域常数 $e_0=0.39$ 完全匹配[105]。文献[133]给出了一个预测碳纳米管型纳米结构非局域参数值的数值模型。

文献[108]给出了常用的核函数 $\alpha(|\boldsymbol{x}-\boldsymbol{x}'|,\xi)$，其形式如下

$$\alpha(|\boldsymbol{x}|,\xi)=\frac{1}{2\pi\xi^2 l^2}\mathrm{K}_0\left(\frac{\sqrt{\boldsymbol{x}\cdot\boldsymbol{x}}}{\xi l}\right) \tag{2.92}$$

式中 K_0 为修正的贝塞尔函数。

当 $\xi\to 0$ 时，α 必须恢复到狄拉克测度，使经典弹性极限包含在内部特征长度消失

的极限中，即

$$\lim_{\xi \to 0} \alpha(|\boldsymbol{x}-\boldsymbol{x}'|, \xi)=\delta(|\boldsymbol{x}-\boldsymbol{x}'|) \tag{2.93}$$

α 是一个 δ 序列。

在 ESGT 中，参考点 $\boldsymbol{x}$ 处的应力是物体内每一点 $\boldsymbol{x}'$ 处应变场的函数。对于各向同性的均质物体，线性理论导出了一组位移场的积分-偏微分等式，这些等式一般难以求解。但对于一类特殊的核函数，这些等式可简化为一组奇异偏微分方程。而基于可接受的数学假定条件和真实的物理环境，选择这类合适的核函数是可行的，并不影响其普遍性。例如，从晶格动力学和声子频散实验中得到的频散曲线非常好地证实了这类核函数选择的可行性。这些核函数一般是用原子间作用势或相关势函数来表示。目前，采用 *ESGT* 的很多问题的解决方案都得到了证实。例如，平面波的频散曲线与晶格动力学的波恩-卡门理论非常一致，*ESGT* 预测的位错核和内聚(理论)应力与固体物理学中已知的相接近。此外，*ESGT* 在长波极限下可简化为经典(局域)理论，在短波极限下可简化为原子晶格动力学。这些优点使 *ESGT* 成为一种适用于从微观到宏观跨大特征长度的很多物理现象的极好近似方法。这种情况在处理不完全固体、位错和断裂时变得特别有用，因为在这些问题中，物体的内部(原子)状态是难以表征的。

然而，基于 *ESGT* 问题的求解在数学上是困难的，因为对于积分-偏微分等式的处理，特别是对于混合边值问题的处理目前还缺少有效的手段。利用奇异微分等式来处理这些问题是可行的，这至少在处理螺位错和瑞利波这两个问题时得到证实。这两个问题通过原子点晶格动力学方法和实验方法得到的结果都可以在参考文献中找到。

ESGT 的应力-应变关系存在下面的微分关系[107]

$$(1-\xi^2 l^2 \nabla^2)\sigma_{ij}=C_{ijkl}\varepsilon_{kl} \tag{2.94}$$

其中算子 ∇^2 是拉普拉斯算子。注意，在非局域弹性力学中，通过将内部结构参数(特征长度)纳入本构方程，从而可以考虑小尺度效应。还可以看到，当忽略内部特征长度 a，即认为介质中的粒子是连续分布的，则 $\xi=0$，式(2.94)简化为经典弹性力学本构方程。

核心函数的性质

式(2.90)可以用如下更恰当的形式表示

$$\alpha=\alpha(|\boldsymbol{x}-\boldsymbol{x}'|, \xi), \quad \xi=\frac{e_0 a}{l} \tag{2.95}$$

其中 e_0 是一个能表征材料结构特征的常数。

非局域模量 α 具有下列性质。

1. 它随着 $|\boldsymbol{x}-\boldsymbol{x}'|$ 衰减，在 $\boldsymbol{x}'=\boldsymbol{x}$ 处获得最大值。

2. 当 $\xi\to 0$ 时，α 回归到狄拉克 δ，即

$$\lim_{\xi\to 0}\alpha(|\boldsymbol{x}-\boldsymbol{x}'|,\xi)=\delta(|\boldsymbol{x}-\boldsymbol{x}'|)$$

也就是说，在内部特征长度影响趋近零的过程中，非局域量 α 变为局域量 δ。

3. 对于较小的内部特性长度，当 $\xi\to 1$ 时，ESGT 应该近似于原子晶格动力学。

4. 通过将平面波的频散曲线与原子晶格动力学（或实验）的频散曲线进行匹配，可以确定给定材料的 e_0a。

5. 上述所有非局域模型都是标准化的，因此它们在积分域（线、面、体积）上的积分也是统一的。而且，它们都是 δ 序列，即当 $\xi\to 0$ 时，得到狄拉克函数。由于这一性质，应力梯度理论在极限 $\xi\to 0$ 时，还原为经典弹性理论，可由方程（2.94）得到经典弹性胡克定律。

针对上面非局域模型特性，可进一步做出如下假设，当取线性微分算子$\mathcal{L}$的格林函数时，有

$$\mathcal{L}\alpha(|\boldsymbol{x}-\boldsymbol{x}'|)=\delta(|\boldsymbol{x}-\boldsymbol{x}'|) \tag{2.96}$$

非局域本构关系式（2.87）化为微分方程

$$\mathcal{L}\sigma_{ij}=\sigma_{ij}^{c} \tag{2.97}$$

积分偏微分方程式（2.86）相应化简为偏微分方程

$$\sigma_{ij}+\mathcal{L}(f_i-\rho\ddot{u}_i)=0 \tag{2.98}$$

爱林根[107],[108]通过将频散曲线与晶格模型进行匹配，提出了带有线性微分算子$\mathcal{L}$表示的 ESGT 模型，线性微分算子定义为

$$\mathcal{L}=1-(e_0a)^2\ \nabla^2 \tag{2.99}$$

其中 a 为内部特征长度（晶格参数、粒度或分子直径），e_0 为材料特征常数，用于调整模型以匹配实验或其他可靠的理论结果。因此，根据式（2.87）至式（2.89）、式（2.94）的本构关系可简化为

$$[1-(e_0a)^2\ \nabla^2]\sigma_{ij}=\sigma_{ij}^{c}=c_{ijkl}\varepsilon_{kl} \tag{2.100}$$

为了简化和避免求解积分偏微分方程，由方程（2.97）至（2.100）给出关系定义的 ESGT 模型已被广泛应用来处理各种线弹性和微/纳米结构力学问题。下面将使用这些方程来研究波在纳米结构中的传播行为。

爱林根[108]研究了函数 $\alpha(|\boldsymbol{x}-\boldsymbol{x}'|,\xi)$，针对一维、二维、三维中非局域模量的计算提出了一些核函数的具体表达式，相关计算结果与基于晶格理论计算的结果很好地吻合。这些表达式总结如下：

一维模型

$$\left.\begin{aligned}&\alpha(|\boldsymbol{x}-\boldsymbol{x}'|,\xi)=\frac{1}{l\xi}\left(1-\frac{|\boldsymbol{x}-\boldsymbol{x}'|}{l\xi}\right),\quad |\boldsymbol{x}-\boldsymbol{x}'|<l\xi\\&\alpha(|\boldsymbol{x}-\boldsymbol{x}'|,\xi)=0,\quad |\boldsymbol{x}-\boldsymbol{x}'|\geqslant l\xi\\&\alpha(|\boldsymbol{x}-\boldsymbol{x}'|,\xi)=\frac{1}{2l\xi}\exp\left(-\frac{|\boldsymbol{x}-\boldsymbol{x}'|}{\xi}\right)\\&\alpha(|\boldsymbol{x}-\boldsymbol{x}'|,\xi)=\frac{1}{l\sqrt{\pi\xi}}\exp\left(-\frac{|\boldsymbol{x}-\boldsymbol{x}'|^2}{l^2\xi}\right)\end{aligned}\right\}\tag{2.101}$$

二维模型

$$\alpha(|\boldsymbol{x}-\boldsymbol{x}'|,\xi)=\frac{1}{2\pi l^2\xi^2}\mathrm{K}_0\left(\frac{\sqrt{|x-x'|}}{l\xi}\right)$$

式中 K_0 为修正的贝塞尔函数。

$$\alpha(|\boldsymbol{x}-\boldsymbol{x}'|,\xi)=\frac{1}{\pi l^2\xi}\exp\left(-\frac{|x-x'|^2}{l^2\xi}\right)$$

三维模型

$$\alpha(|\boldsymbol{x}-\boldsymbol{x}'|,\xi)=\frac{1}{4\pi l^2\xi^2}\exp\left(-\frac{\sqrt{|x-x'|}}{l\xi}\right)$$

$$\alpha(|\boldsymbol{x}-\boldsymbol{x}'|,\xi)=\frac{1}{8\,(\pi\eta)^{3/2}}\exp\left(-\frac{|x-x'|^2}{4\eta}\right)$$

$\eta=a_l^2/(4C^2)$，a_l 是晶格参数，C 是相应的常数，可以通过实验或应用原子晶格理论的结果来确定。

ESGT 本构关系

在这里，将给出一维、二维和三维问题的非局域本构关系，用于第 11 章中研究波在纳米结构中的传播行为。

一维问题的 ESGT 本构关系

根据非局域弹性，一维问题的非局域弹性本构关系表示为

$$\sigma_{xx}-(e_0a)^2\frac{\mathrm{d}^2\sigma_{xx}}{\mathrm{d}x^2}=E\varepsilon_{xx}\tag{2.102}$$

二维问题的 ESGT 本构关系

根据非局域弹性，二维问题的非局域弹性本构关系表示为

$$\sigma_{xx}-(e_0a)^2\left[\frac{\partial^2\sigma_{xx}}{\partial x^2}+\frac{\partial^2\sigma_{xx}}{\partial y^2}\right]=\frac{E}{1-\nu^2}(\varepsilon_{xx}+\nu\varepsilon_{yy})$$

$$\sigma_{yy}-(e_0a)^2\left[\frac{\partial^2\sigma_{yy}}{\partial x^2}+\frac{\partial^2\sigma_{yy}}{\partial y^2}\right]=\frac{E}{1-\nu^2}(\varepsilon_{yy}+\nu\varepsilon_{xx})$$

$$\tau_{xy}-(e_0a)^2\left[\frac{\partial^2\tau_{xy}}{\partial x^2}+\frac{\partial^2\tau_{xy}}{\partial y^2}\right]=\frac{E}{2(1+\nu)}\gamma_{xy}$$

三维问题的 ESGT 本构关系

根据非局域弹性，三维问题的非局域弹性本构关系表示为

$$\sigma_{xx}-(e_0a)^2\left[\frac{\partial^2\sigma_{xx}}{\partial x^2}+\frac{\partial^2\sigma_{xx}}{\partial y^2}+\frac{\partial^2\sigma_{xx}}{\partial z^2}\right]=\frac{E}{1-\nu^2}(\varepsilon_{xx}+\nu\varepsilon_{yy}+\nu\varepsilon_{zz}) \tag{2.103}$$

$$\sigma_{yy}-(e_0a)^2\left[\frac{\partial^2\sigma_{yy}}{\partial x^2}+\frac{\partial^2\sigma_{yy}}{\partial y^2}+\frac{\partial^2\sigma_{yy}}{\partial z^2}\right]=\frac{E}{1-\nu^2}(\varepsilon_{yy}+\nu\varepsilon_{xx}+\nu\varepsilon_{zz}) \tag{2.104}$$

$$\sigma_{zz}-(e_0a)^2\left[\frac{\partial^2\sigma_{zz}}{\partial x^2}+\frac{\partial^2\sigma_{zz}}{\partial y^2}+\frac{\partial^2\sigma_{zz}}{\partial z^2}\right]=\frac{E}{1-\nu^2}(\varepsilon_{zz}+\nu\varepsilon_{yy}+\nu\varepsilon_{xx}) \tag{2.105}$$

$$\tau_{xy}-(e_0a)^2\left[\frac{\partial^2\tau_{xy}}{\partial x^2}+\frac{\partial^2\tau_{xy}}{\partial y^2}+\frac{\partial^2\tau_{xy}}{\partial z^2}\right]=\frac{E}{2(1+\nu)}\gamma_{xy} \tag{2.106}$$

$$\tau_{yz}-(e_0a)^2\left[\frac{\partial^2\tau_{yz}}{\partial x^2}+\frac{\partial^2\tau_{yz}}{\partial y^2}+\frac{\partial^2\tau_{yz}}{\partial z^2}\right]=\frac{E}{2(1+\nu)}\gamma_{yz} \tag{2.107}$$

$$\tau_{zx}-(e_0a)^2\left[\frac{\partial^2\tau_{zx}}{\partial x^2}+\frac{\partial^2\tau_{zx}}{\partial y^2}+\frac{\partial^2\tau_{zx}}{\partial z^2}\right]=\frac{E}{2(1+\nu)}\gamma_{zx} \tag{2.108}$$

其中，σ_{xx}、σ_{yy}、σ_{zz} 是正应力；τ_{xy}、τ_{yz}、τ_{zx} 为剪应力；ε_{xx}、ε_{yy}、ε_{zz} 为正应变；γ_{xy}、γ_{yz}、γ_{zx} 为剪切应变；E 是材料的杨氏模量；ν 是泊松比；参数 e_0a 是尺度系数，它可以表征纳米尺寸结构响应的小尺度效应。

2.2.2　应变梯度理论

前面的章节中介绍了有关应变梯度的理论，其中最著名的是 1964 年出现的 Mindlin 理论[236]。该理论本构模型给出的本构矩阵中共有 1764 个系数，其中 903 个系数是独立的。即使对于各向同性材料的假设，需要确定的独立常数的数目也有 18 个。全部确定这些常数是一项艰巨的任务，因此该理论虽然完整性强，但实际应用却很少。为了增强其实用性，减少待确定常数的数量，包括 Mindlin 在内的许多研究人员对微观结构的变形场进行了一系列假设。对于波传播分析，需要的是一个简单的理

论，不仅在本构模型只有较少待定常数，而且应是稳定的。也就是说，与应变梯度理论相关的一个问题是，在一些理论中，控制微分方程存在不稳定或发散解（与应变梯度理论相关的稳定性问题细节，请参阅文献[11]了解）。因此，在本节中，将介绍一个非常简单的应变梯度理论，该理论可以很好地用于理解波在纳米结构中的传播，这是一个基于拉普拉斯算子的应变梯度理论。

基于拉普拉斯算子的应变梯度理论被广泛应用于静力分析，特别是那些涉及裂纹的结构，主要是为了克服裂纹尖端附近的应力奇点影响。然而，在动力分析中，它主要用于描述非均匀介质中的频散波传播。可以用一个由弹簧和质量组成的简单晶格模型推导出基于拉普拉斯算子的应变梯度理论，如图 2.6 所示。

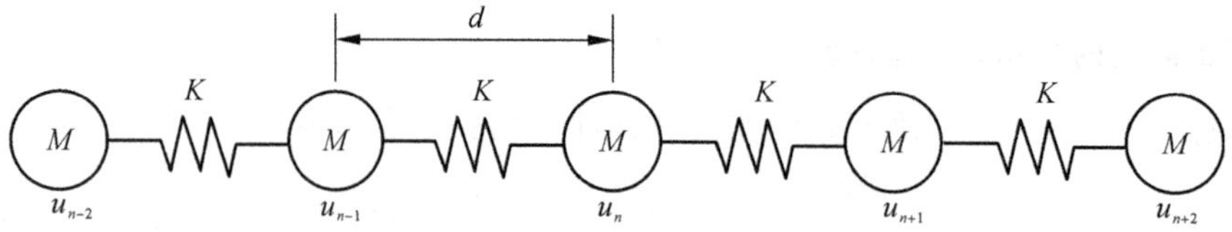

图 2.6　一维离散格点模型

图中展示了在离散点 $n+2$、$n+1$、n、$n-1$、$n-2$ 处一维晶格的变形，考虑点 n、$n-1$和 $n+1$ 的 3 个粒子。如果单独拿出其中一个点，画出自由体图，并应用牛顿第二定律，得到

$$M\ddot{u}_n=K(u_{n+1}-u_n)+K(u_{n-1}-u_n)=K(u_{n+1}-2u_n+u_{n-1}) \tag{2.109}$$

接下来，将把离散化的运动方程转换成连续方程。为此，将泰勒级数中间距为 d 的$n+1$和 $n-1$ 粒子的变形扩展为

$$\left.\begin{aligned}u_{n-1}&=u_n-d\frac{\mathrm{d}u_n}{\mathrm{d}x}+d^2\frac{1}{2}\frac{\mathrm{d}^2u_n}{\mathrm{d}x^2}-\cdots\\u_{n+1}&=u_n+d\frac{\mathrm{d}u_n}{\mathrm{d}x}+d^2\frac{1}{2}\frac{\mathrm{d}^2u_n}{\mathrm{d}x^2}+\cdots\end{aligned}\right\} \tag{2.110}$$

假设均匀化晶格具有材料性质（杨氏模量）E 和密度 ρ，可以用晶格间距常数 K 和晶格质量 M 表示，$E=Kd/A$ 和 $M=\rho Ad$，其中 A 是等效连续介质的面积，d 是晶格中粒子的间距。使用式(2.110)、(2.109)，忽略泰勒级数中的高阶项，假设 $u_n=u(x,t)$，则得到

$$E\left(\frac{\mathrm{d}^2u}{\mathrm{d}x^2}+\frac{1}{12}d^2\frac{\mathrm{d}^4u}{\mathrm{d}x^4}\right)=\rho\frac{\mathrm{d}^2u}{\mathrm{d}t^2} \tag{2.111}$$

式(2.111)可以用应变-位移关系改写为

$$E\left(\frac{\mathrm{d}\varepsilon}{\mathrm{d}x}+\frac{1}{12}d^2\frac{\mathrm{d}^2\varepsilon}{\mathrm{d}x^2}\right)=\rho\frac{\mathrm{d}^2u}{\mathrm{d}t^2} \tag{2.112}$$

很容易看出式(2.112)左边的项就是 $\mathrm{d}\sigma/\mathrm{d}x$，其中

$$\sigma=E\left(\varepsilon+\frac{1}{12}d^2\frac{\mathrm{d}^2\varepsilon}{\mathrm{d}x^2}\right) \tag{2.113}$$

下式就是基于应变梯度的弹性理论推导出简单一维晶格的本构模型

$$\sigma_{ij}=C_{ijkl}\left(\varepsilon_{kl}+g^2\ \frac{\mathrm{d}^2\varepsilon_{kl}}{\mathrm{d}m^2}\right) \tag{2.114}$$

式(2.113)可以推广到三维,其中 g 为长度尺度参数,通常用晶格参数 d 表示,C_{ijkl} 为四阶张量。本构模型给出的方程式(2.114)已经被许多研究者提出。[18],[59],[337],[355]上述本构模型的主要问题是,模型的某一阶方程所提供的最终解可能既不唯一也不稳定。例如,给出了一维纳米杆的二阶应变梯度模型为

$$\sigma(x)=E\left[\varepsilon(x)+g^2\ \frac{\mathrm{d}^2\varepsilon_x}{\mathrm{d}x^2}\right]$$

该模型被证明是不稳定的(见文献[133]),而同一纳米杆的四阶应变梯度模型,其本构模型为

$$\sigma(x)=E\left[\varepsilon(x)+g^2\ \frac{\mathrm{d}^2\varepsilon_x}{\mathrm{d}x^2}+g^4\ \frac{\mathrm{d}^4\varepsilon_x}{\mathrm{d}x^4}\right]$$

上式所表征的本构模型是高度稳定的(更多细节见文献[133])。式中,E 为纳米杆的杨氏模量。

然而,Aifantis 及其同事[7,10,308]推导出了如下的应变梯度弹性本构模型:

$$\sigma_{ij}=C_{ijkl}\left(\varepsilon_{kl}-g^2\ \frac{\mathrm{d}^2\varepsilon_{kl}}{\mathrm{d}m^2}\right) \tag{2.115}$$

注意式(2.114)和式(2.115)之间的主要区别,式(2.115)中高阶应变项前为负号。上述模型被认为是高度稳定的。上述模型中梯度项符号、解唯一性及稳定性的问题,相对它描述频散波传播的能力,已经在相关弹性的学术界引发了严重的争论。参见 Mindlin 和 Tiersten[234]以及 Yang 和 Gao[392]的早期研究,在这些研究中,这种困境被命名为符号悖论。正负符号模型的比较研究可以参见文献[17,353,354],其中一些方面的理论将在第 11 章中讨论。

总　　结

本章的主题分两部分。第一部分介绍弹性理论(通常称为局域理论)的基础知识,第二部分讨论梯度弹性理论(通常称为非局域理论)。在局域理论中,首先,推导了拉格朗日参考系和欧拉参考系中运动、应变的概念以及应变-位移关系;其次,推导了应力的概念、应力-应变关系、主应力的表达式、基于胡克定律和基于虚功原理的不同材料体系的三维固体本构模型;最后,给出了基于虚功原理的三维固体运动控制方程。第一部分的最后一个方面,介绍了给定三维弹性问题的求解方法,其中描述了两种方法,一种是应力作为基本未知量,另一种是位移作为基本未知量。在后面的章节中,将使用本章这一部分提出的概念来研究波在许多不同机械波导中的传播。

在本章的第二部分，对梯度弹性理论进行了详细的阐述。首先，对现有的梯度理论进行了综述，并对两种简单的梯度弹性理论，即爱林根应力梯度理论(ESGT)和拉普拉斯应变梯度理论进行了较为详细的讨论。这一部分还讨论了与这些理论有关的一些问题，对于研究纳米结构中的波传播非常有用，这将在第 11 章中介绍。

本章所涵盖的内容不能说详尽充实，但对于理解本书后续章节已足够。关于这些问题，特别是弹性理论，有许多经典的教科书。强烈建议读者查阅这些教科书，以便对这些问题有更深入的了解。

第3章

复合材料与梯度功能材料概述

本章概述了复合材料和梯度功能材料的相关基础知识。复合材料是一种各向异性的非均质材料，在载荷作用下各个坐标方向上的变形或运动具有强相关性。也就是说，根据复合材料各向异性的程度和特性，轴向撞击可能会产生弯曲运动或扭转运动。从波的传播角度看，耦合运动引入多个截止频率和不同的传播特性，使波的传播变得非常复杂。本章简要介绍了复合材料，特别是层状复合材料，并对其性能和均匀性进行评价。复合材料的基础知识是理解和学习本书后续章节中波在复合材料中传播部分的重要前提。本章只是简述复合材料相关基础知识，建议读者参考关于这一主题的进阶教科书，如文献[171]，[351]。

在层状复合材料小节之后，对梯度复合材料也进行了简单介绍。梯度功能材料通常是将杨氏模量相差很大的连接在一起的两种不同材料。一般直接连接这两种材料，杨氏模量的巨大差异会产生陡峭的应力梯度，最终将导致这两种材料的层间剥离。在这两种材料层之间引入功能梯度层则会有效缓解应力梯度，从而避免材料界面处产生过大的剥离应力。功能梯度层的材料性质将在上述两层材料的性质之间变化，这意味着功能梯度层在性质上是不均匀的。也就是说，功能梯度层材料的弹性模量和密度将会是空间坐标的函数。这些特性会使波在梯度材料中传播变得不均匀，使其在传播过程中发生衰减，产生一些与各向同性材料迥异的新传播特性。本章相关基础知识对于学习本书第8章中波在梯度功能材料结构中传播的内容非常重要。

3.1 复合材料概论

顾名思义，复合材料是由两种或两种以上不同的物质组分在宏观尺度上组合而成并具有某种功能的多相材料。复合材料在宏观上具有均匀性，在微观尺度则是不均匀的。复合材料的组分和组成可以按需设计与优化。由于其可以设计成具有低密度、高强度的特性，甚至还具有很高的耐腐蚀性，在结构工程中得到越来越广泛的应用。复合材料的主要组分可以分为增强体和基体。根据增强体和基体的类型以及结合方式，可以构造不同类型的复合材料。由于这两种组分材料的本征特性不同，所得到的复合材料的本构模型通常是各向异性的。依据组分及空间分布特性，复合材料可以分为三个不同的类别，即纤维复合材料、颗粒复合材料和层状复合材料。

纤维复合材料的增强体一般为纤维束或晶须，用于承载结构所承受的载荷，基体将增强体连接在一起，传递并分散增强体中的应力，并保护增强体免受有害环境的损伤，使复合材料的强度更高，耐久性更强。常用的增强体材料主要有碳纤维、玻璃纤维、芳纶纤维。基体通常具有较低的刚度、密度和强度，最常用的基体材料是环氧树脂，它是一种高分子材料。

颗粒复合材料由金属或非金属颗粒增强材料分散在基体材料中复合而成。混凝土就是一种典型的颗粒复合材料，由沙子、花岗岩、水泥（基体）混合组合而成。广泛用作绝缘材料的云母基复合材料也是一种典型的颗粒复合材料。航天器广泛使用的火箭推进剂燃料是金属颗粒复合材料的一个典型例子，其由混合在有机黏合剂中的铝粉和高氯酸盐氧化剂组成，黏合剂通常是聚氨酯。

在结构工程中，上述两类复合材料使用较少，最广泛应用的是层状复合材料。因此，本章将用一整节来介绍层状复合材料。

3.2 层状复合材料理论

层状复合材料由于具有高比强度、比刚度以及良好的耐腐蚀性、隔热和隔音性能；还可以根据所承受的载荷方向进行强度的按需定制等特点，因此近年来被广泛用于飞机、汽车和建筑结构。

层状复合材料由多层片状材料堆叠形成，其堆叠层的数量取决于所需的材料强度，每层中纤维均由基体材料粘合在一起，纤维取向与材料需要最大强度的方向一致。层状复合材料的强度通常取决于纤维的种类。常用的纤维有：碳纤维、玻璃纤维、凯夫拉纤维和硼纤维。常用的基体材料主要有聚醚醚酮（PEEK）、乙烯基酯树脂、环氧树脂。层状复合材料在厚度方向上具有正交各向异性，在层平面上则表现出高度的各向异性。如前所述，各向异性导致刚度耦合，例如梁和板的弯曲-轴向-剪切耦合，薄壁飞机结构的弯曲-轴向-扭转耦合等。与各向同性材料相比，这些耦合效应使得层状复合材料的分析更加困难。

这里介绍的层状复合材料理论和分析包括三部分:(a)层状材料的性能确定的微观力学分析;(b)层状材料的性能确定的宏观力学分析;(c)使用经典板理论获得运动控制方程。

3.2.1 复合材料的微观力学分析

单层板是层状复合材料的基本组成部分,一般由纤维和树脂粘合而成。单层板和层状复合材料的强度取决于纤维的类型、取向以及纤维的体积分数。纤维在基体中的分布特性使得单层板和层状复合材料结构具有各向异性,通常假定单层板是正交各向异性。确定正交各向异性单层板性能是一个非常复杂的过程,通常采用微观力学分析方法。Jones 在文献[171]中提到,采用微观力学方法详细分析复合材料各组分之间的相互作用是复合材料研究的重要组成部分。

微观力学方法的目标是通过复合材料组分(纤维和基体)的模量确定复合材料本身的模量,因此复合材料单层板的弹性模量可以表示为:

$$Q_{ij}=Q_{ij}(E_f,E_m,\nu_f,\nu_m,V_f,V_m) \tag{3.1}$$

其中 E、ν、V 分别为弹性模量、泊松比和体积分数,下标中的 f,m 分别表示纤维和基体。纤维的体积分数由表达式:V_f=(纤维的体积)/(层片的总体积)确定,基体的体积分数为:$V_m=1-V_f$。

确定单层板的材料特性有两种不同的方法,分别为:(1)材料强度法;(2)弹性理论法。材料强度方法采用实验测量法直接确定弹性模量;弹性理论法则是给出弹性模量的上限和下限边界,而不是实际值。有许多文献介绍了应用弹性理论来确定复合材料弹性模量的方法。因此在本节中,重点介绍确定单层板的力学性能的材料强度法。

确定单层板的材料特性通常需要基于其力学行为特性进行一系列假设。基本假设为:增强体纤维具有较高的强度,是主要承受载荷的组分,基体组分主要起粘结,均衡和分散载荷,保护纤维的作用。同时,假定基体和纤维的应变相同。因此,平截面在施加载荷后将仍保持平面。在当前的分析中,我们将基于单向正交各向异性复合材料层板来推导弹性模量的表达式。

选取一个足够小体积单元,且该单元既可以显示微观结构细节,又可以代表复合材料的整体性能,称之为代表性体积单元(RVE)。图 3.1(a)展示了典型的代表性体积单元,由一根纤维和包裹它的基体组成。

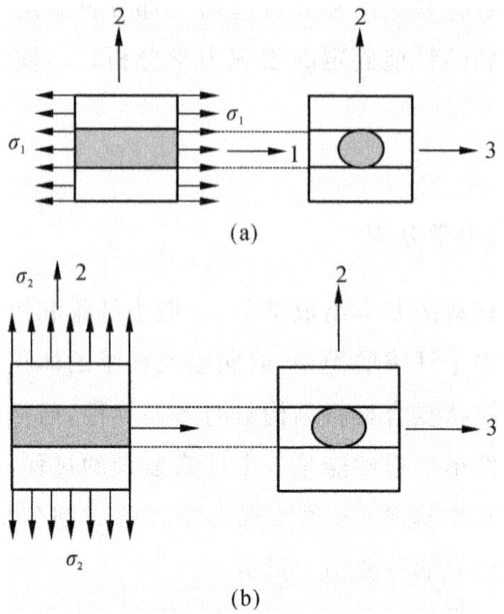

图 3.1 测定材料性能的体积单元

(a)测定材料纵向特性的代表性体积单元;(b)测定材料横向特性的代表性体积单元

根据图 3.1 给出弹性模量 E_1 的测定过程。在图 3.1(a)中,1 方向应变由 $\varepsilon_1=\Delta L/L$ 给出,根据基本假设,基体和纤维都承受相同的应变,因此纤维和基体中相应的应力可由下面表达式给出:

$$\sigma_f=E_f\varepsilon_1, \quad \sigma_m=E_m\varepsilon_1 \tag{3.2}$$

其中 E_f 和 E_m 分别为纤维和基体的弹性模量。代表性体积单元的横截面面积记为 A,由纤维的面积 A_f 和基体的面积 A_m 组成。若作用在截面上的总应力为 σ_1,则作用在截面上的总载荷为:

$$P=\sigma_1 A=E_1\varepsilon_1 A=\sigma_f A_f+\sigma_m A_m \tag{3.3}$$

由上式,1 方向弹性模量可写成:

$$E_1=E_f\frac{A_f}{A}+E_m\frac{A_m}{A} \tag{3.4}$$

纤维和基体的体积分数用纤维和基体的面积表示为:

$$V_f=A_f/A, \quad V_m=A_m/A \tag{3.5}$$

将式(3.5)代入式(3.4),可将 1 方向模量表示为

$$E_1=E_f V_f+E_m V_m \tag{3.6}$$

式(3.6)即是常见的混合法则,用于获得单层板纤维取向方向上的等效模量。

如图 3.1(b)所示,单层板的等效模量 E_2 可采用加载一个垂直于纤维取向的应力 σ_2 的方法来确定。如前假设,认为应力在基体和纤维中是相同的,因此在载荷 σ_2 作用下纤维和基体中的应变可由下式给出

$$\varepsilon_f = \sigma_2 / E_f, \quad \varepsilon_m = \sigma_2 / E_m \tag{3.7}$$

如果 h 是代表性体积的厚度[图 3.1(b)]，则总应变 ε_2 作为体积分数的函数分布如下

$$\varepsilon_2 h = (V_f \varepsilon_f + V_m \varepsilon_m) h \tag{3.8}$$

将式(3.7)代入式(3.8)中，得到

$$\varepsilon_2 = V_f \frac{\sigma_2}{E_f} + V_m \frac{\sigma_2}{E_m} \tag{3.9}$$

又

$$\sigma_2 = E_2 \varepsilon_2 = E_2 \left(V_f \frac{\sigma_2}{E_f} + V_m \frac{\sigma_2}{E_m} \right) \tag{3.10}$$

根据上述关系，横向的等效模量可由下式给出

$$E_2 = E_f E_m / (V_f E_m + V_m E_f) \tag{3.11}$$

接下来确定主泊松比 ν_{12}。对宽度 W 和厚度 h 的代表性体积单元沿纤维方向进行加载，那么沿 1 和 2 方向产生将产生应变 ε_1 和 ε_2。则单元总横向变形 δ_h 是基体和纤维横向变形的总和，由下式给出

$$\delta_h = \delta_{hf} + \delta_{hm} \tag{3.12}$$

主泊松比也被定义为横向应变与纵向应变之比，数学上表示为

$$\nu_{12} = -\varepsilon_2 / \varepsilon_1 \tag{3.13}$$

总横向变形也可以用深度 h 表示为

$$\delta_h = -h\varepsilon_2 = h\nu_{12}\varepsilon_1 \tag{3.14}$$

按照测定横向模量所采用的方法，基质和纤维中的横向位移可以用其各自的体积分数和泊松比表示为

$$\delta_{hf} = h V_f \nu_f \varepsilon_1, \quad \delta_{hm} = h V_m \nu_m \varepsilon_1 \tag{3.15}$$

使用式(3.14)和式(3.15)。主泊松比的表达式可写成

$$\nu_{12} = \nu_f V_f + \nu_m V_m \tag{3.16}$$

通过采用与测定横向模量类似的方法，可以将剪切模量用组分的性质表示为

$$G_{12} = G_f G_m / (V_f G_m + V_m G_f) \tag{3.17}$$

密度是复合材料下一个需要确定的重要特性。为此，从单层板的总质量开始，它是纤维和基体质量的总和。也就是说，总质量 M 可以用密度(ρ_f 和 ρ_m)和体积(V_f 和 V_m)来表示

$$M = M_f + M_m = \rho_f V_f + \rho_m V_m \tag{3.18}$$

复合材料的密度可以表示为

$$\rho = M/V = (\rho_f V_f + \rho_m V_m)/V \tag{3.19}$$

单层板的这些特性确定后，就可以对单层板进行宏观力学分析，获得复合材料单层板的本构模型，这将在下一小节中描述。

3.2.2 复合材料宏观力学分析

确定复合材料单层板的本构模型是其宏观力学研究的基础。微观力学将复合材料视为非均质的，宏观力学假定材料是均质的，将材料中各相物质的影响仅作为复合材料的平均表现性能来考虑。以下是用于推导本构关系的基本假设。

1. 材料力学行为满足线弹性假定，适用于胡克定律和虚功原理。

2. 在单层板的尺度上，假定复合材料是均匀的和正交各向异性的。因此，该材料有两个对称平面，一个与纤维方向一致，一个垂直于纤维方向。

3. 单层板的应力状态主要是平面应力状态。

考虑图 3.2 所示的带主轴的单层板，将其表示为 1—2—3 轴。即，轴 1 对应于纤维的取向，轴 2 是层平面内垂直于纤维取向的轴。假设板层处于三维应力状态，有 6 个应力分量，分别为$\{\sigma_{11}\quad\sigma_{22}\quad\sigma_{33}\quad\tau_{23}\quad\tau_{13}\quad\tau_{12}\}$。对于三维应力状态下的正交各向异性材料，必须确定 9 个工程常数。下面将开始宏观力学的分析。正交各向异性材料的应力-应变关系由下式给出(第 2 章第 2.1.6 节已导出)

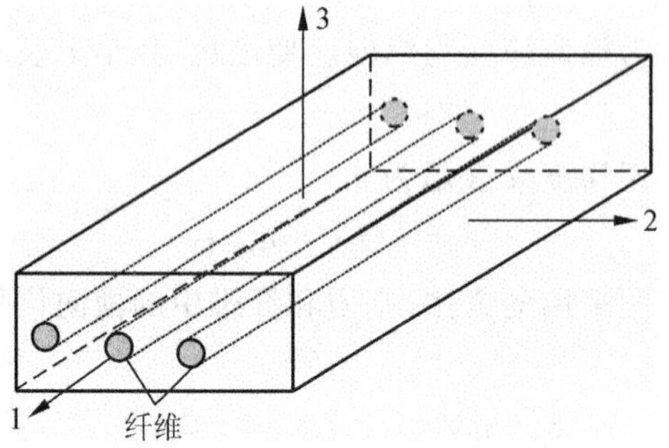

图 3.2 板的主轴

$$\begin{Bmatrix}\varepsilon_{11}\\ \varepsilon_{22}\\ \varepsilon_{33}\\ \gamma_{23}\\ \gamma_{13}\\ \gamma_{12}\end{Bmatrix}=\begin{bmatrix}S_{11} & S_{12} & S_{13} & 0 & 0 & 0\\ S_{12} & S_{22} & S_{23} & 0 & 0 & 0\\ S_{13} & S_{23} & S_{33} & 0 & 0 & 0\\ 0 & 0 & 0 & S_{44} & 0 & 0\\ 0 & 0 & 0 & 0 & S_{55} & 0\\ 0 & 0 & 0 & 0 & 0 & S_{66}\end{bmatrix}\begin{Bmatrix}\sigma_{11}\\ \sigma_{22}\\ \sigma_{33}\\ \tau_{23}\\ \tau_{13}\\ \tau_{12}\end{Bmatrix}\tag{3.20}$$

这里，S_{ij} 是材料柔度，与工程常数的关系见文献[171]。ν_{ij} 是当应力作用于第 i 方向时第 j 方向上横向应变的泊松比，由下式给出

$$\nu_{ij}=-\varepsilon_{jj}/\varepsilon_{ii}\tag{3.21}$$

当 $\sigma_{jj}=\sigma$ 且其他应力均为零时，上述条件成立。由于刚度系数 $C_{ij}=C_{ji}$，可得柔度矩阵也是对称的，即 $S_{ij}=S_{ji}$。这个条件强制泊松比满足下面的式子

$$\frac{\nu_{ij}}{E_i}=\frac{\nu_{ji}}{E_j} \tag{3.22}$$

因此，对于三维应力状态下的单层板，只需要确定 3 个泊松比，即 ν_{12}、ν_{23} 和 ν_{31}。其他泊松比可由式(3.22)得到。

在大部分分析中，需假定平面应力的条件。此处，假定 1-2 平面中满足平面应力条件(图 3.2)，基于上述假定推导了方程。然而，如果必须对层合梁进行分析，其本质上是一维构件，则平面应力条件将存在于 1-3 平面，可以遵循类似的求解过程。

对于 1-2 平面的平面应力条件，将式(3.20)中的部分应力设为 0，即 $\sigma_{33}=\tau_{23}=\tau_{13}=0$。得到平面应力条件下的本构模型为

$$\begin{Bmatrix}\varepsilon_{11}\\ \varepsilon_{22}\\ \gamma_{12}\end{Bmatrix}=\begin{bmatrix}1/E_1 & -\nu_{12}/E_1 & 0\\ -\nu_{21}/E_2 & 1/E_2 & 0\\ 0 & 0 & 1/G_{12}\end{bmatrix}\begin{Bmatrix}\sigma_{11}\\ \sigma_{22}\\ \tau_{12}\end{Bmatrix} \tag{3.23}$$

注意，应变 ε_{33} 也存在，它可以从第三个本构方程得到

$$\varepsilon_{33}=S_{13}\sigma_{11}+S_{23}\sigma_{22} \tag{3.24}$$

这个方程意味着泊松比 ν_{13} 和 ν_{23} 也应该存在。改变式(3.23)的基本变量，可以用应变来表示应力，有

$$\begin{Bmatrix}\sigma_{11}\\ \sigma_{22}\\ \tau_{12}\end{Bmatrix}=\begin{bmatrix}Q_{11} & Q_{12} & 0\\ Q_{12} & Q_{22} & 0\\ 0 & 0 & Q_{66}\end{bmatrix}\begin{Bmatrix}\varepsilon_{11}\\ \varepsilon_{22}\\ \gamma_{12}\end{Bmatrix} \tag{3.25}$$

式中，Q_{ij} 为简化后的刚度系数，可以用弹性常数表示为

$$Q_{11}=\frac{E_1}{1-\nu_{12}\nu_{21}},\quad Q_{12}=\nu_{21}Q_{11},\quad Q_{22}=\frac{E_2}{1-\nu_{12}\nu_{21}},\quad Q_{66}=G_{12} \tag{3.26}$$

接下来，介绍具有任意纤维取向单层板的本构关系的求解过程。在大多数情况下，x—y轴全局坐标的方向是根据求解的问题自然确定，通常不与单层板的主轴重合。层的局部坐标和全局坐标如图 3.3(a)所示。取 dA 为板上的一个小单元，其独立体单元如图 3.3(b)所示。

考虑自由体 A，将轴 1 方向上的所有力相加，得到

$$\begin{aligned}&\sigma_{11}\mathrm{d}A-\sigma_{xx}(\cos\theta\mathrm{d}A)(\cos\theta)-\sigma_{yy}(\sin\theta\mathrm{d}A)(\sin\theta)-\\&\tau_{xy}(\sin\theta\mathrm{d}A)(\cos\theta)-\tau_{xy}(\cos\theta\mathrm{d}A)(\sin\theta)=0\end{aligned} \tag{3.27}$$

通过化简，上式可以写为

$$\sigma_{11}=\sigma_{xx}\cos^2\theta+\sigma_{yy}\sin^2\theta+2\tau_{xy}\sin\theta\cos\theta \tag{3.28}$$

类似地，通过将沿轴 2(自由体 A)的所有力相加，得到

$$\begin{aligned}&\tau_{12}\mathrm{d}A-\sigma_{xx}(\cos\theta\mathrm{d}A)(\sin\theta)-\sigma_{yy}(\sin\theta\mathrm{d}A)(\cos\theta)-\\&\tau_{xy}(\sin\theta\mathrm{d}A)(\sin\theta)-\tau_{xy}(\cos\theta\mathrm{d}A)(\cos\theta)=0\end{aligned} \tag{3.29}$$

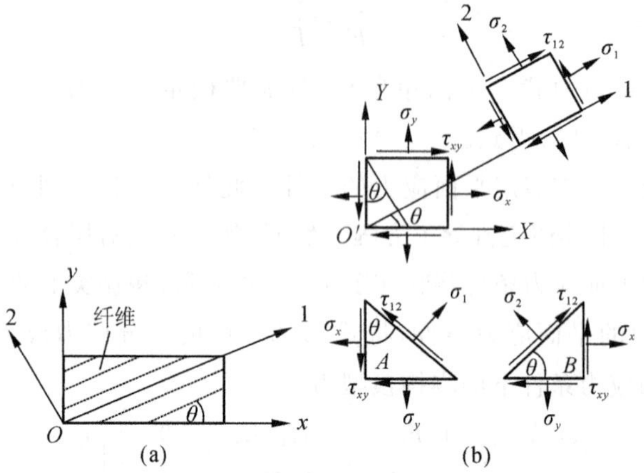

图 3.3 任意纤维取向单层板的本构关系

(a)薄片的主材料轴和全局 x-y 轴;(b)层板坐标系和受力独立体单元

化简上面的方程,得到

$$\tau_{12}=-\sigma_{xx}\sin\theta\cos\theta+\sigma_{yy}\sin\theta\cos\theta+\tau_{xy}(\cos^2\theta-\sin^2\theta) \tag{3.30}$$

按照同样的步骤,将自由体 B 中两个方向上的所有力加起来,有

$$\sigma_{22}=\sigma_{xx}\sin^2\theta+\sigma_{yy}\cos^2\theta-2\tau_{xy}\sin\theta\cos\theta \tag{3.31}$$

式(3.28)、式(3.31)和式(3.30)可以写成矩阵形式

$$\begin{Bmatrix}\sigma_{11}\\ \sigma_{22}\\ \tau_{12}\end{Bmatrix}=\begin{bmatrix}C^2 & S^2 & 2CS\\ S^2 & C^2 & -2CS\\ -CS & CS & (C^2-S^2)\end{bmatrix}\begin{Bmatrix}\sigma_{xx}\\ \sigma_{yy}\\ \tau_{xy}\end{Bmatrix} \tag{3.32}$$

$$C=\cos\theta,\quad S=\sin\theta$$

或
$$\{\boldsymbol{\sigma}\}_{12}=[\boldsymbol{T}]\{\boldsymbol{\sigma}\}_{xy}$$

以类似的方式,从 1—2 轴的应变可以通过类似的变换转换到 x-y 轴。注意,要保持相同的变换,且剪切应变需除以 2,结果为

$$\begin{Bmatrix}\varepsilon_{11}\\ \varepsilon_{22}\\ \dfrac{\gamma_{12}}{2}\end{Bmatrix}=\begin{bmatrix}C^2 & S^2 & 2CS\\ S^2 & C^2 & -2CS\\ -CS & CS & (C^2-S^2)\end{bmatrix}\begin{Bmatrix}\varepsilon_{xx}\\ \varepsilon_{yy}\\ \dfrac{\gamma_{xy}}{2}\end{Bmatrix}\text{或者}\{\bar{\boldsymbol{\varepsilon}}\}_{12}=[\boldsymbol{T}]\{\bar{\boldsymbol{\varepsilon}}\}_{xy} \tag{3.33}$$

用全局坐标系下的应力和应变取代(3.32)和式(3.33)中基本变量,有

$$\begin{Bmatrix}\sigma_{xx}\\ \sigma_{yy}\\ \tau_{xy}\end{Bmatrix}=\begin{bmatrix}C^2 & S^2 & -2CS\\ S^2 & C^2 & 2CS\\ CS & -CS & (C^2-S^2)\end{bmatrix}\begin{Bmatrix}\sigma_{11}\\ \sigma_{22}\\ \tau_{12}\end{Bmatrix}\text{或者}\{\boldsymbol{\sigma}\}_{xy}=[\boldsymbol{T}]^{-1}\{\boldsymbol{\sigma}\}_{12} \tag{3.34}$$

$$\begin{Bmatrix}\varepsilon_{xx}\\ \varepsilon_{yy}\\ \frac{\gamma_{xy}}{2}\end{Bmatrix}=\begin{bmatrix}C^2 & S^2 & -2CS\\ S^2 & C^2 & 2CS\\ CS & -CS & (C^2-S^2)\end{bmatrix}\begin{Bmatrix}\varepsilon_{11}\\ \varepsilon_{22}\\ \frac{\gamma_{12}}{2}\end{Bmatrix} \text{或者} \{\bar{\boldsymbol{\varepsilon}}\}_{xy}=[\boldsymbol{T}]^{-1}\{\bar{\boldsymbol{\varepsilon}}\}_{12} \tag{3.35}$$

在 1—2 轴和 x—y 轴上的实际应变向量$\{\varepsilon\}_{12}$和$\{\varepsilon\}_{xy}$可通过下面的变换矩阵与$\{\bar{\varepsilon}\}_{12}$和$\{\bar{\varepsilon}\}_{xy}$关联

$$\begin{Bmatrix}\varepsilon_{11}\\ \varepsilon_{22}\\ \gamma_{12}\end{Bmatrix}=\begin{bmatrix}1 & 0 & 0\\ 0 & 1 & 0\\ 0 & 0 & 2\end{bmatrix}\begin{Bmatrix}\varepsilon_{11}\\ \varepsilon_{22}\\ \frac{\gamma_{12}}{2}\end{Bmatrix},\quad \begin{Bmatrix}\varepsilon_{xx}\\ \varepsilon_{yy}\\ \gamma_{xy}\end{Bmatrix}=\begin{bmatrix}1 & 0 & 0\\ 0 & 1 & 0\\ 0 & 0 & 2\end{bmatrix}\begin{Bmatrix}\varepsilon_{xx}\\ \varepsilon_{yy}\\ \frac{\gamma_{xy}}{2}\end{Bmatrix}$$

$$\{\boldsymbol{\varepsilon}\}_{12}=[\boldsymbol{R}]\{\bar{\boldsymbol{\varepsilon}}\}_{12},\quad \{\boldsymbol{\varepsilon}\}_{xy}=[\boldsymbol{R}]\{\bar{\boldsymbol{\varepsilon}}\}_{xy} \tag{3.36}$$

单层板在其主方向上的本构方程[式(3.25)]可以写成

$$\{\boldsymbol{\sigma}\}_{12}=[\boldsymbol{Q}]\{\boldsymbol{\varepsilon}\}_{12} \tag{3.37}$$

将式(3.32)、(3.33)和式(3.36)代入到式(3.37)，有

$$[\boldsymbol{T}]\{\boldsymbol{\sigma}\}_{xy}=[\boldsymbol{Q}][\boldsymbol{R}]\{\bar{\boldsymbol{\varepsilon}}\}_{12}=[\boldsymbol{Q}][\boldsymbol{R}][\boldsymbol{T}]\{\bar{\boldsymbol{\varepsilon}}\}_{xy}=[\boldsymbol{Q}][\boldsymbol{R}][\boldsymbol{T}][\boldsymbol{R}]^{-1}\{\boldsymbol{\varepsilon}\}_{xy} \tag{3.38}$$

因此，全局 x—y 轴上的本构关系可写成

$$\{\boldsymbol{\sigma}\}_{xy}=[\bar{\boldsymbol{Q}}]\{\boldsymbol{\varepsilon}\}_{xy}=[\boldsymbol{T}]^{-1}[\boldsymbol{Q}][\boldsymbol{R}][\boldsymbol{T}][\boldsymbol{R}]^{-1}\{\boldsymbol{\varepsilon}\}_{xy} \tag{3.39}$$

在这里，矩阵$[\bar{\boldsymbol{Q}}]$是完全填充的。因此，虽然层板在其自身主方向上是正交各向异性的，但在变换后的坐标中，它表现出了完全的各向异性行为，即正应力与剪切应变耦合，反之亦然。$[\bar{\boldsymbol{Q}}]$给出了 1-2 平面应力作用下单层板的本构方程，其组成元素由下列式子给出

$$\left.\begin{aligned}
\bar{Q}_{11}&=Q_{11}C^4+2(Q_{12}+2Q_{66})S^2C^2+Q_{22}S^4\\
\bar{Q}_{12}&=(Q_{11}+Q_{22}-4Q_{66})S^2C^2+Q_{12}(S^4+C^4)\\
\bar{Q}_{16}&=(Q_{11}-Q_{12}-2Q_{66})SC^3+(Q_{12}-Q_{22}+2Q_{66})S^3C\\
\bar{Q}_{22}&=Q_{11}S^4+2(Q_{12}+2Q_{66})S^2C^2+Q_{22}C^4\\
\bar{Q}_{26}&=(Q_{11}-Q_{12}-2Q_{66})S^3C+(Q_{12}-Q_{22}+2Q_{66})SC^3\\
Q_{66}&=(Q_{11}+Q_{22}-2Q_{12}-2Q_{66})S^2C^2+Q_{66}(S^4+C^4)
\end{aligned}\right\} \tag{3.40}$$

3.2.3 经典层合板理论

在前两个小节中，介绍了采用微观力学和宏观力学方法，分析复合材料单层板特性。复合材料层合板由若干单层板所构成，以复合材料单层板的宏观性能为依据，以非均质力学的手段来研究层状复合材料的性能，由此发展的理论称为“经典层合板理论(CLPT)”。

针对单层板叠加引起的厚度方向的不均匀性，Kirchoff 和 Love[182],[208]对经典板理论(CPT)进行了修正，提出了“经典层合板理论(CLPT)”。这一理论基于的假设总结如下：

1. 层合板是由单层板完美结合组成的。相邻单层板之间没有滑移，即位移分量在厚度上是连续的。

2. 粘结层非常薄(层间没有缺陷或缝隙)。

3. 粘结层无剪切变形(层间无滑移)。

4. 粘结强度足够大(层合板作为一个单独的层板具有特殊的综合性能)。

5. 单层板是均匀的，其特性是已知的。

6. 每个单层板都处于平面应力状态。

7. 单层板可以是各向同性、正交各向异性或横观各向同性。

8. 层合板的弯曲和拉伸是根据 Kirchoff-Love 假设进行变形的，可以表示为：(a)发生变形后，中间面法线仍然保持直线并垂直于中间面；(b)中间面法线不改变其长度。

现在考虑层合板中间面上的任一点 P，距中间面距离为 z。变形后，该点沿 x 方向的轴向位移如图 3.4 所示。

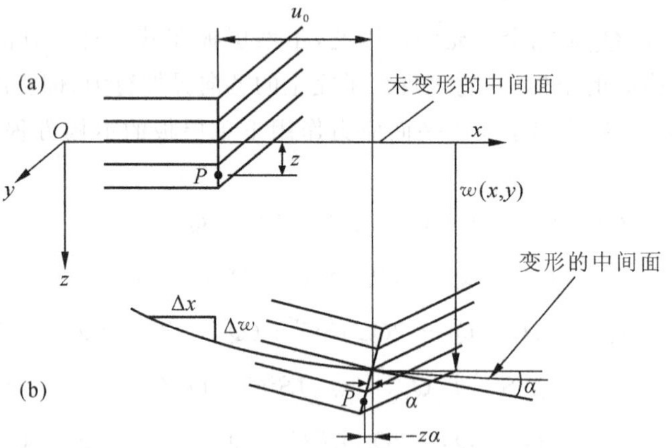

图 3.4　层合几何形状

(a)未变形的中间面；(b)变形的中间面

$$u(x,y,z)=u_0(x,y)-z\tan(\alpha)=u_0(x,y)-z\alpha=u_0(x,y)-z\frac{\partial w}{\partial x} \tag{3.41}$$

式中，u_0 为中间面的轴向变形，α 为变形后的中间面与水平面的夹角，$w(x,y)$为 z 方向的横向变形。类似地，对于 y-z 平面的变形，可以将变形的中间面的斜率表示为$\partial w/\partial y$。因此，P 点沿 y 轴的横向位移可表示为

$$v(x,y,z)=v_0(x,y)-z\frac{\partial w}{\partial y} \tag{3.42}$$

式中，$v_0(x,y)$为中间面的中部横向变形。从而给出了层合板的完全变形场

$$\left.\begin{aligned}&u(x,y,z)=u_0(x,y)-z\frac{\partial w}{\partial x},\quad v(x,y,z)=v_0(x,y)-z\frac{\partial w}{\partial y}\\&w(x,y,z)=w_0(x,y)\end{aligned}\right\}\tag{3.43}$$

第 2.1.3 节中给出的应变位移关系用式(3.44)求解为

$$\left.\begin{aligned}&\varepsilon_{xx}=\frac{\partial u}{\partial x}=\frac{\partial u_0}{\partial x}-z\frac{\partial^2 w}{\partial x^2},\quad \varepsilon_{yy}=\frac{\partial v}{\partial y}=\frac{\partial v_0}{\partial y}-z\frac{\partial^2 w}{\partial y^2}\\&\gamma_{xy}=\frac{\partial u}{\partial y}+\frac{\partial v}{\partial x}=\frac{\partial u_0}{\partial y}+\frac{\partial v_0}{\partial x}-2z\frac{\partial^2 w}{\partial x\partial y}\end{aligned}\right\}\tag{3.44}$$

上式可以写成

$$\{\boldsymbol{\varepsilon}\}_{xy}=\{\boldsymbol{\varepsilon}^{(0)}\}_{xy}+z\{\boldsymbol{\kappa}\}_{xy}\tag{3.45}$$

中间面的应变为

$$\{\varepsilon^{(0)}\}_{xy}=\{\varepsilon_{xx}^{(0)}\quad \varepsilon_{yy}^{(0)}\quad \gamma_{xy}^{(0)}\}^{\mathrm{T}}=\left\{\frac{\partial u_0}{\partial x}\quad \frac{\partial v_0}{\partial y}\quad \frac{\partial u_0}{\partial y}+\frac{\partial v_0}{\partial x}\right\}^{\mathrm{T}}$$

中间面曲率为

$$\{\boldsymbol{\kappa}\}_{xy}=\{\kappa_{xx}\quad \kappa_{yy}\quad \kappa_{xy}\}^{\mathrm{T}}=\left\{-\frac{\partial^2 w}{\partial x^2}\quad -\frac{\partial^2 w}{\partial y^2}\quad -2\frac{\partial^2 w}{\partial x\partial y}\right\}^{\mathrm{T}}$$

其中，κ_{xx}和κ_{yy}表示弯曲曲率，κ_{xy}表示扭转曲率。由式(3.45)可知，应变沿厚度 z 方向呈线性变化。

任意位置的应力可由应变和层间本构关系[式(3.39)]求得。例如，假定单层板的性质是已知的，已知第 k 个单层板的本构方程(即已知主材料方向和整体方向的刚度矩阵)，则第 k 层的应力根据式(3.39)可以表示为

$$\{\boldsymbol{\sigma}\}_{xy}^{k}=[\bar{Q}]^{k}\{\boldsymbol{\varepsilon}\}_{xy}^{k}\tag{3.46}$$

其中$[\bar{Q}]$的元素由式(3.40)给出。将$\{\boldsymbol{\varepsilon}\}_{xy}^{k}$代入式(3.45)并展开，得到

$$\{\boldsymbol{\sigma}\}_{xy}^{k}=[\bar{Q}]^{k}\{\boldsymbol{\varepsilon}^{(0)}\}_{xy}+[\bar{Q}]^{k}+z\{\boldsymbol{\kappa}\}_{xy}\tag{3.47}$$

在这些等式中，在求解 P 点应力时，还需要给出 P 点的应变。应该注意的是，应变是连续的，并且随厚度线性变化。而观察应力在厚度上的分布，可以发现应力是不连续的。这主要是由于单层板刚度在厚度方向是不同的。在同一个单层中，应力呈线性变化，其斜率取决于模量。然而，在两个相邻层的界面处应力是不连续性。图 3.5 中描述了一个三层的层状复合材料中的应力和应变分布情况。

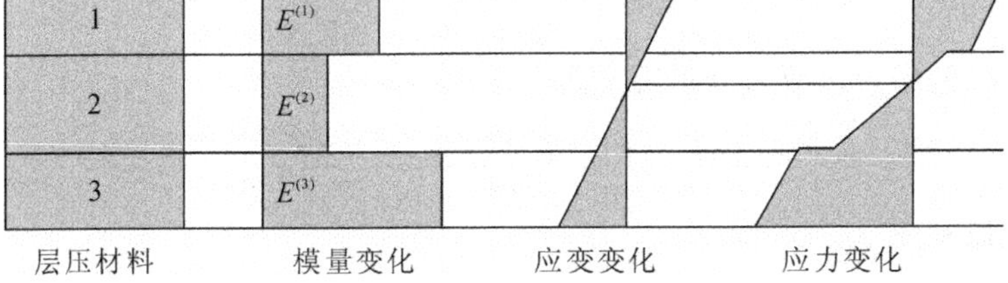

图 3.5　层合板深度上的应变、应力和杨氏模量分布

接下来，将考虑作用在层板上的应力结果，包括面内力和弯矩，如图 3.6(a)和3.6(b)所示。

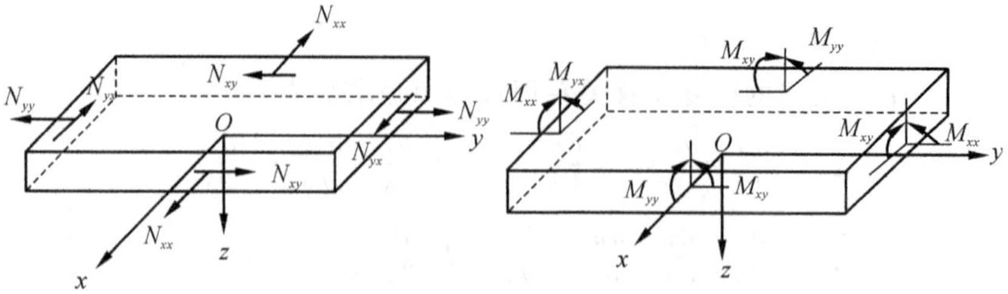

图 3.6 层板上应力作用分析

(a)平面应力结果；(b)力矩结果

单位长度的面内力用应力分量定义为

$$N_{xx}=\int_0^h \sigma_{xx}\,\mathrm{d}z,\quad N_{yy}=\int_0^h \sigma_{yy}\,\mathrm{d}z,\quad N_{xy}=\int_0^h \tau_{xy}\,\mathrm{d}z \tag{3.48}$$

上式可以写成

$$\{\boldsymbol{N}\}_{xy}=\int_0^h \{\boldsymbol{\sigma}\}_{xy}\,\mathrm{d}z \tag{3.49}$$

式中 h 为层合板的厚度。将式(3.47)代入式(3.49)，得到

$$\{\boldsymbol{N}\}_{xy}=\sum_{k=1}^{N_{\mathrm{lay}}}\int_{-z_{k-1}}^{z_k}[\bar{\boldsymbol{Q}}]^k\{\boldsymbol{\varepsilon}^{(0)}\}_{xy}\,\mathrm{d}z+\sum_{k=1}^{N_{\mathrm{lay}}}\int_{-z_{k-1}}^{z_k}[\bar{\boldsymbol{Q}}]^k\{\boldsymbol{\kappa}\}_{xy}z\,\mathrm{d}z \tag{3.50}$$

N_{lay}是层合板中的层数。考虑到中间面的应变$\{\boldsymbol{\varepsilon}^{(0)}\}_{xy}$和曲率$\{\boldsymbol{\kappa}\}_{xy}$是独立于其厚度方向。简化后的刚度转换矩阵$[\bar{\boldsymbol{Q}}]$是厚度和一个与厚度相关常数的函数。现在可以把在多层板厚度上的积分替换为对每个单层板厚度积分的求和。因此，式(3.50)可以写成

$$\{\boldsymbol{N}\}_{xy}=[\boldsymbol{A}]\{\boldsymbol{\varepsilon}^{(0)}\}_{xy}+[\boldsymbol{B}]\{\boldsymbol{\kappa}\}_{xy} \tag{3.51}$$

当

$$[\boldsymbol{A}]=\sum_{k=1}^{N_{\mathrm{lay}}}[\bar{\boldsymbol{Q}}]^k(z_k-z_{k-1}),\quad [\boldsymbol{B}]=\frac{1}{2}\sum_{k=1}^{N_{lay}}[\bar{\boldsymbol{Q}}]^k(z_k^2-z_{k-1}^2) \tag{3.52}$$

矩阵$[\boldsymbol{A}]$表示面内刚度，联系着面内力与面中的应变，矩阵$[\boldsymbol{B}]$表示弯曲刚度耦合关系，联系着面内力与面中曲率的关系。需要注意的是，矩阵$[\boldsymbol{A}]$和$[\boldsymbol{B}]$与矩阵$[\bar{\boldsymbol{Q}}]$一样，均是对称的。

单位长度的内力由应力分量定义为

$$M_{xx}=\int_0^h \sigma_{xx}z\,\mathrm{d}z,\quad M_{yy}=\int_0^h \sigma_{yy}z\,\mathrm{d}z,\quad M_{xy}=\int_0^h \tau_{xy}z\,\mathrm{d}z \tag{3.53}$$

上式可以写成

$$\{\boldsymbol{M}\}_{xy}=\int_0^h \{\sigma\}_{xy}z\,\mathrm{d}z \tag{3.54}$$

将式(3.47)代入式(3.54)，则得到

$$\{\boldsymbol{M}\}_{xy}=\sum_{k=1}^{N_{\text{lay}}}\int_{-z_{k-1}}^{z_k}[\bar{\boldsymbol{Q}}]^k\{\boldsymbol{\varepsilon}^{(0)}\}_{xy}z\,\mathrm{d}z+\sum_{k=1}^{N_{\text{lay}}}\int_{-z_{k-1}}^{z_k}[\bar{\boldsymbol{Q}}]^k\{\boldsymbol{\kappa}\}_{xy}z^2\,\mathrm{d}z \tag{3.55}$$

和前面一样，用求和代替积分，可将式(3.55)写为

$$\{\boldsymbol{M}\}_{xy}=[\boldsymbol{B}]\{\boldsymbol{\varepsilon}^{(0)}\}_{xy}+[\boldsymbol{D}]\{\boldsymbol{\kappa}\}_{xy} \tag{3.56}$$

其中

$$[\boldsymbol{D}]=\frac{1}{3}\sum_{k=1}^{N_{\text{lay}}}[\bar{\boldsymbol{Q}}]^k(z_k^3-z_{k-1}^3) \tag{3.57}$$

矩阵$[\boldsymbol{D}]$表示弯曲刚度，即将合力矩与中间面曲率联系起来。同样，矩阵$[\boldsymbol{D}]$也是对称的。此外，值得注意的是，矩阵$[\boldsymbol{B}]$也将合力矩与中间面的曲率联系起来。这样，层状复合材料的本构方程可以写成如下的矩阵形式

$$\begin{Bmatrix}\{\boldsymbol{N}\}_{xy}\\\{\boldsymbol{M}\}_{xy}\end{Bmatrix}=\begin{bmatrix}[\boldsymbol{A}] & [\boldsymbol{B}]\\ [\boldsymbol{B}] & [\boldsymbol{D}]\end{bmatrix}\begin{Bmatrix}\{\boldsymbol{\varepsilon}^{(0)}\}_{xy}\\\{\boldsymbol{\kappa}\}_{xy}\end{Bmatrix} \tag{3.58}$$

3.3　梯度功能材料概论

20 世纪 80 年代初，日本学者首次提出了金属和超耐热陶瓷梯度化的概念，该材料的组分、结构和性能呈连续变化。梯度功能材料主要应用于隔热和抗热震系统，如梯度热障涂层(TBC)。这种涂层用于保护金属结构(铜合金)免受高达 3500K(在喷气发动机和火箭中)或 1500K(在内燃机或燃气涡轮发动机中)的高温影响[320]。热障涂层 TBC 的典型结构如图 3.7 所示，其材料组成在厚度方向变化。顶部陶瓷涂层(钇稳定氧化锆，YSZ)，通常由 100% YSZ 组成。陶瓷层和粘结层的成分结构在基体上连续变化，各层由不同 YSZ 体积分数的 YSZ-BC 合金颗粒复合材料组成，接近粘结层的部位 BC 合金比例更高。梯度功能材料广泛用于切削工具、汽车、氧化保护系统。此外，还应用于介电材料、压电梯度材料、宽带超声换能器(UT)和固体氧化物燃料电池(SOFC)的梯度复合电极[256]、光催化剂、先进的超冷导线、光学聚合物、液晶、电子高迁移率锢锑合金、光子晶体和折射分级光学多层膜等领域。

3.3.1　梯度功能材料特性及其制备方法

梯度功能材料是一种新型的复合材料，其组成和微观结构在空间上按照预定的规律变化[183]。梯度功能材料的特殊结构使其性能也随着空间的变化呈现梯度变化，整体性能不同于它的任一组分材料。梯度功能材料中有一个双相梯度层，其中两种不同的组分按照给定的连续和功能性变化的体积分数混合。在许多应用中，需要将金属与陶瓷、金属与具有较高杨氏模量的金属连接起来。相应的梯度功能材料的概念如图

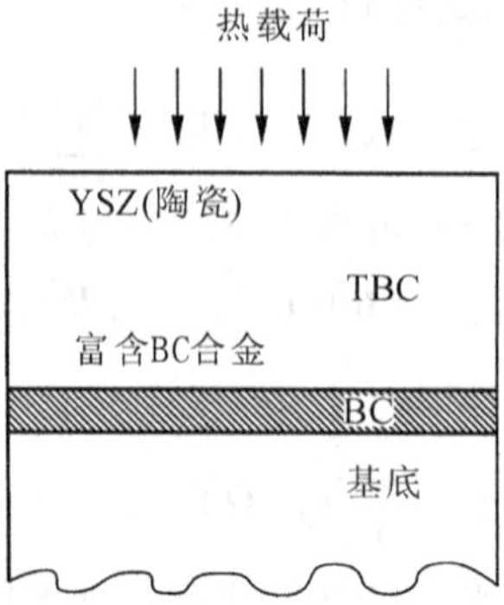

图 3.7　功能梯度热障涂层

3.8所示。图3.8(a)所示为将氧化锆 ZrO_2(顶部)与金属(底部)连接在一起；图3.8(b)则是通过使用各种制造技术实现一个从顶部氧化锆 ZrO_2 到底部的金属的梯度过渡的连接。

许多结构部件在极端的载荷(例如机械、热或化学载荷)环境下服役时，这些载荷通常是不均匀地分布在截面上。单一组分的材料往往难以满足上述极端的载荷环境要求。传统的两相复合材料则是将组分均匀混合在一起来满足上述应用要求。这些均匀混合的传统材料通常需要协调不同组分获得一个折中的整体性能。梯度材料与之相比，则不需要这种折中，通过梯度结构设计，它可以同时拥有上述两种组分的性能，而不需要进行折中优化。

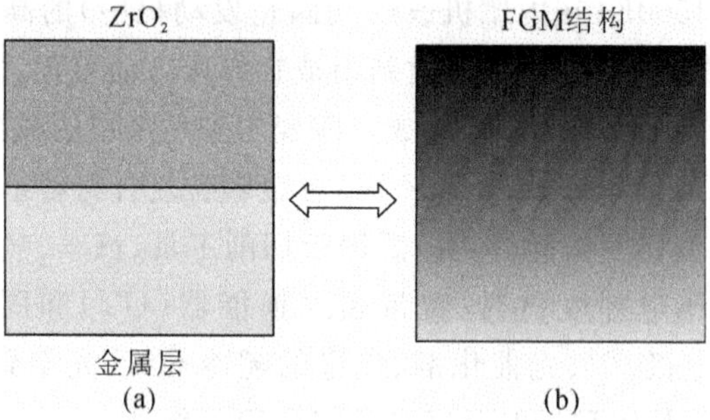

图 3.8　梯度功能材料

(a)连接金属与陶瓷；(b)梯度功能材料结构

梯度功能材料可以充分利用两种成分的特性。例如，陶瓷-金属梯度功能材料可以兼具金属的韧性与陶瓷的耐热性能，不需要像传统陶瓷金属复合材料那样牺牲金属的韧性以提高其耐高温特性，也不需要牺牲陶瓷的刚度、耐高温特性去提高其韧性。考虑涡轮叶片的服役环境，其必须同时承受高的非稳态热通量和离心加速度，其理想结构是以坚韧的金属为芯而以耐热耐腐蚀陶瓷作为叶片热表面。如果陶瓷直接结合到金属上，在使用环境中界面处会产生非常高的热应力，在热循环过程中陶瓷层会剥离。采用梯度功能材料，从陶瓷表面到金属芯平滑过渡，就可以避免界面处的热应力集中，如图 3.8(b)所示。梯度功能材料用作涂层时，有助于降低由材料性能不匹配引起的机械和热诱导应力，并提高结合强度。梯度功能材料的一些优势可以总结如下：

1. 提供多种功能；

2. 提供了控制变形、动态响应、耐磨损、耐腐蚀等能力，以及针对不同复杂环境进行功能设计的能力；

3. 提供了消除应力集中的能力；

4. 提供了融合不同材料优点的机会(例如，陶瓷和金属的抗氧化(生锈)、韧性、可加工性和结合能力)。

梯度功能材料的制造和加工异常复杂，文献[214]对其制造技术作了一个很好的概述。其主要制备技术总结如下：

1. 气相沉积技术。气相沉积技术包括化学气相沉积(CVD)和物理气相沉积(PVD)。这两种技术方法主要用于制备功能梯度涂层，能形成很好的微观结构，但只能沉积薄的表面涂层。这种方法的主要缺点是会产生有毒气体[142]。此外，这些工艺由于制备速度慢、能源耗费大，批量生产梯度功能材料制品经济性差，不能用于批量制备梯度功能材料。

2. 粉末冶金(PM)技术。粉末冶金技术制备梯度复合材料通常包括三个基本步骤，即：(a)根据功能要求，按预先设计的空间分布对粉末进行称重和混合；(b)将预混合的粉末堆积和夯实；(c)最后进行烧结，以块状形式制备梯度功能材料。[111],[264] PM 技术制备的是阶梯式结构。如果需要连续结构，则需使用离心法。

3. 离心法：离心法类似于离心铸造，通过模具的旋转利用重力形成大块的梯度功能材料[371]。其问题在于能制备的梯度类型是有限的[180]。

4. 无模固相制造方法(Solid Freeform，SFF)：SFF 包括以下五个基本步骤：(a)从任何可用的 CAD 软件生成 CAD 数据；(b)将 CAD 数据转换为标准三角测量语言(STL)文件；(c)将 STL 切片成二维截面剖面图；(d)逐层构建构件；(e)去除和精加工。SFF 技术种类繁多，其中以激光为主的工艺多用于梯度功能材料的制备[163]。

梯度功能材料还有其他的制备方法，读者可以参考 Kieback 和 Neubrand 的综述研究[180]。

3.3.2　梯度功能材料结构建模

由于梯度功能材料结构固有的非均匀性，其建模异常复杂，极具挑战性。文献[222]，[338]中有几种解析和计算模型，讨论了在非均质材料中寻找合适的模量变化函数的问题。文中所提到的计算模型，其选用标准是需要满足下列要求，即材料是连续的，并且能表现出相应的曲率[222](向上凸和向下凹，这里一般考虑这两种类型的变化,并覆盖所有现有的分析模型)。指数定律在梯度功能材料结构的断裂研究中更为常见[181],[319],但其并不显示两个方向的曲率。指数定律可以写成

$$P(z)=P_t\exp\left[-\delta\left(1-\frac{2z}{h}\right)\right],\quad \delta=\frac{1}{2}\log\left(\frac{P_t}{P_b}\right) \tag{3.59}$$

$$P(z)=(P_t-P_b)\left(\frac{z}{h}+\frac{1}{2}\right)^n+P_b \tag{3.60}$$

其中 $P(z)$表示典型材料性质(E,G,α,ρ)。P_t和P_b分别表示结构最顶层和最底层变量的值,n 为变量参数,其大小决定了曲率。n 的范围取 1/3 到 3,因为在这个范围之外的任何值都会产生一种含有过多单相的不均匀材料[259]。

另一种估算材料性能的方法是混合法则,该规则在第 3.2.1 节中以复合材料为研究对象进行了推导。等效均匀性的概念产生了三相复合球模型和复合圆柱体模型。[64]复合球柱模型可以通过文献[206]中给出的方法进一步改进,称之为 SBS 方法。在这些方法中,颗粒增强复合材料所采用的方法适合于大多数情况。综上所述,非均匀材料,如梯度功能材料,可以看作是不同颗粒体积分数的基体-颗粒混合物,其体积分数沿深度方向平稳变化。梯度两侧表面上的材料起着决定性的作用。

图 3.9 对这些不同的材料性能变化模型进行了比较,其中杨氏模量沿厚度的变化被绘制出来。SBS 法的顶部材料和底部材料(颗粒和基体)分别为钢和陶瓷,杨氏模量比为 1.857。图中清晰地显示了不同模型的分布趋势。SBS 法采用恒定的面积组成,取颗粒体积分数 V_{p1} 为 0.001。由于 SBS 方法只预测弹性和热性质,因此在使用 SBS 方法的后续计算中,使用指数 n 的幂律模型来评估惯性性能。对于本书中列举的大多数示例,采用方程(3.59)给出的本构模型。

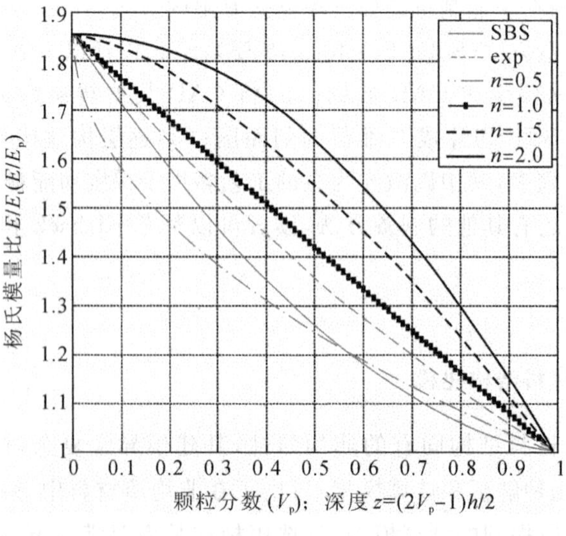

图 3.9 不同材料模型下梯度功能材料结构的杨氏模量变化

梯度功能材料的结构应用，如 TBC 或 UT 等，需要精确预测其对高频(热/机械)载荷的响应，即波传播分析。因此，要考虑两种不同的情况，一种为波沿梯度方向传播；另一种为波垂直于梯度方向传播。第一种情况产生非均匀波，其中波的振幅在传播中减小。这一特性在第二种情况中并不会出现，第二种情况中出现的波通常被称为齐次波。在梯度功能材料结构中，密度的不对称(关于参考面)梯度可能会导致第一质量矩，而这在复合材料中是不存在的。除了这一个重要的区别外，分析程序与通常处理各向同性或各向异性材料的情况相同。关于梯度功能材料梁中波传播分析方面的文献很少，这些将在第 10 章中详细解释。

总　结

本章讨论了两种重要的材料体系，即层状复合材料和梯度功能材料结构的本构模型，以及本构关系的获取方法。针对层状复合材料，讨论了微观力学和宏观力学分析方法，采用简单的材料强度方法来推导了层合板的应力-应变关系。利用经典层合板理论(CLPT)得到了复合材料层合板本构模型。然后介绍了梯度功能材料及多种制备方法。最后，本章简要概述了建模方法，介绍了获得梯度功能材料本构模型的不同方法。

第 4 章

积分变换简介

波传播分析包括两个重要步骤，即推导运动方程和进行谱分析。采用第 2 章和第 3 章中的概念，针对不同材料组成的结构，可以推导出运动控制微分方程。谱分析将在 5 章详细讨论。在谱分析中，控制微分方程需要转换到频率域，以确定波数、相速度、群速度、截止频率和带隙等波参数。在波传播分析处理中，对于多种不同复杂的实验信号，需要进行微调和操作，例如去除白噪声、过滤掉不需要的信号等。其中一些操作可以在频率域中高效地进行。若需要了解波传播的物理特性，则须在频率域进行谱分析，可采用多种积分变换方法将时域变量转换至频率域，进一步将控制方程变换到频率域。本章介绍常用的四种积分变换，包括傅里叶变换、短时傅里叶变换、小波变换和拉普拉斯变换。

4.1 傅里叶变换

波传播主要分析处理时间信号，在傅里叶(频)域中，时间信号常用三种方式表示，即连续傅里叶变换(CFT)、傅里叶级数(FS)和离散傅里叶变换(DFT)。本节对上述转换进行简要描述，更多细节可见参考文献[94]。

连续傅里叶变换(CFT)

考虑任意时间信号 $F(t)$。反向和正向 CFT 通常称为变换对，由下式给出

$$F(t)=\frac{1}{2\pi}\int_{-\infty}^{+\infty}\widehat{F}(\omega)\mathrm{e}^{\mathrm{i}\omega t}\,\mathrm{d}\omega,\quad \widehat{F}(\omega)=\int_{-\infty}^{+\infty}F(t)\mathrm{e}^{-\mathrm{i}\omega t}\,\mathrm{d}t \tag{4.1}$$

式(4-1)中 $\widehat{F}(\omega)$是时间信号的 CFT，ω 是角频率，$\mathrm{i}(\mathrm{i}^2=-1)$是复数。$\widehat{F}(\omega)$总是复数，此函数的振幅与频率的关系图将给出时间信号的频率内容。例如，考虑脉冲宽度

为 d 的矩形时间信号。在数学上，这个函数可以表示为

$$\left.\begin{aligned} F(t)&=F_0 \quad -d/2\leqslant t\leqslant d/2 \\ F(t)&=0 \quad \text{其他情况} \end{aligned}\right\} \tag{4.2}$$

该时间信号关于原点对称。如果将此表达式代入式(4.1)，得到

$$\hat{F}(\omega)=F_0 d\left\{\frac{\sin(\omega d/2)}{\omega d/2}\right\} \tag{4.3}$$

该函数的 CFT 是实值，且关于 $\omega=0$ 对称。在花括号里的这个函数叫作辛格函数。同样，$\omega=0$ 时的 CFT 值等于时间信号下的面积。

现在让脉冲在时域内传播 t_0 秒。这样的信号可以写成

$$\left.\begin{aligned} F(t)&=F_0 \quad t_0\leqslant t\leqslant t_0+d \\ F(t)&=0 \quad \text{其他情况} \end{aligned}\right\} \tag{4.4}$$

将上述函数代入式(4.1)积分得到

$$\hat{F}(\omega)=F_0 d\left\{\frac{\sin(\omega d/2)}{\omega d/2}\right\}e^{-i\omega(t_0+d/2)} \tag{4.5}$$

可以看到 CFT 是复数，具有实部和虚部，可见图 4.1。对比式(4.3)和(4.5)，可见两个变换的幅值是相同，第二个变换具有相偏移。也就是说，信号在时域中的传播与频率域中的相位变化有关，在介质中传播的波总是伴随着信号传播时的相位变化。对于时域和频率中的信号，假设 CFT 为零，则可以获得该频率值

$$\sin\left(\frac{\omega_n d}{2}\right)=0,\text{即}\frac{\omega_n d}{2}=n\pi,\text{即 }\omega_n=\frac{2n\pi}{d}$$

$$\omega_2-\omega_1=\Delta\omega=\frac{4\pi}{d}$$

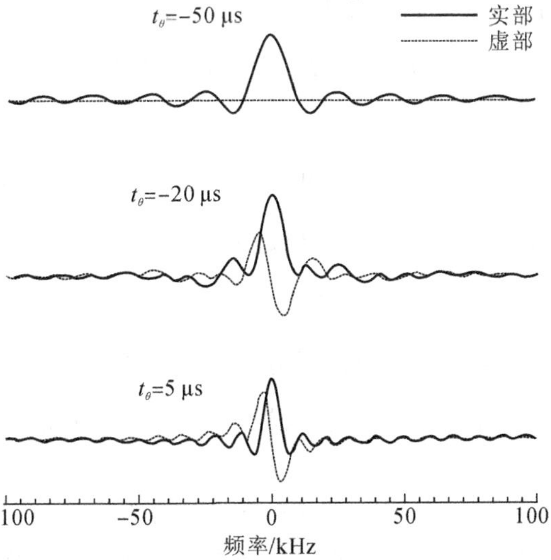

图 4.1　各种脉冲宽度的连续傅里叶变换

即如果信号在时域的扩展为 d，则频域的扩展为 $\Delta\omega=4\pi/d$。这里，$\Delta\omega$ 表示频率带宽。因此，一个狄拉克函数，在时域具有无穷小的宽度，在频域具有无穷大的带宽。

CFT 特性对开展波传播分析研究具有重要意义，其特性包括：

1. 线性：考虑两个时间信号 $F_1(t)$ 和 $F_2(t)$，时间信号的 CFT 分别由 $\hat{F}_1(\omega)$ 和 $\hat{F}_2(\omega)$ 给出，相应的组合函数傅里叶变换为 $F_1(t)+F_2(t)\Leftrightarrow\hat{F}_1(\omega)+\hat{F}_2(\omega)$。这里，符号 $\Leftrightarrow$ 用于表示时间信号的 CFT。

在波传播中的应用：将 $F_1(t)$ 和 $F_2(t)$ 分别作为入射波和反射波。线性特性表明入射波和反射波的组合变换相当于二者单独变换的和。

2. 尺度变换：如果一个时间信号乘以一个因子 k 变成 $F(kt)$，这个时间信号的 CFT 由 $F(kt)\Leftrightarrow\dfrac{1}{k}\hat{F}(\omega/k)$ 给出。

在波传播中的应用：时域压缩会导致频域扩展。

3. 时间平移：如果 $F(t)$ 变换为 $F(t-t_s)$，则变换后的 CFT 为 $F(t-t_s)\Leftrightarrow\hat{F}(\omega)e^{-i\omega t}$。

波传播中的应用：时域中的传播伴随着频域中的相位变化。

4. CFT 总是复杂的：任何给定的时间函数 $F(t)$ 都可以分解为对称和反对称函数 $F_s(t)$ 和 $F_a(t)$。进一步，利用 CFT 的线性特性，可以证明

$$F_s(t)=\mathrm{Re}(\hat{F}(\omega)),F_a(t)=\mathrm{iIm}(\hat{F}(\omega))$$

在波传播中的应用：由于波力学中遇到的时间信号本质上既不是对称的（偶数）也不是反对称的，因此 CFT 本质上必然是复杂的。因此，波传播问题总是与相位转变有关。

5. CFT 的对称性：由于时间信号 $F(t)$ 的 CFT 是复数，它可以分为实部和虚部，如 $\hat{F}(\omega)=\hat{F}_R(\omega)+i\hat{F}_R I(\omega)$，将其代入方程式(4.1)，并根据正弦和余弦函数展开复指数，可以将变换的实部和虚部写为

$$\hat{F}_R=\int_{-\infty}^{+\infty}F(t)\cos(\omega t)\,dt,\quad \hat{F}_I=\int_{-\infty}^{+\infty}F(t)\sin(\omega t)\,dt$$

第一个积分是偶函数，第二个积分是奇函数，即 $\hat{F}_R(\omega)=\hat{F}_R(-\omega)$，$\hat{F}_I(\omega)=-\hat{F}_I(-\omega)$。现在，如果考虑一个点 $\omega=0$（原点）的 CFT，原点右侧的变换可以写成 $\hat{F}(\omega)=\hat{F}_R(\omega)+i\hat{F}_R I(\omega)$。类似地，原点左侧的变换可以写为 $\hat{F}(-\omega)=\hat{F}_R(-\omega)+i\hat{F}_R I(-\omega)=\hat{F}_R(\omega)-i\hat{F}_R I(\omega)=\hat{F}^*(\omega)$，是原点右侧变换的复共轭。发生这种情况的频率点叫作奈奎斯特频率。

波传播中的应用：奈奎斯特频率是波传播分析中的一个重要参数，特别是在使用快速傅里叶变换的情况下，因为只有在该频率下才能执行所有分析。

6. 卷积：这是与两个时间信号 $F_1(t)$ 和 $F_2(t)$ 的乘积有关的属性。这两个函数乘

积的 CFT 可以写成

$$\hat{F}_{12}(\omega)=\int_{-\infty}^{+\infty}F_1(t)F_2(t)\mathrm{e}^{-\mathrm{i}\omega t}\mathrm{d}t$$

现在,代入方程(4.1)对于上式中的这两个函数,可以写成

$$\hat{F}_{12}(\omega)=\int_{-\infty}^{+\infty}\hat{F}_1(\bar{\omega})\int_{-\infty}^{+\infty}F_2(t)\mathrm{e}^{-\mathrm{i}(\omega-\bar{\omega})t}\mathrm{d}t\mathrm{d}\bar{\omega}=\int_{-\infty}^{+\infty}\hat{F}_1(\bar{\omega})\hat{F}_2(\omega-\bar{\omega})\mathrm{d}\bar{\omega}$$

$$\text{或者 } F_1(t)F_2(t)\Leftrightarrow\int_{-\infty}^{+\infty}\hat{F}_1(\bar{\omega})\hat{F}_2(\omega-\bar{\omega})\mathrm{d}\bar{\omega}$$

上述形式的 CFT 称为卷积。反过来,也可以写

$$\hat{F}_1(\omega)\hat{F}_2(\omega)\Leftrightarrow\int_{-\infty}^{+\infty}F_1(\tau)F_2(t-\tau)\mathrm{d}\tau$$

在波传播中的应用:使用两个时间信号的乘积,有助于理解某些信号处理,例如,时域中的截断信号等于原始信号与截断信号的乘积。在波传播分析中频域属性非常有用,在机械波导中,对施加负载的所有响应(输出)都可以表示为输入乘以系统传递函数的频域乘积。因此,时间响应是通过将传递函数与载荷谱进行卷积而获得的。

4.1.1 傅里叶级数

正向和逆向 CFT 都需要对时间信号及其积分进行数学描述。在大多数情况下,时间信号是在实验过程中获得的点数据。因此,需要建立变换对方程(4.1)的数值表示,该表示称为离散傅里叶变换(DFT)。DFT 在下一小节详细介绍。傅里叶级数(FS)是另一种表示时间信号的方法,它介于 CFT 和 DFT 之间,其中逆变换用级数表示,而正变换仍然是 CFT 中的积分形式。

给定时间信号的 FS 可以表示为

$$F(t)=\frac{a_0}{2}+\sum_{n=1}^{\infty}\left[a_n\cos(2\pi n\frac{t}{T})+b_n\sin(2\pi n\frac{t}{T})\right],\text{其中 } n=0,1,2,\cdots \tag{4.6}$$

$$a_n=\frac{2}{T}\int_0^T F(t)\cos(\frac{2\pi nt}{T})\mathrm{d}t,\quad b_n=\frac{2}{T}\int_0^T F(t)\sin(\frac{2\pi nt}{T})\mathrm{d}t \tag{4.7}$$

式(4.6)对应于 CFT 的逆变换,而式(4.7)对应于 CFT 的正向变换。这里,T 是时间信号的周期。也就是说,连续时间信号 $F(t)$ 的离散表示引入了时间信号的周期性。式(4.6)中给出的 FS 也可以写成复指数形式,可以与 CFT 进行一对一比较。也就是说,式(4.6)和式(4.7)可以改写为

$$\left.\begin{aligned}F(t)&=\frac{1}{2}\sum_{-\infty}^{\infty}(a_n-b_n)\mathrm{e}^{\mathrm{i}\omega_n t}=\sum_{-\infty}^{\infty}\hat{F}_n\mathrm{e}^{\mathrm{i}\omega_n t},\quad n=0,\pm1,\pm2,\cdots\\ \hat{F}_n&=\frac{1}{2}(a_n-b_n)=\frac{1}{T}\int_0^T F(t)\mathrm{e}^{-\mathrm{i}\omega_n t}\mathrm{d}t,\quad \omega_n=\frac{2\pi n}{T}\end{aligned}\right\} \tag{4.8}$$

周期性使得信号每 T 秒重复一次，因此可以用弧度每秒(ω_0)或赫兹($f_0=\omega_0/2\pi=1/T$)来定义基频，用基频将时间信号表示为

$$F(t)=\sum_{-\infty}^{\infty}\hat{F}_n e^{i2\pi n f_0 t}=\sum_{-\infty}^{\infty}\hat{F}_n e^{in\omega_0 t} \tag{4.9}$$

与 CFT 明显不同，由 FS 给出的式(4.9)中的变换在频域中是离散的。为了理解 FS 与 CFT 之间的差别，再次考虑之前的矩形时间信号。将时间信号变量代入式(4.8)即可得到 FS 的系数，即

$$\hat{F}_n=\frac{F_0}{T}\left[\frac{\sin(\frac{\pi nd}{T})}{n\pi d/T}\right]e^{-i(t_s+d/2)2\pi n/T} \tag{4.10}$$

从 CFT 和 FS 获得的幅值如图 4.2 所示。从图中可以看出，FS 在离散频率下得到的变换值正好落在 CFT 得到的变换上。该图还显示了不同时间段 T 的变换值。从图中看到，时间周期越大，频率间隔越近。因此，如果周期趋于无穷大，则 FS 获得的变换将恰好等于 CFT 获得的变换。

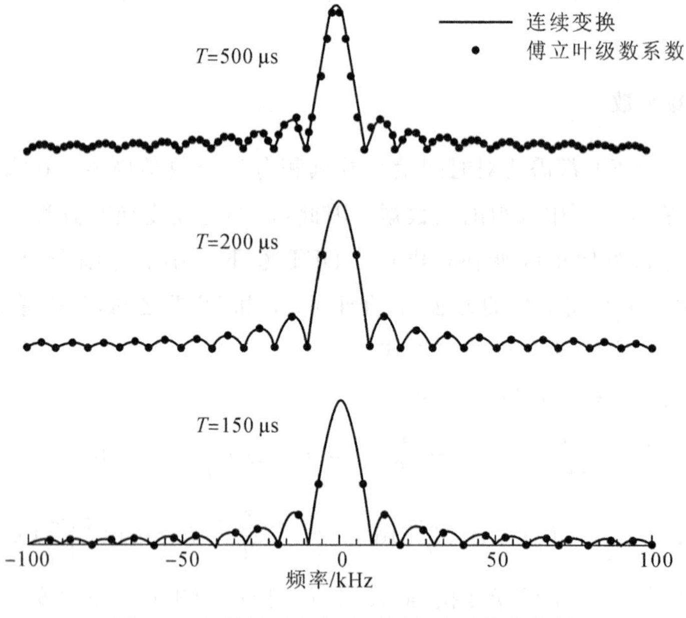

图 4.2　傅里叶级数与连续傅里叶变换的比较

4.1.2　离散傅里叶变换

离散傅里叶变换(DFT)是另一种以求和的形式在数学上表示 CFT 的方法。这里，式(4.1)中给出的正向和反向 CFT 由求和表示。这将完全消除 CFT 计算中涉及的复积分计算。此外，不需要用数学方式表示时间信号，这样做的一大好处是可以直

接使用从实验中获得的时间数据。DFT 的数值实现是使用快速傅里叶变换(FFT)算法完成的。

从时间信号的 FS 表示式(4.8)开始分析本节。此处的主要目标是用求和代替傅里叶系数计算中的积分。为此,考虑图 4.3 中所示的时间信号图。

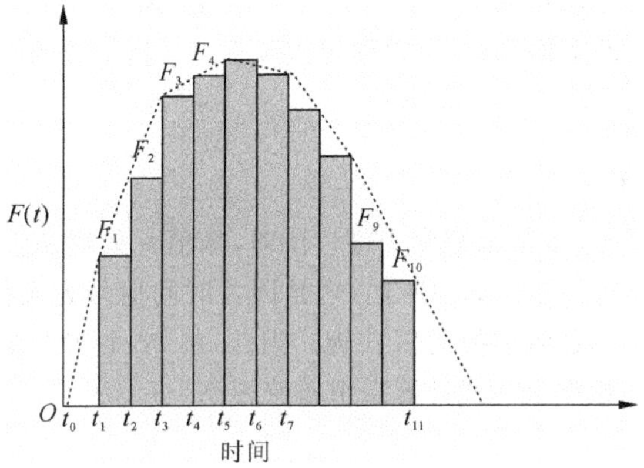

图 4.3　DFT **的时间信号离散化**

时间信号被分成 M 个分段常量矩形,其高度由 F_m 给出,这些矩形的宽度等于 $\Delta T = T/M$。之前已推导出矩形信号的连续变换是一个辛格函数。通过矩形理想化处理,信号的 DFT 将是脉冲宽度为 ΔT 的 M 个辛格函数的总和,因此式(4.8)中的第二个积分现在可以写成

$$\hat{F}_n = \Delta T\left[\frac{\sin(\omega_n \Delta T/2)}{(\omega_n \Delta T/2)}\right]\sum_{m=0}^{M} F_m \mathrm{e}^{-\mathrm{j}\omega_n t_m} \tag{4.11}$$

在式(4.11)中,辛格函数值取决于所产生矩形 ΔT 的宽度。也就是说,随着矩形的宽度变小,当 $n<M$ 时,式(4.11)方括号内的项趋于单位值,当 $n \geqslant M$ 时,式(4.11)方括号内的项近似等于零。此时,DFT 变换对可以写成

$$\left.\begin{aligned} F_m &= F(t_m) = \frac{1}{T}\sum_{n=0}^{N-1}\hat{F}_m \mathrm{e}^{\mathrm{i}\omega_n t_m} = \frac{1}{T}\sum_{n=0}^{N-1}\hat{F}_m \mathrm{e}^{\mathrm{i}2\pi nm/N} \\ \hat{F}_n &= \hat{F}(\omega_n) = \Delta T\sum_{n=0}^{N-1} F_m \mathrm{e}^{-\mathrm{i}\omega_n t_m} = \Delta T\sum_{n=0}^{N-1} F_m \mathrm{e}^{-\mathrm{i}2\pi nm/N} \end{aligned}\right\} \tag{4.12}$$

这里,m 和 n 的范围都是从 0 到 $N-1$。

当时间信号以 FS 表示时,时间信号的周期性是 DFT 所必需的。进一步探索时域信号在频域中是否有周期性。为此,可以查看式(4.11)中的求和项。假设 $n>M$,n 可表示为 $n=M+\bar{n}$。然后,式中的指数项为

$$\begin{aligned} \mathrm{e}^{-\mathrm{i}\omega_n t_m} &= \mathrm{e}^{-\mathrm{i}n\omega_0 t_m} = \mathrm{e}^{-\mathrm{i}M\omega_0 t_m}\mathrm{e}^{-\mathrm{i}\bar{n}\omega_0 t_m} \\ &= \mathrm{e}^{-\mathrm{i}2\pi m}\mathrm{e}^{-\mathrm{i}\bar{n}\omega_0 t_m} = \mathrm{e}^{-\mathrm{i}\bar{n}\omega_0 t_m} \end{aligned}$$

因此,式(4.11)中的求和项表示为

$$\Delta T \sum_{m=0}^{M-1} F_m \mathrm{e}^{-\mathrm{i}\bar{n}\omega_0 t_m}$$

该式表明，当 $n=\bar{n}$ 时，上述求和得到的值相同。例如，当 $M=6$，则 $n=9$、11、17 时计算的结果，与 $n=3$、5、11 的计算结果相同。从分析可见：① $n>M$ 并不重要；② 在使用 DFT 时，时域和频域都有周期性。这种周期性发生在变换趋于 0 的频率附近。根据式(4.11)中给出的辛格函数，可以确定该频率。辛格函数的参数由下式给出

$$\frac{\omega_n \Delta T}{2}=\pi n \Delta T=\frac{\pi n}{M}$$

其中，$\Delta T=T/M$。

可以看出 $n=M$ 时，辛格函数变为零。同时，该值 n 处周期性被加强。与该值对应的频率称为奈奎斯特频率。如前所述，这是因为时间信号为实信号，而奈奎斯特频率之外的变换是该频率之前变换的复共轭。因此，将 N 个实点变换为 $N/2$ 个复点。已知采样率 ΔT，可以根据表达式计算奈奎斯特频率

$$f_{\mathrm{Nyquist}}=\frac{1}{2\Delta T} \tag{4.13}$$

DFT 的数值实现是快速傅里叶变换(FFT)，涉及内容较多，这里不再详述，读者可参考文献[94]以获得这些方面的更多信息。

为了查看不同变换表示中的差异，这里再次使用前述的矩形脉冲。DFT 变换的精度取决于两个参数，即采样率 ΔT 和时间窗参数 N。图 4.4(a)和 4.4(b)展示了在不同采样率 ΔT 和时间窗参数 N 下得到的变换。从图中可以清楚地看到奈奎斯特频率的周期性。对于给定的时间窗参数 N，该图显示频率间隔随着采样率的减小而增大，另外奈奎斯特频率达到较高的值。接下来，对于给定采样率 ΔT，改变时间窗参数 N。在这种情况下，奈奎斯特频率不改变。然而，当 N 值较大时，频率间隔变小，从而得到更密集的频率分布。

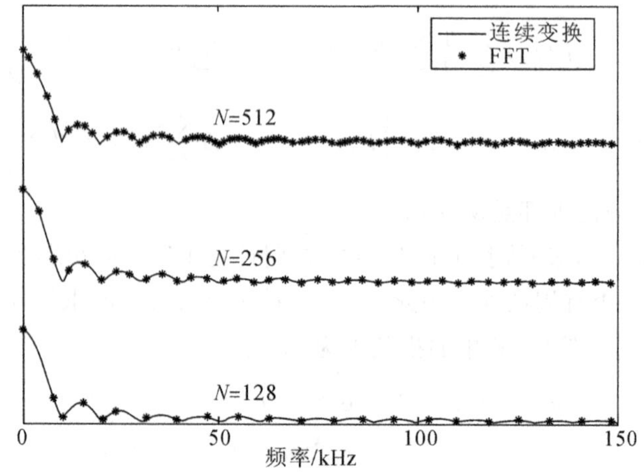

(a)

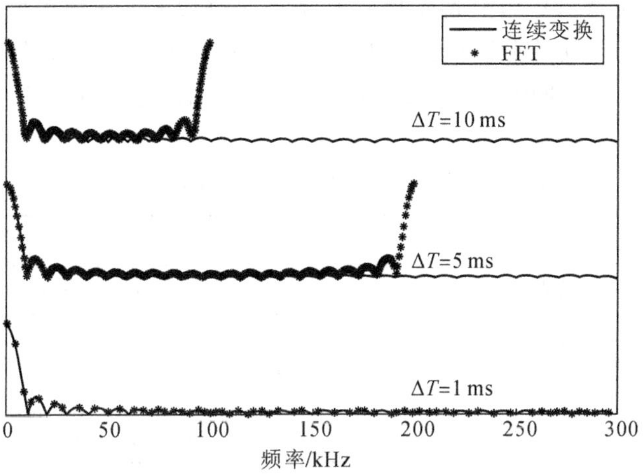

(b)

图 4.4　时间窗参数和采样率对 FFT 的影响

(a)采样率 $\Delta T=1\ \mu s$ 的 FFT 和连续变换的比较；(b)各种采样率的 FFT 和连续变换的比较

4.2　短时傅里叶变换(STFT)

短时傅里叶变换(STFT)将信号的谐波近似为正弦波和时间窗的乘积。因此，它有两个参数，时间和频率。STFT 定义为

$$\hat{F}_{SF}(t_0,\omega)=\int_{-\infty}^{+\infty}F(t)G(t-t_0)e^{-i\omega t}\,dt \tag{4.14}$$

其中，$G(t)$是以时间 t_0 为中心的窗口函数。该窗口捕获以 $t=t_0$ 为中心的短长度数据，这是有助于短时傅里叶变换 $\hat{F}_{SF}(t_0,\omega)$的信号部分。通过此过程，窗口可以沿时间轴移动，因此，可以获得所需信号的时间-频率分布。这可以克服傅里叶变换的缺点，即得到的频率信息是在整个时间长度上平均而来。在频域中，截断信号的 STFT 或傅里叶变换可以作为原始信号 $F(t)=\hat{F}(\omega)$的傅里叶变换和窗口函数 $G(t)=\hat{G}(\omega)$的傅里叶变换的卷积来获得，可表示为

$$\hat{F}_{SF}(t_0,\omega)=\frac{1}{2\pi}\hat{F}(\omega)\times\hat{G}(\omega) \tag{4.15}$$

在频域，短时傅里叶变换会从 $\hat{F}(\omega)$给出的信号频率内容中选择由 $\hat{G}(\omega)$定义的频率窗口。因此，STFT 的特性取决于窗口函数所用的变换。为了保持原始信号的特性，$\hat{G}(\omega)$必须是真实的、均匀的，并且能量应集中在奈奎斯特频率附近。最简单的形式是矩形窗口，区间$[0,T_w]$上的矩形窗口定义为

$$\left.\begin{aligned}&G(t)=1\quad 0\leqslant t\leqslant T_w\\&G(t)=0\quad \text{其他情况}\end{aligned}\right\} \tag{4.16}$$

矩形窗口总是将信号切割成长度为 T_w 的不重叠切片。使用矩形窗口执行 STFT 相当于对信号的每个切片分别执行傅里叶变换。信号的这种突变会产生一些意料之外的特征。因此，通常使用非常平滑的窗口，表 4.1 给出了一些标准化为 $G(0)=1$ 的经典窗口函数。

表 4.1 STFT 中使用的不同窗口函数 $G(t)$

窗口类型	$G(t)$
汉明	$0.54+0.46\cos(2\pi t)$
高斯	e^{-18t^2}
汉宁	$\cos^2(\pi t)$
布莱克曼	$0.42+0.5\cos(2\pi t)+0.08\cos(4\pi t)$

对于宽度为 T_w 的窗口，频率带宽约为 $1/T$。也就是说，小窗口意味着宽带更宽，这意味着不可能在时间和频率上获得更高的分辨率。STFT 的一个独特之处是它在所有频率上具有相同的时间分辨率。为了在较高频率下获得更高的时间分辨率，必须在较低频率下保持相同的分辨率。傅里叶变换和 STFT 这两个方法的缺点都可以通过小波变换来得到解决，这将在下一节中进行解释。

4.3 小波变换

小波这个词来源于法语单词 ondelette，是由 Morlet 和 Grossmann 在 20 世纪 80 年代初提出的。[141],[250],[251] 小波函数系的发展可以追溯到 20 世纪早期，如 Haar 小波和 Littlewood Paley 小波。Morlet 和 Grossmann[141] 提出了连续小波变换（CWT）公式，Stromberg[172] 对离散小波变换（DWT）进行了早期工作，Meyer[232] 和 Mallat[220] 使用小波变换进行多分辨率分析，Daubechies[82] 提出了正交多项式小波。此后，人们在小波分析的发展和应用方面做了大量的工作，如信号和图像处理、数据压缩、微分方程的求解等。本书主要采用小波变换来解决波的传播问题，尤其是在机械波导方面。本节首先对小波进行广义介绍，再重点详细介绍 Daubechies 正交多项式小波。

Daubechies[82] 认为，"小波变换是一种工具，它将数据、函数或算子切割成不同的频率分量，然后以与其尺度匹配的分辨率研究每个分量"。例如，在时间信号分析中，小波变换将信号分解成一个个频率分量，时间历史被保留下来，但是，根据频率的不同，有一定的时间分辨率。因此，通常表示为 $F^W(a,b)$ 的函数 $F(t)$ 的 CWT 是通过以下方式实现的

$$F^W(a,b)=\int_{-\infty}^{+\infty}F(t)\psi\left(\frac{t-b}{a}\right)\mathrm{d}t \tag{4.17}$$

这里，$\psi(t)$ 是小波基函数，可以认为是一个类似于 STFT 中使用的 $G(t)$ 窗口函

数。这里，b 定义了时间上的位置，a 表示 $\psi(t)$ 的宽度。这些参数通过缩放和移位来修改基函数 $\psi(t)$。

4.3.1 Daubechies 紧支撑小波

小波是一族函数，其特征在于单个函数 $\psi(t)$ 的平移和膨胀。这个函数族用 $\psi_{j,k}(t)$ 表示，由下式给出

$$\psi_{j,k}(t)=2^{m/2}\psi(2^{j}t-k),\quad j,k\in\mathbf{Z} \tag{4.18}$$

其中 k 是平移或移位指数，j 是膨胀或缩放指数。它们构成平方可积函数 $L^2(R)$ 空间的基础

$$f(t)=\sum_{j}\sum_{k}d_{j,k}\psi_{j,k}(t)\in L^2(R) \tag{4.19}$$

小波是从缩放函数 $\varphi(t)$ 导出的，它是通过求解名为膨胀或缩放方程的递归方程获得的，即

$$\varphi(t)=\sum_{k}a_{k}\varphi(2t-k) \tag{4.20}$$

常系数 a_k 称为滤波器系数，只有少数是非零的，这与 Daubechies 小波中一样。与小波 $\psi_{j,k}(t)$ 类似，缩放函数 $\varphi_{j,k}(t)$ 也是从 $\varphi(t)$ 的平移和膨胀中获得的

$$\varphi_{j,k}(t)=2^{m/2}\varphi(2^{j}t-k),\quad j,k\in\mathbf{Z} \tag{4.21}$$

缩放函数及其平移是正交的，定义如下

$$\int\varphi(t)\varphi(t+l)\,\mathrm{d}t=\delta_{0,l}\quad l\in\mathbf{Z} \tag{4.22}$$

$$\delta_{0,l}=\begin{cases}1, & l=0\\ 0, & \text{其他}\end{cases} \tag{4.23}$$

小波 $\psi(t)$ 与缩放函数正交，定义如下

$$\psi(t)=\sum_{k}(-1)^{k}a_{1-k}\varphi(2t-k) \tag{4.24}$$

此定义满足正交性，因为

$$\begin{aligned}\langle\varphi(t),\psi(t)\rangle&=\int\sum_{k}a_{k}\varphi(2t-k)\sum_{l}(-1)^{l}a_{1-l}\varphi(2t-l)\\&=\frac{1}{2}\sum_{k}(-1)^{k}a_{k}a_{1-k}=0.\end{aligned} \tag{4.25}$$

a_k 和 $(-1)^k a_{1-k}$ 这一系列系数是一对正交镜像滤波器。式(4.20)中定义的滤波器系数 a_k 是通过对缩放函数施加某些约束得到的，如下所示：

1. 为了唯一定义给定形状的所有缩放函数，将缩放函数下的面积归一化为单位 1，即

$$\int\varphi(t)\,\mathrm{d}t=1 \tag{4.26}$$

上述对缩放函数的约束导致滤波器系数满足以下条件

$$\sum_k a_k = 2 \tag{4.27}$$

2.缩放函数和它的平移是正交的，由式(4.22)给出，滤波器系数必须满足条件

$$\sum_k a_k a_{k+2l} = 2\delta_{0,l} \quad l \in \mathbf{Z} \tag{4.28}$$

3.式(4.27)和式(4.28)不足以确定一组唯一的滤波器系数。在 N 系数系统中，它们产生了 $N/2+1$ 个方程。因此，需要另外 $N/2-1$ 个方程才能得到唯一解。为了构造 Daubechies 紧支撑小波[82]，缩放函数需要精确地表示阶数不超过 M 的多项式。该 M 确定了 Daubechies 缩放函数的阶数，称为 N，其中 $N=2M$。M 阶近似的条件是：

$$f(t)=\alpha_0+\alpha_1 t+\alpha_2 t^2+\cdots+\alpha_{M-1} t^M \tag{4.29}$$

可以将形式进行拓展，从而精确地表示为

$$f(t) = \sum_k c_k \varphi(t-k) \tag{4.30}$$

其中 c_k 是近似系数。上述方程可转化为小波上的一个条件。用 $\psi_{(t)}$ 给出方程(4.30)与 (t) 的内积

$$\langle f(t), \psi(t) \rangle = \sum_k \langle \varphi(t-k), \psi(t) \rangle \equiv 0 \tag{4.31}$$

因此，根据式(4.29)得到

$$\alpha_0 \int \psi(t)\mathrm{d}t + \alpha_1 \int \psi(t) t \mathrm{d}t + \cdots + \alpha_{M-1} \int \psi(t) t^{M-1} \mathrm{d}t \equiv 0 \tag{4.32}$$

该恒等式适用于所有 $\alpha_j\,(j=0,1,2,\cdots,M-1)$。考虑 $\alpha_{M-1}=1$ 和所有其他 $\alpha_j=0$ 给出

$$\int \psi(t) t^l \mathrm{d}t = 0, \quad l = 0,1,2,\cdots,M-1 \tag{4.33}$$

因此，小波的前 M 阶矩阵为零。将式(4.24)代入式(4.33)，简化可得

$$\sum_k (-1)^k a_k k^l = 0, \quad l = 0,1,2,\cdots,M-1 \tag{4.34}$$

上述过程得到一个矩阵特征值问题

$$[\mathbf{A}]\{\boldsymbol{\varphi}\}=\{\boldsymbol{\varphi}\}$$

其中，$[\mathbf{A}]$ 是滤波器系数矩阵。因此，滤波器系数 $a_k\,(k=1,2,\cdots,N-1)$ 可由式(4.27)、式(4.28)和式(4.34)唯一确定。这足以构造不同阶 N 的 Daubechies 紧支撑小波。表 4.2 给出了 $N=4(D_4)$、$N=6(D_6)$ 和 $N=12(D_{12})$ 的滤波器系数。

表 4.2　$N=4,6$ 和 12 的 Daubechies 缩放函数的滤波器系数 a_k

k	D_4	D_6	D_{12}
0	0.68301270189244	0.47046720778540	0.07887121600143
1	1.18301270189174	1.14111691583462	0.34975190703757

续表 4.2

k	D_4	D_6	D_{12}
2	0.31698729810756	0.65036500052742	0.53113187994121
3	−0.18301270189174	−0.19093441556852	0.22291566146505
4		0.12083220831070	−0.15999329944587
5		0.04981749973178	−0.09175903203003
6			0.06894404648720
7			0.01946160485396
8			−0.02233187416548
9			0.00039162557603
10			0.00337803118151
11			−0.00076176690258

这里，$D_2(N=2)$是 Haar 小波，而 D_4、D_6和 D_{12}是 Daubechies 小波。图 4.5 展示了它们及其缩放函数。

小波除了具有时频率分析、具有局部支持的正交基函数、允许有限域分析和施加初始/边界条件等优点外，最重要的特性是函数的多分辨率表示。每个固定尺度 j 上尺度函数和小波函数的平移形成正交子空间，表示如下

$$V_j=\{2^{j/2}\varphi(2^jt-k);j\in\mathbf{Z}\} \tag{4.35}$$

$$W_j=\{2^{j/2}\psi(2^jt-k);j\in\mathbf{Z}\} \tag{4.36}$$

使得 V_j形成一个嵌入子空间序列

$$\{0\},\cdots,\subset V_{-1},\subset V_0,\subset V_1,\cdots,\subset \boldsymbol{L}^2(\mathbf{R})\text{，其中 } V_{j+1}=V_j\oplus W_j$$

设 $P_j(f)(t)$是 $\boldsymbol{L}^2(\mathbf{R})$中函数 $f(t)$的一个近似函数，它以 $\varphi_{j,k}(t)$为基，在一定的水平(分辨率)j 上，则

$$P_j(f)(t)=\sum_k c_{j,k}\varphi_{j,k}(t),\quad k\in\mathbf{Z} \tag{4.37}$$

其中 $c_{j,k}$是近似系数。设 $Q_j(f)(t)$是以 $\psi_{j,k}(t)$为基的函数在同一水平 j 上的近似。

$$Q_j(f)(t)=\sum_k d_{j,k}\psi_{j,k}(t),\quad k\in\mathbf{Z} \tag{4.38}$$

其中 $d_{j,k}$是细节系数。更高分辨率水平 $j+1$ 的近似函数 $P_{j+1}(f)(t)$如下所示：

$$P_{j+1}(f)(t)=P_j(f)(t)+Q_j(f)(t) \tag{4.39}$$

这构成了与小波近似相关的多分辨率分析的基础。

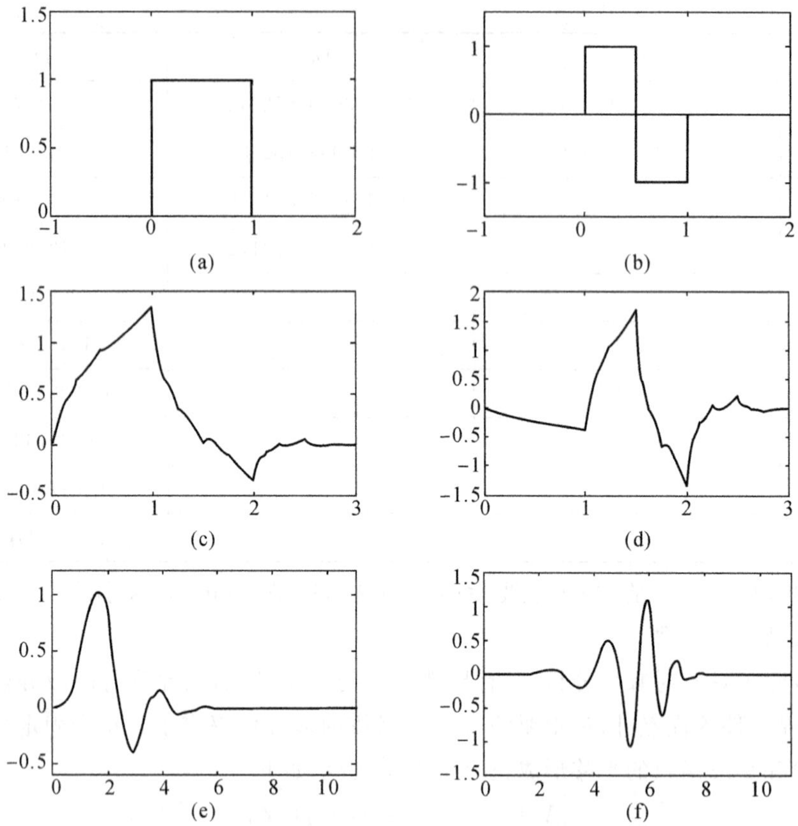

图 4.5 Haar **小波**、Daubechies **小波及其缩放函数**

(a) Haar(D_2)缩放函数；(b) Haar 小波；(c) Daubechies D_4 缩放函数

(d) Daubechies D_4 小波；(e) Daubechies D_{12} 缩放函数；(f) Daubechies D_{12} 小波

4.3.2 离散小波变换(DWT)

离散小波变换(DWT)是有限长度离散信号从精细到粗略尺度的多分辨率表示。对于时间信号，这些尺度中的每一个都代表一个特定的频带，其时间分辨率与频率内容相匹配。较高频率的分量具有较高的时间分辨率，而较低频率的分量具有较低的时间分辨率。可以使用 Mallat 快速算法执行 DWT 变换[247]。Mallat 变换遵循自然树分解，将数据从一级分辨率 j 传输到较低的分辨率水平 $j-1$，而 Mallat 逆变换遵循相反的过程，正如方程式给出的那样。式(4.37)中，$c_{j,k}$ 为函数 $F(t)$ 在分辨率水平 j 的近似系数或缩放函数系数。类似地，$d_{j,k}$ 是分辨率水平 j 下函数 $F(t)$ 的细节或小波系数，如式(4.38)所示。式(4.37)和(4.38)可用于离散化形式 $F(t)$，即

$$F_i = F(i\Delta t), \quad i = 0, 1, \cdots, n-1$$

其中，Δt 为采样率。

从上面的讨论，可以得出以下结论：

1. Mallat 正变换或 Mallat 分解，将分辨率水平 j 的近似系数 $c_{j,k}$ 分解为下一个低分辨率水平 $j-1$ 的近似系数 $c_{j-1,k}$ 和细节系数 $d_{j-1,k}$。这可以在更低的分辨率水平上重复。

2. Mallat 逆变换或 Mallat 重构，从分辨率水平 $j-1$ 的 $c_{j-1,k}$ 和 $d_{j-1,k}$ 重构近似系数 $c_{j,k}$。

Mallat 正变换是使用离散滤波器 $\boldsymbol{g}$ 和 $\boldsymbol{h}$ 实现的，称为低通和高通滤波器，它们与近似系数 $c_{j,k}$ 卷积，在两次下采样后得到 $c_{j-1,k}$ 和 $d_{j-1,k}$，下采样是通过间隔采样来完成的。图 4.6(a)显示了 Mallat 正变换的过程。对于 Daubcchics 小波，假设离散函数 F_i 是周期性的，低通和高通滤波器给出为

$$\boldsymbol{g}=[a_0,0,0,\cdots,0,a_{N-1},\cdots\quad a_2,a_1]^{\mathrm{T}} \tag{4.40}$$

$$\boldsymbol{h}=[a_{N-1},0,0,\cdots,0,-a_0,\cdots\quad a_{N-3},-a_{N-2}]^{\mathrm{T}} \tag{4.41}$$

其中 $a_k(k=0,1,\cdots,N-1)$是在等式(4.20)中确定的滤波器系数，N 是式(4.29)中确定的 Daubechies 小波的阶数。图 4.6(b)显示了 Mallat 逆变换或 Mallat 重构。这里，更高分辨率水平 j 的近似系数 $c_{j,k}$ 是通过较低分辨率水平 $j-1$ 的近似系数 $c_{j-1,k}$ 和细节系数 $d_{j-1,k}$ 重构的。这里，$c_{j-1,k}$ 和 $d_{j-1,k}$ 与经过低通滤波器 $\boldsymbol{g}_1$ 和高通滤波器 $\boldsymbol{h}_1$ 的二次上采样进行卷积。

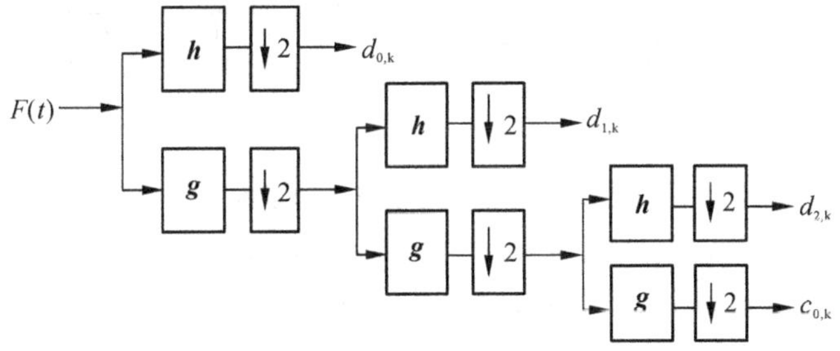

(a)

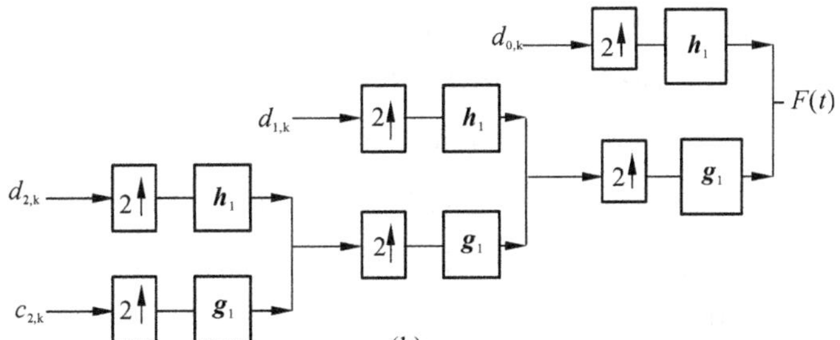

(b)

图 4.6 Mallat 变换

(a)三级 Mallat 正变换；(b)三级 Mallat 逆变换

上采样是通过在 $c_{j-1,k}$ 和 $d_{j-1,k}$ 两个样本之间添加 0 来完成。$c_{j,k}$ 通过添加卷积数据重构。与 Mallat 分解类似，Mallat 重构的低通和高通离散滤波器使用 Daubechies 小波并假设

$$\boldsymbol{g}_1=[a_{N-1} \quad -a_{N-2} \quad a_{N-3} \quad a_{N-4} \quad \cdots \quad a_1 \quad -a_0 \quad 0 \quad \cdots \quad 0 \quad 0]^{\mathrm{T}} \tag{4.42}$$

$$\boldsymbol{h}_1=[a_0 \quad a_1 \quad a_2 \quad a_3 \quad \cdots \quad a_{N-2} \quad a_{N-1} \quad \cdots \quad 0 \quad 0]^{\mathrm{T}} \tag{4.43}$$

图 4.7(a)展示了典型输入信号 $F(t)$ 的离散化和重构过程。这种脉冲在波传播研究中很常见，本书将广泛使用这一信号。脉冲宽度为 50 μs，脉冲开始于 100 μs。假定时间采样率信号 $\Delta t=1$ μs，且时间窗口 $T_{\mathrm{w}}=512$，则 $F(t)$ 中的采样(数据)点总数为 $n=512$。图 4.7(b)显示在不同的分辨率水平或由 j 表示的分辨率水平的细节系数 $d_{j,k}$。转换是使用 Haar 小波和 Mallat 分解算法完成的。

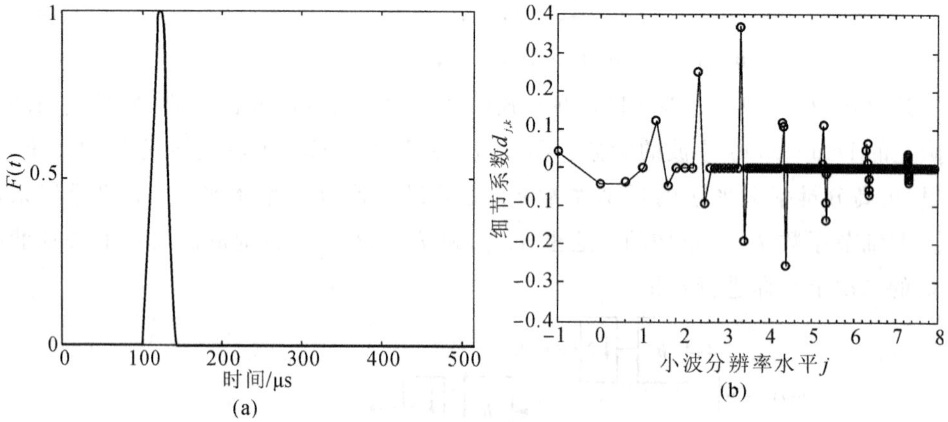

图 4.7 连续信号的离散和重构

(a)离散脉冲时间信号 $F(t)$；(b)使用 Haar 小波的细节系数 $d_{j,k}$

长度为 n 的信号可以分解成的最大分辨率水平为 $j=0$ 到 n_0-1 和 $n=2^{n_0}$。此外，还有一个分辨率水平，通常称为分辨率水平−1。该水平包含单个系数，代表 $F(t)$ 的平均水平，而所有其他水平均值为零。重要的是要考虑这个分辨率水平，以便根据细节系数正确重构信号。同样，对于给定的 j，k 在 $0\sim2^{j-1}$ 之间变化。接下来，图 4.8 绘制了 $F(t)$ 在每个分辨率水平的分解分量。

如前所述，对于时间信号，这些分辨率水平中的每一个都表示某个频带。这些分量通过从每个分辨率水平的 $d_{j,k}$ 重构信号获得[266]。原始信号也可以通过这些组件的直接求和，重构过程如图 4.9 所示。

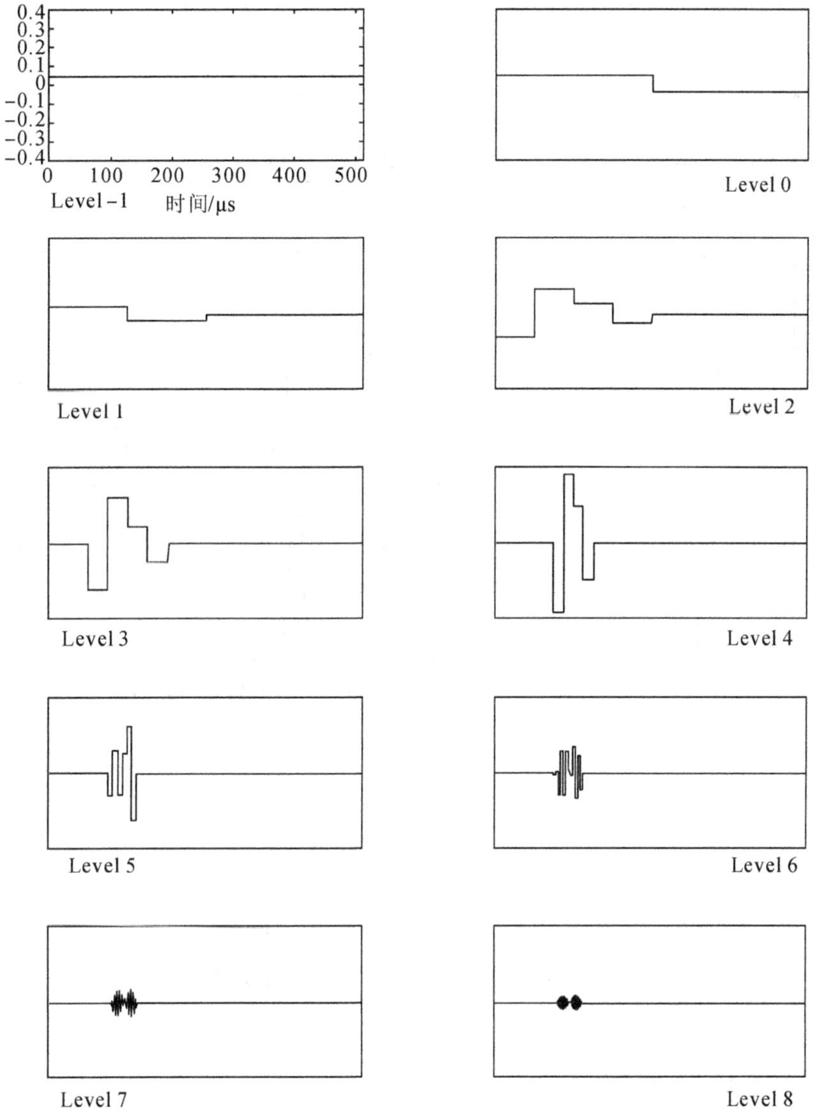

图 4.8　图 4.7 所示的 $F(t)$ 在每个小波分辨率水平 $j=0$ 到 8 的分量

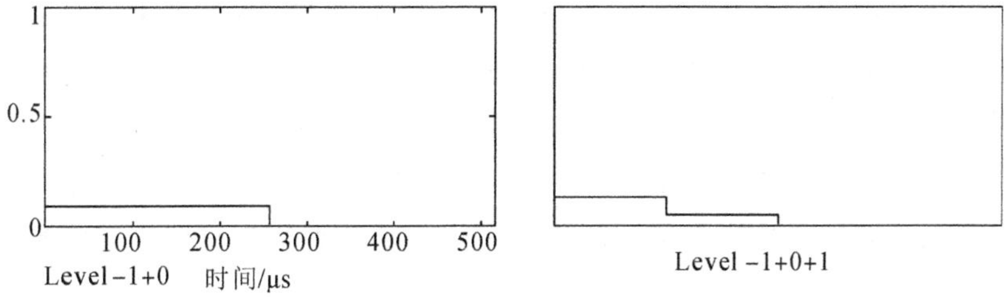

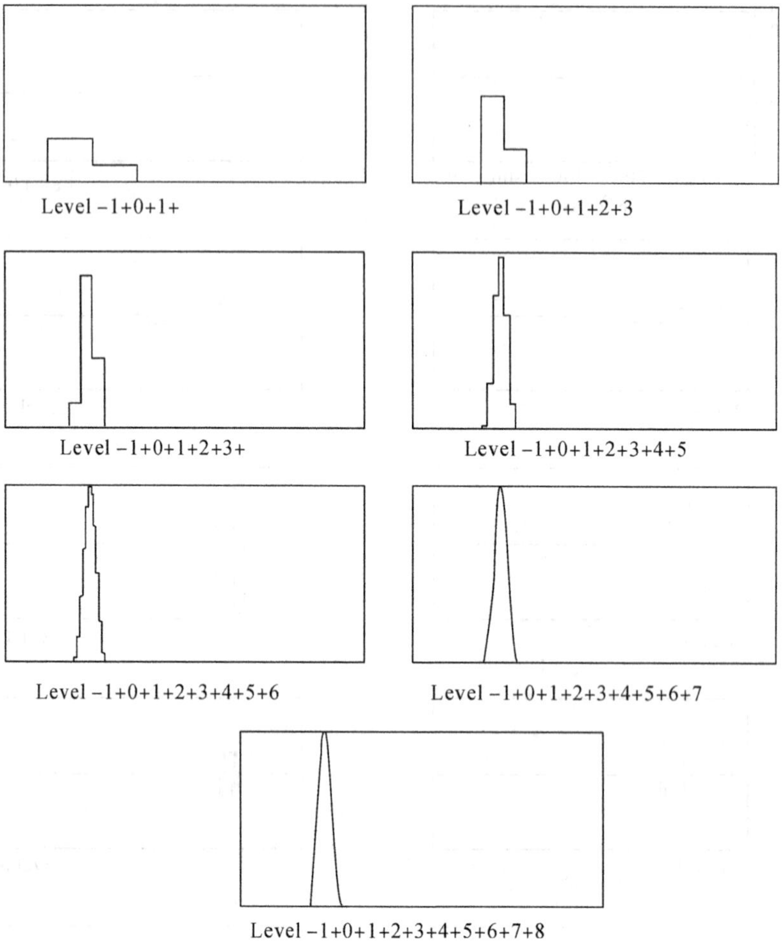

图 4.9　在图 4.7 中显示的 $F(t)$ 的重构

4.4　拉普拉斯变换

拉普拉斯变换是熟知的积分变换,用于求解科学和工程中的许多常微分方程和偏微分方程。拉普拉斯变换以数学家、天文学家皮埃尔·西蒙·拉普拉斯[在概率论的研究中也使用了类似的变换(现在称为 z 变换)]的名字命名。拉普拉斯变换是分析定常线性系统瞬态行为的强大工具,广泛应用于电气工程、控制系统、化学工程、机械工程和概率论等领域。就像傅里叶变换一样,拉普拉斯变换给出了频域中信号的表示,可用于求解微分方程。其缺点在于难以解析逆变换,因此需进行数值逆变换。

4.4.1 数值拉普拉斯变换的需求分析

在本节我们首先定义拉普拉斯变换。令 $f(t)$为瞬态因果函数，$F(s)$为频域中的拉普拉斯图像，给出如下定义

$$F(s) = \int_0^{+\infty} f(t)\mathrm{e}^{-st}\,\mathrm{d}t \tag{4.44}$$

当在半收敛平面上计算拉普拉斯变换时，使用复逆(Bromwich)积分重构函数，

$$f(t) = \frac{1}{2\pi\mathrm{i}}\int_{\alpha-\mathrm{i}\infty}^{\alpha+\mathrm{i}\infty} F(s)\mathrm{e}^{st}\,\mathrm{d}s \tag{4.45}$$

其中“i”是虚数$=\sqrt{-1}$，$s=\alpha+\mathrm{i}\omega$，$\omega$ 对应于以弧度为单位的角频率，α 是正实常数。这里，积分是在复平面上进行的，使得 α 大于 $F(s)$的所有奇点。拉普拉斯逆变换也可以通过 Post-Widder 逆变换公式计算[380]。然而，收敛到 $f(t)$是非常缓慢的。当 $F(s)$通过测量给出或在有限点处对 $\alpha>0$ 进行计算时，问题通常会导致不适定性，即如果 $F(t)$不是光滑函数，则会导致不稳定性[103]。

如前所述，拉普拉斯变换的解析逆变换仅适用于极少数情况，其数值因此有适合其数值逆变换的方法是十分必须的一套方法。拉普拉斯变换的数值逆变换已经得到了广泛的研究，到目前为止，已经提出了各种方法[87],[86]。其中一些利用勒让德函数[28]、拉盖尔函数[374]、高斯求积[281]以及一些其他方法[339]。自 1965 年 Cooley 和 Tukey 提出快速傅里叶变换算法后[73]，许多研究人员提出了使用傅里叶级数法进行数值逆变换[79],[96],[97],[157],[357]。

拉普拉斯变换方程[方程(4.44)]被归类为第一类 Fredholm 型，如上所述，这是不适定的。当哈达玛的适定性条件即下面三个条件不满足时，一个问题称为不适定问题：

1. 解是存在的；
2. 解是唯一的；
3. 解是稳定的。

通常情况下，第三种情况会给逆变换拉普拉斯数值带来严重的问题。通常，当用传统的数值方法来解决不适定问题的数值不稳定性时，会用到正则化方法。需要注意的是，正则化方法只能部分弥补不适定问题的数值不稳定性，不能完全恢复由于不适定而丢失的全部信息。文献[102]和[344]清楚地解释了不适定问题求解中遇到的困难。如上所述，在过去的文献中设计了各种方法来计算数值拉普拉斯变换(NLT)及其逆变换。另外，这些方法中的一些方法以 Bromwich 积分的近似为基础进行反演。Cohen[71]的书中详细对比了 34 个测试问题，这些测试问题使用了不同的拉普拉斯变换数值逆变换方法，不同研究人员进行了精度比较。从这本书可以看到，一些方法在某些

情况下被证明是成功的，但并不适用于其他情况，没有一种方法适用于所有情况。在本书中，将采用快速傅里叶变换进行数值逆变换。这将在下一小节中解释。

4.4.2 数值拉普拉斯变换

本节给出了数值拉普拉斯变换(NLT)的一个简单实现过程。式(4.44)和式(4.45)可以写成

$$F(\alpha+\mathrm{i}\omega)=\int_0^{+\infty}[f(t)\mathrm{e}^{-\alpha t}]\mathrm{e}^{-\mathrm{i}\omega t}\,\mathrm{d}t \tag{4.46a}$$

$$f(t)=\frac{\mathrm{e}^{\alpha t}}{2\pi}\int_{-\infty}^{+\infty}F(\alpha+\mathrm{i}\omega)\mathrm{e}^{\mathrm{i}\omega t}\,\mathrm{d}\omega \tag{4.46b}$$

目前的研究建议选择使用 FFT 正交方法，有效地解决波传播问题。可以观察到，当 α 为零时，上述方程对应于连续傅里叶变换。

$$F(\mathrm{i}\omega)=\int_0^{+\infty}f(t)\mathrm{e}^{-\mathrm{i}\omega t}\,\mathrm{d}t \tag{4.47a}$$

$$f(t)=\frac{1}{2\pi}\int_{-\infty}^{+\infty}F(\mathrm{i}\omega)\mathrm{e}^{\mathrm{i}\omega t}\,\mathrm{d}\omega \tag{4.47b}$$

众所周知，可以使用离散傅里叶变换(DFT)，以离散形式实现上述傅里叶变换[94],[127]。从波传播的角度来看，拉普拉斯变量的实部 α 有物理意义。也就是说，该变量作为阻尼参数，减弱选定时间窗口 T 之外的所有响应，从而消除信号环绕问题。当使用 FFT 变换变量时，信号环绕问题通常与较短波导的波传播分析有关。因此，拉普拉斯正变换和拉普拉斯逆变换的方程(4.46a)和(4.46b)可表示为

$$F(\alpha+\mathrm{i}k\Delta f)=\Delta t\sum_{n=0}^{N-1}[f(n\Delta t)\mathrm{e}^{-(\alpha)(n\Delta t)}]\mathrm{e}^{-\mathrm{i}(2\pi k\Delta f)(n\Delta t)} \tag{4.48a}$$

$$f(n\Delta t)=\mathrm{e}^{\alpha(n\Delta t)}\left[\Delta f\sum_{k=0}^{N-1}F(\alpha+\mathrm{i}k\Delta f)\mathrm{e}^{\mathrm{i}(2\pi k\Delta f)(n\Delta t)}\right] \tag{4.48b}$$

式(4.48b)允许使用 FFT 算法，当 N(即 FFT 点的数量)等于 2 的整数次方时，计算将非常有效。下一个需要回答的问题是拉普拉斯变量实部 α 的选择。基于 FFT 的实现要求，变换变量的实部取决于时间窗口 T 和 FFT 点数 N。现有文献提出的拉普拉斯变量实部 α 的两种不同表达式为[373],[381]，

$$\alpha_{\mathrm{Wilcox}}=2\Delta\omega=\frac{2\pi}{T} \tag{4.49}$$

$$\alpha_{\mathrm{Wedepohl}}=\frac{\ln(N^2)}{T} \tag{4.50}$$

其中 $\Delta\omega$ 为频谱积分步长，N 为 FFT 采样点数，T 为总观测时间。从上述方程可以看出，α 而不会因材料特性或研究的问题而变化。从上式可以看出，对于给定的时

间窗，由于式(4.49)的收敛性保持不变，而式(4.50)提供了随样本数增加而增加的收敛性，从而能够更好地控制 α 的收敛。然而，当选择数量较大的样本时，必须高度注意，因为这会放大时域的响应。在后面的章节中，将在机械波导的波传播分析的背景下详细解释这种转换的实现。

4.5　比较不同变换的优缺点

傅里叶变换可简便地将时间信号从时域变换到频域，或从频域变换到时域，被广泛应用于波的传播研究。因在时域和频域的周期性，FFT 总是与时间窗相关联。如果被测信号在选定的时间窗内没有消失，则信号的剩余部分将在时间历史的起点处出现，导致信号完全失真。这一问题在有限结构中相当严重，在有限结构中，来自边界的多次反射，即使存在阻尼，也不会在选定的时间窗内消失。这个问题称为信号环绕，将在后面的章节中进行详细讨论。另外，FFT 在初值问题中的应用十分困难。使用 FFT 进行信号分析的内容在文献[94]中详细给出。

如果采用 Daubechies 紧支撑小波变换，上述问题可以得到有效地解决。因为它们不假定信号的任何周期性，所以提供了非常高的时间分辨率。即使对于尺寸非常小的结构，小的时间窗也可以给出高精度的结果，而不产生任何信号失真。此外，施加初始条件很简单。然而，小波变换在频域的分辨率较低。频率特性(如波数和群速度)仅精确到奈奎斯特频率的某一部分，该部分取决于 Daubechies 基函数的阶数。超出此频率，会引入频散而估计不准确。为了获得合理的频率分辨率，需要很高阶的基函数，这增加了计算成本。另外，与 FFT 中的傅里叶系数不同，小波系数是耦合的，这需要使用标准的特征分析来进行波传播分析，也相应增加了计算成本。文献[244]给出了利用小波变换进行信号处理的详细说明。

拉普拉斯变换可视为指数窗口输入信号的傅里叶变换，这个指数加权迫使傅里叶变换信号在时间趋于无穷时趋向于零。傅里叶变换用正弦波来分析信号，拉普拉斯变换用正弦波和指数来分析。因此，从信号分析的角度来看，傅里叶变换是拉普拉斯变换的一个子集[329]。与小波变换和傅里叶变换相比，数值拉普拉斯变换在保留 FFT 良好频域分辨率的同时，提供了良好的时域分辨率。

拉普拉斯变换数值逆变换引入了三种类型的误差：

1. 由于只取 N 项的有限和而引起的截断误差，会导致吉布斯振荡；

2. 离散化误差，受 α 和 T 值控制，会导致混叠；

3. 舍入误差，由所使用的机器决定。

通常，截断误差通过窗口函数最小化，离散误差通过选择 α(数值阻尼因子)[38]来减小。通过在式(4.49)中使用 α 值，可以达到 10^{-3} 的精度。在某些情况下，使用式

(4.50)可以将精度提高到 10^{-6}[249]。

总　结

本章全面回顾了傅里叶变换、小波变换和拉普拉斯变换等积分变换。这些变换将在后面的章节中广泛应用,以求解波在不同材料波导系统中的传播问题。

第 5 章

波传播导论

在第 1 章中，将波定义为能量从一个位置传播到另一个位置的载体，机械波的传播需要介质，波速取决于介质的材料性质。对于不同的介质，波的性质或波传播的物理性质是不同的，他们是空间和时间的函数。本章详细地介绍波在材料和结构中的传播。

材料系统在承受动态载荷时，根据载荷的大小和持续时间不同，将承受不同程度的应力。如果荷载变化发生的时间较长，则结构承受的荷载强度变化通常较低，此类问题属于结构动力学范畴。对于这些问题，确定其响应的两个重要参数是：系统的固有频率和正则模态。通过叠加所有正则模态可以得到结构的总响应。在模态分析中，荷载持续时间长（几百毫秒级以上）使其他频率响应含量低，因此荷载将仅激励前几阶模态。因此，结构可以用较少的未知数（即自由度）来简化。然而，当荷载的持续时间很短（通常为微秒量级）时，应力波会以一定的速度在介质中传播，其响应则是瞬态的，在这个过程中，许多正则模态会被激发。因此，模型规模将比结构动力学问题所需的模型大多个数量级，这类问题属于波传播的范畴。波传播的关键因素是传播速度、响应的衰减程度和波长。另外，相位信息也是波传播分析中的一个重要参数。

综上所述，波的传播是一种多模态现象，由于待求解问题与高频部分相关，在时域分析问题时则会十分复杂，而基于频域的分析方法更适合此类问题。也就是说，所有的控制方程、边界条件和变量都可以用第 4 章中讨论的积分变换变换到频域进行分析。FFT 是将变量变换到频域的常用积分变换，小波变换和拉普拉斯变换目前也广泛应用。这些变换都可以离散表示，易于数值实现，在波传播分析中具有生命力。通过将问题转换到频域，去除时间变量，降低控制偏微分方程的复杂性，使所得常微分方程（在一维情况下）的解比原始偏微分方程简单得多。在波传播问题上，波数和传播速度这两个参数非常重要，在材料结构中可以有多种不同类型的波，波数反映了波的类型。本章介绍了计算波数和传播速度的一般方法。在波的传播问题中，频谱关系（波数与频率的关系）和频散关系（波速与频率的关系）非常重要的，揭示了在给定材料系统中产生的不同波的特性。

本章解释了相速度和群速度的概念及其在不同介质中的行为，并推导了其计算公式，进一步解释波传播中常用的术语，分析了一般一维二阶材料系统的运动谱。如果用高阶理论推导材料系统的控制方程，波数的计算将变得极其困难，常采用数值解法，因此本章最后给出了数值计算波数及其相应波幅的一般方法。

5.1 波数、群速度和相速度的概念

波在介质中的传播可表示为

$$u(x,t)=\mathrm{e}^{\mathrm{i}(kx-\omega t)} \tag{5.1}$$

式(5.1)是表示波的另一种方式，如第1章式(1.1)所示。在上述等式中，k 是波数，表征波的行为。式(5.1)中的 $\mathrm{i}(kx-\omega t)$，称为波的相位。如果波以恒定相位运动，那么有

$$\frac{\mathrm{d}[\mathrm{i}(kx-\omega t)]}{\mathrm{d}t}=0$$
$$\text{或}\quad \frac{\mathrm{d}x}{\mathrm{d}t}=C_{\mathrm{p}}=\frac{\omega}{k} \tag{5.2}$$

在上式中，C_{p} 表示以恒定相位移动的波的速度，因此称为相速度。从信息传递的角度看，具有恒定相位移动的波在时间和空间上都相同，是无法传递信息的。要想传递信息，必须调制某些量，如频率或幅度。经调制的波，由许多不同频率波的叠加会产生“包络”波和包络内的载波，称为波包，包络波可用于传输数据。举个简单的例子，两个频率（w_1 和 w_2）非常接近，且振幅相同为 A_0 的谐波，叠加结果可以写成

$$u(x,t)=A_0\mathrm{e}^{\mathrm{i}(k_1x-\omega_1t)}+A_0\mathrm{e}^{\mathrm{i}(k_2x-\omega_2t)} \tag{5.3}$$

引入以下变量

$$k=\frac{k_1+k_2}{2},\quad \Delta k=\frac{k_1-k_2}{2},\quad \omega=\frac{\omega_1+\omega_2}{2},\quad \Delta\omega=\frac{\omega_1-\omega_2}{2} \tag{5.4}$$

求解式(5.4)，可以将两个波数和频率写成

$$k_1=k+\Delta k,\quad k_2=k-\Delta k,\quad \omega_1=\omega+\Delta\omega,\quad \omega_2=\omega-\Delta\omega. \tag{5.5}$$

将式(5.5)代入式中(5.3)，得到

$$u(x,t)=A_0\mathrm{e}^{-\mathrm{i}(k+\Delta k)x}\mathrm{e}^{\mathrm{i}(\omega+\Delta\omega)t}+A_0\mathrm{e}^{-\mathrm{i}(k-\Delta k)x}\mathrm{e}^{\mathrm{i}(\omega-\Delta\omega)t} \tag{5.6}$$

化简得到

$$u(x,t)=A_0\mathrm{e}^{-\mathrm{i}(kx-\omega t)}\left[\mathrm{e}^{-\mathrm{i}(\Delta kx-\Delta\omega t)}+\mathrm{e}^{\mathrm{i}(\Delta kx-\Delta\omega t)}\right] \tag{5.7}$$

括号内的项是余弦项，由 $2\cos(\Delta kx-\Delta wt)$ 给出。式(5.7)可简化为

$$u(x,t)=2A_0\mathrm{e}^{-\mathrm{i}(kx-\Omega t)}\times\cos(\Delta kx-\Delta\omega t) \tag{5.8}$$

因此，总响应是两个波的乘积，一个波以 ω/k 的速度(称之为相速度 C_p)传播，第二个波以 $\Delta w/\Delta k=(w_1-w_2)/(k_1-k_2)=\mathrm{d}w/\mathrm{d}k$ 的速度传播，这个速度用 C_g 表示，称为群速度。一维波传播的相速度和群速度之间的主要区别如图 5.1 所示。

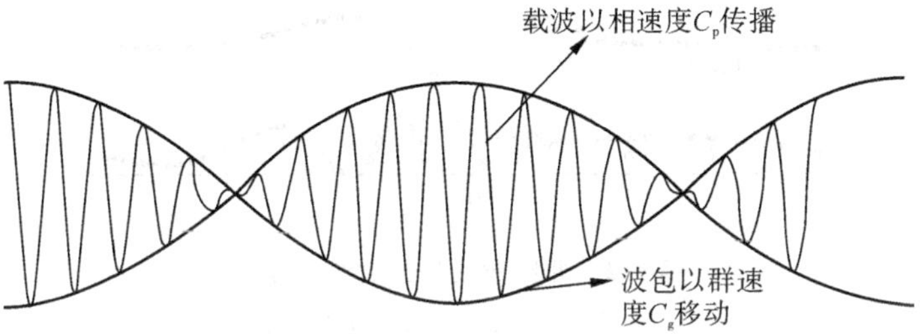

图 5.1　传播的一维波的相速度和群速度

图 5.1 所示的包络线以群速度 C_g 移动，反映出包络响应信息，即整个波包以群速度 C_g 移动，包络内的载波以相速度 C_p 传播。通常，群速度和相速度不同。它们通过下式关联

$$C_g=C_p\left[1-\frac{\omega}{C_p}\frac{\mathrm{d}C_p}{\mathrm{d}\omega}\right] \tag{5.9}$$

如果波数 k_1 和 k_2 非常小且几乎相等，并且频率 w_1 和 w_2 几乎相等，则式(5.8)也是表示“拍现象”的方程，这也可以从图 5.1 中看到。

从式(5.9)可知，当相速度 C_p 不是频率 Ω 的函数时，也就是波数是频率 Ω 的线性函数时，有 $C_p=C_g$，称相速度和群速度相等的波称为非频散波，非频散波在传播时可保持其形状。另外，如果波数与频率 Ω 呈非线性关系，则相速度是频率 Ω 的函数，群速度 C_g 也是频率 Ω 的函数，则相速度和群速度不相等，称为频散波，这意味着高频率分量比低频率分量传播得更快，波的剖面在传播过程中会发生改变。图 5.2 所示是频散波和非频散波的例子。

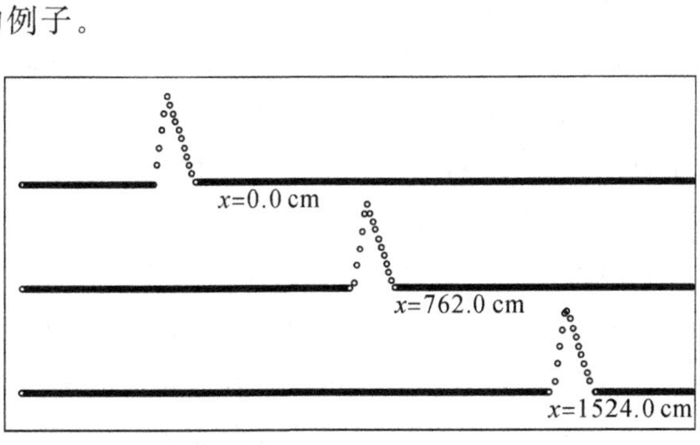

(a)

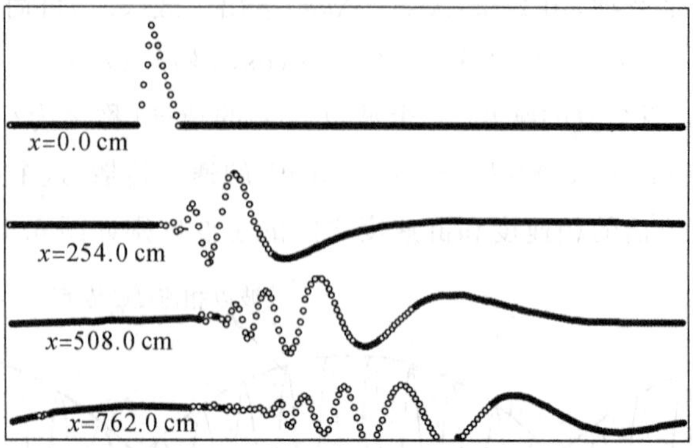

(b)

图 5.2 非频散波和频散波的传播

(a)非频散波示例;(b)频散波示例

从图 5.2(a)中可以看到一个三角形波沿 x 方向传播时,形状保持不变,表明该波在非频散介质中传播。大多数二阶双曲型偏微分方程,如机械波方程、弦振动控制方程等,都表现为非频散方式。图 5.2(b)是频散波传播的一个例子,由图可见,相同的三角形输入,在传播足够远的距离后会完全失去形状,大多数四阶系统,例如控制梁动力学的方程,都以这种方式传播,不同材料系统中的波具有不同程度的频散,也就是说,波导由四阶系统定义的系统有些是弱频散的,也有一些系统是强频散的,频散的程度取决于控制材料系统行为的微分方程阶数。

5.2 波传播术语

本节定义了一些波传播分析中常用的术语,总结如下:

1. 波导:任何物质系统都由运动方程控制,方程用三个坐标方向和时间的函数表达。这种三维偏微分方程求解非常困难。为降低问题维度,常对材料系统的行为做简化假设。在第 2 章中,讨论了一些降低问题维度的假设(见 2.1.9 节),这种简化系统称为波导。波导,顾名思义,以简化运动方程式为理论基础,引导波以特定的方式和方向传播。例如,假设采用的结构属于单轴应力状态,且系统只沿轴向运动,将三维弹性方程推导为各向同性的杆模型,得到一个二阶微分方程。如果结构中的一个维度与另外两个维度相比非常大,这种假设是合理的,一维各向同性杆只能沿着轴向运动,称为轴向波导或纵向波导。假若在此一维结构中,允许横向或横向方向上有运动,那么结构将在横向运动的基础上具有转动,称为弯曲波导,简化控制方程在空间中是四阶的,并且弯曲波导中的波是高度频散的。现实中有许多不同的波导,例如,在许多机器中使用的轴,唯一的运动是扭转,因此它们被称为扭转波导。对于叠合梁,由于刚度耦合,轴向运动和弯曲运动都是可能的。一般来说,如果有 n 个高度耦合的控制偏微分方程，那么这样的波导可以支持 n 种不同的运动，也就是说会有 n 种不同的波模式。

2. 传播波和倏逝波：频域中任意一维波 $y(x,t)$，表示为 $\hat{y}(x,\omega)=Ae^{kx}$，其中$(\hat{y})(x,\omega)$是 $y(x,t)$的频域幅值，ω 是频率，k 是波数，k 可以是纯实数、纯虚数或复数。如果波数为实数，则此类波将表现出振荡行为，称为传播波。如果波数是纯虚数，Ae^{kx} 项可能趋向于零，也可能发散至无穷大。这种情况下并不存在波，称为倏逝波，一些波导的波模式会表现出倏逝特性，本书将会涉及。如果波数是复数，那么既有实部又有虚部，这种波称为非齐次波，其波行为表现为传播时振幅会减小。也就是说，波数的复数部分允许波的传播，而实数部分使波的振幅减小。复合材料和非均匀波导中的波在本质上总是不均匀的。

3. 截止频率：在一些波导中，波数一开始是虚数，到一定频率后变为实数或复数。在这种情况下，波一开始是消失的，只有在达到一定频率后才开始传播，从倏逝模式到传播模式发生变化的频率称为截止频率，截止频率对于理解波导系统的波传播具有重要意义。

4. 带隙：结构或材料系统中某些特征在任意坐标方向、在整个域上重复出现通常定义为周期性，例如，一个机械部件，沿它的某一个方向在整个长度上有一个铆钉孔重复出现。此类结构，通常是采用称为布洛赫定理的均匀化方法来对包含重复特征的小单元来进行分析。这些结构的一个关键特征是它们具有响应水平接近于零的某些频带，这样的频带称为带隙，或者更准确地称为阻带。响应水平较大的其他频率区域通常称为通带。

5.3　运动的频谱分析

在波导中分析波传播的目的是了解其物理特性。首先需要推导出控制波导行为的偏微分方程，然后使用偏微分方程获得波动参数，如波数、速度、截止频率、带隙等其他特征。为了得到上述波动参数，对导出的运动控制方程进行频谱分析，可得出两种不同的关系，即波数与频率之间的频谱关系，以及群速度与频率之间的频散关系，下面将概述获得广义一维二阶和四阶系统的波参数过程，并详细讨论波在这两个广义系统中的传播机理。类似的求解过程可以推广到高维问题。

5.3.1　二阶系统

考虑由下式给出的广义二阶偏微分方程

$$a\frac{\partial^2 u}{\partial x^2}+b\frac{\partial u}{\partial x}=c\frac{\partial^2 u}{\partial t^2} \tag{5.10}$$

其中 a、b、c 为已知常数，$u(x,t)$ 为场变量，x 为空间变量，t 为时间变量。首先使用 DFT 将上述偏微分方程近似或变换到频域，见下式

$$u(x,t)=\sum_{n=0}^{N}\hat{u}_n(x,\omega_n)\mathrm{e}^{\mathrm{i}\omega_n t} \tag{5.11}$$

其中 ω_n 是角频率，n 是近似中使用的频率点总数。这里，$\hat{u}$ 是场变量的频率相关傅里叶变换。将式(5.11)代入式(5.10)，得到

$$a\frac{\mathrm{d}^2\hat{u}_n}{\mathrm{d}x^2}+b\frac{\mathrm{d}\hat{u}_n}{\mathrm{d}x}+c\omega_n^2\hat{u}_n=0 \tag{5.12}$$

从上式可以看出，偏微分方程被简化为一组去除了时间变量的常微分方程，而将频率作为参数引入。为了简洁起见，在上面的等式中省略了求和。式(5.12)是一个常微分方程，其解的类型为 $\hat{u}(x,\omega)=A_n\mathrm{e}^{\mathrm{i}kx}$，其中 A_n 是未知常数，k 是介质的波数。将上述解代入式(5.12)中，得到了确定波数 k 的特征解如下：

$$\left(k^2-\frac{bj}{a}k+\frac{c\omega_n^2}{a}\right)A_n=0 \tag{5.13}$$

上式是以 k 为未知量的二次方程，有两个根，分别对应于波的两种传播方式。这两种模式对应于入射波和反射波。如果波数是实数，则波的模态为传播模式，如果波数是虚数，波的模态使响应减弱，则为倏逝模式，如果波数是复数，那么波在传播时就会衰减，也称为非均匀波。根是由下式给出

$$k_{1,2}=\frac{bj}{2a}\pm\sqrt{\frac{-b^2}{4a^2}+\frac{c\omega_n^2}{a}} \tag{5.14}$$

式(5.14)是确定波数的广义表达式，不同波的行为取决于 a、b、c 以及 $\sqrt{c\omega_n^2/a-b^2/4a^2}$ 的数值。考虑一个简单的例子 $b=0$，两个波数由下式给出：

$$k_1=\omega_n\frac{c}{a},\quad k_2=-\omega_n\frac{c}{a} \tag{5.15}$$

从上面的表达式中，发现波数是实数，反映了传播模式。波数是频率 ω 的线性函数，相位速度 C_p 和群速度 C_g 由下式给出

$$C_\mathrm{p}=\frac{\omega_n}{\mathrm{Real}(k)},\quad C_\mathrm{g}=\frac{\mathrm{d}\omega_n}{\mathrm{d}k} \tag{5.16}$$

式(5.16)中的 C_p 和式(5.3)不同。由于 k 可能是复数，我们只需求解传播模式的速度，因此计算速度时只考虑 k 的实部。对于式(5.15)中给出的波数信息，群速度和相速度分别为

$$C_\mathrm{p}=C_\mathrm{g}=\frac{a}{c} \tag{5.17}$$

可见群速度和相速度是常数且相等，当波数随频率 ω 线性变化、相速度和群速度恒定且相等时，波在传播时会保持形状，波在本质上是非频散的，在一维杆波导中的纵波就是这种类型。如果波数以非线性方式随频率变化，那么相位和群速度将不是常

数，而是频率 ω 的函数，也就是说，每个频率分量以不同的速度传播，传播时波的形状会发生改变，从而具有频散性。

接下来，重新考虑式(5.14)中所有常数不为零时的情形。波数不再随频率线性变化，波会发生频散，而频散程度将取决于根的数值，有以下三种情况：

1. $\frac{b^2}{4a^2}>\frac{c\omega_n^2}{a}$

2. $\frac{b^2}{4a^2}<\frac{c\omega_n^2}{a}$

3. $\frac{b^2}{4a^2}=\frac{c\omega_n^2}{a}$

对于情形 1，当$\frac{b^2}{4a^2}>\frac{c\omega_n^2}{a}$时，根将是复数，因此波数将是复数，这意味着波不会传播，而是很快衰减。

对于情形 2，当$\frac{b^2}{4a^2}<\frac{c\omega_n^2}{a}$，根的值为正实数，波数既有实部又有虚部，波数的形式为 $k=a+\mathrm{i}b$，具有此特征的波在传播时会衰减，即非均匀波。这种情况下的相速度和群速度由下式给出：

$$C_{\mathrm{p}}=\frac{\omega_n}{k}=\frac{\omega_n}{\sqrt{\frac{c\omega_n^2}{a}-\frac{b^2}{4a^2}}} \tag{5.18}$$

$$C_{\mathrm{g}}=\frac{\mathrm{d}\omega_n}{\mathrm{d}k}=\frac{a\sqrt{\frac{c\omega_n^2}{a}-\frac{b^2}{4a^2}}}{c\omega_n} \tag{5.19}$$

显然二者并不相同，因此波在性质上可能是频散的。将 $b=0$ 代入式(5.19)可得非频散解。

对于情形 3，根的值为零，波数是纯虚数，表明波的模式是阻尼模式。值得注意的是，可以令根等于零来确定传播模式转变为倏逝模式的频率，这个频率称为跃迁频率。跃迁频率 ω_t 由下式给出

$$\omega_t=\frac{b}{2\sqrt{ac}} \tag{5.20}$$

确定波数后，频域中控制波方程式(5.12)可写成

$$\hat{u}_n(x,\omega_n)=A_n\mathrm{e}^{-\mathrm{i}k_nx}+B_n\mathrm{e}^{\mathrm{i}k_nx},\quad k_n=\omega_n\sqrt{\frac{c}{a}} \tag{5.21}$$

在上述等式中，A_n 表示入射波系数，B_n 表示反射波系数。频域中控制方程的解是频谱有限单元公式(SFEM)的起点，第 13 章对此进行了说明。可以清楚地看出，控制微分方程中的常数值，对于波在介质中的传播类型起着决定作用。

5.3.2 四阶系统

本小节研究四阶系统中波的行为。波在弯曲波导(如梁)中的传播是四阶系统的典型例子,考虑以下偏微分运动控制方程

$$A\frac{\partial^4 w}{\partial x^4}+Bw+C\frac{\partial^2 w}{\partial t^2}=0 \tag{5.22}$$

这里 w 是场变量,A,B,C 是已知常数。上述方程类似于弹性地基上梁的运动方程。假定场变量解的谱形式如下

$$w(x,t)=\sum_{n=0}^{N}\hat{w}_n(x,\omega_n)\exp(\mathrm{i}\omega_n t) \tag{5.23}$$

将式(5.23)代入式(5.22)中,将偏微分方程转化为常微分方程,有

$$A\frac{\mathrm{d}^4\hat{w}_n}{\mathrm{d}x^4}-(C\omega_n^2-B)\hat{w}_n=0 \tag{5.24}$$

其解的形式为 $\hat{w}_n=P_n\mathrm{e}^{\mathrm{j}kx}$。在式(5.24)中使用该解,得到波数解的特征方程,即

$$k^4-\beta^4=0,\quad \beta^4=(\frac{C}{A}\omega_n^2-\frac{B}{A}) \tag{5.25}$$

以上是四阶微分方程对应的四种波模式,其中两种波型是入射波,另外两种波型是反射波。另外,波的类型取决于 $C\omega_n^2/A-B/A$ 的数值。

现在假设 $C\omega_n^2/A>B/A$,求解式(5.25),得出下面的波数:

$$k_1=\beta,\quad k_2=-\beta,\quad k_3=\mathrm{i}\beta,\quad k_4=-\mathrm{i}\beta \tag{5.26}$$

在式(5.26)中,k_1 和 k_2 为传播模态,k_3 和 k_4 为阻尼或倏逝模态。从上述方程中发现波数是频率的非线性函数,此波是高度频散的,可以通过式(5.16)和式(5.17)求出传播模式的相位和群速度。

接下来,考虑 $C\omega_n^2/A<B/A$ 的情况,特征方程和波数由下式给出:

$$k^4+\beta^4=0 \tag{5.27}$$

$$k_1=\left[\frac{1}{\sqrt{2}}+\mathrm{i}\frac{1}{\sqrt{2}}\right]\beta,\quad k_2=-\left[\frac{1}{\sqrt{2}}+\mathrm{i}\frac{1}{\sqrt{2}}\right]\beta \tag{5.28}$$

$$k_3=\left[-\frac{1}{\sqrt{2}}+\mathrm{i}\frac{1}{\sqrt{2}}\right]\beta,\quad k_4=-\left[-\frac{1}{\sqrt{2}}+\mathrm{i}\frac{1}{\sqrt{2}}\right]\beta \tag{5.29}$$

可见,当 $C\omega_n^2/A-B/A$ 的符号变化,会导致波的行为完全改变。通过推导可见波数都有实部和虚部,因此所有模式都是非均匀的波模态,即波在传播时会衰减。然而,在达到一定的频率之后,初始倏逝模式会变成传播模式,产生完全不同的波特性,发生这种转变的频率称为截止频率。如果让 $C\omega_n^2/A-B/A$ 等于 0,可以通过 $\omega_{\text{cut-off}}=\sqrt{B/C}$得到。当 $B=0$ 时,截止频率消失,波的行为与第一种情况相似,即具有两种传

播模式和两种阻尼模式。在所有情况下，这些波本质上都是高度频散的。

频率域中四阶控制方程(5.24)的解($B=0$)可写成

$$\hat{w}_n(x,\omega_n)=A_n e^{-i\beta x}+B_n e^{-\beta x}+C_n e^{i\beta x}+De^{\beta x} \tag{5.30}$$

与前面的例子一样，A_n 和 B_n 是入射波系数，C_n 和 D_n 是反射波系数，这些系数可利用问题的边界条件来确定。

从上述研究中可以看出，通过频谱分析可深入理解不同微分方程定义的材料系统波动力学，频谱分析的直接输出是频谱关系，即频率和波数的关系图，而频散关系则是速度与频率的关系。

对于二维波导，控制微分方程是两个空间坐标和一个时间坐标的函数。将控制方程变换到频域仅会消除时间变量，而不会消除空间变量。为了确定频谱和频散关系，控制方程需要在一个坐标方向上再进行一次变换，从而在进行变换的方向上引入一个额外的波数。一旦进行第二次变换，得到的方程即为常微分方程，确定主导波数的过程与这里概述的相同，随后会有详细介绍。

5.4　波动方程的一般形式及其特性

波在不同材料系统中的特征不同，本书主要介绍不同材料系统中的波传播，本节先给出波动方程一般形式，简要概述各向异性材料系统、非均匀材料系统和纳米结构材料系统等三种不同材料系统中波的传播特性，随后章节对其差异性还会有详尽的分析。

5.4.1　波动方程的一般形式

在局部弹性理论的假设下，线性波动方程的一般形式如下

$$\frac{\partial^2 u}{\partial t^2}=\sum_{\alpha,\beta}u_{\alpha\beta} \tag{5.31}$$

其中 $u(x,y,z,t)$ 是控制材料系统的场变量，$u_{\alpha\beta}$ 是场变量的导数。结构力学中的波动方程基于动量守恒，可用下式表示

$$\nabla\cdot\boldsymbol{T}=\rho\ddot{\boldsymbol{u}} \tag{5.32}$$

其中，$\boldsymbol{T}$ 是物体中任何点的应力，通常与位移向量 $\boldsymbol{u}=\{u_x,u_y,u_z\}$ 存在非线性关系，$\boldsymbol{T}$ 和 $\boldsymbol{u}$ 之间的非线性关系会产生非线性波动方程。

本书中不管是在时域(线弹性材料)还是在频域(黏弹性材料)上，大多数分析是假设应力和应变(即位移梯度)之间存在线性关系。然而，线性系数(本构关系)可以是方

向(各向异性)和/或位置(非均匀性)相关的,均匀各向同性材料的响应可以从一般材料模型中得到。然而,在纳米结构中,尺度效应变得突出,其本构模型和波响应是尺度参数的函数。接下来将简要讨论这些波导中的波特性。

5.4.2 波导中的波特性

要将各向异性介质中的波与其对应的各向同性介质中的波区别开来,重要特征就是能量流的方向(群速度)[262]。对于各向同性材料,入射波和反射波是纯纵波(通常称为P波)或横波为主(通常称为剪切波,S波)。也就是说,对于波矢 $\boldsymbol{k}=(k_x,k_y)$,纵波和横波在二维中的传播方向分别(k_x,k_y)和$(-k_x,k_y)$。但在各向异性情况下,情况要复杂得多,由于波的方向与材料性质有关,故而不能再将其视为纯纵波或横波,而被称为准纵波和准横波,包括垂直极化的 QSV 波和水平极化的 QSH 波两个分量。在此情况下,所有波模式(在三个笛卡尔坐标方向)都是耦合的,为了识别它们,需要求解一个六阶特征多项式方程。因此,由于 P 和 S 运动的不耦合,在各向异性情况下不可能进行像各向同性情况下的简化分析。各向异性介质中的波速和波传播方向可由控制方程和平面波假设得到。一般均匀各向异性介质的控制方程为

$$\frac{\partial \sigma_{ik}}{\partial x_k}=\rho \ddot{u}_i, \quad \sigma_{ik}=C_{iklm}\varepsilon_{lm} \tag{5.33}$$

其中,考虑到本构矩阵 C_{iklm} 相对于 l 和 m 的对称性,对于平面波解形式如下

$$u_i=A\alpha_i \exp[\mathrm{i}\boldsymbol{k}(n_m x_m-ct)] \tag{5.34}$$

式中,n_m 是波前法线的方向余弦,α_i 是粒子位移的方向余弦。将假设形式代入控制方程,得到给定的特征值

$$(\Gamma_{im}-\rho c^2\delta_{im})\alpha_m=0, \quad \Gamma_{im}=C_{iklm}n_k n_l \tag{5.35}$$

其中 Γ_{im} 被称为克里斯托费尔符号。求解方程(5.35),可求得波的相速度和波向。根据前面的讨论,对于一般各向异性介质,$\alpha\times\boldsymbol{n}$ 和 $\alpha\cdot\boldsymbol{n}$ 从不为零。

非均匀介质中的波特性

与各向异性介质中的波传播相比,非均匀介质中的波具有完全不同的特性。通常,在非均匀性方向上,波的运动表现为传播过程中振幅减小[39],[360]。顾名思义,这种波导中的波是非均匀的,即波数在本质上是复杂的。均匀平面波有这样的形式

$$f=\Phi(\omega)\exp[\mathrm{i}(k_x x+k_y y+k_z z-\omega t)]=\Phi(\omega)\exp[\mathrm{i}(\boldsymbol{k}\cdot\boldsymbol{r}-\omega t)] \tag{5.36}$$

其中 $\Phi(w)$是波幅(实数),$\boldsymbol{k}$ 是波矢(实部)。这种形式描述了均匀、线性和非耗散固体中的波传播现象。在上面方程中,用复数 Φ 和 $\boldsymbol{k}$ 则可描述非均匀波。[54]这些波最

初是在具有固有耗散特性的介质(如黏弹性材料)中观察到的。然而,当非均匀性体现在波传播方向上时,非均匀性材料也会产生这种非均匀波,关于这个问题的文献很多。这些波方程成功地描述了波的模式及其频散特性,传播速度、衰减常数,而且相关角度通常取决于频率[71],[162],[207]。耗散介质中的时谐波具有复数波数;但不太清楚的是,是否存在具有复数波矢量的波,其实部和虚部 $\boldsymbol{k}_1$ 和 $\boldsymbol{k}_2$ 不一定平行。因此,更精确地说,非均匀波是波矢量 $\boldsymbol{k}$ 为复数($\boldsymbol{k}=\boldsymbol{k}_1+\mathrm{j}\boldsymbol{k}_2$)且 $\boldsymbol{k}_1$ 和 $\boldsymbol{k}_2$ 不平行的波[285],一般形式为

$$
\begin{aligned}
f &= \Phi(\omega)\exp[\mathrm{i}(k_{1x}x+k_{1y}y+k_{1z}z-\omega t)-(k_{2x}x+k_{2y}y+k_{2z}z)] \\
&= \Phi(\omega)\exp[\mathrm{i}(\boldsymbol{k}_1\cdot\boldsymbol{r}-\omega t)-\boldsymbol{k}_2\cdot\boldsymbol{r}]
\end{aligned}
\tag{5.37}
$$

上式描述了一种振幅变化的平面波[43],可以看出,$\boldsymbol{k}_1\cdot\boldsymbol{k}_2=0$,这表明该波沿矢量 $\boldsymbol{k}_1$ 给出的方向上传播,其振幅在垂直方向上减小。

纳米结构中的波特性

纳米结构具有纳米尺度,因此无法使用连续体局部弹性模型准确预测其行为。通常,纳米结构需要使用如从头算法模型、分子动力学模型或密度函数模型这样的模型建模。这些模型在文献[133]纳米结构建模章节中进行了解释。然而,所有这些模型的实现在计算上是困难的,因此作为上述原子模型的替代方案,非局部弹性理论被用于对纳米结构进行建模,其中使用梯度弹性理论将尺度参数引入到连续体模型中。除了梯度弹性理论的公式外,这些概念在本书第 2 章中也作了解释。纳米结构的本构模型包含高阶应力或应变梯度,这取决于所使用的梯度理论的类型。因此,控制波方程通常比从局部理论获得的方程高几个量阶,并且波数和波速的求解更加复杂。利用非局部梯度弹性理论建立的纳米结构波动控制方程为

$$
\frac{\partial^2 u}{\partial t^2} = \sum_{\alpha,\beta} u_{\alpha\beta} \pm g^2 \sum_{\gamma,\delta} u_{\gamma\delta}
\tag{5.38}
$$

方程(5.38)的第二项表示来自尺度效应的贡献,g 是与纳米尺度效应相关的项。当 $g=0$ 时,恢复由局部弹性理论获得的波动方程[式(5.31)]。由于非局部参数的存在,在大多数情况下波数是复杂的,这表明在这种介质中传播的波总是非均匀的。此外,由高阶控制方程可知这种介质中的波在本质上总是频散的。尺度参数在光谱和频散关系中引入的一个关键特征是,对于某些纳米波导,尺度参数使群速度在波数趋近于无穷大时,频率趋近于零。这个波数逃逸到无穷大的频率被称为逃逸频率。换句话说,即使系统本身不是周期性的,尺度参数也会引入带隙,第 11 章会详细地阐述这些概念。

5.5 计算波数和波幅的不同方法

想要理解复杂介质中的波传播，需要精确计算波数和群速度。当材料波导有多个自由度时，多项式的阶数会增加，波数计算变得困难，为确定波传播的响应，尤其是在使用谱有限元法分析时，还需要计算波的振幅，传统的计算波数和波幅方法难以解决问题[94]。

为此，研究人员发展了一些新的方法。以基本复合梁理论为基础[217]，采用一个六阶多项式来求解波数，对波数进行数值计算，使用牛顿-拉弗森(NR)方法来找到一个单一的实根，其余的根则用这个实数进行表示，从而对波幅矢量进行解析计算。在一阶剪切变形梁的情况下，表达式变得更复杂[218]，其中 k 解的特征多项式也是六阶。与前面的方法一样，对频谱关系进行了数值求解(通过首先使用 NR 算法跟踪实根)，并对波幅矢量进行解析计算。在三维梁模型和均匀复合管模型[127]中，这种情况可能变得很难处理，需要求解 12 阶多项式来获得波数。可以使用一种称为子空间平均化方法，首先计算部分解耦问题的波数，然后通过平均产生适当模态的波数，从而获得试验根。因此，波数是在某种特定的基础上计算的，并且它们本质上是近似而来。

对于波振幅向量(12 个数字)的计算，每次都需要求解一个 5×5 的矩阵向量方程，在这个矩阵向量方程中，矩阵的行空间(或列空间)必须为 5 才能保证解的唯一性。然而，很难确定所选择的行(或列)是线性无关的，并且在缺乏稳健的波数求解器的情况下，情况会变得更糟，由此可见：

1. 需要一个稳定的、普遍适用的、精确的波数求解算法，它将适用于上述所有问题，并适用于计算 k 的任意阶多项式模型。此外，求解器必须是高效的，因为工作是在每个频率步执行的。

2. 对于给定的波数值，还需要用于计算波幅矢量的稳定、准确和有效的数值格式。

本节介绍了两种计算波数和波幅的方法，这两种方法在线性代数领域是众所周知的。用于计算波数 k 的特征多项式可以用波矩阵 $\mathbf{W}$ 和向量 $\boldsymbol{v}$ 表示为

$$\mathbf{W}(k)\boldsymbol{v} = (\sum_{i=0}^{p} k^i \mathbf{A}_i)\boldsymbol{v} = 0, \quad \mathbf{A}_i \in \mathbb{C}^{N_v \times N_v}, \quad \boldsymbol{v} \in \mathbb{C}^{N_v \times 1} \tag{5.39}$$

其中 N_v 是自变量的个数，p 是特征方程多项式的阶数，在二维波导情况下，每个 $\mathbf{A}_i$ 取决于材料特性、水平频率和波数。以方程(5.39)所示，下面介绍通过求解特征多项式来计算波数的两种方法。

5.5.1　方法 1:伴随矩阵和奇异值分解

在本方法中,特征值是满足 $\det(\boldsymbol{W}(k))=0$ 的根,如果 k_i 是这样的根,则 v 至少有一个非平凡解,称为潜在特征向量。[194]将行列式展开为 k、$p(k)$的多项式,用伴随矩阵法求解,可求出特征根。

在该方法中,形成对应于 $p(k)$的伴随矩阵 $\boldsymbol{L}(p)$

$$\boldsymbol{L}(p)=\begin{bmatrix} 0 & 1 & 0 & \cdots & 0 \\ 0 & 0 & 1 & & \\ \vdots & \vdots & \vdots & & \vdots \\ 0 & 0 & & 0 & 1 \\ -\alpha_m & -\alpha_{m-1} & \cdots & -\alpha_2 & -\alpha_1 \end{bmatrix} \tag{5.40}$$

其中,$p(\lambda)$由下式给出

$$p(\lambda)=\lambda^m+\alpha_1\lambda^{m-1}+\cdots+\alpha_m \tag{5.41}$$

作为伴随矩阵,$L(p)$的特征多项式是 $p(k)$本身[195],$L(p)$的特征值则是 $p(k)$的根,可以使用 LAPACK(xGEEV 组开发的求解包)的标准子程序得到特征值,进而获得特征向量。需注意,特征向量是$\boldsymbol{W}(k)$的零空间元素,并且特征值通过使 $\boldsymbol{W}(k)$奇异从而使该零空间变得非平凡,实质上特征向量的计算等价于矩阵零空间的计算,因此采用奇异值分解(SVD)方法是有效的,可由 LAPACK 子程序执行。任何矩阵 $\boldsymbol{A}\in\mathbb{C}^{m\times n}$都可以分解为酉矩阵 $\boldsymbol{U}$ 和 $\boldsymbol{V}$ 和对角矩阵 $\boldsymbol{S}$,$\boldsymbol{A}=\boldsymbol{U}\boldsymbol{S}\boldsymbol{V}^{\mathrm{H}}$,是奇异值矩阵,上标中的 H 表示厄米特共轭[123]。对于奇异矩阵,一个或多个奇异值将为零,酉矩阵 $\boldsymbol{V}$ 的必要性质是,与零奇异值($\boldsymbol{S}$ 的零对角元素)对应的 $\boldsymbol{V}$ 列是 $\boldsymbol{A}$ 的零空间元素。

5.5.2　方法 2:PEP 线性化

PEP 线性化为

$$\boldsymbol{A}z=\lambda\boldsymbol{B}z,\quad \boldsymbol{A},\boldsymbol{B}\in\mathbb{C}^{pN_v\times pN_v} \tag{5.42}$$

$$\boldsymbol{A}=\begin{bmatrix} \boldsymbol{0} & \boldsymbol{I} & \boldsymbol{0} & \cdots & \boldsymbol{0} \\ \boldsymbol{0} & \boldsymbol{0} & \boldsymbol{I} & \cdots & \boldsymbol{0} \\ \vdots & \vdots & \vdots & & \vdots \\ \vdots & \vdots & \vdots & & \boldsymbol{I} \\ -\boldsymbol{A}_0 & -\boldsymbol{A}_1 & \boldsymbol{A}_2 & \cdots & -\boldsymbol{A}_{p-1} \end{bmatrix}$$

$$\boldsymbol{B}=\begin{bmatrix} \boldsymbol{I} & & & & \\ & \boldsymbol{I} & & & \\ & & \ddots & & \\ & & & \boldsymbol{I} & \\ & & & & -\boldsymbol{A}_p \end{bmatrix} \tag{5.43}$$

其中，x 和 z 之间的关系由 $\boldsymbol{z}=(x^{\mathrm{T}} \quad \lambda\boldsymbol{x}^{\mathrm{T}} \quad \cdots \quad \lambda^{p-1}\boldsymbol{x}^{\mathrm{T}})^{\mathrm{T}}$ 给出。$\boldsymbol{B}^{-1}\boldsymbol{A}$ 是 PEP 的伴随矩阵。方程(11.12)的广义特征值问题可通过 QZ 算法、迭代法、Jacobi-Davidson 方法或有理 Krylov 方法求解，其中 QZ 算法是解决中小规模问题最有效的方法，可以使用 LAPACK 的子程序。

这两种方法都使用了特征值求解器，其中 QZ 算法的计算量约为 $30n^3$，特征向量计算量(n 为矩阵的阶数)约为 $16n^3$。由于第二种方法中伴随矩阵的阶数是第一种方法的 3 倍，计算量是 $N\times M$ 倍，因此本方法的计算量是第一种方法的 27 倍。

PEP 允许 $N_v\times p$ 个特征值和 p 个特征向量。如果 $\boldsymbol{A}_0$ 和 $\boldsymbol{A}_p$ 都是奇异的，那么这个问题可能是不适定的。从理论上讲，这些解决方案可能不存在，也可能不是唯一的。从计算的角度来看，这些解决方案可能是不准确的。如果 $\boldsymbol{A}_0$ 和 $\boldsymbol{A}_p$ 中的一个(而不是两个)是奇异的，则问题是适定的，但某些特征值可能是零或无穷，在确定根时应该谨慎。

以上两种方法各有优缺点。第一种方法需要形成波矩阵的行列式，这对于大 N_v 来说很难获得，此时采用第二种方法是有利的，可以避免在方程(5.41)中获得 α_i 的长表达式，但第二种方法没有对特征值进行控制，如果关注的是区分正间传播波数，那么第一种方法是唯一选择。

总　结

本章介绍了波传播的基本概念。首先，概述了相速度和群速度的概念及其基本区别，并从相速度和群速度的性质出发，解释了频散波和非频散波的概念。其次，解释了一些重要的波传播术语，详细介绍了运动频谱分析方法，提出了确定波数和波速的通用方法，给出了一般二阶一维系统的跃迁频率和截止频率定义。在此基础上，讨论了各向异性、非均匀和纳米结构波导中的波特性。最后，讨论了如何确定波数，在此基础上提出了伴随矩阵法和基于 PEP 线性化的两种方法，解决任意阶特征多项式确定波数的问题。

第 6 章

一维各向同性结构波导中的波传播

各向同性结构是指材料具有无限对称性，也就是说，假定材料性质在所有方向上都是一样的。换言之，各向同性材料系统是最简单的材料系统，只需要杨氏模量和泊松比，就可以完全表征材料特性。在本章中，将介绍由各向同性材料制成的一维结构中的波传播特性，大多数金属属于各向同性材料这一类。

在第 5 章定义了波导，根据其在三维坐标系中的特征长度，波导可以是一维、二维或三维的。上一章也介绍了波传播分析的基础——谱分析。不同波导的控制方程性质不同，因此其波特性也不同。本章中只讨论一维波导的波传播概念。第 7 章将讨论二维各向同性波导中的波传播。研究波传播的核心是确定波导中波的性质，这将以频谱和频散图的形式呈现。波传播研究的另一个重要方面是波与边界的相互作用，除了导出必要的方程外，波的传播还以时间-历程图的形式呈现。本章重点介绍了基本波导、高阶波导、旋转波导和锥形波导中的波传播。

本章给出了波传播的基本概念，这些概念是理解后续章节的基础。从一维基本波导（即杆和梁）中的波传播开始，简单杆只支持纵向运动，称为纵向波导，而简单梁（通常称为欧拉-伯努利梁）支持面内或面外横向运动，称为弯曲波导。采用频谱分析，所有的计算都能在频域中进行，研究波在黏弹性介质中的传播是简单而直接的。

在基本波导中添加某些附加效应可以使波导的阶数更高。例如，在纵向波导中引入横向收缩就成为高阶纵向波导，称为明德林-赫尔曼杆。在高阶波导之后，介绍了波在旋转波导中的传播，旋转波导存在于许多工程和科学学科中，例如压缩机/涡轮叶片或直升机叶片。最后介绍关于波在锥形波导中的传播。

推导方程是研究波传播的一个重要步骤。对于简单波导，可以使用平衡方法，通过隔离波导，写出所有的应力结果，并应用牛顿第二定律得到控制方程。对于更复杂的波导，该方法不可行的。推导更复杂波导的控制方程，通常使用哈密顿原理。在后面的章节中，将使用这个原理来推导许多复杂波导的控制方程。该原理不仅给出了控制微分方程，也给出了相关的基本边界条件和自然边界条件。谱有限元是解决波传播问题的一个非常有用的工具，当介绍谱有限元时，需要介绍基于变分原理的推导过程。下面介绍哈密顿原理。

6.1 哈密顿原理

哈密顿原理广泛用于推导在动载荷作用下结构系统的运动控制方程，基于能量法的最小势能原理则广泛应用于有限元方法中。事实上，哈密顿原理可以看作是动力系统的最小势能原理。这个原理最早是由爱尔兰数学家和物理学家威廉·哈密顿提出的。类似于最小势能原理，哈密顿原理是运动系统在平衡状态下的积分形式。

为了推导这一原理，考虑一个质量为 m 的物体，它对应一个相对于其坐标系 $\boldsymbol{r}=x\boldsymbol{i}+y\boldsymbol{j}+z\boldsymbol{k}$ 的位置向量。根据牛顿第二定律，在力的作用下，该质量从 t_1 时刻的位置"1"移动到 t_2 时刻的位置"2"。这样的路径称为牛顿路径。该质量块的运动如图6.1所示。

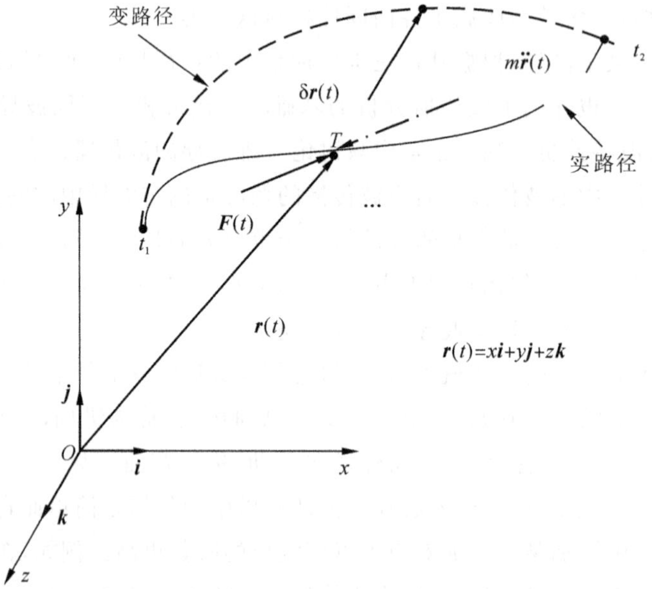

图 6.1 质量为 m 的粒子的实路径和变路径

总力 $\boldsymbol{F}(t)$ 包括保守力（如结构应变能产生的内力）、外力和一些非保守力（如阻尼力）。因此，力矢量由两部分组成，即 $\boldsymbol{F}(t)=\boldsymbol{F}_c(t)+\boldsymbol{F}_{nc}(t)$，每个组成部分在所有三个坐标方向上都有分量。该力由移动质量块产生的惯性力平衡，如果给该质量块一个小的虚位移 $\delta\boldsymbol{r}(t)=\delta u(t)\boldsymbol{i}+\delta v(t)\boldsymbol{j}+\delta w(t)\boldsymbol{k}$，其中 u、v、w 为三个坐标方向上的位移分量，质量块的路径如图 6.1 中的虚线所示，这条路径不一定是牛顿路径，但在 $t=t_1$ 和 $t=t_2$ 时，这条路径与质量块的原始运动的牛顿路径重合，即 $\delta \boldsymbol{r}(t_1)=\delta \boldsymbol{r}(t_2)=\boldsymbol{0}$，这个质量块的平衡关系可以写成

$$F_x(t)-m\ddot{u}(t)=0,\quad F_y(t)-m\ddot{v}(t)=0,\quad F_z(t)-m\ddot{w}(t)=0 \tag{6.1}$$

引用虚功原理，该原理本质上规定由无穷小的虚位移所做的总虚功应为 0，有

$$[F_x(t)-m\ddot{u}(t)]\delta u(t)+[F_y(t)-m\ddot{v}(t)]\delta v(t)-[F_z(t)-m\ddot{w}(t)]\delta w(t)=0 \tag{6.2}$$

重新排列项并对方程在时间 t_1 和 t_2 之间进行积分，得到

$$\begin{aligned}&\int_{t_1}^{t_2}-m[\ddot{u}(t)\delta u(t)+\ddot{v}(t)\delta v(t)+\ddot{w}(t)\delta w(t)]\mathrm{d}t+\\&\int_{t_1}^{t_2}[F_x(t)\delta u(t)+F_y(t)\delta v(t)+F_z(t)\delta w(t)]=0\end{aligned} \tag{6.3}$$

现在考虑上面方程中的第一个积分，称之为 I_1。对积分进行分部积分，得到

$$\begin{aligned}I_1&=[-m\dot{u}(t)\delta u(t)-m\dot{v}(t)\delta v(t)-m\dot{w}(t)\delta w(t)]\Big|_{t=t_1}^{t=t_2}+\\&\int_{t_1}^{t_2}m[\dot{u}\delta\dot{u}+\dot{v}\delta\dot{v}+\dot{w}\delta\dot{w}]\mathrm{d}t=0\end{aligned} \tag{6.4}$$

认识到虚位移必须在这条变化路径的开始和结束时消失，可以将第一个积分写成

$$\begin{aligned}I_1&=\int_{t_1}^{t_2}m[\dot{u}\delta\dot{u}+\dot{v}\delta\dot{v}+\dot{w}\delta\dot{w}]\mathrm{d}t\\&=\int_{t_1}^{t_2}\frac{m}{2}\delta[\dot{u}^2+\dot{v}^2+\dot{w}^2]\mathrm{d}t=\delta\int_{t_1}^{t_2}T\mathrm{d}t\end{aligned} \tag{6.5}$$

这里，T 表示系统的总动能。现在，考虑方程(6.4)中的第二个积分项(I_2)。本表达式中的力项可用内力和非保守力表示。这个积分变成

$$\begin{aligned}I_2=&\int_{t_1}^{t_2}[F_{cx}(t)\delta u(t)+F_{cy}(t)\delta v(t)+F_{cz}(t)\delta w(t)]\mathrm{d}t+\\&\int_{t_1}^{t_2}[F_{ncx}(t)\delta u(t)+F_{ncy}(t)\delta v(t)+F_{ncz}(t)\delta w(t)]\mathrm{d}t\end{aligned} \tag{6.6}$$

上述积分中的第二个积分只是由非保守力所做的功的变化，可以写成

$$\delta\int_{t_1}^{t_2}W_{nc}\,\mathrm{d}t=\delta\int_{t_1}^{t_2}[F_{ncx}(t)u(t)+F_{ncy}(t)v(t)+F_{ncz}(t)w(t)]\mathrm{d}t \tag{6.7}$$

I_2 中的第一个积分是由内力所做的功。根据卡氏第一定理，内力是通过将应变能 $U(u,v,w,t)$ 相对于相应位移的微分获得。因此，可以将保守力写成

$$F_{cx}=-\frac{\partial U}{\partial u},\quad F_{cy}=-\frac{\partial U}{\partial v},\quad F_{cz}=-\frac{\partial U}{\partial w} \tag{6.8}$$

负号表示这些力抵抗变形。在式(6.7)中使用式(6.8)，有

$$I_2 = -\int_{t_1}^{t_2}\left[\frac{\partial U}{\partial u}\delta u(t) + \frac{\partial U}{\partial v}\delta v(t) + \frac{\partial U}{\partial w}\delta w(t)\right]\mathrm{d}t + \delta\int_{t_1}^{t_2} W_{nc}\,\mathrm{d}t = \delta\int_{t_1}^{t_2}[-U + W_{nc}]\mathrm{d}t \tag{6.9}$$

将上式与(6.6)结合，哈密顿原理可以写成

$$\delta\int_{t_1}^{t_2}[T - U + W_{nc}]\mathrm{d}t = 0 \tag{6.10}$$

值得注意的是，如果省略公式(6.10)中的惯性能量，并且假设所有量都是时间无关的，则哈密顿原理转化为最小势能原理。

6.2 一维基本波导中的波传播

一维波导是其中一个维度远长于其他两个维度的波导。有些一维波导，尽管依据其特征长度为一维，但可以表征三维运动。例如，通过一维波导的组合获得的框架结构。波传播分析是一个复杂的过程，需要计算波数、反射系数、透射系数和波响应，所有这些都需要在频域中进行。因此，需要两种软件，一种用于将变量在时域和频域之间来回转换，另一种用于对不同波导进行波分析。完整的波传播分析可以分四个步骤进行，如图 6.2 所示。

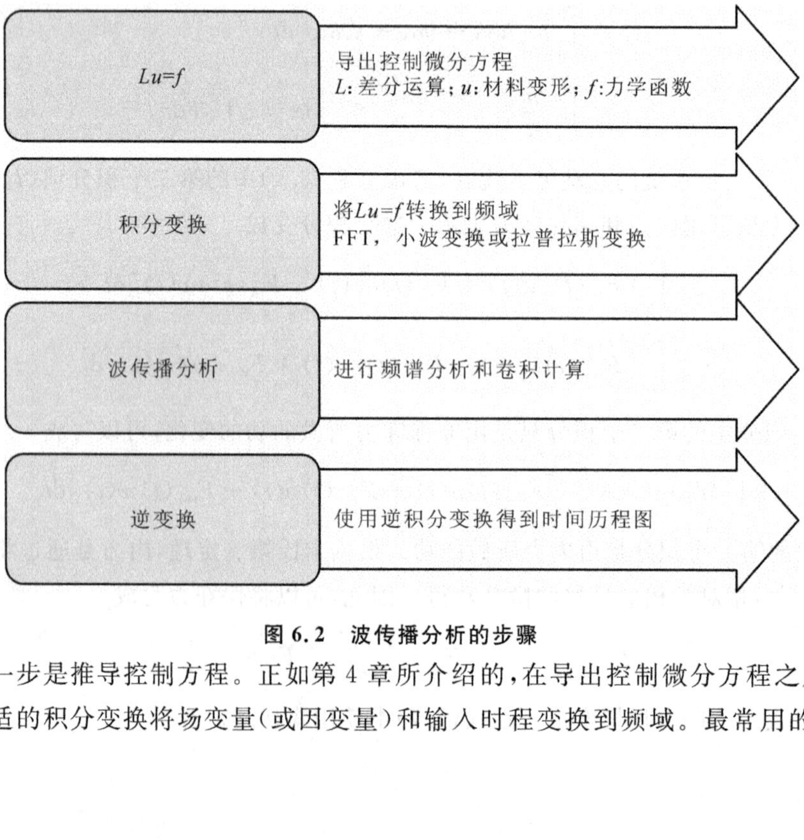

图 6.2 波传播分析的步骤

第一步是推导控制方程。正如第 4 章所介绍的，在导出控制微分方程之后，需要使用合适的积分变换将场变量(或因变量)和输入时程变换到频域。最常用的变换是

快速傅里叶变换。在使用小波变换进行频谱分析时存在一些问题，这些问题将在本书后续章节介绍。将所有相关变量转换到频域后，通过第 5.3 节中介绍的频谱分析，确定波数和波速，然后使用这些波数和波速获得所有因变量的频域响应。这里的最后一步是使用获得的频域响应，通过逆变换找到时域响应。在本节中，将首先介绍杆中的纵波传播，梁中的弯曲波传播，以及框架结构中轴向和弯曲波的耦合传播。如前所述，对于所有这些分析，可采用快速傅里叶变换将变量转换到频域。

6.2.1 纵波在杆中的传播

杆或柱是最简单的结构元件，其一个维度尺寸远长于另外两个维度尺寸，且只能抵抗沿最长尺寸（即构件的轴线）方向的运动。杆波导沿结构构件的轴线引导波，因此称之为纵向波导。本节中，将介绍杆波导中的纵波传播及其与不同边界约束的相互作用，研究弹性和黏弹性杆波导中的波传播。

尽管可以使用平衡方法较简单的推导控制方程，但本节依然使用哈密顿原理推导控制杆运动的偏微分方程。其目的是获得哈密顿原理带来的额外信息。考虑图 6.3 所示的一维杆波导，设杆的长度为 L，轴向刚度为 EA，单位长度质量 ρA。设 u、v 和 w 为三个坐标方向上的位移。

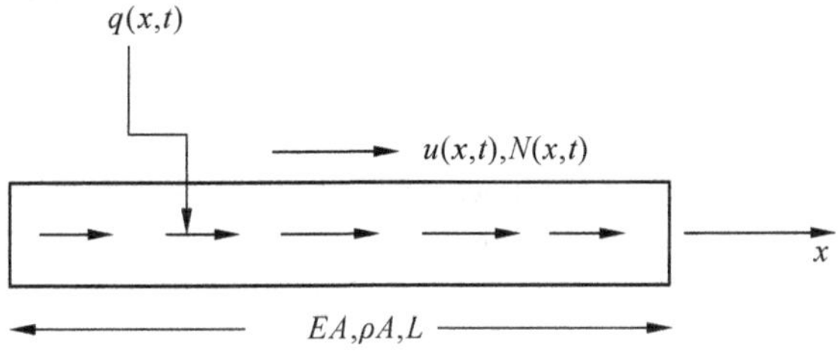

图 6.3　载荷作用下纵向波导元件

杆的位移场可表示为：

$$u(x,y,z,t)=u(x,t),\quad v(x,y,z,t)=0,\quad w(x,y,z,t)=0 \tag{6.11}$$

使用应变-位移关系的应变（第 2.1.3 节）可以写成：

$$\varepsilon_{xx}=\frac{\partial u}{\partial x},\quad \varepsilon_{yy}=\varepsilon_{zz}=\gamma_{xx}=\gamma_{yy}=\gamma_{zz}=0 \tag{6.12}$$

杆处于一维应力状态，相关应力仅为 σ_{xx}，由 $\sigma_{xx}=E\partial u/\partial x$ 给出。该系统的动能可写成

$$T=\frac{1}{2}\int_V \rho\left(\frac{\partial u}{\partial t}\right)^2 \mathrm{d}V \tag{6.13}$$

其中 V 是单元的体积。由于横截面的面积 A 在杆的整个长度上是恒定的，因此上述积分可以写成

$$T=\frac{1}{2}\int_0^L\int_A\rho\left(\frac{\partial u}{\partial t}\right)^2\mathrm{d}x\mathrm{d}A=\frac{1}{2}\int_0^L\rho A\left(\frac{\partial u}{\partial t}\right)^2\mathrm{d}x \tag{6.14}$$

由于杆处于一维应力状态，应变能表达式可写成：

$$U=\frac{1}{2}\int_V\sigma_{xx}\varepsilon_{xx}dV=\frac{1}{2}\int_V E\left(\frac{\partial u}{\partial x}\right)^2\mathrm{d}V=\frac{1}{2}\int_0^L EA\left(\frac{\partial u}{\partial x}\right)^2\mathrm{d}x \tag{6.15}$$

分布荷载 $q(x,t)$(见图 6.3)产生的功如下式所示：

$$W=\int_0^L q(x,t)uA\,\mathrm{d}x \tag{6.16}$$

将式(6.14)、式(6.15)和式(6.16)代入式(6.10)中，可以将该杆的哈密顿原理写成

$$\delta\int_{t_1}^{t_2}\int_0^L\left[\frac{1}{2}\rho A\left(\frac{\partial u}{\partial t}\right)^2-\frac{1}{2}EA\left(\frac{\partial u}{\partial x}\right)^2+q(x,t)Au\right]\mathrm{d}x\mathrm{d}t=0 \tag{6.17}$$

现在将对上述方程逐项进行积分。式(6.17)中的第一项表示为

$$\delta\int_{t_1}^{t_2}\int_0^L\frac{1}{2}\rho A\left(\frac{\partial u}{\partial t}\right)^2\mathrm{d}x\mathrm{d}t \tag{6.18}$$

对式(6.18)关于时间进行分部积分，得到

$$\int_0^L\left|\rho A\frac{\partial u}{\partial x}\delta u\right|_{t=t_1}^{t=t_2}-\int_{t_1}^{t_2}\int_0^L\rho A\frac{\partial^2 u}{\partial x^2}\delta u\mathrm{d}x\mathrm{d}t \tag{6.19}$$

由于 $\delta u(t=t_1)=\delta u(t=t_2)=0$，因此方程(6.18)中的第一项消失，积分变为

$$\delta\int_{t_1}^{t_2}\int_0^L\frac{1}{2}\rho A\left(\frac{\partial u}{\partial t}\right)^2\mathrm{d}x\mathrm{d}t=-\int_{t_1}^{t_2}\int_0^L\rho A\frac{\partial^2 u}{\partial x^2}\delta u\mathrm{d}x\mathrm{d}t \tag{6.20}$$

现在，方程(6.17)中的第二项将根据空间坐标进行分部积分，这样可以得到

$$\int_{t_1}^{t_2}\left|EA\frac{\partial u}{\partial x}\delta u\right|_{x=0}^{x=L}-\int_{t_1}^{t_2}\int_0^L EA\frac{\partial^2 u}{\partial x^2}\delta u\mathrm{d}x\mathrm{d}t \tag{6.21}$$

上述方程中的第一项是边界项。它有两个表达式：$EA\partial u/\partial x=N(x,t)$ 和 δu。说明图 6.3 中所示的应力结果 $N(x,t)$ 或变形 $u(x,t)$ 在边界处是确定的。换句话说，边界项总是成对出现：位移和力。前者称为狄利克雷边界条件，是关于位移的边界条件，而后者是关于合应力的边界条件，称为冯·诺依曼边界条件。也就是说，哈密顿原理自动给出了边界合应力的表达式，对于许多复杂波导来说，这些结果是很难得到的。这也是使用哈密顿原理获得控制微分方程的主要优点之一。

现在，回到哈密顿原理，式(6.17)的最后一项可写成

$$\delta\int_{t_1}^{t_2}\int_0^L q(x,t)A\mathrm{d}x\mathrm{d}t=\int_{t_1}^{t_2}\int_0^L q(x,t)A\delta u\mathrm{d}x\mathrm{d}t \tag{6.22}$$

将式(6.20)、式(6.21)和式(6.22)代入到式(6.22)，得到

$$\int_{t_1}^{t_2}\int_0^L\left[-\rho A\frac{\partial^2 u}{\partial x^2}+EA\frac{\partial^2 u}{\partial x^2}+q(x,t)A\right]\delta u\mathrm{d}x\mathrm{d}t=0 \tag{6.23}$$

由于 δu 是任意的，括号内的项应为 0，这就是杆的运动控制方程。它由下式求得：

$$EA\frac{\partial^2 u}{\partial x^2}+q(x,t)A=\rho A\frac{\partial^2 u}{\partial x^2} \tag{6.24}$$

注意，介质的速度由 $C_0=\sqrt{E/\rho}$ 给出，并假设式(6.24)中 $q(x,t)$ 等于零，可以将各向同性杆的控制方程写成

$$\frac{\partial^2 u}{\partial x^2}=\frac{1}{C_0^2}\frac{\partial^2 u}{\partial x^2} \tag{6.25}$$

在上述方程中，因变量是两个变量 x 和 t 的函数。著名数学家达朗贝尔发现了该方程的解[80]。为此，他引入了两个新变量，$\xi=x-C_0 t$ 和 $\eta=x+C_0 t$。使用这两个新变量，现在可以写出

$$\left.\begin{aligned}\frac{\partial^2 u}{\partial x^2}&=\frac{\partial^2 u}{\partial \xi^2}+2\frac{\partial^2 u}{\partial \xi\partial \eta}+\frac{\partial^2 u}{\partial \eta^2}\\ \frac{\partial^2 u}{\partial t^2}&=C_0^2\frac{\partial^2 u}{\partial \xi^2}-2C_0^2\frac{\partial^2 u}{\partial \xi\partial \eta}+C_0^2\frac{\partial^2 u}{\partial \eta^2}\end{aligned}\right\} \tag{6.26}$$

将上述方程代入式(6.25)，得到

$$\frac{\partial^2 u}{\partial \xi\partial \eta}=0$$

解由下式给出：

$$u(x,t)=f(\xi)+g(\eta)=f(x-C_0 t)+g(x+C_0 t) \tag{6.27}$$

其中 $f(\xi)$ 和 $g(\eta)$ 是空间和时间的函数，表示以传播速度 C_0 向前和向后移动的波。由于这些解只适用于理想的基本无阻尼杆，在此并不关注这个方程的解，而是使用谱分析方法来研究它们的波动行为。

从式(6.24)开始波传播分析，现在将使用离散傅里叶变换将因变量 $u(x,t)$ 变换到频域，即：

$$u(x,t)=\sum_{n=0}^{N}\hat{u}_n(x,\omega_n)\mathrm{e}^{-\mathrm{i}\omega_n t} \tag{6.28}$$

其中 N 是分析中使用的快速傅里叶变换数目。将式(6.28)代入式(6.25)，得到

$$\sum_{n=0}^{N}\left[EA\frac{\mathrm{d}^2\hat{u}_n}{\mathrm{d}x^2}+\omega_n^2\rho A\hat{u}_n\right]\mathrm{e}^{-\mathrm{i}\omega_n t}=0 \tag{6.29}$$

括号内的项是频域中的控制微分方程，由下式给出

$$EA\frac{\mathrm{d}^2\hat{u}_n}{\mathrm{d}x^2}+\omega_n^2\rho A\hat{u}_n=0 \tag{6.30}$$

将由式(6.25)给出的控制偏微分方程变换到频域，得到 N 个不同的常微分方程，其解的形式为

$$\hat{u}_n(x,\omega_n)=\boldsymbol{A}_n\mathrm{e}^{-\mathrm{i}k_n x}$$

上式中，k_n为轴向波数。为了确定它，把上面的解代入式(6.30)，则波数的表达式为：

$$k_n^2=\omega_n^2\frac{\rho A}{EA} \tag{6.31}$$

可以看出，波数是频率的线性函数，因此波在杆中的传播是非频散的，也就是说，波在传播时不会改变其波形。其变化如图 6.4(a)所示。第 5 章对这些方面进行了详细的解释。接下来将得到相速度 C_p和群速度 C_g，它们由下式给出：

$$C_p=\frac{\omega}{k}=C_0=\sqrt{\frac{E}{\rho}},\quad C_g=\frac{d\omega}{dk}=C_0=\sqrt{\frac{E}{\rho}} \tag{6.32}$$

由上式可知，群速度和相速度是相同的，这是非频散波的特性之一。变化情况如图6.4(b)所示。

图 6.4 所示的基本杆的谱和频散关系是根据铝的材料性质得到的，杆的宽度和长度分别等于 6.25×10^{-4} m 和 0.0254 m。

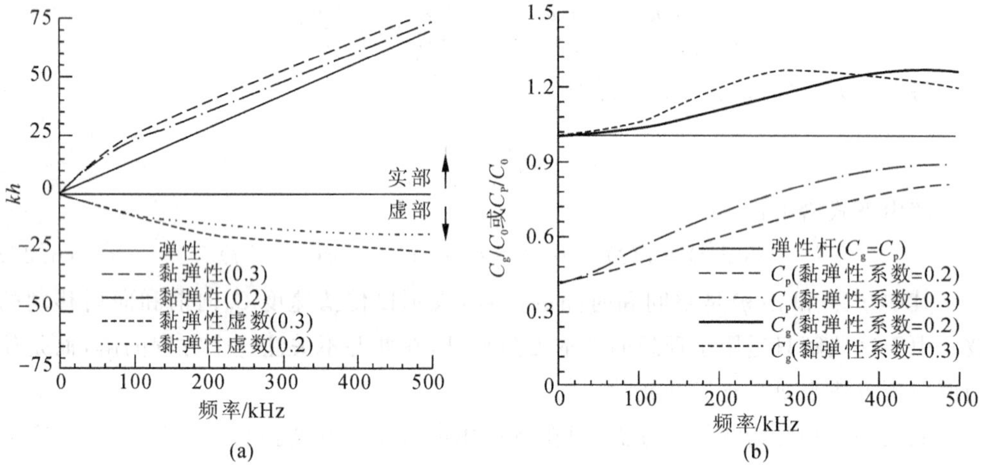

图 6.4 基本杆的谱和频散关系

(a)弹性杆和黏弹性杆的谱关系；(b)弹性杆和黏弹性杆的色散关系

波在无限长纵向波导中的传播

接下来，为了获得波响应，需要得到式(6.30)的解，其解可以写成

$$u(x,t)=\sum_{n=0}^{N}[\boldsymbol{A}_n e^{-ik_n x}+\boldsymbol{B}_n e^{ik_n x}]e^{i\omega_n t} \tag{6.33}$$

式(6.33)括号中的第一项表示具有入射系数 $\boldsymbol{A}_n$ 的入射波，式中第二项表示具有反射系数 $\boldsymbol{B}_n$ 的反射波。现在，模拟波在受三角形时间输入的无限长杆中的传播。可以认为时间输入的快速傅里叶变换等于入射波 $\boldsymbol{A}_n$，这里考虑的杆是无限的，可以省略反射波来获得波响应。杨氏模量 $E=70\times10^9$ N/m^2，密度 $\rho=2700$ kg/m^3，杆的宽度

和长度分别为 6.25×10^{-4} m 和 0.0254 m 时，无限长杆的波传播响应如图 6.5 所示。

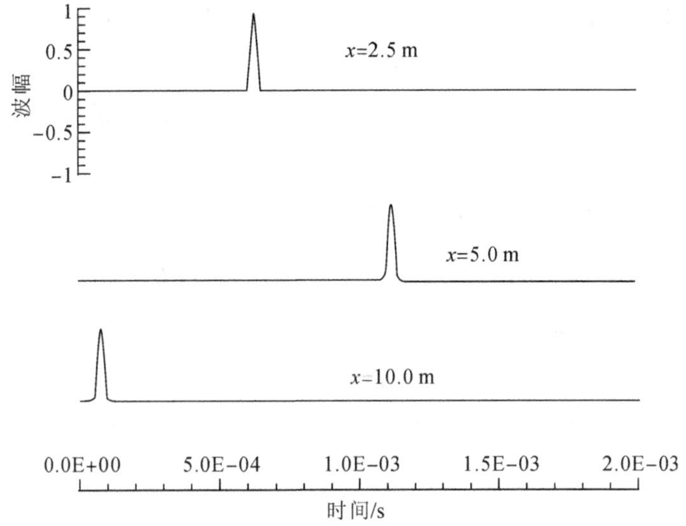

图 6.5　不同长度无限弹性杆中波的传播

对图 6.5 进行分析，可以看出，随着波的传播，波形保持不变，因为杆中的波本质上是非频散的。该图使用 2048 个 FFT 点生成，采样率 ΔT 等于 1 μs，因此相关的总时间窗口 $N\Delta T=2048$ μs，传播速度 $C_0=\sqrt{E/\rho}=5092$ m/s，传播 2.5 m 需要2.5/5092=490 μs。将输入信号的标头添加到该时间，入射信号的到达时间约为 590 μs，这与计算非常吻合。同样，用 5.0 m 传播的计算也证实了从图中得到的结果。然而，10 m 传播的图显示到达时间非常早，但实际情况并非如此。传播 10 m 所需的时间为 10/5092=1964 μs。如果这次仍添加 100 μs 的输入标头，则需要 2064 μs 的总时间窗口来获得波响应。然而，对于为该问题选择的快速傅里叶变换，可用的总时间窗口仅为 2048 μs。因此，时间窗口结束时的所有响应将出现在窗口前面。这个问题被称为信号包络问题，这是使用傅里叶变换的主要缺点之一。该问题可通过采用较大数量的快速傅里叶变换点或较大的采样率 ΔT 来克服。但是，在选择较大的 ΔT 时必须非常小心，因为这可能导致重要信号信息丢失，从而导致信号混叠问题。这些问题及其解决方案的细节在文献[94]，[132]中进行了深入讨论。此外，可以使用小波变换或拉普拉斯变换来减少这些问题的出现。

固定边界和自由边界的波的相互作用

接下来将介绍当纵波与边界相互作用时会发生什么。每当波与边界相互作用时，就会产生反射波，即式(6.33)中的 $\boldsymbol{A}_n$ 与边界相互作用产生 $\boldsymbol{B}_n$。对于基本杆，遇到两类边界，即固定边界和自由边界。在许多实际情况下，边界条件介于这些极端情况之间，这里的基本目标是根据 $\boldsymbol{A}_n$ 来确定 $\boldsymbol{B}_n$。为此，从式(6.33)开始，假设 $x=0$ 时存在固定边界。对于固定边界，位移 $u(0,t)=0$。将 $x=0$ 代入式(6.33)中，得到

$$\boldsymbol{B}_n=-\boldsymbol{A}_n$$

换言之，反射系数将与入射系数具有相同的大小，但具有相反的轮廓，且与频率无关。

如果边界是自由的，那么有频域轴向力 $\hat{N}(x,\omega_n)=EA\partial\hat{u}_n/\partial x=0$，也就是说

$$\hat{N}(x,\omega_n)=EA\frac{\partial\hat{u}_n}{\partial x}=EA\mathrm{i}k_n[-\boldsymbol{A}_n\mathrm{e}^{-\mathrm{i}k_n x}+\boldsymbol{B}_n\mathrm{e}^{\mathrm{i}k_n x}]=0$$

将 $x=0$ 代入上式，得到

$$\boldsymbol{B}_n=\boldsymbol{A}_n$$

也就是说，如果边界是自由的，那么反射位移波将具有与入射位移波相同的振幅和时间分布。

弹性边界反射

弹性边界可以模拟介于固定边界和自由边界之间的边界条件。具有弹性边界的杆包含常数为 K 的弹簧，如图 6.6 所示。

在这里，所考虑的波导长度为 L，单位长度质量为 ρA，轴向刚度为 EA。为了确定反射系数 $\boldsymbol{B}_n$，在弹性边界所在的 $x=0$ 处施加力边界条件。就是

$$\hat{N}(0,\omega_n)=EA\frac{\partial\hat{u}_n}{\partial x}\bigg|_{x=0}=-K\hat{u}_n\big|_{x=0} \tag{6.34}$$

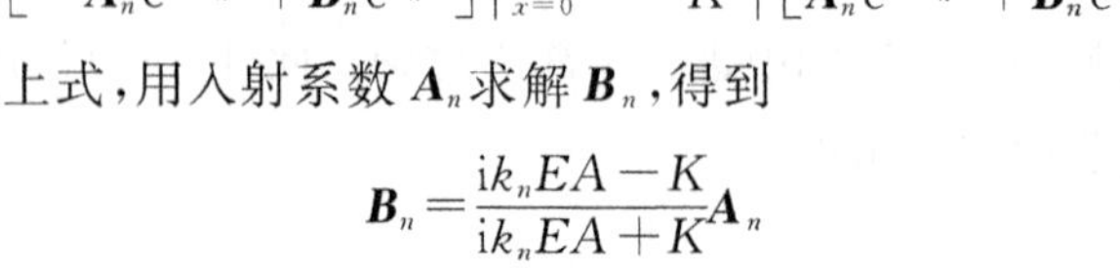

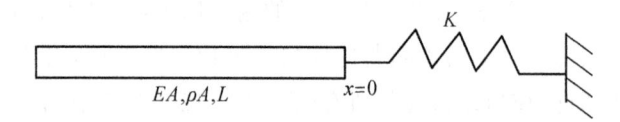

图 6.6 具有弹性边界的纵向波导

将式(6.33)代入式(6.34)得到

$$|EA\mathrm{i}k_n[-\boldsymbol{A}_n\mathrm{e}^{-\mathrm{i}k_n x}+\boldsymbol{B}_n\mathrm{e}^{\mathrm{i}k_n x}]|_{x=0}=-K\,|[\boldsymbol{A}_n\mathrm{e}^{-\mathrm{i}k_n x}+\boldsymbol{B}_n\mathrm{e}^{\mathrm{i}k_n x}]|_{x=0} \tag{6.35}$$

将 $x=0$ 代入上式，用入射系数 $\boldsymbol{A}_n$ 求解 $\boldsymbol{B}_n$，得到

$$\boldsymbol{B}_n=\frac{\mathrm{i}k_n EA-K}{\mathrm{i}k_n EA+K}\boldsymbol{A}_n \tag{6.36}$$

之前提到，对于固定边界条件下，$\boldsymbol{B}_n=-\boldsymbol{A}_n$，而对于自由边界条件，则有 $\boldsymbol{B}_n=\boldsymbol{A}_n$。如果式(6.36)中 $K=0$ 和 $K=\infty$，则可以分别在方程中获得这些值。这些在图 6.7 中可以很容易地看到。随着刚度 K 的值由低到高，从固定边界响应变为自由边界响应。对于中间刚度值，波表现出频散特性。

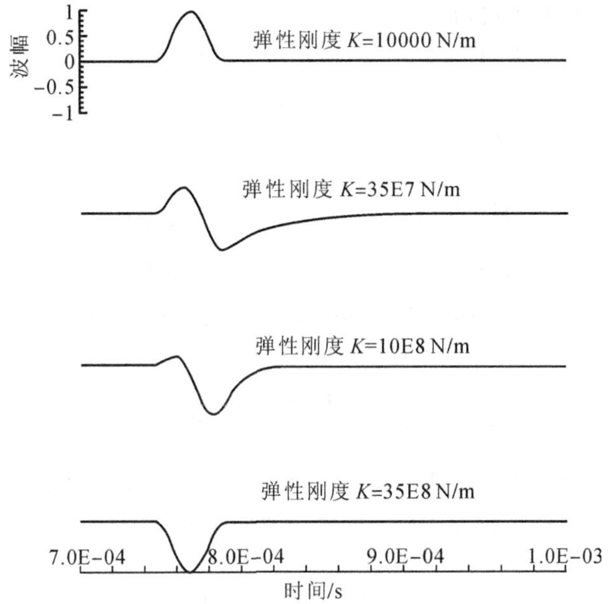

图 6.7 不同刚度 K 值时弹性边界反射

集中质量节点(刚性节点)的反射和透射

通常在结构分析中,习惯上假设结构连接点既没有弹性也没有质量,并且它们被理想化为刚性。图 6.8 显示了这样一个节点。

与之前的情况不同,这里有两个杆段,一个特性为 E_1A_1,ρ_1A_1 和 L,而第二个是一个无限的杆段,特性为 E_2A_2 和 ρ_2A_2。在节点左侧的波导中将存在反射响应,而在节点右侧的波导中会有一个透射响应。因此,这两段的位移场可以写成

$$\left.\begin{aligned}\hat{u}_{1n}(x,\omega_n)&=\boldsymbol{A}_{1n}\mathrm{e}^{-\mathrm{i}k_{1n}x}+\boldsymbol{B}_{1n}\mathrm{e}ik_{1n}x\\ \hat{u}_{2n}(x,\omega_n)&=\boldsymbol{A}_{2n}\mathrm{e}^{-\mathrm{i}k_{1n}x}\end{aligned}\right\} \tag{6.37}$$

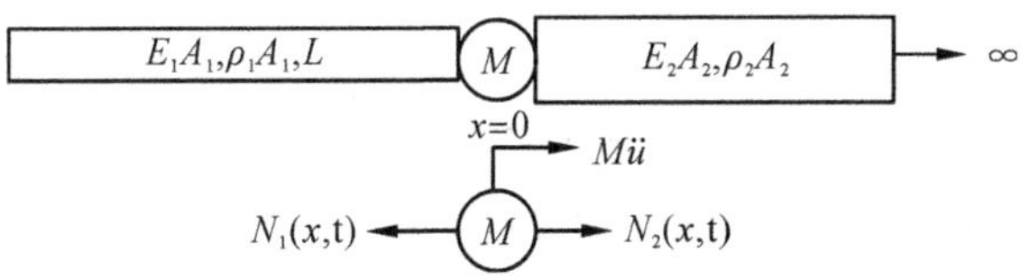

图 6.8 带一个质量节点的纵波波导和自由体图

边界条件需要确定反射系数 $\boldsymbol{B}_{1n}$。考虑如图 6.8 所示的自由体图,可以获得 $x=0$ 处用入射系数 $\boldsymbol{A}_{1n}$表示的透射系数 $\boldsymbol{A}_{2n}$。

$$N_2(0,t)-N_1(0,t)=M\ddot{u}\Leftrightarrow\hat{N}_1(0,\omega_n)-\hat{N}_2(0,\omega_n) \tag{6.38}$$

$$u_1(0,t)=u_2(0,t)\Leftrightarrow\hat{u}_{1n}(0,\omega_n)=\hat{u}_{2n}(0,\omega_n)$$

使用 $\hat{N}_1$ 和 $\hat{N}_2$ 的表达式，有

$$E_1A_1\mathrm{i}k_{1n}[-\boldsymbol{A}_{1n}+\boldsymbol{B}_{1n}]=-M\omega_n^2[\boldsymbol{A}_{2n}] \tag{6.39}$$

$$\boldsymbol{A}_{1n}+\boldsymbol{B}_{1n}=\boldsymbol{A}_{2n} \tag{6.40}$$

求解上述方程，反射系数为

$$\boldsymbol{B}_{1n}=\frac{M\omega_n^2+E_1A_1\mathrm{i}k_{1n}(1-S\alpha)}{-M\omega_n^2+E_1A_1\mathrm{i}k_{1n}(1+S\alpha)}\boldsymbol{A}_{1n} \tag{6.41}$$

式中 $S=E_2A_2/(E_1A_1)$，$\alpha=k_{2n}/k_{1n}$。对于大质量值或非常高的频率，$\boldsymbol{B}_{1n}=-\boldsymbol{A}_{1n}$。同样，在非常低的频率下，如果两个分段具有相同的横截面，则 $\boldsymbol{B}_{1n}\simeq 0$，透射系数由下式给出

$$\boldsymbol{A}_{2n}=\frac{2E_1A_1\mathrm{i}k_{1n}}{-M\omega_n^2+E_1A_1k_{1n}(1+S\alpha)}\boldsymbol{A}_{1n} \tag{6.42}$$

对于大质量值或者在高频 $\boldsymbol{A}_{2n}\simeq 0$，在低频 $\boldsymbol{A}_{2n}\simeq\boldsymbol{A}_{1n}$，看到反射系数和透射系数都是与频率相关的。图 6.9 显示了不同质量下的反射响应。

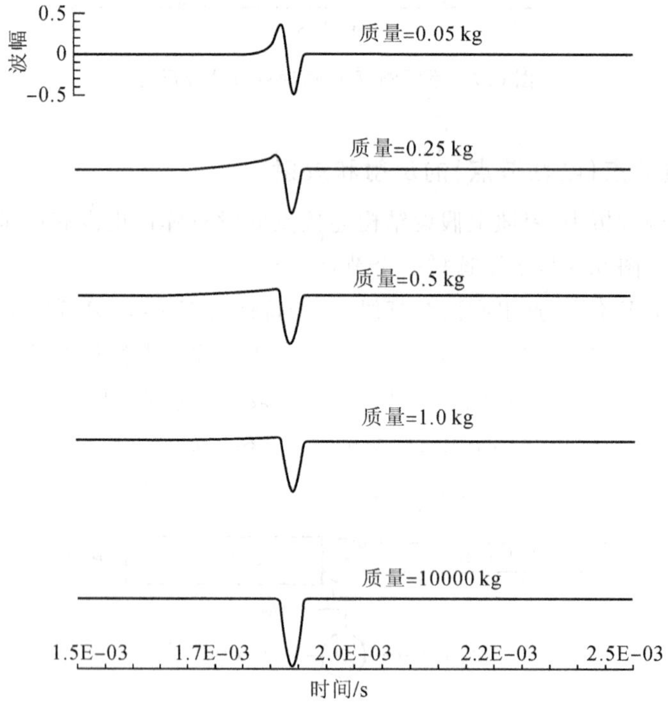

图 6.9 不同质量时节点质量反射响应

上面的图是使用相同的材料和截面特性生成的，从图可以清楚地看到，对于大质量，响应接近于固定杆响应；对于小质量和中等质量，波倾向于频散。研究表明，节点的质量可以作为一种有效的滤波器来选择性地过滤响应。

阶梯杆反射

这里考虑的阶梯杆如图 6.10 所示。在这里，使用与式(6.38)中相同的位移场，边界条件与 $M=0$ 条件下的式(6.39)相似。将 $M=0$ 代入式(6.41)和式(6.42)中，阶梯杆中的反射系数和透射系数为

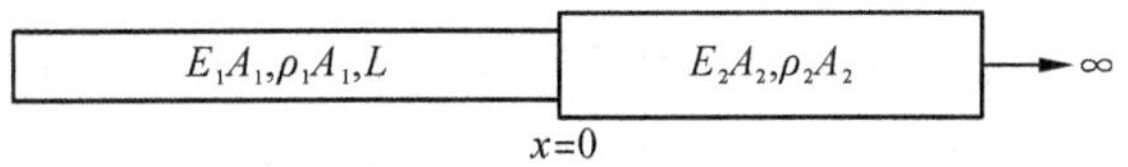

图 6.10　阶梯杆

$$\boldsymbol{B}_{1n}=\frac{(1-S\alpha)}{(1+S\alpha)}\boldsymbol{A}_{1n},\quad \boldsymbol{A}_{2n}=\frac{2}{(1+S\alpha)}\boldsymbol{A}_{1n} \tag{6.43}$$

图 6.11 显示了阶梯杆的反射和透射响应。该图清楚地表明，对于 S 的高值，该步骤将模拟固定边界，对于 S 和 α 的不同值，可以模拟固定边界条件和自由边界条件之间的不同边界条件。

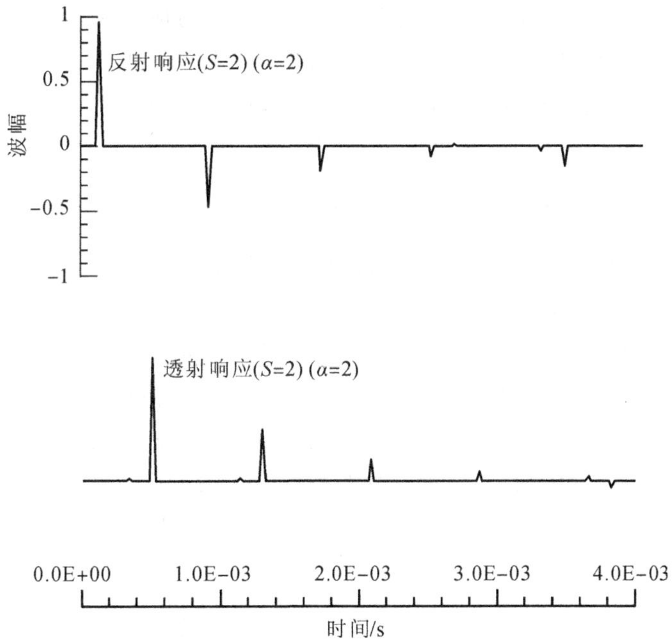

图 6.11　纵波在阶梯杆上的反射和透射

波在黏弹性杆中的传播

弹性和黏弹性材料定义虽然不同，但却不易区分。人们普遍认为，黏弹性是材料在变形时既表现出黏性(类似减震器)又表现出弹性(类似于弹簧)。食品、合成聚合

物、木材、土壤和生物软组织以及金属在高温下均表现出明显的黏弹性效应。黏弹性材料应力和应变之间的关系取决于时间，具有以下三个重要性质：应力松弛（步长恒定的应变导致应力减小）、蠕变（步长恒定的应力导致应变增大）和滞后（应力-应变相位滞后）。从应力-应变曲线可以看出滞回现象，这表明对于黏弹性材料，加载过程与卸载过程不同。文献[378]很好地介绍了黏弹性理论。

蠕变和应力松弛测试便于长时间（几分钟到几天）内研究材料响应，但在较短的时间内（几秒钟或更少）不太准确。动态测试中，正弦应变（或应力）产生的应力（或应变）通常非常适合填补黏弹性响应的短时间范围。通过讨论由正弦应变引起的应力来阐明这些想法。在恒温下进行典型动态试验时对加载机器进行编程，以获得材料试件杆的应变循环历史

$$\varepsilon(t)=\varepsilon_0\sin(\omega t) \tag{6.44}$$

其中 ε_0 是振幅，ω 是频率。应力作为时间 t 的函数，其响应取决于材料的特性。材料的特性可分为几类，其中一些如下：

· 纯弹性固体：此处应力在任何时候都与应变成正比，即 $\sigma(t)=E\varepsilon(t)$。代入式(6.44)中，得到 $\sigma(t)=E\varepsilon_0\sin(\omega t)$。应力幅值 $\sigma_0=E\varepsilon_0$ 与应变幅值 ε_0 呈线性关系，应变引起的应力响应是即时的。也就是说，应力与应变是同相的。

· 纯黏性材料：对于这种材料，应力与应变率成正比，即 $\sigma(t)=\eta\mathrm{d}\varepsilon/\mathrm{d}t$，其中 η 为黏性系数。因此在式(6.44)中给出了应变，为

$$\sigma(t)=\eta\varepsilon_0\omega\cos(\omega t)=\eta\varepsilon_0\omega\sin\left(\omega t+\frac{\pi}{2}\right) \tag{6.45}$$

由上式可知，应力幅值 $\eta\varepsilon_0\omega$ 与应变幅值呈线性关系，它们取决于频率 ω，此外，应力响应与应变响应相差 90°。

本书只介绍线性黏弹性材料，其特征是应力与应变成线性比例，需要注意的是，线性响应的性质并不涉及任何材料响应曲线的形状。线性黏弹性通常只适用于小变形和线性材料。因此，需要采用无穷小应变理论对其进行分析。通过光谱分析线性黏弹性材料，以研究波的传播特性。一般线性黏弹性固体的本构模型为

$$\begin{aligned}&a_0\sigma+a_1\frac{\mathrm{d}\sigma}{\mathrm{d}t}+a_2\frac{\mathrm{d}^2\sigma}{\mathrm{d}t^2}+\cdots+a_n\frac{\mathrm{d}^n\sigma}{\mathrm{d}t^n}\\&=b_0\varepsilon+b_1\frac{\mathrm{d}\varepsilon}{\mathrm{d}t}+b_2\frac{\mathrm{d}^2\varepsilon}{\mathrm{d}t^2}+\cdots+b_n\frac{\mathrm{d}^n\varepsilon}{\mathrm{d}t^n}\end{aligned} \tag{6.46}$$

有三种不同的黏弹性模型：麦克斯韦模型、开尔文-沃伊特模型和标准线性固体模型。所有这些模型都以弹簧和阻尼器的形式来表示的。为了演示波在黏弹性固体中的传播，这里将只使用标准线性实体模型，如图 6.12 所示。

这种标准线性黏弹性固体的本构模型由下式给出

$$\frac{\mathrm{d}\sigma}{\mathrm{d}t}+\frac{\sigma}{\eta}(E_1+E_2)=E_1\frac{\mathrm{d}\varepsilon}{\mathrm{d}t}+\frac{E_1E_2}{\eta}\varepsilon \tag{6.47}$$

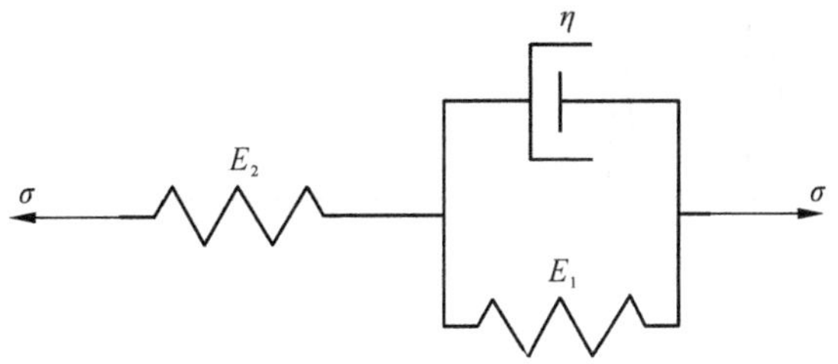

图 6.12　标准线性固体黏弹性模型

与线弹性固体不同，简单的标准线性固体需要 3 种材料性能，即杨氏模量 E_1、E_2 和冲击系数 η，对式(6.47)进行快速傅里叶变换并简化，得到

$$\hat{\sigma}=E(\omega)\hat{\varepsilon},\quad E(\omega)=E_1\,\frac{E_2+\mathrm{i}\omega\eta}{E_1+E_2+\mathrm{i}\omega\eta} \tag{6.48}$$

材料的杨氏模量是复数，实部是表示刚度，而模量的虚部表示该材料阻尼量。因此，当波在这种材料中传播时，可预期到其响应会显著降低，并且最终在长距离传播中消失。接下来，该材料的波数由下式给出：

$$k(\omega)=\omega\sqrt{\frac{\rho A}{E(\omega)A}} \tag{6.49}$$

可以看出，由于有效杨氏模量复杂，波数不再是线性的，并将表现出频散特性。接下来计算速度，相位速度和群速度由下式给出

$$C_{\mathrm{p}}=\frac{\omega}{k}=\sqrt{\frac{E(\omega)}{\rho}},\quad C_{\mathrm{g}}=\frac{\mathrm{d}w}{\mathrm{d}k}=\frac{\sqrt{\dfrac{E(\omega)}{\rho}}}{1-\dfrac{\omega}{2E(\omega)}\dfrac{\mathrm{d}E(\omega)}{\mathrm{d}\omega}} \tag{6.50}$$

然后通过这些方程来理解黏弹性杆的行为，为此，使用以下材料属性：

$$E_1=70\times10^9\ \mathrm{N/m^2},\quad E_2=7\times10^9\ \mathrm{N/m^2},\quad \rho=5.9\ \mathrm{kg/m^3}$$

波数、相速度、群速度图如图 6.4(a)及图 6.4(b)所示。图中绘制了两种不同黏性系数 $\eta=0.2$ 和 $\eta=0.3$ 时的图。从图中可以看出，除了有实部之外，波数还有一个实质上的虚部，这意味着波在传播时，会有很大的衰减。图 6.4(b)中的速度图显示，与传统杆相比，黏弹性杆表现出显著的频散性，并且与传统杆相比较，黏弹性杆的行进速度往往高得多。计算出波数后，黏弹性杆控制方程的解与式(6.33)相同，其中波数表达式由式(6.49)给出。

为了研究黏弹性杆所表现出的衰减水平，可以在无限黏弹性杆中输入先前考虑过的三角形脉冲，在无限波导解中忽略掉反射系数 $\boldsymbol{B}_{1n}$，不同空间坐标下的响应如图 6.13所示。

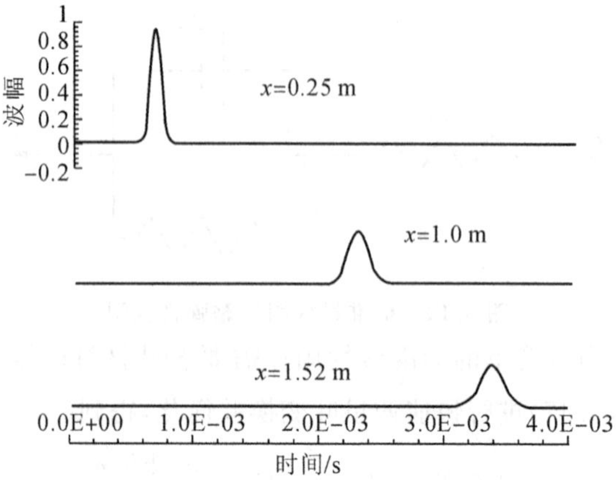

图 6.13 纵波在无限黏弹性杆中的传播

从这些图中可以看到，复数模量为系统贡献了大量的阻尼。波传播距离的增加，会导致响应的显著降低。

6.2.2 梁中弯曲波的传播

梁是只承受横向运动的一维波导。与杆不同，梁不具有达朗贝尔解，因为它由空间坐标中的四阶和时间坐标中的二阶偏微分方程控制。本节的内容与前一节相同，也就是说，本节将首先利用哈密顿原理推导控制方程，并观察来自不同边界和约束条件下的反射响应。

欧拉-伯努利梁的控制微分方程

为了推导控制微分方程，考虑如图 6.14 所示的梁。再次使用哈密顿原理来推导控制微分方程和边界条件。在这个理论中，假设波导是各向同性的、均匀的并且仅经历很小的变形。此外，该理论假设中性轴会发生变形。基于这些假设，变形场可表示为

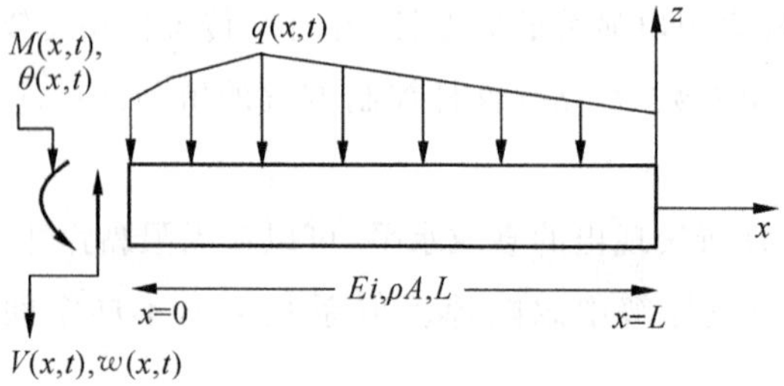

图 6.14 弯曲波导的元件

$$u(x,z,t)=-z\frac{\mathrm{d}w}{\mathrm{d}x},\quad w(x,z,t)=w(x,t) \tag{6.51}$$

其中，z 为厚度坐标，$u(x,t)$为沿 x 方向的轴向变形，$w(x,t)$为沿 z 方向的变形。由于受弯曲荷载的作用，梁的弯曲、斜率或者旋转 $\theta(x,t)$可由横向位移的表达式 $\theta(x,t)=\mathrm{d}w/\mathrm{d}x$。动能可推导如下：

$$T=\frac{1}{2}\int_V\rho\left[\left(\frac{\mathrm{d}u}{\mathrm{d}t}\right)^2+\left(\frac{\mathrm{d}w}{\mathrm{d}t}\right)^2\right]\mathrm{d}v \tag{6.52}$$

将式(6.51)代入式(6.52)，可以将动能写成

$$T=\frac{1}{2}\int_0^L\int_A\rho\left[z^2\left(\frac{\mathrm{d}^2w}{\mathrm{d}x\mathrm{d}t}\right)^2+\left(\frac{\mathrm{d}w}{\mathrm{d}t}\right)^2\right]\mathrm{d}A\mathrm{d}x \tag{6.53}$$

式(6.53)中的第一项非常小，表示转动惯量，这在欧拉-伯努利理论中通常被忽略。忽略后的动能表达式可表达为

$$T=\frac{1}{2}\int_0^L\rho A\left(\frac{\mathrm{d}w}{\mathrm{d}t}\right)^2\mathrm{d}x \tag{6.54}$$

梁仅处于一维应力状态，仅存在 σ_{xx} 作用。相应的应变为 $\varepsilon_{xx}=\partial u/\partial x=-z\partial^2w/\partial x^2$。其表达式可以写成

$$U=\frac{1}{2}\int_V\sigma_{xx}\varepsilon_{xx}\mathrm{d}V=\frac{1}{2}\int_0^L\int_A E\left(z^2\frac{\partial^2w}{\partial x^2}\right)^2\mathrm{d}A\mathrm{d}x \tag{6.55}$$

注意截面惯性矩 $\int_A z^2\mathrm{d}A=I$，梁的应变能可以写成

$$U=\frac{1}{2}\int_0^L EI\left(\frac{\partial^2w}{\partial x^2}\right)^2\mathrm{d}x \tag{6.56}$$

分布式荷载 $q(x,t)$所做的功由下式给出

$$W=\int_0^L q(x,t)\mathrm{d}x \tag{6.57}$$

在哈密顿原理[式(6.10)]中使用式(6.54)、式(6.56)和式(6.57)，通过分部积分和简化，可以得到(由于步骤与第 6.2.1 节中的解释相同，因此此处跳过计算细节)

$$\int_{t_1}^{t_2}\left|-w(x)EI\frac{\partial^3w}{\partial x^3}+\frac{\partial w}{\partial x}EI\frac{\partial^2w}{\partial x^2}\right|_{x=0}^{x=L}+$$
$$\int_{t_1}^{t_2}\int_0^L\left[EI\frac{\partial^4w}{\partial x^4}+q(x,t)-\rho A\frac{\partial^2w}{\partial t^2}\right]\mathrm{d}t\mathrm{d}x=0 \tag{6.58}$$

第一个积分项是边界项，它有两个独立的表达式，对应于梁的两个独立运动，即横向变形 $w(x,t)$和旋转 $\theta(x,t)=\mathrm{d}w(x,t)/\mathrm{d}x$。边界项表明，对应于 $w(x,t)$的力是剪力 $V(x,t)=EI\partial^3\omega/\partial x^3$，对应于 $\theta(x,t)$的力是力矩 $M(x,t)=EI\partial^2\omega/\partial x^2$。在上述方程中，第二个积分项是欧拉-伯努利梁运动的控制微分方程，前提是第一个积分中的边界项完全满足。这样一来，欧拉-伯努利梁的控制微分方程由下式给出：

$$EI\frac{\partial^4 w}{\partial x^4}+q(x,t)=\rho A\frac{\partial^2 w}{\partial t^2} \tag{6.59}$$

波的传播特性

现在进行频谱分析，以确定其波特性，即波数、相速度和群速度。首先，用离散傅里叶变换将控制微分方程(6.59)转换为频率域，表达式：

$$w(x,t)=\sum_{n=0}^{N}\widehat{w}_n(x,\omega_n)\mathrm{e}^{\mathrm{i}\omega_n t}$$

式中 N 为快速傅里叶变换的节点数。将上式代入式(6.59)，得到：

$$\sum_{n=0}^{N}\left[EI\frac{\mathrm{d}^4\widehat{w}_n}{\mathrm{d}x^4}+\rho A\omega_n^2\widehat{w}_n\right]=0 \tag{6.60}$$

从上式可以看出，单个偏微分方程，经过变化，减少到 N 个常微分方程。从现在开始，当在频域执行计算时，将会去掉下标 n。此外，所有带有“^”的变量表明这些变量是与频率相关的。式(6.60)是常微分方程，其解的形式为 $\widehat{w}=w_0\mathrm{e}^{\mathrm{i}kx}$，其中 k 是波数。将该解代入式(6.60)，得到

$$[EIk^4-\rho A\omega^2]\mathrm{e}^{\mathrm{i}kx}=0,\quad k=\beta,-\beta,\mathrm{i}\beta,-\mathrm{i}\beta,\quad \text{其中 }\beta=\sqrt{\omega}\left[\frac{\rho A}{EI}\right]^{0.25} \tag{6.61}$$

也就是说，有四种可能的波模式，对应于波数 k 的四个值。欧拉-伯努利梁的相速度和群速度由下式给出：

$$C_{\mathrm{p}}=\frac{\omega}{k}=\sqrt{\omega}\left[\frac{EI}{\rho A}\right]^{0.25} \tag{6.62}$$

$$C_{\mathrm{g}}=\frac{\mathrm{d}\omega}{\mathrm{d}k}=\frac{1}{\mathrm{d}k/\mathrm{d}\omega}=2\sqrt{\omega}\left[\frac{EI}{\rho A}\right]^{0.25} \tag{6.63}$$

由上式可知，$C_{\mathrm{g}}=2C_{\mathrm{p}}$。由上述方程可以得出以下推论：

- 波数是频率上的非线性函数；
- 群速度和相速度是不相等的，在欧拉-伯努利梁中群速度是其相速度的两倍；
- 波速随频率变化。高频分量传播得更快，而低频分量传播得更慢。

上述性质表明，波在欧拉-伯努利梁中传播是色散的。波的传播共有四种波模式，其中两种为入射波模式，另外两种为反射波模式。在四种波模式中，两种是传播的(因为它们是实波)，另外两种不传播，称为倏逝模式或阻尼模式。欧拉-伯努利梁的频谱图(波数与频率的关系图)和色散图(波速与频率的关系图)如图 6.15 所示。

求出波数后，得到式(6.60)的解，由下式给出

$$\widehat{w}(x,\omega)=\boldsymbol{A}\mathrm{e}^{-\mathrm{i}\beta x}+\boldsymbol{B}\mathrm{e}^{-\beta x}+\boldsymbol{C}\mathrm{e}^{\mathrm{i}\beta x}+\boldsymbol{D}\mathrm{e}^{\beta x} \tag{6.64}$$

其中 $\boldsymbol{A}$、$\boldsymbol{B}$ 为前向移动模式，$\boldsymbol{C}$、$\boldsymbol{D}$ 为后向移动或反射模式。其中，$\boldsymbol{A}$ 和 $\boldsymbol{C}$ 分别为向前和向后移动的传播模式，$\boldsymbol{B}$ 和 $\boldsymbol{D}$ 分别为向前和向后移动的衰减模式。

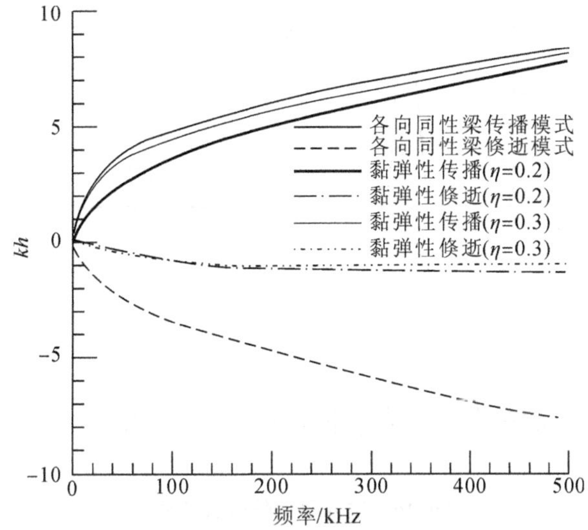

(a)

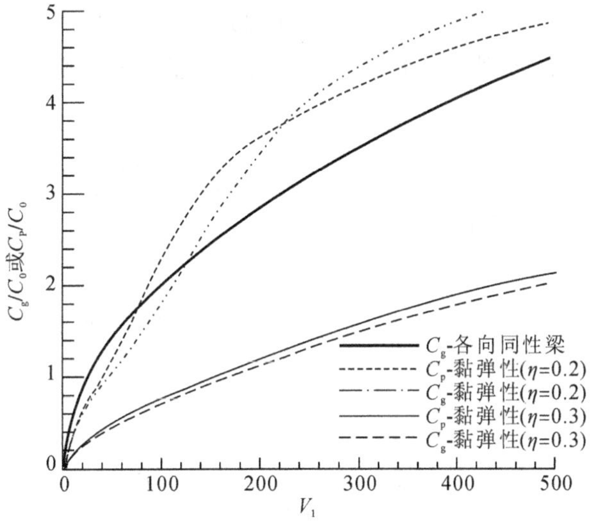

(b)

图 6.15　欧拉-伯努利梁的频谱图和色散图

(a)弹性梁和黏弹性梁的谱关系;(b)弹性梁和黏弹性梁的色散关系

波在无限梁中的传播

接下来,将研究波如何在无限长的梁中传播,其主要目的是可视化梁中波的频散特性。为了模拟无限条件,将省略式(6.64)中与 **C** 和 **D** 相关的项。另外,假设衰减分量 **B** 为零。只有入射分量 **A** 是发挥作用的,其时间变化如图 6.16 所示。它是一个平滑的三角形脉冲,脉冲宽度为 50 μs,频率接近 44 kHz,它以插图的形式给出。

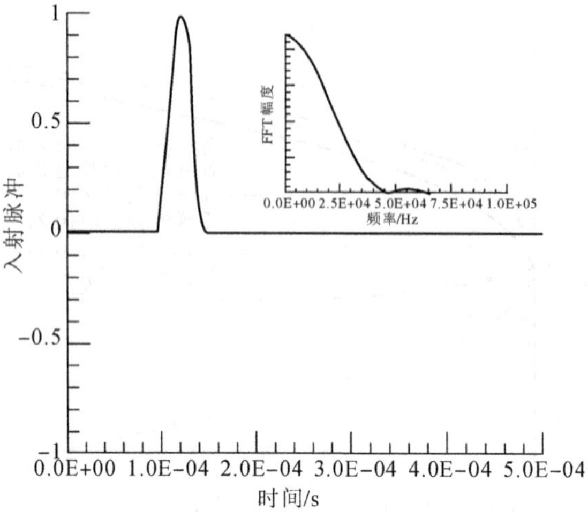

图 6.16 输入事件信号及其频率

以下所有例子，除非另有说明，否则均使用铝的性质：

$E=70\times10^9$，$\rho=2700\ \mathrm{kg/m^3}$，宽为 6.25×10^{-4} m，厚度为 0.0254 m

首先，获得频域响应，然后将其输入一个快速傅里叶逆变换来得到时程图。这些时间响应如图 6.17 所示。

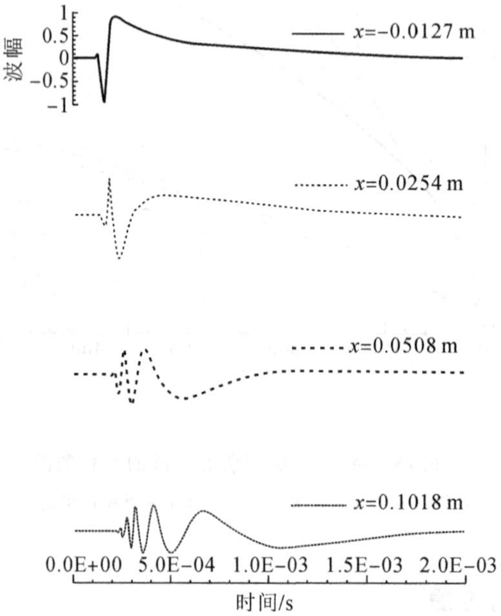

图 6.17 不同长度无限弹性梁中波的传播

该图清楚地显示了波在梁中传播时的频散程度。在传播和响应过程中，波的初始形状完全消失。

固定铰支座反射

具有固定铰支座的梁如图 6.18 所示。为了确定反射响应，需要根据式(6.64)中的入射脉冲 **A** 来评估 **C** 和 **D**。通常假定入射波 **B** 的倏逝分量等于零。

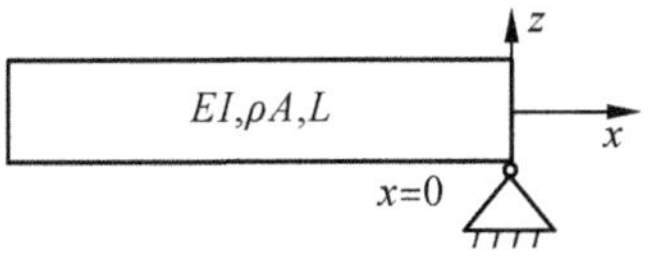

图 6.18　固定铰支座梁

在式(6.64)中，设 **B**=0，则确定不同边界处反射响应所需的位移场及其导数为：

$$\hat{w}(x,\omega)=\boldsymbol{A}\mathrm{e}^{-\mathrm{i}\beta x}+\boldsymbol{C}\mathrm{e}^{\mathrm{i}\beta x}+\boldsymbol{D}\mathrm{e}^{\beta x} \tag{6.65}$$

$$\frac{\mathrm{d}w}{\mathrm{d}x}=-\mathrm{i}\beta\boldsymbol{A}\mathrm{e}^{-\mathrm{i}\beta x}+\mathrm{i}\beta\boldsymbol{C}\mathrm{e}^{\mathrm{i}\beta x}+\beta\boldsymbol{D}\mathrm{e}^{\beta x} \tag{6.66}$$

$$\frac{\mathrm{d}^2 w}{\mathrm{d}x^2}=-\beta^2\boldsymbol{A}\mathrm{e}^{-\mathrm{i}\beta x}-\beta^2\boldsymbol{C}\mathrm{e}^{\mathrm{i}\beta x}+\beta^2\boldsymbol{D}\mathrm{e}^{\beta x} \tag{6.67}$$

$$\frac{\mathrm{d}^3 w}{\mathrm{d}x^3}=\mathrm{i}\beta^3\boldsymbol{A}\mathrm{e}^{-\mathrm{i}\beta x}-\mathrm{i}\beta^3\boldsymbol{C}\mathrm{e}^{\mathrm{i}\beta x}+\beta^3\boldsymbol{D}\mathrm{e}^{\beta x} \tag{6.68}$$

$$\beta=\sqrt{\omega}\left[\frac{\rho A}{EI}\right]^{0.25} \tag{6.69}$$

在 $x=0$ 处的固定铰支座必须满足以下边界条件

$$\hat{w}(0,\omega)=0,\quad \hat{M}(0,\omega)=\left|EI\frac{\mathrm{d}^2\hat{w}}{\mathrm{d}x^2}\right|_{x=0}=0 \tag{6.70}$$

将式(6.66)和(6.67)代入式(6.70)，得到

$$\left.\begin{aligned}&\boldsymbol{A}+\boldsymbol{C}+\boldsymbol{D}=0\\&-\beta^2\boldsymbol{A}-\beta^2\boldsymbol{B}+\beta^2\boldsymbol{D}=0\end{aligned}\right\} \tag{6.71}$$

解上述方程得到

$$\boldsymbol{C}=-\boldsymbol{A},\quad \boldsymbol{D}=0$$

因此，传播的反射波与反向入射脉冲相同。同样，如果入射倏逝波为零，则不会产生反射倏逝波。接下来，将展示一些反射响应。假设在图 6.18 所示梁的左端施加入射脉冲 **A**，边界(图 6.18 中标记为 $x=0$)位于距离加载边长度为 L 的位置。图 6.19 显示了固定铰支座不同位置的反射响应。

当传输距离较大时，色散程度很高。然而，在传播过程中，波幅没有明显损失。

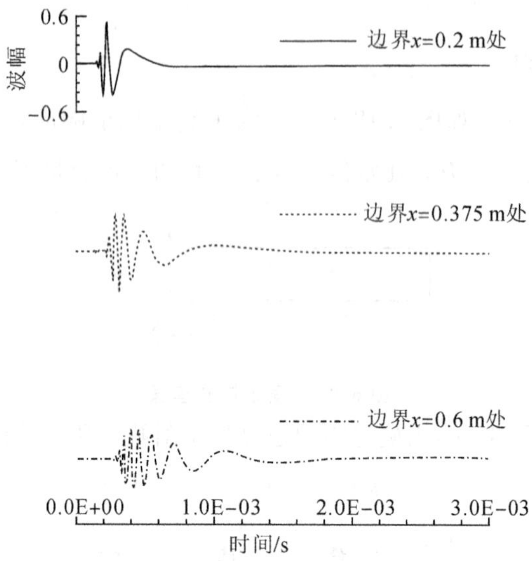

图 6.19 固定铰支座对不同边界位置的反射响应

自由铰支座反射

为了得到自由边界上的反射波，需要求出边界 $x=0$ 处，在以下边界条件下的反射波系数 $\boldsymbol{C}$ 和 $\boldsymbol{D}$：

$$\hat{V}(0,\omega)=\left|EI\frac{\mathrm{d}^3\hat{w}}{\mathrm{d}x^3}\right|_{x=0}=0,\quad \hat{M}(0,\omega)=\left|EI\frac{\mathrm{d}^2\hat{w}}{\mathrm{d}x^2}\right|_{x=0}=0 \tag{6.72}$$

式中，$\hat{V}$ 和 $\hat{M}$ 为频域剪力和合弯矩。现在，将式(6.68)和式(6.69)代入式(6.72)中，得到

$$-\beta^2\boldsymbol{A}-\beta^2\boldsymbol{C}+\beta^2\boldsymbol{D}=0,\quad \mathrm{i}\beta^3\boldsymbol{A}-\mathrm{i}\beta^3\boldsymbol{C}+\beta^3\boldsymbol{D}=0 \tag{6.73}$$

求解上述方程得到：

$$\boldsymbol{C}=-\mathrm{i}\boldsymbol{A},\quad \boldsymbol{D}=(1-\mathrm{i})\boldsymbol{A}$$

上述结果表明，即使是纯传播的入射脉冲也会产生倏逝的反射分量。反射系数中复数的存在表明入射波和反射波之间存在 90°相偏移，此外，随着传播长度的增加，振幅会减小。从图 6.20 可以清楚地看到这些方面。随着传播长度的增加，响应幅度显著减小。

弹性边界反射

具有弹性约束的梁如图 6.21 所示。这些弹性约束以平移弹簧和旋转弹簧的形式表示为 K 和 K_t，可以模拟不同的边界条件。

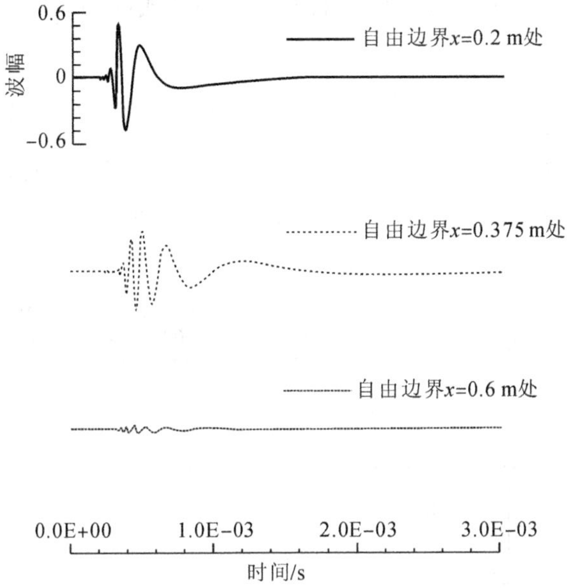

图 6.20　不同边界位置自由边界的反射响应

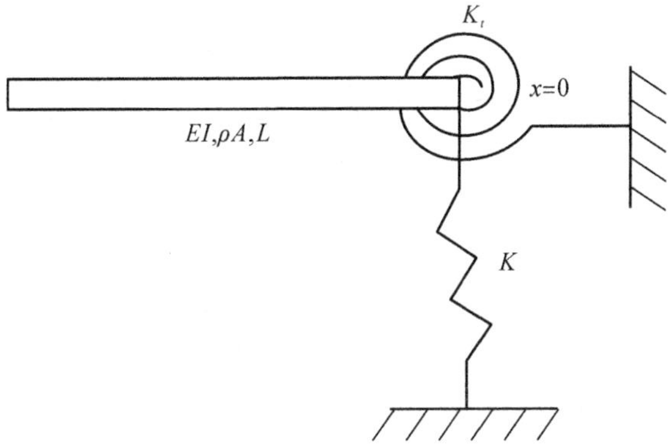

图 6.21　具有弹性边界的梁

例如，如果 $K=K_t=\infty$，则它模拟一个不变性条件。另一方面，如果 $K=K_t=0$，则模拟自由边界条件。在这两个极值之间，K 和 K_t 的中间值模拟中间边界条件。根据 K 和 K_t 的数值，观察波如何与弹性边界相互作用并研究波在边界处的散射是有意义的。

回到公式(6.64)中控制微分方程的解，假定入射脉冲 $\boldsymbol{A}$ 已知、$\boldsymbol{B}=0$，且波导满足以下边界条件，以此来确定系数 $\boldsymbol{C}$ 和 $\boldsymbol{D}$：

$$\left.\begin{aligned}\hat{M}(0,\omega)&=\left|EI\frac{\mathrm{d}^2\hat{w}}{\mathrm{d}x^2}\right|_{x=0}=\left|-\bar{K}_t\frac{PA\,\mathrm{d}\hat{w}}{\mathrm{d}x}\right|_{x=0}\\ \hat{V}(0,\omega)&=\left|EI\frac{\mathrm{d}^3\hat{w}}{\mathrm{d}x^3}\right|_{x=0}=\left|-\bar{K}\hat{w}\right|_{x=0}\end{aligned}\right\}\tag{6.74}$$

式中，$\bar{K}=\beta^3K/EI$，$\bar{K}_t=\beta K_t/EI$。将式(6.68)和式(6.69)代入式(6.74)，求解反射系数，得到

$$\boldsymbol{C}=\frac{\mathrm{i}+\bar{K}}{\Delta},\boldsymbol{D}=\frac{1+\mathrm{i}\bar{K}_t}{\Delta},\quad \Delta=\bar{K}_t(1+\mathrm{i})-2\bar{K}-\bar{K}_t\bar{K}(1-\mathrm{i}) \tag{6.75}$$

为了解弹性边界引起的波散射，考虑了两种情况。在第一种情况下，旋转约束 K_t 的值是固定的，而平移刚度 K 的值是变化的。在第二种情况下，平移约束 K 的值是固定的，而转动刚度 K_t 是变化的。这两种情况的反射响应如图 6.22 所示。

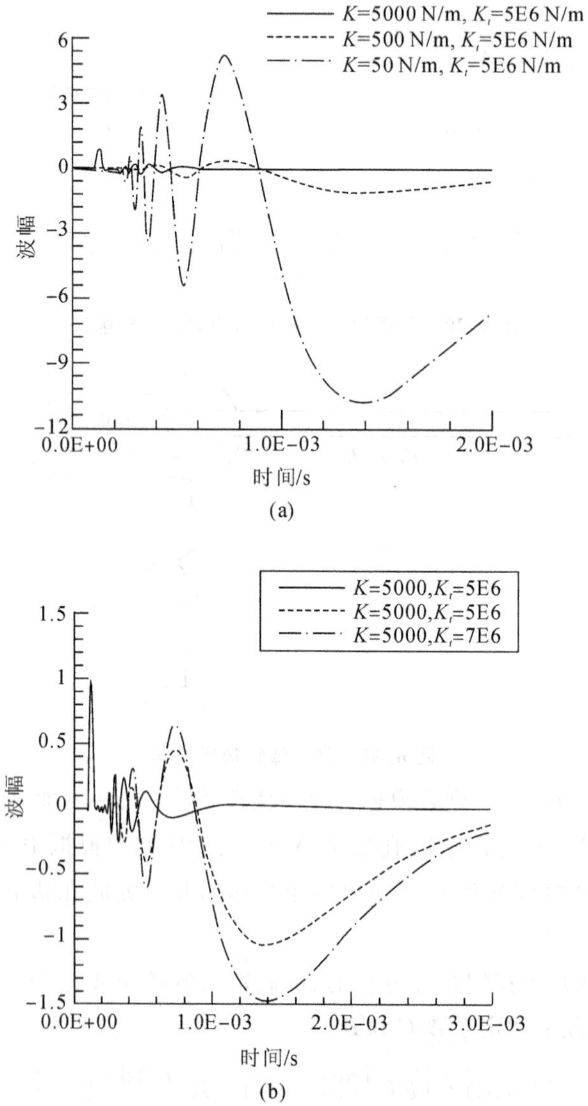

图 6.22 弹性边界的总响应(入射+反射)

(a)K 值变化，K_t 固定；(b)K 值固定，K_t 变化

图 6.22(a)为转动刚度 K_t 固定为 5×10^6 N/m，而平移刚度 K 在 50～5000 N/m 范围内变化时，弹性边界的总响应。从该图中，可以得出以下结论：

· 对于较大的 K 值，响应非常小，因为其模拟了一个几乎固定的边界条件。

· 当转动刚度 K_t 较高时，较低的刚度值会导致所有能量被用于横向变形，从而导致反射响应幅值快速增加。

图 6.22(b)显示了当平移刚度 K 固定为 5000 N/m，而转动刚度 K_t 变化时，弹性边界的总响应。将 K 固定在 5000 N/m，因为该值具有相当高的转动刚度(5×10^6 N/m)，模拟了几乎固定的边界条件响应。进一步增加转动刚度会增加旋转刚度，导致所有能量转移到平移运动，从而导致响应的急剧增加。由此例子可以看出，在任意边界条件下，边界约束对边界的波散射作用至关重要。

阶梯梁的反射和透射

考虑如图 6.10 所示的具有两段的阶梯梁。注意，第二段延伸到无穷远。左右段控制方程的解为：

$$\left.\begin{aligned}&\hat{w}_1(x,\omega)=\boldsymbol{A}\mathrm{e}^{-\mathrm{i}\beta_1 x}+\boldsymbol{C}\mathrm{e}^{\mathrm{i}\beta_1 x}+\boldsymbol{D}\mathrm{e}^{\beta_1 x}\\&\hat{w}_2(x,\omega)=\bar{\boldsymbol{A}}\mathrm{e}^{-\mathrm{i}\beta_2 x}+\bar{\boldsymbol{B}}\mathrm{e}^{-\beta x}\\&\beta_1=\sqrt{\omega}\left[\frac{\rho_1 A_1}{E_1 I_1}\right]^{0.25},\quad \beta_2=\sqrt{\omega}\left[\frac{\rho_2 A_2}{E_2 I_2}\right]^{0.25}\end{aligned}\right\}\tag{6.76}$$

式中，β_1、β_2 为两段的波数，ρ_1、ρ_2 为两段的密度，E_1I_1、E_2I_2 为两段的抗弯刚度。对于左段，假定入射波 $\boldsymbol{B}$ 为零，而对于右段，产生倏逝透射波 $\bar{\boldsymbol{B}}$。为了确定反射响应和透射响应，需要用 $\boldsymbol{A}$ 来确定 $\boldsymbol{C}$，$\boldsymbol{D}$，$\bar{\boldsymbol{A}}$ 和 $\bar{\boldsymbol{B}}$，这意味着界面(假定为 $x=0$)处需要四个条件，由

$$\hat{w}_1(0,\omega)=\hat{w}_2(0,\omega)\tag{6.77}$$

$$\theta_1(0,\omega)=\theta_2(0,\omega)=\left|\frac{\mathrm{d}\hat{w}_1}{\mathrm{d}x}\right|_{x=0}=\left|\frac{\mathrm{d}\hat{w}_2}{\mathrm{d}x}\right|_{x=0}\tag{6.78}$$

$$\hat{M}_1(0,\omega)-\hat{M}_2(0,\omega)=\left|E_1I_1\frac{\mathrm{d}^2\hat{w}_1}{\mathrm{d}x^2}\right|_{x=0}-\left|E_2I_2\frac{\mathrm{d}^2\hat{w}_2}{\mathrm{d}x^2}\right|_{x=0}=0\tag{6.79}$$

$$\hat{V}_1(0,\omega)-\hat{V}_2(0,\omega)=\left|E_1I_1\frac{\mathrm{d}^3\hat{w}_1}{\mathrm{d}x^3}\right|_{x=0}-\left|E_2I_2\frac{\mathrm{d}^3\hat{w}_2}{\mathrm{d}x^3}\right|_{x=0}=0\tag{6.80}$$

式中，$\hat{M}_1$，$\hat{M}_2$ 为两段合弯矩，$\hat{V}_1$，$\hat{V}_2$ 为合剪切力。将式(6.77)代入式(6.78)至(6.80)，可以把方程组写成矩阵形式为：

$$\begin{bmatrix}1 & 1 & -1 & 1\\ \mathrm{i}G & G & \mathrm{i}H & H\\ -1 & 1 & G^2H^2 & -G^2H^2\\ -\mathrm{i} & 1 & -\mathrm{i}GH^3 & GH^3\end{bmatrix}\begin{Bmatrix}\boldsymbol{C}\\ \boldsymbol{D}\\ \bar{\boldsymbol{A}}\\ \bar{\boldsymbol{B}}\end{Bmatrix}=\begin{Bmatrix}-1\\ \mathrm{i}G\\ 1\\ -\mathrm{i}\end{Bmatrix}\boldsymbol{A}\tag{6.81}$$

式中，$I=\rho_2A_2/(\rho_1A_1)$，$S=E_2I_2/(E_1I_1)$，$H=I^{0.25}$，$G=S^{0.25}$。求解解析解或封闭解是一个非常复杂的过程，最好用数值方法求解。可以处理复杂数据的标准 LU 解算器来解上述方程。在接下来的模拟中，假定步长距离输入位置为 0.375 m。在第一个例子中，保持两段的面积和密度不变，而刚度改变为 $E_2/E_1=0.92$。这种情况下的响应如图6.23(a)所示。

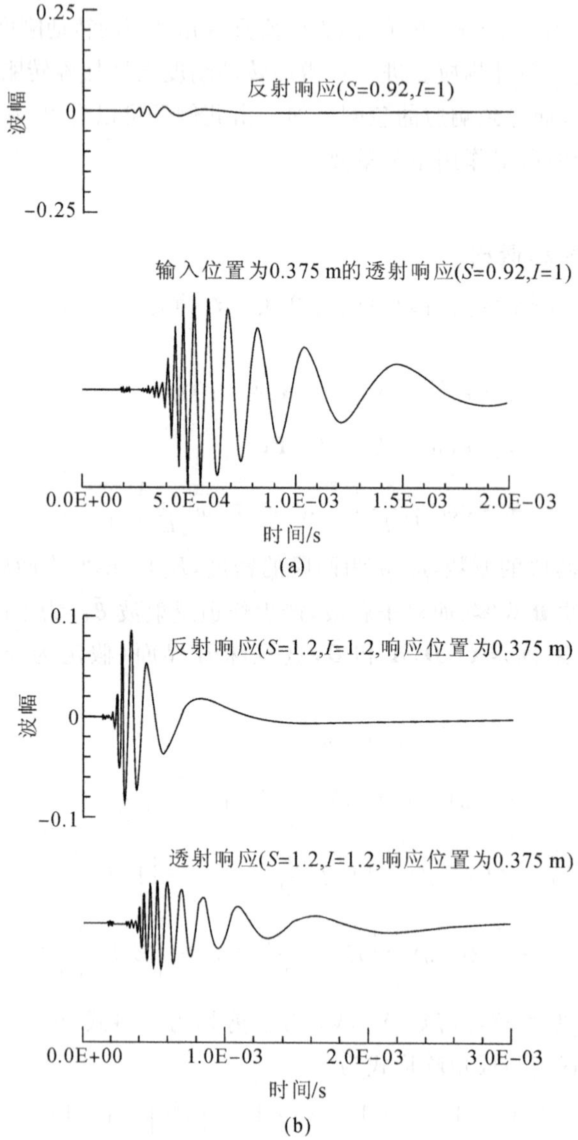

图 6.23　阶梯梁的反射和透射

(a)$S=0.92$，$I=1$；(b)$S=1.2$，$I=1.2$

如果 $S=1,I=1$，则不存在阶跃，所有波都将传播到无穷远。在本例中，$S=0.92$，因此只有少量响应被反射，而大部分响应被穿透，如图 6.23(a)所示。下一种情况，考虑$S=1.2,I=1.2$ 的阶梯梁，其反射和透射响应如图 6.23(b)所示。

从图中可以看出，反射和透射响应中都存在较大的色散，且透射响应的振幅小于反射响应。换言之，梁中的一个阶跃作为一个有效的滤波器来控制响应幅度。

集中质量节点的反射与透射

这种情况与上一节讨论的阶梯杆的情况非常类似。再次考虑图 6.8，这里的边界条件与式(6.78)至式(6.80)中给出的边界条件相同，只是式(6.80)需要修改为

$$\begin{aligned}&\hat{V}_1(0,\omega)-\hat{V}_2(0,\omega)\\&=\left|E_1I_1\frac{d^3\hat{w}_1}{dx^3}\right|_{x=0}-\left|E_2I_2\frac{d^3\hat{w}_2}{dx^3}\right|_{x=0}=-M\omega^2\hat{w}(0,\omega)\end{aligned}\tag{6.82}$$

式(6.83)根据上述边界条件修改为

$$\begin{bmatrix}1&1&-1&1\\ \mathrm{i}G&G&\mathrm{i}H&H\\-1&1&G^2H^2&-G^2H^2\\-\mathrm{i}&1&-\mathrm{i}GH^3+M^*\omega^2&GH^3+M^*\omega^2\end{bmatrix}\begin{Bmatrix}\boldsymbol{C}\\ \boldsymbol{D}\\ \bar{\boldsymbol{A}}\\ \bar{\boldsymbol{B}}\end{Bmatrix}=\begin{Bmatrix}-1\\ \mathrm{i}G\\1\\-\mathrm{i}\end{Bmatrix}\boldsymbol{A}\tag{6.83}$$

式中，$M^*=M/(EI\beta^2)$。假设 $G=H=1$，即两段具有相同的性质和材料特性，图 6.24(a)和(b)为反射和透射响应。

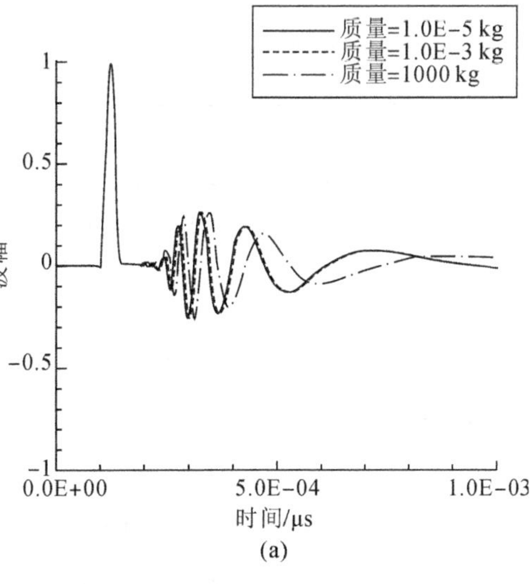

(a)

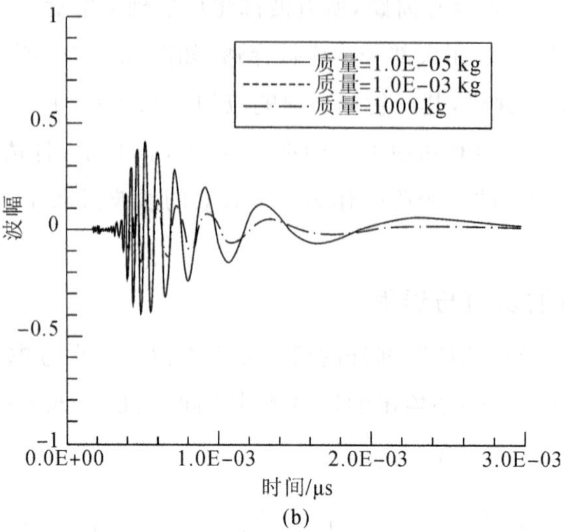

图 6.24　有质量节点的反射和透射

(a)入射和反射响应;(b)透射响应

从上图可知,随着节点质量的增加,响应相位发生变化,这表明了频率与反射响应和透射响应的相关性。此外,节点质量作为一个有效的频率滤波器,对透射响应进行选择性的操纵。

带预张拉或预压缩的梁中波传播

在本节中,将研究预张拉或预压缩对梁的波传播特性的影响。图 6.25 显示了在 $x=0$ 处施加预张力的梁。

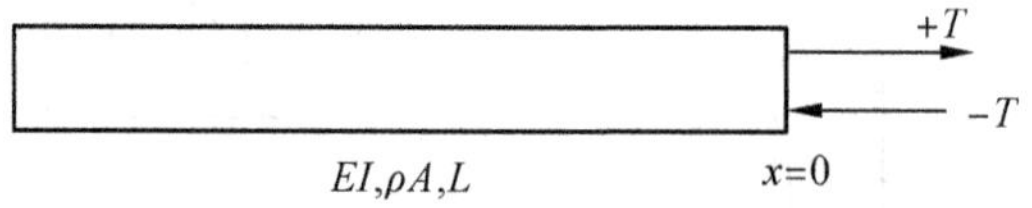

图 6.25　带预张力的梁

在没有外力的情况下,梁受预张力(或压缩力)的控制微分方程由下式给出

$$EI\frac{\partial^4 w}{\partial x^4}-T\frac{\partial^2 w}{\partial x^2}=\rho A\frac{\partial^2 w}{\partial t^2} \tag{6.84}$$

式中 T 为预张力,当梁受预压缩力,则式中的 T 用-T 替换。用式(6.84)中形如 $w(x,t)=\sum \hat{w}e^{i(\omega t-kx)}$ 的解的谱型式,得到确定波数的特征方程,由下式给出:

$$EIk^4-\rho A\omega^2+Tk^2=0 \tag{6.85}$$

通过求解上述方程,可以将具有拉力和压缩力梁的波数写为

$$\sqrt{2EI}k=\pm\left[-T\pm\sqrt{T^2+4EI\rho A\omega^2}\right]^{\frac{1}{2}} \tag{6.86}$$

取不同拉伸和压缩值,依据式(6.86)绘制的图,如图 6.26(a)和(b)所示。

在图 6.26 中，零线以下的波数值是虚值，这意味着这些模式不传播，因此称为倏逝模式。图 6.26(a)显示了预压缩下不同 T 值波数变化。随着 T 值的增大，波数的实部或传播部逐渐远离零，而虚部几乎不随 T 变化，且始终从零开始。波数的实部远离零将导致波速增加，发生重复反射，特别是在短波导的情况下。图 6.26(b)显示了受预张力 T 影响的梁的波数变化，其行为与预压缩情况完全相反。也就是说波数的实部随 T 的增加没有明显变化，并遵循正常梁，而虚部在较低频率处从零偏移，这意味着波在预应力梁的情况下比在正常梁的情况下受到更多的阻尼。

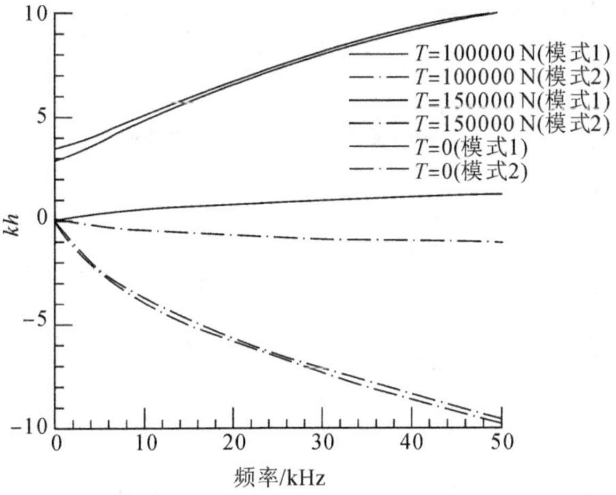

(a)

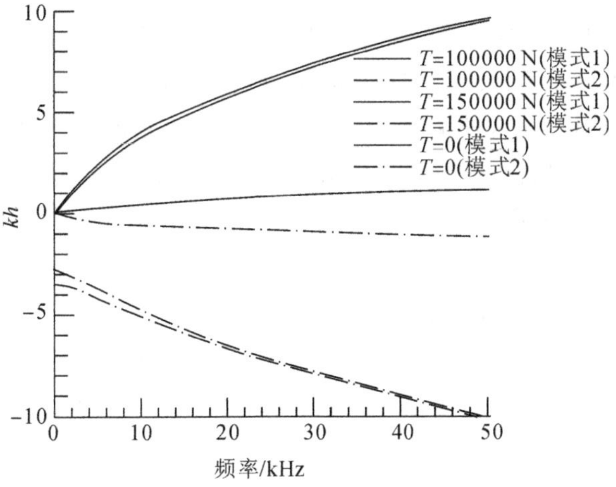

(b)

图 6.26　预张拉和预压缩梁的频谱关系

(a)预压缩；(b)预张拉

接下来，对波速进行讨论。相速度和群速度由定义 $C_p=\omega/k$ 和 $C_g=d\omega/dk$ 给出，其中这两个变量由式(6.86)导出，如图 6.27 所示。

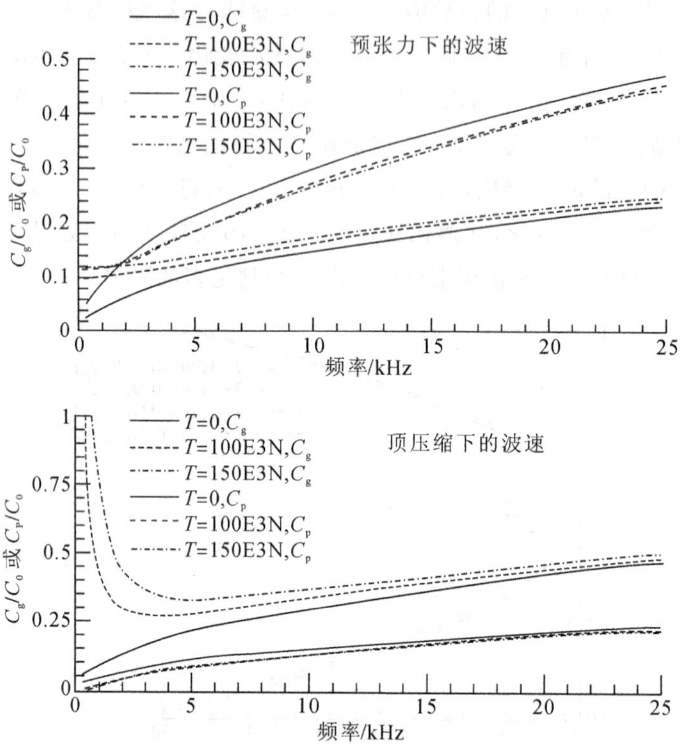

图 6.27　预张力和预压缩梁的相速度和群速度变化

图 6.27 中最上面的图显示了预张力下的相速度和群速度。当 $T=0$ 时，它遵循基本梁值。随着 T 的增大，群速度略有下降，而相速度略有增加。这是符合预期的，因为波数图显示了第二个模式中增加的阻尼分量，这有助于降低速度。下图显示了预压缩情况下的频散图。在这种情况下，相速度与零压缩情况相比没有太大变化。低频率下群速度非常高，传播快，这导致在短波导中重复反射，从而导致不稳定。

接下来，研究了前面所做的预张力(或压缩)梁中的波传播响应。也就是说，先写出式(6.84)所给出控制方程式(6.84)的解

$$\widehat{w}(x,\omega)=\boldsymbol{A}\mathrm{e}^{-\mathrm{i}k_1x}+\boldsymbol{B}\mathrm{e}^{-\mathrm{i}k_2x}+\boldsymbol{C}\mathrm{e}^{\mathrm{i}k_1x}+\boldsymbol{D}\mathrm{e}^{\mathrm{i}k_2x} \tag{6.87}$$

式中，波数 k_1 和 k_2 由式(6.86)确定。如图 6.25 所示，在 $x=0$ 处进行预压缩，将看到波是如何在无限介质中传播的。在这种情况下，波系数 $\boldsymbol{B}$、$\boldsymbol{C}$ 和 $\boldsymbol{D}$ 将等于零。响应如图 6.28 所示。

从图中可以看到，对于相同的传播距离，随着压缩值的增加，频散增加。接下来，将研究梁在预张力作用下的反射响应。这里，考虑将 $x=0$ 处的边界视为自由边界，因此，式(6.72)中给出的所有边界条件依然有效。假设 $\boldsymbol{B}=0$，用 $\boldsymbol{A}$ 求解 $\boldsymbol{C}$ 和 $\boldsymbol{D}$，可以得到前面已经解释过的反射响应。预张力梁的反射响应如图6.29所示。

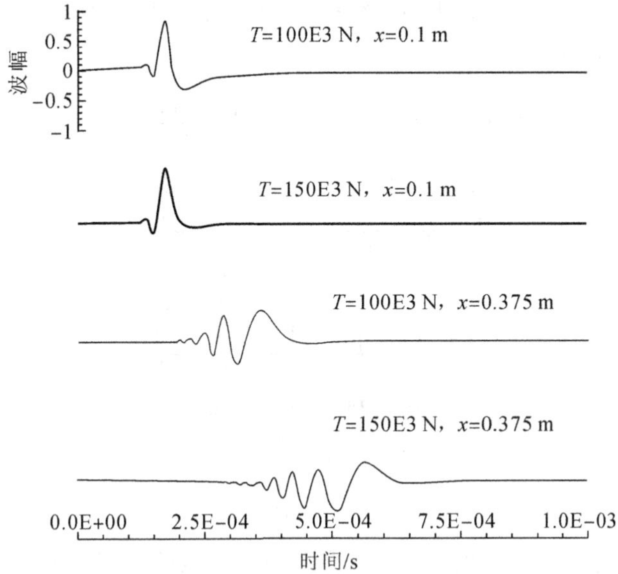

图 6.28　在预压缩作用下半无限梁的响应

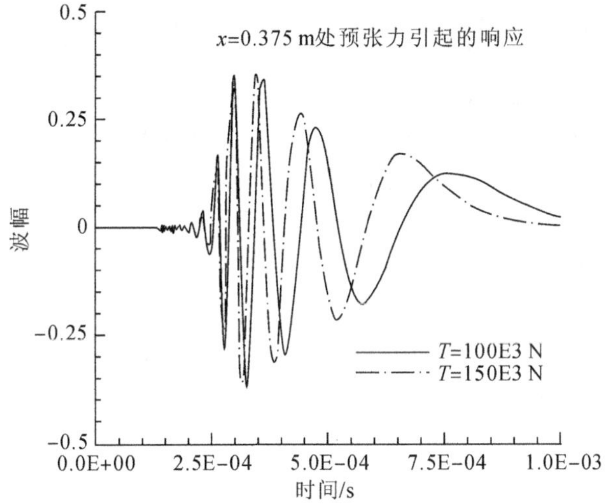

图 6.29　预张力梁的反射响应

从图中可以看到，尽管频散程度相同，但 T 值的增加会引起响应相位的显著变化。

弹性基础梁中的波传播

模量为 K 的弹性基础梁如图 6.30 所示，决定弹性基础梁运动的控制方程为：

$$EI\frac{\partial^4 w}{\partial x^4}+Kw+\rho A\frac{\partial^2 w}{\partial t^2}=0 \tag{6.88}$$

这与第 5 章(见第 5.3.2 节)中的内容相似。使用谱变换 $w(x,t)=\sum\hat{w}(x,\omega)e^{i(kx-\omega t)}$ 将其变换到频域，得到计算波数的特征方程：

$$EIk^4-\rho A\omega^2+K=k^4+\frac{K-\rho A\omega^2}{EI}=0 \tag{6.89}$$

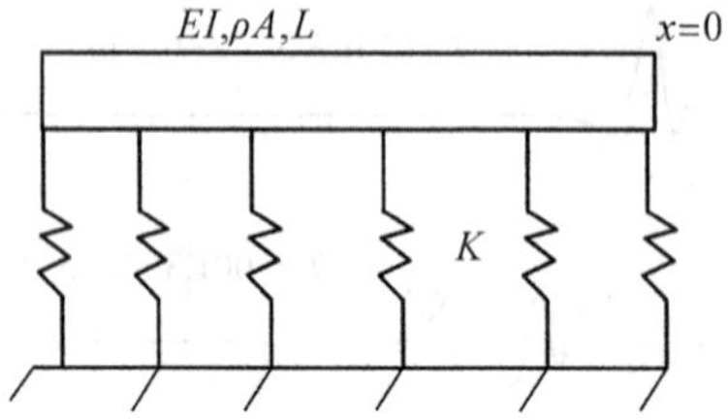

图 6.30 弹性基础梁

波数在频率 ω_c 处为零

$$\omega_c=\sqrt{\frac{K}{EI}} \tag{6.90}$$

这里 ω_c 被称为平移或截止频率，在该频率处，波数改变了它的波动行为。在这个频率下，传播模式会逐渐消失。两个波数的表达式为：

$$k_1=\pm\left[\frac{\rho A}{EI}\omega^2-\frac{K}{EI}\right]^{\frac{1}{4}},\quad k_2=\pm i\left[\frac{\rho A}{EI}\omega^2-\frac{K}{EI}\right]^{\frac{1}{4}} \tag{6.91}$$

波数随频率的变化规律如图 6.31 所示。

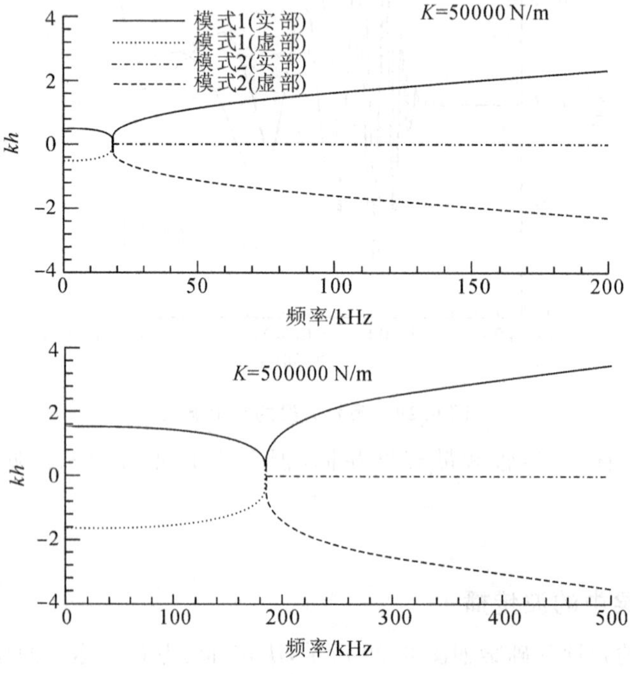

图 6.31 弹性基础梁的谱关系

从图中可以看到，在截止频率处，传播模式与倏逝模式相互转换。此外，可以通过增加基础模量来改变截止频率。接下来，将研究群速度和相速度的行为。如前所述，相速度定义为 $C_p=\omega/k$。在截止频率，波数为零，因此相速度将发散到无穷大。这就是在波研究中很少使用相速度的原因。相速度的变化规律如图 6.32 所示。

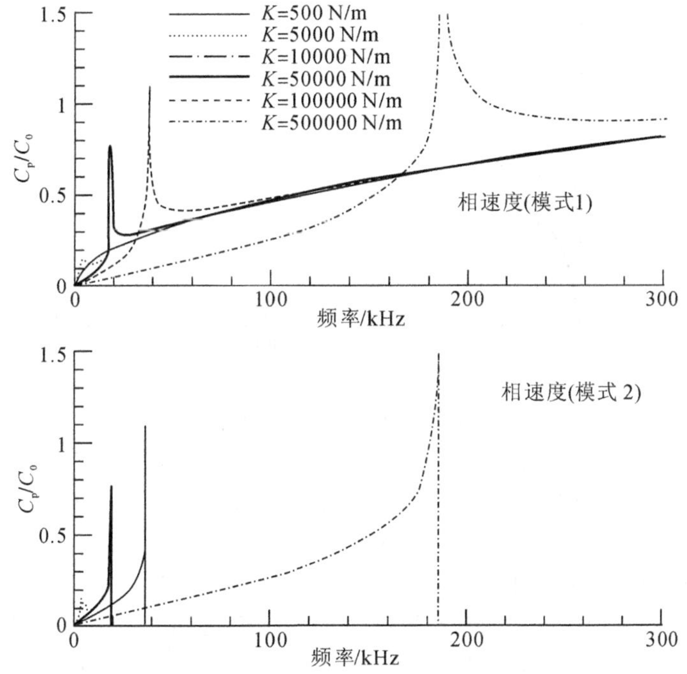

图 6.32　弹性基础梁的相速度

在截止频率处，相速度明显趋近于无穷大，而模式 2 在截止频率处突然停止传播。接下来，将看到在弹性基础上的梁的群速度如何变化。这里，和前面一样，$C_g=\mathrm{d}\omega/\mathrm{d}k$，这里将使用式(6.91)推导 C_g。C_g 随频率的变化图如图 6.33 所示。

该图表明，模量的值将决定频率。接下来，为了得到入射脉冲的响应，求解控制微分方程式(6.88)，该式与式(6.87)相同，其中 k_1 和 k_2 由式(6.91)给出。计算入射脉冲 **A** 的反射响应或总响应的过程与前述相同，此处不做赘述。

黏弹性梁中波的传播

黏弹性的基本原理在最后一节中作了说明。这里将使用式(6.48)中给出的相同的本构方程。黏弹性梁的频域控制方程及其波数由下式给出：

$$\left.\begin{aligned}&E(\omega)I\frac{\mathrm{d}^4\hat{w}}{\mathrm{d}x^4}-\rho A\omega^2\hat{w}=0\\&k=\sqrt{\omega}\left[\frac{\rho A}{E(\omega)I}\right]^{0.25},\quad E(\omega)=E_1\frac{E_2+\mathrm{i}\omega\eta}{E_1+E_2+\mathrm{i}\omega\eta}\end{aligned}\right\}\tag{6.92}$$

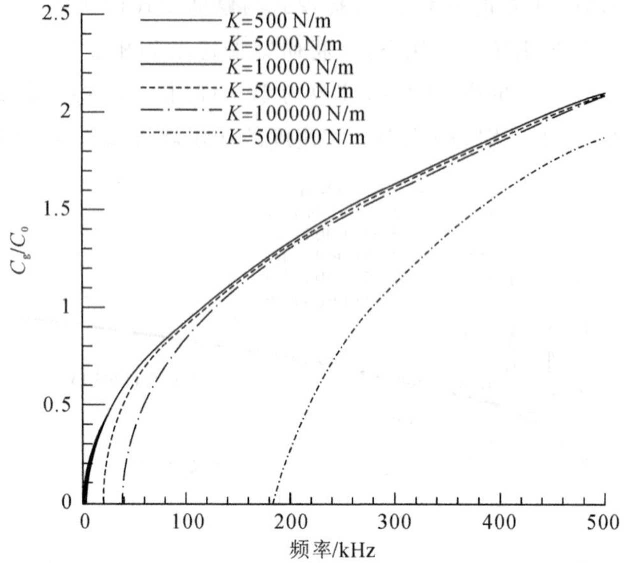

图 6.33 弹性基础梁群速度

通过绘制谱和频散关系图来了解波的性质。黏弹性的谱关系图如图 6.15(a)所示。波数行为与基础梁类似。然而,随着 η 的增加,波数的虚部减小。采用与之前相同的定义,用 E 代替 $E(\omega)$ 得到频散关系,即相速度和群速度的变化如图 6.15(b)所示。

从图中可以看出,黏弹性梁中的波比各向同性梁中的波传播得快,而 η 对相速的影响似乎很小。这与波数图一致,波数随 η 的增加而增加。由于复杂的模量,响应将受到严重阻尼,这意味着响应将在很小的传播长度内很快衰减。为了观察它的传播特性,这里给出了表达式 $w(x,t)=\sum \mathbf{A}e^{i(kx-\omega t)}$,其中 $\mathbf{A}$ 为持续时间为 50 μs 的三角高斯脉冲,该式是式(6.93)中给出的 $k=k_1$ 无限长的梁的控制微分方程的解,无限长的梁响应如图 6.34 所示。

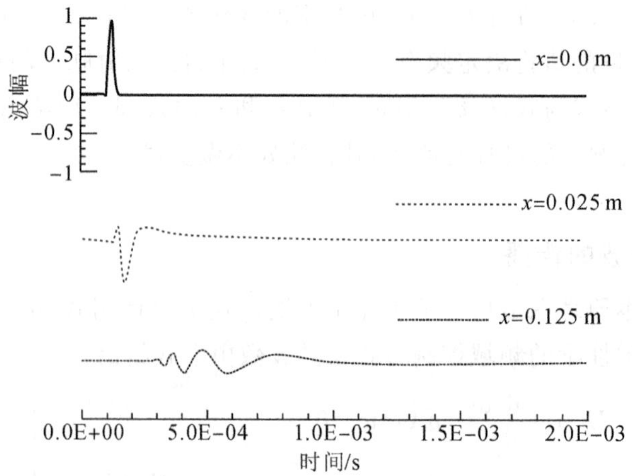

图 6.34 在无限黏弹性梁中的脉冲传播

从上图中可以看出，与图 6.17 中所示的正常梁中波传播相比，波具有较强的频散性，即使在 $x=0.125\text{m}$ 的小距离内，振幅也会显著减小。在黏弹性梁中，复数模量对这种阻尼有贡献。

6.2.3　框架结构中的波传播

如果将任意取向的两个或多个梁波导组合成一个单一结构，就可以构造一个框架结构。角连接是简单框架结构的一个例子，如图 6.35(a)所示。

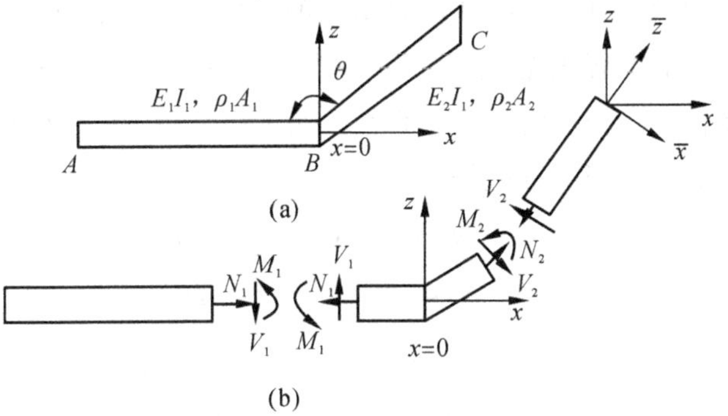

图 6.35　框架结构

(a)简单角连接；(b)自由体图

与梁或杆运动(其中弯曲和轴向运动不耦合)不同，框架结构呈现弯曲-轴向耦合。也就是说，轴向激励在所有连接段中产生弯曲运动，反之亦然。在波传播术语中，弯曲轴向耦合产生模式转换。也就是说，弯曲波产生非轴向载荷的轴向波。现在，将解释分析角节点中波行为的方法。

图 6.35(a)所示的节点有两段，AB 和 BC，两者都是梁段。AB 段具有杨氏模量 E_1、截面惯性矩 I_1、密度 ρ_1 和横截面面积 A_1。BC 段的相应性质为 E_2、I_2、ρ_2 和 A_2。注意，假定 BC 段延伸到无穷大。两者都遵循式(6.59)给出的控制微分方程。AB 段和 BC 段波动方程的频域解如下所示：

$$\left.\begin{aligned}&\text{对 } AB \text{ 段：} \hat{w}_1(x,\omega)=\boldsymbol{A}_1\mathrm{e}^{-\mathrm{i}k_1x}+\boldsymbol{B}_1\mathrm{e}^{-k_1x}+\boldsymbol{C}_1\mathrm{e}^{\mathrm{i}k_1x}+\boldsymbol{D}_1\mathrm{e}^{k_1x}\\&\text{对 } BC \text{ 段：} \hat{w}_2(\bar{x},\omega)=\boldsymbol{A}_2\mathrm{e}^{-\mathrm{i}k_2\bar{x}}+\boldsymbol{B}_2\mathrm{e}^{-k_2\bar{x}}\\&\text{对 } AB \text{ 段：} \hat{u}_1(x,\omega)=\boldsymbol{P}_1\mathrm{e}^{-\mathrm{i}k_{l1}x}+\boldsymbol{Q}_1\mathrm{e}^{\mathrm{i}k_{l1}x}\\&\text{对 } BC \text{ 段：} \hat{u}_2(\bar{x},\omega)=\boldsymbol{P}_2\mathrm{e}^{-\mathrm{i}k_{l2}\bar{x}}\end{aligned}\right\}\tag{6.93}$$

其中，$\hat{w}_1$ 和 $\hat{w}_2$ 分别为段 AB 和 BC 中的频域横向位移，而 $\hat{u}_1$ 和 $\hat{u}_2$ 是相应的轴向位移，x 和 $\bar{x}$ 是沿构件轴线的各自水平坐标轴，如图 6.35(b)所示。此外，k_1 和 k_2 为这

两段的弯曲波数，表示为 $k_1=\sqrt{\omega}[\rho_1 A_1/(E_1 I_1)]^{0.25}$ 和 $k_2=\sqrt{\omega}[\rho_2 A_2/(E_2 I_2)]^{0.25}$，同时轴向波数 k_{l1} 和 k_{l2} 表示为 $k_{l1}=\omega\sqrt{\rho_1 A_1/(E_1 A_1)}$ 和 $k_{l2}=\omega\sqrt{\rho_2 A_2/(E_2 A_2)}$。这两段对应的应力结果为：

$$\left.\begin{aligned} &N_1=E_1 A_1 \frac{\mathrm{d}\hat{u}_1}{\mathrm{d}x}, \quad M_1=E_1 I_1 \frac{\mathrm{d}^2\hat{w}_1}{\mathrm{d}x^2}, \quad V_1=E_1 I_1 \frac{\mathrm{d}^3\hat{w}_1}{\mathrm{d}x^3} \\ &N_2=E_2 A_2 \frac{\mathrm{d}\hat{u}_2}{\mathrm{d}\bar{x}}, \quad M_2=E_2 I_2 \frac{\mathrm{d}^2\hat{w}_1}{\mathrm{d}\bar{x}^2}, \quad V_2=E_2 I_2 \frac{\mathrm{d}^3\hat{w}_1}{\mathrm{d}\bar{x}^3} \end{aligned}\right\} \tag{6.94}$$

为了解决这个问题，需要写出如图 6.35 所示的平衡方程以及位移协调方程。式(6.94)共有 9 个波系数。假设 $\boldsymbol{A}_1$ 和 $\boldsymbol{P}_1$ 是给定的弯曲入射波和轴向入射波，且入射波 $\boldsymbol{B}_1$ 的倏逝分量为零，总共需要确定 6 个波系数。其中三个连接条件来自连接平衡条件，而另外三个条件来自变形的自洽相容性。通过在全局 x-y 坐标系下求解两段间的力，应用牛顿第二定律，得到了以下式子：

$$\left.\begin{aligned} &-N_1+N_2\cos\theta-V_2\sin\theta=M\ddot{u}_1 \\ &-V_1+N_2\sin\theta+V_2\cos\theta=M\ddot{w}_1 \\ &-M_1+M_2=I\ddot{\varphi} \end{aligned}\right\} \tag{6.95}$$

其中 $\varphi=\partial w_1/\partial x$ 为连接在接缝处梁的斜率。频域中的这些节点平衡条件变为

$$\begin{aligned} &-\hat{N}_1+\hat{N}_2\cos\theta-\hat{V}_2\sin\theta+M\omega^2\hat{u}_1=0 \\ &-\hat{V}_1+\hat{N}_2\sin\theta+\hat{V}_2\cos\theta+M\omega^2\hat{w}_1=0 \\ &-\hat{M}_1+\hat{M}_2+I\omega^2\frac{\partial\hat{w}_1}{\partial x}=0 \end{aligned} \tag{6.96}$$

接下来，将频域中节点处的位移相容性写成

$$\hat{u}_2=\hat{u}_1\cos\theta+\hat{w}_1\sin\theta, \quad \hat{v}_2=-\hat{u}_1\sin\theta+\hat{w}_1\cos\theta, \quad \frac{\partial\hat{w}_1}{\partial x}=\frac{\partial\hat{w}_2}{\partial x}=\hat{\varphi} \tag{6.97}$$

假设 AB 段和 BC 段具有相同的材料和横截面，并将式(6.94)代入式(6.95)，并依次用于式(6.97)，对式(6.97)进行简化，可以将得到的式子写成矩阵形式为

$$\begin{bmatrix} 1 & 1 & -\cos\theta & -\cos\theta & 0 & -\sin\theta \\ 0 & 0 & \sin\theta & \sin\theta & 1 & -\cos\theta \\ \mathrm{i} & 1 & \mathrm{i} & 1 & 0 & 0 \\ 0 & 0 & \mathrm{i}R\sin\theta & -R\sin\theta & -\mathrm{i} & -\mathrm{i}\cos\theta \\ -R & R & -\mathrm{i}R\cos\theta & R\cos\theta & 0 & -\mathrm{i}\sin\theta \\ 1 & -1 & -1 & 1 & 0 & 0 \end{bmatrix} \begin{Bmatrix} \boldsymbol{C}_1 \\ \boldsymbol{D}_1 \\ \bar{\boldsymbol{A}}_2 \\ \bar{\boldsymbol{B}}_2 \\ \boldsymbol{Q}_1 \\ \boldsymbol{P}_2 \end{Bmatrix} = \begin{Bmatrix} -1 \\ 0 \\ 1 \\ \mathrm{i} \\ 0 \\ -\mathrm{i}R \\ 1 \end{Bmatrix} \boldsymbol{A}_1 - \begin{Bmatrix} 0 \\ 1 \\ 0 \\ \mathrm{i} \\ 0 \\ 0 \end{Bmatrix} \boldsymbol{P}_1 \tag{6.98}$$

式中，$R=k^3 EI/(k_l EA)$，其中 k 为弯曲波数，k_l 为轴向波数。另外有 $E_1 I_1=E_2 I_2=$

EA 和 $\rho_1 A_1 = \rho_2 A_2 = \rho A$，即假定两段的材料特性和截面特性相同。求解式(6.98)，可以得到对给定输入的反射和透射响应。此外，还可以证明在这种结构中存在模式耦合。这里研究了两个案例。在第一种情况下，研究距接头 0.375 m 处注入的轴向输入的轴向反射响应，不同接头角度下的响应如图 6.36 所示。

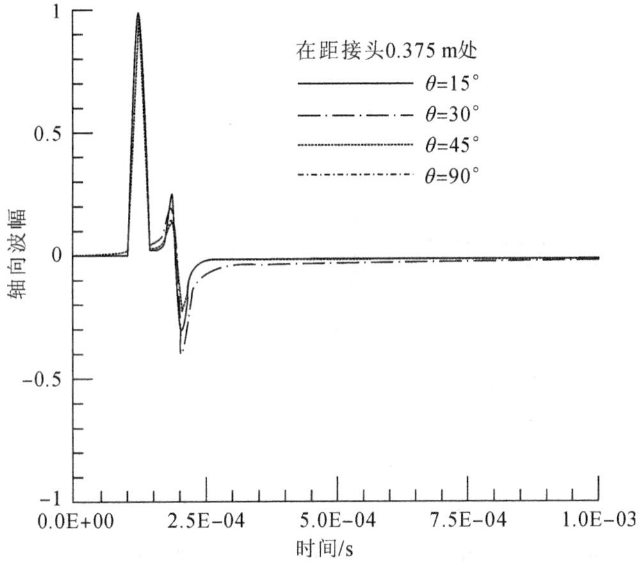

图 6.36　框架结构：轴向输入的轴向反射响应

从图中可以清楚地看到接头的反射，反射响应的幅值随着接头角度的增加而略微增加。在第二种情况下，研究了横向输入，虽然这里的波是频散的，但可以得到反射系数，也就是 $\boldsymbol{B}_1/\boldsymbol{A}_1$ 的比值，如图 6.37 所示。

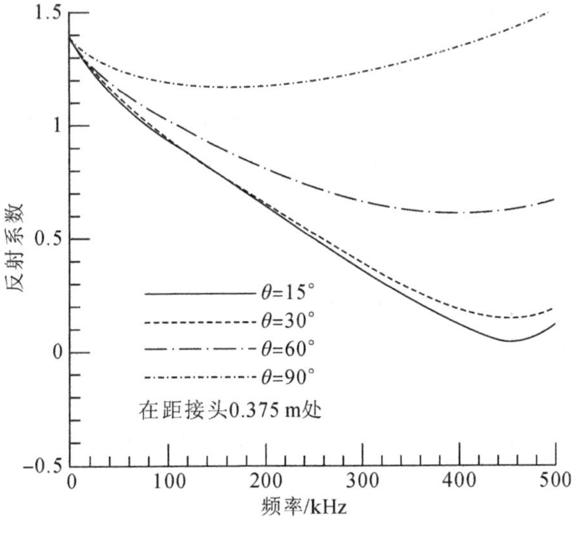

图 6.37　框架结构：横向输入反射系数

该图显示了一些有趣的特性。反射系数是频率的函数，对于所有接头角度，反射系数随频率的增加而减小。然而，对于 30°角，反射系数的下降幅度大于 60°角的反射系数下降幅度。接下来将展示存在于所有框架结构中的模式耦合。将一个弯曲作为输入，即 $\boldsymbol{A}_1$，并测量 AB 段中两个不同角度的轴向响应。这些响应如图 6.38所示。

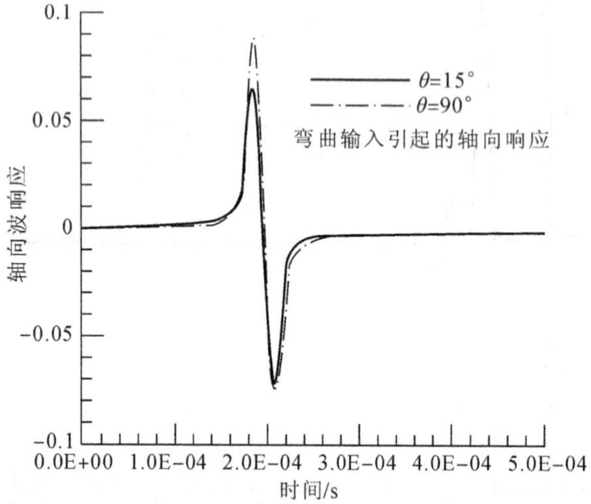

图 6.38 框架结构：弯曲-轴向耦合（轴向对弯曲输入的响应）

从图中可以看出，正如预期的那样，耦合随着接头角度的增加而增加，最大耦合出现在接头角度为 90°处。

6.3 波在高阶波导中的传播

基于一定的动力学假设，可以由三维弹性力学方程推导出波导结构模型。例如，在推导基本梁的模型时，假定横向位移始终为只有一个空间坐标（即轴坐标 x）的函数，弯曲前后的平面截面保持为平面。该假设的含义是，中性面始终是中间面，并且在弯曲过程中，通过截面绘制的线始终垂直于横截面。同样，在一个基本纵向波导中，假定轴向变形仅为轴向坐标的函数，而波导的横向变形可以忽略不计。在高阶波导中，通过添加额外的运动，可以更真实地捕捉一维模型中的二维行为，从而放宽了其中的一些假设。本节中研究了高阶弯曲波导（即铁木辛柯梁波导和明德林-赫尔曼杆波导的高阶纵向波导）的波传播特性。如前所述，首先利用哈密顿原理推导控制方程，进行频谱分析，并获得波数和波速。波导的一些响应特性将在后面的章节中介绍。

6.3.1 波在铁木辛柯梁中的传播

该理论也称为一阶剪切变形理论(FSDT),是于 20 世纪早期由力学领域著名科学家斯蒂芬·铁木辛柯提出并发展的力学模型[294],[346]。与基本理论不同的是,根据该模型理论,剪切应力也有助于总横向变形,这一假设放宽了对弯曲前后平面仍保持平面不变形的要求,因此梁的斜率不是由横向变形推导出来的,它是一个独立的位移,并且小于图 6.39 所示的变形导数。

在基本梁中,虽然在任意截面上存在剪力,但剪切应变为零。通过引入梁的斜率 θ 作为一个独立的运动来进行修正,这引入了一个有助于总变形剪切应变。因此,该理论的变形场由下式给出

$$u(x,z,t)=-z\theta(x,t),\quad w(x,z,t)=w(x,t) \tag{6.99}$$

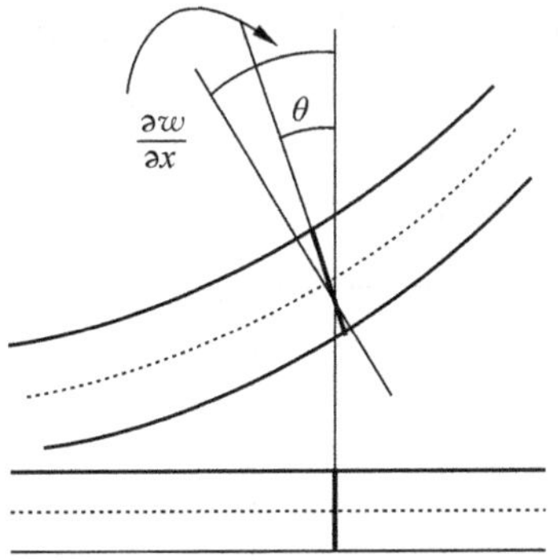

图 6.39　铁木辛柯梁理论:变形行为

相应的应变为

$$\varepsilon_{xx}=-z\frac{\partial\theta}{\partial x},\quad \varepsilon_{zz}=0,\quad \gamma_{xy}=\frac{\partial w}{\partial x}-\theta \tag{6.100}$$

相关应力如下所示

$$\sigma_{xx}=-Ez\frac{\partial\theta}{\partial x},\quad \sigma_{zz}=0,\quad \tau_{xy}=G\left(\frac{\partial w}{\partial x}-\theta\right) \tag{6.101}$$

式中 E 和 G 分别为材料的杨氏模量和剪切模量。利用应力和应变的表达式,可以把应变能 U 的表达式写成

$$\begin{aligned} U &= \frac{1}{2}\int_V [\sigma_{xx}\varepsilon_{xx}+\tau_{xy}\gamma_{xy}]\mathrm{d}V \\ &= \frac{1}{2}\int_0^L\int_A \left[-Ez^2\left(\frac{\partial\theta}{\partial x}\right)^2+G\left(\frac{\partial w}{\partial x}-\theta\right)^2\right]\mathrm{d}x\mathrm{d}A \end{aligned} \tag{6.102}$$

式中,V 和 A 分别是梁的体积和横截面的面积。将式(6.100)和(6.101)代入应变能

表达式可以得到上式。注意 $\int_A z^2 \mathrm{d}A = I$，即梁横截面的面积惯性矩，式(6.103)中的第一项可写成 $\frac{1}{2}\int_0^L EI\left(\frac{\partial\theta}{\partial x}\right)^2 \mathrm{d}x$。详细研究这个方程的第二项，它与剪应力变化有关。由于这里的项在每个横截面上都是常数，可以把第二项写成 $\int_0^L GA\ (\partial w/\partial x-\theta)^2 \mathrm{d}x$。

如前面所述，欧拉-伯努利梁理论通过假设平面截面在弯曲过程中保持平面并垂直于中性轴而忽略剪切变形。因此，剪切应变和应力不出现在理论中，剪切力从平衡方程 $V=\mathrm{d}M/\mathrm{d}x$ 中得到。据此，可以绘制出基本梁的剪切应力沿梁深的分布，如图6.40(a)所示。实际上，梁横截面会发生一些变形，如图 6.40(b)所示。当深梁(即与梁长度相比横截面相对较厚的梁)受到较大剪切力时，这种情况尤其如此。通常剪切应力在中性轴周围最高，中性轴处发生最大剪切变形。铁木辛柯梁理论对剪切应力变化的模型如图6.40(c)所示，为了解释这种异常，将第二项乘以系数 K，通常称为剪切校正因子，因此式(6.103)中第二项变为 $\int_0^L GAK\ (\partial w/\partial x-\theta)^2 \mathrm{d}x$，现在式(6.103)可以写为

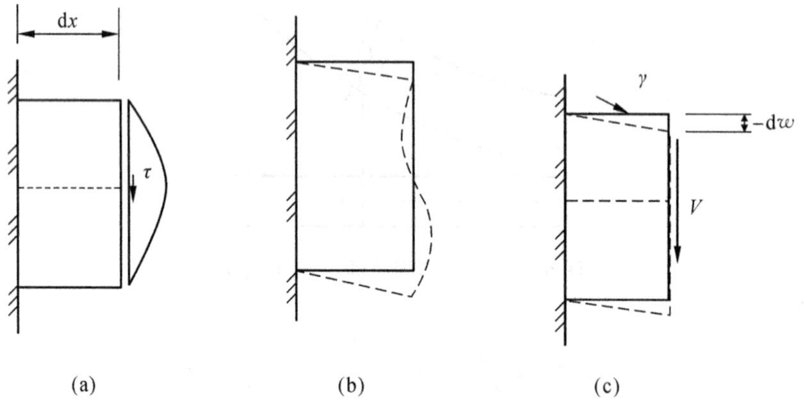

图 6.40　梁内剪应力分布

(a)基本梁;(b)铁木辛柯梁——实际分布;(c)铁木辛柯梁——假定分布

$$U=\frac{1}{2}\int_0^L EI\left(\frac{\partial\theta}{\partial x}\right)^2 \mathrm{d}x+\frac{1}{2}\int_0^L GAK\left(\frac{\partial w}{\partial x}-\theta\right)^2 \mathrm{d}x \tag{6.103}$$

动能 T 可以写成

$$T=\frac{1}{2}\int_V\left[\rho\left(\frac{\mathrm{d}u}{\mathrm{d}t}\right)^2+\rho\left(\frac{\mathrm{d}w}{\mathrm{d}t}\right)^2\right]\mathrm{d}V \tag{6.104}$$

在上述式中代入式(6.99)，得到

$$T=\frac{1}{2}\int_0^L\int_A \rho z^2\left(\frac{\partial\theta}{\partial t}\right)^2 \mathrm{d}x\mathrm{d}A+\frac{1}{2}\int_0^L\int_A \rho\left(\frac{\mathrm{d}w}{\mathrm{d}t}\right)^2 \mathrm{d}x\mathrm{d}A \tag{6.105}$$

认识到 $\int_A z^2 \mathrm{d}A = I$，$I$ 为截面惯性矩，上述积分可以将动能简化成

$$T = \frac{1}{2}\int_0^L \rho I \left(\frac{\partial\theta}{\partial t}\right)^2 \mathrm{d}x + \frac{1}{2}\int_0^L \rho A \left(\frac{\mathrm{d}w}{\mathrm{d}t}\right)^2 \mathrm{d}x \tag{6.106}$$

在哈密顿原理[式(6.10)]中代入式(6.103)和式(6.106)进行简化，得到

$$\left.\begin{aligned} & GAK\frac{\partial}{\partial x}\left[\frac{\partial w}{\partial x}-\theta\right]=\rho A\ddot{w} \\ & EI\frac{\partial^2\theta}{\partial x^2}+GAK\left[\frac{\partial w}{\partial x}-\varphi\right]=\rho I\ddot{\theta} \end{aligned}\right\} \tag{6.107}$$

式中“ ¨ ”表示时间的二阶导数，物理意义上表示变量的加速度。哈密顿原理除了提供微分方程外，还提供了相关的边界条件，这些条件由下式给出：

$$V=GAK\left[\frac{\partial w}{\partial x}-\theta\right],\quad M=EI\frac{\partial\theta}{\partial x} \tag{6.108}$$

式中，V 为剪力，M 为弯矩。现在使用频谱分析来确定波数和群速度。与之前使用特征方程的解来确定波数的方法不同，这里将使用第 5.5 节中所给出的方法。由于式(6.107)给出控制方程，为常系数型。假定解的形式为

$$w(x,t)=w_0\mathrm{e}^{\mathrm{i}(kx-\omega_n t)},\theta=\theta_0\mathrm{e}^{\mathrm{i}(kx-\omega_n t)} \tag{6.109}$$

代入控制方程(6.107)，得到的方程可采用第 5.5.2 节中给出的多项式特征值问题(PEP)的形式，如下式所示：

$$\left\{k^2\underbrace{\begin{bmatrix} GAK & 0 \\ 0 & EI \end{bmatrix}}_{\mathbf{A}_2}+k\underbrace{\begin{bmatrix} 0 & -\mathrm{i}GAK \\ \mathrm{i}GAK & 0 \end{bmatrix}}_{\mathbf{A}_1}\right\}+ \left\{\underbrace{\begin{bmatrix} -\rho A\omega_n^2 & 0 \\ 0 & GAK-\rho I\omega_n^2 \end{bmatrix}}_{\mathbf{A}_0}\right\}\begin{Bmatrix} w_0 \\ \theta_0 \end{Bmatrix}=0 \tag{6.110}$$

其中未知数为 k，w_0 和 θ_0，在这种情况下矩阵多项式 p 为 2，$N_v=2$。因此，有四个特征值(k)和特征向量($\{w_0\quad \theta_0\}$)。矩阵多项式的行列式表明其根是共轭复数。求解此方程时，特征向量排列在矩阵 $\boldsymbol{R}$ 中，因此

$$\{k_p^2\mathbf{A}_2+k_p\mathbf{A}_1+\mathbf{A}_0\}\begin{Bmatrix} R_{1p} \\ R_{2p} \end{Bmatrix}=0 \tag{6.111}$$

多项式特征值问题矩阵的特征值给出了波数，如图 6.41 所示。

从图中可以看到，图 6.41 中虚线所示的模式 2，一开始是一种倏变或阻尼模式，然后以某一频率传播，该频率称为截止频率。发生这种情况的频率可以通过查看式(6.111)中矩阵 $\mathbf{A}_0$ 来确定。矩阵 $\mathbf{A}_0$ 的行列式变为零的频率表示截止频率。因此，截止频率为

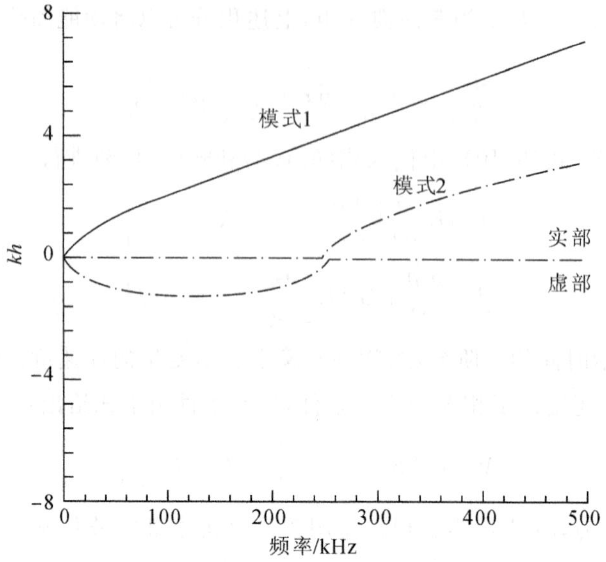

图 6.41 铁木辛柯梁的频谱关系

$$\omega_{\text{cut-off}}=\sqrt{\frac{GAK}{\rho I}} \tag{6.112}$$

可以通过设置 $GAK \to \infty$ 和 $\rho I \to 0$ 来恢复初等或欧拉-伯努利梁解。因此，从式(6.112)可以看到，对于基本梁，由于截止频率发散至无穷远，不存在截止频率。

接下来，计算相速度和群速度。如前所述，可使用 $C_p=\omega/\mathrm{Re}(k)$ 和 $C_g=\mathrm{Re}(\mathrm{d}\omega/\mathrm{d}k)$ 的关系式获得这些值，如图 6.42 所示。

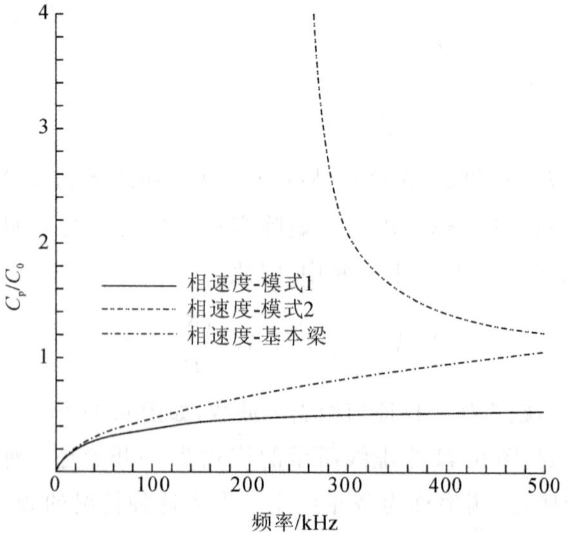

(a)

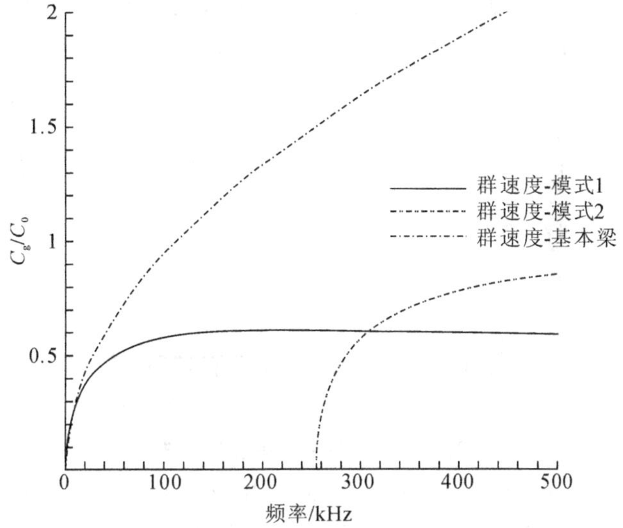

(b)

图 6.42　铁木辛柯梁的频散关系

(a)相速度;(b)群速度

从这些图中,可以看出和铁木辛柯梁相比,由基本梁预测的速度是不合理的,因此,在更高的频率下,应谨慎使用基本梁理论。此外,在厚梁中,剪切效应明显,如果不将其建模为铁木辛柯梁,模型动力学响应会不准确。铁木辛柯梁理论还有另外两种变体:如果设置 $GAK\rightarrow\infty$,则可获得瑞利理论解。或者,如果设 $\rho I\rightarrow 0$,则可得单模铁木辛柯理论解。可以注意到,这两种理论和基本梁理论,都是单模理论。

第二频谱的存在

在本节中,进一步研究倏逝剪切在更高频率上传播的结果。为此,需要先在此频域上求解控制方程(6.107),其解如下所示:

$$\left.\begin{aligned}\hat{w}(x,\omega)&=\boldsymbol{A}\mathrm{e}^{-\mathrm{i}k_1x}+\boldsymbol{B}\mathrm{e}^{-\mathrm{i}k_2x}+\boldsymbol{C}\mathrm{e}^{\mathrm{i}k_1x}+\boldsymbol{D}\mathrm{e}^{\mathrm{i}k_2x}\\ \hat{\theta}(x,\omega)&=R_1\boldsymbol{A}\mathrm{e}^{-\mathrm{i}k_1x}+R_2\boldsymbol{B}\mathrm{e}^{-\mathrm{i}k_2x}-R_1\boldsymbol{C}\mathrm{e}^{\mathrm{i}k_1x}-R_2\boldsymbol{D}\mathrm{e}^{\mathrm{i}k_2x}\end{aligned}\right\}\tag{6.113}$$

其中 R_1 和 R_2 为振幅比,可从式(6.111)求得,可以写成

$$\left.\begin{aligned}R_1&=\frac{\mathrm{i}k_1GAK}{GAKk_1^2-\rho A\omega^2}=\frac{\rho I\omega^2-GAK-EIk_1^2}{\mathrm{i}k_1GAK}\\ R_2&=\frac{\mathrm{i}k_2GAK}{GAKk_2^2-\rho A\omega^2}=\frac{\rho I\omega^2-GAK-EIk_2^2}{\mathrm{i}k_2GAK}\end{aligned}\right\}\tag{6.114}$$

可以看到铁木辛柯梁中的波是高度频散的,为了捕获第二频谱,需要有一个即使在频散介质中也非频散传播的入射波。只有当输入信号的频谱将所有能量集中在一个非常窄的频率带上时,这种情况才能发生。突发音信号是能够满足该条件的信号之

一。它基本上是一个窗口信号，其中正弦或余弦输入用汉宁函数加窗。关于信号处理方面的更多细节见文献[132]。突发音信号及其频谱如图 6.43 所示。

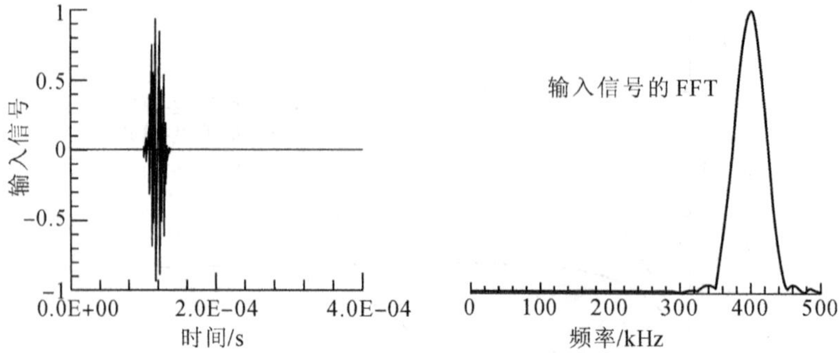

图 6.43　突发音信号及其频谱

使用函数 $f(t)=\sin qt$ 生成突发音信号，其中 $q=400$ kHz，其中该函数在 130 μs 和 160 μs 之间使用汉宁函数加窗。信号的快速傅里叶变换清楚地表明信号能量在 400 kHz 处达到峰值，在频率空间的其余部分，振幅为零。因此，即使在频散介质中，该信号也将以非频散方式传播。如果将输入信号的快速傅里叶变换与群速度图叠加，就可以得到对应于 400 kHz 的不同模式的速度。为了捕获模式 2，应该选择突发音频信号的频率，使第二频谱存在于采样的输入频率。通过将信号的快速傅里叶变换叠加到频散图上，可以看到，在 400 kHz 时，弯曲波以速度 $0.5C_0$ 传播，而剪切波 $0.75C_0$ 传播更快，其中 $C_0=\sqrt{E/\rho}$ 为轴向波速，E 和 ρ 分别是杨氏模量和密度。代入铝的特性，弯曲波速度为 2546 m/s，横波速度为 3820 m/s。

为了捕获第二频谱，考虑一个无限长的铁木辛柯梁以及式(6.114)给出的解。由于梁是无限的，所以波系数 $\boldsymbol{C}$ 和 $\boldsymbol{D}$ 等于零，假设 $\boldsymbol{B}=0$。因此有

$$\hat{w}(x,\omega)=\boldsymbol{A}e^{-ik_1x},\quad \hat{\theta}(x,\omega)=R_1\boldsymbol{A}e^{-ik_1x} \tag{6.115}$$

其中 $\boldsymbol{A}$ 为图 6.43 所示的入射信号。图 6.44 显示了与输入信号不同距离处的响应。

图 6.44 中清楚地显示了两个不同的脉冲，较小的脉冲为剪切模式(这是由于第二频谱的存在)，较大的脉冲为弯曲模式。由于剪切模式传播较快，因此出现较早。当传播 0.25 m 时，入射弯曲模式应该出现在 0.25/2546=100 μs 处，而剪切模式应出现在0.25/3820=65 μs 处。

如果将输入信号的 100 μs 标头添加到其中，则弯曲和剪切模式应出现在 200 μs 和 165 μs 处，如图 6.44 所示。同样，可以在距离 0.50 m 和 0.75 m 处确认两种模式的到达。该示例清楚地证明了铁木辛柯梁情况下存在第二频谱。

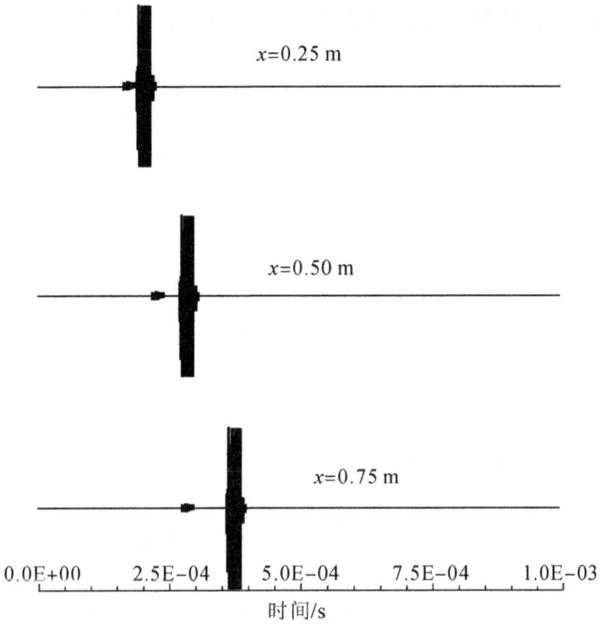

图 6.44　铁木辛柯波束的第二频谱

6.3.2　波在明德林-赫尔曼杆中的传播

前面讨论的基本杆均为单模式理论，因为它只允许纵向位移。横向位移由纵向应变得到。在明德林-赫尔曼理论中，允许另一个横向位移，因此该理论通常被称为双模式理论。该理论最早由明德林和赫尔曼[241]针对圆柱杆提出。文献[225]将其推广到矩形截面。明德林-赫尔曼杆的假定位移场如下所示：

$$u(x,z,t)=u(x,t),\quad w(x,z,t)=z\psi(x,t) \tag{6.116}$$

式中，$\psi(x,t)$是由泊松比引起的横向附加运动。明德林-赫尔曼杆沿 ψ 运动的横截面如图 6.45(a)所示。

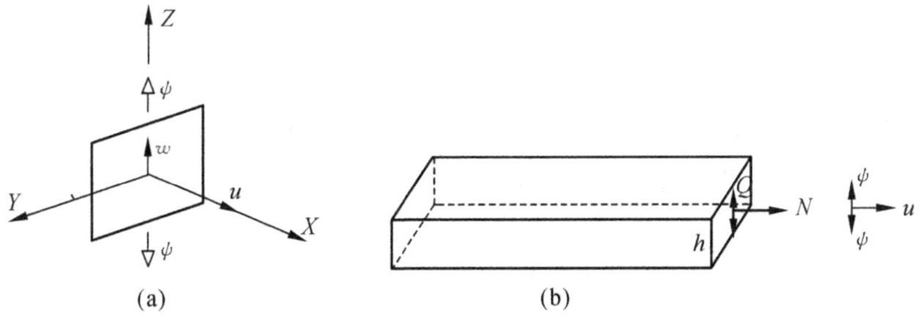

图 6.45　明德林-赫尔曼杆中的横向运动

(a)横向收缩；(b)合力

首先利用哈密顿原理推导出控制微分方程。根据式(6.116)给出的假定位移场。可以将应变场表示为

$$\varepsilon_{xx}=\frac{\partial u}{\partial x},\quad \varepsilon_{zz}=\psi,\quad \gamma_{xz}=-z\frac{\partial \psi}{\partial x} \tag{6.117}$$

在这个杆上有一个二维的应力状态，它是由

$$\sigma_{xx}=\frac{E}{1-\nu^2}(\varepsilon_{xx}+\nu\varepsilon_{zz})$$

$$\sigma_{zz}=\frac{E}{1-\nu^2}(\varepsilon_{zz}+\nu\varepsilon_{xx}),\quad \tau_{xz}=G\gamma_{xz}$$

或

$$\left.\begin{aligned}\sigma_{xx}&=\frac{E}{1-\nu^2}\left(\frac{\partial u}{\partial x}+\nu\frac{\partial w}{\partial z}\right)\\ \sigma_{zz}&=\frac{E}{1-\nu^2}\left(\frac{\partial w}{\partial z}+\nu\frac{\partial u}{\partial x}\right),\quad \tau_{xz}=G\left(\frac{\partial w}{\partial x}+\frac{\partial u}{\partial z}\right)\end{aligned}\right\} \tag{6.118}$$

替代式(6.117)中的应变。式(6.118)成为

$$\sigma_{xx}=\frac{E}{1-\nu^2}\left(\frac{\partial u}{\partial x}+\nu\psi\right),\quad \sigma_{zz}=\frac{E}{1-\nu^2}\left(\psi+\nu\frac{\partial u}{\partial x}\right),\quad \tau_{xz}=Gz\frac{\partial \psi}{\partial x}$$

式中，E、ν 和 G 分别是杨氏模量、泊松比和剪切模量；z 是厚度坐标。可以把应变能表达式写成

$$\begin{aligned}U=&\int_0^L\int_A\frac{1}{2}\left[\overline{E}\left(\frac{\partial u}{\partial x}+\nu\psi\right)\frac{\partial u}{\partial x}+\overline{E}\left(\psi+\nu\frac{\partial u}{\partial x}\right)\right]\psi\mathrm{d}x\mathrm{d}A+\\ &\int_0^L\int_A\frac{1}{2}\left[Gz^2\left(\frac{\partial \psi}{\partial x}\right)^2\right]\mathrm{d}x\mathrm{d}A,\quad \overline{E}=\frac{E}{1-\nu^2}\end{aligned} \tag{6.119}$$

注意，横截面为矩形且均匀，截面惯性矩为 $\int_A z^2\mathrm{d}A=I$，式(6.119)可重写为

$$U=\frac{1}{2}\int_0^L\left(\overline{E}\left[\frac{\partial u}{\partial x}+\nu\psi\right]\frac{\partial u}{\partial x}+\overline{E}\left[\psi+\nu\frac{\partial u}{\partial x}\right]\psi+GIK_1\left[\frac{\partial \psi}{\partial x}\right]^2\right)\mathrm{d}x \tag{6.120}$$

在上式中，K_1 为考虑近似剪切应力近似分布的形状因子。动能可以写成

$$T=\frac{1}{2}\int_0^L\int_A\rho\left(\frac{\partial u}{\partial t}\right)^2+\rho\left(\frac{\partial w}{\partial t}\right)^2\mathrm{d}x\mathrm{d}A=\frac{1}{2}\int_0^L\rho A\left(\frac{\partial u}{\partial t}\right)^2+\rho IK_2\left(\frac{\partial \psi}{\partial t}\right)\mathrm{d}x \tag{6.121}$$

在上述式中，K_2 是用来处理横向惯性变化近似的因子。使用哈密顿原理（式 6.10）中的式(6.120)和(6.122)，得到如下控制方程

$$\left.\begin{aligned}&\overline{E}A\left(\frac{\partial^2 u}{\partial x^2}+\nu\frac{\partial \psi}{\partial x}\right)=\rho A\frac{\partial^2 u}{\partial t^2}\\ &GIK_1\frac{\partial^2 \psi}{\partial x^2}-\overline{E}A\left(\psi+\nu\frac{\partial u}{\partial x}\right)=\rho IK_2\frac{\partial^2 \psi}{\partial t^2}\end{aligned}\right\} \tag{6.122}$$

哈密顿原理也给出了边界条件，可以写成

$$\text{指定 } u \text{ 或 } N=\overline{E}A\left(\frac{\partial u}{\partial x}+\nu\psi\right),\quad \text{指定 } \psi \text{ 或 } Q=GIK_1\frac{\partial \psi}{\partial x} \tag{6.123}$$

这些作用在横截面上的合力如图 6.45(b)所示。注意，通过替换上述方程中的 $GIK_1\to 0$ 和 $\rho Ik_2\to 0$，得到 $\psi=-\nu\partial u/\partial x$，可以还原基本杆方程。

为了确定明德林-赫尔曼杆的波动特性，需要使用场变量 $u(x,t)$ 和 $\psi(x,t)$ 的离散傅里叶变换将控制方程变换到频率域。也就是说

$$u(x,t)=\sum_{n=0}^{N}\hat{u}(x,\omega)\mathrm{e}^{\mathrm{i}\omega t},\quad \psi(x,t)=\sum_{n=0}^{N}\hat{\psi}(x,\omega)\mathrm{e}^{\mathrm{i}\omega t} \tag{6.124}$$

将上式代入式(6.123)中，得到以下耦合常系数常微分方程

$$\left.\begin{aligned}&\overline{E}A\left(\frac{\mathrm{d}^2\hat{u}}{\mathrm{d}x^2}+\nu\frac{\mathrm{d}\hat{\psi}}{\mathrm{d}x}\right)+\rho A\omega^2\hat{u}=0\\&GIK_1\frac{\mathrm{d}^2\hat{\psi}}{\mathrm{d}x^2}-\overline{E}\left(\hat{\psi}+\nu\frac{\mathrm{d}\hat{u}}{\mathrm{d}x}\right)+\rho IK_2\omega^2\hat{\psi}=0\end{aligned}\right\} \tag{6.125}$$

上述方程为常系数型，其解为 $\hat{u}=u_0\mathrm{c}^{\mathrm{i}kx}$ 和 $\hat{\psi}=\psi_0\mathrm{e}^{\mathrm{i}kx}$。代入式(6.125)，可以将得到的式子写成矩阵形式

$$\begin{bmatrix}\rho A\omega^2-\overline{E}Ak^2 & \mathrm{i}\,\overline{E}A\nu k\\ -\mathrm{i}\,\overline{E}A\nu k & \rho IK_2\omega^2-\overline{E}A-GIK_1k^2\end{bmatrix}\begin{Bmatrix}u_0\\ \psi_0\end{Bmatrix}=\begin{Bmatrix}0\\0\end{Bmatrix} \tag{6.126}$$

通过使矩阵的行列式为零，得到确定波数 k 的四阶特征方程，由下式给出

$$\beta k^4-k^2(\nu^2+\beta\delta+\alpha\omega^2-1)+\alpha\delta\omega^2-\delta=0 \tag{6.127}$$

其中
$$\alpha=\frac{\rho IK_2}{\overline{E}A},\quad \beta=\frac{GIK_1}{\overline{E}A},\quad \delta=\frac{\rho A}{\overline{E}A}$$

基于式(6.127)，这个四阶多项式的常数项有一个显式表达式，其中包含频率，表明其中一种波模式将表现出截止频率 ω_{C}，这个频率可以通过使式(6.127)中的常数项等于零得到。

$$\alpha\delta\omega_{\mathrm{C}}^2-\delta=0\Rightarrow\omega_{\mathrm{C}}=\sqrt{\frac{1}{\alpha}}=\sqrt{\frac{\overline{E}A}{\rho IK_2}} \tag{6.128}$$

随后确定用于波分析的 K_1 和 K_2 的值。值得注意的是，这些参数是作为校正因子引入的，旨在补偿在位移场中引入的近似值。还需要注意的是，在一维波导模型中引入了高阶效应，以便尽可能准确地捕获二维响应。因此，需要根据二维波导分析来选择这些校正因子，这将在下一章中讨论。这里提供了一个基于二维波速选择这些参数的基本方法。

由式(6.128)可知截止频率发生在

$$\omega_{\mathrm{C}}=\sqrt{\frac{12EA}{(1-\nu^2)\rho bh^3K_2}}=\frac{C_{\mathrm{p}}}{h}\sqrt{\frac{12}{(1-\nu^2)K_2}} \tag{6.129}$$

式中，$C_{\mathrm{p}}=\sqrt{E/\rho}$ 为杆的相速度，h 为杆的深度。由上式可知，截止频率与深度 h

成反比。如果杆很细，那么截止频率将逃逸到无穷大，这意味着不存在横向收缩模态。然而，对于粗杆，模态转换将发生在非常高的频率。还看到参数 K_2 与截止频率成反比。从精确的二维波导分析（将在下一章中介绍），可以将截止频率写为

$$\omega_C = \frac{C_p}{\sqrt{1-\nu^2}}\frac{\pi}{h} \tag{6.130}$$

比较式(6.129)和式(6.130)，得到 $K_2=1.216$。

选择 K_1 的值比较复杂。通常通过比较高频率下的波速和精确的极限波速来选择。在缺乏分析方法的情况下，可以采用非常精细网格的有限单元法。关于选择 K_1 的方法更多细节见文献[225]，其通过比较高阶杆解与精确二维分析，估计了 $K_1=1.2$。然而，这些校正因子的值不是常数。在本章中，选择 $K_1=1.2$ 和 $K_2=1.75$ 来获得波数和群速度图。

接下来，基于一定的假设，绘制了频谱关系，用式(6.127)绘制波数与频率之间的关系。如图 6.46 所示。

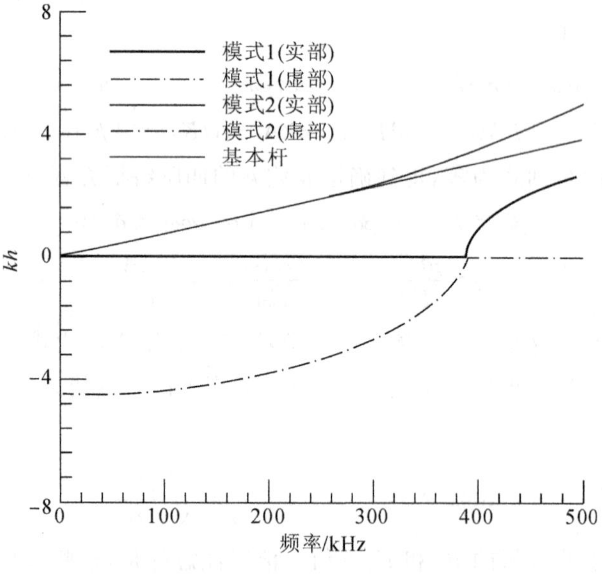

图 6.46 明德林-赫尔曼杆的谱关系

波数的四阶特征方程意味着杆具有两个向前移动和两个向后移动的波模态。图 6.46 显示了这两种模式的实部和虚部以及基本杆波模态。注意，虚部绘制在零轴下方。模式 1 是完全传播的，它开始是一个非频散波，在非常高的频率上变得频散。可以清楚地看到，基本杆和明德林-赫尔曼杆在低频时具有相似的行为，并都在高频时开始偏离并变为频散。模式 2 开始时是倏逝的，在非常高的频率上传播。从倏逝到传播的转变发生在截止频率处，其表达式由式(6.128)给出。

接下来，将绘制频散关系图，其中相速度和群速度随频率的变化如图 6.47 所示。

使用与之前使用的相同定义，即 $C_p=\omega/k$ 和 $C_g=\mathrm{d}\omega/\mathrm{d}k$，其中替换适当的 k 值以获得所需的模式。图 6.47 给出了群速度和相速度的变化。从图中可以看出，相位速度在截止频率处趋近于无穷大。当频率较高且超出截止频率时，群速度降低，模式 2 比模式 1 的群速度更高。

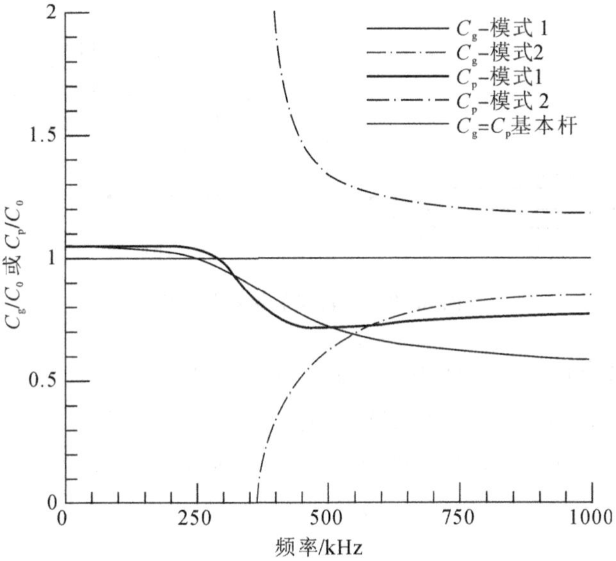

图 6.47　明德林-赫尔曼杆色散关系

明德林-赫尔曼杆的响应与铁木辛柯梁相似。求解控制方程式(6.126)的精确解得到：

$$\left.\begin{aligned}\hat{u}(x,\omega)&=\boldsymbol{A}\mathrm{e}^{-\mathrm{i}k_1x}+\boldsymbol{B}\mathrm{e}^{-\mathrm{i}k_2x}+\boldsymbol{C}\mathrm{e}^{\mathrm{i}k_1x}+\boldsymbol{D}\mathrm{e}^{\mathrm{i}k_2x}\\ \hat{\psi}(x,\omega)&=R_1\boldsymbol{A}\mathrm{e}^{-\mathrm{i}k_1x}+R_2\boldsymbol{B}\mathrm{e}^{-\mathrm{i}k_2x}+(-R_1)\boldsymbol{C}\mathrm{e}^{\mathrm{i}k_1x}+(-R_2)\boldsymbol{D}\mathrm{e}^{+\mathrm{i}k_2x}\end{aligned}\right\}\tag{6.131}$$

式中，k_1 和 k_2 是通过求解式(6.127)获得的波数。R_1 和 R_2 是振幅比，有

$$\left.\begin{aligned}R_1&=\frac{\mathrm{i}\overline{E}A\nu k_1}{\overline{E}Ak_1^2-\rho A\omega^2}=\frac{\mathrm{i}\overline{E}A\nu k_1}{\rho IK_2\omega^2-\overline{E}A-GIK_1k_1^2}\\ R_2&=\frac{\mathrm{i}\overline{E}A\nu k_2}{\overline{E}Ak_2^2-\rho A\omega^2}=\frac{\mathrm{i}\overline{E}A\nu k_2}{\rho IK_2\omega^2-\overline{E}A-GIK_1k_2^2}\end{aligned}\right\}\tag{6.132}$$

利用上述方程可以确定对入射脉冲的响应，就像对铁木辛柯梁所做的那样。

6.4　波在旋转梁中的传播

直升机的旋转叶片通常被理想化为旋转梁，可通过对这些结构单元的分析，提出变系数微分方程。该方程考虑了离心力和几何结构沿梁长度的变化，通常，旋转会使工程结构的分析复杂化。本节利用哈密顿原理推导了均匀旋转梁的控制偏微分方程，

并用最大离心力代替离心项的变系数。旋转梁问题转化为梁受到轴力作用的情况，虽然这种平均是一个粗略的近似，但可以将其用于分析旋转结构的波传播特性。抗弯刚度 EI、质量/单位长度 ρA 的旋转梁如图 6.48(a)所示，相应的应力结果如图 6.48(b)所示。

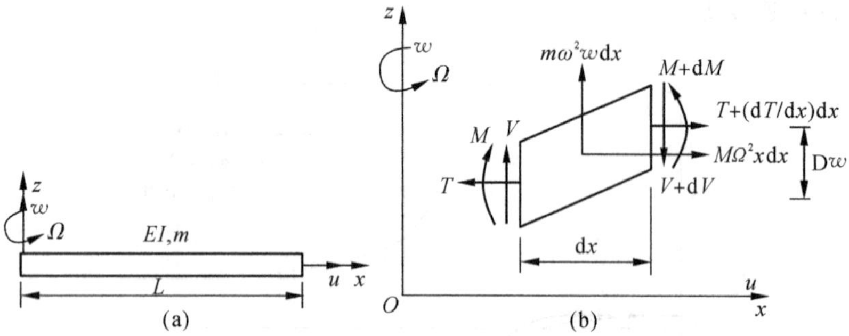

图 6.48 旋转梁的结构和应力

(a)旋转梁；(b)应力结果

如前所述，首先推导出旋转梁的运动控制方程，获得波动参数。请注意，旋转的作用类似于梁上的预紧力，预紧力由旋转引起的离心力所产生的最大转速 Ω 代替。因此假设梁是均匀的，并且假设梁为欧拉-伯努利梁的情况下，控制方程为

$$EI\frac{\partial^4 w}{\partial x^4}-T_{\max}\frac{\partial^2 w}{\partial x^2}+\rho A\frac{\partial^2 w}{\partial t^2}=0 \tag{6.133}$$

其中

$$T_{\max}=\int_0^L \rho A(x)\Omega^2 x\mathrm{d}x=\frac{\rho A\Omega^2 L}{2}$$

上述式主导了轴向载荷作用下梁的横向位移。在这个特定问题中，轴向荷载与转速 Ω 成正比。该数学模型虽然近似，但对研究旋转梁的谱关系具有重要意义。

为了确定其波动特性，需要将式(6.133)变换到频域(使用离散傅里叶变换)，表达式为

$$w(x,t)=\sum_{n=0}^{N}\hat{w}(x,\omega)\mathrm{e}^{\mathrm{i}(kx-\omega t)}$$

将其代入控制方程，得到计算波数的四阶特征方程

$$k^4+\alpha^2k^2-k_b^4=0,\quad \alpha=\sqrt{\frac{T_{\max}}{EI}},\quad k_b^4=\frac{\rho A\omega^2}{EI} \tag{6.134}$$

求解上述方程，得到

$$\sqrt{2}k_1,k_2=\pm\sqrt{-\alpha^2\pm\sqrt{\alpha^4+4k_b^4}} \tag{6.135}$$

其中 k_b 为非旋转梁的波数。相速度通过表达式 $C_p=\omega/\mathrm{Re}(k)$ 获得，而群速度通过定义 $C_g=\mathrm{Re}(\mathrm{d}\omega/\mathrm{d}k)$ 获得。这可以通过式(6.134)对 ω 求导并化简来计算。这样做，可以得到

$$C_g=\frac{\mathrm{d}\omega}{\mathrm{d}k}=\frac{(2k^3+\alpha^2k)\omega}{kb^4} \tag{6.136}$$

首先，绘制出图 6.49 所示的频谱关系。图 6.49(a)为传播波数 k_1 的实部，图 6.49(b)显示了倏逝波数 k_2。

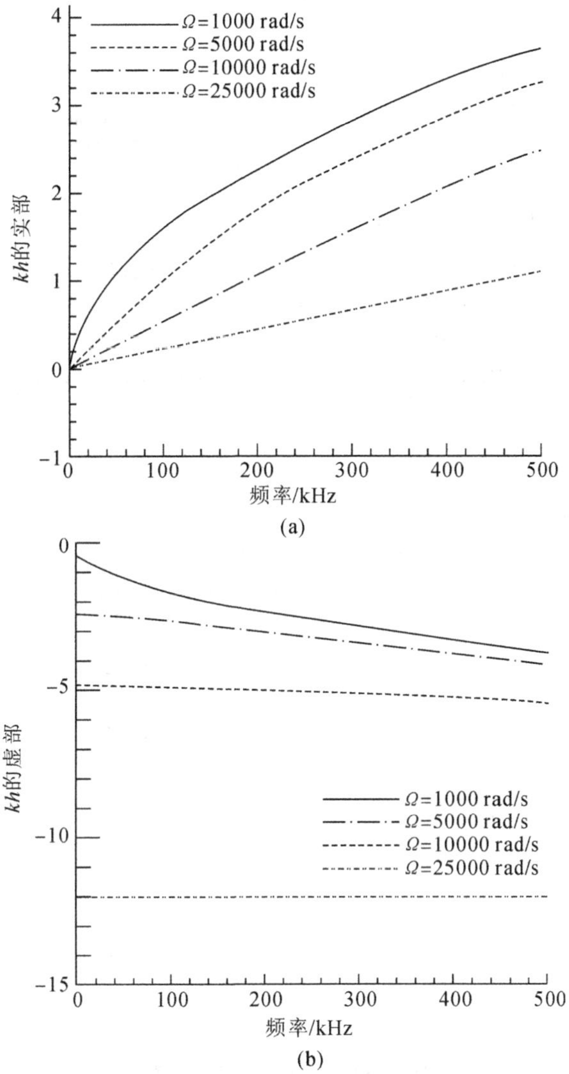

图 6.49　旋转梁的频谱关系

(a)传播波数；(b)倏逝波数

从图 6.49 中可以看出，当转速较低时，波像在基本梁中一样是频散的。当转速增加时，曲线的斜率发生变化，波数值减小，频散程度降低，并且在非常高的转速下，斜率趋于 45°，表明波是非频散的。换言之，在非常高的转速下，由于波数曲线斜率的减小，波速将非常高，并且波倾向于变得非频散。这些方面可以通过绘制频散关系来证实，如图 6.50 所示。

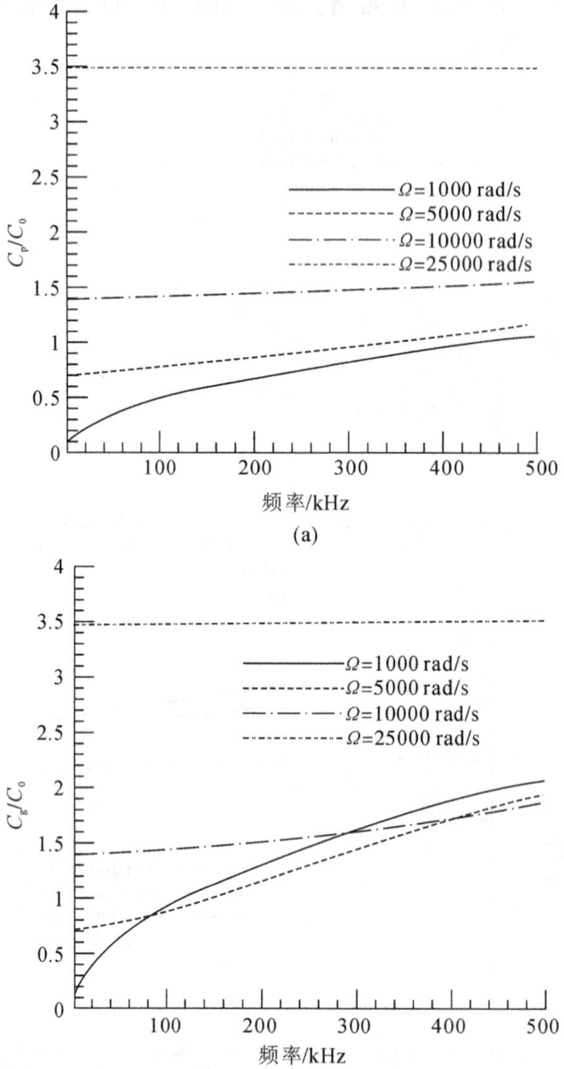

图 6.50　旋转梁的色散关系

(a)相速度;(b)群速度

在低频率下,速度与基本梁相似,其中群速度几乎是相速度的两倍。在非常高的频率下,速度非常高,群速度几乎等于相速度,这表明波将是非频散的。在高频率下,如果旋转波导很短并且以非常高的频率旋转,则由高速引起的重复反射最终可能导致频散关系模型失效。而且,在非常高的频率下,波数的衰减分量非常高。

6.5　波在锥形波导中的传播

锥形波导是指任意一种尺寸(如长度、深度或厚度)随结构变化的波导。这改变了横截面的性质,即横截面的面积或截面惯性矩,从而改变控制方程。这种横截面性质的变化会产生变系数微分方程。

波数和波速只能计算运动由常系数型控制微分方程定义的波导。对于由变系数微分方程定义的波导,确定波数极具挑战性,异常复杂,并且相当多的人认为这种波导不存在波数的概念。然而,如果用解析法或数值法求解控制方程,然后将响应可视化,就可以推断其波动行为。有些变系数微分方程可以通过适当的修正转换为常系数方程。在大多数情况下,很难求得其精确解。在这种情况下,需通过有限元法、谱元法求其数值解。本书的后续章节将展开讨论。

如前所述,锥形结构长度、宽度或厚度这三个维度都可以独立变化,但在本节中,假设长度和宽度变化是恒定的,而厚度是变化的,并且假设两种不同的厚度变化,如图 6.51 所示。

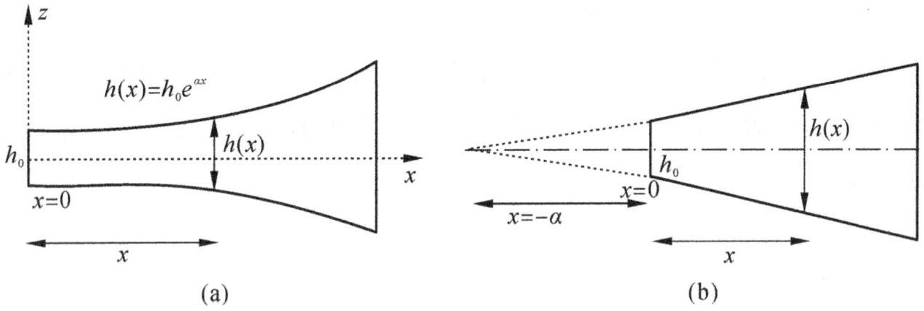

图 6.51　锥形一维波导的厚度变化

(a)指数变化;(b)多项式变化

图 6.51(a)显示了厚度的指数变化,其中厚度变化为

$$h(x)=h_0\mathrm{e}^{\alpha x} \tag{6.137}$$

其中 h_0 是 $x=0$ 时的厚度,α 是锥度参数,其值通常介于 0 和 1 之间。图 6.51(b)为厚度的多项式变化,其变化为:

$$h(x)=h_0\left(1+\frac{x}{a}\right)^m \tag{6.138}$$

其中 h_0 是波导在 $x=0$ 处的厚度,a 是锥度参数,m 是常数,它决定了厚度相对于 x 坐标的多项式变化。

如前所述,求解锥形波导的运动控制方程来研究其波的传播是一项具有挑战性的任务。因此,在本节中,将研究一些简单的锥形纵向波导和弯曲波导的传播特性,观察锥度参数如何影响一维各向同性波导中的波行为。

6.5.1 波在厚度呈指数变化的锥形杆中的传播

基于一定的假设，将某些类型的变系数微分方程转换为常系数微分方程，更适合于精确解。这种假设适用的一种情况是锥形杆的控制方程。用哈密顿原理或其他方法可以很容易地推导出厚度随长度变化的杆的控制方程，控制方程如下

$$\frac{\partial}{\partial x}\left[EA(x)\frac{\partial u}{\partial x}\right]=\rho A(x)\frac{\partial^2 u}{\partial t^2} \tag{6.139}$$

式中，$u(x,t)$为轴向变形，E为杨氏模量，假定杨氏模量在任何地方都是常数。将上述方程变换到频域，得到

$$\frac{\mathrm{d}}{\mathrm{d}x}\left[EA(x)\frac{\mathrm{d}\hat{u}}{\mathrm{d}x}\right]+\rho A(x)\omega^2\hat{u}=0 \tag{6.140}$$

假设宽度变化为常数，使用式(6.137)，可以将横截面面积写成

$$A(x)=bh(x)=bh_0\mathrm{e}^{\alpha x}=A_0\mathrm{e}^{\alpha x} \tag{6.141}$$

其中h_0是$x=0$处的厚度。将式(6.141)代入(6.140)中并简化，得到

$$\frac{\mathrm{d}^2\hat{u}}{\mathrm{d}x^2}+\alpha\frac{\mathrm{d}\hat{u}}{\mathrm{d}x}+k_L^2\hat{u}=0 \tag{6.142}$$

式中，$k_L=\sqrt{\rho A_0/(EA_0)}$是在$x=0$处计算的均匀横截面杆的波数。式(6.142)为常系数微分方程，其解的形式为$\hat{u}(x,\omega)=A\mathrm{e}^{\mathrm{i}kx}$。将其代入式(6.142)，得到了以下确定波数的二次特征方程，由下式给出

$$k^2-\mathrm{i}\alpha k-k_L^2=0 \tag{6.143}$$

求解上述方程，得到

$$2(k_1,k_2)=\mathrm{i}\alpha+\sqrt{4k_L^2-\alpha^2} \tag{6.144}$$

对该式的检验表明：

· 式(6.144)中的第一项表示阻尼分量。在大多数情况下$\alpha<1$和更高的值表示更陡的锥度。换句话说，锥度越陡，波衰减越快。

· 当$\alpha<1$时，第二项是均匀波数的小扰动。因此，与均匀杆相比，在波数变化中看不到可察觉的变化。

因此，为了了解波的衰减和研究其他波的特性，需要绘制响应图。由于控制方程简化为常系数型，可以将方程(6.140)的解写成

$$\hat{u}(x,\omega)=\boldsymbol{A}\mathrm{e}^{\mathrm{i}k_1x}+\boldsymbol{B}\mathrm{e}^{\mathrm{i}k_2x} \tag{6.145}$$

如果假设有一个无限长的杆，则$\boldsymbol{B}=0$，并绘制出解$\hat{u}(x,\omega)=\boldsymbol{A}\mathrm{e}^{\mathrm{i}k_1x}$，其中$\boldsymbol{A}$是前面使用的入射三角形脉冲。绘制了两个不同$\alpha$值的波响应图，以了解其衰减特性。响应图是使用前面示例中使用的铝的性质生成的，如图6.52所示。

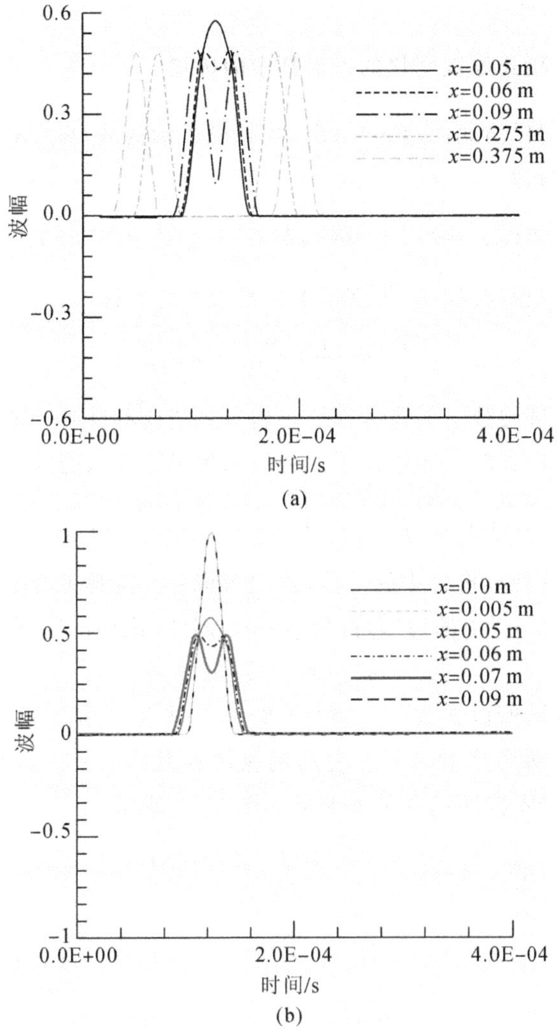

图 6.52　厚度呈指数变化的无限锥杆响应

(a)$\alpha=0.2$;(b)$\alpha=0.6$

从这些图中可以看出：

· 当锥度参数较大时，在 0.05 m 的很小距离内，有超过 50%的波幅衰减。

· 当波进一步传播时，波倾向于分裂成两个对称波，在相反的方向上运动，振幅没有太大的下降。如果锥度参数很小，可以看到两个不同的波。

从这个例子可以推断，锥度的引入带来了衰减和波分裂。如果厚度遵循式(6.138)给出的多项式，那么还需观察这种现象是否会发生。

6.5.2 波在具有多项式厚度变化的锥形杆中的传播

控制微分方程同样由式(6.139)给出，其频域表示为式(6.140)，采用式(6.138)，可以将横截面面积写为

$$A(x)=bh(x)=bh_0\left(1+\frac{x}{a}\right)^m=A_0\left(1+\frac{x}{a}\right)^m \tag{6.146}$$

将其用于控制方程(6.140)，得到以下变系数微分方程，

$$\frac{\mathrm{d}^2\hat{u}}{\mathrm{d}x^2}+\frac{m}{a+x}\frac{\mathrm{d}\hat{u}}{\mathrm{d}x}+k_L^2\hat{u}=0 \tag{6.147}$$

式中，k_L是均匀杆波数。上述方程的解相当复杂且不直白。这类解决方案的一些细节在文献[2]、[303]、[349]中给出了。由贝塞尔函数表示的式(6.147)及解如下

$$\hat{u}(x,\omega)=\boldsymbol{A}s^p\mathrm{J}_p(s)+\boldsymbol{B}s^p\mathrm{Y}_p(s),\quad p=\frac{1}{2}(1-m),\quad s=k_L(a+x) \tag{6.148}$$

为了理解波在这种锥形杆中的传播，再次考虑一个无限长的铝杆，它的性质与前面考虑的一样。考虑 $m=1$ 的情形，得到 $p=0$。因此，这种情况下的解简化为

$$\hat{u}(x,\omega)=\boldsymbol{A}\mathrm{J}_0(s)+\boldsymbol{B}\mathrm{Y}_0(s) \tag{6.149}$$

由于杆是无限的，所以在式(6.148)中 $\boldsymbol{B}=0$。这里，$\boldsymbol{A}$ 是具有三角形时程的入射脉冲，如前面例子中所考虑的那样。考虑的锥度参数为 $\alpha=0.1$，对应于相当陡的锥度。在距离输入信号不同距离处的波响应如图 6.53 所示。

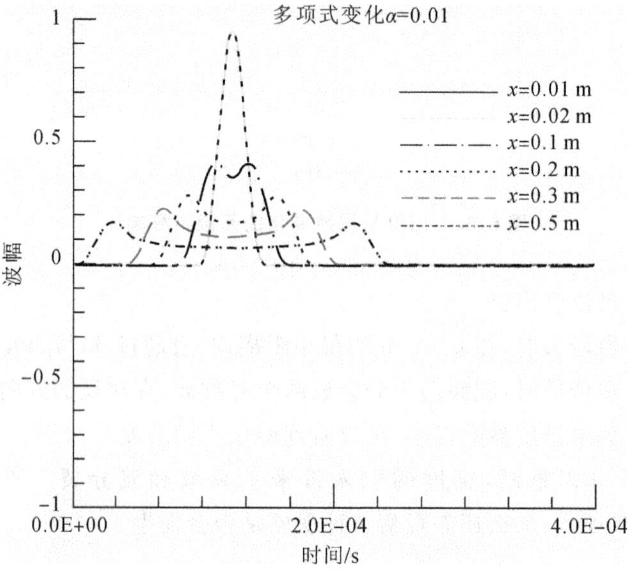

图 6.53 厚度变化为多项式的无限锥形杆响应

从图 6.53 中，可以看到响应模式与在厚度指数变化的情况下看到的非常相似。即响应很快衰减到一定程度，并开始分裂成两个朝相反方向对称移动的波。通过式(6.147)很难获得 m 的其他值，在这种情况下，需要应用近似法。本书后续章节会展开讨论。

6.5.3 波在锥形梁中的传播

同样对于梁结构，假设只有厚度沿梁的轴线变化，如图 6.51(b)所示。此处不考虑深度的指数变化，因为它无法将变系数方程简化为常系数微分方程。假设厚度变化如式(6.138)所示。因此，面积和截面转动惯量的变化成为

$$A(x)=A_0\left(1+\frac{x}{a}\right)^m,\quad I(x)=I_0\left(1+\frac{x}{a}\right)^{3m} \tag{6.150}$$

锥形梁的控制微分方程如下所示：

$$\frac{\partial^2}{\partial x^2}\left[EI(x)\frac{\partial^2 w}{\partial x^2}\right]+\rho A(x)\frac{\partial^2 w}{\partial t^2}=0 \tag{6.151}$$

把上面的方程变换到频域，可以把它写成

$$\frac{\mathrm{d}^2}{\mathrm{d}x^2}\left[EI(x)\frac{\mathrm{d}^2\hat{w}}{\mathrm{d}x^2}\right]-\rho A(x)\omega^2\hat{w}=0 \tag{6.152}$$

将面积和截面惯性矩的变化代入上述方程，并进行简化，得到

$$\begin{gathered}(a+x)^2 m\frac{\mathrm{d}^4\hat{w}}{\mathrm{d}x^4}+6m\,(a+x)^{2m-1}\frac{\mathrm{d}^2\hat{w}}{\mathrm{d}x^2}+\\ 3m(3m-1)(a+x)^{2m-2}\frac{\mathrm{d}^2\hat{w}}{\mathrm{d}x^2}-a^{2m}k_b^4\hat{w}=0\end{gathered} \tag{6.153}$$

式中 $k_b^4=\omega^2\rho A_0/EI_0$，$A_0$是 $x=0$ 时的面积，I_0是 $x=0$ 时的截面转动惯量。对于任意的 m 值，这个方程的解是非常复杂的。然而，对于 $m=1$，有

$$\left[(a+x)\frac{\mathrm{d}^2}{\mathrm{d}x^2}+2\frac{\mathrm{d}}{\mathrm{d}x}+ak_b^2\right]\left[(a+x)\frac{\mathrm{d}^2}{\mathrm{d}x^2}+2\frac{\mathrm{d}}{\mathrm{d}x}-ak_b^2\right]\hat{w}=0$$

可以把上述方程的乘积写在两个单独的方程中，每个方程都是贝塞尔方程的形式，其中第一个方程有第一类的贝塞尔解，而第二个方程有第二类的贝塞尔解[2]。完整解由以下公式给出

$$\hat{w}(x,\omega)=\frac{1}{\sqrt{s}}\left[\boldsymbol{A}\mathrm{J}_2(s)+\boldsymbol{B}\mathrm{Y}_2(s)+\boldsymbol{C}\mathrm{I}_2(s)+\boldsymbol{D}\mathrm{K}_2(s)\right] \tag{6.154}$$

式中 $s=2k_b\sqrt{a}\sqrt{a+x}$。

其中 $\mathrm{J}_2(s)$和 $\mathrm{Y}_2(s)$是第一类二阶贝塞尔函数，$\mathrm{I}_2(s)$和 $\mathrm{K}_2(s)$是第二类贝塞尔函数。

为了研究它的波响应，再次考虑无限梁，这意味着 **C** 和 **D** 等于零。假设 **B** 也等于零，有

$$\hat{w}(x,\omega)=\frac{\mathbf{A}\mathrm{J}_2(s)}{\sqrt{s}}$$

其中 **A** 为输入三角形脉冲。沿梁轴线多个位置的弯曲响应如图 6.54 所示，该波除了具有频散性外，还显示出与锥形杆相同的趋势。也就是说，当波传播时，它试图分裂成两个方向相反的对称波。然而，与锥形杆不同的是，波在传播过程中分裂后会进一步衰减。

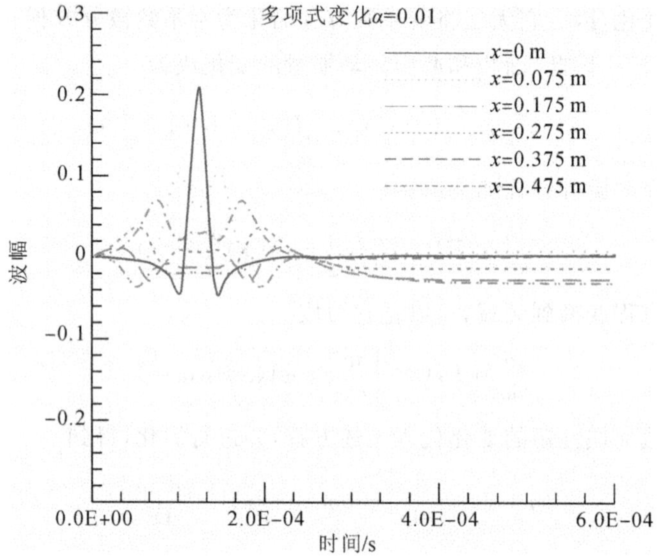

图 6.54 无限锥形梁($m=1$)深度变化为多项式时的响应

本节展示了如何使用频谱分析来理解锥形波导中的波的物理特性。对于简单波导，精确的解是可能的。波在不同锥形波导中的传播仍然是一个开放的研究领域，亟待进一步研究，揭示波导中波传播的物理学原理。

总 结

本章全面介绍了波在一维各向同性结构中传播的基础知识，让读者理解波与边界和约束的相互作用，这对理解后续章节至关重要。

本章介绍了波在纵向和弯曲波导中的传播，以及与固定边界、自由边界和铰接边界的相互作用。此外，还分析了弹性约束、弹性基体和预张力等附加约束对波传播的影响。其次，提出了通过框架结构耦合轴向和弯曲模式的方法，并详细讨论了波在框架结构中的传播。本章还重点介绍了基于谱分析处理黏弹性材料一维波导的方法，并

讨论了波传播中的重要物理问题。随后，基于谱分析，介绍了波在铁木辛柯梁和明德林-赫尔曼杆等高阶波导中的传播。特别强调了在基本波导中引入高阶效应对波传播的影响。

其次，讨论了波在旋转弯曲波导中的传播，以及高转速对波数和波速的影响，这使得波在梁结构中不频散。本章的最后一个主题是由变系数微分方程定义的波传播，例如由锥形波导定义的微分方程。给出了波在一些简单的锥形杆和锥形梁波导中传播，并着重介绍了这些波导中波传播的物理特性。总之，本章概述了谱分析在分析结构和材料中波传播的作用。在下一章中，将介绍二维波导中的波传播问题。

第 7 章

二维各向同性波导中波传播

第 6 章采用谱分析方法对一维各向同性纵向和弯曲波导进行了波传播分析，给出了入射波与边界、约束的相互作用。本章主要使用谱分析研究二维各向同性波导。维度的增加使得波传播更复杂。也就是说，在第二维度引入了第二个波数，这两个波数通常是耦合的，同时附加维度也会引入附加波。在一维波导中，存在许多波型，每个波型都由不同的波数来识别，这些通常被称为时间模式。引入附加维度和波数后产生了空间模式波，空间模式波是指由二维波导不同边缘处的不同边界条件产生的附加波。

本章讨论在平面内和平面外激励下二维波导中的波传播。这两种情况是上一章研究的杆和梁的二维等效。首先推导二维波导的控制方程，并详细介绍基于亥姆霍兹分解求解该方程的过程。该过程可将复杂的耦合控制方程分解为两个独立的偏微分方程，包括标量势和矢量势，位移也可由此导出。为了进行频谱分析，首先进行时间上的傅里叶变换。这在公式中消除了时间，但是得到的方程仍然是两个空间方向上的偏微分方程。为了进一步简化，通过引入额外的空间波数，在一个空间方向上强制执行加法变换。把偏微分方程化为常微分方程，在此基础上进行谱分析。

谱分析可以用于这些独立的简化标量和矢量势方程，以研究不同波(即 P 波、SV 波和 SH 波)在半无限二维介质中的传播特性。然后，对于双有界介质，不同的边界条件可以产生新类型的波，研究了特定边界条件下的波传播。本章的最后一部分将讨论受平面外载荷作用的板结构中的波传播。

7.1 运动控制方程

基于弹性理论(见第 2 章)导出控制二维波导运动的偏微分方程，也就是纳维尔方程。图 7.1 中显示了一个二维波导，该波导具有拉梅(Lamé)常数 λ 和 μ 以及密度 ρ，其中拉梅常数与杨氏模量和泊松比相关。

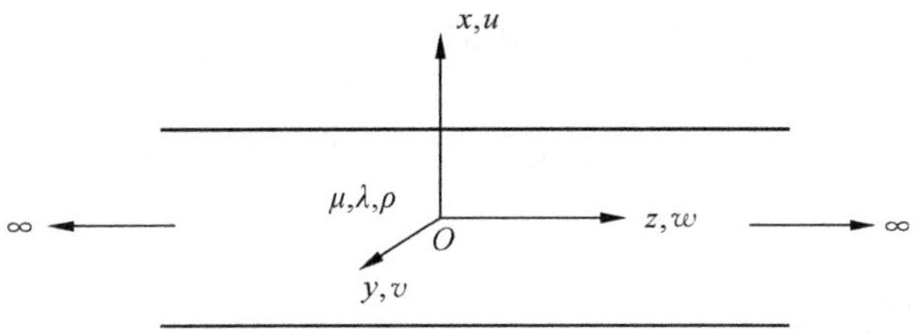

图 7.1　二维波导的坐标轴

$$\lambda=\frac{\nu E}{(1+\nu)(1-2\nu)},\quad \mu=G=\frac{E}{2(1+\nu)}$$

三个坐标方向上的位移分量为 u、v 和 w。此处仅考虑 x-z 平面中的二维实体，因此相关应力、应变和位移如下：

应力分量：σ_{xx}，σ_{zz}，τ_{xz}

应变分量：ε_{xx}，ε_{zz}，γ_{xz}

位移分量：u，w

从应变-位移关系[方程(2.25)]开始，对于二维实体，该关系式如下所示：

$$\varepsilon_{xx}=\frac{\partial u}{\partial x},\quad \varepsilon_{zz}=\frac{\partial w}{\partial z},\quad \gamma_{xz}=\frac{\partial u}{\partial z}+\frac{\partial w}{\partial x} \tag{7.1}$$

对于各向同性固体，用拉梅常数表示的应力-应变关系可用方程(2.42)表示，对于二维实体关系式变为

$$\sigma_{xx}=2\mu\varepsilon_{xx}+\lambda(\varepsilon_{xx}+\varepsilon_{zz}),\quad \sigma_{zz}=2\mu\varepsilon_{zz}+\lambda(\varepsilon_{xx}+\varepsilon_{zz}),\quad \tau_{xz}=\mu\gamma_{xz} \tag{7.2}$$

将方程(7.1)代入(7.2)，得到

$$\left.\begin{aligned}&\sigma_{xx}=2\mu\frac{\partial u}{\partial x}+\lambda\left(\frac{\partial u}{\partial x}+\frac{\partial w}{\partial z}\right),\quad \sigma_{zz}=2\mu\frac{\partial w}{\partial z}+\lambda\left(\frac{\partial u}{\partial x}+\frac{\partial w}{\partial z}\right)\\&\tau_{xz}=\mu\left(\frac{\partial u}{\partial z}+\frac{\partial w}{\partial x}\right)\end{aligned}\right\} \tag{7.3}$$

不考虑体积力时，二维平衡方程[等式(2.60)]可写成微分方程(7.4)：

$$\frac{\partial\sigma_{xx}}{\partial x}+\frac{\tau_{xz}}{\partial z}=\rho\frac{\partial^2 u}{\partial t^2},\quad \frac{\partial\tau_{xz}}{\partial x}+\frac{\sigma_{zz}}{\partial z}=\rho\frac{\partial^2 w}{\partial t^2} \tag{7.4}$$

将得到的方程(7.3)代入式(7.4)中。简化后，可以将纳维方程写成

$$\left.\begin{aligned}&\mu\nabla^2 u+(\lambda+\mu)\left[\frac{\partial^2 u}{\partial x^2}+\frac{\partial^2 w}{\partial x\partial z}\right]=\rho\frac{\partial^2 u}{\partial t^2}\\&\mu\nabla^2 w+(\lambda+\mu)\left[\frac{\partial^2 w}{\partial z^2}+\frac{\partial^2 u}{\partial x\partial z}\right]=\rho\frac{\partial^2 w}{\partial t^2}\end{aligned}\right\} \tag{7.5}$$

其中$\nabla^2=\frac{\partial^2}{\partial x^2}+\frac{\partial^2}{\partial z^2}$。

等式(7.5)表示二维实体运动的控制方程，这个方程的三维等价式，展开后非常复杂，可以用张量标记写成

$$(\lambda+\mu)\frac{\partial^2 u_k}{\partial x_k \partial x_i}+\mu\frac{\partial^2 u_i}{\partial x_k^2}=\rho\frac{\partial^2 u_i}{\partial t^2},\quad i=x,y,z \tag{7.6}$$

在上式中，k 是哑指标，因此指标需要在 x、y 和 z 上求和。

7.1.1 纳维方程的求解

对方程(7.6)进行求解，分析二维各向同性固体中的波传播。它是一组耦合偏微分方程，其中，u 和 w 为因变量，x，z 和 t 为自变量，考虑到二维波导的各种边界条件，直接求解该方程几乎是不可能的。在某些波导设定条件下，亥姆霍兹分解是唯一有可能精确求解方程(7.6)的方法。该方法用一个标量势 Φ 和一个矢量势 H_y 来表示主要场变量，即变形 u 和 w；在三维情况下，则用一个标量势和三个矢量势 H_x、H_y 和 H_z 来表示位移场 u、v 和 w。求解二维纳维(Navier)方程(7.6)，需要使用以下亥姆霍兹(Helmholtz)分解：

$$u(x,t)=\frac{\partial\Phi(x,t)}{\partial x}+\frac{\partial H_y(x,t)}{\partial z},\quad w(x,t)=\frac{\partial\Phi(x,t)}{\partial z}-\frac{\partial H_y(x,t)}{\partial x} \tag{7.7}$$

条件为$\frac{\partial H_y}{\partial y}=0$。

这个方程的三维对应同样非常复杂，可以用张量表示法写成

$$u_i=\frac{\partial\Phi}{\partial x_i}+\epsilon_{ilm}\frac{\partial H_m}{\partial x_l}，条件为\frac{\partial H_k}{\partial x_k}=0 \tag{7.8}$$

其中，ϵ_{ilm}是置换符号，如果任意两个下标相同，则等于零。

现在将等式(7.8)代入等式(7.6)中，进行简化，得到了两个关于标量势 Φ 和矢量势 H_y 的非耦合方程，它们由下式给出

$$(\lambda+\mu)\nabla^2\Phi=\rho\frac{\partial^2\Phi}{\partial t^2},\quad \mu\nabla^2 H_y=\rho\frac{\partial^2 H_y}{\partial t^2} \tag{7.9}$$

第一个涉及标量势 Φ 的方程与 P 波有关。P 波也被称为膨胀波、无旋转波、纵波或初级波。波的传播速度表示为

$$C_P^2=\frac{\lambda+\mu}{\rho}=\frac{E(1-\nu)}{\rho(1+\nu)(1-2\nu)}=c_0^2\frac{1-\nu}{(1+\nu)(1-2\nu)}$$

式中，c_0 是基本杆的纵向速度。由上式可知，$C_P>c_0$。可以采用泊松比 ν 进行验证，如：

$\nu=0.0$ 时，$C_P=c_0$

$\nu=0.2$ 时，$C_P=1.11c_0$

类似地，式(7.9)的第二个方程，与矢量势 H_y 相关，与 S 波相关，其速度如下所示：

$$C_S^2=\frac{\mu}{\rho}=\frac{E}{2\rho(1+\nu)}=c_0^2\frac{1}{2(1+\nu)}$$

从上面的方程中可以看到 C_S 总是小于 c_0。

P 波和 S 波的传播与地震工程研究有着密切的关系。P 波运动与空气中声波的运动相同，均为交替推动(压缩)和拉动(扩张)结构。这种波在固体和液体中的传播和声音一样，粒子的运动始终沿传播方向。可能是基于此类似的特性，P 波具有类似声音的性质，当 P 波从地球深处传播到地表时，其一小部分以声波的形式传播到大气中。如果频率大于每秒 15 个周期，则动物或人类可听到此类声音。这些声音被称为地震声。P 波和 S 波的传播如图 7.2 所示。

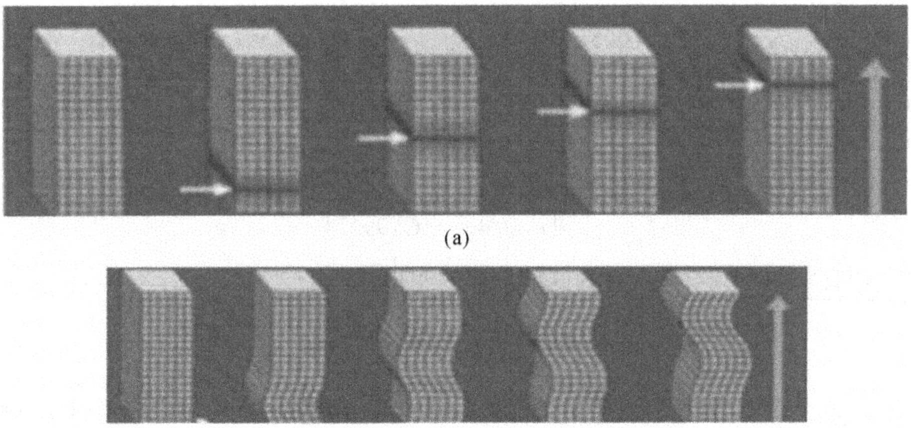

(a)

(b)

图 7.2　二维固体中 P 波和 S 波的传播

(a)P 波传播；(b)S 波传播

7.1.2　波在无限二维介质中的传播

在本节中，考虑无限二维介质中波仅在一个平面内传播，如 x-z 平面。下面将给出 P 波，S_V 波或 S_H 波单独传播分析的必要方程和条件。

S 波也称为次波、旋转波或剪切波。S 些波比 P 波传播得慢，因此不能在液体中传播。S 波的质点运动与传播方向垂直(横向)。S 波有两种变体，如果 S 波的质点在垂直面上是上下运动，则称为 S_V 波，如果横波在水平面内振荡，则这种横波称为 S_H 波。P、S_V 和 S_H 波的传播方向如图 7.3 所示。

P 波的传播

因为只考虑波在 x-z 平面的无限介质中传播，这意味着与 y 轴相关的所有变量都不存在(假定 P 波是孤立传播的，不存在 S_V 波或 S_H 波)。由于 P 波仅与 Φ 相关，因此这些波满足以下微分方程：

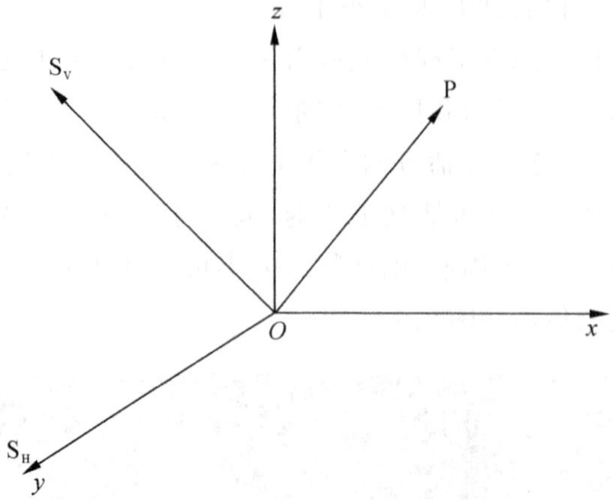

图 7.3 P 波、S_H 波和 S_V 波的传播方向

$$\frac{\partial^2\Phi}{\partial x^2}+\frac{\partial^2\Phi}{\partial z^2}=\frac{1}{C_P^2}\frac{\partial^2\Phi}{\partial x^2} \tag{7.10}$$

式中，$C_P=\sqrt{(\lambda+\mu)/\rho}$，具有以下位移场变化

$$u=\frac{\partial\Phi}{\partial x},\quad w=\frac{\partial\Phi}{\partial z},\quad v=0 \tag{7.11}$$

在二维介质中，处理的主要是牵引力。确定应力分量对于确定应力牵引必不可少（参见第 2.1.4 节）。将式(7.1)和(7.11)代入(7.3)中得到应力方程式如下：

$$\sigma_{xx}=(\lambda+2\mu)\nabla^2\Phi-2\mu\frac{\partial^2\Phi}{\partial z^2},\quad \sigma_{zz}=(\lambda+2\mu)\nabla^2\Phi-2\mu\frac{\partial^2\Phi}{\partial x^2}$$

$$\sigma_{yy}=\lambda\nabla^2\Phi,\quad \sigma_{xz}=2\mu\frac{\partial^2\Phi}{\partial x\partial z},\quad \sigma_{xy}=\sigma_{yz}=0 \tag{7.12}$$

值得注意的是，平面外位移为零，而平面外应力不为零，通过等式(7.11)产生的平面应变计算位移场。这里的波是非发散的，其中波导在传播方向上经历推或拉运动，波的行为类似于杆中的纵波。

S_V 波的传播

如果考虑仅与矢量势 H_y 相关的波在 x-z 平面无限介质中的传播情况，则此类波满足

$$\frac{\partial^2 H_y}{\partial x^2}+\frac{\partial^2 H_y}{\partial z^2}=\frac{1}{C_S^2}\frac{\partial^2 H_y}{\partial t^2} \tag{7.13}$$

式中 $C_S=\sqrt{\mu/\rho}$。这种情况下的位移场由式(7.8)给出。不考虑 Φ 依赖性，有：

$$u=\frac{\partial H_y}{\partial z},\quad v=0,\quad w=-\frac{\partial H_y}{\partial x} \tag{7.14}$$

上述位移场定义在 x-z 平面内，且在与 $H_y(x,y,t)$ 表示的曲面相切的方向上。传播方向如图 7.3 所示。由于波垂直于 P 波的传播，这种波被称为 S_V 波。应力的计算与之前一样。将式(7.1)和(7.14)代入式(7.3)得出的公式如下：

$$\left.\begin{aligned}\sigma_{xx}&=2\mu\frac{\partial^2 H_y}{\partial x\partial z}\\ \sigma_{zz}&=-\sigma_{xx}\\ \sigma_{xy}&=\sigma_{yz}=\sigma_{yy}=0\\ \sigma_{xz}&=\mu\left(-\frac{\partial^2 H_y}{\partial x^2}+\frac{\partial^2 H_y}{\partial z^2}\right)\end{aligned}\right\}\tag{7.15}$$

如果用上述应力分量画一个莫尔圆，可以看到沿±45°方向的平面，应力状态是纯剪切状态。S_V 波的行为非常类似于梁在剪切载荷下的行为。

S_H 波的传播

当位移场不存在面内位移且面外波沿面内方向传播时，产生 S_H 波。换言之，变量对平面外变量 y 的依赖性不存在，因此，根据式(7.6)，将有两个矢量势参与运动，即 H_x 和 H_z，这些波需要满足以下两个控制方程和由式(7.8)产生的约束方程：

$$\left.\begin{aligned}\frac{\partial^2 H_x}{\partial x^2}+\frac{\partial^2 H_x}{\partial z^2}&=\frac{1}{C_S^2}\frac{\partial^2 H_x}{\partial t^2}\\ \frac{\partial^2 H_z}{\partial x^2}+\frac{\partial^2 H_z}{\partial z^2}&=\frac{1}{C_S^2}\frac{\partial^2 H_z}{\partial t^2}\end{aligned}\right\}\tag{7.16}$$

其中 $\frac{\partial H_x}{\partial x}+\frac{\partial H_z}{\partial z}=0$。

具有以下边界条件

$$u=w=0,\quad v=-\frac{\partial H_x}{\partial z}+\frac{\partial H_z}{\partial x}\tag{7.17}$$

传播方向垂直于 P 波和 S_H 波，如图 7.3 所示。相应的应力可以像前文一样获得：

$$\left.\begin{aligned}&\sigma_{xx}=\sigma_{zz}=\sigma_{xz}=0\\ &\sigma_{xy}=\mu\left(-\frac{\partial^2 H_x}{\partial x\partial z}+\frac{\partial^2 H_z}{\partial x^2}\right)=\mu\,\nabla^2 H_z\\ &\sigma_{zy}=\mu\left(-\frac{\partial^2 H_x}{\partial z^2}+\frac{\partial^2 H_z}{\partial x\partial z}\right)=-\mu\,\nabla^2 H_x\end{aligned}\right\}\tag{7.18}$$

因此，S_H 波只产生剪切应力。上述形式的方程需要确定两个矢量势，处理过程相对麻烦。但由于在平面外方向上只有一个未知的位移，即 $v(x,y,t)$，代入该变量，控制方程简化为

$$\frac{\partial^2 v}{\partial x^2}+\frac{\partial^2 v}{\partial z^2}=\frac{1}{C_S^2}\frac{\partial^2 v}{\partial t^2}\tag{7.19}$$

相应的法向应力为零,而位移以外的剪切应力由下式给出

$$\sigma_{xy}=\mu\frac{\partial v}{\partial x},\quad \sigma_{zy}=\mu\frac{\partial v}{\partial z} \tag{7.20}$$

注意,平面外应力 σ_{yy} 为零,因此在 S_H 波传播的情况下存在平面应力条件。

7.1.3 半无限二维介质中的波传播

在上一节中,讨论了波在无限二维介质中传播 P 波和 S 波两种类型的波,它们的传播是非发散的。如图 7.4 所示,当介质有界时,传播的 P 波和 S 波会与边界相互作用,产生反射和传输。此外,在 $z=0$ 边界处,不同的边界条件可以产生全新类型的波。

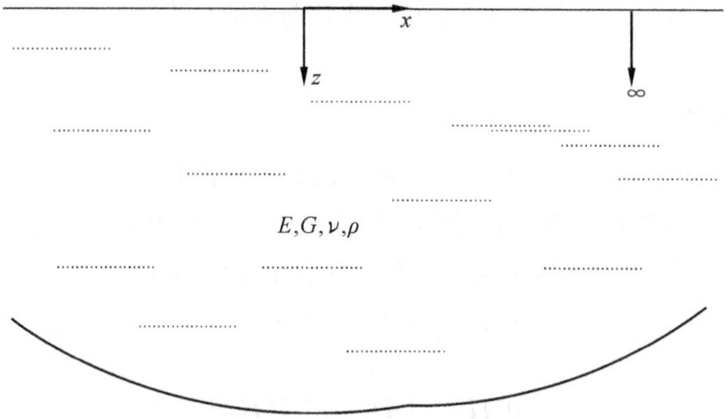

图 7.4 半无限介质及坐标轴

波在二维半无限介质中的传播研究在地震学领域具有重要意义,众所周知,在地震期间,除了 P 波和 S 波之外,还有第三种波——瑞利波,它在 P 波和 S 波到达之后传播。本节将介绍第三种波是如何产生的。由于纵波和横波都在半无限介质中传播,所以控制二维半无限介质中波动行为的控制方程,与式(7.10)和式(7.13)中给出的相同。在频域中表示为

$$\nabla^2\hat{\Phi}+k_P^2\hat{\Phi}=0,\quad k_P=\omega\sqrt{\frac{\rho}{\lambda+\mu}} \tag{7.21}$$

$$\nabla^2\hat{H}_y+k_S^2\hat{H}_y=0,\quad k_S=\omega\sqrt{\frac{\rho}{\mu}} \tag{7.22}$$

上述偏微分方程需要在如图 7.4 所示的定义域上求解,可以方便地应用变量可分法求解。也就是说,解的形式可以假设为

$$\hat{\Phi}(x,y,\omega)=f(z)e^{-ikx},\quad \hat{H}_y(x,y,\omega)=g(z)e^{-ikx}$$

由上式可以看到,为了保持相应的相位,在两项之间有一个共同的项 e^{-ikx}。将上式代入控制微分方程(7.22),得到以下等式:

$$\frac{\partial^2 f}{\partial z^2}-(k^2-k_P^2)f=0,\quad \frac{\partial^2 g}{\partial z^2}-(k^2-k_S^2)g=0 \tag{7.23}$$

上述方程是常系数微分方程，具有指数解。应注意

$$\eta^2=k^2-k_P^2,\quad \bar{\eta}^2=k^2-k_S^2 \tag{7.24}$$

考虑半无限域，即在 x 和 z 方向不存在反射相关的项，式(7.22)中势的解可设为以下形式：

$$\hat{\Phi}=\boldsymbol{A}e^{i\eta z}e^{-ikx},\quad \hat{H}_y=\boldsymbol{B}e^{i\bar{\eta}z}e^{-ikx} \tag{7.25}$$

在上式中，η 和 $\bar{\eta}$ 是 z 方向的波数，可以是复数或负数。式(7.24)表示在半无限介质中传播的 P 波和 S 波的波数方程，与 z 方向的波数耦合。现在研究不同 η 和 $\bar{\eta}$ 值的频谱关系(k 与频率的关系)。这里，η 和 $\bar{\eta}$ 代表空间参量，与其对应时间参量一样，有一个与之相关联的空间窗口 L，设为 $\eta=\bar{\eta}=2m\pi/L$，其中 m 代表空间的参数，可以取 $m=0,1,2,\cdots,M$。P 波和 S 波的频谱关系分别如图 7.5(a)和(b)所示。下图中所用材料为铝。

从图 7.5 可以看出，P 波和 S 波最初都是发散的，在更高的频率上趋于非发散。根据空间参数 m 产生新的空间模式波，这些空间模式波一开始是倏逝波，然后在截止频率之外变为传播波，如图所示。η 的值越高，截止频率的值越高。接下来，将计算不同 η 和 $\bar{\eta}$ 值下 P 波和 S 波的色散关系，其中假设 $\eta=\bar{\eta}$。相速度是使用常规的定义计算的，表示为

$$c_p=\mathrm{Re}\left(\frac{\omega}{k}\right),\quad k_1^2=k_P^2-\eta^2,\quad k_2^2=k_S^2-\bar{\eta}^2 \tag{7.26}$$

和前面一样，可以通过微分式(7.24)得到这些波的群速度。这样，S 波和 P 波的群速度可写成

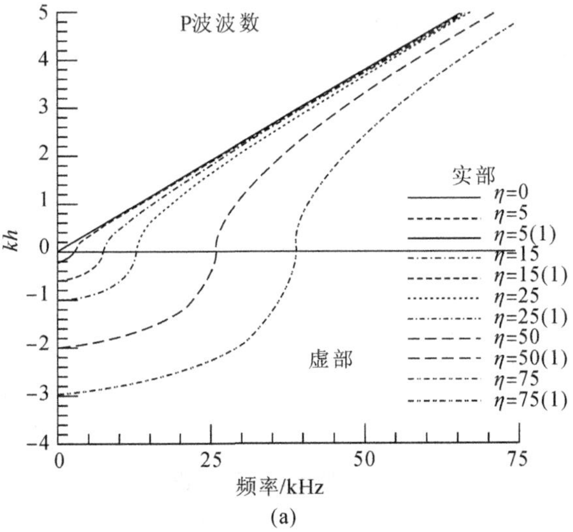

(a)

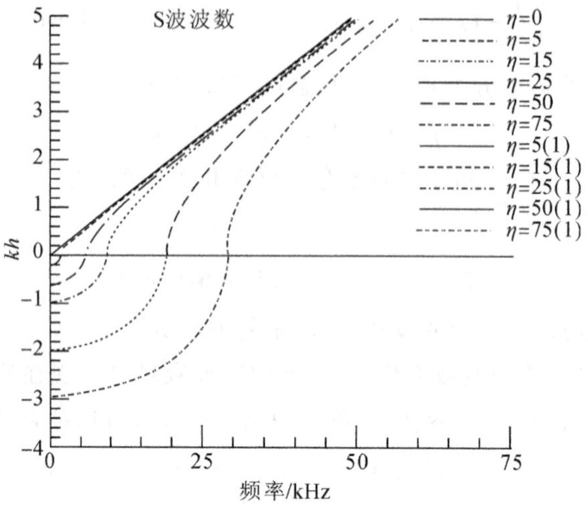

(b)

图 7.5 二维半无限固体中纵波和横波的频谱关系

(a)P 波频谱关系；(b)S 波频谱关系

$$\frac{d\omega}{dk_1}=c_g^{\text{P-wave}}=\frac{k_1}{k_P}C_P,\quad \frac{d\omega}{dk_2}=c_g^{\text{S-wave}}=\frac{k_2}{k_S}C_S \tag{7.27}$$

式中 $k_P=w/C_P$，$k_S=w/C_S$ 分别为 P 波和 S 波的波数，C_P 和 C_S 分别为 P 波和 S 波的相速度。

图 7.6 为 P 波的相速度和群速度，图 7.7 为 S 波的相速度和群速度。从图中可知，波最初是发散的，在更高的频率上趋于非发散。在较高的频率下，P 波速度趋向于达到 C_P 值，而 S 波速度趋向于达到 C_S 值。此外，相速度在截止频率处趋于无穷大。

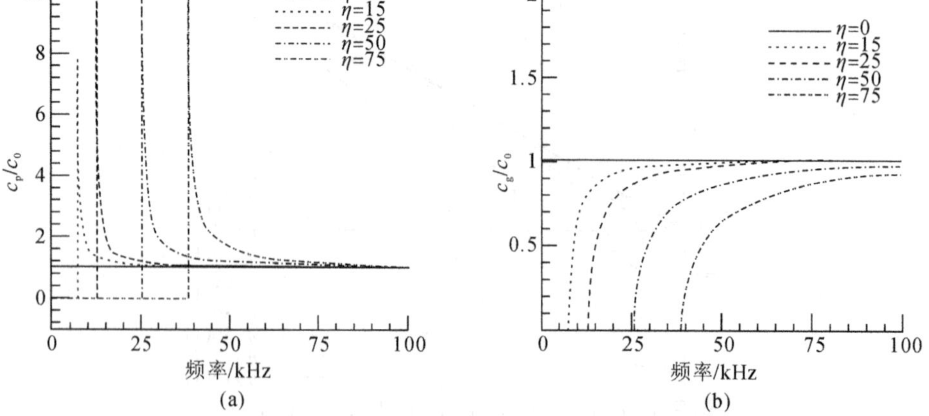

图 7.6 P 波的相速度和群速度变化

(a)相速度；(b)群速度

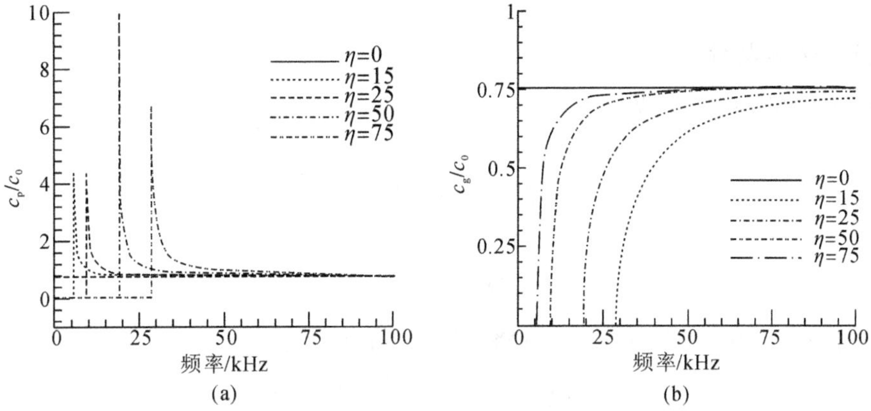

图 7.7　S 波的相速度和群速度变化

(a)相速度;(b)群速度

接下来,计算位移、应变和应力。推导这些表达式的目的是在 $z=0$ 处强制执行边界条件,并观察是否由于这些边界条件而产生新的波。考虑势,可以用式(7.8)和(7.25)写出位移分量,在此处可以写成

$$\left.\begin{aligned}\hat{u}&=-\mathrm{i}k\boldsymbol{A}\mathrm{e}^{\mathrm{i}\eta z}\mathrm{e}^{-\mathrm{i}kx}+\mathrm{i}\,\bar{\eta}\boldsymbol{B}\mathrm{e}^{\mathrm{i}\bar{\eta}z}\mathrm{e}^{-\mathrm{i}kx}\\\hat{v}&=0\\\hat{w}&=\mathrm{i}\eta\boldsymbol{A}\mathrm{e}^{\mathrm{i}\eta z}\mathrm{e}^{-\mathrm{i}kx}+\mathrm{i}k\boldsymbol{B}\mathrm{e}^{\mathrm{i}\bar{\eta}z}\mathrm{e}^{-\mathrm{i}kx}\end{aligned}\right\}\tag{7.28}$$

采用上述方程,可以把应变写成

$$\left.\begin{aligned}\hat{\varepsilon}_{xx}&=\frac{\mathrm{d}\hat{u}}{\mathrm{d}x}=-k^2\boldsymbol{A}\mathrm{e}^{\mathrm{i}\eta z}\mathrm{e}^{-\mathrm{i}kx}+\bar{\eta}k\boldsymbol{B}\mathrm{e}^{\mathrm{i}\bar{\eta}z}\mathrm{e}^{-\mathrm{i}kx}\\\hat{\varepsilon}_{zz}&=\frac{\mathrm{d}\hat{w}}{\mathrm{d}z}=-\eta^2\boldsymbol{A}\mathrm{e}^{\mathrm{i}\eta z}\mathrm{e}^{-\mathrm{i}kx}-k\,\bar{\eta}\boldsymbol{B}\mathrm{e}^{\mathrm{i}\bar{\eta}z}\mathrm{e}^{-\mathrm{i}kx}\\\hat{\gamma}_{xz}&=\frac{\mathrm{d}\hat{u}}{\mathrm{d}z}+\frac{\mathrm{d}\hat{w}}{\mathrm{d}x}=k\eta\boldsymbol{A}\mathrm{e}^{\mathrm{i}\eta z}\mathrm{e}^{-\mathrm{i}kx}-\bar{\eta}^2\boldsymbol{B}\mathrm{e}^{\mathrm{i}\bar{\eta}z}\mathrm{e}^{-\mathrm{i}kx}+\eta k\boldsymbol{A}\mathrm{e}^{\mathrm{i}\eta z}\mathrm{e}^{-\mathrm{i}kx}+k^2\boldsymbol{B}\mathrm{e}^{\mathrm{i}\bar{\eta}z}\mathrm{e}^{-\mathrm{i}kx}\end{aligned}\right\}\tag{7.29}$$

在式(7.4)中代入上面的方程并简化,可以将应力化为

$$\left.\begin{aligned}\hat{\sigma}_{xx}&=[(\lambda+2\mu)(-k^2-\eta^2)+2\mu\eta^2]\boldsymbol{A}\mathrm{e}^{\mathrm{i}\eta z}\mathrm{e}^{-\mathrm{i}kx}+2\mu k\,\bar{\eta}\boldsymbol{B}\mathrm{e}^{\mathrm{i}\bar{\eta}z}\mathrm{e}^{-\mathrm{i}kx}\\\hat{\sigma}_{zz}&=[(\lambda+2\mu)(-k^2-\eta^2)+2\mu k^2]\boldsymbol{A}\mathrm{e}^{\mathrm{i}\eta z}\mathrm{e}^{-\mathrm{i}kx}-2\mu k\,\bar{\eta}\boldsymbol{B}\mathrm{e}^{\mathrm{i}\bar{\eta}z}\mathrm{e}^{-\mathrm{i}kx}\\\hat{\tau}_{xz}&=2\mu k\eta\boldsymbol{A}\mathrm{e}^{\mathrm{i}\eta z}\mathrm{e}^{-\mathrm{i}kx}+\mu(k^2-\bar{\eta}^2)\boldsymbol{B}\mathrm{e}^{\mathrm{i}\bar{\eta}z}\mathrm{e}^{-\mathrm{i}kx}\end{aligned}\right\}\tag{7.30}$$

假设沿 z 方向的解为 $\mathrm{e}^{\mathrm{i}\eta z}$ 和 $\mathrm{e}^{-\mathrm{i}\bar{\eta}z}$,可以得到应力的类似表达式。式(7.31)和(7.29)接下来会在不同的组合条件下使用,试验如何产生新的波形。

固定边界条件

在这里，施加以下边界条件：

$$\hat{u}(x,0,\omega)=0,\quad \hat{w}(x,0,\omega)=0$$

将上述条件代入方程(7.29)，得到下面的矩阵方程

$$\begin{bmatrix} -\mathrm{i}k & \mathrm{i}\bar{\eta} \\ \mathrm{i}\eta & \mathrm{i}k \end{bmatrix}\begin{Bmatrix} \boldsymbol{A} \\ \boldsymbol{B} \end{Bmatrix}=\begin{Bmatrix} 0 \\ 0 \end{Bmatrix}=[\hat{\boldsymbol{G}}]\{\boldsymbol{A}\}=0 \tag{7.31}$$

对于非平凡解，需要 $|\hat{\boldsymbol{G}}|=0$，这将获得以下特征方程

$$k^2+\eta\bar{\eta}=k^2\sqrt{k_P^2-k^2}\sqrt{k_S^2-k^2}=0$$

将式子两边平方，然后简化，得到

$$k^2(k_P^2+k_S^2)=k_P^2k_S^2$$

将 $C_P=\sqrt{(\lambda+\mu)/\rho}$ 和 $C_S=\sqrt{\mu/\rho}$ 代入 $k_P=\omega/C_P$ 和 $k_S=\omega/C_S$，解得波数为

$$k_1,k_2=\pm\frac{\omega}{\sqrt{C_P^2+C_S^2}} \tag{7.32}$$

在表面上的固定边界产生了一个非色散的波，传播速度为 $c=\sqrt{C_P^2+C_S^2}$。光谱和频散关系类似于轴向杆的频散关系。使用式(7.32)中的波数表达式，可以将横向波数 η 和 $\bar{\eta}$ 写成

$$\eta=\sqrt{k_P^2-k^2}=\sqrt{\frac{\omega^2}{C_P^2}-\frac{\omega^2}{C_P^2+C_S^2}}=k\frac{C_S}{C_P}$$

$$\bar{\eta}=\sqrt{k_S^2-k^2}=\sqrt{\frac{\omega^2}{C_S^2}-\frac{\omega^2}{C_P^2+C_S^2}}=k\frac{C_P}{C_S}$$

式中，k 取等式(7.32)中给定的 k_1 或 k_2 的值。现在可以从等式(7.31)中写出反射系数：

$$\frac{\boldsymbol{B}}{\boldsymbol{A}}=\frac{k}{\bar{\eta}}=\frac{-\eta}{k} \tag{7.33}$$

替代 η 和 $\bar{\eta}$，可以将反射系数写为

$$\frac{\boldsymbol{B}}{\boldsymbol{A}}=\frac{C_S}{C_P} \tag{7.34}$$

从这个关系可以看出，反射系数与频率无关，由于 C_S/C_P 比总是小于 1，因此反射脉冲 $\boldsymbol{B}$ 的振幅总是低于入射脉冲 $\boldsymbol{A}$ 的振幅。

混合边界条件

与前一种情况不同，涉及位移和应力的边界条件可施加在图 7.4 所示的表面 $z=0$ 处。存在以下两种可能性。

$$\hat{w}(x,0,\omega)=0 \text{ 且 } \hat{\tau}_{xz}(x,0,\omega)=0$$

$$\hat{\sigma}_{zz}(x,0,\omega)=0 \text{ 且 } \hat{u}(x,0,\omega)=0$$

现在分析以上两种情况下的波传播。第一种情况是 $\hat{w}=0$ 且 $\hat{\tau}_{xz}=0$。在$z=0$时，通过式(7.29)和(7.31)，得到以下矩阵方程

$$\begin{bmatrix} \mathrm{i}\eta & \mathrm{i}k \\ 2k\eta & k^2-\bar{\eta}^2 \end{bmatrix}\begin{Bmatrix} \boldsymbol{A} \\ \boldsymbol{B} \end{Bmatrix}=\begin{Bmatrix} 0 \\ 0 \end{Bmatrix}=[\hat{\boldsymbol{G}}]\{\boldsymbol{A}\}=0 \tag{7.35}$$

将矩阵行列式设置为零，得到以下特征方程

$$\mathrm{i}\eta(-k^2-\bar{\eta}^2)=0$$

用 k 表示 η 和$\bar{\eta}$，上述方程可写成

$$\mathrm{i}\sqrt{k_\mathrm{P}^2-k^2}(-k^2-k_\mathrm{P}^2+k_\mathrm{S}^2)=0 \Rightarrow \eta=0 \text{ 或 } k=k_\mathrm{P}=\omega/C_\mathrm{P}$$

这种情况下的反射系数可通过式(7.35)获得。表示为

$$\frac{\boldsymbol{B}}{\boldsymbol{A}}=\frac{\eta}{k}\Rightarrow 0$$

这意味着自动满足第二个条件，不再需要先获得波特性。

现在，施加第二组混合边界条件，即 $z=0$ 时，$\hat{\sigma}_{zz}=0$ 和 $\hat{u}=0$。这些边界条件可用式(7.29)和(7.31)得出，由此产生的方程式可写成

$$\begin{bmatrix} -\mathrm{i}k & \mathrm{i}\bar{\eta} \\ (\lambda+2\mu)(-k^2-\eta^2)+2\mu k^2 & -2\mu k\bar{\eta} \end{bmatrix}\begin{Bmatrix} \boldsymbol{A} \\ \boldsymbol{B} \end{Bmatrix}=\begin{Bmatrix} 0 \\ 0 \end{Bmatrix}=[\hat{\boldsymbol{G}}]\{\boldsymbol{A}\}=0 \tag{7.36}$$

和之前一样，把行列式设为零，有

$$\mathrm{i}2\mu k^2\bar{\eta}-\mathrm{i}\bar{\eta}(\lambda+2\mu)(-k^2-\eta^2)-\mathrm{i}2\mu k^2\bar{\eta}=0\Rightarrow \mathrm{i}\bar{\eta}(-k^2-\eta^2)=0 \tag{7.37}$$

上述特征方程与第一种情况相同。

无牵引边界条件：瑞利波的一个例子

瑞利(Lord Rayleigh)在文献[173]中首先对这种情况进行了研究，他发现了一种在无牵引表面上传播的新波。在本小节中，使用式(7.31)施加 $z=0$ 时的无牵引边界条件，即 $\hat{\sigma}_{zz}=0$ 和 $\hat{\tau}_{xz}=0$，得出以下矩阵方程

$$\begin{bmatrix} (\lambda+2\mu)(-k^2-\eta^2)+2\mu k^2 & -2\mu k\bar{\eta} \\ 2\mu k\eta & \mu(k^2-\bar{\eta}^2) \end{bmatrix}\begin{Bmatrix} \boldsymbol{A} \\ \boldsymbol{B} \end{Bmatrix}=\begin{Bmatrix} 0 \\ 0 \end{Bmatrix}=0 \tag{7.38}$$

和之前一样，将矩阵的行列式设为零并进行简化得到特征方程，

$$(2k^2-k_\mathrm{S}^2)^2+4k^2\eta\bar{\eta}=0 \tag{7.39}$$

在上面的方程中，代入 η 和$\bar{\eta}$，得到下面的方程

$$(2-m)^2-4\sqrt{(1-n)(1-m)}=0,\quad m=\frac{c^2}{C_\mathrm{S}^2},\quad n=\frac{c^2}{C_\mathrm{P}^2} \tag{7.40}$$

其中 c 是波速，这是需要计算的。式(7.40)和$(2-m)^2+4\sqrt{(1-n)(1-m)}$相乘

并消去 m，得到求解 m 的下列多项式方程

$$m^3-8m^2+(24-16\Gamma)m-16(1-\Gamma)=0,\quad \Gamma=\frac{C_S^2}{C_P^2}=\frac{1-2\nu}{2(1-\nu)} \tag{7.41}$$

式(7.41)的求解相当复杂，且求解不直观，这其中一个重要的原因是，它们与频率无关，三个根可以是实数的，或者一个根可以是实数的，另外两个根是虚数的。因此，需要一种方法，可以引起根中符号的变化。如前几章所示，特征方程根的性质对其波传播有着深远的影响。

三次方程的精确解可使用卡尔达诺方法[34]获得。考虑一个一般的三次方程

$$x^3+ax^2+bx+c=0 \tag{7.42}$$

其中 a、b 和 c 是常数。该方法的第一步是使 x^2 的系数等于零，通过使用变换 $x=t-a/3$ 加，将 x 变量变换为 t 来实现的。将其代入方程(7.42)，得到

$$t^3+pt+q=0,\quad p=\frac{3b-a^2}{3},\quad q=\frac{2a^3-9ab+27c}{27} \tag{7.43}$$

上述方程称为亏损三次方程。接下来，引入另一个变换 $t=u+v$，并将其代入式(7.43)，得到

$$u^3+v^3+(3uv+p)(u+v)+q=0 \tag{7.44}$$

卡尔达诺方法施加另一个约束，即

$$3uv+p=0 \tag{7.45}$$

上述约束代入式(7.44)中，得到

$$u^3+v^3=-q,\quad u^3v^3=-\frac{p^3}{27} \tag{7.46}$$

式(7.46)表明 u^3 和 v^3 是方程的根

$$r^2+qr-\frac{p^3}{27}=0 \tag{7.47}$$

其解为

$$r=-\frac{q}{2}\pm\sqrt{\left(\frac{q}{2}\right)^2+\left(\frac{p}{3}\right)^3} \tag{7.48}$$

决定根性质的判别式由下式给出

$$\Delta=\left(\frac{q}{2}\right)^2+\left(\frac{p}{3}\right)^3 \tag{7.49}$$

Δ 的符号决定根的性质：

- 如果 $\Delta>0$，则式(7.47)由于式(7.43)有三个实根。
- 如果 $\Delta=0$，则式(7.47)由于式(7.43)有三个实根，其中两个相等。
- 如果 $\Delta<0$，则这些方程有一个实根和两个共轭复根。

因为 u^3 和 v^3 是式(7.46)的根。可以写为

$$u=\left[-\frac{q}{2}+\sqrt{\left(\frac{q}{2}\right)^{2}+\left(\frac{p}{3}\right)^{3}}\right]^{\frac{1}{3}},\quad v=\left[-\frac{q}{2}\sqrt{\left(\frac{q}{2}\right)^{2}+\left(\frac{p}{3}\right)^{3}}\right]^{\frac{1}{3}} \tag{7.50}$$

最后，方程(7.42)的根可写为

$$x_1=u-\frac{p}{3u}-\frac{a}{3},\quad x_2=u\Lambda-\frac{p\Lambda^2}{3u}-\frac{a}{3},\quad x_3=u\Lambda^2-\frac{p\Lambda}{3u}-\frac{a}{3} \tag{7.51}$$

式中，1、Λ、Λ^2 是单位正方根。文献[253]详细介绍了瑞利方程精确根的确定过程。

将把这个方法应用到式(7.41)中。在这种情况下，通过代入 $x=m-8/3$，可得出降阶后的三次方程

$$x^3+px+q=0,\quad p=\frac{8}{3}(1-6\Gamma),\quad q=\frac{16}{27}(17-45\Gamma) \tag{7.52}$$

根的特性将根据泊松比 ν 的值而改变。对于较小的 ν，根判别式 Δ 始终大于零，因此三个根都是实根。随着 ν 值的增加，Δ 值缓慢减小，在一定的泊松比下变为负值，这称为临界泊松比。这里，计算式(7.41)的根 m_1、m_2 和 m_3。通过式(7.51)，波数比 k/k_S 提取如下：

$$m=\frac{c^2}{C_S^2}=\frac{\omega^2}{k^2}\frac{k_S^2}{\omega^2}=\frac{k_S^2}{k^2}$$

这里，绘制 $\sqrt{1/m_1}=k_1/k_S$，$\sqrt{1/m_2}=k_2/k_S$ 和 $\sqrt{1/m_2}=k_2/k_S$，如图 7.8(a)和(b)所示。

从图中可以看出，实根 k_1 随着泊松比的增加而减小，而另外两个根 k_2 和 k_3 在 $\nu=0.285$ 之前是纯实根。超过这个值时，根 k_2 和 k_3 是复数根，在传播过程中它们衰减得非常快。此外，对于铝材料，$\nu=0.285$ 是发生瑞利波传播的临界泊松比。这种波是非发散的，它的相速度和群速度与频率无关，这在地震学中的应用是有据可查的。

确定了波数后，可以先将 η 写成瑞利波数 k_R 和瑞利波波速 c_R 的函数

$$\eta=k\sqrt{1-\Gamma_R^2}=k_R\eta_R,\quad \Gamma_R=\frac{c}{C_P}=\frac{c_R}{C_P}$$

使用以下表达式获取响应：

标量势　　$\Phi=\boldsymbol{A}e^{ik_R\eta_R}e^{ik_R(x-\omega t)}$

矢量势　　$H_y=e^{ik_R\eta_R}e^{ik_R(x-\omega t)}$

$$u=\frac{\partial\Phi}{\partial x}+\frac{\partial H_y}{\partial z},\quad w=\frac{\partial\Phi}{\partial z}-\frac{\partial H_y}{\partial x} \tag{7.53}$$

反射系数　$\dfrac{\boldsymbol{B}}{\boldsymbol{A}}=\dfrac{2i\sqrt{1-\Gamma_R^2}}{2-\Gamma_S^2},\quad \Gamma_S=\dfrac{c_R}{C_S}$

从本节和前几节的讨论中，可以得出以下推论：

· 需要同时取标量势 Φ 和矢量势 H_y 来满足边界条件。

· 表面上不同的边界条件产生不同的表面波，瑞利波就是由于表面无牵引力边界

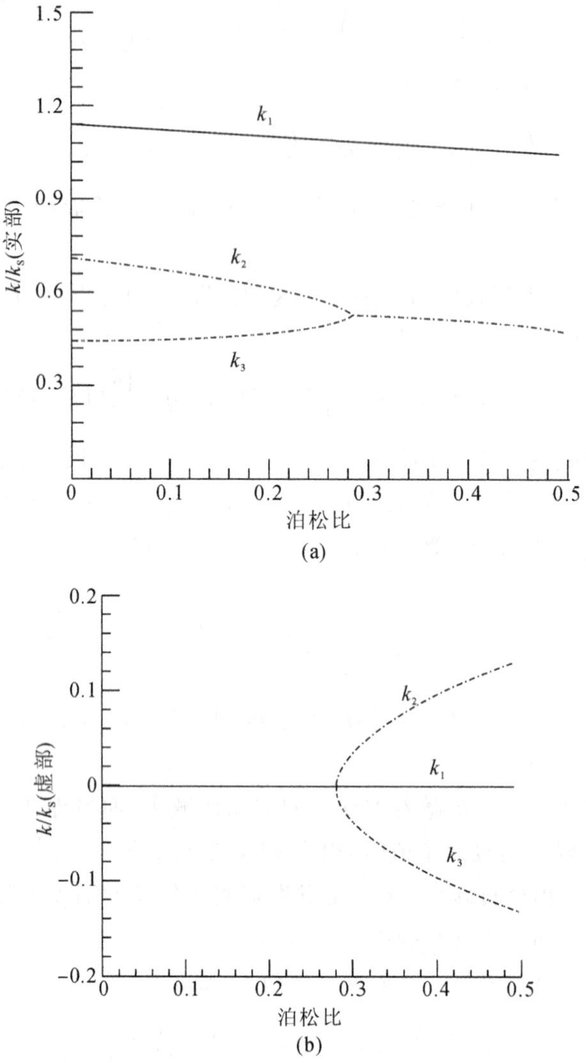

图 7.8　瑞利波的频谱关系

(a)实部;(b)虚部

而产生的一种表面波。

· 瑞利波动方程给出了三种模式。对于低泊松比,所有的模式都是实部的且传播的,这在地震学领域没有多大意义。当泊松比大于临界泊松比时,三条波中有两条在传播过程中迅速衰减。这种瑞利模态引起地震学工作者的极大兴趣。

7.1.4　双有界介质中的波传播

在双有界介质中,在距离表面 h 处引入一个附加表面,如图 7.9 所示。假设有界介质是各向同性的，具有杨氏模量 E，泊松比 ν，刚度模量 G 和密度 ρ。

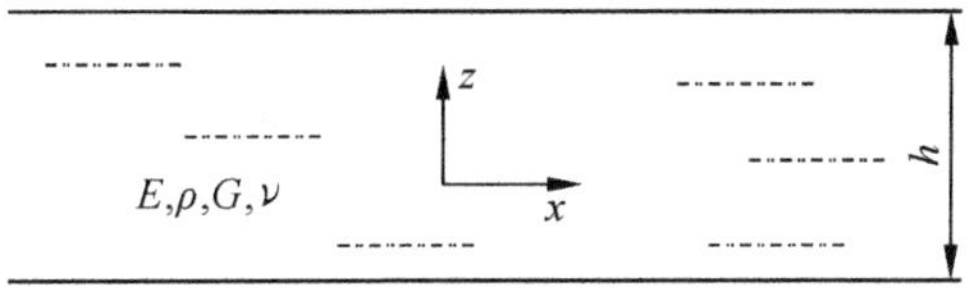

图 7.9　具有坐标轴的二维双有界介质

引入额外的表面将使波停留在这个有界区域内，其作用类似波导。另外，底部表面反射来自顶部表面的入射波。在半无限介质中，上下表面不同的边界条件会产生新的波。因此，这里将采用同样的方法来研究无限二维介质的频散关系。然而，对于大多数边界条件，采用该方法会形成一个复杂的超越方程，很难求得其精确解。这些方程需要用数值方法求解。上下表面无牵引力的薄板在结构健康监测中具有重要意义，由这种边界条件产生的波通常被称为兰姆波，对于检测结构构件的损伤非常有用，因为它们可以传播很长的距离且衰减很小。

在此条件下，出现了两种加载情况，第一种通常为对称情况，波引起弯曲或梁状位移，第二种是反对称情况，通常用来模拟杆状位移。两个表面之间的波在 z 方向产生驻波，沿着 x 方向发生传播。在下一小节中，将推导对称情况下的位移和应力，并研究波的产生机制。对于反对称情况，也可以采用类似的方法来获得这些量。

对称加载情况

在这种情况下，假设有界介质上的载荷关于 z 方向对称，因此，可以把标量势和矢量势写成

$$\Phi(x,z,t)=\boldsymbol{A}\cos(\eta z)\mathrm{e}^{-\mathrm{i}k(x-\omega t)},\quad H_y(x,z,t)=\boldsymbol{B}\sin(\bar{\eta}z)\mathrm{e}^{-\mathrm{i}k(x-\omega t)} \tag{7.54}$$

其中 η 和 $\bar{\eta}$ 分别对应于标量势和矢量势的 z 方向的波数。采用这些势，通过方程(7.8)计算频率中的位移：

$$\left.\begin{aligned}\hat{u}(x,z,\omega)&=[-\mathrm{i}k\boldsymbol{A}\cos(\eta z)+\bar{\eta}\boldsymbol{B}\cos(\bar{\eta}z)]\mathrm{e}^{-\mathrm{i}kx}\\ \hat{v}(x,z,\omega)&=0\\ \hat{w}(x,z,\omega)&=[-\eta\boldsymbol{A}\sin(\eta z)+\mathrm{i}k\boldsymbol{B}\sin(\bar{\eta}z)]\mathrm{e}^{-\mathrm{i}kx}\end{aligned}\right\} \tag{7.55}$$

采用位移变量和应变-位移关系计算应变，再通过各向同性本构模型计算应力。这种情况的应力变量由下式给出

$$\left.\begin{aligned}\hat{\sigma}_{xx}&=[-(2\mu k^2+k_{\mathrm{P}}^2)\boldsymbol{A}\cos(\eta z)-2\mu\mathrm{i}k\,\bar{\eta}\boldsymbol{B}\cos(\bar{\eta}z)]\mathrm{e}^{-kx}\\ \hat{\sigma}_{zz}&=[\mu(k^2-\eta^2)\boldsymbol{A}\cos(\eta z)-2\mu\mathrm{i}k\,\bar{\eta}\boldsymbol{B}\cos(\bar{\eta}z)]\mathrm{e}^{-kx}\\ \hat{\tau}_{xy}&=[\mu\mathrm{i}k\eta\boldsymbol{A}\sin(\eta z)-0.5\mu(\bar{\eta}^2-k^2)\boldsymbol{B}\cos(\bar{\eta}z)]\mathrm{e}^{-\mathrm{i}kx}\end{aligned}\right\} \tag{7.56}$$

正如在半无限域情况下所做的那样，通过位移和应力表达式在位于 $z=-h/2$ 和 $z=+h/2$ 的上下表面施加不同的对称边界条件。

固定边界条件

在这种情况下，对位于 $z=-h/2$ 和 $z=+h/2$ 两个位置对称表面施加固定边界条件，表示如下

$$\hat{u}(x,\pm h/2,\omega)=0,\quad \hat{w}(x,\pm h/2,\omega)=0$$

在方程(7.56)中使用上述条件，得到

$$\begin{bmatrix} -ik\cos(\eta h/2) & \bar{\eta}\cos(\bar{\eta}h/2) \\ -\eta\sin(\eta h/2) & ik\sin(\bar{\eta}h/2) \end{bmatrix}\begin{Bmatrix} \boldsymbol{A} \\ \boldsymbol{B} \end{Bmatrix}=\begin{Bmatrix} 0 \\ 0 \end{Bmatrix} \tag{7.57}$$

设矩阵的行列式为零，得到以下特征方程

$$k^2+\eta\bar{\eta}\frac{\tan(\eta h/2)}{\tan(\bar{\eta}h/2)}=0 \tag{7.58}$$

由方程(7.58)易知，当 $h\ll 1$，即介质厚度非常小时，方程(7.58)变为

$$k^2+\eta^2=0\Rightarrow kp^2=0$$

这意味着 P 波不会传播，只有 S 波会在这种二维介质中传播。

上述方程的完全解给出了谱关系。该方程是一个超越方程，也是一个多值方程，此外，波数可以是复数。用解析法求解该方程非常困难，甚至可能无法求解，因此需要采用合适的数值方法来求解上述方程。求解这类方程的数值解法有 Newton-Raphson 法、二分法、最快速度下降法。文献[41]对许多方法进行了介绍，上述计算方法中的部分算法需要计算导数，对于超越方程来说有时会极其困难，应选择一种无须计算导数的方法。另外，大多数数值方法都需要进行初始假设，这在大多数情况下会很棘手。方法是否可行取决于初始值的假设，而初始值的假设则取决于问题的物理性质，这种假设值的选择并无明确规则。

求解方程(7.58)和本书中其他类似的方程，可采用名为线性插值或试位法(RFM)。该方法的详细介绍见文献[110]。也称为 Chord 或 Secant 方法。如果 $f(x)$ 表示超越方程，并且它在 x_i 处的值为 $f(x_i)$，那么根据 RFM 方法，函数在 x_{i+1} 处的值为

$$x_{i+1}=\frac{x_i f(x_{i-1})-x_{i-1}f(x_i)}{f(x_{i-1})-f(x_i)},\quad i=1,2,\cdots,|x_{i+1}-x_i|<\varepsilon \tag{7.59}$$

其中 $f(x_{i-1})$ 是函数在 x_{i-1} 处的值，ε 是数值解收敛的容差。

为了求解方程(7.58)，需要找到满足解的 k-ω 对。如前所述，使用 RFM 方法来求解这个方程。这种方法的优点是不需要计算导数。由于波数 k 的值可以是复数，在初始假定时，应容许这一情况。也就是说，假设 k 的初始假设值为

$$k=k(p+iq)=f_1(p,q)+f_2(p,q)$$

对于任意 k 是方程(7.58)的根，要求 $k=0$。这需要，需要 $f_1(p,q)$ 和 $f_2(p,q)$ 同时趋于零。因此，有必要选择 p 和 q，使函数 f_1 和 f_2 同时趋于零。

$$f(p,q)=|f_1(p,q)|+|f_2(p,q)| \qquad \text{(取最小值)}$$

为了实现这一点，分别在 f_1 和 f_2 上使用 RFM 方法。

下图 7.10 所示，是在铝的材料特性基础上，在 $-1<kh<1$ 范围内的波数生成。

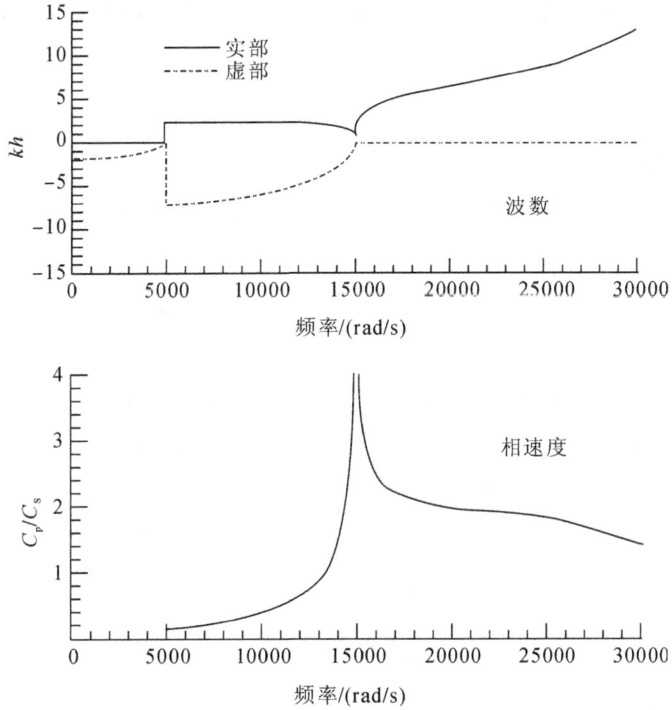

图 7.10　固定边界条件下二维各向同性介质的谱与频散关系

从图中可以看出，对于 $-1<kh<1$ 范围内的波数，可以得出如下结论：

· 波数是复数，这意味着波在传播时会显著衰减。

· 衰减幅度很大，致使大多数传播发生在较小的频率上。在较高的频率下，由于虚部存在较大的值，大量的波能被衰减掉。

· 波是高度发散的，正如前面所说，在传播过程中迅速衰减。

· 在 $-1<kh<1$ 范围内的波数存在一个截止频率。对于较大的波数范围，可能存在多个截止频率。然而，在较高的波数范围内，由于衰减幅度很大，传播可能不存在。换句话说，如果二维双有界各向同性介质具有固定的上下表面，则传播总是发生在低频域。

· 在截止频率之后，相速度很快达到一个恒定值，该值近似等于剪切速度的两倍。

固定端反射系数表示为

$$\frac{\mathbf{B}}{\mathbf{A}}=\frac{\mathrm{i}k\cos\eta h/2}{\eta\cos\bar{\eta}h/2}=\frac{\eta\sin\eta h/2}{\mathrm{i}k\sin\bar{\eta}h/2} \tag{7.60}$$

对于 $h\ll 1$，方程(7.60)简化为

$$\frac{\boldsymbol{B}}{\boldsymbol{A}}=\frac{1}{\sqrt{1-c^2/C_S^2}}=\frac{1-c^2/C_P^2}{\sqrt{1-c^2/C_S^2}}$$

由上式可知，当介质的相速度等于横波速度或纵波速度时，在固定边界处不发生反射。上述方程对称荷载的情况下推导出来的。对于反对称载荷也可以推导出类似的方程。

混合边界条件：案例 1

有两种混合边界条件，这里给出了第一种情况下波传播的细节，其中上下表面满足以下边界条件。

$$\hat{u}(x,\pm h/2,\omega)=0,\quad \hat{\sigma}_{zz}(x,\pm h/2,\omega)=0$$

使用式(7.56)和式(7.57)，得到

$$\begin{bmatrix} -\mathrm{i}k\cos(\eta h/2) & \bar{\eta}\cos(\bar{\eta}h/2) \\ \mu(k^2-\eta^2)\cos(\eta h/2) & 2\mu\mathrm{i}k\bar{\eta}\cos(\bar{\eta}h/2) \end{bmatrix}\begin{Bmatrix}\boldsymbol{A}\\ \boldsymbol{B}\end{Bmatrix}=\begin{Bmatrix}0\\0\end{Bmatrix} \tag{7.61}$$

设矩阵的行列式为零，得到

$$\cos(\eta h/2)\cos(\bar{\eta}h/2)[2\mu k^2\bar{\eta}-\mu(k^2-\eta^2)\bar{\eta}]=0 \tag{7.62}$$

上式给出了如下确定水平波数 η 和$\bar{\eta}$的关系式

$$\eta=\frac{\pi(2m-1)}{h},\quad \bar{\eta}=\frac{\pi(2s-1)}{h},\quad m=s=1,2,\cdots \tag{7.63}$$

波数将变成

$$k=\sqrt{k_P^2-(2m-1)^2\pi^2/h^2}=\sqrt{k_S^2-(2s-1)^2\pi^2/h^2},m=s=1,2,\cdots$$

波数变量有多个截止频率，截止频率可通过将上述方程等于零得到。多个截止频率表示为

$$\omega_{\text{cut-off}}=C_P(2m-1)\pi=C_S(2s-1)\pi,m=s=1,2,\cdots \tag{7.64}$$

在这种情况下反射系数变成

$$\frac{\boldsymbol{B}}{\boldsymbol{A}}=\frac{\mathrm{i}k\cos(\eta h/2)}{\bar{\eta}\cos(\bar{\eta}h/2)}=\frac{\mathrm{i}(k^2-\eta^2)\cos(\eta h/2)}{2k\bar{\eta}\cos(\bar{\eta}h/2)} \tag{7.65}$$

上述方程是在考虑对称荷载的情况下推导出来的。对于反对称载荷也可以推导出类似的方程。

混合边界条件：案例 2

这里考虑第二个混合边界条件，表示为

$$\hat{w}(x,\pm h/2,\omega)=0,\quad \hat{\tau}_{xz}(x,\pm h/2,\omega)=0$$

将式(7.56)和式(7.57)代入上式，得

$$\begin{bmatrix} -\eta\sin(\eta h/2) & \mathrm{i}k\sin(\bar{\eta}h/2) \\ \mu\mathrm{i}k\eta\sin(\eta h/2) & -0.5\mu(\bar{\eta}^2-k^2)\sin(\bar{\eta}h/2) \end{bmatrix}\begin{Bmatrix} \boldsymbol{A} \\ \boldsymbol{B} \end{Bmatrix}=\begin{Bmatrix} 0 \\ 0 \end{Bmatrix} \tag{7.66}$$

让上面矩阵的行列式等于零，得到

$$\sin(\eta h/2)\sin(\bar{\eta}h/2)k_S^2/2=0 \tag{7.67}$$

其中

$$\eta=\frac{2n\pi}{h},\quad \bar{\eta}=\frac{2m\pi}{h} \tag{7.68}$$

采用上述方程，波数可写成

$$k=\sqrt{k_P^2-4\pi^2n^2/h^2}=\sqrt{k_S^2-4\pi^2m^2/h^2},\quad n=m=1,2,\cdots \tag{7.69}$$

如前所述，波数表现出若干截止频率，通过将上述方程设为零得到，即

$$\omega_{\text{cut-off}}=\frac{C_P}{h}2n\pi=\frac{C_S}{h}2m\pi,\quad n=m=1,2,\cdots \tag{7.70}$$

波数随频率的变化与图 7.5 所示相似。传播的波的反射比表示为

$$\frac{\boldsymbol{B}}{\boldsymbol{A}}=\frac{-\eta\sin(\eta h/2)}{\mathrm{i}k\sin(\bar{\eta}h/2)}=\frac{\mathrm{i}k\eta\sin(\eta h/2)}{-0.5(\bar{\eta}^2-k^2)\sin(\bar{\eta}h/2)} \tag{7.71}$$

如上所述，上述方程是在考虑荷载对称的情况下推导出来的，对于反对称载荷也可以推导出类似的方程。

7.1.5 无牵引表面：兰姆波传播情况

下面研究二维各向同性介质中的波特性，该介质在顶部和底部表面都没有牵引力。这是一个重要案例，在地震工程、地质应用中有着广泛的应用，还可用于航空航天、民用和核工程的结构缺陷检测。该情况下的边界条件如下：

$$\hat{\sigma}_{zz}(x,\pm h/2,\omega)=0,\quad \hat{\tau}_{xz}(x,\pm h/2,\omega)=0 \tag{7.72}$$

对于对称载荷，可以假定频率域中的标量势和矢量势为

$$\hat{\Phi}=\boldsymbol{A}\cos(\eta z)\mathrm{e}^{-\mathrm{i}kx},\quad \hat{H}_y=\boldsymbol{B}\sin(\bar{\eta}z)\mathrm{e}^{-\mathrm{i}kx} \tag{7.73}$$

如果载荷是反对称的，则标量势和矢量势假定为

$$\hat{\Phi}=A\sin(\eta z)\mathrm{e}^{-\mathrm{i}kx},\quad \hat{H}_y=B\cos(\bar{\eta}z)\mathrm{e}^{-\mathrm{i}kx} \tag{7.74}$$

采用这些势，可以使用等式(7.8)得到位移$\hat{u}$和$\hat{w}$。对于对称荷载情况，变形由等式(7.56)给出。对于反对称荷载，变形如下所示：

$$\left.\begin{aligned} \hat{u}(x,z,\omega)&=[-\mathrm{i}k\boldsymbol{A}\sin(\eta z)+\bar{\eta}\boldsymbol{B}\sin(\bar{\eta}z)]\mathrm{e}^{-\mathrm{i}kx} \\ \hat{v}(x,z,\omega)&=0 \\ \hat{w}(x,z,\omega)&=[-\eta\boldsymbol{A}\cos(\eta z)+\mathrm{i}k\boldsymbol{B}\cos(\bar{\eta}z)]\mathrm{e}^{-\mathrm{i}kx} \end{aligned}\right\} \tag{7.75}$$

采用应变-位移和应力-应变关系，可以得到应力分量的变化。对于对称载荷情

况，应力变化由等式(7.75)给出。对于反对称荷载，相应的应力如下所示：

$$\left.\begin{aligned}\hat{\sigma}_{xx}&=[-(2\mu k^2+k_{\mathrm{P}}^2)\boldsymbol{A}\sin(\eta z)-2\mu\mathrm{i}k\bar{\eta}\boldsymbol{B}\sin(\bar{\eta}z)]\mathrm{e}^{-kx}\\ \hat{\sigma}_{zz}&=[\mu(k^2-\eta^2)\boldsymbol{A}\sin(\eta z)+2\mu\mathrm{i}k\bar{\eta}\boldsymbol{B}\sin(\bar{\eta}z)]\mathrm{e}^{-kx}\\ \hat{\tau}_{xy}&=[\mu\mathrm{i}k\eta\boldsymbol{A}\cos(\eta z)-0.5\mu(\bar{\eta}^2-k^2)\boldsymbol{B}\cos(\bar{\eta}z)]\mathrm{e}^{-\mathrm{i}kx}\end{aligned}\right\}\tag{7.76}$$

对方程(7.72)给出的对称和反对称情况应用无牵引边界条件，得到对称载荷情况下的矩阵关系式如下

$$\begin{bmatrix}\mu(k^2-\eta^2)\cos(\eta h/2) & 2\mu\mathrm{i}k\bar{\eta}\cos(\bar{\eta}h/2)\\ \mu\mathrm{i}k\eta\sin(\eta h/2) & -0.5\mu(\bar{\eta}^2-k^2)\sin(\bar{\eta}h/2)\end{bmatrix}\begin{Bmatrix}\boldsymbol{A}\\ \boldsymbol{B}\end{Bmatrix}=\begin{Bmatrix}0\\ 0\end{Bmatrix}\tag{7.77}$$

对于反对称情况，此关系变为

$$\begin{bmatrix}\mu(k^2-\eta^2)\sin(\eta h/2) & 2\mu\mathrm{i}k\bar{\eta}\sin(\bar{\eta}h/2)\\ \mu\mathrm{i}k\eta\cos(\eta h/2) & -0.5\mu(\bar{\eta}^2-k^2)\cos(\bar{\eta}h/2)\end{bmatrix}\begin{Bmatrix}\boldsymbol{A}\\ \boldsymbol{B}\end{Bmatrix}=\begin{Bmatrix}0\\ 0\end{Bmatrix}\tag{7.78}$$

通过对(7.77)和(7.78)中的矩阵设置行列式，简化得到对称和反对称兰姆波模式的波数-频率关系，如下：

对称兰姆波方程

$$\frac{\tan(\eta h/2)}{\tan(\bar{\eta}h/2)}=-\frac{4k^2\eta\bar{\eta}}{(\bar{\eta}^2-k^2)^2}\tag{7.79}$$

反对称兰姆波方程

$$\frac{\tan(\bar{\eta}h/2)}{\tan(\eta h/2)}=-\frac{4k^2\eta\bar{\eta}}{(\bar{\eta}^2-k^2)^2}\tag{7.80}$$

等式(7.79)和(7.80)与固定边界情况一样，是一个多值方程，很难解析求解。必须使用数值解。由于频率方程本身是多值的，对于初始假设应谨慎，并将其值收敛到兰姆波模式。如前所述，将使用 RFM 方法来求解。首先研究对称和反对称载荷情况下的截止频率，可以通过将 $k=0$ 代入等式(7.79)和(7.80)得到，即：对称和反对称兰姆波模式的截止频率可求解如下：

对称兰姆波模式：

$$\omega_{\text{cut-off}}=\frac{2m\pi}{h}C_{\mathrm{S}}\ \text{或}\ \omega_{\text{cut-off}}=\frac{(2m-1)\pi}{h}C_{\mathrm{P}},m=1,2,\cdots\tag{7.81}$$

反对称兰姆波模式：

$$\omega_{\text{cut-off}}=\frac{2m\pi}{h}C_{\mathrm{P}}\ \text{或}\ \omega_{\text{cut-off}}=\frac{(2m-1)\pi}{h}C_{\mathrm{S}},m=1,2,\cdots\tag{7.82}$$

数值表明，某些高阶兰姆波模式在变为纯实波之前，甚至在起始状态时就是复数形式，从而导致了兰姆波的传播。兰姆波在二维各向同性波导中的传播有多种表示方法。可以表示频散，其中相速度为 ωh 的函数。对于一些范围的 kh，波数如何随频率变化，以及这个范围的波数，并给出相应的波色散图。这些图将有助于更好地可视化波传播的物理过程。图 7.11 显示了 $-1<kh<1$ 时的谱和相应的色散图。

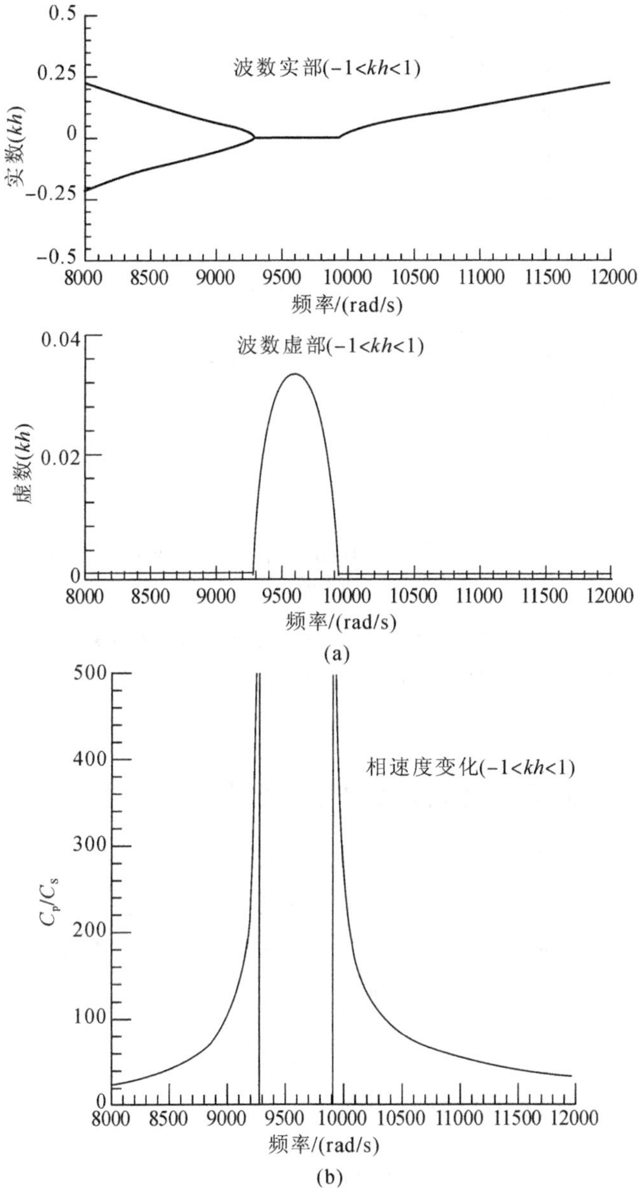

图 7.11　$-1<kh<1$ **范围内对称兰姆波模式的频谱和频散关系**

(a)波数的实部和虚部;(b)相速度

下图所示,是在铝材料的基础,$h=2$ m 生成的。图 7.11(a)显示了波数的实部和虚部。最大虚部出现在相速度为零的区域,没有传播发生。注意,存在两个截止频率,对应于式(7.81)。接下来,对于相同的波数范围,图 7.12 显示了反对称兰姆波模式的频谱关系。

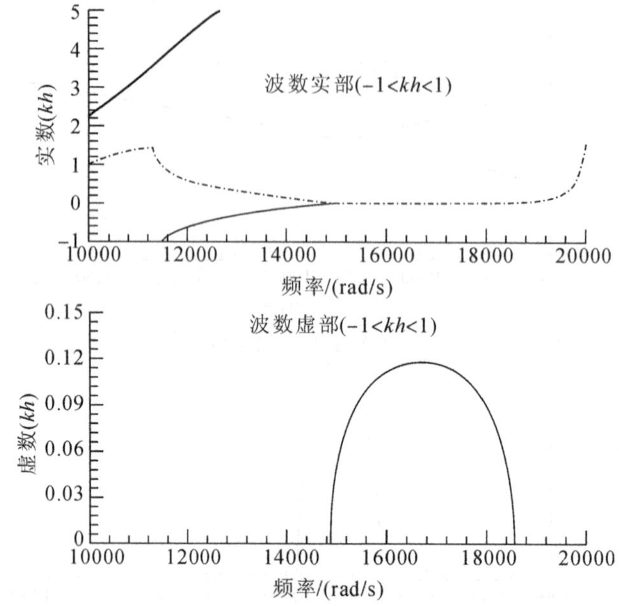

图 7.12　$-1<kh<1$ 范围内反对称兰姆波模式的频谱和频散关系

在对称兰姆波模式的情况下所作的观测在这里也是有效的。

7.2　二维各向同性薄板波导中的波传播

板波导是一维弯曲波导或梁的二维对应物，可抵抗面外载荷。该波导中，预计弯曲波会与梁一样，也是色散的。如果板支持剪切变形，则其力学理论基于 Mindlin 板理论，即铁木辛柯梁理论的二维对应理论。在本节中，将介绍波在薄板中的传播，将基于经典板理论，即 Euler-Bernoulli 梁理论的二维对应理论。

7.2.1　二维各向同性薄板经典理论分析

与其他波导一样，首先需要导出控制偏微分方程。为此，将研究图 7.13所示的板波导。

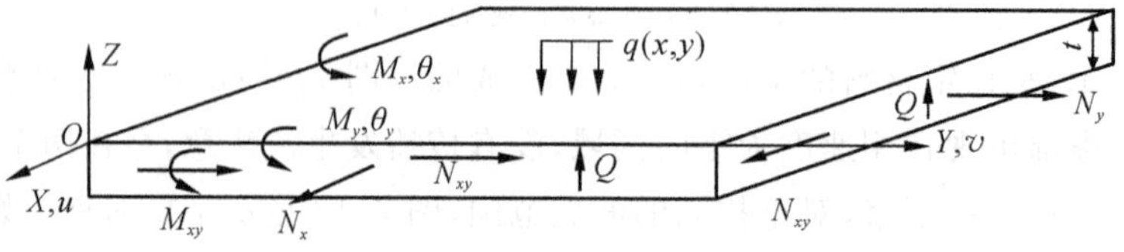

图 7.13　作用在板上的位移和应力结果

设板沿 y 轴的长度为 L，沿 x 方向的宽度为 W（假定为传播方向），板厚度为 t。

控制板力学行为的位移场类似于基本梁的位移场。然而，这些场本质上是二维的。板的位移场由经典板理论给出

$$\left.\begin{aligned}u(x,y,z,t)&=-z\frac{\partial w}{\partial x}(x,y,t)\\v(x,y,z,t)&=-z\frac{\partial w}{\partial y}(x,y,t)\\w(x,y,z,t)&=w(x,y,t)\end{aligned}\right\}\tag{7.83}$$

使用应变-位移关系获得相应的应变，由下式给出

$$\left.\begin{aligned}\varepsilon_{xx}&=\frac{\partial u}{\partial x}=-z\frac{\partial^2 w}{\partial x^2}\\\varepsilon_{yy}&=\frac{\partial v}{\partial y}=-z\frac{\partial^2 w}{\partial y^2}\\\gamma_{xy}&=\frac{\partial u}{\partial y}+\frac{\partial v}{\partial x}=-2z\frac{\partial^2 w}{\partial x\partial y}\\\gamma_{yz}&=\gamma_{zx}=0\end{aligned}\right\}\tag{7.84}$$

对于梁的情况，虽然剪切力存在，但薄板中横向剪切应变为零。板和梁变形的主要区别在于，平面内剪应力是厚度坐标 z 的函数，而梁中不存在此类剪应变。

接下来为应力-应变关系。假定板处于平面应力状态，根据方程(2.62)给出其本构模型，如

$$\left.\begin{aligned}\sigma_{xx}&=\frac{E}{1-\nu^2}[\varepsilon_{xx}+\nu\varepsilon_{yy}]=\frac{Ez}{1-\nu^2}\left[\frac{\partial^2 w}{\partial x^2}-\nu\frac{\partial^2 w}{\partial y^2}\right]\\\sigma_{yy}&=\frac{E}{1-\nu^2}[\varepsilon_{yy}+\nu\varepsilon_{xx}]=\frac{Ez}{1-\nu^2}\left[\frac{\partial^2 w}{\partial y^2}-\nu\frac{\partial^2 w}{\partial x^2}\right]\\\tau_{xy}&=-G\gamma_{xy}=-2zG\frac{\partial^2 w}{\partial x\partial y}\end{aligned}\right\}\tag{7.85}$$

其中，E 为杨氏模量，G 为剪切模量，ν 是泊松比。

使用哈密顿原理推导控制微分方程。将应变和动能转换为位移。存储在板中的应变能和动能可表示为：

$$U=\frac{1}{2}\int_V(\sigma_{xx}\varepsilon_{xx}+\sigma_{yy}\varepsilon_{yy}+\tau_{xy}\gamma_{xy})\mathrm{d}V\tag{7.86}$$

$$T=\frac{1}{2}\int_V\rho\left[\left(\frac{\partial u}{\partial t}\right)^2+\left(\frac{\partial v}{\partial t}\right)^2+\left(\frac{\partial w}{\partial t}\right)^2\right]\mathrm{d}V\tag{7.87}$$

式中，V 是定义位移和应力的单元体积。替代变形的应变和应力，假设平面内位移或转动惯量不构成板的总惯量，应变和动能表达式可简化为：

$$U=\frac{D}{2}\int_A\left\{\nabla^2 w+2(1-\nu)\left[\left(\frac{\partial^2 w}{\partial x\partial y}\right)^2-\frac{\partial^2 w}{\partial x^2}\frac{\partial^2 w}{\partial y^2}\right]\right\}\mathrm{d}A\tag{7.88}$$

$$T=\frac{\rho t}{2}\int_V\left(\frac{\partial w}{\partial t}\right)^2\mathrm{d}A\tag{7.89}$$

式中$\nabla=\partial/\partial x+\partial/\partial y$，$D=Et^3/[12(1-\nu^2)]$，$t$ 是板的厚度，A 是板的表面积。如果 $q(x,y)$ 是作用在板表面积上的分布力，则施加力对应的势能可表示为

$$V=-\int_A q(x,y)w\mathrm{d}x\mathrm{d}y$$

将这些能量势带入汉密尔顿原理，得到各向同性板的控制偏微分方程

$$D\nabla^4 w+\rho h\frac{\partial^2 w}{\partial t^2}=q \tag{7.90}$$

哈密顿原理也给出了相关的边界条件，当 x 为常数时

$$\left.\begin{aligned}&w=0\text{ 或 }V_{xz}=-D\left[\frac{\partial^3 w}{\partial x^3}+(2-\nu)\frac{\partial^3 w}{\partial x\partial y^2}\right]\\&\frac{\partial w}{\partial x}=\theta_x=0\text{ 或 }M_x=D\left[\frac{\partial^2 w}{\partial x^2}+\nu\frac{\partial^2 w}{\partial y^2}\right]\end{aligned}\right\} \tag{7.91}$$

类似地，y 为常数时其应力结果 V_{yz} 和 M_{zz}。(7.91)中规定的剪力 V_{xz} 称为 Kirchoff 剪力，该剪力由下式得到

$$V_{xz}=Q_{xz}-\frac{\partial M_{xy}}{\partial y}$$

式中，Q_{xz}是剪力，用于平衡剪力 M_{xy}引起的不平衡。关于板理论和经典板理论的更多细节，建议读者参考文献[99]。因此，在板中，有三种位移与板的变形有关，即横向位移 $w(x,y)$，旋转位移 $\theta_x=\partial w/\partial x$ 和 $\theta_y=\partial w/\partial y$。

7.2.2 二维各向同性薄板谱分析

与一维和二维波导一样，首先变换控制方程(7.90)中的场变量 $w(x,y,t)$至频域，使用离散傅里叶变换(假设无载荷)，如下所示：

$$w(x,y,t)=\sum\hat{w}(x,y,\omega)\mathrm{e}^{\mathrm{i}\omega t}$$

代入式(7.90)，得到

$$\nabla^4\hat{w}+\beta^4\hat{w}=0,\quad \beta=\sqrt{\omega}\left[\frac{\rho h}{D}\right]^{0.25} \tag{7.92}$$

上述方程可分解为两个二阶方程，如下

$$(\nabla^2\hat{w}+\beta^2\hat{w})(\nabla^2\hat{w}-\beta^2\hat{w})=0$$

即

$$\nabla^2\hat{w}+\beta^2\hat{w}=0,\nabla^2\hat{w}-\beta^2\hat{w}=0 \tag{7.93}$$

板是一种二维波导，其空间波模式与时间波模式同等重要，是波响应中非常重要的组成部分。这需要在 y 方向上引入额外的空间傅里叶变换，以及与其他平面内二维波导相同的额外波数，称为波数变换解。如果波沿 y 恒定的任何边垂直或倾斜入射，则不需要额外变换，波分析可类似基本梁的分析，称为板边缘波传播。这两种方法都具有以下形式：

$$\hat{w}(x,y,\omega)=\overline{\hat{w}}(x,\omega)\mathrm{e}^{\mathrm{i}\eta y}$$

将上述方程代入式(7.94)中，得到两个常系数常微分方程

$$\frac{\mathrm{d}^2\overline{\hat{w}}}{\mathrm{d}x^2}+[-\eta^2-\beta^2]\overline{\hat{w}}=0,\quad \frac{\mathrm{d}^2\overline{\hat{w}}}{\mathrm{d}x^2}+[-\eta^2+\beta^2]\overline{\hat{w}}=0 \tag{7.94}$$

根据上述方程，可以将波数写成

$$k_{1,2}=\pm\sqrt{-\eta^2-\beta^2},\quad k_{3,4}=\pm\sqrt{\eta^2+\beta^2}$$

板边缘波传播

这种情况不需要在 y 方向上进行第二次变换。考虑图 7.14 所示的板边缘，其中边缘受到以 φ 角入射的斜入射波的影响。假设波在 y 方向上传播，使 $\eta=\beta\sin\varphi=\beta S$，其中指定 $S=\sin\varphi, C=\cos\varphi$。

波数变成

$$k_{3,4}=\pm\beta C,\quad k_{1,2}=\sqrt{1+S^2} \tag{7.95}$$

波动方程的完全解可以写成

$$\overline{\hat{w}}(x,y,\omega)=(\boldsymbol{A}\mathrm{e}^{\mathrm{i}k_1x}+\boldsymbol{B}\mathrm{e}^{\mathrm{i}k_2x}+\boldsymbol{C}\mathrm{e}^{\mathrm{i}k_3x}+\boldsymbol{D}\mathrm{e}^{\mathrm{i}k_4x})\mathrm{e}^{\mathrm{i}\beta Sy} \tag{7.96}$$

上述方程可用于不同边界条件下的波重构，与第 6 章中介绍的一维梁相似。

波数变换解

在这种情况下，假设波通常入射在板表面的任何位置。在这种情况下，空间模式参与整体响应，需要引入 y 方向上的附加波数和附加变换。两个非耦合波动方程[方程(7.94)]的解为

$$w(x,y,t)=\sum_n\sum_m\overline{\hat{w}}_n(x,y,\omega_n)\mathrm{e}^{\mathrm{i}\eta_m y}\mathrm{e}^{\mathrm{i}\omega t}$$

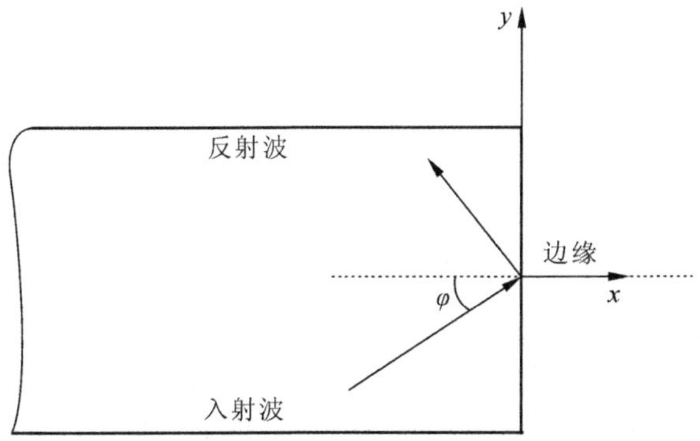

图 7.14　斜入射波的板边缘

代入式(7.94)，导出两个如式(7.94)的常微分方程，波数如下：

$$k_{1,2}=\pm\sqrt{\beta^2-\eta_m^2},\quad k_{3,4}=\pm\sqrt{\beta^2-\eta_m^2},\quad \eta_m=\frac{2m\pi}{L} \tag{7.97}$$

其中 L 是 y 方向上变换的空间窗口长度。由于变换对于周期函数是有效的，需要 L 非常大才能得到有效解。因此，在此处认为 y 方向总是延伸到无穷远。方程(7.97)给出的波数如图 7.15 所示。

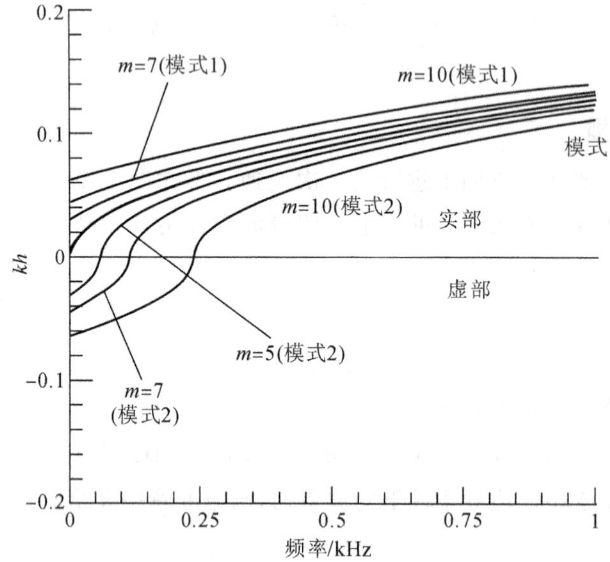

图 7.15　双有界板的频谱关系

该图表明，模式 1 在本质上总是传播且高度频散的。另一方面，模式 2 经历了从倏逝到传播的变化，并以更高频率开始传播。也就是说，模式 2 显示出截止频率，且随 m 增大而增大，因此 η 也随之增大。假设板由铝制成，板厚度为 10 mm，则生成图 7.15 所示的曲线图。计算波数后，可以将控制板方程的完全解写成

$$\overline{\hat{w}}(x,y,\omega)=\sum_n\sum_m(\boldsymbol{A}\mathrm{e}^{\mathrm{i}k_1x}+\boldsymbol{B}\mathrm{e}^{\mathrm{i}k_2x}+\boldsymbol{C}\mathrm{e}^{\mathrm{i}k_3x}+\boldsymbol{D}\mathrm{e}^{\mathrm{i}k_4x})\mathrm{e}^{\mathrm{i}\eta y} \tag{7.98}$$

采用上述方程，可以得到各种不同边界条件下的反射响应。

总　　结

本章介绍了波在各向同性二维波导中传播的分析方法。首先推导了纳维运动方程。对于该方程的求解，引入亥姆霍兹分解的概念，将变形表示为一个标量势和对应于三个坐标方向的矢量势。详细讨论了无限介质中不同类型的波，即 P 波、S_V 波和 S_H 波。研究了波在二维半无限介质中的传播，给出了三种不同表面边界条件下的传播特性。发生在表面无牵引力时的瑞利波是地震工程工作者非常关心的一个特殊边界条件，详细讨论了瑞利波解及其特性。接下来，介绍了不同边界条件下的双有界介

质中波的传播。在某些边界条件下,计算波数的特征方程会产生难以用解析法求解的超越方程。为了解决这类问题,引入了一种不涉及计算导数的数值方法,称为试位法。利用这种解法,详细讨论了波在具有无牵引力表面的双有界介质中的传播问题。该边界条件产生兰姆波,详细讨论了其在对称和反对称载荷下的特性。最后讨论了波在薄板中的传播。

当波导变得复杂和双有界时,随着附加自由度的引入,求解获得波数的特征方程变得越来越困难。虽然可以使用数值法来解决,但需要选择合适的初始假设,存在一定的困难。解决这个问题的另一种方法是使用谱有限元法,本书第 13 章将展开讨论。

第 8 章

波在层压复合材料中的传播

在前两章中，研究了波在一维和二维各向同性波导（如杆、梁、膜和板）中的传播，了解了频谱分析方法分析波在此类波导中的传播特性[例如传播性质（频散或非频散）、与边界的相互作用、二维波导中波模式的耦合以及截止频率的存在等。]的使用。在本章中再次运用频谱分析，研究波在基本和高阶一维复合波导、复合管和二维复合层状波导中的传播。

第 3 章介绍了层压复合材料的理论。研究结果表明，复合材料的分析是一个两步走的过程。先假设材料是正交各向异性的，使用混合规则的微观力学分析评估层板水平上的材料特性，再通过宏观力学分析，综合并得到层压板的性能。本章的主要内容是分析波在复合材料中的传播。复合材料结构的抗冲击性能较差，从制造开始，在整个设计寿命期间内，该结构容易受到高瞬态载荷的影响，如工具跌落或其他类型的冲击，此类载荷的持续时间很短（微秒范围）。系统的能量被限制在一个较宽的频率带上，会激发出所有的高阶模式，产生的应力波将在整个结构上传播。研究冲击对层压复合结构的影响作为一个重要的课题，受到越来越多的研究者关注。层压纤维增强结构的构造方式，有助于提高纵向弹性模量与横向弹性模量的比率，提高了复合材料的强度和刚度。由于层片取向，复合材料具有显著的层向各向异性，关键是层片界面处的不连续弯曲应力梯度，可能导致最终分层或脱黏，使结构完整性受损。因此，研究冲击对层压复合结构的影响，对于优化这些结构的设计和性能至关重要。

各向同性结构缺少的两个重要特性是刚度和惯性耦合。这通常是由于层与层相对于中间平面的不对称堆叠造成的。纤维增强复合材料梁的分层结构，对于嵌入式压电陶瓷、弛豫和反铁电薄膜、磁致伸缩板条和与基体混合的颗粒层等各类功能材料具有很大的优势[33],[130],[186]。这种结构必然导致横截面不对称，进而引起的轴向-弯曲耦合会产生额外的驻波，这在由各向同性材料制成的梁中是不太可能出现的。

本章的第一部分将研究波在基本复合波导中的传播，重点讨论轴向弯曲耦合对波传播的影响。对于复合材料层合梁，剪切变形和转动惯量在响应预测中起着关键作用。在这方面，文献[226]详细介绍了高阶精细理论引入的剪切变形对叠层复合材料梁瞬态响应的影响。但是，这些影响取决于梁的长深比（L/h）。如文献[58]所述，包括转动惯量在内的一阶剪切变形理论（FSDT）和基本梁理论对细长梁（$L/h>100$）产生了相同的结果。另外，一维波导受轴向载荷作用下，由于泊松比效应，会产生一定的横向变形，继而产生一种称为收缩波的附加波。因此，在本章的第二部分，将研究一种高阶一维结构中的波传播，该结构包括剪切变形和泊松收缩影响，并将其响应行为与用基本理论求解获得的响应进行比较。

另一个在石油和石化工业中广泛应用的重要一维波导是复合管或管道。由于横截面变形、呼吸模式的影响，波在高阶一维波导中的传播涉及的力学问题非常复杂。因此，本章的第二部分将研究复合管中的波传播。

在本章的最后，我们将介绍波在二维复合波导中的传播。与利用亥姆霍兹分解解耦各向同性波导中的二维波动方程不同，由于材料系统的各向异性，整个波场不能分解为 P 波或 S 波分量，因此控制方程不能解耦。为了解决这个问题，使用了一种称为分波技术的新方法来获得二维复合波导中的波模式。

不同于各向同性波导的情况，这里将只求解波数和波速，并讨论每个波导中的波行为。如第 6 章所述，获得波响应需要大量计算，因此不在此介绍。使用谱有限元获取响应更加容易，第 13 章将对此进行详细讨论。

8.1　一维层状复合材料波导管中的波传播

先从位移场开始推导，写为：

$$u(x,y,z,t)=u^o(x,t)-zw(x,t),_x,\quad w(x,y,z,t)=w(x,t) \tag{8.1}$$

式中，u^o 是沿中间平面的轴向位移，w 是横向位移，如图 8.1 所示，z 从中间平面测量。

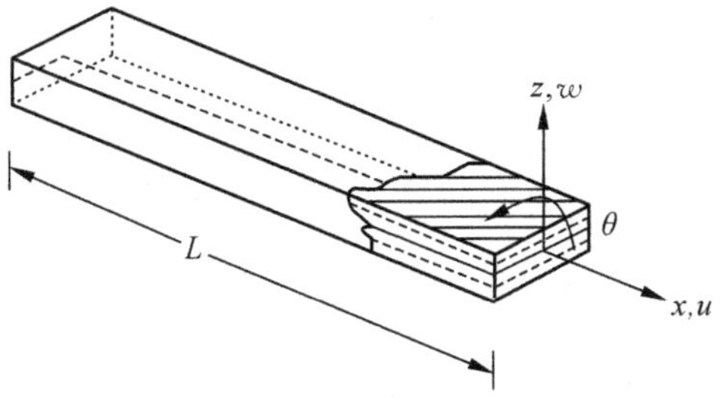

图 8.1　基本层状复合材料波导的坐标系和自由度

第 3 章推导了复合材料的三维本构模型[式(3.40)]。在本例中，层状复合材料波导处于一维应力状态，故本构关系定义为：

$$\sigma_{xx}=\bar{Q}_{11}\varepsilon_{xx} \tag{8.2}$$

式中，σ_{xx} 和 ε_{xx} 是 x 方向上的应力和应变。$\bar{Q}_{11}$ 由层片纤维铺层角度 θ 的函数表达：

$$\bar{Q}_{11}=Q_{11}\cos^4\theta+Q_{22}\sin^4\theta+2(Q_{12}+2Q_{66}\sin^2\theta\cos^2\theta) \tag{8.3}$$

式中，Q_{ij} 是单个复合层片的正交各向异性弹性系数，见第 3 章第 3.2.2 节。

应变能和动能定义为：

$$U=\frac{1}{2}\int\sigma_{xx}\varepsilon_{xx}dv,\quad t=\frac{1}{2}\int\rho(\dot{u}^{o^2}+\dot{w}^2)\mathrm{d}v \tag{8.4}$$

其中 $\dot{u}^o$ 和 $\dot{w}$ 是轴向和横向速度，ρ 是分层密度。

应用哈密顿原理推导控制微分方程，表示为：

$$\rho A\ddot{u}^o-A_{11}u^o_{,xx}+B_{11}w_{,xxx}=0 \tag{8.5}$$

$$\rho A\ddot{w}-B_{11}u^o_{,xxx}+D_{11}w_{,xxxx}=0 \tag{8.6}$$

相应的力边界条件如下所示：

$$A_{11}u^o_{,x}-B_{11}w_{,xx}=N_x \tag{8.7}$$

$$B_{11}u^o_{,xx}-D_{11}w_{,xxx}=V_x \tag{8.8}$$

$$-B_{11}u^o_{,x}+D_{11}w_{,xx}=M_x \tag{8.9}$$

式中：

$$[A_{11},B_{11},D_{11}]=\int_{-h/2}^{+h/2}\bar{Q}_{11}[1,z,z^2]b\mathrm{d}z \tag{8.10}$$

这里，h 是梁的厚度，b 是层的宽度，A 是交叉点梁的截面面积。$\ddot{u}^o$ 和$\ddot{w}$是中间平面纵向和横向加速度。$\langle.\rangle_{,x}$，$\langle.\rangle_{,xx}$，…表示相对于 x 的偏导数。N_x 是轴力，V_x 是剪力，M_x 是弯矩。

8.1.1 波数计算

控制微分方程(8.5)和(8.6)表示耦合线性偏微分方程组，将其转换为频率域和DFT，并进行以下转换：

$$u^o(x,t)=\sum_{n=1}^{N}\hat{u}(x,\omega_n)\mathrm{e}^{\mathrm{i}\omega_n t}=\sum_{n=1}^{N}(\tilde{u}_p\mathrm{e}^{-\mathrm{i}k_p x})\mathrm{e}^{\mathrm{i}\omega_n t} \tag{8.11}$$

$$w(x,t)=\sum_{n=1}^{N}\hat{w}(x,\omega_n)\mathrm{e}^{\mathrm{i}\omega_n t}=\sum_{n=1}^{N}(\tilde{w}_p\mathrm{e}^{-\mathrm{i}k_p x})\mathrm{e}^{\mathrm{i}\omega_n t} \tag{8.12}$$

式中 $\mathrm{i}=\sqrt{-1}$。如前几章所述，带有“^”的变量表示与频率有关。在上述方程中，$\tilde{u}_p$ 和 $\tilde{w}_p$ 表示波系数，将根据三个位移和三个力边界条件计算波系数。另外，k_p 是与 p^{th} 传播模式相关联的波数。

将等式(8.11)和(8.12)代入式(8.5)和(8.6)，得到：

$$\begin{bmatrix} c_L^2 k_p^2 - \omega_n^2 & \mathrm{i} c_c^3 k_p^3 \\ -\mathrm{i}\dfrac{c_c^3}{\omega_n} k_p^3 & \dfrac{c_b^4}{\omega_n^2} k_p^4 - \omega_n^2 \end{bmatrix} \begin{Bmatrix} \tilde{u}_p \\ \tilde{w}_p \end{Bmatrix} = \begin{Bmatrix} 0 \\ 0 \end{Bmatrix} \tag{8.13}$$

在上述等式中，c_L 和 c_b 表示轴向和弯曲速度，分别定义为 $c_L=\sqrt{\dfrac{A_{11}}{\rho A}}$，$c_b=\sqrt{\omega_n}\left(\dfrac{D_{11}}{\rho A}\right)^{0.25}$。

非对称铺层方向引起的轴向-弯曲耦合诱导的色散波相速度为 $c_c=\left(\omega_n\dfrac{B_{11}}{\rho A}\right)^{1/3}$。

由等式(8.13)，通过将矩阵行列式设为零，得到了一个求解波数 k_p 的六阶特征方程，如下式：

$$(1-r)k_p^6 - k_L^2 k_p^4 - k_b^4 k_p^2 + k_L^2 k_b^4 = 0 \tag{8.14}$$

式中，引入无量纲轴向-弯曲耦合参数，对应于非耦合轴向和弯曲模式的基本波数表示为：

$$r=\frac{B_{11}^2}{A_{11}D_{11}},\quad k_L=\frac{\omega_n}{c_L},\quad k_b=\frac{\omega_n}{c_b}$$

式(8.14)可写成三次多项式方程，并可使用第 7 章第7.1.3节中介绍的 Cardano 方法[34]求解。根据波传播的物理特性，可以推断其中一个根为实根，而另外两个根为共轭复根。假设实根是 α，可以写出特征方程[(8.14)]的六个根 $\pm k_1$、$\pm k_2$ 和 $\pm k_3$ 表示为

$$\left.\begin{aligned} & k_1=\sqrt{\alpha} \\ & k_2,k_3=\frac{1}{\sqrt{2}}\sqrt{\left(\frac{k_L^2}{1-r}-\alpha\right)\pm\sqrt{\left(\frac{k_L^2}{1-r}+\alpha\right)^2-4\left(\alpha^2-\frac{k_b^4}{1-r}\right)}} \end{aligned}\right\} \tag{8.15}$$

然后，位移场的谱振幅明确定义为：

$$\begin{Bmatrix} \hat{u}(x,\omega_n) \\ \hat{w}(x,\omega_n) \end{Bmatrix} = \begin{bmatrix} R_{11} & R_{12} & R_{13} & R_{14} & R_{15} & R_{16} \\ R_{21} & R_{22} & R_{23} & R_{24} & R_{25} & R_{26} \end{bmatrix} \begin{Bmatrix} \tilde{u}_1 \mathrm{e}^{-\mathrm{i}k_1 x} \\ \tilde{u}_2 \mathrm{e}^{-\mathrm{i}k_1 (L-x)} \\ \tilde{w}_3 \mathrm{e}^{-\mathrm{i}k_2 x} \\ \tilde{w}_4 \mathrm{e}^{\mathrm{i}k_2 (L-x)} \\ \tilde{w}_5 \mathrm{e}^{-\mathrm{i}k_3 x} \\ \tilde{w}_6 \mathrm{e}^{-\mathrm{i}k_3 (L-x)} \end{Bmatrix} \tag{8.16}$$

其中，R_{1j} 和 R_{2j} 是第 j 种波传播模式的振幅比。这些是从等式(8.13)导出的，表示为

$$\left.\begin{aligned} & r_{11}=R_{12}=1,\quad R_{13}=-\mathrm{i}\sqrt{r}\frac{k_L k_2^3}{k_b^2(k_2^2-k_L^2)}=-R_{14} \\ & R_{15}=-\mathrm{i}\sqrt{r}\frac{k_L k_3^3}{k_b^2(k_3^2-k_L^2)}=-R_{16},\quad R_{21}=-\mathrm{i}\sqrt{r}\frac{k_b^2 k_1^3}{k_L(k_1^3-k_b^4)}=-R_{22} \\ & R_{23}=R_{24}=R_{25}=R_{26}=1 \end{aligned}\right\} \tag{8.17}$$

值得注意的是，对于对称铺层方向，由于 $B_{11}=0$，轴向-弯曲耦合参数 r 变为零。因此，轴向模式和弯曲模式变得不耦合，等式(8.14)给出了两个方程，一个是二阶特征方程，类似于根为 $\pm k_L$ 的基本杆情况，另一个是四阶特征方程，类似于第 6 章介绍的根为 $\pm k_b$ 和 $\pm \mathrm{i}k_b$ 的均匀欧拉-伯努利梁情况。对于这种情况，振幅比 R_{13}、R_{14}、R_{15}、R_{16}、R_{21} 和 R_{22} 将变为 0。

8.1.2 一维基本组合梁的波数和波速

从设计考虑来看，使用层压复合材料的一个重要优点是可以通过不同的铺层方向来定制所需的强度和刚度。这里的主要目标是揭示耦合对波行为的影响。从自然铺层中获得的最大轴向-弯曲耦合(除了嵌入包含薄膜、纤维或颗粒层等形式其他材料之外)是当横向铺层和 0°铺层分别堆叠在不同的组中时。在研究频谱关系[图 8.2(a)]和频散关系[图 8.2(b)]时，轴向-弯曲耦合效应的广义化提供了一些有价值的见解。这里考虑了$[0_{10}]$($r=0.0$)、$[0_5/30_2/60_3]$($r=0.312$)和$[0_5/90_5]$($r=0.574$)三种堆叠顺序的 AS/3501-6 石墨环氧层(每层厚度为 1.0 mm)。在图 8.2(a)中，可以观察到对应于轴向模式(模式 1)和弯曲模式(模式 2 和 3)，波数的大小随着耦合程度的增加而增加。然而，模式 2(传播分量)中的这种增加比模式 3(倏逝分量)中的增加更多。图 8.2(b)还显示了根据参数 $C_0=\sqrt{E/\rho}$(铝中的速度)归一化后，群速度 $C_g=\mathrm{d}\omega/\mathrm{d}k_j$ 的变化情况。从这些图可以清楚地看出，由于交错层叠加而产生的不对称性，轴向速度降低了 26%以上。在 50 kHz 范围内，最大耦合时弯曲传播速度降低了 42%。

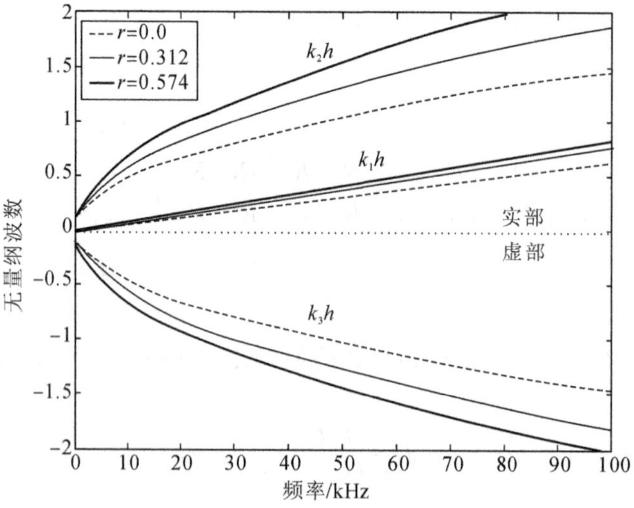

(a)

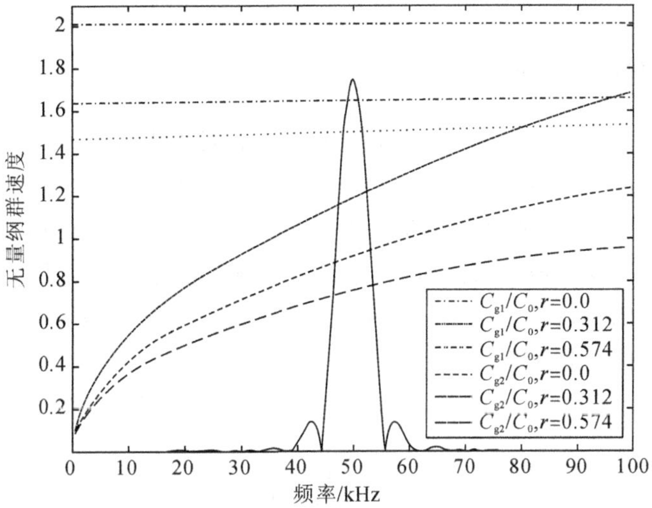

(b)

图 8.2　一维基本组合梁中波的频谱关系和频散关系

(a)多种轴向-弯曲耦合的频谱关系;(b)多种轴向-弯曲耦合的频散关系

8.2　波在一维厚层状复合波导中的传播

在上一节中,研究了波在薄复合梁中的传播,并表明刚度和惯性耦合使波速降低了近 42%。在本节中,将基于一阶剪切变形理论(FSDT)研究波在厚复合梁中的传播行为。由于材料各向异性而导致两种运动耦合,轴向运动采用明德林-赫尔曼杆理论进行建模。在第 6 章中研究了厚各向同性杆和梁的波传播(参见 6.3.1 和 6.3.2 节)。结果表明,在截止频率后,高阶各向同性波导引入了一对额外的传播模态(称为传播剪切波模态)。考虑到材料的各向异性,会在较宽的激励频率范围内引入刚度和惯性耦合,需要了解高阶效应如何影响具有不对称层压顺序的厚复合梁。本节将举例说明频谱和色散关系中的特殊特征,也可看到阻尼如何改变频谱和色散关系。

高阶波导的特征之一是因固有的剪切约束而存在截止频率,剪切约束将消失的弯曲模式转换为超出截止频率的剪切模式传播。文献[94]、[127]和[175]分别研究在一定截止频率以上的高阶兰姆波模式下的金属波导和层压复合材料板。在本章中,研究了不同类型的结构复合材料的收缩模式和剪切模式,推导了不对称铺层顺序情况下剪切模式和收缩模式的截止频率表达式。

8.2.1 厚组合梁中的波动

基于 FSDT 和厚度收缩的轴向和横向运动位移场可表示为[124,225]：

$$u(x,y,z,t)=u^{o}(x,t)-z\varphi(x,t),\quad w(x,y,z,t)=w(x,t)+z\psi(x,t) \tag{8.18}$$

式中，u 和 w 分别为某物质点的轴向位移和横向位移，u^{o} 为梁沿参考平面的轴向位移，w^{o} 是参考平面上的横向位移，θ 是梁横截面绕 y 轴与曲率无关的旋转。$\psi=\varepsilon_{zz}$ 为平行于 z 轴的收缩/伸长(图 8.3)。厚梁承受正应力 σ_{xx} 和切应力 τ_{xy}。对应的应变 ε_{xx} 和 γ_{xy} 由应变-位移关系所得。

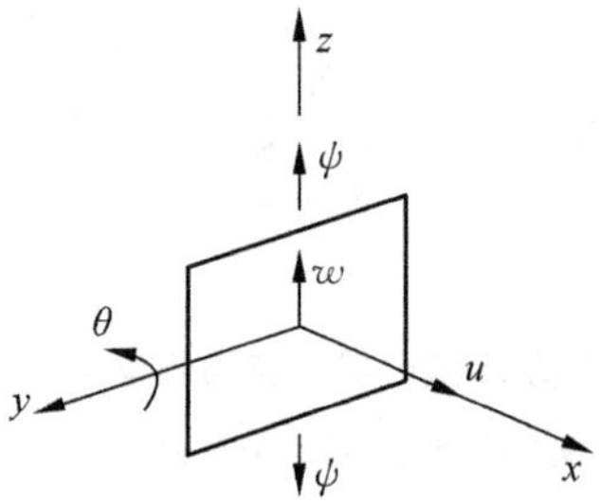

图 8.3 梁在 yz 平面的截面及自由度

第 3 章讨论了层压复合材料的本构模型(3.40)，如下所示：

$$\begin{Bmatrix}\sigma_{xx}\\ \sigma_{zz}\\ \tau_{xz}\end{Bmatrix}=\begin{bmatrix}\bar{Q}_{11} & \bar{Q}_{13} & 0\\ \bar{Q}_{13} & \bar{Q}_{33} & 0\\ 0 & 0 & \bar{Q}_{55}\end{bmatrix}\begin{Bmatrix}\varepsilon_{xx}\\ \varepsilon_{zz}\\ \gamma_{xz}\end{Bmatrix} \tag{8.19}$$

应变能和动能的表达式为：

$$U=\frac{1}{2}\int_{V}(\sigma_{xx}\varepsilon_{xx}+\tau_{xy}\gamma_{xy})\mathrm{d}V,\quad T=\frac{1}{2}\int_{V}\rho(\dot{u}_{0}{}^{2}+\dot{w}^{2})\mathrm{d}V \tag{8.20}$$

将应力和应变用位移表示，代入哈密顿原理，采用分部积分法，得到了厚复合材料梁的控制微分方程

$$\delta u:\quad I_{0}\ddot{u}^{o}-I_{1}\ddot{\theta}-A_{11}u^{o}_{,xx}+B_{11}\theta_{,xx}-A_{13}\psi_{,x}=0 \tag{8.21}$$

$$\begin{aligned}\delta\psi:\quad & I_{2}\ddot{\psi}+I_{1}\ddot{w}+A_{13}u^{o}_{,x}-B_{13}\theta_{,x}+A_{33}\psi-\\ & B_{55}(w_{,xx}-\theta_{,x})-D_{55}\psi_{,xx}=0\end{aligned} \tag{8.22}$$

$$\delta w:\quad I_{0}\ddot{w}+I_{1}\ddot{\psi}-A_{55}(w_{,xx}-\theta_{x})-B_{55}\psi_{,xx}=0 \tag{8.23}$$

$$\begin{aligned}\delta\varphi:\quad & I_{2}\ddot{\theta}-I_{1}\ddot{u}^{o}-A_{55}(w_{,x}-\theta)-B_{55}\psi_{,x}+\\ & B_{11}u^{o}_{,xx}-D_{11}\theta_{,xx}+B_{13}\psi_{,x}=0\end{aligned} \tag{8.24}$$

其中$\langle.\rangle_{,x}$和$\langle.\rangle_{,xx}$是场变量对 x(轴向)的导数。四个相关的力边界条件为

$$A_{11}u^{o}_{,x}-B_{11}\theta_{,x}+A_{13}\psi=N_{x},\quad B_{55}(w_{,x}-\theta)+D_{55}\psi_{,x}=Q_{x} \tag{8.25}$$

$$A_{55}(w_{,x}-\theta)+B_{55}\psi_{,x}=V_x, \quad -B_{11}u^{\circ}_{,x}+D_{11}\theta_{,x}-B_{13}\psi=M_x \tag{8.26}$$

在基本复合梁的情况下，它的刚度系数是基于单个层数特性、方向等的函数，并在梁截面上积分，可以表示为：

$$[A_{ij},B_{ij},D_{ij}]=\sum_i\int_{z_i}^{z_{i+1}}\bar{Q}_{ij}[1,z,z^2]b\mathrm{d}z \tag{8.27}$$

与惯性量相关的系数可以表示为

$$[I_0,I_1,I_2]=\sum_i\int_{z_i}^{z_{i+1}}\rho[1,z,z^2]b\mathrm{d}z \tag{8.28}$$

在式(8.27)和(8.28)中，z_i 和 z_{i+1} 分别为第 i 层底面和顶面的 z 坐标，b 为对应的宽度。可以注意到，对于非对称铺层，轴向、弯曲、剪切和厚度收缩四种模态是相互耦合的。这使得在所有边界条件下用解析法精确求解变得很麻烦。然而，在这个阶段，可以参考不同的近似方法[1]，但计算量很大。这里使用多项式特征值问题(PEP)来求解波数。考虑了两种情况，一种是侧向收缩模态，另一种是没有侧向收缩模态。

包含剪切变形和侧向收缩的厚梁模型中的波传播

该模型由于横向位移、旋转和侧向收缩的固有耦合，将呈现轴-弯-剪-侧向收缩的四向耦合。本研究寻求平面波解，其中位移场 $\{\boldsymbol{u}\}=\{u^o,\psi,w,\varphi\}(x,t)$ 可表示为

$$\{\boldsymbol{u}\}=\sum_{n=1}^{N}\{\tilde{u},\tilde{\psi},\tilde{w},\tilde{\varphi}\}(x)\mathrm{e}^{-\mathrm{i}\omega_n t}=\sum_{n=1}^{N}\{\tilde{\boldsymbol{u}}(x)\}\mathrm{e}^{-\mathrm{i}\omega_n t} \tag{8.29}$$

其中，ω_n 为第 n 个采样点的圆频率，N 为 FFT 中奈奎斯特频率对应的频率指数。代入式(8.21)至式(8.25)中域变量的假设解，得到 $\tilde{u}(x)$ 的一组常微分方程(ODEs)。由于 ODEs 是常系数的，所以解的形式为 $\{\tilde{\boldsymbol{u}}_o\}\mathrm{e}^{-\mathrm{i}kx}$，其中 k 是波数，$\{\tilde{\boldsymbol{u}}_o\}$ 是未知常数的向量，即 $\{\tilde{\boldsymbol{u}}_o\}=\{u_o,\psi_o,w_o,\varphi_o\}$。将假设形式代入 ODEs 集合中，得到矩阵-向量关系，即可写出特征方程：

$$[\boldsymbol{W}]\{\tilde{\boldsymbol{u}}_o\}=\boldsymbol{0}, \tag{8.30}$$

$$[\boldsymbol{W}]=\begin{bmatrix} A_{11}k^2-I_o\omega_n^2 & p & 0 & q \\ -p & t_2 & r & -s \\ 0 & r & A_{55}k^2-I_o\omega_n^2 & -\mathrm{i}A_{55}k \\ q & s & \mathrm{i}A_{55}k & t_1 \end{bmatrix} \tag{8.31}$$

式中 $p=A_{13}k$，$q=I_1\omega_n^2-B_{11}k^2$，$r=-I_1\omega_n^2+B_{55}k^2$，$s=\mathrm{i}B_{55}k-\mathrm{i}B_{13}k$。根据之前的讨论，在 PEP 这种情况下，$p=2$，$N_v$ 的阶数($[\boldsymbol{W}]$的大小)为 4。因此，共有 8 个特征值，是由$[\boldsymbol{W}]$的奇异条件，所得到多项式的根：

$$Q_1k^8+Q_2k^6+Q_3k^4+Q_4k^2+Q_5=0 \tag{8.32}$$

谱关系表明，根可以写成 $\pm k_1$、$\pm k_2$、$\pm k_3$ 和 $\pm k_4$。在求解这个 8 阶特征方程(通

过设 PEP 的行列式等于 0 得到）之前，可以得到传播模态和倏逝模态的数量概述如下。将 $\omega_n=0$ 代入特征方程，求解 k_j，对于不耦合情况（$B_{ij}=0$），可以得到

$$k(0)_{1,\cdots,6}=0,\quad k(0)_{7,8}=\sqrt{\frac{A_{13}^2-A_{11}A_{33}}{A_{55}D_{55}}} \tag{8.33}$$

这意味着从 $\omega_n=0$ 开始的 6 个零根对应于轴向、弯曲和剪切模态，而两个非零根必须是与收缩模态相关的波数。需要注意，对于基本理论和 FSDT 以及相对于 xy 平面的正交各向异性本构模型，$\sigma_{zz}=0$；而存在厚度收缩的情况下，则 $\sigma_{zz}\neq 0$，就需要在 xz 平面上从三维本构模型简化成平面应力模型。与 FSDT 中的值相比，A_{55} 值产生轻微的差异。然而，几乎所有用作结构材料的传统纤维增强复合材料的 $Q_{11}>Q_{13}$，$Q_{33}>Q_{13}$，这意味着等式(8.33)中的非零根在 $\omega_n=0$ 处及附近必须是虚数。因此，在低频状态下，两个倏逝分量（一个向前和一个向后）处于收缩模态。接下来，把 $k_j=0$ 代入等式(10.2)，求解 ω_n，得到截止频率为

$$\omega_{\text{cut-off}}=\sqrt{\frac{A_{55}}{I_2(1-s_2^2)}}\text{或 }\omega_{\text{cut}}-\text{off}=\sqrt{\frac{A_{33}}{I_2(1-s_2^2)}} \tag{8.34}$$

上式表明，最开始有两个向前收缩模态（一个轴向，一个弯曲）、两个向后收缩模态（一个轴向，一个弯曲），以及两个倏逝弯曲模态（一个向前、一个向后），在 $\omega_n=0$ 后，又增加了两种倏逝收缩模态（向前和向后）。剪切模式在等式(8.34)中 A_{55} 对应的截止频率后开始传播。收缩模态开始传播较晚，因为 $A_{33}\geqslant A_{55}$。

图 8.4 绘制了总厚度为 $h=0.01$ m 的 AS/3501 石墨-环氧树脂和玻璃-环氧树脂 $[0]_{10}$ 复合梁的波数频散，材料性能取自文献[301]。值得注意的是，石墨环氧树脂具有很高的 E_{11}/G_{13}（≈ 20）和中等的刚度 $E_{11}\approx 144$ GPa。另一方面，玻璃环氧树脂的 $E_{11}/G_{13}\approx 6$ 很低，刚度 $E_{11}\approx 54$ GPa 很低。对于这两种材料，图 8.4 中的绘图表明，在没有变量 ψ 的情况下，截止频率之前的传播分量在收缩时，与图 8.5(a)中的传播分量相似。第 8.2.1 节将对后者进行更详细的研究。此外，截止频率之前，在收缩模式下，与倏逝分量相关的波数远高于剪切模态下的波数，衰减迅速。因此，在收缩截止频率以下（在复合材料中，在 $A_{33}>A_{55}$ 时，收缩截止频率始终远高于剪切截止频率），加入收缩模态而导致的响应变化可以忽略不计。这种行为不同于各向同性波导，如各向同性材料的剪切和收缩模式的截止频率非常接近。文献[94]在三模式梁理论和二维截面兰姆波模态的背景下讨论了各向同性梁波导模型的行为和限制。为使非对称复合波束波导模型适应这种高阶效应，对高频应用进行以下修正。

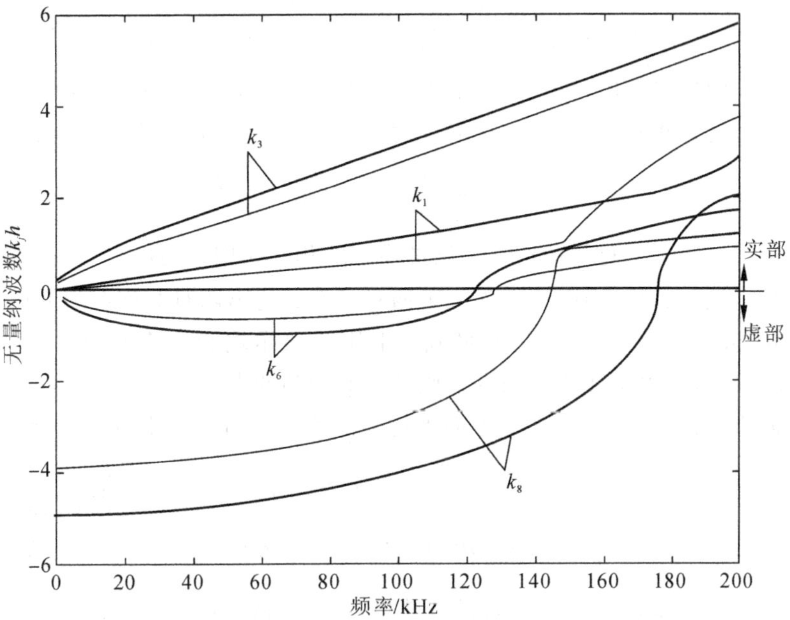

图 8.4　轴向(k_1)、弯曲(k_3)、剪切(k_6)和收缩(k_8)的波数频散性质

石墨-环氧 AS/3501[0]$_{10}$复合材料；玻璃-环氧树脂[0]$_{10}$复合材料；总厚度 $h=0.01$ m

高频极限校正因子

对于梁的截面结构和激励频率 $\omega_{\max}$的范围为

$$\omega_{\max}>\min\left(\sqrt{\frac{A_{33}}{I_2(1-s_2^2)}},\sqrt{\frac{A_{55}}{I_2(1-s_2^2)}}\right) \tag{8.35}$$

4 个校正因子 K_1、K_2、K_3、K_4 可引入为 $A_{55}\leftarrow K_1A_{55}$、$D_{55}\leftarrow K_2D_{55}$、$I_2\leftarrow K_3I_2$、$A_{33}\leftarrow K_4A_{33}$，通过在兰姆波模式的截止频率上设置一个上限来估计这些校正因子(在第 7 章中，兰姆波理论在各向同性材料中作了介绍)，通过调整兰姆波模态在高频下的传播波数来估计。由图 8.4 可见，对于纵向、弯曲、剪切和收缩模态与实际二维截面(图 8.3 中的 y-z 平面)中传播，对比前三对对称兰姆波模态和反对称兰姆波模态，可见，在低频时，传播的纵向模对与传播的对称兰姆波模对相同，一对传播的弯曲模式和一对消失的剪切模式分别与第一对传播的反对称兰姆波模态和第二对消失的反对称兰姆波模式相同。其余的对称和反对称兰姆波模态是倏逝的，影响是高度局域化的，可以忽略不计。在高频下，传播弯曲模式和剪切模式分别由下式给出：

$$k_{3,4}\approx\pm\omega_n\sqrt{\frac{I_0}{K_1A_{55}}},\quad k_{5,6}\approx\pm\omega_n\sqrt{\frac{K_3I_2}{D_{11}}} \tag{8.36}$$

这些形式与相应的第一对和第二对反对称兰姆波模态略有不同(在第 7 章中介绍了二维各向同性波导中的波)。剪切和收缩的可调截止频率变为：

$$\omega_{cs}=\sqrt{\frac{K_1A_{55}}{K_2I_2(1-s_2^2)}},\quad \omega_{cc}=\sqrt{\frac{A_{33}}{K_2I_2(1-s_2^2)}} \tag{8.37}$$

从图 8.4 中可以看出，当纵向传播模态与收缩传播模态相互作用时，纵向传播模态突然转向。这种相互作用之后，在较高的频率下，纵向模式和收缩模式分别是：

$$k_{1,2}\approx\omega_n\sqrt{\frac{K_3I_2}{K_2D_{55}}},\quad k_{7,8}\approx\omega_n\sqrt{\frac{I_0}{A_{33}}} \tag{8.38}$$

由于第二对和第三对传播对称兰姆波模态的相互作用，导致在接近截止频率时首先变得复杂，随后在更高的频率上加入第四对模态。这第四对对称兰姆波模式(8.38)以与 $k_{7,8}$ 相似的形式传播。现在，在横截面上用 c_R 表示瑞利波速度，其与沿 x 的非色散波传播有关，这是由于在梁的顶部或底部表面受到冲击。然而，对于一般的层叠，需要使用平面应力模型和适当的 yz 平面平均来计算 c_R。可以写出频率的近似值：

$$|k_{1,2}|=\frac{\omega_n}{c_R},\quad |k_{3,4}|=\frac{\omega_n}{c_R},\quad \omega_{cs}\approx\frac{1}{2}\frac{2\pi}{h}c_S,\quad \omega_{cc}\approx\frac{2\pi}{h}c_S \tag{8.39}$$

其中，$\frac{1}{2}\frac{2\pi}{h}c_S$ 为反对称兰姆波模对的第一个非零截止频率，$\frac{2\pi}{h}c_S$ 为对称兰姆波模对的第一个非零截止频率。c_S 为横波速度，h 为梁截面深度。将式(8.36)至式(8.38)代入式(8.39)，得到：

$$K_1=\frac{c_R^2}{c_S^2},\quad K_3=\frac{h^2I_0}{\pi^2I_2(1-s_2^2)}\frac{c_R^2}{c_S^2}, \tag{8.40}$$

$$K_2=\frac{h^2I_0}{\pi^2I_2(1-s_2^2)K_5}\frac{c_R^4}{c_S^4},\quad K_4=4\frac{A_{55}}{A_{33}}\frac{c_R^2}{c_S^2} \tag{8.41}$$

对于各向同性材料，上述方程可简化为：

$$K_5=\frac{A_{55}I_2}{D_{55}I_0}=1,\quad s_2=0,\quad \frac{c_R^2}{c_S^2}\Big|_{\nu=0.3}=0.86,\quad \frac{A_{55}}{A_{33}}\Big|_{\nu=0.3}=0.28 \tag{8.42}$$

可得到铁木辛柯梁的剪切校正因子 $K_1=0.86$、$K_3=1.216$(第 6 章中讨论过，在文献[94]，[77]中提出 $K_1=5/6$、$K_3=1$)以及 $K_2=0.89$ 和 $K_4=0.98$，满足第二条反对称兰姆波模态(剪切模态)和第二条对称的兰姆波模态(收缩模态)在高频极限给定的截止频率下高阶兰姆波模态。因此，对于非对称层合复合材料，只要激励的频率含量低于收缩时的截止值，就可以近似地调整轴-弯-剪切耦合波模式模型，以获得足够的精度。

在上面的讨论中，用兰姆波模态来描述所有的波模态，兰姆波模态是由无牵引力边界产生的二维空间模式。值得注意的是，通过使用高阶一维波导理论，可以获得二维等效兰姆波模态。也就是说，采用更高的一维波导理论可以得到许多更高的兰姆波模态。

仅包含剪切变形的厚梁模型中波传播

该模型表现为三向耦合，即轴向弯曲耦合和剪切耦合。当位移场和波动方程中忽略厚度收缩项时，特征方程是 k 的 6 阶多项式。同样，使用 PEP 框架来获得波数，从而获得群速度。在图 8.5(a)中，显示了轴向、弯曲和剪切模态对应的波数色散。考虑 AS/3501-6 型石墨环氧树脂梁的截面厚度 $h=0.01\mathrm{m}$。为了研究波包在不同频率下的传播情况，在图 8.5(b)中绘制了轴向、弯曲和剪切模式下的群速度 $c_g=\mathrm{Re}[\mathrm{d}\omega_n/\mathrm{d}k_j]$，其中 $c_0=\sqrt{A_{11}/I_0}$ 为轴向模态下的恒定的相速度。在这两个图中，只有一个截止频率出现，在此之上剪切模态开始传播，否则它是一个对弯曲波有贡献的倏逝分量。图 8.5(b)显示，更高的刚度耦合(r 值更高)在截止频率上方短时间内产生更高的剪切波群速度。同时，纵波的群速度在截止频率之前急剧下降。弯曲模态对刚度和质量耦合的影响最小，在截止频率以上几乎不发生色散。

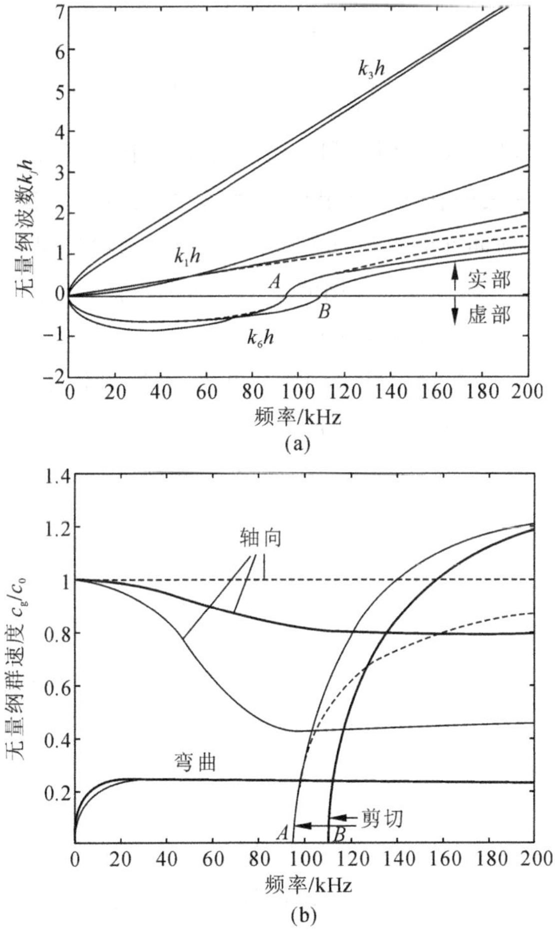

图 8.5　仅含剪切变形的厚梁模型中波的传播特性

(a)频谱关系；(b)色散关系

注：不同刚度和材料不对称情况下轴向、弯向和剪切模式下的群速度分布；图例截止频率的位置用 A 和 B 表示。

8.2.2 阻尼对波数的影响

首先，考虑一个一般的阻尼模型[包括干摩擦、黏性空气阻尼和应变速率相关阻尼(也称 Kelvin-Voigt 阻尼)]在波动中的综合影响。在这种情况下，可以从哈密顿原理中得到带有广义强制项的波动方程。这导致一个形式类似于 FSDT 中轴-弯-剪耦合运动方程的形式，再加上一些额外的项：

$$\delta u^o: I_o \ddot{u}^o - I_1 \ddot{\varphi} - A_{11} u^o_{,xx} + B_{11}\varphi_{,xx} + \eta_1 u^o + \eta_6 \dot{u}^o + \left(\int \eta_4 \mathrm{d}A\right)\dot{u}^o_{,x} = 0 \quad (8.43)$$

$$\delta w: I_o \ddot{w} - A_{55}(w_{,xx} - \varphi_{,x}) + \eta_2 w + \eta_5 \dot{w} = 0 \quad (8.44)$$

$$\delta\varphi: I_1 \ddot{u}^o - I_2 \ddot{\varphi} + A_{55}(w_{,x} - \varphi) - B_{11} u^o_{,xx} + D_{11}\varphi_{,xx} - \eta_3 \varphi + \left(\int \eta_6 z \mathrm{d}A\right)\dot{u}^o_{,x} - \left(\int \eta_6 z^2 \mathrm{d}A\right)\dot{\varphi}_{,x} = 0 \quad (8.45)$$

式中，η_1、η_2、η_3 分别为纵向、横向和旋转运动中的干摩擦系数，η_4 和 η_5 分别是与纵向和横向速度矢量相关的黏性空气阻尼系数，η_6 是与应变率相关阻尼 $\eta_6 \dot{\varepsilon}_{xx}$ 相关的系数，已经有文献在各向同性梁中进行了研究[22],[61]。为简单起见，不考虑铺层顺序，假设 η_4 和 η_6 对于所有层都是常数。用波数 k_j 表示的特征多项式，写作：

$$\det(\boldsymbol{F}_1(k_j) + \boldsymbol{F}_2(k_j)) = 0 \quad (8.46)$$

其中 $\mathrm{Det}(\boldsymbol{F}_1(k_j)) = 0$ 之前展开得到特征方程，附加的对角线矩阵 $\boldsymbol{F}_2(k_j)$ 为

$$\boldsymbol{F}_2(k_j) = \begin{bmatrix} \eta_1 + \mathrm{i}\omega_n\eta_4 + A_0\omega_n\eta_6 k_j & 0 & 0 \\ 0 & \eta_2 + \mathrm{i}\omega_n\eta_5 & 0 \\ 0 & 0 & -\eta_3 - A_2\omega_n\eta_6 k_j \end{bmatrix} \quad (8.47)$$

式中 $[A_0, A_2] = \int [1, z^2]\mathrm{d}A$。不考虑色散或摩擦的大小，首先考虑轴向模态波数的解($B_{11} = 0$)

$$k_{1,2} = -\frac{\omega_n \eta_6 A_0}{2A_{11}} \pm \sqrt{\frac{1}{4}\left(\frac{\omega_n\eta_6 A_0}{A_{11}}\right)^2 + \frac{\omega_n^2 I_0}{A_{11}} - \left(\frac{\eta_1 + \mathrm{i}\omega\eta_4}{A_{11}}\right)} \quad (8.48)$$

现在，在上式中施加 $k_j = 0$，则轴向模态下新的截止频率为

$$\omega_{\text{cut-off}} = \sqrt{\frac{\eta_1}{I_0}} \quad (8.49)$$

该频率与 η_4 和 η_6 无关。对于传统的刚性组合梁，这种截止是不可能的，η_1 是由分布的水平弹簧效应在物理上引起的，必须达到 $\omega_n^2 I_0$ 的数量级。在低频时，这种截止频率可能出现在聚合物薄膜中(I_0 非常小)，并且初级平面波可能停止传播，只留下倏逝波。然而，当 $\eta_4 \neq 0$、$\eta_6 \neq 0$ 时，会出现额外的小传播分量。当不存在轴向摩擦($\eta_1 = 0$)且应变率不相关($\eta_6 = 0$)时，黏性阻尼 η_4 较小，假设式(8.48)可以近似为：

$$k_{1,2} \approx \pm k_a \left(1 - \mathrm{i}\, \frac{\eta_4}{2\omega_n I_0}\right) = \pm k_a [1 - \mathrm{i}\eta(\omega_n)] \tag{8.50}$$

在各向同性杆的情况下，文献[94]中讨论了类似的公式。由文献可知，一些与阻尼波传播相关的研究，使用了类似的形式 $k(1-\mathrm{i}\eta)$[见式(8.50)]作为简化。结果表明，在应变率相关阻尼 $\eta_6 \neq 0$ 存在的情况下，任何附加的传播波都可以被阻断，当满足：

$$\eta_4 = \eta_6 A_0 \sqrt{\frac{\eta_1}{A_{11}} - \frac{\omega_n^2 I_0}{A_{11}}} \tag{8.51}$$

式(8.51)适用于任何定制的结构配置。接下来，考虑由非耦合($B_{11}=0$)弯曲运动给出的波数：

$$k_{3,\cdots,6} = \pm \sqrt{\frac{A_{55}}{2D_{11}}} \left[\alpha_0 \pm \sqrt{\alpha_0^2 + 4\, \frac{D_{11}}{A_{55}} \left(\frac{\omega_n^2 I_2}{A_{55}} - 1\right)\left(-\frac{\omega_n^2 I_0}{A_{55}} + \frac{\mathrm{i}\omega_n \eta_5}{A_{55}}\right)}\right]^{1/2} \tag{8.52}$$

其中

$$\alpha_0 = \frac{\omega_n^2}{A_{55}}\left(I_2 + I_0\, \frac{D_{11}}{A_{55}}\right) - \frac{\mathrm{i}\omega_n \eta_5 D_{11}}{A_{55}^2}, \quad \eta_2 = 0, \quad \eta_3 = 0, \quad \eta_6 = 0$$

在这里，考虑 $\eta_6=0$ 的情况，否则会产生一个完整的四阶复特征多项式，其根需要通过数值计算得出，这里不进行讨论。现在，把 $k_j=0$ 代入式(8.52)，则可以表明，在式(8.34)给出的剪切模态下，截止频率不随黏性阻尼项而改变。当横向和旋转摩擦(η_2 和 η_3)存在的情况下，可以观察到两个截止频率。本节重点研究黏性阻尼对特征行为的影响。估计阻尼波相对群速度变化的百分比为：

$$\Delta c_g = \frac{c_g' - c_g}{c_g} \times 100\% \tag{8.53}$$

其中上标"′"表示阻尼系统。随后，如果定义波数的变化为：

$$\Delta k_j = k_j' - k_j \tag{8.54}$$

则阻尼波系数的振幅可表示为无阻尼波系数的振幅项：

$$|\tilde{u}_j'| = \psi_d^y\, |\tilde{u}_j|, \quad \psi_d = |\mathrm{e}^{-\mathrm{i}\Delta k_j/|k_j|}|, \quad y = |k_j|\, x \tag{8.55}$$

也就是说，Δk_j 的虚部如果为负，将导致波幅以距离 x 的指数幂次方衰减。Δk_j 的实部会导致相位的超前或滞后，具体取决于符号。ψ_d 是在距离 $x=1/|k_j|$ 处波系数振幅中的阻尼因子。为了进行数值说明，采用前面考虑的 AS/3501 石墨-环氧树脂梁结构的截面特性。

在 $\eta_4=10^{-2}$ 到 10^5 的范围内，$\%\Delta C_g$ 和相应轴向模式的 ψ_d 如图 8.6 所示。可以观察到，在低阻尼情况下，阻尼波的群速度相对于无阻尼波的群速度增加，并且增加速率与频率的阶数呈线性变化。实际上，群速度增加会导致 x 上的扰动在正向和反向方向上解离或收缩。在 $\eta_4 \geqslant 10^3$ 处，阻尼波的群速度相对于无阻尼波的群速度开始减小，直到某一频率，然后又开始增加，直到这个过渡点移动到更高的频率和更高的阻尼。

这表明，存在非常高的阻尼时，群速度可能趋于0，因此大部分能量可以停止传播，从而只留下微不足道的高频分量。图8.6(b)中可以观察到，在低频区，ψ_d 迅速减小，而在高频区，它接近于恒定值。图8.5(a)显示 k_j 在较高频率下，相比相同数量高频波幅阻尼所需的距离，低频波幅的增加和衰减将在较短距离上发生。图8.7中所示阻尼弯曲波和图8.8中所示剪切波也可以观察到类似行为。

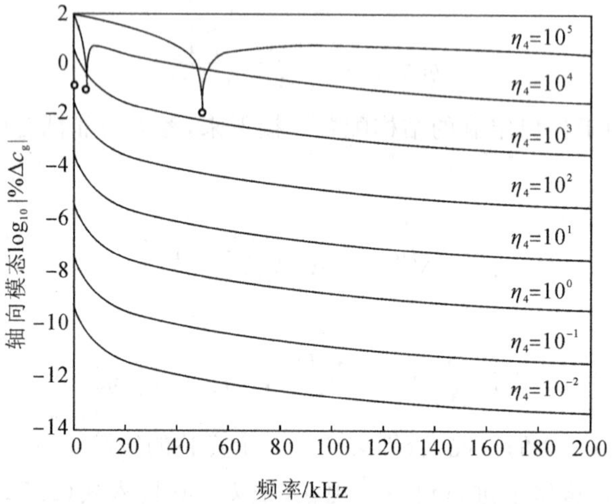

(a)

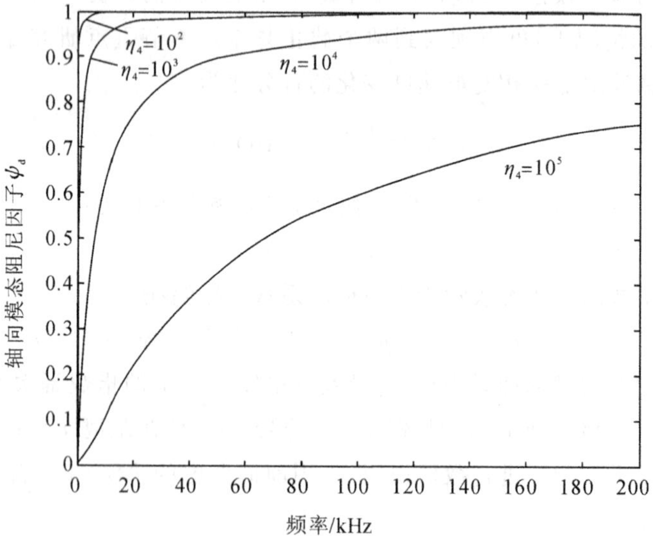

(b)

图8.6 阻尼对波数的影响

(a)不同黏性阻尼系数 η_4 值及轴向模式下相对群速 $\%\Delta c_g$ 百分比变化曲线图；

(b)黏性阻尼系数 η_4 取不同值时，轴向波幅的阻尼因子 ψ_d 曲线图

注：对于 $\eta_4 \geqslant 10$ $\%\Delta c_g$ 从负到正的转变发生在标记“◦”处。对于较低的阻尼，$\%\Delta c_g$ 为正。

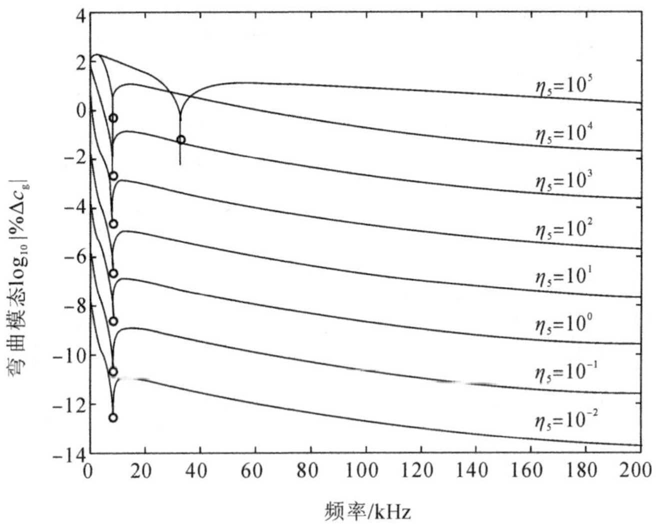

(a)

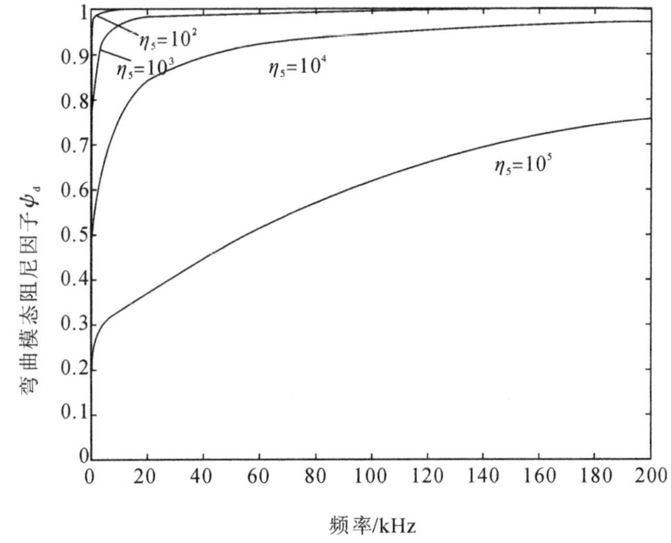

(b)

图 8.7　阻尼系数对群速度及波幅的影响

(a)取不同黏性阻尼系数 η_5 值时，弯曲模式下相对群速度 $\%\Delta c_g$ 的百分比变化曲线图；

(b)黏滞阻尼系数 η_5 取不同值时挠曲模式波幅的阻尼因子 ψ_d 在弯曲模式波幅中的分布图

注：$\%\Delta c_g$ 从负到正的转变发生在“◦”标记处。

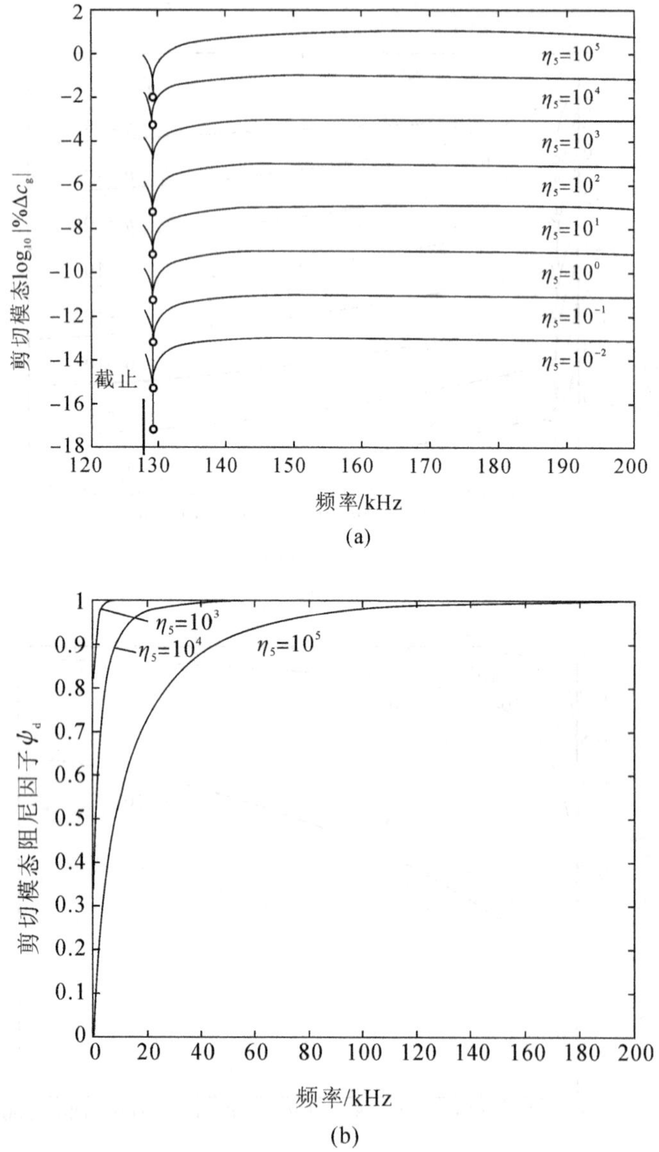

图 8.8 阻尼系数值截止后对群速度及波幅的影响

(a)截止后剪切模式下不同黏性阻尼系数值相对群速度$\%\Delta c_g$的百分比变化曲线图；

(b)不同黏性阻尼系数值 η_5 下，截止前的小传播剪切模式和截止后的优势剪切模式的振幅中阻尼因子 ψ_d

在中低阻尼下，阻尼弯曲波的相对群速度百分比发生变化的转变频率保持不变，小于 10 kHz。这说明因为能量随群速度传播，即使存在少量的阻尼（在图中考虑的 η_5 数量级），也可能导致显著的能量频散。在剪切波的情况下，在截止频率刚超过10 kHz的范围内也可以观察到类似的行为[图 8.8(a)]。在图 8.9(a)中还可以看到截止频率前剪切模态下向后传播波的波数。相应的群速度为正，如图 8.9(b)所示。与正向传播的横波有关的波数和群速度之间也可以建立类似的关系。在截止频率之前的剪切模态中，k_j 和 c_g 符号相反可以归因于在阻尼存在的情况下，能量可以向与单个波前运动方向相反的方向（即相速度方向）传播，类似于毛虫的运动[100]。当在非常高的阻尼下，剪切能在截止频率之前不会扩散[图 8.9(b)]，波数增加时相速度会增加。

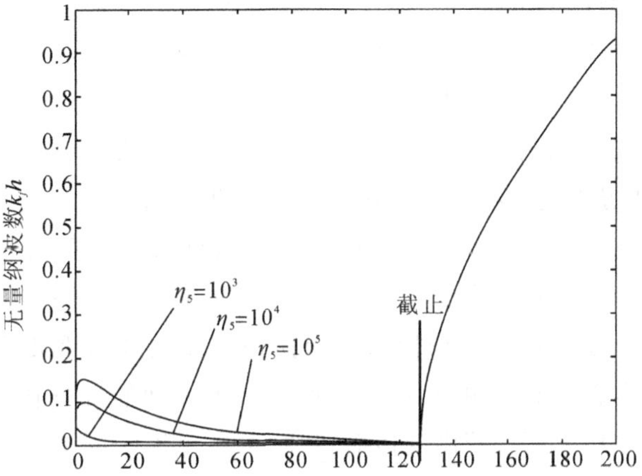

(a)

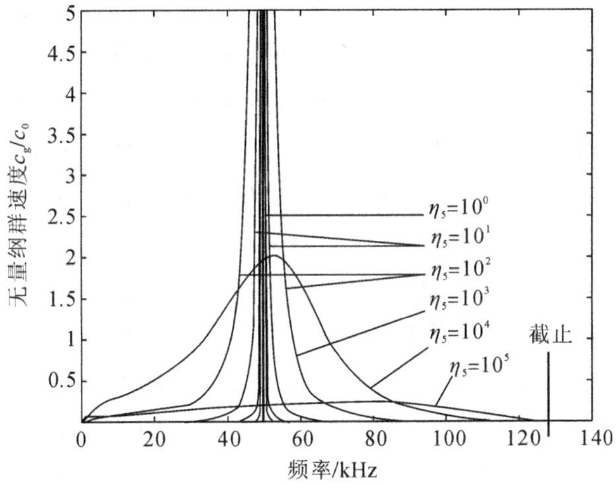

(b)

图 8.9　阻尼系数对反向传播波群速度的影响

(a)剪切模态下反向传播波在截止前由于黏性阻尼系数 η_5 的不同值所对应的实负波数(绘制为绝对值)的分布图;(b)由于黏性阻尼系数的不同值,在截止前出现与剪切模式下向后传播波相关的正群速度(能量向前传播)

本节讨论了不同的材料结构导致的运动耦合，不同的结构使波的传播行为发生了改变下一节将把这种谱分析方法扩展到更复杂的复合圆柱管。

8.3 波在复合圆柱管中的传播

上节研究了实心横截面复合波导中的波传播，从基本波导模型逐渐增加到了复杂的剪切变形波导模型。本节将讨论细长圆柱形复合管状结构中的波传播，除了剪切变形外，还将涉及其他各种影响，如横截面变形。各种模态之间的耦合会使整体动力学变得更加复杂，本章将对此进行更详细的研究。

金属管状结构广泛用于管道和骨架部件，但在汽车、飞机和宇宙飞船上越来越多地使用纤维缠绕和层压复合材料气缸和管。碳-环氧复合支撑管具有强度高、刚度高、重量轻等特点，已被国际空间站(ISS)选用[293]。这种管状梁在受压条件下具有很高的承载能力，在充气式空间结构中非常有用[113]。文献介绍了一些针对振动和噪声传递[129]、冲击动力学、疲劳和这些结构部件的损伤相关问题的重要研究。在与高频振动、噪声传递和冲击有关的问题中，提出了许多基于波动的解析和数值方法。在本节中，我们将研究波在均匀复合管内的传播特性，重点讨论不同铺层方向和纤维缠绕引起的耦合作用。

复合管状结构可以用两种方法建模：(1)利用圆柱壳运动原理的一般方法。这个方向已有很多理论(例如，由文献[75]、[140]、[199]、[243]、[295]和[302]等提出的关于复合材料壳体理论)。这些理论基于简单和可计算的框架，以及对三维分析无限阶频谱特征的观察[119]。Xi 等人[388]使用三维弹性解和来自有限元分析的壳体径向位移，开发了一个半解析模型，以研究层合复合圆柱壳体中的特征波、相色散和群色散。(2)对于封闭圆柱壳，通常可用等效薄壁梁运动理论和基于非轴对称的一阶剪切运动学近似方法，后面将对此进行介绍。

采用单曲壳的运动原理可分析均匀圆柱。对于耦合波传播分析，其位移场需要考虑面内位移、双向弯曲和绕壳法向的旋转。在高频振动分析中，需要考虑波段，与一个或两个特定振动模式的精度相比，整个模式组的表示非常重要。因此，在波数空间(k 空间)中进行分析是理想的。文献中介绍了许多处理圆柱壳体波传播分析的研究。Langley[196],[197]用半数值分析方法研究了圆柱壳的模式密度和能量流。文献[328]讨论了不同类型的波在封闭圆柱体中的传播。频域方法是由文献[388]和[311]提出的，用于分析流载圆柱壳的纵向和周向波动。在文献[389]，提出的条形单元法用于研究层压复合材料[388]和功能梯度圆柱体[148]中由各向异性和有限壳厚引起的复杂波模态耦合。如文献[197]和[130]所指出，平面运动和弯曲(周向)运动的波幅有显著的尺度差异。然而，文献[32]表明，在环加强筋存在的情况下，波能流具有较宽的停止带，并且可以调谐到所需的频带。由[197]中给出的环频率表达式 $\omega_R=(1/R)\sqrt{E/[\rho(1-\nu^2)]}$(对于各向同性圆柱壳中的弯曲波运动)可知，频率随着曲率半径 R 的减小而增加，可见对于短跨径和高厚度半径比的封闭圆柱体，弯曲振动模式从低频区向高频区转变，并在与平面运动相当的尺度内下降。此外，围绕壳体法线的旋转在这种管状结构会导致整体扭转运动，并与平面和依据几何参数 $\eta=h/R$ 的弯曲运动相互作用，其中 $2h$ 是壳体厚度。这种长度尺度的相互作用对于层合复合材料管状结构中的耦合波传播具有重要意义，因为具有很好的可设计性。此外，对于宽带波传播（在复合管中轴向、弯曲和扭转运动中具有低和高群速度的波），时间尺度 $\tau=Rc_g^{-1}$ 表征动力学，其中 c_g（$c_g=\mathrm{d}\omega/\mathrm{d}k$）是特定类型波的群速度。文献[168]讨论了考虑上述尺度效应的薄壁弹性体中的波动。

本节使用频谱分析确定空心圆柱壳的波数和波速等波参数，除了轴向运动和弯曲运动外，波传播模型还包括截面椭圆运动，在分析中采用了厚波导和薄波导模型来确定波参数。

8.3.1　复合管内的线性波动

考虑圆柱的参考 X 轴（图 8.10）穿过环形横截面的中心，位移场可以用三个主要位移 u^o、v^o、w^o 和三个横截面的旋转 θ_x，θ_y，θ_z 来表示：

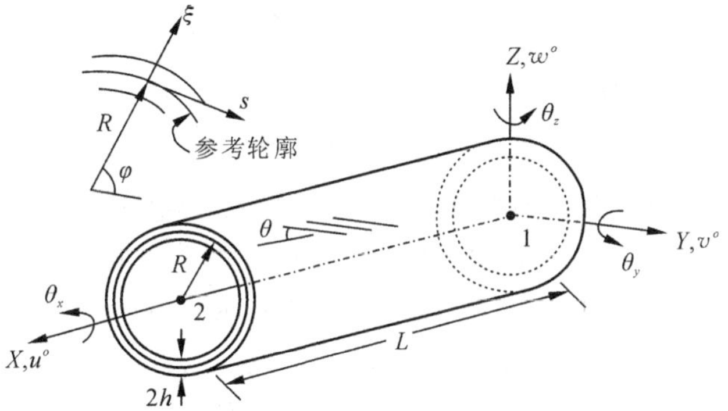

图 8.10　具有坐标系的复合圆柱体

$$u(x,y,z,t)=u^o(x,t)+z\left[1+\frac{\xi}{\sqrt{y^2+z^2}}\right]\theta_y(x,t)+y\left[1-\frac{\xi}{\sqrt{y^2+z^2}}\right]\theta_z(x,t) \quad (8.56)$$

$$v(x,y,z,t)=v^o(x,t)-z\theta_x(x,t) \quad (8.57)$$

$$w(x,y,z,t)=w^o(x,t)+y\theta_x(x,t) \quad (8.58)$$

式中，u、v、w 分别为质点（x、y、z）的 X 向、Y 向和 Z 向位移，θ_x，θ_y，θ_z 分别为扭转、横向弯曲和横向弯曲旋转。ξ 是测量得到的一个质点到中平面参考轮廓的法向距离。假设在圆形铺层中代表平均直径的任何直线在变形过程中保持直线，产生环形横截面的一阶剪切柔度，当引入适当的剪切校正因子时，可以考虑这种剪切柔度，剪切柔度将在后面讨论。请注意，对于圆形轮廓，主要翘曲为零，次要翘曲可能发生，这可以从 Song 和 Liberescu[331]给出的公式中推导出来。正如在式(8.56)中的轴向位移场[$u(x,y,z,t)$]的表达式中所看到的，非线性项出现为弯曲和径向位移(周向模态)的参考轮廓的组合效应，称为椭圆化。还要注意，在上述高阶圆柱弯曲模型中，在中平面轮廓处的位移连续性得到了保证。弯曲旋转 θ_y 和 θ_z 与曲率无关，在整个截面上假设为常数，如铁木辛柯梁模型的情况一样。对于薄壁封闭截面梁的类似高阶模型，可参考文献[15]和[331]中的详细内容。由于截面关于 y 轴和 z 轴对称的原因，整体弯曲模式的倍数为 2。周向模式包括反对称和对称厚度拉伸。端部简支完整圆柱壳的反对称厚度拉伸的共振波数为 $k=2m\pi/S$，S 为弧长[197]。其对称厚度拉伸是由泊松比引起的局部高阶效应，仅在 $\eta=h/R$ 较大时才有意义，在薄壁梁模型中不考虑。对于圆柱壳非耦合弯曲运动，相关固有频率与环频率相同。

这里，为了简化符号，用黑体小写字母表示向量，用黑体大写字母表示矩阵。单元坐标系(X,Y,Z)中的本构关系首先表示为：

$$\begin{Bmatrix}\sigma_{xx}\\ \tau_{xz}\\ \tau_{xy}\end{Bmatrix}=\bar{\bar{\boldsymbol{Q}}}\begin{Bmatrix}\varepsilon_{xx}\\ \gamma_{xz}\\ \gamma_{xy}\end{Bmatrix} \tag{8.59}$$

其中：

$$\bar{\bar{\boldsymbol{Q}}}=\begin{bmatrix}1&0&0\\0&\sin\varphi&\cos\varphi\\0&\cos\varphi&-\sin\varphi\end{bmatrix}\begin{bmatrix}\bar{Q}_{11}&0&\bar{Q}_{16}\\0&\bar{Q}_{55}&0\\\bar{Q}_{16}&0&\bar{Q}_{66}\end{bmatrix}\begin{bmatrix}1&0&0\\0&\sin\varphi&\cos\varphi\\0&\cos\varphi&-\sin\varphi\end{bmatrix} \tag{8.60}$$

φ 为质点在横截面 YZ 上的极角(如图 8.10 所示)。$\bar{\boldsymbol{Q}}$ 矩阵的元素表达式由纤维局部坐标系中横向正交各向异性层的弹性矩阵 $\boldsymbol{C}$(第 2 章给出)得到，继而在纤维局部坐标系中旋转(x,s,ξ)，然后在薄壁表面(曲率半径 R)上施加平面应力条件 $\sigma_{\xi\xi}=0$，$\tau_{s\xi}=0$ 和 $\tau_{x\xi}=0$，如文献[270]所讨论。这就得到了矩阵 $\bar{\boldsymbol{Q}}$，它的分量可以表示为：

$$\begin{gathered}\bar{Q}_{11}=Q_{11}-\frac{1}{\Delta}Q_{12}(Q_{13}Q_{23}-Q_{33}Q_{12})+\frac{1}{\Delta}Q_{13}(Q_{22}Q_{13}-Q_{12}Q_{23})\\ \bar{Q}_{16}=Q_{16}+\frac{1}{\Delta}Q_{26}(Q_{12}Q_{33}-Q_{13}Q_{23}),\bar{Q}_{55}=Q_{55}-\frac{Q_{45}^2}{Q_{44}}\\ \bar{Q}_{66}=Q_{66}+\frac{1}{\Delta}Q_{26}(Q_{26}Q_{33}-Q_{23}Q_{36}),\Delta=Q_{23}^2-Q_{33}Q_{22}\end{gathered} \tag{8.61}$$

$$\boldsymbol{Q}=\boldsymbol{\Gamma}^{\mathrm{T}}\boldsymbol{C}\boldsymbol{\Gamma} \tag{8.62}$$

为弹性矩阵 $\boldsymbol{C}$ 从纤维局部坐标系到层局部坐标系的变换，图 8.10 中 θ 表示纤维在层局部坐标系中的方向。第 2 章推导了变换矩阵 $\boldsymbol{\Gamma}$。

剪切模量 $\bar{Q}_{44}$，$\bar{Q}_{55}$ 和 $\bar{Q}_{66}$ 乘以剪切修正系数 K'，可由文献[77]提出的表达式计算得到：

$$K'=\frac{6(1+\nu)(1+h'^2)^2}{(7+6\nu)(1+h'^2)^2+(20+12\nu)h'^2},\quad h'=\frac{R-h}{R+h} \tag{8.63}$$

其中 $\nu=\nu_{23}$，ν_{13} 和 ν_{12} 分别对应 $\bar{Q}_{44}$，$\bar{Q}_{55}$ 和 $\bar{Q}_{66}$。推导运动控制方程和力边界方程时，会有许多高阶刚度系数和质量系数，用紧缩记法分别表示为：

$$\boldsymbol{A}_{jl}=\int_0^{2\pi}\int_{R-h}^{R+h}\bar{\bar{Q}}_{jl}\,\boldsymbol{\Psi}^{\mathrm{T}}\boldsymbol{\Psi}r\,\mathrm{d}r\mathrm{d}\varphi,\boldsymbol{M}=\int_0^{2\pi}\int_{R-h}^{R+h}\rho\,\boldsymbol{\Psi}^{\mathrm{T}}\boldsymbol{\Psi}r\,\mathrm{d}r\mathrm{d}\varphi \tag{8.64}$$

其中：

$$\boldsymbol{\Psi}=\{1\quad y\quad z\quad \bar{y}\quad \bar{z}\quad \bar{y}_{,y}\quad \bar{y}_{,z}\quad \bar{z}_{,y}\quad \bar{z}_{,z}\}$$

$$\bar{y}=yR(y^2+z^2)^{-1/2},\quad \bar{z}=z[2-R(y^2+z^2)^{-1/2}]$$

$$y-r\cos\varphi,\quad z-r\sin\varphi,\quad r=R+\xi$$

注意，在方程(8.64)中，对于 $\bar{\bar{Q}}_{jl}$，$\boldsymbol{A}_{jl}$ 是一个 9×9 的矩阵，随后的推导中，在 jl 之后额外使用两个下标来表示单个刚度系数时。$\boldsymbol{A}_{jl}$ 和 $\boldsymbol{M}$ 的显式形式是：

$$(\boldsymbol{A}_{jl},\boldsymbol{M})=\int_0^{2\pi}\int_{R-h}^{R+h}(\bar{\bar{Q}}_{jl},\rho)\,\boldsymbol{\Upsilon}r\,\mathrm{d}r\mathrm{d}\varphi \tag{8.65}$$

其中

$$\boldsymbol{\Upsilon}=\begin{bmatrix}1 & y & z & \bar{y} & \bar{z} & \bar{y}_{,y} & \bar{y}_{,z} & \bar{z}_{,y} & \bar{z}_{,z}\\ & y^2 & yz & y\bar{y} & y\bar{z} & y\bar{y}_{,y} & y\bar{y}_{,z} & y\bar{z}_{,y} & y\bar{z}_{,z}\\ & & z^2 & z\bar{y} & z\bar{z} & z\bar{y}_{,y} & z\bar{y}_{,z} & z\bar{z}_{,y} & z\bar{z}_{,z}\\ & & & \bar{y}^2 & \bar{y}\bar{z} & \bar{y}\bar{y}_{,y} & \bar{y}\bar{y}_{,z} & \bar{y}\bar{z}_{,y} & \bar{y}\bar{z}_{,z}\\ & & & & \bar{z}^2 & \bar{z}\bar{y}_{,y} & \bar{z}\bar{y}_{,z} & \bar{z}\bar{z}_{,y} & \bar{z}\bar{z}_{,z}\\ & & & & & \bar{y}_{,y}^2 & \bar{y}_{,y}\bar{y}_{,z} & \bar{y}_{,y}\bar{z}_{,y} & \bar{y}_{,y}\bar{z}_{,z}\\ & & & & & & \bar{y}_{,z}^2 & \bar{y}_{,z}\bar{z}_{,y} & \bar{y}_{,z}\bar{z}_{,z}\\ & & & & & & & \bar{z}_{,y}^2 & \bar{z}_{,y}\bar{z}_{,z}\\ & & & & & & & & \bar{z}_{,z}^2\end{bmatrix}$$

$$\bar{\bar{Q}}_{11}=\bar{Q}_{11},\quad \bar{\bar{Q}}_{15}=\bar{Q}_{16}\cos\varphi,\quad \bar{\bar{Q}}_{16}=\bar{Q}_{16}\sin\varphi,\quad \bar{\bar{Q}}_{55}=\bar{Q}_{55}\sin^2\varphi+\bar{Q}_{66}\cos^2\varphi$$

$$\bar{\bar{Q}}_{56}=(\bar{Q}_{55}-\bar{Q}_{66})\sin\varphi\cos\varphi,\quad \bar{\bar{Q}}_{66}=\bar{Q}_{66}\sin^2\varphi+\bar{Q}_{55}\cos^2\varphi$$

利用哈密顿原理推导出的 6 个关于 6 个主位移变量的耦合波动方程如下：

$$\begin{aligned}\delta u^o:0=&M_{11}\ddot{u}^o+M_{15}\ddot{\theta}_y+M_{14}\ddot{\theta}_z-A_{1111}u^o_{,xx}-A_{1611}v^o_{,xx}-\\&A_{1511}w^o_{,xx}-(A_{1512}-A_{1613})\theta_{x,xx}-A_{1115}\theta_{y,xx}-A_{1114}\theta_{z,xx}-\\&(A_{1519}+A_{1618})\theta_{y,x}-(A_{1517}+A_{1616})\theta_{z,x}\end{aligned} \tag{8.66}$$

$$\delta v^o: 0=M_{11}\ddot{v}^o-M_{13}\ddot{\theta}_x-A_{1611}u^o_{,xx}-A_{6611}v^o_{,xx}-A_{5611}w^o_{,xx}-(A_{5612}-A_{6613})\theta_{x,xx}-A_{1615}\theta_{y,xx}-A_{1614}\theta_{z,xx}-(A_{5619}+A_{6618})\theta_{y,x}-(A_{5617}+A_{6616})\theta_{z,x} \tag{8.67}$$

$$\delta w^o: 0=M_{11}\ddot{w}^o+M_{12}\ddot{\theta}_x-A_{1511}u^o_{,xx}-A_{5611}v^o_{,xx}-A_{5511}w^o_{,xx}-(A_{5512}-A_{5613})\theta_{x,xx}-A_{1515}\theta_{y,xx}-A_{1514}\theta_{z,xx}-(A_{5519}+A_{5618})\theta_{y,x}-(A_{5517}+A_{5616})\theta_{z,x} \tag{8.68}$$

$$\delta\theta_x: 0=(M_{22}+M_{33})\ddot{\theta}_x-M_{13}\ddot{v}^o+M_{12}\ddot{w}^o-(A_{1512}-A_{1613})u^o_{,xx}-(A_{5612}-A_{6613})v^o_{,xx}-(A_{5512}-A_{5613})w^o_{,xx}-(A_{5522}-2A_{5623}+A_{6633})\theta_{x,xx}-(A_{1525}-A_{1635})\theta_{y,xx}-(A_{1524}-A_{1634})\theta_{z,xx}-(A_{5529}+A_{5628}-A_{5639}-A_{6638})\theta_{y,x}-(A_{5527}+A_{5626}-A_{5637}-A_{6636})\theta_{z,x} \tag{8.69}$$

$$\delta\theta_y: 0=M_{55}\ddot{\theta}_y+M_{15}\ddot{u}^o+M_{45}\ddot{\theta}_z-A_{1115}u^o_{,xx}-A_{1615}v^o_{,xx}-A_{1515}w^o_{,xx}-(A_{1525}-A_{1635})\theta_{x,xx}-A_{1155}\theta_{y,xx}-A_{1145}\theta_{z,xx}+(A_{1519}+A_{1618})u^o_{x}+(A_{5619}+A_{6618})v^o_{,x}+(A_{5519}+A_{5618})w^o_{,x}+(A_{5529}+A_{5628}-A_{5639}-A_{6638})\theta_{x,x}+(A_{1648}+A_{1549}-A_{1557}-A_{1656})\theta_{z,x}+(A_{5599}+2A_{5689}+A_{6688})\theta_y+(A_{5579}+A_{5669}+A_{5678}+A_{6668})\theta_z \tag{8.70}$$

$$\delta\theta_z: 0=M_{44}\ddot{\theta}_z+M_{14}\ddot{u}^o+M_{45}\ddot{\theta}_y-A_{1114}u^o_{,xx}-A_{1614}v^o_{,xx}-A_{1514}w^o_{,xx}-(A_{1524}-A_{1634})\theta_{x,xx}-A_{1145}\theta_{y,xx}-A_{1144}\theta_{z,xx}+(A_{1517}+A_{1616})u^o_{,x}+(A_{5617}+A_{6616})v^o_{,x}+(A_{5517}+A_{5616})w^o_{,x}+(A_{5527}+A_{5626}-A_{5637}-A_{6636})\theta_{x,x}+(A_{1557}+A_{1656}-A_{1549}-A_{1648})\theta_{y,x}+(A_{5579}+A_{5678}+A_{5669}+A_{6668})\theta_y+(A_{5577}+2A_{5667}+A_{6666})\theta_z \tag{8.71}$$

可得相应的力边界方程：

$$N_x=A_{1111}u^o_{,x}+A_{1611}v^o_{,x}+A_{1511}w^o_{,x}+(A_{1512}-A_{1613})\theta_{x,x}+A_{1115}\theta_{y,x}+A_{1114}\theta_{z,x}+(A_{1519}+A_{1618})\theta_y+(A_{1517}+A_{1616})\theta_z \tag{8.72}$$

$$V_{xy}=A_{1611}u^o_{,x}+A_{6611}v^o_{,x}+A_{5611}w^o_{,x}+(A_{5612}-A_{6613})\theta_{x,x}+A_{1615}\theta_{y,x}+A_{1614}\theta_{z,x}+(A_{5619}+A_{6618})\theta_y+(A_{5617}+A_{6616})\theta_z \tag{8.73}$$

$$V_{xz}=A_{1511}u^o_{,x}+A_{5611}v^o_{,x}+A_{5511}w^o_{,x}+(A_{5512}-A_{5613})\theta_{x,x}+A_{1515}\theta_{y,x}+A_{1514}\theta_{z,x}+(A_{5519}+A_{5618})\theta_y+(A_{5517}+A_{5616})\theta_z=V_{xz} \tag{8.74}$$

$$M_x=(A_{1512}-A_{1613})u^o_{,x}+(A_{5612}-A_{6613})v^o_{,x}+(A_{5512}-A_{5613})w^o_{,x}+(A_{5522}-2A_{5623}+A_{6633})\theta_{x,x}+(A_{1525}-A_{1635})\theta_{y,x}+(A_{1524}-A_{1634})\theta_{z,x}+(A_{5529}+A_{5628}-A_{5639}-A_{6638})\theta_y+(A_{5527}+A_{5626}-A_{5637}-A_{6636})\theta_z \tag{8.75}$$

$$M_y = A_{1115}u^o_{,x} + A_{1615}v^o_{,x} + A_{1515}w^o_{,x} + (A_{1525} - A_{1635})\theta_{x,x} + A_{1155}\theta_{y,x} + A_{1145}\theta_{z,x} + (A_{1559} + A_{1658})\theta_y + (A_{1557} + A_{1656})\theta_z \tag{8.76}$$

$$M_z = A_{1114}u^o_{,x} + A_{1614}v^o_{,x} + A_{1514}w^o_{,x} + (A_{1524} - A_{1634})\theta_{x,x} + A_{1145}\theta_{y,x} + A_{1144}\theta_{z,x} + (A_{1549} + A_{1648})\theta_y + (A_{1547} + A_{1646})\theta_z = M_z \tag{8.77}$$

我们在频域中对波动方程(8.66)至(8.71)进行求解。波数和波幅的求解非常复杂，基于 PEP 的方法是唯一的选择。PEP 将得到 k 的一个 12 阶多项式。

当纤维角 $\theta=0°$，$h=0.002$ m，$\eta=h/R=0.1$ 时，AS/3501-6 石墨-环氧复合材料管横截面的波数频散曲线如图 8.11 所示。材料特征参数为：

弹性模量：

$E_{11}=144.48$ GPa，$E_{22}=9.632$ GPa，$E_{33}=9.412$ GPa，$G_{23}=6.516$ GPa，$G_{13}=7.457$ GPa，$G_{12}=4.128$ GPa；

泊松比：$\nu_{23}=0.49$，$\nu_{13}=0.3$，$\nu_{12}=0.3$；

密度：$\rho=1389.2$ kg/m^3。

在图 8.11 中，只绘制了正波数(前向传播和倏逝模态)。实际上，具有相同振幅的负波数也存在，代表着向后传播或倏逝模态。可以看到与传播轴向、剪切和传播弯曲、扭转模态相关的波数之间存在一个数量级的差异。该图还显示，在任何物质点，由于剪切变形 γ_{xz} 和 γ_{xy} 高于各自的截止频率，将有额外的传播剪切波模态。截止频率满足 $\det \boldsymbol{F}(0)=0$，在截止频率以下，剪切波的性质是倏逝的。

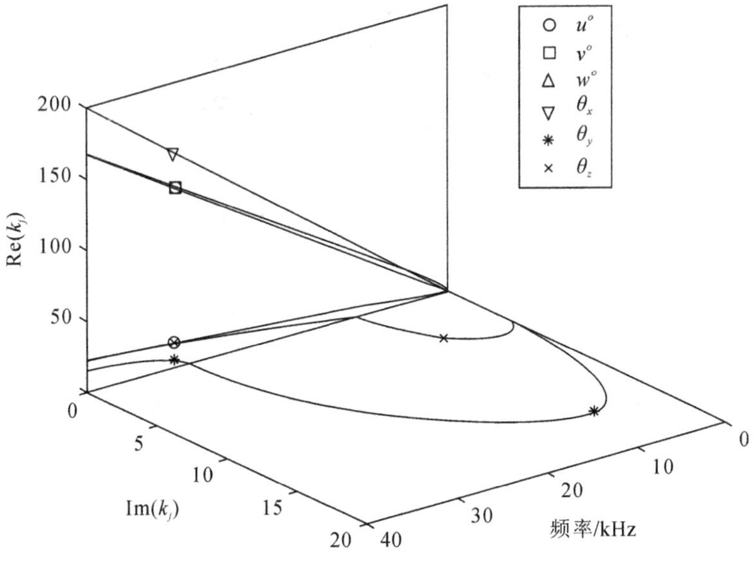

图 8.11　AS/3501-6 石墨-环氧复合管横截面的波数 k_j 图

注：纤维角度 $\theta=0°$，$h=0.002$ m，$\eta=h/R=0.1$。

8.3.2 复合材料薄壁管中的波传播

根据所提出的高阶圆柱弯曲模型中的运动学假设[式(8.56)至(8.58)]，对于非常薄和非常厚的壳体中的波传播，使用该模型存在限制。通常，对于薄壳，人们预期壳体横向运动比壳体横截面弯曲旋转运动更为显著。因此，在薄圆柱壳体中，轴对称径向运动变得重要。另一方面，在厚圆柱壳体中，除了传播纵向、弯曲和剪切波模态外，还会传播更高阶的兰姆波模态(第一和更高的对称拉伸模态，以及第三和更高的反对称模态)。因此，频谱带应限制在高阶兰姆波模态的截止频率以下，本模型的运动学不包括这些模态。下面讨论了薄壳的短波和长波极限(基于 Love 薄壳理论)，超出这些限制所提出的模型与实际行为之间可能存在显著偏差。

考虑如图 8.12 所示的圆柱形薄壳段，其中 u、v 和 w 分别是纵向、切向和径向位移。忽略弯矩、横向剪切变形和壳法线旋转的影响，薄壳运动学可以写成[137]：

$$\varepsilon_{xx}=u_{,x},\quad \varepsilon_{\varphi\varphi}=\frac{1}{R}(w+v_{,\varphi}),\quad \gamma_{x\varphi}=v_{,x}+\frac{1}{R}u_{,\varphi} \tag{8.78}$$

层局部坐标系中的正交异性本构模型可以表示为：

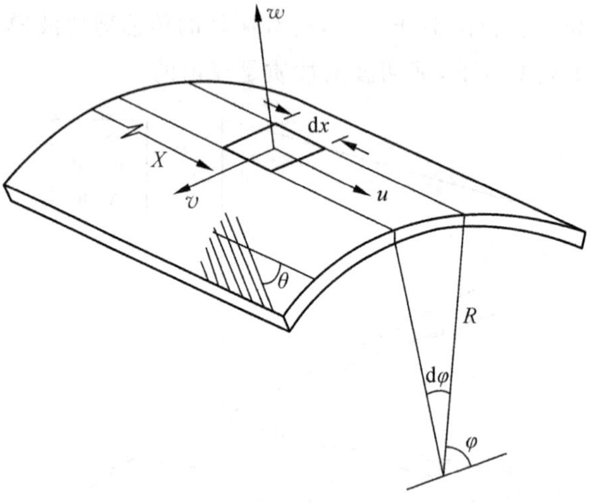

图 8.12 层压复合材料壳($h\ll R$)的坐标系和自由度

$$\begin{Bmatrix}\sigma_{xx}\\ \sigma_{\varphi\varphi}\\ \sigma_{x\varphi}\end{Bmatrix}=\begin{bmatrix}\bar{Q}_{11} & \bar{Q}_{12} & \bar{Q}_{16}\\ \bar{Q}_{12} & \bar{Q}_{22} & \bar{Q}_{26}\\ \bar{Q}_{16} & \bar{Q}_{26} & \bar{Q}_{66}\end{bmatrix}\begin{Bmatrix}\varepsilon_{xx}\\ \varepsilon_{\varphi\varphi}\\ \gamma_{x\varphi}\end{Bmatrix} \tag{8.79}$$

在能量分量中代入等式(8.78)至(8.79)，应用哈密顿原理，复合材料壳的耦合波方程可以表示为：

$$-I_0\ddot{u}+\bar{A}_{11}u_{,xx}+\bar{A}_{12}\frac{1}{R}(w_{,x}+v_{,x\varphi})+\bar{A}_{26}\frac{1}{R^2}(w_{,\varphi}+v_{,\varphi\varphi})+\bar{A}_{16}\left(\frac{2}{R}u_{,x\varphi}+v_{,xx}\right)+\bar{A}_{66}\frac{1}{R}\left(v_{,x\varphi}+\frac{1}{R}u_{,\varphi\varphi}\right)=0 \tag{8.80}$$

$$-I_0\ddot{v}+\bar{A}_{12}\frac{1}{R}u_{,x\varphi}+\bar{A}_{22}\frac{1}{R^2}(w_{,\varphi}+v_{,\varphi\varphi})+\bar{A}_{16}u_{,xx}+\bar{A}_{26}\frac{1}{R}(w_{,x}+2v_{,x\varphi}+u_{,\varphi\varphi})+\bar{A}_{66}\left(v_{,xx}+\frac{1}{R}u_{,x\varphi}\right)=0 \tag{8.81}$$

$$I_0\ddot{w}+\bar{A}_{12}\frac{1}{R}u_{,x}+\bar{A}_{22}\frac{1}{R^2}(w+v_{,\varphi})+\bar{A}_{26}\frac{1}{R}v_{,x}=0 \tag{8.82}$$

其中

$$(\bar{A}_{jl},I_0)=\int_{-h}^{+h}(\bar{Q}_{jl},\rho)\mathrm{d}z \tag{8.83}$$

为了得到特征方程，位移的谱形式的变量 $\boldsymbol{u}=\{u,v,w\}^{\mathrm{T}}$ 在 k 空间中可以假定为：

$$\boldsymbol{u}=\sum\hat{\boldsymbol{u}}(\varphi)\mathrm{e}^{-\mathrm{i}(kx-\omega_n t)} \tag{8.84}$$

其中 k 是纵向上的波数。对于周向运动的位移连续性，$\hat{\boldsymbol{u}}(\varphi)=\hat{\boldsymbol{u}}(2\pi+\varphi)$。因此，对于周向波传播，可以写作：

$$\boldsymbol{u}=\sum\tilde{\boldsymbol{u}}(\varphi)\mathrm{e}^{-\mathrm{i}(kx+\gamma\varphi-\omega_n t)} \tag{8.85}$$

式中 γ 为切向上的整数波数。不同纤维角度 θ(图 8.12)的纵向模态和切向模态之间的耦合通过波系数矢量$\tilde{\boldsymbol{u}}$保持。将薄壳波方程(8.80)至(8.82)代入等式(8.85)，特征方程变为：

$$\det\boldsymbol{G}(k,\gamma)=0 \tag{8.86}$$

为了在壳体变得非常薄($h\ll R$)时，能够绘制所提出模型的限制，需要在短波和长波极限下研究基本轴对称模态和纯切向模态。

基本轴对称模态(纵向和径向)和消失的切向模态可以通过将 $\eta=0$ 代入方程(8.86)中，并解出 k 来得到。在这种情况下，得到一个关于 k 的四阶特征方程，即：

$$ak^4+bk^2+c=0 \tag{8.87}$$

其中

$$a=\omega_n^2I_0(-\bar{A}_{11}\bar{A}_{66}+\bar{A}_{16}^2)+\frac{1}{R^2}(\bar{A}_{11}\bar{A}_{22}\bar{A}_{66}-\bar{A}_{11}\bar{A}_{26}^2-\bar{A}_{16}^2\bar{A}_{22}+2\bar{A}_{12}\bar{A}_{16}\bar{A}_{26}-\bar{A}_{12}^2\bar{A}_{66})$$

$$b=\omega_n^4I_0^2(A_{66}+A_{66})-\omega_n^2I_0\frac{1}{R^2}(A_{11}A_{22}+A_{22}A_{66}-A_{12}^2-A_{26}^2)$$

$$c=-\omega_n^6I_0^3+\omega_n^2I_0\frac{1}{R^2}A_{22}$$

在短波限内，$k\rightarrow\infty\Rightarrow a=0$

$$\Rightarrow\omega_s=\omega_n=\left[\frac{(A_{11}A_{22}-A_{12}^2)A_{66}+2A_{12}A_{16}A_{26}-A_{11}A_{26}^2-A_{22}A_{16}^2}{R^2I_0(A_{11}A_{66}-A_{16}^2)}\right]^{1/2} \tag{8.88}$$

式(8.88)表明波频散具有奇异性的频率。也就是说,圆柱在轴对称径向模态下在ω_s处经历共振。

在长波范围内,$k\rightarrow0\Rightarrow c=0$

$$\Rightarrow\omega_l=\omega_n=0,\quad \omega_s=\frac{1}{R}\sqrt{\frac{A_{22}}{I_0}} \tag{8.89}$$

轴对称径向模态再次开始传播的频率,也是轴对称波在薄壳中传播的截止频率。对于各向同性的情况,其变成$(1/R)\sqrt{E/[\rho(1-\nu^2)]}$,称为环频率。对于各向同性情况,$\omega_s$ 变为$(1/R)\sqrt{E/\rho}$,且小于环频率。因此,对于各向同性和正交各向异性材料,轴对称径向模态首先在ω_s处共振并停止传播,然后以稍高的频率(即在ω_l处)开始传播。对于$h=2\text{mm}$,$\eta=0.1$(如图 8.11 所示),这些极限频率为$\omega_s=20.954$ kHz 和$\omega_l=21.017$ kHz。

图 8.13 给出了具有不同$\eta(\eta=h/R)$和$\theta=0°$时的石墨-环氧树脂复合材料壳中轴对称径向模态(标记 3)的奇异性和截止频率位置。对于η的所有值,非色散纵向模态(标记 1)保持不变。图 8.14 显示了轴对称径向模态再次传播后奇异性(频率轴下方的ω_s)和截止频率(频率轴上方的ω_l)之间的分离。因此,为了排除未知径向模态的影响,可以在一定η范围内获得圆柱管(当建模为梁时)的最佳可比性能,使施加的强迫频率带低于$\omega_s<\omega_l$。作为纤维特定取向的特殊情况,可以得到ω_s和ω_l之间的频带如图 8.14 所示,在该频带内轴对称径向模式消失。从图 8.15 中可以清楚地看出,对于$\eta=0.1$且纤维角度$\theta=60°$的管截面,当轴对称径向模态消失时,带宽几乎为 35 kHz,称为径向模式的阻带,是复合材料壳体控制振动和屈曲的重要设计参数。然而,对于作为薄壁梁结构的复合管,梁运动不太可能受到径向模态的影响(因为梁轴的运动保持不变),除非施加周向法向压力型载荷。

将式(8.86)中的$k=0$代入,得到了由扭转-径向耦合运动组成的基本截面翘曲模式,同时求解γ中的四阶多项式:

$$a'\gamma^4+b'\gamma^2+c'=0 \tag{8.90}$$

其中

$$a'=-\omega_n^2I_0\,\frac{1}{R^4}A_{22}A_{66}+\omega_n^2I_0\,\frac{1}{R^3}A_{26}^2$$

$$b'=\omega_n^4I_0^2\,\frac{1}{R^2}(A_{22}+A_{66})-\omega_n^2I_0\,\frac{1}{R^4}A_{22}A_{66}$$

$$c'=-\omega_n^6I_0^3+\omega_n^4I_0^2\,\frac{1}{R^2}A_{22}$$

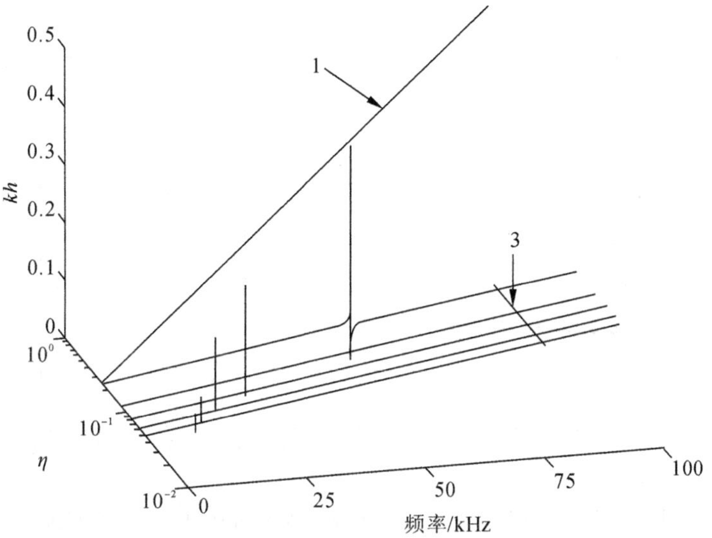

图 8.13　AS/3501-6 石墨-环氧树脂复合材料壳在不同轴对称模态下(1—纵向，3—径向)的波数图

($\theta=0°$，$\eta=h/R=0.05\sim0.25$)

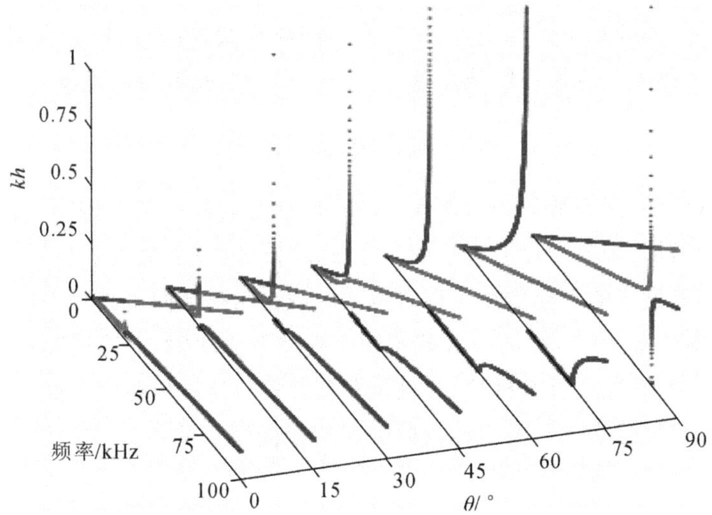

图 8.14　AS/3501-6 石墨-环氧树脂复合材料壳在不同纤维角度 θ 和轴对称模态下的波数图

($\eta=0.1$，$h=2$mm)

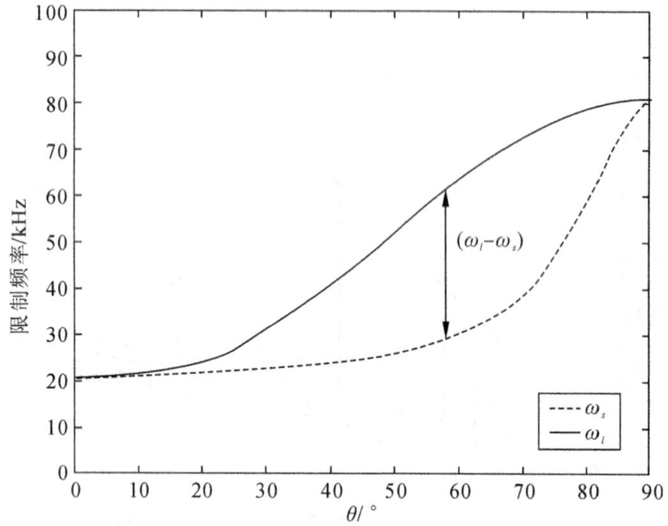

图 8.15 在 AS/3501-6 石墨-环氧树脂复合材料壳中不同纤维角度 θ 的短波和长波极限频率($\omega_l-\omega_s$)之间的距离

($\eta=0.1, h=2$mm)

在短波长范围内，$\gamma\to\infty\Rightarrow\alpha'=0$

$$\Rightarrow\omega_s=\omega_n=0 \text{ 或 } R=\frac{A_{22}A_{66}}{A_{66}^2}\to\infty \tag{8.91}$$

结果表明，当圆管半径较小时，径向模态的波长变长，并在长波范围内 ω_l 消失，刚消失时对应的频率是该传输的截止频率，$\gamma\to0\Rightarrow c'\to0$ 时取得波范围

$$\Rightarrow\omega_l=\omega_n=0, \omega_s=\frac{1}{R}\sqrt{\frac{A_{22}}{I_0}} \tag{8.92}$$

其与式(8.89)所表征的轴对称性中的径向模态的截止频率相同，由图 8.16(b)可见，随着 η 的增加，切向和径向模态的 γ(因此波长增加)呈现减小趋势。此外，当 η 增加(给定壳体厚度下的半径更小)，径向模式的截止频率会向更高频率范围移动。在图 8.16(a)中，对于 $\eta=0.1$，径向模式截止频率有类似移动(如上述情况)。然而，切向或扭转模式在 $\theta=45°$处具有对称性，并且是非色散的。这种横截面弯曲已经存在于所提出的模型中(参见运动学)，由扭转载荷引起的径向模态的传播，不受任何额外运动学假设的限制。

上述分析表明，管状单元在捕捉复合材料薄壁壳力学行为时主要的局限在于公式中不存在纵向荷载引起的轴对称径向模式。此外，圆柱形横截面上的环向的法向压力荷载无法考虑。对于轴对称模态，当 $\eta(\eta=h/R)$ 和纤维角度 θ 为特定值时，在短波长 ω_s 的极限频率以下的频率带和阻带($\omega_l-\omega_s$)上可以捕捉到最佳的可比薄壳行为。在 η 较高、L/R 较小的情况下，需要考虑沿壳厚度的抛物线横向切应力变化，以及运动学

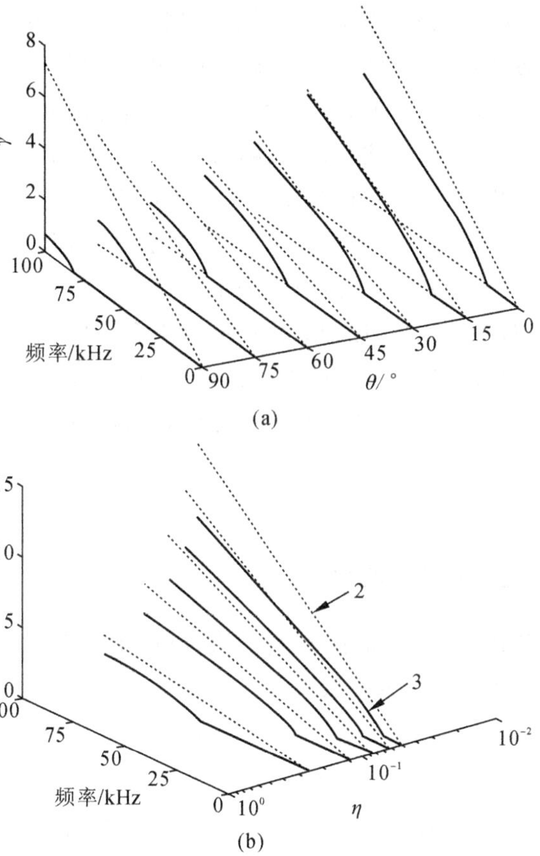

图 8.16　AS/3501-6 **石墨-环氧树脂复合材料壳中不同纤维角度 θ 和作用模态的波数图**

(a)不同纤维角度 θ 下切向-径向模态(2—切向,3—径向)的波数图(η=0.1,h=2mm);(b)不同 η 的切向-径向模式(2—切向,3—径向)的波数图(θ=0°,$\eta=h/R$=0.05～0.25)

注:此处仅允许波数 γ 取整数值。

中壳表面法向应力消失的影响,这些因素不包括在本模型中。因此,为了获得准确的结果,现有公式应限制频率带宽低于所有未考虑模态的截止频率中的最低频率(即,由于抛物线横向剪切和由于壳体表面正应力消失而产生的高阶反对称兰姆波模态和对称兰姆波模态)。但在非常厚的圆柱壳体和杆中,无论是轴对称激励还是扭转激励,最低阶向和扭转模态仍然是非频散的,并且它们在现有模型中得以保留[119]。

8.4　二维复合材料波导中波的传播

第 7 章研究了二维各向同性固体(半无限和有界固体)中的波传播。利用亥姆霍兹分解,将控制方程分解为两个独立的偏微分方程,其中一个表示 P 波解,另一个表示 S 波解。对于层压复合材料中,因层板水平的正交各向异性材料假设和层压板水平具有各向异性特性，使得 P 波和 S 波耦合致使亥姆霍兹分解不适用于求解控制方程。那么需要选择替代方法，一种方法是通过部分波分析法(PWT)解决控制方程。

在本节中，针对二维复合材料波导，将 PWT 与谱有限元方法相结合，使用 SVD 方法(在第 5 章第 5.5.1 节中描述)获取波幅值，这对于构建部分波非常必要。一般的 PWT 过程如下，首先构建一组部分波，使波系数满足规定的边界条件，即在层的顶部和底部指定两个非零牵引力。与其他基于 PWT 的公式不同，因为没有施加特定的边界条件，因此可以建立一个系统矩阵，将界面上的牵引力与界面位移联系起来。尽管在频率/波数域中进行了公式化，这种泛化仍可以将系统矩阵用作有限元动态刚度矩阵，这些矩阵可通过组合模拟不同层的不同铺层方向或不均匀性，就消除了与多层分析相关的烦琐计算。上述过程即为谱有限元方法，这将在第 13 章中详细讨论。对于波数的计算，仍采用 PEP 方法，如下所述。

8.4.1 控制方程的建立和计算波数

假设系统没有热传导，位移很小，材料是均质和各向异性的，域为一个二维欧几里德空间。三维弹性动力学运动的一般方程为：

$$\sigma_{ij,j}=\rho(x_1,x_2,x_3)\ddot{u}_i,\quad \sigma_{ij}=C_{ijkl}(x_1,x_2,x_3)\varepsilon_{kl}$$

$$\varepsilon_{ij}=(u_{i,j}+u_{j,i})/2 \tag{8.93}$$

其中逗号(,)和点(˙)与前面一样，分别表示对空间变量和时间的偏微分。

对于具有正交异性材料结构的二维模型，可通过以下假设进一步降低上述方程的复杂性。$x_1=x$ 和 $x_3=z$ 方向上的非零位移为 $u_1=u$ 和 $u_3=w$。然后，与这些位移相关(见图 8.17)的非零变量为：

$$\varepsilon_{xx}=u_x,\quad \varepsilon_{zz}=w_z,\quad \varepsilon_{xz}=u_z+w_x \tag{8.94}$$

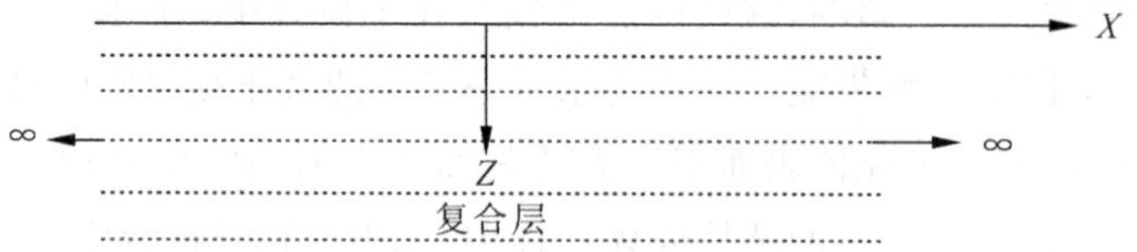

图 8.17 二维层压复合材料的坐标系

非零应力与应变的关系为：

$$\sigma_{xx}=Q_{11}\varepsilon_{xx}+Q_{13}\varepsilon_{zz},\quad \sigma_{zz}=Q_{13}\varepsilon_{xx}+Q_{33}\varepsilon_{zz},\quad \sigma_{xz}=Q_{55}\varepsilon_{xz} \tag{8.95}$$

式中，$Q_{ij}s$ 是刚度系数，它取决于层片铺设、铺层方向和铺层 z 坐标，第 3 章给出了 $Q_{ij}s$ 的表达式。在上述假设条件下，将等式(8.95)代入(8.93)，二维均质正交各向异性介质的弹性动力学方程如下所示：

$$\left.\begin{aligned}Q_{11}u_{xx}+(Q_{13}+Q_{55})w_{xz}+Q_{55}u_{zz}=\rho\ddot{u}\\Q_{55}w_{xx}+(Q_{13}+Q_{55})u_{xz}+Q_{33}w_{zz}=\rho\ddot{w}\end{aligned}\right\}\tag{8.96}$$

假定位移场是频率和波数的合成,在水平方向和垂直方向都存在这个假定,则有:

$$u(x,z,t)=\sum_{n=1}^{N-1}\sum_{m=1}^{M-1}\hat{u}(z,\eta_m,\omega_n)\begin{Bmatrix}\sin(\eta_m x)\\\cos(\eta_m x)\end{Bmatrix}\mathrm{e}^{-\mathrm{i}\omega_n t}\tag{8.97}$$

$$w(x,z,t)=\sum_{n=1}^{N-1}\sum_{m=1}^{M-1}\hat{w}(z,\eta_m,\omega_n)\begin{Bmatrix}\cos(\eta_m x)\\\sin(\eta_m x)\end{Bmatrix}\mathrm{e}^{-\mathrm{i}\omega_n t}\tag{8.98}$$

式中,ω_n 为离散角频率,η_m 为离散水平波数,$\mathrm{i}^2=-1$。注意,这里使用了傅里叶级数作为第二次变换,而不是傅里叶变换。如假设场所示,对于 $M\rightarrow\infty$,模型将在正 X 和负 X 方向上无限延伸,并且在 Z 方向上有限延伸,即它将是层状结构。特别地,可以将定义域写成 $\Omega=[-\infty,+\infty]\times[0,L]$,其中 L 是层的厚度。所有层的边界将由 z 的固定值指定。位移场(正弦或余弦)的 X 相关性将根据加载模式确定。在所有后续公式和计算中,将考虑对称荷载模式,其计算域是:

$\Omega_c=[-X_L/2,+X_L/2]\times[0,L]$,其中 X_L 是 X 窗口长度。η_m 的离散值取决于 X_L 和选择的振型(M)的数量。

位移场将控制方程简化为:

$$\boldsymbol{A}\hat{\boldsymbol{u}}''+\boldsymbol{B}\hat{\boldsymbol{u}}'+\boldsymbol{C}\hat{\boldsymbol{u}}=0,\quad \hat{\boldsymbol{u}}=\{\hat{u}\quad \hat{w}\}\tag{8.99}$$

其中($'$)表示对 z 求导。矩阵 $\boldsymbol{A}$、$\boldsymbol{B}$、$\boldsymbol{C}$ 为:

$$\boldsymbol{A}=\begin{bmatrix}Q_{55} & 0\\0 & Q_{33}\end{bmatrix},\quad \boldsymbol{B}=\begin{bmatrix}0 & -(Q_{13}+Q_{55})\eta_m\\(Q_{13}+Q_{55})\eta_m & 0\end{bmatrix}$$

$$\boldsymbol{C}=\begin{bmatrix}-\eta_m^2Q_{11}+\rho\omega_n^2 & 0\\0 & -\eta_m^2Q_{55}+\rho\omega_n^2\end{bmatrix}$$

相应的边界条件是在层界面处指定应力 σ_{zz} 和 σ_{xz}。从公式(8.95)可以看出,应力与如下未知量相关:

$$\hat{\boldsymbol{s}}=\boldsymbol{D}\hat{\boldsymbol{u}}'+\boldsymbol{E}\hat{\boldsymbol{u}},\quad \hat{\boldsymbol{s}}=\{\sigma_{zz}\quad \sigma_{xz}\}\tag{8.100}$$

$$\boldsymbol{D}=\begin{bmatrix}0 & Q_{33}\\Q_{55} & 0\end{bmatrix},\quad \boldsymbol{E}=\begin{bmatrix}\eta_mQ_{13} & 0\\0 & -\eta_mQ_{55}\end{bmatrix}$$

边值问题(BVP)归结为求 $\hat{\boldsymbol{u}}$,$\hat{\boldsymbol{u}}$ 满足等式(8.99),对于所有 $z\in\Omega_c$ 和 $\hat{\boldsymbol{u}}$ 或 $\hat{\boldsymbol{S}}$ 在 $z=0$ 或 $z=L$ 时的值。一旦获得频率波数域(z-η-ω 域)中不同 z 值的解,对于给定的 ω_n 和 η_m 值,η_m 上的求和将使解返回到 z-X-ω 空间,逆 FFT 将使解返回到时域,即 z-X-t 空间。

这些常微分方程的解的形式为 $u_o\mathrm{e}^{-ikz}$ 和 $w_o\mathrm{e}^{-ikz}$,产生 PEP:

$$\boldsymbol{W}\{\boldsymbol{u}_o\}=0,\quad \boldsymbol{W}=-k^2\boldsymbol{A}-\mathrm{i}k\boldsymbol{B}+\boldsymbol{C},\quad \{\boldsymbol{u}_o\}=\{u_o\quad w_o\}\tag{8.101}$$

式中，$\boldsymbol{W}$ 为波矩阵：

$$\boldsymbol{W}=\begin{bmatrix} -k^2Q_{55}-\eta_m^2Q_{11}+\rho\omega_n^2 & \mathrm{i}k\eta_m(Q_{13}+Q_{55}) \\ -\mathrm{i}k\eta_m(Q_{13}+Q_{55}) & -k^2Q_{33}-\eta_m^2Q_{55}+\rho\omega_n^2 \end{bmatrix} \tag{8.102}$$

$\boldsymbol{W}$ 屈服点的奇异性条件如下所示：

$$\begin{aligned} &Q_{33}Q_{55}k^4+\{(Q_{11}Q_{33}-2Q_{13}Q_{55}-Q_{13}^2)\eta_m^2-\rho\omega_n^2(Q_{33}+Q_{55})\}k^2+ \\ &\{Q_{11}Q_{55}\eta_m^4-\rho\omega_n^2\eta_m^2(Q_{11}+Q_{55})+\rho^2\omega_n^4\}=0 \end{aligned} \tag{8.103}$$

上面的方程，将垂直波数 k 与水平波数 η 和频率 ω 联系起来，是频谱关系。需要注意的是，对于 η_m 和 ω_n 的每一个值，有四个 k 值，用 k_{lmn} 表示，$l=1,\cdots,4$，这将通过求解谱关系得到。显式波数 k 的解为 $k_{lnm}=\pm\sqrt{-b\pm\sqrt{b^2-4ac}}$，其中 a，b 和 c 分别为式(8.103)中 k^4、k^2 和 k^0 的系数。

8.4.2 波数的计算

下面我们进一步对波数的某些性质进行探讨。从式(8.103)可以看出，当 $\eta_m=0$ 时，得到根 $\pm\omega\sqrt{\rho/Q_{33}}$ 和 $\pm\omega\sqrt{\rho/Q_{55}}$。由于 ρ、Q_{33} 或者 Q_{55} 不可能是负数或者等于零，因此这些根总是实数，并且与 ω 呈线性关系。当 η_m 不为零时，满足 ω 的 k 为零，有

$$Q_{11}Q_{55}\eta_m^4-\rho\omega_n^2\eta_m^2(Q_{11}+Q_{55})+\rho^2\omega_n^4=0$$

即

$$(Q_{11}\eta_m^2-\rho\omega^2)(Q_{55}\eta_m^2-\rho\omega^2)=0$$

可求得

$$\omega=\eta_m\sqrt{Q_{11}/\rho}\text{或}\ \omega=\eta_m\sqrt{Q_{55}/\rho}$$

在达到 ω 之前，方程(8.103)的根是虚数且不传播，超过此频率后，根是实数且传播，这些频率是截止频率。对于各向同性材料，这些截止频率由 $c_{\mathrm{p}}\eta$ 和 $c_{\mathrm{s}}\eta$ 给出[304]。如果分别用 $\lambda+2\mu$ 和 μ 识别 Q_{11} 和 Q_{55}，其中 λ 和 μ 是拉梅参数，则截止频率的当前表达式可简化为各向同性材料的截止频率表达式。如前所述，没有明确的 P 波或 S 波。相反，有 QP 波和 QS 波。如果我们用 Q_{33}（或 Q_{11}）识别 QP 波，用 Q_{55} 识别 QSV 波，那么截止频率表明，对于相同的 η_m 值，QSV 波首先传播，因为 $Q_{11}>Q_{55}$。正波数表示前向传播模式，负根表示后向传播模式。在图 8.18 中，绘制了三个不同层片角度（0°、45°和 90°）的波数。

对于所有层片角度，Q_{33} 和 Q_{55} 分别假定为 9.69 GPa 和 4.13 GPa。对于 Q_{11} 和 Q_{13}，假设层片角度为 0°，$Q_{11}=146.3$ GPa，$Q_{13}=2.98$ GPa；层片角度为 45°，$Q_{11}=44.62$ GPa，$Q_{13}=1.62$ GPa；层片角度为 90°，$Q_{11}=9.69$ GPa，$Q_{13}=2.54$ GPa。在图 8.18 中，波数的虚部绘制在水平面上，实部绘制在垂直面上。此外，0°和 90°的波数的虚部绘制在正面，而 45°被标在反侧，以示区分。取两个不同的 η_m 值，波数实部的线性变化适用于 $\eta_m=0$，其余曲线适用于 $\eta_m=10$。如前所述，线性部分的斜率取决于 Q_{33} 和

Q_{55}，因为它们对于所有的夹角都相等，这部分对于所有层片角度都是适用的。不同之处在于虚部和截止频率。图中显示了每个层片角度的两个不同截止频率，其中最大值为 0°层片角度，因为此时 Q_{11} 取最大值。此外，Q_{55} 在所有情况下是相等的，因此剪切截止频率对于所有层片角度是相同的。

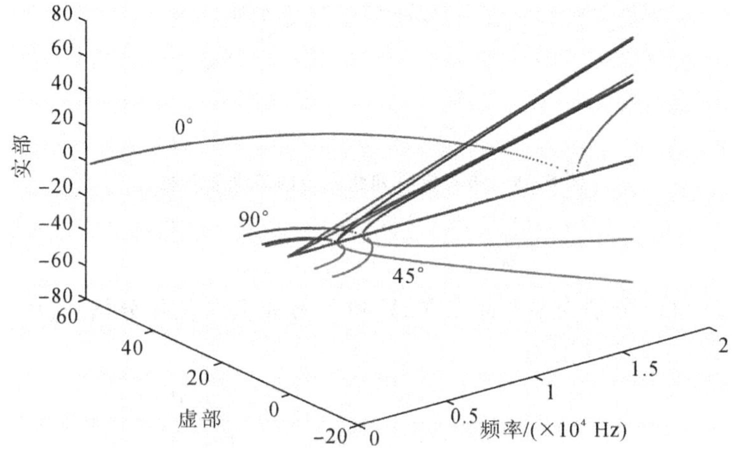

图 8.18　波数随 ω_n 的变化($\eta_m=10$)

一旦得到所需的波数 k(其中波矩阵 $\boldsymbol{W}$ 是奇异的)，则解 $\boldsymbol{u}_0$ 作为频率 ω_n 和波数 η_m 的函数解为：

$$u_{nm}=R_{11}C_1\mathrm{e}^{-\mathrm{j}k_1x}+R_{12}C_2\mathrm{e}^{-\mathrm{j}k_2x}+R_{13}C_3\mathrm{e}^{-\mathrm{j}k_3x}+R_{14}C_4\mathrm{e}^{-\mathrm{j}k_4x} \tag{8.104}$$

$$w_{nm}=R_{21}C_1\mathrm{e}^{-\mathrm{j}k_1x}+R_{22}C_2\mathrm{e}^{-\mathrm{j}k_2x}+R_{23}C_3\mathrm{e}^{-\mathrm{j}k_3x}+R_{24}C_4\mathrm{e}^{-\mathrm{j}k_4x} \tag{8.105}$$

其中 R_{ij} 是要确定的振幅系数，被称为波幅。如前所述，采用奇异值分解(SVD)方法，R_{ij} 是从在波数 k_i 处评估的波矩阵 $\boldsymbol{W}$ 中获得的。

8.5　二维叠层复合材料板中波的传播

如图 8.19 所示，层压复合材料二维板是一维复合梁的二维对应物。前一节使用部分波技术求解二维层压复合材料在平面激励下的控制波动方程，其中使用了伴随矩阵法和 SVD 法来计算波幅，以及 PEP 方法来获得波数。这种方法非常高效，然而确定伴随矩阵的很烦琐，容易出错，特别是当系统尺寸很大时，如板和壳。因此，有必要使查找波数和波幅的整个过程自动化。在本节中，使用系统矩阵(波矩阵)的特征根和右特征向量的概念来计算波数和振幅比矩阵，并将整个问题作为 PEP 提出。

8.5.1　控制方程的建立

根据 CLPT，位移场如下所示：

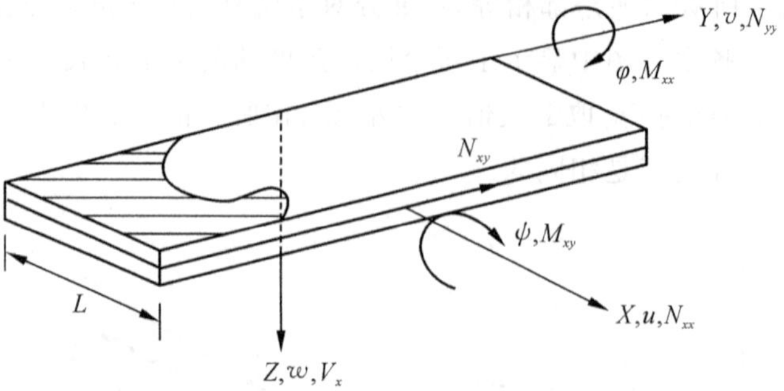

图 8.19 具有位移和合应力的二维复合板

$$U(x,y,z,t)=u(x,y,t)-z\partial w/\partial x,\quad V(x,y,z,t)=v(x,y,t)-z\partial w/\partial y$$

$$W(x,y,z,t)=w(x,y,t)$$

式中，u、v 和 w 分别为参考面在 X、Y 和 Z 方向上的位移分量，其中 Z 向下为正值(见图 13.17)。非零应变为：

$$\begin{Bmatrix}\varepsilon_{xx}\\ \varepsilon_{yy}\\ \varepsilon_{xy}\end{Bmatrix}=\begin{Bmatrix}\partial u/\partial x\\ \partial v/\partial y\\ \partial u/\partial y+\partial v/\partial x\end{Bmatrix}+\begin{Bmatrix}-z\partial^2 w/\partial xx\\ -z\partial^2 w/\partial yy\\ -2z\partial^2 w/\partial xy\end{Bmatrix}=\{\varepsilon_0\}+\{\varepsilon_1\}\tag{8.106}$$

式中，ε_{xx} 和 ε_{yy} 分别为 X 和 Y 方向上的法向应变，ε_{xy} 为平面内剪切应变。相应的法向应力和剪切应力通过关系式与这些应变相关，关系为：

$$\begin{Bmatrix}\sigma_{xx}\\ \sigma_{yy}\\ \sigma_{xy}\end{Bmatrix}=\begin{bmatrix}\bar{Q}_{11} & \bar{Q}_{12} & 0\\ \bar{Q}_{12} & \bar{Q}_{22} & 0\\ 0 & 0 & \bar{Q}_{66}\end{bmatrix}\begin{Bmatrix}\varepsilon_{xx}\\ \varepsilon_{yy}\\ \varepsilon_{xy}\end{Bmatrix}\tag{8.107}$$

其中 $\bar{Q}_{ij}$ 是各向异性本构矩阵中的参数，其中考虑了层片角度的影响。第 3 章给出了 $\bar{Q}_{ij}s$ 的表达式。合力可以用这些应力来定义，如下所示：

$$\begin{Bmatrix}N_{xx}\\ N_{yy}\\ N_{xy}\end{Bmatrix}=\int_A\begin{Bmatrix}\sigma_{xx}\\ \sigma_{yy}\\ \sigma_{xy}\end{Bmatrix}\mathrm{d}A,\quad \begin{Bmatrix}M_{xx}\\ M_{yy}\\ M_{xy}\end{Bmatrix}=\int_A z\begin{Bmatrix}\sigma_{xx}\\ \sigma_{yy}\\ \sigma_{xy}\end{Bmatrix}\mathrm{d}A\tag{8.108}$$

将等式(8.106)代入(8.108)，合力和位移场之间的关系如下：

$$\begin{Bmatrix}N_{xx}\\ N_{yy}\\ N_{xy}\end{Bmatrix}=\begin{bmatrix}A_{11} & A_{12} & 0\\ A_{12} & A_{22} & 0\\ 0 & 0 & A_{66}\end{bmatrix}\{\varepsilon_0\}+\begin{bmatrix}B_{11} & B_{12} & 0\\ B_{12} & B_{22} & 0\\ 0 & 0 & B_{66}\end{bmatrix}\{\varepsilon_1\}\tag{8.109}$$

$$\begin{Bmatrix}M_{xx}\\ M_{yy}\\ M_{xy}\end{Bmatrix}=\begin{bmatrix}B_{11} & B_{12} & 0\\ B_{12} & B_{22} & 0\\ 0 & 0 & B_{66}\end{bmatrix}\{\varepsilon_0\}+\begin{bmatrix}D_{11} & D_{12} & 0\\ D_{12} & D_{22} & 0\\ 0 & 0 & D_{66}\end{bmatrix}\{\varepsilon_1\}\tag{8.110}$$

其中，参数 A_{ij}、B_{ij} 和 D_{ij} 定义为：

$$[A_{ij}, B_{ij}, D_{ij}] = \int_A \bar{Q}_{ij}[1, z, z^2]\mathrm{d}A \tag{8.111}$$

动能(T)和势能(U)根据位移场和应力定义为：

$$T = \frac{1}{2}\int_V \rho(\dot{U}^2 + \dot{V}^2 + \dot{W}^2)\mathrm{d}V$$

$$U = \frac{1}{2}\int_V (\sigma_{xx}\varepsilon_{xx} + \sigma_{yy}\varepsilon_{yy} + \sigma_{xy}\varepsilon_{xy})\mathrm{d}V$$

应用哈密顿原理，控制方程可以用这些合力表示出：

$$\partial N_{xx}/\partial x + \partial N_{xy}/\partial y = I_0\ddot{u} - I_1\partial\ddot{w}/\partial x \tag{8.112}$$

$$\partial N_{xy}/\partial x + \partial N_{yy}/\partial y = I_0\ddot{v} - I_1\partial\ddot{w}/\partial y \tag{8.113}$$

$$\begin{aligned}&\partial^2 M_{xx}/\partial xx + 2\partial^2 M_{xy}/\partial xy + \partial^2 M_{yy}/\partial yy = I_o\ddot{w} - \\ &I_2(\partial^2\ddot{w}/\partial xx + \partial^2\ddot{w}/\partial yy) + I_1(\partial\dot{u}/\partial x + \partial\dot{v}/\partial y)\end{aligned} \tag{8.114}$$

其中质量力矩定义为：$[I_0, I_1, I_2] = \int_A \rho[1, z, z^2]\mathrm{d}A$　　(8.115)

控制方程可以根据位移分量进一步展开。然而，由于过程较复杂，此处不再赘述，详细推导过程请参考文献[301]。相关的边界条件包括：

$$\bar{N}_{xx} = N_{xx}n_x + N_{xy}n_y, \quad \bar{N}_{yy} = N_{xy}n_x + N_{yy}n_y \tag{8.116}$$

$$\bar{M}_{xx} = -M_{xx}n_x - M_{xy}n_y \tag{8.117}$$

$$\begin{aligned}\bar{V}_x = &(\partial M_{xx}/\partial x + 2\partial M_{xy}/\partial y - I_1\ddot{u} + I_2\partial\ddot{w}/\partial x)n_x + \\ &(\partial M_{xy}/\partial x + 2\partial M_{yy}/\partial y - I_1\ddot{v} + I_2\partial\ddot{w}/\partial y)n_y\end{aligned} \tag{8.118}$$

其中 $\bar{N}_{xx}$ 和 $\bar{N}_{yy}$ 是 X 和 Y 方向上施加的法向力，$\bar{M}_{xx}$ 和 $\bar{M}_{yy}$ 是关于 Y 和 X 轴的施加力矩，$\bar{V}_x$ 是在 Z 方向上施加的剪力。

8.5.2　波数的计算

波数计算始于假设位移场解与前一节中解释的层元素公式的解类型相同，即寻找时间谐波波动，并在 Y 方向(模型无边界)采用傅里叶级数。因此，

$$u(x,y,t) = \sum_{n=1}^{N}\sum_{m=1}^{M}\hat{u}(x)\begin{Bmatrix}\cos(\eta_m y)\\ \sin(\eta_m y)\end{Bmatrix}\mathrm{e}^{-\mathrm{i}\omega_n t} \tag{8.119}$$

$$v(x,y,t) = \sum_{n=1}^{N}\sum_{m=1}^{M}\hat{v}(x)\begin{Bmatrix}\sin(\eta_m y)\\ \cos(\eta_m y)\end{Bmatrix}\mathrm{e}^{-\mathrm{i}\omega_n t} \tag{8.120}$$

$$w(x,y,t) = \sum_{n=1}^{N}\sum_{m=1}^{M}\hat{w}(x)\begin{Bmatrix}\cos(\eta_m y)\\ \sin(\eta_m y)\end{Bmatrix}\mathrm{e}^{-\mathrm{i}\omega_n t} \tag{8.121}$$

同样地，选择余弦还是正弦依赖于载荷关于 x 轴的对称性或反对称性。ω_n 和 η_m 分别是第 n 个采样点的圆频率和第 m 个采样点在 Y 方向的波数。N 是 FFT 中对应于奈奎斯特频率对应的指标，用于计算机实现傅里叶变换。

将式(8.119)至(8.121)代入式(8.112)至(8.115)中，得到了未知量 $\hat{u}(x)$、$\hat{v}(x)$ 和 $\hat{w}(x)$ 的常微分方程组。由于这些常微分方程具有常系数，因此其解可以写成 $\tilde{u}e^{-ikx}$、$\tilde{v}e^{-ikx}$ 和 $\tilde{w}e^{-ikx}$，其中 k 是 X 方向上的待定波数，而 $\tilde{u}$、$\tilde{v}$ 和 $\tilde{w}$ 是未知常数。将这些假定形式代入常微分方程组，提出一个 PEP 求解$(\boldsymbol{v},k)$，即：

$$\boldsymbol{\Psi}(k)\boldsymbol{v}=(k^4\boldsymbol{A}_4+k^3\boldsymbol{A}_3+k^2\boldsymbol{A}_2+k\boldsymbol{A}_1+\boldsymbol{A}_0)\boldsymbol{v}=0,\quad \boldsymbol{v}\neq 0 \tag{8.122}$$

当 $\boldsymbol{A}_i\in\boldsymbol{C}^{3\times 3}$，$k$ 是特征值，$\boldsymbol{v}$ 是相应的右特征向量。矩阵 $\boldsymbol{A}_i$ 为

$$\boldsymbol{A}_0=\begin{bmatrix}-A_{66}\eta_m^2+I_0\omega_n^2 & 0 & 0\\ 0 & -A_{22}\eta_m^2+I_0\omega_n^2 & -B_{22}\eta_m^3+I_1\omega_n^2\eta_m\\ 0 & -B_{22}\eta_m^3+I_1\omega_n^2\eta_m & -D_{22}\eta_m^4+I_0\omega_n^2+I_2\omega_n^2\eta_m^2\end{bmatrix}$$

$$\boldsymbol{A}_1=\begin{bmatrix}0 & -i\eta_m(A_{12}+A_{66}) & -i\eta_m^2(B_{12}+2B_{66})+iI_1\omega_n^2\\ i\eta_m(A_{12}+A_{66}) & 0 & 0\\ i\eta_m^2(B_{12}+2B_{66})-iI_1\omega_n^2 & 0 & 0\end{bmatrix}$$

$$\boldsymbol{A}_2=\begin{bmatrix}-A_{11} & 0 & 0\\ 0 & -A_{66} & -\eta_m(B_{12}+2B_{66})\\ 0 & -\eta_m(B_{12}+2B_{66}) & -\eta_m^2(2D_{12}+4D_{66})+I_2\omega_n^2\end{bmatrix}$$

$$\boldsymbol{A}_3=\begin{bmatrix}0 & 0 & -iB_{11}\\ 0 & 0 & 0\\ iB_{11} & 0 & 0\end{bmatrix},\quad \boldsymbol{A}_4=\begin{bmatrix}0 & 0 & 0\\ 0 & 0 & 0\\ 0 & 0 & -D_{11}\end{bmatrix}$$

可以注意到，$\boldsymbol{A}_4$ 是奇异矩阵，因此兰姆矩阵 $\boldsymbol{\Psi}(k)$ 不是正则矩阵[195]，并且允许无穷的特征值存在[347]。

通过前面描述的方法求解 PEP，在这种情况下，谱关系是 $m=k^2$ 的四次多项式，

$$p(m)=m^4+C_1m^3+C_2m^2+C_3m+C_4,\quad C_i\in\boldsymbol{C} \tag{8.123}$$

这将生成一个 4 阶的伴随矩阵。在前面描述的两种波数计算方法中，都使用了特征值求解器，其中对于 QZ 算法，计算成本为 $30n^3$，此外特征向量计算还需 $16n^3$（n 为矩阵的阶数）。由于第二种方法中的伴随矩阵阶数是第一种方法的 3 倍，在上述两种波数计算中，采用 4 阶的特征值求解器，其中，QZ 算法相比第一种方法，计算代价是其 3 倍，计算成本是其 27 倍，因为这种计算要执行 $N\times M$ 次。此外，由于 $\boldsymbol{\Psi}(k)$ 不是正则矩阵，存在无限个特征值，应慎重选取这些根。第二种方法避免了获得方程(8.123)中 C_i 的冗长表达式，更具有优势。

随后的计算中研究了这两种方法的有效性，结果发现，对于单个计算，伴随矩阵法

需要 0.03 s 的 CPU 时间，0.0661 s 的实时时间和 6991 个浮点运算（flops），而线性化 PEP 法需要 0.02 s 的 CPU 时间，0.0686 s 的实时时间，276735 个浮点运算，其中所有的计算都在 SUN Solaris 工作站中执行。因此，第二种方法比伴随矩阵方法快，尽管涉及明显较大的浮点运算。C_i 在式(8.123)中的表达式又长又复杂，所以不在这里给出。通过考虑具有以下材料特性的 AS/3501 碳-环氧（Gr.-Ep.），可以求解控制波数的多项式[式(8.123)]：

$$E_1 = 144.48\ \text{GPa},\ E_2 = 9.63\ \text{GPa},\ E_3 = 9.63\ \text{GPa}$$

$$G_{23} = 4.128\ \text{GPa},\ G_{13} = 4.128\ \text{GPa},\ G_{12} = 4.128\ \text{GPa}$$

$$\nu_{23} = 0.3,\ \nu_{13} = 0.02,\ \nu_{12} = 0.02,\ \rho = 1389\ \text{kg/m}^3,\ h_o = 1.0\ \text{mm},\ N_l = 10$$

其中，h_o 为每层厚度，N_l 为总层数。对于两种不同的叠层序列，一种是对称的 $[0]_{10} \sim 0_{10}$，另一种是不对称的 $[0_5/90_5]$。Y 方向的波数 η_m 在所有波数计算中都固定为 50。对于对称序列，波数的实部和虚部分别在图 8.20 和图 8.21 中显示。横坐标上标有 1、2 和 3 的点表示截止频率 3 kHz、13.7 kHz 和 21 kHz。点 1 之前的两个根相等，表示为 k_1 和 k_2，因此在第 1 点之前，只有四个非零实根（$\pm k_1$、$\pm k_2$）和八个非零虚根（$\pm k_1$、$\pm k_2$、$\pm k_3$ 和 $\pm k_4$）。在点 1 之后，k_1，k_2 中的一个变成纯实，另一个变成纯虚，并且是高频率下唯一的虚根。可以进一步注意到，这些根对应于弯曲模式 w，在点 1 之前，这些波数（k_1、k_2）同时具有实部和虚部，这意味着这些模式在传播中衰减。因此，各向异性复合板存在非均匀波[54]。2 和 3 标记的点是两个截止频率，因为根 k_3 和 k_4 在此从虚数变为实数。这些根对应于平面内运动，即位移 u 和 v。

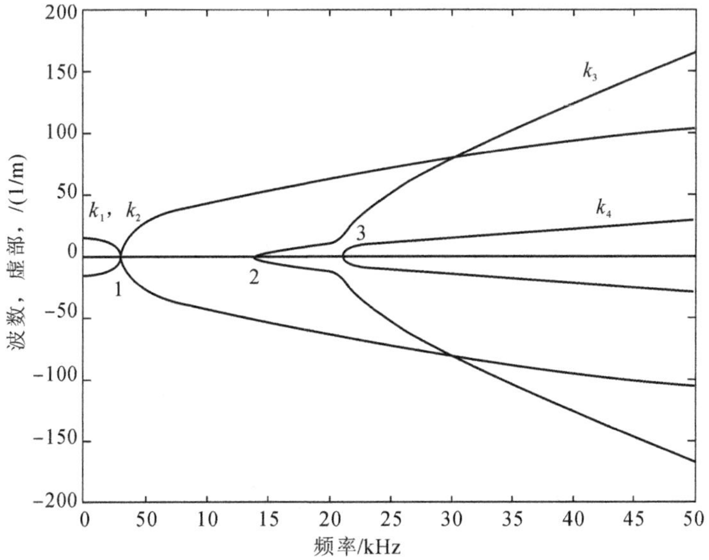

图 8.20　波数实部，对称序列

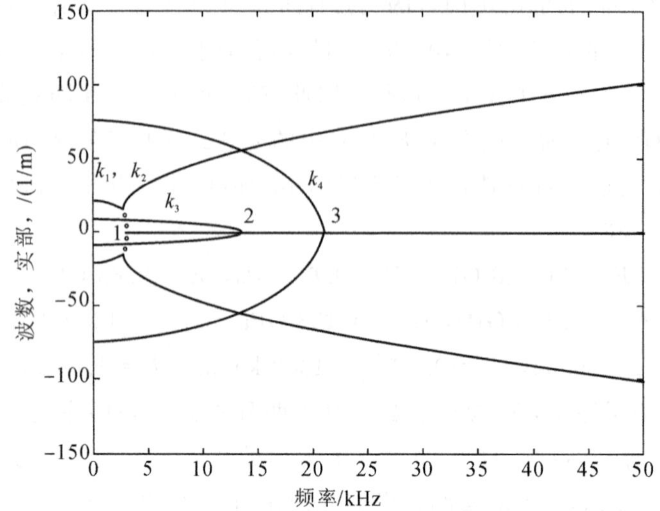

图 8.21 波数虚部,对称序列

接下来考虑非对称的叠层序列(图 8.22 和图 8.23),其波数模式定性地保持不变。截止频率分别为 5.3 kHz、13.8 kHz 和 60 kHz,其中第一个对应弯曲模式,后两个对应面内运动。与对称的叠层序列相比,可以说第一个和第三个截止频率的幅度比其对称对应物更高,并且第三个截止频率的增长速率更高。此外,所有波数的幅度都增加了。值得注意的是,与对称情况相反,在更高的频率下,第三个波数 k_3 的幅度比弯曲波数(k_1 和 k_2 其中之一)更低。

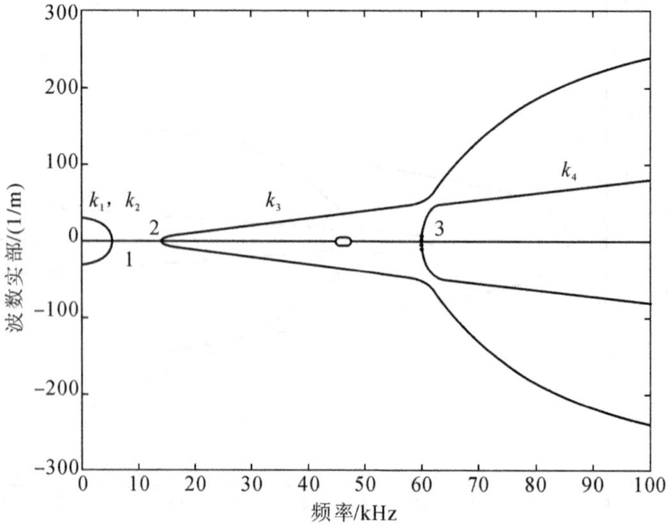

图 8.22 波数实部,不对称序列

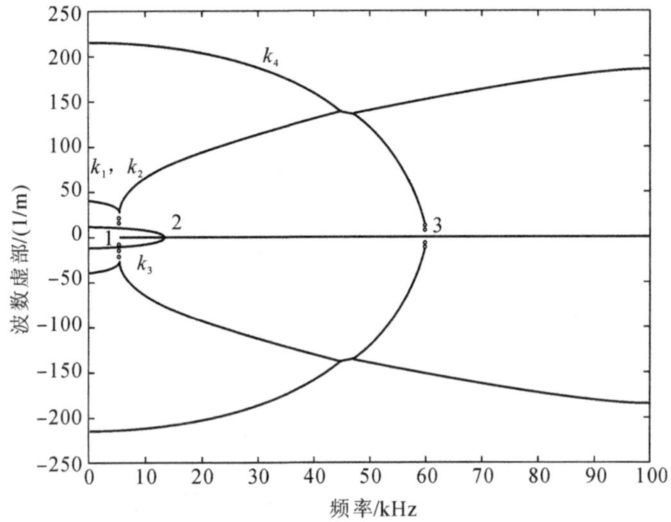

图 8.23　波数虚部，不对称序列

在波数的虚部中也可以看到类似的趋势，在所有情况下，幅度都比对称序列的虚部波数高（几乎是两倍）。因此，在不对称情况下，传播模式的衰减相对较高。

设 $k=0$，求 ω_n 截止频率的控制方程为：

$$a_0\omega_n^6+a_1\omega_n^4+a_2\omega_n^2+a_3=0 \tag{8.124}$$

式中，a_i 为材料性质和波数 η_m 的相关系数，如下所示：

$$\left.\begin{aligned}
a_0&=I_0^2I_2\eta^2+I_0^3-I_0I_1^2I_2\\
a_1&=-I_0^2D_{22}\eta^4-I_0^2(A_{22}+A_{66})\eta^2-\\
&\quad I_0I_2\eta^4(A_{66}+A_{22})+A_{66}\eta^4I_1^2+2I_0B_{22}\eta_4I_1\\
a_2&=-I_0B_{22}^2\eta^6+A_{66}\eta^4A_{22}I_0+A_{66}\eta^6I_0D_{22}-\\
&\quad 2A_{66}\eta^6B_{22}I_1+I_0A_{22}\eta^6D_{22}+A_{66}\eta^6A_{22}I_2\\
a_3&=A_{66}\eta^8(-A_{22}D_{22}+B_{22}^2)
\end{aligned}\right\} \tag{8.125}$$

对式(8.124)进行求解，得到截止频率随 η_m 的变化，见图 8.24。

如图所示，弯曲模式截止频率 $\omega_{1,2}$ 的变化遵循非线性模式，而其他两个截止频率则呈线性增长。仔细观察会发现，ω_3 的模式在对称和不对称情况是相同的。由于 A_{12} 的大小没有随着叠层角度的变化而改变，可以得出结论，ω_3 与 $\sqrt{A_{12}/\rho}$ 的比例成正比。对于不同的叠层顺序，$\omega_{1,2}$ 没有变化，而对于 ω_4，影响最大，借助这个图，可以解释图 8.20 至图 8.23中 1、2 和 3 点的位置。

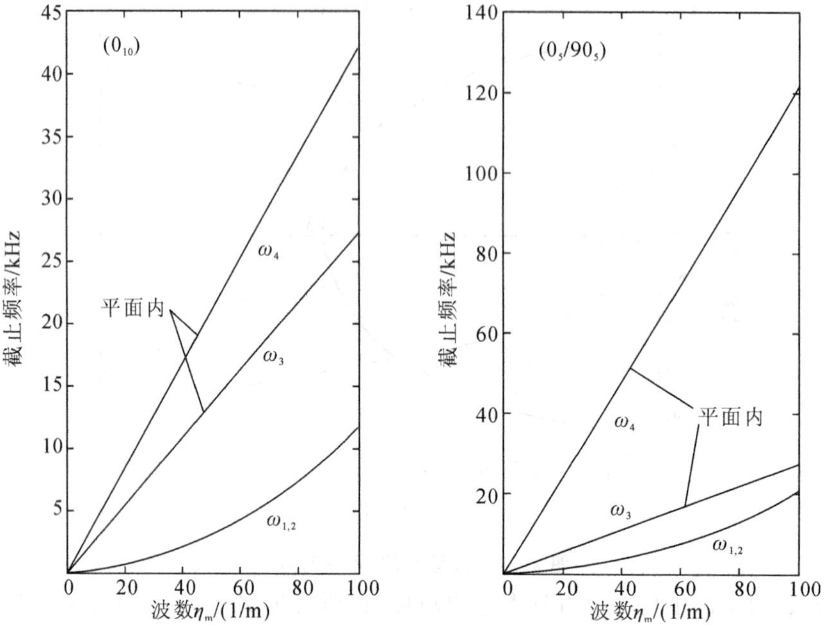

图 8.24 截止频率随 η_m 的变化

总　结

本章详细研究了一维和二维复合波导中的波传播，介绍了介质中波传播背后的重要物理特性。可见，层压复合材料构造的各向异性性质引入了某些特性，这些特性在各向同性对应物中并不存在。首先，介绍了欧拉-伯努利梁中的波传播，可知刚度和惯性耦合导致轴向和弯曲模式的群速度减少了近 40%。其次，介绍了厚梁中的波传播，其中包括由泊松比引起的剪切变形、转动惯量和泊松比横向收缩效应的影响。此处存在两个截止频率，一个是由剪切变形引起，另一个是由横向收缩引起，如果耦合改变，截止频率也会发生变化，耦合还会降低轴向和弯曲波模式的群速度。接下来研究了不同波模式的阻尼效应，结果表明，阻尼会导致模式局部化并增加群速度，特别是较低的阻尼值。随后介绍了在厚和薄复合管中的波传播，考虑了由于横截面椭圆化而产生的额外效应，研究了波参数作为纤维角度方向的函数。在本章最后部分，研究了二维层压复合材料中的波传播，获得了具有平面内载荷（膜）和平面外载荷（板）结构的波数。对于具有平面内载荷的复合结构，结果表明，不存在明显的纵波和横波，通常是耦合的。因此，使用亥姆霍兹分解并不适用，应使用分波技术来获得波模式。

第9章

波在夹芯结构波导中的传播

夹芯(夹层)结构是通过在重量轻而相对厚一点的芯材(芯层)两侧贴上两层薄而坚固又有刚度的面板所组成,是一种特殊的复合材料结构类型。这种结构能够很好地吸收冲击能量,其整体受力原理类似工字梁。夹层结构材料的面板承受由弯矩引起的面内正应力和面内剪切应力,芯材主要承受由面板传来的横向剪切应力,强度较高的面板通过层间剪切效应将所有冲击能量传递给芯层,而芯层则经历大变形以吸收冲击能量。其面板可以是金属或复合材料,芯材可以是金属或泡沫。典型的夹芯结构如图9.1所示。

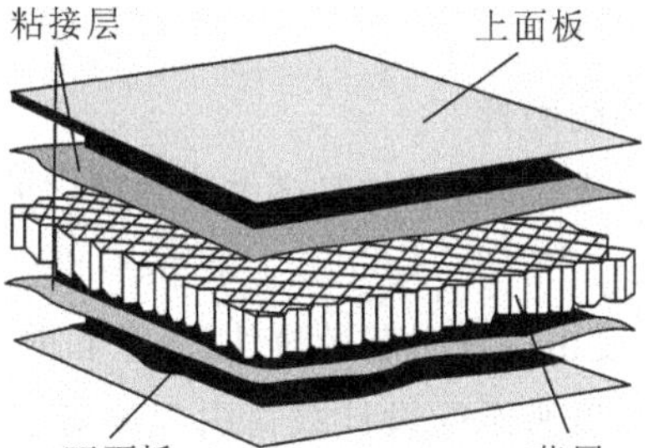

图9.1 夹层结构的分解图

夹芯梁的性能与工字梁非常相似。工字梁中尽可能多的材料被放置在离弯曲中心或中性轴最远的翼缘中,连接的腹板中只保留能使翼缘协同工作并抵抗剪切和屈曲的材料。在三明治夹芯结构中,面板取代了翼缘的位置,而芯层则取代了腹板。因此,与工字梁类似,在三明治夹芯结构中,面板承受由弯矩引起的面内正应力和面内剪切应力,芯材主要承受由面板传来的横向剪切应力,与此同时还具有稳定两块面板,防止局部屈服的作用。夹芯结构在航空航天、海军装备中有广泛的应用。经典文献[50]、[362]和[394]中详细介绍了夹芯结构。

增加三明治结构芯的厚度，可以增加材料的三明治结构效应。如果设 t 为面板的厚度，材料的刚度随岩芯厚度的关系如图 9.2 所示。

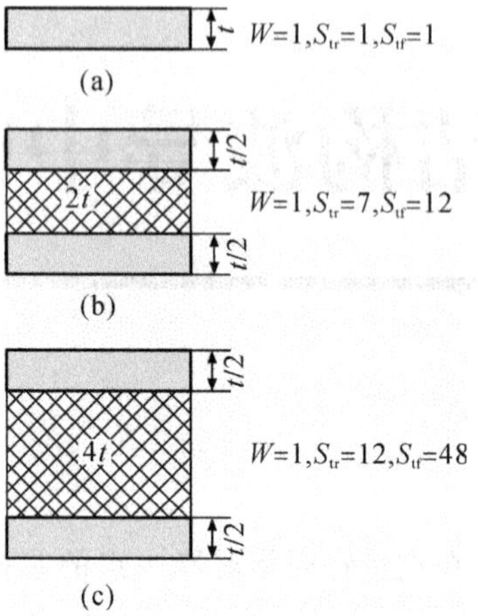

图 9.2 同质结构和夹层结构的比较

注：S_{tr}和 S_{tf}分别表示强度和刚度参数。

从图 9.2 可知，夹芯结构具有优良的比刚度和比强度，即在同等刚度和强度下，重量更低。面板是夹芯结构的重要组成部分。除了保护芯层外，面板具有以下特性：

· 高强度带来的高抗弯刚度

· 高抗拉伸和抗压缩强度

· 非常高的抗冲击性

· 更好的环境适应性和耐磨性

芯层的横向剪切强度很大，因此不能忽略由这种横向剪切强度引起的变形。夹芯结构的一些要求总结如下：

1. 面板应足够厚，以承受由载荷引起的拉伸、压缩和剪切应力。

2. 芯层应具有足够的强度来承受设计载荷引起的剪切应力。粘合剂必须具有足够的强度，将剪切应力传递至芯层中。

3. 芯层要足够厚，有足够的剪切模量，防止结构在载荷作用下整体屈曲。

4. 芯层和面板的压缩模量应足以防止面板在设计载荷下起皱。

5. 芯层单元应足够小，以防止面板设计负载下面板的单元内凹陷。

6. 芯层应具有足够的抗压强度，以抵抗与面板垂直作用的设计载荷或由弯曲引起的压应力造成的破坏。

下一个问题是夹芯结构的建模。在一维情况下，最简单的模型是将夹芯结构理想化为工字梁，其中梁的翼缘特性来自面板，而芯层特性关联到腹板。但对于厚度、尺寸较大的夹芯结构，需要更精细的分析理论。Pagano[276] 是最早推导矩形夹芯板弹性力学精确解的人之一，其理论至今仍是许多夹芯结构理论的基础。

相关文献中有许多基于位移的理论（其中对位移场进行了先验假设）。这些理论是根据等效单层（ESL）概念和分层概念提出的。事实上，工字梁理想化理论就是一种 ESL 概念。基于 ESL 概念的理论虽然不能捕捉夹芯结构构件的局部行为，但与分层理论相比，可以相对容易地获得整体行为，其自由度的数量也更少。文献[370]介绍了基于位移的理论及有限元模型的最新发展。经典理论如欧拉-伯努利理论（适用于梁）和 Kirchoff 理论（适用于板）未考虑剪切变形的影响，且未充分预测厚梁/板的响应。$kh<1$ 的板结构，通常基于 Kirchoff 板理论/经典板理论（CPT）进行分析，当弯曲波长比板的厚度小时，需要考虑剪切变形和转动惯量的影响[78]，其中 k 为波数，h 是板的厚度。众所周知，剪切模式在短波长的波传播中起着至关重要的作用。文献[332]比较了精确（弹性理论的三维公式）和简化理论（基于铁木辛柯梁理论的二维公式），在无限域上获得的色散曲线，认为简化理论可以可靠地评估夹层板在频率范围内的波导特性。

为了考虑这些影响，需要将高阶理论应用于夹层结构和波传播分析，并提出基于这些理论的控制微分方程。一阶剪切变形理论（FSDT）是最常见的考虑剪切变形效应的高阶理论，例如梁的铁木辛柯梁理论和板的明德林理论。本书复合材料、各向同性材料波传播章节介绍了这些理论。这些理论基于等效单层（ESL）方法，厚度中所有层的刚度的影响是综合的，从而减少了自由度的数量，能够提供平均意义上的解（通过厚度），但不适用于详细的局部分析。

另外，对于高冲击载荷情况，由于芯层强度低，顶部面板和底部面板的响应会有所不同。虽然基于位移的 ESL 理论中考虑了高阶效应，但平衡是以积分的形式给出的，一般来说，大多数只满足层间连续性的分层理论，由于芯层在垂直方向上的柔性导致位移场的非线性，因此无法获得高阶效应。文献[117]中提出的高阶夹芯（层）板理论（HSaPT）结合了梁理论（用于表面蒙皮）和二维弹性力学理论（用于芯层）。文献[118]研究了软泡沫夹芯板和硬蜂窝夹芯板的自由振动。HSaPT 虽然考虑了芯层内的横向剪应力，但忽略了芯层内的面内应力。忽略面内应力会导致剪应力沿芯层厚度的恒定分布。在动力学问题中，如果芯层密度和轴向加速度不为负，剪切应力在整个厚度范围内可能不是恒定的，文献[279]中提出了一个扩展的高阶夹芯（层）板理论（EHSaPT），考虑了芯层的轴向刚度。

根据以上讨论，针对有一定厚度的夹芯结构，因其存在转动惯量和剪切效应，采用高阶理论进行分析。本章采用 EHSaPT 理论，进行了基于拉普拉斯变换的谱分析，研究了波在此类厚梁中的传播特性。研究了波在二维夹芯结构波导中的传播，其特点在于采用多重变换技术进行谱分析以获得波的特性。一是使用数值拉普拉斯变换处理时间部分，以消除信号的环绕效应，其中拉普拉斯变换的实部充当解的数值阻尼，并使响应在选定的时间窗口内衰减。二是小波变换用于空间分量,其独特之处在于采用多种变换方法将控制偏微分方程(PDEs)变换为常微分方程(ODEs)。这种方法结合了两种变换的优点,完全消除了信号的环绕效应。本章研究仅限于获得一维和二维夹层结构波导的波参数。

9.1 基于扩展高阶夹层板理论的夹层梁波传播

高阶夹层板理论(high-order Sandwich Panel Theory,HSaPT)适用于具有可压缩芯层的夹层梁,文献[117]提出考虑横向法向和横向剪应力,基于这一理论进行了自由振动的研究,并在文献[118]中进行了描述。在该研究中,忽略面内应力,得到了芯层厚度上的恒定剪切应力分布,非常适用于静态和准静态加载情况。文献[265]中的实验证明,柔顺芯层能够吸收能量并发生显著的横向变形,相对于 ESL 理论,HSaPT 可在柔软芯层的情况下使用。在动力学问题中,特别是在高瞬态加载情况下,不可忽略轴向加速度和芯层密度。当包含轴向惯性项时,芯层厚度上的恒定剪切应力分布不成立。文献[279]提出了一种 EHSaPT 理论,该理论考虑了芯层的轴向刚度,得到的结果与精确的弹性解非常吻合。由于该理论考虑了顶部面板、芯层和底部面板的分离位移场,因此可以详细研究夹芯结构的局部行为。本节主要介绍该理论在高频瞬态/冲击载荷方面的实际适用性,尤其是顶部和底部面板之间的响应差异。

9.1.1 控制微分方程

为了根据 EHSaPT 理论推导夹芯梁的控制方程,不同的梁运动和相应的应力结果在图 9.3 显示。

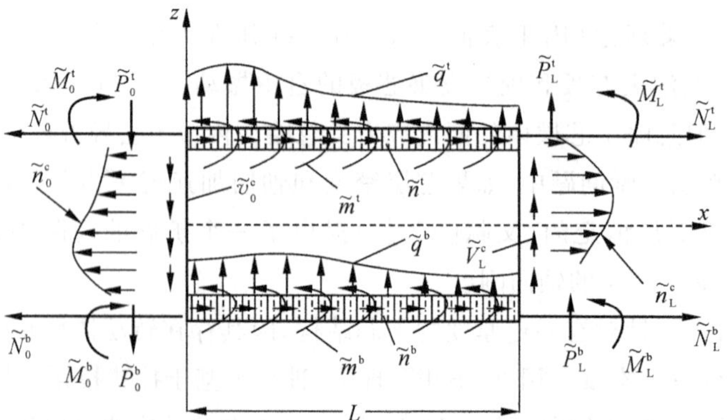

图 9.3 具有不同运动和应力结果的夹层梁结构

欧拉-伯努利模型用于顶部和底部面板的位移。角标 t 代表顶部面板,角标 b 代表底部面板，角标 c 代表芯层。顶部和底部面板的位移场如下所示：

对于顶面板，$c \leqslant z \leqslant c+f_t$，有

$$u^t(x,z,t)=u_0^t(x,t)-\left(z-c-\frac{f_t}{2}\right)\frac{\partial w^t(x,t)}{\partial x}, \tag{9.1a}$$

$$w^t(x,z,t)=w_0^t(x,t) \tag{9.1b}$$

对于底面板，$-(c+f_b) \leqslant z \leqslant -c$，有

$$u^b(x,z,t)=u_0^b(x,t)-\left(z+c+\frac{f_b}{2}\right)\frac{\partial w^b(x,t)}{\partial x} \tag{9.2a}$$

$$w^b(x,z,t)=w_0^b(x,t) \tag{9.2b}$$

其中 $2c$ 是芯层高度，f_t 和 f_b 分别是顶面板和底面板的面板厚度。轴向和横向位移相对于厚度坐标的二次和三次展开式被用作芯层的位移场，如文献[117]中所考虑的那样。因此，芯层的位移场是

$$u^c(x,z,t)=u_0^c(x,t)+z\varphi_0^c(x,t)+z^2u_2^c(x,t)+z^3u_3^c(x,t) \tag{9.3a}$$

$$w^c(x,z,t)=w_0^c(x,t)+zw_1^c(x,t)+z^2w_2^c(x,t) \tag{9.3b}$$

其中 u_0 是纵向中平面位移，w_0 是横向中平面位移，φ_0 是中平面旋转，u_2、u_3、w_1、w_2 分别是轴向和横向位移场的泰勒级数展开。

根据顶面板和芯层（$z=c$）之间以及底面板和芯层（$z=-c$）之间的界面强制位移兼容性条件，芯层面内和面外位移场因此给出

$$\begin{aligned}u^c(x,z,t)=&z\left(1-\frac{z^2}{c^2}\right)\varphi_0^c(x,t)+\frac{z^2}{2c^2}\left(1-\frac{z}{c}\right)u_0^b(x,t)+\\&\left(1-\frac{z^2}{c^2}\right)u_0^c(x,t)+\frac{z^2}{2c^2}\left(1-\frac{z}{c}\right)u_0^t(x,t)+\\&\frac{f_bz^2}{4c^2}\left(-1+\frac{z}{c}\right)\frac{\partial w_0^b(x,t)}{\partial x}+\frac{f_bz^2}{4c^2}\left(1+\frac{z}{c}\right)\frac{\partial w_0^t(x,t)}{\partial x}\end{aligned} \tag{9.4a}$$

$$\begin{aligned}w^c(x,z,t)=&\left(-\frac{z}{2c}+\frac{z^2}{2c^2}\right)w_0^b(x,t)+\left(1-\frac{z^2}{c^2}\right)w_0^c(x,t)+\\&\left(\frac{z}{2c}+\frac{z^2}{2c^2}\right)w_0^t(x,t)\end{aligned} \tag{9.4b}$$

芯层被认为是正交各向异性的，因此应力-应变关系为

$$\begin{Bmatrix}\sigma_{xx}^c\\\sigma_{zz}^c\\\tau_{xz}^c\end{Bmatrix}=\begin{bmatrix}Q_{11}^c & Q_{13}^c & 0\\Q_{13}^c & Q_{33}^c & 0\\0 & 0 & Q_{55}^c\end{bmatrix}\begin{Bmatrix}\varepsilon_{xx}^c\\\varepsilon_{zz}^c\\\gamma_{xz}^c\end{Bmatrix} \tag{9.5}$$

式中，部件 Q_{ij}^c 是柔度矩阵的逆矩阵，并在文献[301]中给出。

应用哈密顿原理得到控制微分方程（GDE），其中 U_e 为应变的变化表达式，代表能量，V_e 为施加载荷产生的势能，T_e 为夹层梁的动能，分别由下式给出

$$\delta U_{\mathrm{e}} = b\int_{0}^{L}\left[\int_{-c+f_{\mathrm{b}}}^{c}\sigma_{xx}^{\mathrm{b}}\delta\varepsilon_{xx}^{\mathrm{b}} + \int_{-c}^{c}(\sigma_{xx}^{\mathrm{c}}\delta\varepsilon_{xx}^{\mathrm{c}} + \sigma_{zz}^{\mathrm{c}}\delta\varepsilon_{zz}^{\mathrm{c}} + \tau_{xz}^{\mathrm{c}}\delta\gamma_{xz}^{\mathrm{c}})\mathrm{d}z + \int_{c}^{c+f_{\mathrm{t}}}\sigma_{xx}^{\mathrm{t}}\delta\varepsilon_{xx}^{\mathrm{t}}\mathrm{d}z\right]\mathrm{d}x \tag{9.6a}$$

$$\begin{aligned}\delta V_{\mathrm{e}} = {} & b\int_{0}^{L}\left(\tilde{n}^{\mathrm{t}}\delta u_0^{\mathrm{t}} + \tilde{n}^{\mathrm{b}}\delta\tilde{u}_0^{\mathrm{b}} + \tilde{q}^{\mathrm{t}}\delta w_0^{\mathrm{t}} + \tilde{q}^{\mathrm{b}}\delta w_0^{\mathrm{b}} + \tilde{m}^{\mathrm{t}}\delta\frac{\partial w_0^{\mathrm{t}}}{\partial x} + \tilde{m}^{\mathrm{b}}\delta\frac{\partial w_0^{\mathrm{b}}}{\partial x}\right)\mathrm{d}x + \\ & \tilde{N}_0^{\mathrm{t}}\delta u_0^{\mathrm{t}}(0,t) - \tilde{N}_{\mathrm{L}}^{\mathrm{t}}\delta u_0^{\mathrm{t}}(L,t) + \tilde{N}_0^{\mathrm{b}}\delta u_0^{\mathrm{b}}(0,t) - \tilde{N}_{\mathrm{L}}^{\mathrm{b}}\delta u_0^{\mathrm{b}}(L,t) + \\ & \tilde{P}_0^{\mathrm{t}}\delta w_0^{\mathrm{t}}(0,t) - \tilde{P}_{\mathrm{L}}^{\mathrm{t}}\delta w_0^{\mathrm{t}}(L,t) + \tilde{P}_0^{\mathrm{b}}\delta w_0^{\mathrm{b}}(0,t) - \tilde{P}_{\mathrm{L}}^{\mathrm{b}}\delta w_0^{\mathrm{b}}(L,t) + \\ & \tilde{M}_0^{\mathrm{t}}\delta\frac{\partial w_0^{\mathrm{t}}}{\partial x}(0,t) - \tilde{M}_{\mathrm{L}}^{\mathrm{t}}\delta\frac{\partial w_0^{\mathrm{t}}}{\partial x}(L,t) + \tilde{M}_0^{\mathrm{b}}\delta\frac{\partial w_0^{\mathrm{t}}}{\partial x}(0,t) - \\ & \tilde{M}_{\mathrm{L}}^{\mathrm{b}}\delta\frac{\partial w_0^{\mathrm{b}}}{\partial x}(L,t) - \int_{-c}^{c}(\tilde{n}^{\mathrm{c}}\delta u^{\mathrm{c}} + \tilde{v}^{\mathrm{c}}\delta w^{\mathrm{c}})\mathrm{d}z\end{aligned} \tag{9.6b}$$

$$\delta T_{\mathrm{e}} = b\int_{0}^{L}\left[\int_{-c+f_{\mathrm{b}}}^{-c}\rho^{\mathrm{b}}(\dot{u}^{\mathrm{b}}\delta\dot{u}^{\mathrm{b}} + \dot{w}^{\mathrm{b}}\delta\dot{w}^{\mathrm{b}})\mathrm{d}z + \int_{-c}^{c}\rho^{\mathrm{c}}(\dot{u}^{\mathrm{c}}\delta\dot{u}^{\mathrm{c}} + \dot{w}^{\mathrm{c}}\delta\dot{w}^{\mathrm{c}})\mathrm{d}z + \int_{c}^{c+f_{\mathrm{t}}}\rho^{\mathrm{t}}(\dot{u}^{\mathrm{t}}\delta\dot{u}^{\mathrm{t}} + \dot{w}^{\mathrm{t}}\delta\dot{w}^{\mathrm{t}})\mathrm{d}z\right]\mathrm{d}x \tag{9.6c}$$

其中顶标“·”表示时间导数，$\tilde{n}$ 表示面内分布力，$\tilde{q}$ 表示分布横向力，$\tilde{m}$ 表示分布力矩，$\tilde{N}$ 表示集中端轴力，$\tilde{P}$ 表示集中端剪力，$\tilde{M}$ 表示集中端力矩，$\tilde{v}$ 表示在顶面板、底面板和芯层中的分布剪力，对应于上标表示为“t”、“b”和“c”，如图(9.3)所示。假设 $\widetilde{n^{\mathrm{c}}}$ 将 $\widetilde{v^{\mathrm{c}}}$ 作为常量应用于梁的边缘，

$$\int_{-c}^{c}\tilde{n}^{\mathrm{c}}\delta u^{\mathrm{c}}\mathrm{d}z = \tilde{n}^{\mathrm{c}}c\left[\frac{1}{3}(\delta u_0^{\mathrm{t}} + \delta u_0^{\mathrm{b}}) + \frac{4}{3}\delta u_0^{\mathrm{c}} + \frac{f_{\mathrm{t}}}{6}\delta\frac{\partial w_0^{\mathrm{t}}}{\partial x} - \frac{f_{\mathrm{b}}}{6}\delta\frac{\partial w_0^{\mathrm{b}}}{\partial x}\right] \tag{9.7a}$$

$$\int_{-c}^{c}\tilde{v}^{\mathrm{c}}\delta w^{\mathrm{c}}\mathrm{d}z = \tilde{v}^{\mathrm{c}}c\left[\frac{1}{3}(\delta w_0^{\mathrm{t}} + \frac{4}{3}\delta w_0^{\mathrm{c}} + \frac{1}{3}\delta w_0^{\mathrm{b}}\right] \tag{9.7b}$$

七个运动方程如下：

$$\begin{aligned}b\Bigg\{ & -\left(\frac{4}{5}\boldsymbol{Q}_{55}^{\mathrm{c}} + \frac{2c^2}{35}\boldsymbol{Q}_{11}^{\mathrm{c}}\frac{\partial^2}{\partial x^2} - \frac{2c^2\rho^{\mathrm{c}}}{35}\frac{\partial^2}{\partial t^2}\right)\varphi_0^{\mathrm{c}} - \left(\frac{7}{30c}\boldsymbol{Q}_{55}^{\mathrm{c}} + \frac{c}{35}\boldsymbol{Q}_{11}^{\mathrm{c}}\frac{\partial^2}{\partial x^2} - \frac{cp^{\mathrm{c}}}{35}\frac{\partial^2}{\partial t^2}\right)u_0^{\mathrm{b}} - \\ & \left(\frac{4}{3c}\boldsymbol{Q}_{55}^{\mathrm{c}} + \frac{2c}{15}\boldsymbol{Q}_{11}^{\mathrm{c}}\frac{\partial^2}{\partial x^2} - \frac{2c\rho^{\mathrm{c}}}{15}\frac{\partial^2}{\partial t^2}\right)u_0^{\mathrm{c}} + \left[\frac{47}{30c}\boldsymbol{Q}_{55}^{\mathrm{c}} - \alpha_1^{\mathrm{t}}\frac{\partial^2}{\partial x^2} + \left(\frac{6c\rho^{\mathrm{c}}}{35} + f_{\mathrm{t}}\rho^{\mathrm{t}}\right)\frac{\partial^2}{\partial t^2}\right]u_0^{\mathrm{t}} - \\ & \left(\alpha_2\frac{\partial}{\partial x} - \frac{cf_{\mathrm{b}}}{70}\boldsymbol{Q}_{11}^{\mathrm{c}}\frac{\partial^3}{\partial x^3} + \frac{cf_{\mathrm{b}}\rho^{\mathrm{c}}}{70}\frac{\partial^3}{\partial x\partial t^2}\right)w_0^{\mathrm{b}} + \left(\beta_1\frac{\partial}{\partial x}\right)w_0^{\mathrm{c}} + \\ & \left(\alpha_3^{\mathrm{t}}\frac{\partial}{\partial x} - \frac{3cf_{\mathrm{t}}}{35}\boldsymbol{Q}_{11}^{\mathrm{c}}\frac{\partial^3}{\partial x^3} + \frac{3cf_{\mathrm{t}}\rho^{\mathrm{c}}}{35}\frac{\partial^3}{\partial x^3}\right)w_0^{\mathrm{t}}\Bigg\} = \tilde{n}^{\mathrm{t}}\end{aligned}$$

（对应于 δu_0^{t}） (9.8a)

$$b\left\{\left(\alpha_4^{\mathrm{t}}\frac{\partial}{\partial x} + \frac{c^2f_{\mathrm{t}}}{35}\boldsymbol{Q}_{11}^{\mathrm{c}}\frac{\partial^3}{\partial x^3} - \frac{c^2f_{\mathrm{t}}\rho^{\mathrm{c}}}{35}\frac{\partial^3}{\partial x\partial t^2}\right)\varphi_0^{\mathrm{c}} + \left(\alpha_5\frac{\partial}{\partial x} + \frac{cf_{\mathrm{t}}}{70}\boldsymbol{Q}_{11}^{\mathrm{c}}\frac{\partial^3}{\partial x^3} - \frac{cf_{\mathrm{t}}\rho^{\mathrm{c}}}{70}\frac{\partial}{\partial x\partial t^2}\right)u_0^{\mathrm{b}} + \right.$$

$$\left(\alpha_6^{\mathrm{t}}\frac{\partial}{\partial x}+\frac{cf_{\mathrm{t}}}{15}\boldsymbol{Q}_{11}^{\mathrm{c}}\frac{\partial^3}{\partial x^3}-\frac{cf_{\mathrm{t}}\rho^{\mathrm{c}}}{15}\frac{\partial}{\partial x\partial t^2}\right)u_0^{\mathrm{c}}+\left(-\alpha_3^{\mathrm{t}}\frac{\partial}{\partial x}+\frac{3cf_{\mathrm{t}}}{35}\boldsymbol{Q}_{11}^{\mathrm{c}}\frac{\partial^3}{\partial x^3}-\frac{3cf_{\mathrm{t}}\rho^{\mathrm{c}}}{35}\frac{\partial^3}{\partial x\partial t^2}\right)u_0^{\mathrm{t}}+$$

$$\left(\frac{1}{6c}\boldsymbol{Q}_{33}^{\mathrm{c}}+\beta_2\frac{\partial^2}{\partial x^2}-\frac{cf_{\mathrm{b}}f_{\mathrm{t}}}{140}\boldsymbol{Q}_{11}^{\mathrm{c}}\frac{\partial^4}{\partial x^4}-\frac{c\rho^{\mathrm{c}}}{15}\frac{\partial^2}{\partial t^2}+\frac{cf_{\mathrm{b}}f_{\mathrm{t}}\rho^{\mathrm{c}}}{140}\boldsymbol{Q}_{11}^{\mathrm{c}}\frac{\partial^4}{\partial x^2\partial t^2}\right)w_0^{\mathrm{b}}+$$

$$\left(-\frac{4}{3c}\boldsymbol{Q}_{33}^{\mathrm{c}}+\alpha_7^{\mathrm{t}}\frac{\partial^2}{\partial x^2}+\frac{2c\rho^{\mathrm{c}}}{15}\frac{\partial^2}{\partial t^2}\right)w_0^{\mathrm{c}}+\left[\frac{7}{6c}\boldsymbol{Q}_{33}^{\mathrm{c}}+\alpha_8^{\mathrm{t}}\frac{\partial^2}{\partial x^2}\alpha_8^{\mathrm{t}}\frac{\partial^4}{\partial x^4}+\left(\frac{4c\rho^{\mathrm{c}}}{15}+f_{\mathrm{t}}\rho^{\mathrm{t}}\right)\frac{\partial^2}{\partial t^2}-\right.$$

$$\left.\left(\frac{3cf_{\mathrm{t}}^2\rho^{\mathrm{c}}}{70}+\frac{f_{\mathrm{t}}^3\rho^{\mathrm{t}}}{12}\right)\frac{\partial^4}{\partial x^2\partial t^2}\right]w_0^{\mathrm{t}}\Bigg\}=\tilde{q}^{\mathrm{t}}-\frac{\partial\tilde{m}^{\mathrm{t}}}{\partial x}\text{（对应于 }\delta w_0^{\mathrm{t}}\text{）}\quad(9.8\mathrm{b})$$

$$b\left[-\left(\frac{4}{3c}\boldsymbol{Q}_{55}^{\mathrm{c}}+\frac{2c}{15}\boldsymbol{Q}_{11}^{\mathrm{c}}\frac{\partial^2}{\partial x^2}-\frac{2c\rho^{\mathrm{c}}}{15}\frac{\partial^2}{\partial t^2}\right)u_0^{\mathrm{b}}+\left(\frac{8}{3c}\boldsymbol{Q}_{55}^{\mathrm{c}}-\frac{16c}{15}\boldsymbol{Q}_{11}^{\mathrm{c}}\frac{\partial^2}{\partial x^2}+\frac{16c\rho^{\mathrm{c}}}{15}\frac{\partial^2}{\partial t^2}\right)u_0^{\mathrm{c}}-\right.$$

$$\left(\frac{4}{3c}\boldsymbol{Q}_{55}^{\mathrm{c}}+\frac{2c}{15}\boldsymbol{Q}_{11}^{\mathrm{c}}\frac{\partial^2}{\partial x^2}-\frac{2c\rho^{\mathrm{c}}}{15}\frac{\partial^2}{\partial t^2}\right)u_0^{\mathrm{t}}+\left(\alpha_6^{\mathrm{b}}\frac{\partial}{\partial x}+\frac{cf_{\mathrm{b}}}{15}\boldsymbol{Q}_{11}^{\mathrm{c}}\frac{\partial^3}{\partial x^3}-\frac{cf_{\mathrm{b}}\rho^{\mathrm{c}}}{15}\frac{\partial^3}{\partial x\partial t^2}\right)w_0^{\mathrm{b}}-$$

$$\left.\left(\alpha_6^{\mathrm{t}}\frac{\partial}{\partial x}+\frac{cf_{\mathrm{t}}}{15}\boldsymbol{Q}_{11}^{\mathrm{c}}\frac{\partial^3}{\partial x^3}-\frac{cf_{\mathrm{t}}\rho^{\mathrm{c}}}{15}\frac{\partial^3}{\partial x\partial t^2}\right)w_0^{\mathrm{t}}\right]=0$$

（对应于 δu_0^{c}）　(9.8c)

$$b\left[\left(\frac{8c}{5}\boldsymbol{Q}_{55}^{\mathrm{c}}-\frac{16c^3}{105}\boldsymbol{Q}_{11}^{\mathrm{c}}\frac{\partial^2}{\partial x^2}+\frac{16c^3\rho^{\mathrm{c}}}{105}\frac{\partial^2}{\partial t^2}\right)\varphi_0^{\mathrm{c}}+\left(\frac{4}{5}\boldsymbol{Q}_{55}^{\mathrm{c}}+\frac{2c^2}{35}\boldsymbol{Q}_{11}^{\mathrm{c}}\frac{\partial^2}{\partial x^2}-\frac{2c^2\rho^{\mathrm{c}}}{35}\frac{\partial^2}{\partial t^2}\right)u_0^{\mathrm{b}}-\right.$$

$$\left(\frac{4}{5}\boldsymbol{Q}_{55}^{\mathrm{c}}+\frac{2c^2}{35}\boldsymbol{Q}_{11}^{\mathrm{c}}\frac{\partial^2}{\partial x^2}-\frac{2c^2\rho^{\mathrm{c}}}{35}\frac{\partial^2}{\partial t^2}\right)u_0^{\mathrm{t}}-\left(\alpha_4^{\mathrm{b}}\frac{\partial}{\partial x}+\frac{c^2f_{\mathrm{b}}}{35}\boldsymbol{Q}_{11}^{\mathrm{c}}\frac{\partial^3}{\partial x^3}-\frac{c^2f_{\mathrm{b}}\rho^{\mathrm{c}}}{35}\frac{\partial^3}{\partial x\partial t^2}\right)w_0^{\mathrm{b}}+$$

$$\left.\left(\beta_3\frac{\partial}{\partial x}\right)w_0^{\mathrm{c}}-\left(\alpha_4^{\mathrm{t}}\frac{\partial}{\partial x}+\frac{c^2f_{\mathrm{t}}}{35}\boldsymbol{Q}_{11}^{\mathrm{c}}\frac{\partial^3}{\partial x^3}-\frac{c^2f_{\mathrm{t}}\rho^{\mathrm{c}}}{35}\frac{\partial^3}{\partial x\partial t^2}\right)w_0^{\mathrm{t}}\right]=0$$

（对应于 $\delta\varphi_0^{\mathrm{c}}$）　(9.8d)

$$b\left[-\left(\beta_3\frac{\partial}{\partial x}\right)\varphi_0^{\mathrm{c}}+\left(\beta_1\frac{\partial}{\partial x}\right)u_0^{\mathrm{b}}-\left(\beta_1\frac{\partial}{\partial x}\right)u_0^{\mathrm{t}}+\left(-\frac{4}{3c}\boldsymbol{Q}_{33}^{\mathrm{c}}+\alpha_7^{\mathrm{b}}\frac{\partial^2}{\partial x^2}+\frac{2c\rho^{\mathrm{c}}}{15}\frac{\partial^2}{\partial t^2}\right)w_0^{\mathrm{b}}+\right.$$

$$\left.\left(\frac{8}{3c}\boldsymbol{Q}_{33}^{\mathrm{c}}-\frac{16c}{15}\boldsymbol{Q}_{55}^{\mathrm{c}}\frac{\partial^2}{\partial x^2}+\frac{16c\rho^{\mathrm{c}}}{15}\frac{\partial^2}{\partial t^2}\right)w_0^{\mathrm{c}}+\left(-\frac{4}{3c}\boldsymbol{Q}_{33}^{\mathrm{c}}+\alpha_7^{\mathrm{t}}\frac{\partial^2}{\partial x^2}+\frac{2c\rho^{\mathrm{c}}}{15}\frac{\partial^2}{\partial t^2}\right)w_0^{\mathrm{t}}\right]=0$$

（对应于 δw_0^{c}）　(9.8e)

$$b\Bigg\{\left(\frac{4}{5}\boldsymbol{Q}_{55}^{\mathrm{c}}+\frac{2c^2}{35}\boldsymbol{Q}_{11}^{\mathrm{c}}\frac{\partial^2}{\partial x^2}-\frac{2c^2\rho^{\mathrm{c}}}{35}\frac{\partial^2}{\partial t^2}\right)\varphi_0^{\mathrm{c}}+$$

$$\left(\frac{47}{30c}\boldsymbol{Q}_{55}^{\mathrm{c}}-\alpha_1^{\mathrm{b}}\frac{\partial^2}{\partial x^2}+\left(\frac{6c\rho^{\mathrm{c}}}{35}+f_{\mathrm{b}}\rho^{\mathrm{b}}\right)\frac{\partial^2}{\partial t^2}\right)u_0^{\mathrm{b}}-$$

$$\left(\frac{4}{3c}\boldsymbol{Q}_{55}^{\mathrm{c}}+\frac{2c}{15}\boldsymbol{Q}_{11}^{\mathrm{c}}\frac{\partial^2}{\partial x^2}-\frac{2c\rho^{\mathrm{c}}}{15}\frac{\partial^2}{\partial t^2}\right)u_0^{\mathrm{c}}-\left(\frac{7}{30c}\boldsymbol{Q}_{55}^{\mathrm{c}}+\frac{c}{35}\boldsymbol{Q}_{11}^{\mathrm{c}}\frac{\partial^2}{\partial x^2}-\frac{c\rho^{\mathrm{c}}}{35}\frac{\partial^2}{\partial t^2}\right)u_0^{\mathrm{t}}+$$

$$\left(-\alpha_3^{\mathrm{b}}\frac{\partial}{\partial x}+\frac{3cf_{\mathrm{b}}}{35}\boldsymbol{Q}_{11}^{\mathrm{c}}\frac{\partial^3}{\partial x^3}-\frac{3cf_{\mathrm{b}}\rho^{\mathrm{c}}}{35}\frac{\partial^3}{\partial x\partial t^2}\right)w_0^{\mathrm{b}}-\left(\beta_1\frac{\partial}{\partial x}\right)w_0^{\mathrm{c}}+$$

$$\left(\alpha_2^{\mathrm{t}}\frac{\partial}{\partial x}-\frac{cf_{\mathrm{t}}}{70}\boldsymbol{Q}_{11}^{\mathrm{c}}\frac{\partial^3}{\partial x^3}+\frac{cf_{\mathrm{t}}\rho^{\mathrm{c}}}{70}\frac{\partial^3}{\partial x\partial t^2}\right)w_0^{\mathrm{t}}\Bigg\}=\tilde{n}^{\mathrm{b}}$$

（对应于 δu_0^{b}）　(9.8f)

$$b\left\{\left(\alpha_4^{\mathrm{b}}\frac{\partial}{\partial x}+\frac{c^2 f_{\mathrm{b}}}{35}Q_{11}^{\mathrm{c}}\frac{\partial^3}{\partial x^3}-\frac{c^2 f_{\mathrm{b}}\rho^{\mathrm{c}}}{35}\frac{\partial^3}{\partial x\partial t^2}\right)\varphi_0^{\mathrm{c}}+\right.$$

$$\left(\alpha_3^{\mathrm{b}}\frac{\partial}{\partial x}-\frac{3cf_{\mathrm{b}}}{35}Q_{11}^{\mathrm{c}}\frac{\partial^3}{\partial x^3}+\frac{3cf_{\mathrm{b}}\rho^{\mathrm{c}}}{35}\frac{\partial^3}{\partial x\partial t^2}\right)u_0^{\mathrm{b}}-$$

$$\left(\alpha_6^{\mathrm{b}}\frac{\partial}{\partial x}+\frac{cf_{\mathrm{b}}}{15}Q_{11}^{\mathrm{c}}\frac{\partial^3}{\partial x^3}-\frac{cf_{\mathrm{b}}\rho^{\mathrm{c}}}{15}\frac{\partial^3}{\partial x\partial t^2}\right)u_0^{\mathrm{c}}-\left(\alpha_5^{\mathrm{b}}\frac{\partial}{\partial x}+\frac{cf_{\mathrm{b}}}{70}Q_{11}^{\mathrm{c}}\frac{\partial^3}{\partial x^3}-\frac{cf_{\mathrm{b}}\rho^{\mathrm{c}}}{70}\frac{\partial^3}{\partial x\partial t^2}\right)u_0^{\mathrm{t}}+$$

$$\left[\frac{7}{6c}Q_{33}^{\mathrm{c}}+\alpha_8^{\mathrm{b}}\frac{\partial^2}{\partial x^2}+\alpha_9^{\mathrm{b}}\frac{\partial^4}{\partial x^4}+\left(\frac{4c\rho^{\mathrm{c}}}{15}+f_{\mathrm{b}}\rho^{\mathrm{b}}\right)\frac{\partial^2}{\partial t^2}-\left(\frac{3cf_{\mathrm{b}}^2\rho^{\mathrm{c}}}{70}+\frac{f_{\mathrm{b}}^3\rho^{\mathrm{b}}}{12}\right)\frac{\partial^4}{\partial x^2\partial t^2}\right]w_0^{\mathrm{b}}+$$

$$\left(-\frac{4}{3c}Q_{33}^{\mathrm{c}}+\alpha_7^{\mathrm{b}}\frac{\partial^2}{\partial x^2}+\frac{2c\rho^{\mathrm{c}}}{15}\frac{\partial^2}{\partial t^2}\right)w_0^{\mathrm{c}}+\left(\frac{1}{6c}Q_{33}^{\mathrm{c}}+\beta_2\frac{\partial^2}{\partial x^2}-\frac{cf_{\mathrm{b}}f_{\mathrm{t}}}{140}Q_{11}^{\mathrm{c}}\frac{\partial^4}{\partial x^4}-\right.$$

$$\left.\left.\frac{c\rho^{\mathrm{c}}}{15}\frac{\partial^2}{\partial t^2}+\frac{cf_{\mathrm{b}}f_{\mathrm{t}}\rho^{\mathrm{c}}}{140}\frac{\partial^4}{\partial x^2\partial t^2}\right)w_0^{\mathrm{t}}\right\}=\tilde{q}^{\mathrm{b}}-\frac{\partial\tilde{m}^{\mathrm{b}}}{\partial x}\text{（对应于 }\delta w_0^{\mathrm{b}}\text{）}\quad(9.8\mathrm{g})$$

上述方程中的常数被定义为

$$\alpha_{11}^i=\frac{6c}{35}Q_{11}^{\mathrm{c}}+f_iQ_{11}^i,\quad \alpha_2^i=\frac{1}{30}Q_{13}^{\mathrm{c}}+\left(\frac{1}{30}-\frac{7}{60c}f_i\right)Q_{55}^{\mathrm{c}}$$

$$\alpha_3^i=-\frac{11}{30}Q_{13}^{\mathrm{c}}+\left(\frac{19}{30}+\frac{47}{60c}\right)Q_{55}^{\mathrm{c}},\quad \alpha_4^i=\frac{4c}{15}Q_{13}^{\mathrm{c}}+\left(\frac{4c}{15}+\frac{2}{5}f_i\right)Q_{55}^{\mathrm{c}}$$

$$\alpha_5^i=-\alpha_2^i,\quad \alpha_6^i=\frac{2}{3}Q_{13}^{\mathrm{c}}+\left(\frac{2}{3}+\frac{2}{3c}f_i\right)Q_{55}^{\mathrm{c}}$$

$$\alpha_7^i=-\frac{f_i}{5}Q_{13}^{\mathrm{c}}-\left(\frac{2c}{15}+\frac{f_i}{5}\right)Q_{55}^{\mathrm{c}}\quad \alpha_8^i=\frac{11}{30}f_iA_{13}^{\mathrm{c}}-\left(\frac{4c}{15}+\frac{19}{30}f_i+\frac{47}{120}f_i^2\right)Q_{55}^{\mathrm{c}}$$

$$\alpha_9^i=\frac{f_i^3}{12}Q_{11}^i+\frac{3cf_i^2}{70}Q_{11}^{\mathrm{c}}$$

$$\beta_1=\frac{2}{5}(Q_{13}^{\mathrm{c}}+Q_{55}^{\mathrm{c}}),\quad \beta_2=\frac{f_{\mathrm{b}}+f_{\mathrm{t}}}{60}Q_{13}^{\mathrm{c}}+\left(\frac{c}{15}+\frac{f_{\mathrm{b}}+f_{\mathrm{t}}}{60}-\frac{7f_{\mathrm{b}}f_{\mathrm{t}}}{120c}\right)Q_{55}^{\mathrm{c}}$$

$$\beta_3=\frac{8c}{15}(Q_{13}^{\mathrm{c}}+Q_{55}^{\mathrm{c}})$$

其中，i 是 t 或 b，分别代表顶面和底面。

在每个节点上有 9 个边界条件，需要指定基本/运动边界条件或自然/力边界条件，如下所示：

$$\delta\boldsymbol{u}_0^{\mathrm{t}}=\boldsymbol{0}$$

即

$$b\left[\left(\frac{2c^2}{35}Q_{11}^{\mathrm{c}}\frac{\partial}{\partial x}\right)\varphi_0^{\mathrm{c}}+\left(\frac{c}{35}Q_{11}^{\mathrm{c}}\frac{\partial}{\partial x}\right)u_0^{\mathrm{b}}+\left(\frac{2c}{15}Q_{11}^{\mathrm{c}}\frac{\partial}{\partial x}\right)u_0^{\mathrm{c}}+\left(\alpha_1^{\mathrm{t}}\frac{\partial}{\partial x}\right)u_0^{\mathrm{t}}+\right.$$

$$\left(\frac{1}{30}Q_{13}^{\mathrm{c}}Q_{13}^{\mathrm{c}}-\frac{cf_{\mathrm{b}}}{70}Q_{11}^{\mathrm{c}}\frac{\partial^2}{\partial x^2}\right)w_0^{\mathrm{b}}-\left(\frac{2}{5}Q_{13}^{\mathrm{c}}\right)w_0^{\mathrm{c}}+$$

$$\left.\left(\frac{11}{30}Q_{13}^{\mathrm{c}}+\frac{3cf_{\mathrm{t}}}{35}Q_{11}^{\mathrm{c}}\frac{\partial^2}{\partial x^2}\right)w_0^{\mathrm{t}}\right]=\tilde{N}^{\mathrm{t}}+\frac{\tilde{n}^{\mathrm{c}}c}{3}\quad(9.9\mathrm{a})$$

$$\delta\boldsymbol{w}_0^{\mathrm{t}}=\boldsymbol{0}$$

即

$$b\left\{-\left[\frac{2(2c+3f_{\mathrm{t}})}{15}Q_{55}^{\mathrm{c}}+\frac{c^2f_{\mathrm{t}}}{35}Q_{11}^{\mathrm{c}}\frac{\partial^2}{\partial x^2}\right]\varphi_0^{\mathrm{c}}+\left(\frac{2c-7f_{\mathrm{t}}}{60c}Q_{55}^{\mathrm{c}}-\frac{cf_{\mathrm{t}}}{70}Q_{11}^{\mathrm{c}}\frac{\partial^2}{\partial x^2}\right)u_0^{\mathrm{b}}-\right.$$

$$\left[\frac{2(2c+f_t)}{3c}Q_{55}^c+\frac{cf_t}{15}Q_{11}^c\frac{\partial^2}{\partial x^2}\right]u_0^c+\left[\frac{38c+47f_t}{60c}Q_{55}^c-\frac{3cf_t}{35}Q_{11}^c\frac{\partial^2}{\partial x^2}\right]u_0^t+$$

$$\left[\left(\frac{f_b}{60}Q_{13}^c-\beta_2\right)\frac{\partial}{\partial x}+\frac{cf_6f_t}{140}Q_{11}^c\frac{\partial^3}{\partial x^3}\right]w_0^b-\left(\alpha_7^t\frac{\partial}{\partial x}\right)w_0^c+$$

$$\left[\left(\frac{11f_t}{60}Q_{13}^c-\alpha_8^t\frac{\partial^3}{\partial x^3}\right)\frac{\partial}{\partial x}-\alpha_9^t\frac{\partial^3}{\partial x^3}\right]w_0^t+L_w^t\Bigg\}=\widetilde{P}^t+\widetilde{m}^t+\frac{\widetilde{v}^cc}{3} \tag{9.9b}$$

$$\delta\frac{\partial \boldsymbol{w}_0^t}{\partial \boldsymbol{x}}=\boldsymbol{0}$$

即

$$b\left[\left(\frac{c^2f_t}{35}Q_{11}^c\frac{\partial}{\partial x}\right)\varphi_0^c+\left(\frac{cf_t}{70}Q_{11}^c\frac{\partial}{\partial x}\right)u_0^b+\left(\frac{cf_t}{15}Q_{11}^c\frac{\partial}{\partial x}\right)u_0^c+\right.$$

$$\left(\frac{3cf_t}{35}Q_{11}^c\frac{\partial}{\partial x}\right)u_0^t+\left(\frac{f_t}{60}Q_{13}^c-\frac{cf_6f_t}{140}Q_{11}^c\frac{\partial^2}{\partial x^2}\right)w_0^b-\left(\frac{f_t}{5}Q_{13}^c\right)w_0^c+ \tag{9.9c}$$

$$\left.\left(\frac{11f_t}{60}Q_{13}^c+\alpha_9^t\frac{\partial^2}{\partial x^2}\right)w_0^t\right]=\widetilde{M}^t+\frac{\widetilde{n}^ccf_t}{6}$$

$$\delta\,\boldsymbol{u}_0^c=\boldsymbol{0}$$

即

$$b\left[\left(\frac{2c}{15}Q_{11}^c\frac{\partial}{\partial x}\right)u_0^b+\left(\frac{16c}{15}Q_{11}^c\frac{\partial}{\partial x}\right)u_0^c+\left(\frac{2c}{15}Q_{11}^c\frac{\partial}{\partial x}\right)u_0^t-\left(\frac{2}{3}Q_{13}^c+\frac{cf_b}{15}\frac{\partial^2}{\partial x^2}\right)w_0^b+\right.$$

$$\left.\left(\frac{2}{3}Q_{13}^c+\frac{cf_t}{15}Q_{11}^c\frac{\partial^2}{\partial x^2}\right)w_0^t\right]=\frac{4\widetilde{n}^cc}{3} \tag{9.9d}$$

$$\delta\boldsymbol{\varphi}_0^c=0$$

即

$$b\left[\left(\frac{16c^3}{105}Q_{11}^c\frac{\partial}{\partial x}\right)\varphi_0^c-\left(\frac{2c^2}{35}Q_{11}^c\frac{\partial}{\partial x}\right)u_0^b+\left(\frac{2c^2}{35}Q_{11}^c\frac{\partial}{\partial x}\right)u_0^t+\right.$$

$$\left.\left(\frac{4c}{15}Q_{13}^c+\frac{c^2f_b}{35}Q_{11}^c\frac{\partial^2}{\partial x^2}\right)w_0^b-\left(\frac{8c}{15}Q_{13}^c\right)w_0^c+\left(\frac{4c}{15}Q_{13}^c+\frac{c^2f_t}{35}Q_{11}^c\frac{\partial^2}{\partial x^2}\right)w_0^t\right]=0 \tag{9.9e}$$

$$\delta\,\boldsymbol{w}_0^c=\boldsymbol{0}$$

即

$$bQ_{55}^c\left[\frac{8c}{15}\varphi_0^c-\frac{2}{5}u_0^b+\frac{2}{5}u_0^t+\frac{(2c+3f_b)}{15}\frac{\partial w_0^b}{\partial x}+\frac{16c}{15}\frac{\partial w_0^c}{\partial x}+\frac{(2c+3f_b)}{15}\frac{\partial w_0^t}{\partial x}\right]=\frac{4}{3}\widetilde{v}^cc \tag{9.9f}$$

$$\delta\,\boldsymbol{u}_0^b=\boldsymbol{0}$$

即

$$b\left[-\left(\frac{2c^2}{35}Q_{11}^c\frac{\partial}{\partial x}\right)\varphi_0^c+\left(\alpha_1^b\frac{\partial}{\partial x}\right)u_0^b+\left(\frac{2c}{15}Q_{11}^c\frac{\partial}{\partial x}\right)u_0^c+\left(\frac{c}{35}Q_{11}^c\frac{\partial}{\partial x}\right)u_0^t-\right.$$

$$\left.\left(\frac{11}{30}Q_{13}^c+\frac{3cf_b}{35}Q_{11}^c\frac{\partial^2}{\partial x^2}\right)w_0^b+\left(\frac{2}{5}Q_{13}^c\right)w_0^c+\left(-\frac{1}{30}Q_{13}^c+\frac{cf_t}{70}Q_{11}^c\frac{\partial^2}{\partial x^2}\right)w_0^t\right] \tag{9.9g}$$

$$=\widetilde{N}^b+\frac{\widetilde{n}^cc}{3}$$

$$\delta\, \boldsymbol{w}_0^{\mathrm{b}}=\mathbf{0}$$

即

$$b\left\{-\left[\frac{2(2c+3f_{\mathrm{b}})}{15}Q_{55}^{\mathrm{c}}+\frac{c^2 f_{\mathrm{b}}}{35}Q_{11}^{\mathrm{c}}\frac{\partial^2}{\partial x^2}\right]\varphi_0^{\mathrm{c}}+\left(-\frac{38c-47f_{\mathrm{b}}}{60c}Q_{55}^{\mathrm{c}}+\frac{3cf_{\mathrm{b}}}{35}Q_{11}^{\mathrm{c}}\frac{\partial^2}{\partial x^2}\right)u_0^{\mathrm{b}}+\left[\frac{2(c+f_{\mathrm{b}})}{3c}Q_{55}^{\mathrm{c}}+\frac{cf_{\mathrm{b}}}{15}Q_{11}^{\mathrm{c}}\frac{\partial^2}{\partial x^2}\right]u_0^{\mathrm{c}}+\left(\frac{-2c+7f_{\mathrm{b}}}{60c}Q_{55}^{\mathrm{c}}+\frac{cf_{\mathrm{b}}}{70}Q_{11}^{\mathrm{c}}\frac{\partial^2}{\partial x^2}\right)u_0^{\mathrm{t}}+\left[\left(\frac{11f_{\mathrm{b}}}{60}Q_{13}^{\mathrm{c}}-\alpha_8^{\mathrm{b}}\right)\frac{\partial}{\partial x}-\alpha_9^{\mathrm{b}}\frac{\partial^3}{\partial x^3}\right]w_0^{\mathrm{b}}+L_w^{\mathrm{b}}\right\}=\tilde{P}^{\mathrm{b}}+\tilde{m}^{\mathrm{b}}+\frac{\tilde{v}^{\mathrm{c}}c}{3}\tag{9.9h}$$

$$\delta\,\frac{\partial \boldsymbol{w}_0^{\mathrm{b}}}{\partial \boldsymbol{x}}=\mathbf{0}$$

即

$$b\left[\left(\frac{c^2 f_{\mathrm{b}}}{35}Q_{11}^{\mathrm{c}}\frac{\partial}{\partial x}\right)\varphi_0^{\mathrm{c}}-\left(\frac{3cf_{\mathrm{b}}}{35}Q_{11}^{\mathrm{c}}\frac{\partial}{\partial x}\right)u_0^{\mathrm{b}}-\left(\frac{cf_{\mathrm{b}}}{15}Q_{11}^{\mathrm{c}}\frac{\partial}{\partial x}\right)u_0^{\mathrm{c}}-\left(\frac{cf_{\mathrm{b}}}{70}Q_{11}^{\mathrm{c}}\frac{\partial}{\partial x}\right)u_0^{\mathrm{t}}+\left(\frac{11f_{\mathrm{b}}}{60}Q_{13}^{\mathrm{c}}+\alpha_9^{\mathrm{b}}\frac{\partial}{\partial x}\right)w_0^{\mathrm{b}}-\left(\frac{f_{\mathrm{b}}}{5}Q_{13}^{\mathrm{c}}\right)w_0^{\mathrm{c}}+\left(\frac{f_{\mathrm{b}}}{60}Q_{13}^{\mathrm{c}}-\frac{cf_{\mathrm{b}}f_{\mathrm{t}}}{140}Q_{11}^{\mathrm{c}}\frac{\partial^2}{\partial x^2}\right)w_0^{\mathrm{t}}\right]=\tilde{M}^{\mathrm{b}}+\frac{\tilde{n}^{\mathrm{c}}cf_{\mathrm{b}}}{6}\tag{9.9i}$$

式中 L_w^i(i 为 t 或 b,分别为顶部、底部的面)是边界条件中的惯性项,其值为

$$L_w^{\mathrm{t}}=\frac{f_{\mathrm{t}}}{420}\left[35f_{\mathrm{t}}^2\rho^{\mathrm{t}}\frac{\partial^3 w_0^{\mathrm{t}}}{\partial x\partial t^2}+\rho^{\mathrm{c}}\left(12c^2\rho^{\mathrm{c}}\frac{\partial^2\varphi_0^{\mathrm{c}}}{\partial t^2}+36c\frac{\partial^2 u_0^{\mathrm{t}}}{\partial t^2}+28c\frac{\partial^2 u_0^{\mathrm{c}}}{\partial t^2}+6c\frac{\partial^2 u_0^{\mathrm{b}}}{\partial t^2}+18cf_{\mathrm{t}}\frac{\partial^3 w_0^{\mathrm{t}}}{\partial x\partial t^2}-3cf_{\mathrm{b}}\frac{\partial^3 w_0^{\mathrm{b}}}{\partial x\partial t^2}\right)\right]$$

和

$$L_w^{\mathrm{b}}=\frac{f_{\mathrm{b}}}{420}\left[35f_{\mathrm{b}}^2\rho^{\mathrm{b}}\frac{\partial^3 w_0^{\mathrm{b}}}{\partial x\partial t^2}+\rho^{\mathrm{c}}\left(12c^2\rho^{\mathrm{c}}\frac{\partial^2\varphi_0^{\mathrm{c}}}{\partial t^2}-36c\frac{\partial^2 u_0^{\mathrm{b}}}{\partial t^2}-28c\frac{\partial^2 u_0^{\mathrm{c}}}{\partial t^2}-6c\frac{\partial^2 u_0^{\mathrm{t}}}{\partial t^2}+18cf_{\mathrm{b}}\frac{\partial^3 w_0^{\mathrm{b}}}{\partial x\partial t^2}-3cf_{\mathrm{t}}\frac{\partial^3 w_0^{\mathrm{t}}}{\partial x\partial t^2}\right)\right]$$

为了求解偏微分方程,利用拉普拉斯变换对场变量进行了时间依赖的变换

$$\{\boldsymbol{U}\}=\mathcal{L}\left\{\begin{Bmatrix}u_0^{\mathrm{t}}(x,t)\\ w_0^{\mathrm{t}}(x,t)\\ \partial w_0^{\mathrm{t}}(x,t)\\ u_0^{\mathrm{c}}(x,t)\\ \varphi_0^{\mathrm{c}}(x,t)\\ w_0^{\mathrm{c}}(x,t)\\ u_0^{\mathrm{b}}(x,t)\\ w_0^{\mathrm{b}}(x,t)\\ \partial w_0^{\mathrm{b}}(x,t)\end{Bmatrix}\right\}=\begin{Bmatrix}\bar{u}_0^{\mathrm{t}}(x,s)\\ \bar{w}_0^{\mathrm{t}}(x,s)\\ \partial\bar{w}_0^{\mathrm{t}}(x,s)\\ \bar{u}_0^{\mathrm{c}}(x,s)\\ \bar{\varphi}_0^{\mathrm{c}}(x,s)\\ \bar{w}_0^{\mathrm{c}}(x,s)\\ \bar{u}_0^{\mathrm{b}}(x,s)\\ \bar{w}_0^{\mathrm{b}}(x,s)\\ \partial\bar{w}_0^{\mathrm{b}}(x,s)\end{Bmatrix}\tag{9.10}$$

式中 $s=\sigma+\mathrm{i}\omega$，$s$ 为拉普拉斯变量，ω 为角频率，i 为虚数，$\sigma=\dfrac{2\pi}{\omega}$为拉普拉斯变量的实部[381]。例如，偏微分方程(9.8a)，变换为 δu_0^{t}：

$$
\begin{aligned}
&b\Big\{-\Big(\frac{4}{5}Q_{55}^{\mathrm{c}}+\frac{2c^2}{35}Q_{11}^{\mathrm{c}}\frac{\mathrm{d}^2}{\mathrm{d}x^2}-s^2\frac{2c^2\rho^{\mathrm{c}}}{35}\Big)\bar{\varphi}_0^{\mathrm{c}}-\Big(\frac{7}{30c}Q_{55}^{\mathrm{c}}+\frac{c}{35}Q_{11}^{\mathrm{c}}\frac{\mathrm{d}^2}{\mathrm{d}x^2}-s^2\frac{c\rho^{\mathrm{c}}}{35}\Big)\bar{u}_0^{\mathrm{b}}-\\
&\Big(\frac{4}{3c}Q_{55}^{\mathrm{c}}+\frac{2c}{15}Q_{11}^{\mathrm{c}}\frac{\mathrm{d}^2}{\mathrm{d}x^2}-s^2\frac{2c\rho^{\mathrm{c}}}{15}\Big)\bar{u}_0^{\mathrm{c}}+\Big[\frac{47}{30c}Q_{55}^{\mathrm{c}}-\alpha_1^{\mathrm{t}}\frac{\mathrm{d}^2}{\mathrm{d}x^2}+s^2\Big(\frac{6c\rho^{\mathrm{c}}}{35}+f_{\mathrm{t}}\rho^{\mathrm{t}}\Big)\Big]\bar{u}_0^{\mathrm{t}}-\\
&\Big(\alpha_2\frac{\mathrm{d}}{\mathrm{d}x}-\frac{cf_{\mathrm{b}}}{70}Q_{11}^{\mathrm{c}}\frac{\mathrm{d}^3}{\mathrm{d}x^3}+\frac{cf_{\mathrm{b}}\rho^{\mathrm{c}}}{70}s^2\frac{\mathrm{d}}{\mathrm{d}x}\Big)\bar{w}_0^{\mathrm{b}}+\Big(\beta_1\frac{\mathrm{d}}{\mathrm{d}x}\Big)\bar{w}_0^{\mathrm{c}}+\\
&\Big(\alpha_3^{\mathrm{t}}\frac{\mathrm{d}}{\mathrm{d}x}-\frac{3cf_{\mathrm{t}}}{35}Q_{11}^{\mathrm{c}}\frac{\mathrm{d}^3}{\mathrm{d}x^3}+\frac{3cf_{\mathrm{t}}\rho^{\mathrm{c}}}{35}\frac{\mathrm{d}^3}{\mathrm{d}x^3}\Big)\bar{w}_0^{\mathrm{t}}\Big\}=\tilde{n}^{\mathrm{t}}
\end{aligned}
\tag{9.11}
$$

同样，所有剩余的偏微分方程也根据空间变换(对 x)转换为常微分方程(ODEs)。这些同一时刻的常微分的解形式为 $\bar{u}(x,s)=\hat{u}(s)e^{-\mathrm{i}kx}$，对于其他所有的场变量都适用，其中 k 是波数。把这些代入上述方程(9.8)并表示为

$$[\boldsymbol{W}]_{(7\times 7)}\{\hat{\boldsymbol{U}}\}=0 \tag{9.12}$$

其中$\{\hat{\boldsymbol{U}}\}$为

$$\{\hat{\boldsymbol{U}}\}=\{\hat{u}_0^{\mathrm{t}}(s)\quad \hat{w}^{\mathrm{t}}(s)\quad \hat{u}_0^{\mathrm{c}}(s)\quad \hat{\varphi}_0^{\mathrm{c}}(s)\quad \hat{w}^{\mathrm{c}}(s)\quad \hat{u}_0^{\mathrm{b}}(s)\quad \hat{w}^{\mathrm{b}}(s)\}^{\mathrm{T}} \tag{9.13}$$

$[\boldsymbol{W}]$为波矩阵，其每一行的元素如下。

$[\boldsymbol{W}]$的第一行为

$$
\begin{aligned}
w_{11}&=\alpha_1^{\mathrm{t}}k^2+(47Q_{55}^{\mathrm{c}})/(30c)+[(6c\rho^{\mathrm{c}})/35+f_{\mathrm{t}}\rho^{\mathrm{t}}]s^2\\
w_{12}&=-\mathrm{i}\alpha_3^{\mathrm{t}}k-3/35\mathrm{i}cf_{\mathrm{t}}k^3Q_{11}^{\mathrm{c}}-3/35\mathrm{i}cf_{\mathrm{t}}k\rho^{\mathrm{c}}s^2\\
w_{13}&=2/15ck^2Q_{11}^{\mathrm{c}}-(4Q_{55}^{\mathrm{c}})/(3c)+2/15c\rho^{\mathrm{c}}s^2\\
w_{14}&=2/35c^2k^2Q_{11}^{\mathrm{c}}-(4Q_{55}^{\mathrm{c}})/5+2/35c^2\rho^{\mathrm{c}}s^2\\
w_{15}&=-\mathrm{i}\beta_1k\\
w_{16}&=1/35ck^2Q_{11}^{\mathrm{c}}-(7Q_{55}^{\mathrm{c}})/(30c)+1/35c\rho^{\mathrm{c}}s^2\\
w_{17}&=\mathrm{i}\alpha_2^{\mathrm{b}}k+1/70\mathrm{i}cf_{\mathrm{b}}k^3Q_{11}^{\mathrm{c}}+1/70\mathrm{i}cf_{\mathrm{b}}k\rho^{\mathrm{c}}s^2
\end{aligned}
$$

$[\boldsymbol{W}]$的第二行为

$$
\begin{aligned}
w_{21}&=\mathrm{i}\alpha_3^{\mathrm{t}}k+3/35\mathrm{i}cf_{\mathrm{t}}k^3Q_{11}^{\mathrm{c}}+3/35\mathrm{i}cf_{\mathrm{t}}k\rho^{\mathrm{c}}s^2\\
w_{22}&=-\alpha_8^{\mathrm{t}}k^2+\alpha_9^{\mathrm{t}}k^4+(7Q_{33}c)/(6c)+[(4c\rho^{\mathrm{c}})/15+f_{\mathrm{t}}\rho^{\mathrm{t}}]s^2+k^2[3/70cf_{\mathrm{t}}^2\rho^{\mathrm{c}}+\\
&\quad (f_{\mathrm{t}}^3\rho^{\mathrm{t}})/12]s^2\\
w_{23}&=-\mathrm{i}\alpha_6^{\mathrm{t}}k+1/15\mathrm{i}cf_{\mathrm{t}}k^3Q_{11}^{\mathrm{c}}+1/15\mathrm{i}cf_{\mathrm{t}}k\rho^{\mathrm{c}}s^2\\
w_{24}&=-\mathrm{i}\alpha_4^{\mathrm{t}}k+1/35\mathrm{i}c^2f_{\mathrm{t}}k^3Q_{11}^{\mathrm{c}}+1/35\mathrm{i}c^2f_{\mathrm{t}}k\rho^{\mathrm{c}}s^2\\
w_{25}&=-\alpha_7^{\mathrm{t}}k^2-(4Q_{33}c)/(3c)+2/15c\rho^{\mathrm{c}}s^2\\
w_{26}&=-\mathrm{i}\alpha_5^{\mathrm{t}}k+1/70\mathrm{i}cf_{\mathrm{t}}k^3Q_{11}^{\mathrm{c}}+1/70\mathrm{i}cf_{\mathrm{t}}k\rho^{\mathrm{c}}s^2
\end{aligned}
$$

$$w_{27}=-\beta_2 k^2-1/140cf_b f_t k^4 Q_{11}^c+Q_{33}c/(6c)-1/15c\rho^c s^2-1/140cf_b f_t k^2\rho^c s^2$$

[$\boldsymbol{W}$]的第三行为

$$w_{31}=2/15ck^2 Q_{11}^c-(4Q_{55}^c)/(3c)+2/15c\rho^c s^2$$

$$w_{32}=\mathrm{i}\alpha_6^t k-1/15\mathrm{i}cf_t k^3 Q_{11}^c-1/15\mathrm{i}cf_t k\rho^c s^2$$

$$w_{33}=16/15ck^2 Q_{11}^c+(8Q_{55}^c)/(3c)+16/15c\rho^c s^2$$

$$w_{34}=0,\quad w_{35}=0$$

$$w_{36}=2/15ck^2 Q_{11}^c-(4Q_{55}^c)/(3c)+2/15c\rho^c s^2$$

$$w_{37}=-\mathrm{i}\alpha_6^b k+1/15\mathrm{i}cf_b k^3 Q_{11}^c+1/15\mathrm{i}cf_b k\rho^c s^2$$

[$\boldsymbol{W}$]的第四行为

$$w_{41}=2/35c^2 k^2 Q_{11}^c-(4Q_{55}^c)/5+2/35c^2\rho^c s^2$$

$$w_{42}=\mathrm{i}\alpha_4^c k-1/35\mathrm{i}c^2 f_t k^3 Q_{11}^c-1/35\mathrm{i}c^2 f_t k\rho^c s^2$$

$$w_{43}=0$$

$$w_{44}=16/105c^3 k^2 Q_{11}^c+(8cQ_{55}^c)/5+16/105c^3\rho^c s^2$$

$$w_{45}=-\mathrm{i}\beta_3 k$$

$$w_{46}=-2/35c^2 k^2 Q_{11}^c+(4Q_{55}^c)/5-2/35c^2\rho^c s^2$$

$$w_{47}=\mathrm{i}\alpha_4^b k-1/35\mathrm{i}c^2 f_b k^3 Q_{11}^c-1/35\mathrm{i}c^2 f_b k\rho^c s^2$$

[$\boldsymbol{W}$]的第五行为

$$w_{51}=\mathrm{i}\beta_1 k$$

$$w_{52}=-\alpha_7^b k^2-(4Q_{33}c)/(3c)+2/15c\rho^c s^2$$

$$w_{53}=0,$$

$$w_{54}=\mathrm{i}\beta_3 k_4$$

$$w_{55}=(8Q_{33}c)/(3c)+16/15ck^2 Q_{55}^c+16/15c\rho^c s^2$$

$$w_{56}=-\mathrm{i}\beta_1 k_1$$

$$w_{57}=-\alpha_7^6 k^2-(4Q_{33}c)/(3c)+2/15c\rho^c s^2$$

[$\boldsymbol{W}$]的第六行为

$$w_{61}=1/35ck^2 Q_{11}^c-(7Q_{55}^c)/(30c)+1/35c\rho^c s^2$$

$$w_{62}=-\mathrm{i}\alpha_2^t k-1/70\mathrm{i}cf_t k^3 Q_{11}^c-1/70\mathrm{i}cf_t k\rho^c s^2$$

$$w_{63}=2/15ck^2 Q_{11}^c-(4Q_{55}^c)/(3c)+2/15c\rho^c s^2$$

$$w_{64}=-2/35c^2 k^2 Q_{11}^c+(4Q_{55}^c)/5-2/35c^2\rho^c s^2$$

$$w_{65}=\mathrm{i}\beta_1 k$$

$$w_{66}=\alpha_1^b k^2+(47Q_{55}^c)/(30c)+[f_b\rho^b+(6c\rho^c)/35]s^2$$

$$w_{67}=\mathrm{i}\alpha_3^b k+3/35\mathrm{i}cf_6 k^3 Q_{11}^c+3/35\mathrm{i}cf_b k\rho^c s^2$$

[$\boldsymbol{W}$]的第七行为

$w_{71}=\mathrm{i}\alpha_5^{\mathrm{b}}k-1/70\mathrm{i}cf_{\mathrm{b}}k^3Q_{11}^{\mathrm{c}}-1/70\mathrm{i}cf_{\mathrm{b}}k\rho^{\mathrm{c}}s^2$

$w_{72}=-\beta_2k^2-1/140cf_{\mathrm{b}}f_{\mathrm{t}}k^4Q_{11}^{\mathrm{c}}+Q_{33}c/(6c)-1/15c\rho^{\mathrm{c}}s^2-1/140cf_{\mathrm{b}}f_{\mathrm{t}}k^2\rho^{\mathrm{c}}s^2$

$w_{73}=\mathrm{i}\alpha_6^{\mathrm{b}}k-1/15\mathrm{i}cf_{\mathrm{b}}k^3Q_{11}^{\mathrm{c}}-1/15\mathrm{i}cf_{\mathrm{b}}k\rho^{\mathrm{c}}s^2$

$w_{74}=-\mathrm{i}\alpha_4^{\mathrm{b}}k+1/35\mathrm{i}c^2f_{\mathrm{b}}k^3Q_{11}^{\mathrm{c}}+1/35\mathrm{i}c^2f_{\mathrm{b}}k\rho^{\mathrm{c}}s^2$

$w_{75}=-\alpha_7^{\mathrm{b}}k^2-(4Q_{33}c)/(3c)+2/15c\rho^{\mathrm{c}}s^2$

$w_{76}=-\mathrm{i}\alpha_3^{\mathrm{b}}k-3/35\mathrm{i}cf_{\mathrm{b}}k^3Q_{11}^{\mathrm{c}}-3/35\mathrm{i}cf_{\mathrm{b}}k\rho^{\mathrm{c}}s^2$

$w_{77}=-\alpha_8^{\mathrm{b}}k^2+\alpha_9^{\mathrm{b}}k^4+(7Q_{33}c)/(6c)+[f_{\mathrm{b}}\rho^{\mathrm{b}}+(4c\rho^{\mathrm{c}})/15]s^2+k^2[(f_{\mathrm{b}}^3\rho^{\mathrm{b}})/12+3/70cf_{\mathrm{b}}^2\rho^{\mathrm{c}}]s^2$

场变量$\{\boldsymbol{U}\}$的解由$[\boldsymbol{W}]$的行列式得到。再次将上述问题作为多项式特征值问题(Polynomial Eigenvalue problem,PEP)来求解[347]。求解结果为对应 18 个波数的 18 个特征向量(振幅比),作为多项式的根得到。

9.1.2 波的传播特性

为了进行数值计算,假定芯材由正六边形蜂窝单元组成,夹层板芯层和面板的材料均为铝(AA2024),其材料特性如下所示

$$E_{\mathrm{S}}=70\times10^9\ \mathrm{N/m^2},\quad \nu=0.3,\quad G_{\mathrm{S}}=\frac{E_{\mathrm{S}}}{2(1+\nu)},\quad \rho_{\mathrm{S}}=2800\ \mathrm{kg/m^3}$$

式中,E_{S} 为弹性模量,ν 为泊松比,G_{S} 为剪切模量,ρ_{S} 为铝的密度。

基于多孔材料相关理论计算芯层材料性能,其理论起源于细胞壁弯曲理论。采用这些公式进行预测,与实验结果高度吻合,详细推导见文献[122]。下面详细介绍,使用这些公式来确定芯层材料的材料性质。

芯层密度,$\rho^{\mathrm{c}}=\rho_{\mathrm{S}}(\frac{2}{\sqrt{3}})(\frac{t_{\mathrm{w}}}{l_{\mathrm{w}}})$

弹性模量,$E_1^{\mathrm{c}}=2.3(\frac{t_{\mathrm{w}}}{l_{\mathrm{w}}})^3E_{\mathrm{S}}$,　$E_3^{\mathrm{c}}=(\frac{t_{\mathrm{w}}}{l_{\mathrm{w}}})E_{\mathrm{S}}$

剪切模量,$G_{13}^{\mathrm{c}}=0.577(\frac{t_{\mathrm{w}}}{l_{\mathrm{w}}})G_{\mathrm{S}}$

泊松比,$\nu_{31}=\nu_{\mathrm{S}}$

式中,t_{w} 为胞元壁厚,l_{w} 为胞元壁长。研究中考虑的夹芯板的两种配置如下所示。

Ⅰ型(高密度芯)

铝正六边形芯,胞元壁厚 $t_{\mathrm{w}}=0.102\times10^{-3}$ m,胞元壁长 6.350×10^{-3} m。因此,芯的材料特性

$$\rho_{\mathrm{HD}}^{\mathrm{c}}=89.60\ \mathrm{kg/m^3},\quad E_{11}^{\mathrm{c}}=E_{22}^{\mathrm{c}}=3.1734\times10^6\ \mathrm{N/m^2},\quad E_{33}^{\mathrm{c}}=2.2309\times10^9\ \mathrm{N/m^2}$$

$$G_{12}^{\mathrm{c}}=7.9334\times10^5\ \mathrm{N/m^2},\quad G_{13}^{\mathrm{c}}=G_{23}^{\mathrm{c}}=4.3051\times10^8\ \mathrm{N/m^2}$$

Ⅱ型(低密度芯)

铝正六边形芯,胞元壁厚 $t_w=0.0178\times10^{-3}$ m,胞元壁长 4.763×10^{-3} m。因此,芯的材料特性为:

$$\rho_{LD}^c=20.9067\ \mathrm{kg/m^3},\quad E_{11}^c=E_{22}^c=4.0313\times10^4\ \mathrm{N/m^2},\quad E_{33}^c=5.2054\times10^8\ \mathrm{N/m^2}$$

$$G_{12}^c=1.0078\times10^4\ \mathrm{N/m^2},\quad G_{13}^c=G_{23}^c=1.0045\times10^8\ \mathrm{N/m^2}$$

频谱和频散关系是确定介质中波的性质所必需的。这里给出了波数与频率的频谱关系图和频散关系图(相速度和群速度与频率的关系图)。通过求解方程(9.12)得到波数 k。夹芯梁具有低密度软芯特性,横截面特性如下:芯高 $2c=50\times10^{-3}$ m,面板厚度与顶部面板和底部面板相同,$f_t=f_b=0.5\times10^{-3}$ m。图 9.4(a)显示了波数的实部与频率的关系,图 9.4(b)显示了波数的虚部与频率的关系。

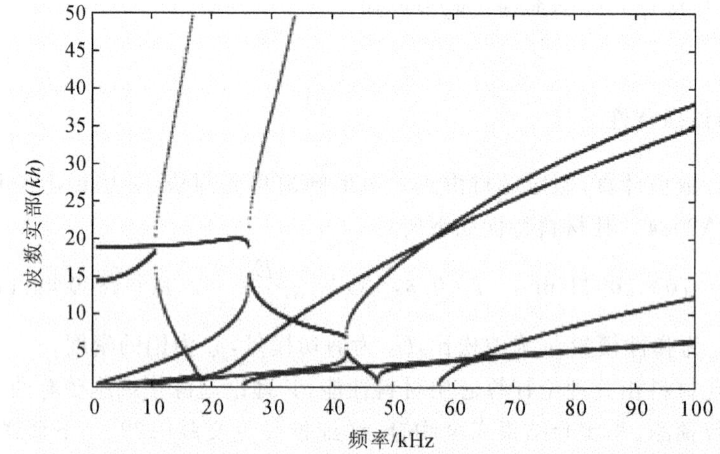

(a)

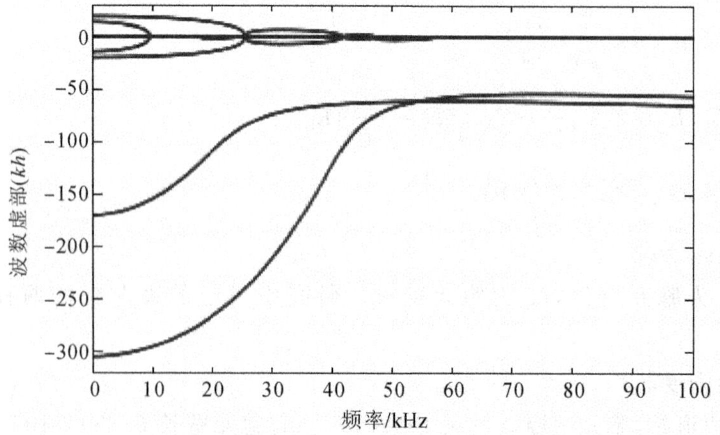

(b)

图 9.4 波在夹芯梁中传播的波数特征

(a)波数实部($h=2c+f_t+f_b$);(b)波数虚部($h=2c+f_t+f_b$)

群速度($c_g=\frac{\partial\omega}{\partial k}$)和相速度($c_p=\frac{\omega}{k}$)由式(9.12)得到，如图 9.5(a)和图 9.5(b)所示。结果表明，在较高频率下，面板存在独立的波动。在低频时，相速度由梁的弯曲刚度决定；在超高频时，由面板的弯曲刚度决定。由于 EHSaPT 为每个节点提供 9 个自由度，因此群速度图和相速度图都表示 9 种波模式。

相速度图显示有 7 个模式逃逸到无穷大，在这 7 个模式中，频率 50 kHz 以下的 3 个模式具有双倍值。在波数与频率的频谱图[图 9.4(a)]中也可以观察到同样的情况。在该区域，当相速度为正时，群速度图显示了这些波模式的负群速度，表明能量传输方向相反。一些文献中称为反向波传播[230]，也叫负群速度[224],[377],[383]。此外，相速度图显示，逃逸到无穷大的 7 个较高模式的波速中，有 5 个在倾向于与表面波速度的较高频率处合并。在频率相近的情况下，这些模式的速度变化较大。在这些速度下，群速度为零表示驻波。接下来，将给出高密度芯的色散关系，如图 9.6 所示。

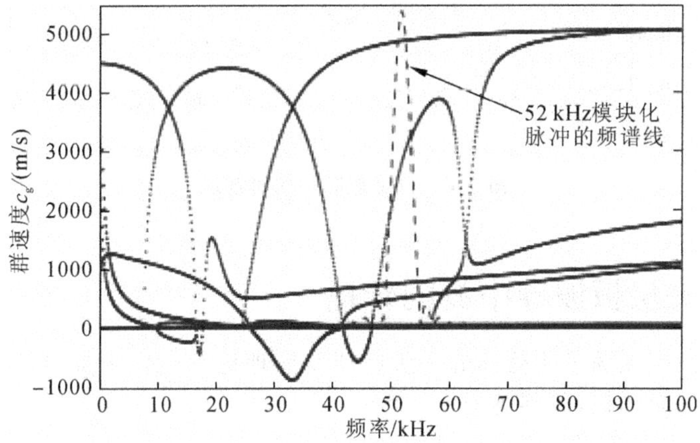

(a)

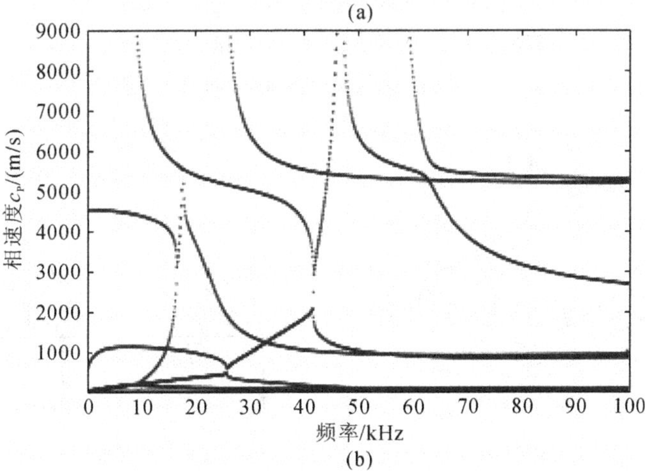

(b)

图 9.5 波在夹芯梁中传播的色散关系

(a)群速度；(b)相速度

高密度芯的群速度图如图 9.6 所示。与图 9.5(a)相比,可以看出,高密度芯和低密度芯之间的群速度存在差异,但曲线形状类似。由于场变量是耦合的,低密度芯中的模式对应的传播速度与高密度芯中的传播速度不同,这是由弹性模量和层芯密度的增加所导致的。

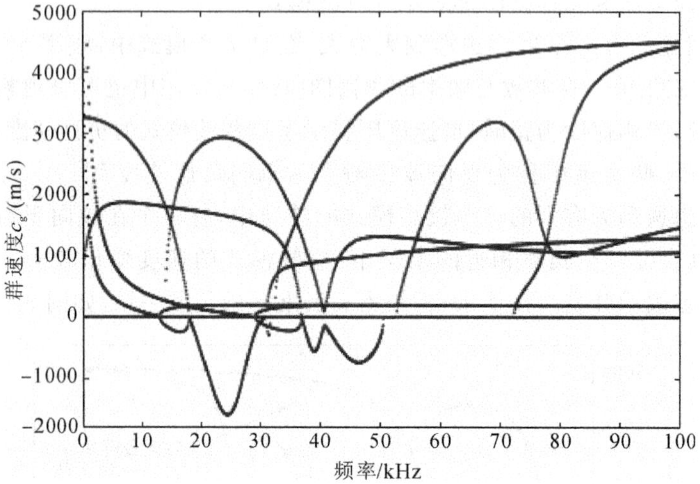

图 9.6　高密度芯中的群速度

9.2　二维夹层板波导中波的传播

首先假设夹层板满足明德林的一阶剪切变形理论[233],再来推导控制方程。考虑如图 9.7 所示的矩形板,位移场为

$$U(x,y,z,t)=u(x,y,t)+z\theta_x(x,y,t) \tag{9.14a}$$

$$V(x,y,z,t)=v(x,y,t)+z\theta_y(x,y,t) \tag{9.14b}$$

$$W(x,y,z,t)=w(x,y,t) \tag{9.14c}$$

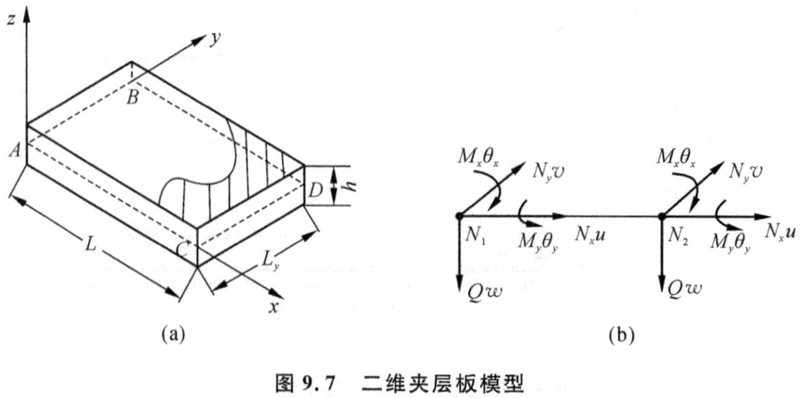

图 9.7　二维夹层板模型

(a)板几何形状;(b)几何和力边界条件

式中，u、v 和 w 分别为 x、y、z 方向基准面的位移分量，θ_x、θ_y 分别为横向法线围绕 y 轴和 x 轴的旋转(图 9.7)。

对应的应变矩阵为

$$\begin{Bmatrix}\varepsilon_{xx}\\ \varepsilon_{yy}\\ \gamma_{xy}\end{Bmatrix}=\begin{Bmatrix}\dfrac{\partial u}{\partial x}\\ \dfrac{\partial v}{\partial y}\\ \dfrac{\partial u}{\partial y}+\dfrac{\partial v}{\partial x}\end{Bmatrix}+z\begin{Bmatrix}\dfrac{\partial \theta_x}{\partial x}\\ \dfrac{\partial \theta_y}{\partial y}\\ \dfrac{\partial \theta_x}{\partial y}+\dfrac{\partial \theta_x}{\partial x}\end{Bmatrix}=\{\boldsymbol{\varepsilon}_0\}+z\{\boldsymbol{\varepsilon}_1\} \tag{9.15a}$$

$$\begin{Bmatrix}\gamma_{yz}\\ \gamma_{xz}\end{Bmatrix}=\begin{Bmatrix}\dfrac{\partial w}{\partial y}+\theta_y\\ \dfrac{\partial w}{\partial x}+\theta_x\end{Bmatrix} \tag{9.15b}$$

式中，ε_{xx}，ε_{yy} 分别为 x 和 y 方向上的正应变，γ_{xy} 为面内剪切应变，γ_{yz}、γ_{xz} 为横向剪应变。在正交各向异性假设下，正应力和剪应力通过本构关系与上述应变相关：

$$\begin{Bmatrix}\sigma_{xx}\\ \sigma_{yy}\\ \tau_{xy}\end{Bmatrix}=\begin{bmatrix}\bar{Q}_{11} & \bar{Q}_{12} & 0\\ \bar{Q}_{12} & \bar{Q}_{22} & 0\\ 0 & 0 & \bar{Q}_{66}\end{bmatrix}\begin{Bmatrix}\varepsilon_{xx}\\ \varepsilon_{yy}\\ \gamma_{xy}\end{Bmatrix} \tag{9.16a}$$

$$\begin{Bmatrix}\tau_{yz}\\ \tau_{xz}\end{Bmatrix}=\begin{bmatrix}\bar{Q}_{44} & 0\\ 0 & \bar{Q}_{55}\end{bmatrix}\begin{Bmatrix}\gamma_{yz}\\ \gamma_{xz}\end{Bmatrix} \tag{9.16b}$$

式中，$\bar{Q}_{ij}$ 是本构矩阵的元素，在文献[301]中给出。合力的定义如下：

$$\begin{Bmatrix}N_{xx}\\ N_{yy}\\ N_{xy}\end{Bmatrix}=\begin{bmatrix}A_{11} & A_{12} & 0\\ A_{12} & A_{22} & 0\\ 0 & 0 & A_{66}\end{bmatrix}\{\boldsymbol{\varepsilon}_0\}+\begin{bmatrix}B_{11} & B_{12} & 0\\ B_{12} & B_{22} & 0\\ 0 & 0 & B_{66}\end{bmatrix}\{\boldsymbol{\varepsilon}_1\} \tag{9.17a}$$

$$\begin{Bmatrix}M_{xx}\\ M_{yy}\\ M_{xy}\end{Bmatrix}=\begin{bmatrix}B_{11} & B_{12} & 0\\ B_{12} & B_{22} & 0\\ 0 & 0 & B_{66}\end{bmatrix}\{\boldsymbol{\varepsilon}_0\}+\begin{bmatrix}D_{11} & D_{12} & 0\\ D_{12} & D_{22} & 0\\ 0 & 0 & D_{66}\end{bmatrix}\{\boldsymbol{\varepsilon}_1\} \tag{9.17b}$$

$$\begin{Bmatrix}Q_y\\ Q_x\end{Bmatrix}=K_c\begin{bmatrix}A_{44} & 0\\ 0 & A_{55}\end{bmatrix}\begin{Bmatrix}\gamma_{yz}\\ \gamma_{xz}\end{Bmatrix} \tag{9.17c}$$

其中，A_{ij}、B_{ij}、D_{ij} 的定义如下：

$$[A_{ij},B_{ij},D_{ij}]=\int_A \bar{Q}_{ij}[1,z,z^2]\mathrm{d}A$$

上述公式基于明德林板理论，其中假定剪切应变在截面厚度上是恒定的。由于上述假设而产生的结果差异由系数 K_c 补偿，称为剪切修正系数(也用于铁木辛柯梁理论，其含义在第 6 章中讨论)，这是明德林板理论实际应用中的关键。

9.2.1 控制微分方程

动能(KE)和势能(PE)由位移场和应力定义为:

$$KE = (1/2)\int_V \rho(\dot{U}^2 + \dot{V}^2 + \dot{W}^2)\mathrm{d}V$$

$$PE = (1/2)\int_V (\sigma_{xx}\varepsilon_{xx} + \sigma_{yy}\varepsilon_{yy} + \tau_{xy}\gamma_{xy} + \tau_{yz}\gamma_{yz} + \tau_{xz}\gamma_{xz})\mathrm{d}V$$

ρ 是质量密度。通过应用哈密顿原理,控制方程可以写成合力的形式:

$$\frac{\partial N_{xx}}{\partial x} + \frac{\partial N_{xy}}{\partial y} = I_0 \frac{\partial^2 u}{\partial t^2} + I_1 \frac{\partial^2 \theta_x}{\partial t^2} \tag{9.18a}$$

$$\frac{\partial N_{xy}}{\partial x} + \frac{\partial N_{yy}}{\partial y} = I_0 \frac{\partial^2 v}{\partial t^2} + I_1 \frac{\partial^2 \theta_y}{\partial t^2} \tag{9.18b}$$

$$\frac{\partial Q_x}{\partial x} + \frac{\partial Q_y}{\partial y} = I_0 \frac{\partial^2 w}{\partial t^2} \tag{9.18c}$$

$$\frac{\partial M_{xx}}{\partial x} + \frac{\partial M_{xy}}{\partial y} - Q_x = I_2 \frac{\partial^2 \theta_x}{\partial t^2} + I_1 \frac{\partial^2 u}{\partial t^2} \tag{9.18d}$$

$$\frac{\partial M_{xy}}{\partial x} + \frac{\partial M_{xx}}{\partial y} - Q_y = I_2 \frac{\partial^2 \theta_y}{\partial t^2} + I_1 \frac{\partial^2 v}{\partial t^2} \tag{9.18e}$$

其中的质量惯性矩被定义为:

$$[I_0, I_1, I_2] = \int_A \rho[1, z, z^2]\mathrm{d}A$$

矩形板单元的边缘平行于 y 轴(图 9.7),因此,与该问题相关的自然边界条件和相应的基本边界条件/自由度(DOF)为:

$$\begin{array}{ccccc} N_x = N_{xx}, & N_y = N_{xy}, & Q = Q_x, & M_x = M_{xx}, & M_y = M_{xy} \\ u & v & w & \theta_x & \theta_y \end{array} \tag{9.19}$$

通过代入控制方程(9.18)可以进一步展开为位移分量的形式,所得方程为:

$$\begin{aligned} &A_{11}\frac{\partial^2 u}{\partial x^2} + A_{12}\frac{\partial^2 v}{\partial x \partial y} + B_{11}\frac{\partial^2 \theta_x}{\partial x^2} + B_{12}\frac{\partial^2 \theta_y}{\partial y^2} + \\ &A_{66}(\frac{\partial^2 u}{\partial y^2} + \frac{\partial^2 v}{\partial x \partial y}) + B_{66}(\frac{\partial^2 \theta_x}{\partial y^2} + \frac{\partial^2 \theta_y}{\partial x \partial y}) = I_0 \frac{\partial^2 u}{\partial t^2} + I_1 \frac{\partial^2 \theta_x}{\partial t^2} \end{aligned} \tag{9.20a}$$

$$\begin{aligned} &A_{66}(\frac{\partial^2 u}{\partial x \partial y} + \frac{\partial^2 v}{\partial x^2}) + B_{66}(\frac{\partial^2 \theta_x}{\partial x \partial y} + \frac{\partial^2 \theta_y}{\partial x^2}) + A_{12}\frac{\partial^2 u}{\partial x \partial y} + A_{22}\frac{\partial^2 v}{\partial y^2} + \\ &B_{12}\frac{\partial^2 \theta_x}{\partial x \partial y} + B_{22}\frac{\partial^2 \theta_y}{\partial y^2} = I_0 \frac{\partial^2 v}{\partial t^2} + I_1 \frac{\partial^2 \theta_y}{\partial t^2} \end{aligned} \tag{9.20b}$$

$$K_c A_{55}(\frac{\partial^2 w}{\partial x^2} + \frac{\partial \theta_x}{\partial x}) + K_c A_{44}(\frac{\partial^2 w}{\partial y^2} + \frac{\partial \theta_y}{\partial y}) = I_0 \frac{\partial^2 w}{\partial t^2} \tag{9.20c}$$

$$B_{11}\frac{\partial^2 u}{\partial x^2}+B_{12}\frac{\partial^2 v}{\partial x\partial y}+D_{12}\frac{\partial^2\theta_x}{\partial x^2}+D_{12}\frac{\partial^2\theta_y}{\partial x\partial y}+B_{66}(\frac{\partial^2 u}{\partial y^2}+\frac{\partial^2 v}{\partial x\partial y})+$$
$$D_{66}(\frac{\partial^2\theta_x}{\partial y^2}+\frac{\partial^2\theta_y}{\partial x\partial y})-K_cA_{55}(\frac{\partial w}{\partial x}+\theta_x)=I_2\frac{\partial^2\theta_x}{\partial t^2}+I_1\frac{\partial^2 u}{\partial t^2} \tag{9.20d}$$

$$B_{66}(\frac{\partial^2 u}{\partial x\partial y}+\frac{\partial^2 v}{\partial x^2})+D_{66}\frac{\partial^2\theta_x}{\partial x\partial y}+D_{66}\frac{\partial^2\theta_y}{\partial x^2}+B_{12}\frac{\partial^2 u}{\partial x\partial y}+B_{22}\frac{\partial^2 v}{\partial y^2}+$$
$$D_{12}\frac{\partial^2\theta_x}{\partial x\partial y}+D_{22}\frac{\partial^2\theta_y}{\partial y^2}-K_cA_{44}(\frac{\partial w}{\partial y}+\theta_y)=I_2\frac{\partial^2\theta_y}{\partial t^2}+I_1\frac{\partial^2 v}{\partial t^2} \tag{9.20e}$$

9.2.2 波参数的计算

如前所述，进行多重变换分析以获得波参数。对场变量进行拉普拉斯变换：$u(x,y,t)=\bar{u}(x,y)\mathrm{e}^{-st}$，$v(x,y,t)=\bar{v}(x,y)\mathrm{e}^{-st}$，$w(x,y,t)=\bar{w}(x,y)\mathrm{e}^{-st}$，$\theta_x(x,y,t)=\bar{\theta}_x(x,y)\mathrm{e}^{-st}$，$\theta_y(x,y,t)=\bar{\theta}_y(x,y)\mathrm{e}^{-st}$，$s$ 是拉普拉斯变量。对控制方程(9.20b)作拉普拉斯变换，得到

$$A_{11}\frac{\partial^2\bar{u}}{\partial x^2}+A_{12}\frac{\partial^2\bar{v}}{\partial x\partial y}+B_{11}\frac{\partial^2\bar{\theta}_x}{\partial x^2}+B_{12}\frac{\partial^2\bar{\theta}_y}{\partial y^2}+A_{66}(\frac{\partial^2\bar{u}}{\partial y^2}+\frac{\partial^2\bar{v}}{\partial x\partial y})+$$
$$A_{66}(\frac{\partial^2\bar{u}}{\partial y^2}+\frac{\partial^2\bar{v}}{\partial x\partial y})+B_{66}(\frac{\partial^2\bar{\theta}_x}{\partial y^2}+\frac{\partial^2\bar{\theta}_y}{\partial x\partial y})=s^2I_0\bar{u}+s^2I_1\bar{\theta}_x \tag{9.21}$$

假设初始线位移、角位移、线速度和角速度为零。使用数值拉普拉斯进行时间分量的变换(通过离散傅里叶变换实现)，其细节已在第 4 章中进行了介绍。

空间分量 y 用小波变换近似，变换后的变量($\bar{u},\bar{v},\bar{w},\bar{\theta}_x,\bar{\theta}_y$)在空间窗口$[0,L_y]$的 m 个点上离散，其中 L_y 是 y 方向上的长度。设 $\zeta=0,1,\cdots,m-1$ 为采样点，则 $y=\Delta Y\zeta$，其中 ΔY 为两个采样点之间的空间间隔。

在这里，使用 Daubechies 紧支小波，这在第 4 章中有概述。函数 $\bar{u}(x,y)$可以用 Daubechies 小波进行近似：

$$\bar{u}(x,y)=\breve{u}(x,\zeta)=\sum_l u_l(x)\varphi(\zeta-l),\quad l\in\mathbf{Z} \tag{9.22}$$

其中 $u_l(x)$是某个空间维度 x 的近似系数，$\varphi(\zeta)$是缩放函数。其他位移 $\bar{v},\bar{w},\bar{\theta}_x$，$\bar{\theta}_y$ 也可以类似地变换，式(9.21)可以写成：

$$A_{11}\sum_l\frac{\mathrm{d}^2u_l}{\mathrm{d}x^2}\varphi(\zeta-l)+(A_{12}+A_{66})\sum_l\frac{1}{\Delta Y}\frac{\mathrm{d}v_l}{\mathrm{d}x}\varphi'(\zeta-l)+$$
$$B_{11}\sum_l\frac{\mathrm{d}^2\theta_{xl}}{\mathrm{d}x^2}\varphi(\zeta-l)+B_{12}\sum_l\frac{1}{(\Delta Y)}\frac{\mathrm{d}\theta_{yl}}{\mathrm{d}x}\varphi'(\zeta-l)+$$
$$A_{66}\sum_l\frac{1}{(\Delta Y)^2}u_l\varphi''(\zeta-l)+B_{66}\sum_l\frac{1}{(\Delta Y)^2}\theta_{xl}\varphi''(\zeta-l)+$$

$$B_{66}\sum_{l}\frac{1}{(\Delta Y)}\frac{\mathrm{d}\theta_{yl}}{\mathrm{d}x}\varphi'(\zeta-l)=s^2I_0u_l+s^2I_1\theta_{xl}\tag{9.23}$$

取式(9.24)两边的内积，利用缩放函数 $\varphi(\zeta-i)$ 的平移，其中 $i=0,1,\cdots,m-1$，并利用它们的正交性质，得到 m 个联立的常微分方程为：

$$\begin{aligned}&A_{11}\frac{\mathrm{d}^2u_i}{\mathrm{d}x^2}+(A_{12}+A_{66})\frac{1}{\Delta Y}\sum_{l=i-N+2}^{i+N-2}\frac{\mathrm{d}v_i}{\mathrm{d}x}\Omega_{i-l}^1+\\&B_{11}\frac{\mathrm{d}^2\theta_{xi}}{\mathrm{d}x^2}+B_{12}\frac{1}{(\Delta Y)}\sum_{l=i-N+2}^{i+N-2}\frac{\mathrm{d}\theta_{yi}}{\mathrm{d}x}\Omega_{i-l}^1+\\&A_{66}\frac{1}{(\Delta Y)^2}\sum_{l=i-N+2}^{i+N-2}u_i\Omega_{i-l}^2+B_{66}\frac{1}{(\Delta Y)^2}\sum_{l=i-N+2}^{i+N-2}\theta_{xi}\Omega_{i-l}^2+\\&B_{66}\frac{1}{(\Delta Y)}\sum_{l=i-N+2}^{i+N-2}\frac{\mathrm{d}\theta_{yi}}{\mathrm{d}x}\Omega_{i-l}^1=s^2I_0u_i+s^2I_1\theta_{xi}\end{aligned}\tag{9.24}$$

式中 $N=4$ 为 Daubechies 小波阶数。参数 Ω_{i-1}^1 和 Ω_{i-1}^2 是一阶导数和二阶导数的连接系数，定义为

$$\Omega_{i-l}^1=\int\varphi'(\zeta-l)\varphi(\zeta-i)\mathrm{d}\zeta,\quad \Omega_{i-l}^2=\int\varphi''(\zeta-l)\varphi(\zeta-i)\mathrm{d}\zeta$$

对于紧支小波，Ω_{i-1}^1 和 Ω_{i-1}^2 仅在 $l=i-N+2$ 到 $l=i+N-2$ 区间内不为零。在文献[36]和第 4 章中给出了计算不同阶导数连接系数的详细方法。通过周期扩展，将有限域外的未知系数表示为有限域内的未知系数。

方程(9.25)给出的常微分方程组的矩阵形式

$$\begin{aligned}&A_{11}\left\{\frac{\mathrm{d}^2\boldsymbol{u}_i}{\mathrm{d}x^2}\right\}+(A_{12}+A_{66})[\boldsymbol{\Lambda}^1]\left\{\frac{\mathrm{d}\boldsymbol{v}_i}{\mathrm{d}x}\right\}+B_{11}\left\{\frac{\mathrm{d}^2\boldsymbol{\theta}_{xi}}{\mathrm{d}x^2}\right\}+\\&B_{12}[\boldsymbol{\Lambda}^1]\left\{\frac{\mathrm{d}\boldsymbol{\theta}_{yi}}{\mathrm{d}x}\right\}+A_{66}[\boldsymbol{\Lambda}^2]\{\boldsymbol{u}_i\}+B_{66}[\boldsymbol{\Lambda}^2]\{\boldsymbol{\theta}_{xi}\}+B_{66}[\boldsymbol{\Lambda}^2]\left\{\frac{\mathrm{d}\boldsymbol{\theta}_{yi}}{\mathrm{d}x}\right\}\\&=s^2I_0\{\boldsymbol{u}_i\}+s^2I_1\{\boldsymbol{\theta}_{xi}\}\end{aligned}\tag{9.25}$$

式中 $[\boldsymbol{\Lambda}^1]$ 为一阶连接系数，$[\boldsymbol{\Lambda}^2]$ 为二阶连接系数，可根据 $[\boldsymbol{\Lambda}^1]^2$ 得。假设周期性扩展，$[\boldsymbol{\Lambda}^1]$ 写成：

$$[\boldsymbol{\Lambda}^1]=\frac{1}{\Delta Y}\begin{bmatrix}\Omega_0^1 & \Omega_{-1}^1 & \cdots & \Omega_{-N+2}^1 & \cdots & \Omega_{N-2}^1 & \cdots & \Omega_1^1\\ \Omega_1^1 & \Omega_0^1 & \cdots & \Omega_{-N+3}^1 & \cdots & 0 & \cdots & \Omega_2^1\\ \vdots & \vdots & & \vdots & & \vdots & & \vdots\\ \Omega_{-1}^1 & \Omega_{-2}^1 & \cdots & 0 & \cdots & \Omega_{N-3}^1 & \cdots & \Omega_0^1\end{bmatrix}\tag{9.26}$$

类似于式(9.26)，其余四个控制方程。进行转换[式(9.20a)]，得到常微分方程形式。

耦合的常微分方程组使用 $[\boldsymbol{\Lambda}^1]$ 的特征分解解耦，得

$$[\boldsymbol{\Lambda}^1]=[\boldsymbol{\Psi}][\boldsymbol{\Gamma}][\boldsymbol{\Psi}]^{-1}$$

式中，$\boldsymbol{\Gamma}$ 为对角特征值矩阵，$\boldsymbol{\Psi}$ 为特征向量矩阵。$\boldsymbol{\Lambda}^1$ 有一个循环形式，其特征值

在文献[88]中解析给出，设这些特征值为 $\mathbf{i}\beta_i$。

解耦常微分方程组(9.20a)为：

$$
\begin{aligned}
&A_{11}\left\{\frac{\mathrm{d}^2\tilde{\boldsymbol{u}}_i}{\mathrm{d}x^2}\right\}+(A_{12}+A_{66})[\mathbf{i}\beta_i]\left\{\frac{\mathrm{d}\tilde{\boldsymbol{v}}_i}{\mathrm{d}x}\right\}+B_{11}\left\{\frac{\mathrm{d}^2\tilde{\boldsymbol{\theta}}_{xi}}{\mathrm{d}x^2}\right\}+\\
&B_{12}[\mathbf{i}\beta_i]\left\{\frac{\mathrm{d}\tilde{\boldsymbol{\theta}}_{yi}}{\mathrm{d}x}\right\}-A_{66}[\boldsymbol{\beta}_i^2]\{\tilde{\boldsymbol{u}}_i\}-B_{66}[\boldsymbol{\beta}_i^2]\{\tilde{\boldsymbol{\theta}}_{xi}\}-B_{66}[\boldsymbol{\beta}_i^2]\left\{\frac{\mathrm{d}\tilde{\boldsymbol{\theta}}_{yi}}{\mathrm{d}x}\right\}\\
&=s^2I_0\{\tilde{\boldsymbol{u}}_i\}+s^2I_1\{\tilde{\boldsymbol{\theta}}_{xi}\}
\end{aligned}
\tag{9.27a}
$$

$$
\begin{aligned}
&(A_{12}+A_{66})\mathbf{i}\beta_i\frac{\mathrm{d}\tilde{u}_i}{\mathrm{d}x}+A_{66}\frac{\mathrm{d}\tilde{v}_i}{\mathrm{d}x^2}-\beta_i^2A_{22}\tilde{v}_i+\\
&(B_{12}+B_{66})\mathbf{i}\beta_i\frac{\mathrm{d}\tilde{\theta}_{xi}}{\mathrm{d}x}+B_{66}\frac{\mathrm{d}^2\tilde{\theta}_{ui}}{\mathrm{d}x^2}-\beta_i^2B_{22}\tilde{\theta}_{yi}=s^2I_0\tilde{v}_i+s^2I_1\tilde{\theta}_{yi}
\end{aligned}
\tag{9.27b}
$$

$$
K_cA_{55}\frac{\mathrm{d}^2\tilde{w}_i}{\mathrm{d}x^2}-\beta_i^2K_cA_{44}\tilde{w}_i+K_cA_{55}\frac{\mathrm{d}\tilde{\theta}_{xi}}{\mathrm{d}x}+\mathbf{i}\beta_i\tilde{\theta}_{yi}=s^2I_0\tilde{w}_i
\tag{9.27c}
$$

$$
\begin{aligned}
&B_{11}\frac{\mathrm{d}^2\tilde{u}_i}{\mathrm{d}x^2}-\beta_i^2B_{66}\tilde{u}_i+(B_{12}+B_{66})\mathbf{i}\beta_i\frac{\mathrm{d}\tilde{v}_i}{\mathrm{d}x}-K_cA_{55}\frac{\mathrm{d}w_i}{\mathrm{d}x}+D_{11}\frac{\mathrm{d}^2\tilde{\theta}_{xi}}{\mathrm{d}x^2}-\\
&K_cA_{55}\tilde{\theta}_{xi}-\beta_i^2D_{66}\tilde{\theta}_{xi}+(D_{12}+D_{66})\mathbf{i}\beta_i\frac{\mathrm{d}\tilde{\theta}_{yi}}{\mathrm{d}x}=s^2I_1\tilde{u}_i-s^2I_2\tilde{\theta}_{xi}
\end{aligned}
\tag{9.27d}
$$

$$
\begin{aligned}
&(B_{12}+B_{66})\mathbf{i}\beta_i\frac{\mathrm{d}\tilde{u}_i}{\mathrm{d}x}+B_{66}\frac{\mathrm{d}^2\tilde{v}_i}{\mathrm{d}x^2}-\beta_i^2B_{22}\tilde{v}_i-\mathbf{i}\beta_iK_cA_{44}w_i+\\
&(D_{12}+D_{66})\mathbf{i}\beta_i\frac{\mathrm{d}\theta_{xi}}{\mathrm{d}x}+D_{66}\frac{\mathrm{d}^2\theta_{yi}}{\mathrm{d}x^2}-K_cA_{44}\tilde{\theta}_{yi}-\beta_i^2D_{66}\tilde{\theta}_{xi}-\beta_i^2D_{22}\tilde{\theta}_{yi}\\
&=s^2I_1\tilde{u}_i-s^2I_2\tilde{\theta}_{xi}
\end{aligned}
\tag{9.27e}
$$

其中 $\tilde{u}_i$ 及类似的其他变换位移为 $\tilde{u}_i=\boldsymbol{\Psi}^{-1}u_i$。

设上述联立常微分方程的解为：$\tilde{u}=\hat{u}\mathrm{e}^{-\mathbf{i}kx}$，$\tilde{v}=\hat{v}\mathrm{e}^{-\mathbf{i}kx}$，$\tilde{w}=\hat{w}\mathrm{e}^{-\mathbf{i}kx}$，$\tilde{\theta}_x=\hat{\theta}_x\mathrm{e}^{-\mathbf{i}kx}$和$\tilde{\theta}_y=\hat{\theta}_y\mathrm{e}^{-\mathbf{i}kx}$，并将其代入上述方程，得出一个多项式特征值表达式(PEP)：

$$
(k^2\mathbf{A}_2+k\mathbf{A}_1+\mathbf{A}_0)\{\boldsymbol{U}\}=0
\tag{9.28}
$$

其中：

$$
\mathbf{A}_2=\begin{bmatrix}
-A_{11} & 0 & 0 & -B_{11} & 0\\
0 & -A_{66} & 0 & 0 & -B_{66}\\
0 & 0 & -A_{55} & 0 & 0\\
-B_{11} & 0 & 0 & -D_{11} & 0\\
0 & -B_{66} & 0 & 0 & -D_{66}
\end{bmatrix}
$$

$$
\mathbf{A}_1=\begin{bmatrix}
0 & \beta(A_{12}+A_{66}) & 0 & 0 & \beta(B_{12}+B_{66})\\
\beta(A_{12}+A_{66}) & 0 & 0 & \beta(B_{12}+B_{66}) & 0\\
0 & 0 & 0 & -\mathbf{i}A_{55} & 0\\
0 & \beta(B_{12}+B_{66}) & \mathbf{i}A_{55} & 0 & \beta(D_{12}+D_{66})\\
\beta(B_{12}+B_{66}) & & 0 & \beta(D_{12}+D_{66}) & 0
\end{bmatrix}
$$

$$
\mathbf{A}_0=\begin{bmatrix}
a_1 & 0 & 0 & a_2 & 0\\
0 & a_3 & 0 & 0 & a_4\\
0 & 0 & a_5 & 0 & a_6\\
a_7 & 0 & 0 & a_8 & 0\\
0 & a_9 & a_{10} & 0 & a_{11}
\end{bmatrix}
$$

其中

$$a_1=-\beta^2A_{66}-s^2I_0,\quad a_2=-\beta^2B_{66}-s^2I_1,\quad a_3=-\beta^2A_{22}-s^2I_0$$

$$a_4=-\beta^2B_{22}-s^2I_1,\quad a_5=-\beta^2A_{44}-s^2I_0,\quad a_6=\mathbf{i}\beta A_{44}$$

$$a_7=-\beta^2B_{66}-s^2I_1,\quad a_8=-A_{55}-s^2I_2-\beta^2D_{66},\quad a_9=-s^2I_1-\beta^2B_{22}$$

$$a_{10}=-\mathbf{i}\beta A_{44},\quad a_{11}=-A_{44}-\beta^2D_{22}-s^2I_2$$

$$\{\boldsymbol{U}\}=\{\hat{u}\quad \hat{v}\quad \hat{w}\quad \hat{\theta}_x\quad \hat{\theta}_y\}^{\mathrm{T}}$$

通过求解 PEP 式(9.28)得到场变量$\{\boldsymbol{U}\}$的解和对应 5 个自由度的 10 个波数。利用得到的波数,可以计算不同模式下的相速度和群速度。

9.2.3 数值实例

本节分析一种二维夹芯板实例的频谱和色散关系。面板的性质如下:

几何特性

宽度 $b=250\times10^{-3}$ m,芯板高度 $h_c=25\times10^{-3}$ m,面板厚度 $h_f=0.25\times10^{-3}$ m,夹层总高度 $h=h_c+2\times h_f$。

材料特性

蜂窝芯特性如下:

$E_{11}=1.0\times10^4$ N/m^2,$E_{22}=1.0\times10^4$ N/m^2,$G_{12}=1.0\times10^4$ N/m^2,$G_{13}=1.4\times10^8$ N/m^2,$G_{23}=1.4\times10^8$ N/m^2,泊松比 $\nu=0.3$,密度 $\rho=32$ kg/m^3

面板特性(各向同性铝)如下:

$E=70\times10^9$ N/m^2,泊松比 $\nu=0.3$,密度 $\rho=2800$ kg/m^3

使用多项式特征值问题方法求解式(9.28)得到波数。图 9.8(a)显示了波数的实部,图 9.8(b)为波数的虚部。

图 9.9 显示了相速度,图 9.10 显示了群速度。由于与 k^2 相关的多项式是 5 阶的,因此系统将有 5 个 k^2 值,则系统将有 5 种类型的波。可以看出,一个波的波数、波速和色散关系与图中用下标 1 表示的平面内纵波是一致的。另一个波具有与平面内极化剪切相同的特性,如图中下标 2 所示。下标 3 表示具有与横向弯曲相同特性的波。

在横向弯曲波的情况下,如果不考虑横向剪切效应,群速度与$\sqrt{\omega}$成正比。因此,群速度随着频率的增加而增加。如果存在横向剪切变形,则群速度将达到最大值。可以看出,频谱分析能够预测这些特性。如同铁木辛柯梁的情况,横向剪切变形和转动惯量的加入引入了另外两种波运动模式。在低频时,这些波的波数有一个虚部,这意味着这些波是不传播的。

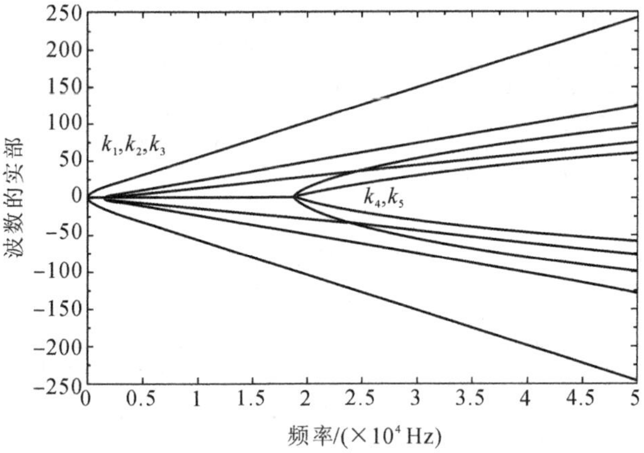

(a)

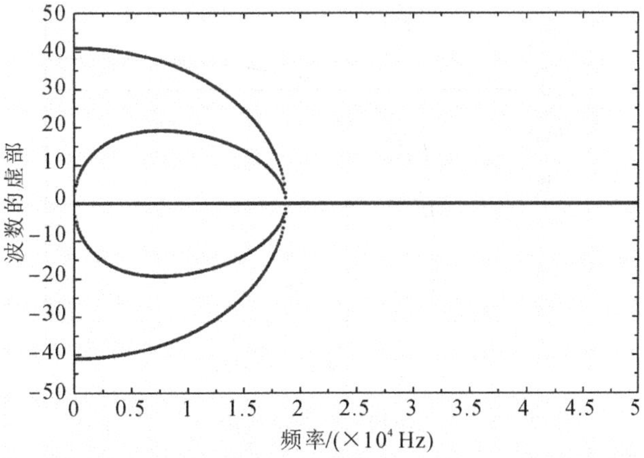

(b)

图 9.8　波数的特征

(a)波数的实部;(b)波数的虚部

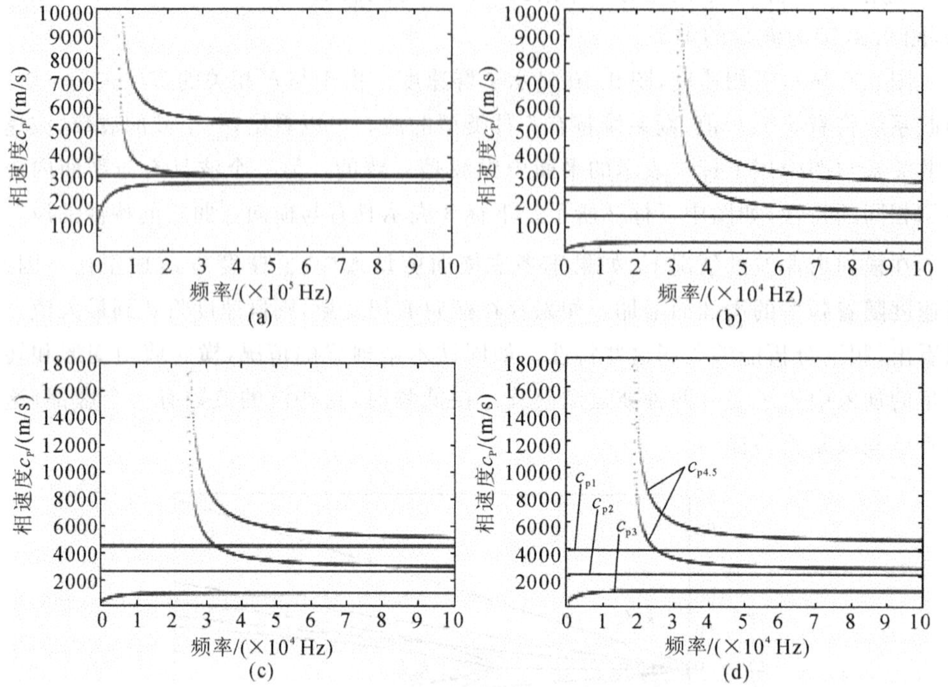

图 9.9 分散相速度

各向同性(h=25 mm);(b)夹芯结构(h_c=10 mm);(c)夹芯结构(h_c=15 mm);(d)夹芯结构(h_c=25 mm)

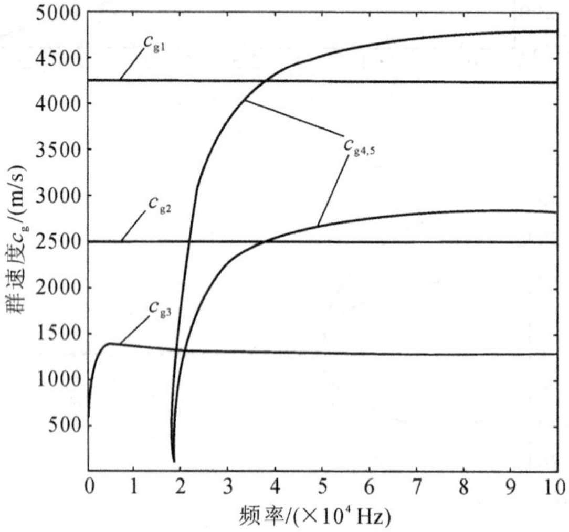

图 9.10 夹芯结构的分散群速度(h_c=25 mm)

在截止频率处,波数变为实数。在超过截止频率后,波数是实数,波在传播。因此,相速度和群速度的值超过了截止频率。截止频率可通过展开式(9.28)的行列式来确定,将波数设置为零,得到以下结果:

$$\omega_{\text{cut-off}}=\mathrm{i}\left(\frac{\sqrt{A_{44}I_0}}{\sqrt{I_1^2-I_0I_2}}\right),\quad \omega_{\text{cut-off}}=\mathrm{i}\left(\frac{\sqrt{A_{55}I_0}}{\sqrt{I_1^2-I_0I_2}}\right) \tag{9.29}$$

在极限情况下，可以看出：A_{44}，$A_{55}\to\infty$或转动惯量 $I_2=0$ 时，截止频率趋于无穷大，使剪切模式消失，从而产生薄板极限。上述结果表明，现有的谱单元公式正确地反映了二维结构所支持的所有类型波的特征。

验证横向剪切效应对实际结构很重要。例如，航天器的典型设备面板具有以下结构特性，单位面积质量为 30 kg/m^2，转动惯量为 0.1 kg/m^2。该面板的波导特性如图 9.11 所示，航天器预计将受到 10 kHz 范围内的高频动态激励。在 1 kHz 左右，波的传播特性受横向剪切效应的影响。

这里讨论了附加的两种波传播模式出现的截止频率。这些频率与横向剪切特性和旋转惯性特性有关。对于 $E=70$ GPa、$\nu=0.3$、$b=250\times10^{-3}$ m 和 $h=25\times10^{-3}$ m 的各向同性铝材料，如图 9.9(a)所示。类似地，不同夹芯厚度($h_c=10\times10^{-3}$、15×10^{-3}和 25×10^{-3} m)的相速度如图 9.9(b)至图 9.9(d)所示，两条直线表示恒定的相速度，因此表示两个面内模式的非频散性质。第三弯曲模式 w 向上倾斜，并沿频率保持恒定。两个剪切模式 θ_x 和 θ_y 从无穷远处到达截止频率，并达到频率线下的表面波速度。从图 9.9(b)至图 9.9(d)中可以观察到，随着芯层厚度的增加，截止频率降低，这表明剪切波传播的影响发生在非常低的频率且非常厚的板中。

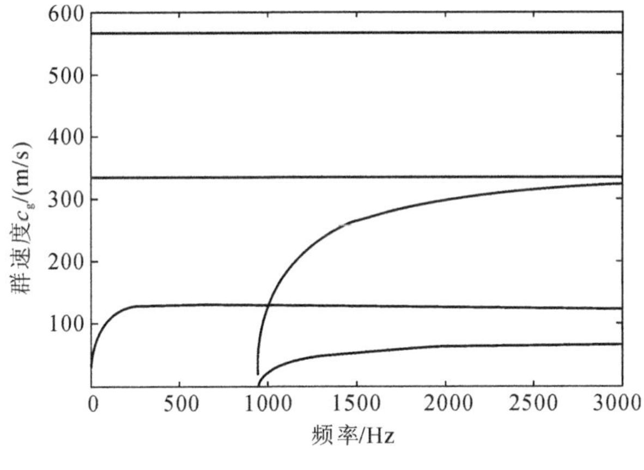

图 9.11　夹层设备面板的分散组速度

总　　结

本章研究了夹层梁和夹层板中波的传播特性。在梁的情况下，考虑了高阶效应，其中公式基于扩展的高阶夹层板理论(EHSaPT)。在该理论中，面板被视为欧拉-伯努利梁，基于弹性理论建立了芯材的方程。因此，梁结构的顶面板和底面板会有不同的运动方式，基于此，推导了控制方程，获得了波参数。结果显示，芯材不同，其波特性会有较大差异。在一定频率下，波数是双值的，这是文献展示的夹芯结构的典型特征。

在此基础上，研究了波在二维夹层板中的传播特性，使用了两种不同的变换来进行时间和空间近似。该公式基于等效单层(ESL)方法和明德林理论，考虑了剪切变形对响应的影响。之前在铁木辛柯梁的波响应中得出的一些推论，如存在截止频率和第二传播频谱的存在，在这里也适用。本章还展示了剪切变形的实例，例如航天器面板。

第 10 章

波在梯度功能材料波导中的传播

第 3.3 节简要介绍了功能梯度材料的概念、制造技术和建模方法。本章将采用谱分析方法研究一维和二维 FGM 波导中的波行为。与各向异性介质中的波传播相比，非均匀介质中的波具有不同的特性。通常，沿着非均匀方向上的波运动的在波传播时振幅减小(参见文献[39],[360])。这种类型的波称为非均匀波。

均匀平面波的形式为：

$$f=\Phi(\omega)\exp[\mathrm{i}(k_x x+k_y y+k_z z-\omega t)]=\Phi(\omega)\exp[\mathrm{i}(\boldsymbol{k}\cdot\boldsymbol{r}-\omega t)]$$

其中 $\Phi(\omega)$是波幅(实数)，$\boldsymbol{k}$ 是波矢(实数)。这种形式描述了波在均匀、线性和非频散固体中的传播现象。不均匀波则采用 Φ 和 $\boldsymbol{k}$(见文献[54])的复数形式描述。

不均匀波最初是在具有内禀耗散性质的介质中观察到的，如黏弹性材料。然而，当非均匀性与波传播方向一致时，非均匀材料也有利于这种波的传播。关于这个问题的文献非常广泛，不均匀波成功地描述了波模式及其耗散特性，其中传播速度、衰减系数和相关角度通常取决于频率(参见文献[74]、[162]和[207])。众所周知，耗散介质中的时谐波具有复数波数。但是，很少有人知道存在具有复数波矢的波，其中实部和虚部 $\boldsymbol{k}_1$ 和 $\boldsymbol{k}_2$ 不必平行。因此，更精确地说，非均匀波(文献[285])是波矢 $\boldsymbol{k}$ 为复数($\boldsymbol{k}=\boldsymbol{k}_1+\mathrm{j}\boldsymbol{k}_2$)，且 $\boldsymbol{k}_1$ 和 $\boldsymbol{k}_2$ 为不平行的波。因此，一般形式变为：

$$\begin{aligned} f &=\Phi(\omega)\exp[\mathrm{i}(k_{1x}x+k_{1y}y+k_{1z}z-\omega t)-(k_{2x}x+k_{2y}y+k_{2z}z)] \\ &=\Phi(\omega)\exp[\mathrm{i}(\boldsymbol{k}_1\cdot\boldsymbol{r}-\omega t)-\boldsymbol{k}_2\cdot\boldsymbol{r}] \end{aligned}$$

上式描述了振幅变化的平面波。可以看出，$\boldsymbol{k}_1\cdot\boldsymbol{k}_2=0$ 表明该波沿矢量 $\boldsymbol{k}_1$ 给定的方向传播，其振幅在与之垂直方向减小。已知均匀平面波的形式为 $\boldsymbol{u}=\boldsymbol{A}\mathrm{e}^{\mathrm{i}(\boldsymbol{k}x-\omega t)}$，其中振幅 $\boldsymbol{A}$ 和波矢 $\boldsymbol{k}$ 为实数。当 $\boldsymbol{A}$ 和 $\boldsymbol{k}$ 变为复数时，如线性和频散(黏弹性)系统，$\boldsymbol{A}$ 随传播距离增大而减小时，这种波称为非均匀波。尽管非均匀波在严格意义上是针对二维或三维介质定义的，但该定义可以扩展到一维情况。

虽然非均匀介质中平面波的解并不存在，本章仍讨论了波在非均匀介质中传播时带有复数波数(一维波矢)的近似平面波解的可能性。当前的非均匀材料(Fnctionally Graded Material,FGM)是线弹性的。

随着 FGM 在一些结构中的应用,有必要了解其在经常受到的高频机械载荷和热载荷下的行为。然而,必须考虑两种不同的情况:一种是波沿着梯度方向传播,另一种是沿垂直于梯度方向传播。第一种情况会产生非均匀波,其波振幅在传播时逐渐减小;第二种情况中并不存在这种特性,我们将其称为均匀波情况。分析过程与常规分析各向异性材料的过程相同,但有一个重要的区别:在 FGM 情况下,密度的不对称(关于参考平面)可能导致第一质量矩存在,而在各向异性材料中则不会有这个问题。在本章中,我们将讨论这两种情况下的波的传播。首先,我们讨论长度梯度杆中波的传播,并使用近似方法获得近似波数。接下来,我们讨论在厚度梯度梁中波的传播,其中同时考虑了剪切变形和横向收缩的影响。我们将问题简化为仅有剪切变形的情况,来研究波的特性。随后,讨论了在长度梯度梁中波的传播。其中,对于指数级的材料变化和单参数变化,可以获得精确的波数变化,而对于双参数变化,波特性的确定需要近似解。

在本章的最后一部分,介绍了波在二维 FGM 波导中的传播,其中,将再次使用分波技术来获得波参数,即波数和群速度。

10.1 波在纵向梯度杆中的传播

对于非均匀一维杆波导,其控制微分方程的推导如下。如图 10.1 所示,沿长度和厚度具有不同材料的杆由三种类型的材料组成。材料 1 和 2 是均匀的(材料特性不随空间坐标变化),而 FGM 在 X 方向上具有不同的材料特性。此外,FGM 的材料特性在左边缘为材料 1,在右边缘为材料 2。考虑空间变化,假设杨氏模量 E 和密度 ρ 的表达式如下:

$$E(x,z)=E_0 f(x)g(z),\quad \rho(x,z)=\rho_0 s(x)t(z) \tag{10.1}$$

其中 E_0 和 ρ_0 在杆的长度和厚度上是恒定的。由于只考虑纵向运动,因此相关应力为 σ_{xx},相应的纵向位移为 u。

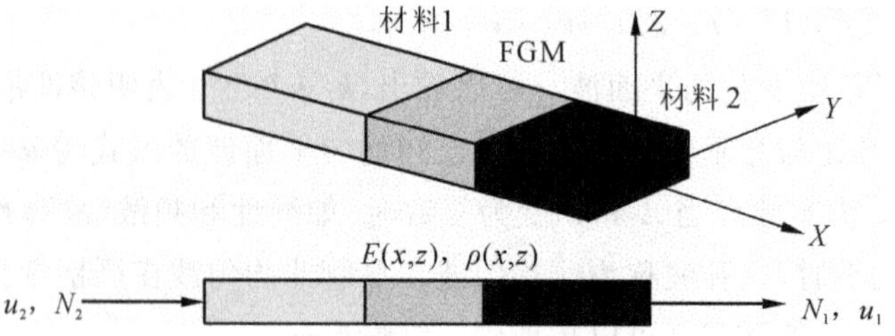

图 10.1 纵向梯度杆、坐标轴和应力结果

该杆中应力与位移梯度相关：

$$\varepsilon_{xx}=u_x=\frac{\partial u}{\partial x},\quad \sigma_{xx}=E(x,z)u_x \tag{10.2}$$

其中，x 作为下标表示相对于空间变量 x 的一阶导数。应用哈密顿最小作用原理，在不考虑重力的情况下，FGM 杆的控制偏微分方程如下所示：

$$(A_{11}f(x)u_x)_x=I_0 s(x)\ddot{u} \tag{10.3}$$

其中，为简单起见，假定横截面面积 A 在长度和变量上的点表示相对于时间的微分。A_{11} 和 I_0 是在深度(z)方向上积分得到的性质，定义为

$$A_{11}=E_0\int_A g(z)\mathrm{d}A,\quad I_0=\rho_0\int_A t(z)\mathrm{d}A \tag{10.4}$$

由变分原理得到的自然边界条件如下所示：

$$A_{11}f(x)u_x=F \tag{10.5}$$

式中，F 是在边界处施加的集中轴向荷载。虽然，在公式(10.1)中引入的 $g(z)$ 和 $t(z)$ 可以任意变化，但在随后的研究中，将它们设定为常数，即 E 和 ρ 沿深度没有变化。这并没有在很大程度上简化问题，因为任何变化最终都会积分以获得常数 A_{11} 和 I_0。纵向变化用 $f(x)$ 和 $s(x)$ 描述，对于多项式变化，它们的形式如下：

$$f(x)=(1+\alpha x)^n,\quad s(x)=(1+\beta x)^n \tag{10.6}$$

它们的指数表达形式为：

$$f(x)=\mathrm{e}^{\alpha x},\quad s(x)=\mathrm{e}^{\beta x} \tag{10.7}$$

频域分析首先使用 DFT 将控制方程变换为频率域。也就是说，场变量可以写为 $\tilde{u}(x,\omega_n)\mathrm{e}^{-\mathrm{i}\omega_n t}$。因此，对于 ω_n 的每个值，公式(10.3)可以写成：

$$(A_{11}f(x)\tilde{u}_x)_x+I_0 s(x)\omega_n^2\tilde{u}=0 \tag{10.8}$$

该方程是 Strum-Liouville 边值问题或 SL 系统的经典例子，其一般形式如下所示：

$$-\mathrm{d}[p(x)\mathrm{d}y/\mathrm{d}x]/\mathrm{d}x+q(x)y=\lambda r(x)y,\ p(x)>0,\ r(x)>0,\quad x\in[a,b] \tag{10.9}$$

指数变化规律自动满足非负性要求。对于线性变化，通过适当选择 α 和 β 的值来满足这些要求。相关的边界条件包括

$$a_1y(a)+a_2p(x)y'(a)=0,\quad b_1y(b)+b_2p(x)y'(b)=0 \tag{10.10}$$

对于悬臂杆问题，例如，$a_1=b_2=1$，$a_2=0$，$b_1=0$，系统只满足一组离散的特征值 $\lambda_j(j=0,1,\cdots)$ 以及相应的本征函数 $y_j(x)$。使用 Prüfer 变换(见文献[21])可以有效地求解 SL 问题，其详细信息见文献[56]。

引入齐次波数 k_0，式(10.8)化为：

$$f(x)\tilde{u}_{xx}+f'(x)\tilde{u}_x+k_0^2 s(x)\tilde{u}=0,\quad k_0^2=I_0\omega^2/A_{11} \tag{10.11}$$

上述方程与第 6.5 节中讨论的锥形杆波动方程非常类似，因此可以预期精确解为

贝塞尔函数。根据线性和指数材料变化规律，该方程采用以下形式：

$$\text{线性}(n=1):(1+\alpha x)\tilde{u}_{xx}+\alpha\tilde{u}_x+k_0^2(1+\beta x)\tilde{u}=0 \tag{10.12}$$

$$\text{指数}:\tilde{u}_{xx}+\alpha\tilde{u}_x+k_0^2\mathrm{e}^{\gamma x}\tilde{u}=0,\quad \gamma=\beta-\alpha \tag{10.13}$$

即使在式(10.12)的 $n=1$ 的特殊情况下，也不存在多项式变化的解析解。参考文献[286]给出了退化超几何方程的解，这也是另一个复杂的级数解。对于指数变化的材料性质[式(10.13)]，文献[286]也给出了精确解，并用分数阶贝塞尔函数表示。该解没有给出波数，而波数对于波的传播研究是必要的，也不能得出不均匀性对频散关系的影响的结论。因此，我们引入概念来理解波在非均匀波导中传播的物理机制。

常系数微分方程的解可以写成 e^{-ikx} 的形式。在本例中，方程具有可变系数。我们自然地假设式(10.13)的解仍然可以写为 e^{-ikx} 的形式，并尝试找到 k。将该假定解代入式(10.13)，频散关系变为：

$$k^2+\mathrm{j}k\alpha=k_0^2\mathrm{e}^{\gamma x} \tag{10.14}$$

波数 k 是 x 和频率 ω 的函数，它隐含地假定 $\partial k/\partial x$ 可以忽略不计。我们假设解 k 有一个实部 a 和一个虚部 b，那么，a 和 b 的控制方程为：

$$a^2-b^2-\alpha b=k_0^2\mathrm{e}^{\gamma x},\quad \alpha a+2ab=0,\quad a,b\in\mathbf{R} \tag{10.15}$$

然后，解可以写为：

$$k_{1,2}=\pm\Upsilon-\mathrm{i}\alpha/2,\quad \Upsilon=\sqrt{|k_0^2\mathrm{e}^{\gamma x}-\alpha^2/4|} \tag{10.16}$$

因此式(10.13)的解为：

$$\tilde{u}(x)=\mathrm{e}^{\alpha x/2}(A\mathrm{e}^{-\mathrm{i}\Upsilon x}+B\mathrm{e}^{\mathrm{i}\Upsilon x}) \tag{10.17}$$

从式(10.16)，我们看到波数是空间和频率的函数。另外，我们还发现当 $\alpha^2/4>k_0^2\mathrm{e}^{\gamma x}$ 时，波数将变为纯虚数，不会传播。

当 x 的值为：

$$x<\frac{2\log\alpha-2\log 2k_0}{\beta-\alpha} \tag{10.18}$$

在上述方程中，α 始终小于 1，因此方程(10.18)永远不会被满足。这表明这个波导中的波将始终是非均匀的。此外，在式(10.17)中，第一项 $\mathrm{e}^{\alpha x/2}$ 是一个双曲线项，即使当 α 为正时，它也趋向于一个很大的值。也就是说，即使在小距离时，解也会趋向于无穷大。这要求 α 的值非常小，才能使波的传播有意义。

10.2 波在厚度梯度 FGM 梁中的传播

本节中，我们首先推导出同时考虑剪切变形和横向收缩的控制方程。在推导运动方程时，还考虑了温度的影响。深度梯度梁以及不同的运动和应力结果如图 10.2 所示。

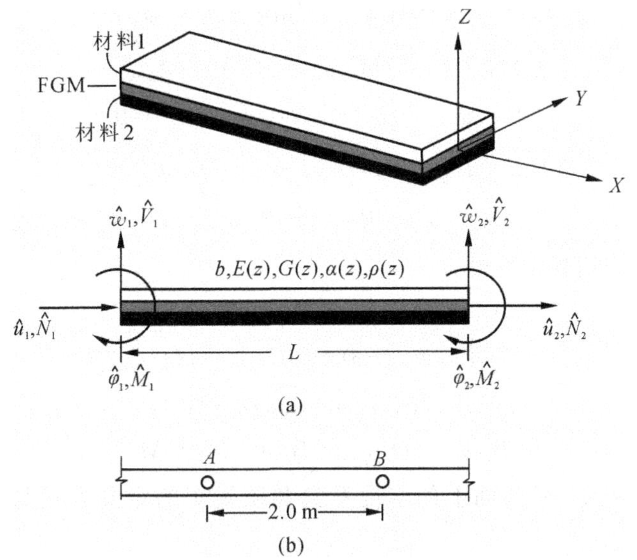

图 10.2　深度梯度梁、坐标轴和应力合力

这种情况下的位移场类似于高阶复合梁的位移场，由下式给出：

$$u(x,y,z,t)=u^o(x,t)-z\varphi(x,t),\quad w(x,y,z,t)=w(x,t)+z\psi(x,t) \tag{10.19}$$

在存在温度场的情况下的线性应变，可以从式(10.19)获得：

$$\begin{aligned}\varepsilon_{xx}&=u_{,x}-z\varphi_{,x}-\alpha(z)T(z),\quad \varepsilon_{zz}=\psi-\alpha(z)T(z)\\ \gamma_{xz}&=-\varphi+w_{,x}+z\psi_{,x}\end{aligned} \tag{10.20}$$

其中 α 和 T 是与深度相关的热膨胀系数和温度场，$\langle . \rangle_{,x}$ 表示$(\partial/\partial x)$。非零应力通过以下方程与这些应变相关联：

$$\{\boldsymbol{\sigma}\}=\begin{Bmatrix}\sigma_{xx}\\ \sigma_{zz}\\ \tau_{xz}\end{Bmatrix}=\begin{bmatrix}\bar{Q}_{11}(z) & \bar{Q}_{13}(z) & 0\\ \bar{Q}_{13}(z) & \bar{Q}_{33}(z) & 0\\ 0 & 0 & \bar{Q}_{55}(z)\end{bmatrix}\begin{Bmatrix}\varepsilon_{xx}\\ \varepsilon_{zz}\\ \gamma_{xz}\end{Bmatrix}=[Q(z)]\{\varepsilon\} \tag{10.21}$$

其中 $\bar{Q}_{ij}(z)$ 是本构矩阵的深度相关的元素。对于非均匀(但各向同性)材料，$[\bar{Q}]$变为

$$\frac{E(z)}{1-\nu^2}\begin{bmatrix}1 & \nu & 0\\ \nu & 1 & 0\\ 0 & 0 & (1-\nu)/2\end{bmatrix} \tag{10.22}$$

其中 $E(z)$和 ν 是杨氏模量和泊松比。这里假设泊松比为常数，但杨氏模量和 α 则随梁的深度而变化。

按照使用哈密顿原理的常规过程，对应于四个自由度 u、ψ、w 和 φ 的四个控制方程分别为：

$$I_0\ddot{u}-I_1\ddot{\varphi}-A_{11}u_{,xx}+B_{11}\varphi_{,xx}-A_{13}\psi_{,x}=0 \tag{10.23}$$

$$\begin{gathered}k_lI_2\ddot{\psi}+I_1\ddot{w}+A_{31}u_{,x}-B_{31}\varphi_{,x}+A_{33}\psi-\\B_{55}(w_{,xx}-\varphi_{,x})-k_dD_{55}\psi_{,xx}-L_T=0\end{gathered} \tag{10.24}$$

$$I_0\ddot{w}+I_1\ddot{\psi}-A_{55}(w_{,xx}-\varphi_x)-B_{55}\psi_{,xx}=0 \tag{10.25}$$

$$I_2\ddot{\varphi}-I_1\ddot{u}-A_{55}(w_{,x}-\varphi)-B_{55}\psi_{,x}+B_{11}u_{,xx}-D_{11}\varphi_{,xx}+B_{13}\psi_{,x}=0 \tag{10.26}$$

四个相关的力边界条件是：

$$\begin{gathered}A_{11}u_{,x}-B_{11}\varphi_{,x}+A_{13}\psi-N_T=N_x\\B_{55}(w_{,x}-\varphi)+k_dD_{55}\psi_{,x}=Q_x\end{gathered} \tag{10.27}$$

$$\begin{gathered}A_{55}(w_{,x}-\varphi)+B_{55}\psi_{,x}=V_x\\B_{11}u_{,x}+D_{11}\varphi_{,x}-B_{13}\psi+M_T=M_x\end{gathered} \tag{10.28}$$

在上面的方程中，横截面上的刚度系数和质量矩的定义方式与之前相同[见式(8.27)和(8.28)]。

在上述方程中，k_l和k_d是为补偿文献[124]中引入的近似值而引入的校正因子。与层压复合梁中的控制方程相比，深度梯度梁的控制方程和力边界条件也有与热性能相关的项。除此之外，方程的形式看起来差不多。

温度场的贡献来自热力N_T、M_T和L_T，它们的定义为

$$\begin{gathered}[N_T,M_T]=\int_{z_1}^{z_2}\alpha(z)\{Q_{11}(z)+Q_{13}(z)\}[T(z),zT(z)]b\mathrm{d}z\\L_T=\int_{z_1}^{z_2}\alpha(z)\{Q_{13}(z)+Q_{33}(z)\}T(z)b\mathrm{d}z\end{gathered} \tag{10.29}$$

需要注意的是，温度场的影响仅限于 FSDT 理论中的力边界条件。然而，在目前的公式中，泊松收缩导致控制方程(L_T)中的一项可以被视为体积力。

简化到 FSDT 的位移场

FSDT 的位移场是通过从 W 的描述中略掉收缩自由度 ψ 而得到的，即：

$$U(x,y,z,t)=u^o(x,t)-z\varphi(x,t),\quad W(x,y,z,t)=w^o(x,t) \tag{10.30}$$

这样，关于三个自由度(u^o、w^o 和 φ)的控制偏微分方程为：

$$\delta u:I_0\ddot{u}^o-I_1\ddot{\varphi}-A_{11}u^o_{,xx}+B_{11}\varphi_{,xx}=0 \tag{10.31}$$

$$\delta w^o:I_0\ddot{w}^o-A_{55}(w^o_{,xx}-\varphi_x)=0 \tag{10.32}$$

$$\delta\varphi:I_2\ddot{\varphi}-I_1\ddot{u}^o+B_{11}u^o_{,xx}-D_{11}\varphi_{,xx}-A_{55}(w^o_{,x}-\varphi)=0 \tag{10.33}$$

相关的力边界条件是：

$$A_{11}u^o_{,x}-B_{11}\varphi_{,x}-N_T=N_x \tag{10.34}$$

$$A_{05}(w^o_{,x}-\varphi)=V_x \tag{10.35}$$

$$-B_{11}u^{\circ}_{,xx}+D_{11}\varphi_{,x}+M_T=M_x \tag{10.36}$$

其中，所有系数和质量矩的定义均如前所述。

接下来，我们将确定这个深度梯度高阶梁的波参数。为了计算波数，将在没有任何体力和温度升高的情况下考虑控制方程。我们寻求平面波型解，其中位移场 $\{\boldsymbol{u}\}=\{u,\psi,w,\varphi\}(x,t)$ 可以写为：

$$\{\boldsymbol{u}\}=\sum_{n=1}^{N}\{\tilde{u},\tilde{\psi},\tilde{w},\tilde{\varphi}\}(x)\mathrm{e}^{-\mathrm{i}\omega_n t}=\sum_{n=1}^{N}\{\tilde{\boldsymbol{u}}(x)\}\mathrm{e}^{-\mathrm{i}\omega_n t} \tag{10.37}$$

其中 ω_n 是第 n 个采样点的圆频率，$\mathrm{i}^2=-1$。

N 是用于计算机实现的 FFT 中对应于奈奎斯特(Nyquist)频率的频率阶数。将式(10.37)代入控制方程，得到 $\tilde{\boldsymbol{u}}(x)$ 的一组常微分方程。由于常微分方程具有常数系数，因此解的形式为 $\{\tilde{\boldsymbol{u}}_o\}\mathrm{e}^{-\mathrm{i}kx}$，其中 k 是波数，而 $\{\tilde{\boldsymbol{u}}^{\circ}\}$ 是未知常数向量，即 $\{\tilde{\boldsymbol{u}}^{\circ}\}=\{u^{\circ},\psi^{\circ},w^{\circ},\varphi^{\circ}\}$。代入常微分方程组中的假设形式，得到矩阵向量关系：

$$[\boldsymbol{W}]\{\tilde{\boldsymbol{u}}_0\}=\boldsymbol{0} \tag{10.38}$$

其中

$$[\boldsymbol{W}]=\begin{bmatrix} W_{11} & W_{12} & W_{13} & W_{14} \\ W_{21} & W_{22} & W_{23} & W_{24} \\ W_{31} & W_{32} & W_{33} & W_{34} \\ W_{41} & W_{42} & W_{43} & W_{44} \end{bmatrix}$$

其中：

$$W_{11}=A_{11}k^2-I_0\omega_n^2$$
$$W_{12}=\mathrm{i}A_{13}k$$
$$W_{13}=0$$
$$W_{14}=I_1\omega_n^2-B_{11}k^2$$
$$W_{21}=-\mathrm{i}A_{13}k$$
$$W_{22}=-k_I I_2\omega_n^2+A_{33}+k_d D_{55}k^2$$
$$W_{23}=-I_1\omega_n^2+B_{55}k^2$$
$$W_{24}=-\mathrm{i}B_{55}k+\mathrm{i}B_{13}k$$
$$W_{31}=0$$
$$W_{32}=-I_1\omega_n^2+B_{55}k^2$$
$$W_{33}=A_{55}k^2-I_0\omega_n^2$$
$$W_{34}=-\mathrm{i}A_{55}k$$
$$W_{41}=I_1\omega_n^2-B_{11}k^2$$
$$W_{42}=\mathrm{i}B_{55}k-\mathrm{i}B_{13}k$$

$$W_{43}=\mathrm{i}A_{55}k$$

$$W_{44}=-I_2\omega_n^2+D_{11}k^2+A_{55}$$

根据 5.5.2 节的讨论，在这种情况下，PEP 的阶数 $p=2$，N_v（[$\boldsymbol{W}$]的大小）为 4。因此，共有 8 个特征值，它们是从[$\boldsymbol{W}$]的奇异性条件获得的多项式：

$$Q_1k^8+Q_2k^6+Q_3k^4+Q_4k^2+Q_5=0$$

频谱关系表明根可以写为 $\pm k_1$、$\pm k_2$、$\pm k_3$ 和 $\pm k_4$。接下来针对特定的材料分布讨论这些根随 ω_n 的变化。

对于 FSDT 情况，波矩阵 $\boldsymbol{W}$ 由下式给出

$$[W]=\begin{bmatrix} A_{11}k^2-I_0\omega_n^2 & 0 & -B_{11}k^2+I_1\omega_n^2 \\ -B_{11}k^2+I_1\omega_n^2 & \mathrm{i}A_{55}k & D_{11}k^2+A_{55}-I_2\omega_n^2 \\ 0 & A_{55}k^2-I_0\omega_n^2 & -\mathrm{i}A_{55}k \end{bmatrix}$$

其中所有积分参数均如前定义。因此，在这种情况下，$N_v=3$，$p=2$，即有6 个波数（特征值）。

在上述两种情况下，谱关系的系数都是实数且与频率有关，尽管对于某些 ω_n 的值，根可能是复数。这些根没有解析解，必须通过数值方法找到，并且通过第 5.5.1 节中解释的伴随矩阵方法进行求解。一旦知道波数随频率的变化，群速度 c_g^i 的变化（定义为 $\mathrm{d}\omega/\mathrm{d}R(k_i)$）可以用数值方法计算，其中 R 表示复数的实部。

在下面的例子中，我们分析一种梁结构的谱和频散关系，并得出几个重要的结论。

假定此处梁宽 0.001 m，厚 0.05 m。梁中有三层。顶层由钢制成，厚度为 0.01 m。底层由陶瓷制成，厚度为 0.031 m。在两者之间，有一个 0.009 m 厚的 FGM 层，其性能根据幂律从钢到陶瓷平滑变化，指数 n 设置为 1.0。钢的材料性质取为 $E=210$ GPa，$\rho=7800\ \mathrm{kg/m^3}$，而陶瓷的材料性质为 $E=390$ GPa 和 $\rho=3950\ \mathrm{kg/m^3}$。

频谱和频散关系与边界条件或结构的几何形状无关，但依赖于材料性质。如果载荷是单色的（即它只包含单一频率），频散关系可用于预测结构响应。图 10.3 显示了具有前述材料性质梁的频谱关系。如前所述，为了得出具有横向收缩并指定为 HMT 和 FSDT 的高阶梁之间的差异，在同一张图中根据 FSDT 绘制了同一梁的频谱关系（以虚线表示）。图中，k_a、k_b、k_s、k_c 分别表示轴向波数、弯曲波数、剪切波数和收缩波数。在纵坐标的负侧绘制的波数表示波数的虚部。虚波数变为实波数的频率是截止频率。从图中可以看出，FSDT 的弯曲模式与 HMT 的弯曲模式在 40Hz 时仍然匹配。HMT 和 FSDT 的轴向模式则始终存在差异，这种差异在 20 kHz 以上更为明显。虽然这个差异在这个图中并不明显，但是对于 20 kHz 以下的频率，频散关系（图 10.4）能够清楚地揭示这种差异特征。在轴向和弯曲模式中，HMT 预测波数的梯度更高。

HMT 和 FSDT 的剪切模式在直到 90 kHz 时仍匹配良好，在这个频率之后，FSDT 的剪切模式与 HMT 的收缩模式重叠。然而，这些模式的频散关系是完全不同的。

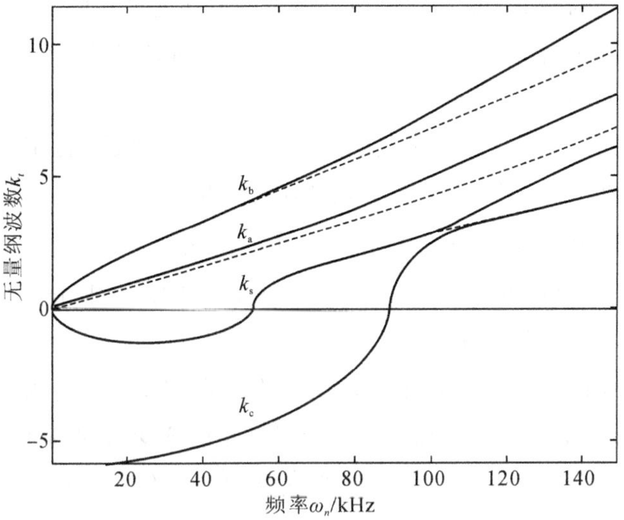

图 10.3　频谱关系

实线—高阶（HMT），虚线—FSDT，k_a、k_b、k_c和 k_s分别表示轴向波数、弯曲波数、收缩波数和剪切波数

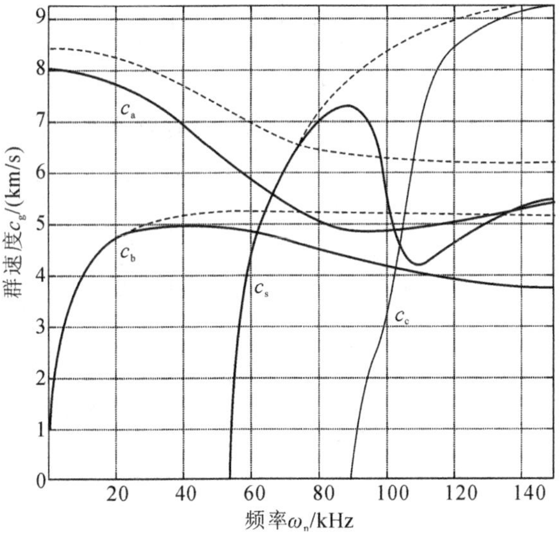

图 10.4　频散关系

实线—HMT，虚线—FSDT，c_a、c_b、c_c和 c_s分别表示轴向、弯曲、收缩和剪切群速度

图 10.4 绘制了采用 HMT 和 FSDT 求解该梁的频散关系。该图表明 HMT 和 FSDT 预测的轴向速度之间始终存在差异，该差异在第二个截止频率附近最大，然后减小。HMT 和 FSDT 预测的弯曲速度在 20 kHz 以内相等，超过此频率，两者之间的

差异会增加。剪切速度大约在 70 kHz 之前都是相等的，但之后它们的行为就大不相同了。HMT 预测的剪切速度下降并缓慢恢复到低于 FSDT 的值，这种行为可归因于收缩模式的存在。高频下的收缩速度与 FSDT 的剪切速度相匹配。重要的是要注意所有频率下都存在传播轴向模式和弯曲模式的传播，而只有当频率超过各自的截止频率时，剪切和收缩模式才会出现。

由于传播模式仅在加载频率超过截止频率时出现，因此后者随 FGM 参数的变化对于响应预测很重要。截止频率的显式形式可以从频谱关系中获得，在频谱关系中代入 $k=0$，并求解 ω，非平凡根为 $\omega_{c1}=\sqrt{(I_0A_{55})/(I_0I_2-I_1^2)}$ 和 $\omega_{c2}=\sqrt{(I_0A_{33})/(I_0I_2-I_1^2)}$。采用上例中的梁几何性质，可得 $\omega_{c1}=53.132$ kHz，$\omega_{c2}=89.087$ kHz，这两个频率是产生传播剪切和收缩模式的截止频率。

正如截止频率的表达式所示，它们取决于梁中的 FGM 比率（用 h_{fgm}/h 量化，其中 h_{fgm} 是 FGM 层的厚度，h 是梁的总厚度）和 FGM 中的渐变层[即幂律变化式(3.60)中的 n]。对于同一梁，在参数 n 的一系列值范围内，FGM 层的厚度从 0%变化到 100%。这种变化见图 10.5，如图所示，ω_{c1} 显示出随 FGM 比率的非线性变化，而 ω_{c2} 则显示出随 FGM 比率的线性变化。当 n 小于 1 时，两个频率都随着 FGM 比率的增加而减小。当 $n=1$ 时，ω_{c2} 变得与 FGM 比率无关，而 ω_{c1} 缓慢下降。虽然这里没有显示出来，但当 $n=1.2$ 时，ω_{c1} 与 FGM 比率无关。对于所有大于 1 的 n 值，截止频率随着 FGM 比率的增加而单调增加。因此，使用 FGM 的一个附加优势是，通过增加 FGM 比率可以抑制高阶模式的传播，从而增加 FSDT 的有效范围。

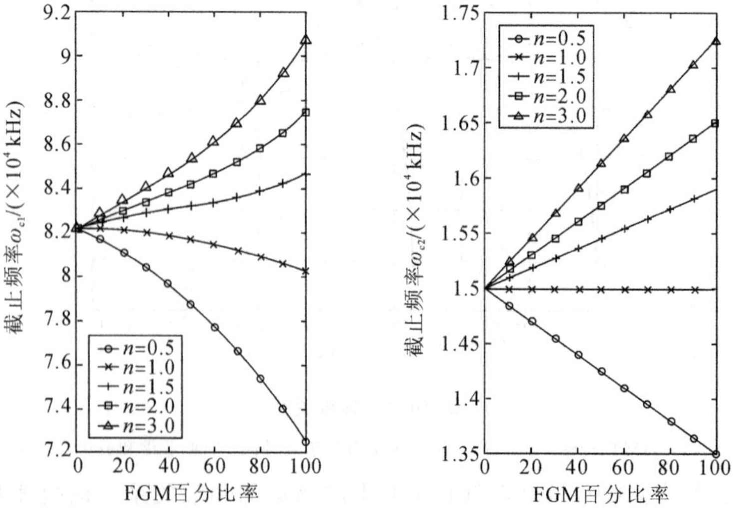

图 10.5 截止频率的变化

10.3 纵向梯度梁上的波传播

在这种情况下，我们只考虑剪切变形，因此采用基于 FSDT 的公式。在之前的 FSDT 元素(单元)的公式中，假设材料性质在梁的长度上不发生变化，尽管这并不总是成立的。在本节中，我们扩展了之前的公式，用于纵向梯度，带来了非均匀波的几个新特性。在这个公式中，非零应力与非零应变关系为：

$$\{\boldsymbol{\sigma}\}=\begin{Bmatrix}\sigma_{xx}\\ \tau_{xz}\end{Bmatrix}=f(x)\begin{bmatrix}\bar{Q}_{11}(z) & 0\\ 0 & \bar{Q}_{55}(z)\end{bmatrix}\begin{Bmatrix}\varepsilon_{xx}\\ \gamma_{xz}\end{Bmatrix}=f(x)[\boldsymbol{Q}]\{\boldsymbol{\varepsilon}\} \tag{10.39}$$

其中 $f(x)$表示不均匀性的 x 依赖性，一般可以是任何函数。类似地，材料的密度也假定在 x 和 z 方向上变化为

$$\rho(x,z)=\rho_0(z)s(x) \tag{10.40}$$

在使用常规的哈密顿原理后，获得了以未知位移场表示的控制方程，并由以下公式给出：

$$[f(x)A_{11}u_{,x}-f(x)B_{11}\varphi_{,x}]_{,x}-I_0 s(x)\ddot{u}+I_1 s(x)\ddot{\varphi}=0 \tag{10.41}$$

$$-[f(x)B_{11}u_{,x}-f(x)D_{11}\varphi_{,x})_{,x}+f(x)A_{55}(w_{,x}-\varphi)- I_2 s(x)\ddot{\varphi}+I_1 s(x)\ddot{u}=0 \tag{10.42}$$

$$[f(x)A_{55}(w_{,x}-\varphi)]_{,x}-I_0 s(x)\ddot{w}=0 \tag{10.43}$$

三个相关的力边界条件是

$$f(x)(A_{11}u_{,x}-B_{11}\varphi_{,x})=N_x \tag{10.44}$$

$$f(x)A_{55}(w_{,x}-\varphi)=V_x \tag{10.45}$$

$$-f(x)B_{11}u_{,x}+f(x)D_{11}\varphi_{,x}=M_x \tag{10.46}$$

式中，N_x、V_x 和 M_x 分别为施加的节点轴力、剪力和弯矩。刚度系数和质量矩如前所述。

式(10.41)至式(10.43)给出的控制偏微分方程对于任意的 $f(x)$和 $s(x)$都是不容易解的，需要提前对其形式进行一些假设。在本研究中，两个函数均假定为指数变化，即

$$f(x)=e^{\alpha x},\quad s(x)=e^{\beta x} \tag{10.47}$$

其中 α 和 β 是不均匀参数，用于控制梯度。它们可以相等，也可以不相等。然而，当它们相等时，控制的偏微分方程是可以精确求解的，因为它们变成了具有常系数的方程。当 $\beta\neq\alpha$ 时，我们需要一些近似方法来保持方程的常系数形式。

将式(10.47)代入到式(10.41)至式(10.43)，得到新的控制偏微分方程组，如下所示：

$$A_{11}(\alpha u_{,x}+u_{,xx})-B_{11}(\alpha\varphi_{,x}+\varphi_{,xx})-I_0\gamma\ddot{u}+I_1\gamma\ddot{\varphi}=0 \tag{10.48}$$

$$-B_{11}(\alpha u_{,x}+u_{,xx})+D_{11}(\alpha\varphi_{,x}+\varphi_{,xx})+A_{55}(w_{,x}-\varphi)-I_2\gamma\ddot{\varphi}+I_1\gamma\ddot{u}=0 \tag{10.49}$$

$$A_{55}[\alpha(w_{,x}-\varphi)+w_{,xx}-\varphi_{,x}]-I_0\gamma\ddot{w}=0 \tag{10.50}$$

式中，$\gamma=e^{(\beta-\alpha)x}$。当 $\beta=\alpha,\gamma=1$ 时，方程组在频率域内精确可解。当 $\beta\neq\alpha$ 时，γ 可以近似地在单元 x_c 中的某个代表点上求出，即 $\gamma=e^{(\beta-\alpha)}x_c$，从而使方程再次精确可解。

对于波数计算，将考虑新的控制方程组，即方程(10.48)至式(10.50)。满足 $l^2=k^2+\mathrm{i}k\alpha$的波矩阵($N_v=3,p=2$)变为

$$[\boldsymbol{W}]=\begin{bmatrix} A_{11}l^2-I_0\gamma\omega_n^2 & 0 & -B_{11}l^2+I_1\gamma\omega_n^2 \\ -B_{11}l^2+I_1\gamma\omega_n^2 & \mathrm{j}A_{55}k & D_{11}l^2+A_{55}-I_2\gamma\omega_n^2 \\ 0 & A_{55}l^2-I_0\gamma\omega_n^2 & -A_{55}(\mathrm{i}k-\alpha) \end{bmatrix} \tag{10.51}$$

对应的谱关系为

$$Q_1k^6+Q_2k^5+Q_3k^4+Q_4k^3+Q_5k^2+Q_6k+Q_7=0 \tag{10.52}$$

这些根随 ω_n 的变化将在下一节针对特定材料进行讨论。系数 $Q_1\sim Q_7$ 为：

$$Q_1=A_{11}D_{11}A_{55}-B_{11}^2A_{55}$$

$$Q_2=3\mathrm{i}A_{11}\alpha D_{11}A_{55}-3\mathrm{i}B_{11}^2\alpha A_{55}$$

$$\begin{aligned}Q_3=&-3A_{11}D_{11}\alpha^2A_{55}-A_{11}D_{11}I_0\gamma\omega^2+2B_{11}I_1\gamma\omega^2A_{55}-\\&I_0\gamma\omega^2D_{11}A_{55}+3B_{11}^2\alpha^2A_{55}-A_{11}\gamma I_2\omega^2A_{55}+B_{11}^2I_0\gamma\omega^2\end{aligned}$$

$$\begin{aligned}Q_4=&2\mathrm{i}B_{11}^2\alpha I_0\gamma\omega^2-2\mathrm{i}I_0\gamma\omega^2D_{11}\alpha A_{55}+\mathrm{i}B_{11}^2\alpha^3A_{55}+\\&4\mathrm{j}B_{11}\alpha I_1\gamma\omega^2A_{55}-\mathrm{j}A_{11}\alpha^3D_{11}A_{55}-\\&2\mathrm{i}A_{11}\alpha D_{11}I_0\gamma\omega^2-2\mathrm{j}A_{11}\alpha\gamma I_2\omega^2A_{55}\end{aligned}$$

$$\begin{aligned}Q_5=&-I_1^2\gamma^2\omega^4A_{55}-A_{11}A_{55}I_0\gamma\omega^2+I_0^2\gamma^2\omega^4D_{11}+\\&A_{11}\alpha^2D_{11}I_0\gamma\omega^2-2B_{11}\alpha^2I_1\gamma\omega^2A_{55}+I_0\gamma^2\omega^4I_2A_{55}+\\&A_{11}\gamma^2I_2\omega^4I_0-2B_{11}I_1\gamma^2\omega^4I_0+I_0\gamma\omega^2D_{11}\alpha^2A_{55}-\\&B_{11}^2\alpha^2I_0\gamma\omega^2+A_{11}\alpha^2\gamma I_2\omega^2A_{55}\end{aligned}$$

$$\begin{aligned}Q_6=&-2\mathrm{i}B_{11}\alpha I_1\gamma^2\omega^4I_0-\mathrm{i}I_1^2\gamma^2\omega^4A_{55}\alpha+\mathrm{i}A_{11}\alpha\gamma^2I_2\omega^4I_0+\\&\mathrm{i}I_0\gamma^2\omega^4I_2A_{55}\alpha+\mathrm{i}I_0^2\gamma^2\omega^4D_{11}\alpha-\mathrm{i}A_{11}\alpha A_{55}I_0\gamma\omega^2\end{aligned}$$

$$Q_7=-I_0^2\gamma^3\omega^6I_2+I_1^2\gamma^3\omega^6I_0+I_0^2\gamma^2\omega^4A_{55}$$

频谱关系使用前面章节中描述的伴随矩阵方法求解。接下来进一步讨论波数和群速度的性质。考虑具有以下材料性质的钢梁：杨氏模量 $E=210$ GPa，剪切模量 $G=80.76$ GPa，泊松比 $\nu=0.3$，密度 $\rho=7800\ \mathrm{kg/m^3}$，梁宽 0.1 m，厚 0.1 m。梁在厚度方向上是均匀的，在纵向上是不均匀的。不均匀参数 α 和 $\beta(\beta=\alpha)$分四阶从 0 到 30 变化。

图 10.6 显示了对应不同的 α 和 β 值的梁的频谱关系。在图中，k_a、k_b和 k_s分别表示轴向、弯曲和剪切波数。在纵坐标的负侧绘制的波数表示波数的虚部，当波数的虚

部变为实部时的频率被称为截止频率。对于 $\alpha=0=\beta$，梁是均匀的，而波数正好是先前已知的频谱方程的解，这在第 6 章中已经讨论过，这种变化我们已经很熟悉了，在第 6 章有详细讨论。波数有一个需要注意的特性，即波数不能同时具有非零的实部和虚部。然而，当将非零值分配给 α（和 β）时，情况发生了巨大变化。如图所示，随着 α 幅值的增加（由箭头表示），所有模式都出现了截止频率。波数同时具有非零的实部和虚部，这意味着波的振幅在传播过程中衰减。在高频率下，波数的实部收敛到它们的均匀对应部分，而虚部取值为 $\alpha/2$。此外，α 的影响在轴向模式下更为明显，如图所示，轴向截止频率有较大的偏移。

该梁的频散关系如图 10.7 所示，其中轴向、弯曲和剪切模态的群速度分别用 c_a、c_b 和 c_s 表示。对于给定的频率，正群速度的存在表明该特定模式的传播。由图可知，当 $\alpha=0$ 时，轴向模式和弯曲模式都在传播，而剪切模式只有在频率超过截止频率时才会传播，在此之前不存在剪切模式。

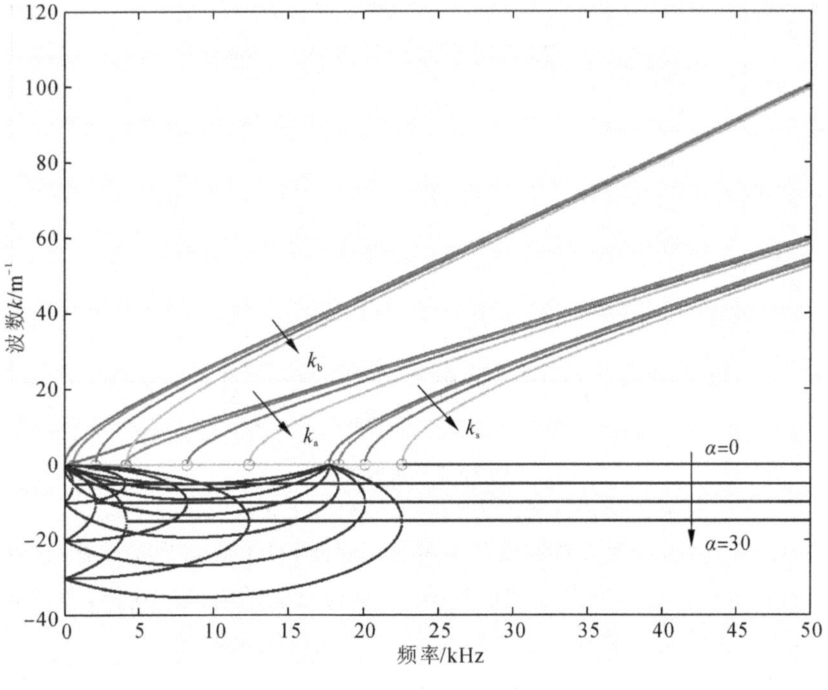

图 10.6　频谱关系

k_a、k_b 和 k_s 分别表示轴向、弯曲和剪切波数（α 沿箭头方向增加，$\beta=\alpha$）

然而，非零 α（和 β）在轴向和弯曲模式中引入截止频率，如果载荷的最高频率小于最低截止频率（由弯曲模式给出），则结构中不会有响应，即材料的梯度将充当高通滤波器。

接下来，我们将研究梯度对截止频率的影响。由于传播模式只在加载频率超过最低截止频率时出现，因此后者与 FGM 参数的变化对于响应预测非常重要。与之前相对简单的情况(FSDT 和 HMT)相反,截止频率的显式形式无法从频谱关系中获得。这是因为在这种情况下,截止频率不能通过在频谱关系中代入 $k=0$ 并解出 ω 来获得。但我们注意到可以将虚波数取值为 $-\alpha/2$ 的频率来求解截止频率。因此,按照下面描述的两个步骤,可以得到控制截止频率的方程。具体步骤如下:首先,需要在频谱关系中代入 $k=k_r+\mathrm{i}k_i$,并将 k_r 替换为零,从而得到虚部波数的控制方程。接下来,代入 $k_i=-\alpha/2$,并将方程按降幂排列。方程可以写成如下形式:

$$A_1\omega_n^6+A_2\omega_n^4+A_3\omega_n^2+A_4=0 \tag{10.53}$$

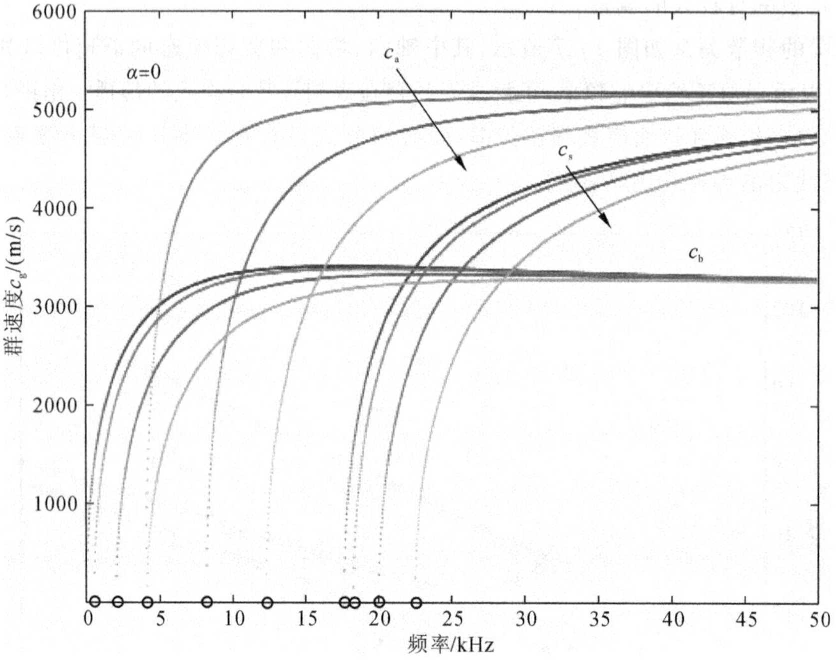

图 10.7 色散关系

C_a、C_b 和 C_s 分别表示轴向、弯曲和剪切群速度(α 沿箭头方向增加,$\beta=\alpha$)

式中,A_i 为复数,包含材料性质和 α 参数。因此,对于固定的基础材料(在本例中为钢材),可以通过改变 α 来改变截止频率,并获得所需的响应。这样,通过调节非均质参数,就可以为特定加载频率选择模式,也可以实现完全阻塞。

为了观察截止频率随 α 的变化,我们对不同的 α 值求解式(10.53),并在图 10.8 中绘制出来。如图所示,当 $\alpha=0$ 时,只有一个截止频率(属于剪切模式)。对于非零的 α,轴向和弯曲模式都有它们的截止频率。在 α 值较低的情况下,这些所有的频率以非线性的方式变化,而在较高值时,它们与 α 之间的关系接近线性。梁的轴向模式的梯度 $\partial\omega_c/\partial\alpha$ 最大,并且轴向截止频率逐渐接近剪切截止频率。对于给定的 α,弯曲模式的截止频率最低,受梯度的影响也最小(就梯度而言)。

对于给定的突发信号(单频率激励),可以使用梯度从结构获得所需的模式响应。

假设载荷的中心频率为 30 kHz，则对于 $\alpha<\alpha_1$，如图 10.8 所示所有模式将参与响应。对于 $\alpha_1<\alpha<\alpha_2$，只有轴向和弯曲模式参与；对于 $\alpha_2<\alpha<\alpha_3$，响应将仅由弯曲模式引起。如果 α 增加到大于 α_3，则结构中不会有响应，因为所有的模式都被有效地阻挡（阻尼）了。因此，可以有效地使用梯度来选择想要传播或不想要传播的波模式。

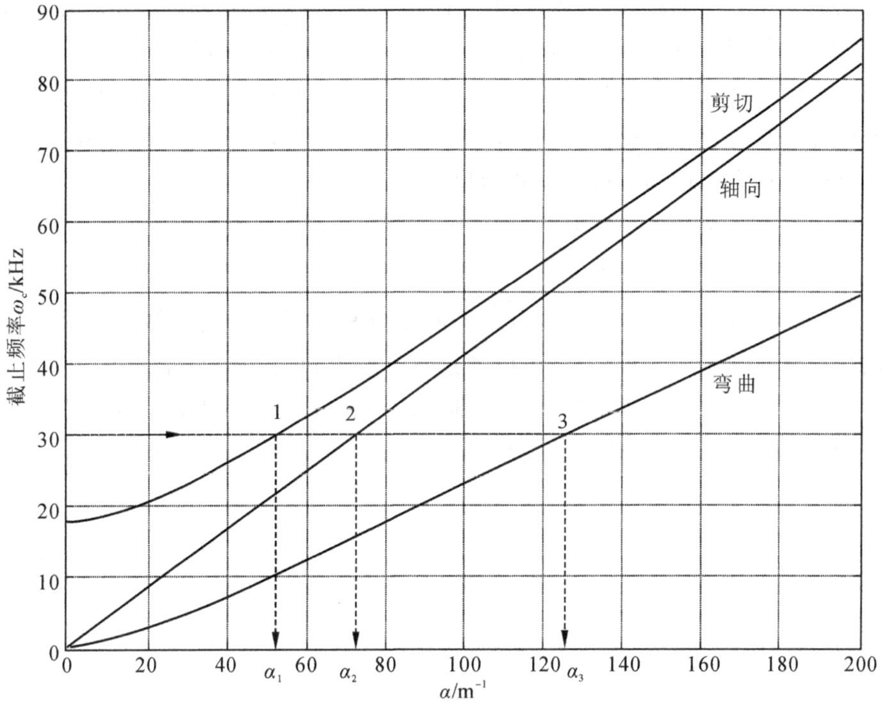

图 10.8　截止频率随 $\alpha(\beta=\alpha)$ 的变化

10.4　二维功能梯度结构中的波传播

在前面的章节中，已经展示了 FGM 结构产生空间相关系数的情况。现在将研究当结构本身是二维的时候，这些结构中的波的传播情况。与复合材料的情况类似，首先推导出考虑性质随空间变化的控制方程，然后使用谱分析来获得波参数。与层合复合材料的情况类似，将介质视为分层的，在过去的传统处理方法中，采用传递矩阵法来求解控制方程，其中某层的一个界面位移和应力与该层的另一界面的位移和应力通过一个系统矩阵相关。这个矩阵是由多个层组装而成的，该系统是一个特征值问题，其特征值将给出波数。二维层合复合材料的控制方程使用了部分波技术（Partial Wave Technique，PWT）来求解。即使如此，由于运动的耦合，控制方程仍然需要使用部分波技术。正如第 8 章中提到的，PWT 使用了 SVD 方法（在一维波导公式中描述）来获得波的振幅，这对于构造部分波是必要的。一旦找到了部分波，就需要使波系数满足预定的边界条件,即在层的顶部和底部指定两个非零的牵引力。由于没有特定的问题导向的边界条件,它与其他的基于部分波技术的公式有所不同。在本节中,我们将考虑材料性质在传播方向上的指数变化,并推导出运动的控制方程。如果密度和弹性模量的梯度参数相同,那么从谱分析中得到的波参数与梁的情况一样是精确的。然而,如果它们的变化有所不同,仍然可以使用相同的表达式,这也体现了所有的非均匀波的特征,因为实部和虚部不能同时为零(这也导致波的同时传播和衰减)。

现在我们来推导控制方程。我们遵循与推导复合材料控制方程相同的过程。假设系统内外无热传导,小位移,材料不均匀且各向异性,求解域为二维欧几里德空间。一般三维弹性动力学运动方程由下式给出:

$$\left.\begin{aligned}&\sigma_{ij,j}=\rho(x_1,x_2,x_3)\ddot{u}_i, \quad \sigma_{ij}=C_{ijkl}(x_1,x_2,x_3)\varepsilon_{kl}\\&\varepsilon_{ij}=(u_{i,j}+u_{j,i})/2\end{aligned}\right\} \tag{10.54}$$

其中,逗号(,)和点($\dot{}$)分别表示对空间变量和时间变量的偏微分。对于具有正交各向异性材料结构的二维模型,可以通过以下假设进一步降低上述方程的复杂性。在 $x_1=x$ 和 $x_3=z$ 方向上的非零位移分别为 $u_1=u$ 和 $u_3=w$(坐标系和应力结果见图8.17)。则非零应变与这些位移的关系为:

$$\left.\begin{aligned}&\varepsilon_{xx}=u_x=\frac{\partial u}{\partial x}\\&\varepsilon_{zz}=w_z=\frac{\partial w}{\partial z}\\&\varepsilon_{xz}=u_z+w_x=\frac{\partial u}{\partial z}+\frac{\partial w}{\partial x}\end{aligned}\right\} \tag{10.55}$$

进一步假设材料性质仅在 z 方向上变化,这种变化可以是任意的。则非零应力与应变之间存在关系:

$$\left.\begin{aligned}&\sigma_{xx}=Q_{11}(z)\varepsilon_{xx}+Q_{13}(z)\varepsilon_{zz}\\&\sigma_{zz}=Q_{13}(z)\varepsilon_{xx}+Q_{33}(z)\varepsilon_{zz}\\&\sigma_{xz}=Q_{55}(z)\varepsilon_{xz}\end{aligned}\right\} \tag{10.56}$$

其中 Q_{ij} 是刚度系数,它们取决于层的堆叠方式、方向和层的 z 坐标。将式(10.57)代入式(10.54),二维非均匀正交各向异性介质的弹性动力学方程可以表示为:

$$\left.\begin{aligned}&Q_{11}u_{xx}+(Q_{13}+Q_{55})w_{xz}+Q_{55}u_{zz}+Q'_{55}(u_z+w_x)=\rho(z)\ddot{u}\\&Q_{55}w_{xx}+(Q_{13}+Q_{55})u_{xz}+Q_{33}w_{zz}+Q'_{13}u_x+Q'_{33}w_z=\rho(z)\ddot{w}\end{aligned}\right\} \tag{10.57}$$

其中下标 z 表示相对于 z 的微分。假设位移场是水平和垂直方向上频率和波数的合成,如:

$$u(x,z,t)=\sum_{n=1}^{N-1}\sum_{m=1}^{M-1}\hat{u}(z,\eta_m,\omega_n)\left\{\begin{matrix}\sin(\eta_m x)\\\cos(\eta_m x)\end{matrix}\right\}e^{-i\omega_n t} \tag{10.58}$$

$$w(x,z,t)=\sum_{n=1}^{N-1}\sum_{m=1}^{M-1}\hat{w}(z,\eta_m,\omega_n)\begin{Bmatrix}\cos(\eta_m x)\\ \sin(\eta_m x)\end{Bmatrix}e^{ij\omega_n t} \tag{10.59}$$

其中 ω_n 为离散角频率，η_m 为离散水平波数，$i^2=-1$。由假设场可知，当 $M\to\infty$ 时，模型在正负 X 方向上是无限扩展的，在 Z 方向上的模型是有限的，即为层状结构。其中，域可以写成 $\Omega=[-\infty,+\infty]\times[0,L]$，其中 L 为层的厚度。任何层的边界将由固定值 z 指定。位移场的 X 依赖关系(正弦或余弦)将根据加载模式确定。在随后的所有公式和计算中，都考虑了对称荷载模式。实际计算域为 $\Omega_c=[-X_L/2,+X_L/2]\times[0,L]$，其中 X_L 为 X 窗口长度。η_m 的离散值取决于 X_L 和所选择的模式阵型(M)的数量。要获得 $\hat{u}(z)$ 和 $\hat{\omega}(z)$ 的表达式，需将(10.58)和式(10.59)代入到(10.57)中，这将得到以 $\hat{u}(z)$ 和 $\hat{\omega}(z)$ 为因变量的两个常微分方程，其中 ω_n 和 η_m 为参数。采用矩阵向量表示的方程为：

$$\boldsymbol{A}\hat{\boldsymbol{u}}''+\boldsymbol{B}\hat{\boldsymbol{u}}'+\boldsymbol{C}\hat{\boldsymbol{u}}=\boldsymbol{0},\quad \hat{\boldsymbol{u}}=\{\hat{u}\quad \hat{w}\} \tag{10.60}$$

矩阵 $\boldsymbol{A}$、$\boldsymbol{B}$ 和 $\boldsymbol{C}$(都是关于 z 的函数)是：

$$\left.\begin{aligned}\boldsymbol{A}&=\begin{bmatrix}Q_{55} & 0\\ 0 & Q_{33}\end{bmatrix}\\ \boldsymbol{B}&=\begin{bmatrix}Q'_{55} & -(Q_{13}+Q_{55})\eta_m\\ (Q_{13}+Q_{55})\eta_m & Q'_{33}\end{bmatrix}\\ \boldsymbol{C}&=\begin{bmatrix}-\eta_m^2Q_{11}+\rho\omega_n^2 & -Q'_{55}\eta_m\\ Q'_{13}\eta_m & -\eta_m^2Q_{55}+\rho\omega_n^2\end{bmatrix}\end{aligned}\right\} \tag{10.61}$$

因此，非均匀性的影响体现在 $\boldsymbol{B}$ 的对角线项和 $\boldsymbol{C}$ 的非对角线项中，对于均匀材料来说，它们都为零。相关的边界条件是在层界面上指定应力 σ_{zz} 和 σ_{xz}。根据方程(10.57)，应力与未知量的关系为：

$$\hat{\boldsymbol{s}}=\boldsymbol{D}\hat{\boldsymbol{u}}'+\boldsymbol{E}\hat{\boldsymbol{u}}\hat{\boldsymbol{s}}=\{\sigma_{zz}\quad \sigma_{xz}\} \tag{10.62}$$

$$\boldsymbol{D}=\begin{bmatrix}0 & Q_{33}\\ Q_{55} & 0\end{bmatrix},\quad \boldsymbol{E}=\begin{bmatrix}\eta_mQ_{13} & 0\\ 0 & -\eta_mQ_{55}\end{bmatrix} \tag{10.63}$$

其中 $\boldsymbol{D}$ 和 $\boldsymbol{E}$ 也是 z 的函数。边值问题(Boundary Value Problem，BVP)简化为求 $\hat{\boldsymbol{u}}$，而 $\hat{\boldsymbol{u}}$ 应该满足(10.60)对于所有 $z\in\Omega_c$ 和在 $z=0$ 或 $z=L$ 处指定的 $\hat{\boldsymbol{u}}$ 或 $\hat{\boldsymbol{s}}$，一旦在频率-波数域(Z-η-ω 域，对于给定的 ω_n 和 η_m 值)中获得不同 z 值的解，对 η_m 的求和将把解带回 Z-X-ω 空间，逆 FFT 将把解带回时域，即 Z-X-t 空间。因此，任何类型的非均匀性都可以在这个公式中解决，只要 BVP 是数值求解的。然而，有一种特殊情况下，BVP 是可以精确求解的，这将在下文中讨论。

假设材料性能变化呈指数变化，即：

$$Q_{ij}(z)=Q_{ijo}e^{\alpha z},\quad \rho(z)=\rho_o e^{\beta z} \tag{10.64}$$

其中 Q_{ijo} 和 ρ_o 为背面均质材料的常数性质。将式(10.64)代入式(10.67)，我们

得到

$$\boldsymbol{A}=\begin{bmatrix}Q_{55o} & 0\\ 0 & Q_{33o}\end{bmatrix}e^{\alpha z},\quad \gamma=e^{(\beta-\alpha)z}$$

$$\boldsymbol{B}=\begin{bmatrix}\alpha Q_{55o} & -(Q_{13o}+Q_{55o})\eta_m\\ (Q_{13o}+Q_{55o})\eta_m & \alpha Q_{33o}\end{bmatrix}e^{\alpha z} \tag{10.65}$$

$$\boldsymbol{C}=\begin{bmatrix}-\eta_m^2Q_{11o}+\rho_o\omega_n^2\gamma & -\alpha Q_{55o}\eta_m\\ \alpha Q_{13o}\eta_m & -\eta_m^2Q_{55o}+\rho_o\omega_n^2\gamma\end{bmatrix}e^{\alpha z}$$

将式(10.65)代入(10.64)和(10.60)，并消去 $e^{\alpha z}$ 项，根据矩阵 $\boldsymbol{A}$ 和 $\boldsymbol{B}$ 的元素是常数得到另一个方程，但 $\boldsymbol{C}$ 的元素在 γ 项具有 z 依赖关系。如果 β 等于 α，则 $\gamma=1$，并且所有矩阵都成为常数。然后解以 $u_o e^{-ikz}$ 和 $\omega_o e^{-ikz}$ 的形式出现，其中 u_o，ω_o 和 k 是未知的，代表垂直(Z 方向)波数。

然而，对于一般的 $\beta\neq\alpha$ 情况，我们可以采用与处理一维纵向梯度 FGM 杆相同的方法(见 10.1 节)，并且可以自然地假设 e^{ikz} 型解仍然是可能的，这将产生一个近似解。由于需要避免 z 依赖关系，因此可以在域中的某个点计算 γ，并将其用作代表性值。这里，计算 γ 在 $z=L/2$ 处的值。对于给出的矩阵式(10.65)，把这些解代入(10.60)中，问题简化为从方程中求出非零解 u_o、w_o：

$$\boldsymbol{W}\{\boldsymbol{u}_o\}=\boldsymbol{0},\quad \boldsymbol{W}=-k^2\boldsymbol{A}-ik\boldsymbol{B}+\boldsymbol{C},\quad \{\boldsymbol{u}_o\}=\{u_o\quad w_o\} \tag{10.66}$$

其中 $\boldsymbol{W}$ 是波矩阵。因此，在二维分层介质中，$N_v=2$ 和 PEP 的阶(见第 5.5.2 节)$p=2$，产生了 4 个特征值(波数)。波矩阵的显式形式为

$$\boldsymbol{W}=\begin{bmatrix}W_{11} & W_{12}\\ W_{21} & W_{22}\end{bmatrix} \tag{10.67}$$

其中

$$\left.\begin{aligned}W_{11}&=-k^2Q_{55o}-\eta_m^2Q_{11o}+\rho_o\omega_n^2\gamma-ikQ_{55o}\alpha\\ W_{12}&=ik\eta_m(Q_{13o}+Q_{55o})-Q_{55o}\alpha\eta_m\\ W_{21}&=-ik\eta_m(Q_{13o}+Q_{55o})+Q_{13o}\alpha\eta_m\\ W_{22}&=-k^2Q_{33o}-\eta_m^2Q_{55o}+\rho_o\omega_n^2\gamma-ikQ_{33o}\alpha\end{aligned}\right\} \tag{10.68}$$

由 $\boldsymbol{W}$ 奇异性条件可得

$$\begin{aligned}&Q_{33o}Q_{55o}k^4+2iQ_{55o}Q_{33o}k^3+\{(Q_{11o}Q_{33o}-2Q_{13o}Q_{55o}-Q_{13o}^2)\eta_m^2-\\ &\rho_o\omega_n^2(Q_{33}+Q_{55})\gamma-Q_{55o}Q_{33o}\alpha^2\}k^2+ij\alpha(Q_{11o}Q_{33o}-2Q_{13o}Q_{55o}-Q_{13o}^2)\eta_m^2-\\ &i\alpha\rho_o\omega_n^2(Q_{33o}+Q_{55o})\gamma\}k+\{Q_{55o}Q_{13o}\alpha^2\eta_m^2+Q_{11o}Q_{55o}\eta_m^4-\\ &\rho_o\omega_n^2\eta_m^2(Q_{11o}+Q_{55o})\gamma+\rho_o^2\omega_n^4\gamma^2\}=0\end{aligned} \tag{10.69}$$

这即是所需要的谱关系。需要注意的是，对于 η_m 和 ω_n 的每一个值，k 有四个值，用 k_{lmn}，$l=1,2,3,4$ 表示，k 可以通过求解谱关系得到。

与均匀材料相比，这个频谱关系有几个额外的特点。首先，k^3 和 k 项的系数是非零的，并且是复数，这意味着根不是互为共轭的，这与均匀情况时相反。这意味着在这种情况下，前向和后向传播波的概念有些模糊。然而，这个概念可以保留因为可以通过实部的符号来理解物理现象。具有正实部的波数表示前向传播波，而具有负实部的波数表示后向传播波，它们的虚部可以有任何符号。然而，在这种情况下没有解析解可用。

其次，在均匀材料的情况下，根要么完全是实数，要么完全是复数，即对于任何 ω_n 或 η_m 值，波数都不具有实部和虚部（非平凡部分）。然而，在当前情况下，因为 k^3 和 k 的非零系数的存在，这种解是非常自然的。出于同样的原因，截止频率的概念也不存在，其定义为根从虚部变为实部的频率。对此，可以通过设方程(10.69)中的常数部分为零来求解截止频率，即：

$$\rho_o^2\omega_n^4\gamma^2-\rho_o\omega_n^2\eta_m^2(Q_{11o}+Q_{55o})\gamma+Q_{55o}Q_{13o}\alpha^2\eta_m^2+Q_{11o}Q_{55o}\eta_m^4=0 \tag{10.70}$$

在这里，满足这个关系的 ω 被称为截止频率。因此，在非均匀情况下，前向（或后向）传播波和截止频率的概念需要进行修改。

如果材料属性和相应的频谱关系已经得到确定，根的行为将会更加明显。为此，假设层的厚度为 0.1 m，并且材料性质从钢变化到陶瓷。钢的材料性能为：杨氏模量 $E=210$ GPa，泊松比 $\nu=0.3$，密度 $\rho=7800\ \mathrm{kg/m^3}$。同样，对于陶瓷，$E=390$ GPa，$\nu=0.3$，$\rho=3950\ \mathrm{kg/m^3}$。对于这些材料性能和指数变化，非均匀参数 α 和 β 分别为 $6.19\ \mathrm{m^{-1}}$ 和 $-6.80\ \mathrm{m^{-1}}$。

图 10.9 显示了当 $\eta_m=0$ 时，波数随 ω 的变化，均匀情况（用 $\pm H_1$ 和 $\pm H_2$ 标记）和非均匀情况都被绘制出来。对于背面均质（钢）材料，如图所示波数随 ω 呈线性变化（实际上由 $\pm\omega\sqrt{\rho/Q_{33}}$ 和 $\pm\omega_n\sqrt{\rho/Q_{55}}$ 给出）。同样，根是关于 $k=0$ 和实数对称的。与均匀材料相比，非均匀材料的波数既有实部，也有虚部。实部围绕 $k=0$ 对称，虚部围绕 $k=-3.158$ 对称。在较高的频率下，随着实部的传播，有一个恒定的虚部，它将控制波振幅的衰减。

对于非零 η_m，波数如图 10.10 所示，并将均匀材料对应的波数绘制在同一张图中，实部和虚部分别用 RH_i 和 IH_i 表示。根的对称行为（大约 $k=0$）在这里是十分明显的。此外，可以清楚地识别截止频率，在此之前，根是虚数。然而，在非均匀情况下，行为是截然不同的。这里，实部和虚部共存。实部和虚部关于先前的值是对称的，即 $k=0$ 和 $k=-3.158$。这两个数字都表明，在更高的频率下，根变得更接近于它们的齐次对应，以及一个幅值恒定的虚部。如图所示，在均匀情况下，截止频率表示零波数点（实部和虚部），约为 3548 Hz 和 6613 Hz。同时，在非均匀情况下，实部和虚部都为零的频率是不存在的。在非均匀情况下没有这个频率的原因可以用图 10.11 来解释。图中显示了 ω 随 η 的变化，曲线上任意一点都满足式(10.70)。对于均匀情况，截止频率为 $c_p\eta$ 和 $c_s\eta$，用两条虚线表示。然而，对于非均匀材料，该图表明，一旦 $\eta\neq0$，在

11.7 kHz之前没有截止频率，这可能是 $\eta=5$ 时没有零波数的原因。此外，对于均匀情况，在任意 η 处，总是有两个截止频率。然而，对于非均匀材料，直到 40 kHz 左右，才有一个截止频率，然后分叉导致另一个截止频率的出现。

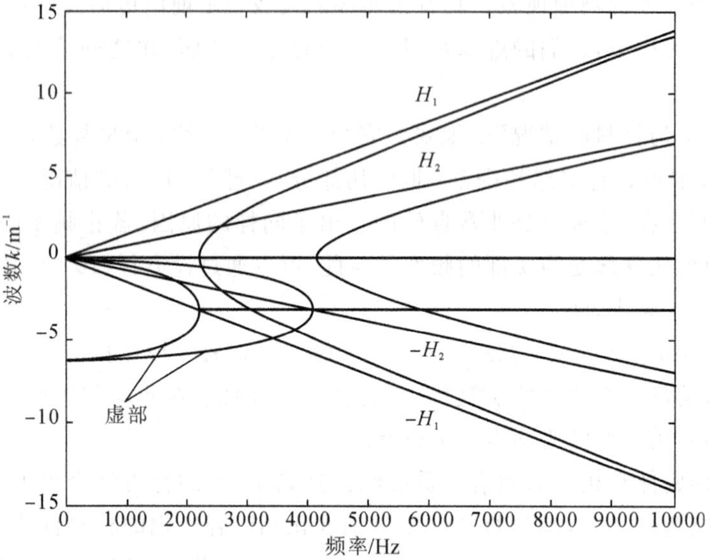

图 10.9　$\eta_m=0$ 时波数随 w 的变化

（RH_j—实部均匀的）

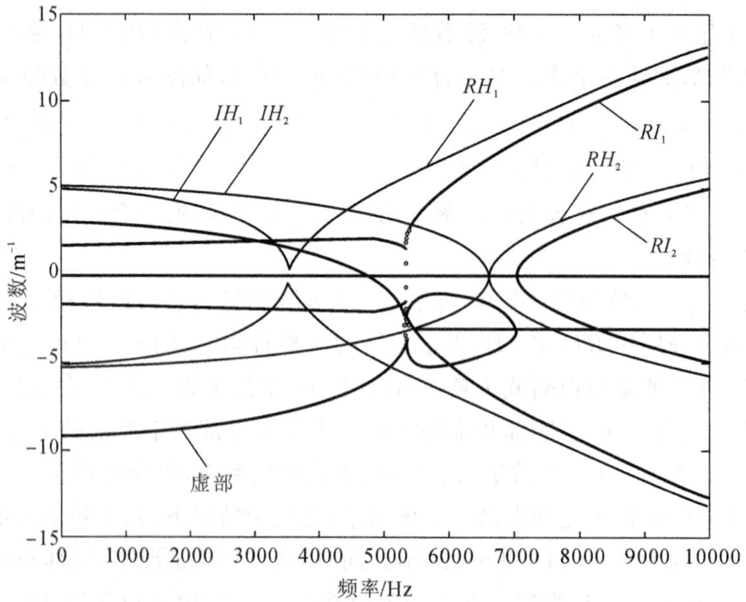

图 10.10　$\eta_m=5$ 时波数随 w 的变化

（RH_j—实部均匀的，IH_j—虚部均匀的，RI_j—实部非均的）

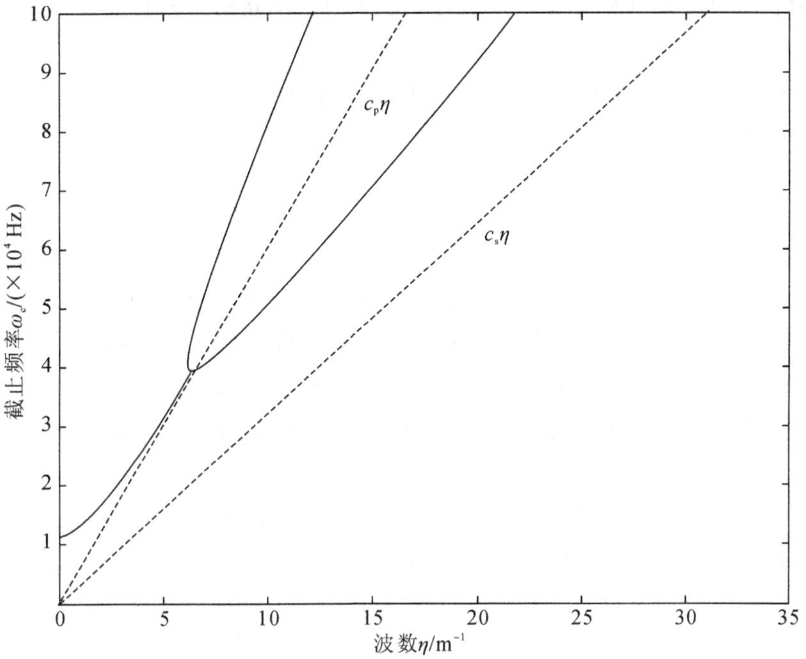

图 10.11　截止频率 w_c 随波数 η 的变化

（实线—均质材料，虚线—非均质材料）

一旦得到波矩阵 $\boldsymbol{W}$ 为奇异时所需的波数 k，则频率 ω_n 和波数 η_m 处的解为：

$$u_{nm}=R_{11}C_1\mathrm{e}^{-\mathrm{i}k_1x}+R_{12}C_2\mathrm{e}^{-\mathrm{i}k_2x}+R_{13}C_3\mathrm{e}^{-\mathrm{i}k_3x}+R_{14}C_4\mathrm{e}^{-\mathrm{i}k_4x} \tag{10.71}$$

$$u_{nm}=R_{21}C_1\mathrm{e}^{-\mathrm{i}k_1x}+R_{22}C_2\mathrm{e}^{-\mathrm{i}k_2x}+R_{23}C_3\mathrm{e}^{-\mathrm{i}k_3x}+R_{24}C_4\mathrm{e}^{-\mathrm{i}k_4x} \tag{10.72}$$

其中 R_{ij} 是待确定的振幅系数，被称为波振幅。如前所述，根据奇异值分解的方法，从波数 k_i 处的波矩阵 $\boldsymbol{W}$ 得到 R_{ij}。

一旦四个波数和波振幅已知，就可以构造四个部分波，并将位移场写成部分波的线性组合。每个部分波由以下公式给出：

$$\boldsymbol{a}_i=\begin{Bmatrix}u_i\\w_i\end{Bmatrix}=\begin{Bmatrix}R_{1i}\\R_{2i}\end{Bmatrix}\mathrm{e}^{-\mathrm{i}k_iz}\begin{Bmatrix}\sin(\eta_m x)\\\cos(\eta_m x)\end{Bmatrix}\mathrm{e}^{-\mathrm{i}\omega_n t},\quad i=1,\cdots,4$$

总解是：

$$\boldsymbol{u}=\sum_{i=1}^{4}C_i\,\boldsymbol{a}_i \tag{10.73}$$

10.5　热弹性波在功能梯度波导中的传播

FGM 结构中波传播研究的下一个逻辑延伸是研究热弹性对其传播行为的影响。在随后的推导中，C_{ijkl}、β_{ij} 和 K_{ij} 分别表示弹性张量、热弹性张量和导热张量的分量，σ_{ij}

和ε_{ij}分别表示应力张量和应变张量的分量。T、T_o、Θ分别为材料温度、环境温度、温升($T-T_o$)。

在没有外力和热源的情况下，应用于非均匀各向异性材料的线性耦合动态热弹性的控制方程为：

$$\sigma_{ij,j}=\rho\ddot{u}_i,\quad \sigma_{ij}=C_{ijkl}\varepsilon_{kl}-\beta_{ij}(\Theta-t_1\dot{\Theta}) \tag{10.74}$$

$$\rho C_e(\dot{\Theta}+t_2\ddot{\Theta})+T_o\beta_{ij}(\dot{\varepsilon}_{ij}+\tau_0\ddot{\varepsilon}_{ij})-(K_{ij}\Theta_{,j})_{,i}=0,\quad i,j=1,3 \tag{10.75}$$

其中u_i是位移场的分量。ρ和C_e分别表示密度和热容量。t_1、t_2是Green-Lindsay模型的第一和第二热松弛参数，τ_o是Lord-Shulman模型的热松弛时间。式(10.74)和(10.75)包含Green-Lindsay模型和Lord-Shulman模型。要转换为Green-Lindsay模型，应将τ_o设置为零，而要转换为Lord-Shulman模型，则应强制$t_1=0$和$t_2=\tau_o$。

通过施加以下假设可以从方程(10.74)和(10.75)推导出二维非均匀材料的线性耦合动态热弹性控制方程。假设所有变量都是$x_1=x$,$x_3=z$,$u_2=0$的函数。在这种情况下，方程(10.74)变为：

$$\left.\begin{aligned}&Q_{11}u_{xx}+Q_{13}w_{xz}+Q_{55}(u_{zz}+w_{xz})+Q'_{55}(u_z+w_x)-\beta_{11}\eta_x+t_1\beta_{11}\dot{\eta}_x=\rho\ddot{u}\\&Q_{13}u_{xz}+Q_{33}w_{zz}+Q_{55}(u_{xz}+w_{xx})+Q'_{13}u_x+\\&Q'_{33}w_z-\beta_{33}\eta_z-\beta'_{33}\eta+t_1\beta_{33}\dot{\eta}_z+t_1\beta'_{33}\dot{\eta}=\rho\ddot{w}\end{aligned}\right\} \tag{10.76}$$

同样，热传导方程(10.75)变为

$$\begin{aligned}&\rho C_e(t_2\ddot{\eta}+\dot{\eta})+T_o\beta_{11}(\dot{u}_x+\tau_o\ddot{u}_x)+T_o\beta_{33}(\dot{w}_x+\tau_0\ddot{w}_z)-\\&K_{11}\eta_{xx}-K_{33}\eta_{zz}-K'_{33}\eta_z=0\end{aligned} \tag{10.77}$$

与这些方程相关的基本边界条件是给定的u、w或η。自然边界条件是在频域内给定的表面牵引力(t_x或t_z)和热流速率(q_x或q_z)。,分别表示为：

$$\left.\begin{aligned}&t_x=\sigma_{xx}n_x+\sigma_{xz}n_z,\quad t_z=\sigma_{xz}n_x+\sigma_{zz}n_z\\&q_x=-K_{11}\eta_{,x}n_x,\quad q_z=-K_{33}\eta_{,z}n_z\end{aligned}\right\} \tag{10.78}$$

而从广义关系来看

$$q_i=-K_{ij}\eta_{,j}-\tau_o\dot{q}_i \tag{10.79}$$

在频域的热流速率变成

$$q_x=-\psi K_{11}\eta_{,x}n_x,\quad q_z=-\psi K_{33}\eta_{,z}n_z,\quad \psi=(1+\mathrm{j}\tau_0\omega_n)^{-1} \tag{10.80}$$

假定位移和热场是频率和波数(水平和垂直)的组合，为

$$\begin{Bmatrix}u(x,z,t)\\w(x,z,t)\\\eta(x,z,t)\end{Bmatrix}=\sum_{n=1}^{N-1}\sum_{m=1}^{M-1}\begin{Bmatrix}\hat{u}(z,\eta_m,\omega_n)\\\hat{w}(z,\eta_m,\omega_n)\\\hat{\eta}(z,\eta_m,\omega_n)\end{Bmatrix}\exp[-\mathrm{i}(\eta_m x-\omega_n t)] \tag{10.81}$$

其中ω_n为离散角频率，η_m为离散水平波数。

为了得到 $\hat{u}(z)$、$\hat{w}(z)$ 和 $\hat{\eta}(z)$，方程(10.81)的表达式必须代入式(10.77)和(10.78)中，从而得到了三个关于 $\hat{u}(z)$、$\hat{w}(z)$ 和 $\hat{\eta}(z)$ 的常微分方程，其中 ω_n 和 η_m 以参数形式出现。矩阵向量表示的方程为

$$\boldsymbol{A}\hat{\boldsymbol{u}}''+\boldsymbol{B}\hat{\boldsymbol{u}}'+\boldsymbol{C}\hat{\boldsymbol{u}}=\boldsymbol{0} \quad \hat{\boldsymbol{u}}=\{\hat{u} \quad \hat{w} \quad \hat{\eta}\} \tag{10.82}$$

矩阵 $\boldsymbol{A}$, $\boldsymbol{B}$ 和 $\boldsymbol{C}$(都是关于 z 的函数)为

$$\boldsymbol{A}=\begin{bmatrix} Q_{55} & 0 & 0 \\ 0 & Q_{33} & 0 \\ 0 & 0 & -K_{33} \end{bmatrix}$$

$$\boldsymbol{B}=\begin{bmatrix} Q'_{55} & -\mathrm{i}(Q_{13}+Q_{55})\eta_m & 0 \\ -\mathrm{i}(Q_{13}+Q_{55})\eta_m & Q'_{33} & \beta_{33}(\mathrm{i}t_1\omega_n-1) \\ 0 & \beta_{33}T_o\omega_n(\mathrm{i}-\tau_o\omega_n) & -K'_{33} \end{bmatrix}$$

$$\boldsymbol{C}=\begin{bmatrix} -\eta_m^2Q_{11}+\rho\omega_n^2 & -\mathrm{i}Q'_{55}\eta_m & \beta_{11}\eta_m(\mathrm{i}+t_1\omega_n) \\ -\mathrm{i}Q'_{13}\eta_m & -\eta_m^2Q_{55}+\rho\omega_n^2 & \beta'_{33}(\mathrm{i}t_1\omega_n-1) \\ T_o\omega_n\eta_m\beta_{11}(1+\mathrm{i}\tau_0\omega_n) & 0 & -\rho C_e\omega_n^2t_2+k_{11}\eta_m^2+\mathrm{i}\rho C_e\omega_n \end{bmatrix} \tag{10.83}$$

因此，非均匀性的影响表现为 $\boldsymbol{B}$ 中的对角项和 $\boldsymbol{C}$ 中的非对角项，它们对于均匀材料为零。与之相关的边界条件是给定的应力 σ_{zz} 和 σ_{xz} 以及层界面处的热流密度，这些边界条件与未知数有关：

$$\hat{\boldsymbol{s}}=\boldsymbol{D}\hat{\boldsymbol{u}}'+\boldsymbol{E}\hat{\boldsymbol{u}}\hat{\boldsymbol{s}}=\{\sigma_{zz} \quad \sigma_{xz} \quad q_z\}$$

其中：

$$\boldsymbol{D}=\begin{bmatrix} 0 & Q_{33} & 0 \\ Q_{55} & 0 & 0 \\ 0 & 0 & -K_{33} \end{bmatrix}, \quad \boldsymbol{E}=\begin{bmatrix} -\mathrm{i}\eta_mQ_{13} & 0 & \beta_{33}(\mathrm{i}t_1\omega_n-1) \\ 0 & -\mathrm{i}\eta_mQ_{55} & 0 \\ 0 & 0 & 0 \end{bmatrix}$$

上述矩阵都是 z 的函数。BVP 要求找到对于所有 $z\in\Omega_c$ 满足方程(10.82)的 $\hat{\boldsymbol{u}}$，以及在 $z=0$ 或 $z=L$ 时给定的 $\hat{\boldsymbol{u}}$ 或 $\hat{\boldsymbol{s}}$，一旦在频率-波数域中得到对应不同 z 值的解，则按照前面对层合复合材料的相同步骤就可以得到时域解。

因此，只要 BVP 是数值解，任何类型的非均匀性都可以在这个公式中解决。然而，正如我们之前所看到的，有一种特殊情况下，BVP 是精确解，这是接下来要讨论的。

对于材料性能的指数变化，可以精确地确定波数随频率的变化。也就是说，

$$[Q_{ij}(z),K_{ij}(z),\beta_{ij}(z)]=[Q_{ijo},K_{ijo},\beta_{ijo}]\mathrm{e}^{\alpha z}, \quad \rho(z)=\rho_o\mathrm{e}^{\beta z} \tag{10.84}$$

其中 Q_{ijo}、K_{ijo}、β_{ijo} 和 ρ_o 为常数。将式(10.84)代入式(10.85)我们得到：

$$\left.\begin{aligned}
\boldsymbol{A}&=\begin{bmatrix} Q_{55o} & 0 & 0 \\ 0 & Q_{33o} & 0 \\ 0 & 0 & -K_{33o} \end{bmatrix} \mathrm{e}^{\alpha z} \\
\boldsymbol{B}&=\begin{bmatrix} \alpha Q_{55o} & (-\mathrm{i}Q_{13o}+Q_{55o})\eta_m & 0 \\ -\mathrm{i}(Q_{13o}+Q_{55o})\eta_m & \alpha Q_{33o} & \beta_{33}(\mathrm{i}t_1\omega_n-1) \\ 0 & \beta_{33}T_o\omega_n(\mathrm{i}-\tau_o\omega_n) & -\alpha K_{33o} \end{bmatrix} \mathrm{e}^{\alpha z} \\
\boldsymbol{C}&=\begin{bmatrix} -\eta_m^2 Q_{11o}+\rho_o\omega_n^2\gamma & -\mathrm{i}\alpha Q_{55o}\eta_m & \beta_{11}\eta_m(\mathrm{j}+t_1\omega_n) \\ -\mathrm{i}\alpha Q_{13o}\eta_m & -\eta_m^2 Q_{55o}+\rho_o\omega_n^2\gamma & \alpha\beta_{33o}(\mathrm{i}t_1\omega_n-1) \\ T_o\omega_n\eta_m\beta_{11}(1+\mathrm{i}\tau_o\omega_n) & 0 & -\rho C_e\omega_n^2 t_2\gamma+k_{11}\eta_m^2+\mathrm{i}\rho C_e\omega_n\gamma \end{bmatrix} \mathrm{e}^{\alpha z}
\end{aligned}\right\} \quad (10.85)$$

式中 $\gamma=\mathrm{e}^{(\beta-\alpha)z}$。将上述方程代入式(10.82)并消去 $\mathrm{e}^{\alpha z}$ 项，得到另一个方程，其中矩阵 $\boldsymbol{A}$ 和 $\boldsymbol{B}$ 是常系数的，但 $\boldsymbol{C}$ 的 γ 项具有 z 依赖关系。如果 β 等于 α，则 $\gamma=1$，并且所有的矩阵都变成常系数。方程的解则为 $u_o\mathrm{e}^{-ikz}$、$w_o\mathrm{e}^{-jkz}$、$\eta_o\mathrm{e}^{-jkz}$ 的形式，其中 u_o、ω_o、η_o、k 为未知数。

然而，对于更一般的 $\beta\neq\alpha$ 的情况，我们可以按照同样的方式进行，并且可以先假设 e^{ikz} 型解仍然是可能的，这将得到一个近似解。由于需要避免 z 依赖关系，γ 需要在域内的某一点进行估计，并且可以用作 γ 的代表值。这里，在 $z=L/2$ 处计算 γ 的值。把这些解代入方程(10.82)，问题变成从下面方程中找出非平凡的 u_o、w_o、η_o：

$$\boldsymbol{W}\{\mathrm{u}_o\}=\boldsymbol{0},\boldsymbol{W}=-k^2\mathbf{A}-\mathrm{i}k\boldsymbol{B}+\boldsymbol{C},\quad \{\boldsymbol{u}_o\}=\{u_o\quad w_o\quad \eta_o\} \quad (10.86)$$

其中 $\boldsymbol{W}$ 是波矩阵。$\boldsymbol{W}$ 的元素为：

$$\begin{aligned}
W_{11}&=-k^2Q_{55}-\eta_m^2Q_{11}+\rho\omega_n^2-\mathrm{i}k\alpha Q_{55} \\
W_{12}&=-k\eta_m(Q_{13}+Q_{55})-\mathrm{i}\eta_m\alpha Q_{55} \\
W_{13}&=\beta_{11}\eta_m(\mathrm{i}+t_1\omega_n) \\
W_{21}&=-k\eta_m(Q_{13}+Q_{55})-\mathrm{i}\eta_m\alpha Q_{13} \\
W_{22}&=-k^2Q_{33}-\eta_m^2Q_{55}+\rho\omega_n^2\gamma-\mathrm{i}k\alpha Q_{33} \\
W_{23}&=-\mathrm{i}k\beta_{33}(\mathrm{i}t_1\omega_n-1)-\alpha\beta_{33}(1-\mathrm{i}t_1\omega_n) \\
W_{31}&=T_o\eta_m\omega_n\beta_{11}(1+\mathrm{i}\tau_o\omega_n) \\
W_{32}&=-\mathrm{i}kT_o\omega_n\beta_{33}(\mathrm{i}-\tau_o\omega_n) \\
W_{33}&=k^2K_{33}+\eta_m^2K_{11}+\rho C_e\omega_n(\mathrm{i}-t_2\omega_n)+\mathrm{i}k\alpha K_{33}
\end{aligned} \quad (10.87)$$

因此，在这种情况下，$N_v=3$，$p=2$，即有 6 个波数是特征方程的根，即谱关系（由 $\boldsymbol{W}$ 的奇异性条件得到）

$$\left.\begin{aligned}
&C_1k^6+C_2k^5+C_3k^4+C_4k^3+C_5k^2+C_6k+C_7=0 \\
&C_i=C_i(\omega_n,\eta_m \text{ 等})
\end{aligned}\right\} \quad (10.88)$$

由于系数 C_i 的显式形式太长，本章在这里省略了。需要注意的是，对于 η_m 和 ω_m 的每一个值，有 6 个 k 值，用 k_{lmn}，$l=1,\cdots,6$ 表示，这些值可通过求解谱关系得到。

方程(10.89)的系数都是复数(C_1 除外)，因此根彼此不是复共轭的。此外，控制截止频率的表达式(由 $C_7=0$ 给出)也不是能够快速推导的简单的形式。在这种情况下，有必要对特定材料的波数和截止频率变化进行数值研究。考虑一种 GFRP 复合层具有以下材料性能：

$E_1=144.4\ \text{GPa}$	$E_3=9.632\ \text{GPa}$	$\nu_{13}=0.3$
$\nu_{23}=0.02$	$G_{13}=4.12\ \text{GPa}$	$\rho=1389\ \text{kg/m}^3$
$\alpha_{11}=6.356\times10^{-6}/℃$	$\alpha_{33}=32.6\times10^{-6}/℃$	$k_{11}=204\times10^5\ \text{W/m}^2$
$k_{33}=k_{11}$	$T_o=300\ \text{K}$	$\tau_o=0$
$t_1=0.5\times10^{-6}\ \text{s}$	$t_2=t_1$	$C_e=940$

值得注意的是，我们取了一个完全不现实的 k_{11}(以及 k_{33})值。这是为了使热波数与机械波数一致。然而，其实际值只有 204，因此，波数的实际值大约是计算值的 $100\sqrt{10}$倍。将梯度参数 α 和 β 设置为 100，使材料不均匀。为了比较，同时考虑了均匀各向异性的情况。在随后的波数变化图中，上标中的 R 和 I 分别表示实部和虚部。

图 10.12 显示了 $\eta_m=0$ 时的波数变化。图中 k_1 和 k_2 为弹性模式，k_3 为热模式。左图表示均匀情况，右图表示梯度材料(Δ 同时表示 α 和 β)情况。箭头表示热波数，通过改变 k_{ii} 的值来缩小热波数。如图所示，非均匀性的影响在机械波数中占主导地位，即使在 $\eta_m=0$ 时，截止频率也会出现，如前所示的非均匀层波数的情况。由于这种梯度，热波数受到的影响最小。需要注意的是，波数的所有虚部都是关于 $-50\ \text{m}^{-1}$ 对称的，即 $-\Delta/2$。

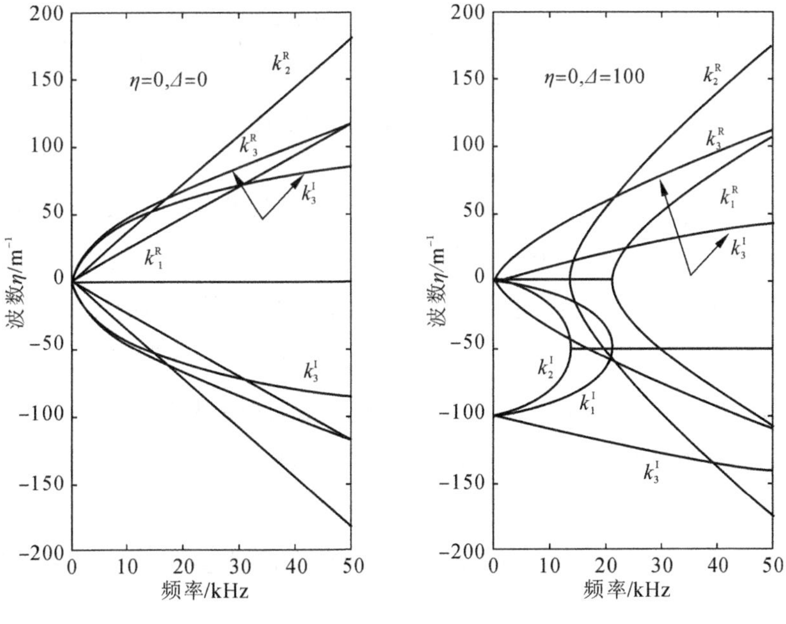

图 10.12　波数随 ω_n 的变化

($\eta_m=0,\theta-0°$)

图 10.13 显示了 $\eta_m=10\ \text{m}^{-1}$时波数的变化。在这里也可以看到与上一张图相同的趋势。热波数完全不受梯度的影响，而机械波数与均匀波数相比，具有更高的截止频率[约为 3 kHz(k_2)和 16 kHz(k_1)]。在更高的频率下，所有的模式都有一个非零虚部，这使得波在传播时可以调制波的振幅。与前面的情况一样，波的虚部也是关于$-\Delta/2$ 对称的。

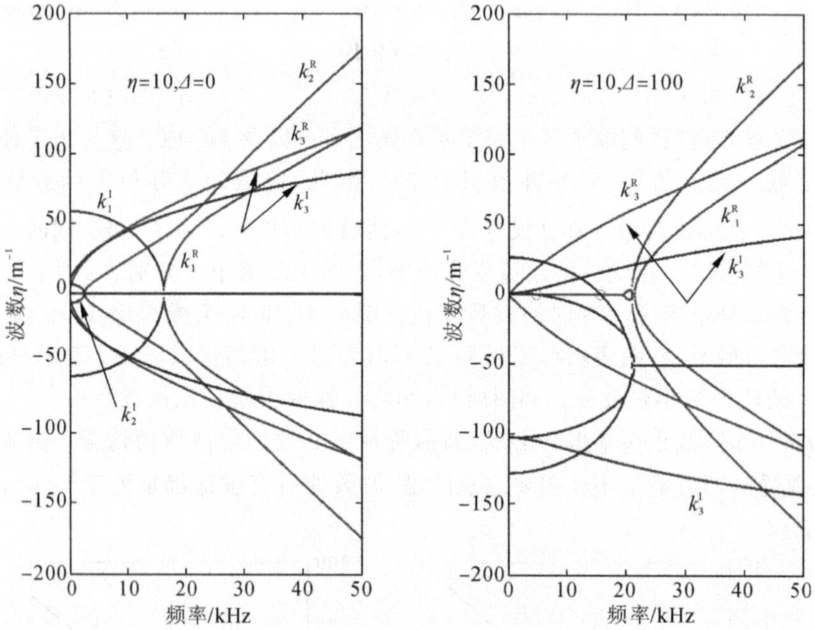

图 10.13 波数随 ω_n 的变化

($\eta_m=10,\theta=0°$)

需要注意的是，早先的截止频率定义在这里是无效的，因为波数不是纯实数或纯虚数。因此，$C_7=0$ 将给出一个波数恰好为零的频率值。在非均匀情况下，我们称这个频率为截止频率。让 $C_7=0$ 可以得出截止频率的控制方程，它的展开形式为

$$c_1\omega^6+c_2\omega^5+c_3\omega^4+c_4\omega^3+c_5\omega^2+c_6\omega+c_7=0 \tag{10.89}$$

正如方程所示，ω 有六个根，因为系数 c_i 是复数，这些根可能是复数。然而，只有实数正根才具有明显的物理意义。这是因为在分析中考虑的 k-ω 空间只包含正实数 ω。分析也可以在复数 ω 域中进行(例如，使用拉普拉斯变换)，在这种情况下，这些虚截止频率将是重要的，因为在遍历 k-ω 空间时可能会遇到这些频率。这些系数的显式形式为：

$$
\left.\begin{aligned}
c_1 &= -\rho^3 C_e t_2 \\
c_2 &= \mathrm{i}\rho^3 C_e - \mathrm{i}T_o\tau_o\eta_m^2\beta_{11}^2 t_1\rho \\
c_3 &= T_o\tau_o\eta_m^2\beta_{11}^2\rho + \rho^2 Q_{55}\eta_m^2 C_e t_2 + \rho^2 k_{11}\eta_m^2 + Q_{11}\eta_m^2\rho^2 C_e t_2 - T_o\eta_m^2\beta_{11}^2 t_1\rho \\
c_4 &= -\mathrm{i}Q_{11}\eta_m^2\rho^2 C_e - \mathrm{i}\rho^2 Q_{55}\eta_m^2 C_e - \mathrm{i}T_o\eta_m^2\beta_{11}^2\rho + iT_o\tau_o\eta_m^4\beta_{11}^2 t_1 Q_{55} + \mathrm{i}T_o\tau_o\eta_m^2\beta_{11}\alpha^2 Q_{55}\beta_{33} t_1 \\
c_5 &= -Q_{11}\eta_m^4 Q_{55}\rho C_e t_2 - Q_{11}\eta_m^4\rho K_{11} - \rho Q_{55}\eta_m^4 K_{11} - T_o\tau_o\eta_m^4\beta_{11}^2 Q_{55} + T_o\eta_m^4\beta_{11}^2 t_1 Q_{55} + \\
&\quad T_o\tau_o\eta_m^2\beta_{11}\alpha^2 Q_{55}\beta_{33} + T_o\eta_m^2\beta_{11}\alpha^2 Q_{55}\beta_{33} t_1 - \alpha^2 Q_{13}\eta_m^2 Q_{55}\rho C_e t_2 \\
c_6 &= \mathrm{i}T_o\eta_m^4\beta_{11}^2 Q_{55} + \mathrm{i}Q_{11}\eta_m^4 Q_{55}\rho C_e + \mathrm{i}T_o\eta_m^2\beta_{11}\alpha^2 Q_{55}\beta_{33} + \mathrm{i}\alpha^2 Q_{13}\eta_m^2 Q_{55}\rho C_e \\
c_7 &= Q_{11}\eta_m^6 Q_{55} K_{11} + \alpha^2 Q_{13}\eta_m^4 Q_{55} K_{11}
\end{aligned}\right\} \tag{10.90}
$$

如表达式所示，c_2、c_4 和 c_6 本质上是虚数，其余系数是实数。这些虚系数的存在使得截止频率为虚数，这在物理上没有意义。截止频率的实部和虚部如图 10.14 所示。如图所示，最初只有一个截止频率，当 $\eta_m \geqslant 6$ 时出现另一个截止频率。在这些频率上，波数的绝对值为零。例如，当 $\eta_m = 10$ 时，实际截止频率的非零值分别为 4.9 kHz和 15.7 kHz。这些点在图 10.13 中用圆形标记表示。显然，在这个频率下，相关波数的实部和虚部都为零。实截止频率（舍弃负根）对应于弹性模式。另外两个根是虚数，它们表示在所有频率下存在传播热模式。此外，实根随着 η_m 的变化呈非线性变化。

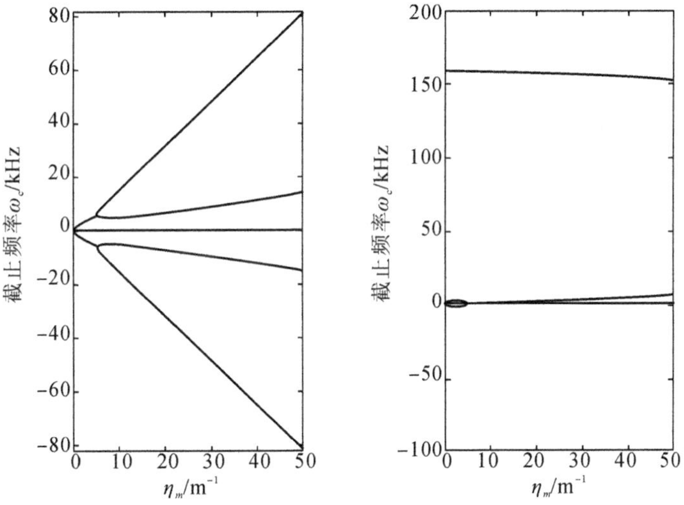

图 10.14 $\theta = 0°$ 时截止频率随 η_m 的变化

一旦得到波矩阵 $\boldsymbol{W}$ 为奇异所需的波数 k，则 $\boldsymbol{u}_o$ 如前所述

$$
\{\boldsymbol{u}_o\}_{nm} = [\boldsymbol{R}]_{3\times 6}[\boldsymbol{\Lambda}]_{6\times 6}\{\boldsymbol{a}\}_{6\times 1} \tag{10.91}
$$

这些矩阵之前已经描述过了。用奇异值分解法可得到 $\boldsymbol{R}$。

总　结

在本章中，介绍了在非均匀结构（如功能梯度材料结构）中的波传播。在推导此类结构的运动方程时，考虑了两种不同的材料变化，即幂变化和指数变化。对于大多数情况，控制方程非常复杂，很难得到精确解。然而，对于某些特定类别的问题，例如指数变化的 FGM 结构，可以给出波数计算的精确解。

本章还引入了非均匀波的概念，即具有复波数的波。也就是说，这种结构中的波在传播过程中总是衰减的。首先介绍了一维波导中的波传播，其中首先介绍了沿纵向梯度杆的波的传播，并引入了一个简单的波数概念来理解波传播的物理本质。接下来介绍了沿深度梯度梁的波传播，然后是沿纵向梯度梁。在后一种情况下，考虑了材料的指数变化以获得精确的波数变化。在此之后，介绍了二维 FGM 波导中的波，其中分波技术被扩展用于处理这种非均匀情况，同时再次假设指数变化以获得精确的波数变化。从 FGM 结构行为的角度来看，热效应非常重要，因此，最后一部分介绍了这种 FGM 波导中的热弹性波传播。需要注意的是，理解所有这些复杂介质中的波传播的核心是频谱分析。

第 11 章

波在纳米结构和纳米复合材料结构中的传播

在研究了波在大型或宏观结构体系中的传播之后，在本章中，我们将研究波在纳米结构和纳米复合结构中的传播性质及其特征。这些结构是纳米尺度材料体系的一部分，与宏观尺度结构相比，波在该体系结构中的传播特性截然不同。当使用连续介质模型在纳米尺度上分析这种结构时，人们会想知道这种模型在原子尺度上是否有效。事实上，大量文献表明在某些情况下可使用连续介质模型和局部弹性理论来推导控制方程，这种模型确实能以合理的精度预测波参数。也有一些学者质疑在这种原子仿真中使用连续介质模型的合理性，认为尺度效应会显著影响纳米尺度上的波动行为，因此提倡分子动力学或一些从头计算建模原理，这在计算量上是不可取的。介于这两种方法之间的是非局部梯度弹性理论，该理论将尺度效应纳入连续介质模型中。这在第 2 章中有简要介绍。在本章中，我们将使用两种建模理论，即局部和非局部弹性理论，对纳米波导中的波传播进行分析。在此之前，我们将首先介绍纳米结构的基本原理、类型和一些特性。

11.1　纳米结构简介

“纳”一词通常表示为常用单位的十亿分之一。就长度尺度而言，常用单位为米，纳米（通常称为 1 nm）等于 10^{-9} 米或 10^{-3} 微米或等于 10 埃。纳米结构是指在1～100 nm 范围内的材料体系。在纳米结构中，电子通常在其中一个维度被限制，而在另一个维度则可以自由移动。与单个原子或分子或结构整体宏观特性相比，纳米结构具有独特的性质。例如，铜线等大块材料的固有属性（比如密度或电导率）与尺寸无关。也就是说,如果将一米长的铜线切成几段,并测量这些段的密度或电导率,人们会发现它们与原始铜线相同。如果分割过程无限地进行,那么性质仍将保持不变。然而,如果在电子、质子或中子水平上,即在纳米级水平上进行划分,那么可以肯定的是纳米结构的性质会发生重大变化。因此,可以通过改变纳米结构的大小、形状或制造过程来调整或操纵纳米结构的属性,这通常会带来一些丰富且令人惊讶的结果。纳米结构在科学和工程的各个分支中具有巨大的潜力。1959 年,物理学家、诺贝尔奖获得者理查德·费曼在美国物理学会做了一场题为"底层有足够的空间"的演讲。他的演讲重点是微型化领域,以及人类会如何创造出越来越小但非常强大的设备[112]。1986 年,埃里克·德雷克斯勒撰写了《创造引擎》一书,并引入了纳米技术一词。在过去的十年里,这一领域的科学研究确实得到了扩展。今天,发明家和生产企业也紧跟纳米技术潮流,在美国专利局注册的超过 13000 多项专利中都有"纳米"一词。

纳米技术本身就是一个广阔的领域,涵盖了各种学科,包括应用物理学、材料科学、界面和胶体科学、器件物理学、超分子化学(指专注于分子非共价键相互作用的化学领域)、自复制机器和机器人、化学工程、机械工程、生物工程和电气工程。由于这是一个多学科的领域,人们对这些研究可能产生的结果有很多猜测。我们能想象一千台机器能够容纳在一个针头大小的区域,或者一艘可以在飞行中自我修复的宇宙飞船吗?所有这些都可以通过纳米技术实现。尽管纳米技术的研究目前处于早期阶段,但碳纳米管、复合纳米管、纳米带和其他纳米材料等纳米级智能材料在研究领域引起了极大的轰动。这些材料被发现具有非凡的机械和电气特性,具有可定制性的潜力,正是纳米材料的这些特征引发了研究领域的关注。目前研究重点主要集中在基于纳米管的纳米材料上,人们发现这些材料具有与众不同的应变传感和力驱动特性。尽管纳米材料,特别是碳纳米管(Carbon Nanotube, CNT)具有卓越的特性,但在纳米和宏观尺度上利用这些性能是科学家和工程师必须解决的一个重大挑战。在本章中,我们想通过研究这些特殊结构中的波传播行为来增加该研究领域的关注度,并看看我们可以通过这项研究获得哪些结论。

纳米结构研究始于 1985 年,Richard Smalley 和他的同事 Harry Kroto 和 Robert Curl 发现了 C60 富勒烯。他们的工作于 1996 年获得了诺贝尔奖。他们在蒸发碳样品的质谱中发现了一些非常奇怪的结果。富勒烯是一种大型的封闭笼状碳簇,具有一些以前在任何其他化合物中都没有的特殊性质,因此富勒烯通常是一类有趣的化合物,未来肯定会被应用于各类新型技术。

随后 Sumio Iijima 发现了碳纳米管(CNT)[164]。Iijima 最初在电弧燃烧石墨杆的不溶性材料中发现了多壁碳纳米管(Multiple wall Carbon Nanotube, MWCNT),而其他研究人员则独立地发现可以制备出的单壁碳纳米管,这些研究人员的一些初步实验表明，这些单壁碳纳米管具有显著的导电特性[242]。这两个小组的工作在研究界引起了很大的轰动。Bethune 等人[35] 和 Iijima 等人[165] 后续对单壁碳纳米管（Single Wall Carbon Nanotube，SWCNT）的研究极大加速了纳米管的研究。这项研究表明，CNT 以大长度（高达几微米）和小直径（几纳米）存在，这导致 CNT 具有大的长径比，它们可以被视为富勒烯的准一维形式。因此，这些材料被发现具有有趣的电子、机械和分子特性。因此，了解机械波如何在这些非同寻常的结构中传播将是非常有意义的。

我们将在本章中研究的关键纳米材料之一是碳纳米管。这是碳元素的同素异形体之一。纳米管有许多定义，它最简单定义是：碳纳米管是一种组装成管子的纳米级的结构，碳纳米管分为有机纳米管和无机纳米管两类。有机纳米管是碳纳米管或 CNT。关于 CNT，纳米管可以定义为一种由六边形石墨分子附着在边缘的长圆柱形碳结构。有些纳米管只有一个圆柱体，而另一些则是具有两个或多个同心圆柱体。纳米管具有几个特征参数，即壁厚、同心圆柱体数量、圆柱体半径，以及圆柱长度。一些纳米管具有一种称为手性的性质，这是一种关于纵向扭曲的术语。

石墨的晶体结构是层状结构，在室温下，同一层中的碳原子与相邻碳原子紧密结合。然而，不同层通过范德华力松散耦合，这使得石墨在特定方向上可以变形，这也是它们被广泛用于制作铅笔芯的原因之一。单壁碳纳米管（SWCNT）可以通过将石墨片卷为管状来构建，其中碳原子通过共价键与相邻碳原子形成键合。碳纳米管中的键合机制与石墨类似，为 sp^2 杂化。sp^2 杂化的特征是 σ 键和 π 键的存在。σ 键是将原子结合在一个平面上的强共价键，因此 CNT 表现出高硬度和强度。相反 π 键非常弱，这代表了原子对的层间相互作用。

现有的文献中也介绍了几种非碳纳米管。通常提到的非碳变种是由氮化硼或硅制成的。这些非碳纳米管通常被称为纳米线。这些纳米线有不同的尺寸（直径小至 0.4 nm），也可以在纳米管中获得纳米管，从而形成多壁纳米管和单壁纳米管。碳纳米管除了具有很高的拉伸强度外，还表现出不同的电特性（取决于石墨结构绕管旋转的方式以及其他因素，如掺杂），其可以是超导体、绝缘体、半导体或导体。纳米管可以是导电的，也可以是半导电的，这取决于它们的螺旋度，因此可以制造纳米级的电线和电气元件。这些一维纤维表现出与铜一样高的电导率，与金刚石一样高的热导率，重量为钢的六分之一，强度却是钢的 100 倍，并且具有很大的失效应变。纳米管的手性角是其六边形基本结构的轴与管轴之间的角度，这决定了纳米管是导体还是半导体。

11.1.1　碳纳米管的结构

碳纳米管是一种由碳原子组成的圆柱形分子。一些典型的单壁碳纳米管

(SWCNT)结构如图 11.1 所示。该结构的一个主要特征是六边形图案在空间中周期性地重复。作为周期性的结果,每个原子都与三个相邻的原子键合。这种结构主要是由于 sp^2 杂化形成[45],这在前面已经解释过了。基于手性[145],单壁碳纳米管可以具有三种不同的构型:扶手椅形[图 11.1(a)]、锯齿形[图 11.1(b)]和手性[图 11.1(c)]。分别表示为(n,n)、$(n,0)$和(n,m)[145],其中 n 和 m 表示沿着六方晶格的碳键的步数。扶手椅和锯齿形碳纳米管通常被称为非手性纳米管,因为它们关于垂直于管轴的平面镜像对称[231]。

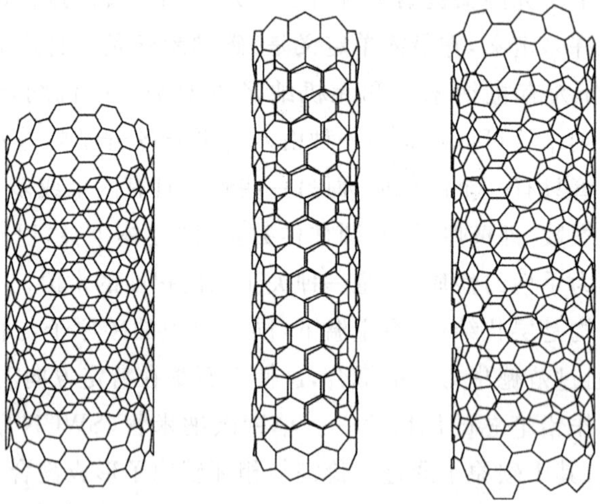

图 11.1　碳纳米管的结构

(a)扶手椅形 CNT;(b)锯齿形 CNT;(c)手性 CNT

注:(a)(10,10)扶手椅形 CNT,长度 34.6717 nm,由 580 个碳原子组成;(b)(10,0)锯齿形 CNT,长度为 34.47 nm,由 340 个碳原子组成;(c)(10,5)手性 CNT,长度 34.563 nm,由 450 个碳原子组成

如前所述,碳纳米管中的键是 sp^2,每个原子与三个相邻原子相连,就像石墨中一样。因此,这些管可以被视为卷起的石墨烯片(图 11.2)[391]。石墨烯片可以卷成管的三种不同方式,在前面已经解释过了。扶手椅和锯齿形 CNT 具有高度对称性。扶手椅和锯齿形指的是围绕周向的六边形排列方式。第三类管是最常见的,被称为手性管,这意味着它能以两种镜像相关的形式存在。手性矢量 $\boldsymbol{C}$,也被称为上卷矢量,可以用公式 $\boldsymbol{C}=n\boldsymbol{a}+m\boldsymbol{b}$ 来描述,其中整数(n,m)是沿着六方晶格的锯齿形碳键数,$\boldsymbol{a}$ 和 $\boldsymbol{b}$ 是单位矢量[203]。手性角度决定了管的扭曲量。

对于手性角度为 0°和 30°的两种极限情况,分别称为锯齿形和扶手椅形。就上卷矢量而言,锯齿形纳米管用$(n,0)$表示,扶手椅形纳米管用(n,n)表示。纳米管的上卷矢量也定义了纳米管的直径。

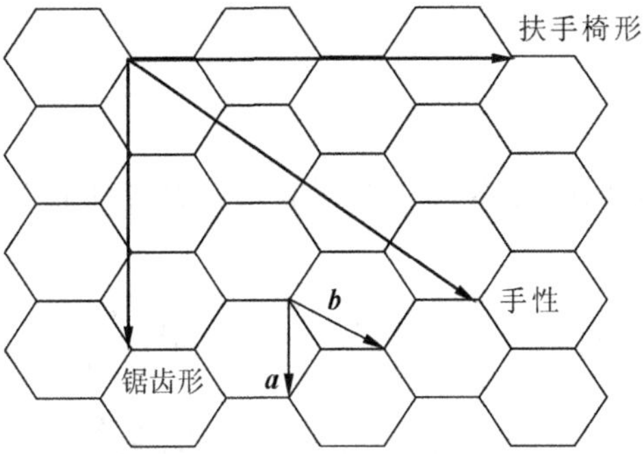

图 11.2　将上卷矢量定义为基本矢量 a 和 b 的线性组合

11.1.2　碳纳米管力学分析建模

有许多建模方案来对 CNT 和 CNT 增强纳米复合材料的力学行为进行建模。参考文献[133]详细介绍了其中一些方法。在本章中，我们将使用局部理论(弹性理论)和非局部理论(梯度弹性理论)研究波在不同 CNT 结构中的传播。这种建模方法将使我们能够理解原子尺度效应对波传播行为的影响。首先，我们将 MWCNT 视为多重连接的梁结构，使用局部理论研究波在多壁碳纳米管中的传播。随后，我们考虑与轴对称圆柱体相同的问题，研究了 SWCNT 和 MWCNT 的波特性。这将清楚地引出二维模型的附加物理特性。此外，我们将引入离散小波变换来求解波数。接下来，我们将使用梯度弹性理论研究波在纳米杆、纳米梁和 MWCNT 中的传播，并展示尺度参数引入的某些效应，而这些效应在使用局部理论建模的波导中是不存在的。

11.2　使用局部欧拉-伯努利模型的 MWCNT 中的波传播

本节考虑采用局部理论通过欧拉-伯努利梁模型对 MWCNT 进行建模。波数和群速度被确定为壁数的函数，同时扩展 PEP 方法来确定波振幅。为此，我们将首先导出控制微分方程。MWCNT 及其等效连接梁模型如图 11.3 所示。

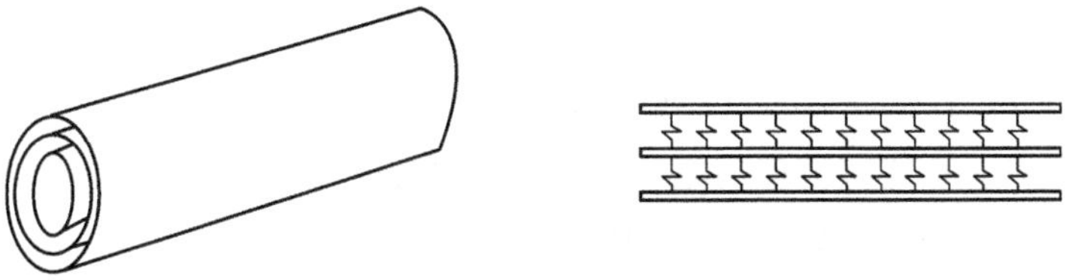

(a)　　　　(b)

图 11.3　三壁碳纳米管及其等效模型

(a)三壁碳纳米管；(b)等效梁模型

11.2.1 控制微分方程

基于欧拉-伯努利梁理论的 N 壁碳纳米管的多弹性梁模型由以下 N 个耦合方程控制。

$$\left.\begin{aligned}c_1[w_2-w_1]&=EI_1\frac{\partial^4 w_1}{\partial x^4}+\rho A_1\frac{\partial^2 w_1}{\partial t^2}\\c_p[w_{p+1}-w_p]-c_{p-1}[w_p-w_{p-1}]&=EI_p\frac{\partial^4 w_p}{\partial x^4}+\rho A_p\frac{\partial^2 w_p}{\partial t^2}\\p&=2,\cdots,N-1\\-c_{N-1}[w_N-w_{N-1}]&=EI_N\frac{\partial^4 w_N}{\partial x^4}+\rho A_N\frac{\partial^2 w_N}{\partial t^2}\end{aligned}\right\}\tag{11.1}$$

其中 x 是梁的轴坐标，t 是时间变量，$w_p(x,t)(p=1,\cdots,N)$ 是第 p 个 CNT 的挠度，I_p 和 A_p 是第 p 个管的惯性矩和横截面面积。杨氏模量假定为 $E=1$ TPa(有效厚度为 0.35 nm)，质量密度 $\rho=1.3\ \mathrm{g/cm^3}$。由于任何两个相邻层之间的范德华力相互作用而产生的相互作用系数 $c_p(p=1,\cdots,N-1)$ 可以估计为[393]

$$c_p=\frac{400R_p\,\mathrm{erg/cm^2}}{0.16d^2},\quad d=0.142\ \mathrm{nm},\quad p=1,\cdots,N-1\tag{11.2}$$

其中 R_p 是第 p 个管壁的内半径。系数 c_p 被估计为两个平滑单层的能量-层间间距关系的二阶导数。它没有考虑碳纳米管的曲率效应。

我们将使用频谱分析来计算波数和波速，首先假设位移场是以下形式的平面波的合成

$$w_p(x,t)=\sum_{n=1}^{N_q}\tilde{w}\mathrm{e}^{-\mathrm{i}kx}\mathrm{e}^{-\mathrm{i}w_n t}\tag{11.3}$$

其中 k 是波数，ω_n 是第 n 个采样点的角频率，$\mathrm{i}^2=-1$。N_q 是与 FFT 中的奈奎斯特频率相对应的频率编号。将式(11.3)代入控制方程，得到控制方程的离散形式为

$$\left.\begin{aligned}&c_1(\tilde{w}_2-\tilde{w}_1)-(EI_1k^4-\rho A_1\omega^2)\tilde{w}_1=0\\&c_p(\tilde{w}_{p+1}-\tilde{w}_p)-c_{p-1}(\tilde{w}_p-\tilde{w}_{p-1})-(EI_pk^4-\rho A_p\omega^2)\tilde{w}_p=0\\&p=2,\cdots,N-1\\&-c_{N-1}(\tilde{w}_N-\tilde{w}_{N-1})-(EI_Nk^4-\rho A_N\omega^2)\tilde{w}_N=0\end{aligned}\right\}\tag{11.4}$$

上式可以以多项式特征值问题(PEP)的形式写成

$$(k^4\mathbf{A}_4+\mathbf{A}_0)\boldsymbol{v}=\boldsymbol{W}\boldsymbol{v}=0,\quad \boldsymbol{v}=\{w_1,\cdots,w_N\}\tag{11.5}$$

其中 $\mathbf{A}_4$ 和 $\mathbf{A}_0$ 是 $N\times N$ 矩阵

$$\mathbf{A}_4=\mathrm{diag}(EI_p),p=1,\cdots,N,\quad \mathbf{A}_0=\boldsymbol{C}-\omega^2\boldsymbol{M}\tag{11.6}$$

此外，矩阵 $\boldsymbol{M}$ 和 $\boldsymbol{C}$ 被定义为

$$\boldsymbol{M}=\mathrm{diag}(\rho A_p),p=1,\cdots,N,\quad \boldsymbol{C}=\boldsymbol{A}_{n=1}^{N}(\boldsymbol{c}_n) \tag{11.7}$$

其中 A 是装配算符，矩阵 $\boldsymbol{c}_n$ 定义为

$$\boldsymbol{c}_n=\begin{bmatrix} c_n & -c_n \\ -c_n & c_n \end{bmatrix} \tag{11.8}$$

通过求解公式(11.5)，可以获得特征值 k 和特征向量 $\boldsymbol{v}$。由于在 PEP 中，k、k^2 和 k^3 的系数矩阵为零，我们可以通过用 λ 代替公式(11.5)中的 k^4 来使计算成本最小，并将 PEP 作为一个广义特征值问题求解

$$\boldsymbol{A}_0\boldsymbol{v}=\lambda(-\boldsymbol{A}_4)\boldsymbol{v}$$

所需波数可以表示为±1 和±i 乘以 $\lambda^{1/4}$。然而，在这种方法中获得的特征向量将是无关紧要的，并且需要以不同的方式计算真实的特征向量。

对于 N 壁纳米管，有 $4N$ 个波数和相应的 N 个相速度(c_{p})和群速度(c_{g})。相速度定义为 ω/k，群速度定义为 $\mathrm{d}\omega/\mathrm{dRe}(k)$。尽管相速度可以直接从波数计算，但群速度很难计算。在这里，它们是使用特征波数公式计算的，该公式由下式给出

$$\varphi(k)=\det(k^4\boldsymbol{A}_4+\boldsymbol{A}_0)=0$$

这些公式是 k 的多项式，其一般形式为

$$\varphi(k)=\sum_{p=0}^{N}a_pk^{4p}$$

其中，系数 a_p 取决于材料属性，而除 a_0 外其他都是 ω 的函数。对 $\varphi(k)$ 相对于 k 进行微分，并使用 c_{g} 的表达式定义，如下所示

$$c_{\mathrm{g}}=-\frac{\sum_{p=1}^{N}(4pa_pk^{4p-1})}{\sum_{p=1}^{N}(a'_pk^{4p})}$$

其中，a'_p 表示 a_p 对 ω 的导数。使用该表达式计算群速度时，当 $\mathrm{Re}(k)\leqslant 0$ 时，群速度将为零。

这种基于多壁梁模型的一个特征是有 $N-1$ 个频率，其中波数变为零，从而使群速度等于零，并且相速度发散到无穷大，即有 $N-1$ 个截止频率。其表达式可以通过在频散关系中代入 $k=0$ 并求解 k 来获得。然而对于较大的 N，找到多项式的根的问题变得很复杂(即使我们使用了伴随矩阵法)。如果在式(11.5)中代入 $k=0$，则问题变得简单，找到 ω 的问题等同于一个多项式特征值问题(PEP)：

$$(\boldsymbol{C}-\omega^2\boldsymbol{M})\boldsymbol{x}=0 \tag{11.9}$$

其中 $\boldsymbol{x}$ 是在随后的公式中无关紧要的假设特征向量。对于 $N=2$，有一个截止频率[94]

$$\omega_{\mathrm{c}}=\left[\frac{c_1(A_1+A_2)}{\rho A_1A_2}\right]^{1/2} \tag{11.10}$$

对于等截面梁，其减小为 $\sqrt{2c_1/(\rho A)}$。

上述分析的最后一部分工作是找到完整的解，这需要计算波振幅。也就是说，必须知道式(11.5)中给出的 PEP 的特征向量 $\boldsymbol{v}$，即波矢量。该多项式特征值问题(PEP)可以通过线性化方法直接求解以获得 $\boldsymbol{v}$，也可以采用奇异值分解(SVD)方法求解。在第一种方法中，多项式特征值问题转换为矩阵 $\boldsymbol{A}_4$ 和 $\boldsymbol{A}_0$ 项的广义特征值问题。矩阵的构造方式如下。如果多项式特征问题方程如下：

$$\begin{aligned}&\boldsymbol{\Psi}(\lambda)x=(\lambda^l\boldsymbol{A}_l+\lambda^{l-1}\boldsymbol{A}_{l-1}+\cdots+\lambda\boldsymbol{A}_1+\boldsymbol{A}_0)x=0\\&\boldsymbol{A}_l\in\mathbb{C}^{m\times m}\end{aligned}\tag{11.11}$$

则将问题线性化为

$$\boldsymbol{A}z=\lambda\boldsymbol{B}z,\quad \boldsymbol{A},\boldsymbol{B}\in\mathbb{C}^{lm\times lm}\tag{11.12}$$

其中

$$\boldsymbol{A}=\begin{bmatrix}0&\boldsymbol{I}&0&\cdots&0\\0&0&\boldsymbol{I}&\cdots&0\\\vdots&\vdots&\vdots&&\vdots\\\vdots&\vdots&\vdots&&\boldsymbol{I}\\-\boldsymbol{A}_0&-\boldsymbol{A}_1&\boldsymbol{A}_2&\cdots&-\boldsymbol{A}_{l-1}\end{bmatrix}\boldsymbol{B}=\begin{bmatrix}\boldsymbol{I}&&&&\\&\boldsymbol{I}&&&\\&&\ddots&&\\&&&\boldsymbol{I}&\\&&&&-\boldsymbol{A}_l\end{bmatrix}$$

$\boldsymbol{x}$ 和 $\boldsymbol{z}$ 之间的关系由 $\boldsymbol{z}=(\boldsymbol{x}^{\mathrm{T}},\lambda\boldsymbol{x}^{\mathrm{T}},\cdots,\lambda^{l-1}\boldsymbol{x}^{\mathrm{T}})^{\mathrm{T}}$ 给出。$\boldsymbol{B}^{-1}\boldsymbol{A}$ 是 PEP 的伴随矩阵。式(11.12)的广义特征值问题可以通过 QZ 算法、迭代方法、Jacobi-Davidson 方法或有理 Krylov 方法求解。上述方法都有自己的优点和不足，然而，QZ 算法是解决中小型问题的最优方法，例如当前问题中矩阵 $\boldsymbol{A}$ 和 $\boldsymbol{B}$ 的阶数不大($l=4,m=N$)，就可以采用 QZ 方法求解。

在第二种方法中，注意到 $\boldsymbol{v}$ 是矩阵 $\boldsymbol{W}$ 的零空间的元素(因为矩阵是奇异的，$\boldsymbol{W}$ 具有非平凡元素)。在 SVD 方法中，$\boldsymbol{W}$ 被分解为 $\boldsymbol{W}=\boldsymbol{USV}^{\mathrm{H}}$，其中 $\boldsymbol{S}$ 是包含奇异值的对角矩阵。由于 $\boldsymbol{W}$ 是奇异的，因此 $\boldsymbol{S}$ 中将有零对角元素，并且对应于零奇异值的 $\boldsymbol{V}$ 的列是 $\boldsymbol{W}$ 的零空间的元素(实际上，它们形成了零空间的基向量)。

波矢量(特征向量)形成波振幅矩阵，该矩阵是大小为 $N\times4N$ 的矩阵。对于 $N=2$ 和等截面情况，波振幅矩阵 $\boldsymbol{R}$ 以解析解的形式给出，如下所示

$$\boldsymbol{R}=\begin{bmatrix}1&1&1&1&1&1&1&1\\1&1&-1&-1&1&1&-1&-1\end{bmatrix}\tag{11.13}$$

其中波数按以下顺序排列：k_1、$\mathrm{i}k_1$、k_2、$\mathrm{i}k_2$(它们是向前移动的波)。而它们的负对应波是向后移动的波。一旦准备好波矩阵，将所有的 $4N$ 个解线性组合得到的总解如下

$$\widetilde{w}_m(x,\omega_n)=\sum_{n=1}^{4N}R_{mn}\mathrm{e}^{-\mathrm{j}k_nx}a_n,\quad m=1,\cdots,N\tag{11.14}$$

其中 a_n 是待确定的常数。使用这种方案可以得到两种元素。

11.2.2　波参数计算

对于所有的数值示例，MWCNT 均有杨氏模量 $E=1$ TPa，剪切模量 $G=0.4$ TPa 和密度 $\rho=1300\ \mathrm{kg/m^3}$。假设管的最小内半径为 5 nm，每个管为 0.35 nm 厚。第一层壁的范德华力相互作用系数为 0.62 TPa。

$N=3$ 时的波数、相速度和群速度的变化分别绘制在图 11.4(a)、(b)和(c)中。如前所述，$N=3$ 时有两个截止频率，一个为 1.014 THz，另一个在 1.757 THz。在这些频率处，波数变为零，相应的相速度变为无穷大，群速度变为零。然而，在截止频率之前，波数(k_2 和 k_3)具有实部和虚部，这表明这些波在传播时衰减，因此这些波被称为非均匀波。因此，在截止频率之前存在非零相速度和非零群速度。

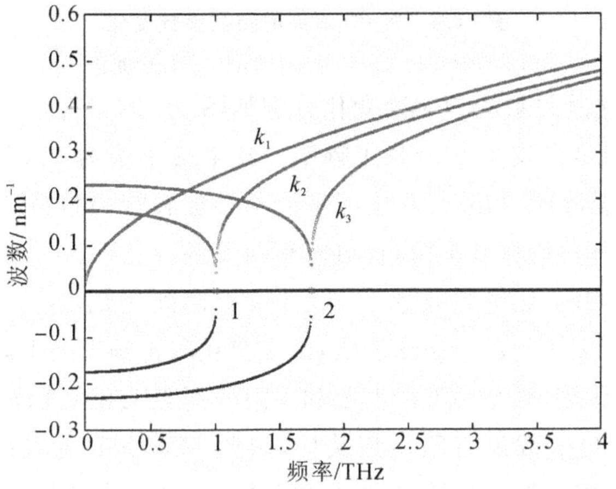

(a)

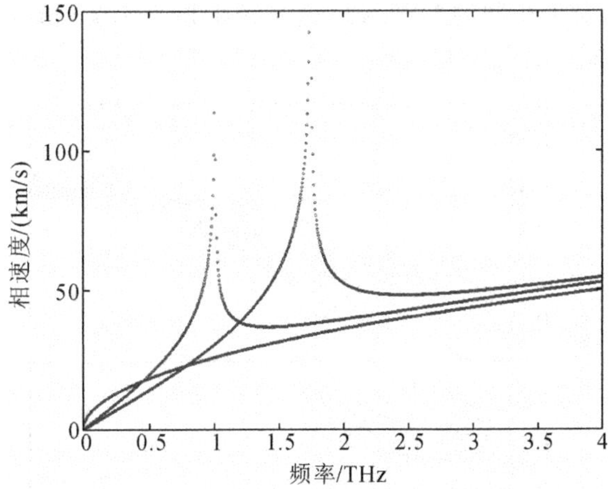

(b)

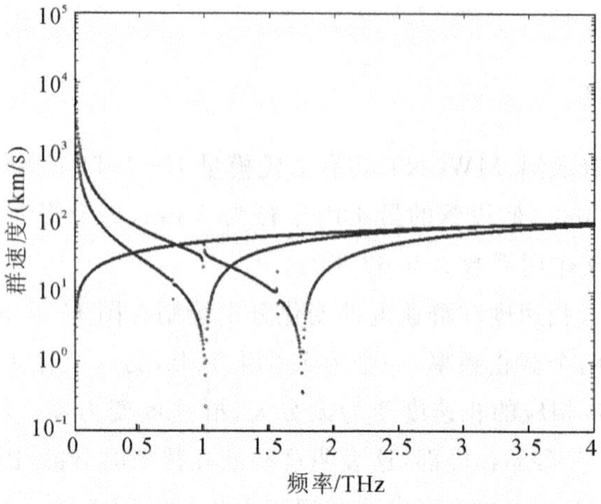

(c)

图 11.4　$N=3$ 时波的特征参数变化

(a)波数变化;(b)相速度变化;(c)群速度变化

对于 $N=10$,频谱关系和相速度变化分别如图 11.5(a)和(b)所示。这些关系的特征与之前相同,但是出现了 9 个截止频率。其中最小值为 0.2886 THz,最大值为 1.891 THz。很明显,最小和最大截止频率值不会随着管壁数量的增加而显著变化。这表明截止频率范围可能存在上限,也可能存在下限。

为了研究这一方面,让壁的数量 N 在 2～100 之间变化,这些壁数相应的最大和最小截止频率如图 11.6 所示。该图表明,确实存在截止频率的上限和下限,对于上文给定的材料和几何参数,截止频率的上限和下限分别为 1.891 THz 和 0.0169 THz。

由于截止频率与壁数没有明显相关性,因此 MW NT 可以用双壁纳米管(DW NT)来近似,其中 DW NT 的等效内半径可以从最大和最小截止频率的大小求得。在本节所给的例子中,对于相同的 DW NT,内半径将是 1.737 nm,这是利用式(11.10)求得的最大截止频率。

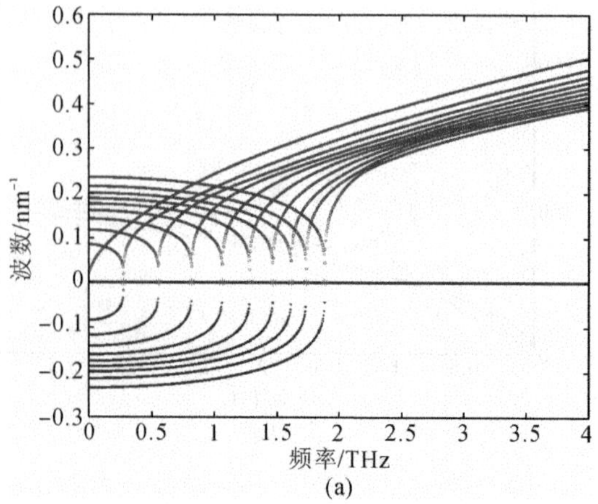

(a)

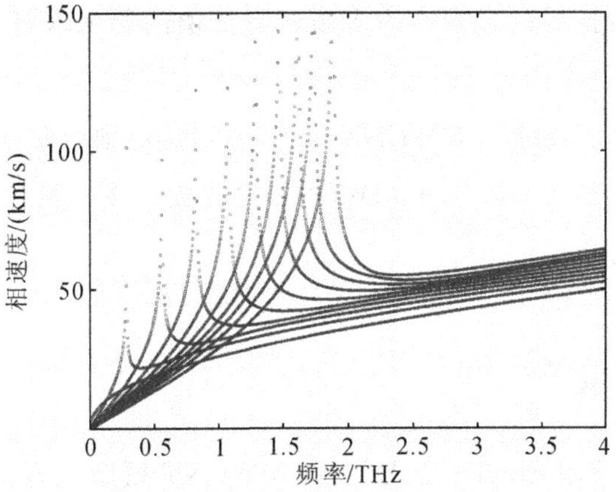

(b)

图 11.5　$N=10$ 时波的特征参数变化

(a)波数变化；(b)相速度变化

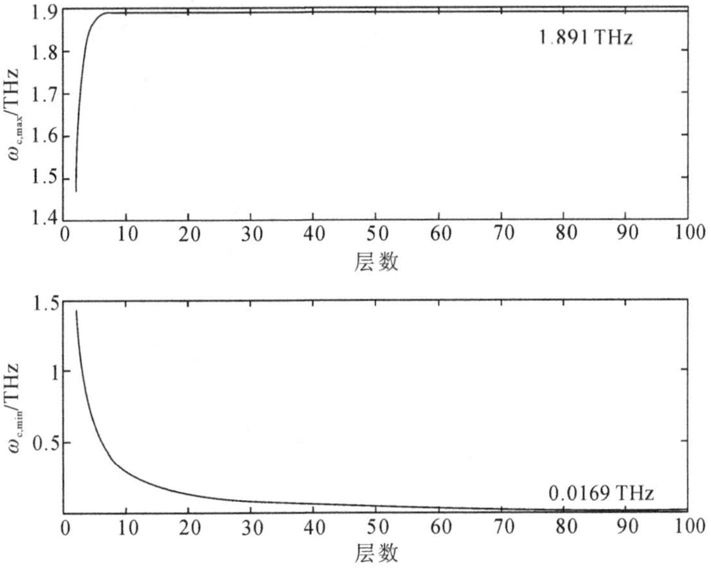

图 11.6　最大和最小截止频率随层数 N 的变化

11.3　使用局部壳模型的 MWCNT 中的波传播

在本节中，将研究多壁碳纳米管（MWCNT）的波特性，即频谱和频散关系。如前一节中对梁模型所做处理一样，MWCNT 被看成是通过范德华力耦合的多个薄壳。MWCNT 的每个壁具有三个位移，即沿轴向、周向和径向的变化（位移）。通过傅里叶变换将控制微分方程变换到频域来获得波特性。然后使用傅里叶级数在一个空间维度上完成。将这些变换后的方程作为多项式特征值问题来求解，该解将给出波数和波速。

本节随后先研究了无限长 MWCNT 的波特性，其沿轴向没有任何变化，然后研究了具有小半径和大半径的有限长度 MWCNT 的波数。并分别对单壁、双壁和三壁碳纳米管进行了上述分析。

11.3.1 控制微分方程

如前所述，通过使用 Flügge 公式[221]将 MWCNT 模型化为多个薄壳来研究其波特性。由于没有预应力，MWCNT 的这些方程被大大简化了[368]。每一层的方程组通过层间范德华力与相邻壁耦合。第 p 个壁的方程如下：

$$\frac{\partial^2 u_p}{\partial x^2}+\frac{(1-\nu)}{2R_p^2}\frac{\partial^2 u_p}{\partial \theta^2}+\frac{(1+\nu)}{2R_p}\frac{\partial^2 v_p}{\partial x\partial \theta}+\frac{\nu}{R}\frac{\partial w}{\partial x}+\frac{(1-\nu^2)D}{EhR_p^2}\left[\frac{(1-\nu)}{2R_p^2}\frac{\partial^2 u_p}{\partial \theta^2}-R_p\frac{\partial^3 w_p}{\partial x^3}+\frac{(1-\nu)}{2R_p}\frac{\partial^3 w_p}{\partial x\,\partial^2\theta}\right]=\frac{\rho h(1-\nu^2)}{Eh}\frac{\partial^2 u_p}{\partial t^2} \tag{11.15}$$

$$\frac{(1+\nu)}{2R_p}\frac{\partial^2 u_p}{\partial x\partial \theta}+\frac{(1+\nu)}{2}\frac{\partial v_p}{\partial x^2}+\frac{1}{R_p^2}\frac{\partial^2 v_p}{\partial \theta^2}+\frac{1}{R_p^2}\frac{\partial w_p}{\partial \theta}+\frac{(1-\nu^2)D}{EhR_p^2}\left[\frac{3(1-\nu)}{2}\frac{\partial^2 v_p}{\partial x^2}-\frac{(3-\nu)}{2}\frac{\partial^3 w_p}{\partial x^2\partial \theta}\right]=\frac{\rho h(1-\nu^2)}{Eh}\frac{\partial^2 v_p}{\partial t^2} \tag{11.16}$$

$$\frac{\nu}{R_p}\frac{\partial u_p}{\partial x}+\frac{1}{R_p^2}\frac{\partial v_p}{\partial \theta}-\frac{1}{R_p^2}w_p+\frac{(1-\nu^2)D}{EhR_p^2}\left[R_p^2\frac{\partial^4 w_p}{\partial x^4}+2\frac{\partial^4 w_p}{\partial x^2\partial \theta^2}+\frac{1}{R_p^2}\frac{\partial^4 w_p}{\partial \theta^4}-R_p\frac{\partial^3 u_p}{\partial x^3}+\frac{(1-\nu)}{2R_p}\frac{\partial^3 u_p}{\partial x\partial \theta^2}-\frac{(3-\nu)}{2}\frac{\partial^3 v_p}{\partial x^2\partial \theta}-\frac{1}{R_p^2}w_p-\frac{2}{R_p^2}\frac{\partial^2 w_p}{\partial \theta^2}\right]=\frac{\rho h(1-\nu^2)}{Eh}\frac{\partial^2 w_p}{\partial t^2}-P_p \tag{11.17}$$

其中，u_p、v_p 和 w_p 分别是第 p 个壁的轴向位移、周向位移和径向位移。这些位移均为 x、θ 和 t 的函数。R_p 是第 p 个壁的半径，h 是每个壁的厚度，也是壁间距离。E、ρ、ν 和 D 分别为杨氏模量、质量密度、泊松比和等效弯曲刚度。这些参数的数值将在本节后面进行解释。

将式(11.17)中的第 p 个壁的层间范德华力表示为 P_p[369]

$$P_p=c(w_{p+1}-w_p)-c\frac{R_{p-1}}{R_p}(w_p-w_{p-1}),\quad p=2,3,\cdots,P-1 \tag{11.18}$$

对于 $p=1$ 和 $p=P$ 时有

$$P_1 = c(w_2 - w_1),\quad P_P = -c\frac{R_{P-1}}{R_P}(w_P - w_{P-1}) \tag{11.19}$$

范德华力相互作用系数 c 的值为[369]

$$c = \frac{320 \times \text{erg/cm}^2}{0.16d^2}\quad \text{其中}, d = 0.142\ \text{nm} \tag{11.20}$$

这样,通过式(11.17)中所示,由 P_p 表示为第 p 个壁的层间范德华力相互作用将一个壁的控制方程与其他壁的控制方程耦合。

在本节中,首先介绍了无限长 MWCNT 的波特性。为了模拟这种情况,忽略了沿轴向(x)方向的变化。这一假设使得方程(11.15)与其他两个方程(11.16)和(11.17)解耦。然后获得了考虑沿轴向(x)和周向(θ)方向变化的波特性。接下来我们将分别在时间和轴向上通过 FFT 和傅里叶级数变换将控制方程[式(11.15)至式(11.17)]简化为常微分方程。简化后的常微分方程将通过 PEP 方法来求解。

11.3.2　波数的计算

任意管壁 p 的位移 u_p、v_p 和 w_p 在时间上使用 FFT、在轴向 x 方向上使用傅里叶级数来近似,如下所示

$$u_p(x,\theta,t) = \sum_{n=0}^{N-1}\sum_{m=0}^{M-1}\hat{u}_p(\theta)\cos(\xi_m x)\,e^{-i\omega_n t} \tag{11.21}$$

$$v_p(x,\theta,t) = \sum_{n=0}^{N-1}\sum_{m=0}^{M-1}\hat{v}_p(\theta)\sin(\xi_m x)\,e^{-i\omega_n t} \tag{11.22}$$

$$w_p(x,\theta,t) = \sum_{n=0}^{N-1}\sum_{m=0}^{M-1}\hat{w}_p(\theta)\sin(\xi_m x)\,e^{-i\omega_n t} \tag{11.23}$$

其中,N 和 M 分别是时间采样点和空间采样点的数量。ω_n 是第 n 个角频率,ξ_m 是第 m 个轴向波数。将式(11.21)至式(11.23)代入控制方程[式(11.15)至式(11.17)],得到如下简化方程组。为简化符号,式(11.21)至式(11.23)中的下标 n 和 m 被删除。由此得到的方程组为

$$-\xi^2\hat{u}_p + \frac{(1-\nu)}{2R_p^2}\frac{d^2\hat{u}_p}{d\theta^2} + \frac{(1+\nu)\xi}{2R_p}\frac{d\hat{v}_p}{d\theta} + \frac{\nu}{R_p}\xi\hat{w}_p + \frac{(1-\nu^2)D}{EhR_p^2}$$

$$\left[\frac{(1-\nu)}{2R_p^2}\frac{d^2\hat{u}_p}{d\theta^2} + R_p\xi^3\hat{w}_p\frac{(1-\nu)}{2R_p}\xi\frac{d^2\hat{w}_p}{d\theta^2}\right] = -\omega^2\frac{\rho h(1-\nu^2)}{Eh}\hat{u}_p$$

$$-\frac{(1+\nu)}{2R_p}\xi\frac{d\hat{u}_p}{d\theta} - \frac{(1+\nu)}{2}\xi^2\hat{v}_p + \frac{1}{R_p^2}\frac{d^2\hat{v}_p}{d\theta^2} + \frac{1}{R_p^2}\frac{d\hat{w}_p}{d\theta} +$$

$$\frac{(1-\nu^2)D}{EhR_p^2}\left[-\frac{3(1-\nu)}{2}\xi^2\hat{v}_p+\frac{(3-\nu)}{2}\xi^2\frac{d\hat{w}_p}{d\theta}\right]=-\omega^2\frac{\rho h(1-\nu^2)}{Eh}\hat{v}_p$$

$$-\frac{\nu}{R_p}\xi\hat{u}_p+\frac{1}{R_p^2}\frac{d\hat{v}_p}{d\theta}-\frac{1}{R_p^2}\hat{w}_p+\frac{(1-\nu^2)D}{EhR_p^2}\left[R_p^2\xi^4\hat{w}_p-2\xi^2\frac{d^2\hat{w}}{d\theta^2}+\frac{1}{R_p^2}\frac{d^4\hat{w}_p}{d\theta^4}-\right.$$

$$\left.R_p\xi^3\hat{u}_p-\frac{(1-\nu)}{2R_p}\xi\frac{d^2\hat{u}_p}{d\theta^2}+\frac{(3-\nu)}{2}\xi^2\frac{d^2\hat{w}}{d\theta^2}p\right]=-\omega^2\frac{\rho h(1-\nu^2)}{Eh}\hat{w}_p+$$

$$\frac{(1-\nu^2)}{Eh}\left[c(\hat{w}_{p+1}-\hat{w}_p)-c\frac{R_{p-1}}{R_p}(\hat{w}_p-\hat{w}_{p-1})\right] \tag{11.24}$$

必须对于变换后的位移 $\hat{u}_p$、$\hat{v}_p$ 和 $\hat{\omega}_p$ 来求解上述常微分方程组。对于这些常系数微分方程，其解具有以下形式：

$$\left.\begin{aligned}\hat{u}_p(\theta)&=\sum\tilde{u}_p\,e^{-ik\theta}\\ \hat{v}_p(\theta)&=\sum\tilde{v}_p\,e^{-ik\theta}\\ \hat{w}(\theta)&=\sum\tilde{w}_p\,e^{-ik\theta}\end{aligned}\right\} \tag{11.25}$$

将上述公式代入公式(11.24)中，忽略耦合项并将其写成矩阵形式，得到 PEP 为

$$\boldsymbol{A}_p^0k^4+\boldsymbol{A}_p^1k^3+\boldsymbol{A}_p^2k^2+\boldsymbol{A}_p^3k+\boldsymbol{A}_p^4=0 \tag{11.26}$$

其中

$$\boldsymbol{A}_p^0=\begin{bmatrix}0&0&0\\0&0&0\\0&0&\frac{\alpha}{R_p^2}\end{bmatrix},\quad \boldsymbol{A}_p^1=\begin{bmatrix}0&0&0\\0&0&0\\0&0&0\end{bmatrix}$$

$$\boldsymbol{A}_p^2=\begin{bmatrix}-\frac{(1+\alpha)(1-\nu)}{2R_p}&0&\frac{j\alpha\xi(1-\nu)}{2R_p}\\0&-1&0\\\frac{j\alpha\xi(1-\nu)}{2R_p}&0&2\alpha\xi^2-2\frac{\alpha}{R_p^2}\end{bmatrix}$$

$$\boldsymbol{A}_p^3=\begin{bmatrix}0&-\frac{\xi(1+\nu)}{2R_p}&0\\-\frac{\xi(1+\nu)}{2R_p}&0&-\frac{j\alpha\xi^2(3-\nu)}{2}-j\\0&-\frac{j\alpha\xi^2(3-\nu)}{2}-j&0\end{bmatrix}$$

$$\boldsymbol{A}_p^4=\begin{bmatrix}-\xi^2+\omega^2\kappa&0&-j\alpha\xi^3R_p-\frac{j\xi\nu}{R_p}\\0&-\frac{\xi^2(3\alpha+1)(1-\nu)}{2}+\omega^2\kappa&0\\-j\alpha\xi^3R_p-\frac{j\xi\nu}{R_p}&0&\alpha\xi^4R_p^2-j\alpha\xi^3R_p+(1-\alpha)-\omega^2\kappa\end{bmatrix}$$

式中 $\alpha=\dfrac{(1-\nu^2)D}{EhR_p^2}$，$\kappa=\dfrac{\rho h(1-\nu^2)}{Eh}$。接下来，对于耦合的 P 壁 MWCNT 的多项式特征值问题如下

$$\boldsymbol{A}^0k^4+\boldsymbol{A}^1k^3+\boldsymbol{A}^2k^2+\boldsymbol{A}^3k+\boldsymbol{A}^4=0 \tag{11.27}$$

其中 $\boldsymbol{A}^0$ 到 $\boldsymbol{A}^4$ 的尺寸为 $3P\times3P$，矩阵 $\boldsymbol{A}^i(i=1,\cdots,4)$ 的形式为

$$\boldsymbol{A}^i=\begin{bmatrix}\cdots & \vdots & \vdots & \vdots & \cdots\\ \cdots & \boldsymbol{A}^i_{P-1} & \boldsymbol{0} & \boldsymbol{0} & \cdots\\ \cdots & \boldsymbol{0} & \boldsymbol{A}^i_P & \boldsymbol{0} & \cdots\\ \cdots & \boldsymbol{0} & \boldsymbol{0} & \boldsymbol{A}^i_{P+1} & \cdots\\ \cdots & \vdots & \vdots & \vdots & \cdots\end{bmatrix}$$

对于耦合系统，矩阵 $\boldsymbol{A}^4$ 为

$$\boldsymbol{A}^4=\begin{bmatrix}\cdots & \vdots & \vdots & \vdots & \cdots\\ \cdots & \boldsymbol{A}^4_{P-1} & \boldsymbol{0} & \boldsymbol{0} & \cdots\\ \cdots & \boldsymbol{0} & \boldsymbol{A}^4_P & \boldsymbol{0} & \cdots\\ \cdots & \boldsymbol{0} & \boldsymbol{0} & \boldsymbol{A}^4_{P+1} & \cdots\\ \cdots & \vdots & \vdots & \vdots & \cdots\end{bmatrix}+[\boldsymbol{C}]$$

其中 $[\boldsymbol{C}]$ 是从公式(11.18)中获得的 $3P\times3P$ 的耦合矩阵。该矩阵具有以下形式

$$[\boldsymbol{C}]=\begin{bmatrix}\cdots & \vdots & \vdots & \vdots & \vdots & \vdots & \cdots\\ \cdots & -c\beta\dfrac{R_{P-2}}{R_{P-1}} & c\beta(1+\dfrac{R_{P-2}}{R_{P-1}}) & -c\beta & 0 & 0 & \cdots\\ \cdots & 0 & -c\beta\dfrac{R_{P-1}}{R_P} & c\beta(1+\dfrac{R_{P-1}}{R_P}) & -c\beta & 0 & \cdots\\ \cdots & 0 & 0 & -c\beta\dfrac{R_P}{R_{P+1}} & c\beta(1+\dfrac{R_P}{R_{P+1}}) & -c\beta & \cdots\\ \cdots & \vdots & \vdots & \vdots & \vdots & \vdots & \cdots\end{bmatrix} \tag{11.28}$$

式中，$\beta=\dfrac{(1-\nu^2)}{Eh}$。式(11.27)中给出的 PEP 是一般性的，并且对于具有任意数量壁的 MWCNT 都可以容易地求解。对周向方向上的波数 k 进行了求解。如前所述，这些波数是频率 ω 和轴向波数 ξ 的函数。相应的相速度计算为 $C_{\mathrm{p}}=\mathrm{Re}(\dfrac{\omega}{k})$。类似地，可以推导群速度为 $C_{\mathrm{g}}=\mathrm{Re}(\dfrac{\mathrm{d}\omega}{\mathrm{d}k})$。这里应该提到的是，为了得到轴向上的波数，应该在周向上进行傅里叶级数变换。

接下来，绘制了频谱和频散关系。首先，对于无限长的 MWCNT 得到了波数、相速度和群速度，即位移沿着轴向方向没有变化；然后，对给定轴向波数的 MWCNT 的径向波数进行了研究，这些例子是针对最内侧半径的不同值而给出的；最后对给定径

向波数的轴向波数进行了研究。以上所有结果都是针对单壁、双壁和三壁碳纳米管给出的。然而，如前所述，可以很容易地应用于任意数量的管壁。

MWCNT 各壁的宏观材料参数如下：杨氏模量有 $Eh=360\ \mathrm{J/m^2}$[390]，质量密度 $\rho h=2.27\times0.34\ \mathrm{kg/m^3}$，泊松比 $\nu=0.2$[367]。这些参数取决于壁厚 $2h$[390]。有效弯曲刚度 D 取为文献[313]$D=2\ \mathrm{eV}$。这个 D 值在原子仿真和连续介质模型模拟之间给出了较好的比较。从 eV 到 $\mathrm{nm^2}$ 的转换因子为 1.6021×10^{-19}，MWCNT 的壁间的距离取为 0.34 nm。

图 11.7(a)、(b)和(c)分别显示了单壁、双壁和三壁碳纳米管周向波数的实部和虚部，这些波数是假设仅存在周向变化的情况下获得的。粗线表示波数的实部，细线表示波数的虚部。在所有情况下，最内侧半径被认为是 $R=0.678$ nm。从图 11.7(a)可以看出，对于单壁碳纳米管，有三种波传播模式，即轴向、周向和径向三种。轴向模式的波数随频率呈线性变化，频率在兆赫范围内。波数的线性变化表示波将非频散传播，即波在传播时不会改变其形状。另一方面，周向波数随着频率变化为非线性变化，这表明波在本质上是频散的。然而，这种周向模式的波数具有从零频率开始的实部，这意味着这种模式可在任何激励频率下开始传播，并且不具有截止频率。然而径向模式具有特定的频带，在该频带内对应的波数是纯虚数。因此，径向模式不会以位于该频带内的频率传播。周向波数和径向波数都具有虚部以及实部，因此这些波在传播时会衰减。

11.7(b)中绘制了双壁碳纳米管的波数，从图中可以得出与前述类似的观察结果。图中有 6 种模式，每个管壁对应 3 种模式。对于所有 3 种模式，外壁的波数都高于内壁的波数。图 11.7(c)给出了三壁碳纳米管的波数。正如预期的那样，有 9 种模态，3 个管壁各对应 3 种模态。应该提到的是，管壁之间范德华力的相互作用不会对这些波特性有明显的影响。

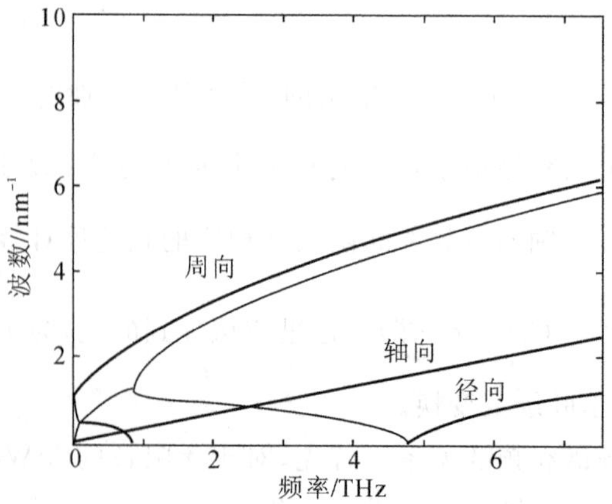

(a)

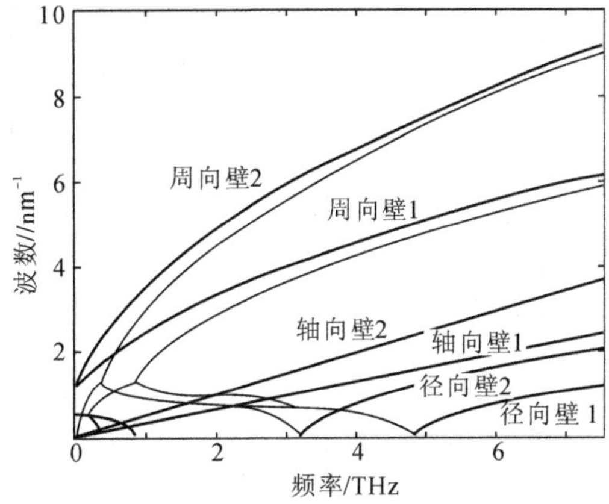

(b)

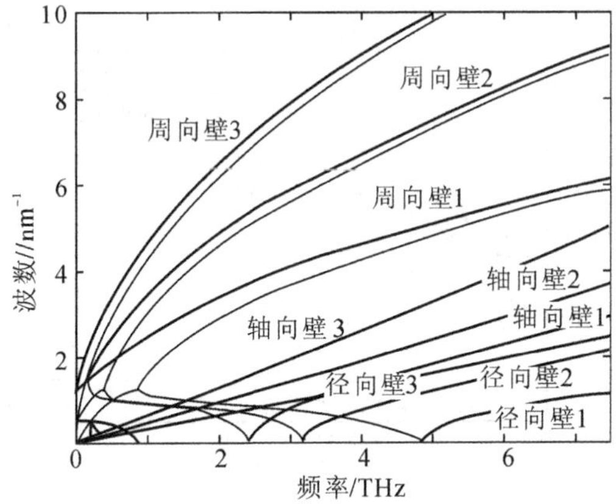

(c)

图 11.7　单壁、双壁、三壁碳纳米管周向波数的实部(粗线)和虚部(细线)

(a)单壁;(b)双壁;(c)三壁

图 11.8(a)绘制了前面例子中使用的三壁碳纳米管的相速度。轴向模式的相位速度对于所有频率都具有恒定值,因此,波在传播时不会改变其形状。还可以观察到,三个管壁的轴向相速度都相似,这是因为轴向相速度随纳米管壁半径的变化并不显著。三个管壁的周向相速度也没有太大差异。与从图 11.7(c)所示的波数图中观察到的一致,径向模式的相速度在频带之间不存在。对于 MWCNT 的不同管壁,该频带的范围发生偏移。在图 11.8(b)中,给出了相应的群速度。对于除了轴向模式之外的群速度,与相速度不同,MWCNT 不同管壁的群速度值差异非常显著,并且外壁的速度高于内壁的速度。

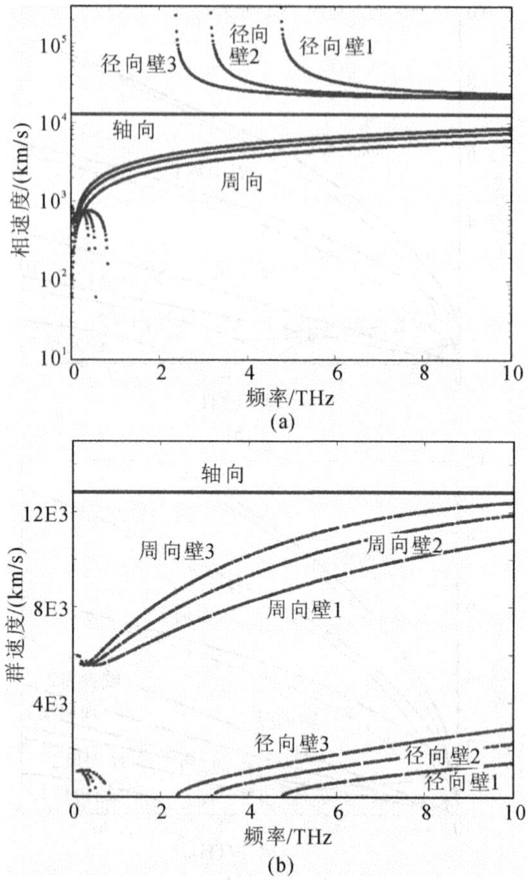

图 11.8 三壁碳纳米管

(a)相速度;(b)群速度

在图 11.9(a)至(c)中,分别绘制了单壁、双壁和三壁碳纳米管的周向波数变化,最内侧半径为 0.678 nm。上述波数是针对 $k_z R=1$ 的轴向波数绘制的。对于有限长度的 MWCNT 这种情况,轴向、周向和径向模式之间存在耦合。在图 11.9(a)中,可以看出,轴向模式具有随频率的非线性变化,这与图 11.7(a)中所示的无限长 MWCNT 不同。这种非线性变化是由 MWCNT 的有限引起耦合而发生的,因此,这里轴向模式本质上是频散的。在某个特定频率,即截止频率只有周向模式波数的实部存在,这意味着模式仅在截止频率之后才开始传播。这种行为也与图 11.7 中观察到的无限长 MWCNT 的行为不一致,其中周向模式不存在这种截止频率。然而径向模式显示出与图 11.7 中类似的型式,并且具有波不在其中传播的频带。除了波数的实部之外,还有一个实质上的虚部在图中显示为细线,这个虚部在波传播时衰减。在图 11.9(b)和(c)中,给出了双壁和三壁碳纳米管的相似波数图。这些图显示了类似的趋势,并且对于三种模态,外壁的波数都更高。对于外壁,周向模态的截止频率也会降低。

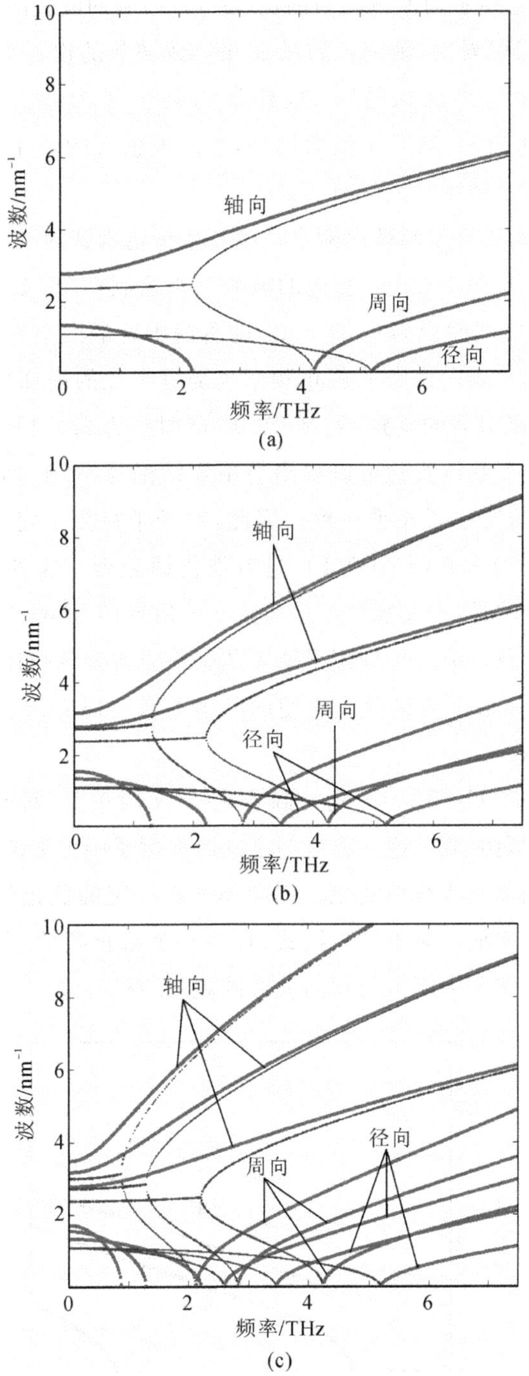

图 11.9　碳纳米管轴向波数($k_zR=1$)实部(粗线)和虚部(细线)

(a)单壁;(b)双壁;(c)三壁

图 11.10(a)至(c)显示的波数图与前例(图 11.9)中的波数图相似，只是此处的轴向波数为 $k_zR=5$。可以看出，轴向波数的变化导致波数的模式和振幅发生实质性变化。MWCNT 的尺寸与之前保持一致，即最内侧半径为 0.678 nm，壁间间距为 0.34 nm。与图 11.9 相比，除了振幅增加外，径向波模式的截止频带也大幅增加，而周向模式的截止频率则适度增加(≈1 THz)。

接下来，我们得到具有不同最内侧半径的三壁碳纳米管的波数。所考虑的三种不同半径分别为 1.0、2.0 和 5.0 nm，相应的波数分别绘制在图 11.11(a)、(b)和(c)中。轴向波数为 $k_zR=1$，壁间间距为 0.34 nm。随着纳米管最内壁半径的增加，三种模态的波数振幅都会增加。周向模态的截止频率也随着半径的增加而减小。在径向模态的截止频带中观察到最显著的差异，从 $R=1.0$ nm 时约为 2.0 THz 降低到 $R=5.0$ nm 时的几乎为零。从这个数值实验可以得出的主要结论是，对于 MWCNT 最内壁半径较大的情况，不同壁的波数图几乎一致。因此，对于半径为一定值的 MWCNT，可以将其建模为等效单壁纳米管(SWCNT)，进行波传播分析。这将降低 MWCNT 建模的复杂性。尤其注意的是，上述观察结果与上一节研究的 MWCNT 的欧拉-伯努利梁模型观察到的结果一致。上一节介绍了通过范德华力与多重欧拉-伯努利梁耦合建模的 MWCNT 的频谱关系。从这两个模型的频谱关系可以看出，对于 MWCNT 的外壁，它们表现几乎一致。

最后，图 11.12(a)、(b)和(c)分别绘制了 $k_zR=1$ 时单壁、双壁和三壁碳纳米管固定周向波数对应的轴向波数。这一趋势与之前所有例子中出现的周向波数非常相似。轴向模式显示出随频率的非线性变化。周向模式在一定的截止频率之后传播。该截止频率从内壁向外壁增加。对于径向模式，存在一个截止频带，在该频带内对应的波不传播。这与前面的例子中所示的周向波数的观测结果一致。

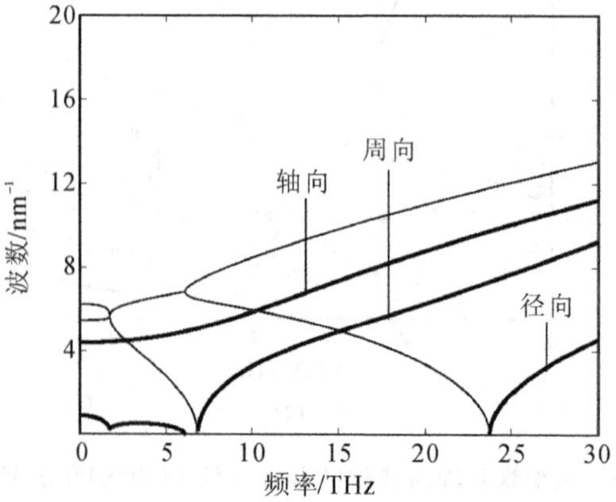

(a)

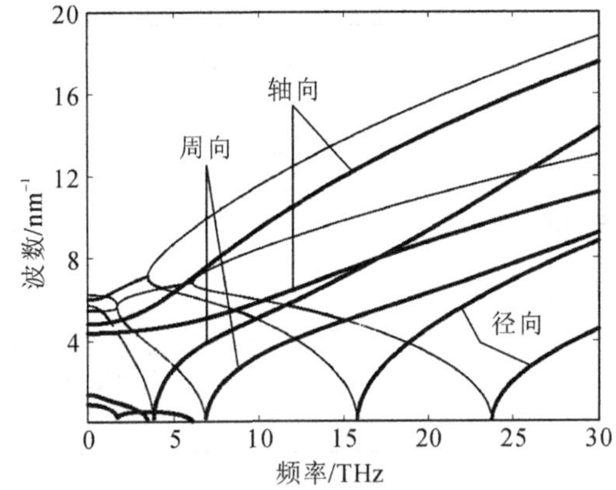

(b)

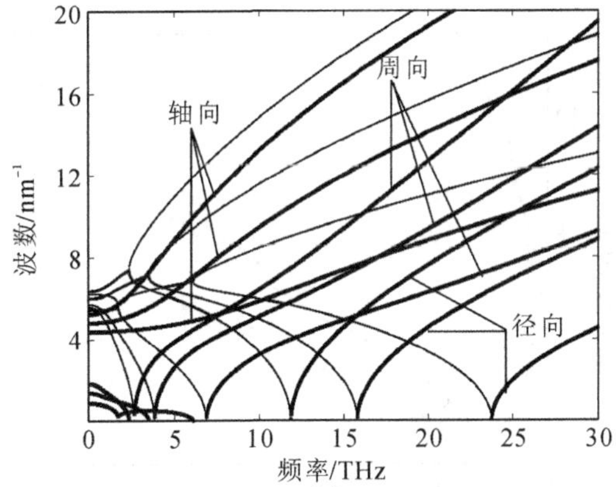

(c)

图 11.10　碳纳米管轴向波数($k_zR=5$)的实部(粗线)和虚部(细线)

(a)单壁;(b)双壁;(c)三壁

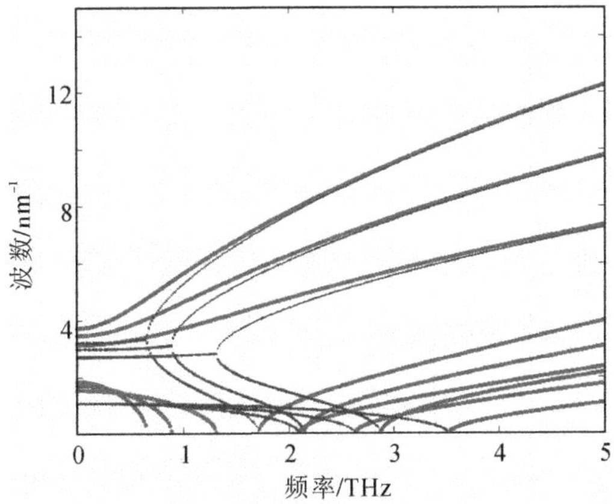

(a)

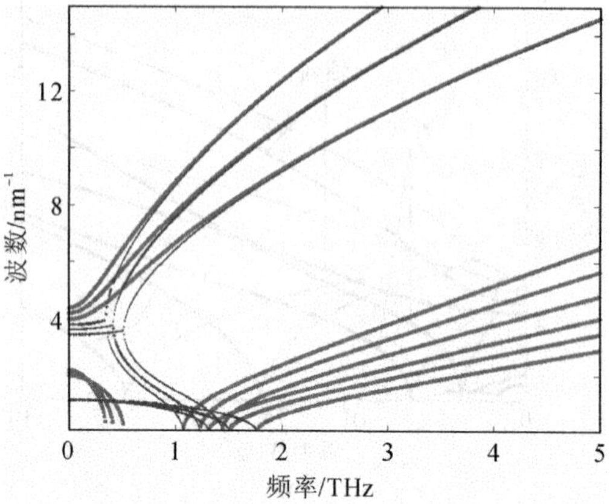

(b)

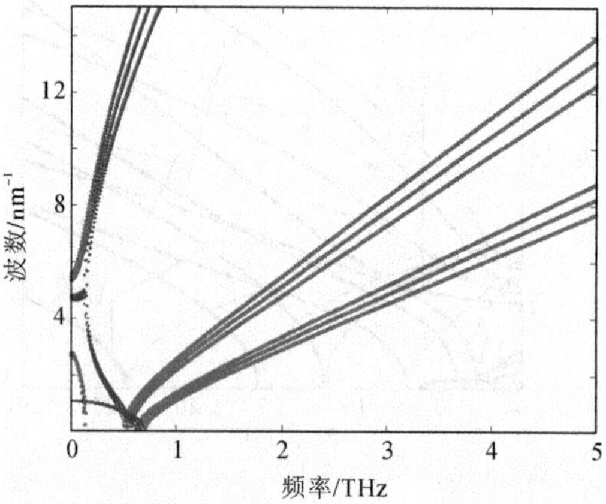

(c)

图 11.11　三壁碳纳米管在轴向波数 $k_zR=1$ 下的波数的实部(粗线)和虚部(细线)

(a)$R=1$ nm;(b)$R=2$ nm;(c)$R=5$ nm

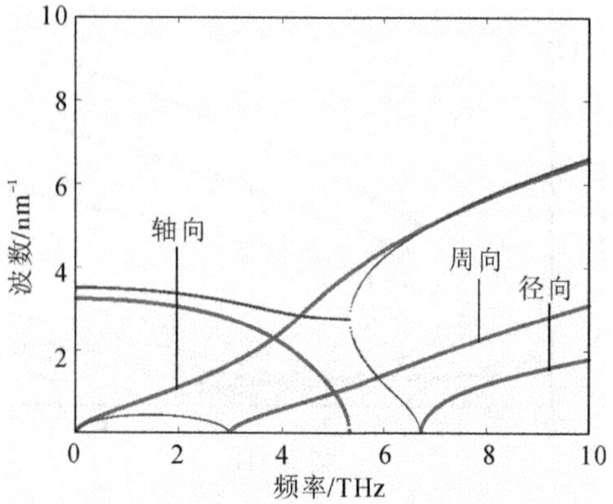

(a)

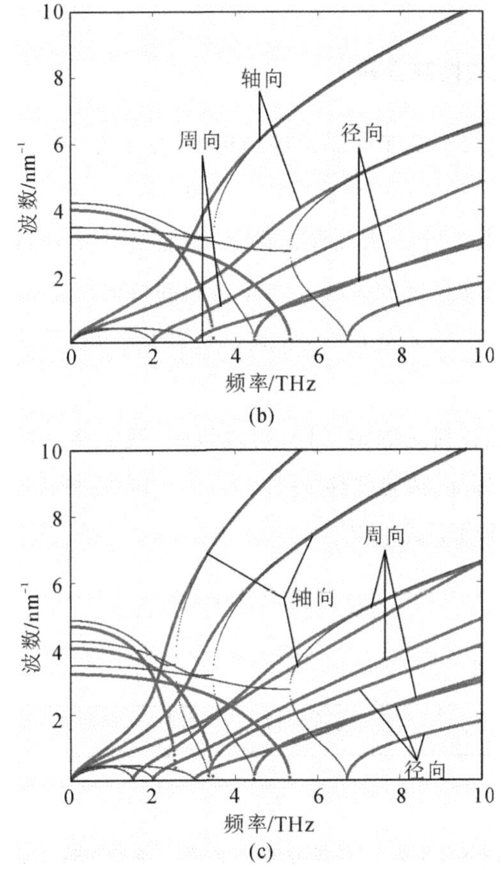

图 11.12　碳纳米管轴向波数的实部(粗线)和虚部(细线)

(a)单壁;(b)双壁;(c)三壁

11.4　非局部应力梯度纳米杆中的波传播

本文在第 2 章中介绍了梯度弹性(或非局部)理论。在本节中,我们将使用非局部(或梯度弹性)理论分析纳米杆中的轴向波传播。特别是,我们将采用 Eringen 的应力梯度理论进行下面的分析工作。

本节将给出基于应力梯度理论纳米杆中的波传播理论,我们将这一理论称为 ESGT(Eringen Stress Gradient Theory)。

11.4.1 ESGT 纳米杆的控制方程

基于 Eringen 理论的一维非局部弹性理论，存在应力-应变关系的微分形式如下：

$$(1-\xi^2 l^2 \nabla^2)\sigma_{ij}=C_{ijkl}\varepsilon_{kl} \tag{11.29}$$

其中，∇^2是拉普拉斯算子。需要注意的是，在该理论中通过在本构方程中加入内部参数长度来考虑小长度尺度的影响。当忽略内部特征长度 a 时，此时介质的粒子被认为是连续分布的，那么 $\xi=e_0 a/l=0$，公式(11.29)就可以简化为经典弹性理论或局部理论的本构方程。

图 11.13 展示了正在讨论的纳米杆，通过该图，我们将介绍推导控制方程所涉及的所有参数，即轴向坐标 x、轴向位移 $u=u(x,t)$、长度 L、杨氏模量 E 和密度 ρ。这种纳米杆的位移场和应变由下式给出

$$u=u(x,t),\quad \varepsilon_{xx}=\frac{\partial u}{\partial x} \tag{11.30}$$

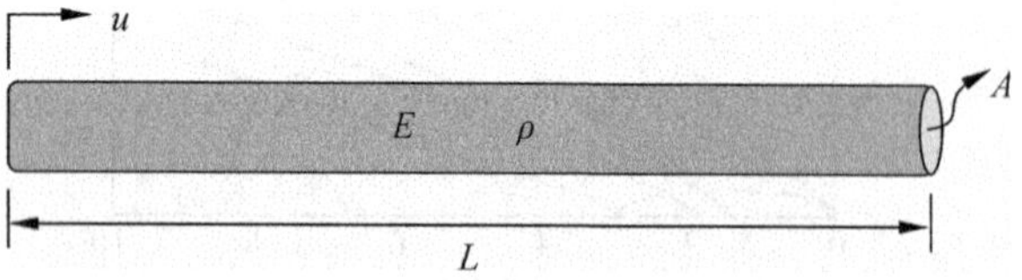

图 11.13 纳米杆(长度 L、杨氏模量 E、密度 ρ、横截面积 A 和纵向位移 u)

对于细杆，公式(11.29)可以用以下一维形式表示

$$\sigma_{xx}-(e_0 a)^2\frac{\partial^2\sigma_{xx}}{\partial x^2}=E\varepsilon_{xx}=E\frac{\partial u}{\partial x} \tag{11.31}$$

其中 E 是弹性模量，σ_{xx} 和 ε_{xx} 分别是 x 方向上的局部应力和应变分量。轴向杆的运动方程如下

$$\frac{\partial N}{\partial x}=\rho A\frac{\partial^2 u}{\partial t^2} \tag{11.32}$$

其中 N 是单位长度的轴向力，它们由下式给出的标准公式定义

$$N=\int_A \sigma_{xx}\,\mathrm{d}A \tag{11.33}$$

使用公式(11.33)和(11.31)，我们有

$$N-(e_0 a)^2\frac{\partial^2 N}{\partial x^2}=EA\frac{\partial u}{\partial x} \tag{11.34}$$

将式(11.32)中 N 的一阶微分代入式(11.34)，可以获得

$$N=EA\frac{\partial u}{\partial x}+(e_0a)^2\rho A\frac{\partial^3 u}{\partial x\partial t^2} \tag{11.35}$$

利用式(11.32)消去式(11.35)中的 N,得到

$$EA\frac{\partial^2 u}{\partial x^2}+(e_0a)^2\rho A\frac{\partial^4 u}{\partial x^2\partial t^2}=\rho A\frac{\partial^2 u}{\partial t^2} \tag{11.36}$$

公式(11.36)是非局部 ESGT 杆模型的运动控制方程。当 $e_0a=0$ 时,它被简化为经典杆模型的方程。

11.4.2 波数计算

接下来,我们将确定这种纳米杆的频谱和频散关系,并了解它们与传统或局部纳米杆有何不同。为了分析纳米杆中的波频散特性,我们假设位移场 $u(x,t)$ 为波动解的简谐形式,它可以用频谱形式表示[94],[137]

$$u(x,t)=\sum_{p=0}^{P-1}\sum_{q=0}^{Q-1}\hat{u}(x,\omega_q)\,\mathrm{e}^{-\mathrm{j}(k_px-\omega_qt)} \tag{11.37}$$

其中 P 和 Q 分别是时间采样点和空间采样点的数量。ω_q 是第 q 个频率,k_p 是第 p 个轴向波数 $\mathrm{i}=\sqrt{-1}$。将式(11.37)代入控制偏微分方程[式(11.36)],我们得到了确定频散关系的方程。为简化符号,公式(11.37)中的下标 p 和 q 被删除。

$$-k^2+(e_0a)^2\eta^2\omega^2k^2+\eta^2\omega^2=0 \tag{11.38}$$

其中 $\eta=\sqrt{\frac{\rho}{E}}$。可以解得波数与频率的关系表示为

$$k_{1,2}=\pm\sqrt{\frac{\eta^2\omega^2}{1-(e_0a)^2\eta^2\omega^2}} \tag{11.39}$$

上述波的频率是波数 k、非局部尺度参数 e_0a 和纳米杆的材料参数(E 和 ρ)的函数。如果 $e_0a=0$,波数直接与波频成正比,则变为非频散波行为。这种纳米杆的截止频率是通过在频散关系中设置 $k=0$ 来获得的[公式(11.38)]。对于目前的情况,截止频率为零,即轴向波从零频率开始传播。

以非局部尺度参数 e_0a 为变量的函数频谱关系函数如图 11.14 所示,从图中可以观察到,在某些频率下,波数趋于无穷大,该频率(即逃逸频率)随着尺度参数的增加而减小。逃逸频率可以通过查看波数表达式[公式(11.39)]和设置 $k\to\infty$ 来解析确定。它的值为

$$\omega_{\mathrm{escape}}=\frac{1}{(e_0a)\eta}=\frac{1}{e_0a}\sqrt{\frac{E}{\rho}} \tag{11.40}$$

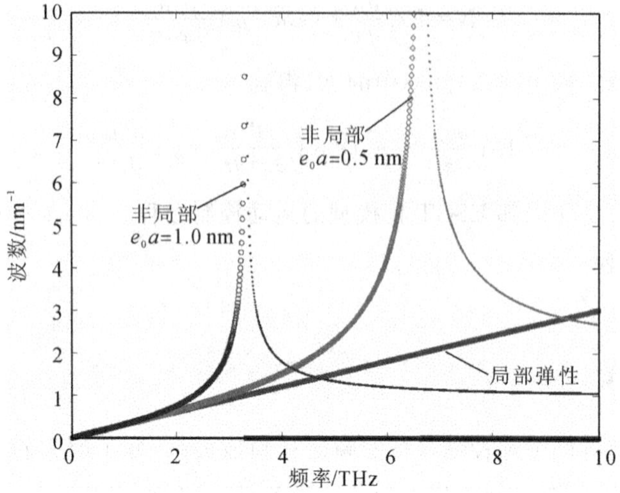

图 11.14 根据局部($e_0a=0$ nm)和非局部($e_0a=0.5$ nm 和 $e_0a=1.0$ nm)弹性理论获得的纳米杆中波数(粗线—实部;细线—虚部)频散的比较

逃逸频率与非局部尺度参数成反比,且与纳米杆的直径无关。逃逸频率随非局部尺度参数的变化如图 11.15 所示。

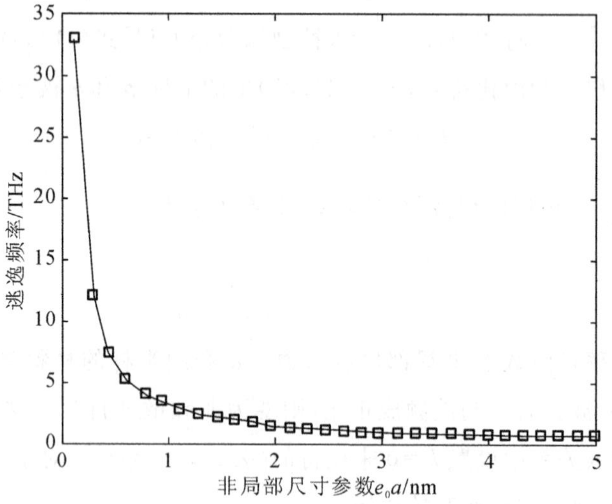

图 11.15 具有非局部尺度参数的纳米杆中轴向波逃逸频率的变化

接下来,我们将计算波速,即相速度和群速度,它们的表达式如下

$$C_p=\frac{\omega}{k}=\frac{1}{\eta}[1-(e_0a)^2\eta^2\omega^2]^{1/2} \tag{11.41}$$

$$C_g=\frac{\partial\omega}{\partial k}=\frac{1}{\eta}[1-(e_0a)^2\eta^2\omega^2]^{3/2} \tag{11.42}$$

波速还依赖于非局部尺度参数。当 $e_0a=0$ 时，两种波速相等(即 $C_p=C_g=1/\eta=\sqrt{\frac{E}{\rho}}$)，这已经在第 6 章中局部(或经典)杆中证明了。相速度和群速度随波频的频散曲线分别如图 11.16 和图 11.17 所示。

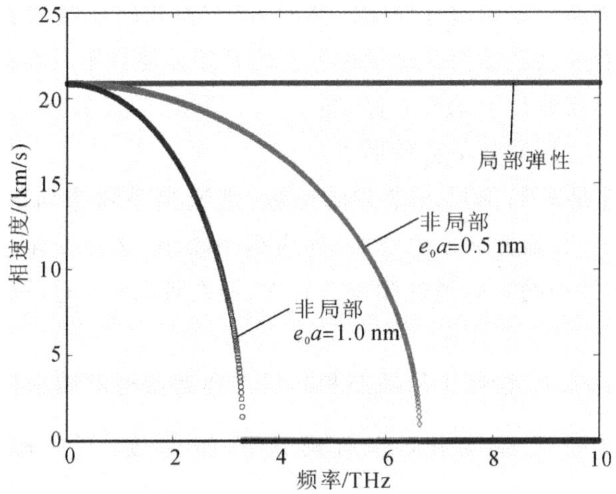

图 11.16　根据局部($e_0a=0$ nm)和非局部($e_0a=0.5$ nm 和 $e_0a=1.0$ nm)弹性理论获得的纳米杆中相速度频散的对比

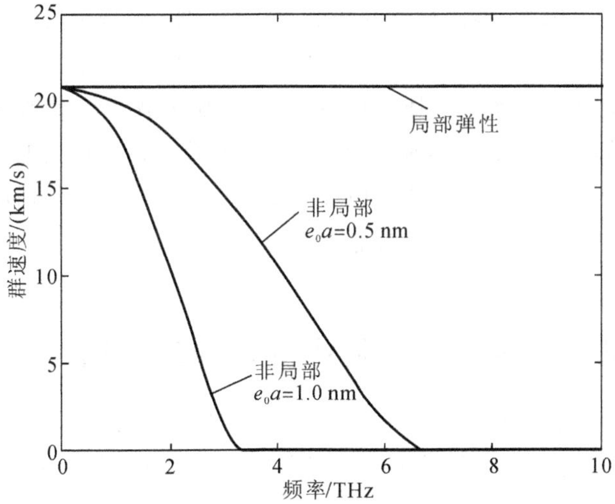

图 11.17　根据局部($e_0a=0$ nm)和非局部($e_0a=0.5$ nm 和 $e_0a=1.0$ nm)弹性理论获得的纳米杆中群速度频散的对比

接下来，基于上面推导的方程，可画出以 ESGT 模型尺度参数 e_0 函数的波数和频散图。基于当前分析，假设为纳米杆半径、厚度、杨氏模量和密度的值分别为 3.5 nm、0.35 nm、1.03 TPa 和 2300 kg/m^3。

图 11.14 显示了纳米杆轴向波数的变化。粗线表示波数的实部，细线表示波数的虚部。从图 11.14 可以看出，对于纳米杆，只有一种波的传播模式，即轴向或纵向。对于局部或经典模型，轴向模式的波数随频率呈线性变化，频率在太赫兹(THz)范围内。波数的线性变化表示波将非频散地传播。另一方面，从非局部弹性获得的波数随着频率非线性变化，这表明波是频散性质的。然而，该波模式的波数具有从零频率开始的实质实部，这意味着波型在任何激励频率下都可开始传播且不具有截止频率。在先前定义的逃逸频率下，波数趋于无穷大，如图 11.14 所示，非局部弹性模型表明，波只会传播到特定的频率，之后波就不会传播了。

逃逸频率纯粹是非局部尺度参数的函数，逃逸频率随非局部参数的变化如图 11.15所示。结果表明，随着 e_0a 的增加，逃逸频率减小，这种变化也可以从图 11.14 中观察到。对于非常小的 e_0a，逃逸频率非常大；而在较高 e_0a 时，逃逸频率非常小，并且接近恒定值。

图 11.16 和图 11.17 绘制了从局部和非局部模型获得的纳米杆的波速。由于波数随局部弹性波频线性变化，轴向模式的相速度 $\left[C_p=\mathrm{Re}\left(\frac{\omega}{k}\right)\right]$ 和群速度 $\left[C_g=\mathrm{Re}\left(\frac{\mathrm{d}\omega}{\mathrm{d}k}\right)\right]$ 在所有频率下都具有恒定值，因此波在传播时不会改变其形状。还可以观察到，在零频率下局部和非局部情况下的轴向波速相似。在非局部弹性中，逃逸频率下的波数趋于无穷大，因此相速度和群速度趋于零，表现出局部化和平稳化行为。

可以得出结论，对于局部和非局部模型，纳米杆中的波频散特性有很大不同。局部模型预测波将在所有频率下传播，而非局部模型显示波将传播到特定频率，波的传播仅取决于非局部尺度参数[260]，换句话说，尺度参数在没有波传播的频带上引入了非周期性带隙。本文给出的结果清楚地描述了波在纳米结构中传播的物理过程，其表明尺度参数在决定传播特性方面起着非常重要的作用。

11.5 非局部应变梯度纳米杆中的轴向波传播

本文在第 2 章中详细讨论了应变梯度弹性，因为至少可以部分地捕捉纳米级的弹性尺寸效应，其被广泛用作与尺寸无关的经典连续弹性理论的合适替代理论。应变梯度弹性理论对于具有非均匀微观结构的材料(如无定形二氧化硅和聚合物)可能具有重要意义。可以认为非局部(特别是应变梯度弹性)理论在很大程度上与大多数材料体系无关，除非尺寸小到不可思议。很明显，聚合物和非晶材料除外。然而与金属相比，像硅这样的共价半导体具有更高的非局部长度尺度，这可能归因于原子间力的短程效应。

尽管应变梯度弹性与大多数晶体金属和陶瓷无关，但我们希望指出，在某些情况下，如在缺陷分析中，即使具有小的非局部特征长度尺度的材料中，应变梯度弹性也是非常有用的。在这方面，建议读者参阅 Zhang 等人[395]的工作，他们展示了使用非局部弹性理论分析石墨烯缺陷的实用性。此外，具有微观结构的材料，如泡沫或复合材料，可以使用应变梯度弹性进行有效地建模。

经典连续介质理论假设材料的应力仅取决于位移的一阶导数，即应变，而不取决于高阶位移导数。由于运动场的这种限制，经典连续介质理论并不总是能够充分描述非均质现象，例如，在缺陷附近的应力或应变场可能会出现不连续的奇点。此外，在用经典连续介质理论模拟局部化现象时也遇到了严重的问题，例如在数学描述中失去了适定性。为了避免这些不足，有人建议在本构方程中包括高阶应变梯度，以便可以克服经典连续介质的缺陷[20],[327]。通常用于这一目的的二阶应变梯度引入了反映材料微观结构特性的辅助材料参数。第 2.2.2 节对此进行了讨论。

高阶梯度可以提高经典连续介质理论的描述能力，因为离散模型的频散行为可以以更高的精度重现[254],[350]。这通常是用高阶梯度增强经典连续介质理论的直接结果。离散介质的均匀化可以以直接的方式导致更高阶的梯度。如果需要奇点或不连续性的正则化，则使用高阶梯度来平滑应变场中的非均匀性或奇点。另一方面，如果需要更精确地表示离散微观结构，则使用高阶梯度在应变场中引入不均匀性。

在第 2 章中，提出了两个不同阶数的应变梯度理论，即二阶和四阶应变梯度理论。二阶应变梯度理论（SOSGT）的本构模型由下式给出

$$\sigma(x)=E\left[\varepsilon(x)+(e_0a)^2\frac{\mathrm{d}^2\varepsilon(x)}{\mathrm{d}x^2}\right] \tag{11.43}$$

因 $e_0a/L\ll1$，对只保留前两项的非局部弹性一般积分本构方程进行扩展，并简化为单轴应力的情况得到了上述方程。如保留前三项，并简化为单轴应力的情况则导致了四阶应变梯度理论（FOSGT）：

$$\sigma(x)=E\left[\varepsilon(x)+(e_0a)^2\frac{\mathrm{d}^2\varepsilon(x)}{\mathrm{d}x^2}+(e_0a)^4\frac{\mathrm{d}^4\varepsilon(x)}{\mathrm{d}x^4}\right] \tag{11.44}$$

这是一个具有非局部尺度效应的四阶应变梯度模型。接下来，我们将基于上述两个本构关系[公式(11.43)和(11.44)]导出纳米杆的运动控制方程。

11.5.1　二阶应变梯度模型的控制方程

图 11.13 示意性地描述了当前讨论的纳米杆，并引入轴向坐标 x、轴向位移 $u=u(x,t)$、杆长度 L、杨氏模量 E 和密度 ρ。这种纳米杆的位移场和应变由下式给出

$$u=u(x,t),\quad \varepsilon_{xx}=\frac{\partial u}{\partial x} \tag{11.45}$$

纳米杆的势能(Π)和动能(Γ)由下式给出

$$\left.\begin{aligned}\Pi^{s} &= \frac{1}{2}\int_{V}\sigma(x)\varepsilon(x)\mathrm{d}V = \frac{1}{2}\int_{V}\left[\varepsilon(x)+(e_0a)^2\frac{\partial^2\varepsilon(x)}{\partial x^2}\right]\varepsilon(x)\mathrm{d}V\\ \Gamma^{s} &= \frac{1}{2}\int_{V}\rho\left[\frac{\partial u(x,t)}{\partial t}\right]^2\mathrm{d}V\end{aligned}\right\}\tag{11.46}$$

这里，上标 s 表示二阶应变梯度模型。假设纳米杆均匀，公式(11.47)可改为

$$\left.\begin{aligned}\Pi^{s} &= \frac{1}{2}A\int_{0}^{L}\left[\varepsilon(x)+(e_0a)^2\frac{\partial^2\varepsilon(x)}{\partial x^2}\right]\varepsilon(x)\mathrm{d}x\\ \Gamma^{s} &= \frac{1}{2}\rho A\int_{0}^{L}\left[\frac{\partial u(x,t)}{\partial t}\right]^2\mathrm{d}x\end{aligned}\right\}\tag{11.47}$$

应用哈密顿原理，得到了二阶应变梯度纳米杆的非局部控制偏微分方程

$$EA\,(e_0a)^2\frac{\partial^4u(x,t)}{\partial x^4}+EA\,\frac{\partial^2u(x,t)}{\partial x^2}-\rho A\,\frac{\partial^2u(x,t)}{\partial t^2}=0\tag{11.48}$$

与基本杆不同，这是一个四阶控制微分方程。可以将方程中的 $e_0a=0$ 代入公式(11.48)，重新获得局部或经典杆方程。

11.5.2 四阶应变梯度模型的控制方程

接下来，我们将推导出四阶 SGT 模型的控制微分方程。假设相同的位移场和应变-位移关系[方程(11.66)]，使用四阶应变梯度模型[方程(11.44)]，动能和势能可以表示为

$$\left.\begin{aligned}\Pi^{f} &= \frac{1}{2}\int_{V}\sigma(x)\varepsilon(x)\mathrm{d}V\\ &= \frac{1}{2}\int_{V}\left[\varepsilon(x)+(e_0a)^2\frac{\mathrm{d}^2\varepsilon(x)}{\mathrm{d}x^2}+(e_0a)^4\frac{\mathrm{d}^4\varepsilon(x)}{\mathrm{d}x^4}\right]\varepsilon(x)\mathrm{d}V\\ \Gamma^{f} &= \frac{1}{2}\int_{V}\rho\left[\frac{\partial u(x,t)}{\partial t}\right]^2\mathrm{d}V\end{aligned}\right\}\tag{11.49}$$

上标 f 表示四阶应变梯度模型。对于均匀纳米杆，方程(11.50)可重写为

$$\Pi^{f} = \frac{1}{2}A\int_{0}^{L}\left[\varepsilon(x)+(e_0a)^2\frac{\mathrm{d}^2\varepsilon(x)}{\mathrm{d}x^2}+(\mathrm{e}_0a)^4\frac{\mathrm{d}^4\varepsilon(x)}{\mathrm{d}x^4}\right]\varepsilon(x)\mathrm{d}x$$

$$\Gamma^{f} = \frac{1}{2}\rho A\int_{0}^{L}\left[\frac{\partial u(x,t)}{\partial t}\right]^2\mathrm{d}x$$

应用哈密顿原理，可以得到四阶应变梯度模型纳米杆的非局部控制微分方程

$$\begin{aligned}&EA\,(\mathrm{e}_0a)^4\frac{\partial^6u(x,t)}{\partial x^6}+EA\,(\mathrm{e}_0a)^2\frac{\partial^4u(x,t)}{\partial x^4}+\\ &EA\,\frac{\partial^2u(x,t)}{\partial x^2}-\rho A\,\frac{\partial^2u(x,t)}{\partial t^2}=0\end{aligned}\tag{11.50}$$

这是基于四阶应变梯度模型纳米杆的六阶控制微分方程，当 $e_0a=0$ 时，可以恢复

为局部/经典纳米杆方程。

11.5.3　SOSGT 纳米杆的唯一性和稳定性

为了证明模型的唯一性，需要先确定方程(11.43)给出的二阶本构应变梯度模型的解析解。通过将本构方程与单轴平衡方程(不考虑外力)和运动学方程(11.30)相结合，可以证明模型的唯一性。使用公式(11.43)导出 u 的解析解的形式为

$$u=C_1+C_2x+C_3\sin\left(\frac{x}{e_0a}\right)+C_4\cos\left(\frac{x}{e_0a}\right) \tag{11.51}$$

其中 C_i 是根据边界条件确定的常数。经典连续介质的响应仅由常数 C_1 和 C_2 提供。

现在可根据文献[11]来研究静态解析解的唯一性。假设存在两个不同的解 u_1 和 u_2，它们满足平衡方程和非齐次边界条件。为了证明唯一性，这两个解的差 $\Delta u=u_1-u_2$ 应该为零。此时解应满足平衡方程和齐次边界条件。长度为 L 的杆，在 $x=0$ 和 $x=L$ 时，差分解的边界条件分别为 $\Delta u=0$ 和 $\frac{\partial \Delta u}{\partial x}=0$。四个边界条件得出以下方程组：

$$\begin{bmatrix} 1 & 0 & 0 & 1 \\ 1 & L & \sin\left(\frac{L}{e_0a}\right) & \cos\left(\frac{L}{e_0a}\right) \\ 0 & 1 & \frac{1}{L} & 0 \\ 0 & 1 & \frac{1}{L}\cos\left(\frac{L}{e_0a}\right) & -\frac{1}{L}\sin\left(\frac{L}{e_0a}\right) \end{bmatrix} \begin{Bmatrix} C_1 \\ C_2 \\ C_3 \\ C_4 \end{Bmatrix} = \begin{Bmatrix} 0 \\ 0 \\ 0 \\ 0 \end{Bmatrix} \tag{11.52}$$

通过消除 C_1 和 C_2，根据式(11.43)可以确定 C_3 和 C_4 的简化系数矩阵。为了找到 Δu 的非零解(对应于非唯一性)，这个降阶系数矩阵的行列式应该为零，即

$$\begin{vmatrix} \sin\left(\frac{L}{e_0a}\right)-\frac{L}{e_0a} & \cos\left(\frac{L}{e_0a}\right)-1 \\ \cos\left(\frac{L}{e_0a}\right)-1 & -\sin\left(\frac{L}{e_0a}\right) \end{vmatrix}=0 \tag{11.53}$$

这意味着

$$\frac{L}{e_0a}\sin\left(\frac{L}{e_0a}\right)+2\cos\left(\frac{L}{e_0a}\right)-2=0 \tag{11.54}$$

当 $\frac{L}{e_0a}=2\pi\alpha$，且 α 为任意整数时上式成立。因此对于 $\frac{L}{e_0a}=2\pi\alpha$ 时不能保证二阶应变梯度模型的唯一性。

接下来将需确定二阶 SGT 模型的稳定性。该模型的稳定性是通过如下的势能密度$\Re$来研究的：

$$\Re = \int_{\varepsilon} \sigma \, \mathrm{d}\varepsilon \tag{11.55}$$

将本构方程(11.43)代入上式，将高阶项进行分部积分，并在以下方程中积分

$$\Re = \frac{1}{2} E\left[\varepsilon^2 - (e_0 a)^2 \left(\frac{\partial \varepsilon}{\partial x}\right)^2\right] \tag{11.56}$$

在上面的推导过程中，边界积分被假设消失，这对模型的稳定性有着严重的影响：方程中的正项对整体响应有稳定作用，而负项则导致不稳定。因此，方程(11.43)可能变得不稳定。

总之，二阶应变梯度模型可能会变得不稳定，并且无法保证其唯一性。该模型与离散模型具有最密切的关系(在高阶项前面有一个正号)。然而，由于可能的非唯一性和不稳定性，该模型在工程实践中的使用受到限制，这可能导致其响应不一致[19]。

11.5.4 SOSGT 纳米杆中的轴向波传播

为了分析二阶 SGT 纳米杆中的频散特性，需要将控制微分方程转换到频域。场变量为 $u(x,t)$，并假设为

$$u(x,t) = \hat{u}(x,\omega)\mathrm{e}^{-\mathrm{i}(kx-\omega t)} \tag{11.57}$$

其中，$\hat{u}(x,\omega)$是纵向位移的频域振幅，k 是波数，ω 是波运动的角频率，$\mathrm{i}=\sqrt{-1}$。将方程(11.57)代入从二阶应变梯度模型获得的纳米杆非局部控制方程(11.48)中，得到以下频散关系

$$(e_0 a)^2 k^4 - k^2 + \eta^2 \omega^2 = 0 \tag{11.58}$$

其中 $\eta=\sqrt{\dfrac{\rho}{E}}$，利用该频散关系对波频进行求解为

$$\omega^{\mathrm{s}} = \frac{k}{\eta}\sqrt{1-(e_0 a)^2 k^2} \tag{11.59}$$

波频是波数 k、非局部尺度参数 $e_0 a$ 和纳米杆材料参数(E 和 ρ)的函数。在当前的分析中，考虑由以下公式表示波速(包括相速度和群速度)

$$C_{\mathrm{p}}^{\mathrm{s}} = \frac{\omega^{\mathrm{s}}}{k} = \frac{1}{\eta}\sqrt{1-(e_0 a)^2 k^2}, \quad C_{\mathrm{g}}^{\mathrm{s}} = \frac{\partial \omega^{\mathrm{s}}}{\partial k} = \frac{1-2\,(e_0 a)^2 k^2}{\eta\left[1-(e_0 a)^2 k^2\right]} \tag{11.60}$$

这些波速还取决于非局部尺度参数。当 $e_0 a=0$ 时，两个波速相等(即 $C_{\mathrm{p}}^{\mathrm{s}} = C_{\mathrm{g}}^{\mathrm{s}} = 1/\eta = \sqrt{E/\rho}$)，并且这也是经典杆的波速。

接下来，我们将计算二阶 SGT 纳米杆的波传播的重要特征之一，即其临界波数或

零频率时的波数。根据频散方程(11.58)，将波频(ω)设置为零，得出临界波数为

$$k_{cr}=\pm\frac{1}{\sqrt{e_0a}} \tag{11.61}$$

临界波数仅为非局部尺度参数 e_0a 的函数。

11.5.5　四阶 SGT 模型的轴向波特性

与二阶模型的情况一样，我们将计算四阶模型下的波数、相速度和群速度。将方程(11.57)代入从四阶应变梯度模型获得的纳米杆非局部控制偏微分方程[方程(11.50)]中，得到以下频散关系：

$$-(e_0a)^4k^6+(e_0a)^2k^4-k^2+\eta^2\omega^2=0 \tag{11.62}$$

求解这个频散关系，可以将波频写为

$$\omega^{f}=\frac{k}{\eta}\sqrt{1-(e_0a)^2k^2+(e_0a)^4k^4} \tag{11.63}$$

相速度和群速度的表达式分别由下式给出

$$C_p^{f}=\frac{\omega^{f}}{k}=\frac{1}{\eta}\sqrt{1-(e_0a)^2k^2+(e_0a)^4k^4} \tag{11.64}$$

$$C_g^{f}=\frac{\partial\omega^{f}}{\partial k}=\frac{1-2\,(e_0a)^2k^2[1-(e_0a)^2k^2]}{\eta\{1-(e_0a)^2k^2[1-(e_0a)^2k^2]\}} \tag{11.65}$$

11.5.6　波传播分析

本小节将给出上一节介绍的模型的频谱和频散关系，并了解其波传播的物理机制。当前分析中，假设 SWCNT 为纳米杆，杆的直径(d)、杨氏模量(E)和密度(ρ)的值分别假设为5 nm、1.06 TPa 和 2270 kg/m^3。从两个应变梯度模型中获得的纳米杆的频谱和频散曲线(假设 $e_0a=0.02$ nm 和 $e_0a/L\ll1$)，如图 11.18 所示。为方便比较，将经典连续介质模型获得的结果也画在图中。

从经典连续介质模型中获得的频谱和频散关系表明，纳米杆中的波是非频散的，即波数与波频或相速度或群速度呈线性关系(见图 11.18 至图 11.21)。这两个应变梯度模型都表明，波在本质上是频散的。与经典连续介质模型相比，四阶应变梯度模型比二阶应变梯度模型提供了改进的近似值。同时也将结果与玻恩-卡门理论模型[16](原子模型)和第 11.4 节中提出的应力梯度模型的结果进行了比较。

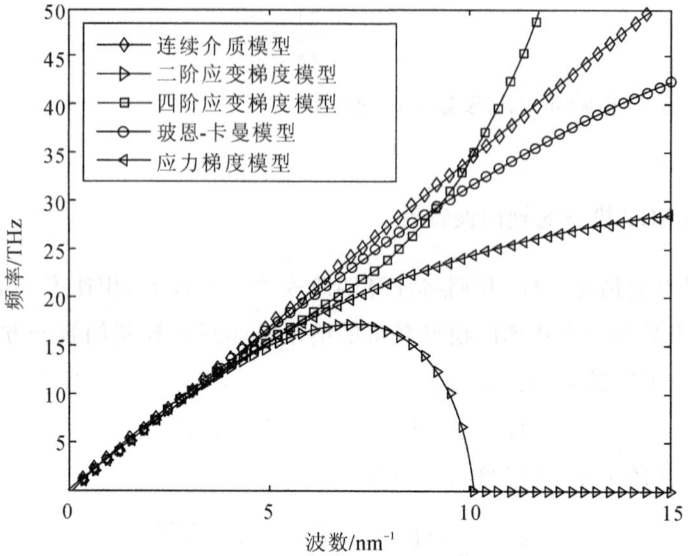

图 11.18 从经典连续介质模型以及二阶、四阶应变梯度模型中获得的波数频散和波频

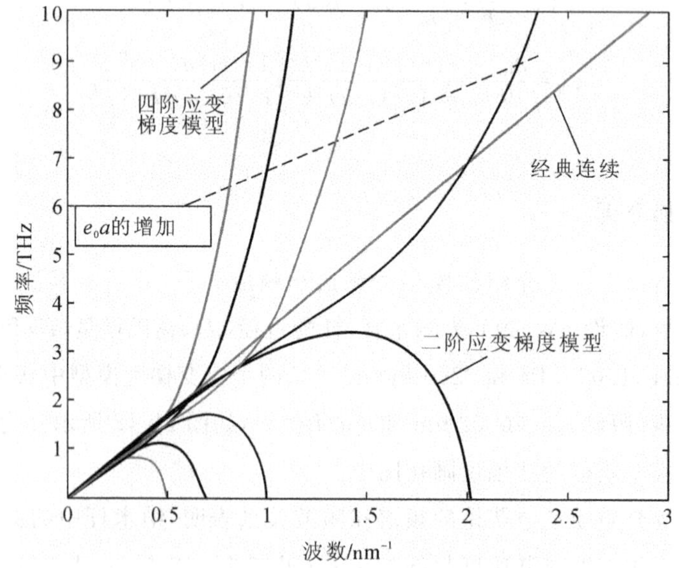

图 11.19 非局部尺度参数(e_0a)对纳米杆中波数频散的影响

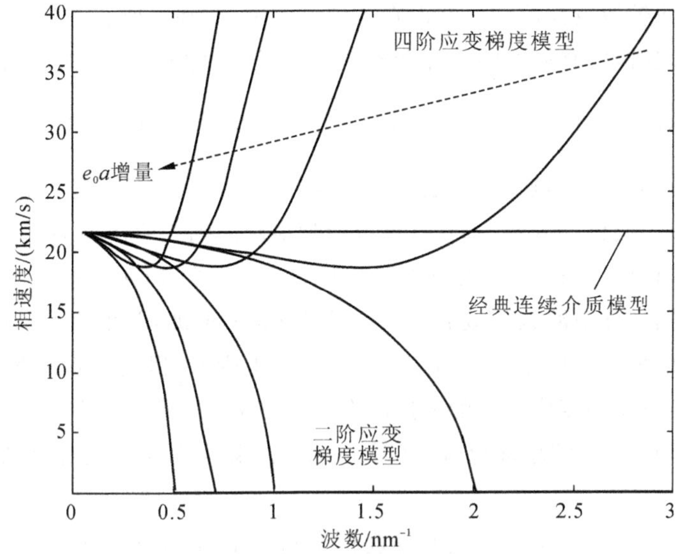

图 11.20 相速度与波数关系

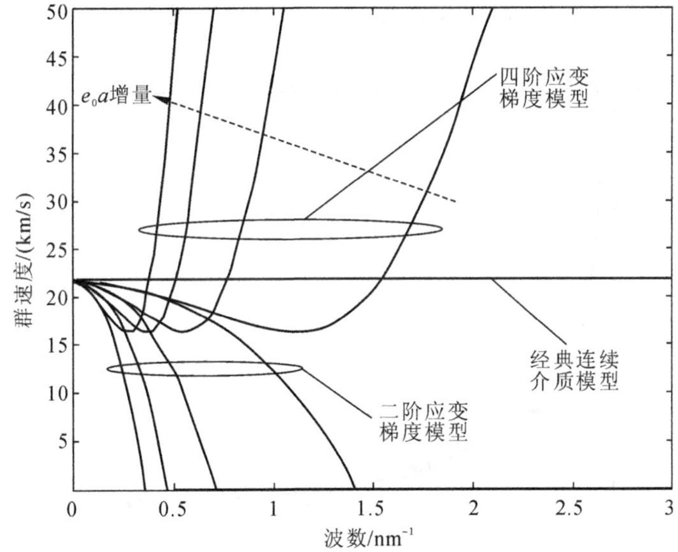

图 11.21 群速度与波数关系

当波数大于$\frac{1}{\sqrt{e_0 a}}$时，角频率和相速度变为虚数，二阶 SGT 模型的不稳定性如图 11.18 所示。这意味着具有较大波数(或具有较小波长)的波不能通过该介质传播。而虚数的频率和速度意味着在介质中的任何地方都会发生瞬间响应，这不符合物理规律，因此这些较小的波长不应考虑。离散介质中小于颗粒尺寸两倍的波长无法监测，因此会自动过滤较短波长的波。然而在连续介质中，原则上所有波长均可存在。特别是当研究冲击波时，所有波长的波都会被载荷触发。这些高频波的虚角频率(或相速度)阻碍了用该模型进行正确的波传播模拟。波数的截止值出现在 $k=\frac{1}{\sqrt{e_0 a}}$(图 11.18)。在四阶 SGT 模型的响应中，这些高频波的影响是次要的。总之，二阶 FGT 和四阶 SGT 模型中的波行为截然不同，且可以清楚地观测到二阶模型的不稳定性。

$e_0 a$ 对纳米杆中波行为的影响如图 11.19 至图 11.21 所示。图 11.19 显示了 $e_0 a$ 对不同模型的纳米杆中波数频散的影响。随着 $e_0 a$ 的增加，两个应变梯度模型中的波数将随着波频的增加而减小。如图 11.20 和 11.21 所示，相应的波速将降低(随着 $e_0 a$ 的增加)。二阶应变梯度模型中的相速度在特定波频下(即在临界波数下)为零，并且该临界波数也随着 $e_0 a$ 的增加而减小(图 11.20)。群速度变化也观察到类似的现象，如图 11.21 所示。

如图 11.18 所示，对于二阶应变梯度模型的例子，在零波数和 2.02 nm^{-1} 的条件下，波频为零。波频为零的波数称为临界波数 k_{cr}[见方程(11.61)]。该临界波数仅是非局部尺度参数($e_0 a$)的函数。随着 $e_0 a$ 的增加，临界波数减小，如图 11.22 所示。研究发现，对于二阶应变梯度模型，波数高于 k_{cr}，波不能通过该介质传播。

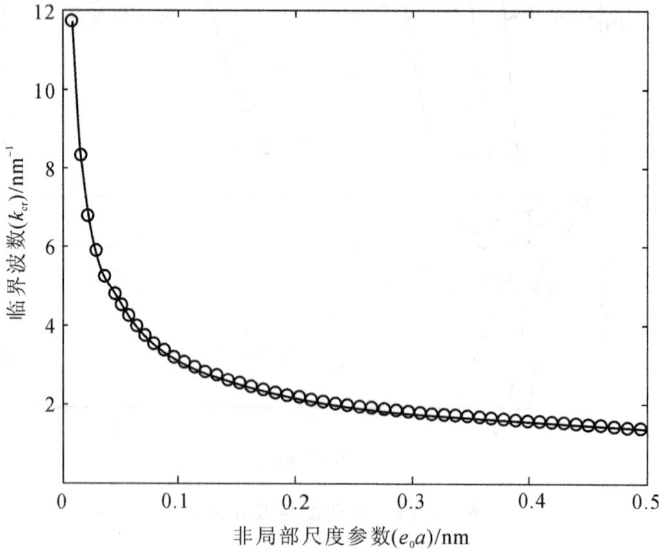

图 11.22　临界波数与非局部尺度参数

总之，可以使用 Eringen 应力梯度以及应变梯度模型的两种不同理论来分析具有长度尺度本构定律纳米杆的波频散行为。后一种方法提供了控制场方程和边界条件的变量集。可以发现，引入小尺度效应会显著影响纳米杆中的波频散行为。即使在具有小的非局部特征长度尺度的材料中，应变梯度弹性也是非常有用的。关于这些概念的更多细节可以在文献[261]中找到。值得注意的是文献[261]中 MD 模拟的巨大计算成本，像本章中介绍的方法是一种合适的替代方法，尤其是对于 CNT 等纳米结构。与 MD 计算相比，本模型的计算成本可以忽略不计，并且可以作为许多纳米结构的有效建模工具。

11.6　使用 ESGT 模型的高阶纳米杆中的波传播

在本节中，利用 Eringen 应力梯度理论对高阶纳米杆进行建模，该理论包括泊松比效应引起的横向惯性，以及轴向运动。第 6 章和第 7 章中，在金属杆和复合梁中的波传播中已经考虑了这种杆。图 11.23 展示了纳米杆，该纳米杆具有轴向坐标 x、横向坐标 y、轴向位移 $u=u(x,t)$、杨氏模量 E、密度 ρ、泊松比 ν 和横截面面积 A。该纳米杆的位移场（X 方向）、应变、应变速率和与 X 方向上的位移场相关的粒子速度由下式给出

$$u=u(x,t),\quad \varepsilon_{xx}=\frac{\partial u}{\partial x} \tag{11.66}$$

$$\dot{\varepsilon}_{xx}=\frac{\partial \varepsilon_{xx}}{\partial t}=\frac{\partial^2 u}{\partial x\partial t},\quad V=\dot{u}=\frac{\partial u}{\partial t} \tag{11.67}$$

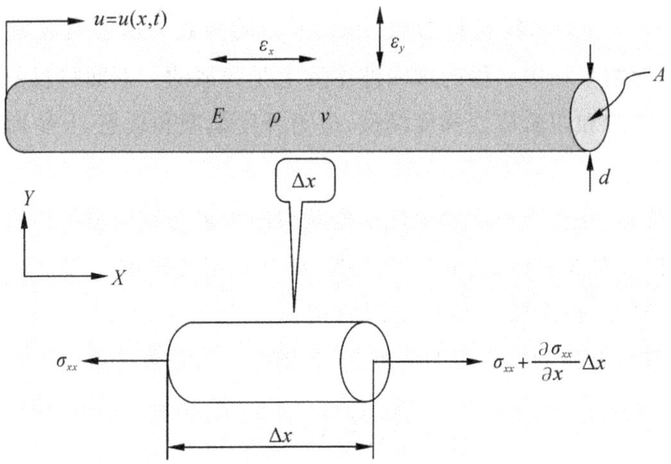

图 11.23　纳米杆中的波传播

泊松比 ν 使 Y 和 Z 方向上存在位移场 v 和 w，这与第 6 章相同[见方程(6.116)]。假设应变为二维状态，并且使用非局部本构模型，按照与第 6 章中相同的步骤，我们可以得到如下的控制方程

$$E\frac{\partial^2 u}{\partial x^2}=\rho\frac{\partial^2 u}{\partial t^2}-\rho\nu^2\zeta^2\frac{\partial^4 u}{\partial x^2\partial t^2}-\alpha^2\rho\frac{\partial^4 u}{\partial x^2\partial t^2}+\alpha^2\rho\nu^2\zeta^2\frac{\partial^6 u}{\partial x^4\partial t^2} \tag{11.68}$$

公式(11.68)是非局部杆模型的运动控制方程，考虑了横向惯性、泊松比的影响。注意两个关于轴向变形和横向收缩的耦合方程，可以解耦写成一个仅有轴向变形的单独方程。当 $\alpha=e_0a=0$ 和 $\nu=0$ 时，它被简化为局部或经典杆模型方程。

与前面一样，为了分析高阶纳米杆中的波频散，我们同样将控制方程转换到频域，如下所示

$$u(x,t)=\sum_{p=0}^{P-1}\sum_{q=0}^{Q-1}\hat{u}(x,\omega_q)\,e^{-j(k_p x-\omega_q t)} \tag{11.69}$$

其中 P 和 Q 分别是时间采样点和空间采样点的数量，$i=\sqrt{-1}$。ω_q 是在第 q 个采样点处的角频率，k_p 在第 p 个采样点处轴向波数。将方程(11.69)代入控制偏微分方程(11.68)中，得到了特征方程(频散关系)

$$-k^2+\eta^2\alpha^2\omega^2k^2+\eta^2\omega^2+\eta^2\nu^2\zeta^2\alpha^2\omega^2k^4+\eta^2\nu^2\zeta^2\omega^2k^2=0 \tag{11.70}$$

其中 $\eta=\sqrt{\dfrac{\rho}{E}}$。波数或波频频散关系的解为

$$k_{1,2,3,4}=\pm\sqrt{\frac{-T_2\pm\sqrt{T_2-4\,T_4T_0}}{2T_4}} \tag{11.71}$$

式中，$T_4=\eta^2\nu^2\zeta^2\alpha^2\omega^2$，$T_2=\eta^2\alpha^2\omega^2+\eta^2\nu^2\zeta^2\omega^2-1$，$T_0=\eta^2\omega^2$。波频是波数 k、非局部尺度参数 $\alpha=e_0a$ 和纳米杆材料参数(E、ν 和 ρ)的函数。这表明波数和波频之间存在非线性关系，即纳米杆中获得的轴向波本质上是频散的。下面将目前的结果与经典连续介质模型、二阶和四阶应变梯度模型、应力梯度模型和玻恩-卡曼理论模型的结果进行比较。

通过数值计算，并将当前横向惯性模型获得的结果与其他模型进行比较。横向惯性模型中横向惯性对波参数(波数和群速度)具有一定的影响。假设纳米杆为单壁碳纳米管。半径、厚度、杨氏模量和密度值分别假设为 3.5 nm、0.35 nm、1.03 TPa 和 2300 kg/m^3。基于晶格动力学模型的玻恩-卡曼理论的频散关系由下式给出

$$\omega=\frac{2}{a}\sqrt{\frac{E}{\rho}}\sin\left(\frac{k\times a}{2}\right) \tag{11.72}$$

图 11.24 给出了纳米杆的轴向波数随波频率的变化，但只绘制了轴向或纵向模式。对于局部或经典模型，轴向模式的波数随频率呈线性变化，频率在太赫兹范围内。波数的线性变化表示波为非频散传播，即波在传播时不会改变其形状。另一方面，从应变梯度/非局部应力梯度模型中获得的波数随着频率呈非线性变化，这表明波在本质上是频散的。然而，该波模式的波数具有从零频率开始的实部，这意味着该模式在

任何激励频率下将开始传播，并且没有截止频率。

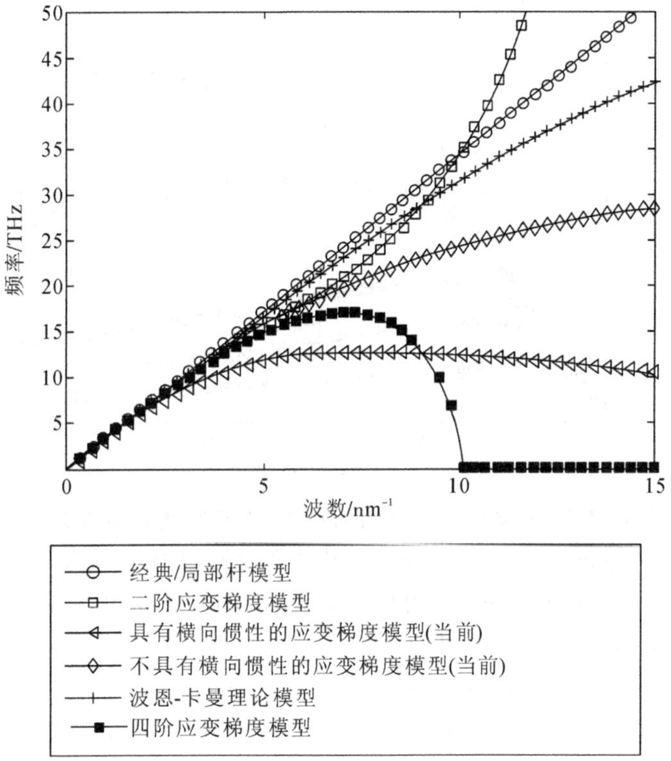

图 11.24　根据文献中经典/局部和非局部理论获得的纳米杆中波数频散、波频与当前结果的比较，显示出横向惯性效应

从二阶和四阶应变梯度模型中获得的纳米杆的频谱曲线也如图 11.24 所示。正如在上一节中所讨论的，两种应变梯度模型都表现出波的频散性质。并且可以看出，与经典连续介质模型相比，四阶应变梯度模型比二阶应变梯度模型提供了更好的近似值(参考文献[94]中也有这样的观察结果)。此外，将结果与玻恩-卡曼理论模型以及非局部应力梯度模型进行比较，可以得出结论，通过考虑横向惯性梯度可以克服二阶应变梯度模型的不稳定性。

尺度参数对纳米杆中波频散关系的影响如图 11.25 所示，随着非局部尺度参数($\alpha=e_0a$)的增加，波频将随着波数的增加而降低。假设 α 值为 0.0～1.0 nm，如图 11.25所示，随着 α 增大，波数值越高，波频就越小。可以看出，在处理包括横向惯性效应的非局部弹性理论时，不应忽视尺度参数。因此，在处理纳米结构的动力学时，尺度参数起着重要作用。

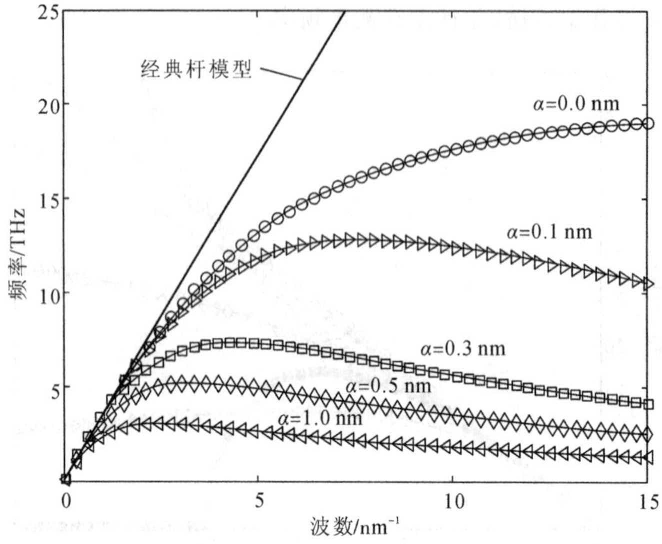

图 11.25 不同非局部尺度参数(α)下,纳米杆中的波数频散(包括横向惯性效应)与波频图

因此,对于局部和非局部模型,纳米杆中的波频散特性有很大不同。本小节讨论了两个应变梯度模型和 Eringen 应力梯度模型。并且讨论得出,局部模型预测波将在所有频率下传播,但非局部模型(ESGT)显示,波将在依赖于非局部尺度参数的特定频率下传播。在所讨论的两个应变梯度模型中,二阶理论被证明是不稳定和不唯一的。研究还表明,通过考虑公式中的惯性梯度项,可以取代不稳定的二阶应变梯度模型。

11.7 采用 ESGT 公式的纳米梁中的波传播

第 6 章和第 7 章中通过对金属梁和复合梁进行建模,研究了传统经典梁(欧拉-伯努利梁)和高阶梁(铁木辛柯梁)中的波传播。在本章中,再次利用这两个理论以及 Eringen 的非局部应力梯度理论来对纳米梁进行建模。

11.7.1 基于 ESGT 模型的欧拉-伯努利纳米梁中的横波传播

基于经典欧拉-伯努利梁理论,其轴向和横向位移场可以表示为[127]

$$u(x,z,t)=u^0-z\frac{\partial w}{\partial x},\quad w(x,z,t)=w(x,t) \tag{11.73}$$

其中 w 是梁中平面(即 $z=0$)上点$(x,0)$的横向位移。欧拉-伯努利梁理论中唯一的非零应变是轴向应变

$$\varepsilon_{xx}=\frac{\partial u}{\partial x}=\frac{\partial u^0}{\partial x}-z\frac{\partial^2 w}{\partial x^2} \tag{11.74}$$

关于合力的欧拉-伯努利梁理论运动方程为

$$\frac{\partial Q}{\partial x}=\rho A\frac{\partial^2 u^0}{\partial t^2},\quad \frac{\partial^2 M}{\partial x^2}=\rho A\frac{\partial^2 w}{\partial t^2} \tag{11.75}$$

$$Q=\int_A \sigma_{xx}\,\mathrm{d}A,\quad M=\int_A z\,\sigma_{xx}\,\mathrm{d}A \tag{11.76}$$

σ_{xx} 是 yz 截面上 x 方向的轴向应力，Q 是轴向力，M 是弯矩。

使用 ESGT 本构关系，可以用应变来表示欧拉-伯努利梁理论的合力。与局部理论中合应力和应变之间的线性代数方程相反，非局部本构关系导致了合力与应变之间的微分关系。接下来，我们假设纳米梁是均匀且各向同性的。对于一维梁，非局部本构关系采用以下特殊形式：

$$\sigma_{xx}-(e_0 a)^2\frac{\partial^2 \sigma_{xx}}{\partial x^2}=E\varepsilon_{xx} \tag{11.77}$$

其中 E 是梁的杨氏模量。利用方程(11.76)和(11.77)，我们得到

$$Q-(e_0 a)^2\frac{\partial^2 Q_{xx}}{\partial x^2}=EA\frac{\partial u^0}{\partial x},\quad M-(e_0 a)^2\frac{\partial^2 M_{xx}}{\partial x^2}=EI\kappa_e \tag{11.78}$$

其中 $I=\int_A Z^2\,\mathrm{d}A$ 是梁横截面的惯性矩，$\kappa_e=-\frac{\partial^2 \omega}{\partial x^2}$是梁的弯曲应变。

利用非局部本构关系和上述运动方程，力矩可以用广义位移表示。将式(11.78)代入式(11.75)中，得到

$$M=-EI\frac{\partial^2 w}{\partial x^2}+(e_0 a)^2\rho A\frac{\partial^2 w}{\partial t^2} \tag{11.79}$$

将式(11.79)中的 M 代入(11.75)中，我们得到非局部欧拉梁的运动方程为

$$EI\frac{\partial^4 w}{\partial x^4}+\rho A\frac{\partial^2 w}{\partial t^2}-\rho A\,(e_0 a)^2\frac{\partial^4 w}{\partial x^2\partial t^2}=0 \tag{11.80}$$

其中 $w=w(x,t)$是弯曲挠度，ρ 是质量密度，A 是横截面面积，EI 是梁结构的弯曲刚度，$e_0 a$ 是非局部尺度参数。如果非局部尺度参数 $e_0 a$ 为零，则恢复为局部欧拉-伯努利梁模型。

接下来，将计算描述纳米梁波特性的参数，即波数和波速。按照通常的流程，首先将变量转换到频域，在本例中，将横向变形转换为

$$w(x,t)=\sum_{n=1}^{N}\hat{W}(x,\omega_n)\,\mathrm{e}^{\mathrm{i}\omega_n t} \tag{11.81}$$

其中 ω_n是第 n 个频率，N 是奈奎斯特频率。采样率和采样点数($2N$)应该足够大，以便在高频和低频下都具有相对良好的响应分辨率。将式(11.81)代入式(11.80)中得到

$$EI\frac{\mathrm{d}^4\hat{W}}{\mathrm{d}x^4}-\rho A\,\omega^2\left[\hat{W}-(e_0 a)^2\frac{\mathrm{d}^2\hat{W}}{\mathrm{d}x^2}\right]=0 \tag{11.82}$$

其中，$\hat{W}$ 是波动的振幅，k 是波数，ω 是波动的频率。对 ODE 完全积分得到[127]

$$\hat{W}(x)=\widetilde{W}e^{-ik_n x} \tag{11.83}$$

将式(11.83)代入式(11.82)中，有

$$[EIk_n^4-\rho A\omega^2(e_0a)^2k_n^2-\rho A\omega^2]\widetilde{W}=0 \tag{11.84}$$

对于振幅 $\widetilde{W}$ 的非零解，有

$$EIk^4-\rho A\omega^2(e_0a)^2k^2-\rho A\omega^2=0 \tag{11.85}$$

这被称为非局部欧拉-伯努利梁的频散或特征方程。波数是通过求解特征方程(11.85)而得到

$$k_{1,2,3,4}=\pm\sqrt{\frac{\rho A\omega^2(e_0a)^2\pm\sqrt{\rho A\omega^2[4EI+\rho A\omega^2(e_0a)^4]}}{2EI}} \tag{11.86}$$

这些波数是梁的非局部尺度参数、波频和其他材料参数的函数。在这四个波数中，有两个是纯实数，另外两个则是纯虚数。等式(11.86)中很明显不存在有截止频率(超过该截止频率，空间阻尼模式变为传播模式)的可能性。

如前所定义的相速度 $C_p=\mathrm{Re}(\frac{\omega_n}{k_n})$，对于不同的 ω_n，C_p 是不同的。然而局部弹性纳米杆模型的情况并非如此。可以再次使用 $C_g=\mathrm{Re}(\frac{\partial\omega_n}{\partial k_n})$ 来计算群速度。可以推导出非局部梁中波的群速度为

$$C_{g\alpha}=\frac{2EIk_\alpha^3+\rho A\omega^2(e_0a)^2k_\alpha}{\rho A\omega[1+(e_0a)^2k_\alpha^2]} \tag{11.87}$$

其中 $\alpha=1,2,3,4$，对应于四种波模式。根据这个公式，可以绘制出频散关系并对其中波的传播进行完整描述。这两种速度也是非局部尺度参数和波角频率的函数。

接下来，将讨论 ESGT 欧拉-伯努利梁模型中的波频散特性。图 11.26(a)和 11.26(b)显示了局部和非局部连续介质模型的频谱曲线(波数与频率的关系)和频散曲线(群速度与频率的关系)。

从公式(11.86)中可以清楚地看出该模型没有截止频率。在局部弹性解($e_0a=0$)中，弯曲波模式的波数随着频率非线性变化，该频率在太赫兹范围内。波数的非线性变化表示波将频散传播。然而，这种弯曲波模式的波数具有从零频率开始的实质实部，这意味着该模式可以在任何激励频率下开始传播且不具有截止频率。在非局部弹性解($e_0a=0.5$)中，波数的表现与局部弹性的几乎相同，然而两种方案的斜率不同，表明群速度不同。与局部弹性相比，非局部弹性计算获得的波数更高。随着非局部尺度系数的增加，波数也会增加。在低频率下(即低于 1 THz 时)，波数随频率的增加速率非常小。如图 11.26(a)所示，与较低频率下的波数相比，在较高频率下波数的增加速率更快。

局部和非局部欧拉-伯努利梁理论的群速度变化如图 11.26(b)所示。波数的斜率变化表现为群速度的变化。关键的区别在于,非局部模型计算的群速度比局部模型计算的小,且在高的频率下会达到恒定值。

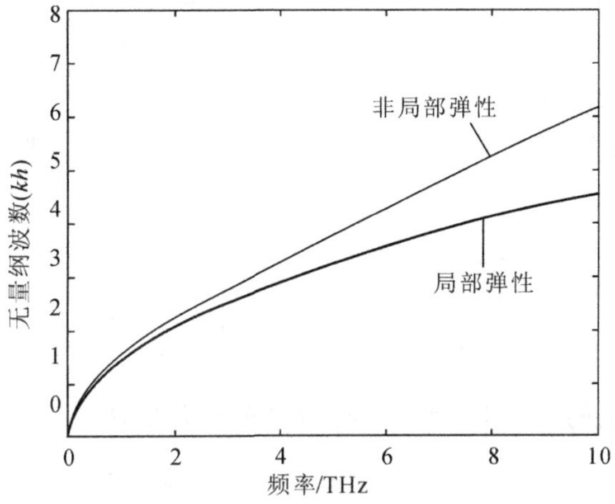

(a)

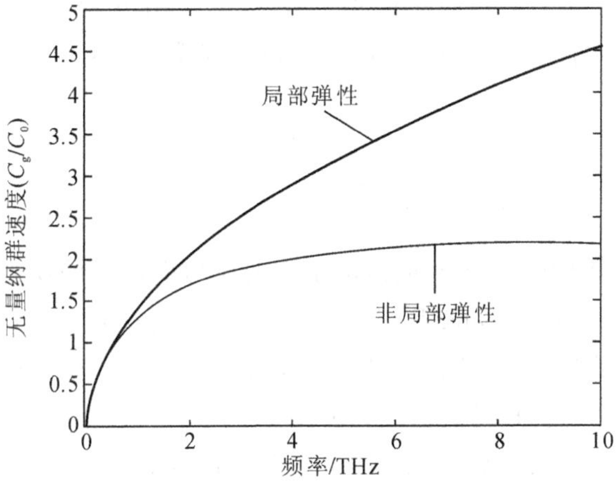

(b)

图 11.26　根据局部和非局部欧拉-伯努利梁理论获得的非局部梁的频谱曲线及频散曲线

(a)频谱曲线(波数-频散);(b)频散曲线(群速度-频散)

11.7.2　基于 ESGT 模型的铁木辛柯(Timoshenko)纳米梁中的横波传播

接下来,本小节介绍了 ESGT 铁木辛柯纳米梁模型中的波特性。如前所述,这些模型也称为 FSDT 模型。

这些模型也可以用于对纳米薄膜或 SWCNT 进行建模。对于 ESGT 铁木辛柯梁理论,非局部胡克定律可以表示为以下偏微分形式

$$\sigma_{xx}-(e_0a)^2\frac{\partial^2\sigma_{xx}}{\partial x^2}=E\varepsilon_{xx},\quad \tau_{xz}-(e_0a)^2\frac{\partial^2\tau_{xz}}{\partial x^2}=G\gamma_{xz} \tag{11.88}$$

其中 σ_{xx} 是轴向应力，τ_{xz} 是剪切应力，ε_{xx} 是轴向应变，γ_{xz} 是剪切应变，E 是杨氏模量，G 是剪切模量。根据铁木辛柯梁理论，任何一点的位移场都可以写成

$$U_1(x,z,t)=u^0(x,t)-z\theta(x,t),\quad U_2(x,z,t)=0,\quad U_3(x,t)=w(x,t) \tag{11.89}$$

其中 x 是轴坐标，z 是从纳米梁的中平面测量的坐标，$\theta(x,t)$ 是横截面的转角。$u^0(x,t)$ 和 $w(x,t)$ 分别是纳米梁中面（即 $z=0$）上点 $(x,0)$ 的轴向位移和横向位移。非零应变表示为

$$\varepsilon_{xx}=\frac{\partial U_1}{\partial x}=\frac{\partial u^0}{\partial x}-z\frac{\partial\theta}{\partial x},\quad \varepsilon_{yy}=\frac{\partial U_2}{\partial y}=0 \tag{11.90}$$

$$\gamma_{xz}=\frac{\partial U_1}{\partial z}+\frac{\partial U_3}{\partial x}=\frac{\partial w}{\partial x}-\theta \tag{11.91}$$

为了建立纳米梁的动力学方程，弯矩 M 和剪切力 Q 被表示为

$$M=\int_A z\,\sigma_{xx}\,\mathrm{d}A,\quad Q=\int_A \tau_{xz}\,\mathrm{d}A \tag{11.92}$$

其中 σ_{xx} 是法向应力，τ_{xz} 是横向剪切应力。使用方程(11.88)和(11.90)至(11.92)，用 A_c 表示纳米梁的横截面面积，可以得到铁木辛柯梁的非局部本构关系

$$M-(e_0a)^2\frac{\partial^2 M}{\partial x^2}=EI_c\frac{\partial\theta}{\partial x} \tag{11.93}$$

$$Q-(e_0a)^2\frac{\partial^2 Q}{\partial x^2}=GA_c\kappa\left(\frac{\partial w}{\partial x}-\theta\right) \tag{11.94}$$

其中 κ 是剪切校正因子，用于抵消由于常剪应力而产生的误差，该值随横截面的变化而变化[137]。Reddy 和 Pang 利用 $\kappa=0.877$ 来分析纳米梁[300]。I_c 表示横截面的惯性矩。需要注意的是，当特征长度设置为零时，公式(11.93)和(11.94)中的弯矩和剪力化简为局部铁木辛柯模型的弯矩和剪力。

考虑一个长度为 $\mathrm{d}x$ 的微梁，该梁微元在非局部弯矩和剪力作用下的动力学方程如下

$$\frac{\partial Q}{\partial x}\mathrm{d}x-\rho_cA_c\frac{\partial^2 w}{\partial t^2}\mathrm{d}x=0 \tag{11.95}$$

$$\frac{\partial M}{\partial x}\mathrm{d}x-Q\mathrm{d}x-\rho_cI_c\frac{\partial^2\theta}{\partial t^2}\mathrm{d}x=0 \tag{11.96}$$

式中，ρ_c 是纳米梁的密度。铁木辛柯梁理论中的弯矩 M 和剪切力 Q 与弯曲位移 w 和 θ 有关[根据方程(11.93)至(11.96)]，可以写成

$$M=EI_c\frac{\partial\theta}{\partial x}+\rho_cA_c(e_0a)^2\frac{\partial^2 w}{\partial t^2}+\rho_cI_c(e_0a)^2\frac{\partial^3 w}{\partial x\partial t^2} \tag{11.97}$$

$$Q=GA_c\kappa\left(\frac{\partial w}{\partial x}-\theta\right)+\rho_cA_c(e_0a)^2\frac{\partial^3 w}{\partial x\partial t^2} \tag{11.98}$$

将等式(11.97)和(11.98)代入方程(11.95)和(11.96)中,得出了以下纳米梁的非局部运动控制方程

$$GA_c\kappa\left(\frac{\partial\theta}{\partial x}-\frac{\partial^2 w}{\partial x^2}\right)+\rho_c A_c\frac{\partial^2 w}{\partial t^2}-\rho_c A_c(e_0 a)^2\frac{\partial^4 w}{\partial x^2\partial t^2}=0 \tag{11.99}$$

$$EI_c\frac{\partial^2\theta}{\partial x^2}+GA_c\kappa\left(\frac{\partial w}{\partial x}-\theta\right)-\rho_c I_c\left[\frac{\partial^2\theta}{\partial t^2}-(e_0 a)^2\frac{\partial^4\theta}{\partial x^2\partial t^2}\right]=0 \tag{11.100}$$

其中,$G=\dfrac{E}{2(1+\nu)}$是梁的剪切模量,ν 是泊松比,κ 是剪切校正因子,这些参数均随梁的横截面特征参数而变化[137],I_c 是梁横截面的惯性矩,A_c 是横截面面积,ρ_c 是梁的质量密度。为确定该模型的波动特性,对其进行频谱分析。与纳米杆一样,首先通过 DFT 将控制偏微分方程(11.99)和(11.100)转换为一组常微分方程,如下式所示

$$w(x,t)=\sum_{n=1}^{N}\hat{W}(x,\omega_n)\,\mathrm{e}^{\mathrm{i}\omega_n t},\quad \theta(x,t)=\sum_{n=1}^{N}\hat{\Theta}(x,\omega_n)\,\mathrm{e}^{\mathrm{i}\omega_n t} \tag{11.101}$$

将方程解(11.101)代入方程(11.100)和(11.99)中,得出以下方程(注意:从这之后去掉了下标 n)。

$$GA_c\kappa\left(\frac{\mathrm{d}\hat{\Theta}}{\mathrm{d}x}-\frac{\mathrm{d}^2\hat{W}}{\mathrm{d}x^2}\right)-\rho_c A_c\omega^2\left[\hat{W}-(e_0 a)^2\frac{\mathrm{d}^2\hat{W}}{d x^2}\right]=0 \tag{11.102}$$

$$EI_c\frac{\mathrm{d}^2\Theta}{\mathrm{d}x^2}+GA_c\kappa\left(\frac{\mathrm{d}\hat{W}}{\mathrm{d}x}-\hat{\Theta}\right)+\rho_c I_c\omega^2\left[\hat{\Theta}-(e_0 a)^2\frac{\mathrm{d}^2\hat{\Theta}}{\mathrm{d}x^2}\right]=0. \tag{11.103}$$

常微分方程组的完整解如下

$$\hat{W}(x)=\tilde{W}\mathrm{e}^{-\mathrm{i}kx},\quad \hat{\Theta}(x)=\tilde{\Theta}\mathrm{e}^{-\mathrm{i}kx} \tag{11.104}$$

其中 $\tilde{W}$ 是梁的挠曲幅值,$\tilde{\Theta}$ 是仅由弯曲变形引起的梁斜率的幅值。将方程(11.104)解代入方程(13.132)和(13.133)中,得到关于 $\hat{W}$ 和 $\hat{\Theta}$ 的两个代数方程,并将它们以矩阵形式重写为

$$\begin{bmatrix} a & b \\ c & d \end{bmatrix}\begin{Bmatrix}\tilde{W}\\ \tilde{\Theta}\end{Bmatrix}=\begin{Bmatrix}0\\0\end{Bmatrix} \tag{11.105}$$

式中,$a=GA_c\kappa k^2-\rho_c A_c\omega^2[1+(e_0 a)^2k^2]$,$b=\mathrm{i}GA_c\kappa k$,$c=-\mathrm{i}GA_c\kappa k-\mathrm{i}(e_0 a)^2k^3$,$d=\rho_c I_c\omega^2[1+(e_0 a)^2k^2]-\mathrm{i}GA_c\kappa-EI_ck^2$。假设振幅 $\tilde{W}$ 和 $\tilde{\Theta}$ 有非零解,上述方程可以改写为

$$\boldsymbol{S}_2k^2+\boldsymbol{S}_1k+\boldsymbol{S}_0=0 \tag{11.106}$$

其中

$$\left.\begin{aligned}
\boldsymbol{S}_2&=\begin{bmatrix}-GA_c\kappa-\rho_c A_c(e_0 a)^2\omega^2 & 0\\ 0 & -EI_c+\rho_c I_c(e_0 a)^2\omega^2\end{bmatrix}\\
\boldsymbol{S}_1&=\begin{bmatrix}0 & \mathrm{i}GA_c\kappa\\ -\mathrm{i}GA_c\kappa & 0\end{bmatrix},\quad \boldsymbol{S}_0=\begin{bmatrix}-\rho_c A_c\omega^2 & 0\\ 0 & -GA_c\kappa+\rho_c I_c\omega^2\end{bmatrix}
\end{aligned}\right\} \tag{11.107}$$

利用 PEP 方法求解方程(11.106)得到波数以及由此产生的群速度[127],令上述矩阵的行列式等于零进行求解($\widetilde{W}$ 和 $\widetilde{\Theta}$ 的非零解),得到 4 阶波数 k 的特征多项式,但求解这个方程非常困难。PEP 将特征多项式方程转换为大小为 2×2 的矩阵,其特征值形成方程的解。在获得波数和群速度后。这种形式适用于通过 PEP 求解波数。根据等式(11.106),我们可以清楚地看到非局部尺度参数 e_0a 对波数的依赖性。

观察式(11.107)中的矩阵 $\boldsymbol{S}_0$,可以清楚地看到截止频率的存在。这些非局部梁的截止频率是在频散关系中令 $k=0$ 获得的[方程(11.106)],即对于当前 PEP 情况,可以设置 $|\boldsymbol{S}_0|=0$,则截止频率为

$$\omega_{\mathrm{c}}^{\text{flexural}}=0,\quad \omega_{\mathrm{c}}^{\text{shear}}=\sqrt{\frac{GA_c\kappa}{\rho_c I_c}} \tag{11.108}$$

在 11.4 节纳米杆的研究中了解到上述情况,非局部性将被引入到在特定频率下的群速度图中,超过该带隙群速度变为零,称该频率为逃逸频率。换句话说,在逃逸频率下,波数趋于无穷大。逃逸速度值可以通过波数表达式[方程(11.106)]和设置 $k\to\infty$ 来解析确定。这相当于设 $|\boldsymbol{S}_2|=0$,则有

$$\omega_{\mathrm{e}}^{\text{flexural}}=\frac{1}{(e_0a)}\sqrt{\frac{GA_c\kappa}{\rho_c A_c}},\quad \omega_{\mathrm{e}}^{\text{shear}}=\frac{1}{(e_0a)}\sqrt{\frac{EI_c}{\rho_c I_c}} \tag{11.109}$$

其中,$\omega_{\mathrm{e}}^{\text{flexural}}$ 和 $\omega_{\mathrm{e}}^{\text{shear}}$ 分别是弯曲和剪切模式下的逃逸频率。

接下来将推导波速的表达式。将方程(11.106)对于波频率(w)进行求导,可以获得如下的群速度

$$2\rho_c\omega[1+(e_0a)^2k^2]\boldsymbol{H}C_g+(2k\boldsymbol{S}_2+\boldsymbol{S}_1)=0,\quad \boldsymbol{H}=\begin{bmatrix}-A_c & 0\\ 0 & I_c\end{bmatrix} \tag{11.110}$$

其中 $C_g=(\partial\omega/\partial \mathrm{k})$是梁中波的群速度,矩阵 $\boldsymbol{S}_1$ 和 $\boldsymbol{S}_2$ 在公式(11.107)中给出。这变成了关于 c_g 的多项式特征值问题,并且可以针对多个模式(即弯曲和剪切)进行求解,获得相应群速度,该速度仍是非局部尺度参数的函数。

从局部和非局部铁木辛柯梁理论获得的频谱和频散曲线如图 11.27(a)和 11.27(b)所示。图 11.27(a)表示局部(或经典)和 ESGT 理论得到波数随频率的变化关系。该图显示了两种模式,即弯曲模式和剪切模式。弯曲波的模式从零波频率开始,剪切波模态仅在剪切截止频率后开始传播,即波数的虚部变为实的频率之后传播,截止频率是根据式(11.108)计算得出的。对于面积为 1 nm×2 nm 梁的矩形薄膜,剪切截止频率为 3.25 THz。可以从方程(11.108)中观察到这些频率与非局部尺度参数无关,因此从局部和非局部理论中都获得了相同的频率[图 11.27(a)]。

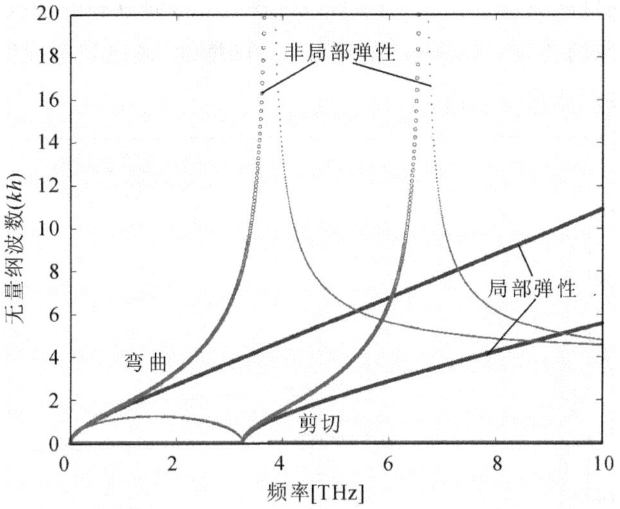

(a)

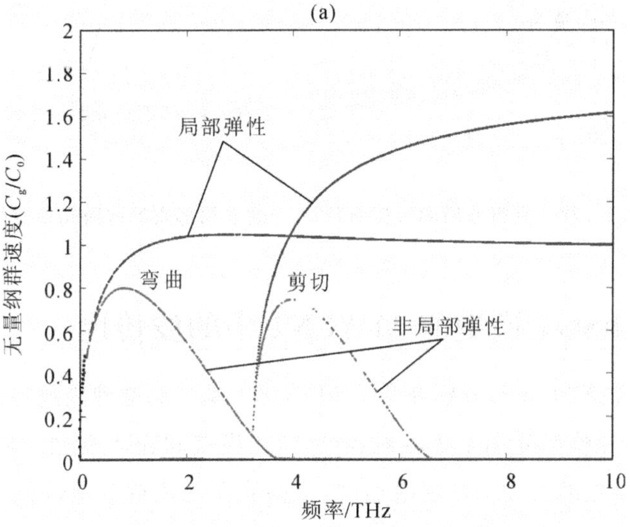

(b)

图 11.27　铁木辛柯梁的频谱频散曲线图

(a)频谱曲线(波数变化:实波数—粗线,虚波数—细线);(b)频散曲线(群速度变化)

如图 11.27(a)所示,$e_0a=0$ 时,即弹性解的非局域理论的情况,波数随频率的增加而单调增加,相应地,如图 11.27(b)所示,群速度随波频的增加也增加。然而,在更高的频率下,波数和群速度会达到恒定,这是铁木辛柯梁理论的经典解。随着非局部尺度效应的引入,波行为发生了巨大的变化。弯曲波和剪切波模式都在逃逸频率处逃逸到无穷大,并且在大于该频率时没有波的传播。对于两种波模式,逃逸频率随着尺度参数 e_0a 的增加而减小。等式(11.109)给出了非局部 FSDT 梁中的逃逸频率。对于两种波模式,可以清楚地发现逃逸频率与梁的长细比(梁的宽度与厚度的比)无关。

然而，群速度振幅可能会发生变化。图 11.28 展示了弯曲波和剪切波模式的逃逸频率随非局部尺度参数的变化。结果表明，随着 e_0a 的增加，逃逸频率降低。在较高的 e_0a 值时，逃逸频率接近非常小的值。

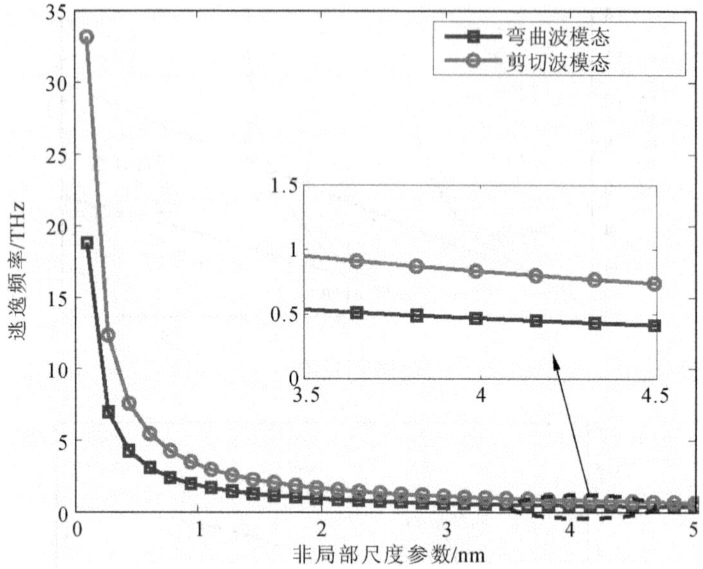

图 11.28 具有非局部尺度参数(e_0a)的非局部梁的逃逸频率变化

11.8 使用 ESGT 模型的 MWCNT 中的波传播

第 11.2 节和第 11.3 节分别介绍了 MWCNT 基于局部理论或弹性理论的两种波传播模型。这两种模型分别基于欧拉-伯努利梁模型和壳体模型。MWCNT 的局部模型表明，随着壁数的增加会产生附加波，这些波在上述章节中进行了广泛讨论。在本节中，将使用 Eringen 的 ESGT 理论对 MWCNT 进行建模，然后进行频谱分析，以了解波传播的物理特性。

一些研究人员已经使用非局部弹性 ESGT 模型来研究 SWCNT 中的振动和波传播，而对 MWCNT 的研究则极为匮乏。其中一些研究表明，高频下的 ESGT 模型与分子动力学模型同样有效。使用前几节中介绍的局部连续介质模型对 MWCNT 进行的波传播研究表明，SWCNT 中的波行为与 MWCNT 的行为截然不同。因此，本节的主要目的是揭示非局部尺度参数对 MWCNT 中弯曲波传播的主要影响。

在本节中，使用非局部多重铁木辛柯梁模型来分析波在 MWCNT 中的传播。MWCNT 中的每层碳纳米管都被建模为一个铁木辛柯梁，范德华力相互作用被假设为一个分布式弹簧体系。下面将详细研究非局部尺度参数(e_0a)对 MWCNT 中波传播的影响，以及逃逸频率和截止频率随纳米管半径和 e_0a 的变化。在模拟中，让 $e_0a=$ 0.5 nm、1.0 nm 和 2.0 nm，其中 $a=0.142$ nm(C—C 键长)。

对同心纳米管之间的范德华力进行建模是本研究的关键部分。在 MATLAB 中生成的多壁碳纳米管(MWCNT)如图 11.29 所示，以分布弹簧的形式沿着每个相邻同心纳米管的圆周对这种力进行建模，其原理如图 11.30 所示。在第 11.2 节中使用了相同的概念来模拟这种相互作用。即，第$(n+1)$个管施加在第 n 个管上的每单位面积的相互作用压力为

$$p_{(n)(n+1)}=c_{(n)(n+1)}(w_{n+1}-w_n) \tag{11.111}$$

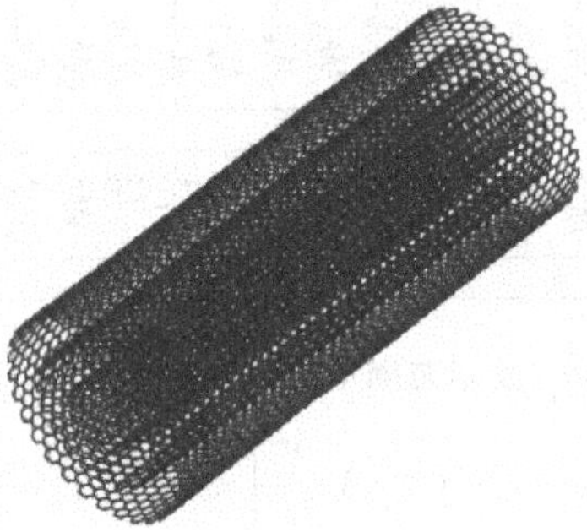

图 11.29　由 1660@3320@4980 个碳原子组成的 10.043 nm 长的(10,10)@(20,20)@(30,30)多壁碳纳米管(MWCNT)(在 MATLAB 中生成)

其中 w_n 是第 n 个管内横向挠度，第 11.3 节中给出的范德华相互作用系数 $c_{(n)(n+1)}$ 为

$$c_{(n)(n+1)}=\frac{320(2R_n)}{0.16d^2}\text{erg/cm}^2 \tag{11.112}$$

其中 $d=1.42$ A°[碳—碳键(C—C)的长度]，$n=1,2\cdots\cdots,N-1$，R_n是第 n 个管的中心线半径。

设 $p_{(n+1)(n)}$为第 n 根管引起的作用在第 $n+1$ 根管上的压力，可以把这个压力写成

$$p_{(n+1)(n)}=-\frac{R_n}{R_{n+1}}p_{(n)(n+1)},\quad n=1,2,\cdots,N-1 \tag{11.113}$$

其中 R_n是第 n 个管的半径。如第 11.2 节所述，在 MWCNT 的数学模型中，范德华力相互作用被建模为如图 11.30 所示的分布式弹簧。

接下来，将推导基于 ESGT 的 MWCNT 模型的控制方程。如前所述，我们将使用铁木辛柯理论和 ESGT 本构模型对 MWCNT 进行建模。基于纳米梁的 ESGT 非局部本构关系的铁木辛柯梁模型的基本方程如下所示(这些方程的推导见第 11.7.2 节，且相同的方程可用于建模 SWCNT。)

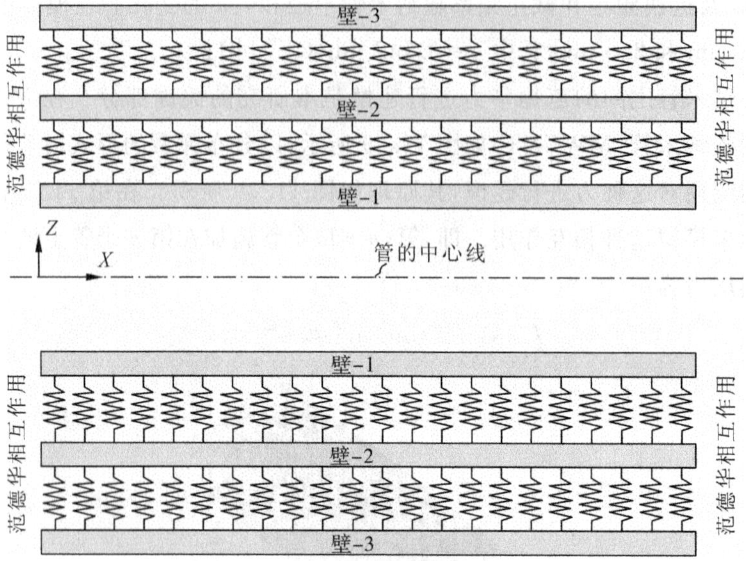

图 11.30 显示范德华相互作用的 MWCNT 模型

$$\left.\begin{aligned}GA\kappa\left(\frac{\partial^2 w}{\partial x^2}-\frac{\partial\theta}{\partial x}\right)+\rho A\frac{\partial^2}{\partial t^2}\left[w-(e_0a)^2\frac{\partial^2 w}{\partial x^2}\right]=0\\GA\kappa\left(\frac{\partial w}{\partial x}-\theta\right)+EI\frac{\partial^2\theta}{\partial x^2}-\rho I\frac{\partial^2}{\partial t^2}\left[\theta-(e_0a)^2\frac{\partial^2\theta}{\partial x^2}\right]=0\end{aligned}\right\}\tag{11.114}$$

其中，x 是从梁左端起的纵向坐标，w 是横向位移，θ 是在梁中心线上的总截面旋转量，A 是管的横截面面积，I 是管的惯性矩。假设所有管具有相同的杨氏模量 E、剪切模量 G 和泊松比 ν。κ 是剪切校正因子，用于考虑铁木辛柯梁理论中常切应力状态与实际剪切应力在横截面高度上抛物线变化引起的差异。如前所述，同心管之间的范德华力相互作用被建模为如图 11.30 所示分布式弹簧。随着式(11.111)至式(11.113)中范德华力压力 $p_{n(n+1)}(n=1,2,\cdots,N)$ 的引入，式(11.114)得到修正。需要注意的是范德华力相互作用弹簧将其自身及其近邻的位移耦合起来。式(11.114)可以扩展到 N 壁 MWCNT，如

$$\begin{aligned}&GA_1\kappa\left(\frac{\partial^2 w_1}{\partial x^2}-\frac{\partial\theta_1}{\partial x}\right)+\rho A_1\frac{\partial^2}{\partial t^2}\left[w_1-(e_0a)^2\frac{\partial^2 w_1}{\partial x^2}\right]+\\&\left[c_{12}(w_2-w_1)-(e_0a)^2\frac{\partial^2}{\partial x^2}c_{12}(w_2-w_1)\right]=0\end{aligned}\tag{11.115}$$

$$GA_1\kappa\left(\frac{\partial w_1}{\partial x}-\theta_1\right)+EI_1\frac{\partial^2\theta_1}{\partial x^2}-\rho I_1\frac{\partial^2}{\partial t^2}\left[\theta_1-(e_0a)^2\frac{\partial^2\theta_1}{\partial x^2}\right]=0\tag{11.116}$$

$$GA_2\kappa\left(\frac{\partial^2 w_2}{\partial x^2}-\frac{\partial\theta_2}{\partial x}\right)+\rho A_2\frac{\partial^2}{\partial t^2}\left[w_2-(e_0a)^2\frac{\partial^2 w_2}{\partial x^2}\right]+[c_{23}(w_3-w_2)-$$

$$c_{12}(w_2-w_1)]\times\left\{-(e_0a)^2\frac{\partial^2}{\partial x^2}[c_{23}(w_3-w_2)-c_{12}(w_2-w_1)]\right\}=0 \tag{11.117}$$

$$GA_2\kappa\left(\frac{\partial w_2}{\partial x}-\theta_2\right)+EI_2\frac{\partial^2\theta_2}{\partial x^2}-\rho I_2\frac{\partial^2}{\partial t^2}\left[\theta_2-(e_0a)^2\frac{\partial^2\theta_2}{\partial x^2}\right]=0 \tag{11.118}$$

$$\begin{aligned}&GA_N\kappa\left(\frac{\partial^2 w_N}{\partial x^2}-\frac{\partial\theta_N}{\partial x}\right)+\rho A_N\frac{\partial^2}{\partial t^2}\left[w_N-(e_0a)^2\frac{\partial^2 w_N}{\partial x^2}\right]-\\&[c_{(N-1)N}(w_N-w_{N-1})]\times\left[-(e_0a)^2\frac{\partial^2}{\partial x^2}c_{(N-1)N}(w_N-w_{N-1})\right]=0\end{aligned} \tag{11.119}$$

$$GA_N\kappa\left(\frac{\partial w_N}{\partial x}-\theta_N\right)+EI_N\frac{\partial^2\theta_N}{\partial x^2}-\rho I_N\frac{\partial^2}{\partial t^2}\left[\theta_N-(e_0a)^2\frac{\partial^2\theta_N}{\partial x^2}\right]=0 \tag{11.120}$$

值得指出的是，当范德华相互作用系数无限大时，任何相邻管壁之间的所有挠度差都应该无限小，以使在方程(11.115)至(11.120)中的相互作用项有界。这表明所有挠度相等且当 $n=1,2,\cdots,N$ 时，$w_n=w$。对于这种极端情况，MWCNT 的挠度可以用单个挠度曲线来描述，因此代替多梁模型，单梁模型可以用于 MWCNT。可以设置方程(11.115)至(11.120)中的 $e_0=0$，从而得到 MWCNT 的局部或经典铁木辛柯梁模型。

接下来，将进行频谱分析来确定波的参数，并讨论波在 MWCNT 中的传播。为了分析波在 MWCNT 中的频散特性，我们假设位移场 $w_n(x,t)$ 和 $\theta_n(x,t)$ $(n=1,2,\cdots,N)$ 的谐波波型，并且可以以复数形式表示为

$$w_n(x,t)=\sum_{n=1}^{N}\hat{w}_n(x,\omega)\,e^{-i(kx-\omega t)},\quad n=1,2,\cdots,N \tag{11.121}$$

$$\theta_n(x,t)=\sum_{n=1}^{N}\hat{\theta}_n(x,\omega)\,e^{-i(kx-\omega t)},\quad n=1,2,\cdots,N \tag{11.122}$$

其中，$\hat{w}_n(x,\omega)$，$\hat{\theta}_n(x,\omega)$ 分别是由 CNT 的弯曲变形引起梁的弯曲与斜率的频域幅值。k 是波数，ω 是波运动的角频率，$i=\sqrt{-1}$。

将方程(11.121)和(11.122)代入方程(11.115)至(11.120)中，产生了关于 $\hat{w}_n$ 和 $\hat{\theta}_n$ $(n=1,2,\cdots,N)$ 的 $2N$ 个齐次方程，表示为

$$\begin{bmatrix}Q_{11} & Q_{12} & \cdots & Q_{1N}\\ Q_{21} & Q_{22} & \cdots & Q_{2N}\\ Q_{31} & Q_{32} & \cdots & Q_{3N}\\ \vdots & \vdots & & \vdots\\ Q_{2N-2,1} & Q_{2N-2,2} & \cdots & Q_{2N-2,2N-2}\\ Q_{2N-1,1} & Q_{2N-1,2} & \cdots & Q_{2N-1,2N-1}\\ Q_{2N,1} & Q_{2N,2} & \cdots & Q_{2N,2N}\end{bmatrix}_{2N\times 2N}\times\begin{Bmatrix}\hat{w}_1\\ \hat{\theta}_1\\ \hat{w}_2\\ \vdots\\ \hat{\theta}_{N-1}\\ \hat{w}_N\\ \hat{\theta}_N\end{Bmatrix}_{2N\times 1}=\{\mathbf{0}\}_{2N\times 1} \tag{11.123}$$

其中对于单壁、双壁和三壁 CNT，$Q_{ab}(a=1,2,\cdots,2N;b=1,2\cdots,2N)$的详细表达式如下所示。

(a)对于单壁碳纳米管(在第 11.7.2 节中已进行了研究)：

$$Q_{11}=-GA_1\kappa k^2+\rho A_1\omega^2[1+(e_0a)^3k^2]$$

$$Q_{12}=-Q_{21}=\mathrm{i}GA_1\kappa$$

$$Q_{22}=-EI_1k^2+\rho I_1\omega^2[1+(e_0a)^3k^2]-GA_1\kappa$$

(b)对于双壁碳纳米管：

$$Q_{11}=-GA_1\kappa k^2-c_{12}[1+(e_0a)^2k^2]+\rho A_1\omega^2[1+(e_0a)^2k^2]$$

$$Q_{12}=-Q_{21}=\mathrm{i}GA_1\kappa k$$

$$Q_{13}=Q_{31}=c_{12}[1+(e_0a)^2k^2]$$

$$Q_{22}=-EI_1k^2+\rho I_1\omega^2[1+(e_0a)^2k^2]-GA_1\kappa$$

$$Q_{33}=-GA_2\kappa k^2-c_{12}[1+(e_0a)^2k^2]+\rho A_2\omega^2[1+(e_0a)^2k^2]$$

$$Q_{34}=-Q_{43}=\mathrm{i}GA_2\kappa k$$

$$Q_{44}=-EI_2k^2+\rho I_2\omega^2[1+(e_0a)^2k^2]-GA_2\kappa$$

$$Q_{14}=Q_{23}=Q_{24}=Q_{32}=Q_{41}=Q_{42}=0$$

(c)对于三壁碳纳米管：

$$Q_{11}=-GA_1\kappa k^2-c_{12}[1+(e_0a)^2k^2]+\rho A_1\omega^2[1+(e_0a)^2k^2]$$

$$Q_{12}=-Q_{21}=\mathrm{i}GA_1\kappa k$$

$$Q_{13}=Q_{31}=c_{12}[1+(e_0a)^2k^2]$$

$$Q_{22}=-EI_1k^2+\rho I_1\omega^2[1+(e_0a)^2k^2]-GA_1\kappa$$

$$Q_{33}=-GA_2\kappa k^2-c_{12}[1+(e_0a)^2k^2]+\rho A_2\omega^2[1+(e_0a)^2k^2]$$

$$Q_{34}=-Q_{43}=\mathrm{i}GA_2\kappa k$$

$$Q_{35}=Q_{53}=c_{23}[1+(e_0a)^2k^2]$$

$$Q_{44}=-EI_2k^2+\rho I_2\omega^2[1+(e_0a)^2k^2]-GA_2\kappa$$

$$Q_{55}=-GA_3\kappa k^2-c_{23}[1+(e_0a)^2k^2]+\rho A_3\omega^2[1+(e_0a)^2k^2]$$

$$Q_{56}=-Q_{65}=\mathrm{i}GA_3\kappa k$$

$$Q_{66}=-EI_3k^2+\rho I_3\omega^2[1+(e_0a)^2k^2]-GA_3\kappa$$

$$Q_{14}=Q_{15}=Q_{16}=Q_{23}=Q_{24}=Q_{25}=Q_{26}=Q_{32}=Q_{36}=Q_{41}=$$

$$Q_{42}=Q_{45}=Q_{46}=Q_{51}=Q_{52}=Q_{54}=Q_{61}=Q_{62}=Q_{63}=Q_{64}=0$$

由方程(11.123)通过使用多项式特征值问题(PEP)[127]求解得到波数与群速度。使矩阵$[Q_{ab}]$的行列式等于零($\hat{\omega}_n$ 和 $\hat{\theta}_n$ 的非零解)，将给出 $2N$ 阶波数 k 的特征多项式，其解相当困难。PEP 将特征多项式方程转换为 $2N\times 2N$ 的矩阵，其特征值形成方程的解。在获得波数之后，可求出群速度。使用 PEP 计算单壁、双壁和三壁碳纳米管波数的细节在本节后半部分展示。

在下一小节中，讨论了 SWCNT 和 DWCNT 中关于尺度参数 e_0 的弹性波传播。表 11.1 给出了分析中使用的 MWCNT 的性能参数。

表 11.1　MWCNT 的性能参数

参数	值
杨氏模量(E)	1.03 TPa
密度(ρ)	2700 kg/m^3
内径(R_{in})	3.5 nm
厚度(t)	0.35 nm
泊松比(ν)	0.25
剪切修正系数(κ)	0.8
剪切模量(G)	0.4 TPa

11.8.1　SWCNT 中的波频散

在 11.7.2. 节中，在一维矩形截面纳米梁的背景下研究了铁木辛柯梁理论。通过将其所有表达式中的横截面面积和惯性矩替换为 SWCNT 的中空圆形面积和惯性矩，显示出了其适用性。在本小节中，将从 MWCNT 方程(11.115)至(11.120)中推导出 SWCNT 方程。通过在 MWCNT 的非局部控制偏微分方程[方程(11.115)至(11.120)]中设置 $N=1$，可以导出 SWCNT 的局部控制方程为

$$GA_1\kappa\left(\frac{\partial^2 w_1}{\partial x^2}-\frac{\partial\theta_1}{\partial x}\right)+\rho A_1\frac{\partial^2}{\partial t^2}\left[w_1-(e_0a)^2\frac{\partial^2 w_1}{\partial x^2}\right]=0 \tag{11.124}$$

$$GA_1\kappa\left(\frac{\partial w_1}{\partial x}-\theta_1\right)+EI_1\frac{\partial^2\theta_1}{\partial x^2}-\rho I_1\frac{\partial^2}{\partial t^2}\left[\theta_1-(e_0a)^2\frac{\partial^2\theta_1}{\partial x^2}\right]=0 \tag{11.125}$$

其中 $w_1=w_1(x,t)$ 和 $\theta_1=\theta_1(x、t)$ 是梁弯曲变形的弯曲挠度和斜率，A_1 和 I_1 是 SWCNT 的横截面面积和惯性矩。方程(11.124)和(11.125)通过假设位移场为谐波转变至频域中[见方程(11.121)和(11.122)]。将(11.121)和(11.122)代入方程(11.124)和(11.125)并重新排列，得到的方程可以写成矩阵形式：

$$\boldsymbol{S}_2k^2+\boldsymbol{S}_1k+\boldsymbol{S}_0=0 \tag{11.126}$$

其中 $\boldsymbol{S}_2$、$\boldsymbol{S}_1$ 和 $\boldsymbol{S}_0$ 由等式(11.107)给出。

这种形式适用于通过 PEP 求解波数。根据等式(11.126)，可以清楚地看到非局

部尺度参数 e_0a 对波数的依赖性。截止频率、逃逸频率和波速的表达式已在第 11.7.2 节中推导出来[见方程(11.108)至(11.110)]，因此此处不再重复。

下面介绍第 11.7.2 节中未强调的一些关键结果。具有非局部效应的 SWCNT 的频谱和频散曲线如图 11.31 所示。图 11.31(a)显示了局部(或经典)和非局部弹性的波数随波频的变化。该图清楚地显示了两种模式，即弯曲和剪切。弯曲波模式从零波频率开始，剪切波模式仅在剪切截止频率之后传播，剪切截止频率是波数的虚部变实的频率。截止频率的值是根据方程(11.108)计算得出的。在本研究中的 SWCNT 半径为 3.5 nm(CNT 的其他参数如表 11.1 所示)，剪切截止频率为 0.7585 THz。可以从方程(11.108)中观察到，这些频率与非局部尺度参数相互独立，因此从局部和非局部理论中都获得了相同的频率。

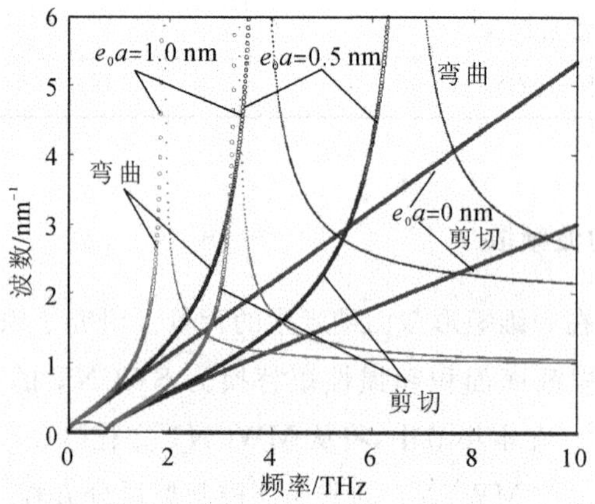

(a)

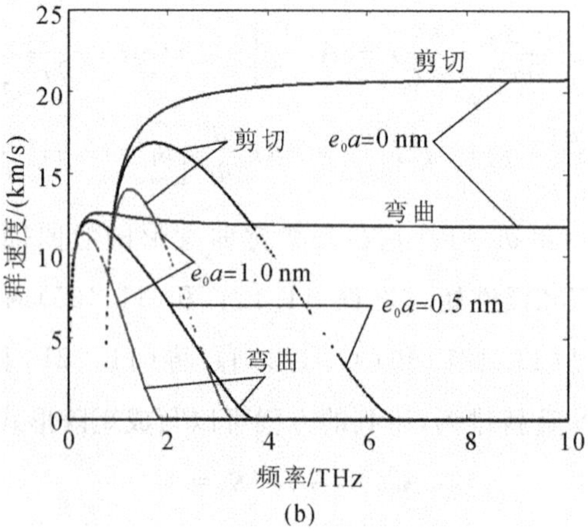

(b)

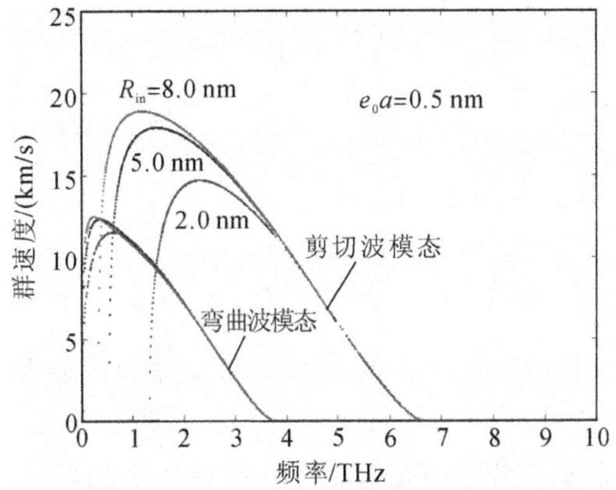

(c)

图 11.31　具有非局部效应的 SWCNT 的频谱和频散曲线

(a)频谱曲线(实波数—粗线;虚波数—细线);(b)R_{in}=3.5 nm(壁-1)时,SWCNT 在各种非局部尺度参数下的频散曲线;(c)不同内径(e_0a=0.5 nm)的 SWCNT 的频散曲线

对于 $e_0a=0$,这是弹性解的局部理论的情况,如图 11.31(a)所示,波数随着波频的增加而单调增加。相应地,如图 11.31(b)所示群速度也随之增加。然而,在更高的频率下,它们会达到一个常数值,这是铁木辛柯梁的典型情况。这些结果与第 11.7.2 节所述结果相似。然而,随着尺度效应的引入,波行为发生了巨大的变化。弯曲波和剪切波模式都在逃逸频率处逃逸到无穷大,并且在该频率以上没有波的传播。对于两种波模式,逃逸频率随尺度参数 e_0a 的增加而减小。图 11.31 绘制了半径为 3.5 nm 的 SWCNT 在 $e_0a=0$ nm、0.5 nm 和 1.0 nm 时的频谱和频散曲线。式(11.109)给出了 SWCNT 中逃逸频率。从这个表达式中可以清楚地看出,对于两种波模式,逃逸频率与 SWCNT 直径无关。然而群速度的幅值可能会发生变化,图 11.31(c)显示了不同 SWCNT 半径下当 $e_0a=0.5$ nm 时的群速度图。从这个图中可以看出,半径的增加会产生更高的波速。尽管 SWCNT 的波行为与第 11.7.2 节中介绍的一维纳米梁的波行为相似,但这两种情况下的带隙或逃逸频率是截然不同的。

11.8.2　DWCNT 中的波频散

当在 MWCNT 的非局部控制偏微分方程[方程(11.115)至(11.120)]中代入 $N=2$ 时,可以得到双壁碳纳米管的非局部运动控制微分方程为

$$\begin{aligned}&GA_1\kappa\left(\frac{\partial^2 w_1}{\partial x^2}-\frac{\partial\theta_1}{\partial x}\right)+\rho A_1\frac{\partial^2}{\partial t^2}\left[w_1-(e_0a)^2\frac{\partial^2 w_1}{\partial x^2}\right]+\\&\left[c_{12}(w_2-w_1)-(e_0a)^2\frac{\partial^2}{\partial x^2}c_{12}(w_2-w_1)\right]=0\end{aligned}\tag{11.127}$$

$$GA_1\kappa\left(\frac{\partial w_1}{\partial x}-\theta_1\right)+EI_1\frac{\partial^2\theta_1}{\partial x^2}-\rho I_1\frac{\partial^2}{\partial t^2}\left[\theta_1-(e_0a)^2\frac{\partial^2\theta_1}{\partial x^2}\right]=0 \tag{11.128}$$

$$\begin{gathered}GA_2\kappa\left(\frac{\partial^2 w_2}{\partial x^2}-\frac{\partial\theta_2}{\partial x}\right)+\rho A_2\frac{\partial^2}{\partial t^2}\left[w_2-(e_0a)^2\frac{\partial^2 w_2}{\partial x^2}\right]+\\ \left\{-c_{12}(w_2-w_1)-(e_0a)^2\frac{\partial^2}{\partial x^2}\left[-c_{12}(w_2-w_1)\right]\right\}=0\end{gathered} \tag{11.129}$$

$$GA_2\kappa\left(\frac{\partial w_2}{\partial x}-\theta_2\right)+EI_2\frac{\partial^2\theta_2}{\partial x^2}-\rho I_2\frac{\partial^2}{\partial t^2}\left[\theta_2-(e_0a)^2\frac{\partial^2\theta_2}{\partial x^2}\right]=0 \tag{11.130}$$

其中方程(11.127)至(11.130)中的下标 1 和 2 分别代表 DWCNT 的壁-1(内)和壁-2(外)(图 11.30)。这里，$w_1=w_1(x,t)$，$\theta_1=\theta_1(x、t)$和 $w_2=w_2(x、t)$，$\theta_2=\theta_2(x,t)$分别是内壁和外壁的弯曲挠度和横截面转角，c_{12}是 DWCNT 的壁-1 和壁-2 之间的范德华相互作用系数[根据方程(11.112)计算]。A_1、A_2和 I_1、I_2分别为壁-1 和壁-2 的横截面面积和惯性矩。

为了分析 DWCNT 中的波行为，再次假设位移场的频谱形式解为

$$w_p(x,t)=\sum_{n=1}^{N}\hat{w}_p(x,\omega)\,\mathrm{e}^{-\mathrm{i}(kx-\omega t)},\quad p=1,2 \tag{11.131}$$

$$\theta_p(x,t)=\sum_{n=1}^{N}\hat{\theta}_p(x,\omega)\,\mathrm{e}^{-\mathrm{i}(kx-\omega t)},\quad p=1,2 \tag{11.132}$$

其中，$\hat{\omega}_p(x,\omega)(p=1,2)$和 $\hat{\theta}_p(x,\omega)(p=1,2)$分别是由梁弯曲变形引起的挠度和斜率的频域幅值。将位移场[方程(11.131)和(11.132)]代入 DWCNT 运动的非局部控制微分方程[方程(11.127)－(11.130)]中得到以下多项式特征值问题

$$\boldsymbol{D}_2k^2+\boldsymbol{D}_1k+\boldsymbol{D}_0=0 \tag{11.133}$$

$$\boldsymbol{D}_2=\begin{bmatrix}D_2^{(11)} & 0 & c_{12}(e_0a)^2 & 0\\ 0 & D_2^{(22)} & 0 & 0\\ c_{12}(e_0a)^2 & 0 & D_2^{(33)} & 0\\ 0 & 0 & 0 & D_2^{(44)}\end{bmatrix} \tag{11.134}$$

$$\boldsymbol{D}_1=\begin{bmatrix}0 & \mathrm{i}GA_1\kappa & 0 & 0\\ -\mathrm{i}GA_1\kappa & 0 & 0 & 0\\ 0 & 0 & 0 & \mathrm{i}GA_2\kappa\\ 0 & 0 & -\mathrm{i}GA_2\kappa & 0\end{bmatrix} \tag{11.135}$$

$$\boldsymbol{D}_0=\begin{bmatrix}D_0^{(11)} & 0 & c_{12} & 0\\ 0 & D_0^{(22)} & 0 & 0\\ c_{12} & 0 & D_0^{(33)} & 0\\ 0 & 0 & 0 & D_0^{(44)}\end{bmatrix} \tag{11.136}$$

矩阵 $\boldsymbol{D}_2$和 $\boldsymbol{D}_0$的对角线元素如下所示

$$D_2^{(11)} = -GA_1\kappa + (-c_{12} + \rho A_1\omega^2)(e_0a)^2,\quad D_2^{(22)} = -EI_1 + \rho I_1(e_0a)^2\omega^2$$
$$D_2^{(33)} = -GA_2\kappa + (-c_{12} + \rho A_2\omega^2)(e_0a)^2,\quad D_2^{(44)} = -EI_2 + \rho I_2(e_0a)^2\omega^2$$
$$D_0^{(11)} = -c_{12} + \rho A_1\omega^2,\quad D_0^{(22)} = -GA_1\kappa + \rho I_1\omega^2$$
$$D_0^{(33)} = -c_{12} + \rho A_2\omega^2,\quad D_0^{(44)} = -GA_2\kappa + \rho I_2\omega^2$$

该频散关系[式(11.133)]也是 PEP 的形式，可针对波数进行求解，其中波数是 CNT 材料参数和非局部参数(e_0a)的函数。对于 DWCNT，非局部铁木辛柯梁模型在波频散分析中给出了四个截止频率和四个逃逸频率。这些截止频率是通过把 $k=0$ 代入到 DWCNT 的频散关系[方程(11.133)]中或通过求解 $|\boldsymbol{D}_0(\omega)|=0$ 获得的，四个截止频率为

$$\omega_{c1}=0,\quad \omega_{c2}=\sqrt{\frac{GA_1\kappa}{\rho I_1}},\quad \omega_{c3}=\sqrt{\frac{GA_2\kappa}{\rho I_2}},\quad \omega_{c4}=\sqrt{\frac{c_{12}(A_1+A_2)}{\rho A_1A_2}} \tag{11.137}$$

可以观察到，这些截止频率与非局部尺度参数(e_0a)无关。逃逸(或渐近)频率是通过在频散关系方程(11.133)中代入 $k\to\infty$ 来获得的，这意味着 $|\boldsymbol{D}_2(\omega)|=0$，则

$$\left.\begin{aligned}
&\omega_{e1}=\frac{1}{e_0a}\sqrt{\frac{EI_1}{\rho I_1}},\quad \omega_{e2}=\frac{1}{e_0a}\sqrt{\frac{EI_2}{\rho I_2}}\\
&\omega_{e3}=\frac{1}{\sqrt{2}A_*(e_0a)}\sqrt{A_*(2H_1+H_2)+\sqrt{(2H_1^2+H_2^2)+(H_3-H_4)}}\\
&\omega_{e4}=\frac{1}{\sqrt{2}A_*(e_0a)}\sqrt{A_*(2H_1+H_2)-\sqrt{(2H_1^2+H_2^2)+(H_3-H_4)}}
\end{aligned}\right\} \tag{11.138}$$

其中参数 A_* 和 $H_p(p=1,2,3,4)$ 如下所示：

$$H_1=G\rho\kappa A_*,\quad H_2=c_{12}\rho A_+(e_0a)^2$$
$$H_3=2G\kappa\rho^2c_{12}(e_0a)^2A_*A_-,\quad H_4=2G\kappa\rho^2A_*[G\kappa A_*+c_{12}(e_0a)2A_-]$$
$$A_*=A_1A_2,\quad A_+=A_1+A_2,\quad A_-=A_2-A_1$$

这些逃逸频率是 CNT 材料参数的函数，与非局部尺度参数成反比。对 DWCNT 的频散关系[方程(11.133)]相对于波频(ω)进行求导，得到群速度的 PEP 为

$$\left[k^2\frac{\partial\boldsymbol{D}_2}{\partial\omega}+\frac{\partial\boldsymbol{D}_0}{\partial\omega}\right]C_{g2}+2k\boldsymbol{D}_2+\boldsymbol{D}_1=\boldsymbol{0} \tag{11.139}$$

其中，$C_{g2}=\partial\omega/\partial k$ 是 DWCNT 中波的群速度，矩阵 $\boldsymbol{D}_2$、$\boldsymbol{D}_1$ 和 $\boldsymbol{D}_0$ 在方程(11.134)—(11.136)中给出。

DWCNT 的频谱和频散图如图 11.32 所示。之前 SWCNT 的研究结果对于 DWCNT 的情况仍然有效，即尺度参数引入了逃逸频率，其中波数 k 趋于无穷大，群速度趋于零，且逃逸频率随尺度参数的增加而减小。此外当 $e_0a=0$ nm 时，如图 11.32(b)所示，第二个管壁的弯曲速度在低频下先缓慢减小，然后缓慢增加并达到第一管壁速度，另外截止频率的值不会随着尺度参数的增加而明显变化。另外，当 $e_0a=0$ 时，高频下的剪切模式群速度几乎保持不变。图 11.32(c)显示了给定的尺度参数($e_0a=0.5$ nm)下 CNT 不同内径的频散图。从图中可以清楚地看出，各种模式的逃逸频率不会随着内径的增加而变化。逃逸频率的变化仅在壁-1的剪切波模式中观察到。

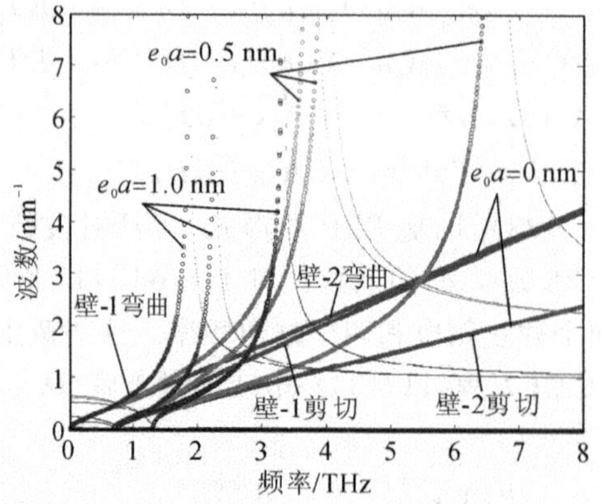

(a)

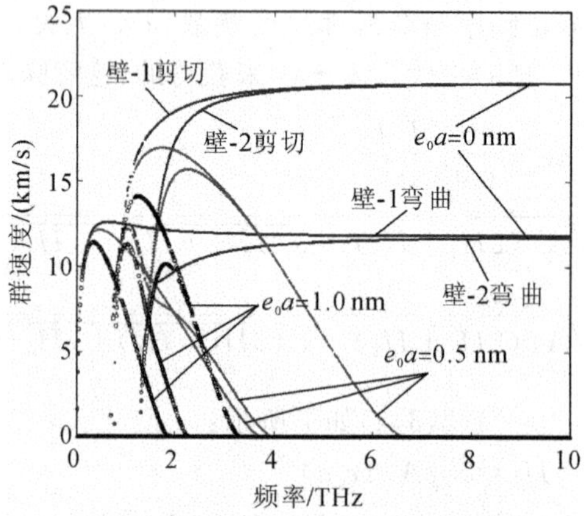

(b)

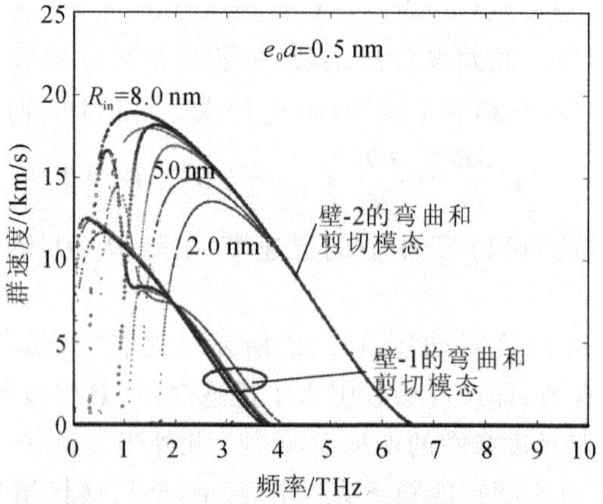

(c)

图 11.32　DWCNT 的频谱和频散图

(a)频谱曲线(实波数—粗线;虚波数—细线);(b) 对于半径 R_{in}=3.5 nm 的不同非局部尺度参数的壁-1DWCNT 的频散曲线;(c) 对于不同半径(e_0a=0.5 nm)的壁-1DWCNT 的频散曲线

当 $e_0a=0.5$ nm 时，内径 $R_{in}=3.5$ nm 的 DWCNT 和半径分别为 DWCNT 内壁和外壁半径的两个 SWCNT（即 $SWCNT_1$：$R_1=3.5$ nm 和 $SWCNT_2$：$R_2=3.85$ nm）的频谱和频散曲线如图 11.33 所示。DWCNT 壁-1 的弯曲波数和剪切波数在 $SWCNT_1$ 和 $SWCNT_2$ 的值之间。与 DWCNT 壁-1 和 $SWCNT_1$ 相比，$SWCNT_2$ 具有更高的波数和更低的群速度，如图 11.33(a)和 11.33(b)所示。DWCNT 中的范德华相互作用仅在外壁（壁-2）波态（弯曲和剪切）上存在。综上所述，DWCNT 的外壁波态不受两个单独 SWCNT 的影响。

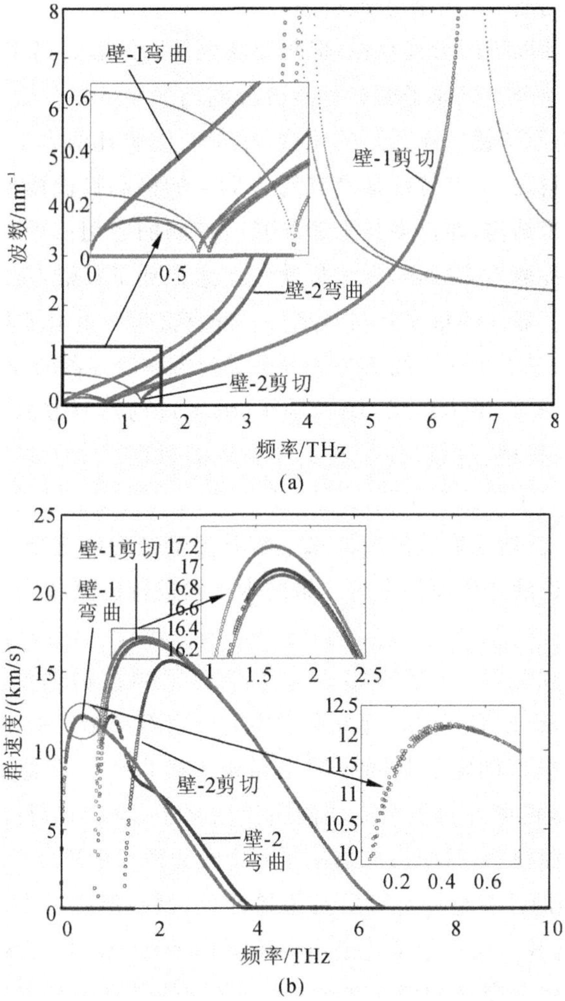

图 11.33　不同半径 DWCNT 和 SWCNT 的频谱与频散曲线

(a)频谱曲线（实波数—粗线；虚波数—细线）；

(b)半径 $R_{in}=3.5$ nm 的 DWCNT 的壁-1 和半径 3.5 nm、3.85 nm 的两个 SWCNT 的频散曲线

11.9 石墨烯中的波传播

与 CNT 不同，石墨烯是二维纳米结构，两个坐标方向上均会表现出波传播行为。即一个坐标方向上的载荷将引起在两个坐标方向上的变形。用波传播的术语来讲，在一个坐标方向上的入射波将引起圆形波峰，该波峰可以在两个坐标方向解析，与第 7 章和第 8 章中解释的二维各向同性结构和复合结构类似。这意味着对应于两个坐标方向会有两个不同的波数和相速度或群速度。

尽管已知石墨烯以不同形式存在，但想要获取其原始形式仍存在困难。现如今人们普遍认为最薄的单个二维原子层有可能被分离出[268]。C—C 键是自然界中最强的键，它以共价方式将原子锁定在适当的位置，赋予它们非凡的力学特性。单层石墨烯是已知最坚硬的材料之一，其特征是具有约 1 TPa 的极高杨氏模量[287]。石墨烯是一类新型的二维碳纳米结构，在许多技术领域具有广阔的应用前景。据报道，石墨烯片被成功地从石墨中提取出来后，研究人员就已经意识到了其潜在的应用价值，其即将成为下一代纳米电子器件的重要新材料之一。现有文献中报道了其作为应变传感器、质量和压力传感器、原子尘埃探测器和表面图像分辨率增强器的应用。此外石墨烯结构在原子力显微镜、复合纳米纤维、纳米轴承、纳米致动器等方面也有相关应用。因此，人们对石墨烯在物理、材料、科学和工程领域的研究产生了兴趣[386]，世界各地的研究人员都对其开展了理论和实验研究。由于在纳米尺度上进行参数控制实验具有困难性，人们已经广泛地采取数值模拟来了解石墨烯结构的表现。在本节中，我们将使用非局部弹性的连续介质模型来对二维纳米结构进行建模，以了解这些结构中的波传播行为。

与 CNT 的研究相反，文献中很少有关于石墨烯结构理论建模的研究报告。Behfar 和 Naghdabadi 研究了嵌入弹性介质中的多层石墨烯片的纳米级振动，其中使用基于连续介质的模型确定了其固有频率和相关模式[26]。在他们的工作中考虑了碳-碳和碳-聚合物范德华力的影响。他们还使用基于几何的分析方法进一步研究了多层石墨烯片的弯曲模量，其中弯曲能基于两个相邻薄片的原子之间的范德华力相互作用[27]。尽管他们的计算是针对双层石墨烯片进行的，但推导出的弯曲模量被推广到多层石墨烯片，这种多层石墨烯片是由厚度方向的多个双层石墨烯结构组成，其中双层石墨烯片在配置上交替相同。此外，需要提到的是石墨是由多层石墨烯片组成的，但最近有报道称，在碳纳米膜中可以检测到单层石墨烯片[156]。Sakhaee 等人研究了同时考虑了手性和长径比以及边界条件的影响时单层石墨烯片的自由振动行为，并开发了计算固有频率的预测模型[316]。这些薄片作为质量传感器和原子尘埃探测器的潜在应用已经得到了进一步的研究[315]。单层石墨烯片作为应变传感器的应用前景也得到了验证[314]。尺寸效应的重要性和对非局部理论的需求在这里就不需要再次阐述或强调，这些效应在纳米结构建模中仍然十分重要。现有文献对石墨烯片中波传播方面的研究极为罕见。石墨烯片在太赫兹(THz)量级甚至更高频率下具有有趣的波导属性，这是本节研究的主题。

11.9.1　单层石墨烯片中弯曲波传播的控制方程

假设石墨烯片为一个同时受平面内和平面外载荷的二维平板，则其可发生轴向弯曲和剪切变形。图 11.34(a)显示了一个矩形石墨烯片，图 11.34(b)显示了其等效连续介质模型。Liew 等人在连续介质模型中设定石墨烯是一种各向同性材料[204]。石墨烯片的坐标系如图所示，z 坐标是沿板的厚度方向。与各向同性板的情况一样，位移场经典层合板理论(CLPT)，它们可以写成

$$u_1(x,y,z,t)=u(x,y,t)-z\frac{\partial w(x,y,t)}{\partial x}$$

$$u_2(x,y,z,t)=v(x,y,t)-z\frac{\partial w(x,y,t)}{\partial y},\quad u_3(x,y,z,t)=w(x,y,t)$$

u、v 和 w 分别表示沿 x、y 和 z 方向的位移(图 11.34)。

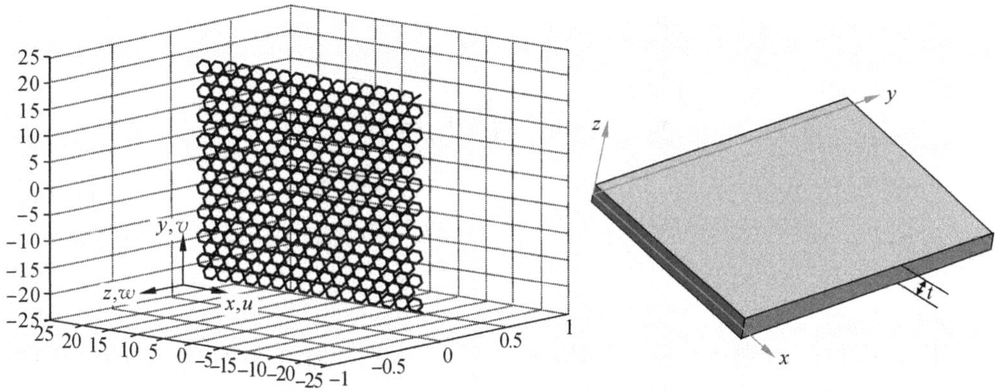

(a)　　(b)

图 11.34　单层石墨烯片

(a)离散模型(40×40 的单层石墨烯，由 680 个碳原子组成，排列成六边形阵列)；(b)等效连续介质模型

可以使用应变-位移关系计算应变，如下所示

$$\varepsilon_{xx}=\frac{\partial u_1}{\partial x}=\frac{\partial u}{\partial x}-z\frac{\partial^2 w}{\partial x^2} \tag{11.140}$$

$$\varepsilon_{yy}=\frac{\partial u_2}{\partial y}=\frac{\partial v}{\partial y}-z\frac{\partial^2 w}{\partial y^2} \tag{11.141}$$

$$\gamma_{xy}=\frac{\partial u_1}{\partial y}+\frac{\partial u_2}{\partial x}=\frac{\partial u}{\partial y}+\frac{\partial v}{\partial x}-2z\frac{\partial^2 w}{\partial x\partial y} \tag{11.142}$$

$$\varepsilon_{zz}=0,\quad \gamma_{xz}=0,\quad \gamma_{yz}=0 \tag{11.143}$$

可以注意到，非局部行为可以通过 Eringen 的非局部本构定律引入，这在本章的前一节中进行了讨论。因此，这可以应用于导出非局部板或单层石墨烯片的平衡方程。

利用虚功原理，可以得到以下用内力和横向位移 $w(x,y,t)$ 表示的平衡方程为[301]

$$\frac{\partial^2 M_{xx}}{\partial x^2}+2\frac{\partial^2 M_{xy}}{\partial x\partial y}+\frac{\partial^2 M_{yy}}{\partial y^2}=J_0\frac{\partial^2 w}{\partial t^2}-J_2\left(\frac{\partial^4 w}{\partial x^2\partial t^2}+\frac{\partial^4 w}{\partial y^2\partial t^2}\right) \tag{11.144}$$

其中 J_0 和 J_2 是质量惯性矩，定义如下

$$J_0=\int_{-\frac{h}{2}}^{+\frac{h}{2}}\rho z\,\mathrm{d}z,\quad J_2=\int_{-\frac{h}{2}}^{+\frac{h}{2}}\rho z^2\,\mathrm{d}z$$

h 表示板的厚度，力矩则为

$$\left.\begin{aligned}M_{xx}&=\int_{-\frac{t}{2}}^{+\frac{t}{2}}z\sigma_{xx}\,\mathrm{d}z,\quad M_{xy}=\int_{-\frac{t}{2}}^{+\frac{t}{2}}z\tau_{xy}\,\mathrm{d}z\\M_{yy}&=\int_{-\frac{t}{2}}^{+\frac{t}{2}}z\sigma_{yy}\,\mathrm{d}z\end{aligned}\right\} \tag{11.145}$$

石墨烯片的平面应力本构关系变为

$$\begin{aligned}&\begin{Bmatrix}\sigma_{xx}\\\sigma_{yy}\\\tau_{xy}\end{Bmatrix}-(e_0a)^2\left[\frac{\partial^2}{\partial x^2}+\frac{\partial^2}{\partial y^2}\right]\begin{Bmatrix}\sigma_{xx}\\\sigma_{yy}\\\tau_{xy}\end{Bmatrix}\\&=\begin{bmatrix}C_{11}&C_{12}&0\\C_{21}&C_{22}&0\\0&0&C_{66}\end{bmatrix}\begin{Bmatrix}\varepsilon_{xx}\\\varepsilon_{yy}\\\gamma_{xy}\end{Bmatrix}\end{aligned} \tag{11.147}$$

其中 σ_{xx} 和 σ_{yy} 分别是 x 和 y 方向上的正应力，τ_{xy} 是平面内剪应力。对于各向同性板，用杨氏模量 E 和泊松比 ν 表示的 C_{ij} 为 $C_{11}=C_{22}=\frac{E}{1-\nu^2}$，$C_{12}=C_{21}=\frac{\nu E}{1-\nu^2}$，$C_{66}=\frac{E}{2(1-\nu)}$。

根据应变-位移关系[方程(11.143)]、应力-应变关系[方程(11.147)]和内力的定义[方程(11.146)]，可以用位移来表示内力，如下所示

$$M_{xx}-(e_0a)^2\left(\frac{\partial^2 M_{xx}}{\partial x^2}+\frac{\partial^2 M_{xx}}{\partial y^2}\right)=-C_{11}I_2\frac{\partial^2 w}{\partial x^2}-C_{12}I_2\frac{\partial^2 w}{\partial y^2} \tag{11.148}$$

$$M_{xy}-(e_0a)^2\left(\frac{\partial^2 M_{xy}}{\partial x^2}+\frac{\partial^2 M_{xy}}{\partial y^2}\right)=-2C_{66}I_2\frac{\partial^2 w}{\partial x\partial y} \tag{11.149}$$

$$M_{yy}-(e_0a)^2(\frac{\partial^2 M_{yy}}{\partial x^2}+\frac{\partial^2 M_{yy}}{\partial y^2})=-C_{21}I_2\frac{\partial^2 w}{\partial x^2}-C_{22}I_2\frac{\partial^2 w}{\partial y^2} \tag{11.150}$$

其中，

$$I_2=\int_{-\frac{t}{2}}^{+\frac{t}{2}} z^2\,\mathrm{d}z \tag{11.151}$$

使用方程(11.144)和(11.148)—(11.151)，可以得到关于弯曲位移 w 的非局部控制偏微分方程如下

$$\begin{aligned}&C_{11}I_2\frac{\partial^4 w}{\partial x^4}+2(C_{12}+2C_{66})I_2\frac{\partial^4 w}{\partial x^2\partial y^2}+C_{22}I_2\frac{\partial^4 w}{\partial y^4}-\\&J_0(e_0a)^2(\frac{\partial^4 w}{\partial x^2\partial t^2}+\frac{\partial^4 w}{\partial y^2\partial t^2})+\\&J_2(e_0a)^2(\frac{\partial^6 w}{\partial x^4\partial t^2}+2\frac{\partial^6 w}{\partial x^2\partial y^2\partial t^2}+\frac{\partial^6 w}{\partial y^4\partial t^2})+\\&J_0\frac{\partial^2 w}{\partial t^2}-J_2(\frac{\partial^4 w}{\partial x^2\partial t^2}+\frac{\partial^4 w}{\partial y^2\partial t^2})=0\end{aligned} \tag{11.152}$$

在上述方程中代入 $e_0a=0$，可以获得相应的局部弹性方程[301]。

11.9.2 波的频散分析

如同第 7 章和第 8 章中对各向同性和复合波导所做的一样，本章从假设位移场的解开始建立波的频散公式。位移场首先被转换到频域，并假设模型在 y 方向上是无界的(尽管在 x 方向上是有界的)。因此，位移场假定的形式是 y 方向上的离散傅里叶变换和时间上的傅里叶变换的组合，写为

$$w(x,y,t)=\sum_{n=1}^{N}\sum_{m=1}^{M}\hat{w}(x)\,\mathrm{e}^{-\mathrm{i}\eta_m y}\,\mathrm{e}^{\mathrm{i}\omega_n t} \tag{11.153}$$

ω_n 和 η_m 分别是第 n 个采样点的圆频率和第 m 个采样点在 y 方向上的波数。N 是 FFT 中与奈奎斯特频率相对应的指数，$i_i=\sqrt{-1}$。

将方程(11.153)代入(11.152)中，得到了一个关于未知函数 $\hat{w}(x)$ 的常微分方程

$$H_4\frac{\mathrm{d}^4\hat{w}}{\mathrm{d}x^4}+H_2\frac{\mathrm{d}^2\hat{w}}{\mathrm{d}x^2}+H_0\hat{w}=0 \tag{11.154}$$

其中

$$H_4=C_{11}I_2-J_2(e_0a)^2\omega_n^2$$

$$H_2=-2(C_{12}+2C_{66})I_2\eta_m^2+J_0(e_0a)^2\omega_n^2-2J_2(e_0a)^2\eta_m^2\omega_n^2+J_2\omega_n^2$$

$$H_0=C_{22}I_2\eta_m^2-J_0(e_0a)^2\omega_n^2\eta_m^2-J_2(e_0a)^2\omega_n^2\eta_m^2-J_0\omega_n^2-J_2\omega_n^2\eta_m^2$$

由于这是一个具有常系数的常微分方程，其解可以写为 $\hat{w}(x)=\tilde{w}\mathrm{e}^{ikx}$，其中 k 是 x 方向上的波数，$\tilde{w}$ 是未知常数。当 $\tilde{w}\neq 0$ 时，在 ODE 中代入假设的 $\hat{w}$，有

$$H_4k^4+H_2k^2+H_0=0 \tag{11.155}$$

这是一个关于 k 的四次方程，可以求解波数得

$$k=\pm\sqrt{\frac{-H_2\pm\sqrt{H_2^2-4H_4H_0}}{2H_4}} \tag{11.156}$$

由上式可以清楚地看到非局部尺度参数 e_0a 对波数的依赖性。弯曲波的群速度（$C_g=\mathrm{d}\omega/\mathrm{d}k$）如下所示

$$C_g=-\frac{4H_4k^3+2H_2k}{G_4k^4+G_2k^2+G_0} \tag{11.157}$$

其中

$$G_4=-2J_2\ (e_0a)^2\omega_n$$

$$G_2=2J_0\ (e_0a)^2\omega_n-4J_2\ (e_0a)^2\eta_m^2\omega_n+2J_2\omega_n$$

$$G_0=-2J_0\ (e_0a)^2\omega_n\eta_m^2-2J_2\ (e_0a)^2\omega_n\eta_m^2-2J_0\omega_n-2J_2\omega_n\eta_m^2$$

波的群速度也是非局部尺度参数 e_0a 和 y 方向波数的函数。

仔细观察方程(11.156)，其中 H_0 项表示波导具有截止频率的可能性。这是通过在频散关系[方程(11.155)]中设置 $k=0$ 来获得的，即在本例中，可以设置 $H_0=0$ 给出截止频率表达式

$$\omega_c^{\text{flexural}}=\sqrt{\frac{C_{22}I_2\eta_m^4}{(J_0+J_2\eta_m^2)[1+(e_0a)^2\eta_m^2]}} \tag{11.158}$$

截止频率直接与 y 方向波数（η_m）成正比，同时也依赖于非局部尺度参数。对于 $\eta_m=0\ \mathrm{nm}^{-1}$，弯曲波模式的波数具有从零频率开始的实质实部，这意味着该模式在任何激励频率下都可以传播，并且不具有截止频率。然而对于 $\eta_m\neq0\ \mathrm{nm}^{-1}$，弯曲波模式具有一定的频带，在该频带内对应的波数是纯虚的。因此波不会以该频带内的频率传播。这些波数具有实质上的虚部和实部，因此在传播时会衰减。

在本例中，方程(11.156)中的 H_4 表示波导具有逃逸频率的可能性，可以通过在频散关系[方程(11.155)]中让 $k\to\infty$ 来确定 H_4 的值。设 $H_4=0$，则逃逸频率表达式为

$$\omega_e^{\text{flexural}}=\frac{1}{e_0a}\sqrt{\frac{C_{11}I_2}{J_2}} \tag{11.159}$$

其中 ω_e 被称为弯曲模式的逃逸频率。

接下来，对上述关系进行研究，并绘制单层石墨烯片中的波动行为。对于下面的波传播分析，石墨烯的材料属性假设如下：杨氏模量 $E=1.06$ TPa，密度 $\rho=2300\ \mathrm{kg/m^3}$。CNT、石墨烯等纳米结构的有效壁厚 t 的选择是纳米力学中一个长期存在的问题。估测碳纳米管（即轧制石墨烯片）厚度的最佳方法之一是将单壁碳纳米管建模为线性弹性薄壳[191]。通过拟合单壁碳纳米管的拉伸刚度和弯曲刚度的原子模拟结果来确定壳厚度 t。这种方法给出的 CNT 厚度 t 远小于石墨层间间距 0.34 nm，范围为 0.06～0.09 nm。估算厚度的离散性取决于原子间势能以及模拟细节。选择石墨烯的厚度

$t=0.089$ nm，这可以根据 Kudin 等人的计算结果[191]获得，他们将石墨烯或碳纳米管的有效厚度定义为 $t=\sqrt{\frac{12\times \text{弯曲刚度}}{\text{拉伸刚度}}}$。

石墨烯中的弯曲波数频散随波频率的变化如图 11.35(a)和 11.35(b)所示，这两个图是分别从局部理论和 ESGT 理论获得的。假设非局部尺度参数为 $e_0a=0.5$ nm，当 η_m 为 0 nm^{-1}、3 nm^{-1}、5 nm^{-1} 和 10 nm^{-1}（表示一维波传播）时，频谱曲线如图 11.35(a)所示。局部弹性理论的计算表明，弯曲波数在低频下呈非线性变化，在高频下呈线性变化，如图 11.35(a)所示。其中非线性变化表明波在本质上是频散的，即波在传播时会改变形状。线性变化表明波具有非频散性质。对于 η_m 为 3 nm^{-1}、5 nm^{-1} 和 10 nm^{-1}，弯曲波模式的波数没有截止频率。随着 η_m 的增加，所有的波在本质上仍然是频散的，如图11.35(a)所示。随着 y 方向波数从 0 增加到 10 nm^{-1}，波模式具有一个频带隙区域，在该区域内对应的波数是纯虚的。因此，弯曲模式不会以该频带内的频率传播。这些波数具有实质上的虚部和实部，因此在传播时会衰减。从图 11.35(a)中还可以看出，频带也随着 η_m 的增加而增加。

由非局部弹性($e_0a=0.5$ nm)获得频率的波数频散如图 11.35(b)所示。与局部弹性中的观察结果大部分相似，唯一的区别是，由于非局部弹性的引入，弯曲波的波数变得高度非线性，并且在逃逸频率处趋于无穷大。可以看出，逃逸频率之前的波数是实数，之后的波数是虚数[图 11.35(b)]。对于 η_m 为 3 nm^{-1}、5 nm^{-1} 和 10 nm^{-1}，在局部/经典弹性中，弯曲波的截止频率分别出现在 0.8087 THz、2.2280 THz 和 8.6820 THz 等频率处，而在非局部弹性中则在 0.4578 THz、0.8392 THz 和 1.7090 THz ($e_0a=0.5$ nm)等频率处。非局部尺度参数高度影响石墨烯片中弯曲波的带隙。可以看到，当 $e_0a=0.5$ nm 时弯曲波的逃逸频率为 6.9580 THz，且从图 11.35(b)中可以看出，逃逸频率与 η_m 无关。

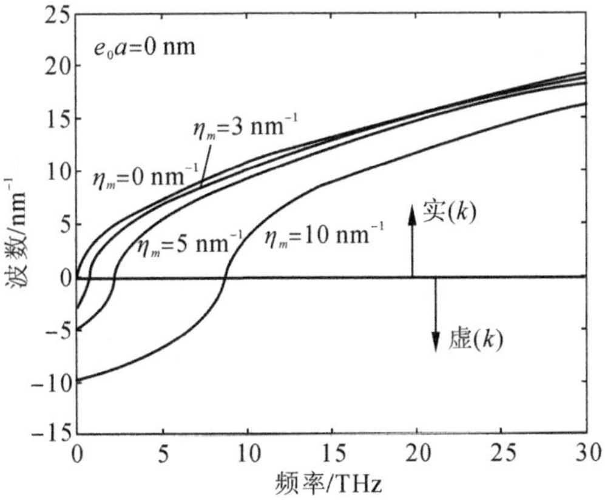

(a)

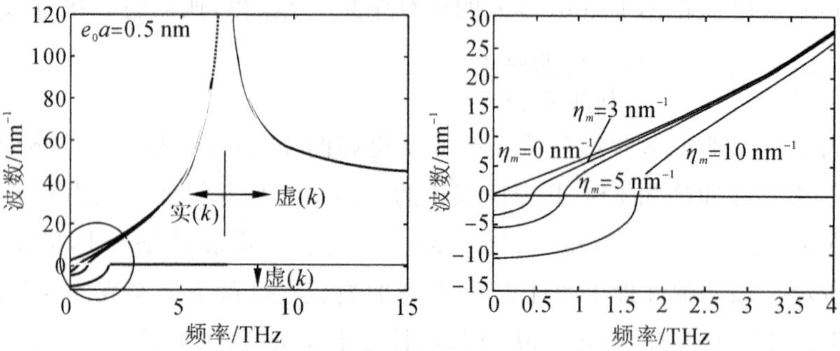

(b)

图 11.35 单层石墨烯片中的波数频散

(a)局部弹性(e_0a=0 nm);(b)非局部弹性(e_0a=0.5 nm)

局部/经典弹性计算表明,即使在高频下,波也会传播。然而非局部弹性预计波只能传播到逃逸频率,在一维纳米结构中也发现了同样的行为。

由局部和非局部弹性获得的相速度和群速度随波频变化的频散关系如图 11.36—图 11.37 所示。图 11.36(a)显示,弯曲波相速度从低频到更高的频率时增加(局部弹性计算,e_0a=0 nm)。当 η_m 从 0 增加到 10 nm^{-1}时,相速度在高频下趋于恒定值。而在非局部弹性中($e_0a\neq0$ nm),如图 11.36(b)所示弯曲波在一定的逃逸频率下停止传播,这是由于逃逸频率后波数出现了虚部。不管 η_m 取任何值,弯曲波的逃逸频率都是相同的。从局部和非局部弹性理论中获得石墨烯中的群速度频散分别如图 11.37(a)和 11.37(b)所示。弯曲波的群速度在高频下几乎是恒定的。局部弹性计算表明,即使在较高的频率下,波的群速度也不会为零[图 11.37(a)],而在非局部弹性中,在逃逸频率处[图 11.37(b)],群速度为零。群速度的大小随着 η_m 的增加而减小。

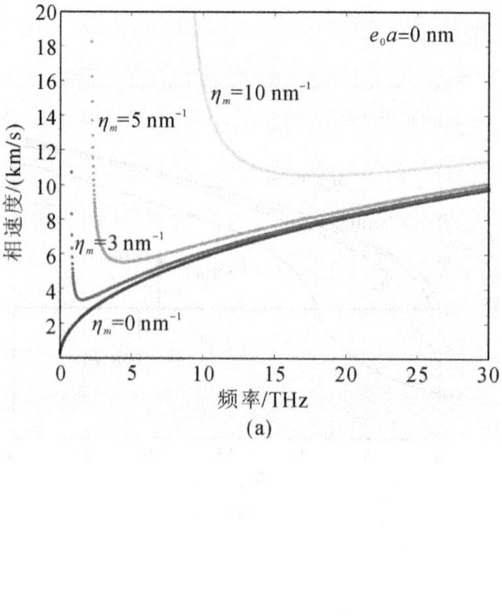

(a)

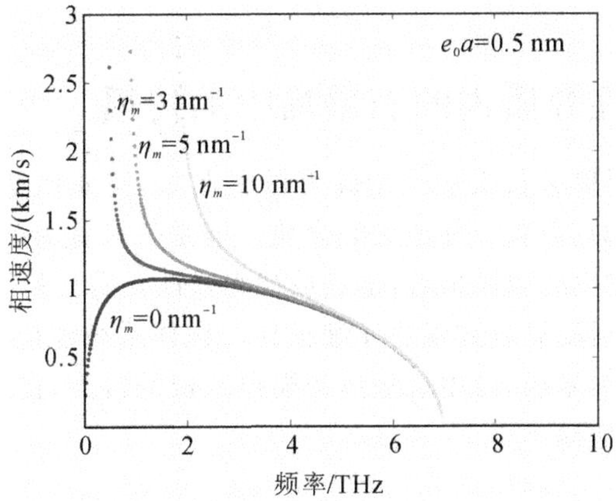

(b)

图 11.36　单层石墨烯片中的相速度频散

(a)局部弹性(e_0a=0 nm)；(b)非局部弹性(e_0a=0.5 nm)

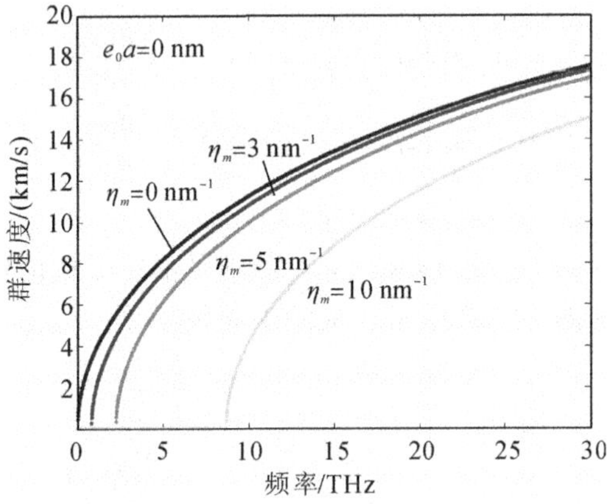

(a)

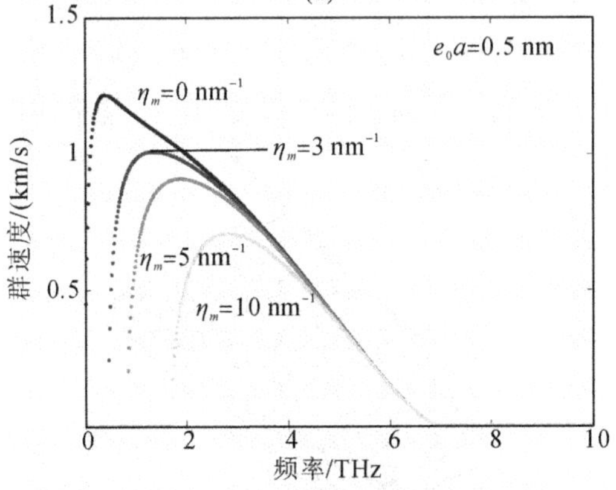

(b)

图 11.37　单层石墨烯片中的群速度频散

(a)局部弹性(e_0a=0 nm)；(b)非局部弹性(e_0a=0.5 nm)

11.10 波在弹性介质内的石墨烯中的传播

在本节中,研究当单层石墨烯位于硅等衬底上时,波如何在单层石墨烯中传播。石墨烯本身是不稳定的,需要一种稳定的介质。硅是一种优秀的材料,为石墨烯提供了良好的稳定性,从建模的角度来看,基底被视为弹性介质。我们将首先概述石墨烯-硅体系的非局部控制运动微分方程的详细推导。该体系被建模为线性分布的垂直弹簧上的一个原子厚的纳米板,可用这些弹簧模拟基板的行为,在这里使用 ESGT 模型来对非局部行为进行建模。

11.10.1 控制方程

假设该纳米板的位移场为[263]

$$\left.\begin{aligned} u(x,y,z,t)&=u^o(x,y,t)-z\frac{\partial w}{\partial x}\\ v(x,y,z,t)&=v^o(x,y,t)-z\frac{\partial w}{\partial y}\\ w(x,y,z,t)&=w(x,y,t)\end{aligned}\right\}\tag{11.160}$$

其中 $u^o(x,y,t)$、$v^o(x,y,t)$ 和 $w(x,y,t)$ 分别是沿中平面的轴向(平面内纵向和横向)位移和横向位移,如图 11.38 所示。板的中面位于 $z=0$ 处。相关的非零应变为

$$\begin{Bmatrix}\varepsilon_{xx}\\ \varepsilon_{yy}\\ \varepsilon_{xy}\end{Bmatrix}=\begin{Bmatrix}\dfrac{\partial u^o}{\partial x}\\ \dfrac{\partial v^o}{\partial y}\\ \dfrac{\partial u^o}{\partial y}+\dfrac{\partial v^o}{\partial x}\end{Bmatrix}+\begin{Bmatrix}-\dfrac{\partial^2 w}{\partial x^2}\\ -\dfrac{\partial^2 w}{\partial y^2}\\ -2\dfrac{\partial^2 w}{\partial x\partial y}\end{Bmatrix}\tag{11.161}$$

其中 ε_{xx} 和 ε_{yy} 分别是 x 和 y 方向上的正应变,而 ε_{xy} 是平面内剪切应变。

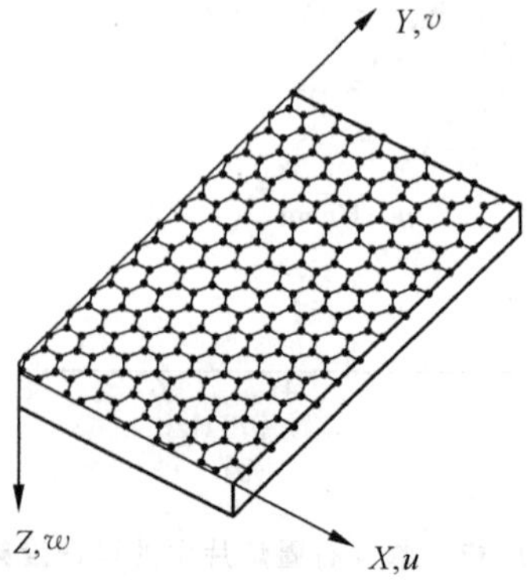

图 11.38 晶体基底上的单层石墨烯

各向同性材料的非局部本构关系假设如下

$$\left[1-(e_0a)^2\left(\frac{\partial^2}{\partial x^2}+\frac{\partial^2}{\partial y^2}\right)\right]\begin{Bmatrix}\sigma_{xx}\\ \sigma_{yy}\\ \sigma_{xy}\end{Bmatrix}=\begin{bmatrix}C_{11} & \nu C_{11} & 0\\ \nu C_{22} & C_{22} & 0\\ 0 & 0 & C_{66}\end{bmatrix}\begin{Bmatrix}\varepsilon_{xx}\\ \varepsilon_{yy}\\ \varepsilon_{xy}\end{Bmatrix}\tag{11.162}$$

其中 σ_{xx} 和 σ_{yy} 分别是 x 和 y 方向上的正应力，σ_{xy} 是平面内剪应力。对于各向同性的板，用杨氏模量 E 和泊松比 ν 表示，材料常数 C_{ij} 为 $C_{11}=C_{22}=\dfrac{E}{1-\nu^2}$，$C_{66}=\dfrac{E}{2(1+\nu)}$。

这个石墨烯-硅体系的总应变能（U）和动能（T）可以表示为

$$U=\frac{1}{2}\int_{-h/2}^{+h/2}\int_A(\sigma_{xx}\varepsilon_{xx}+\sigma_{yy}\varepsilon_{yy}+\sigma_{xy}\varepsilon_{xy}+K^{\text{sub}}w^2)\,\mathrm{d}z\mathrm{d}A\tag{11.163}$$

$$T=\frac{1}{2}\int_{-h/2}^{+h/2}\int_A\rho(\dot{u}^2+\dot{v}^2+\dot{w}^2)\,\mathrm{d}z\mathrm{d}A\tag{11.164}$$

控制方程根据哈密顿原理推导如下

$$\int_{t_1}^{t_2}(\delta U-\delta T)\,\mathrm{d}t=0\tag{11.165}$$

将方程(11.163)和(11.164)代入方程(11.165)，得到

$$\begin{aligned}&\frac{1}{2}\int_{t_1}^{t_2}\int_{-h/2}^{+h/2}\int_A(\delta\sigma_{xx}\varepsilon_{xx}+\sigma_{xx}\delta\varepsilon_{xx}+\delta\sigma_{yy}\varepsilon_{yy}+\sigma_{yy}\delta\varepsilon_{yy}+\delta\sigma_{xy}\varepsilon_{xy}+\\&\sigma_{xy}\delta\varepsilon_{xy}+2K^{\text{sub}}w\delta w-2\rho\{\dot{u}\delta\dot{u}+\dot{v}\delta\dot{v}+\dot{w}\delta\dot{w}\})\,\mathrm{d}A\mathrm{d}z\mathrm{d}t=0\end{aligned}\tag{11.166}$$

该泛函相对于三个自由度（u^o，v^o，w）的最小化给出石墨烯-硅体系的三个非局部偏微分运动控制方程，如下

$$\begin{aligned}\delta u^o:&-J_0\frac{\partial^2u^o}{\partial t^2}+J_0(e_0a)^2\left(\frac{\partial^4u^o}{\partial x^2\partial t^2}+\frac{\partial^4u^o}{\partial y^2\partial t^2}\right)-I_0\left(C_{11}\frac{\partial^2u^o}{\partial x^2}+C_{66}\frac{\partial^2u^o}{\partial y^2}\right)+\\&I_0(C_{12}+C_{66})\frac{\partial^2v^o}{\partial x\partial y}+J_1\frac{\partial^3w}{\partial x\partial t^2}-J_1(e_0a)^2\left(\frac{\partial^5w}{\partial x^3\partial t^2}+\frac{\partial^5w}{\partial x\partial y^2\partial t^2}\right)-\\&C_{11}I_1\frac{\partial^3w}{\partial x^3}-I_1(C_{12}+2C_{66})\frac{\partial^3w}{\partial x\partial y^2}=0\end{aligned}\tag{11.167}$$

$$\begin{aligned}\delta v^o:&-J_0\frac{\partial^2v^o}{\partial t^2}+J_0(e_0a)^2\left(\frac{\partial^4v^o}{\partial x^2\partial t^2}+\frac{\partial^4v^o}{\partial y^2\partial t^2}\right)-I_0\left(C_{22}\frac{\partial^2v^o}{\partial y^2}+C_{66}\frac{\partial^2v^o}{\partial x^2}\right)+\\&I_0(C_{12}+C_{66})\frac{\partial^2u^o}{\partial x\partial y}+J_1\frac{\partial^3w}{\partial y\partial t^2}-J_1(e_0a)^2\left(\frac{\partial^5w}{\partial x^2\partial y\partial t^2}+\frac{\partial^5w}{\partial y^3\partial t^2}\right)-\\&C_{22}I_1\frac{\partial^3w}{\partial y^3}-I_1(C_{12}+2C_{66})\frac{\partial^3w}{\partial x^2\partial y}=0\end{aligned}\tag{11.168}$$

$$\delta w: -J_0\frac{\partial^2 w}{\partial t^2}+J_2\left(\frac{\partial^4 w}{\partial x^2\partial t^2}+\frac{\partial^4 w}{\partial y^2\partial t^2}\right)+J_0(e_0 a)^2\left(\frac{\partial^4 w}{\partial x^2\partial t^2}+\frac{\partial^4 w}{\partial y^2\partial t^2}\right)-$$
$$J_2(e_0 a)^2\left(\frac{\partial^6 w}{\partial x^4\partial t^2}+2\frac{\partial^6 w}{\partial x^2\partial y^2\partial t^2}+\frac{\partial^6 w}{\partial y^4\partial t^2}\right)+K^{\mathrm{sub}}(e_0 a)^2\left(\frac{\partial^2 w}{\partial x^2}+\frac{\partial^2 w}{\partial y^2}\right)-$$
$$K^{\mathrm{sub}}w-I_2\left(C_{11}\frac{\partial^4 w}{\partial x^4}+C_{22}\frac{\partial^4 w}{\partial y^4}\right)-2I_2(C_{11}+2C_{66})\frac{\partial^4 w}{\partial x^2\partial y^2}-J_1\frac{\partial^3 u^o}{\partial x\partial t^2}+$$
$$J_1(e_0 a)^2\left(\frac{\partial^5 u^o}{\partial x^3\partial t^2}+\frac{\partial^5 u^o}{\partial x\partial y^2\partial t^2}\right)+C_{11}I_1\frac{\partial^3 u^o}{\partial x^3}+I_1(C_{12}+2C_{66})\frac{\partial^3 u^o}{\partial x\partial y^2}-$$
$$J_1\frac{\partial^3 v^o}{\partial y\partial t^2}+J_1(e_0 a)^2\left(\frac{\partial^5 v^o}{\partial x^2\partial y\partial t^2}+\frac{\partial^5 v^o}{\partial y^3\partial t^2}\right)+$$
$$I_1(C_{12}+2C_{66})\frac{\partial^3 v^o}{\partial x^2\partial y}+C_{22}I_1\frac{\partial^3 v^o}{\partial y^3}=0 \tag{11.169}$$

其中 K^{sub}是石墨烯片和硅基底间键的力常数，参数 I_p和 J_p分别为

$$I_p=\int_{-h/2}^{h/2} z^p\mathrm{d}z,\quad J_p=\int_{-h/2}^{h/2}\rho z^p\mathrm{d}z,\quad p=0,1,2 \tag{11.170}$$

11.10.2 频散分析

对于石墨烯片中的波传播分析，如前面的处理一样，位移场可以用复变量的形式表示为

$$u^o(x,t)=\sum_{n=1}^{N}\sum_{m=1}^{M}\hat{u}_{mn}\mathrm{e}^{-\mathrm{i}k_n x}\mathrm{e}^{-\mathrm{i}\eta_m y}\mathrm{e}^{\mathrm{i}\omega t} \tag{11.171}$$

$$v^o(x,t)=\sum_{n=1}^{N}\sum_{m=1}^{M}\hat{v}_{mn}\mathrm{e}^{-\mathrm{i}k_n x}\mathrm{e}^{-\mathrm{i}\eta_m y}\mathrm{e}^{\mathrm{i}\omega t} \tag{11.172}$$

$$w^o(x,t)=\sum_{n=1}^{N}\sum_{m=1}^{M}\hat{w}_{mn}\mathrm{e}^{-\mathrm{i}k_n x}\mathrm{e}^{-\mathrm{i}\eta_m y}\mathrm{e}^{\mathrm{i}\omega t} \tag{11.173}$$

其中，$\hat{u}_{mn}$、$\hat{v}_{mn}$、$\hat{w}_{mn}$是频率振幅，k_n和 η_m分别是 x 和 y 方向上的波数，ω 是波频，$\mathrm{i}=\sqrt{-1}$。为了更简洁地表达，在下面的方程中去掉下标 m 和 n，将 x 方向波数表示为 $k_n=k_x$，y 方向波数表示为 $\eta_m=k_y$。

石墨烯和硅基底模型的非局部 ESGT 控制方程在方程(11.167)—(11.169)中给出。下一步是分析该体系中的波传播特性。将位移[方程(11.171)—(11.173)]代入石墨烯-硅体系的非局部控制方程，简化后所得方程以矩阵形式表示为

$$\boldsymbol{S}_4 k_x^4+\boldsymbol{S}_3 k_x^3+\boldsymbol{S}_2 k_x^2+\boldsymbol{S}_1 k_x+\boldsymbol{S}_0=0 \tag{11.174}$$

其中

$$\left.\begin{aligned}
&\boldsymbol{S}_4=\begin{bmatrix}0 & 0 & 0\\ 0 & 0 & 0\\ 0 & 0 & J_2(e_0a)^2\omega^2-C_{11}I_2\end{bmatrix}\\
&\boldsymbol{S}_3=\begin{bmatrix}0 & 0 & \mathrm{j}J_1\omega^2(e_0a)^2-\mathrm{j}C_{11}I_1\\ 0 & 0 & 0\\ -\mathrm{j}J_1\omega^2(e_0a)^2+\mathrm{j}C_{11}I_1 & 0 & 0\end{bmatrix}\\
&\boldsymbol{S}_2=\begin{bmatrix}J_0\omega^2(e_0a)^2-C_{11}I_0 & 0 & 0\\ 0 & J_0\omega^2(e_0a)^2-C_{66}I_0 & S_2^{(23)}\\ 0 & S_2^{(32)} & S_2^{(33)}\end{bmatrix}\\
&\boldsymbol{S}_1=\begin{bmatrix}0 & -(C_{11}+C_{66})I_0k_y & S_1^{(13)}\\ -(C_{11}+C_{66})I_0k_y & 0 & 0\\ S_1^{(31)} & 0 & 0\end{bmatrix}\\
&\boldsymbol{S}_0=\begin{bmatrix}S_0^{(11)} & 0 & 0\\ 0 & S_0^{(22)} & S_0^{(23)}\\ 0 & S_0^{(32)} & S_0^{(33)}\end{bmatrix}
\end{aligned}\right\}\tag{11.175}$$

其中矩阵元素 $S_r^{(pq)}$ ($p,q=1,2,3$ 和 $r=0,1,2$)如下所示。

$$S_2^{(23)}=\mathrm{j}\,J_1k_y(e_0a)^2\omega^2-\mathrm{j}(C_{11}+2\,C_{66})I_1k_y$$

$$S_2^{(32)}=-\mathrm{j}\,J_1k_y(e_0a)^2\omega^2+\mathrm{j}(C_{11}+2\,C_{66})I_1k_y$$

$$S_2^{(33)}=J_2\omega^2[1+(e_0a)^2k_y^2]-J_0\omega^2(e_0a)^2-(C_{11}+2\,C_{66})I_2k_y^2-K^{\mathrm{sub}}(e_0a)^2$$

$$S_1^{(13)}=\mathrm{j}\,J_1\omega^2[1+(e_0a)^2k_y^2]-\mathrm{j}(C_{11}+2\,C_{66})I_1k_y^2$$

$$S_1^{(31)}=-\mathrm{j}\,J_1\omega^2[1+(e_0a)^2k_y^2]+\mathrm{j}(C_{11}+2\,C_{66})I_1k_y^2$$

$$S_0^{(11)}=J_0\omega^2[1+(e_0a)^2k_y^2]-C_{66}I_0k_y^2$$

$$S_0^{(22)}=J_0\omega^2[1+(e_0a)^2k_y^2]-C_{22}I_0k_y^2$$

$$S_0^{(23)}=\mathrm{j}\,J_1k_y\omega^2[1+(e_0a)^2k_y^2]-\mathrm{j}\,C_{22}I_1k_y^3$$

$$S_0^{(32)}=-\mathrm{j}\,J_1k_y\omega^2[1+(e_0a)^2k_y^2]+\mathrm{j}\,C_{22}I_1k_y^3$$

$$S_0^{(33)}=J_2\omega^2k_y^2[1+(e_0a)^2k_y^2]+J_0\omega^2[1+(e_0a)^2k_y^2]-C_{22}I_2k_y^4-K^{\mathrm{sub}}[1+(e_0a)^2k_y^2]$$

方程(11.174)是波数 k_x 中的多项式特征值问题的形式,可以求解获得频散关系。根据局部和非局部弹性理论计算得到的波数随波频的频散关系分别如图 11.39 和图 11.40 所示。该图还显示了在 k_y 为 0 nm^{-1}、2 nm^{-1} 和 5 nm^{-1} 时硅基底对石墨烯波传播特性的影响。

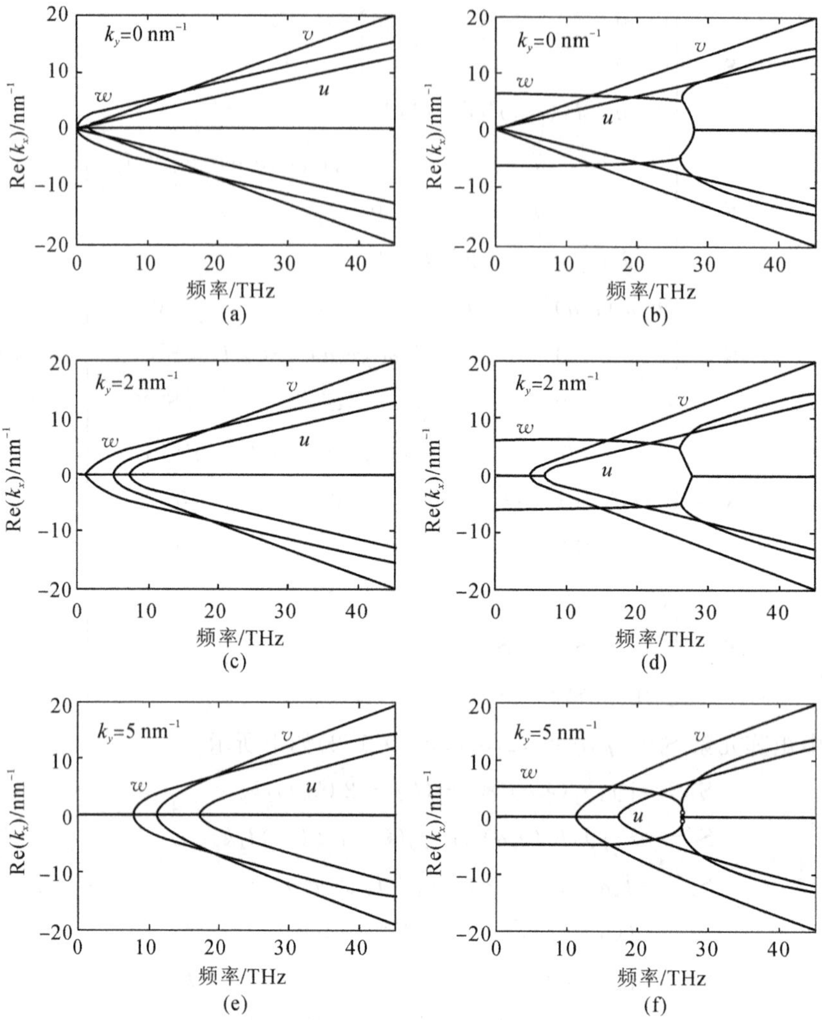

图 11.39　通过使用局部弹性理论($e_0=0$)获得的硅基底上石墨烯的波数(k_x)随波频变化的频散

(a)$k_y=0\ \mathrm{nm}^{-1}$,不含基底;(b)$k_y=0\ \mathrm{nm}^{-1}$,含基底;(c)$k_y=2\ \mathrm{nm}^{-1}$,不含基底;

(d)$k_y=2\ \mathrm{nm}^{-1}$,含基底;(e)$k_y=5\ \mathrm{nm}^{-1}$,不含基底;(f)$k_y=5\ \mathrm{nm}^{-1}$,含基底

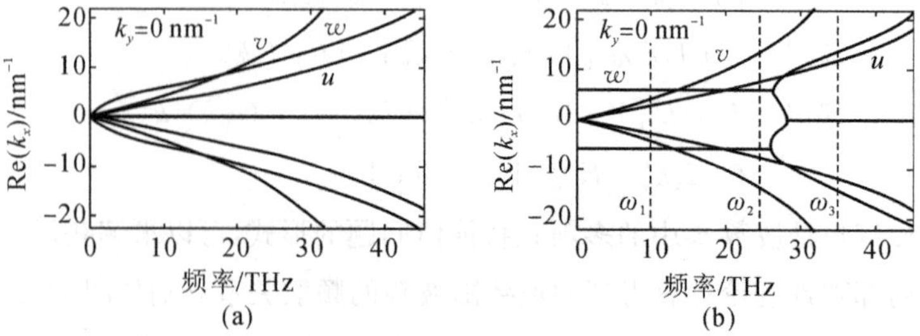

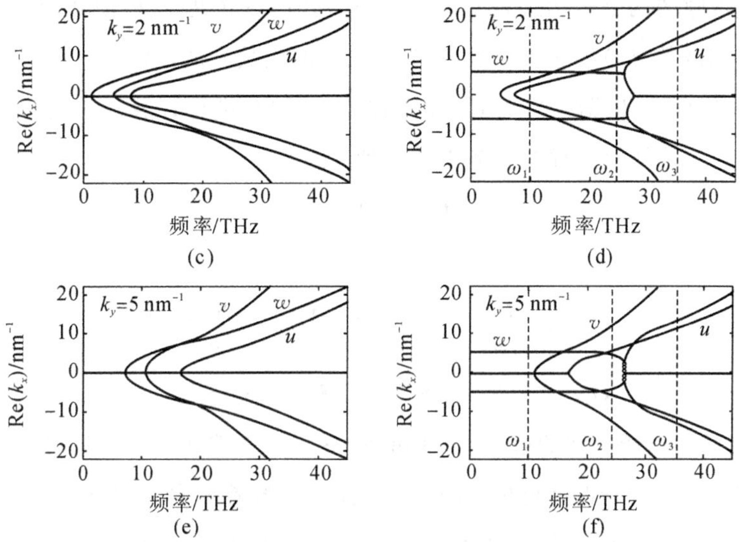

图 11.40　通过使用非局部弹性理论($e_0=0.39$)获得的硅基底上石墨烯的波数(k_x)随频率(s 显示达到非局部极限)的频散

(a)$k_y=0$ nm^{-1},没有基底;(b)$k_y=0$ nm^{-1},有基底;(c)$k_y=2$ nm^{-1},没有基底;

(d)$k_y=2$ nm^{-1},有基底;(e)$k_y=5$ nm^{-1},没有基底;(f)$k_y=5$ nm^{-1},有基底

上一节中,在单层石墨烯片的分析中发现,水平波数的变化会导致截止频率偏移。本节将对硅基底上的单层石墨烯情况下的介质频率进行分析,需要注意不同的是,石墨烯-硅体系面内波和面外波是耦合的,因此这两种波都可能存在截止频率。频带隙的表达式是通过在频散关系[方程(11.174)]中设置 $k_x=0$ 来获得的。对于 PEP 的当前情况,可以求解$|\boldsymbol{S}_0|=0$,以获得石墨烯-硅体系中所有基波模式的截止频率,其表达式为

$$\omega_c^{\text{inplane}}=k_y\sqrt{\frac{I_0C_{66}}{J_0[1+(e_0a)^2k_y^2]}},\quad \omega_c^{\text{flexural}}=\sqrt{\frac{1}{2H_0}\sqrt{H_1+H_2}} \tag{11.176}$$

其中 H_0、H_1和 H_2为

$$H_0=(J_0J_2-J_1^2)k_y^4(e_0a)^2+J_0^2[1+(e_0a)^2k_y^2]+(J_0J_2-J_1^2)k_y^2$$

$$H_1=J_0K^{\text{sub}}[1+(e_0a)^2k_y^2]+(J_0+J_2)C_{22}I_2k_y^4+(I_0J_0-2I_1J_2)C_{22}k_y^4$$

$$\begin{aligned}H_2=&[J_0^2(e_0a)^4k_y^4+2J_0^2(e_0a)^2k_y^2+J_0^2]K_2^{\text{sub}}+\\&[(2J_0^2I_2-2J_0I_0J_2-4J_0J_1I_1+4J_1^2I_0)C_{22}(e_0a)^2k_y^6-\\&(2J_0^2(e_0a)^2I_0+2J_0^2I_2-2J_0I_0J_2-4J_0J_1I_1+4J_1^2I_0)C_{22}k_y^4-\\&2C_{22}I_0J_0^2k_y^2]K^{\text{sub}}+[J_0^2I_2^2+I_0^2J_2^2-4J_0I_2J_1I_1-2J_0I_2I_0J_2-\\&4J_1I_1I_0J_2+4J_0J_2I_1^2+4J_1^2I_0I_2]C_{22}^2k_y^8+\\&[4J_0^2I_1^2-2J_0^2I_2I_0-4I_0J_0J_1I_1+2I_0^2J_0J_2]C_{22}^2k_y^6+I_0^2J_0^2C_{22}^2k_y^4\end{aligned}$$

上述频带隙的两个表达式表明，对于所有基波模式（纵向、横向和弯曲），截止频率主要是 y 方向波数（k_y）和非局部尺度参数（e_0a）的函数。波速（相速度 $C_p=\omega/k_x$，群速度 $C_g=d\omega/dk_x$）可以根据频散关系[即方程(11.174)]进行计算。这可以通过将波数（k_x）中的多项式特征值方程对波频求导得到

$$\boldsymbol{G}_1C_g+\boldsymbol{G}_0=0 \tag{11.177}$$

其中

$$\boldsymbol{G}_1=k_x^4\frac{\partial\boldsymbol{S}_4}{\partial\omega}+k_x^3\frac{\partial\boldsymbol{S}_3}{\partial\omega}+k_x^2\frac{\partial\boldsymbol{S}_2}{\partial\omega}+k_x\frac{\partial\boldsymbol{S}_1}{\partial\omega}+\frac{\partial\boldsymbol{S}_0}{\partial\omega}$$

$$\boldsymbol{G}_0=4\,\boldsymbol{S}_4k_x^3+3\,\boldsymbol{S}_3k_x^2+2\,\boldsymbol{S}_2k_x+\boldsymbol{S}_1$$

其中 C_g 是石墨烯中波的群速度，矩阵 $\boldsymbol{S}_4$、$\boldsymbol{S}_3$、$\boldsymbol{S}_2$、$\boldsymbol{S}_1$ 和 $\boldsymbol{S}_0$ 在方程(11.175)中给出。方程(11.177)也是关于群速度的PEP，可以针对石墨烯-硅体系的各个态（即轴向 u、v 和弯曲 w）的群速度（作为波频、波数和非局部尺度参数的函数）进行求解。分别基于局部和非局部弹性理论计算的石墨烯-硅体系中波频的群速度频散关系如图11.41和11.42所示。对于 y 方向波数 k_y 为 0 nm^{-1}、2 nm^{-1} 和 5 nm^{-1}，从图中也可以清楚地看到硅基底对群速度频散关系的影响。

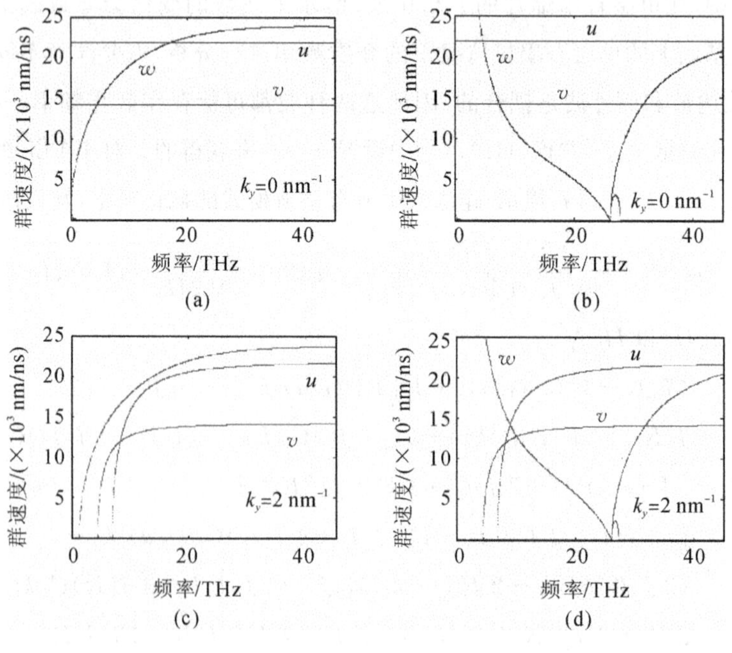

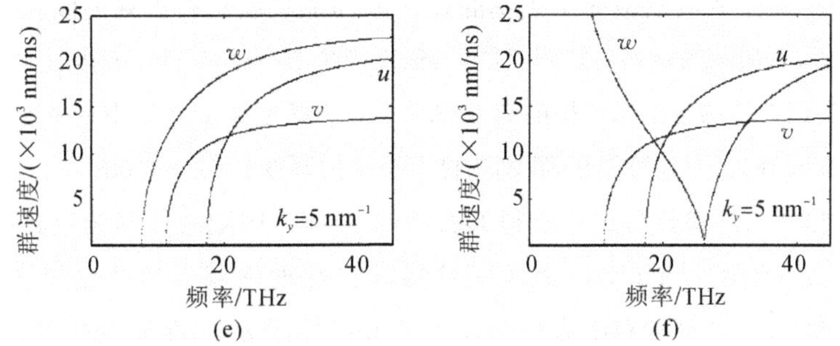

图 11.41　根据局部弹性理论获得的硅基底上石墨烯的群速度频散($e_0=0$)

(a)$k_y=0\ \text{nm}^{-1}$，不含基底；(b)$k_y=0\ \text{nm}^{-1}$，含基底；(c)$k_y=2\ \text{nm}^{-1}$，不含基底；

(d)$k_y=2\ \text{nm}^{-1}$，含基底；(e)$k_y=5\ \text{nm}^{-1}$，不含基底；(f)$k_y=5\ \text{nm}^{-1}$，含基底

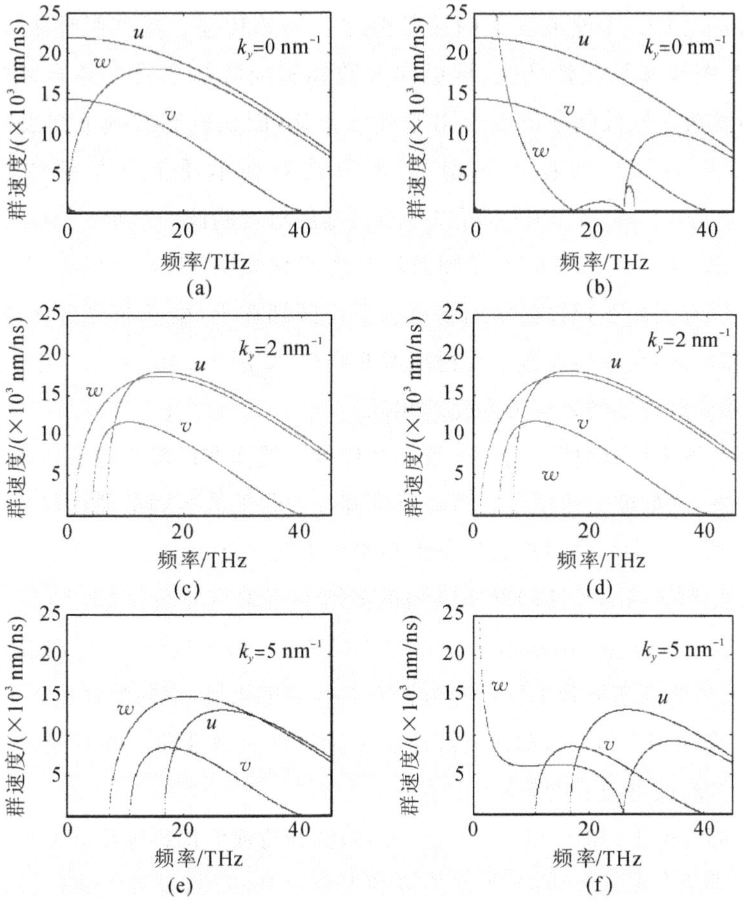

图 11.42　根据非局部弹性理论获得的硅基底上石墨烯的群速度频散($e_0=0.39$)

(a)$k_y=0\ \text{nm}^{-1}$，没有基底；(b)$k_y=0\ \text{nm}^{-1}$，有基底；(c)$k_y=2\ \text{nm}^{-1}$，没有基底；

(d)$k_y=2\ \text{nm}^{-1}$，有基底；(e)$k_y=5\ \text{nm}^{-1}$，没有基底；(f)$k_y=5\ \text{nm}^{-1}$，有基底

在本节中，通过数值模拟介绍了基底以及非局部尺度对石墨烯的波频散特性的影响。为了分析，石墨烯的材料参数假设如下：杨氏模量 $E=1.06$ TPa，密度 $\rho=2300$ kg/m^3。如前所述，CNT、石墨烯等纳米结构的有效壁厚 t 的选择是纳米力学中一个长期存在的问题。根据 Kudin 等人[191]计算结果，我们选择石墨烯的厚度 $t=0.089$ nm。

从局部和非局部弹性理论中获得的石墨烯-硅体系中随波频的波数频散关系如图 11.39 和 11.40 所示。图 11.39 展示了从局部弹性理论获得的波数频散关系，其中 $e_0=0$ nm。图 11.39(a)和(b)是基于 $k_y=0$ nm^{-1}（表示一维波的传播）绘制的，图 11.39(c)和(d)是基于 $k_y=2$ nm^{-1}绘制的，而图 11.39(e)和(f)是基于 $k_y=5$ nm^{-1}绘制的。在没有基底效应的情况下，与纵波和横波（平面内）的频带隙相比，弯曲波的频带隙较小。随着 y 方向波数 k_y 的增加，三种模式的频带隙都增加。如果考虑基底效应，与平面内波相比，弯曲波在大的频带隙之后开始传播。局部弹性表明，当 $k_y=0$ 时，轴向波数随频率呈线性变化，即纵向波数和横向波数本质上是非频散的。对于 $k_y=0$，弯曲波数在较低频率下表现出非线性变化，而在较高波频下则表现出线性变化，如图 11.39 所示。随着 k_y 的增加，所有波数在本质上都是频散的。通过图 11.39(b)、11.39(d)和 11.39(f)，可以观察到基底对弯曲波的影响。

非局部弹性（$e_0=0.39$）的波数频散随频率变化如图 11.40 所示。在非局部弹性模型中也可以看到局部弹性的观测结果。主要区别在于，由于非局部弹性的存在，波数（平面内和弯曲）在较高波频下变得高度非线性，如图 11.40 所示。无论有无基底效应，局部和非局部弹性的带隙的变化均相同。

局部弹性解表明，即使在高频下波也会传播。然而非局部弹性解预测波只能传播到特定的频率，之后就不传播了。从非局部弹性获得的波数频散曲线仅显示到非局部极限。因此本段开头讨论的现象是发生在非局部限制之上的。

局部弹性和非局部弹性的群速度频散随波频率的变化分别如图 11.41 和 11.42 所示。如图 11.41(a)和(b)所示，$k_y=0$ 时平面内(u,v)波速恒定，弯曲波速从低频开始增加，在更高的频率下趋于恒定。与轴向波群速度相比，弯曲波群速度的幅值更高。随着 k_y从 0 增加到 5 nm^{-1}，轴向波群速度也表现出频散性质。并且还可以清楚地观察到基底对弯曲波群速度的影响。

在非局部情况下，如图 11.42 所示平面内波和弯曲波的群速度在某些特定频率下停止传播。无论有无基底效应，平面内波的群速度均相同，这种现象仅在弯曲波中观察到。具有基底效应的弯曲波有两个截止频率。随着 k_y 的增加，弯曲波群速度曲线保持局部弹性中的形状，并且附加的频带隙也消失。从这些结果中我们可以观察到，无论使用局部或非局部弹性模型，只有弯曲波才会受到基底效应的影响。

11.11 碳纳米管增强纳米复合材料梁中的波传播

本节将介绍由不同基体制成并用 MWCNT 增强的纳米复合材料梁的波传播特性。将仅使用局部弹性理论模拟纳米复合梁，并且，通过引入自由度，使用三阶梁理论对梁进行建模。下面工作的亮点是，在经过小波变换的频域中进行分析，并概述获得这种纳米复合梁的波数和群速度的过程。纳米复合材料制备过程中的主要挑战之一是 CNT 在基体中的不均匀分散。在纳米复合材料结构中，碳纳米管是主要的承载构件，分散不均匀会导致部分载荷从基体到碳纳米管的转移，尤其是剪应力转移会导致裂纹的形成，甚至导致构件失效[342],[335]。因此，需要一种适当的建模方法来对这种不均匀的分散现象进行建模，基于此，本文使用了三阶梁理论，其中引入的常数是通过在 CNT 和基体之间施加部分剪切应力来获得的。

对纳米复合材料建模的另一个挑战是获得其本构模型。一些研究人员已经使用混合法来获得其本构模型，与在层压复合材料中一样。不同的研究人员采用了几种不同的方法来模拟纳米复合材料，文献中报道的一些不同的本构模型总结如下。在参考文献[272]中，使用文献[271]中提出的等效连续介质建模方法，获得了单壁碳纳米管(SWCNT)嵌入聚合物复合材料的本构模型。文献[282,283]中也使用自相似方法得到了碳纳米管-聚合物复合材料的本构特性。文献[273]中介绍了预测 CNT 嵌入复合材料性能的等效连续介质和自相似方法的比较。在文献[62]中，基于连续介质力学和有限元方法，使用正方形代表体积单元评估了 CNT 基复合材料的等效力学性能。文献[341]中使用微观力学模型确定了多壁碳纳米管(MWCNT)增强聚合物复合材料的弹性性能。

在本节中，使用三阶逐层剪切变形理论[263]对复合材料进行建模。MWCNT 的每个壁被建模为一个单独的梁，通过沿长度方向上分布的弹簧耦合，如本章前面所述(见第 11.2 节)。弹簧的刚度取决于层间范德华力[309]。CNT 和基体之间的界面载荷传递对于复合材料效能的发挥至关重要。从实验中观察到，CNT 和基体之间不存在完美的结合[335]。考虑到部分界面剪切应力传递，本文采用逐层理论对这种复合材料进行建模。

11.11.1 控制方程

基于三阶逐层剪切变形理论，将 P 壁 MWCNT 复合梁建模为耦合多重弹性梁[309][图 11.43(a)]，得到一组 $2P$ 控制耦合偏微分方程(建模细节见第 11.2 节)。

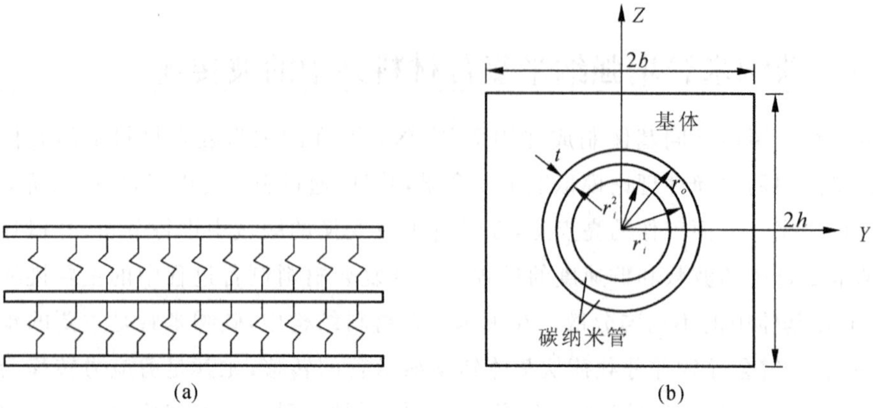

图 11.43 三层碳纳米管复合梁模型建模分析

(a)碳纳米管之间耦合的分布弹簧模型;(b)嵌入式双壁碳纳米管的梁横截面

每个 CNT 壁与横向位移和剪切位移的两个偏微分方程相关联。由于基体仅与最外层的 CNT 结合,本文采用逐层理论来推导基体和最外层壁相关的两个偏微分方程。因此,以下两组位移场被用于基体和最外层 CNT 壁。

$$u^{\mathrm{m}}=-z\frac{\partial w^1}{\partial x}+(z+c_1^{\mathrm{m}}z^2+c_2^{\mathrm{m}}z^3)\theta^1,\quad w^{\mathrm{m}}=w^1 \tag{11.178}$$

$$u^{\mathrm{cl}}=-z\frac{\partial w^1}{\partial x}+(z+c_1^{\mathrm{cl}}z^2+c_2^{\mathrm{cl}}z^3)\theta^1,\quad w^{\mathrm{cl}}=w^1 \tag{11.179}$$

其中 w^1 是位移,θ^1 是由于 z 方向上剪切而产生的旋转[图 11.43(b)]。c_1^{m}、c_2^{m}、c_1^{cl} 和 c_2^{cl} 是需要确定的常数。

采用方程(11.178)推导出的基体的应变-位移关系为

$$\left.\begin{aligned}\varepsilon_{xx}^{\mathrm{m}}&=\frac{\partial u^{\mathrm{m}}}{\partial x}=-z\frac{\partial^2 w^1}{\partial x^2}+(z+c_1^{\mathrm{m}}z^2+c_2^{\mathrm{m}}z^3)\frac{\partial\theta^1}{\partial x}\\ \gamma_{xz}^{\mathrm{m}}&=\frac{\partial u^{\mathrm{m}}}{\partial z}+\frac{\partial w^{\mathrm{m}}}{\partial x}=(1+2c_1^{\mathrm{m}}z+3c_2^{\mathrm{m}}z^2)\theta^1\end{aligned}\right\} \tag{11.180}$$

类似地,用方程(11.179)推导出 CNT 最外壁的应变-位移关系为

$$\left.\begin{aligned}\varepsilon_{xx}^{\mathrm{cl}}&=\frac{\partial u^{\mathrm{cl}}}{\partial x}=-z\frac{\partial^2 w^1}{\partial x^2}+(z+c_1^{\mathrm{cl}}z^2+c_2^{\mathrm{cl}}z^3)\frac{\partial\theta^1}{\partial x}\\ \gamma_{xz}^{\mathrm{cl}}&=\frac{\partial u^{\mathrm{cl}}}{\partial z}+\frac{\partial w^{\mathrm{cl}}}{\partial x}=(1+2c_1^{\mathrm{cl}}z+3c_2^{\mathrm{cl}}z^2)\theta^1\end{aligned}\right\} \tag{11.181}$$

常数 c_1^{m}、c_2^{m} 是通过假设梁的顶面和底面上没有分布剪切载荷来确定的,或者

$$\tau_{xz}^{\mathrm{m}}=G^{\mathrm{m}}\gamma_{xz}^{\mathrm{m}}=0,\quad z=\pm h \tag{11.182}$$

其中 G^{m} 是基体的剪切模量,h 是梁高的一半[图 11.43(b)]。求解方程(11.182)得到 c_1^{m}、c_2^{m} 如下

$$c_1^{\mathrm{m}}=0,\quad c_2^{\mathrm{m}}=-\frac{1}{3H^2} \tag{11.183}$$

另外两个常数c_1^c、c_2^c是通过假设 CNT 与基体界面处存在连续位移并给定剪切应力传递比例而导出的。对于 $z=r_o\sin\theta[\forall\theta\in(0,2\pi)]$有

$$u^{c1}=u^{m} \tag{11.184}$$

$$\text{或} c_1^{c1}+c_2^{c1}z=c_2^{m} \tag{11.185}$$

$$\tau_{xz}^{c1}=\alpha\,\tau_{xz}^{m}$$

$$\text{或 } 1+2\,c_1^{c1}z+3\,c_2^{c1}z^2=\frac{\alpha G^m}{G^c}(1+3\,c_2^{c1}z^2) \tag{11.186}$$

$$\text{或 } 2\,c_1^{c1}z+3\,c_2^{c1}z^2=-(1-\kappa)+3\kappa c_2^{m}z^2,\quad \kappa=\frac{\alpha G^m}{G^c} \tag{11.187}$$

其中 r_o是半径，G^c是最外层 CNT 的剪切模量，α 是给定的界面剪切应力传递比例。注意，$0\leqslant\alpha\leqslant1$，$\alpha=1$ 表示界面剪切应力完全传递，$\alpha=0$ 表示无传递。

通过求解方程(11.185)和(11.187)，得到c_1^{c1}、c_2^{c1}如下

$$\left.\begin{aligned}c_1^{c1}&=-(1-\kappa)\frac{1}{z^2}+(3\kappa-2)c_2^{m}\\ c_2^{c1}&=3(1-\kappa)c_2^{m}z+(1-\kappa)\frac{1}{z},\quad z=r_o\sin\theta\quad\forall\theta\in(0,2\pi)\end{aligned}\right\} \tag{11.188}$$

方程(11.181)和(11.182)中代入$\theta^1=\phi^1+\dfrac{\partial w^1}{\partial x}$，其中 ϕ^1是 $z=0$ 时的总旋度，方程可改写为

$$\varepsilon_{xx}^{m}=(c_1^{m}z^2+c_2^{m}z^3)\frac{\partial^2 w^1}{\partial x^2}+(z+c_1^{m}z^2+c_2^{m}z^3)\frac{\partial\phi^1}{\partial x} \tag{11.189}$$

$$\gamma_{xz}^{m}=(1+2\,c_1^{m}z+3\,c_2^{m}z^2)(\phi^1+\frac{\partial w^1}{\partial x}) \tag{11.190}$$

和

$$\varepsilon_{xx}^{c1}=(c_1^{c1}z^2+c_2^{c1}z^3)\frac{\partial^2 w^1}{\partial x^2}+(z+c_1^{c1}z^2+c_2^{c1}z^3)\frac{\partial\phi^1}{\partial x} \tag{11.191}$$

$$\gamma_{xz}^{c1}=(1+2\,c_1^{c1}z+3\,c_2^{c1}z^2)(\phi^1+\frac{\partial w^1}{\partial x}) \tag{11.192}$$

基质和最外层 CNT 的总应变和动能可以按下式计算，

$$U^1=\frac{1}{2}\int_0^L\int_A(E^m\,\varepsilon_{xx}^{m^2}+E^c\,\varepsilon_{xx}^{c1^2}+G^m\,\gamma_{xz}^{m^2}+E^c\,\gamma_{xz}^{c1^2})\mathrm{d}A\mathrm{d}x \tag{11.193}$$

$$T^1=\frac{1}{2}\int_0^L\int_A[\rho^m(\dot{u}^{m^2}+\dot{w}^{m^2})+\rho^c(\dot{u}^{c1^2}+\dot{w}^{c1^2})]\mathrm{d}A\mathrm{d}x \tag{11.194}$$

对于 P 壁 MWCNT 的剩余 $P-1$ 壁，位移场与方程(11.179)给出的位移场相似，可以写成

$$u^{cp}=-z\frac{\partial w^p}{\partial x}+(z+c_1^{cp}z^2+c_2^{cp}z^3)\theta^p \tag{11.195}$$

$$w^{cp}=w^p,\quad p=2,3,\cdots,P \tag{11.196}$$

其中，w^p 是第 p 个 CNT 壁的横向位移，θ^p 是由 z 方向上的剪切引起的旋转。类似地，代入 $\theta^p=\phi^p+\frac{\partial w^p}{\partial x}$，这些 CNT 壁的应变-位移关系可以写成

$$\varepsilon_{xx}^{cp}=(c_1^{cp}z^2+c_2^{cp}z^3)\frac{\partial^2 w^p}{\partial x^2}+(z+c_1^{cp}z^2+c_2^{cp}z^3)\frac{\partial \phi^p}{\partial x} \tag{11.197}$$

$$\gamma_{xz}^{cp}=(1+2\,c_1^{cp}z+3\,c_2^{cp}z^2)(\phi^p+\frac{\partial w^p}{\partial x}),\quad p=2,3,\cdots,P \tag{11.198}$$

其中 ϕ^p 是 $z=0$ 时 z 方向上的总旋转。c_1^{cp}、c_2^{cp} 分别是类似于 c_1^{c1}、c_2^{c1} 的常数。然而，与最外层 CNT 壁不同，这些常数是通过假设自由外表面处的剪切载荷为零而导出的，

对于 $z=\pm r_i^{(p-1)}\sin\theta\,\forall\,\theta\in(0,\pi)$，有

$$\tau_{xz}^{cp}=G^c\gamma_{xz}^{cp}=0,\quad p=2,3,\cdots,P \tag{11.199}$$

其中 $r_i^{(p-1)}$ 是第 $(p-1)$ 个 CNT 壁的内径。根据方程(11.199)，常数 c_1^{cp}、c_2^{cp} 可以求解为

对于 $z=r_i^{(p-1)}\sin\theta\,\forall\,\theta\in(0,2\pi)$，有

$$c_1^{cp}=0,\quad c_2^{cp}=-\frac{1}{3\,z^2},\quad p=2,3,\cdots,P \tag{11.200}$$

因此，这些 CNT 壁的势能和动能可以表示为：

$$U^p=\frac{1}{2}\int_0^L\int_A(E^c\,\varepsilon_{xx}^{cp^2}+E^c\,\gamma_{xz}^{cp^2})\mathrm{d}A\mathrm{d}x \tag{11.201}$$

$$T^p=\frac{1}{2}\int_0^L\int_A\rho^c(\dot{u}^{cp^2}+\dot{w}^{cp^2})\mathrm{d}A\mathrm{d}x,\quad p=2,3,\cdots,P \tag{11.202}$$

利用哈密顿原理，当 $p=1,2,3,\cdots,P$，将上述能量相对于 w^p 和 ϕ^p 的最小化，可以给出 $2P$ 个耦合的控制偏微分方程

$$I_0^1\ddot{w}^1-I_{ff}^1\frac{\partial^2\ddot{w}^1}{\partial x^2}+I_{fs}^1\frac{\partial\ddot{\phi}^1}{\partial x}+K_{ff}^1\frac{\partial^4 w^1}{\partial x^4}-K_{sf}^1\left(\frac{\partial^2 w^1}{\partial x^2}+\frac{\partial\phi^1}{\partial x}\right)+K_{fs}^1\frac{\partial^3\phi^1}{\partial^3 x}=C_1[w^2-w^1] \tag{11.203}$$

$$I_{ss}^1\ddot{\phi}^1+I_{fs}^1\frac{\partial\ddot{w}^1}{\partial x}+K_{sf}^1\left(\frac{\partial w^1}{\partial x}+\phi^1\right)-K_{fs}^1\frac{\partial^3 w^1}{\partial^3 x}-K_{ss}^1\frac{\partial^2\phi^1}{\partial x^2}=0 \tag{11.204}$$

$$\begin{aligned}&I_0^p\ddot{w}^p-I_{ff}^p\frac{\partial^2\ddot{w}^p}{\partial x^2}+I_{fs}^p\frac{\partial\ddot{\phi}^p}{\partial x}+K_{ff}^p\frac{\partial^4 w^p}{\partial x^4}-K_{sf}^p(\frac{\partial^2 w^p}{\partial x^2}+\frac{\partial\phi^p}{\partial x})+K_{fs}^p\frac{\partial^3\phi^p}{\partial^3 x}\\&=C_p[w^{p+1}-w^p]-C_{p-1}[w^p-w^{p-1}],\quad p=2,3,\cdots,P-1\end{aligned} \tag{11.205}$$

$$I_{ss}^p\ddot{\phi}^p+I_{fs}^p\frac{\partial\ddot{w}^p}{\partial x}+K_{sf}^p(\frac{\partial w^p}{\partial x}+\phi^p)-K_{fs}^p\frac{\partial^3 w^p}{\partial^3 x}-K_{ss}^p\frac{\partial^2\phi^p}{\partial x^2}=0,p=2,3,\cdots,p-1 \tag{11.206}$$

$$I_0^P \ddot{w}^P - I_{ff}^P \frac{\partial^2 \ddot{w}^P}{\partial x^2} + I_{fs}^P \frac{\partial \ddot{\phi}^P}{\partial x} + K_{ff}^P \frac{\partial^4 w^P}{\partial x^4} - K_{sf}^P \left(\frac{\partial^2 w^P}{\partial x^2} + \frac{\partial \phi^P}{\partial x}\right) + K_{fs}^P \frac{\partial^3 \phi^P}{\partial^3 x} = -C_{P-1}[w^P - w^{P-1}] \tag{11.207}$$

$$I_{ss}^P \ddot{\phi}^P + I_{fs}^P \frac{\partial \ddot{w}^P}{\partial x} + K_{sf}^P \left(\frac{\partial w^P}{\partial x} + \phi^P\right) - K_{fs}^P \frac{\partial^3 w^P}{\partial^3 x} - K_{ss}^P \frac{\partial^2 \phi^P}{\partial x^2} = 0 \tag{11.208}$$

需要提出的是对应于第 p 个 CNT 壁的横向位移的控制微分方程仅与第($p-1$)个和第($p+1$)个壁的控制微分方程式耦合。方程(11.203)和(11.204)的惯性常数为

$$I_{ff}^1 = (c_1^{m^2} I_4^m + c_1^{c1^2} I_4^{c1}) + 2(c_1^m c_2^m I_5^m + c_1^{c1} c_2^{c1} I_5^{c1}) + (c_2^{m^2} I_6^m + c_2^{c1^2} I_6^{c1}) \tag{11.209}$$

$$I_{fs}^1 = I_{ff}^1 + (c_1^m I_3^m + c_1^{c1} I_3^{c1}) + (c_2^m I_4^m + c_2^{c1} I_4^{c1}) \tag{11.210}$$

$$I_{ss}^1 = I_{fs}^1 + (I_2^m + I_2^{c1}) + (c_1^m I_3^m + c_1^{c1} I_3^{c1}) + (c_2^m I_4^m + c_2^{c1} I_4^{c1}) \tag{11.211}$$

类似地，对于方程(11.205)至(11.208)为

$$I_{ff}^p = c_1^{c1^2} I_4^{cp} + 2\, c_1^{cp} c_2^{cp} I_5^{cp} + c_2^{cp^2} I_6^{cp} \tag{11.212}$$

$$I_{fs}^p = I_{ff}^p + c_1^{cp} I_3^{cp} + c_2^{cp} I_4^{cp} \tag{11.213}$$

$$I_{ss}^p = I_{fs}^p + I_2^{cp} + c_1^{cp} I_3^{cp} + c_2^{cp} I_4^{cp}, \quad p = 2, 3, \cdots, P \tag{11.214}$$

且

$$c_{()}^{()} I_l^{()} = \rho^{()} \int_A c_{()}^{()} z^l \mathrm{d}A$$

其中上标是 m 或 cp，$p=1,2,\cdots,P$，并且下标是 1 或 2，如等式(11.209)至(11.214)中所示。

方程(11.203)和(11.204)的刚度常数分别为

$$K_{ff}^1 = (c_1^{m^2} F_{11}^m + c_1^{c1^2} F_{11}^{c1}) + 2(c_1^m c_2^m G_{11}^m + c_1^{c1} c_2^{c1} G_{11}^{c1}) + (c_2^{m^2} H_{11}^m + c_2^{c1^2} H_{11}^{c1}) \tag{11.215}$$

$$K_{fs}^1 = K_{ff}^1 + (c_1^m E_{11}^m + c_1^{c1} E_{11}^{c1}) + (c_2^m F_{11}^m + c_2^{c1} F_{11}^{c1}) \tag{11.216}$$

$$\begin{aligned} K_{sf}^1 = {} & (A_{55}^m + A_{55}^{c1}) + 4(c_1^m B_{55}^m + c_1^{c1} B_{55}^{c1}) + [(4\, c_1^{m^2} + 6\, c_2^m) D_{55}^m + \\ & (4\, c_1^{c1^2} + 6\, c_2^{c1}) D_{55}^{c1}] + 12(c_1^m c_2^m E_{55}^m + c_1^{c1} c_2^{c1} E_{55}^{c1}) + \\ & 9(c_2^{m^2} F_{55}^m + c_2^{c1^2} F_{55}^{c1}) \end{aligned} \tag{11.217}$$

$$K_{ss}^1 = K_{fs}^1 + (D_{11}^m + D_{11}^{c1}) + (c_1^m E_{11}^m + c_1^{c1} E_{11}^{c1}) + (c_2^m F_{11}^m + c_2^{c1} F_{11}^{c1}) \tag{11.218}$$

类似地，对于方程(11.205)和(11.208)为

$$K_{ff}^p = c_1^{cp^2} F_{11}^{cp} + 2\, c_1^{cp} c_2^{cp} G_{11}^{cp} + c_2^{cp^2} H_{11}^{cp} \tag{11.219}$$

$$K_{fs}^p = K_{ff}^p + c_1^{cp} E_{11}^{cp} + c_2^{cp} F_{11}^{cp} \tag{11.220}$$

$$\begin{aligned} K_{sf}^p = {} & A_{55}^{cp} + 4\, c_1^{cp} B_{55}^{cp} + (4\, c_1^{cp^2} + 6\, c_2^{cp}) D_{55}^{cp} \\ & + 12\, c_1^{cp} c_2^{cp} E_{55}^{cp} + 9\, c_2^{cp^2} F_{55}^{cp} \end{aligned} \tag{11.221}$$

$$K_{ss}^p = K_{fs}^p + D_{11}^{cp} + c_1^{c1} E_{11}^{cp} + c_2^{cp} F_{11}^{cp}, \quad p = 2, 3, \cdots, P \tag{11.222}$$

且

$$[A_{11}^{()},c_{()}^{()}\ B_{11}^{()},c_{()}^{()}\ D_{11}^{()},c_{()}^{()}\ E_{11}^{()},c_{()}^{()}\ F_{11}^{()},c_{()}^{()}\ G_{11}^{()},c_{()}^{()}\ H_{11}^{()}]$$

$$= E^{()}\int_A c_{()}^{()}[1,z,z^2,z^3,z^4,z^5,z^6]\mathrm{d}A$$

$$[A_{55}^{()},c_{()}^{()}\ B_{55}^{()},c_{()}^{()}\ D_{55}^{()},c_{()}^{()}\ E_{55}^{()},c_{()}^{()}\ F_{55}^{()},c_{()}^{()}\ G_{55}^{()},c_{()}^{()}\ H_{55}^{()}]$$

$$= G^{()}\int_A c_{()}^{()}[1,z,z^2,z^3,z^4,z^5,z^6]\mathrm{d}A$$

与惯性常数类似，上标为 m 或 cp，$p=1,2,\cdots,P$，并且下标是 1 或 2，如等式(11.215)至(11.222)中所示。

相互作用系数 C_p，$p=1,2,\cdots\cdots P-1$，是由于任何两个相邻壁之间的范德华力相互作用而产生的，可以近似地估计为[309]

$$C_p=\frac{400r_i^p}{0.16\,d^2}\mathrm{erg/cm^2},\quad d=0.142\ \mathrm{nm},\quad p=1,2,\cdots,P-1 \tag{11.223}$$

其中 r_i^p 是第 p 个 CNT 壁的内半径。

由哈密顿原理获得的分别对应于 w^p、$\frac{\partial w^p}{\partial x}$ 和 ϕ^p 的三个力的边界条件为

$$-K_{ff}^p\frac{\partial^3 w^p}{\partial x^3}+K_{sf}^p\left(\frac{\partial w^p}{\partial x}+\phi^p\right)-K_{fs}^p\frac{\partial^2\phi^p}{\partial x^2}=V \tag{11.224}$$

$$K_{ff}^p\frac{\partial^2 w^p}{\partial x^2}+K_{fs}^p\frac{\partial\phi^p}{\partial x}=Q \tag{11.225}$$

$$K_{fs}^p\frac{\partial^2 w^p}{\partial x^2}+K_{ss}^p\frac{\partial\phi^p}{\partial x}=M,\quad p=1,2,\cdots,P \tag{11.226}$$

如第 4 章第 4.3 节所述，使用小波变换进行波动分析的第一步是使用 Daubechies 尺度函数将一组控制微分波动方程[方程(11.203)至(11.208)]简化为常微分方程。在时间窗口$[0,t_f]$中的 n 个点处将 $u(x,t)$ 离散。设 $\tau=0,1,\cdots,n-1$ 为采样点，则

$$t=\Delta t\tau \tag{11.227}$$

其中 Δt 是两个采样点之间的时间间隔。函数 $w^p(x,t)$ 可以通过任意尺度上的尺度函数 $\varphi(\tau)$ 近似为

$$w^p(x,t)=w^p(x,\tau)=\sum_k w_k^p(x)\varphi(\tau-k),\quad k\in\mathbf{Z} \tag{11.228}$$

其中，$w_k^p(x)$(以下称为w_k^p)是在特定空间维度 x 上的近似系数。其他位移 $\phi^p(x,t)$ 可以类似地变换，方程(11.204)可以写成

$$\begin{aligned}&\frac{1}{\Delta t^2}\sum_k\left(I_0^1 w_k^1-I_{ff}^1\frac{\mathrm{d}^2 w_k^1}{\mathrm{d}x^2}+I_{fs}^1\frac{\mathrm{d}\phi_k^1}{\mathrm{d}x}\right)\varphi''(\tau-k)+\sum_k\left(K_{ff}^1\frac{\mathrm{d}^4 w_k^1}{\mathrm{d}x^4}-\right.\\&\left.K_{sf}^1\left(\frac{\mathrm{d}^2 w_k^1}{\mathrm{d}x^2}+\frac{\mathrm{d}\phi_k^1}{\mathrm{d}x}\right)+K_{fs}^1\frac{\mathrm{d}^3\phi_k^1}{\mathrm{d}x^3}\right)\varphi(\tau-k)=C_1\sum_k[w_k^2-w_k^1]\varphi(\tau-k)\end{aligned} \tag{11.229}$$

用 $\varphi(\tau-j)$ 取方程(11.230)两边的内积，其中 $j=0,1,\cdots,n-1$，并使用尺度函数平移的正交性质，即

$$\int\varphi(\tau-k)\varphi(\tau-j)\mathrm{d}\tau=0,\quad j\neq k \tag{11.230}$$

根据方程(11.113)，方程(11.230)可以写成 n 个同步常微分方程

$$\begin{aligned}&\frac{1}{\Delta t^2}\sum_{k=j-N+2}^{j+N-2}\Omega^2_{j-k}\left(I_0^1 w_k^1-I_{ff}^1\frac{\mathrm{d}^2 w_k^1}{\mathrm{d}x^2}+I_{fs}^1\frac{\mathrm{d}\phi_k^1}{\mathrm{d}x}\right)+K_{ff}^1\frac{\mathrm{d}^4 w_j^1}{\mathrm{d}x^4}-\\&K_{sf}^1\left(\frac{\mathrm{d}^2 w_j^1}{\mathrm{d}x^2}+\frac{\mathrm{d}\phi_j^1}{\mathrm{d}x}\right)+K_{fs}^1\frac{\mathrm{d}^3\phi_j^1}{\mathrm{d}x^3}\\&=C_1[w_j^2-w_j^1],\quad j=0,1,\cdots,n-1\end{aligned} \tag{11.231}$$

其中 N 是 Daubechies 小波的阶数，并且 Ω^2_{j-k} 是连接系数，定义为

$$\Omega^2_{j-k}=\int\varphi''(\tau-k)\varphi(\tau-j)\mathrm{d}\tau \tag{11.232}$$

类似地，对于一阶导数，Ω^1_{j-k} 定义为

$$\Omega^1_{j-k}=\int\varphi'(\tau-k)\varphi(\tau-j)\mathrm{d}\tau \tag{11.233}$$

对于紧支小波，Ω^1_{j-k}、Ω^2_{j-k} 仅在区间 $k=j-N+2$ 到 $k=j+N-2$ 中为非零。文献[36]中给出了不同阶导数的连接系数计算的详细信息。

方程(11.205)—(11.208)可以类似于(11.204)被转换为(11.232)形式的耦合常微分方程的集合。转换后的强制边界条件由方程(11.224)至(11.226)给出，如下所示

$$-K_{ff}^p\frac{\mathrm{d}^3 w_j^p}{\mathrm{d}x^3}+K_{sf}^p\left(\frac{\mathrm{d}w_j^p}{\mathrm{d}x}+\phi_j^p\right)-K_{fs}^p\frac{\mathrm{d}^2\phi_j^p}{x^2}=V_j \tag{11.234}$$

$$K_{ff}^p\frac{\mathrm{d}^2 w_j^p}{\mathrm{d}x^2}+K_{fs}^p\frac{\mathrm{d}\phi_j^p}{\mathrm{d}x}=Q_j \tag{11.235}$$

$$\begin{aligned}&K_{fs}^p\frac{\mathrm{d}^2 w_j^p}{\mathrm{d}x^2}+K_{ss}^p\frac{\mathrm{d}\phi_j^p}{\mathrm{d}x}=M_j\\&p=1,2,\cdots,P,j=0,1,\cdots,n-1\end{aligned} \tag{11.236}$$

其中 V_j、Q_j 和 M_j 分别是 V、Q 和 M 的变换系数。

在处理有限长度的数据序列时，边界会出现问题。可以从方程(11.232)给出的常微分方程中观察到，边界附近的某些系数 u_j($j=0$ 和 $j=n-1$)位于由 $j=0,1,\cdots,n-1$ 定义的时间窗口 $[0,t_f]$ 之外。文献中给出了几种处理边界的方法，如电容矩阵法和罚函数法。首先假设解的周期性并采用循环卷积方法，接下来，利用第 4 章中介绍的基于小波的外推法[13],[382]解决边值问题。这种方法允许处理有限长度的数据，并使用多项式根据内部系数或边界值外推边界处的系数。该方法特别适合于在时间上进行近似，以便容易地施加初始值。然而上述方法中的任何一种都会将方程(11.231)给出的常微分方程转换为一组耦合的常微分方程。这些常微分方程需要解耦，并使用类似

于用 FFT 演示的方法进行求解。因此,求解离散小波变换(DWT)的周期解会碰到 FFT 在时域分析中的所有问题。然而,周期性的公式允许导出频谱和频散关系,以及离散小波变换中变换的常微分方程与 FFT 中变换的常微分方程之间的关系。这使得可以将离散小波变换直接用于频域分析,类似于傅里叶变换时的处理过程。

如第 4 章所述,在基于小波变换的方法中有两种不同的公式,一种是周期性公式,另一种是非周期性公式。在本节中,将进一步确定纳米复合梁的波参数。为此,周期性的解法是足够的,因此对于当前问题,这里将不提供时间响应分析所需的非周期公式。对于周期解,小波变换可以写成如下的矩阵方程[14]

$$\begin{bmatrix} W_0^p \\ W_1^p \\ W_2^p \\ \vdots \\ \vdots \\ \vdots \\ W_{n-1}^p \end{bmatrix} = \begin{bmatrix} 0 & 0 & 0 & \cdots & \varphi_{N-2} & \cdots & \varphi_2 & \varphi_1 \\ \varphi_1 & 0 & 0 & \cdots & 0 & \cdots & \varphi_3 & \varphi_2 \\ \varphi_2 & \varphi_1 & 0 & \cdots & 0 & \cdots & \varphi_4 & \varphi_3 \\ \vdots & \vdots & \vdots & & \vdots & & \vdots & \vdots \\ \varphi_{N-2} & \varphi_{N-3} & \varphi_{N-4} & \cdots & \cdots & \cdots & 0 & 0 \\ \vdots & \vdots & \vdots & & \vdots & & \vdots & \vdots \\ 0 & 0 & 0 & \cdots & \varphi_{N-3} & \cdots & \varphi_1 & 0 \end{bmatrix} \times \begin{bmatrix} w_0^p \\ w_1^p \\ w_2^p \\ \vdots \\ \vdots \\ \vdots \\ w_{n-1}^p \end{bmatrix} \tag{11.237}$$

其中W_j^p和φ_j是$\tau=j$时$w^p(x,\tau)$和$\varphi(\tau)$的值。如文献[14]所述,对于这样的循环矩阵,方程(11.237)可以用卷积关系代替,卷积关系可以写成

$$\{\widetilde{W}_j^p\}=\{\widetilde{K}_{\varphi j}\cdot\widetilde{w}_j^p\},\quad \{\widetilde{w}_j^p\}=\{\widetilde{W}_j^p/\widetilde{K}_{\varphi j}\} \tag{11.238}$$

其中$\{\widetilde{W}_j^p\}$和$\{\widetilde{w}_j^p\}$分别是$\{W_j^p\}$和$\{w_j^p\}$的 FFT 变换。$\widetilde{K}_\varphi$是方程(11.237)中尺度函数矩阵的第一列 $K_\varphi=\{0\quad \varphi_1\quad \varphi_2\quad \cdots\quad \varphi_{N-2}\quad \cdots\quad 0\}$的 FFT 变化。类似地,连接系数矩阵$\boldsymbol{\Lambda}^1$也是循环矩阵,可写为

$$\begin{aligned} & I_0^1\{\widetilde{K}_{\varphi j}^2\cdot\widetilde{w}_j^1\}-I_{ff}^1\left\{\widetilde{K}_{\varphi j}^2\cdot\frac{\mathrm{d}^2\widetilde{w}_j^1}{\mathrm{d}x^2}\right\}+I_{fs}^1\left\{\widetilde{K}_{\varphi j}^2\cdot\frac{\mathrm{d}\widetilde{\phi}_j^1}{\mathrm{d}x}\right\}+ \\ & K_{ff}^1\left\{\frac{\mathrm{d}^4\widetilde{w}_j^1}{\mathrm{d}x^4}\right\}-K_{sf}^1\left(\left\{\frac{\mathrm{d}^2\widetilde{w}_j^1}{\mathrm{d}x^2}\right\}+\left\{\frac{\mathrm{d}\widetilde{\phi}_j^1}{\mathrm{d}x}\right\}\right)+K_{fs}^1\left\{\frac{\mathrm{d}^3\widetilde{\phi}_j^1}{\mathrm{d}x^3}\right\} \\ & =C_1[\{\widetilde{w}_j^2\}-\{\widetilde{w}_j^1\}] \end{aligned} \tag{11.239}$$

其中$\widetilde{K}_{\Omega j}$是$\boldsymbol{\Lambda}^1$第一列的 FFT 变换系数,给定为 $K_\Omega=\{\Omega_0^1\quad \Omega_{-1}^1\quad \cdots\quad \Omega_{-N+2}^1\quad \cdots\quad \Omega_{N-2}^1\quad \cdots\quad \Omega_1^1\}$,可以非常容易地发现 FFT 系数$\widetilde{K}_{\Omega j}$等于矩阵$\boldsymbol{\Lambda}^1$的特征值 $\mathrm{i}\beta_j$。

将方程(11.238)代入(11.239),两边乘以$\widetilde{K}_{\varphi j}$得

$$\begin{aligned} & I_0^1\{\widetilde{K}_{\varphi j}^2\cdot\widetilde{W}_j^1\}-I_{ff}^1\left\{\widetilde{K}_{\varphi j}^2\cdot\frac{\mathrm{d}^2\widetilde{W}_j^1}{\mathrm{d}x^2}\right\}+I_{fs}^1\left\{\widetilde{K}_{\varphi j}^2\cdot\frac{\mathrm{d}\widetilde{\Phi}_j^1}{\mathrm{d}x}\right\}+ \\ & K_{ff}^1\left\{\frac{\mathrm{d}^4\widetilde{W}_j^1}{\mathrm{d}x^4}\right\}-K_{sf}^1\left(\left\{\frac{\mathrm{d}^2\widetilde{W}_j^1}{\mathrm{d}x^2}\right\}+\left\{\frac{\mathrm{d}\widetilde{\Phi}_j^1}{\mathrm{d}x}\right\}\right)+K_{fs}^1\left\{\frac{\mathrm{d}^3\widetilde{\Phi}_j^1}{\mathrm{d}x^3}\right\} \\ & =C_1[\{\widetilde{W}_j^2\}-\{\widetilde{W}_j^1\}] \end{aligned} \tag{11.240}$$

$$
\begin{aligned}
&-I_0^1\beta_j^2\widetilde{W}_j^1+I_{ff}^1\beta_j^2\frac{\mathrm{d}^2\widetilde{W}_j^1}{\mathrm{d}x^2}-I_{fs}^1\beta_j^2\frac{\mathrm{d}\widetilde{\Phi}_j^1}{\mathrm{d}x}+K_{ff}^1\frac{\mathrm{d}^4\widetilde{W}_j^1}{\mathrm{d}x^4}\\
&-K_{sf}^1\left(\frac{\mathrm{d}^2\widetilde{W}_j^1}{\mathrm{d}x^2}+\frac{\mathrm{d}\widetilde{\Phi}_j^1}{\mathrm{d}x}\right)+K_{fs}^1\frac{\mathrm{d}^3\widetilde{\Phi}_j^1}{\mathrm{d}x^3}=C_1[\widetilde{W}_j^2-\widetilde{W}_j^1]
\end{aligned}
\tag{11.241}
$$

在 FFT 变换中，除了 β_j 被 ω_j 取代之外，变换后的 ODE 具有相同的形式

$$
\begin{aligned}
&-I_0^1\omega_j^2\widetilde{W}_j^1+I_{ff}^1\omega_j^2\frac{\mathrm{d}^2\widetilde{W}_j^1}{\mathrm{d}x^2}-I_{fs}^1\omega_j^2\frac{\mathrm{d}\widetilde{\Phi}_j^1}{\mathrm{d}x}+K_{ff}^1\frac{\mathrm{d}^4\widetilde{W}_j^1}{\mathrm{d}x^4}-\\
&K_{sf}^1\left(\frac{\mathrm{d}^2\widetilde{W}_j^1}{\mathrm{d}x^2}+\frac{\mathrm{d}\widetilde{\Phi}_j^1}{\mathrm{d}x}\right)+K_{fs}^1\frac{\mathrm{d}^3\widetilde{\Phi}_j^1}{\mathrm{d}x^3}=C_1[\widetilde{W}_j^2-\widetilde{W}_j^1]
\end{aligned}
\tag{11.242}
$$

其中，$\omega_j=\dfrac{2\pi j}{n\Delta t}$。

可以看出，对于给定的采样率 Δt，β_j 与 ω_j 精确匹配，直到奈奎斯特频率 $f_{\mathrm{nyq}}=\dfrac{1}{2\Delta t}$ 的某个比例（$p_N=f_j/f_{\mathrm{nyq}}$），该比例取决于阶数 N，阶数越高值越大。因此与 FFT 变化类似，DWT 可以直接用于研究与频率相关的特性，如频谱和频散关系，然而这仅在达到 f_{nyq} 的某个比例时有效。

在图 11.44(a)中绘出了不同基底阶数时 ω_j 和 β_j 与比例 $p_N=f_j/f_{\mathrm{nyq}}$ 的关系。可以看出，当 $N=22$ 时，直到 $p_N\approx0.6$ 时 ω_j 和 β_j 都是精确匹配，$\mathrm{p_N}$ 随着 N 的减少而减少，对于 $N=6$ 时，$\mathrm{p_N}$ 约为 0.36。在基于 FFT 变换的公式中直接获得的波数和群速度是 ω_j 的函数，从 DWT 公式中提取的波数和群速度是 β_j 的函数。因此，在其他参数保持不变的情况下，从这两个公式中获得的这些频率相关特性（波数和群速度）在频率范围内（由 $f_N=p_Nf_{\mathrm{nyq}}$ 给出）将完全相等，其中 ω_j 和 β_j 相等。在 f_N 频率范围之外，因为 ω_j 和 β_j 相差极大，DWT 公式将引入频散。此外为了用 DWT 公式进行精确模拟，应该调整采样率 Δt，使得负载的频谱在上述允许的频率范围内。因此，这项研究也有助于推导确定所需的采样率，这取决于激励负载的频谱和基底的阶数。

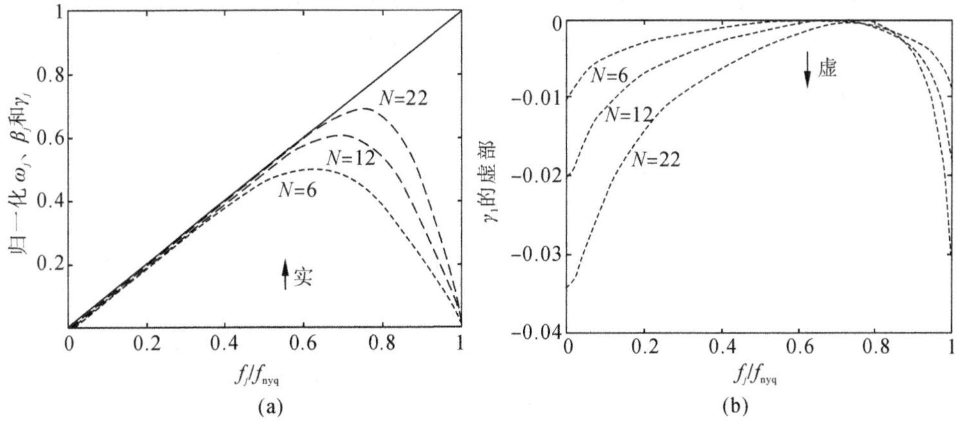

图 11.44　不同阶数(N)基底的 ω_j、β_j 和 γ_j 的比较

(a) γ_j 的实部；(b) γ_j 的虚部

11.11.2 波数和群速度的计算

波数和群速度可以按照我们在使用 FFT 公式之前采用的相同方法进行公式化，并且 FFT 公式中只有 ω_j 被 β_j 取代。在本节中，为了简化符号，下文中省略了下标 j，并且以下所有方程对于 $j=0,1,\cdots,n-1$ 都有效。

通过求解变换域中的控制方程，得到长度为 L 的纳米复合材料梁波导的精确插值函数为

$$\begin{aligned}&\left\{\hat{w}^1(x),\frac{\partial\hat{w}^1(x)}{\partial x},\hat{\varphi}^1(x),\cdots,\hat{w}^p(x),\frac{\partial\hat{w}^p(x)}{\partial x},\hat{\phi}^p(x),\cdots,\right.\\&\left.\hat{w}^P(x),\frac{\partial\hat{w}^P(x)}{\partial x},\hat{\phi}^P(x)\right\}=[\boldsymbol{R}][\boldsymbol{\Theta}]\{\boldsymbol{a}\}\end{aligned}\tag{11.243}$$

其中$[\boldsymbol{\Theta}]$是 $6P\times 6P$ 对角矩阵，其中对角项包含

$$\begin{aligned}[\boldsymbol{\Theta}]=[&\mathrm{e}^{-k_1x},\mathrm{e}^{-k_1(L-x)},\mathrm{e}^{-k_2x},\mathrm{e}^{-k_2(L-x)},\mathrm{e}^{-k_3x},\\&\mathrm{e}^{-k_3(L-x)},\cdots,\mathrm{e}^{-k_{3P-2}x},\mathrm{e}^{-k_{3P-2}(L-x)},\mathrm{e}^{-k_{3P-1}x},\\&\mathrm{e}^{-k_{3P-1}(L-x)},\mathrm{e}^{-k_{3P}x},\mathrm{e}^{-k_{3P}(L-x)}]\end{aligned}$$

$[\boldsymbol{R}]$是每组 k_l 的 $2P\times 6P$ 幅值比矩阵，l 为 $1\sim 3P$。

$$[\boldsymbol{R}]=\begin{bmatrix}R_{11}&\cdots&R_{16}&\cdots&R_{1(6P-5)}&\cdots&R_{16P}\\R_{21}&\cdots&R_{26}&\cdots&R_{2(6P-5)}&\cdots&R_{26P}\\\vdots&&\vdots&&\vdots&&\vdots\\R_{(P-1)1}&\cdots&R_{(P-1)6}&\cdots&R_{(P-1)(6P-5)}&\cdots&R_{(P-1)6P}\\R_{P1}&\cdots&R_{P6}&\cdots&R_{P(6P-5)}&\cdots&R_{P6P}\end{bmatrix}\tag{11.244}$$

波数 k 是通过在变换域的控制方程中代入方程(11.243)获得的。这就给出了波数解的特征方程。例如，对于 DWCNT 嵌入复合材料，其特征方程如下

$$\begin{bmatrix}-\beta^2ic_0^1+k^2(-\beta^2ic_{ff}^1+K_{sf}^1)+k^4K_{ff}^1+C_1&ick(\beta^2ic_{fs}^1+K_{sf}^2)-ick^3K_{fs}^1\\-ick(\beta^2ic_{fs}^1+K_{sf}^2)+ick^3K_{fs}^1&(-\beta^2ic_{ss}^1+K_{sf}^1)+k^2K_{ss}^1\\0&-C_1\\0&0\\-C_1&0\\0&0\\-\beta^2ic_0^2+k^2(-\beta^2ic_{ff}^2+K_{sf}^2)+k^4K_{ff}^1+C_1&ick(\beta^2ic_{fs}^2+K_{sf}^2)-ick^3K_{fs}^2\\-ick(\beta^2ic_{fs}^2+K_{sf}^2)+ick^3K_{fs}^1&(-\beta^2ic_{ss}^2+K_{sf}^2)+k^2K_{ss}^2\end{bmatrix}[\boldsymbol{R}]\{\boldsymbol{a}\}=0.\tag{11.245}$$

令方程(11.245)中的 4×4 矩阵的行列式等于零得到上述特征方程,然后求解该特征方程获得波数 k,并利用矩阵的奇异值分解获得相应的[$\boldsymbol{R}$]。这种确定波数和相应幅值比的方法是为了制定基于 FFT 的波数计算方法,第 5.5 节对此进行了详细解释,这里再次使用该方法来获得波数。通过求解关于 DWCNT 的每个壁的横向、剪切和纯虚高阶模式的方程(11.245)获得的 6 个不同的 k,如前所述,达到 f_{nyq} 的某个特定分数时,β 与 ω 精确匹配,这些 k 将与通过傅里叶变换获得的波数匹配。因此,上述 DWT 公式中的波数可以用于得到频谱和频散关系。

在前文(第 11.2 节)中看到,基于局部弹性理论创建的 MWCNT 嵌入复合梁的多梁模型的特征之一是除了具有 P 个频率的 P 个剪切模式外,还有 $P-1$ 个波数为零的频率,这些频率是截止频率。在 FFT 早期公式中,这些频率是通过在特征方程中代入 $k=0$ 并求解 ω_j 获得的。在目前 DWT 公式中,这些截止频率不是求解 ω_j,而是通过求解 β_j 获得。

数值算例

本例中,采用基于 DWT 公式来确定 MWCNT 增强纳米复合梁的波数和群速度。如前所述,使用逐层理论将梁建模为三阶剪切变形结构,因此每个纳米管壁都有三种模式。如前几节所述,利用 DWT 公式可获得与基于傅里叶变换方法类似的波特性,但仅限于达到奈奎斯特频率 f_{nyq} 的某个特定分数。基于欧拉-伯努利梁(EBT)、铁木辛柯梁(FSDT)和三阶逐层剪切变形(TSDT)梁理论,使用 DWT 公式比较双壁碳纳米管(DWCNT)和铝基纳米复合梁的频谱和频散关系。然后分别研究三壁碳纳米管(TWCNT)增强不同基体材料(即聚合物、金属和陶瓷)的纳米复合梁的频率依赖特性。

所有的数值分析都是在具有代表性的 6 nm×6 nm 正方形横截面的纳米复合梁上进行的。分析中考虑了包括聚合物、金属(铝)和陶瓷(氧化铝)在内的不同基体材料,其材料性能如下:对于聚合物,杨氏模量 $E_p^m=0.002$ TPa,剪切模量 $G_p^m=0.000769$ TPa,密度 $\rho_p=1000$ kg/m^3;对于铝,$E_m^m=0.07$ TPa,$G_m^m=0.026$ TPa,$\rho_m=2700$ kg/m^3;对于陶瓷,$E_c^m=0.45$ TPa,$G_c^m=0.19$ TPa,$\rho_c=2800$ kg/m^3。MWCNT 的内径和壁厚取 0.34 nm,MWCNT 的弹性特性如下:杨氏模量 $E^c=1.2$ TPa,剪切模量 $G^c=0.462$ TPa,密度 $\rho^c=1300$ kg/m^3。由方程(11.223)计算可得第一个壁的范德华力相互作用系数为 0.0425 TPa。另外,除非另有说明,使用的 Daubechies 尺度函数基

阶数均为 $N=22$。

在图 11.45 中，使用 $N=22$ 的周期 DWT 公式计算并绘制了 DWCNT-铝基梁的无量纲波数(kh)。图 11.45(a)、(b)和(c)分别给出并比较了使用 EBT、FSDT 和 TSDT 对梁建模获得的频谱关系。如图 11.45(a)所示，对于嵌入 DWCNT 的铝基梁，EBT 预测了两个模式，一个是针对管壁的，一个是如第 11.2 节所述的截止频率(0.88 THz)。然而，在截止频率之前，对应于第二模式的波数具有实部和虚部，这表明存在该模式的传播分量。然而由于虚部的存在，这种波在传播时会衰减。因此根据之前的定义，这种波就是所谓的非均匀波。因此即使在截止频率之前也存在非零速度。图 11.45(b)中绘制的铁木辛柯或一阶剪切变形梁的无量纲波数表明，对应于两个 CNT 壁的剪切模式(第一和第二剪切模式分别为 0.40 THz 和 7.9 THz)有两个附加的截止频率。与第二个 CNT 壁的弯曲模式不同，这些剪切模式仅在截止频率之后才开始传播。本节前面部分给出了推导这些弯曲和剪切截止频率的表达式的过程。对于 TSDT，除了 DWCNT 嵌入梁的四种剪切和弯曲传播模式外，图 11.45(c)所示还有两种对应于高阶项的非传播模式。然而，目前使用 TSDT 的本构模型显示剪切截止频率显著降低，而第二个 CNT 壁的弯曲模式的截止频率没有显著变化。从 TSDT 获得的剪切截止频率分别为 0.30 THz 和 4.45 THz。对应于 EBT、FSDT 和 TSDT 的相应频散关系或群速度分别如图 11.46(a)、(b)和(c)所示。从图 11.46 中可以看出，正如波数图所预测的那样，对于 EBT 模型，有两种传播模式，而对于 FSDT 和 TSDT，存在四种这样的模式，其中剪切模式仅在相应的截止频率之后传播。

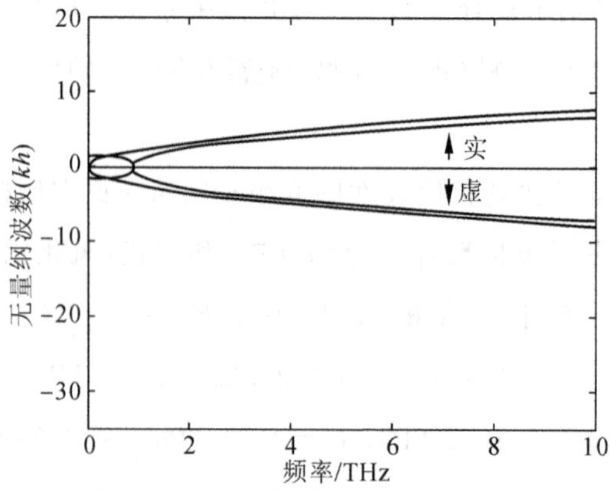

(a)

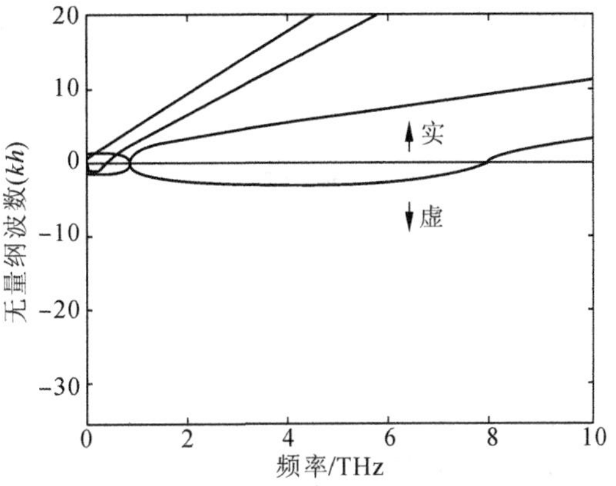

(b)

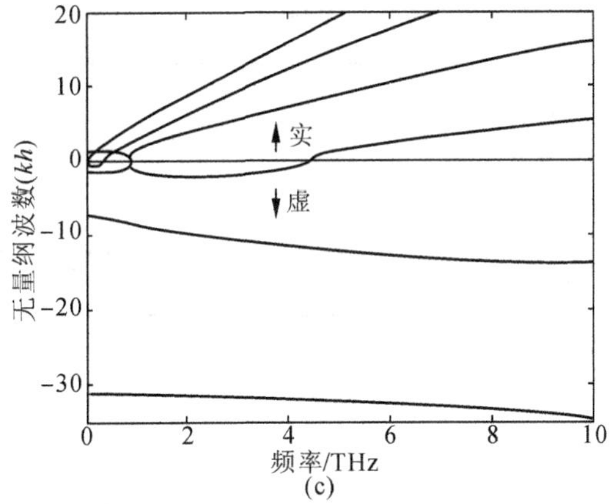

(c)

图 11.45　剪切变形模型的 DWCNT-铝基梁的频谱关系

(a)欧拉-伯努利梁；(b)铁木辛柯梁；(c)三阶逐层剪切变形梁

如前文以及文献[246]中所讨论的，利用 DWT 公式可获得与基于傅里叶变换方法类似的频率依赖波的特性，但仅限于小于奈奎斯特频率 f_{nyq} 的某个比例 p_N，超过该比例会出现频散。该比例 p_N 仅取决于阶数 N，并且对于 $N=22$，该比例约等于 0.6[246]。因此，应考虑所分析的频率范围和阶数 N 来计算所需的采样率 Δt。例如，在图 11.45 和 11.46 中，波数被绘制至高达 10 THz 的情况。对于 $p_N \times f_{nyq}=15$ THz$>$10 THz，Δt 取 0.02 ps(或 $f_{nyq}=25$ THz)。

图 11.47(a)、(b)和 11.48(a)、(b)分别展示了 TWCNT、TWCNT 嵌入聚合物和铝、陶瓷为基体复合材料的频谱关系。从这些图中得出，每个 CNT 壁的 6 种传播模式的存在导致了弯曲和剪切模式。对于高阶模式，为了放大图形，还有另外三种非传播模式未给出。从图中可以观察到，TWCNT 和嵌入三种不同基体材料中的 TWCNT 只在第一剪切截止频率中观察到相当大的变化。对于 TWCNT 和嵌入 TWCNT 的聚合物、铝和陶瓷基体，这些频率分别为 4.45 THz、0.25 THz、0.30 THz 和 0.65 THz。

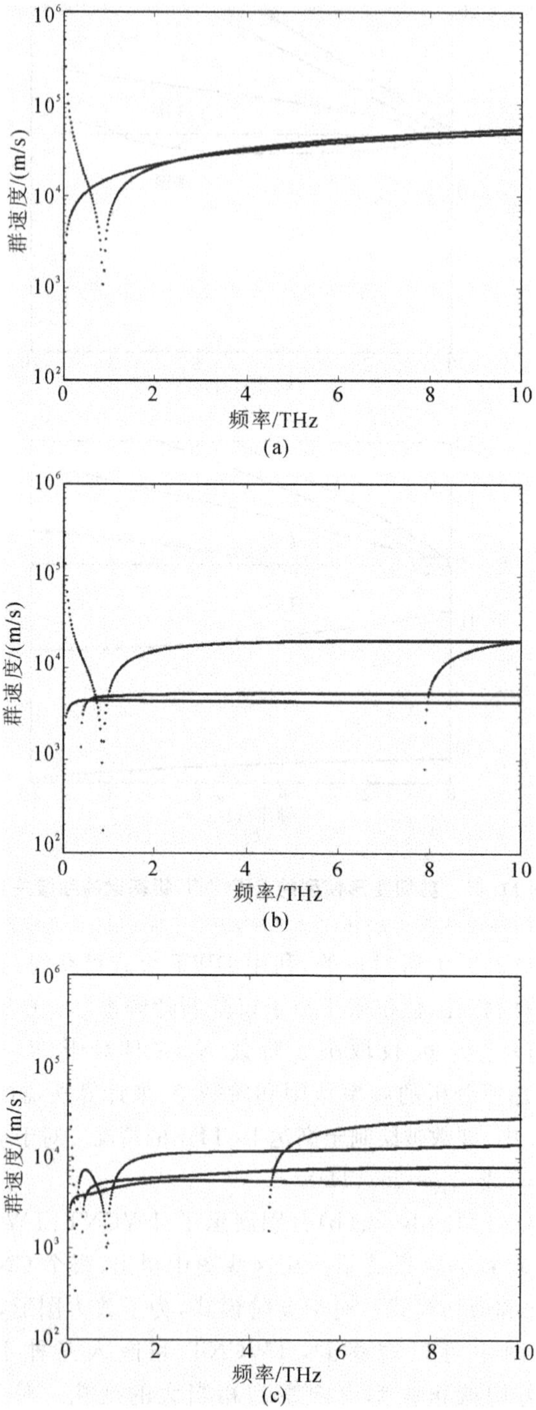

图 11.46 剪切变形模型下 DWCNT-铝基梁的频散关系

(a)欧拉-伯努利梁;(b)铁木辛柯梁;(c)三阶逐层剪切变形梁

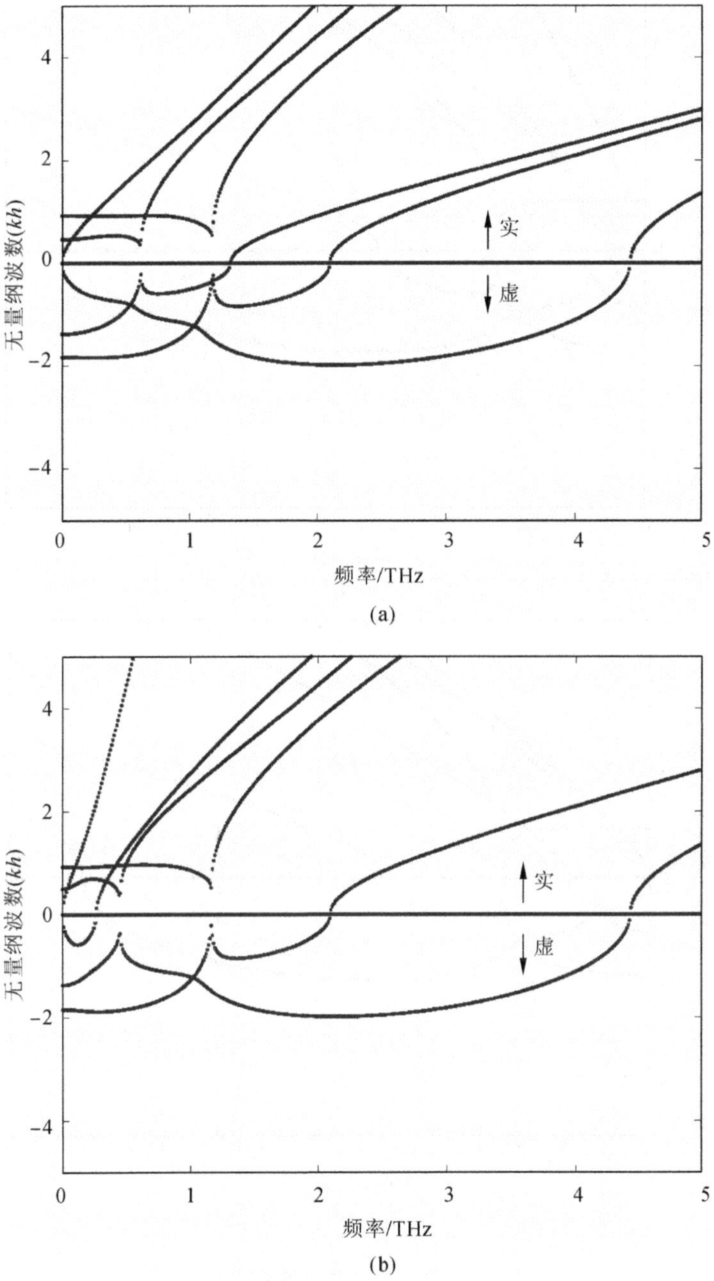

图 11.47　TWCNT **嵌入梁的频谱关系**

(a)无基体;(b)聚合物基体

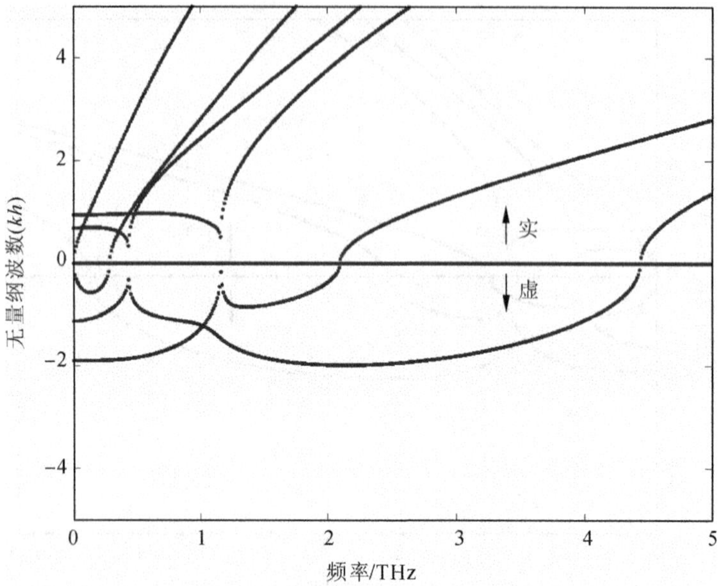

(a)

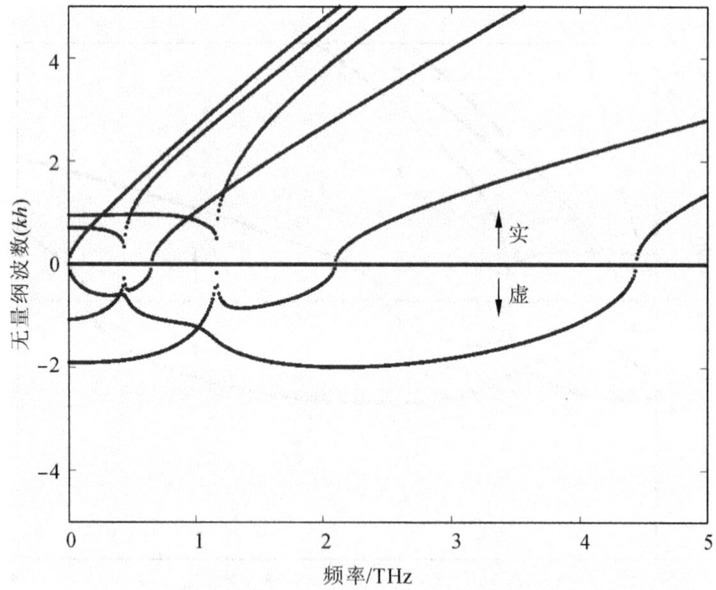

(b)

图 11.48 复合梁的频谱关系

(a)铝基体;(b)陶瓷基体

在图 11.49(a)和(b)中,分别绘制了 TWCNT 嵌入铝和陶瓷基复合材料的群速度。正如预期的那样,这些频散关系显示出六种传播模式,其中三种剪切模式,每个 CNT 壁对应一种,且仅在各自的截止频率之后传播。

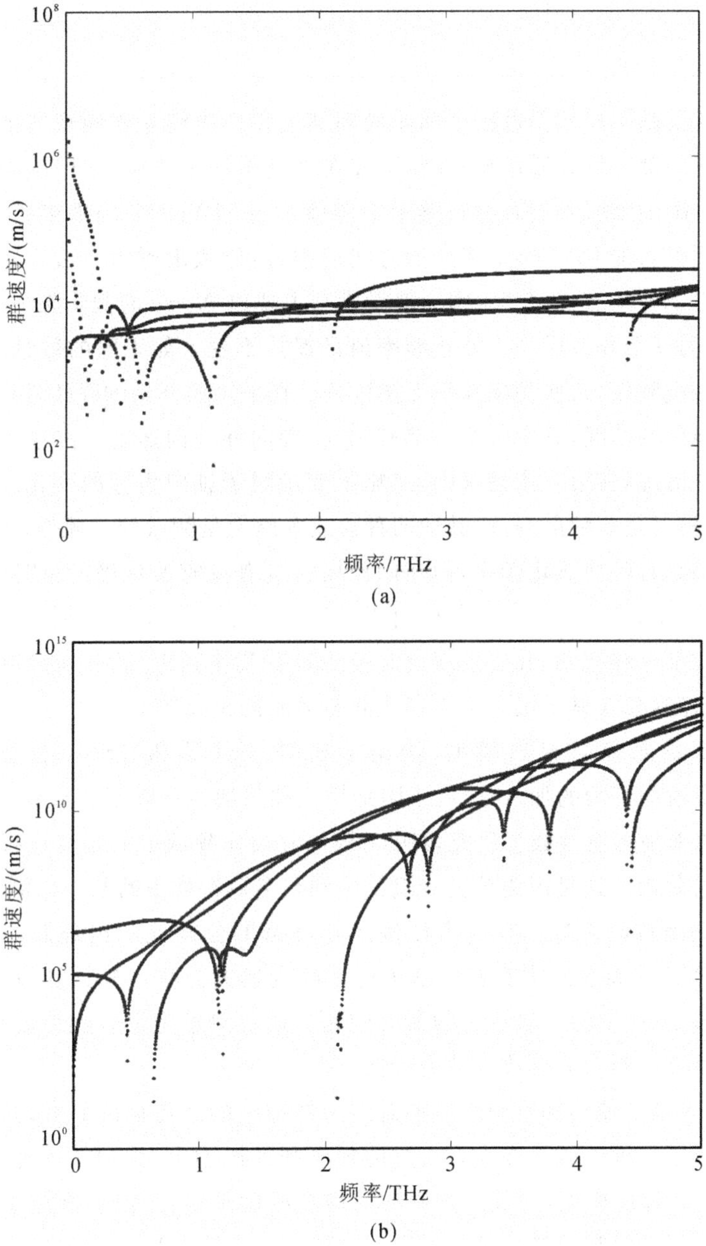

图 11.49　TWCNT 嵌入复合梁的频散关系

(a)铝基体;(b)陶瓷基体

总　结

本章介绍了基于局部弹性模型和非局部梯度弹性连续介质模型的纳米结构中的波传播。使用局部连续介质模型，介绍了波在多壁碳纳米管梁、多壁碳纳米管轴对称壳模型和多壁碳纳米嵌入复合材料梁中的传播。在 MWCNT 局部梁模型下，通过范德华相互作用引入的 MWCNT 多个壁之间的耦合，导致出现多个截止频率。研究发现，如果 MWCNT 中有 N 个壁，则局部梁模型表现出 $N-1$ 的截止频率，并且无论壁的数量如何，第一个和最后一个截止频率值都保持不变。如果壁的数量增加，就会引入许多中间截止频率，这些频率几乎无法区分。在采用弗洛格的壳体理论的壳体模型中也发现了同样的情况，其中每个壁都有轴向、周向和径向运动。在这个模型中考虑了两个不同的情况，在第一个情况中，忽略了变量对于轴向坐标的变化。对于这种情况，而轴向波模式是非频散的，而其他两种模式本质上是频散的。此外，轴向波模式和径向波模式不具有任何截止频率，但径向波模式具有没有波传播的频带。接下来，计算了有限长度 MWCNT 的波数，其中由于 MWCNT 的有限性，三种模式是耦合的，而且所有的模式都是频散的，并且发现周向模式具有截止频率，该截止频率从内壁到外壁逐渐减小，径向模式显示出一个不存在波传播的截止频带。

对于局部纳米复合材料模型，给出了初等、FSDT 和 TSDT 模型的波特性。TSDT 模型中附加行为的加入，引入了附加模式和附加截止频率。本节的亮点是使用了 DWT 公式来确定波参数。研究表明，DWT 公式在频域中的精度在很大程度上取决于基函数的阶数。这是因为该公式仅精确到奈奎斯特频率的某一比例，并且该比例取决于小波基函数的阶数。在这个比例之外，DWT 公式显示出虚假的不存在的频散。然而，DWT 的周期公式能够像基于傅里叶变换的方法一样计算波参数，尽管该公式存在与基于 FFT 的方法相关的所有问题。通过对纳米复合梁中波传播的研究，发现不同的基体材料会显著改变波的特性。

接下来，总结了使用梯度弹性模型对纳米结构中的波传播的研究，其中在连续介质模型中引入了尺度参数。在众多可用的梯度弹性模型中，采用了三种不同的模型，即 Eringen 应力梯度模型，以及二阶和四阶应变梯度理论。首先，介绍了采用上述三种不同的梯度弹性模型建模的纳米棒中的波传播。结果表明，二阶应变梯度理论是不稳定的，而四阶理论预测的结果接近原子模拟的结果。引入尺度参数的特征之一是在特定频率下出现了非周期性带隙，超过该带隙，纳米结构中没有波传播。在这个频率下，波数逃逸到无穷大，群速度趋于零。将单壁碳纳米管中的波传播模拟为纳米梁可以帮助了解波在这种结构中传播的物理性质。在此之后，仅使用 Eringen 理论研究了纳米梁中的波传播问题。本文给出了初等、欧拉-伯努利和铁木辛柯梁理论中的波传播特性。非局部初等梁不引入任何逃逸频率,而铁木辛柯模型同时引入了弯曲和剪切模式。随后,使用 ESGT 模型给出了 MWCNT 中的波传播特性。研究表明,每增加一层管壁都会引入一个逃逸频率和适当的频带间隙。

在研究的最后部分,介绍了石墨烯和硅基底上石墨烯的波传播,并使用 ESGT 模型来研究波传播特性。ESGT 模型同样引入了逃逸频率和截止频率,波数具有显著的虚部,显示出非均质性波的特性。

第 12 章

波传播问题方法的有限元法

在前面的章节中，介绍了不同材料和结构中的一维和二维波导中波的特性。可以看到，所有波导分析的核心是谱分析，使用控制微分方程对感兴趣的材料体系进行波的传波分析。某个特定波导运动的控制微分方程一般被认为是控制微分方程的强形式。在后面的几章中，主要介绍以波数和波速为参数的不同波导结构的波动特性，在此基础上分析波的传播特性。为了根据在特定波导中所获得的波参数确定波传播的性质，有必要获得实际的时间响应。这要求得到控制方程强形式的精确解，然而，对于大多数控制方程来说，其精确解都不存在，因此，这就要求研究人员采用近似方法或数值方法对控制方程进行求解。目前存在许多数值求解框架，其中最为强大的是有限元法。在本章中，我们列出了有限元法的基本方法，并讨论了该方法如何用于波传播问题的求解。

12.1 基本概念

本节首先对有限元法的基本概念进行介绍。任何动力系统的力学行为由第 2 章推出的平衡方程[方程(2.60)]控制。此外，所获得的位移场需要满足应变-位移关系方程(2.28)和一组自然边界条件及运动边界条件，以及初始条件。显然，只有在少数典型情况下才能对上述方程进行精确求解，对于大部分问题来说，为了对问题进行求解，不得不使用近似方法。方程(2.60)不易求得数值解，因此，需要对平衡方程的形式进行改写以使其更适合数值方法求解，这通常需要使用该方程的变分表述。

基于变分法有两种求解问题的思路：第一种是基于位移的分析，也可以将其称为刚度法，在该种方法中，位移作为基本的未知量；第二种是基于力的分析，也可以将其称为力法，在该种方法中，内力作为基本的未知量。这两种方法均将给定的区域分成许多的子域(单元)。在刚度法中,离散的结构简化为一个运动确定问题,力在相邻单元间实现力的平衡,这是因为采用位移作为基本的未知量,位移的相容性会自然满足,有限元法属于这一领域。在力法中,问题被简化为静定结构,并在相邻单元之间强制执行位移的兼容性。由于主要的未知量是力,平衡的强制是不必要的,因为平衡是有保障的。在刚度法中,只有一种方法可以使结构变形静定(通过抑制所有自由度),与刚度法不同,在力法中,有许多可能性可以将问题简化为静定结构。因此,刚度法更受欢迎。

变分表述是平衡方程的积分形式,这种表述有时也称为控制方程的弱形式,平衡方程的这种替代表述源于控制系统的能量泛函。平衡方程建立后的目标是得到依赖变量下面形式的近似解[在结构系统的情况下即是位移 $u(x,t)$]。

$$u(x,y,z,t)=\sum_{n=1}^{N}a_n(t)\phi(x,y,z) \tag{12.1}$$

其中 $a_n(t)$是时间相关的未知系数,可通过某些极小化过程确定,$\phi(x,y,z)$是满足运动边界条件,但不必满足自然边界条件的空间相关的函数。在有限元方法中,上述函数通常是特定阶数的多项式,阶数依赖于单元的自由度数。根据不同的能量原理可以对同一问题提出不同的变分表述,因此可以得出不同的近似方法。不同近似方法的基础是加权余量技术(Weighted Residual Technique ,WRT),在该方法中,需要通过对将假设的近似解代入控制方程得到的权函数进行加权并在域上积分。不同的权函数也会给出不同的近似方法。解的精确性依赖于式(12.1)中所取项的数量。

当需要分析的结构过于复杂时,上述的近似方法(如为了确定待定常数而需要将结构能量最小化的瑞利-里兹法。)难以使用。上述方法主要的困难是,在多数情况中无法确定里兹函数 $\phi(x,y,z)$。然而,如果将整个区域分解为一系列子域,再在每个子域上应用瑞利-里兹法,然后将子域“缝合”在一起,从而获得全域的解,问题就变得相对容易了。这正是有限元方法的本质,每个子域就是有限单元网格中的单元。虽然,上面将有限元方法解释为在每个子域上瑞利-里兹法的集合,但是所有的基于加权余量法的近似方法也可以应用于每个子域中。因此,下面将详细介绍所有加权余量法和各种能量理论的变形。这些理论将用于离散有限元运动控制方程。之后,会介绍有限元方法中使用的基本公式,如刚度矩阵、质量矩阵和阻尼矩阵等。这些公式的主要讨论将在本文后续进行。

尽管应用变分法能够获得一个问题的近似解,但是问题的求解也严重地依赖于对求解域的离散。即,在有限元法中,一个需要计算的结构会细分为许多小单元。在每个单元中,场变量(在结构问题中,为位移)的变化被假设为一定顺序的多项式。

在弱形式的控制方程中使用这种变分,将其简化为一组联立方程(在静态分析的情况下)或高度耦合的二阶常微分方程(在动态分析的情况下)。如果应力或应变的梯度很大(如断裂接种中裂纹尖端附近),需要划分十分细密的网格。在波传播分析中,因载荷的高频部分激活了高阶模式。在这样的频率水平上,波长很小,因此网格的尺寸也应该处于波长的尺寸水平上。如果上述条件没有得到满足,单元的边会如同边界,并在这个边界处反射并不存在的波。同时,细密的网格也急剧提升了问题的难度。因此,网格的尺寸是决定求解精度的重要参数。

另一个决定有限元法求解精度的重要因素是场变量的插值多项式的阶数。对于由二阶及以上偏微分方程控制的系统(如伯努利-欧拉梁或经典板),假定的位移场不仅应该满足位移相容性,在两个单元的边界处导数也应该满足相容性。这就要求更高阶的插值多项式。这样的单元称为 C^1 连续的单元。另一方面对于相同的梁和板结构,如果在分析时考虑了剪切变形,一阶导数无法根据位移得到。这样就可以采用低阶多项式分别表示位移和位移梯度,这样的剪切变形单元称为 C^0 连续单元。当 C^0 单元应用于剪切变形可忽略的薄板和细梁,这些单元无法由 C^0 态退化为 C^1 态,这会导致计算结果比真实解小几个数量级,这就是常说的剪切锁定问题。类似地,不同的有限元计算公式中还存在不同类型的网格锁定现象,如泊松比接近 0.5 的近不可压缩材料中的不可压缩锁定,曲面构件中的膜锁定以及高阶杆中的泊松锁定。当出现上述锁定问题中的一种或多种时,通常称之为约束介质问题。

有许多不同的缓解网格锁定的技术[125],在本章的后续部分将会给予详细的介绍。消除锁定的方法之一是用控制方程的精确解作为位移场的插值多项式。在多数情况下,求解一个由偏微分方程控制的动力学问题的精确解并不是一件易事。在这种情况下,先忽略掉控制方程中的惯性项,对剩余部分进行精确求解。求解得到的插值函数对于点载荷而言会给出精确的刚度矩阵和一个近似的质量矩阵。这些单元既可以用于厚结构也可以用于薄结构,并且不需判断锁定是否占主导地位。采用上述方法获得的单元会显著减小问题的求解规模,对于波传播问题更是如此,同时这种单元还具有超收敛的特性。因此,本章会用一个完整的章节详细讲述这类具有超收敛特性的单元。

有限元方法也可以根据 ϕ 的选择[方程(12.1)]和网格的类型进行分类。前面已经提到,有限元以方程(12.1)的形式寻求问题的近似解,在该方程中 N 表示对于特定 ϕ 近似解中项的个数。如果保持相同的 ϕ 时采用愈多的项数,所获得的解将会更加精确。对一个给定函数 ϕ 而言,N 的数值越大,意味着需要更多的单元,这样的有限元方法也称为 h 型有限元法。另一方面,如果保持 N 的数值不变,而是增加多项式的阶数,换句话说,也就是增加单元所提供的自由度数,这样的有限元方法称为 p 型有限元法。h 型和 p 型有限元法的收敛性是非常不同的。关于网格尺寸或 ϕ 中多项式阶数与收敛性的关系在参考文献[72]中有详细的说明。这对 ϕ 中使用的不同形式的函数,存在 p 型有限元法的不同变形。例如,采用正交谱函数作为方程(12.1)中 ϕ 的插值多项式，如勒让德多项式或切比雪夫多项式，这样的有限元方法称为时域谱有限元法(time-domain spectral finite element formulation)。此处，引入前缀“时域”是为了和即将在下一章进行介绍的频域谱有限元法区分开来。时域谱有限元法是用于求解波传播问题的一个重要工具，因此，将会在本章中进行介绍。应用有限元法求解动态问题通常有两种方法，一种是自然模式法，另一种是直接时间积分法。自然模式法主要用于求解结构动力问题，对于此类问题，研究人员通常只关心几阶自然模式。另一方面，波传播问题是一个多模式的现象，在计算中会包含许多高阶模式。采用自然模式法求解波传播问题，对于大规模的动力分析问题而言，需要采用计算代价很高的特征值分析获得所有的高阶模式。因此，大部分波传播问题均采用直接时间积分法进行求解。该方法是一种基于时间推进差分求解框架的算法。因此，在本章中，将会介绍两种不同的适合波传播问题的时间积分方法。

12.2 变分法

本节中，将介绍功、余功、应变能、应变余能和动能的基本定义。这些基本定义对于定义能量泛函是必要的，而能量泛函正是任何有限元公式的核心。接下来将完整地介绍加权余量法并将详细介绍用其获得各种不同的近似解的方法。之后，将会介绍一些基本的能量原理，如虚功原理(the principle of virtual work，PVK)、最小势能原理(the principle of minimum potential energy，PMPE)和瑞利-里兹过程等，这些方法补充了用于推导系统控制方程和相关边界条件的哈密顿方法，最后应用哈密顿原理推导出有限元方程，并推导出一些简单单元类型的刚度矩阵和质量矩阵。

12.2.1 功和余功

考虑一个在力系作用下的物体，其受力体系可以采用矢量形式表示为$\hat{\boldsymbol{F}}=F_x\boldsymbol{i}+F_y\boldsymbol{j}+F_z\boldsymbol{k}$，其中 F_x、F_y 和 F_z 是力矢量在三个坐标方向上的分量，这些分量可以是时间相关的。在这些力的作用下，物体产生了形如 $\mathrm{d}\hat{\boldsymbol{u}}=\mathrm{d}u\boldsymbol{i}+\mathrm{d}v\boldsymbol{j}+\mathrm{d}w\boldsymbol{k}$ 的无穷小的变形，其中 $\boldsymbol{u}$、$\boldsymbol{v}$ 和 $\boldsymbol{w}$ 是位移矢量在三个坐标方向上的分量，所做的无限小功可以用力矢量和位移矢量的点积给出

$$\mathrm{d}W=\boldsymbol{F}\cdot\mathrm{d}\boldsymbol{u}=F_x\mathrm{d}u+F_y\mathrm{d}v+F_z\mathrm{d}w \tag{12.2}$$

物体从初始状态变化到最终状态产生的变形所需的全部的功为

$$W=\int_{u_1}^{u_2}\boldsymbol{F}\cdot\mathrm{d}\boldsymbol{u} \tag{12.3}$$

其中，u_2 和 u_1 分别是材料系统的最终和初始变形。为了更好地理解这个过程，考虑一个作用有力 F_x 且初始位移为 0 的一维系统，使力以一个位移的非线性函数变化，其形式为 $F_x = ku^n$，如图 12.1 所示。

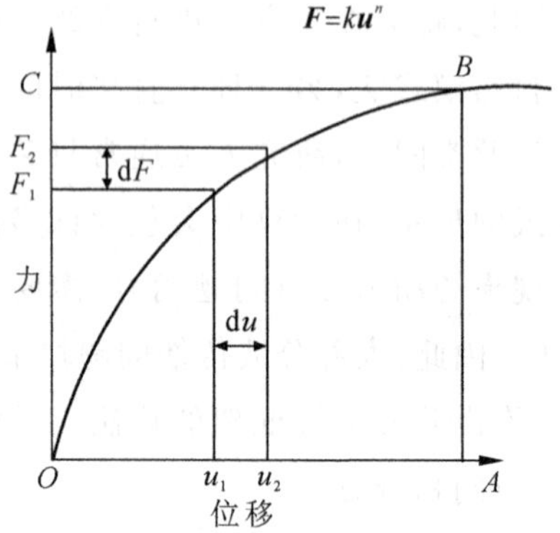

图 12.1　功和余功的定义

注：曲边三角形 OAB 的面积代表功 W，曲边三角形 OBC 的面积代表余功 W^*。

此处，k 和 n 是已知常量。为了确定力所做的功，如图 12.1 所示，在曲线的下部考虑一个长度为 du 的小条形区域。将力的表达式代入公式(12.3)，然后积分可得到功的表示为

$$W = \frac{ku^{n+1}}{n+1} = \frac{F_x u}{n+1} \tag{12.4}$$

另外，功也可以定义为

$$W^* = \int_{F_1}^{F_2} \hat{u} \cdot \mathrm{d}\hat{F} \tag{12.5}$$

其中，F_1 和 F_2 是作用在系统上的初始的力和最终的力。上述定义通常称为余功。再一次考虑一个具有同样非线性力-位移关系($F_x = ku^n$)的一维系统，可以将位移写成 $u = (1/k) F_x^{(1/n)}$。将这个表达式代入到公式(12.5)中，并且积分，可以把余功写成

$$W^* = \frac{F_x^{(1/n+1)}}{k(1/n+1)} = \frac{F_x u}{1/n+1} \tag{12.6}$$

显然，W 和 W^* 是不同的，虽然这两者都是由同一条曲线获得的。然而，对于线性情况($n=1$)，这两者的值相同，即 $W = W^* = F_x u/2$，这就是力-位移曲线下面的面积。功和余功的定义常用于基于矩阵的结构分析，即刚度法和力法。

12.2.2　应变能和应变余能

考虑一个受到一组力和力矩作用的弹性体，其变形过程由热力学第一定律控制，

即变形导致的能量总的变化(ΔE)与弹性和惯性力所做的功(W_E)和热吸收所做功(W_H)的和相等,即

$$\Delta E = W_E + W_H \tag{12.7}$$

如果热过程是绝热的,则 $W_H=0$。与弹性力和惯性力相关的能量分别称为应变能(U)和动能(T)。如果载荷是逐渐施加的,则可以忽略载荷的时间相关性,这本质上意味着动能 T 可以假设等于零。因此,能量的变化为 $\Delta E=U$。这就是说,使结构变形的机械功与内能(应变能)的变化量相等。当结构表现为线性的,并且载荷被移除,应变能转化为机械能。

为了导出应变能的表达式,考虑如图 12.2 所示一个处于一维应力状态的体积为 $\mathrm{d}V$ 的微元。σ_{xx} 是作用在单元体右面的应力,$\sigma_{xx}+(\partial\sigma_{xx}/\partial x)\mathrm{d}x$ 则为作用在左侧面的应力,B_x 是沿着 x 方向的单位体积的力。由于右侧应力 σ_{xx} 到左侧应力 $\sigma_{xx}+(\partial\sigma_{xx}/\partial x)\mathrm{d}x$,以及右侧无穷小变形 $\mathrm{d}u$ 到左侧无穷小变形 $\mathrm{d}[u+(\partial u/\partial x)\mathrm{d}x]$导致的应变能增量 $\mathrm{d}U$ 为

$$\mathrm{d}U = -\sigma_{xx}\mathrm{d}x\mathrm{d}y\mathrm{d}u + (\sigma_{xx}+\frac{\partial\sigma_{xx}}{\partial x}\mathrm{d}x)\mathrm{d}y\mathrm{d}z\mathrm{d}(u+\frac{\partial u}{\partial x}\mathrm{d}x) + B_x\mathrm{d}x\mathrm{d}y\mathrm{d}z \tag{12.8}$$

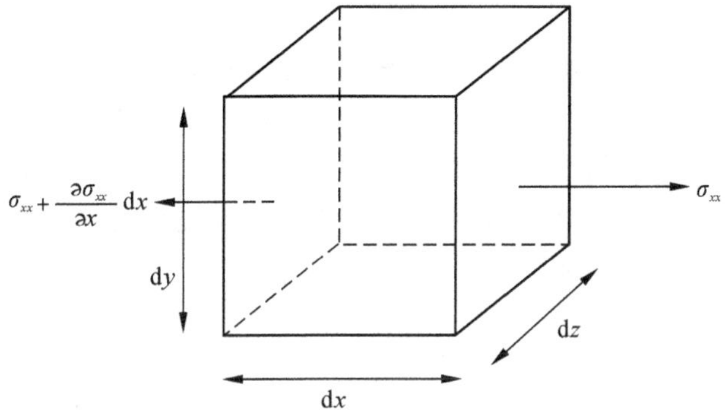

图 12.2　计算应变能的单元体

对上式进行简化,并忽略高阶项,可得

$$\mathrm{d}U = \sigma_{xx}\mathrm{d}(\frac{\partial u}{\partial x})\mathrm{d}x\mathrm{d}y\mathrm{d}z + (\frac{\partial\sigma_{xx}}{\partial x}+B_x)\mathrm{d}x\mathrm{d}y\mathrm{d}z\mathrm{d}u \tag{12.9}$$

第二个括号中的项是平衡方程,该项恒等于 0。因此,应变能增量的表达式变为

$$\mathrm{d}U = \sigma_{xx}\mathrm{d}(\frac{\partial u}{\partial x})\mathrm{d}x\mathrm{d}y\mathrm{d}z = \sigma_{xx}\mathrm{d}\varepsilon_{xx}\mathrm{d}V \tag{12.10}$$

引入一个术语应变能密度(Strain Energy Density, SED),定义为

$$\mathrm{d}S_D = \sigma_{xx}\mathrm{d}\varepsilon_{xx} \tag{12.11}$$

在有限应变上对式(12.11)进行积分,应变能密度可写为

$$S_D = \int_0^{\varepsilon_{xx}} \sigma_{xx}\mathrm{d}\varepsilon_{xx} \tag{12.12}$$

将上式代入方程(12.10),可以写出应变能表达式如下

$$U = \int_V S_D \mathrm{d}V \tag{12.13}$$

对功和余功的定义向外拓展,可定义应变余能密度和应变余能为

$$U^* = \int_V S_D^* \mathrm{d}V, \quad S_D^* = \int_0^{\sigma_{xx}} \varepsilon_{xx} \cdot \mathrm{d}\sigma_{xx} \tag{12.14}$$

可用与功和余功类似的形式以图表示上述应变余能密度和应变余能,结果如图12.3所示。

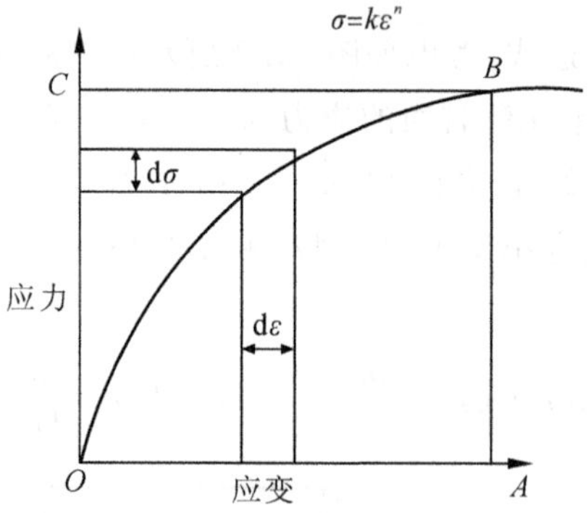

图 12.3 应变能和余应变能的定义

注:OAB 区域代表应变能;OBC 区域代表应变余能。

图中曲线下面的面积表示应变能,曲线上面的面积表示应变余能。由于本章的范围限制在有限元法中,在这不会介绍所有处理应变余能的方法。当图 12.3 中 $n=1$ 时,有 $U=U^*$,同时假设材料系统处于三维应力状态下,有

$$U = U^* = \frac{1}{2}\int_V (\sigma_{xx}\varepsilon_{xx} + \sigma_{yy}\varepsilon_{yy} + \sigma_{zz}\varepsilon_{zz} + \tau_{xy}\gamma_{xy} + \tau_{yz}\gamma_{yz} + \tau_{zx}\gamma_{zx})\mathrm{d}V \tag{12.15}$$

其中,V 是物质系统的体积。

对于处于三维应力状态的物体,其位移分量为 $u(x,y,z,t)$,$v(x,y,z,t)$ 和 $w(x,y,z,t)$,则其动能 T 定义为

$$T = \int_V \rho\left[\left(\frac{\partial u}{\partial t}\right)^2 + \left(\frac{\partial v}{\partial t}\right)^2 + \left(\frac{\partial w}{\partial t}\right)^2\right]\mathrm{d}V \tag{12.16}$$

其中,ρ 是物质系统的密度,括号中的项是沿着坐标方向上的速度。

12.2.3 加权余量法

任意处于三维应力状态、沿着三个材料方向上发生变形的材料系统都能用下面的微分形式进行表达。

$$Lu=f \tag{12.17}$$

其中，L 是控制方程的微分算子，$\boldsymbol{u}$ 表示控制方程的因变量，$\boldsymbol{f}$ 表示强制函数。物质系统可以有两种类型的边界条件，即 τ_1 和 τ_2，其中第一类是只有位移变形，用 $\boldsymbol{u}=u_0$ 指定，即位移边界条件，第二类是只有表面力，用 $\boldsymbol{t}=t_0$ 指定，即力边界条件。加权余量法是众多构建分析近似解的一种方式。在大多数近似解中，通过形如式(12.18)的 $\bar{\boldsymbol{u}}$ 来寻找因变量 $\boldsymbol{u}$ 的近似解(在一维的情形)。

$$\bar{\boldsymbol{u}}(x,t)=\sum_{n=0}^{N}\alpha_n(t)\phi_n(x) \tag{12.18}$$

这里，α_n 是未知的常数，在动力学问题中是时间相关的，ϕ_n 是已知的函数，是空间相关的。当在求解过程中进行离散化时(如有限元法的情况)，α_n 表示节点系数。通常，这些函数满足问题的运动边界条件，当将式(12.18)代入控制方程式(12.17)时，可得 $L\bar{\boldsymbol{u}}-\boldsymbol{f}\neq 0$。由于假设解是近似的，可以定义与解相关的误差函数，则边界条件能写为

$$e_1=L\bar{\boldsymbol{u}}-\boldsymbol{f},\quad e_2=\bar{\boldsymbol{u}}-u_0,\quad e_3=\bar{\boldsymbol{t}}-t_0 \tag{12.19}$$

任何加权余量法的目标是使误差方程在求解域和边界上尽可能地小。这可以通过在定义域上的分布误差来实现不同的方法以不同的方式分布来实现，这样就产生了一种解的新近似方法。考虑一种边界条件完全满足的情况，即 $e_2=e_3=0$。在这种情形，仅需要分配误差函数 e_1。这可以通过一个加权函数 w，并且在整个域 V 上进行积分来达到，即

$$\int_V we_1\mathrm{d}V=\int_V(L\bar{\boldsymbol{u}}-\boldsymbol{f})\boldsymbol{w}\mathrm{d}V=0 \tag{12.20}$$

加权函数的选择决定了加权余量法的类型。在一维时，加权函数通常采用

$$w(x,t)=\sum_{n=1}^{N}\beta_n(t)\psi_n(x) \tag{12.21}$$

将上式代入式(12.20)中，得

$$\sum_{n=1}^{N}\beta_n\int_V(L\bar{u}-\boldsymbol{f})\psi_n=0,\quad n=1,2,3,\cdots,N \tag{12.22}$$

由于 β_n 是任意的，有

$$\int_V(L\bar{u}-\boldsymbol{f})\psi_n=0,\quad n=1,2,3,\cdots,N \tag{12.23}$$

该过程确保使用式(12.18)得到的代数方程的数量等于所选择的未知系数的数量。

可以选择不同的加权函数构建不同的近似解。例如，选择 ψ_n 为狄拉克 δ 函数，通常用符号 δ 表示，得到了经典的有限差分法。阶跃函数在定义处等于 1，其余位置为 0，并且具有下面的特性

$$\int_{-\infty}^{+\infty}\delta(x-x_n)\mathrm{d}x=\int_{x-r}^{x+r}\delta(x-x_n)\mathrm{d}x=1$$

$$\int_{-\infty}^{+\infty}f(x)\delta(x-x_n)\mathrm{d}x=\int_{x-r}^{x+r}f(x)\delta(x-x_n)\mathrm{d}x=f(x_n) \tag{12.24}$$

此处，r 是任意正数，$f(x)$是在 $x=x_n$ 处连续的任意函数。为了对这个方法进行说明，采用如图 12.4 所示的三点线单元。

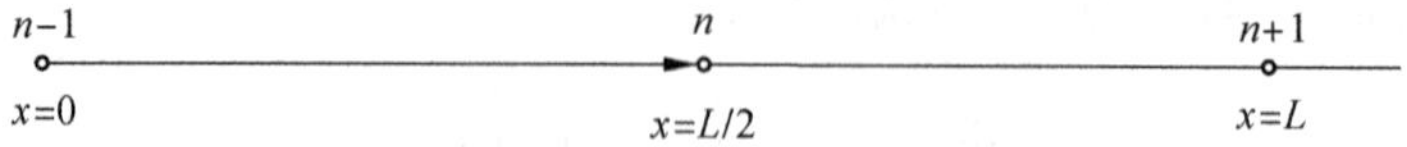

图 12.4 有限差分作为一种加权余量法的例子

位移场可表示为式(12.18)中具有三项的级数，即

$$\bar{u}(x)=u_{n-1}\psi_1+u_n\psi_2+u_{n+1}\psi_3 \tag{12.25}$$

加权函数可以假设为

$$w(x)=\beta_1\delta(x-0)+\beta_2\delta\left(x-\frac{L}{2}\right)+\beta_3\delta(x-L) \tag{12.26}$$

对下面的一维常微分方程进行求解

$$\frac{\mathrm{d}^2u}{\mathrm{d}x^2}+4u+4x=0,\quad u(0)=u(1)=0 \tag{12.27}$$

自变量的范围为(0,1)，将方程(12.25)代入到方程(12.27)中，可以估计出误差函数或残值 e_1，即

$$\begin{aligned}e_1&=\left(\frac{\mathrm{d}^2u}{\mathrm{d}x^2}+4u+4x\right)_n\\&=\left(\frac{1}{L^2}u_{n-1}-\frac{2}{L^2}u_n+\frac{1}{L^2}u_{n+1}\right)+4u_n+4x_n\end{aligned} \tag{12.28}$$

这里 $L=1$ 是定义域的长度，将式(12.26)和式(12.29)的权函数代入式(12.20)中，并利用狄拉克函数性质进行积分，得

$$\left[\frac{1}{L^2}(u_{n-1}-2u_n+u_{n+1})\right]+4u_n+4x_n=0 \tag{12.29}$$

上述方程正是有限差分法中著名的中心差分离散化方法。

下面，采用上述方法推导力矩法，在此，假定加权函数为多项式级数（假设为一维情况），即

$$w(x)=\beta_0+\beta_1x+\beta_2x^2+\beta_3x^3+\cdots+\beta_nx^n=\sum_{n=0}^{N}\beta_nx^n \tag{12.30}$$

再次考虑式(12.27)给出的微分方程，假定上述级数的前两项为 $w(x)=\beta_0+\beta_1x$。假定式(12.27)的近似解为满足边界条件 $u(0)=u(1)=1$，即

$$\bar{u}(x)=\alpha_1x(1-x)+\alpha_2x^2(1-x) \tag{12.31}$$

需要说明的是，选定假定函数只要满足运动边界条件是没有任何难度的。将上式代入式(12.27)中，得到误差函数(残值)如下

$$e_1 = \alpha_1(-2+4x-4x^3)+\alpha_2(2-6x+4x^3)+4x \tag{12.32}$$

将这个误差函数与加权函数 $w(x)=\beta_0+\beta_1 x$ 进行加权，即

$$\beta_1\int_0^1 e_1\,\mathrm{d}x = 0,\quad \beta_1\int_0^1 e_1 x\,\mathrm{d}x = 0 \tag{12.33}$$

代入式(12.32)中，得下列系数方程

$$2\alpha_1+\alpha_2=3,\quad 5\alpha_1+6\alpha_2=10$$

求解得到，$\alpha_1=8/7$，$\alpha_2=5/7$，近似解则为

$$\bar{u}=\frac{8}{7}x(1-x)+\frac{5}{7}x^2(1-x) \tag{12.34}$$

式(12.27)的精确解为

$$u_{\mathrm{Exact}}=\frac{\sin 2x}{\sin 2}-x \tag{12.35}$$

为了将近似解与精确解进行对比，计算了 $x=0.2$ 时方程的解为 $\bar{u}=0.205$，而精确解 $u_{\mathrm{Exact}}=0.228$。误差为 10%左右，考虑到只用了两项近似，这是非常好的结果。

下面基于加权余量法来导出伽辽金法。这里，假设加权函数与式(12.18)相同，即

$$w(x)=\beta_1\psi_1+\beta_2\psi_2+\beta_3\psi_3+\cdots \tag{12.36}$$

考虑与式(12.27)一样的问题，假设解和权值函数仍然使用式(12.36)，但只取加权函数的前两项，即

$$w(x)=\beta_1\psi_1+\beta_2\psi_2=\beta_1 x(1-x)+\beta_1 x^2(1-x) \tag{12.37}$$

误差函数 e_1 与方程(12.32)相同，如果采用式 12.37 中的加权函数对其进行加权，有

$$\int_0^1 e_1\psi_1\,\mathrm{d}x = 0 \Rightarrow 6\alpha_1+3\alpha_2 = 10,\quad \int_0^1 e_1\psi_2\,\mathrm{d}x = 0 \Rightarrow 21\alpha_1+20\alpha_2 = 42 \tag{12.38}$$

解上面的方程，得到 $\alpha_1=74/57$，$\alpha_2=42/57$，则假定的解为

$$\bar{u}=\frac{74}{57}x(1-x)+\frac{42}{57}x^2(1-x) \tag{12.39}$$

用伽辽金解与精确解进行比较，当 $x=0.2$ 时，得到 $\bar{u}=0.231$，这与精确解十分接近。我们发现所获得的解是精确解的上限，相对精确解的误差为 1.3%。

用类似的方法，可以通过假设不同的加权函数设计得到不同的近似框架。有限元法则是这样一种加权余量法，其位移变分和加权函数相同。微分方程的弱形式为能量演化方程。

12.2.4 能量泛函

能量泛函的应用是发展有限元法绝对必要的。能量泛函本质上依赖于一些变量，如位移、力等，而他们自身又是空间、时间等的函数。因此，泛函是积分表达式，泛函的本质是许多函数的函数。在泛函领域的正式研究需要对泛函分析具有深入的理解。参考文献[169]从泛函分析的视角对有限元法进行了极好的描述。然而，为了完整性，我们仅介绍与有限元法相关的那些重要方面。如果 w 是任何一个定义在极限 a 和 b 之间的微分方程的因变量，则泛函 $J(w)$ 的数学表达式为

$$J(w)=\int_a^b F\left(x,w,\frac{\mathrm{d}w}{\mathrm{d}x},\frac{\mathrm{d}^2w}{\mathrm{d}x^2}\right) \tag{12.40}$$

这里，a 和 b 是定义域的两个边界点。对于每一个固定的 w，$J(w)$ 总是一个标量。因此，一个泛函可以认为是一个从向量空间 $\mathbf{W}$ 到实数域 $\mathbf{R}$ 的一个映射，用数学表示为 $J:\mathbf{W}\to\mathbf{R}$。如果满足下面的条件，则称这个泛函是线性的。

$$F(\alpha w+\beta v)=\alpha F(w)+\beta F(v) \tag{12.41}$$

其中，α 和 β 是标量常数，w 和 v 是因变量。一个泛函如果满足下式，则为二次泛函。

$$J(\alpha,w)=\alpha^2 J(w) \tag{12.42}$$

下面定义两个矢量值函数 p 和 q 在域 V 上的内积为

$$(p,q)=\int_V pq\,\mathrm{d}V \tag{12.43}$$

显然，内积也可以认为是一种泛函。可以通过上面的定义确定一个给定的微分方程的微分算子的特性。一个给定的问题总是以一个微分方程和一组边界条件定义的，可以用数学表达式表示为

$$Lu=f\ \ （在域 V 之外），\quad u=u_0\ \ （在边界 \tau_1 之外），\quad q=q_0\ \ （在外界 \tau_2 之外） \tag{12.44}$$

其中，L 是微分算子，V 是整个域的体积，τ_1 是给定位移的边界(运动或本质边界条件，也即是狄利克雷边界条件)，τ_2 是给定力的边界(自然边界条件，也称之为纽曼边界条件)。如果 u_0 为零，边界称为是齐次的。如果 u_0 不为零，边界称为是非齐次的。对于一个给定的由微分算子 L 确定的微分方程，总是存在这样一个泛函满足下面条件：

· 微分算子必须是自伴随的，或者是对称的，即内积 $(Lu,v)=(u,Lv)$，其中 u 和 v 是满足相同合适边界条件的任意两个函数；

· 微分算子必须是正定的，即满足合适边界条件的函数 u 的内积 $(Lu,u)>0$。只有在全定义域内的 $u=0$ 时，上式才为 0。

这些关系的推导不在本书的研究范围。读者可以阅读参考文献[99]和[372]，这是经典的弹性问题的变分原理教科书。

对于一个给定的微分方程 $Lu=f$，其受到齐次边界条件的约束，其中微分算子是自伴随和正定的，实际上可以构造泛函，其表达式如下

$$J(w)=(Lw,w)-2(w,f) \tag{12.45}$$

为了了解上述方程的含义，我们将构造如下熟知的梁控制方程的泛函

$$EI\frac{\mathrm{d}^4 w}{\mathrm{d}x^4}+q=0 \tag{12.46}$$

其中，EI 是弯曲刚度，w 是表示横向位移的因变量，x 是空间无关的空间自变量，q 表示载荷。求解域用梁的长度 l 表示。在上述方程中，$L=EI\mathrm{d}^4 w/\mathrm{d}x^4$，$f=-q$。现在在式(12.45)中的第一项使用内积的定义，则该式变为

$$(Lw,w)=\int_0^l EI\frac{\mathrm{d}^4 w}{\mathrm{d}x^4}w\mathrm{d}x$$

进行两次分部积分，并简化，得

$$(Lw,w)=-w(0)V(0)+w(l)V(l)-\theta(l)M(l)+\theta(0)M(0)+\int_0^l EI\left(\frac{\mathrm{d}^2 w}{\mathrm{d}x^2}\right)^2\mathrm{d}x \tag{12.47}$$

在上式中，$\theta=\mathrm{d}w/\mathrm{d}x$，是横截面的转动(也称斜率)，$V$ 是剪力，M 是合力矩。梁中可能存在三种可能的边界条件(迪利克雷和纽曼边界条件都有)为

1. 固定边界条件：$w=\dfrac{\mathrm{d}w}{\mathrm{d}x}=\theta=0$

2. 自由边界条件：$V=-EI\dfrac{\mathrm{d}^3 w}{\mathrm{d}x^3}=0,M=EI\dfrac{\mathrm{d}^2 w}{\mathrm{d}x^2}=0$

3. 简支边界条件：$w=0,M=EI\dfrac{\mathrm{d}^2 w}{\mathrm{d}x^2}=0$

对于所有的边界条件，边界项，即方程(12.47)的前四项为零，因此方程简化为

$$(LW,w)=\int_0^l EI\left(\frac{\mathrm{d}^2 w}{\mathrm{d}x^2}\right)^2\mathrm{d}x \tag{12.48}$$

将上式代入到式(12.45)，泛函可以写为：

$$J(w)=2\left[\frac{1}{2}\int_0^l EI\left(\frac{\mathrm{d}^2 w}{\mathrm{d}x^2}\right)^2\mathrm{d}x+\int_0^l qw\mathrm{d}x\right] \tag{12.49}$$

括号内的项是梁的总势能，并且泛函的值本质上是势能值的两倍。因此，结构力学中的泛函通常被称为能量泛函。从上面的推导中可以看出，边界条件包含在能量函数中。

12.2.5 控制微分方程的弱形式

变分法给出了控制方程的替代表述，通常称为控制方程的强形式。而这个平衡方程的替代表述本质上是一个积分方程，这是通过用加权函数对控制方程的残值进行加权并对得到的表达式进行积分来获得的。这个过程不仅给出了控制方程的弱形式，还给出了相关的边界条件(本质边界条件和自然边界条件)。我们将再次考虑初等梁的控制方程来解释这个过程。梁方程的强形式由方程(12.46)给出。现在我们要寻找一个近似解 $\bar{w}(x)$，其形式类似于方程(12.18)中给出的形式。将 $\bar{w}(x)$ 代入微分方程的强形式中，得到一个如下的残值

$$e_1=\frac{\mathrm{d}^4\bar{w}}{\mathrm{d}x^4}+q=0 \tag{12.50}$$

如果用另一个函数 $v(x)$(也满足问题的边界条件)对其进行加权并在长度为 l 的域上积分，得到

$$\int_0^l v(x)\left[\frac{\mathrm{d}^4\bar{w}}{\mathrm{d}x^4}+q\right]\mathrm{d}x=0 \tag{12.51}$$

对上述表达式进行两次积分，将得到边界项，它们是本质边界条件和自然边界条件以及方程的弱形式的组合。得到以下表达式

$$v(0)\bar{V}(0)+v(l)\bar{V}(l)-\theta(l)\bar{M}(l)+\theta(0)\bar{M}(0)+\int_0^l EI\left(\frac{\mathrm{d}^2\bar{w}}{\mathrm{d}x^2}\frac{\mathrm{d}^2 v}{\mathrm{d}x^2}\right)\mathrm{d}x=0 \tag{12.52}$$

其中，

$$\bar{V}=-EI\frac{\mathrm{d}^3\bar{w}}{\mathrm{d}x^3},\quad \bar{M}=EI\frac{\mathrm{d}^2\bar{w}}{\mathrm{d}x^2},\quad \theta=\frac{\mathrm{d}\bar{w}}{\mathrm{d}x}$$

式(12.52)是微分方程的弱形式，因为与原始微分方程相比，它对连续性的要求降低了。也就是说，原方程是一个四阶方程，它需要函数是三阶连续的，而弱形式需要的解只是二阶连续的。这方面的特点在有限元方法中得到了充分利用。

12.3 能量原理

在本节中，我们概述了三个不同的定理，它们本质上构成了有限元分析的主干。在这里，本文讨论了这些定理对有限元技术发展的影响。为了对这些主题进行更深入的讨论，建议读者参考该领域的一些经典教科书，例如文献[98]，[340]，[372]。在这里，我们讨论以下重要的能量原理：

- 虚功原理(PVW)

· 最小势能原理(PMPE)

· 瑞利-里兹法

另一个与有限元法密切相关的原理是哈密顿原理,该原理已在第 6 章第 6.1 节中讨论过。虽然前两个原理对于静态问题的有限元发展是必不可少的,但哈密顿原理用于推导时间相关问题方程的弱形式。本节还将描述一些近似方法,它们是这些定理的延伸。

12.3.1　虚功原理

在介绍虚功原理之前,需要先解释一下虚功的概念。如图 12.5 所示的在任意一组载荷 P_1,P_2,…等作用下的物体。

考虑任意一点,它受到运动允许无穷小变形的影响。因此,可以假定它不违反边界约束。由于所施加的载荷而产生的这种假设的微小位移所做的功,在变形过程中保持不变,称为虚功。使用变分算子表示虚位移,在本例中,它可以写成 $\delta \boldsymbol{u}$。

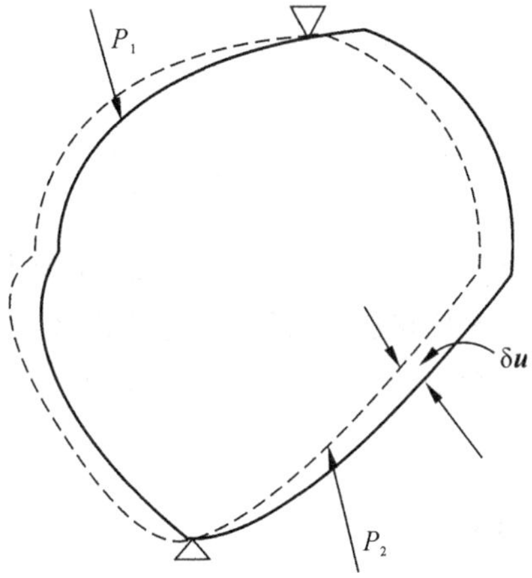

图 12.5　具有虚位移的材料系统

接下来将陈述并证明虚功原理。该原理表明,当物体受到无限小的虚位移时,当且仅当所有外力所做的虚功等于内力所做的虚功时,连续体处于平衡状态。

如果 W_E 是外力所做的功,U 是内能(也称为应变能),则虚功原理可以在数学上表示为

$$\delta U = \delta W_E \tag{12.53}$$

证明:考虑一个具有任意性质的三维物体,该物体受到作用在物体的一部分表面 S 上的面力 t_i 和每单位体积的体积力 B_i。体积 V 的物体对位移 u_i 所做的总外功由下式给出

$$W_E = \int_S t_i u_i \mathrm{d}S + \int_V B_i u_i \mathrm{d}V \tag{12.54}$$

取外功的一阶变分，有

$$\delta W_E = \int_S t_i \delta u_i \mathrm{d}S + \int_V B_i \delta u_i \mathrm{d}V \tag{12.55}$$

在第 2 章中，推导了面力和应力之间的关系[见方程(2.32)]，由 $t_i = \sigma_{ij} n_j$ 给出，其中 n_j 是三个坐标方向的向外法线。将方程(2.32)代入方程(12.55)，我们得到

$$\delta W_E = \int_S \sigma_{ij} n_j \delta u_i \mathrm{d}S + \int_V B_i \delta u_i \mathrm{d}V \tag{12.56}$$

使用散度定理[99]将上式右侧的表面积分转换为体积积分，得

$$\int_V \nabla \cdot \boldsymbol{u} \mathrm{d}V = \int_S \boldsymbol{u} \cdot \boldsymbol{n} \mathrm{d}S$$

其中$\nabla = (\partial/\partial x)\boldsymbol{i} + (\partial/\partial y)\boldsymbol{j} + (\partial/\partial z)\boldsymbol{k}$ 是梯度算子，$\boldsymbol{u} = u\boldsymbol{i} + v\boldsymbol{j} + w\boldsymbol{k}$ 是位移向量，$\boldsymbol{n} = n_x\boldsymbol{i} + n_y\boldsymbol{j} + n_z\boldsymbol{k}$ 是外法向量。使用公式(12.56)中的散度定理，我们得到

$$\delta W_E = \underbrace{\int_V \frac{\partial}{\partial x_j}(\delta u_i) \mathrm{d}V}_{\text{虚应变能}} + \int_V \frac{\partial}{\partial x_j}(\sigma_{ij}) \delta u_i \mathrm{d}V + \int_V B_i \delta u_i \mathrm{d}V \tag{12.57}$$

上式简化为

$$\delta W_E = \int_V \underbrace{\sigma_{ij} \delta \varepsilon_{ij} \mathrm{d}V}_{\text{内虚功}=\delta U} + \int_V \underbrace{\left(\frac{\partial}{\partial x_j}(\sigma_{ij}) + B_i\right) \delta u_i \mathrm{d}V}_{\text{平衡方程}=0} \tag{12.58}$$

由上式，清楚地看出外虚功等于内虚功或应变能，本质上是虚功原理。

虚功原理的直接延伸是虚位移法，广泛用于寻找许多冗余(超静定)结构中的反作用力。这种方法的细节可以在文献[301]，[340]中找到。

12.3.2 最小势能原理(PMPE)

该原理指出，在满足给定约束条件的所有位移场中，正确的状态是使结构的总势能最小的状态。

这个原理可以直接从虚功原理中得到。在这里，将外力势能 V 定义为外力所做功的负值，也就是说，$V = -W_E$。在虚功原理表达式中使用它，有

$$\delta(U + V) = 0 \tag{12.59}$$

上述原则是有限元发展的支柱。此外，该原理可用于推导系统的控制微分方程，特别是用于静态分析及其相关的边界条件。此处通过从能量泛函推导梁的控制方程来证明这一方面。

考虑弯曲刚度为 EI 的梁，并在整个长度为 L 的梁上承受分布载荷 $q(x)$。用 $w(x)$

表示梁的横向位移场。应变能泛函和外力势能可写为

$$U=\frac{1}{2}\int_0^L EI\left(\frac{\mathrm{d}^2 w}{\mathrm{d}x^2}\right)^2\mathrm{d}x,\quad V=-\int_0^L qw\,\mathrm{d}x \tag{12.60}$$

通过最小势能原理，有

$$\delta\left(\frac{1}{2}\int_0^L EI\left(\frac{\mathrm{d}^2 w}{\mathrm{d}x^2}\right)^2\mathrm{d}x-\int_0^L qw\,\mathrm{d}x\right)=0 \tag{12.61}$$

将变分算子作用于上式，有

$$\left(\int_0^L EI\left(\frac{\mathrm{d}^2 w}{\mathrm{d}x^2}\right)\delta\left(\frac{\mathrm{d}^2 w}{\mathrm{d}x^2}\right)-\int_0^L q\delta w\mathrm{d}x\right)=\left(\int_0^L EI\left(\frac{\mathrm{d}^2 w}{\mathrm{d}x^2}\right)\left(\frac{\mathrm{d}^2(\delta w)}{\mathrm{d}x^2}\right)\mathrm{d}x-\int_0^L q\delta w\mathrm{d}x\right) \tag{12.62}$$

对第一项进行两次分部积分后，如前所述确定边界项，有

$$\delta w(0)V(0)-\delta w(L)V(L)-\delta\theta(L)M(L)-\delta\theta(0)M(0)+\int_0^L\left(EI\frac{\mathrm{d}^4 w}{\mathrm{d}x^4}+q\right)\delta w\mathrm{d}x=0$$

由于指定位置（边界）的位移变分始终为零，并且 δw 是任意的，因此大括号中包含的唯一非零项是梁的控制微分方程。

12.3.3 瑞利-里兹法

在这种方法中，寻求控制方程 $Lu=f$ 的近似解，其中 u 是表示结构力学位移的因变量。再次假设近似解的形式为

$$\bar{u}=\sum_{n=1}^{N}a_n\phi_n \tag{12.63}$$

这里，a_n 是未知的广义自由度，ϕ_n 是已知函数，也称为里兹(Ritz)函数。这些函数应该满足运动学边界条件而不需要满足自然边界条件。接下来，将应变能和外力势能用位移表示，并将假定的近似位移场[方程(12.63)]代入能量表达式并积分。应用最小势能原理 PMPE，将总能量最小化以获得一组 n 个联立方程，求解这些方程以确定 a_n。在数学上，可以采用下式表示总能量，它是 α_n 的函数

$$\Pi(a_n)=(U+V) \tag{12.64}$$

由最小势能原理有总能量的一阶变分为 0，即

$$\delta\Pi=0=\frac{\partial\Pi}{\partial a_1}\delta a_1+\frac{\partial\Pi}{\partial a_2}\delta a_2+\cdots+\frac{\partial\Pi}{\partial a_n}\delta a_n=\sum_{n=1}^{N}\frac{\partial\Pi}{\partial a_n}\delta a_n \tag{12.65}$$

由于 δa_n 是任意的，必有

$$\frac{\partial\Pi}{\partial a_1}=\frac{\partial\Pi}{\partial a_2}=\cdots=\frac{\partial\Pi}{\partial a_n}=0,\quad n=1,2,\cdots N \tag{12.66}$$

此过程确保有 N 个方程可以求解 N 个未知系数。应选择里兹函数以便它们在

能量泛函指定的阶数内是可微的。通常,采用多项式或三角函数作里兹函数。由于假定场不满足自然边界条件,因此解很可能不会产生准确的力(应力)。通常,方程(12.63)中应使用足够的项以获得精确的解。然而,如果使用的项很少,那么这些项会引入额外的几何约束,这会使结构刚度变大,因此预测的位移始终偏小。将此方法应用于复杂几何问题通常是非常困难的。

另一种在有限元法中广泛使用的方法,尤其是用于求解瞬态问题的方法是哈密顿原理,该原理已在第6章(第6.1节)中详细介绍。

12.4 有限元方法:h 型方法

任何类型的有限元法都使用控制方程的弱形式在静态分析中将常微分方程转换为一组代数方程,而在动态分析中则是一组耦合二阶微分方程。在上一节中介绍了瑞利-里兹方法。这种方法很难应用于复杂几何和复杂边界条件的问题。然而,如果采用将域细分为许多子域的方法,并且在这些子域的每一个中采用式(12.63)应用瑞利-里兹方法近似方程的解。那么这种求解方法不仅能够处理复杂的几何形状和边界条件,而且还可以实现自动化求解。这本质上就是有限元法的轮廓。

在有限元法中,如前所述,将整个域拆分为称为单元的子域,在每个单元中,寻求下面形式的场变量的解

$$\bar{u}(x,y,z,t)=\sum_{n=1}^{N}a_n(t)\phi_n(x,y,z) \tag{12.67}$$

单元可以是一维、二维或三维,杆、梁,框架单元用于模拟一维结构,矩形和三角形单元用于模拟二维结构,六边形或四面体单元用于模拟三维结构。每个元素都有一组节点,这些节点可能会根据方程(12.67)中的用于近似每个单元内位移场的函数 $\phi_n(x,y,z)$ 的阶数而变化。这些节点具有唯一的编号,可以固定它们在复杂结构空间中的位置。在方程(12.67),$a_n(t)$ 通常表示与时间相关的节点位移,而 $\phi_n(x,y,z)$ 是空间相关函数,通常称为形函数。分析由控制偏微分方程控制的复杂材料域的整个有限元法过程可总结如下:

· 使用控制微分方程的弱形式,并且假设场变量在单元上的分布[方程(12.67)],随后的能量最小化将产生刚度矩阵和质量矩阵。这些矩阵的大小取决于节点数和每个节点的自由度。通过方程的弱形式形成的质量矩阵称为一致质量矩阵。还有其他形成质量矩阵的方法,将在本章后面解释。阻尼矩阵也是动态分析中的重要组成部分,通常不是通过弱公式获得的。对于线性系统,它们是通过刚度和质量矩阵的线性组合获得的,通过这种过程产生的阻尼称为比例阻尼。

·有限单元法是一种刚度方法,当以位移假设开始分析时,兼容性条件(在第 2 章第 2.1.9 节中解释)是自动满足的。刚度法要求假定的位移场会产生满足平衡方程的应力。此条件必须强制满足,通过组合刚度、质量和阻尼矩阵来满足这种强制条件。组合过程中是通过添加来自相邻单元的特定自由度的刚度值来完成的。类似地,将作用在每个节点上的力矢量组合起来以获得整体力矢量。如果载荷分布在复杂域的某一段上,则使用等效能量概念,将其分解为作用于构成该段的各个节点的集中载荷。这样构造的载荷向量称为一致加载矢量。总装的刚度、质量和阻尼矩阵的大小等于 $n \times n$,其中 n 是离散域中的自由度总数。

·矩阵组合后,位移边界条件被强制满足,位移边界条件可以是齐次的或非齐次的。如果边界条件是齐次的,则消除相应的行和列以获得缩减的刚度、质量和阻尼矩阵。在静力分析的情况下,对得到的包含刚度矩阵的矩阵方程进行求解,得到节点位移。有很多方法可以求解这个矩阵方程,最简单的方法是高斯消去法,更有效的方法是 Choleski 分解或波前法。文献[72]中给出了这些方法的详细信息。在动态分析的情况下,得到一组耦合的常微分方程组,可以通过正态模式法或时间推进法求解。正态模式方法通常用于低频动态问题,其中输入信号的频率成分很小,它们很少用于涉及高频信号的波传播问题,对于此类问题,时间推进法更可取。有许多不同的时间推进方案。在本章中,将介绍两种与波传播问题相关的不同时间积分方法。

12.4.1　形函数

方程(12.67)中的空间相关函数称为单元的形函数。形函数的类型取决于构造的有限元法类型。对于 h 型有限元法,这些函数通常假定为多项式,其阶数取决于单元的自由度。这些函数将节点位移与假定的位移场相关联。它们通常用符号 N 表示。我们现在将给出为图 12.6 中所示的单元求形函数的过程。

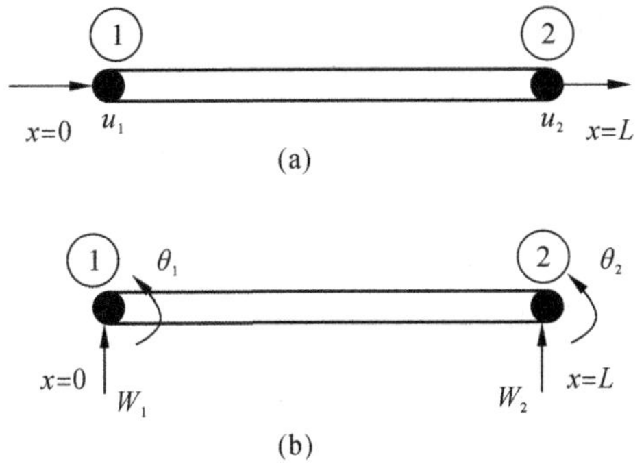

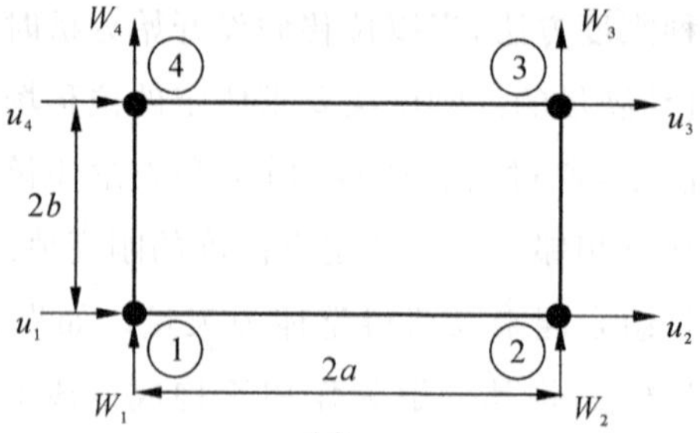

(c)

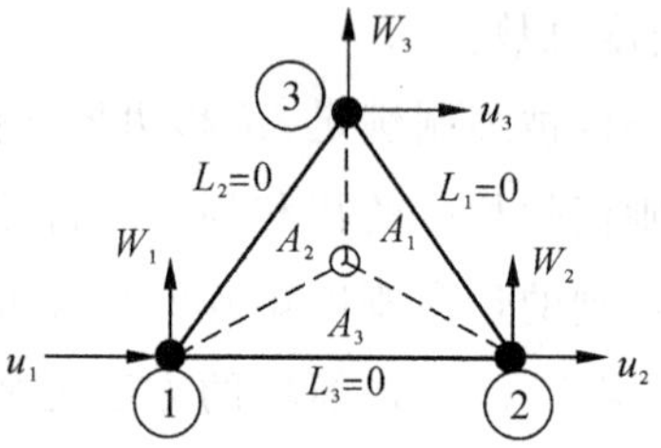

(d)

图 12.6　不同形式的一维和二维 h 型有限元

(a)杆单元;(b)梁单元;(c)矩形单元;(d)三角形单元

杆单元

现在推导具有长度 L 和轴向刚度 EA 的有限长度杆单元的形函数。杆单元只能支持轴向运动,因此该单元可以有两个节点,每个节点可以支持如图 12.6(a)所示的一个轴向运动,也就是说我们需要一个只有一阶连续的函数(即 C^0 连续单元)。因此,可以假设位移场包含对应于两个自由度的两个常数。即

$$u(x,t)=a_0(t)+a_i(t)x \tag{12.68}$$

上式也恰好满足杆的控制静力微分方程,由 $EA\mathrm{d}^2u/\mathrm{d}x^2=0$ 给出。在方程(12.68)中,常量 a_1 和 a_2 通过使用两个节点处的两个边界条件被节点位移 u_1 和 u_2 代替。也就是说,在 $x=0$ 时,有 $u(x,t)=u_1$,而在 $x=L$ 时,有 $u(x,t)=u_2$。将其代入方程(12.68)并简化,可以将位移场写为

$$u(x,t)=(1-\frac{x}{L})u_1(t)+(\frac{x}{L})u_2(t) \tag{12.69}$$

在上式中,括号内的两个函数分别为杆的两个自由度对应的形函数 $N_1(x)$ 和 $N_2(x)$。因此,位移场可以写成矩阵形式为

$$u(x,t)=[N_1(x)\quad N_2(x)]\begin{Bmatrix}u_1(t)\\u_2(t)\end{Bmatrix} \tag{12.70}$$

形函数 $N_1(x)$ 在节点 1 处取值为 1,在节点 2 处取值为 0。类似地,$N_2(x)$ 在节点

1 处为 0，在节点 2 处为 1。实际上，任何单元的位移都可以写成方程(12.70)所示的形式。

梁单元

可以类似地推导出梁单元的形函数。如图 12.6(b)所示，一个梁单元有两个节点，每个节点有两个自由度，即横向位移 w 和转动 $\theta=\mathrm{d}w/\mathrm{d}x$。因此，节点自由度向量由 $\{\boldsymbol{u}\}=\{w_1 \quad \theta_1 \quad w_2 \quad \theta_2\}^{\mathrm{T}}$ 给出，这需要最小的位移三次多项式。另外，由于斜率是从横向位移推导出来的，因此要求多项式是二阶连续的，即比杆具有更高的连续性要求。这样的单元称为 C^1 连续单元。按以下步骤获得形函数。梁的插值多项式由下式给出

$$w(x,t)=a_0(t)+a_1(t)x+a_2(t)x^2+a_3(t)x^3 \tag{12.71}$$

像杆的情况一样，上述解是梁的控制方程 $EI\mathrm{d}^4w/\mathrm{d}x^4=0$ 的精确解，现在将 $w(0,t)=w_1(t)$，$w(L,t)=w_2(t)$，$\mathrm{d}w/\mathrm{d}x(0,t)=\theta_1(t)$，$\mathrm{d}w/\mathrm{d}x(L,t)=\theta_2(t)$ 代入方程(12.71)，可以将上式写为

$$\begin{Bmatrix} w_1(t) \\ \theta_1(t) \\ w_2(t) \\ \theta_2(t) \end{Bmatrix}=\begin{bmatrix} 1 & 0 & 0 & 0 \\ 0 & 1 & 0 & 0 \\ 1 & L & L^2 & L^3 \\ 0 & 1 & 2L & 3L^2 \end{bmatrix}\begin{Bmatrix} a_0(t) \\ a_1(t) \\ a_2(t) \\ a_3(t) \end{Bmatrix}=\{\boldsymbol{u}\}=[\boldsymbol{G}]\{\boldsymbol{a}(t)\} \tag{12.72}$$

将上述矩阵求逆，可以将未知系数写成 $\{\boldsymbol{a}(t)\}=[\boldsymbol{G}]^{-1}\{\boldsymbol{u}\}$。将这些系数代入方程(12.71)中，得到

$$w(x,t)=[N_1(x) \quad N_2(x) \quad N_3(x) \quad N_4(x)]\begin{Bmatrix} w_1(t) \\ \theta_1(t) \\ w_2(t) \\ \theta_2(t) \end{Bmatrix} \tag{12.73}$$

其中，

$$\left.\begin{aligned} &N_1(x)=1-\left(\frac{3x}{L}\right)^2+2\left(\frac{x}{L}\right)^3, \quad N_2(x)=x\left(1-\frac{x}{L}\right)^2 \\ &N_3(x)=3\left(\frac{x}{L}\right)^2-2\left(\frac{x}{L}\right)^3, \quad N_4(x)=x\left[\left(\frac{x}{L}\right)^2-\left(\frac{x}{L}\right)\right] \end{aligned}\right\} \tag{12.74}$$

上述形函数将在节点处取单位值，并在其他任何位置取零。

在进一步进行之前，强调单元的插值多项式必须满足一些必要要求，特别是从收敛的角度来看。这些要求可以总结如下：

· 假设解应该能够描述刚体运动。这可以通过在假设解中保留一个常数部分来保证。

·随着网格的细化，假定的解必须能够达到常应变率。这可以通过在插值多项式中保留假定函数的线性部分来保证。

·大多数二阶系统只需要 C^0 连续性，这在大多数有限元方法中很容易满足。然而，对于诸如伯努利-欧拉梁或二维板等高阶系统，要求 C^1 具有连续性，但是这极难满足，尤其是板问题，单元间斜率连续性很难满足。在这种情况下，可以使用剪切变形模型，即模型也包括剪切变形的影响。在此类模型中，斜率不是从位移中导出的，而是独立插值的。这放宽了 C^0 连续性要求。然而，当这些单元用于薄梁或板模型时，剪切变形的影响可以忽略不计，预测的位移将比正确的位移小很多数量级。此类问题称为剪切锁定问题。

·假定的插值多项式的阶数由出现在能量泛函中的导数的最高阶数决定。也就是说，假定的多项式应该至少比能量泛函中出现的阶数高一阶。

·在二维公式中，特别是对于 C_1 连续性问题，多项式是根据帕斯卡三角形[72]选择的。

矩形单元

现在将确定二维单元的形函数。现在考虑如图 12.6(c)所示的一个长 $2a$ 和宽 $2b$ 的矩形有限单元。该单元有四个节点，每个节点有两个自由度，即两个坐标方向上的两个位移 $u(x,y)$ 和 $w(x,y)$。由于有 4 个节点，可以假设插值多项式为

$$\left.\begin{aligned} u(x,z,t)&=a_0(t)+a_1(t)x+a_2(t)z+a_3(t)xz \\ w(x,z,t)&=b_0(t)+b_1(t)x+b_2(t)z+b_3(t)xz \end{aligned}\right\} \tag{12.75}$$

上述函数在两个坐标方向上都有位移的线性变化，因此通常称为双线性单元。假设图 12.6(c)中的坐标轴恰好位于单元的中心。在上述插值多项式中，代入 $u(a,-b)=u_1$，$u(-a,b)=u_2$，$u(a,b)=u_3$ 和 $u(-a,-b)=u_4$。类似地，令 $w(a,b)=w_1$、$w(-a,b)=w_2$、$w(a,-b)=w_3$ 和 $w(-a,-b)=w_4$。这两个操作可以将位移场写为 $\{\boldsymbol{u}\}=[\boldsymbol{G}]\{\boldsymbol{a}\}$。求逆这个关系并使用从上述方程中获得的未知常数值，可以把位移场写成节点位移的形式

$$\left.\begin{aligned} u(x,t)&=[N_1(x)\quad N_2(x)\quad N_3(x)\quad N_4(x)]\begin{Bmatrix} u_1(t)\\ u_2(t)\\ u_3(t)\\ u_4(t)\end{Bmatrix} \\ w(x,t)&=[N_1(x)\quad N_2(x)\quad N_3(x)\quad N_4(x)]\begin{Bmatrix} w_1(t)\\ w_2(t)\\ w_3(t)\\ w_4(t)\end{Bmatrix} \end{aligned}\right\} \tag{12.76}$$

其中，

$$\left.\begin{array}{ll} N_1(x,z)=\dfrac{(x-a)(z-b)}{4}, & N_2(x,z)=\dfrac{(x-a)(z+b)}{4} \\ N_3(x,z)=\dfrac{(x+a)(z+b)}{4}, & N_4(x,z)=\dfrac{(x+a)(z-b)}{4} \end{array}\right\} \tag{12.77}$$

三角形单元

图 12.6(d)所示的三角形单元的形状函数的导出方式不同。这里，使用面积坐标代替直角坐标。设图 12.6(d)所示三角形的三个顶点为(x_1,z_1)、(x_2,z_2)和(x_3,z_3)。考虑三角形内的任意点 P。该点会将三角形分为面积分别为 A_1、A_2和 A_3的三个更小的三角形。令 A 为三角形的总面积，可以用节点坐标表示为

$$A=\frac{1}{2}\begin{vmatrix} 1 & x_1 & z_1 \\ 1 & x_2 & z_2 \\ 1 & x_3 & z_3 \end{vmatrix} \tag{12.78}$$

定义三角形的面积坐标为

$$L_1=\frac{A_1}{A},\quad L_2=\frac{A_2}{A},\quad L_3=\frac{A_3}{A} \tag{12.79}$$

因此，P 点的位置由(L_1,L_2,L_3)给定。这些坐标通常被称为面积坐标。它们并非相互独立的，三个坐标间满足以下关系式

$$L_1+L_2+L_3=1$$

这些面积坐标通过以下方程与 x-z 全局坐标系相关

$$x=L_1x_1+L_2x_2+L_3x_3,\quad z=L_1z_1+L_2z_2+L_3z_3 \tag{12.80}$$

其中，

$$L_i=\frac{a_i+b_ix+c_iz}{2A},\quad i=1,2,3$$

并且

$$a_1=x_2z_3=x_3z_2,\quad b_1=z_2-z_3,\quad c_1=x_3-x_2$$

其他系数可以通过循环置换下标获得。当需要对于坐标的导数时，将使用上述等式。现在，可以将三角形的形函数写成

$$\left.\begin{array}{l} u=N_1u_1+N_2u_2+N_3u_3,\quad v=N_1w_1+N_2w_2+N_3w_3 \\ N_1=L_1,N_2=L_2,N_3=L_3 \end{array}\right\} \tag{12.81}$$

这些形函数也遵循归一化规则。即在 A 点，$L_1=1$，形函数取值 1。在同一点，$L_2=L_3=0$。同理，在另外两个顶点，L_2和 L_3取单位值，而其他两个为零。

总之，对于所有单元，可以根据形函数和节点位移将位移表示为 $u=\sum_{n=1}^{M}N_nU_n=$

$[\boldsymbol{N}]\{\boldsymbol{u}\}$，该空间离散化将用于能量泛函以获得有限元控制方程。这将在下一小节中介绍。

12.4.2 有限元方程的推导

考虑一个三维的材料系统，该系统具有体积 V，边界 S 上受到三个坐标方向上的面力的作用 $\{\boldsymbol{t}_s\}=\{t_x \quad t_y \quad t_z\}^{\mathrm{T}}$，并且每单位体积的体力矢量 $\{\boldsymbol{B}\}=\{B_x \quad B_y \quad B_z\}^{\mathrm{T}}$。将位移矢量写为

$$\{\boldsymbol{d}(x,y,z,t)\}=\{u(x,y,z,t) \quad v(x,y,z,t) \quad w(x,y,z,t)\}^{\mathrm{T}}$$

其中 u、v、w 为三个坐标方向的位移。现在再次采用哈密顿原理来推导有限元控制方程。可以得到：

$$\delta\int_{t_1}^{t_2}(T-U+W_{nc})\,\mathrm{d}t=0$$

其中动能如下

$$T=\frac{1}{2}\int_V\rho\left[\left(\frac{\mathrm{d}u}{\mathrm{d}t}\right)^2+\left(\frac{\mathrm{d}v}{\mathrm{d}t}\right)^2+\left(\frac{\mathrm{d}w}{\mathrm{d}t}\right)^2\right]\mathrm{d}V \tag{12.82}$$

对动能取一阶变分，

$$\int_{t_1}^{t_2}\mathrm{d}t=\int_{t_1}^{t_2}\int_V\rho\left[\frac{\mathrm{d}u}{\mathrm{d}t}\frac{\mathrm{d}(\delta u)}{\mathrm{d}t}+\frac{\mathrm{d}v}{\mathrm{d}t}\frac{\mathrm{d}(\delta v)}{\mathrm{d}t}+\frac{\mathrm{d}w}{\mathrm{d}t}\frac{\mathrm{d}(\delta w)}{\mathrm{d}t}\right]\mathrm{d}t \tag{12.83}$$

进行分部积分，注意在时间 t_1 和 t_2 处一阶变分为0，则有

$$\begin{aligned}\int_{t_1}^{t_2}\delta T\mathrm{d}t&=-\int_{t_1}^{t_2}\int_V\rho\left[\frac{\mathrm{d}^2u}{\mathrm{d}t^2}\delta u+\frac{\mathrm{d}^2v}{\mathrm{d}t^2}\delta v+\frac{\mathrm{d}^2w}{\mathrm{d}t^2}\delta w\right]\mathrm{d}t\\&=\int_{t_1}^{t_2}\int_V\rho\,\{\delta\boldsymbol{d}\}^{\mathrm{T}}\{\ddot{\boldsymbol{d}}\}\,\mathrm{d}V\mathrm{d}t\end{aligned} \tag{12.84}$$

其中，$\{\ddot{\boldsymbol{d}}\}$ 是加速度矢量，$\{\delta\boldsymbol{d}\}=\{\delta u \quad \delta v \quad \delta w\}^{\mathrm{T}}$ 表示位移的一阶变分。

材料系统在三维应力状态下的应变能为

$$\begin{aligned}U&=\frac{1}{2}\int_V(\sigma_{xx}\varepsilon_{xx}+\sigma_{yy}\varepsilon_{yy}+\sigma_{zz}\varepsilon_{zz}+\tau_{xy}\gamma_{xy}+\tau_{yz}\gamma_{yz}+\tau_{zx}\gamma_{zx})\\&=\frac{1}{2}\int_V\{\boldsymbol{\varepsilon}\}^{\mathrm{T}}\{\boldsymbol{\sigma}\}\,\mathrm{d}V\end{aligned} \tag{12.85}$$

对于线弹性情况，本构方程为 $\{\boldsymbol{\sigma}\}=[\boldsymbol{C}]\{\boldsymbol{\varepsilon}\}$。因此，在该本构下，应变能的表达式为

$$U=\frac{1}{2}\int_V\{\boldsymbol{\varepsilon}\}^{\mathrm{T}}[\boldsymbol{C}]\{\boldsymbol{\varepsilon}\}\,\mathrm{d}v \tag{12.86}$$

进行一阶变分，并积分，得

$$\int_{t_1}^{t_2}\delta U\mathrm{d}t=\int_{t_1}^{t_2}\int_V\{\delta\boldsymbol{\varepsilon}\}^{\mathrm{T}}[\boldsymbol{C}]\{\boldsymbol{\varepsilon}\}\,\mathrm{d}V\mathrm{d}t \tag{12.87}$$

体积力、面力、阻尼力和集中力所做的功合并为 W_{nc}，即 $W_{nc}=W_B+W_S+W_D$，其中体积力所作的功为

$$W_B=\int_V(B_xu+B_yv+B_zw)\mathrm{d}V=\int_V\{\boldsymbol{d}\}^{\mathrm{T}}\{\boldsymbol{B}\}\mathrm{d}V \tag{12.88}$$

上述体积力功的一阶变分为

$$\int_{t_1}^{t_2}\delta W_B\mathrm{d}t=\int_{t_1}^{t_2}\int_V\{\delta\boldsymbol{d}\}^{\mathrm{T}}\{\boldsymbol{B}\}\mathrm{d}V\mathrm{d}t \tag{12.89}$$

下面考虑面力，面力所作的功为

$$W_S=\int_S\{\boldsymbol{d}\}^{\mathrm{T}}\{\boldsymbol{t}_s\}\mathrm{d}S \tag{12.90}$$

其一阶变分为

$$\int_{t_1}^{t_2}\delta W_S\mathrm{d}t=\int_{t_1}^{t_2}\int_V\{\delta\boldsymbol{d}\}^{\mathrm{T}}\{t_s\}\mathrm{d}V\mathrm{d}t \tag{12.91}$$

类似地，阻尼力所做功的一阶变分为

$$\int_{t_1}^{t_2}\delta W_D\mathrm{d}t=-\int_{t_1}^{t_2}\int_V\{\delta\boldsymbol{d}\}^{\mathrm{T}}\{\boldsymbol{F}_D\}\mathrm{d}V\mathrm{d}t \tag{12.92}$$

如果阻尼是黏性阻尼，则阻尼力与速度成正比，由 $\{\boldsymbol{F}_D\}=\eta\{\dot{\boldsymbol{d}}\}$ 给出，其中 $\{\dot{\boldsymbol{d}}\}$ 是速度矢量，η 是阻尼系数。注意该项有一个负号，表示阻尼力始终与作用在材料系统上的其他力相反。现在，对所有能量的一阶变分应用哈密顿原理，可以得到

$$\begin{aligned}&-\int_{t_1}^{t_2}\int_V\rho\{\delta\mathrm{d}\}^{\mathrm{T}}\{\ddot{\boldsymbol{d}}\}\mathrm{d}V\mathrm{d}t+\int_{t_1}^{t_2}\int_V\{\delta\boldsymbol{\varepsilon}\}^{\mathrm{T}}[\boldsymbol{C}]\{\boldsymbol{\varepsilon}\}\mathrm{d}V\mathrm{d}t\\&=+\int_{t_1}^{t_2}\int_V\{\delta\mathrm{d}\}^{\mathrm{T}}\{\boldsymbol{B}\}\mathrm{d}V\mathrm{d}t+\int_{t_1}^{t_2}\int_V\{\delta\boldsymbol{d}\}^{\mathrm{T}}\{\boldsymbol{t}_s\}\mathrm{d}V\mathrm{d}t-\\&\int_{t_1}^{t_2}\int_V\{\delta\mathrm{d}\}^{\mathrm{T}}\{\boldsymbol{F}_D\}\mathrm{d}V\mathrm{d}t.\end{aligned} \tag{12.93}$$

在上面的等式中，用形函数和节点位移代替假定的位移，这些在前面的第 12.4.1 节中推导过，推导得出

$$\{\mathrm{d}(x,y,z,t)\}=[\boldsymbol{N}(x,y,z)]\{\boldsymbol{u}_e(t)\} \tag{12.94}$$

其中$[\boldsymbol{N}(x,y,z)]$是形函数矩阵，取决于用于对材料系统建模的单元，并且$\{\boldsymbol{u}_e\}$是单元的节点位移矢量。使用以上公式，我们可以将速度、加速度及其一阶变分写为

$$\left.\begin{aligned}\{\dot{\boldsymbol{d}}\}&=[\boldsymbol{N}(x,y,z)]\{\dot{\boldsymbol{u}}_e\}\\\{\ddot{\boldsymbol{d}}\}&=[\boldsymbol{N}(x,y,z)]\{\ddot{\boldsymbol{u}}_e\}\\\{\delta\boldsymbol{d}\}&=[\boldsymbol{N}(x,y,z)]\{\delta\boldsymbol{u}_e\}\end{aligned}\right\} \tag{12.95}$$

现在也可以使用应变-位移关系将应变写成位移矢量。即，六个应变分量可以写成矩阵形式为

$$\begin{Bmatrix} \varepsilon_{xx} \\ \varepsilon_{yy} \\ \varepsilon_{zz} \\ \gamma_{xy} \\ \gamma_{yz} \\ \gamma_{zx} \end{Bmatrix} = \begin{bmatrix} \frac{\partial}{\partial x} & 0 & 0 \\ 0 & \frac{\partial}{\partial y} & 0 \\ 0 & 0 & \frac{\partial}{\partial z} \\ \frac{\partial}{\partial y} & \frac{\partial}{\partial x} & 0 \\ 0 & \frac{\partial}{\partial z} & \frac{\partial}{\partial y} \\ \frac{\partial}{\partial z} & 0 & \frac{\partial}{\partial x} \end{bmatrix} \begin{Bmatrix} u \\ v \\ z \end{Bmatrix} \tag{12.96}$$

这样应变和应变的一阶变分可写为

$$\{\boldsymbol{\varepsilon}\} = [\boldsymbol{B}]\{\boldsymbol{d}\}, \quad \{\delta\boldsymbol{\varepsilon}\} = [\boldsymbol{B}]\{\delta\boldsymbol{d}\} \tag{12.97}$$

现在考虑方程(12.94)中的每一项,并进一步简化。方程第一项本质上是控制方程的惯性部分。将上述方程代入方程(12.94),得到

$$\begin{aligned}\int_V \rho\, \{\delta\boldsymbol{d}\}^{\mathrm{T}}\{\ddot{\boldsymbol{d}}\}\mathrm{d}V &= \int_V \rho\, \{\delta\boldsymbol{u}_e\}^{\mathrm{T}}[\boldsymbol{N}]^{\mathrm{T}}[\boldsymbol{N}]\{\ddot{\boldsymbol{u}}_e\}\mathrm{d}V = \{\delta\boldsymbol{u}_e\}^{\mathrm{T}}\left(\int_V \rho\,[\boldsymbol{N}]^{\mathrm{T}}[\boldsymbol{N}]\mathrm{d}V\right)\{\ddot{\boldsymbol{u}}_e\} \\ &= \{\delta\boldsymbol{u}_e\}^{\mathrm{T}}[\boldsymbol{m}]\{\ddot{\boldsymbol{u}}_e\}\end{aligned} \tag{12.98}$$

括号内的项称为单元质量矩阵。从上述形式获得的质量矩阵称为一致质量矩阵,然而还存在其他形式的质量矩阵。接下来,考虑方程(12.94)中涉及应变的第二项。使用方程(12.94)和(12.99),第二项可以写成

$$\begin{aligned}\int_V \{\delta\boldsymbol{\varepsilon}\}^{\mathrm{T}}[\boldsymbol{C}]\{\boldsymbol{\varepsilon}\}\mathrm{d}V &= \int_V \{\delta\boldsymbol{u}_e\}^{\mathrm{T}}[\boldsymbol{B}]^{\mathrm{T}}[\boldsymbol{C}][\boldsymbol{B}]\{\boldsymbol{u}_e\}\mathrm{d}V \\ &= \{\delta\boldsymbol{u}_e\}^{\mathrm{T}}\left(\int_V [\boldsymbol{B}]^{\mathrm{T}}[\boldsymbol{C}][\boldsymbol{B}]\mathrm{d}V\right)\{\boldsymbol{u}_e\} \\ &= \{\delta\boldsymbol{u}_e\}^{\mathrm{T}}[\boldsymbol{k}]\{\boldsymbol{u}_e\}\end{aligned} \tag{12.99}$$

在上式中,括号内的项表示单元的刚度矩阵。类似地,方程(12.94)中的其他项也可以写成节点位移矢量$\{\boldsymbol{u}_e\}$的形式,并且使用方程(12.94)和(12.96)得到其一阶变分$\{\delta\boldsymbol{u}_e\}$。现在由于体积力导致的项可以写成

$$\begin{aligned}\int_V \{\delta\boldsymbol{d}\}^{\mathrm{T}}\{\boldsymbol{B}\}\mathrm{d}V &= \int_V \{\delta\boldsymbol{u}_e\}^{\mathrm{T}}[\boldsymbol{N}]^{\mathrm{T}}\{\boldsymbol{B}\}\mathrm{d}V = \{\delta\boldsymbol{u}_e\}^{\mathrm{T}}\left(\int_V [\boldsymbol{N}]^{\mathrm{T}}\{\boldsymbol{B}\}\mathrm{d}V\right)\{\boldsymbol{u}_e\} \\ &= \{\delta\boldsymbol{u}_e\}^{\mathrm{T}}\{\boldsymbol{f}_B\}\end{aligned} \tag{12.100}$$

类似地,可将面力写为

$$\int_S \{\delta \boldsymbol{d}\}^{\mathrm{T}}\{\boldsymbol{t}_s\}\mathrm{d}S = \{\delta \boldsymbol{u}_e\}^{\mathrm{T}}\{\boldsymbol{f}_s\}, \quad \{\boldsymbol{f}_s\} = \int_S [\boldsymbol{N}]^{\mathrm{T}}\{\boldsymbol{t}_s\}\mathrm{d}S \tag{12.101}$$

最后，假设黏性阻尼的阻尼力可以写为

$$-\int_V \{\delta \boldsymbol{d}\}^{\mathrm{T}}\eta\{\dot{\boldsymbol{d}}\}\mathrm{d}V = -\{\delta \boldsymbol{u}_e\}^{\mathrm{T}}\left\{\int_V \eta[\boldsymbol{N}]^{\mathrm{T}}[\boldsymbol{N}]\mathrm{d}V\right\}\{\dot{\boldsymbol{u}}_e\} = -\{\delta \boldsymbol{u}_e\}^{\mathrm{T}}[\boldsymbol{c}]\{\dot{\boldsymbol{u}}_e\} \tag{12.102}$$

矩阵$[\boldsymbol{c}]$是一致阻尼矩阵。这种形式在实际分析中很少使用。有多种处理阻尼的方法，本章稍后将对此进行解释。现在将方程(12.98)—(12.102)方程式代入到方程(12.93)中，有

$$\int_{t_1}^{t_2} \{\delta \boldsymbol{u}_e\}^{\mathrm{T}}\{[\boldsymbol{m}]\{\ddot{\boldsymbol{u}}_e\} + [\boldsymbol{c}]\{\dot{\boldsymbol{u}}_e\} + [\boldsymbol{k}]\{\boldsymbol{u}_e\} - \{\boldsymbol{f}_B\} - \{\boldsymbol{f}_s\}\}\mathrm{d}t = 0 \tag{12.103}$$

由位移矢量一阶变分的任意性，有

$$[\boldsymbol{m}]\{\ddot{\boldsymbol{u}}_e\} + [\boldsymbol{c}]\{\dot{\boldsymbol{u}}_e\} + [\boldsymbol{k}]\{\boldsymbol{u}_e\} = \{\boldsymbol{R}\} \tag{12.104}$$

方程(12.104)需要使用有限元技术求解的离散化控制运动方程。这里的$\{\boldsymbol{R}\}$是体力、面力和集中力的合力矢量。注意，上式是一个高度耦合的二阶线性微分方程。如果不存在惯性和阻尼力，则上述方程简化为一组联立方程，求解这些方程以获得材料系统的静态力学行为。矩阵$[\boldsymbol{m}]$、$[\boldsymbol{k}]$和$[\boldsymbol{c}]$的大小等于单元自由度，所有这些矩阵都是单个单元的，并分别集成起来得到整体质量矩阵$[\boldsymbol{M}]$、整体刚度矩阵$[\boldsymbol{K}]$和整体阻尼矩阵$[\boldsymbol{C}]$。在集成这些矩阵之前，强制满足位移边界条件，另外，所有这些矩阵本质上都是对称的和带状的，带宽由网格的节点编号决定，它是通过将节点编号中的最大节点编号差乘以单元的每个节点自由度来确定的。目前的方法需要修改以处理弯曲的边界，这样的方法称为等参方法。

12.4.3　等参单元方法

到目前为止，我们只处理了具有直边的有限单元。在实际的材料系统中，边缘总是弯曲的，用直边单元对这种弯曲的边缘进行建模将导致问题的求解非常困难。此外，在解决许多实际问题时，并不总是要求整个问题域的网格密度均匀。网格始终从精细(在高应力梯度区域)到粗糙(在均匀应力场的情况下)分级过渡。这些弯曲的单元能够有效地对网格进行分级过渡。由于弯曲四边形、三角形和楔形单元的可用性，现在可以对任何复杂形状的三维几何体进行建模。

具有弯曲边界的单元通过映射函数的坐标变换映射到直边界，其中映射函数是映射坐标的函数。这种映射是通过将坐标变化表示为一定阶的多项式来建立的，并且多项式的阶数由映射中涉及的节点数决定。由于使用直边映射域，因此位移也应表示为映射坐标中特定阶数的多项式。在这种情况下，多项式的阶数取决于单元可以支持的自由度。因此，有两种变换，一种涉及坐标，另一种涉及位移。如果坐标变换的阶数比

位移变换低，那么称这样的变换为亚参变换，即如果一个单元有 n 个节点，虽然 n 个节点都参与位移变换，但只有少数节点参与坐标变换。如果坐标变换的阶数比位移变换得高，则这种变换称为超参变换。在这种情况下，只有一小部分节点会参与位移变换，而所有节点都会参与坐标变换。关于有限元方法最重要的变换是位移和坐标变换的阶数相同。也就是说，所有节点都参与这两个转换，这种变换称为等参变换。图 12.7 中显示了一维和二维单元的映射概念。接下来，对一维和二维单元演示了等参方法的概念，并使用该概念推导出了一些简单单元的刚度矩阵。

一维等参杆元件

图 12.7(a)显示了原始直角坐标系和映射坐标系中的一维杆单元，其中一维映射坐标为 ξ。请注意，杆的两端定义了轴向自由度 u_1 和 u_2，对应的映射坐标分别为$\xi=-1$ 和 $\xi=1$。我们现在假设杆在映射坐标中的位移变化为

$$u(\xi)=a_0+a_1\xi \tag{12.105}$$

现在将 $u_1=u(\xi=-1)$ 和 $u_2=u(\xi=1)$ 代入上面方程中，并且消除常数项，在映射坐标系下位移场可写为

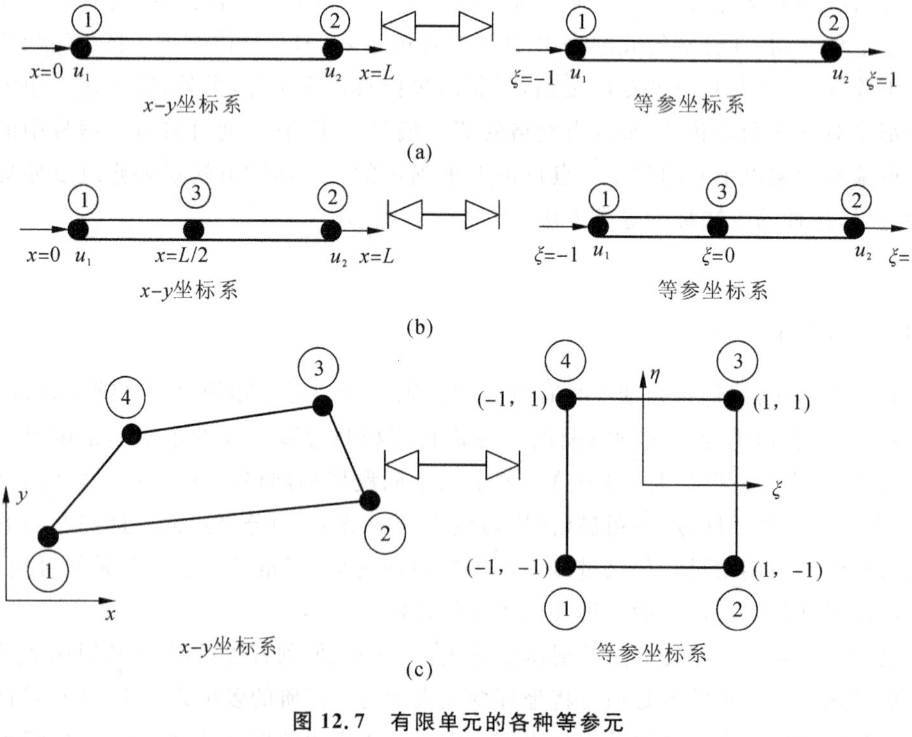

图 12.7 有限单元的各种等参元

(a)2 点杆单元；(b)3 点杆单元；(c)4 点四边形单元

$$u(\xi)=\left(\frac{1-\xi}{2}u_1+\frac{1+\xi}{2}u_2\right)=\begin{bmatrix}\frac{1-\xi}{2} & \frac{1+\xi}{2}\end{bmatrix}\begin{Bmatrix}u_1\\u_2\end{Bmatrix}=[\boldsymbol{N}(\xi)]\{\boldsymbol{u}_e\} \tag{12.106}$$

进一步假设直角 x 坐标相对于映射坐标 ξ 以相同的位移方式变化，即

$$x=\begin{bmatrix}\frac{1-\xi}{2} & \frac{1+\xi}{2}\end{bmatrix}\begin{Bmatrix}x_1\\x_2\end{Bmatrix}=[\boldsymbol{N}(\xi)]\{\boldsymbol{x}_e\} \tag{12.107}$$

上式中，x_1 和 x_2 为直角坐标系 x 中实际单元的坐标。可以看到原始系统和映射系统中的坐标是一一对应的。刚度矩阵的推导需要计算应变-位移矩阵[$\boldsymbol{B}$]，这需要计算形函数相对于原始坐标 x 的导数。在杆的情况下，只有轴向应变，因此[$\boldsymbol{B}$]矩阵变为

$$[\boldsymbol{B}]=\begin{bmatrix}\frac{\mathrm{d}N_1}{\mathrm{d}x} & \frac{\mathrm{d}N_2}{\mathrm{d}x}\end{bmatrix} \tag{12.108}$$

但是，可以使用雅可比矩阵将一个坐标系映射到另一个坐标系。也就是说，通过使用求导的链式法则，有

$$\frac{\mathrm{d}N_i}{\mathrm{d}x}=\frac{\mathrm{d}N_i}{\mathrm{d}\xi}\frac{\mathrm{d}\xi}{\mathrm{d}x}\quad i=1,2 \tag{12.109}$$

从方程(12.107)，可得

$$\left.\begin{aligned}&x=\frac{1-\xi}{2}x_1+\frac{1+\xi}{2}x_2,\quad \frac{\mathrm{d}x}{\mathrm{d}\xi}=\frac{(x_2-x_1)}{2}=\frac{L}{2}=J\\&\frac{\mathrm{d}\xi}{\mathrm{d}x}=\frac{2}{L}=\frac{1}{J},\quad \mathrm{d}x=J\,\mathrm{d}\xi\end{aligned}\right\} \tag{12.110}$$

将上述方程代入方程(12.109)，有

$$\frac{\mathrm{d}N_i}{\mathrm{d}x}=\frac{\mathrm{d}N_i}{\mathrm{d}\xi}\frac{1}{J}=\frac{\mathrm{d}N_i}{\mathrm{d}\xi}\frac{2}{L} \tag{12.111}$$

将形函数的表达式代入上面方程，并将形函数对映射坐标进行求导，则[$\boldsymbol{B}$]矩阵为

$$\frac{\mathrm{d}N_1}{\mathrm{d}\xi}=-\frac{1}{2},\quad \frac{\mathrm{d}N_2}{\mathrm{d}\xi}=\frac{1}{2},\quad [\boldsymbol{B}]=\begin{bmatrix}-\frac{1}{2} & \frac{1}{2}\end{bmatrix} \tag{12.112}$$

在杆的情况下，只有轴向应力的作用，因此用于计算刚度矩阵的弹性矩阵[$\boldsymbol{C}$][方程(12.100)]将只含有材料的杨氏模量 E。杆的刚度矩阵由下式给出

$$[\boldsymbol{k}]=\int_V[\boldsymbol{B}]^{\mathrm{T}}[\boldsymbol{C}][\boldsymbol{B}]\mathrm{d}V=\int_0^L\int_A[\boldsymbol{B}]^{\mathrm{T}}E[\boldsymbol{B}]\mathrm{d}A\mathrm{d}x-\int_{-1}^1[\boldsymbol{B}]^{\mathrm{T}}EA[\boldsymbol{B}]J\,\mathrm{d}\xi \tag{12.113}$$

将方程(12.111)和(12.112)代入以上关于雅可比矩阵和[$\boldsymbol{B}$]矩阵的方程中，得到杆的刚度矩阵为

$$[\boldsymbol{k}]=\frac{EA}{L}\begin{bmatrix}1 & -1\\ -1 & 1\end{bmatrix} \tag{12.114}$$

需要注意的是，将杆的形函数[方程(12.68)]代入方程(12.100)中，再进行必要的直接积分，也可以获得相同的结果。对于直边单元，雅可比矩阵总是一个常数，而不是映射坐标的函数；对于复杂的几何图形和高阶单元，雅可比矩阵始终是映射坐标的函数。在这种情况下，计算刚度矩阵表达式的积分将涉及有理多项式。为了证明这一点，计算如图 12.7(b)所示的具有 3 个自由度的高阶杆单元，其中所有自由度都是轴向的。该单元在映射坐标中的位移变化由下式给出

$$u(\xi)=a_0+a_1\xi+a_2\xi^2 \tag{12.115}$$

和之前一样，需要先对形函数进行计算，将 $u(\xi=-1)=u_1$，$u(\xi=1)=u_2$ 和 $u(\xi=0)=u_3$ 代入方程(12.115)中，消除未知的常数，可以写出三个形函数为

$$N_1(\xi)=\frac{\xi(-1+\xi)}{2},N_2(\xi)=\frac{\xi(1+\xi)}{2},N_3(\xi)=(1-\xi^2) \tag{12.116}$$

之后，雅可比的计算需要考虑坐标变换

$$x=\frac{\xi(-1+\xi)}{2}x_1+\frac{\xi(1+\xi)}{2}x_2+(1-\xi^2)x_3 \tag{12.117}$$

在上面的方程中，x_1、x_2 和 x_3 是在原直角坐标系中单元三个节点的 x 坐标。对映射坐标求导，得到

$$\frac{\mathrm{d}x}{\mathrm{d}\xi}=\frac{2\xi-1}{2}x_1+\frac{2\xi+1}{2}x_2-2\xi x_3 \tag{12.118}$$

与两节点杆单元情况不同，高阶杆单元的雅可比行列式是映射坐标的函数，它的值随着坐标杆移动而变化。如果坐标 x_3 与杆的中点重合，则雅可比行列式的值变为 $L/2$。这种情况下的[$\boldsymbol{B}$]矩阵变为

$$[\boldsymbol{B}]=\frac{1}{J}=\left[(\frac{2\xi-1}{2})(\frac{2\xi+1}{2})-2\xi\right] \tag{12.119}$$

这里的[$\boldsymbol{B}$]矩阵与两节点杆单元不同，它是映射坐标的函数。因此，方程(12.114)中给出的刚度矩阵不能以解析形式积分。可以看出，它涉及有理多项式的积分，因此必须求助于数值积分。最常用的数值积分法是高斯积分法，稍后将对此进行解释。

二维等参数四边形元件公式

等参四边形单元的原始和映射表示如图 12.7(c)所示。这里，x-y 是原始坐标系，ξ-η 是映射后的坐标系。每个映射坐标的范围从-1到$+1$。该单元有 4 个节点，每个节点有 2 个自由度，共计 8 个自由度，所得刚度矩阵的大小为 8×8。两个坐标方向的位移变化(u 沿 x 方向，v 沿 y 方向)由映射坐标给出

$$\left.\begin{aligned}u(\xi,\eta)&=a_0+a_1\xi+a_2\eta+a_3\xi\eta\\v(\xi,\eta)&=b_0+b_1\xi+b_2\eta+b_3\xi\eta\end{aligned}\right\}\tag{12.120}$$

替换四个节点处的映射坐标将确定形函数。该单元的位移场和形函数如下

$$\begin{Bmatrix}u(\xi,\eta)\\v(\xi,\eta)\end{Bmatrix}=\begin{bmatrix}N_1&0&N_2&0&N_3&0&N_4&0\\0&N_1&0&N_2&0&N_3&0&N_4\end{bmatrix}\{\boldsymbol{u}_e\}=[\boldsymbol{N}]\{\boldsymbol{u}_e\}\tag{12.121}$$

其中，$\{\boldsymbol{u}_e\}=\{u_1\quad v_1\quad u_2\quad v_2\quad u_3\quad v_3\quad u_4\quad v_4\}^{\mathrm{T}}$，且

$$\left.\begin{aligned}N_1&=\frac{(1-\xi)(1-\eta)}{4},\quad N_2=\frac{(1+\xi)(1-\eta)}{4}\\N_3&=\frac{(1+\xi)(1+\eta)}{4},\quad N_4=\frac{(1-\xi)(1+\eta)}{4}\end{aligned}\right\}\tag{12.122}$$

原始坐标和映射坐标之间的坐标变换可以类似地写为

$$\begin{Bmatrix}x\\y\end{Bmatrix}=\begin{bmatrix}N_1&0&N_2&0&N_3&0&N_4&0\\0&N_1&0&N_2&0&N_3&0&N_4\end{bmatrix}\{\boldsymbol{x}_e\}=[\boldsymbol{N}]\{\boldsymbol{x}_e\}\tag{12.123}$$

其中，$\{\boldsymbol{x}_e\}=\{x_1\quad y_1\quad x_2\quad y_2\quad x_3\quad y_3\quad x_4\quad y_4\}^{\mathrm{T}}$。使用链式法则进行求导。注意原始坐标同时是 ξ 和 η 的函数，有

$$\frac{\partial}{\partial\xi}=\frac{\partial}{\partial x}\frac{\partial x}{\partial\xi}+\frac{\partial}{\partial y}\frac{\partial y}{\partial\xi},\quad \frac{\partial}{\partial\eta}=\frac{\partial}{\partial x}\frac{\partial x}{\partial\eta}+\frac{\partial}{\partial y}\frac{\partial y}{\partial\eta}\tag{12.124}$$

和

$$\begin{Bmatrix}\dfrac{\partial}{\partial\xi}\\[2ex]\dfrac{\partial}{\partial\eta}\end{Bmatrix}=\begin{bmatrix}\dfrac{\partial x}{\partial\xi}&\dfrac{\partial y}{\partial\xi}\\[2ex]\dfrac{\partial x}{\partial\eta}&\dfrac{\partial y}{\partial\eta}\end{bmatrix}\begin{Bmatrix}\dfrac{\partial}{\partial x}\\[2ex]\dfrac{\partial}{\partial y}\end{Bmatrix}=[\boldsymbol{J}]\begin{Bmatrix}\dfrac{\partial}{\partial x}\\[2ex]\dfrac{\partial}{\partial y}\end{Bmatrix}\tag{12.125}$$

雅可比矩阵的值取决于单元的尺寸、形状和方向。

$$\begin{Bmatrix}\dfrac{\partial}{\partial x}\\[2ex]\dfrac{\partial}{\partial y}\end{Bmatrix}=[\boldsymbol{J}]^{-1}\begin{Bmatrix}\dfrac{\partial}{\partial\xi}\\[2ex]\dfrac{\partial}{\partial\eta}\end{Bmatrix}\tag{12.126}$$

使用以上方程，可以确定计算$[\boldsymbol{B}]$矩阵所需的导数。一旦得到导数的公式，就可以推出平面单元的刚度矩阵为

$$[\boldsymbol{k}]=t\int_{-1}^{1}\int_{-1}^{1}[\boldsymbol{B}]^{\mathrm{T}}[\boldsymbol{C}][\boldsymbol{B}]\,|\boldsymbol{J}|\,\mathrm{d}\xi\mathrm{d}\eta\tag{12.127}$$

其中$|\boldsymbol{J}|$是雅可比矩阵的行列式，t 是单元的厚度。刚度矩阵是 8×8 的。$[\boldsymbol{C}]$是材料矩阵，假设平面应力条件和材料系统是各向同性的(参见第 2 章中的 2.1.7 节)，有

$$[\boldsymbol{C}]=\frac{E}{1-\nu^2}\begin{bmatrix}1&\nu&0\\\nu&1&0\\0&0&\dfrac{1-\nu}{2}\end{bmatrix}$$

方程(12.127)不能以解析形式积分,它必须进行数值积分,为此,需使用高斯积分法,这将在下一节中进行解释。

12.4.4 数值积分和高斯积分

等参单元的刚度和质量矩阵的计算具体涉及诸如方程(12.127)给出的表达式。这些表达式必然是有理多项式。以解析形式计算这些积分是非常困难的,因此必须使用数值积分方法。尽管有不同的数值方法,但高斯积分[24],[72]最适合等参形式,并且它计算的是积分区间为-1到$+1$之间的积分值,这是等参方法中自然坐标的典型范围。

考虑下面形式的积分

$$I=\int_{-1}^{1}F\mathrm{d}\xi,\quad F=F(\xi) \tag{12.128}$$

令$F(\xi)=a_0+a_1\xi$,此函数必须在域$-1<\xi<1$上积分,域的长度等于2个单位。将上述表达式代入方程(12.128),得到的积分的精确值为$2a_0$。如果在中点(在$\xi=0$处)计算被积函数的值,并乘以域的长度(即2),将获得积分精确值。因此,任何线性函数的积分都可以用这种方式求得精确解。这个结果可以推广为任何阶的函数

$$I=\int_{-1}^{1}F\mathrm{d}\xi=W_1F_1+W_2F_2+\cdots+W_nF_n \tag{12.129}$$

因此,为了获得积分I的近似值,需要在多个位置ξ_i计算$F(\xi)$,将结果F_i乘以适当的权重W_i,然后将它们相加求和得到I的近似值。计算被积函数的点称为采样点。在高斯求积中,存在一些高精度的点,这些点有时也称为巴洛点。这些点相对于积分区间的中心对称,对称的点具有相同的权重。对被积函数求积分所需的点数完全取决于被积函数表达式中涉及的最高阶多项式的次数。如果p是被积函数中多项式的最高阶次,则对被积函数进行精确积分所需的最小积分点数n等于$n=(p+1)/2$。对于二阶多项式,即$p=2$,精确积分所需的最小积分点数为2。表12.1给出了高斯积分的积分点位置和权重[72]。在二维单元的情况下,刚度和质量矩阵计算涉及对下面形式二重积分的计算

$$I=\int_{-1}^{1}\int_{-1}^{1}F(\xi,\eta)\mathrm{d}\xi\mathrm{d}\eta=\int_{-1}^{1}\left[\sum_{i-1}^{N}W_iF(\xi_i,\eta)\right]\mathrm{d}\eta=\sum_{i=1}^{N}\sum_{j=1}^{M}W_iW_jF(\xi_i,\eta_j) \tag{12.130}$$

这里,N和M是在ξ和η方向上使用的采样点的数量。类似地,可以将其扩展到三维积分。高斯积分采样点的位置使得高斯点处的应力(比有限元法中的位移更不准确)与其他点相比更加准确[291]。

表 12.1　高斯积分的采样点和权重

阶 n	位置 ξ_i	权重 W_i
1	0	2
2	±0.57735 02691 89626	1.0
3	±0.77459 66692 41483 0.0	0.55555 55555 55556 0.88888 88888 88889
4	±0.86113 63115 94053 ±0.33998 20435 84856	0.34785 48451 37454 0.65214 51548 62546
5	±0.90617 98459 38664 ±0.53846 93101 05683 0.0	0.23692 68850 56189 0.47862 86704 99366 0.56888 88888 88889

使用高斯积分也可以对等参三角形进行数值积分。然而，高斯点和权重是完全不同的。这些在文献[72]中给出。方程(12.129)中给出的积分形式的数值积分为

$$I = \frac{1}{2}\sum_{i=1}^{n} W_i F(\alpha_i, \beta_i, \gamma_i) \tag{12.131}$$

其中，α_i、β_i 和 γ_i 是面积坐标中高斯积分点位置坐标。

12.4.5　质量和阻尼矩阵的公式

一致质量矩阵由方程(12.99)给出，即

$$[\boldsymbol{M}] = \int_V \rho\, [\boldsymbol{N}]^{\mathrm{T}}[\boldsymbol{N}]\mathrm{d}V \tag{12.132}$$

其中 ρ 是材料系统的密度，$[\boldsymbol{N}]$是所考虑单元的形函数矩阵。对于长度为 L、横截面面积为 A 和密度为 ρ 的杆单元，形函数由方程(12.69)给出。使用此形函数，质量矩阵变为

$$[\boldsymbol{M}] = \int_0^L \int_A \rho \begin{bmatrix} (1-x)/L \\ x/L \end{bmatrix} [(1-x)/L \quad x/L] = \frac{\rho A L}{6}\begin{bmatrix} 2 & 1 \\ 1 & 2 \end{bmatrix} \tag{12.133}$$

对于长度为 L，横截面面积为 A 的梁单元，四个形函数由方程(12.75)给出。将上述形函数的方程代入质量矩阵，并积分可得

$$[\boldsymbol{M}] = \frac{\rho A L}{420} = \begin{bmatrix} 156 & 22L & 54 & -13L \\ 22L & 4L^2 & 13L & -3L \\ 54 & 13L & 156 & -22L \\ -13L & -3L & -22L & 4L^2 \end{bmatrix} \tag{12.134}$$

在这两种情况下，发现矩阵是对称且正定的。

有多种替代方法来构建质量矩阵。也就是说，可以将质量集中改为集成到与主要自由度相对应的位置，从而使质量矩阵对角线化。对角质量矩阵将导致非常小的存储需求，因此能够更快地求解动力学运动方程。特别是，为了解决波传播问题，集中质量更优于一致质量。文献中给出了三种不同的质量集中方法，它们是：

1. Ad hoc 临时质量集中改为集成法（Ad hoc lumping）

2. HRZ 质量集中改为集成法（HRZ lumping）

3. Optimal 质量集中改为集成法（Optimal lumping）

临时质量集中改为集成法是集中质量的最简单方法。计算结构的总质量并在所有平动自由度之间均匀分布。如果单元具有旋转自由度，则计算单元的质量惯性矩并在旋转自由度之间均匀分布。再次考虑长度为 L、密度为 ρ 和横截面积为 A 的 2 节点杆单元，单元的总质量为 ρAL。如果该质量在两个轴向自由度之间均匀分布，则集中质量矩阵可写为

$$[\boldsymbol{M}]_{\text{lumped}}=\frac{\rho AL}{2}\begin{bmatrix}1 & 0\\0 & 1\end{bmatrix} \tag{12.135}$$

现在考虑与 2 节点杆单元具有相同单元性质的 3 节点二阶杆单元。总质量仍然等于 ρAL，可以在三个轴向自由度之间平均分配。集中质量矩阵变为

$$[\boldsymbol{M}]_{\text{lumped}}=\frac{\rho AL}{3}\begin{bmatrix}1 & 0 & 0\\0 & 1 & 0\\0 & 0 & 1\end{bmatrix} \tag{12.136}$$

通常，与两端相比，杆的中心具有更集中的质量。预计上述质量分布会产生非常差的结果。让我们看看是否还有其他集中质量的方法。如果 3 节点杆单元被分成质量同为 $\rho\mathrm{AL}/2$ 的两半，则中间节点将从两半获得质量贡献，集中质量矩阵现在变为

$$[\boldsymbol{M}]_{\text{lumped}}=\frac{\rho AL}{4}\begin{bmatrix}1 & 0 & 0\\0 & 2 & 0\\0 & 0 & 1\end{bmatrix} \tag{12.137}$$

由于质量分布更均匀，预计上述质量表示会提供更好的计算结果。因此，在临时质量集中方法中，没有为质量集中过程确定固定的规则。如何将质量集中在一起完全取决于分析人员的判断。

长度为 L、密度为 ρ 和横截面积为 A 的梁的集中质量具有四个自由度，包括两个旋转自由度。梁的总质量 m 仍然为 ρAL，它可以在两个横向自由度之间平均分配。对应于旋转自由度的质量推导如下。杆的质量惯性矩由 $mL^2/3$ 给出，其中 m 是梁的质量。在我们的例子中，为了更好地近似，我们将梁分成长度为 $L/2$ 的两半，计算每一半的质量惯性矩并将其集中到各自的旋转自由度上。即，质量惯性矩等于$(1/3)\times(m/2)\times(L/2)=\rho AL^3/24$。因此梁单元的集中质量矩阵变为

$$[\boldsymbol{M}]_{\text{lumped}}=\frac{\rho AL}{420}\begin{bmatrix}\alpha & 0 & 0 & 0\\ 0 & \beta L^2 & 0 & 0\\ 0 & 0 & \alpha & 0\\ 0 & 0 & 0 & \beta L^2\end{bmatrix},\quad \alpha=210,\quad \beta=17.5 \tag{12.138}$$

在上面的形式中，可以比较方程(12.138)和方程(12.134)并建立两个不同的质量矩阵之间的相关性。

Hinton、Rock 和 Zeikienwich[153]推导出一种新的质量集成方法，该方法使用一致质量矩阵的单元进行，这种集成方法以作者的名字命名为 HRZ 质量集成法。从一致质量矩阵中提取对角线系数的过程如下：首先得到一致质量矩阵，如果 m 是总质量，N_i 是第 i 个自由度的形函数，则质量矩阵的对角系数为

$$M_{ii}=\frac{m}{S}\int_V \rho N_i^2\,\mathrm{d}V,\quad S=\sum_{n=1}^{N}(M_{nn})_{\text{consistent}} \tag{12.139}$$

让我们考虑 2 节点杆单元的相同的例子。杆的总质量 $m=\rho AL$，该线性杆单元的一致质量矩阵由方程(12.134)给出。方程(12.139)中的 S 等于$(2/3)\rho AL$。形状函数 N_1 和 N_2 在方程(12.139)中给出。使用上述形函数、S 的值并令 $m=\rho AL$，可以通过 HRZ 质量集成法将集成质量矩阵写为

$$[\boldsymbol{M}]_{\text{HRZ}}=\frac{\rho AL}{2}\begin{bmatrix}1 & 0\\ 0 & 1\end{bmatrix} \tag{12.140}$$

该矩阵与使用临时集成法得出的矩阵相同。同样可以建立初等梁单元和等参二维梁单元的集中质量矩阵。在梁的情况下，一致质量矩阵由方程(12.134)给出。对于这种情况，有两个 S 值，一个用于平动自由度，一个用于旋转自由度。对于平动自由度，$S=(\rho AL/420)\times(156+156)=(26/35)\times\rho AL$，而对于旋转自由度，$S=(\rho AL/420)\times(4L^2+4L^2)=(2L^2/105)\times\rho AL$。使用上述结果和方程(12.75)给出的形函数，可得

$$[\boldsymbol{M}]_{\text{HRZ}}=\frac{\rho AL}{78}\begin{bmatrix}39 & 0 & 0 & 0\\ 0 & L^2 & 0 & 0\\ 0 & 0 & 39 & 0\\ 0 & 0 & 0 & L^2\end{bmatrix} \tag{12.141}$$

将其与方程(12.138)中给出的临时集成法获得的质量矩阵进行比较。平动自由度具有相似的质量分布，而旋转自由度具有较小的值。可以获得 8 节点和 9 节点等参二维单元类似质量矩阵。这些结果如图 12.8 所示。

HRZ 集成为低阶单元提供了非常好的结果，有时这种集成方法甚至比一致质量公式更好。但是对于高阶单元，它不太准确。

最优集成法首先由 Malkus 和 Plesha[219]提出。它使用数值积分方案来获得集中

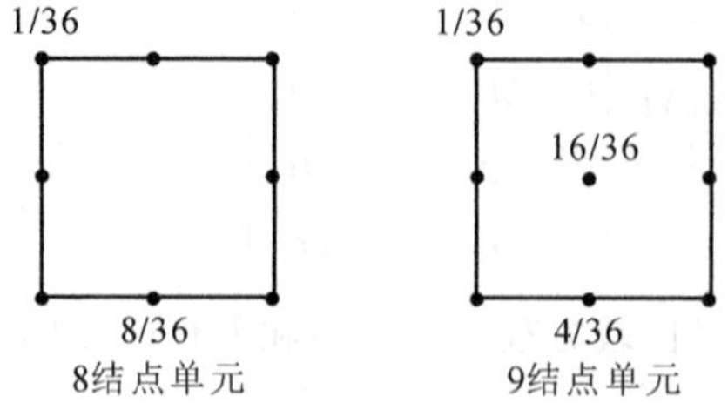

图 12.8 二维 8 节点和 9 节点 HRZ 质量集成

质量矩阵。也就是说，它使用形函数的性质，该形函数在对其进行计算的节点处为单位值。因此，该方法需要一个以节点为采样点的集成方法。这个过程消除了质量矩阵中的非对角项。Newton-Cotes 方法是 Simpson 法的三分之一，采用以节点为采样点进行数值积分。Newton-Cotes 方法的二维版本是 Gauss-Labatto 积分法。所需采样点的数量由参与质量矩阵计算的多项式的最高阶决定，通常由下式给出

$$n=2(p-m)$$

其中，p 为多项式的最高阶次，n 为数值积分所需的采样点数，m 为能量泛函中出现的导数的最高阶次。对于平面应力问题，$m=1$，而对于弯曲问题，$m=2$。

让我们考虑一个长度为 L 的 3 节点等参二次杆单元，该单元具有对应于 3 个节点的 3 个轴向自由度。等参形函数在式(12.116)中给出。在这种情况下，$p=2, m=1$，因此，根据方程 $n=2(p-m)$ 所需的最小积分点数等于 2。使用 Newton-Cotes 公式对函数 $f(x)$ 在 a 到 b 的区间进行积分，结果如下

$$\int_a^b f(x)\mathrm{d}x=(b-a)\left[\frac{1}{6}f(x=a)+\frac{4}{6}f\left(x=\frac{a+b}{2}\right)+\frac{1}{6}f(x=b)\right] \tag{12.142}$$

现在，用标记符号表示的 3 节点杆的质量矩阵可以用形函数表示为

$$M_{ij}=\int_{-1}^{1}\rho AN_iN_j\ |\boldsymbol{J}|\ \mathrm{d}\xi \tag{12.143}$$

这里，$\boldsymbol{J}$ 是雅可比矩阵，如果中间节点恰好位于中心，则其值为 $L/2$。现在使用 Newton-Coates 公式并注意 $b-a=2$，得到

$$\begin{aligned}M_{ij}=&\rho AL\left[\frac{1}{6}N_i(\xi=-1)N_j(\xi=-1)\right]+\\&\rho AL\left[\frac{4}{6}N_i(\xi=0)N_j(\xi=0)+\frac{1}{6}N_i(\xi=1)N_j(\xi=1)\right]\end{aligned} \tag{12.144}$$

将形函数代入并且求值，得

$$[\boldsymbol{M}]_{\text{optimal}}=\frac{\rho AL}{6}\begin{bmatrix}1&0&0\\0&1&0\\0&0&4\end{bmatrix} \tag{12.145}$$

如果使用 HRZ 集成，将会得到相同的结果。可以类似地获得二维三角形和四边形单元的最佳集中质量矩阵，如图 12.9 所示。从图中看到，有些质量系数为零，甚至

是负值。也就是说，可能会遇到质量矩阵不是正定矩阵的情况。这给动态方程的求解带来了一个问题，需要一些特殊的解决方法。

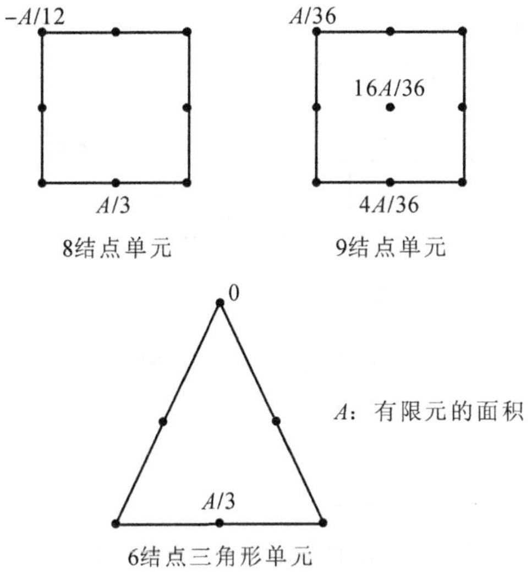

图 12.9　6、8 和 9 节点单元的最优质量集中

接下来陈述了一些选择质量矩阵的通用准则。一致质量矩阵通常用于弯曲问题，并且当模式跨越 4 个以上单元时，通常给出较差的结果。通常不建议用于波传播问题。求解动力学方程所需的计算固有频率总是一致质量矩阵的上界，并且由于质量矩阵全满，它的存储和运算成本很高，但是它最适合高阶单元。

因为集中质量矩阵几乎不会产生频散振荡，因此它广泛用于波传播和高频瞬态动力学问题。它为低阶单元提供了良好的结果。然而，对于高阶单元，可以使用最优集成矩阵。

阻尼是结构中一种非常复杂的现象，很难准确确定。阻尼的一些来源是接头处的材料滞后和摩擦。从运动方程[方程(12.103)]导出的阻尼矩阵很少使用，因为它很难测量阻尼参数。推导阻尼矩阵的最常用方法称为瑞利比例阻尼，其中阻尼矩阵用作刚度矩阵和质量矩阵的组合，如下式所示

$$[\boldsymbol{C}]=\alpha[\boldsymbol{K}]+\beta[\boldsymbol{M}] \tag{12.146}$$

其中 α 和 β 是要通过实验确定的刚度和质量比例阻尼系数。它们可以通过确定单自由度模型的阻尼比 ξ 来测量。阻尼比与刚度和质量比例参数的关系有方程[72]

$$\xi=\frac{1}{2}\left(\alpha\omega+\frac{\beta}{\omega}\right) \tag{12.147}$$

图 12.10 给出了频率 ω 和阻尼比 ξ 的关系。

通过测量两个不同频率下的阻尼比，可以得到刚度和质量比例阻尼系数。上述阻尼表示在模式域解动力方程时解耦控制方程有很大的优势。

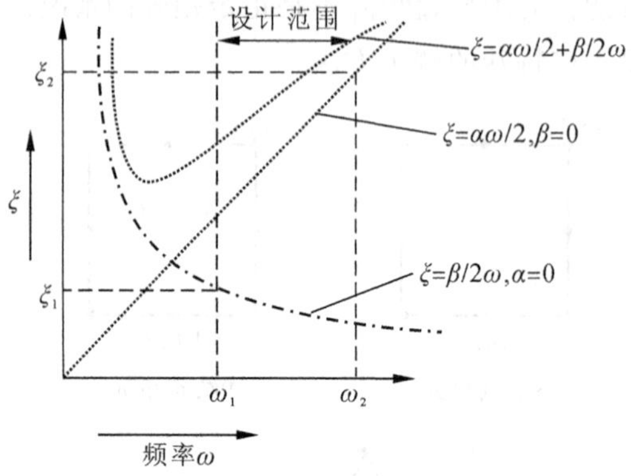

图 12.10　阻尼行为与频率间的关系

12.5　超收敛公式

有限元法是一种近似方法，求解的精度高度依赖于单元的大小和插值多项式的阶数。为了提高使用低阶多项式构建单元的精度，有必要增加网格密度，特别是对于瞬态动力学问题和具有高应力梯度的问题。这种增加网格密度提高精度的方法被称为 h 型方法。或者，可以增加多项式的阶数，从而增加每个单元中的节点数来提高精度。这种方法被称为 p 型方法。本章前面已经对此进行了解释。在瞬态动力学问题的情况下，精确求解所需的是精确质量分布，而无论采用何种方法，都必然需要精细的网格密度。

与结构健康监测相关的问题必然涉及高频信号。在大多数情况下，它需要通过高频信号以推断结构的状态。这种信号的频率在 50 kHz 至 2 MHz 的量级。在此类问题中，所有高阶模式不仅会被激发，而且还具有相当高的能量。为了捕获这些更高频率的模式，网格尺寸应该非常精细，以至于它们应该与由于给定激励而导致的应力波的波长相匹配。因此，此类问题超出了有限单元法的范围。

12.5.1　超收敛有限元法

获得精确质量分布的问题可以归结为假定的位移场与控制方程之间的接近程度。在有限单元法中，时间相关性不会显式地引入到解决方法中。因此，如果选择插值函数来满足控制方程的空间部分(静态部分)，则可以准确地表征结构的刚度，而结构的质量分布仍然是近似的。然而，共振或固有频率的准确预测是获得动态问题准确解的关键。如果对假设解进行误差分析，可以表明，与质量相比，刚度表征中的误差量级相当高。这方面在文献[336]中得到了证明。因此，可以通过上述方法采用较小规模的有限元网格更好地预测高阶模式,称此方法为超收敛有限元法(SCFEM)。事实上,本章前面描述的初等杆单元和梁单元都是超收敛单元,因为它们完全满足控制方程的静态部分。因此,无论一个单元有多长,都可以准确地得到其静态响应,只要这个结构受到的是点载荷,这个说法都是成立的,而在大多数波传播问题中都是符合这个情况。

SCFEM 非常有用的另一种情况是处理约束介质问题。当基于高阶理论的有限元用于预测初等理论模型中的响应时,就会出现这些问题。例如铁木辛柯梁和欧拉-伯努利梁模型的基本区别在于,前者引入剪切变形违反了平面截面在弯曲前后保持平面的条件。因此,不能通过对横向位移求导来获得梁斜率,因此,在有限元公式中,必须单独插值。这将初等梁中的 C^1 的连续性要求降低到铁木辛柯梁中的 C^0 连续。当铁木辛柯梁模型用于预测非常薄的梁(其中剪应变为零)的响应时,人们获得的解比正确解小许多数量级,这个问题称为剪切锁定问题。这种锁定的原因是该方法中引入了两个刚度矩阵,一个是由弯曲引入的,另一个是由剪切引入的。正是这个抗剪刚度矩阵引入了抗剪约束,使结构变得过刚。也就是说,剪切刚度矩阵是非奇异的。如果需要消除剪切锁定,剪切矩阵应该是不满秩的,这使得该矩阵奇异。这是通过使用高斯积分对剪切刚度进行欠积分来实现的。这些方法在文献[159],[292]中有更详细的解释。

在 SCFEM 中,不存在此类锁定问题,因为单元公式中使用的插值多项式是控制方程的精确解,因此,它将具有多项式的阶数,满足连续性要求,也就是说,用户不需要知道高阶效应是否占主导地位。此外,它在瞬态动力学和波传播的解决方法中非常有用。在下一小节中,我们将介绍基于 FSDT 的复合梁的 SCFEM 方法。

12.5.2　超收敛层合复合材料 FSDT 梁单元方法

与传统的有限元法不同,超收敛方法需要控制方程的强形式。包含剪切变形和横向收缩影响的高阶复合材料控制方程的强形式在第 8 章 8.2.1 节中已经给出推导过程。通过忽略横向收缩,可以将 FSDT 复合材料梁的控制微分方程写为

$$\left.\begin{aligned}&I_1\ddot{\theta}+I_o\ddot{u}^o-A_{11}u^o_{,xx}-B_{11}\theta_{,xx}=0\\&I_1\ddot{u}^o+I_2\ddot{\theta}-D_{11}\theta_{,xx}-B_{11}u^o_{,xx}+A_{55}(w_{,x}+\theta)=0\\&I_0\ddot{w}-A_{55}(w_{,xx}+\theta_{,x})=0\end{aligned}\right\}\tag{12.148}$$

其中所有变量的含义与第 8 章中的解释相同。相关的力边界条件由下式给出

$$A_{11}u^o_{,x}+B_{11}\theta_{,x}=N_x,\quad A_{55}(w_{,x}+\theta)=V_x,\quad B_{11}u^o_{,x}+D_{11}\theta_{,x}=M_x\tag{12.149}$$

和之前一致,刚度和惯性系数可表示为

$$\left.\begin{aligned}[A_{11} \quad B_{11} \quad D_{11}] &= \int_A \bar{Q}_{11}[1 \quad z \quad z^2]\mathrm{d}A, \quad A_{55} = \int_A \bar{Q}_{55}\mathrm{d}A \\ [I_0 \quad I_1 \quad I_2] &= \int_A \rho[1 \quad z \quad z^2]\mathrm{d}A\end{aligned}\right\} \tag{12.150}$$

在方程(12.150)中，N_x、V_x、M_x分别为作用在边界节点上的轴力、剪力和弯矩。单元公式的位移插值函数是通过求解从方程(12.149)获得的控制微分方程的静态部分获得的。精确解采用以下形式

$$u^{\circ}=C_1+C_2x+C_3x^2 \tag{12.151}$$

$$w=C_4+C_5x+C_6x^2+C_7x^3 \tag{12.152}$$

$$\theta=C_8+C_9x+C_{10}x^2 \tag{12.153}$$

值得注意的是，在方程(12.151)至(12.153)中，轴向位移场是二次的。通常在对称铺层中，轴向和横向运动是不耦合的，因此仅采用线性多项式插值就足够了，正是这种不对称性增加了插值的阶数。参考文献[358]使用这样的插值来获得直梁和曲梁中的轴向响应。

从方程(12.152)和(12.153)，看到 w 的插值阶数比斜率 θ 高一个阶数，这是单元免于剪切锁定的要求之一。位移的精确解共有 10 个常数，只有 6 个边界条件[在单元的两个节点处计算方程(12.150)]可用。因此，只有六个独立常数。附加的四个相关常数通过把方程(12.152)和(12.153)代入方程(12.149)以独立常数表示。通过上述步骤，可得

$$C_3=\frac{-B_{11}A_{55}}{2(A_{11}D_{11}-B_{11}^2)}(C_5+C_8), \quad C_6=-\frac{1}{2}C_9 \tag{12.154}$$

$$\left.\begin{aligned}C_7&=\frac{-A_{11}A_{55}}{6(A_{11}D_{11}-B_{11}^2)}(C_5+C_8) \\ C_{10}&=\frac{A_{11}A_{55}}{2(A_{11}D_{11}-B_{11}^2)}(C_5+C_8)\end{aligned}\right\} \tag{12.155}$$

记

$$\alpha=\frac{B_{11}A_{55}}{(A_{11}D_{11}-B_{11}^2)}, \quad \beta=\frac{A_{11}A_{55}}{6(A_{11}D_{11}-B_{11}^2)} \tag{12.156}$$

则位移场的解可以写为

$$u^{\circ}=C_1+C_2x-\frac{\alpha}{2}(C_5+C_8)x^2 \tag{12.157}$$

$$w=C_4+C_5x-\frac{1}{2}C_9x^2-\frac{\beta}{6}(C_5+C_8)x^3 \tag{12.158}$$

$$\theta=C_8+C_9x+\frac{\beta}{2}(C_5+C_8)x^2 \tag{12.159}$$

首先在 $x=0$ 和 $x=L$ 两个节点代入边界条件，开始建立有限元方法。这会使节点位移和常数之间有一个矩阵的系数关系。这个关系求逆并替换方程(12.158)和

(12.159)中的常数,得到的形函数矩阵[**N**]为

$$\{\boldsymbol{u}\}=\{u^{\circ}\quad w\quad \theta\}^{\mathrm{T}}=[\boldsymbol{N}]\{\boldsymbol{u}\}^{\mathrm{e}} \tag{12.160}$$

其中,$\{\boldsymbol{u}\}^{\mathrm{e}}=\{u_1\quad w_1\quad \theta_1\quad u_2\quad w_2\quad \theta_2\}^{\mathrm{T}}$ 是单元节点位移向量。[**N**]的显示形式可表示为

$$[\boldsymbol{N}]_{3\times 6}=[\boldsymbol{N}_u\quad \boldsymbol{N}_w\quad \boldsymbol{N}_\theta]^{\mathrm{t}}$$

$$N_{u1}=(1-\xi),\quad N_{u2}=\frac{\alpha L}{2\psi}(\xi^2-\xi)$$

$$N_{u3}=(\frac{\alpha L^2}{4\psi}+\frac{\alpha\beta L^4}{24\psi}\xi-\frac{\alpha L^2}{2})(\xi^2-\xi)$$

$$N_{u4}=\xi,\quad N_{u5}=-\frac{\alpha L}{2\psi}(\xi^2-\xi),\quad N_{u6}=-\frac{\alpha L^2}{4\psi}(\xi^2-\xi),\quad N_{w1}=0$$

$$N_{w2}=1-\frac{\xi}{\psi}-\frac{\beta L^2\xi^2}{4\psi}+\frac{\beta L^2\xi^3}{6\psi}$$

$$N_{w3}=-(\frac{L}{2\psi}+\frac{\beta L^3}{12\psi})\xi+(\frac{L}{2}-\frac{\beta L^3}{8\psi}-\frac{\beta^2L^5}{48\psi}+\frac{\beta L^3}{4})\xi^2-(\frac{\beta L^3}{6}-\frac{\beta L^3}{12\psi}-\frac{\beta^2L^5}{72\psi})\xi^3$$

$$N_{w4}=0,\quad N_{w5}=\frac{\xi}{\psi}+\frac{\beta L^2\xi^2}{4\psi}-\frac{\beta L^2\xi^3}{6\psi}$$

$$N_{w6}=\frac{L\xi}{2\psi}-(\frac{L}{2}-\frac{\beta L^3}{8\psi})\xi^2-\frac{\beta L^3\xi^3}{12\psi}$$

$$N_{\theta 1}=0,\quad N_{\theta 2}=-\frac{\beta L}{2\psi}(\xi^2-\xi)$$

$$N_{\theta 3}=(1-\xi)+(\frac{\beta L^2}{2}-\frac{\beta^2L^4}{24\psi}-\frac{\beta L^2}{4\psi})(\xi^2-\xi)$$

$$N_{\theta 4}=0,\quad N_{\theta 5}=\frac{\beta L}{2\psi}(\xi^2-\xi),\quad N_{\theta 6}=\xi+\frac{\beta L^2}{4\psi}(\xi^2-\xi)$$

其中,$\xi=x/L$,$\psi=1+\frac{\beta L^2}{12}$。应变位移关系可表示为

$$\{\boldsymbol{\varepsilon}\}=\{\varepsilon_{xx}\quad \gamma_{xz}\}^{\mathrm{T}}=[\boldsymbol{B}]\{\boldsymbol{u}\}^{\mathrm{e}} \tag{12.161}$$

其中[**B**]是应变矩阵。之前已经获得了刚度矩阵,其形式为

$$[\boldsymbol{K}]=\iint[\boldsymbol{B}]^{\mathrm{T}}[\bar{\boldsymbol{Q}}][\boldsymbol{B}]\mathrm{d}A\mathrm{d}x \tag{12.162}$$

之后,单元的一致质量矩阵表示为

$$[\boldsymbol{M}]=\iint\rho[\boldsymbol{N}]^{\mathrm{T}}[\boldsymbol{N}]\mathrm{d}A\mathrm{d}x \tag{12.163}$$

进一步表示为

$$\begin{aligned}[\boldsymbol{M}]=&\int_0^L I_0([\boldsymbol{N}_u]^{\mathrm{T}}[\boldsymbol{N}_u]+[\boldsymbol{N}_w]^{\mathrm{T}}[\boldsymbol{N}_w])\mathrm{d}x+\\&\int_0^L I_1([\boldsymbol{N}_u]^{\mathrm{T}}[\boldsymbol{N}_\theta]+[\boldsymbol{N}_\theta]^{\mathrm{T}}[\boldsymbol{N}_u])\mathrm{d}x+\\&\int_0^L I_2([\boldsymbol{N}_\theta]^{\mathrm{T}}[\boldsymbol{N}_\theta])\mathrm{d}x\end{aligned} \tag{12.164}$$

这里 $\boldsymbol{N}_u$、$\boldsymbol{N}_w$ 和 $\boldsymbol{N}_\theta$ 分别是形函数矩阵的第一行、第二行和第三行。与传统单元不同，该单元的形函数不仅取决于单元的长度，还取决于其材料和截面属性。因为刚度矩阵是从满足静力控制微分方程齐次形式的位移场导出的，所以推导的刚度矩阵是精确的，而质量分布则是近似的。在这个方法中还考虑了转动惯量以及几何和材料不对称的影响，这对于单元预测的响应质量非常关键。这是因为，在近似公式的情况下，近似刚度矩阵引入的误差阶数比质量矩阵高一个阶[336]。

12.6 时域谱有限元法——一种 p 型有限元法

本节介绍一种新的有限元法，称为时域谱有限元法，用于研究波在复杂材料系统中的传播。与上一节中解释的 h 型有限元法不同，在这里，使用具有谱或更高收敛水平的高阶基函数。将 p 型有限元法定义为初始网格相同的有限元法，为了增强解的收敛性，增加了有限元法插值多项式的阶数，这意味着添加额外的节点或单元的自由度。这种方法求解各类偏微分方程方面得到了广泛应用，其中一些在文献[48]，[134]，[176]，[190]中有介绍。文献[41]和[135]对基于正交多项式的谱方法进行了很好的解释和说明。

12.6.1 时域谱有限元法的基本原理

时域谱单元在形函数和积分点的选择上不同于传统的有限元。每个单元中的节点固定在 Gauss-Lobatto 点上[176]，这些点也是单元积分点。Gauss-Lobatto 点在包含端点的约束条件下，通过在基本积分域内找到最佳积分点而以此获得。这对于有限元离散化特别有用，因为这个过程满足对有限元法至关重要的单元间的连续性。在标准有限元分析中，使用拉格朗日插值确定每个单元的形函数。

时域谱有限元法(TDSFEM)是基于选择适当的基函数建立的，这些基函数类似于傅里叶级数的正弦和余弦项，这使得表示解的级数具有高收敛率。TDSFEM 将点 x_i 的网格与每个基组(或函数)相关联，称为网格点或配点。微分方程解的 TDSFEM 近似的系数 $\{a_N\}$ 是通过要求插值的残值函数(精确函数和近似函数之间的差)在网格点处为零来找到的，即

$$R(x_i;a_0,a_1,\cdots,a_N)=0,\quad i=0,1,\cdots,N$$

换句话说，TDSFEM 要求控制微分方程的解在一组称为配点或插值点的点处精确满足。据推测，随着残值 $R(x,a_N)$ 在越来越多的离散点处被迫消失，配点之间的间隙将越来越小，使得域中处处 $R\approx0$。因此 TDSFEM 也称为正交配点法或选点法。

随着 N 的增加，TDSFEM 在两个方面受益。首先，两个相邻网格点之间的间隔 h

变小。如果方法的阶数是固定的，这也会导致误差迅速减少。然而，与有限差分法或有限元法不同，TDSFEM 近似解的阶数不是固定的。当 N 从 10 增加到 20 时，新的更小的 h 相关误差变为 $O(h^{20})$。由于 h 是 $O(1/N)$，有

$$TDSFEM_{\mathrm{error}} \approx O[(1/N)^N]$$

因此，因为误差公式中的次方也总是在增加，误差比 N 的任何有限次方下降得更快，这称为无限阶或指数收敛。

与低阶方法相比，TDSFEM 甚至在需要许多小数位的精度时也能产生良好的结果，而需要的自由度数大约是低阶方法的一半。换句话说，这种方法由于精度高，所以所需内存最小。当三维二阶有限差分代码由于需要八倍或十倍的网格点，需要超出可用计算机的核心内存而失败时，TDSFEM 则通常可以令人满意地解决需要高分辨率的问题。

因此，TDSFEM 可以被视为采用配点过程的谱方法。该方法需要选择基函数和配点。常用的基函数有傅里叶级数、切比雪夫多项式、勒让德多项式等。基函数的选择主要由问题类型(周期性或非周期性)和几何形状决定。傅里叶级数主要用于周期性问题，而勒让德和切比雪夫多项式非常适合涉及非周期性状态的问题。在插值理论中，这些多项式通过最大-最小插值建立起来，Gottlieb[135] 和 Boyd[42] 的研究表明它们在解决波传播问题时具有足够的精确性和计算经济性。TDSFEM 使用的配点基本上是 Chebyshev-Gauss-Lobatto 点或 Legendre's-Gauss-Lobatto 点，这些点取决于所使用的正交多项式的类型，它们是数值积分方法最常用的积分点。

多年来发表的一些文章报道了使用 TDSFEM 解决波传播问题的情况。参考文献[83]描述了切比雪夫谱单元在表征声波的一维和二维标量波动方程中的应用。他们表明，通过使用高阶切比雪夫谱单元，可以将频散效应降低到高精度解的程度。他们将相同的方法应用于求解二维弹性静态和弹性动态问题[85]。结果表明，谱方法可以对广泛的空间和时间离散化实现几乎零频散。同一作者使用切比雪夫和基于等距拉格朗日插值的单元研究了与二维标量波动方程的有限元解相关的计算成本[84]。与拉格朗日单元相比，切比雪夫谱单元的 p 型细分被证明具有更高的成本效益和数值稳定性。

这两个不同的正交多项式，即勒让德和切比雪夫正交多项式，是从另一个正交多项式，即雅可比多项式派生出来的。接下来简要定义这些多项式。由于拉格朗日插值用于获得形函数，因此也对其进行了简要讨论。

12.6.2　正交多项式

本节简要总结了构成 p 型谱单元方法基础的勒让德多项式和切比雪夫多项式。

从雅可比多项式的一般情况开始，介绍了勒让德和切比雪夫多项式以及相应的高斯和高斯-洛巴托积分准则。然后讨论了基于这些多项式的拉格朗日形函数。

雅可比多项式

雅可比多项式，也称为超几何多项式，是应用程序中经常遇到的一类重要的正交多项式。雅可比多项式是如下满足线性齐次微分方程的二参数正交多项式

$$(1-x^2)\frac{d^2y}{dx^2}+[\beta-\alpha-(\alpha+\beta+2)x]\frac{dy}{dx}+n(n+\alpha+\beta+1)=0 \quad x\in[-1,1] \tag{12.165}$$

其中，α 和 β 是两个实数，并且 $\alpha>-1$。可以看出，满足方程(12.165)的雅可比多项式有如下形式

$$P_n^{(\alpha,\beta)}(x)=\sum_{s=0}^{n}\begin{bmatrix}n+\alpha\\ s\end{bmatrix}\begin{bmatrix}n+\beta\\ n-s\end{bmatrix}\left(\frac{x-1}{2}\right)^{(n-s)}\left(\frac{x+1}{2}\right)^{s} \tag{12.166}$$

$$\begin{bmatrix}z\\ n\end{bmatrix}=\frac{\Gamma(z+1)}{\Gamma(n+1)\Gamma(z-n+1)} \tag{12.167}$$

其中，$\Gamma(z)$是著名的伽马函数。通过对参数 α 和 β 的特定选择获得不同类别的特殊正交多项式。接下来讨论作为一般雅可比多项式(12.166)特例的勒让德多项式和切比雪夫多项式。

切比雪夫多项式

在小于某个比例因子前，第一类切比雪夫多项式首先对应于$(\alpha,\beta)=(-1/2,1/2)$。实际上，切比雪夫多项式 $T_n(x)$是使用递归关系得到的

$$T_{n+1}(x)=2xT_n(x)-T_{n-1}(x) \quad n\geqslant 1 \tag{12.168}$$

$$T_0(x)=1 \quad T_1(x)=x \tag{12.169}$$

切比雪夫多项式满足如下的正交条件

$$\int_{-1}^{1}\frac{1}{\sqrt{1-x^2}}T_m(x)T_n(x)dx=\frac{\pi}{2}(1+\delta_{0n})\delta_{mn} \tag{12.170}$$

对应于切比雪夫多项式的高斯积分准则可用$\{x_i,w_i\}$数对表示，其中

$$\int_{-1}^{1}\frac{f(x)}{\sqrt{1-x^2}}dx=\sum_{i=1}^{N}w_if(x_i) \tag{12.171}$$

$$x_i=-\cos\left(\frac{2i-1}{2N}\pi\right) \quad w_i=\frac{\pi}{N} \tag{12.172}$$

对于 Gauss-Chebyshev-Lobatto 积分，积分上下限分别取为 $x_1=-1$ 和 $x_N=1$，对应权重 $w_1=w_N=\pi/[2(N-1)]$，而内部的积分点和对应的权重取为

$$x_i=-\cos\left(\frac{i-1}{N-1}\pi\right) \quad w_i=\frac{\pi}{N-1} \tag{12.173}$$

勒让德多项式

勒让德多项式相当于公式(12.166)中令$(\alpha,\beta)=(0,0)$的情况。与切比雪夫多项式类似,勒让德多项式 $P_n(x)$采用递归的关系进行推导。

$$(n+1)P_{n+1}(x)=(2n+1)xP_n(x)-nP_{n-1}(x) \quad n\geqslant 1 \tag{12.174}$$

$$P_0(x)=1 \quad P_1(x)=x \tag{12.175}$$

需要注意的是上面采用递归的方式获得的勒让德多项式[公式(12.174)]已经进行了归一化,所以 $P_n(1)=1$。勒让德多项式满足下面的正交条件

$$\int_{-1}^{1}P_m(x)P_n(x)\mathrm{d}x=\frac{2}{2n+1}\delta_{mn} \tag{12.176}$$

带端点和不带端点的积分准则的推导方法与切比雪夫多项式的类似。高斯-勒让德(Gauss-Legendre)积分,也是通常意义上的标准高斯积分,即

$$\int_{-1}^{1}f(x)\mathrm{d}x=\sum_{i=1}^{N}w_if(x_i), \quad w_i=\frac{2}{(1-x_i^2)[P_n'(x_i)]^2} \tag{12.177}$$

其中 x_i 是勒让德多项式 $P_N(x)$在$(-1,1)$内的 N 重根。

为了获得 Gauss-Legendre-Lobatto 积分,积分点 x_i 取为-1,多项式 $P'_{N-1}(x)$的 $N-2$ 个根以及 1,相应的权重取为

$$w_1=w_N=\frac{2}{N(N-1)}, \quad w_i=\frac{2}{N(N-1)[P_{n-1}(x_i)]^2} \quad i=2,\cdots,(N-1) \tag{12.178}$$

对于给定的 N,积分点 x_i 是通过使用 Newton-Raphson 方法并以相应的 Chebyshev 积分点作为初始猜测值,求解相应的 Legendre 多项式方程来获得的。

勒让德和切比雪夫单元的拉格朗日形函数

在区间$[-1,1]$间给定一系列的点 x_i,令 $N_i(x_j)=\delta_{ij}$来构建拉格朗日形函数。这个构造方法类似于标准有限单元法,唯一的区别是在切比雪夫和拉格朗日积分点中的节点不是均匀分布的。$N=5$ 时切比雪夫和勒让德多项式的比较如图 12.11 所示。

接下来,仅基于切比雪夫多项式开发有限单元,将此类单元称为切比雪夫谱有限元(CPES)。可以采用类似的过程来开发勒让德谱有限元。CPES 的开发类似于传统的 h 型有限元法。也就是说,将域离散化为单元并使用切比雪夫近似在每个单元内进行拟合进而生成整体质量矩阵$[\boldsymbol{M}]$、整体刚度矩阵$[\boldsymbol{K}]$和一致加载矢量 $\boldsymbol{f}$,问题就变成了使用如下方程求解节点位移 $\boldsymbol{u}_e$

$$[\boldsymbol{M}]\{\ddot{\boldsymbol{u}}_e\}+[\boldsymbol{K}]\{\boldsymbol{u}_e\}=\{\boldsymbol{f}\}$$

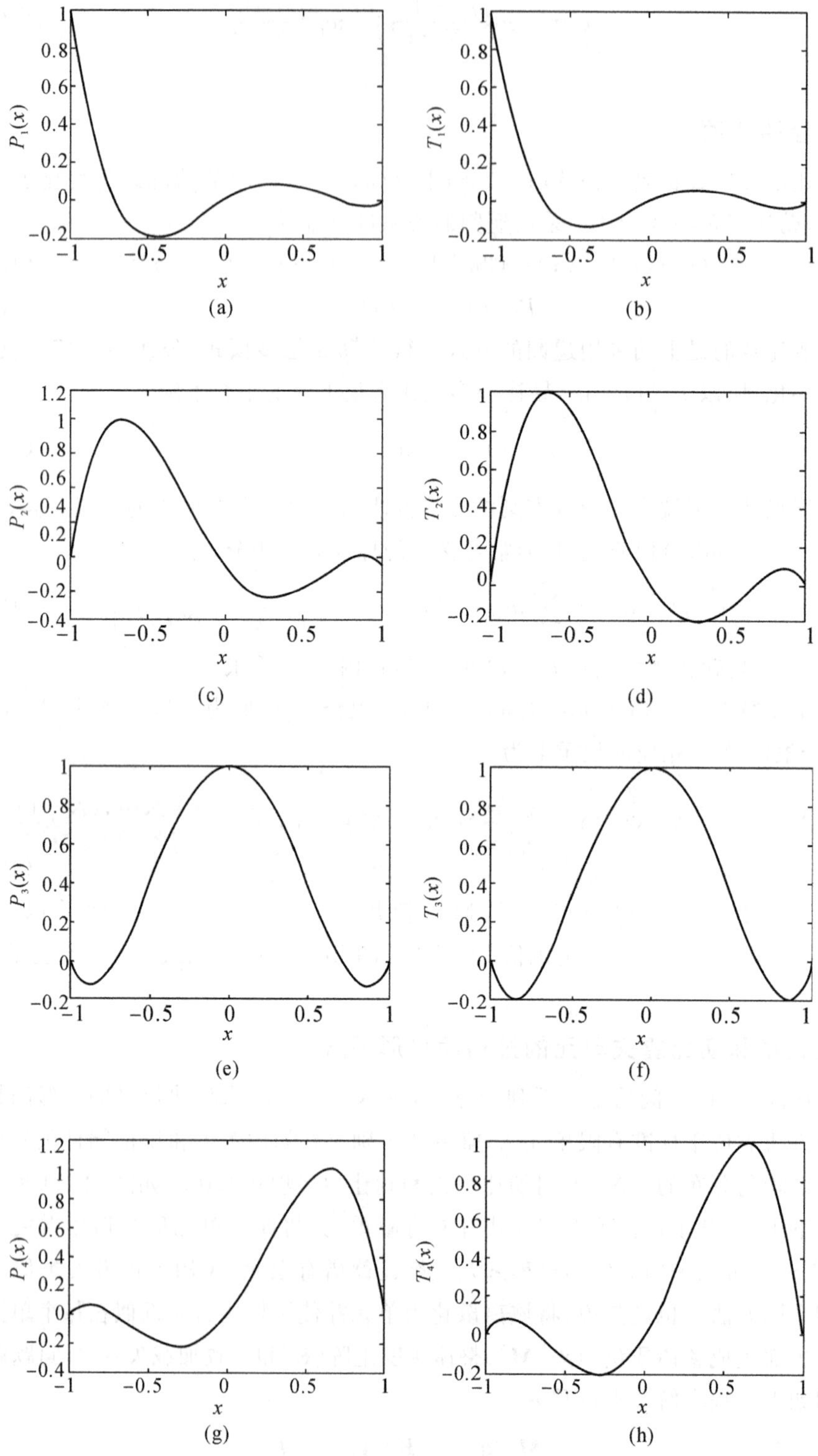

$P_1(x)$
$T_1(x)$
$P_2(x)$
$T_2(x)$
$P_3(x)$
$T_3(x)$
$P_4(x)$
$T_4(x)$
x
(a)
(b)
(c)
(d)
(e)
(f)
(g)
(h)

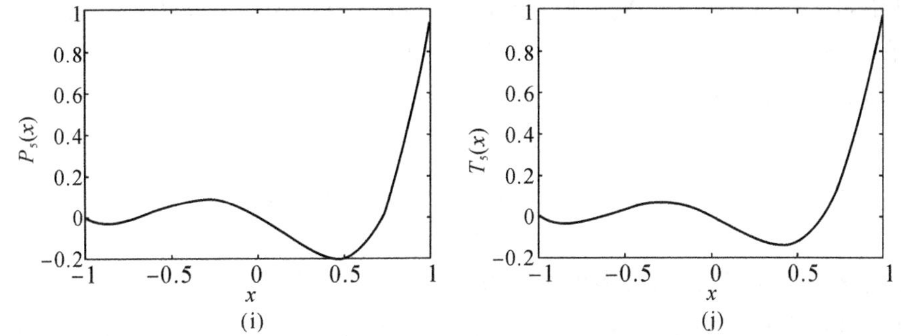

图 12.11　勒让德多项式不同阶数的勒让德和切比雪夫多项式的比较

(a)勒让德多项式 $P_1(x)$；(b)切比雪夫多项式 $T_1(x)$；(c)勒让德多项式 $P_2(x)$；
(d)切比雪夫多项式 $T_2(x)$；(e)勒让德多项式 $P_3(x)$；(f)切比雪夫多项式 $T_3(x)$；
(g)勒让德多项式 $P_4(x)$；(h)切比雪夫多项式 $T_4(x)$；(i)勒让德多项式 $P_5(x)$；(j)切比雪夫多项式 $T_5(x)$

上式是一个线性二阶常微分方程，必须对它进行时间积分才能得到位移场随时间的变化。在可用方法中，时间积分通常使用隐式 Newmark 方法[72]执行，它保证了积分过程的无条件稳定。将在本章稍后部分讨论有限元方程的时间积分。

在单元面积上，采用形函数表示单元刚度和质量矩阵分别为

$$M_{IJ} = \int_{\hat{\Omega}_e} \rho \Psi_I \Psi_J t \, \mathrm{d}x \mathrm{d}y \tag{12.179}$$

$$\boldsymbol{K}_{IJ} = \int_{\hat{\Omega}_e} \boldsymbol{B}_I^{\mathrm{T}} \boldsymbol{C} \boldsymbol{B}_J t \, \mathrm{d}x \mathrm{d}y \tag{12.180}$$

其中，t 是材料的厚度。I 和 J 遍历每个节点的所有自由度。$\boldsymbol{C}$ 是本构关系矩阵，对于各向同性材料而言是常数。应变矩阵 $\boldsymbol{B}_I$ 定义为

$$\boldsymbol{B}_I = \begin{bmatrix} \dfrac{\partial \Psi_I}{\partial x} & 0 \\ 0 & \dfrac{\partial \Psi_I}{\partial y} \\ \dfrac{\partial \Psi_I}{\partial y} & \dfrac{\partial \Psi_I}{\partial x} \end{bmatrix}$$

方程(12.179)和方程(12.180)中的积分可以在自然坐标系中用积分法则计算。本例采用 Legendre-Gauss 积分计算，这在前面已经提到过。Patera[278]开发了基于切比雪夫多项式的有限元形函数来求解层流问题。这些形函数在自然坐标系 $\hat{\Omega} = [-1 \leqslant \xi \leqslant 1] \times [-1 \leqslant \eta \leqslant 1]$ 中的定义为

$$\Psi_I = \Psi_i(\xi)\Psi_j(\eta) = \left\{ \frac{2}{N_\xi} \sum_{n=0}^{N_\xi} \frac{1}{c_i c_n} T_n(\xi_i) T_n(\xi) \right\} \times \left\{ \frac{2}{N_\eta} \sum_{m=0}^{N_\eta} \frac{1}{c_j c_m} T_m(\eta_j) T_m(\eta) \right\} \tag{12.181}$$

其中，$1 \leqslant I \leqslant (N_\xi+1)(N_\eta+1)$，$0 \leqslant i \leqslant N_\xi$ 和 $0 \leqslant j \leqslant N_\eta$。在 ξ 方向共有 $N_\xi+1$ 个节点，在 η 方向共有 $N_\eta+1$ 个节点。常数 $c_j=1, 0<j<N, c_j=2, j=0, N$。$T_j$ 是第一类切比雪夫多项式，即

$$T_j(\cos\theta)=\cos(j\theta) \tag{12.182}$$

令 $x=\cos\theta$，公式(12.182)中的切比雪夫多项式可写为

$$T_j(x)=\cos(j\cos^{-1}x) \tag{12.183}$$

通过这种变换，切比雪夫多项式成为自变量发生变化后的余弦函数。这一性质是它们在非周期性边值问题的数值中广泛流行的起源。变换 $x=\cos\theta$ 使得许多数学关系以及关于傅里叶系统的理论结果很容易适用于切比雪夫系统。可以使用公式(12.169)生成不同阶的切比雪夫多项式。

用于 CPES 方法的网格点是对应于切比雪夫多项式的正交点。最常用的点是 Gauss-Lobatto 情况下的点，由公式(12.173)给出。

当 $N_\xi=1$、2、3 和 4 时，形函数 $\Psi_i(\xi)$ 如图 12.12 所示。$N_\xi=1$ 产生线性代数形函数，$N_\xi=2$ 产生二次形函数，这与等空间拉格朗日有限元相同。如图所示，对于高阶单元($N_\xi>2$)，谱单元不同于传统有限元。如前所述，网格点的位置是 Chebyshev-Gauss-Lobatto 情况下的积分点，由公式(12.173)给出。节点在自然坐标系中的位置遵循三角关系

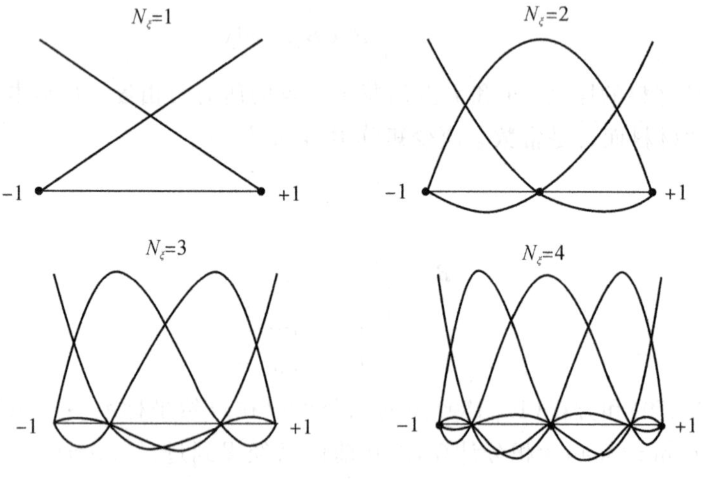

图 12.12 不同阶的切比雪夫形函数

$$\xi_i=-\cos\frac{\pi i}{N_\xi} \quad i=0,1,\cdots,N_\xi$$

$$\eta_j=-\cos\frac{\pi j}{N_\eta} \quad j=0,1,\cdots,N_\eta$$

不同阶切比雪夫谱单元的节点(或网格点)位置和相应的等距拉格朗日单元的节点位置如图 12.13 所示。从图 12.13 可以看出，对于 $N_\xi=1$ 和 $N_\xi=2$，CPES 和等空

间拉格朗日有限元基本相同。但是,对于 $N_\xi>2$ 的值,谱单元节点位于更靠近单元角的位置,与节点保持相等间距的传统有限元不同。因此,以下将 $N_\xi=1$ 和 $N_\xi=2$ 称为有限元(FE),将 $N_\xi\geqslant3$ 称为切比雪夫谱单元(CPE)。

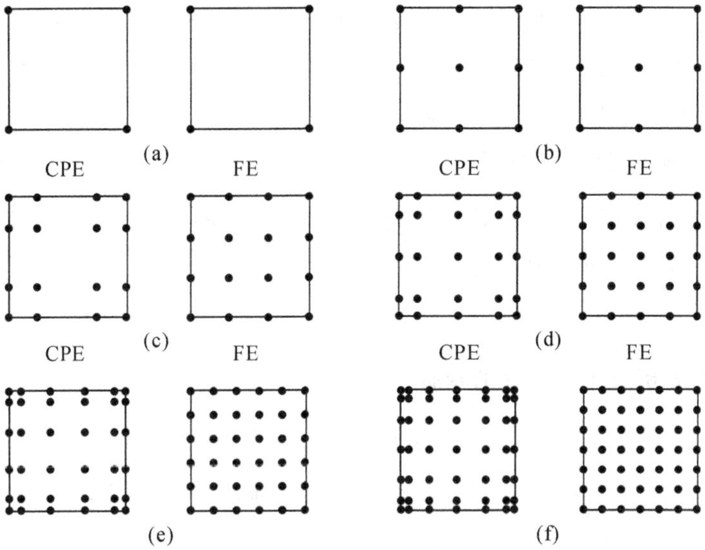

图 12.13　切比雪夫谱单元节点的位置

(a) $N_\xi=N_\eta=1$; (b) $N_\xi=N_\eta=2$; (c) $N_\xi=N_\eta=3$; (d) $N_\xi=N_\eta=4$; (e) $N_\xi=N_\eta=5$; (f) $N_\xi=N_\eta=6$

用于计算域中每个单元的质量和刚度矩阵的方程由公式(12.179)和公式(12.180)分别给出。单元积分在全局域中,而形函数在单元的自然坐标系中。这种积分是使用雅可比映射完成的,就像在等参有限元法和高斯-勒让德积分[72]中所做的那样。上述积分在各单元的自然坐标系中作如下变换

$$M_{IJ}=\int_{-1}^{1}\int_{-1}^{1}\rho\Psi_I\Psi_J\,|\boldsymbol{J}|\,t\,\mathrm{d}\xi\mathrm{d}\eta \tag{12.184}$$

$$\boldsymbol{K}_{IJ}=\int_{-1}^{1}\int_{-1}^{1}\boldsymbol{B}_I^{\mathrm{T}}\boldsymbol{D}\boldsymbol{B}_J\,|\boldsymbol{J}|\,t\,\mathrm{d}\xi\mathrm{d}\eta \tag{12.185}$$

其中 $|\boldsymbol{J}|$ 表示坐标变换的雅可比矩阵的行列式。需要注意的是,所有节点的坐标并不是生成雅可比矩阵所必需的,雅可比矩阵仅使用四个角节点的坐标进行计算。换句话说,几何的映射总是通过 $N_\xi=1$ 的切比雪夫形函数实现。因此,谱单元采用亚参变换(除 $N_\xi=1$ 外),其中与用于映射场变量的多项式相比,几何由低阶多项式映射。

12.7　有限单元法的求解方法

用于静态分析的有限元法得出矩阵方程 $[\boldsymbol{K}]\{\boldsymbol{d}\}=\{\boldsymbol{F}\}$,其中 $[\boldsymbol{K}]$ 是大小为 $N\times N$ 的组装整体刚度矩阵,$\{\boldsymbol{d}\}$ 是大小为 $N\times1$ 的整体节点位移向量,$\{\boldsymbol{F}\}$ 是大小为

$N\times1$的整体载荷向量。对于大型复杂结构，N 的取值通常很高，需要特殊方法来求解。本节概述了一些常用技术。

对于诸如波传播之类的动态问题，有限元法可导出以下形式的常微分方程

$$[\boldsymbol{M}]\{\ddot{\boldsymbol{d}}\}+[\boldsymbol{C}]\{\dot{\boldsymbol{d}}\}+[\boldsymbol{K}]\{\boldsymbol{ud}\}=\{\boldsymbol{F}(t)\}$$

其中$[\boldsymbol{M}]$是组装的质量矩阵，$[\boldsymbol{C}]$是组装的阻尼矩阵，均为 $N\times N$ 规模的矩阵。注意，对于包括波传播分析在内的动态分析，矩阵$[\boldsymbol{C}]$被假设为比例阻尼，其中$[\boldsymbol{C}]=\alpha[\boldsymbol{K}]+\beta[\boldsymbol{M}]$，$\alpha$ 和 β 是刚度和质量比例阻尼因子，其定义在本章早些时候进行了解释。矢量$\{\ddot{\boldsymbol{d}}\}$是整体加速度矢量，而$\{\dot{\boldsymbol{d}}\}$是整体速度矢量。这两个向量的规模都是 $N\times1$。

将在接下来的两小节中分别介绍这两个过程。

12.7.1 静态分析有限元方程的求解

求解静态有限元方程，最简单的方法之一是高斯消元法。这里，首先考虑第一个方程$[\boldsymbol{K}]\{\boldsymbol{d}\}=\{\boldsymbol{F}\}$，位移 d_1用其他位移表示。这涉及将第一行中的所有单元除以其对角项，即 K_{11}，这将使对角线元素等于 1。然后，进行一系列矩阵运算以使非对角项等于零，所有其他自由度(或刚度矩阵的所有行)均做此处理，最后，将原始矩阵简化为所有对角线单元都等于 1 的上对角形式，这个过程称为向前约归(消元)。在此过程中，$\{\boldsymbol{F}\}$向量被修改。这种形式的最后一个方程将是一个仅包含最后一个自由度(第 n 个自由度)的代数方程，它已被求解。然后将其代入第$(n-1)$个方程，得到 $d_{(n-1)}$，计算过程持续至所有自由度都被求解，这个过程称为回代。这个方法不用搜索对角项，因为假设它总是比非对角项大，除了结构不稳定问题以外，都做上述处理。在该过程中，每次消元都会释放一个自由度或者释放一个约束。对角项系数的数值继续减小，但在向前约归的所有阶段都保持正值。

下一个强大的求解方法是 Choleski 分解法。在这种方法中，刚度矩阵简化为以下形式

$$[\boldsymbol{K}]=[\boldsymbol{U}][\boldsymbol{U}]^{\mathrm{T}} \tag{12.186}$$

其中$[\boldsymbol{U}]$是上三角矩阵。这种分解对于所有对称的矩阵都是可能的。大多数力学问题总会满足刚度和质量矩阵的对称性。也就是说，需要求解方程

$$[\boldsymbol{K}]\{\boldsymbol{d}\}=\{\boldsymbol{F}\}=[\boldsymbol{U}][\boldsymbol{U}]^{\mathrm{T}}\{\boldsymbol{d}\}=\{\boldsymbol{F}\} \tag{12.187}$$

令$[\boldsymbol{U}]\{\boldsymbol{d}\}=\{\boldsymbol{y}\}$并带入到方程(12.187)中，即首先求解$[\boldsymbol{U}]\{\boldsymbol{y}\}=\{\boldsymbol{F}\}$获得$\{\boldsymbol{y}\}$，通过正向约归，接着使用这个向量，对$[\boldsymbol{U}]\{\boldsymbol{d}\}=\{\boldsymbol{y}\}$求解获得$\{\boldsymbol{d}\}$。这个过程称为回代。使用如下算法即可求得单元矩阵 $\boldsymbol{U}$ 的所有元素。

$$U_{ij}=0\quad i>j,\quad U_{11}=\sqrt{K_{11}},\quad U_{1j}=\frac{K_{1j}}{U_{11}}$$

$$U_{ii}=(K_{ii}-\sum_{k=1}^{i-1}U_{ki}^{2})^{0.5}\quad i>1$$

$$U_{ij}=\frac{(K_{ij}-\sum_{k=1}^{i-1}U_{ki}U_{kj})}{U_{ii}}\quad i>1\quad j>1$$

Gauss 和 Choleski 算法对于全矩阵具有相同的计算效率。然而,对于稀疏矩阵,它们的效率是不同的。Gauss 消元法主要针对带状矩阵的行,而 Choleski 方法则针对的是列。Choleski 方法还有一个缺点是它不能像混合有限元那样处理不定矩阵。

在 FE 求解过程中广泛使用的另一个重要求解器是波前或前沿求解器。在这种方法中,有限元方程组的解代替有限元解。这种方法的细节可以在文献[152,166]中找到。此方法由单元编号驱动。首先,使用高斯消元法对与第一个单元相关的方程式消元;接下来,处理第二个单元对刚度矩阵的贡献,消除单元一和单元二共有的那些自由度;下一步则将对部分形成的刚度矩阵的进一步消元。组合和求解过程可看作是扫描结构中的波。适当的单元编号将提高方法的效率,因为自由度的处理是按单元编号顺序进行的。这种方法需要很少的主存储器,但需要处理大量的数据。

最近,诸如预估共轭梯度(PCG)方法或 GMRES 方法的迭代求解器被广泛用于有限元方程的求解,这些方法对节点或单元编号都不敏感。它们基于初始猜测并计算控制方程的余量,并继续迭代直到解收敛。文献[174]中详细介绍了这些方法。

12.7.2　动力学有限元方法的求解

动态结构系统的控制偏微分方程通过有限元的离散被简化为一组耦合的二阶常微分方程,由$[\boldsymbol{M}]\{\ddot{\boldsymbol{d}}\}+[\boldsymbol{C}]\{\dot{\boldsymbol{d}}\}+[\boldsymbol{K}]\{\boldsymbol{d}\}=\{\boldsymbol{F}\}$给出,其中$[\boldsymbol{M}]$,$[\boldsymbol{C}]$,$[\boldsymbol{K}]$和$\{\boldsymbol{F}\}$定义如前。可以使用两种不同的方法求解该方程以获得位移矢量$\{\boldsymbol{d}\}$:

1. 模式法;
2. 直接时间积分法。

这里,只对这些方法做一个简单的介绍。读者可以从许多经典的有限元教科书和相关期刊文献中获得更多细节。

模式法

在这里,通过假设位移呈简谐变化,也就是说,假设$\{\boldsymbol{d}\}=\{\boldsymbol{d}_0\}e^{i\omega t}$,且不考虑阻尼

矩阵和力矢量，有限元方程简化为由下式给出的特征值问题

$$\{[\boldsymbol{K}]-\omega^2[\boldsymbol{M}]\}\{\boldsymbol{d}_0\}=\{\boldsymbol{0}\} \tag{12.188}$$

请注意，由于刚度和质量矩阵的系统大小为 $N\times N$，上述方程的解将产生一个特征对，即 ω_i^2 是第 i 个特征值；$\{\boldsymbol{\phi}\}_i$ 是相应的第 i 个特征向量。已知系统的特征值代表系统的固有频率，而特征向量代表振动材料系统的正则模式。N 的值通常非常高，特征值/向量提取只能通过迭代方法来完成。事实上，特征值/向量提取是动态分析中成本最高的计算方法。有限元法中一些最常用的方法如下：

· 雅可比法

· 子空间迭代法

· Lanchoz 法

· 行列式搜索法

· 逆向迭代法

· 前向迭代法

这些方法在文献[24]中从有限元法的角度进行了详细解释，此处不再解释。特征值/向量的提取是整个分析过程中计算量最大的工作。文献[24]中详细介绍了各种方案中涉及的计算时间和内存成本。对于具有 N 个自由度的系统，仅计算前 m 个固有频率和振型，其中 $m\ll N$。接下来概述求解方法。

获得了前 m 个特征值/特征向量之后，即 ω_m^2 和 $\{\boldsymbol{\phi}\}_m$，用矩阵形式表示为

$$[\boldsymbol{\Phi}]=[\{\boldsymbol{\phi}\}_1\ \{\boldsymbol{\phi}\}_2\cdots\{\boldsymbol{\phi}\}_m] \tag{12.189}$$

$$[\boldsymbol{\Lambda}]=\mathrm{diag}[\omega_1^2\quad\omega_2^2\quad\cdots\omega_m^2] \tag{12.190}$$

此处，$[\boldsymbol{\Phi}]$是为 $N\times m$ 的模式矩阵。$[\boldsymbol{\Lambda}]$是谱矩阵。模式矩阵与刚度矩阵和质量矩阵正交。这两个矩阵连同正交条件用于计算动态响应。这两个正交条件，可以表示为

$$[\boldsymbol{\Phi}]^{\mathrm{T}}[\boldsymbol{K}][\boldsymbol{\Phi}]=[\boldsymbol{\Lambda}],\quad[\boldsymbol{\Phi}]^{\mathrm{T}}[\boldsymbol{M}][\boldsymbol{\Phi}]=[\boldsymbol{I}] \tag{12.191}$$

通常，模式方法使用相似变换将大小为 $N\times 1$ 的实际自由度$\{\boldsymbol{d}\}$转换为大小为 $m\times 1$ 的广义自由度$\{\boldsymbol{Z}\}$。这种相似变换由下式给出

$$\{\boldsymbol{d}(t)\}_{N\times 1}=[\boldsymbol{\Phi}]_{N\times m}\{\boldsymbol{Z}(t)\}_{m\times 1} \tag{12.192}$$

可以用下面两种不同的方法进行计算：

· 正则模式法

· 模式加速法

在正则模式中，正交关系用于解耦控制微分方程。这是通过以下方式完成的。需要求解的有限元微分方程由下式给出

$$[\boldsymbol{M}]\{\ddot{\boldsymbol{d}}\}+[\boldsymbol{C}]\{\dot{\boldsymbol{d}}\}+[\boldsymbol{K}]\{\boldsymbol{d}\}=\{\boldsymbol{F}(t)\}$$

在这个方程中，后面采用$[\boldsymbol{C}]=\alpha[\boldsymbol{K}]+\beta[\boldsymbol{M}]$形式的瑞利比例阻尼。在接下来的

几个步骤中将介绍使用这种阻尼方法的原因。将方程(12.192)代入上式，则上式变为

$$[\boldsymbol{M}][\boldsymbol{\Phi}]\{\ddot{\boldsymbol{Z}}\}+\{\alpha[\boldsymbol{K}]+\beta[\boldsymbol{M}]\}[\boldsymbol{\Phi}]\{\dot{\boldsymbol{Z}}\}+[\boldsymbol{K}][\boldsymbol{\Phi}]\{\boldsymbol{Z}\}=\{\boldsymbol{F}\} \tag{12.193}$$

上式与$[\boldsymbol{\Phi}]^{\mathrm{T}}$相乘并使用方程(12.191)形式的正交条件，可以将方程(12.193)简化为解耦的形式，并且对于第 r 阶模式，解耦方程可以写为

$$\ddot{\boldsymbol{Z}}_r+2\xi_r\omega_r\dot{\boldsymbol{Z}}_r+\omega_r^2\boldsymbol{Z}_r=\{\boldsymbol{\phi}\}_r^{\mathrm{T}}\{\boldsymbol{F}\}=\{\overline{\boldsymbol{F}}\}_r \tag{12.194}$$

请注意，通过使用较小的模式集，已将 N 个耦合微分方程简化为 m 个非耦合微分方程。上式中，$\xi_r=C_r/(2M_r\omega_r)$为第 r 个模式的阻尼比，$\{\boldsymbol{\Phi}\}_r$ 为正则模式或第 r 个模式的特征向量，M_r 为第 r 个模式对应的质量。方程(12.194)只是单自由度振动系统的控制方程，可以根据广义自由度轻松求解。也就是说，解为

$$Z_r(t)=\mathrm{e}^{-\xi\omega_r t}[A\sin\omega_{rd}t+B\cos\omega_{rd}t] \tag{12.195}$$

其中 ω_r 是 r 阶模式的自然频率，$\omega_{rd}=\omega_r(1-\xi_r)$和常数 A 和 B 根据两个初始条件确定。即 $Z(0)=Z_0$，$\dot{Z}(0)=V_0$，上述两个条件从类似的条件和正交条件获得。则从方程(12.192)，有

$$\{\boldsymbol{d}(0)\}=[\boldsymbol{\Phi}]\{\boldsymbol{Z}(0)\} \tag{12.196}$$

由于在大多数情况下$[\boldsymbol{\Phi}]$不是个方阵，不能通过方程(12.196)求逆来获得 $Z(0)$ 和 $\dot{Z}(0)$，将方程(12.196)乘$[\boldsymbol{\Phi}]^{\mathrm{T}}[\boldsymbol{M}]$，可得

$$\begin{aligned}
&[\boldsymbol{\Phi}]^{\mathrm{T}}[\boldsymbol{M}]\{\boldsymbol{d}(0)\}=[\boldsymbol{\Phi}]^{\mathrm{T}}[\boldsymbol{M}][\boldsymbol{\Phi}]Z(0)=Z(0)\\
&[\boldsymbol{\Phi}]^{\mathrm{T}}[\boldsymbol{M}]\{\dot{\boldsymbol{d}}(0)\}=[\boldsymbol{\Phi}]^{\mathrm{T}}[\boldsymbol{M}][\boldsymbol{\Phi}]Z(0)=\dot{Z}(0)
\end{aligned} \tag{12.197}$$

现在我们将解释模式加速法。常用模式法的基本限制之一是当频率趋于零时，它无法恢复极限内的静态位移，因此，这种方法需要更多的模式来表示动态响应。这个局限性被模式加速法规避了，接下来解释这个问题。

首先用求和的方式表示类似的变换，即 k 节点自由度位移为

$$d_k(t)=\sum_{r=1}^{m}\phi_{kr}Z_r \tag{12.198}$$

根据方程(12.195)，可写出 Z_r 为

$$Z_r=\frac{\overline{F}_r}{\omega_r^2}-\frac{2\xi_r}{\omega_r}\dot{Z}_r-\frac{1}{\omega_r^2}\ddot{Z}_r \tag{12.199}$$

将上述方程代入方程(12.198)中，得

$$d_k(t)=\sum_{r=1}^{M}\phi_{kr}\left[\frac{\overline{F}_r}{\omega_r^2}-\frac{2\xi_r}{\omega_r}\dot{Z}_r-\frac{1}{\omega_r^2}\ddot{Z}_r\right] \tag{12.200}$$

第一项是静态响应。这种表示使用较小的一组模式给出了相当准确的响应。

模式方法很少用于波传播分析。这是因为波传播是一种多模式现象，需要计算高阶正则模式。由于此过程的计算量很大，因此会避免将此方法用于波传播分析。接下

来解释直接时间积分是研究波传播问题的首选。

12.8 直接时间积分法

求解结构系统动态响应的最通用方法是直接对控制动力平衡方程进行数值积分。这涉及到，在时间零点定义问题解后，尝试在随后的离散时间点满足控制平衡方程。紧接着写出特定时刻的微分方程，比如 n 时刻，其中时间导数写成了有限差分形式。该方法可以普遍应用于低频和高频问题以及线性和非线性问题，而模式方法不能应用于非线性问题。因此，该方法广泛用于高瞬态动力学和波传播问题。有两种不同的时间积分方法，显式和隐式。这两种方法都在 $\Delta t, 2\Delta t, 3\Delta t, \cdots, N\Delta t$ 等时间间隔确定动态响应，其中 Δt 称为时间步长。公开文献中报道的积分策略有很多，除了其中一些是多步法外，其他大多数都是单步法。另外，除有限单元法中的高度非线性问题外，在大多数情况下，研究发现单步法就足够了。因此，在本章中，仅对单步法进行回顾。

12.8.1 显式时间积分技术

在这种类型的积分方案中，在当前时刻或时间步长之前的位移、速度和加速度时程是已知的。因此，这种方法非常容易实现，并且对于波传播问题给出了非常好的结果。然而，该方法的主要缺点之一是该方法是条件稳定的，即存在对时间步长的约束。

线性动力系统在任意时刻 n 的控制微分方程可写为

$$[\boldsymbol{M}]\{\ddot{\boldsymbol{d}}\}_n+[\boldsymbol{C}]\{\dot{\boldsymbol{d}}\}_n+[\boldsymbol{K}]\{\boldsymbol{d}\}_n=\boldsymbol{F}_n \tag{12.201}$$

$$[\boldsymbol{M}]\{\ddot{\boldsymbol{d}}\}_n+[\boldsymbol{C}]\{\dot{\boldsymbol{d}}\}_n+\{\boldsymbol{R}^{\text{in}}\}_n=\{\boldsymbol{F}\}_n$$

$$\{\boldsymbol{R}^{\text{in}}\}_n=\left[\int_V [\boldsymbol{B}]^{\mathrm{T}}\{\boldsymbol{\sigma}\}_n \mathrm{d}V\right]\{\boldsymbol{d}\}_n \tag{12.202}$$

其中$[\boldsymbol{B}]$是应变矩阵。上述形式一般用于非线性问题，其中 $\boldsymbol{R}^{\text{in}}$代表内力矢量。

一阶时间导数(速度)在时间 $n-1/2$ 和 $n+1/2$ 的前向差分和后向差分近似使用时间 n、$n-1$ 和 $n+1$ 处的位移响应表示如下

$$\{\dot{\boldsymbol{d}}\}_{n+\frac{1}{2}}=\frac{\{\boldsymbol{d}\}_{n+1}-\{\boldsymbol{d}\}_n}{\Delta t},\quad \{\dot{\boldsymbol{d}}\}_{n-\frac{1}{2}}=\frac{\{\boldsymbol{d}\}_n-\{\boldsymbol{d}\}_{n-1}}{\Delta t} \tag{12.203}$$

其中 Δt 是实时间步。结合上面两个方程，可写出速度和加速度的表达式如下

$$\{\dot{\boldsymbol{d}}\}_n=\frac{\{\boldsymbol{d}\}_{n+1}-\{\boldsymbol{d}\}_{n-1}}{\Delta t},\quad \{\ddot{\boldsymbol{d}}\}_n=\frac{\{\boldsymbol{d}\}_{n+1}-2\{\boldsymbol{d}\}_n+\{\boldsymbol{d}\}_{n-1}}{\Delta t^2} \tag{12.204}$$

上述二阶导数表达式具有二阶精度，上述方案称为中心差分方案。将方程(12.204)代入方程(12.201)，得到

$$\left[\frac{[\boldsymbol{M}]}{\Delta t^2}+\frac{[\boldsymbol{C}]}{2\Delta t}\right]\{\boldsymbol{d}\}_{n+1}=\{\boldsymbol{F}\}_n-[\boldsymbol{K}]\{\boldsymbol{d}\}_n+\frac{1}{\Delta t^2}[\boldsymbol{M}](2\{\boldsymbol{d}\}_n-\{\boldsymbol{d}\}_{n-1})+\frac{1}{2\Delta t}[\boldsymbol{C}]\{\boldsymbol{d}\}_{n-1} \tag{12.205}$$

在上面的表达式中，右侧包含依赖于当前时间步之前时刻的表达式。求得位移后，可以从方程(12.204)获得速度和加速度。如果矩阵$[\boldsymbol{M}]$和$[\boldsymbol{C}]$是对角矩阵，则方程不耦合，无须求解联立方程即可获得位移。如果在公式中使用比例阻尼，则矩阵$[\boldsymbol{C}]$将是对角线的。公式(12.206)的计算需要时间 $t=0$ 时$\{\boldsymbol{d}\}_{-1}$和$\{\ddot{\boldsymbol{d}}\}_0$的值。$\{\boldsymbol{d}\}_{-1}$是通过使用泰勒级数展开$\{\boldsymbol{d}\}_n$并在表达式中代入 $t=0$ 获得的，而$\{\ddot{\boldsymbol{d}}\}_0$ 是使用 $t=0$ 时刻的控制动态平衡方程。即

$$\{\boldsymbol{d}\}_{-1}=\{\boldsymbol{d}\}_0-\Delta t\ \{\dot{\boldsymbol{d}}\}_0+\frac{\Delta t^2}{2}\{\ddot{\mathbf{d}}\}_0 \tag{12.206}$$

$$\{\ddot{\boldsymbol{d}}\}_0=[\boldsymbol{M}]^{-1}[\{\boldsymbol{F}\}_0-[\boldsymbol{K}]\{\boldsymbol{d}\}_0-[\boldsymbol{C}]\{\dot{\boldsymbol{d}}\}_0] \tag{12.207}$$

这种方法是条件稳定的。也就是说，大的时间步长会导致位移发散。因此，对时间步长施加了约束。该约束是基于 Z 变换[72]的严格误差分析得出的。这个约束由下式给出

$$\Delta t_{\mathrm{cr}}=\frac{2}{\omega_{\max}} \tag{12.208}$$

其中，$\omega_{\max}$表征结构受激响应的最大频率，可以用一系列其他的方法进行计算。

1. 输入信号的频率信息可以通过 FFT 获得，最大频率可以从 FFT 图确定，这通常用于波传播问题。例如，第 6 章中所示的脉冲(图 6.16)，输入高斯力的频率为 44 kHz，如果此力历程作用于结构，则 $\omega_{\max}=44$ kHz。

2. $\omega_{\max}$也可以用全局刚度和质量矩阵，如

$$\omega_{\max}^2=\mathrm{Max}\frac{K_{ii}+\sum_{j=1}^{N}|K_{ij}|}{M_{ii}}$$

3. 对于每个单元，其特征值问题为

$$\{[\boldsymbol{K}]_{\mathrm{e}}-\omega^2[\boldsymbol{M}]_{\mathrm{e}}\}\{\boldsymbol{d}\}_{\mathrm{e}}=\{\boldsymbol{0}\}$$

其中$[\boldsymbol{K}]_{\mathrm{e}}$ 和$[\boldsymbol{M}]_{\mathrm{e}}$. 分别为单元刚度和质量矩阵。本例中临界时间步长可以通过下式得到

$$\Delta t_{\mathrm{cr}}=\mathrm{Min}\left[\frac{2}{\omega_{\mathrm{e}}^2}\right]$$

其中 ω_{e} 为结构最大的固有频率。

12.8.2 隐式时间积分

隐式时间积分需要当前时间步长以外的相关物理量的信息。也就是说，为了计算时间步长 n 的位移，需要有关时间步长 $n+1$ 和 $n+2$ 的位移、速度和加速度的信息。这种积分方法使用众所周知的梯形法则和辛普森法则来开发不同的时间推进方法。本小节描述了一个基于梯形法则的简单积分方法，这称为平均加速度法，当应用于抛物线 PDE 时，有时称为 Crank-Nicholson 法。隐式方法难以实现，但这些方法是无条件稳定的。

在这种求解框架下，写出时间步 $n+1$ 的控制方程为

$$[\boldsymbol{M}]\{\ddot{\boldsymbol{d}}\}_{n+1}+[\boldsymbol{C}]\{\dot{\boldsymbol{d}}\}_{n+1}+[\boldsymbol{K}]\{\boldsymbol{d}\}_{n+1}=\boldsymbol{F}_{n+1} \tag{12.209}$$

根据梯形法则，时刻$(n+1)$的位移和速度可以用速度和加速度表示为

$$\left.\begin{aligned}\{\boldsymbol{d}\}_{n+1}&=\{\boldsymbol{d}\}_n+\frac{\Delta t}{2}(\{\dot{\boldsymbol{d}}\}_n+\{\dot{\boldsymbol{d}}\}_{n+1})\\ \{\dot{\boldsymbol{d}}\}_{n+1}&=\{\dot{\boldsymbol{d}}\}_n+\frac{\Delta t}{2}(\{\ddot{\mathbf{d}}\}_n+\{\ddot{\mathbf{d}}\}_{n+1})\end{aligned}\right\} \tag{12.210}$$

$(n+1)$时刻的速度和加速度则可以写为

$$\left.\begin{aligned}\{\dot{\boldsymbol{d}}\}_{n+1}&=\frac{2}{\Delta t}(\{\boldsymbol{d}\}_{n+1}-\{\boldsymbol{d}\}_n)-\{\dot{\boldsymbol{d}}\}_n\\ \{\ddot{\boldsymbol{d}}\}_{n+1}&=\frac{4}{\Delta t^2}(\{\boldsymbol{d}\}_{n+1}-\{\boldsymbol{d}\}_n)\frac{4}{\Delta t}\{\dot{\boldsymbol{d}}\}_n-\{\ddot{\boldsymbol{d}}\}\end{aligned}\right\} \tag{12.211}$$

将这些项代入方程(12.209)中，有

$$[\boldsymbol{K}^{\text{eff}}]\{\boldsymbol{d}\}_{n+1}=\{\boldsymbol{F}^{\text{eff}}\}_{n+1} \tag{12.212}$$

其中

$$[\boldsymbol{K}^{\text{eff}}]=\frac{4}{\Delta t^2}[\boldsymbol{M}]+\frac{2}{\Delta t}[\boldsymbol{C}]+[\boldsymbol{K}]$$

$$\{\boldsymbol{F}^{\text{eff}}\}_{n+1}=[\boldsymbol{M}](\frac{4}{\Delta t^2}\{\boldsymbol{d}\}_n+\frac{4}{\Delta t}\{\dot{\boldsymbol{d}}\}_n+\{\ddot{\mathbf{d}}\}_n)+$$

$$[\boldsymbol{C}](\frac{2}{\Delta t}\{\boldsymbol{d}\}_n+\{\dot{\boldsymbol{d}}\}_n)$$

已知第 n 时间步的信息就可以通过公式(12.212)得到第 $n+1$ 时间步的位移，而第 $n+1$ 时间步的速度和加速度则通过公式(12.211)进行求解。在每个步骤中，方程(12.212)是一组高度耦合的联立方程，即使当$[\boldsymbol{M}]$和$[\boldsymbol{C}]$是对角时也是如此。

这与显式方法不同，因此，对质量使用集中近似值没有任何好处。它类似于在每个时间步求解静态问题。实施该方法时，只可以对$[\boldsymbol{K}^{\text{eff}}]$进行一次 Choleski 分解来向前化简，其中$[\boldsymbol{K}^{\text{eff}}]$是一个仅关于时间步长的函数，而时间步长是在分析之前确定的。

如果[$\boldsymbol{M}$]是正定的，即使对于奇异的[$\boldsymbol{K}$]，[$\boldsymbol{K}^{\text{eff}}$]也是非奇异的。据说该方法对于非线性问题的收敛性较差，但是，使用一致的质量矩阵可以提供更好的结果。这种方法最重要的优点是它是无条件稳定的，也就是说，即使时间步长很大，解也不会发散。然而，这并不意味着无条件的准确性，对于非线性问题，时间步长应该较小以获得更好的精度。

一般而言，无论是隐式积分方法还是显式积分方法，都不提供高频噪声的自动消散，而高频噪声通常存在于所有积分方法中。因此，有许多积分方法附加一个额外的参数，该参数将负责消散这种高频噪声。在许多通用目的的程序包中广泛使用的一种此类方法是 Newmark 方法。该方法有两个参数，它们表示耗散量和积分方案的类型，即显式或隐式，也就是说，通过适当调整这些参数，可以使该方案成为一个纯显式或隐式的积分方法，这将在下一小节中解释。

12.8.3　Newmark $\boldsymbol{\beta}$ 法

Newmark[267] 提出的算法已成为最受欢迎的用于解决结构动力学和波传播中的问题的算法系列之一。他的方法依赖于以下插值，这些插值与时间步 n 到 $n+1$ 的位置、速度和加速度相关联。

$$\begin{aligned}\{\dot{\boldsymbol{d}}\}_{n+1}&=\{\dot{\boldsymbol{d}}\}_n+\Delta t[(1-\gamma)\{\ddot{\boldsymbol{d}}\}_n+\gamma\{\ddot{\boldsymbol{d}}\}_{n+1}]\\\{\boldsymbol{d}\}_{n+1}&=\{\boldsymbol{d}\}_n+\Delta t\{\dot{\boldsymbol{d}}\}_n+\frac{\Delta t^2}{2}[(1-2\beta)\{\ddot{\boldsymbol{d}}\}_n+2\beta\{\ddot{\boldsymbol{d}}\}_{n+1}]\end{aligned}\tag{12.213}$$

其中 β 和 γ 是两个不同的参数，它们不仅用于定义积分方法的类型，而且还避免了这些耗散是由于数值近似引入的高频噪声所必需的人工耗散。该方法是隐式的，且当$2\beta\geqslant\gamma\geqslant0.5$时，数值格式是稳定的。梯形法则是这个系列的特例，其中 $\beta=1/4$，$\gamma=1/2$。这种情况也对应于加速度在时间步长 $\Delta t=t_{n+1}-t_n$ 内为常数且等于$(\{\ddot{\boldsymbol{d}}\}_n+\{\ddot{\boldsymbol{d}}\}_{n+1})/2$ 的假设。在数值稳定性范围内的任何其他 β 和 γ 值，该方法的准确度退化为一阶，假设加速度随时间步长 $\Delta t=t_{n+1}-t_n$ 线性变化的线性加速度方法对应于 $\beta=1/6$，$\gamma=1/2$的情况。该方法条件稳定，实际意义不大。然而，它被用作另一种重要方法的基础，称为 Wilson-θ 方法[24]。

在公式(12.214)中给出了 Newmark 算法的另一个优点，即它可以用在固定点迭代的预测-校正格式中，这不是它通常应用于结构动力学和波传播问题的方式。相反，方程(12.214)被直接引入到运动方程中，这导致一组$\{\ddot{\boldsymbol{d}}\}_{n+1}$成为了结果未知数的代数方程式，根据问题的类型，这些方程式可以是线性的或非线性的。代数方程也可以用$\{\boldsymbol{d}\}_{n+1}$作为主要未知数求解，方法是用$\{\boldsymbol{d}\}_n$、$\{\dot{\boldsymbol{d}}\}_n$、$\{\ddot{\boldsymbol{d}}\}_n$ 和 $\{\boldsymbol{d}\}_{n+1}$ 代替 $\{\ddot{\boldsymbol{d}}\}_{n+1}$ 和

$\{\dot{\boldsymbol{d}}\}_{n+1}$。也就是说，方程(12.214)可以写成方程(12.215)

$$\{\ddot{\boldsymbol{d}}\}_{n+1}=\frac{1}{\beta\Delta t^2}[\{\boldsymbol{d}\}_{n+1}-\{\boldsymbol{d}\}_n]-\frac{1}{\beta\Delta t}\{\dot{\boldsymbol{d}}\}_n-\left[1-\frac{1}{2\beta}\right]\{\ddot{\boldsymbol{d}}\}_n \tag{12.214}$$

$$\{\dot{\boldsymbol{d}}\}_{n+1}=\frac{\gamma}{\beta\Delta t}[\{\boldsymbol{d}\}_{n+1}-\{\boldsymbol{d}\}_n]-\left[\frac{\gamma}{\beta}-1\right]\{\dot{\boldsymbol{d}}\}_n-\left[\frac{\gamma}{2\beta}-1\right]\Delta t\ \{\ddot{\boldsymbol{d}}\}_n \tag{12.215}$$

将这些代入方程(12.209)中，可得

$$\begin{aligned}&\left[\frac{1}{\beta\Delta t^2}[\boldsymbol{M}]+\frac{\gamma}{\beta\Delta t}[\boldsymbol{C}]+[\boldsymbol{K}]\right]\{\boldsymbol{d}\}_{n+1}\\&=F(t)+[\boldsymbol{M}]\left[\frac{1}{\beta\Delta t^2}\{\boldsymbol{d}\}_n+\frac{1}{\gamma\Delta t}\{\dot{\boldsymbol{d}}\}_n+(1-\frac{1}{2\beta})\{\ddot{\boldsymbol{d}}\}_n\right]+\\&\quad[\boldsymbol{C}]\left[\frac{\gamma}{\beta\Delta t}\{\boldsymbol{d}\}_n+(\frac{\gamma}{\beta}-1)\{\dot{\boldsymbol{d}}\}_n+(\frac{\gamma}{2\beta}-1)\Delta t\ \{\ddot{\boldsymbol{d}}\}_n\right]\end{aligned} \tag{12.216}$$

一旦在左侧乘以$\{\boldsymbol{d}\}_{n+1}$的常数矩阵被三角化，每个时间步长的位移就只需要通过方程(12.216)的右侧进行正向消元和反向回代即可得到。到目前为止，上述方法比需要迭代过程的不动点迭代更有效，不动点迭代需要每个时间步进行多次迭代，且每次迭代都需要进行一次函数计算。这种回代求解也可以用于波传播中的非线性问题。$\{\boldsymbol{d}\}_{n+1}$中的非线性代数方程组的结果通常通过 Newton-Raphson 迭代(在解的邻域内具有二次收敛性)、正割法或拟牛顿法等方法求解[24]。

Newmark 家族中最准确和稳定的算法是梯形法则($\beta=1/4,\gamma=1/2$)，它对线性系统来说是能量守恒的。它不会在积分过程中衰减系统的任何频率信息(有关 Newmark 方法的准确性和稳定性的详细分析，请参阅文献[24]，[161])。对于$\gamma>1/2$，系统的稳定性被保证并引入了人工阻尼，但是精度降低到一阶。这种人工阻尼在某些情况下是必要的，因为数学模型可能包含需要被阻尼耗散掉的频散高频信息。

可能需要人工阻尼的另一个原因是，梯形法对于线性问题是无条件稳定的，但是在非线性状态下却是不稳定的。作为不稳定性的一个例子，Hughes[160]介绍了双线性软化材料在结构动力学问题中的病态能量增长。参考文献[49]和[25]还介绍了受约束多体系统积分中梯形法的不稳定性。Gourlay[136]考虑了非线性标量方程 $\dot{y}+\lambda(y)y=0$，当 $\lambda_n>\lambda_{n+1}$ 时，梯形法变为条件稳定的且其临界时间步长为 $\Delta t\leqslant 4/(\lambda_n-\lambda_{n+1})$。规避此问题的一种方法是使用中点规则和相关算法(参见文献[326])，以在非线性状态下保持无条件稳定性。中点规则也使用由方程(12.214)定义的相同插值，不同之处在于平衡是在时间步长的中点而不是在时间末计算的。

12.9 数值例子

在本节中，将提供一些数值示例，说明前面部分(参见第 12.5 和 12.6 节)推导的超收敛梁单元和时域谱单元的行为。并且分为静态、自由振动和波传播几类情况提供一些数值结果。

12.9.1　超收敛梁单元

静态分析

为了评估超收敛单元的性能，首先提供了一些静态分析结果。在这里，以均匀分布载荷下的梁为例，并针对不同的边界条件研究单元的性能。请注意，上面建立超收敛单元仅适用于点载荷，对于分布式负载，它是近似值，但是与 h 型有限元法相比，它可以更快地收敛到精确结果。先前导出的精确形函数用于获得均匀分布载荷的一致加载矢量。将采用该单元得到的数值结果与文献[179]中用 FOBT 方法得到的精确解进行比较，其中对称和非对称交叉层合复合梁都考虑了各种长细比和边界条件，且假定所有薄层具有相同的厚度并由相同的正交各向异性材料组成，剪切校正因子 5/6 用于近似抛物线剪切应力变化。无量纲化挠度为

$$\bar{w}=\frac{wAE_2h^2\ 10^2}{f_0L^4} \tag{12.217}$$

式中 h 为总厚度，f_0 为均布横向载荷强度，E_2 为纤维法线方向的弹性模量。w 是跨中挠度。考虑具有以下边界条件的梁：(1)铰接-铰接(H-H)，(2)固支-铰接(C-H)，(3)固支-固支(C-C)，(4)固支-自由(悬臂)(C-F)。针对各种 $L=h$ 比率得到的结果如表 12.2 和 12.3 所示。注意到所有例子的结果中超收敛单元中只有两个单元，而不是文献[179]中使用的 20 个单元，因此，本节的超收敛单元预测的结果与参考文献[179]中报告的结果相比吻合得更好。

表 12.2　均匀分布载荷下各种边界条件下对称铺层[0°/90°/0°]梁的无量纲中跨挠度

L/h	预测方法	H-H	C-H	C-C	C-F
5	FOBT	2.146	1.922	1.629	6.698
	超收敛单元预测	2.145	1.921	1.629	6.693
10	FOBT	1.021	0.693	0.504	3.323
	超收敛单元预测	1.020	0.693	0.504	3.321
50	FOBT	0.661	0.276	0.144	2.243
	超收敛单元预测	0.660	0.276	0.144	2.242

自由振动分析

为了评估自由振动研究中的单元行为，考虑了两个示例。首先是具有单向和正交

交替铺层的简支厚梁，其次是具有不同边界条件的正交铺层梁。将这两个示例的结果与参考文献[58]中报告的结果进行了比较。

此处考虑两种情况：(1)$L/h=120$ 的梁；(2)$L/h=15$ 的梁。假定以下材料属性：$E_1=144.84$ GPa，$E_2=9.65$ GPa，$G_{23}=3.45$ GPa，$G_{12}=G_{11}=4.14$ GPa，$\nu_{12}=0.3$，$\rho=1389.79$ kg/m^3。采用 10 个单元对梁进行建模。

表 12.4 为细长($L/h=120$)和短粗($L/h=15$)简支单向铺层[0°]复合材料梁的前五个固有频率的对比。

表 12.4 简单支撑[0°]铺层复合材料梁的自然频率

L/h	模式	频率/kHz		
		FSDT	CLT	RFSDT
120	1	0.051	0.051	0.051
	2	0.203	0.203	0.202
	3	0.457	0.457	0.453
	4	0.812	0.812	0.802
	5	1.269	1.269	1.248
15	1	0.755	0.813	0.755
	2	2.548	3.250	2.563
	3	4.716	7.314	4.816
	4	6.960	13.00	7.283
	5	9.194	20.32	9.935

如表 12.4 中所示，名为 RFSDT 的当前单元(代表精细的一阶剪切变形单元)预测的固有频率与细梁和粗梁的可用结果非常一致。

表 12.5 为具有不同边界条件的四层对称正交铺层梁的前四个无量纲固有频率的对比。结果与参考文献[58]中报告的结果吻合得非常好。需要注意的是，在参考文献[58]中，是通过假设 w 和 Φ 的简谐解而直接求解控制方程的。

表 12.5 [0°/90°/90°/0°]正交复合材料板的无量纲自然频率 $\bar{\omega}$

模式	1		2		3		4	
类型	FSDT	RFSD	FSDT	RFSDT	FSDT	RFSDT	FSDT	RFSDT
SS	2.5023	2.507	8.4812	8.540	15.756	16.09	23.309	24.387
CC	4.5940	4.606	10.291	10.387	16.966	17.385	24.041	25.223
CF	0.9241	0.925	4.8920	4.9070	11.440	11.572	18.697	17.302
CS	3.5254	3.533	9.4420	9.520	16.384	16.763	23.685	24.815

表 12.6　[0°/15°/30°/45°]铺层复合材料梁的无量纲自然频率(文献[58]采用 FSDT 方法预测的结果)

θ	0°		15°		30°		45°	
类型	FSDT	RFSDT	FSDT	RFSDT	FSDT	RFSDT	FSDT	RFSDT
SS	2.6560	2.657	2.5105	2.511	2.103	2.096	1.537	1.526
CC	4.849	4.857	4.663	4.670	4.098	4.092	3.184	3.170
CF	0.982	0.982	0.925	0.925	0.768	0.765	0.555	0.551
CS	3.730	3.734	3.559	3.562	3.057	3.050	2.303	2.289

表 12.6 显示了 $L/h=15$ 的四层对称铺层复合梁的无量纲固有频率。即使在这里,结果与文献[58]中报告的结果相比也非常好。这里的无量纲固有频率由 $\bar{\omega}=\omega L^2\sqrt{\rho/E_1h^2}$ 给出,其中 ω 是实际固有频率。

波传播分析

本节的目的是研究层合复合梁的不对称性对整体响应的影响。此外,该研究旨在捕捉高阶梁模型的一个独特特征,即高频下的传播剪切模式。为此考虑了两个示例。在第一个示例中,考虑了同时承受纵向和横向冲击的悬臂梁。此示例的目的是验证从当前单元(RFSDT)获得的解与使用 3 节点三角形单元的二维平面应力有限元分析的结果。在第二个示例中,无限梁被认为可能捕获所有传播模式。

具有端载荷的悬臂复合梁

该示例的主要目的是验证超收敛单元预测解的准确性。考虑了由 AS/3501-6 石墨-环氧树脂制成的长 $L=1$ m、宽 $b=0.01$ m 和高 $h=0.01$ m 的悬臂梁,假定以下材料属性:$E_1=144.48$ GPa,$E_2=9.632$ GPa,$\nu_{12}=0.3$ 和 $\rho=1389$ kg/m^3。考虑三个不同的铺层方式$[0^\circ_{10}]$、$[0^\circ_5/45^\circ_5]$和$[0^\circ_5/90^\circ_5]$,相应的耦合因子为 $r=B_{11}^2=(A_{11}D_{11})=$ 0.0、0.214 和 0.574。所考虑的冲击载荷类似于图 6.16 中所示的载荷,只是载荷的峰值振幅为 4.4 N。脉冲频段为 44 kHz。梁用 1000 个单元建模,系统规模大小为 3000×6,其中 6 是系统带宽。使用时间步长为 1 μs 的 Newmark 时间积分方案。计算结果与基本理论预测的结果(在图中称为 EBT 和二维平面应力 FE 解)进行了比较。用于二维分析的梁模型有 4000 个平面应力三角形单元。首先,梁在尖端处受到轴向冲击,并在冲击位置测量轴向速度。

速度时程曲线如图 12.14 所示。可以观察到,EBT 和 RFSDT 预测的初始响应都因振幅而异。从固支边界第一次反射后,它们的差异在反射后变得更加显著。图 12.14显示纵波在高阶梁中的传播速度比初等梁慢,这是在第 8 章研究梁中的波传播时观察到的结果。该图还表明，随着轴向弯曲耦合的增加（r 值的增加），纵波速度以及响应幅度显著降低。结果与二维有限元解决方法相比吻合得非常好。

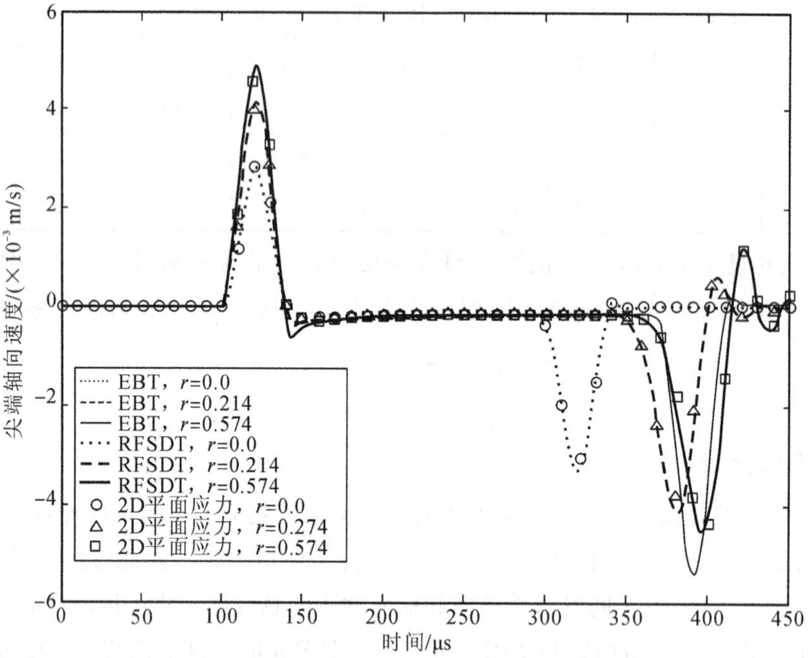

图 12.14 EBT、RFSDT 和二维平面应力解的悬臂尖端轴向速度的比较

（梁的铺层分别为$[0^\circ_{10}]$（$r=0.0$）、$[0^\circ_5/45^\circ_5]$（$r=0.214$）和$[0^\circ_5/90^\circ_5]$（$r=0.574$））

接下来，给予同一个悬臂梁在尖端的横向方向的冲击。图 12.15 给出了尖端横向速度历程的比较。从这个图中，EBT 和 RFSDT 之间的弯曲速度差异非常明显。EBT 显示第一次反射大约在 700 μs，而 RFSDT 模型预测第一次反射从 1200 μs 开始。因此，对于所考虑的载荷和材料构型，基于 EBT 的模型预测的速度几乎是 RFSDT 模型的两倍。与前面的纵波传播情况的基本区别在于，弯曲波本质上是频散的。RFSDT 的结果与二维有限元解非常吻合。然而，EBT 和 RFSDT 的初始行为几乎相同，并且仅在一定时间后，剪切效应开始减慢梁中的频散弯曲波速度。这些行为都与在第 8 章中观察到的一致。

非对称厚复合梁中的传播模式

区分粗梁与基本梁或 EBT 梁的主要特征是是否存在剪切传播模式。此外，由于不对称铺层顺序，轴向-弯曲-剪切耦合引入了额外的传播模式，因此，它们都具有三种传播模式。以下例子的目的是以图形方式捕获这些传播模式，因此要求波不分散地传播。为此，允许以高于截止频率的频率调制的正弦脉冲通过无限梁传播（图 12.16）。

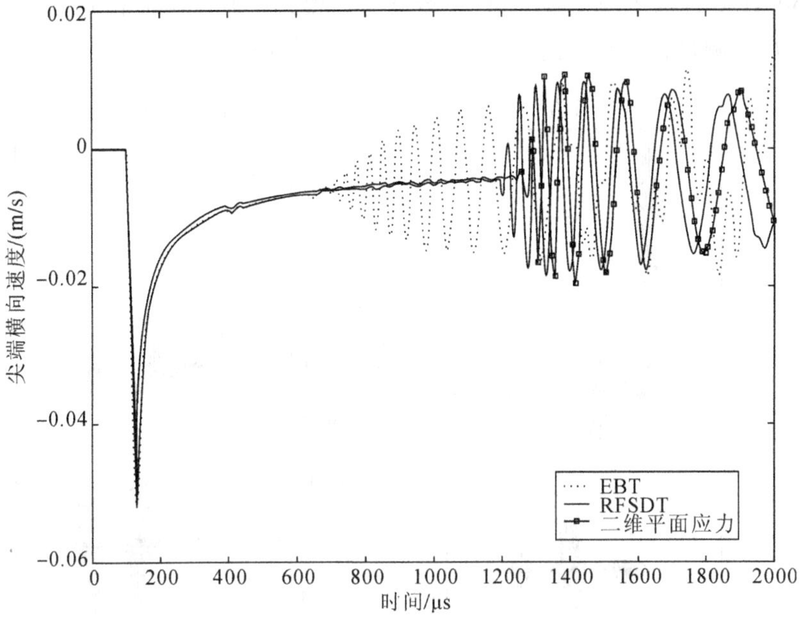

图 12.15　EBT、RFSDT 和二维平面应力解横向速度的比较

（梁的铺层为$[0^\circ_5/90^\circ_5]$（$r=0.574$））

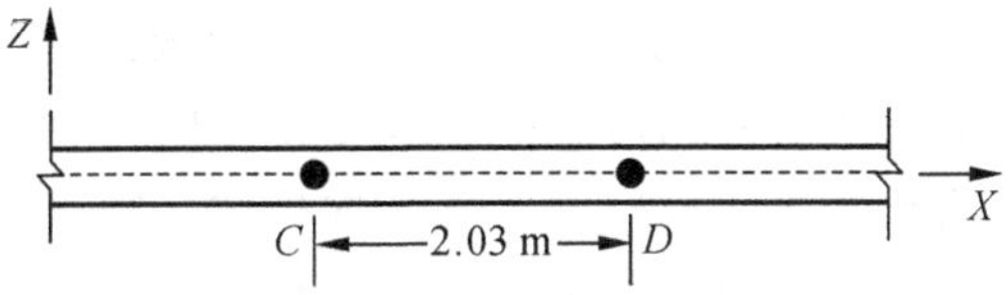

图 12.16　用于研究波模式的非散射传播的具有不同铺层的无限长复合材料梁

从某种意义上说，模型中的梁的长度是无限的，因为假设在观察的时间窗口内边界反射可以忽略不计。距离脉冲入射点（C 点）2.03 m 的传播距离来测量响应（在 D 点），如图 12.16 所示。梁用 5000 个单元建模。考虑了 $r=0.0$、0.444 和 0.597 的三个铺层方案。梁的宽度和高度分别为 6 mm 和 25 mm。该复合材料具有如下材料特性，$E_1=181$ GPa，$E_2=10.3$ GPa，G_{13}、G_{23}、$G_{12}=7.17$ GPa，$\nu_{12}=0.28$ 和 $\rho=1600$ kg/m^3。要了解不同传播模式的出现，应该查看第 8 章中导出的频散关系（图 8.5）。该图显示了轴向、弯曲和剪切模式中的群速度如何随频率变化。从该图中可以看出，与轴向速度相比，弯曲速度始终较小。还需要注意的是，在截断频率后存在传播剪切模式（速度）。低于此频率时，仅存在轴向和弯曲模式，剪切模式则充当阻尼分量。当耦合量（r）增加，轴向速度会降低，但剪切速度和弯曲速度会增加。与弯曲速度相比，这种增量在剪切速度方面是相当大的，这些都在第 8 章中讨论过。

在本示例中，梁的几何形状和材料特性导致截止频率为 46.78 kHz。因此，当加载频率(60 kHz)远高于截止频率,存在传播剪切模式。调制脉冲首先在 C 点沿轴向施加。在 D 点测量轴向和横向速度,并画在图 12.17 中。

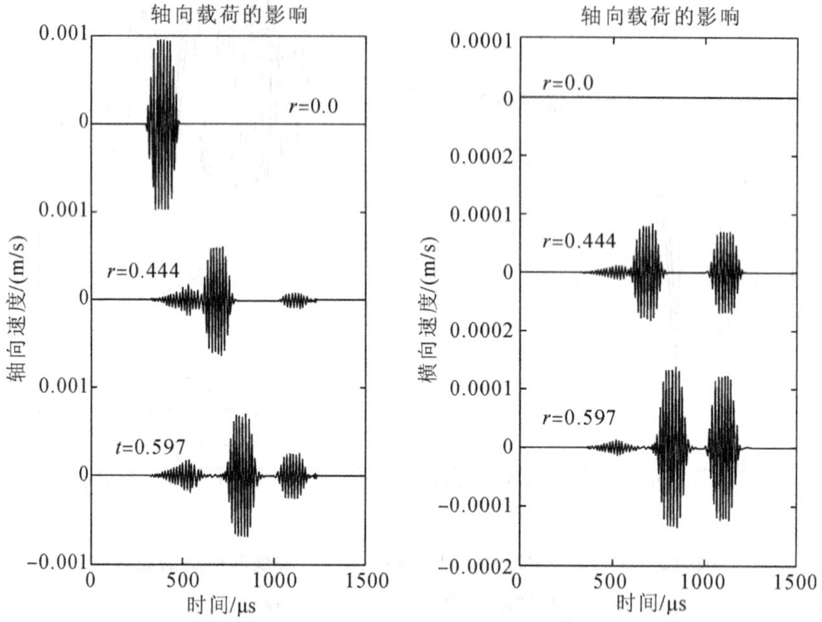

图 12.17 在轴向方向上施加以 60 kHz 调制的正弦脉冲而产生的轴向和横向速度(轴向和剪切模式以放大比例显示)

从这些图中,可以看到当 $r=0$ 时,只存在轴向模式。随着耦合系数值的增加,轴向模式的幅值减小,同时可以看到三种传播模式。首先出现的模式是剪切模式,因为它在 60 kHz 时具有最快的群速度。第二个是对应轴向模式,最后出现的是弯曲模式。图 12.17 还表明,对于更高的耦合,弯曲对轴向响应的影响会增加。它还显示了由于轴向冲击而产生的横向速度。在这里,对应于轴向和弯曲模式的速度幅值随着耦合的增加而增加,而剪切模式的影响似乎很小。接下来,横梁受到横向冲击,其横向速度绘制在图 12.18 中。可以看到弯曲模式不会改变其振幅,并且在所有情况下在 60 kHz 其速度都是常数。然而,轴向速度则随耦合而变化,其幅值也随之变化。

12.9.2 时域谱有限元

时域谱有限元法在第 12.6 节中介绍过。在这里,将展示一些基于该方法的数值结果。与第 12.6 节类似,将结果分为三类,即静态、自由振动和波传播分析。

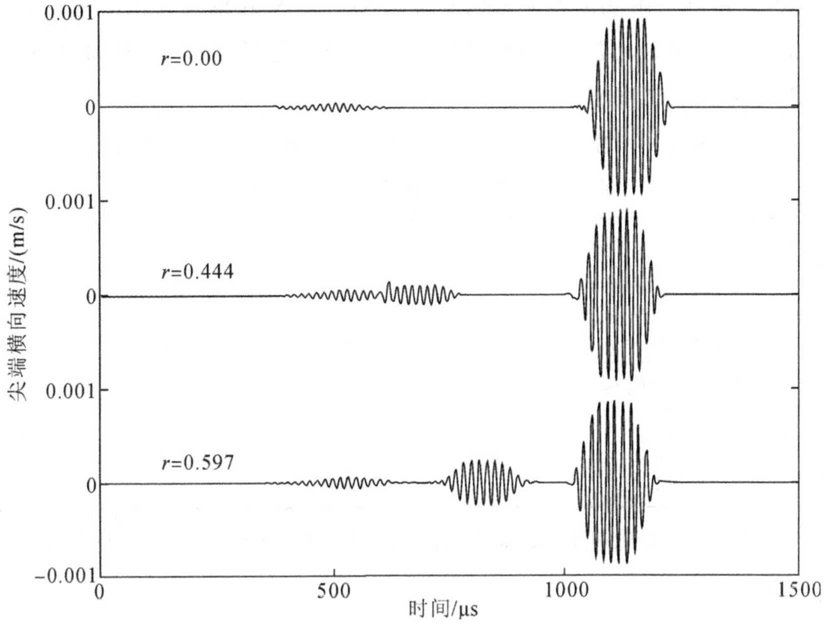

图 12.18　横向施加以 60 kHz 调制的正弦脉冲，轴向和剪切模式以放大比例显示

静态分析

本例中，考虑长度为 1 m，厚度为 0.1 m，材料性质 $E=200\times10^9\ \mathrm{N/m^2}$，密度 $\rho=7800\ \mathrm{kg/m^3}$ 的悬臂钢梁，梁承受 10 N/m 的均匀分布载荷。使用不同阶数的切比雪夫谱单元(CPE)对该梁进行建模。

表 12.7 列出了 $N=1$、$N=2$ 和 $N=3$ 时达到收敛结果所需的单元数。该表还给出了每种情况下末端挠度的收敛值以及杆的精确末端挠度。可以在每种情况下仅使用一个单元进行分析。表 12.7 还给出了用于刚度矩阵生成的内存和分析占用的 CPU 时间。在这种情况(一个单元)下，这些值没有多大实际意义。

表 12.7　对于具有不同切比雪夫 N 值的轴向载荷的静态情况，单元数量、所需内存、占用的 CPU 时间和计算的端部挠度

	$N=1$	$N=2$	$N=3$
单元编号	1	1	1
刚度矩阵内存/Bytes	21	157	601
CPU 时间/s	0.10	0.10	0.10
端部挠度/m	5×10^{-11}	5×10^{-11}	5×10^{-11}
精确挠度$=5\times10^{-11}$ m			

接下来，在钢梁自由端沿横向方向施加大小为 1 N 的集中荷载。表 12.8 给出了获得收敛结果所需的单元数量以及使用的内存、分析所用的 CPU 时间以及计算的端部挠度值和实际的端部挠度。

表 12.8　对于具有不同切比雪夫 N 值的承受横向载荷梁的静态计算时的单元数量、所需内存和 CPU 时间

	$N=1$	$N=2$	$N=3$
单元编号	80	5	1
内存/Bytes	2881	1201	601
总 CPU 时间/s	0.18	0.13	0.10
计算的端部挠度/($\times 10^{-8}$ m)	2.00	2.01	2.01
实际的端部挠度$=2.015\times 10^{-8}$ m			

从表中可以明显看出使用较高 N 值的优势。梁的实际端部挠度使用以下公式计算

$$\delta=\frac{Pl^3}{3EI}+\frac{Pl}{kGA} \tag{12.218}$$

其中 E 和 G 是梁的杨氏模量和剪切模量，I、A 是关于中性轴的惯性矩和梁的横截面面积，P 是施加的集中荷载的大小，l 是梁的跨度。k 是剪切校正因子($k=2/3$)。

如前所述，基于切比雪夫多项式的时域谱单元(将此单元命名为 CPE)与 $N=1$ 和 2 的常规单元相同。对于 $N\geqslant 3$ 的情况，两者节点的位置和形函数都不同。表 12.8 展示 CPE 的优越性，其内存需求以及计算时间从 $N=1$ 到 $N=3$ 显著减少。在进行动态分析时，使用 $N=3$ 相对于 $N=1$ 和 2 获得的计算优势将更加明显。

本节中进行的静态分析表明，就精度和计算效率而言，使用 $N=3$ 单元比低阶单元更有优势。尽管上述研究仅限于各向同性情况，但考虑到公式的普遍性，预计该单元会为复合材料和梯度结构提供类似的结果。

自由振动分析

在本节中，将考虑跨度 1 m、高度 0.1 m 和单位宽度的复合材料梁。梁由玻璃纤维复合材料 GFRP 制成，其材料性质为 $E_1=144.5$ GPa，$E_2=9.632$ GPa，$\nu_{12}=0.3$，$\nu_{21}=0.02$，$G_{12}=4.128$ GPa，$\rho=1389$ kg/m^3。表 12.9 给出了在每种情况下以合理的精度捕获前五个固有频率所需的单元数量。

表 12.9 组合梁的自由振动分析所需的最少单元数

单元编号	纵向	深度	总和
$N=1$	75	10	750
$N=2$	20	3	60
$N=3$	3	1	3

从每个分析中获得梁的前五个固有频率的收敛值显示在表 12.10 中。图 12.19 显示了上述分析所使用的总内存和 CPU 时间的比较。如图所示，使用 CPE 已将内存使用量从 70 Mb 减少到仅 1 Mb。对于传统有限元，1 个单元($N=1$ 时)的计算时间约为 5860 s，而 3 个 CPE 单元($N=3$)的计算时间仅为几分之一秒(0.2 s)。

表 12.10 对于不同的 N 值，复合材料梁的前五个固有频率(rad/s)的收敛值

	$N=1$	$N=2$	$N=3$
ω_1	959.98	959.38	959.42
ω_2	4467.10	4460.50	4456.50
ω_3	9779.40	9761.10	9747.80
ω_4	15256.00	15222.00	15191.00
ω_5	16022.00	16022.00	16023.00

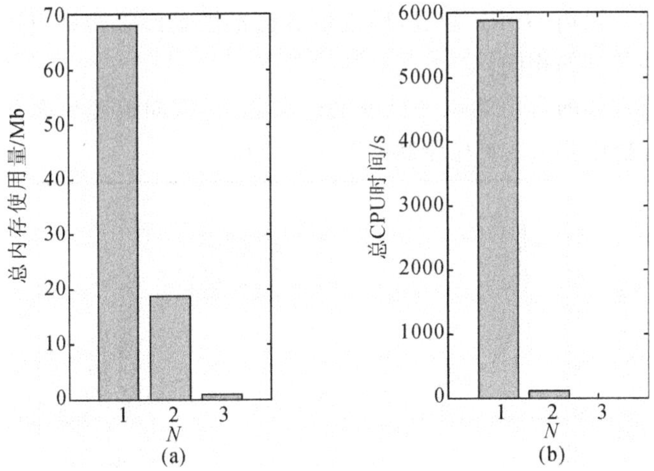

12.19 $N=1$、$N=2$ 和 $N=3$ 复合材料梁自由振动分析的比较

(a)总内存使用量；(b)总 CPU 时间

波传播分析

上一节的结果表明，CPE 可以以最小成本有效地用于准确捕获高阶振动模式。这些是解决机械波导中波传播问题的基础。在本小节中，将使用宽带和调制信号在复合材料梁结构中进行波传播分析。随后，允许高频调制脉冲在双边界介质中传播，并使用 CPE 捕获其响应。

所有波传播模拟都与使用常应变三角形（CST）网格的标准有限元分析进行了比较。该网格以 4 个单元的块生成，用户的输入是 X 和 Y 方向上的块数。因此，6×600×4 个 CST 单元意味着深度方向有 6 个块，纵向方向有 600 个块，总共使用了 6×600×4=14400 个单元。此外，由于此处考虑的大多数问题都涉及光滑函数，因此示例中使用的多项式的最高阶 $N=3$。对于时间积分，使用 Newmark β 方案，积分参数 $\alpha=1/2$ 和 $\beta=1/4$，这是一个无条件稳定的方案。对于空间离散化，每个波长（n_g）的不同网格点数用于不同的问题。对承受横向载荷作用（1.0 m 长）的复合材料梁，当 $N=1$ 时，$n_g=27$，当 $N=2$ 时，$n_g=11$，当 $N=3$ 时，$n_g=7$。

对于宽带输入信号的响应

在这个例子中，第 6 章中如图 6.16 所示的相同载荷，载荷具有持续 50 μs 和大约在 44 kHz 的频带范围，这会激发许多更高的模式。考虑跨度 1 m 和高度 0.01 m 的悬臂复合材料梁。梁由 GFRP 制成，假设所有层都沿梁的轴线铺设。材料的弹性性质与前面示例中提到的相同。

复合材料梁在梁的自由端承受集中的横向载荷，横向速度也在此处被测量。从 FE 和 CPE 的分析中获得的响应绘制在图 12.20 中。

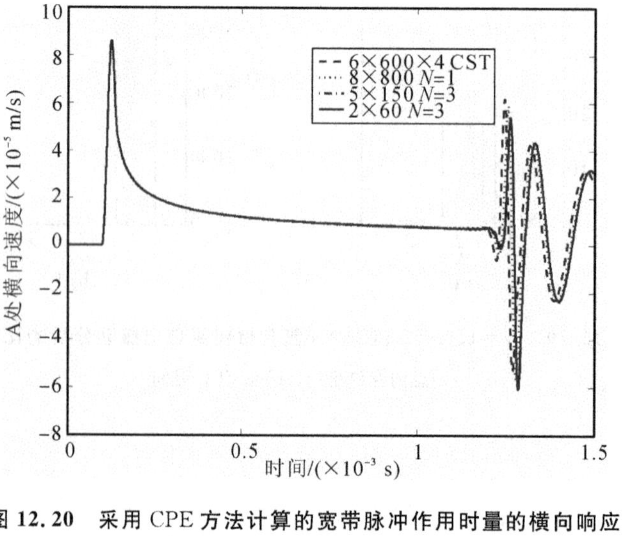

图 12.20 采用 CPE 方法计算的宽带脉冲作用时量的横向响应

表 12.11 列出了每个分析中所需的单元数量。图 12.21 比较了用于生成刚度矩阵的内存和上述分析所花费的总 CPU 时间（$N=1$、$N=2$ 和 $N=3$ 的情况）。

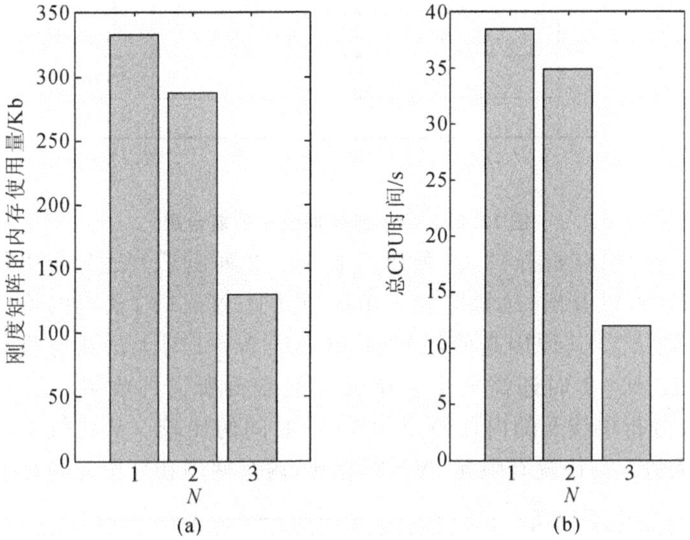

图 12.21　采用 $N=1$、$N=2$ 和 $N=3$ 分析复合梁对宽带脉冲横向响应的比较

(a)刚度矩阵使用的内存；(b)总 CPU 时间

从图 12.21 可以看出，使用 CPE 节省了大量的内存和计算时间。CPE 的使用使内存使用和 CPU 时间减少了低阶 FE 所需的 50%以上。导致这样结果的原因是与传统的有限元相比，沿高度使用的单元更少。

表 12.11　捕获复合材料梁中由宽带脉冲引起的横向响应所需的最少单元数

单元种类	单元数量		
	纵向	横向	总和
CST(模块)	600	6	14400
$N=1$	800	8	6400
$N=2$	150	5	750
$N=3$	60	2	120

双边界分层介质

在本节中，采用 CPE 获得二维复合材料层中的波传播特性，该复合材料层由长度为 1.0 m、深度为 0.3 m 的复合材料层组成，具有如图 12.22 所示的三个不同铺层。

梁的材料为 GFRP，具有之前采用的复合材料相同的性质。顶层和底层的纤维取向为 0°，而中间层纤维的取向为 90°。假设结构的宽度为 1 m 以进行分析。如图所示固定底层，结构在图 12.22 所示的点 A 处承受单位大小的横向集中荷载，负载为宽带脉冲形式，如图 6.16 所示。使用传统的有限元和 CPE 公式进行分析，并测量 A、B 和

C 点的横向速度。

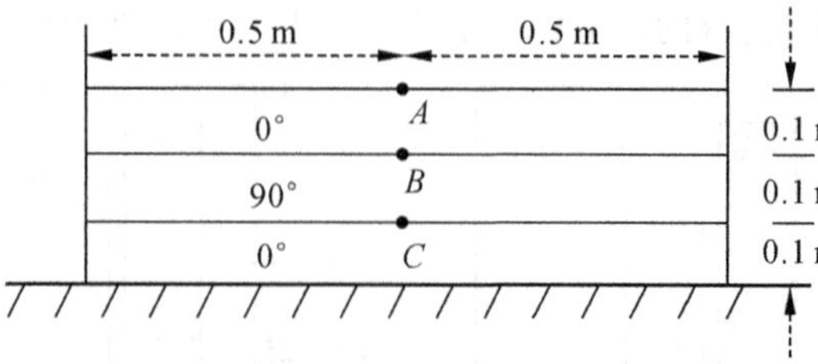

图 12.22　用于波传播分析的复合层

分析中获得的响应如图 12.23 所示。表 12.12 列出了上述分析中每种情况下使用的单元数量。可以看出，从常应变三角形单元且 $N=1$ 时获得的响应与 $N=2$ 和 $N=3$的响应不匹配。其原因是使用 CST 单元且 $N=1$ 时无法获得收敛解。换句话说，CST 单元且 $N=1$ 时还需要更多单元才能获得所需的收敛。图 12.24 给出了 $N=2$和 $N=3$ 分析中涉及的内存使用和 CPU 时间的比较。从比较中可以明显看出使用 CPE 的优势。与传统有限元($N=2$)相比，内存使用和分析时间几乎减半。

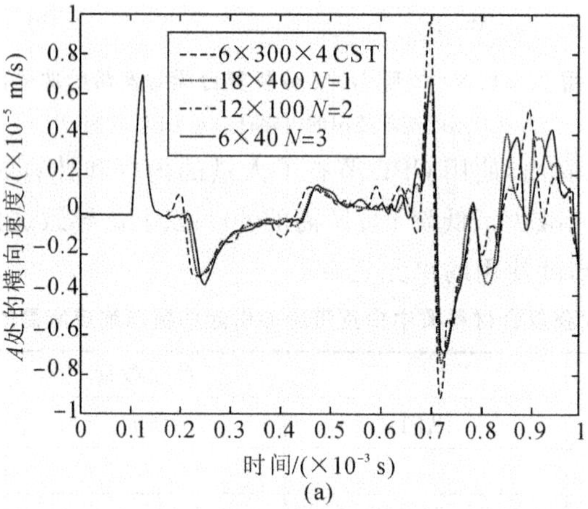

(a)

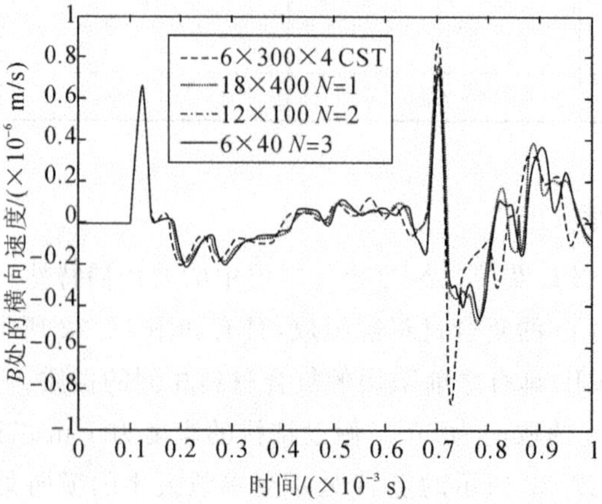

(b)

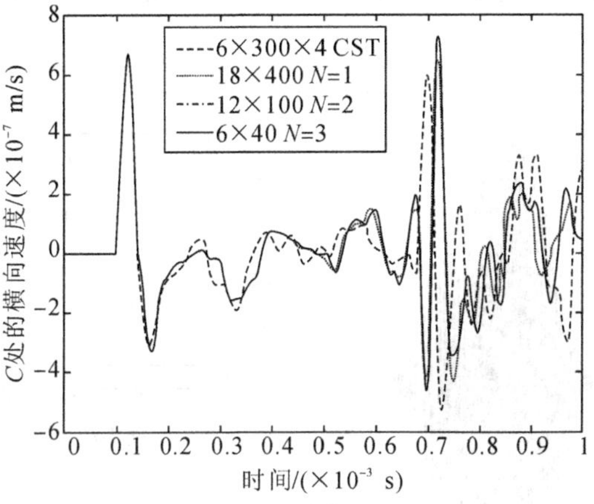

(c)

12.23　双边界介质中宽带脉冲引起的横向响应

(a)A 点的响应；(b)B 点的响应；(c)C 点的响应

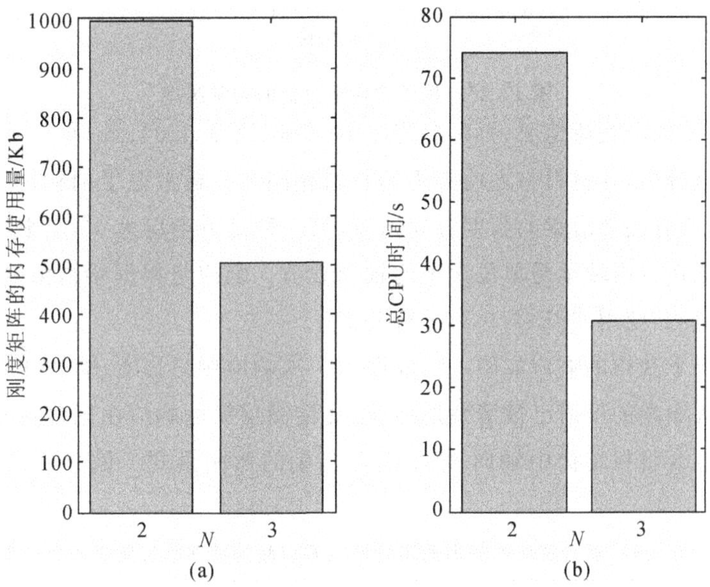

图 12.24　$N=2$ 和 $N=3$ 带脉冲激励的复合材料层的横向响应分析比较

(a)刚度矩阵占用的内存；(b)总 CPU 时间

对调制输入信号的响应

加载函数采用中心频率为 80 kHz 的调制脉冲形式，脉冲的时域和频域响应如图 12.25 所示。调制脉冲用于对与宽带脉冲相同的复合材料梁进行分析，使用调制脉冲的原因是为了捕获由于刚度耦合以及更高的梁效应而在非对称复合材料结构中传播的附加模式。

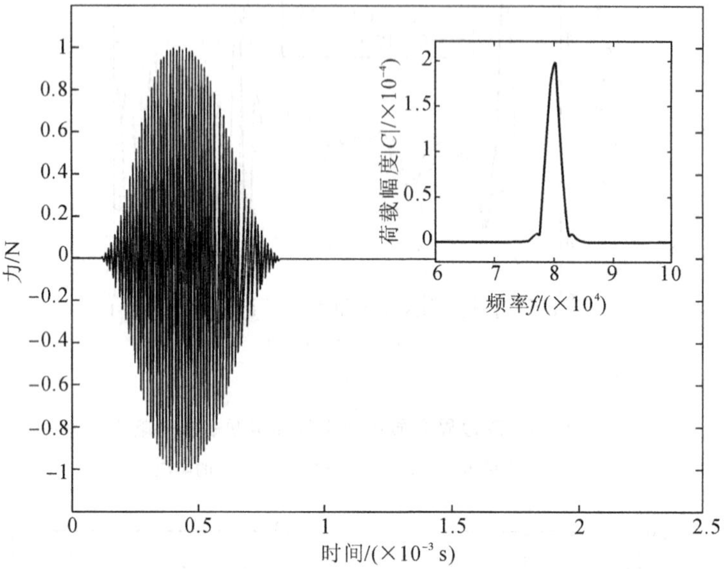

图 12.25　用于波传播分析的调制脉冲

首先，对于轴向载荷情况，再次对跨度 10.0 m、高度 0.001 m、单位宽度的悬臂复合材料梁进行分析，其材料与之前使用的材料相同。分析考虑了两种情况，一种是单轴复合材料，所有层都沿梁的长度方向铺设，另一种是下半层为 0°，上半层为 90°的交错铺层梁。梁在自由端承受单位大小的轴向载荷。响应是根据梁自由端最顶层的轴向速度来测量的，使用 CPE($N=3$)进行分析。

每种情况下获得的响应如图 12.26 所示。从响应中可以看出，对于单层梁，入射脉冲及其从固定端的反射已被清楚地捕获，交错铺层梁的响应由附加反射组成，这对应于非对称复合材料结构中轴向-弯曲耦合产生的弯曲模式。该分析需要使用大约 500 个 CPE。

表 12.12　捕获复合层结构的由宽带脉冲激励引起的横向响应所需的最少单元数

单元种类	单元编号		
	纵向	深度	总和
CST(模块)	300	6	7200
$N=1$	400	18	7200
$N=2$	100	12	1200
$N=3$	40	6	240

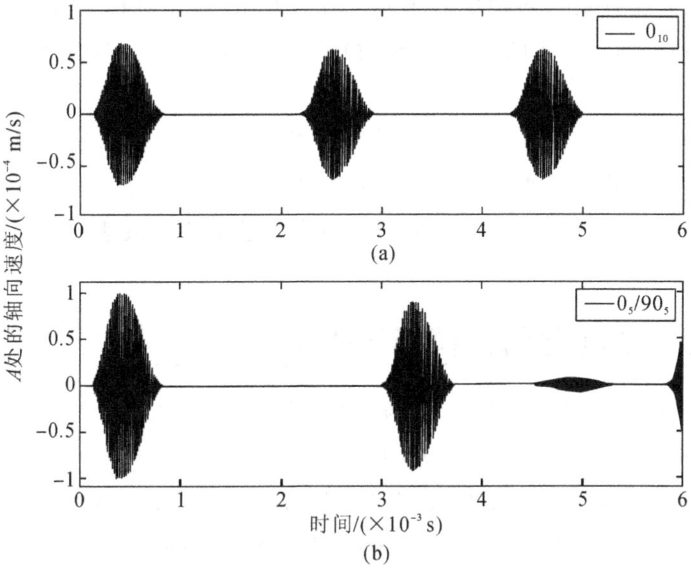

图 12.26　调制脉冲在复合材料梁 A 处激励的轴向响应

(a)0_{10}；(b)$0_5/90_5$

接下来，对于横向加载情况，考虑与前一个示例相同的悬臂复合梁，其中的长度现在更改为 1.5 m。梁在自由端以调制脉冲的形式承受单位大小的集中载荷。使用 CPE 进行分析以记录梁自由端的横向速度，如图 12.27 所示。即使对于这种情况，

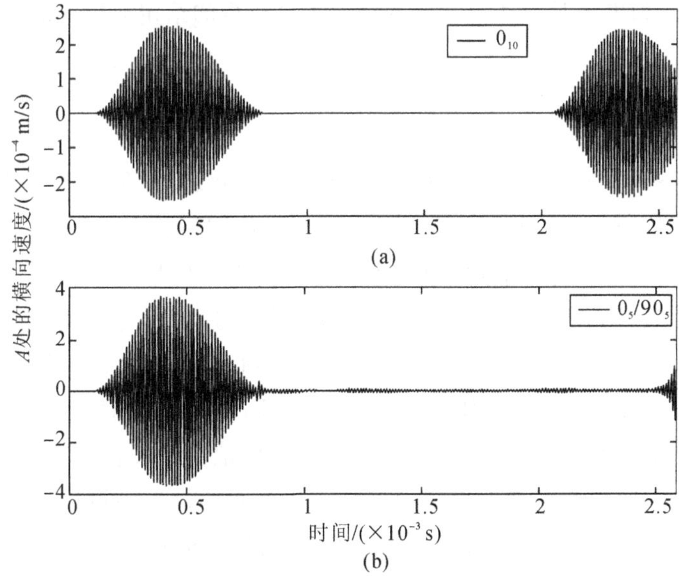

图 12.27　调制脉冲在复合材料梁 A 处激励的横向响应

(a)0_{10}；(b)$0_5/90_5$

对称复合梁也只能看到入射和反射脉冲。另一方面,在非对称复合梁的入射脉冲之后,可以观察到由轴向弯曲耦合(及其反射)引起的轴向模式。准确获得上述响应需要大约 500 CPE。

在涉及调制脉冲的分析中,波的传播距离相当长。波的第一次反射在轴向情况下行进 20 m,横向情况下行进 3 m 后被捕获。从结果可以推断,轴波传播速度快于横波。此外,对称复合梁中的波速大小高于非对称复合梁中的波速大小。

12.10 波传播问题的建模指导指南

综上所述,波传播是一个多模式问题,其中所有高阶模式都因短脉冲引起的输入信号的高频率段而被激发。从有限元的角度来看,这需要大规模的网格来捕获这些高阶模式,特别是当问题由 h 型有限元解决,换句话说,有限元网格大小当输入信号的频率成分有要求。因此,需要回答以下问题:对于给定的输入载荷,网格大小应该是多少?

对于一个给定的输入负载,必须选择网格大小,使其与波长相当。当信号高频率成分很高时,波长非常小,因此网格尺寸必须很小,这极大地增加了解决问题的难度。这是通过 h 型有限元求解波传播问题时需要大规模网格的主要原因。为确定网格尺寸,首先使用 FFT 将输入信号转换到频域,幅值和频率图将给出信号的频率,使用 ω(rad/s)表示。如果 c_0 是从相关波导的频散关系获得的给定波模式的相位速度,则波长由下式给出

$$\lambda=\frac{2\pi c_0}{\omega} \tag{12.219}$$

通常情况下,覆盖一个波长的网格尺寸约 10 个单元,但在某些情况下8～10个单元可能就足够了。换句话说,网格尺寸应该是 $\lambda/10$ 的量级[158]。如果网格尺寸大于方程(12.219)中给出的尺寸,则网格边界将开始反射输入信号,从而给出错误的响应估计。此外,网格尺寸大小取决于信号在介质中传播的速度。为了使这个表述更清楚,这里考虑铝和复合材料两种介质。压缩波在复合材料中的速度约为 3850 m/s,而在铝中则为 6000 m/s。让这些介质受到频率为 50 kHz 的宽带输入脉冲的作用。由方程(12.219)可知,复合材料中的波长约为 77 mm,而铝中的波长约为 120 mm。因此,对于给定的输入,复合材料需要更密的网格。从上面的讨论中可以清楚地得到,输入脉冲的频率成分和网格尺寸在很大程度上取决于波传播的介质,也就是说,需要知道介质的波速才能确定网格尺寸。对于频散系统,速度随频率变化,速度确定方法在第6～10章介绍过。因此,对于宽带类型信号,确定用于计算网格尺寸的介质速度变得极其困难。因此,通常使用窄带调制信号,其能量集中在一个非常小的频带上,即使在频

散介质中，该输入产生的波也能非频散传播。由于该信号集中在中心频率上，因此波长和网格尺寸的计算变得简单明了。

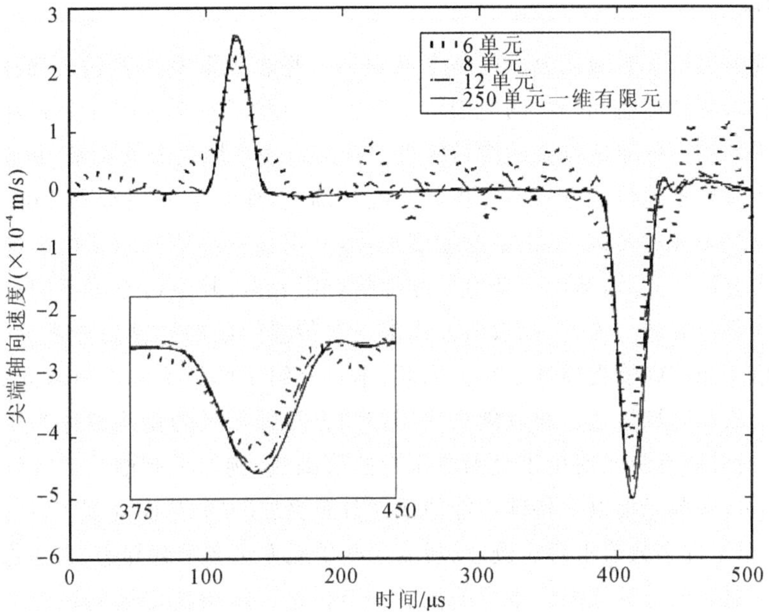

图 12.28　杆中不同单元离散化时的纵向波响应

如前所述，对高频输入响应的计算精度取决于有限元网格的密度。对于相当密集的网格，预测的波响应可能是准确的，但是它可能显示出较小的周期误差。为了更好地验证这些想法，选取一个简单的铝棒，其长度为 2.0 m，横截面面积为 0.01 m^2，杨氏模量 $E=70$ GPa，密度 $\rho=2600$ kg/m^3。本章中铝中的波速可以按照公式 $c_0=\sqrt{E/\rho}=5189$ m/s计算。该铝棒受到图 6.16 所示的输入信号的影响，并在第 6 章中进行讨论，其频率为 46 kHz。根据方程(12.219)，可以计算出波长为 0.11 m。为了准确捕获波行为，每个波长至少需要 20 个单元，即单元长度为 5.5 mm。因此，长度为 1.0 m，建模至少需要 180 个一维有限元。

图 12.28 显示了不同数量单元的悬臂尖端处的轴向波响应。使用了 250 个一维杆单元来获得完全收敛的解，它具有一个大约 100 μs 的初始脉冲和大约 420 μs 的来自边界的反射脉冲。图 12.28 还显示网格尺寸不合适时的周期误差。对于高频输入脉冲，有限元网格不足会导致质量或惯性分布不准确。因此，有限元分析预测的波速将非常不准确，从而导致周期误差。此外，如果网格尺寸远小于所需尺寸，则网格边界将充当固定边界并开始反射边界上的响应。对于非常粗糙的网格密度，这些情况在图 12.28 中清晰可见。因此，对超高频段输入脉冲必须使用精细的网格。

总　结

本章详细讨论了有限元分析的基本原理和一些非常重要的概念、它们的变体、新公式及其在求解波传播问题中的应用。本章首先回顾了对于有限元公式建立至关重要的变分原理和一些非常重要的能量定理。详细讲述了加权余量技术，并介绍了使用该方法构建多种不同数值方法的过程。在此基础上，介绍了 h 型有限元的基本原理，包括不同 h 型单元的公式、形函数和刚度矩阵，并用独立小节介绍了构造质量和阻尼矩阵的不同方法。此后，给出了动力学方程的有限元解，其中讨论了不同的模式方法和直接时间积分方法。另外，以数值方式求解波传播问题的计算量非常大，需要非常密集的网格才能准确捕捉惯性分布。因此，本章介绍了两类不同的有限元方法，即超收敛有限元法和时域谱法。超收敛法使用控制方程强形式的精确解作为单元公式的插值函数，而时域有限元使用正交函数作为插值函数，例如具有谱收敛特性的切比雪夫多项式。这些单元提供的特殊功能使惯性分布更加准确，从而降低了计算成本。随后，本章介绍了许多数值求解算例，以展示这些单元方法在求解静态、自由振动问题以及波传播问题时的计算效率。本章的最后一节讨论了求解波传播问题的一般有限元建模准则。

第 13 章

谱有限元法

在前面的章节中，我们已经看到，波传播分析涉及波数和波系数的求解，波数随着自由度的增加而增加，导致求解波数的特征方程变得极其复杂，难以求解和跟踪各种波模式。在第 6～8 章中，使用了一种基于波动运动学的基本方法来获得波动响应，但如果参与结构响应的波模数很大，这种方法不可行。一种更好的方法是采用矩阵方法，它允许以紧凑的方式公式化和求解波传播问题，从而实现整个求解过程的自动化，这种方法就是谱有限元法(SFEM)，它的规模比相应的常规有限元模型小几个量级，非常适合于求解波的传播问题。SFEM 中有三种不同的变换，分别是傅里叶变换、小波变换和拉普拉斯变换，这可以将问题从时间域转换到频域。在以下各节中，我们将详细解释它们各自的形式。

13.1 谱有限元法简介

谱有限元法本质上是一种在频域中表述的有限元法，它的实现方法与常规有限元法截然不同。谱有限元法和常规有限元法之间的基本区别如下：

在上一章我们对有限元法进行了详细讨论。有限元法是基于假定的位移多项式，这些假定的位移多项式被强制满足控制微分方程，这会产生两个不同的矩阵：刚度矩阵和质量矩阵。将这两种单元矩阵集成得到整体刚度矩阵和整体质量矩阵，并确保相邻单元之间达到力平衡。上述过程可以给出控制方程的离散形式：

$$[\boldsymbol{M}]\{\ddot{\boldsymbol{u}}\}+[\boldsymbol{C}]\{\dot{\boldsymbol{u}}\}+[\boldsymbol{K}]\{\boldsymbol{u}\}=\{\boldsymbol{F}(t)\}$$

其中$[\boldsymbol{M}]$和$[\boldsymbol{K}]$为整体质量和刚度矩阵，$\{\ddot{\boldsymbol{u}}\}$、$\{\dot{\boldsymbol{u}}\}$和$\{\boldsymbol{u}\}$分别为加速度、速度和位移矢量。矩阵$[\boldsymbol{C}]$为阻尼矩阵，采用公式$[\boldsymbol{C}]=\alpha[\boldsymbol{K}]+\beta[\boldsymbol{M}]$通过质量矩阵与刚度矩阵求

得，其中 α 和 β 为刚度和质量的比例因子，这种阻尼计算方法称为比例阻尼法。如前所述，模式分解法不能用于波的传播分析。比较好的方法是时间推进法，也称为直接时间积分法。在时间推进法下有显式方法和隐式方法两类。显式方法通常是求波传播和高瞬态动力学问题的首选方法。在时间推进方案中，求解过程发生在一个小的时间步长 ΔT 上，动力学方程的解将给出位移、速度和加速度时程，求解过程重复 N 个时间步，直到总时间 $T=N\Delta T$。求解时间与模型中的自由度成正比，波传播问题中自由度通常很高。这些方面在下面章节都有详细的描述。

SFEM 要求将控制方程变换到频域。SFEM 不同控制方程的积分形式会有不同的 SFEM 的形式，最常用的是基于傅里叶变换的 SFEM 形式。在大多数情况下，SFEM 使用变换频域波动方程的精确解作为其插值多项式。在前面的章节（第 6～11 章）中推导了许多不同波导的解。例如，对于二阶和四阶一维控制方程，这些解在第 6 章（公式 6.33、6.64）中给出，因为控制方程是常系数方程，所以我们把复指数看成解。当结构在波传播方向存在材料不均匀时，会存在变系数常微分方程，对于圆形波导也是如此。这些方程中的一些可以得到精确解，并且通常采用贝塞尔函数表示。对于常系数常微分方程，则可以求得任意阶方程的精确解，SFEM 采用这一精确解作为单元公式的插值函数。可以发现与有限元中的多项式不同，SFEM 需要处理插值函数中的复指数。精确解将具有与初始波分量和反射波分量相对应的波系数。可以从插值函数中去掉反射分量以模拟无限域。这种只有入射波对应系数的解将导致所谓的抛弃偏移（throw-off）单元，这是 SFEM 相对于 FEM 的一大优势，传统有限元方法中建立无穷远单元较为困难。利用这种位移插值函数，可以构造动态单元刚度。与传统的 FEM 不同（需要构造刚度和质量两个矩阵），在 SFEM 中只需要构造一个动态刚度矩阵。利用控制方程的弱形式和变分法，可以像常规 FEM 那样建立刚度矩阵，这种方法将涉及复杂的积分；或者可以使用应力或合力表达式来建立动态刚度矩阵，由于不涉及复杂的积分，这种方法更常用。

13.1.1 SFEM 的通用变换过程：傅里叶变换

在建立一些谱单元变换之前，我们将解释波导谱单元变换所涉及的步骤。首先，使用前向傅里叶变换（FFT）将给定的强迫函数变换到频域，为此，需要选择采样率和 FFT 点数来决定分析的时间窗口，应注意所选窗口是否能避免信号环绕问题[132]。FFT 的输出将产生的频率以及强迫函数的实部和虚部存储在文件中。像传统的有限元方法一样，谱方法在一个大的频率循环中生成、组装和求解单元动态刚度矩阵，然而，谱方法必须对每个采样频率执行这些操作。由于问题的大小比传统的 FEM 小很多个数量级，所以这不是主要的计算障碍。首先对单位脉冲进行求解，这将直接产生频率响应函数(FRF)。然后将 FRF 进行卷积,以获得频域中所需的输出。最后使用逆 FFT 将该输出转换到时域。

SFEM 与传统 FEM 相比具有许多优点。SFEM 可以在单个分析中同时给出时域和频域的结果。SFEM 的一大优势是可以获得 FRF,这使得能够以直接的方式解决反问题,例如力或系统识别问题。由于许多阻尼属性与频率有关,因此可以更真实地处理结构中的阻尼,只需对谱单元代码进行最小的修改,就可通过其进行黏弹性分析。由于该方法首先给出 FRF,因此可以使用单一分析来获得对不同负载的响应。综上所述,SFEM 是一种以 FFT 等变换为核心的方法,其问题规模比传统 FEM 小许多个数量级。本章给出了基于傅里叶变换的一维和二维波导的 SFEM。我们称基于傅里叶变换的 SFEM 为谱有限元。文献[127]中给出了不同一维和二维波导的大多数 SFEM 格式。

一维波导的 SFEM 从强形式控制方程的解开始,该解被用作谱有限元形式的插值函数,这些大多是复指数函数。这些插值函数被用于控制微分方程的弱形式,以获得动态刚度矩阵,频域中的力-位移关系可以写成

$$[\widehat{\boldsymbol{K}}]\{\widehat{\boldsymbol{u}}\}=\{\widehat{\boldsymbol{F}}\}$$

其中矩阵$[\widehat{\boldsymbol{K}}]$和向量$\{\widehat{\boldsymbol{F}}\}$都与频率相关。对无阻尼的矩阵形式的控制微分方程$[\boldsymbol{M}]\{\ddot{\boldsymbol{u}}\}+[\boldsymbol{K}]\{\boldsymbol{u}\}=\{\boldsymbol{F}(t)\}$进行傅里叶变换,然后通过常规有限元法获得动态刚度矩阵,其用刚度矩阵 $\boldsymbol{K}$ 和质量矩阵 $\boldsymbol{M}$ 表示为

$$\widehat{\boldsymbol{K}}_n=\boldsymbol{K}-\omega_n^2\boldsymbol{M} \tag{13.1}$$

其中下标 n 表示 ω_n时的矩阵。在大多数情况下,使用变换域中控制方程的精确解作为插值函数来获得 SFEM 中的 $\widehat{\boldsymbol{K}}_n$,而 FEM 中 $\widehat{\boldsymbol{K}}_n$ 只是一个近似值。有限元法中的 $\widehat{\boldsymbol{K}}_n$ 在单元个数趋近于无穷大时接近于 SFEM 中的 $\widehat{\boldsymbol{K}}_n$。此外,SFEM 的矩阵矢量结构提供了有限元建模的灵活性,其中大型结构可以根据许多谱波导组合。SFEM 中边界条件的组合和施加与 FEM 中相同。利用里兹法和频域中的最小势能定理,可以构造得到许多近似的谱单元。文献[57],[128]中有许多例子。此外,正如文献[321]中所述,在复杂结构中存在 SFE 和 FE 耦合的可能性,在第 16 章中介绍周期性结构中的波传播时,我们将展示这一可能性。

二维结构波导的 SFE 公式比较复杂。在频域中,简化后的方程不再是常微分方程(ODE),而仍然是空间变量的偏微分方程(PDE)。该偏微分方程不容易求解,需要进行另一次变换,将方程简化为以一维空间函数为因变量的偏微分方程。这在第 7 章和第 8 章对各向同性波导和层合复合材料中的波导进行了解释。为便于数学处理,可以方便地在空间方向上应用傅里叶级数(FS)代替空间方向上的傅里叶变换。因此,使用傅里叶级数表示进一步分解未知变量

$$\hat{\boldsymbol{u}}(x,y,\omega_n)=\sum_{m=0}^{M-1}\tilde{\boldsymbol{u}}(x,\eta_m,\omega_n)\begin{Bmatrix}\sin(\eta_m y)\\ \cos(\eta_m y)\end{Bmatrix}\tag{13.2}$$

其中 M 是傅里叶级数(FS)点的数量，η_m 是与空间窗口 Y 相关的离散波数

$$\eta_m=m\Delta\eta=\frac{m\eta_f}{M}=\frac{m}{M\Delta y}=\frac{m}{Y}\tag{13.3}$$

其中，Δy 表示空间采样率，η_f 为 Δy 捕获的最高波数。M 由载荷的空间变化决定。使用这种表示，控制方程变成 x 坐标下的 ODE，并且在某些情况下可以精确求解。将这个精确解再次用作谱元公式的插值函数。把每个频率 ω_n 和波数 η_m 做并集得到动态刚度矩阵，求解未知变量的幅值 $\tilde{\boldsymbol{u}}_{n,m}$ 如下

$$\tilde{\mathbf{K}}_{n,m}\tilde{\boldsymbol{u}}_{n,m}=\tilde{\boldsymbol{f}}_{n,m}\tag{13.4}$$

式中 $\tilde{\boldsymbol{f}}_{n,m}$ 为所加载荷的频率波数幅值。通过傅里叶级数(FS)求得 $\tilde{\boldsymbol{u}}_{n,m}=\tilde{\boldsymbol{u}}(x,\eta_m,\omega_n)$ 和 $\hat{\boldsymbol{u}}(x,y,\omega_n)$，并且由 FFT 算法求得 $\boldsymbol{u}(x,y,t)$。如前所述，我们称用傅里叶变换表示的单元变换为谱有限元。

13.1.2 SFEM 的通用变换过程：小波变换

第 4 章讨论了小波变换及其在解决波传播问题中的实用性。在这里，我们重新审视这个主题，并讨论如何将这种转换用于 SFEM 公式。我们把使用这种变换形成的单元称为 WSFEM。

小波变换下的 SFEM 表达式略有不同。与傅里叶变换不同，有许多不同的小波来表示给定的场变量。对于一般波动方程的解，最理想的小波是 Daubechies 小波[81]，它支持和允许多重分辨率分析。在 WSFEM 公式中，因变量 $u(x,\tau)$ 可以用任意尺度的尺度函数 $\varphi(\tau)$ 近似表示为

$$u(x,\tau)=\sum_k u_k(x)\varphi(\tau-k),k\in\mathbf{Z}\tag{13.5}$$

其中，$u_k(x)$ 为某一空间位置 x 的近似系数。第一个任务是将控制微分方程化简为可求解的形式。为此，首先将方程(13.5)代入控制微分方程 $L(u)-q=0$ 中，并将控制方程乘以尺度函数。利用尺度函数的正交性，我们可以简化控制方程中的某些特定的项，这样得到的方程可以在变换后的域中求解。然而，与基于傅里叶变换方法不同，小波系数是高度耦合的，利用小波系数的一阶导数和二阶导数之间的关系，可以建立一个使控制微分方程解耦的特征值问题。尽管进行特征值分析很耗时，但由于它与特定问题无关，因此这个分析能够只计算和存储一次。接下来，Amaratunga 和 Williams[12],[13,382] 提出的外推技术用于在有限域中调整小波并施加初始值，由于谱有限元中解的周期性假设，后一种方法有望消除与环绕相关的问题，因此可能导致相同问题的时间窗口较小。

上面过程中的一些方面已经在第 4 章第 4.3 节中进行了讨论。小波变换格式构造的过程与上一小节中解释的谱有限元非常相似，因此在此不再重复。

在二维小波变换格式构造中所遵循的步骤与二维谱有限元非常相似。首先，Daubechies 尺度函数用于时间近似，这将控制偏微分方程简化为空间变量中耦合偏微分方程组，采用小波外推技术[382]使小波适应有限域并施加初始条件。耦合变换后的偏微分方程通过本征分析解耦。接下来，通过使用相同的 Daubechies 尺度函数来对空间维度近似，将每个解耦的偏微分方程进一步简化为一组耦合的偏微分方程。与时间近似不同，在这里，有限域外的尺度函数系数不是外推的，而是通过对自由侧边的周期性扩展获得的。其他边界条件，如固定-固定、自由-固定等，都是通过约束矩阵[60]施加。每组常微分方程(ODE)也是耦合的，但这里只能对无约束边界条件进行解耦，即自由-自由边界条件。

13.1.3　SFEM 的通用变换过程：拉普拉斯变换

第 4 章给出了积分变换的完整叙述，其中强调了拉普拉斯变换在求解微分方程中的应用。我们称这种变换形成的谱单元为 LSFEM。

当 $S=\sigma+i\omega$ 中的拉普拉斯参数 σ 的实参数等于 0 时，拉普拉斯变换就等于傅里叶变换。这使我们能够在拉普拉斯变换条件下使用 DFT 和 FFT 进行正变换和逆变换。处理拉普拉斯变量 σ 实部的过程和使用 FFT 进行拉普拉斯正逆变换的方法在 4.4.2节中有详细介绍，因此这里不再重复。使用拉普拉斯变换的谱单元构造的方法与 13.1.1 节中概述的基于傅里叶变换的 SFEM 非常相似。LSFEM 相对于小波变换或谱有限元的几个优点将在本章后面叙述。

在接下来的几节中，我们将叙述使用所有变换(分别为傅里叶变换、小波变换和拉普拉斯变换)的一些一维和二维波导的谱单元形式。

13.2　基于傅里叶变换的谱有限元形式

在本节中，我们首先叙述了一维和二维波导的形式。这两种形式的构造过程完全不同。本节从初等杆梁的谱有限元形式出发，研究了得到的动态刚度与常规有限元刚度的区别。其次是介绍考虑剪切变形和侧向收缩影响的高阶复合材料梁单元的构造，这里的目的是展示如何在 SFEM 环境中处理模式耦合。本节的最后一部分讨论了可以处理面内载荷的二维复合波导的谱单元格式。

13.2.1 谱杆单元

我们首先推导简单杆单元的谱有限元法。与传统有限元的情况一样，我们用杆或梁的自由度数来表示谱单元。纵向杆单元及其自由度如图 13.1 所示。如图13.1(a)所示，杆有两个自由度，即长度为 L 的杆两端的$\hat{u}_1$和$\hat{u}_2$，轴向刚度 EA，密度 ρ。

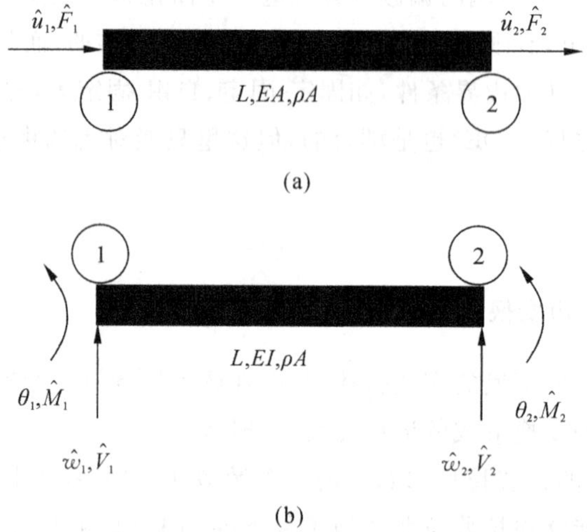

图 13.1 谱单元自由度

(a)光谱杆元件；(b)光谱光束元件

谱单元法需要给出控制微分方程的强形式。密度 ρ 和杨氏模量 E 的各向同性均质杆的控制方程的齐次形式为

$$\frac{\partial^2 u}{\partial t^2}=c_0^2\ \frac{\partial^2 u}{\partial x^2} \tag{13.6}$$

其中 $u=u(x,t)$ 为轴向位移，$c_0^2=E/\rho$ 为材料中波速的平方。由力(自然)边界条件补充的控制方程为

$$F(x,t)=AE\,\frac{\partial u}{\partial x} \tag{13.7}$$

式中，A 为杆的截面积，$F(x,t)$ 为轴向力，位移(本质)边界条件是在边界处给定位移 u。应当注意的是，只有齐次初始条件才能用本方法求解。

我们假设轴向变形的解为

$$u(x,t)\ =\ \sum_{n=1}^{N}\hat{u}(x,\omega_n)\mathrm{e}^{-\mathrm{i}\omega_n t} \tag{13.8}$$

通过式(13.8)，我们将时间参数 t 转换为频率参数 ω_n，上式求和到第 N 阶，直至得到奈奎斯特频率 ω_N 为止。将方程(13.8)代入(13.6)化简后的控制常微分方程为

$$c_0^2 \frac{\mathrm{d}^2 \hat{u}}{\mathrm{d}x^2} + \omega_n^2 \hat{u} = 0 \tag{13.9}$$

方程的解采用 $u_0 \mathrm{e}^{-ikx}$ 的形式，将其代入公式(13.9)后，可得到控制方程的离散化形式为

$$(-c_0^2 k^2 + \omega_n^2) u_0 = 0 \tag{13.10}$$

它是该模型的多项式特征值问题(PEP，参见第 5 章第 5.5.2 节)。如方程所示，在这种情况下，模式数为 $N_v = 1$，且 $p = 1$。在这种情况下，波数可以简单地计算为 $k_n = \pm \omega_n / c$，并且对于两种模式，波幅都可以取 1。因此，方程的通解为

$$\hat{u}(x, \omega_n) = c_1 \mathrm{e}^{-\mathrm{i}k_n x} + c_2 \mathrm{e}^{-\mathrm{i}k_n (L-x)} \tag{13.11}$$

其中 c_1 和 c_2 是待定系数，L 是单元的长度。注意，上述方程与第 6 章推导的方程(6.33)相同。只不过反射分量被替换为 $\mathrm{e}^{-\mathrm{i}k(L-x)}$。

这种形式也完全满足控制方程，这些系数取决于位移和/或力的边界条件。具体地说，它们可以用节点位移 $\hat{u}_1 = \hat{u}(x_1, \omega_n)$，$\hat{u}_2 = \hat{u}(x_2, \omega_n)$ 表示，即：

$$\begin{Bmatrix} \hat{u}_1 \\ \hat{u}_2 \end{Bmatrix} = \begin{bmatrix} \mathrm{e}^{-\mathrm{i}k_n x_1} & \mathrm{e}^{\mathrm{i}k_n x_1} \\ \mathrm{e}^{-\mathrm{i}k_n x_2} & \mathrm{e}^{\mathrm{i}k_n x_2} \end{bmatrix} \begin{Bmatrix} c_1 \\ c_2 \end{Bmatrix} \tag{13.12}$$

其中所涉及的矩阵表示为 $[\boldsymbol{T}_1]$。

类似地，频域中的力，$\hat{F}(x, \omega_n)$ 可以在 x_1 和 x_2 处计算，以将节点力与未知系数联系起来

$$\begin{Bmatrix} \hat{F}_1 \\ \hat{F}_2 \end{Bmatrix} = AE(\mathrm{i}k_n) \begin{bmatrix} \mathrm{e}^{-\mathrm{i}k_n x_1} & -\mathrm{e}^{\mathrm{i}k_n x_1} \\ -\mathrm{e}^{-\mathrm{i}k_n x_2} & \mathrm{e}^{\mathrm{i}k_n x_2} \end{bmatrix} \begin{Bmatrix} c_1 \\ c_2 \end{Bmatrix} \tag{13.13}$$

其中所涉及的矩阵表示为 $[\boldsymbol{T}_2]$。因此，节点力与节点位移的关系为

$$\begin{Bmatrix} \hat{F}_1 \\ \hat{F}_2 \end{Bmatrix} = [\boldsymbol{T}_2][\boldsymbol{T}_1]^{-1} \begin{Bmatrix} \hat{u}_1 \\ \hat{u}_2 \end{Bmatrix} \tag{13.14}$$

因此，频率为 ω_n 时杆的动刚度矩阵(DSM)为

$$[\boldsymbol{D}_{\mathrm{SFEM}}] = [\boldsymbol{T}_2][\boldsymbol{T}_1]^{-1}$$

动刚度矩阵的显式形式为

$$[\boldsymbol{D}_{\mathrm{SFEM}}] = \frac{EA}{L} \frac{\mathrm{i}kL}{1 - \mathrm{e}^{-\mathrm{i}2k_n L}} \begin{bmatrix} 1 + \mathrm{e}^{-\mathrm{i}2k_n L} & -2\mathrm{e}^{-\mathrm{i}k_n L} \\ -2\mathrm{e}^{-\mathrm{i}k_n L} & 1 + \mathrm{e}^{-\mathrm{i}2k_n L} \end{bmatrix} \tag{13.15}$$

相比之下，传统有限元法的 DSM 为 $[\boldsymbol{D}_{\mathrm{FEM}}] = [\boldsymbol{K} - \omega_n^2 \boldsymbol{M}]$，其中 $[\boldsymbol{K}]$ 和 $[\boldsymbol{M}]$ 分别是由多项式近似得到的刚度矩阵和质量矩阵。即，有限元矩阵关系可表示为

$$\begin{Bmatrix} \hat{F}_1 \\ \hat{F}_2 \end{Bmatrix} = \frac{EA}{L} \begin{bmatrix} 1 & -1 \\ -1 & 1 \end{bmatrix} \begin{Bmatrix} \hat{u}_1 \\ \hat{u}_2 \end{Bmatrix} - \omega^2 \frac{\rho AL}{6} \begin{bmatrix} 2 & 1 \\ 1 & 2 \end{bmatrix} \begin{Bmatrix} \hat{u}_1 \\ \hat{u}_2 \end{Bmatrix} \tag{13.16}$$

上式可化简为

$$\begin{Bmatrix}\hat{F}_1\\ \hat{F}_2\end{Bmatrix}=\frac{EA}{L}\begin{bmatrix}1-\dfrac{\lambda^2}{3} & -\left(1+\dfrac{\lambda^2}{6}\right)\\ -\left(1+\dfrac{\lambda^2}{6}\right) & 1-\dfrac{\lambda^2}{3}\end{bmatrix}\begin{Bmatrix}\hat{u}_1\\ \hat{u}_2\end{Bmatrix} \tag{13.17}$$

其中 k 和 $\lambda^2=\omega^2\dfrac{\rho A}{EA}L=kL$ 为纵波数。

$[\boldsymbol{D}_{\mathrm{FEM}}]$和$[\boldsymbol{D}_{\mathrm{SFEM}}]$的单元分布图分别如图 13.2(a)和(b)所示。从图中我们可以看出，来自 FEM 的 DSM 和 SFEM 在非常低的频率下匹配。在高频下，$[\boldsymbol{D}_{\mathrm{SFEM}}]$经历多个统一表述和峰值，峰值出现的频率表示谐振频率。由长度为 L 的单个单元得到的$[\boldsymbol{D}_{\mathrm{FEM}}]$不出现任何统一表述，并且刚度单元随着频率的增加而减小。现在我们将进一步研究，如果将长度为 L 的有限元建模为长度为 $L/2$ 的两个单元，是否可以获得更好的$[\boldsymbol{D}_{\mathrm{FEM}}]$行为。注意到中间节点 3 的力为零，则在频域的组合动力刚度方程为

$$\begin{Bmatrix}\hat{F}_1\\ 0\\ \hat{F}_2\end{Bmatrix}=\left[\frac{2EA}{L}\begin{bmatrix}1 & -1 & 0\\ -1 & 2 & -1\\ 0 & -1 & 1\end{bmatrix}-\omega^2\frac{\rho AL}{12}\begin{bmatrix}2 & 1 & 0\\ 1 & 4 & 1\\ 0 & 1 & 2\end{bmatrix}\right]\begin{Bmatrix}\hat{u}_1\\ \hat{u}_3\\ \hat{u}_2\end{Bmatrix} \tag{13.18}$$

现在我们只需通过消除中间位移 $\hat{u}_3$，交换行和列并将中间位移 $\hat{u}_3$ 移到位移向量的底部，从而用杆端位移 $\hat{u}_1$ 和 $\hat{u}_2$ 来表示上述关系。上述变换后，修正后的动刚度关系为

$$\begin{Bmatrix}\hat{F}_1\\ \hat{F}_2\\ 0\end{Bmatrix}=\frac{2EA}{L}\begin{bmatrix}(1-2\beta) & 0 & -(1+\beta)\\ 0 & 1-2\beta & -(1+\beta)\\ -(1+\beta) & -(1+\beta) & (2-4\beta)\end{bmatrix}\begin{Bmatrix}\hat{u}_1\\ \hat{u}_2\\ \hat{u}_3\end{Bmatrix} \tag{13.19}$$

式中

$$k=\omega\sqrt{\frac{\rho A}{EA}},\quad \beta=\frac{k^2L^2}{24}$$

现在我们将方程(13.19)进行矩阵划分

$$\begin{Bmatrix}\{\hat{\boldsymbol{F}}\}\\ 0\end{Bmatrix}=\frac{2EA}{L}\begin{bmatrix}[\boldsymbol{K}_{11}] & [\boldsymbol{K}_{12}]\\ [\boldsymbol{K}_{21}] & [K_{22}]\end{bmatrix}\begin{Bmatrix}\{\hat{\boldsymbol{u}}\}\\ \hat{u}_3\end{Bmatrix} \tag{13.20}$$

式中

$$\{\hat{\boldsymbol{F}}\}=\begin{Bmatrix}\hat{F}_1\\ \hat{F}_2\end{Bmatrix},\quad \{\hat{\boldsymbol{u}}\}=\begin{Bmatrix}\hat{u}_1\\ \hat{u}_2\end{Bmatrix},\quad [\boldsymbol{K}_{11}]=\begin{bmatrix}1-2\beta & 0\\ 0 & 1-2\beta\end{bmatrix}$$

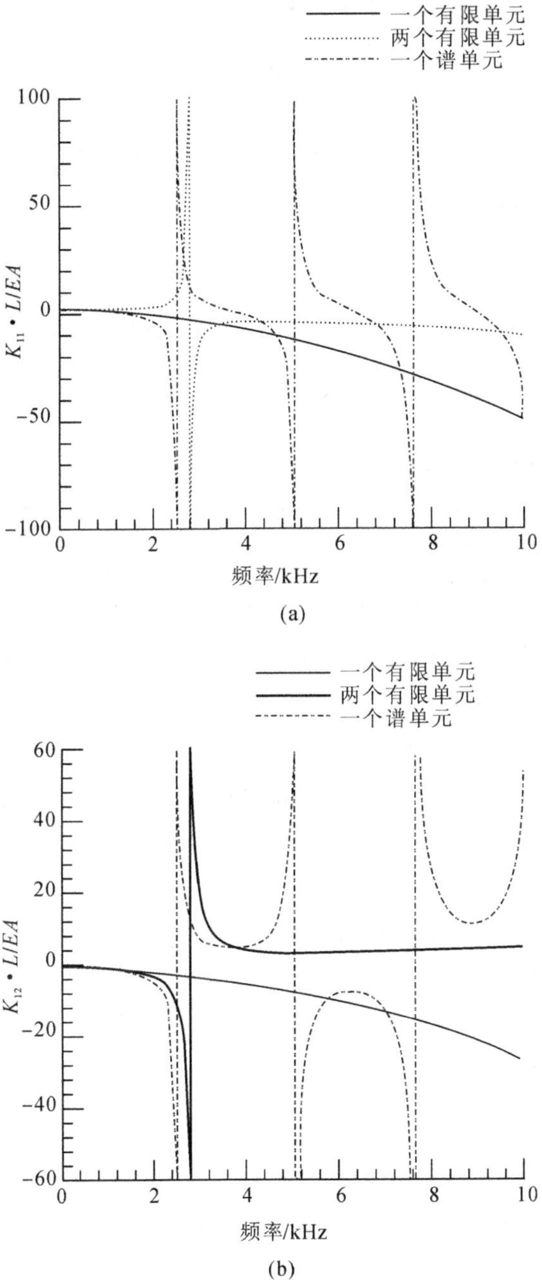

图 13.2　初等杆的有限单元与谱元动刚度矩阵单元随频率的变化对比

(a)归一化的 $\hat{K}_{11}$，$\overline{\hat{K}}_{11}=\hat{K}_{12}L/EA$；(b)归一化的 $\hat{K}_{12}$，$\overline{\hat{K}}_{12}=\hat{K}_{12}L/EA$

$$[\boldsymbol{K}_{12}]=\begin{bmatrix}-(1+\beta)\\-(1+\beta)\end{bmatrix},[\boldsymbol{K}_{21}]=[-(1+\beta)\quad -(1+\beta)],K_{22}=2-4\beta$$

展开方程(13.20),我们得到以下结果

$$0=\frac{2EA}{L}[\boldsymbol{K}_{21}\{\hat{\boldsymbol{u}}\}+(2-4\beta)\hat{\boldsymbol{u}}_3] \tag{13.21}$$

$$\{\hat{\boldsymbol{F}}\}=\frac{2EA}{L}[\boldsymbol{K}_{11}]\{\hat{\boldsymbol{u}}\}+\frac{2EA}{L}[\boldsymbol{K}_{12}]\hat{\boldsymbol{u}}_3 \tag{13.22}$$

由上述第二个方程,我们可以写出中间节点的变形 $\hat{u}_3$ 为

$$\hat{\boldsymbol{u}}_3=\frac{1}{4\beta-2}[\boldsymbol{K}_{21}]\{\hat{\boldsymbol{u}}\} \tag{13.23}$$

现在将方程(13.23)代入方程(13.22)中,我们可以将刚度关系写为

$$\{\hat{\boldsymbol{F}}\}=\frac{2EA}{L}\left[[\boldsymbol{K}_{11}]-\frac{1}{2-4\beta}[\boldsymbol{K}_{12}][\boldsymbol{K}_{21}]\right] \tag{13.24}$$

展开上面的方程,我们得到

$$\begin{Bmatrix}\hat{F}_1\\ \hat{F}_2\end{Bmatrix}=\frac{2EA}{L}\frac{1}{2-4\beta}\begin{bmatrix}1-10\beta+7\beta^2 & -(1+\beta)^2\\ -(1+\beta)^2 & 1-10\beta+7\beta^2\end{bmatrix}\begin{Bmatrix}\hat{u}_1\\ \hat{u}_2\end{Bmatrix} \tag{13.25}$$

两个单元简化得到的动刚度如图 13.2 所示。如前所述,谱单元刚度显示了多个共振,而单元刚度的图允许我们预测其中的任何一个。引入一个附加单元可以让我们非常接近地选择第一个共振。采用更多的单元对长度为 L 的有限元进行建模,可以捕获更多的共振。也就是说,如果单元 L 的长度由 N 个片段建模,那么我们可以捕获 $N-1$ 个共振,更多的有限单元意味着更精确的惯量模型。换句话说,如果要求有限元刚度与谱有限元刚度值紧密匹配,那么有限元网格的尺寸应该非常小,以准确地捕捉惯量分布。

接下来,我们将讨论一种特殊情况,其中杆单元有一个节点,第二个节点在无穷远处。基于傅里叶变换(FFT)的 SFEM 需要一个称为偏移单元的单节点无限段的格式,以避免信号环绕并获得良好的时间分辨率。这个单元是通过从方程(13.11)给出的解中去掉反射系数来表示的。因此,偏移单元格式的插值函数为

$$\hat{u}(x,\omega_n)=c_1\mathrm{e}^{-\mathrm{i}k_n x} \tag{13.26}$$

按照与处理两节点单元相同的步骤,我们考虑方程(13.7)中给出的力表达式,并使用 $\hat{F}_1=-\hat{F}(x_1,\omega_n)$,得到偏移单元的动刚度如下

$$\hat{F}_1=\frac{EA}{L}(\mathrm{i}k_nL)\hat{u}_1 \tag{13.27}$$

请注意,括号中的偏移位移刚度是复数,正是这个因素增加了结构的阻尼,从而产生了良好的时间分辨率,这种刚度公式在传统有限元法中是不可能的。

13.2.2 谱初等梁单元格式

梁支持两种运动，即横向位移 $w(x,t)$ 和截面 $\theta(x,t)$ 的旋转，其中旋转可按 $\theta(x,t)=\partial w(x,t)/\partial x$ 由横向变形得到，其中 x 是空间坐标，$\theta(x,t)$ 的定义是基于平面截面在弯曲前后保持平面的假设（平截面假设）。具有自由度和合内力的梁单元如图 13.1(b)所示。在梁单元中合内力为剪切力 $V(x,t)$ 和弯矩 $M(x,t)$，它们可以用横向位移表示为

$$V(x,t)=-EI\frac{\partial^3 w(x,t)}{\partial x^3},\quad M(x,t)=EI\frac{\partial^2 w(x,t)}{\partial x^2}$$

第 5 章推导了控制梁运动的控制偏微分方程，并由方程(6.59)给出。与杆中的例子类似，我们通过考虑控制方程在频域的强形式解作为插值函数来开始谱梁单元的构造，这在方程(6.64)已经给出。我们看到插值函数是用复指数和双曲函数来表示的，然而用三角函数来表示它们更容易，特别是当我们明确需要获得动刚度矩阵时。因此，我们将由方程(6.59)给出的控制方程的精确解写为

$$\hat{w}(x,\omega)=A\cos k_n x+B\sin k_n x+C\cosh k_n x+D\sinh k_n x \tag{13.28}$$

其中 $k_n^4=\omega_n^2\dfrac{\rho A}{EI}$。从现在开始，谱梁单元构造过程类似于杆单元格式的构造过程。即我们具备以下条件：

$$在\ x=0\ 处，\hat{w}(0,\omega_n)=\hat{w}_1,\hat{\theta}(0,\omega_n)=\frac{\partial w}{\partial x}=\hat{\theta}_1$$

$$在\ x=L\ 处，\hat{w}(L,\omega_n)=\hat{w}_2,\hat{\theta}(L,\omega_n)=\frac{\partial w}{\partial x}=\hat{\theta}_2$$

把上述方程代入方程(13.28)，我们可以把结果方程写成

$$\left.\begin{aligned}
&\hat{w}_1=A+C\\
&\hat{\theta}_1=k_n(B+D)\\
&\hat{w}_2=A\cos k_n L+B\sin k_n L+C\cosh k_n L+D\sinh k_n L\\
&\hat{\theta}_2=k_n(-A\sin k_n L+B\cos k_n L+C\sinh k_n L+D\cosh k_n L)
\end{aligned}\right\} \tag{13.29}$$

上面的方程可以写成矩阵形式为

$$\begin{Bmatrix}\hat{w}_1\\ \hat{\theta}_1\\ \hat{w}_2\\ \hat{\theta}_2\end{Bmatrix}=\begin{bmatrix}1 & 1 & 0 & 0\\ 0 & k_n & 0 & k_n\\ \cos k_n L & \sin k_n L & \cosh k_n L & \sinh k_n L\\ -\sin k_n L & \cos k_n L & \sinh k_n L & \cosh k_n L\end{bmatrix}\begin{Bmatrix}A\\ B\\ C\\ D\end{Bmatrix}$$

$$=\{\hat{w}\}=[\boldsymbol{T}_1]\{\boldsymbol{A}\}$$

接下来我们将考虑作用在梁两端的合内力，即，我们有

$$\text{在 } x=0 \text{ 处}, \hat{V}(0,\omega_n)=-EI\frac{\partial^3 \hat{w}}{\partial x^3}=\hat{V}_1, \hat{M}(0,\omega_n)=EI\frac{\partial^2 \hat{w}}{\partial x^2}=\hat{M}_1$$

$$\text{在 } x=L \text{ 处}, \hat{V}(L,\omega_n)=-EI\frac{\partial^3 \hat{w}}{\partial x^3}=\hat{V}_2, \hat{M}(L,\omega_n)=EI\frac{\partial^2 \hat{w}}{\partial x^2}=\hat{M}_2$$

使用方程(13.28)，可将节点内力与波系数的关系表示为

$$\{\hat{\boldsymbol{F}}\}=[\boldsymbol{T}_2]\{\boldsymbol{A}\},\quad \{\hat{\boldsymbol{F}}\}^{\mathrm{T}}=\{\hat{V}_1\quad \hat{M}_1\quad \hat{V}_2\quad \hat{M}_2\},\quad \{\boldsymbol{A}\}^{\mathrm{T}}=\{A\quad B\quad C\quad D\}$$

已知矩阵$[\boldsymbol{T}_1]$[来自方程(13.30)]和$[\boldsymbol{T}_2]$(来自上述方程)，初等各向同性梁的动态刚度矩阵$[\hat{\boldsymbol{K}}]$由下式给出

$$[\hat{\boldsymbol{K}}]=[\boldsymbol{T}_1]^{-1}[\boldsymbol{T}_2]=\begin{bmatrix} \bar{\alpha} & \bar{\beta}L & \bar{\gamma} & \bar{\delta}L \\ & \bar{\xi}L^2 & -\bar{\delta}L & \bar{\eta}L^2 \\ & & \bar{\alpha} & -\bar{\beta}L \\ & & & \bar{\xi}L^2 \end{bmatrix} \tag{13.30}$$

式中

$$\bar{\alpha}=(\cos k_nL\sinh k_nL+\sin k_nL\cosh k_nL)(k_nL)^3/\Delta$$

$$\bar{\beta}=(\sin k_nL\sinh k_nL)(k_nL)^2/\Delta$$

$$\bar{\gamma}=(\sin k_nL+\sinh k_nL)(k_nL)^3/\Delta$$

$$\bar{\delta}=(-\cos k_nL+\cosh k_nL)(k_nL)^2/\Delta$$

$$\bar{\xi}=(-\cos k_nL\sinh k_nL+\sin k_nL\cosh k_nL)(k_nL)/\Delta$$

$$\bar{\eta}=(-\sin k_nL+\sinh k_nL)(k_nL)/\Delta$$

$$\Delta=1-\cos k_nL\cosh k_nL$$

常规有限元相应的动刚度由下式给出

$$[\hat{\boldsymbol{K}}]_{\text{fem}}=[\boldsymbol{K}]-\omega^2[\boldsymbol{M}]$$

$$=\left\{\frac{EI}{L^3}\begin{bmatrix} 12 & 6L & -12 & 6L \\ 6L & 4L^2 & -6L & 2L^2 \\ -12 & -6L & 12 & -6L \\ 6L & 2L^2 & -6L & 4L^2 \end{bmatrix}-\omega^2\frac{\rho AL}{420}\begin{bmatrix} 156 & 22L & 54 & -13L \\ 22L & 4L^2 & 13L & -3L^2 \\ 54 & 13L & 156 & -22L \\ -13L & -3L^2 & -22L & 4L^2 \end{bmatrix}\right\} \tag{13.31}$$

梁的有限动刚度单元和谱动刚度单元的性能比较如图 13.3 所示。其行为与杆单元刚度的行为非常相似。也就是说，在非常低的频率下，两种模型的动态刚度相匹配，而在高频率下，谱单元刚度呈现多个峰值，这些峰值仅仅是梁的共振。这种行为不能被单个有限单元捕获，如果用几个较小的单元段来模拟该梁段，则有限元的动态刚度

将接近谱单元的刚度行为。

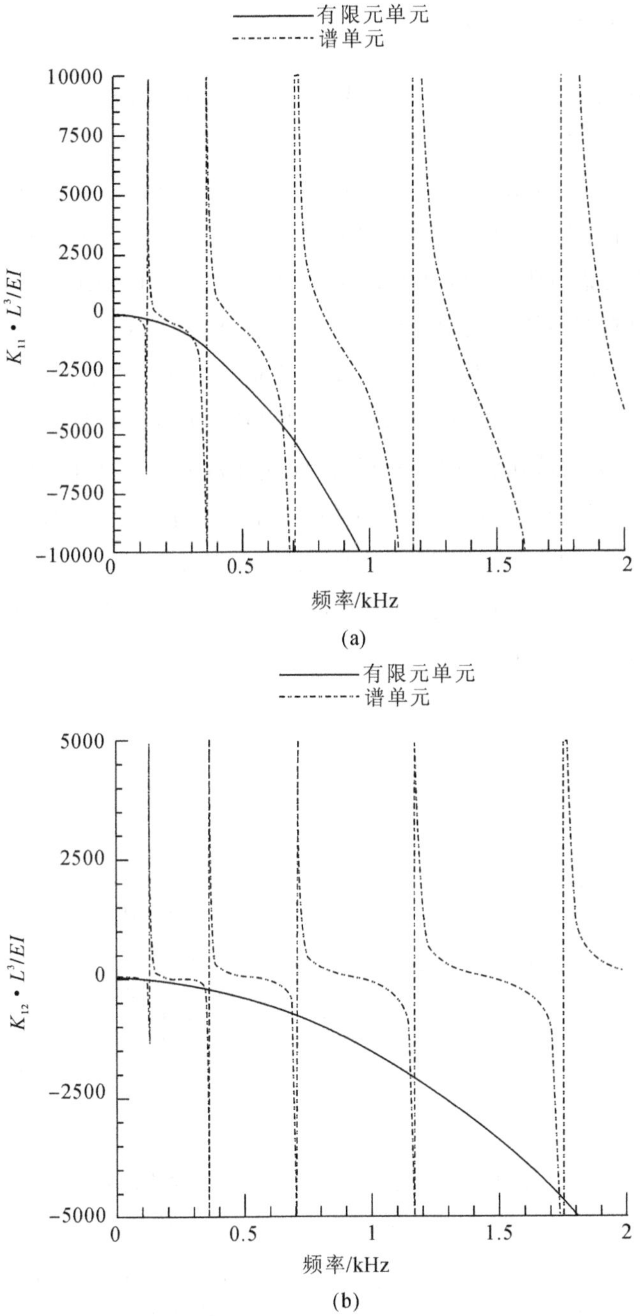

图 13.3　初等梁有限元与谱元动刚度矩阵单元随频率的变化对比

(a) $\overline{\hat{K}}_{11}=\hat{K}_{11}L^3/EI$；(b) $\overline{\hat{K}}_{12}=\hat{K}_{12}L^3/EI$

13.2.3 高阶一维复合材料波导

在上一节中，推导了一维各向同性波导的谱有限元法，其中纵向和弯曲运动是独立的，因此为纵向和弯曲波传播分析构造了各自独立的频谱单元。然而，在层合复合材料中由于不对称铺层，结构表现出刚度和惯性耦合，进而导致弯曲和轴向运动将耦合。也就是说，轴向输入将导致弯曲变形，反之亦然。在本节中，我们将构造一维高阶层合复合材料梁的谱有限元，其中在变形行为中考虑了侧向收缩和剪切变形等高阶效应。高阶效应通常在厚梁截面中很明显。文献[225]和[131]中给出了一种基于一阶剪切变形理论的一维各向同性波导的高阶谱单元。在这些文献中，证明了高阶效应为它们的一些波模式引入了截止频率，这在它们的基本波导对应部分并不存在。在这些截止频率之外，消失的剪切波或横向收缩波模式开始传播。这在前面的第 6 章中也有说明。这里的目的是演示如何将这种高阶效应纳入谱单元格式的框架内。

在这种情况下，梁单元与图 13.1(b)所示的类似，除了每个节点可以经历四种运动，即轴向运动 $u(x,t)$，弯曲运动 $w(x,t)$，旋转 $\Phi(x,t)$和侧向收缩 $\Psi(x,t)$。这些运动以及内力如图 13.4 所示。

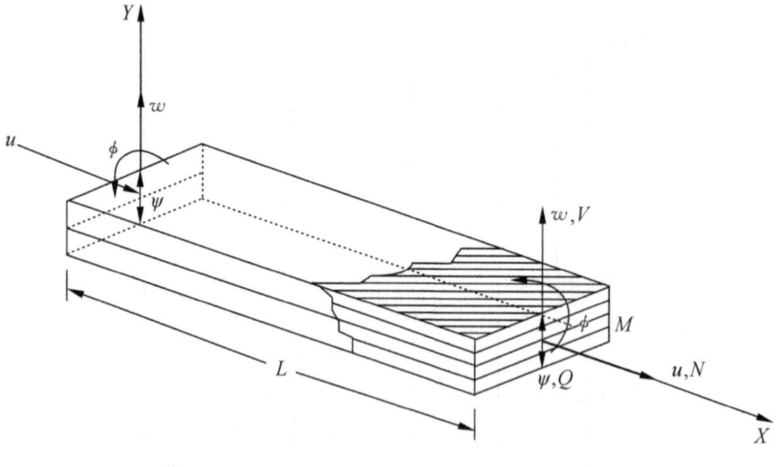

图 13.4 作用在高阶一维层压复合波导上的自由度和应力结果

在 8.2.1 节中讨论了高阶复合梁的谱和频散关系，这对谱有限元公式构造是非常重要的。方程(8.21)、(8.23)给出了该梁的控制方程。我们看到，除了轴向、横向和倾斜自由度外，高阶假设还引入了横向收缩 $\Psi(x,t)$形式的额外自由度。如前所述，我们将导出两组谱元，一组是双节点有限长度单元，另一组是单节点半无限偏移单元。

有限长度单元

谱有限元法构造的起点是控制方程的强形式，在本例中由方程(8.21)至(8.25)给出。由于横向位移、旋转和侧向收缩的固有耦合，该模型将呈现轴-弯-剪-侧向收缩的四向耦合。本研究寻求平面波型解，其中位移场$\{\boldsymbol{u}\}=\{u \quad \Psi \quad w \quad \phi\}(x,t)$可表示为

$$\{\boldsymbol{u}\} = \sum_{n=1}^{N}\{\tilde{u} \quad \tilde{\Psi} \quad \tilde{w} \quad \tilde{\phi}\}(x)\mathrm{e}^{-\mathrm{i}\omega_n t} = \sum_{n=1}^{N}\{\tilde{\boldsymbol{u}}(x)\}\mathrm{e}^{-\mathrm{i}\omega_n t} \tag{13.32}$$

式中，ω_n 为第 n 个采样点的圆频率，N 为 FFT 中对应奈奎斯特频率的频率指数。双节点有限长度单元的位移场将是耦合变换常微分方程的精确解，该方程将有四个向前移动和四个向后移动(反射)分量。因此，位移场将包含八个波系数。这些波系数可以由两个节点上存在的八个边界条件确定。任意点 $x(x\in[0,L])$和频率 ω_n 处的位移为

$$\{\tilde{\boldsymbol{u}}\}_n=\begin{Bmatrix}\hat{u}(x,\omega_n)\\ \hat{\Psi}(x,\omega_n)\\ \hat{w}(x,\omega_n)\\ \hat{\phi}(x,\omega_n)\end{Bmatrix}=\begin{bmatrix}R_{11} & \cdots & R_{18}\\ R_{21} & \cdots & R_{28}\\ R_{31} & \cdots & R_{38}\\ R_{41} & \cdots & R_{48}\end{bmatrix}\times \begin{bmatrix}\mathrm{e}^{-\mathrm{i}k_1 x} & 0 & \cdots & 0\\ 0 & \mathrm{e}^{-\mathrm{i}k_2 x} & \cdots & 0\\ \vdots & \vdots & & \vdots\\ 0 & \cdots & \cdots & \mathrm{e}^{-\mathrm{i}k_8 x}\end{bmatrix}\{\boldsymbol{a}\}_n \tag{13.33}$$

式中($\mathrm{k}_{p+4}=-\mathrm{k}_p$，$p=1,\cdots,4$)，可以用简明的形式写出上面的方程

$$\{\tilde{\boldsymbol{u}}\}_n=[\boldsymbol{R}]_n[\boldsymbol{D}(x)]_n\{\boldsymbol{a}\}_n \tag{13.34}$$

其中$[\boldsymbol{D}(x)]_n$ 是一个大小为 8×8 的对角矩阵，其第 i 个元素为 $\mathrm{e}^{-\mathrm{i}k_i x}$。$[R]_n$是振幅比矩阵，大小为 4×8。这个矩阵需要事先知道，以便于后续的单元计算。有两种不同的方法来计算这个矩阵的单元。在此格式中，采用第五章 5.5.1 节介绍的 SVD 方法计算，该方法适用于多自由度结构模型。

这里，a_n是一个包含八个待确定的未知常数的向量。这些未知常数通过方程(13.33)以在两个节点 $x=0$ 和 $x=L$ 处节点位移的形式表示。为此，我们可得

$$\{\hat{\boldsymbol{u}}\}_n=\begin{Bmatrix}\tilde{u}_1\\ \tilde{u}_2\end{Bmatrix}_n=\begin{bmatrix}R\\ R\end{bmatrix}_n\begin{bmatrix}D(0)\\ D(L)\end{bmatrix}_n\{\boldsymbol{a}\}_n=[\boldsymbol{T}_1]_n\{\boldsymbol{a}\}_n \tag{13.35}$$

其中，$\hat{u}_1$ 和 $\hat{u}_2$ 分别为节点 1 和节点 2 的节点位移。

接下来与之前一样，使用力边界条件的表达式将内力与未知波系数联系起来。这些表达式在第 8 章中的方程(8.25)和(8.26)给出。利用这些力的边界条件，力向量

$\{\boldsymbol{f}\}_n=\{N_x,Q_x,V_x,M_x\}_n$ 可以用未知常数$\{\boldsymbol{a}\}_n$ 表示为$\{\boldsymbol{f}\}_n=[\boldsymbol{P}]_n\{\boldsymbol{a}\}_n$。当在节点 1 和节点 2 处求得力矢量时，可以得到节点力矢量$\{\hat{\boldsymbol{f}}\}_n$ 和$\{\boldsymbol{a}\}_n$ 的关系式为

$$\{\hat{\boldsymbol{f}}\}_n=\begin{Bmatrix}\tilde{f}_1\\ \tilde{f}_2\end{Bmatrix}_n=\begin{bmatrix}P(0)\\ P(L)\end{bmatrix}_n\{\boldsymbol{a}\}_n=[\boldsymbol{T}_2]_n\{\boldsymbol{a}\}_n \tag{13.36}$$

方程(13.35)和(13.36)共同得出频率 ω_n 时节点力与节点位移矢量之间的关系为

$$\{\hat{\boldsymbol{f}}\}_n=[\boldsymbol{T}_2]_n[\boldsymbol{T}_1]_n^{-1}\{\hat{\boldsymbol{u}}\}_n=[\boldsymbol{K}]_n\{\hat{\boldsymbol{u}}\}_n \tag{13.37}$$

式中$[\boldsymbol{K}]_n$为频率为 ω_n 时为 8×8 的动刚度矩阵。矩阵$[\boldsymbol{T}_1]$和$[\boldsymbol{T}_2]$的显式形式如下：

$$T_1(1:4,1:8)=R(1:4,1:8) \tag{13.38}$$

$$T_1(l,m)=R(l-4,m)\mathrm{e}^{-\mathrm{i}k_mL},\quad l=5,\cdots,8;m=1,\cdots,8 \tag{13.39}$$

类似地

$$\begin{aligned}&T_2(1,p)=\mathrm{i}A_{11}R(1,p)-B_{11}R(4,p)k_p-A_{13}R(2,p)\\&T_2(2,p)=-B_{55}[-pR(3,p)k_p-R(4,p)]+\mathrm{i}k_dD_{55}R(2,p)k_p\\&T_2(3,p)=-A_{55}[-pR(3,p)k_p-R(4,p)]+\mathrm{i}B_{55}R(2,p)k_p\\&T_2(4,p)=-\mathrm{i}[B_{11}R(1,p)-D_{11}R(4,p)]k_p+B_{13}R(2,p)\\&T_2(5:8,p)=-T_2(1:4,p)\mathrm{e}^{-\mathrm{i}k_pL},p=1,\cdots,8\end{aligned} \tag{13.40}$$

偏移单元

对于无限长单元，只考虑前向传播模式。位移场(频率 ω_n 时)变为

$$\{\tilde{\boldsymbol{u}}\}_n=\sum_{m=1}^{4}R_n^m\mathrm{e}^{-\mathrm{i}k_{mn}x}a_m^n=[\boldsymbol{R}]_n[\boldsymbol{D}(x)]_n\{\boldsymbol{a}\}_n \tag{13.41}$$

其中$[\boldsymbol{R}]_n$和$[\boldsymbol{D}(x)]_n$现在的大小是 4×4。$\{\boldsymbol{a}\}_n$是一个包含四个未知常数的向量。对节点 1($x=0$)处的上述表达式求值，可得节点位移与这些常数的关系为

$$\{\hat{\boldsymbol{u}}\}_n=\{\tilde{\boldsymbol{u}}_1\}_n=[\boldsymbol{R}]_n[\boldsymbol{D}(0)]_n\{\boldsymbol{a}\}_n=[\boldsymbol{T}_1]_n\{\boldsymbol{a}\}_n \tag{13.42}$$

其中$[\boldsymbol{T}_1]$是一个 4×4 的矩阵。同样，可得节点 1 处的节点力与未知常数的关系为

$$\{\hat{\boldsymbol{f}}\}_n=\{\tilde{\boldsymbol{f}}_1\}_n=[\boldsymbol{P}(0)]_n\{\boldsymbol{a}\}_n=[\boldsymbol{T}_2]_n\{\boldsymbol{a}\}_n \tag{13.43}$$

使用方程(13.42)和(13.43)，可得节点 1 的节点力与节点位移的关系为

$$\{\hat{\boldsymbol{f}}\}_n=[\boldsymbol{T}_2]_n[\boldsymbol{T}_1]_n^{-1}\{\hat{\boldsymbol{u}}\}_n=[\boldsymbol{K}]_n\{\hat{\boldsymbol{u}}\}_n \tag{13.44}$$

式中$[\boldsymbol{K}]_n$ 为频率为 ω_n 的 4×4 维单元动态刚度矩阵。矩阵$[\boldsymbol{T}_1]=R(1:4,1:4)$和$[\boldsymbol{T}_2](1:4,p)$与有限长度单元($p=1,\cdots,4$)相同。与初等梁情况一样，动刚度是复数形式的。

13.2.4　框架结构的谱单元

框架结构是一种结合了杆和梁的结构。也就是说，一个框架构件可以承受轴向和弯曲的组合变形。二维框架将在一个平面上发生弯曲和轴向变形(两个方向的变形和一个旋转)，而三维框架将在 3 个坐标方向上发生变形并绕 3 个坐标轴旋转。空间中的三维框架如图 13.5 所示。

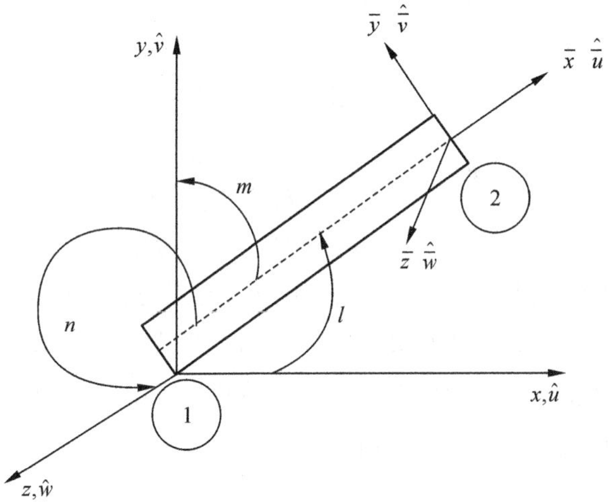

图 13.5　具有局部和全局坐标系的三维框架结构

谱有限元矩阵的构造过程使人们能够使用与传统有限元相同的构造过程。设 x，y,z 表示全局坐标系。对于三维框架，首先在局部坐标系 $\bar{x}$,$\bar{y}$ 和 $\bar{z}$ 中给出杆和梁单元的动态刚度矩阵，并通过在适当位置填充这些刚度矩阵元素将其扩展为 6×6 矩阵。然后在局部坐标下的变形与全局坐标下的变形之间建立一个变换矩阵[$\boldsymbol{T}$]。利用扩展的动态刚度矩阵和变换矩阵，建立了框架结构的动态刚度矩阵。

注意，一个三维框架除了在两个平面上的轴向和弯曲变形外，还经历扭转运动。节点给出局部位移$\hat{u}_1$和$\hat{u}_2$与局部力$\hat{N}_{x1}$和$\hat{N}_{x2}$关系的局部坐标系下杆的刚度矩阵为

$$[\hat{\boldsymbol{K}}_{\text{rod}}]=\begin{bmatrix}k_{11}^R & k_{12}^R\\ k_{12}^R & k_{22}^R\end{bmatrix}=\frac{EA}{L}\frac{\mathrm{i}k_{\text{rod}}L}{1-\mathrm{e}^{-\mathrm{i}2k_{\text{rod}}L}}\begin{bmatrix}1+\mathrm{e}^{-\mathrm{i}2k_{\text{rod}}L} & -2\mathrm{e}^{-\mathrm{i}k_{\text{rod}}L}\\ -2\mathrm{e}^{-\mathrm{i}k_{\text{rod}}L} & 1+\mathrm{e}^{-\mathrm{i}2k_{\text{rod}}L}\end{bmatrix} \tag{13.45}$$

其中 $k_{\text{rod}}=\omega\sqrt{\rho A/EA}$。

具有局部节点位移向量$\{\hat{v}_1\ \ \hat{\theta}_{z1}\ \ \hat{v}_2\ \ \hat{\theta}_{z2}\}^{\mathrm{T}}$和局部节点力$\{\hat{V}_{y1}\ \ \hat{M}_{z1}\ \ \hat{V}_{y2}\ \ \hat{M}_{z2}\}^{\mathrm{T}}$的梁在 x-y 平面弯曲时的刚度矩阵由下式给出

$$[\hat{\boldsymbol{K}}_{\text{beam}}^{xy}]=\begin{bmatrix} k_{11}^{Bx} & k_{12}^{Bx} & k_{13}^{Bx} & k_{14}^{Bx} \\ k_{12}^{Bx} & k_{22}^{Bx} & k_{23}^{Bx} & k_{24}^{Bx} \\ k_{13}^{Bx} & k_{23}^{Bx} & k_{33}^{Bx} & k_{34}^{Bx} \\ k_{14}^{Bx} & k_{24}^{Bx} & k_{34}^{Bx} & k_{44}^{Bx} \end{bmatrix}=\begin{bmatrix} \bar{\alpha} & \bar{\beta}L & \bar{\gamma} & \bar{\delta}L \\ & \bar{\xi}L^2 & -\bar{\delta}L & \bar{\eta}L^2 \\ & & \bar{\alpha} & -\bar{\beta}L \\ & & & \bar{\xi}L^2 \end{bmatrix} \tag{13.46}$$

其中 $\bar{\alpha}$ 等元素在 13.2.2 节中定义，面积惯性矩 I_{zz} 用于波数和动态刚度矩阵的计算。

接下来，我们计算梁在 x-z 平面弯曲时的动态刚度矩阵。在这里，记对应的局部自由度为 $\{\hat{w}_1\ \ \hat{\theta}_{y1}\ \ \hat{w}_2\ \ \hat{\theta}_{y2}\}^{\mathrm{T}}$，对应的内力为 $\{\hat{V}_{z1}\ \ \hat{M}_{y1}\ \ \hat{V}_{z2}\ \ \hat{M}_{y2}\}^{\mathrm{T}}$，刚度矩阵由下式给出

$$[\hat{\boldsymbol{K}}_{\text{beam}}^{xz}]=\begin{bmatrix} k_{11}^{Bz} & k_{12}^{Bz} & k_{13}^{Bz} & k_{14}^{Bz} \\ k_{12}^{Bz} & k_{22}^{Bz} & k_{23}^{Bz} & k_{24}^{Bz} \\ k_{13}^{Bz} & k_{23}^{Bz} & k_{33}^{Bz} & k_{34}^{Bz} \\ k_{14}^{Bz} & k_{24}^{Bz} & k_{34}^{Bz} & k_{44}^{Bz} \end{bmatrix} \tag{13.47}$$

其中除了使用了面积惯性矩 I_{yy} 以外，矩阵的元素与方程(13.46)中给出的相似，接下来，我们将写出控制杆体扭转运动的动态刚度矩阵。这与梁的形式非常相似(参见文献[94])。扭转运动所对应的自由度为扭转角 $\hat{\theta}_{x1}$ 和 $\hat{\theta}_{x2}$，相应的内力为扭矩 $\hat{T}_{x1}$ 和 $\hat{T}_{x2}$。这两个量对应的动态刚度矩阵由下式给出

$$\begin{aligned}[\hat{\boldsymbol{K}}_{\text{tor}}]&=\begin{bmatrix} k_{11}^{S} & k_{12}^{S} \\ k_{12}^{S} & k_{22}^{S} \end{bmatrix} \\ &=\frac{GJ}{L}\frac{\mathrm{i}k_{\text{tor}}L}{1-\mathrm{e}^{-\mathrm{i}2k_{\text{tor}}L}}\begin{bmatrix} 1+\mathrm{e}^{-\mathrm{i}2k_{\text{tor}}L} & -2\mathrm{e}^{-\mathrm{i}k_{\text{tor}}L} \\ -2\mathrm{e}^{-\mathrm{i}k_{\text{tor}}L} & 1+\mathrm{e}^{-\mathrm{i}2k_{\text{tor}}L} \end{bmatrix}\end{aligned} \tag{13.48}$$

式中，G 为剪切模量，J 为极惯性矩，$J=I_{xx}+I_{yy}$，$k_{\text{tor}}=\omega\sqrt{\rho A/GJ}$。在局部坐标系中，我们总共有 12 个自由度(每个节点 6 个)，这些自由度可以写成

$$\{\hat{\boldsymbol{u}}\}=\{\hat{u}_1\ \ \hat{v}_1\ \ \hat{w}_1\ \ \hat{\theta}_{x1}\ \ \hat{\theta}_{y1}\ \ \hat{\theta}_{z1}\ \ \hat{u}_2\ \ \hat{v}_2\ \ \hat{w}_2\ \ \hat{\theta}_{x2}\ \ \hat{\theta}_{y2}\ \ \hat{\theta}_{z2}\}^{\mathrm{T}}$$

对应的力向量为

$$\{\hat{\boldsymbol{F}}\}=\{\hat{N}_{x1}\ \ \hat{V}_{y1}\ \ \hat{V}_{z1}\ \ \hat{T}_{x1}\ \ \hat{M}_{z1}\ \ \hat{M}_{y1}\ \ \hat{N}_{x2}\ \ \hat{V}_{y2}\ \ \hat{V}_{z2}\ \ \hat{T}_{x2}\ \ \hat{M}_{z2}\ \ \hat{M}_{y2}\}^{\mathrm{T}}$$

上述两个向量由一个扩展的动态刚度矩阵联系起来，该矩阵采用公式(13.46)至(13.49)中给出的刚度矩阵构造。

$$\{\hat{\boldsymbol{F}}\}=\begin{bmatrix} [\hat{\boldsymbol{k}}_{mm}] & [\hat{\boldsymbol{k}}_{mn}] & [\hat{\boldsymbol{k}}_{mo}] & [\hat{\boldsymbol{k}}_{mp}] \\ [\hat{\boldsymbol{k}}_{mn}] & [\hat{\boldsymbol{k}}_{nn}] & [\hat{\boldsymbol{k}}_{no}] & [\hat{\boldsymbol{k}}_{np}] \\ [\hat{\boldsymbol{k}}_{mo}] & [\hat{\boldsymbol{k}}_{on}] & [\hat{\boldsymbol{k}}_{oo}] & [\hat{\boldsymbol{k}}_{op}] \\ [\hat{\boldsymbol{k}}_{mp}] & [\hat{\boldsymbol{k}}_{np}] & [\hat{\boldsymbol{k}}_{op}] & [\hat{\boldsymbol{k}}_{pp}] \end{bmatrix}\{\hat{\boldsymbol{u}}\}=[\hat{\boldsymbol{k}}]\{\hat{\boldsymbol{u}}\} \tag{13.49}$$

这些子矩阵的每一项都是用公式(13.46)至(13.49)中的刚度元素填充的。例如，上述矩阵的第一象限由下式给出

$$\begin{bmatrix}[\hat{\boldsymbol{k}}_{mm}] & [\hat{\boldsymbol{k}}_{mn}]\\ [\hat{\boldsymbol{k}}_{mn}] & [\hat{\boldsymbol{k}}_{nn}]\end{bmatrix}=\begin{bmatrix}k_{11}^{R} & 0 & 0 & 0 & 0 & 0\\ 0 & k_{11}^{Bx} & 0 & 0 & 0 & k_{12}^{Bx}\\ 0 & 0 & k_{11}^{Bz} & 0 & k_{12}^{Bx} & 0\\ 0 & 0 & 0 & k_{11}^{S} & 0 & 0\\ 0 & 0 & k_{12}^{Bx} & 0 & k_{22}^{Bx} & 0\\ 0 & k_{12}^{Bz} & 0 & 0 & 0 & k_{22}^{Bz}\end{bmatrix} \tag{13.50}$$

同样，其他象限中的子矩阵也可以用类似的方法填充。现在我们已经成功地将局部坐标中的力和变形通过一个 12×12 矩阵(动态刚度矩阵)联系起来。如图 13.5 所示，如果任意取向，框架结构相对于全局坐标系 x-y-z 将具有方向余弦 l,m,n。因此，局部坐标和全局坐标是不同的。为了进行分析，我们需要将所有这些框架结构转换为全局坐标系，并在全局坐标系中表示力和变形，此外，还应考虑任意方向框架构件的主方向。我们用欧拉角的概念构造旋转矩阵，也就是说，我们从全局轴到框架构件的局部轴连续进行三次旋转，其中第一次旋转是关于 z 轴的，第二次是关于 $\bar{y}$ 轴的，第三次旋转则包括围绕局部轴 $\bar{x}$ 旋转 ϕ，使得 $\bar{y}$ 轴和 $\bar{z}$ 轴与空间构件的主方向重合。连续三次旋转相乘得到旋转矩阵[$\boldsymbol{D}$]，由下式给出

$$[\boldsymbol{D}]=\begin{bmatrix}l & m & n\\ \dfrac{-m\cos\phi-ln\sin\phi}{R} & \dfrac{l\cos\phi-mn\sin\phi}{R} & R\sin\phi\\ \dfrac{m\sin\phi-ln\cos\phi}{R} & \dfrac{-l\sin\phi-mn\cos\phi}{R} & R\cos\phi\end{bmatrix} \tag{13.51}$$

式中 $R=\sqrt{1-n^2}$。对应于全局坐标系 x-y-z 的自由度为

$$\{\hat{\boldsymbol{u}}\}=\{\hat{u}_1\ \ \hat{v}_1\ \ \hat{w}_1\ \ \hat{\theta}_{x1}\ \ \hat{\theta}_{y1}\ \ \hat{\theta}_{z1}\ \ \hat{u}_2\ \ \hat{v}_2\ \ \hat{w}_2\ \ \hat{\theta}_{x2}\ \ \hat{\theta}_{y2}\ \ \hat{\theta}_{z2}\}^{\mathrm{T}}$$

与上述自由度相对应的力为

$$\{\hat{\boldsymbol{F}}\}=\{\hat{N}_{x1}\ \ \hat{V}_{y1}\ \ \hat{V}_{z1}\ \ \hat{T}_{x1}\ \ \hat{M}_{z1}\ \ \hat{M}_{y1}\ \ \hat{N}_{x2}\ \ \hat{V}_{y2}\ \ \hat{V}_{z2}\ \ \hat{T}_{x2}\ \ \hat{M}_{z2}\ \ \hat{M}_{y2}\}^{\mathrm{T}}$$

全局自由度和全局力与它们的局部量的对应关系为

$$\{\hat{\boldsymbol{u}}\}=[\boldsymbol{T}]\{\hat{\hat{\boldsymbol{u}}}\},\quad \{\hat{\boldsymbol{F}}\}=[\boldsymbol{T}][\hat{\hat{\boldsymbol{F}}}],\quad [\boldsymbol{T}]=\begin{bmatrix}D & 0 & 0 & 0\\ 0 & D & 0 & 0\\ 0 & 0 & D & 0\\ 0 & 0 & 0 & D\end{bmatrix} \tag{13.52}$$

最后，我们可以将谱框架单元写成

$$\{\hat{\boldsymbol{F}}\}=[\hat{\boldsymbol{K}}]\{\hat{\boldsymbol{u}}\},[\hat{\boldsymbol{K}}]=[\boldsymbol{T}]^{\mathrm{T}}[\hat{\hat{\boldsymbol{k}}}][\boldsymbol{T}] \tag{13.53}$$

13.2.5 波通过有角节点的传播

在本节中，给出了一个角节点的示例，以展示谱框架单元在进行波传播分析中的实用性。这种结构具有多条路径，其中由入射脉冲引起的应力波可以传播，从而引起多次反射和透射。在实践中，我们经常遇到具有复杂几何形状的平面框架结构。这种结构通常用于空间应用，如太阳能电池板、天线等，其中许多骨架构件通过刚性或柔性节点连接，从而形成一个复杂的结构网络。谱有限元和小波变换两种格式都可以解决这类问题。在本节中，通过谱有限元格式来解决这个问题。在本例中，我们考虑一个具有三个复合构件的刚性角节点（图 13.6），分析通过该节点的反射波和透射波的性质。

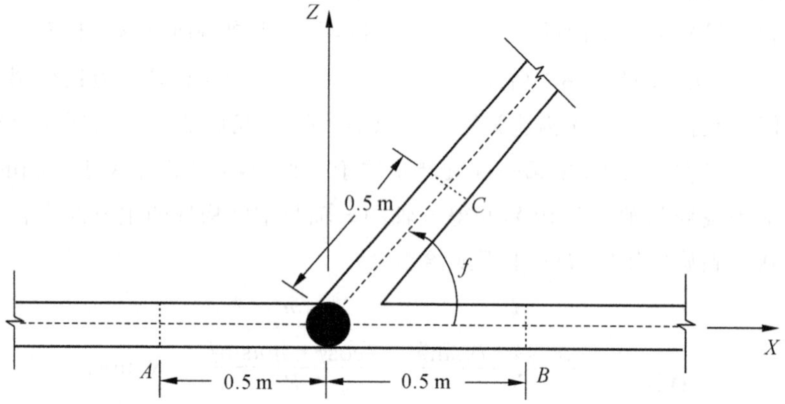

图 13.6 AS/3501-6 石墨-环氧复合材料构件刚性角节点

在本研究中，我们将每个节点段建模为一个初等梁。即在第 13.2.3 节的高阶梁模型中，我们假设剪力刚度为无穷大，转动惯量、侧向收缩及其惯量为零。通过这些假设，我们将高阶 SFEM 模型简化为初等 SFEM 模型。观察节点复合结构的动力学如何随着节点角度的变化而变化将是一件有趣的事情，此外，研究轴向-弯曲耦合对整体响应的影响也很重要。

谱有限元模型为对在结构节点两侧沿 x 轴方向有 0.5 m 长的杆段用两个有限长谱元建模，而其余半无限段用三个偏移单元建模。同时建立了传统有限元模型，其三个半无限段每个都有 950 个单元，而段 AB 由 100 个单元组成，每个元件的长度为 1.0 cm，这使得整个系统矩阵在带状形式下的大小为 8994×9。下面将对上述谱有限元模型得到的响应与传统有限元模型得到的响应进行比较。其中连接到节点的构件为 $[0_5/45_5]$ 铺层的 AS/3501-6 石墨-环氧复合材料构件按层。在这里，弯曲运动和轴向运动之间的耦合通过耦合因子 $r=B_{11}^2/D_{11}A_{11}$ 来量化，该耦合因子可以通过改变铺层顺序来改变。在本例中，我们考虑耦合因子 $r=0.213$。

接下来，我们再次考虑第 6 章（图 6.16）中的载荷，获得不同加载条件下的响应。首先，这个载荷是轴向施加在具有节点角度 $\phi=30°$ 节点 A 上。然后计算 A 处的轴向速度历程，并与有限元结果进行对比[图 13.7(a)]。同样，在 A 处横向施加相同的荷载，计算 A 处的轴向速度历程，并与有限元结果进行比较[图13.7(b)]。在这两种情况下，结果显示出很好的一致性。

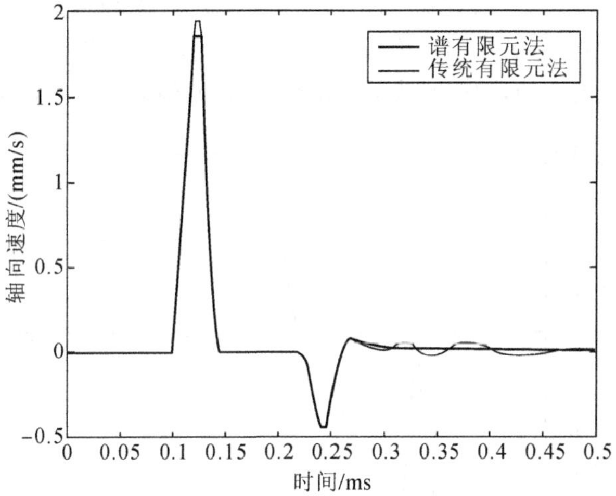

(a)

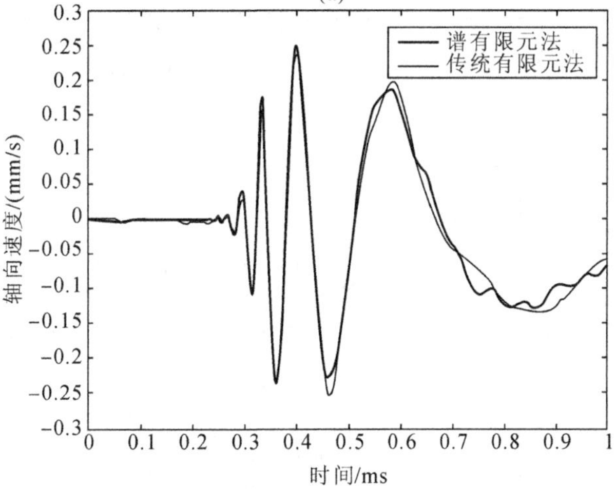

(b)

图 13.7　在单一固定节点施加冲击载荷的响应分析对比

(a)由于在 A 处施加的轴向冲击载荷，在 A 处的轴向响应比较；

(b)由于在 A 处施加的横向冲击载荷而在 A 处产生的轴向响应的比较

为了研究轴向-弯曲耦合对动力响应的影响，考虑与前一种情况相同的 A 点轴向加载的刚性节点（图 13.6）。刚性节点 $\phi=30°$ 的角度固定为 45°，采用不同的铺层顺序改变无量纲耦合参数 r。在图 13.8(a)中，绘制了 A 点和 B 点(距离节点 0.5 m 处)轴向速度响应(图中用 $P_{max}c_L/A_{11}$ 进行了归一化，其中 P_{max} 为最大荷载幅值，c_L 为杆中的纵波速度)。从图中可以看出，当 r 一定时，A 处的反射轴向响应和 B 处的透射轴向响应是同时发生的。但由于 A_{11} 值的减小，r 值的增大，轴向传播速度减小，因此，这两种反应都发生在较晚的阶段。可以观察到由不对称交叉铺层引起的响应和对称的 0°铺层之间具有 0.24 ms 的分离，另外，在初始峰值之后，频散行为成为传播过程的主导，这可以认为是模式 2 和模式 3 的贡献。图 13.8(b)显示了 A 和 B 处的横向速度响应(用 $P_{max}c_Lh^2/D_{11}$ 归一化)。除了在轴向传播情况下观察到的反射和透射响应到达的时间滞后相似外，随着 r 值的增加，响应曲线的平滑性消失，其瞬态性质变得明显。

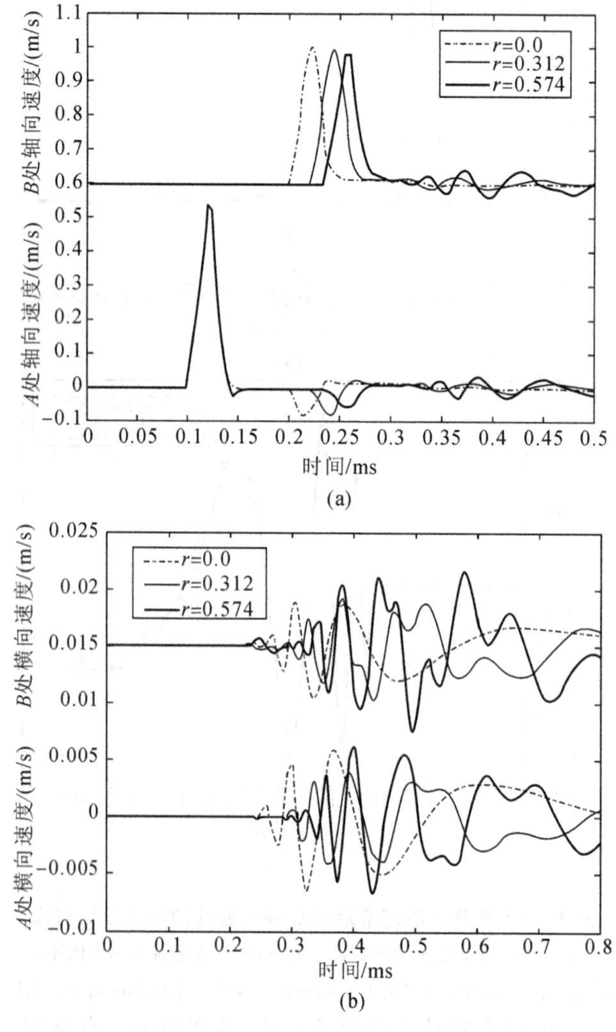

图 13.8 在两个固定节点施加冲击载荷的响应分析对比

(a)归一化轴向速度时程；(b)归一化横向速度时程

这个例子表明，谱有限元可以很容易地模拟连接梁的复杂网络结构的动力学响应。

13.2.6 二维复合材料层合单元

通常使用赫姆霍兹势方法构造层状介质的谱有限单元形式，该方法仅适用于各向同性材料[94]。对于各向异性和非均匀介质，分波技术（PWT）是一个合适的选择[3]。在本节中，使用该方法构造层合复合材料谱单元形式，其中 SVD 方法（如第 5.5.1 节所述）获得振幅，对于构造分波至关重要。在基于 PWT 的方法中，一旦找到分波，就使波系数满足规定的边界条件，即在层的顶部和底部指定的两个非零牵引力。在目前的情况下，因为没有施加特定的取向问题的边界条件，公式略有不同，因此，我们建立了一个将界面处的牵引力与界面位移联系起来的系统矩阵。尽管该单元是在频率/波数域中构造的，但这种通用性能使系统矩阵可用作有限元动态刚度矩阵。这些矩阵可以合并起来，从而对不同铺层方向或不均匀性的不同层进行建模，这将消除多层分析相关的烦琐计算需求（示例见文献[306]）。该方法的唯一缺点是，每个谱层单元（SLE）只能容纳一个纤维角度，因此对于不同铺层顺序，单元的数量将至少等于铺层中不同角度铺层的数量。

这个单元格式的一个优点是易于捕捉各向异性/非均匀板中的兰姆波[360]的传播。如第 7 章所述，兰姆波是在由两个平行的无牵引力的自由表面限定的域中传播的导波。因为兰姆波传播距离很长、衰减很小，因而特别适用于大面积的检测，所以在无损检测和结构健康监测应用中十分重要。历史上，Solie 和 Auld[330] 首先使用 PWT 给出了各向异性材料的频散关系（相速度-频率关系）。几位研究人员[262] 随后对兰姆波的建模方面进行了研究。Verdict 等人[359] 对兰姆波进行了有限元建模。在离散层理论和多重积分变换的基础上，Veidt 等人[356] 给出了一种解析数值方法。Moulin 等人[252] 给出了一种耦合的有限元-正则模式展开方法。类似地，Zhao 和 Rose[396] 给出了边界元-正则模式展开法。借助于解的频率-波数域表示的优点，本格式构造兰姆波模式的方法和预测时域信号一样低成本。

谱单元方程形式的起点是第 8 章中导出的控制微分方程的强形式（见第 8.4 节），该控制方程的强形式由方程（8.96）给出。使用水平方向上的傅里叶级数和时间方向上的 DFT 的组合，可以将上述方程简化为由方程（8.99）给出的常微分方程，而控制微分方程的解为方程（8.104）和（8.105）。

一旦已知四个波数和波幅，就可以构造四个分波，并且可以将位移场写成分波的线性组合。每个分波由下式给出

$$\boldsymbol{a}_i=\begin{Bmatrix}u_i\\w_i\end{Bmatrix}=\begin{Bmatrix}R_{1i}\\R_{2i}\end{Bmatrix}\mathrm{e}^{-\mathrm{i}k_iz}\begin{Bmatrix}\sin(\eta_m x)\\\cos(\eta_m x)\end{Bmatrix}\mathrm{e}^{-\mathrm{i}\omega_n t} \tag{13.54}$$

$$i=1,\cdots,4$$

且方程完整解为

$$\boldsymbol{u}=\sum_{i=1}^{4}C_i\boldsymbol{a}_i \tag{13.55}$$

有限层单元(FLE)

有限谱单元的示意图如图 13.9(a)所示。一旦对于 ω_n 和 η_m 的每个值，通过方程(8.104)和(8.105)的形式获得了 u 和 w 的解，则采用与一维单元格式中所述相同的过程来获得以 ω_n 和 η_m 为变量函数的单元动态刚度矩阵。因此，总体节点位移与未知常数的关系如下

$$\{u_{1nm}\quad v_{1nm}\quad u_{2nm}\quad v_{2nm}\}^{\mathrm{T}}=[\boldsymbol{T}_{1nm}]\{C_1\quad C_2\quad C_3\quad C_4\}^{\mathrm{T}} \tag{13.56}$$

即

$$\{\hat{\boldsymbol{u}}\}_{nm}=[\boldsymbol{T}_1]_{nm}\{\boldsymbol{C}\}_{nm} \tag{13.57}$$

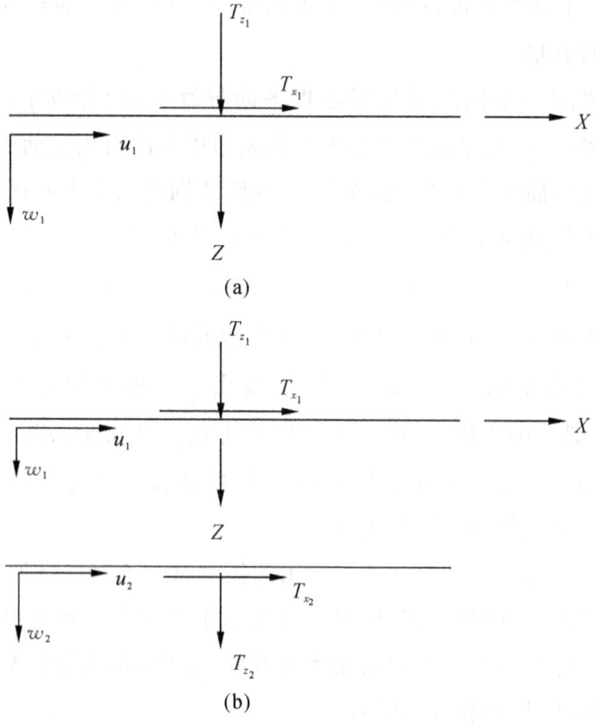

图 13.9　有限谱单元示意图

(a)偏移谱单元；(b)层单元

使用方程(8.101)(在第 8 章中给出),得到节点牵引力与常数的关系如下

$$\{\hat{t}\}_{nm}=[\boldsymbol{T}_2]_{nm}=\{\boldsymbol{C}\}_{nm},\{\hat{t}\}_{nm}=\{\sigma_{zz1},\sigma_{xz1},\sigma_{zz2},\sigma_{xz2}\} \tag{13.58}$$

T_{2nm} 和 T_{1nm} 的显式形式是

$$\boldsymbol{T}_1=\begin{bmatrix} R_{11} & R_{12} & R_{13} & R_{14} \\ R_{21} & R_{22} & R_{23} & R_{24} \\ R_{11}\mathrm{e}^{-\mathrm{i}k_1L} & R_{12}\mathrm{e}^{-\mathrm{i}k_2L} & R_{13}\mathrm{e}^{\mathrm{i}k_1L} & R_{14}\mathrm{e}^{\mathrm{i}k_2L} \\ R_{21}\mathrm{e}^{-\mathrm{i}k_1L} & R_{22}\mathrm{e}^{-\mathrm{i}k_2L} & R_{23}\mathrm{e}^{\mathrm{i}k_1L} & R_{24}\mathrm{e}^{\mathrm{i}k_2L} \end{bmatrix} \tag{13.59}$$

$$T_2(1,p)=-Q_{55}(-\mathrm{i}R_{1p}k_p-\eta R_{2p})$$

$$T_2(2,p)=\mathrm{i}Q_{33}R_{2p}k_p-Q_{13}\eta R_{1p}$$

$$T_2(3,p)=Q_{55}(-\mathrm{i}R_{1p}k_p-\eta R_{2p})\mathrm{e}^{-\mathrm{i}k_pL}$$

$$T_2(4,p)=\{-\mathrm{i}Q_{33}R_{2p}k_p+Q_{13}\eta R_{1p}\}\mathrm{e}^{-\mathrm{i}k_pL}$$

其中 p 的范围为 1 至 4。

因此,动态刚度矩阵变为

$$[\hat{\boldsymbol{K}}]_{nm}=[\boldsymbol{T}_2]_{nm}[\boldsymbol{T}_1]_{nm}^{-1} \tag{13.60}$$

该矩阵大小为 4×4,并以 ω_n 和 η_m 为参数,表示在频率 ω_n 和水平波数 η_m 下任何长度 L 的整个层的动态。因此,这个小矩阵可以代替有限元建模的全局刚度矩阵,其大小取决于层的厚度,且会比谱层单元的大小大很多个数量级。

无限层单元(ILE)

该单元的示意图如图 13.9(b)所示,这是一维偏移单元的二维相应的部分,该单元是通过只考虑向前传播的分量来构造的,这意味着没有反射会从边界返回。该单元充当了从系统中释放能量的通道,在 Z 方向上对无限域建模时非常有效。该单元还用于施加吸收边界条件或在结构中引入最大阻尼。该单元只有一个边缘,在该边缘处要测量位移并指定牵引力。该单元的位移场(在 ω_n 和 η_m 时)为

$$u_{nm}=R_{11}C_{1nm}\mathrm{e}^{-\mathrm{i}k_1z}+R_{12}C_{2nm}\mathrm{e}^{-\mathrm{i}k_2z} \tag{13.61}$$

$$w_{nm}=R_{21}C_{1nm}\mathrm{e}^{-\mathrm{i}k_1z}+R_{22}C_{2nm}\mathrm{e}^{-\mathrm{i}k_2z} \tag{13.62}$$

其中假设 k_1 和 k_2 具有正实部。遵循与之前相同的过程,节点 1 处的位移与常数 C_i,$(i=1,2)$的关系如下,

$$\{\hat{\boldsymbol{u}}\}_{nm}=[\boldsymbol{T}_1]_{nm}\{\boldsymbol{C}\}_{nm} \tag{13.63}$$

类似地,节点 1 处的牵引力可以与常数相关,如

$$\{t_{x1}\quad t_{y1}\}_{nm}^{\mathrm{T}}=[\boldsymbol{T}_2]_{nm}\{C_{1nm}\quad C_{2nm}\}^{\mathrm{T}} \tag{13.64}$$

也就是说，$\{\hat{t}\}_{nm}=[\boldsymbol{T}_2]_{nm}\{\boldsymbol{C}\}_{nm}$。矩阵 $\boldsymbol{T}_1$ 和 $\boldsymbol{T}_2$ 的显式形式是

$$\boldsymbol{T}_{1(\mathrm{ILE})}=\boldsymbol{T}_{1(\mathrm{FLE})}(1:2,1:2)$$
$$\boldsymbol{T}_{2(\mathrm{ILE})}=\boldsymbol{T}_{2(\mathrm{FLE})}(1:2,1:2) \tag{13.65}$$

均匀无限半空间的动态刚度矩阵变为

$$[\hat{\boldsymbol{K}}]_{nm}=[\boldsymbol{T}_2]_{nm}[\boldsymbol{T}_1]_{nm}^{-1} \tag{13.66}$$

它是一个 2×2 的复合矩阵。

接下来，我们将解释计算应力的方法。根据位移场[方程(8.104)和(8.105)]，应变-位移和应力-应变关系、应变-节点位移关系矩阵和应力节点位移关系可以建立为

$$\varepsilon=\boldsymbol{B}\boldsymbol{T}_1^{-1}\hat{\boldsymbol{u}},\sigma=\boldsymbol{Q}\boldsymbol{B}\boldsymbol{T}_1^{-1}\hat{\boldsymbol{u}}$$
$$\varepsilon=\{\varepsilon_{xx},\varepsilon_{zz},\varepsilon_{xz}\},\sigma=\{\sigma_{xx},\sigma_{zz},\sigma_{xz}\} \tag{13.67}$$

其中 $\boldsymbol{B}$(大小 3×4)的元素可以用波幅矩阵 $\boldsymbol{R}$ 表示为

$$B(1,p)=R_{1p}\eta\mathrm{e}^{-\mathrm{i}k_pz},B(2,p)=-\mathrm{i}R_{2p}k_p\mathrm{e}^{-\mathrm{i}k_pz}$$
$$B(3,p)=-(\mathrm{i}R_{1p}k_p+R_{2p}\eta)\mathrm{e}^{-\mathrm{i}k_pz},p=1,\cdots,4 \tag{13.68}$$

这里 z 是应变测量点。弹性矩阵 $\boldsymbol{Q}$ 为

$$\boldsymbol{Q}=\begin{bmatrix}Q_{11} & Q_{13} & 0\\ Q_{13} & Q_{33} & 0\\ 0 & 0 & Q_{55}\end{bmatrix} \tag{13.69}$$

接下来，我们将概述在二维谱单元环境下给定边界条件的方法。实质边界条件以常规有限元法中的通常方式指定，其中节点位移根据边界条件的性质而被约束或释放，施加的牵引力是在节点处，假设加载函数(对称加载)可以写成

$$F(x,z,t)=\delta(z-z_k)\left[\sum_{m=1}^{M}a_m\cos(\eta_m x)\right]\left(\sum_{n=0}^{N-1}\hat{f}_n\mathrm{e}^{-\mathrm{i}\omega_n t}\right) \tag{13.70}$$

其中 δ 表示狄拉克-德尔塔函数，z_k 是施加载荷的点的 Z 坐标，并且通过适当地选择给定载荷的节点来修正 Z 依赖性。在该分析中，不允许有沿 Z 方向的载荷变化。$\hat{f}_n$ 是 FFT 计算载荷时的时间相关部分的傅里叶变换系数，a_m 是载荷的 x 相关部分的傅里叶级数系数。

上述解中涉及两个求和和两个相关窗口，一个在时间 T 中，另一个在空间 X_L 中。离散频率 ω_n 和离散水平波数 η_m 通过在每次求和中选择的数据点 N 和 M 的数量与这些窗口相关，即

$$\left.\begin{aligned}\omega_n&=2n\pi/T=2n\pi/(N\Delta t)\\ \eta_m&=2(m-1)\pi/X_L=2(m-1)\pi/(M\Delta x)\end{aligned}\right\} \tag{13.71}$$

其 Δt 和 Δx 分别是时间和空间采样率。

13.2.7　层合复合材料中表面波和界面波的传播

在本节中，我们将使用二维层合复合材料单元求解层合复合材料中的表面和界面波传播的问题。我们将二维 SFEM 谱有限元结果与传统的有限元结果进行比较。分析中，所用材料为 GFRP 复合材料，其材料性能为：$E_1=144.4$ GPa，$E_3=9.6$ GPa，$G_{13}=4.1$ GPa，$\nu_{13}=0.3$，$\nu_{12}=0.02$，$\rho=1389$ kg/m^3。所考虑的铺层为$[0^\circ_{10}/90^\circ_{10}/0^\circ_{10}]$，其中每层厚度为 0.01 m。尽管可以选择任何层厚度，并且可以通过考虑的方法轻松处理波传播问题，但在本研究选择大的厚度是为了区分入射脉冲和反射脉冲。如图 13.10所示，层的底部是固定，分层系统受到高频载荷的影响。高频负载的时间历程及其频谱如第 6 章图 6.16 所示。

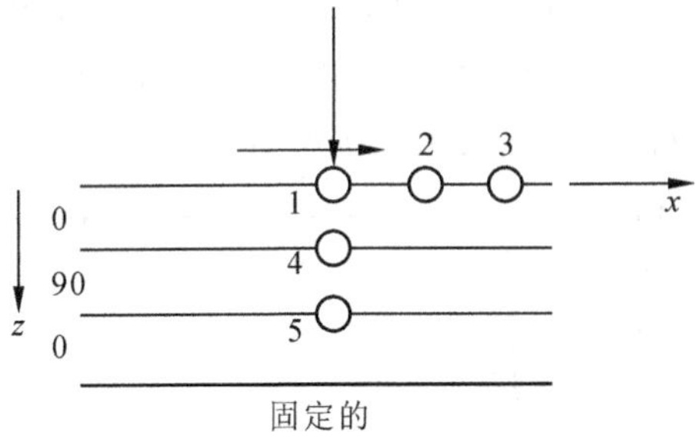

图 13.10　用于验证的层模型

为产生 QP 波，首先在顶层的中心沿 z 方向上施加载荷，然后为生成 QSV 波在 x 方向上施加载荷。在沿着表面和界面的几个位置测量结构的响应。对于有限元分析，使用 3600 个三节点平面应变有限元对层进行建模。相比之下，在谱模型中只有三个有限层单元。有限元方法是产生尺寸为 3656×126 的全局系统矩阵（其中矩阵的带宽为 126），而谱模型的全局系统矩阵是（动态刚度矩阵）6×6 的。当进行有限元分析求解时，采用纽马克时间积分，时间步长 $\Delta t=1$ μs。对于频谱分析，载荷采样在 48.83 Hz处通过 $N=2048$［在式(13.70)］快速傅里叶点采样。此外，对于空间变化，考虑32 个傅里叶级数系数，即方程(13.70)中的 M。在有限元模型中，对于集中载荷，所有 a_m 均等于 $2/x_L$，其中 x_L 是 x 方向上的窗口长度，此处取 1.0 m。由于时域响应是真实的，因此位移（或速度）的计算只需要在奈奎斯特频率之前进行。因此，全局刚度矩阵需要求逆 1024×32 次，这种计算比有限元分析小很多数量级。此外，有限元分析中的典型模拟需要 110 s 的 CPU 计算时间，而谱单元在标准四核 PC 上运行只需要 14 s。

在讨论速度时程之前，需要考虑以下几点。当速度波遇到较硬的区域时，反射波的符号与入射波的符号相反。当波遇到刚度相对较低的区域时，反射波与入射波具有相同的相位。这些现象在结构固定端（无限刚度）和自由端（零刚度）的反射中最为明显。然而，由于阻抗的失配，在层合板的界面处也会产生反射波。在本模型中，考虑了铺层厚度方向上的传播，并且由于层合板角度的变化，该方向上的刚度发生了标称变化。因此，与边界生成的波相比，来自界面的反射波的大小不足以看到。因此，速度时程中出现的任何反射都仅仅是由于边界的反射。

对于在点 1 处沿 z 方向施加的载荷，在标记为 1、4 和 5 的点处测量 z 方向速度 $\dot{w}$（见图 13.10）。这些节点处的速度时程如图 13.11 所示。在图 13.11(a)中，载荷直接影响 100 μs 处的峰值。对于这种载荷，传播波本质上是 QP 波。在这种情况下，在 $z=0.3$ m处 3.2×10^{-4} s 左右的反向峰值对应于固定端的反射。同样，在固定端，在 5.4×10^{-4} s 左右波出现相反的方向。该图还显示了有限元单元和谱单元得到的响应之间的良好一致性。

接下来，在图 13.11(b)中绘制了第一个界面处（$z=0.1$ m，标记为 4 的点）的 $\dot{w}$ 时程。这种情况下的响应不像以前那样从 100 μs 开始，而是从 130 μs 开始。这是由于在第一层 0°单层板中传播消耗了时间。随后在 2.9×10^{-4} s 和 3.6×10^{-4} s 左右的反射分别是来自固定边缘（$z=0.3$ m）和自由边缘（$z=0.0$ m）的反射。此外，在 5.0×10^{-4} s 左右的峰值是来自固定边缘的第二次反射。

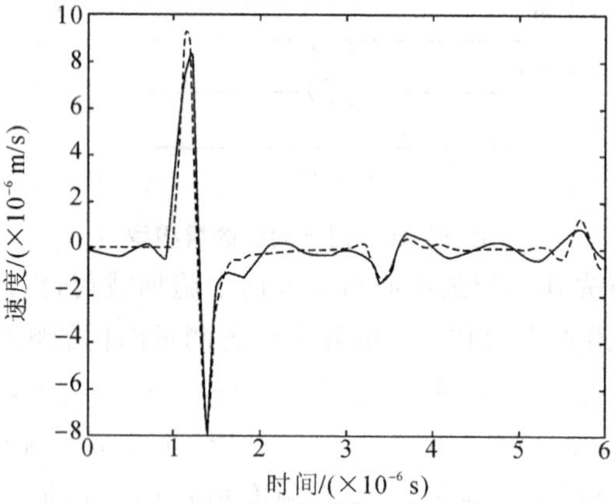

(a)

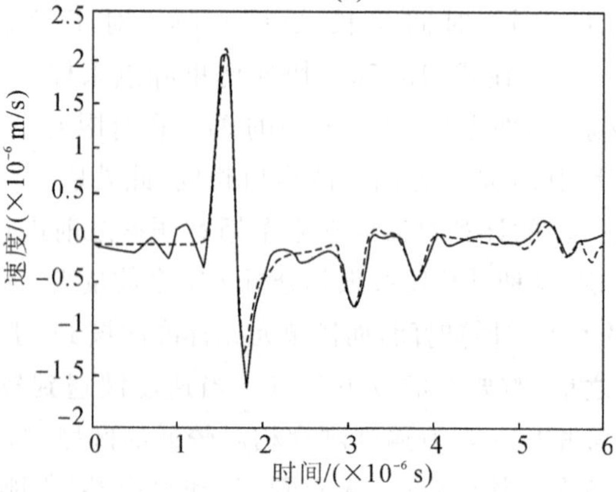

(b)

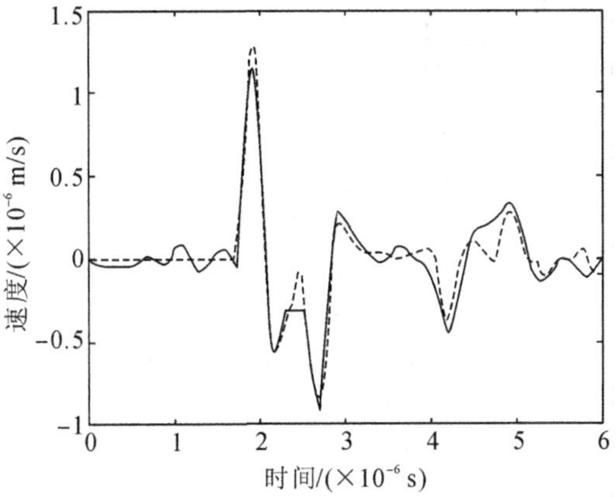

(c)

图 13.11 层合复合材料模型中各点的 QP 波时程曲线

(a)表面的 QP 波(点 1);(b)界面处的 QP 波(点 4);(c)界面处的 QP 波(点 5)

[实线—谱单元(SE)、虚线—二维有限元(2D FE)]

接下来,在 x 方向上的点 1 处施加相同的载荷,对于该载荷,主要产生 QSV 波。在冲击点不会有波,在表面点 2 和 3 测量 x 方向速度 $\dot{u}$,并分别绘制在图 13.12(a)和 13.12(b)中。在这两种情况下,都可以看到来自固定端的若干反射。如前所述,可以观察到经典有限单元(FE)和谱单元响应之间的良好一致性。这些响应证明了所建立的二维谱元模型的准确性、高效性和低计算成本。

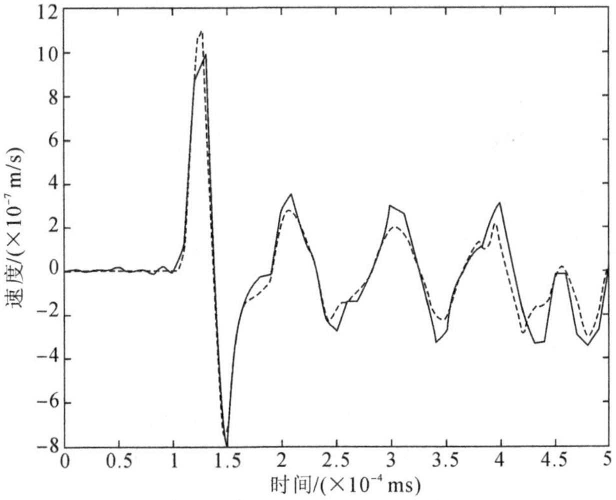

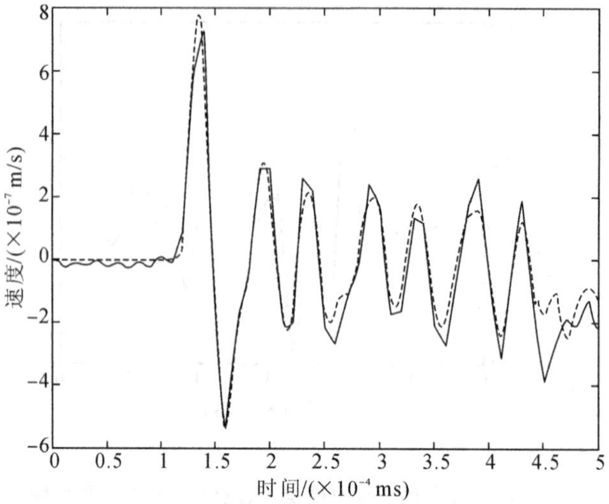

图 13.12 层合复合材料模型中各点的 QSV 波时程曲线

(a)表面的 QSV 波(点 2);(b)表面的 QSV 波(点 5)

[实线—谱单元(SE)、虚线—二维有限单元(2D FE)]

13.2.8 层合复合材料兰姆波模式的确定

我们在第 7 章第 7.1.4 节中研究了双重有界各向同性介质中的兰姆波。在这里，我们研究了兰姆波传播的两种不同载荷情况，分别是对称和反对称情况。这些荷载情况下兰姆波的传播如图 13.13 所示。

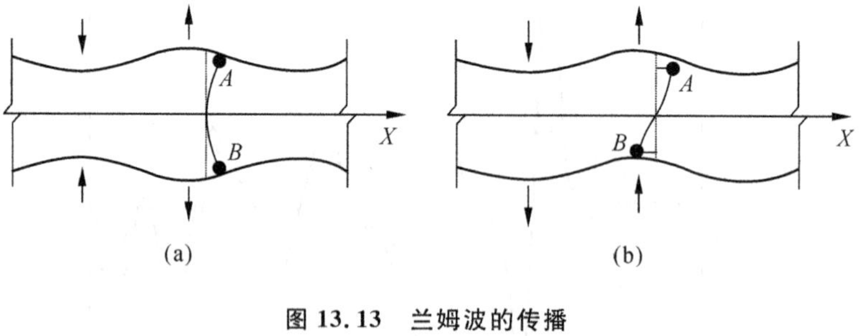

图 13.13 兰姆波的传播

(a)对称兰姆波的传播;(b)反对称兰姆波的传播

如前所述，这些波传播的距离很长，衰减程度很小，因此在结构健康监测(SHM)研究中对损伤进行检测非常重要。在第 7 章中，为了研究双边界介质中无牵引力边界(自由边界)产生的兰姆波，我们使用赫姆霍兹势方法获得了频率方程，该方程本质上是超越方程，这需要数值方法来求解。将控制耦合偏微分方程拆分为两个方程，一个涉及标量势和 P 波，另一个涉及矢量势和 S 波，使我们能够在无牵引的双边界介质中单独隔离这些波，在那里它们一起传播，以产生兰姆波。该方法的另一个优点是，在计算过程构造时可以将对称和反对称模式分离[见图 13.13(a)、(b)]。然而，该方法仅适用于各向同性波导。

然而，在层合复合材料中，非对称铺层取向导致刚度和惯性耦合，因此，所有模式都是高度耦合的，不能使用赫姆霍兹分解。这样做的结果是，没有任何波可以被单独隔离。早些时候，我们使用分波技术或 PWT 来跟踪不同的波。第 8 章以及本节前面部分都使用了这种方法。

在谱层合单元方法中，问题解中有两个求和。外层求和是关于离散频率的，内部求和是关于离散水平波数的。方程(13.55)的每个分波满足控制偏微分方程(8.96)，并且系数 C_i 作为一个整体满足任何给定的边界条件。只要给定的自然边界条件是非齐次的，就不会对水平波数 η 施加限制，从而得到位移场的双重求和解。然而，对于产生兰姆波的必要条件：两个表面上的无牵引边界条件的情况并非如此。在这种情况下，有限层的控制离散方程(13.60)变为

$$[\hat{\boldsymbol{K}}(\eta_m,\omega_n)]_{nm}\{\hat{\boldsymbol{u}}\}_{nm}=0 \tag{13.72}$$

我们对 $\boldsymbol{u}$ 的非零解感兴趣。因此，刚度矩阵 $\hat{\boldsymbol{K}}$ 必须是奇异的，即 $\det(\hat{\boldsymbol{K}}(\eta_m,\omega_n))=0$，这给出了 η_m 和 ω_n 之间所需的关系。由于 ω_n 是独立变化的，因此必须求解 η_m 的上述关系，才能使刚度矩阵奇异，即 η_m 不能独立变化。更准确地说，对于 ω_n 的每一个值，都有一组水平波数 η_m 的值(每个模式一个)，并且对于 ω_n 和 η_m 的每一值，有四个垂直波数 k_{nm}。这种情况下的差异在于被求解的 η_m 的值与方程(13.71)中的表达式相反，并且 M 是所考虑的兰姆模式的数量，而不是傅里叶模式。现在，对于每组(ω_n,η_m,k_{nml})，$l=1,\cdots,4$，$\hat{\boldsymbol{K}}$ 将是奇异的，并且 $C_l(l=1,\cdots,4)$将在 $\hat{\boldsymbol{K}}$ 的零空间中。现在使用方程(13.55)可以构建问题的总解。根据正常情况，在 $z=\pm h/2$ 时规定了无牵引边界条件，即 $\sigma_{zz},\sigma_{xz}=0$。使用方程(13.68)，$C_i$ 和 η_m 的控制方程变为

$$[\boldsymbol{W}_2(\eta_m,\omega_n)]\{\boldsymbol{C}\}_{nm}=\boldsymbol{0},\boldsymbol{C}=\{C_1\quad C_2\quad C_3\quad C_4\} \tag{13.73}$$

其中 $\boldsymbol{W}_2$ 是刚度矩阵 $\hat{\boldsymbol{K}}$ 的另一种形式，并且由下式给出

$$W_2(1,p)=(Q_{11\text{o}}R(1,p)\eta-\mathrm{i}Q_{13\text{o}}R(2,p)k_p)\mathrm{e}^{\mathrm{i}k_p h/2}$$
$$W_2(2,p)=(Q_{11\text{o}}R(1,p)\eta-\mathrm{i}Q_{13\text{o}}R(2,p)k_p)\mathrm{e}^{-\mathrm{i}k_p h/2}$$
$$W_2(3,p)=Q_{55\text{o}}(-R(1,p)k_p+\mathrm{i}R(2,p)\eta)\mathrm{e}^{\mathrm{i}k_p h/2}$$
$$W_2(4,p)=Q_{55\text{o}}(-R(1,p)k_p+\mathrm{i}R(2,p)\eta)\mathrm{e}^{-\mathrm{i}k_p h/2}$$

频散关系为 $\det\{\boldsymbol{W}_2\}=0$，这将推导出 $\eta_m(\omega_n)$，兰姆波的相速度 c_{nm} 将由 w_n/η_m 给

出。一旦知道所需模式数 η_m 值，就可以通过前面描述的 SVD 技术来获得 $\boldsymbol{C}_{mm}$ 的元素，以找到 $\boldsymbol{R}$ 的元素。对所有兰姆模式求和，就可以获得每个频率的解。

接下来，我们将使用这个模型，展示兰姆波在不同铺层方向的复合材料中的传播。考虑了厚度为 2 mm 的单向板，其材料性能为 AS/3501-6 石墨-环氧树脂复合材料。

这里的目的是确定作为铺层角度函数的频散关系。在这种情况下，求解频散关系需要特别小心，因为它是多值的、无界的和复数形式的。在第 7 章中讨论的各向同性结构的情况下，我们能够明确地导出频率方程，并发现该方程确实是多值的，并给出了满足控制方程的 k-ω 对的多个值。这里的情况类似，然而，频率方程的显示确定相当复杂，这里没有给出。我们将通过构造的二维复合材料谱单元来获得 k-ω 对。求解这些方程的一种方法是采用基于非线性最小二乘法的非线性优化策略。有几种算法可供选择，如 Trust-Region Dogleg 方法、带直线搜索的 Gauss-Newton 方法或带直线搜索的 Levenberg-Merquardt 方法。这里，使用 MATLAB 函数 fsolve，对于中等规模优化的默认选项，采用了 Trust-Region Dogleg 法，这是 Powell Dogleg 法[290]的变体。

除了算法的选择之外，在波数求解的根捕获中还有其他微妙的问题。例如，除了最初的一个或两个模式外，所有的根在低频下逃逸到无穷大。对于各向同性材料，因为频率方程可以显示确定，这些截止频率是先验已知的。然而，无法确定各向异性材料的频率方程的表达式，通常需要从高频区域到低频区域向后跟踪解。通常，在捕获给定频带内的所有模式时，两种策略是必不可少的。最初，应针对初始猜测的不同值扫描整个区域，其中初始猜测应在整个频率范围内保持恒定。尽管它们并没有被完全跟踪，但是这些扫描打开了该区域中的所有模式。随后，应跟随每个单独的模式，直到域的末尾或达到预设值。对于这种情况，应该将初始猜测更新为先前频率步的解。此外，有时有必要减少高梯度附近的频率阶跃。一旦产生兰姆模式，它们就会被反馈到频率环路中，以产生兰姆波传播的频域解，该解在逆 FFT 的帮助下产生时域信号。由于兰姆模式是首先生成的，因此它们需要单独存储。为此，在所考虑的频率范围内从一些离散点生成的模式中收集数据。接下来，在相同范围内对非常精细的频率步长执行三次样条插值。在生成时域数据时，根据这些精细分级的数据进行插值，以获得相位速度（从而获得 η）。

在所考虑的例子中，兰姆波是通过施加在无限平板一端的 200 kHz 中心频率的调制脉冲产生的。在 $320h$ 的传播距离处记录 x 和 z 方向上的速度分量，其中 h 是板的厚度。在研究时域表示时，板的厚度取为 10 mm，相当于频率厚度值为 2 MHz · mm。选择厚度值，以便根据图 13.14 所示的频散曲线激发至少三种模式。

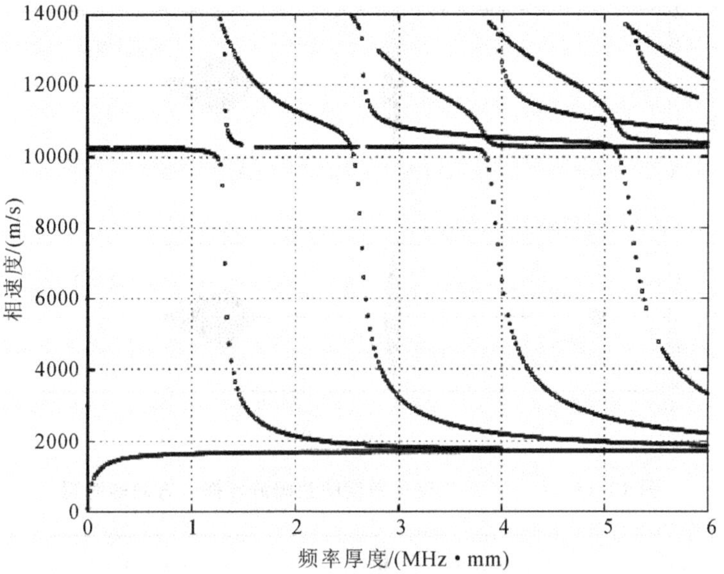

图 13.14　0°角单层板的兰姆波频散关系

图 13.14 显示了纤维角度为 0°时的前 10 个兰姆模式。第一反对称模式(模式 1)在 1 MHz·mm 的范围内收敛到 1719 m/s 的值,其中所有其他模式也收敛。与各向同性情况类似,这是瑞利表面波在 0°纤维层中的速度。对称模式(模式 2)在 10000 m/s 以上开始,并在 1.3 MHz·mm 左右突然下降,收敛到 1719 m/s,在此之前它有一个相当恒定的值。所有其他高阶模式在频率范围内的不同点处逃逸到无穷大。此外,每种模式的对称和反对称对几乎以相同的频率逸出。

对于前三种模式(a_0,s_0 及 a_1)的传播绘制在了图 13.15 和 13.16 中(这里分别称为模式 1、2 和 3)。在图 13.15 中绘制了 z 速度时程,而在图 13.16 中绘制了 x 速度时程。这些图很容易显示不同的传播模式,并且每个对应于以群速度(而不是相速度)的一个波包。因此,图 13.14 对预测不同模式的到达没有帮助。然而,如图 13.15 和 13.16 所示,模式 2 的群速度低于模式 1,模式 3 的群速度远高于模式 1 和 2。可以观察到 $\dot{u}$ 和 $\dot{w}$ 时程中的差异。也就是说,对于 $\dot{u}$ 时程图,较高的模式产生相对较小振幅速度,而对于 $\dot{w}$ 时程振幅是最高的。

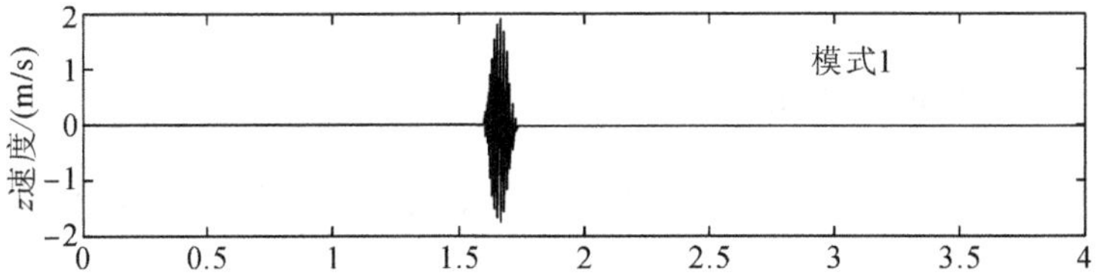

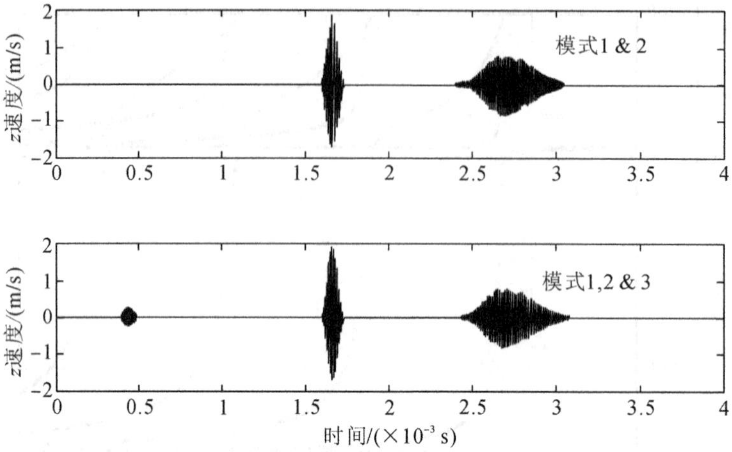

图 13.15 $L=320h$ 0°铺层角度的兰姆波传播 z 方向的时程

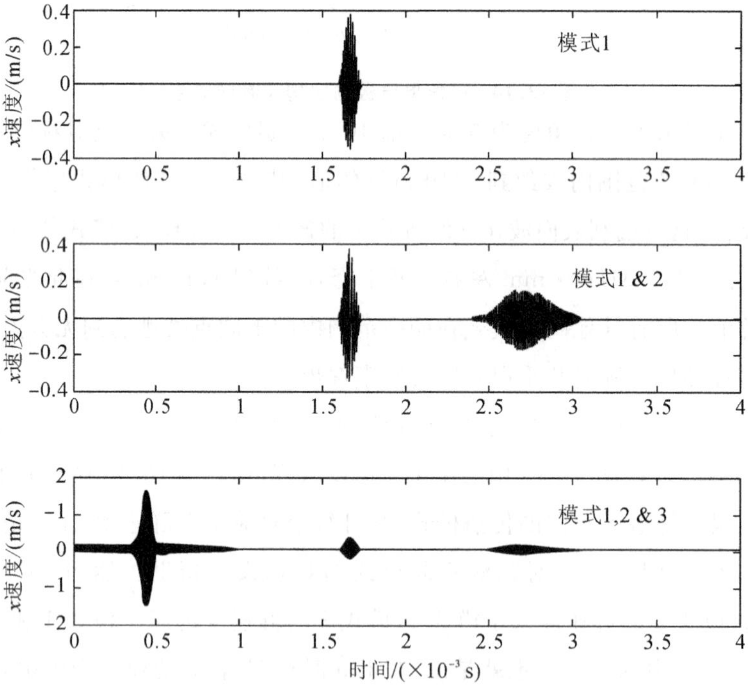

图 13.16 $L=320h$ 0°铺层角度的兰姆波传播 x 方向的时程

13.2.9 各向异性板的谱单元格式

第 8.5 节介绍通过谱分析进行控制方程推导和波数计算。在这里，我们直接使用它们来构造谱有限元公式。

有限长度单元

半边界板单元的几何形状如图 13.17 所示。每个节点有四个自由度，三个坐标方向上的三个位移，以及一个绕 Y 轴的旋转自由度。因此，每个单元总共有八个自由度，以上是未知量。在板的任何 x 坐标（在频率-波数域中）处的位移可以写成其所有解的线性组合，由下式给出

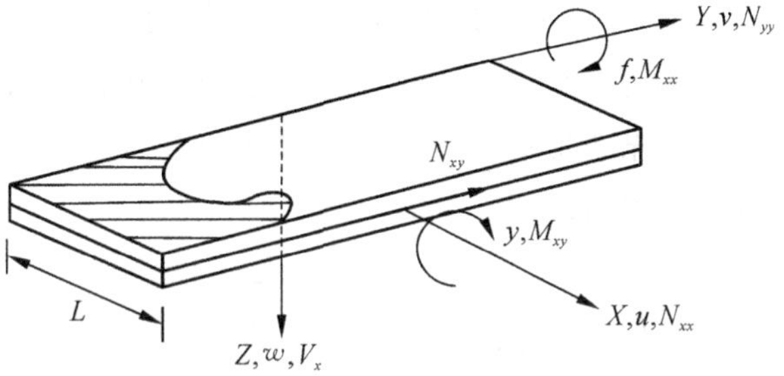

图 13.17　谱板单元（CLPT 和 FLPT）的位移和内力（对于 CLPT，$\phi=\partial w/\partial x$ 且不存在 ψ）

$$\tilde{\boldsymbol{u}}=\sum_{i=1}^{8}a_i\phi_i \mathrm{e}^{-\mathrm{i}k_i x},\quad \tilde{\boldsymbol{u}}=\{\tilde{u}\quad \tilde{v}\quad \tilde{w}\}^{\mathrm{T}},\quad \phi_i\in \boldsymbol{C}^{3\times 1} \tag{13.74}$$

其中 ϕ_i 是波矩阵的列。a_i 是未知常数，必须用节点变量来表示。这个步骤可以看作是从广义坐标到物理坐标的转换。要做到这一点，把位移场写成矩阵向量的乘法形式

$$\{\hat{\boldsymbol{u}}\}=\begin{Bmatrix}\hat{u}(x,\omega_n)\\ \hat{v}(x,\omega_n)\\ \hat{w}(x,\omega_n)\end{Bmatrix}=\begin{bmatrix}\phi_{11} & \cdots & \phi_{18}\\ \phi_{21} & \cdots & \phi_{28}\\ \phi_{31} & \cdots & \phi_{38}\end{bmatrix}\times\begin{bmatrix}\mathrm{e}^{-\mathrm{i}k_1x} & 0 & \cdots & 0\\ 0 & \mathrm{e}^{-\mathrm{i}k_2x} & \cdots & 0\\ \vdots & \vdots & & \vdots\\ 0 & \cdots & \cdots & \mathrm{e}^{-\mathrm{i}k_8x}\end{bmatrix}\{\boldsymbol{a}\} \tag{13.75}$$

其中 $k_{p+4}=-k_p,p=1,\cdots,4,\phi_i$ 的元素写成 $\phi_{pi},p=1,\cdots,3$。用简洁的符号表示，上面的方程变成

$$\{\tilde{\boldsymbol{u}}\}_{n,m}=[\boldsymbol{\Phi}]_{n,m}[\boldsymbol{\Lambda}(x)]_{n,m}\{\boldsymbol{a}\}_{n,m} \tag{13.76}$$

其中，在下标中引入了 n、m，以表示所有这些表达式都是在 ω_n 和 η_m 的特定值下计算的。$[\boldsymbol{\Lambda}(x)]_{nm}$ 是一个 8×8 阶对角矩阵，其第 i 个元素是 $\mathrm{e}^{-\mathrm{i}k_p x},p=1,2,3,4$。$[\boldsymbol{\Phi}]_{n,m}$（$=[\boldsymbol{\Phi}_1\quad\cdots\quad\boldsymbol{\Phi}_8]$）是波幅矩阵。$\boldsymbol{a}_{n,m}$ 是要确定的八个未知常数的矢量。通过计算两个节点（即 $x=0$ 和 $x=L$）处的方程（13.76），这些未知常数可以用两个节点的位移表示。得到

$$\{\hat{\boldsymbol{u}}\}_{n,m}=\begin{Bmatrix}\tilde{\boldsymbol{u}}_1\\ \tilde{\boldsymbol{u}}_2\end{Bmatrix}_n=[\boldsymbol{T}_1]_{n,m}\{\boldsymbol{a}\}_{n,m}$$

$$\tilde{\boldsymbol{u}}_i=\{u_i\quad v_i\quad w_i\quad (\partial w/\partial x)_i\} \tag{13.77}$$

其中 $\tilde{\boldsymbol{u}}_1$ 和 $\tilde{\boldsymbol{u}}_2$ 分别是节点 1 和节点 2 的节点位移。$[\boldsymbol{T}_1]_{n,m}$的元素为

$$T_1(m,n)=\Phi(m,n),m=1,\cdots,3;n=1,\cdots,8$$

$$T_1(m,n)=-\mathrm{i}k_p\Phi(m-4,p)\mathrm{e}^{-\mathrm{i}k_nL},m=5,\cdots 7;n=1,\cdots,8$$

$$T_1(4,n)=-\mathrm{i}k_n\Phi(3,n),n=1,\cdots,8$$

$$T_1(8,n)=-\mathrm{i}k_n\Phi(7,n),n=1,\cdots,8$$

在进一步推进之前，需要注意的是单元具有平行于 Y 轴的边缘，因此在板边界 $n_x=\pm1$和 $n_y=0$ 处。这些关系将用于力-位移关系。使用力边界条件方程(8.116)至(8.118)，力向量$\{\boldsymbol{f}\}_{mn}=\{\overline{N}_{xx}\quad \overline{N}_{yy}\quad \overline{V}_x\quad \overline{M}_{xx}\}_{n,m}$可以用未知常数$\{\boldsymbol{a}\}_{n,m}$写成$\{\boldsymbol{f}\}_{n,m}=[\boldsymbol{P}]_{n,m}\{\boldsymbol{a}\}_{n,m}$。在节点 1 和节点 2 处计算力向量，并代入 $n_x=\pm1$ 获得节点力向量，并且可以通过下式与$\{\boldsymbol{a}\}_{n,m}$关联起来

$$\{\hat{\boldsymbol{f}}\}_{n,m}=\begin{Bmatrix}\tilde{\boldsymbol{f}}_1\\ \tilde{\boldsymbol{f}}_2\end{Bmatrix}_{n,m}=\begin{bmatrix}\boldsymbol{P}(0)\\ \boldsymbol{P}(L)\end{bmatrix}_{n,m}\{\boldsymbol{a}\}_{n,m}=[\boldsymbol{T}_2]_{n,m}\{\boldsymbol{a}\}_{n,m}\tag{13.78}$$

方程(13.77)和(13.78)一起得出了频率 ω_n 和波数 η_m 处节点力和节点位移矢量之间的关系

$$\{\hat{\boldsymbol{f}}\}_{n,m}=[\boldsymbol{T}_2]_{n,m}[\boldsymbol{T}_1]_{n,m}^{-1}\{\hat{\boldsymbol{u}}\}_{n,m}=[\boldsymbol{K}]_{n,m}\{\hat{\boldsymbol{u}}\}_{n,m}\tag{13.79}$$

其中$[K]_{n,m}$是频率 ω_n 和波数 η_m 时为 8×8 阶的动态刚度矩阵。矩阵$[\boldsymbol{T}_2]_{n,m}(n=1,\cdots,8)$的显式形式为

$$T_2(1,n)=\mathrm{i}k_nA_{11}\Phi(1,n)-\eta A_{12}\Phi(2,n)-k_n^2B_{11}\Phi(3,n)-\eta^2B_{12}\Phi(3,n)$$

$$T_2(2,n)=\eta A_{66}\Phi(1,n)+\mathrm{i}k_nA_{66}\Phi(2,n)+2\mathrm{i}B_{66}k_n\eta\Phi(3,n)$$

$$\begin{aligned}T_2(3,n)=&k_n^2B_{11}\Phi(1,n)+\mathrm{i}B_{12}k_n\eta\Phi(2,n)+\mathrm{i}k_n^3D_{11}\Phi(3,n)+\mathrm{i}D_{12}k_n\eta^2\Phi(3,n)+\\&2\eta^2B_{66}\Phi(1,n)+2\mathrm{i}k_n\eta B_{66}\Phi(2,n)+4\mathrm{i}k_n\eta^2D_{66}\Phi(3,n)\end{aligned}$$

$$T_2(4,n)=-\mathrm{i}k_nB_{11}\Phi(1,n)+\eta B_{12}\Phi(2,n)+k_n^2D_{11}\Phi(3,n)+\eta^2D_{12}\Phi(3,n)$$

$$T_2(m,n)=-T_2(m-4,n)\mathrm{e}^{-\mathrm{i}k_nL},m=5,\cdots,8$$

半无限或偏移板单元

如前所述，对于无限域单元，在波解中只考虑前向传播模式。位移场(在频率 ω_n 和波数 η_m 处)变为

$$\{\tilde{\boldsymbol{u}}\}_{n,m}=\sum_{m=1}^{4}\phi_m\mathrm{e}^{-\mathrm{i}k_mx}a_m=[\boldsymbol{\Phi}]_{n,m}[\boldsymbol{\Lambda}(x)]_{n,m}\{\boldsymbol{a}\}_{n,m}\tag{13.80}$$

其中$[\boldsymbol{\Phi}]_{n,m}$，和$[\boldsymbol{\Lambda}(x)]_{n,m}$现在为 4×4 阶的矩阵。$\{\boldsymbol{a}\}_{n,m}$是四个未知常数的向量。在节点 1($x=0$)处计算上式，得到节点位移通过矩阵$[\boldsymbol{T}_1]_{n,m}$与这些常数的关系如下

$$\{\hat{\boldsymbol{u}}\}_{n,m}=\{\tilde{\boldsymbol{u}}_1\}_{n,m}=[\boldsymbol{\Phi}]_{n,m}[\boldsymbol{\Lambda}(0)]_{n,m}\{\boldsymbol{a}\}_{n,m}=[\boldsymbol{T}_1]_{n,m}\{\boldsymbol{a}\}_{n,m} \tag{13.81}$$

其中$[\boldsymbol{T}_1]_{n,m}$现在是维度为 4×4 的矩阵。类似地，节点 1 处的节点力与未知常数关系为

$$\{\hat{\boldsymbol{f}}\}_{n,m}=\{\tilde{\boldsymbol{f}}_1\}_{n,m}=[\boldsymbol{P}(0)]_n\{\boldsymbol{a}\}_{n,m}=[\boldsymbol{T}_2]_{n,m}\{\boldsymbol{a}\}_{n,m} \tag{13.82}$$

使用方程(13.81)和(13.82)，得到节点 1 处的节点力与节点 1 处节点位移关系如下

$$\{\hat{\boldsymbol{f}}\}_{n,m}=[\boldsymbol{T}_2]_{n,m}[\boldsymbol{T}_1]_{n,m}^{-1}\{\hat{\boldsymbol{u}}\}_{n,m}=[\boldsymbol{K}]_{n,m}\{\hat{\boldsymbol{u}}\}_{n,m} \tag{13.83}$$

其中$[\boldsymbol{K}]_{n,m}$是频率 ω_n 和波数 η_m 时 4×4 的单元动态刚度矩阵。$[\boldsymbol{T}_1]_{n,m}$和$[\boldsymbol{T}_2]_{n,m}$是有限平面单元的矩阵$[\boldsymbol{T}_1]_{n,m}$和$[\boldsymbol{T}_2]_{n,m}$的前 4×4 个截断部分。

数值算例

在这里，为了演示构造的复合板单元的使用，我们将求解铺层递减复合材料板中的波传播问题。铺层递减在复合材料结构中很常见，通常用于减小层合复合材料结构构件的厚度。从波传播的角度来看，引入了几何不连续性，导致铺层递减处的阻抗失配，进而重复反射，可能最终导致分层形式的结构失效。

考虑如图 13.18 所示的铺层递减排布方式的板，板在自由端中点受到集中载荷的冲击，该集中载荷的时间依赖性与之前(图 6.16)考虑的相同。首先在 x 方向施加载荷，并在冲击点测量 x 速度。测得的速度时程如图 13.19 所示。

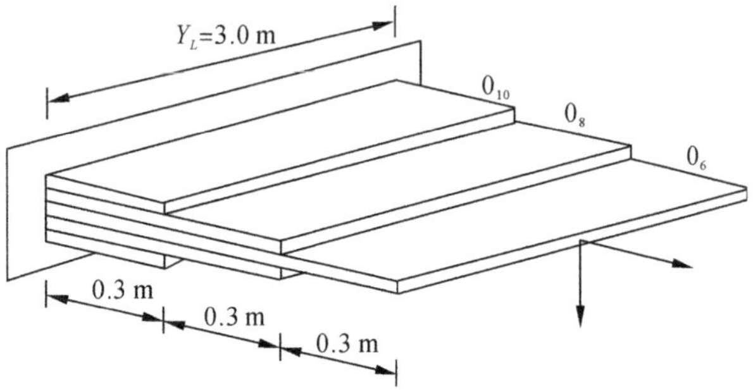

图 13.18 具有铺层递减的板

对均匀的铺层堆叠(10 层)的结构也进行了分析，结果画在了同一图中。从图中可以明显看出，铺层递减降低了板的刚度，这使最大振幅增加了约 90%。这种刚度的降低从自边界的反射中可以明显看出。在这两种情况下，来自边界的反射都出现在同一时刻，这表明由于铺层下降，x 速度没有太大变化。然而，在边界反射到达之前，铺层递减的响应中有两个额外的反射，对应于 175 μs 和 240 μs 左右的反向峰值，由于阻

抗失配,边界反射起源于铺层递减连接处。

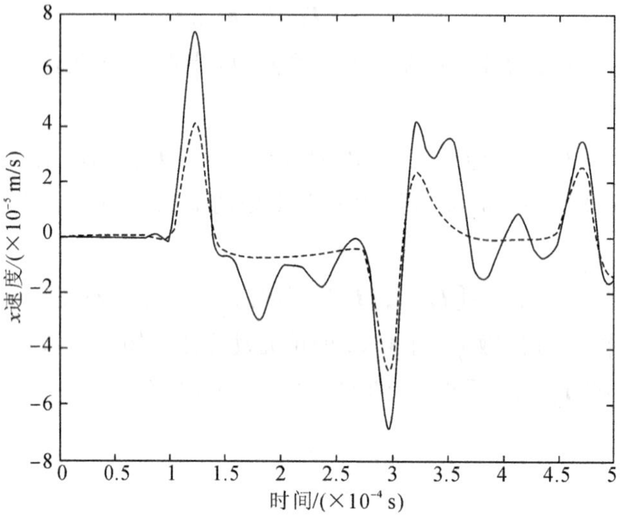

图 13.19 轴向速度变化(实线—铺层递减,虚线—均匀板)

接下来,板在 z 方向上的同一点受到冲击,并在同一点测量 z 速度(图 13.20)。作为参考,均匀板的响应也绘制在同一图中。如前所述,振幅峰值有相当大的差异(几乎是 2 倍),这遵循相同的轴向速度时程模式。起源于界面的额外反射也是可见的(从大约 250 μs 开始),这些反射不存在于均匀板响应中。然而,边界反射的到达时间没有偏差,这表示在两种情况下弯曲群速度的接近程度。总的来说,这个例子展示了该单元在具有不连续性的结构建模中的效率,并展示了其基本的动力学特性。

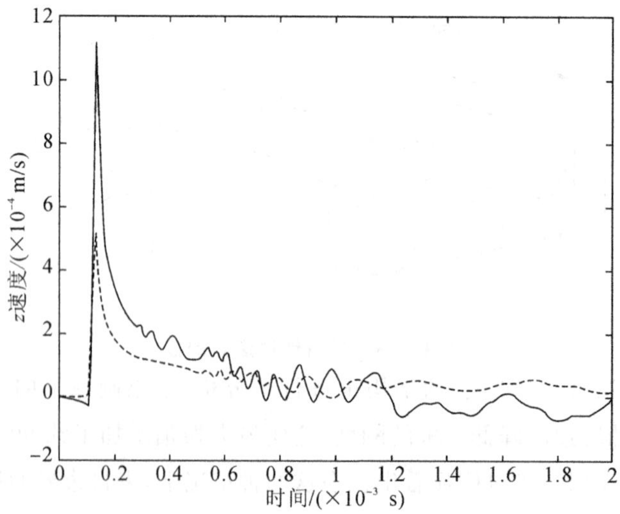

图 13.20 横向速度变化(实线—铺层递减,虚线—均匀板)

13.2.10　加筋复合材料结构的谱有限元格式

航空结构基本上是由加强结构制成的，如 T 形截面、I 形截面、箱形截面等结构。如果这些结构是由复合材料制成的，那么复杂的结构、刚度和惯性耦合使这些结构的分析变得非常具有挑战性。加筋航空结构的一个简单例子是 T 形拉拔接头，其中二维蒙皮连接到一维加筋上。在本节中，我们讨论了构建结构中高频波传播响应建模的两种不同方法。在第一种方法中，使用二维谱板单元的集成的概念来对构建结构进行建模。也就是说，板以及加强筋被建模为二维板单元。然而，这种方法极大地增加了问题的规模，尤其是在波传播分析的情况下。因此，在第二种方法中，开发了谱有限元模型来对蒙皮-加强筋结构进行建模，其中蒙皮被视为板单元，加强筋被视为梁单元。该模型的基本单元是基于 SFEM 的板和梁单元，本章前面已经讨论过这些单元。一旦开发了基本的 SFEM 加强筋模型，则对该模型进行修改，以模拟不同的加强筋横截面的结构，如 I、T、箱形或帽形横截面。其中一些加筋结构如图 13.21 所示。

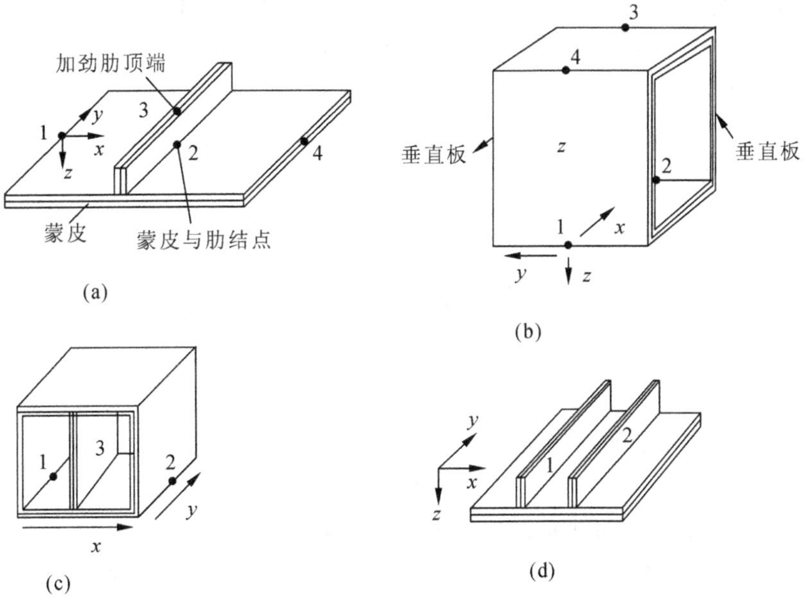

图 13.21　航空结构中的一些典型加强筋横截面

(a)T 形截面；(b)单元箱形结构；(c)双单元箱形结构；(d)具有两个加强筋的加筋结构

加筋结构的谱单元：板板装配体

图 13.21 中所示的结构可以使用板-板集成的概念进行建模，其中第 13.2.9 节中给出的谱板单元将用作该单元的基本构建块。为了分析此类结构，首先在局部坐标中

建立单个蒙皮或加强筋的单元刚度矩阵，并将每个矩阵转换为全局坐标(如第 13.2.4 节所述)，并按照传统有限元的情况进行集成。板-板集成方法如图 13.22 所示。

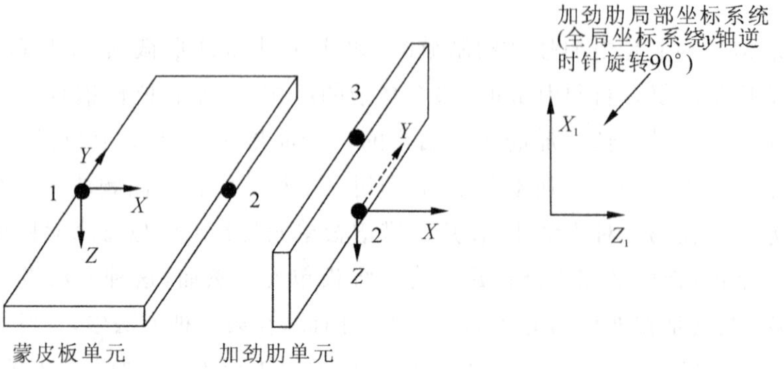

图 13.22

这里，蒙皮是用板单元 1-2 建模的(图 13.22)，其刚度矩阵可以在全局坐标中得到(局部坐标与全局坐标一致，XYZ 如图 13.22 所示)。加强筋(逆时针)与蒙皮单元1-2成 90°角，并使用板单元 2-3 建模(图 13.22)。通过将全局坐标系(XYZ)逆时针方向旋转 90°，获得加强筋单元格式的变换坐标系 $X_1Y_1Z_1$(图 13.22)。因此，在集成单元 1-2 和 2-3 之前，使用下式给出的 10×10 阶变换矩阵[$\boldsymbol{T}$]，将在局部坐标系($X_1Y_1Z_1$)中获得单元 2-3 的刚度矩阵变换到全局坐标系(XYZ)中(有关变换矩阵的更多信息，参见第 13.2.4 节)

$$[\boldsymbol{T}]=\begin{bmatrix}[\boldsymbol{Q}] & [\boldsymbol{0}]\\ [\boldsymbol{0}] & [\boldsymbol{Q}]\end{bmatrix},\quad [\boldsymbol{Q}]=\begin{bmatrix}\cos\theta & \sin\theta & 0 & 0 & 0\\ 0 & 1 & 0 & 0 & 0\\ -\sin\theta & 0 & \cos\theta & 0 & 0\\ 0 & 0 & 0 & 1 & 0\\ 0 & 0 & 0 & 0 & 1\end{bmatrix} \tag{13.84}$$

每个单元的整体刚度矩阵如下

$$[\boldsymbol{K}_g]=[\boldsymbol{T}]^{\mathrm{T}}[\boldsymbol{K}_l][\boldsymbol{T}] \tag{13.85}$$

其中，[$\boldsymbol{K}_l$]是板单元在局部坐标系中的单元刚度矩阵，即图 13.22 中的 $X_1Y_1Z_1$，[$\boldsymbol{K}_g$]是全局坐标 XYZ 中的刚度矩阵，也如图所示，θ 是局部坐标和全局坐标之间的角度(在本例中，相对于 Y 轴为 90°)。在下一步中，单元 1-2 和 2-3 的刚度矩阵可以按如下方式集成

$$\begin{aligned}&[\boldsymbol{K}_{n,m}(j,j)_{\text{plate-plate}}=[\boldsymbol{K}(j,j)_{n,m}]_{\text{plate},1\text{-}2}+\\ &[\boldsymbol{K}(k,k)_{n,m}]_{\text{plate},2\text{-}3}],j=[6,7,\cdots,10],k=[1,2,\cdots,5]\end{aligned} \tag{13.86}$$

$$\left.\begin{aligned}&\boldsymbol{K}_{n,m}(j,j)_{\text{plate-plate}}=[\boldsymbol{K}(j,j)_{n,m}]_{\text{plate},1\text{-}2},j=[1,2,\cdots,5]\\ &\boldsymbol{K}_{n,m}(j,j)_{\text{plate-plate}}=[\boldsymbol{K}(p,q)_{n,m}]_{\text{plate},2\text{-}3}\\ &p,q=[6,7,\cdots,10],j=[11,12,\cdots,15]\end{aligned}\right\} \tag{13.87}$$

这里，下标 n 和 m 提醒我们，耦合刚度矩阵是在 ω_n 和水平波数 η_m 的特定值下计算的。因此，图 13.21(a)所示的加筋结构是通过集成 1-2、2-3 和 2-4 谱板单元来建模的，整体刚度矩阵为 20×20 阶。图 13.21(b)所示的箱形结构则通过集成谱板单元 1-2、2-3、3-4 和 4-1 进行建模(整体刚度矩阵的阶数为 20×20)。

加筋结构的谱单元：板-梁组件

在加筋结构分析中，通常将加强筋建模为梁单元，梁单元通常很厚。因此，在本节中，蒙皮被建模为谱板单元，而加强筋被建模为梁单元，并且两者被耦合以研究加筋结构中的波传播。将二维谱板单元与一维梁单元耦合的方法与集成谱板单元的方法(第 13.2.10 节)完全不同，因为板单元解决方案涉及时间和空间模式的求和，而梁元件仅具有时间模式的求和。时间模式的求和是使用 FFT 进行的[N 个 FFT 点；见方程(8.119)至(8.121)]，这对板和梁单元都是相同的。然而，板单元也使用傅里叶级数在空间上(在 Y 方向上)离散化，并且具有 M 个项，如方程(8.119)至(8.121)所示。因此，为了对在蒙皮结构(使用板单元建模)的整个宽度(Y 方向)上延伸的加强筋进行建模，我们需要在板单元格式中采用的每个水平波数[方程(8.119)至(8.121)中的 η_m]处集成蒙皮单元(板单元)和加强筋单元(梁单元)的刚度矩阵(对于所有 N 个频率值 ω_n)。

在本研究中，方程(13.79)板单元的刚度矩阵为 10×10 阶，随频率(ω_n)和波数(η_m)变化，而集成的梁刚度矩阵则为 6×6 阶，仅随频率(ω_n)变化。板自由度和梁自由度的连接示意图如图 13.23 所示。

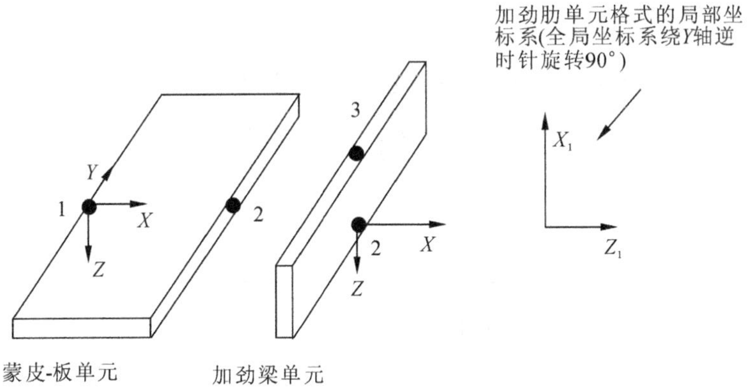

图 13.23 板梁耦合加筋结构的示意图

傅里叶域中梁单元 2-3(图 13.23)的节点位移矢量为$\{\hat{u}_2\ \ \hat{w}_2\ \ \hat{\theta}_2\ \ \hat{u}_3\ \ \hat{w}_3\ \ \hat{\theta}_3\}^{\mathrm{T}}$，板单元 1-2(图 13.22)的节点移位矢量为$\{\hat{u}_1\ \ \hat{w}_1\ \ \hat{\theta}_1\ \ \hat{\psi}_1\ \ \hat{u}_2\ \ \hat{w}_2\ \ \hat{\theta}_2\ \ \hat{\psi}_2\}^{\mathrm{T}}$。因此，为了将板单元(1-2)耦合到梁单元(2-3)，在水平波数(η_m)的每个值处，我们应该改变频率(ω_n)，并分别将得到的梁单元和板单元的相应动态刚度矩阵相加，该矩阵由下式给出

$$
\begin{aligned}
&K_{n,m}(j,j)_{\text{coupled}}=[(K(j,j)_n)_{\text{plt},1\text{-}2}+(K(p,q)_n)_{\text{beam},2\text{-}3}]_m\\
&p,q=1,2,3,\ \ j=6,8,9\\
&K_{n,m}(j,j)_{\text{coupled}}=[(K(j,j)_{n,m})]_{\text{plt},1\text{-}2}\\
&j=[1,2,3,4,5,7,10]\\
&K_{n,m}(j,j)_{\text{coupled}}=[(K(p,q)_n)_{\text{beam},2\text{-}3}]_m\\
&p,q=4,5,6,\ \ j=11,12,13
\end{aligned}
\tag{13.88}
$$

这里，下标 n 和 m 如前所述，表明刚度的特定值是在频率 ω_n 和水平波数 η_m 的特定值下计算的。梁单元格式的变换坐标系($X_1Y_1Z_1$)如图 13.23 所示，它是通过逆时针旋转 90°全局坐标系(XYZ)而获得的。垂直梁单元[方程(13.37)中的 K]在每个 ω_n 值下的刚度矩阵是通过将在局部坐标($X_1Y_1Z_1$)中获得的刚度矩阵转换为全局坐标(XYZ)来获得的，方法与第 13.2.4 节中解释的相同，通过下式给出的 6×6 阶变换矩阵[$\boldsymbol{T}$]来实现的

$$
[\boldsymbol{T}]=\begin{bmatrix}[\boldsymbol{Q}] & [\boldsymbol{0}]\\ [\boldsymbol{0}] & [\boldsymbol{Q}]\end{bmatrix},\quad [\boldsymbol{Q}]=\begin{bmatrix}\cos\theta & \sin\theta & 0\\ -\sin\theta & \cos\theta & 0\\ 0 & 0 & 1\end{bmatrix},\quad [\boldsymbol{K}_{\text{beam}}]=[\boldsymbol{T}]^{\mathrm{T}}[\boldsymbol{K}_l][\boldsymbol{T}] \tag{13.89}
$$

其中，[$\boldsymbol{K}_l$]是局部坐标(图 13.23 中的 $X_1Y_1Z_1$)中的单元刚度矩阵[方程(13.37)]，[$\boldsymbol{K}_{\text{beam}}$]是全局坐标($XYZ$)中的变换刚度矩阵，$\theta$(90°，在图 13.23 中)是板相对于 Y 轴的旋转角度。板梁耦合刚度矩阵的阶数为 13×13。最后，在对加筋结构建模时(图 13.21)，通过集成板单元 1-2、2-4 和梁单元 2-3 获得整体刚度矩阵，其阶数为 18×18。

使用板梁耦合对 T 形、I 形和帽形截面进行建模

在本节中，对具有不同横截面加强筋的蒙皮加强筋结构(图 13.24)进行波传播分析建模。

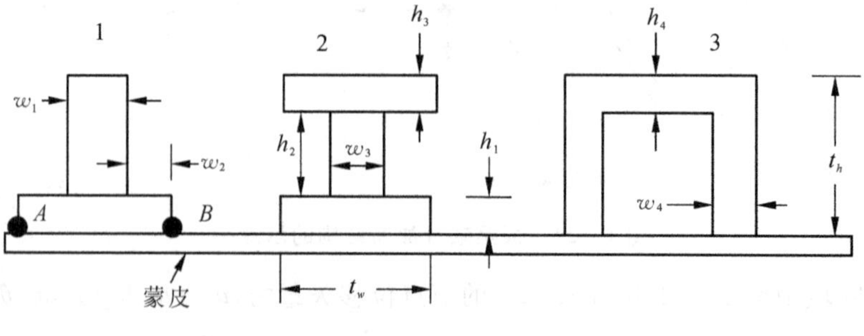

图 13.24 研究中考虑的加强筋的不同横截面

(1. T 形截面；2. I 形截面；3. 帽形截面)

这里，蒙皮是使用谱板单元建模的，而加强筋结构的每个节段通过谱梁单元建模。

然而，在进行分析之前，需要开发一种方法来耦合板和梁单元，其中梁与板平行，并直接放置在板单元上方，如图 13.25 所示。这里，梁连接在板上，其中板和梁的中面平行，梁的中面与板的中平面相距一段距离 e（如图 13.25 所示），因此在耦合单元时考虑板和梁中面的这种偏移。这种耦合单元可以使用板和梁界面的运动学假设进行建模，即横截面保持平直，这导致界面处的斜率是连续和恒定的。这与参考文献[258]和[255]中使用的假设类似。在这种假设下，可以获得以下关于图 13.25 的节点位移方程。

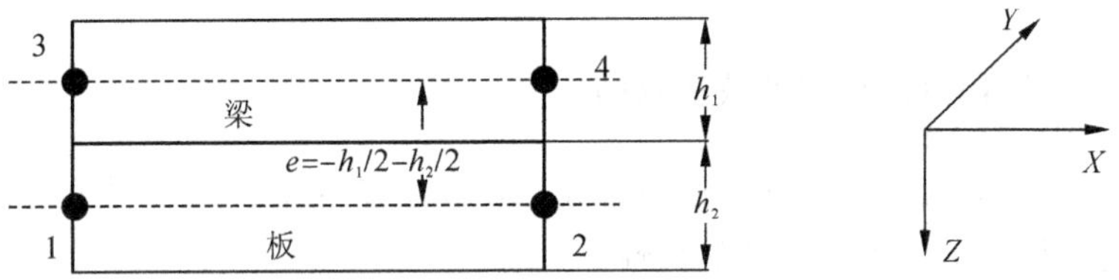

图 13.25　直接放置在板单元上方的梁的示意模型

$$\begin{Bmatrix}\hat{u}_3\\\hat{w}_3\\\hat{\theta}_3\end{Bmatrix}_{\text{beam}}=[\boldsymbol{S}_1]\begin{Bmatrix}\hat{u}_1\\\hat{w}_1\\\hat{\theta}_1\end{Bmatrix}_{\text{plate}}\quad[\boldsymbol{S}]=\begin{bmatrix}1&0&e\\0&1&0\\0&0&1\end{bmatrix}\tag{13.90}$$

$$\begin{Bmatrix}\hat{u}_4\\\hat{w}_4\\\hat{\theta}_4\end{Bmatrix}_{\text{beam}}=[\boldsymbol{S}_1]\begin{Bmatrix}\hat{u}_2\\\hat{w}_2\\\hat{\theta}_2\end{Bmatrix}_{\text{plate}}\tag{13.91}$$

其中下标 1、2、3 和 4 是相应的节点。类似地，节点 1 和 2 处的合力可以写成

$$\begin{Bmatrix}\hat{N}_x\\\hat{V}_x\\\hat{M}_x\end{Bmatrix}_i=\begin{Bmatrix}\hat{N}_x\\\hat{V}_x\\\hat{M}_x\end{Bmatrix}_i+\begin{Bmatrix}\hat{N}_x\\\hat{V}_x\\\hat{M}_x\end{Bmatrix}_j+\begin{Bmatrix}0\\0\\e\hat{N}_x\end{Bmatrix}_j,i=1,2,j=3,4\tag{13.92}$$

其中，$\hat{N}_x$、$\hat{V}_x$ 和 $\hat{M}_x$ 分别是频域中 X 方向上的轴向力、Z 方向上的剪切力和绕 Y 轴的弯矩。下标 i 和 j 分别表示板和梁的节点编号。因此，图 13.25 中给出的结构可以建模为单个单元，其中梁的节点位移可以用节点板位移[方程(13.91)]和方程(13.92)中给出的节点力来表示。可以获得梁和板的单元刚度矩阵，并且在水平波数(η_m)的每个值处板刚度矩阵与梁刚度矩阵耦合（对于所有 N 个频率值），据此可以推导出耦合板-梁的刚度矩阵。该板-梁耦合刚度矩阵的阶数为 10×10，如下所示

$$\begin{aligned}&K_{n,m}(j,j)_{\text{coupled}}=[(K(j,j)_n)_{\text{plt},1\text{-}2}+(K(p,q)_n)_{\text{beam},3\text{-}4}]_m\\&p,q=1,\cdots,6,\ \ j=[1,3,4,6,8,9]\\&K_{n,m}(j,j)_{\text{coupled}}=[(K(j,j)_{n,m})_{\text{plt},1\text{-}2},j=[2,5,7,10]\end{aligned}\tag{13.93}$$

其中$[\boldsymbol{K}_{\text{plt}}]$是板单元 1-2 的刚度矩阵，阶数为 10×10，而$[\boldsymbol{K}_{\text{beam}}]$是偏心梁的刚度矩阵，由下式给出

$$[\boldsymbol{K}_{\text{beam}}]=[\boldsymbol{K}_{\text{beam},3\text{-}4}]\begin{bmatrix}[\boldsymbol{S}_1] & \boldsymbol{0}\\ \boldsymbol{0} & [\boldsymbol{S}_1]\end{bmatrix}$$

其中$[\boldsymbol{K}_{\text{beam}}]$的阶数为 6×6。板和梁的刚度矩阵都是在 XYZ 坐标系中获得的（全局坐标和局部坐标重合），如图 13.25 所示。垂直梁单元可以通过以相同的方式将局部坐标中的刚度矩阵转换为全局坐标来耦合，如 13.2.2 节所述。

13.2.11 加筋结构中波传播的数值算例

在本节中，我们使用构造的加筋谱单元（板-板连接单元和板-梁连接单元）来研究不同加筋复合材料结构中的波散射特性。

加筋结构中的波传播

在本节中，我们通过研究两种不同的加筋结构来研究波散射特征，一种是图 13.21(a)所示的 T 形截面结构，另一种是图 13.21 的箱形结构。这里，板-板组合模型和板-梁组合模型都用于显示波散射效应，特别是来自蒙皮-加强筋界面的波散射效应。在板-板模型中，蒙皮和加强筋均建模为板，而在板-梁组合模型中，蒙皮建模为板而加强筋建模为梁。模型在第 13.2.10 中进行了详细解释。复合材料层合板所用材料为玻璃纤维增强复合材料，其具有以下材料特性 $E_1=144.4$ GPa，$E_2=E_3=9.6$ GPa，$G_{23}=G_{13}=G_{12}=4.1$ GPa，$\nu_{23}=0.3$，$\nu_{13}=\nu_{12}=0.02$ 和 $\rho=1389\ \text{kg/m}^3$。在整个研究过程中，考虑的复合材料层合板由 8 层组成，除另有规定外，假设每层厚度为 1 mm。首先，通过将从 SFEM 模型获得的响应与使用二维经典有限元分析获得的响应进行比较来验证该模型。然后对箱形和双层加筋结构中的波散射特性进行了研究。本研究的目的之一是提取由于蒙皮-加强筋结构中存在加强筋和垂直板而引起的轴向-弯曲耦合效应。在整个研究过程中，在施加载荷的同一点测量响应。

在这里，我们考虑了图 13.21(a)所示的 T 形截面问题。从两个 SFEM 模型获得的波响应都用传统的有限元解进行了验证。对于板-板模型，图 13.21(a)所示的结构需要 3 个谱单元，用于研究的蒙皮-加强筋结构在 X 方向上为 0.8 m，在 Y 方向上为 0.6 m，在距离节点 10.6 m 处（X 方向）安装一个 0.5 m 高的加强筋[见图 13.21(a)]。对于板梁组件模型，同一模型由两个谱板单元和一个单梁单元组成，板-板模型情况下的总刚度矩阵阶数为 20×20，而板-梁模型的为 18×18。

如图 13.26(a)所示，载荷是一个三角形宽带信号，其傅里叶变换如图 13.26(b)所示。载荷的变换使用了 8192 个 FFT 点，对于板-板模型，使用 30 个傅里叶级数点对

空间变化进行建模。对于传统有限元分析，使用 4 节点板单元对结构进行建模，分析需要至少 10000 个单元。此外，在传统有限元分析中，为了准确捕捉波响应，所考虑的单元尺寸是所研究模式最小波长的 1/20[151]。在采用传统有限元分析进行求解时，采用 Newmark 时间积分法进行时间积分，时间步增量为 1 μs。在本研究中，为了验证板-板和板-梁耦合模型的准确性，最主要的参数是蒙皮-加强筋连接处（结点 2，图 13.21）和加强筋顶部（节点 3）的第一次反射的到达时间。因此，为了保持比较的一致性，结构在 Y 方向上的长度是以这样一种方式取值的，即来自边界的反射不会在我们感兴趣的时间范围内到达观测点。

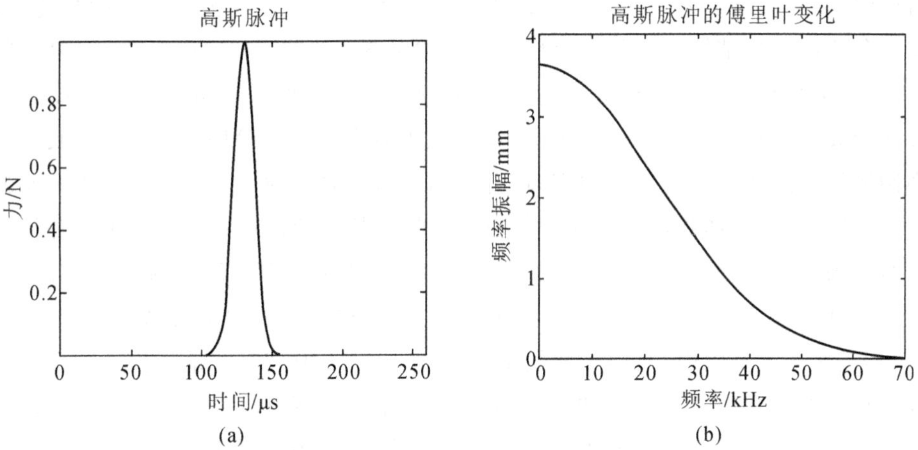

图 13.26　宽带三角脉冲荷载及其谱变换

(a)宽带三角加载脉冲；(b)输入信号的 FFT

对复合材料板波数的研究（见第 8.5 节）表明，由于刚度和惯性耦合，对称（纵向）和反对称（横向）模式共存。在本研究中，在节点 2 处的横向方向上施加载荷，并在同一点处测量横向响应。图 13.27 显示了节点 1 处的谱模型和传统有限元获得的响应的比较（见图 13.21）。

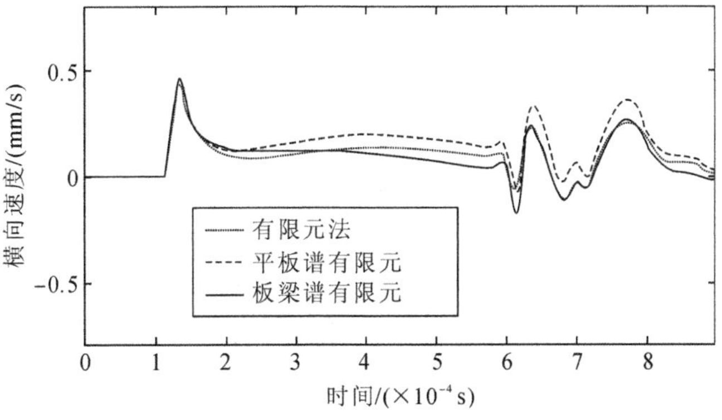

图 13.27　使用 SFEM 和 2D FE 分析的蒙皮加强筋结构的横向速度响应

在图 13.27 中，蒙皮和加强筋交界处（节点 2，图 13.21）的反射（弯曲模式）在 0.62 ms开始，由于弯曲-轴向耦合而出现，加强筋顶部自由端（节点 3）的反射（轴向模式），在 0.72 ms 开始。入射脉冲和第一次反射时间之间的时间间隔是用于计算群速度的度量。因此，如果我们知道波的行进距离以及入射脉冲和反射脉冲之间的时间间隔，我们就可以获得波的速度。在本研究中，对称轴向模式的传播速度（10000 m/s）是反对称弯曲模式的五倍。两个模型之间结构质量分布的差异导致使用 SFEM 和 FEM 模型获得的响应振幅的微小差异。然而，当我们比较结果时，在使用两个模型获得的结果中，反射的到达时间非常匹配。事实上，当我们实际将这些模型用于结构健康监测时，第一次反射的到达时间是最重要的参数。与 SFEM 模型的性能相比，使用有限元分析的上述结构的波传播分析需要大的系统规模，因此需要更多的计算时间。

这里，为了获得加筋结构的速度响应，FEM 模型需要 115 min，而 SFEM 模型只需要 32 min（MATLAB 代码，Intel Core 2 核处理器）。SFEM 的计算效率取决于避免强制周期性问题所需的总时间窗口，并且可以通过改变时间采样率或 FFT 点的数量来调整时间窗口，如我们在第 4 章中所讨论的。频率的增加进一步减少了分析所需的总时间窗口，从而减少了计算时间[127]。然而，在传统的 FEM 中，随着频率的增加，对单元尺寸与波长相当的要求使得问题尺寸扩大，以至于在计算上变得令人望而却步，尤其是在高频范围内。此外，我们可以看到，SFEM 模型很好地捕捉到了由于加强筋或连接板的存在而引起的弯曲-轴向耦合的影响。与板-板耦合 SFEM 模型和二维有限元模型相比，板-梁耦合 SFEM 模型的系统规模较小。接下来，我们可以沿着蒙皮绘制不同时刻的波形，如图 13.28 所示。

接下来，我们将研究波在多重加筋结构中的传播。此处考虑的结构如图 13.21(d) 所示。然而，加强筋的数量从 1 个到 3 个不等。在这项研究中，我们将考虑之前考虑的宽带脉冲（如图 13.26 所示）和图 13.29 所示的窄带突发信号。

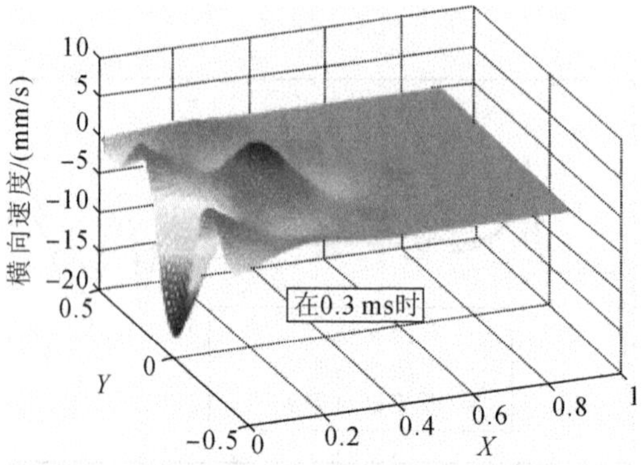

(a)

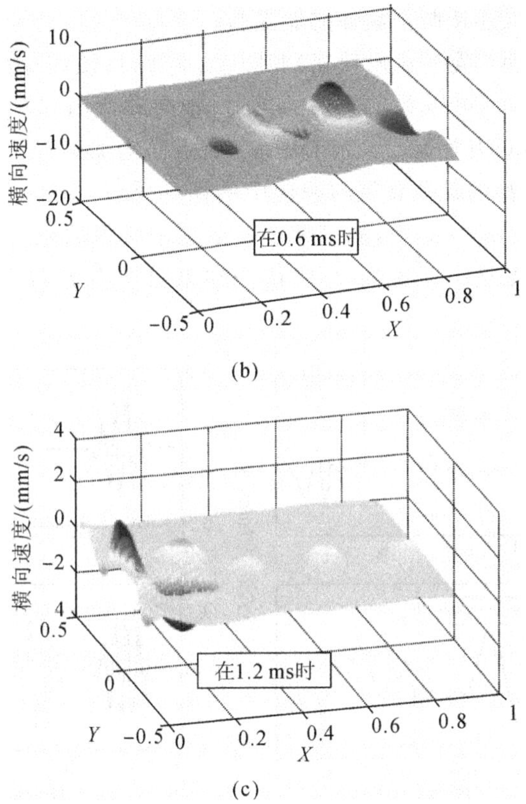

图 13.28　不同时间蒙皮加强筋结构的横向速度响应

(a)时间=0.3 ms;(b)时间=0.6 ms;(c)时间=1.2 ms

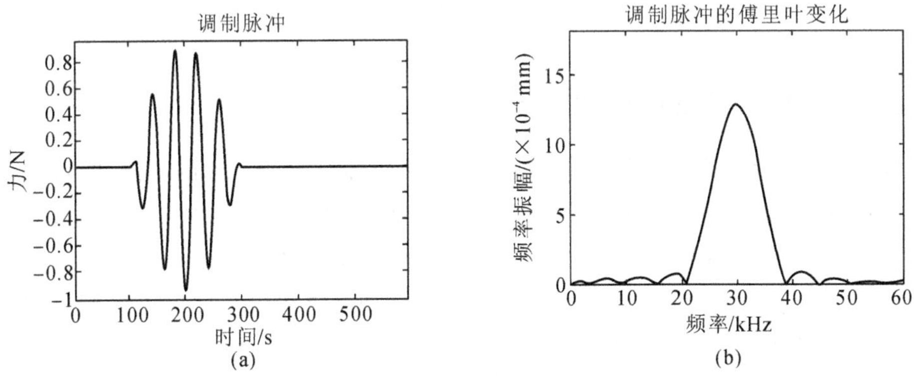

图 13.29　窄带脉冲荷载及其谱变换

(a)窄带加载脉冲;(b)输入信号的 FFT

蒙皮在 X 方向上为 1.2 m,在 Y 方向上为 2.5 m,加强筋高度为 50 cm。在单加强筋情况下,加强筋连接在距离载荷施加点 0.9 m(X 方向)的位置[节点 1,图 13.21(d)]。在三加强筋结构情况下,除前一位置的单加强筋外,在距离载荷施加点(节点 1)0.3 m 和

0.6 m(X 方向)的点处连接两个额外的加强筋。

在图 13.30(a)(使用宽带激励获得)和图 13.30(b)(使用脉冲激励获得)中,在增加两个加强筋的情况下,可以看到额外的反射(轴向和弯曲)(弯曲反射从 0.4 ms 开始,轴向反射从 0.5 ms 开始)。当我们从一个加强筋增加到三个加强筋时,我们可以清楚地看到从两种类型的载荷获得的响应中的额外反射。三个加强筋将产生三个反射横波。然而,在图 13.30(b)中,从窄带突发荷载中获得的响应,我们可以看到几个额外的斑点,这些斑点是由于轴向-弯曲耦合和来自所有方向边界的反射而产生的响应。

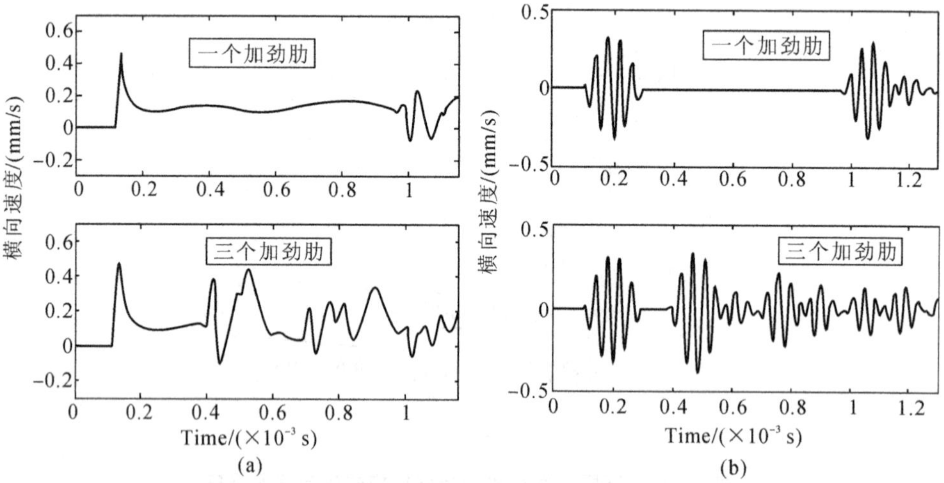

图 13.30 横向速度响应

(a)宽带脉冲加载;(b)窄带脉冲加载

13.2.12 傅里叶谱有限元法的优缺点

我们已经看到,SFEM 能够有效地跟踪由于边界反射而产生的不同波,以及由于模式转换或模式固定而产生的新波。这之所以成为可能,主要是因为在有限元框架中引入了波传播问题。SFEM 相对于传统有限元的一些优点可以总结如下:

1. 使用 SFEM 获得的刚度和惯性分布是精确的,这是由于使用了控制微分方程的精确解作为谱单元格式的插值函数。由于这一特点,与使用近似多项式作为插值函数的传统 FEM 相比,问题的规模要小很多阶。事实上,在任何两个节点之间,一个单元就足够了,除非构件在节点之间加载。

2. SFEM 对该问题没有任何频率限制。也就是说,如果载荷是窄带的或宽带的,或者是低频或高频的内容,问题的大小不会改变。在 FEM 中,网格大小在很大程度上取决于输入信号的频率成分,如果频率较大,则波长非常小,并且网格尺寸应与波长相关。通常,网格大小应为 $\lambda/8 \sim \lambda/10$,其中 λ 是输入信号的波长。

3. 通过简单地从插值函数中删除反射系数来对无限域进行建模是很简单的。

4. 从传统的 FEM 方程中获得频率响应函数(FRF)非常烦琐。SFEM 可以在单个分析中获得时域和频域响应。

5. SFEM 的频域方程能够以简单明了的方式解决反问题,即力识别或系统识别问题。使用传统的有限元法求解同样的问题是非常困难的,并且在许多情况下是不可能的。

6. 在 SFEM 环境中,处理黏弹性介质中的波传播是简单的,它不涉及使用传统 FEM 对相同问题建模的时间步长和数值求解。

7. 众所周知,结构中的阻尼与频率有关。与传统 FEM 相比,SFEM 的频域公式能够更真实地处理阻尼。

SFEM 也有自己的缺点,总结如下:

1. 谱有限元模型仅适用于具有规则几何形状的结构,其中波方程的精确解是可用的。与传统的 FEM 不同,这限制了它在复杂几何形状中的使用。

2. 由于信号在时域和频域中的强制周期性,SFEM 存在严重的信号环绕问题,这一方面将在下一小节中单独讨论,这限制了它在较短波导中的使用。

3. 与传统的有限元法不同,SFEM 需要两个软件,即在时域和频域之间来回切换的 FFT 和 SFEM 软件。

4. 如前所述,SFEM 需要 FFT,这需要正确选择时间采样率 Δt 和 FFT 点数 N,对于许多问题,其选择可能很棘手。

5. 使用 FFT 处理较短和较硬的边界是非常困难和烦琐的。人们需要使用偏移单元来接收被困的能量,以更好地获得响应的时间分辨率。

13.2.13　谱有限元中的信号环绕问题

如前所述,FFT 假设信号在时域和频域都是周期性的。因此,信号与有限时间窗口相关联,该有限时间窗口由所选择采样信号的 FFT 点的数量 N 或时间采样率 Δt 决定。众所周知,在具有小衰减的介质中传播的频散信号通常不会在所选窗口内衰减,无论时间窗口有多长。超过所选时间窗口的信号轨迹将开始出现在时间时程的初始部分,从而完全扭曲了时间响应,这个问题被称为信号环绕。如果使用小波变换,就不存在这样的问题。为了更好地理解这个问题,我们考虑了一个经历轴向运动 $u(x,t)$ 并承受与时间相关的载荷 $P(x,t)$ 的一维悬臂梁[图 13.31(a)]。

我们可以使用公式化的谱杆单元清楚地解释信号环绕。让我们考虑图 13.31(a) 中所示的悬臂杆。刚度关系与动态刚度矩阵有关,两个节点 $\hat{u}_1$、$\hat{u}_2$ 处的轴向位移和力 $\hat{F}_1$、$\hat{F}_2$ 由下式给出

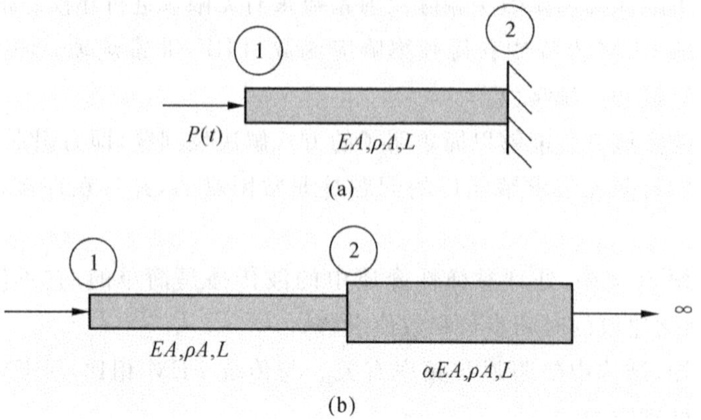

图 13.31 环绕问题

(a)承受轴向载荷的短悬臂梁;(b)连接有无限段的短悬臂杆

$$\begin{Bmatrix}\hat{F}_1\\ \hat{F}_2\end{Bmatrix}=\frac{EA}{L}\frac{\mathrm{i}kL}{1-\mathrm{e}^{-2\mathrm{i}kL}}\begin{bmatrix}1+\mathrm{e}^{-2\mathrm{i}kL} & -2\mathrm{e}^{-\mathrm{i}kL}\\ -2\mathrm{e}^{-\mathrm{i}kL} & 1+\mathrm{e}^{-2\mathrm{i}kL}\end{bmatrix}=\begin{Bmatrix}\hat{u}_1\\ \hat{u}_2\end{Bmatrix} \tag{13.94}$$

其中 $k=\omega\sqrt{\rho A/EA}$是波数。接下来,我们施加边界条件并获得频率响应函数(FRF)。为了获得 FRF,需要获得对单位脉冲的响应。由于杆在节点 1 处加载,在方程(13.94)中的节点 1 处施加单位载荷,并获得 FRF。也就是说有

$$\begin{Bmatrix}1\\ \hat{F}_2\end{Bmatrix}=\frac{EA}{L}\frac{\mathrm{i}kL}{1-\mathrm{e}^{-2\mathrm{i}kL}}\begin{bmatrix}1+\mathrm{e}^{-2\mathrm{i}kL} & -2\mathrm{e}^{-\mathrm{i}kL}\\ -2\mathrm{e}^{-\mathrm{i}kL} & 1+\mathrm{e}^{-2\mathrm{i}kL}\end{bmatrix}=\begin{Bmatrix}\hat{u}_1\\ 0\end{Bmatrix} \tag{13.95}$$

求解上述方程 $\hat{u}_1$,得到

$$\hat{u}_1=\frac{L}{EA}\frac{1}{\mathrm{i}kL}\frac{1-\mathrm{e}^{-2\mathrm{i}kL}}{1+\mathrm{e}^{-2\mathrm{i}kL}} \tag{13.96}$$

用三角函数表示复指数,可以简化:

$$\frac{1-\mathrm{e}^{-2\mathrm{i}kL}}{1+\mathrm{e}^{-2\mathrm{i}kL}}=\frac{\sin kL(\sin kL+\mathrm{i}\cos kL)}{\cos kL(\cos kL-\mathrm{i}\sin kL)}=\tan kL\ \frac{\mathrm{e}^{-\pi/2-kL}}{\mathrm{e}^{-\mathrm{i}kL}}=\mathrm{i}\tan kL$$

使用上述方程代入方程(13.96)中,频率响应函数 FRF 可以写成

$$\mathrm{FRF}=\frac{L}{EA}\frac{\tan kL}{kL} \tag{13.97}$$

通过将 FRF 与输入载荷进行卷积来获得响应。对于在所选时间窗口内衰减的响应,传递函数必须是复数形式的。在目前的情况下,传递函数仅为实数,并且是 ω 的函数,该函数对所有 ω 都为有限值。因此,无论杆件有多长,响应都不会在选定的时间窗口内减弱。这是 FFT 在分析有限结构时的严重局限性之一。

在分析中,总时间窗口 $T=N\Delta t$,其中 N 是 FFT 点数,Δt 是时间采样率。因此,避免环绕问题的关键是增加时间窗口。这可以通过增加 FFT 点的数量 N、增加时间

采样率 Δt 或这些的组合来实现。请注意，增加采样率有时会导致信号混叠问题，其后果在文献[94]中进行了解释。或者，可以在波数上添加少量阻尼，使其复数化为 $k=k(1-\mathrm{i}\eta)$，其中 η 是一个小阻尼常数。上述方法可能仍然不适用于悬臂杆问题等系统，因为悬臂杆问题给出了真实的传递函数。对于这样的问题，通过使用不同的建模原理来消除信号环绕。

在有限结构中，由于边界的反复反射，能量被捕获，这导致信号缠绕。通过允许一些来自固定边界的响应泄漏，可以添加一些人工阻尼，从而可以获得时间响应的良好分辨率。这可以通过将一个偏移单元连接到现有单元来实现，偏移单元的轴向刚度为 αEA，其中 α 为一个大于 1 的值，它需要通过反复试验来选择，以便该程序能够模拟节点 2 处存在的固定性条件[建模原理如图 13.31(b)所示]。现在将推导出这个新系统的传递函数。此修改系统的刚度关系由下式给出

$$\begin{Bmatrix}\hat{F}_1\\\hat{F}_2\end{Bmatrix}=\left[\frac{EA}{L}\frac{\mathrm{i}kL}{1-\mathrm{e}^{-2\mathrm{i}kL}}\begin{bmatrix}1+\mathrm{e}^{-2\mathrm{i}kL} & -2\mathrm{e}^{-\mathrm{i}kL}\\ -2\mathrm{e}^{-\mathrm{i}kL} & 1+\mathrm{e}^{-2\mathrm{i}kL}\end{bmatrix}+\begin{bmatrix}0 & 0\\ 0 & \dfrac{\alpha EA}{L}\dfrac{\mathrm{i}kL}{\sqrt{\alpha}}\end{bmatrix}\right]\begin{Bmatrix}\hat{u}_1\\\hat{u}_2\end{Bmatrix} \tag{13.98}$$

其中偏移单元的波数等于 $k/\sqrt{\alpha}$。对于这个系统，现在通过代入 $\hat{F}_1=1$ 来确定 FRF，并注意在这种情况下 $\hat{u}_2\neq 0$。求解上述方程组，节点 1 和节点 2 处的 FRF 由下式给出

$$\begin{aligned}\hat{u}_1&=\frac{L}{EA}\frac{1}{\mathrm{i}kL}\left[\frac{1+\mathrm{e}^{-2\mathrm{i}kL}+\sqrt{\alpha}(1-\mathrm{e}^{-2\mathrm{i}kL})}{1+\sqrt{\alpha}-\mathrm{e}^{-2\mathrm{i}kL}(1-\sqrt{\alpha})}\right]\\ \hat{u}_1&=\frac{L}{EA}\frac{1}{\mathrm{i}kL}\left[\frac{2\mathrm{e}^{-\mathrm{i}kL}}{1+\sqrt{\alpha}-\mathrm{e}^{-2\mathrm{i}kL}(1-\sqrt{\alpha})}\right]\end{aligned} \tag{13.99}$$

用三角函数表示复指数，节点 1 处的 FRF 由下式给出

$$\hat{u}_1=\frac{\cos kL+\mathrm{i}\sqrt{\alpha}\sin kL}{\sqrt{\alpha}\cos kL+\mathrm{i}\sin KL} \tag{13.100}$$

上述术语总是复杂的，这意味着它既有实部也有虚部，这表明当波传播时，它也会衰减。也就是说，如果时间窗口足够大，那么可以避免全面的问题。可以通过适当选择 α 或偏移单元的轴向刚度 EA 来控制衰减水平，从而使响应在所选窗口内消失。如果方程(13.100)中的 $\alpha=\infty$，我们恢复了悬臂杆的 FRF，而如果 $\alpha=0$，我们可以获得自由杆的 FRF。这个表达式恰好也是真实地表明即使在自由杆中也会发生严重的信号环绕。从上面的讨论中可以清楚地看出，如果在波分析中使用 FFT，那么为了避免信号环绕并具有良好的时间分辨率的响应，有必要在短有限段上附加具有适当材料特性的偏移单元。我们将在本章后面说明某些有限结构中严重信号环绕的存在。

13.3 频率成分基于小波变换的谱有限元格式

第4.3节介绍了用于求解偏微分方程的小波变换。在本节中，将概述各向同性框架单元开发基于小波变换的SFEM格式的分步过程，其中首先对第一个基于SFEM小波的杆和梁单元进行格式构造，然后将其组合以获得基于小波变换的谱框架单元。如前所述，将基于小波变换的SFEM称为小波变换。

正如所看到的，基于傅里叶的谱方法的主要缺点是它不能处理短波导，这是因为较短的长度会迫使在较小的时间尺度上进行多次反射。由于傅里叶变换与有限的时间窗口相关联(这取决于时间采样率和FFT点的数量)，因此较短的波导长度不允许响应在所选的时间窗口内衰减，而这与建模中使用的阻尼类型无关，这迫使响应环绕，也就是说，超出所选时间窗口的响应的剩余部分将首先开始出现，这与正常理解的响应不同。正是在这种情况下，具有局部化基函数的紧支小波可以有效地用于短波导。文献[154]，[170]，[305]介绍了用于模拟波传播的不同的基于小波的建模技术。

小波变换公式[322]与谱有限元非常相似，只是用Daubechies尺度函数对时间近似。这将偏微分方程简化为耦合常微分方程，并且特征值分析对常微分方程解耦，然后类似于在谱有限元中对解耦的常微分方程一样进行求解。小波分析适用于有限域，并且可以使用小波外推技术来施加初始值[12],[13],[382]，这消除了由于谱有限元中假定解的周期性而导致的信号环绕相关联的问题，并使得对于相同问题小波分析具有较小的时间窗口。出于类似的原因，小波变换可用于谱有限元不起作用的无阻尼结构的分析。然而，小波变换也可以通过考虑周期性边界条件来构造，并且在这种情况下，预期结果与使用谱有限元获得的结果相似。

尽管谱有限元在波传播的时域分析中遇到了一些问题，但它是研究波的各种频率相关特性，即频谱和频散关系的唯一方法。在谱有限元中，使用FFT将弹性波方程转换到频域。因此，可以直接从变换域中的分析获得谱(波数的频率依赖性)和频散(波速的频率依赖性)关系。然而，对于小波变换的偏微分方程，情况并非如此。此时，变量的变换给出了一个矩阵方程，其中对波动特性的解释并不直接。方程的规模取决于采样点的数量(因此也取决于采样率)。事实上，对较短波导的分析总是有代价的，这类分析是以对输入信号的时间采样率的约束形式出现的。在本节中，在周期性小波变换中变换的ODE与在谱有限元中获得的ODE之间建立了对应关系。这项研究有助于将构造的WSFE直接用于波传播的频域分析。最后，本节对在频域中对非周期解施加边界条件(通过小波外推技术)的影响进行了数值研究。

13.3.1　控制方程及其简化常微分方程

在本节中，将概述谱框架单元格式，它是谱杆和梁单元的组合。在各向同性的铁木辛柯梁中，轴向运动和横向运动是不耦合的。3 自由度各向同性铁木辛柯梁的控制微分方程如下

$$EA\frac{\partial^2 u}{\partial x^2}=\rho A\frac{\partial^2 u}{\partial t^2} \tag{13.101}$$

$$GAK\left(\frac{\partial^2 w}{\partial x^2}-\frac{\partial\theta}{\partial x}\right)=\rho A\frac{\partial^2 w}{\partial t^2} \tag{13.102}$$

$$EI\frac{\partial^2\theta}{\partial x^2}+GAK\left(\frac{\partial w}{\partial x}-\theta\right)=\rho I\frac{\partial^2\theta}{\partial t^2} \tag{13.103}$$

其中 GAK 和 EI 分别是剪切刚度和弯曲刚度，ρA 和 ρI 是相应的惯量。$u(x,t)$、$w(x,t)$ 和 $\theta(x,t)$ 分别是轴向变形、横向变形和旋转变形。设 $u(x,t)$ 在时间窗口 $[0,t_f]$ 中的 n 个点处被离散化。设 $\tau=0,1,\cdots,n-1$ 为采样点，则

$$t=\Delta t\tau \tag{13.104}$$

其中 Δt 是两个采样点之间的时间间隔。函数 $u(x,t)$ 可以通过尺度函数 $\varphi(\tau)$（在第4.3节中解释）在任意尺度上近似为

$$u(x,t)=u(x,\tau)=\sum_k u_k(x)\varphi(\tau-k),k\in\mathbf{Z} \tag{13.105}$$

其中，$u_k(x)$（以下简称 u_k）是某一空间维度 x 处的近似系数。类似地，其他两个运动 $w(x,t)$ 和 $\theta(x,t)$ 可以是

$$w(x,t)=w(x,\tau)=\sum w_k(x)\varphi(\tau-k),k\in\mathbf{Z} \tag{13.106}$$

$$\theta(x,t)=\theta(x,\tau)=\sum_k\theta_k(x)\varphi(\tau-k),k\in\mathbf{Z} \tag{13.107}$$

将方程(13.104)至(13.107)代入方程(13.101)到(13.103)中，得到

$$\left.\begin{aligned}&EA\sum_k\frac{\mathrm{d}^2u_k}{\mathrm{d}x^2}\varphi(\tau-k)=\frac{\rho A}{\Delta t^2}\sum_k u_k\varphi''(\tau-k)\\&GAK\sum_k\left[\frac{\mathrm{d}^2w_k}{\mathrm{d}x^2}-\frac{\mathrm{d}\theta_k}{\mathrm{d}x}\right]\varphi(\tau-k)=\frac{\rho A}{\Delta t^2}\sum_k w_k\varphi''(\tau-k)\end{aligned}\right\} \tag{13.108}$$

$$\begin{aligned}&EI\sum_k\frac{\mathrm{d}^2\theta_k}{\mathrm{d}x^2}\varphi(\tau-k)+GAK\sum_k\left[\frac{\mathrm{d}w_k}{\partial x}-\theta_k\right]\varphi(\tau-k)\\&=\frac{\rho I}{\Delta t^2}\sum_k\theta_k\varphi''(\tau-k)\end{aligned} \tag{13.109}$$

在方程(13.108)—(13.109)的两边与 $\varphi(\tau-j)(j=0,1,\cdots,n-1)$ 内积，得到

$$EA\sum_k \frac{\mathrm{d}^2 u_k}{\mathrm{d}x^2}\int\varphi(\tau-k)\varphi(\tau-j)\mathrm{d}\tau = \frac{\rho A}{\Delta t^2}\sum_k u_k\int\varphi''(\tau-k)\varphi(\tau-j)\mathrm{d}\tau \tag{13.110}$$

$$GAK\sum_k\left(\frac{\mathrm{d}^2 w_k}{\mathrm{d}x^2}-\frac{\mathrm{d}\theta_k}{\mathrm{d}x}\right)\int\varphi(\tau-k)\varphi(\tau-j)\mathrm{d}\tau = \frac{\rho A}{\Delta t^2}\sum_k w_k\int\varphi''(\tau-k)\varphi(\tau-j)\mathrm{d}\tau \tag{13.111}$$

$$EI\sum_k \frac{\mathrm{d}^2\theta_k}{\mathrm{d}x^2}\int\varphi(\tau-k)\varphi(\tau-j)\mathrm{d}\tau + GAK\sum_k\left(\frac{\mathrm{d}w_k}{\partial x}-\theta_k\right)\int\varphi(\tau-k)\varphi(\tau-j)\mathrm{d}\tau = \frac{\rho I}{\Delta t^2}\sum_k\theta_k\int\varphi''(\tau-k)\varphi(\tau-j)\mathrm{d}\tau \tag{13.112}$$

尺度函数的平移是正交的，也就是说

$$\int\varphi(\tau-k)\varphi(\tau-j)\mathrm{d}\tau = 0,\quad j\neq k \tag{13.113}$$

使用方程(13.113)，方程(13.110)至(13.112)可以分别写为 n 个 ODE

$$EA\frac{\mathrm{d}^2 u_j}{\mathrm{d}x^2} = \frac{\rho A}{\Delta t^2}\sum_{k=j-N+2}^{j+N-2}\Omega^2_{j-k}u_k \quad j=0,1,\cdots,n-1 \tag{13.114}$$

$$GAK\left[\frac{\mathrm{d}^2 w_j}{\mathrm{d}x^2}-\frac{\mathrm{d}\theta_j}{\mathrm{d}x}\right] = \frac{\rho A}{\Delta t^2}\sum_{k=j-N+2}^{j+N-2}\Omega^2_{j-k}w_k \quad j=0,1,\cdots,n-1 \tag{13.115}$$

$$EI\frac{\mathrm{d}^2\theta_j}{\mathrm{d}x^2}+GAK\left[\frac{\mathrm{d}w_j}{\mathrm{d}x}-\theta_j\right] = \frac{\rho I}{\Delta t^2}\sum_{k=j-N+2}^{j+N-2}\Omega^2_{j-k}\theta_k \quad j=0,1,\cdots,n-1 \tag{13.116}$$

其中 N 是 Daubechies 小波的阶数。Ω^2_{j-k}是连接系数，定义为

$$\Omega^2_{j-k} = \int\varphi''(\tau-k)\varphi(\tau-j)\mathrm{d}\tau \tag{13.117}$$

类似地，一阶导数 Ω^1_{j-k}定义为

$$\Omega^1_{j-k} = \int\varphi'(\tau-k)\varphi(\tau-j)\mathrm{d}\tau \tag{13.118}$$

对于紧支小波，Ω^1_{j-k}，Ω^2_{j-k}仅在区间 $k=j-N+2$ 到 $k=j+N-2$ 中为非零。文献[36]给出了不同阶导数连接系数计算的细节。

与方程(13.101)给出的控制微分相关的强迫边界条件为

$$EA\frac{\partial u}{\partial x}=P(x,t) \tag{13.119}$$

其中 $P(x,t)$是施加的轴向力。$P(x,t)$可以类似于方程(13.105)中的 $u(x,t)$来近似。

$$P(x,t) = P(x,\tau) = \sum_k P_k(x)\varphi(\tau-k), k \in \mathbf{Z} \tag{13.120}$$

将方程(13.105)和(13.120)代入(13.119),并取与 $\varphi(\tau-j)$的内积,得到

$$EA\frac{\mathrm{d}u_j}{\mathrm{d}x}=P_j \quad j=0,1,\cdots,n-1 \tag{13.121}$$

类似地,对应于公式(13.102)和(13.103),剪力 $V(x,t)$和弯矩 $M(x,t)$由下式给出

$$GAK\left[\frac{\partial w}{\partial x}-\theta\right]=V(x,t) \tag{13.122}$$

$$EI\frac{\partial\theta}{\partial x}=M(x,t) \tag{13.123}$$

方程(13.122)和(13.123)可以进行类似于方程(13.121)的变换

$$GAK\left[\frac{\mathrm{d}w_j}{\mathrm{d}x}-\theta_j\right]=V_j \quad j=0,1,\cdots,n-1 \tag{13.124}$$

$$EI\frac{\mathrm{d}\theta_j}{\mathrm{d}x}=M_j \quad j=0,1,\cdots,n-1 \tag{13.125}$$

在处理有限长度的数据序列时,边界处会出现问题。从方程(13.114)给出的常微分方程(ODE)可以观察到,边界附近的某些系数 u_j($j=0$ 和 $j=n-1$)位于由 $j=0,1,\cdots,n-1$定义的时间窗口$[0,t_f]$之外。文献[296],[297]中给出了几种处理边界的方法,如电容矩阵方法和罚函数方法。这里,首先采用循环卷积方法假设解的周期性。通过这种假设,由方程(13.114)—(13.116)给出的常微分方程被转换为一组耦合常微分方程。这些常微分方程使用与谱有限元非常相似的方法进行解耦合求解,格式的细节将在稍后介绍。如前所述,这种周期性小波变换解在时域分析中遇到了谱有限元的所有问题。然而,周期格式允许推导谱和分散关系,以及小波变换中变换的 ODE 与谱有限元中的 ODE 之间的关系。这导致在频域中直接使用小波变换类似于谱有限元的频域分析。

分析无阻尼有限长度结构中的波传播需要施加初始边界值。如前所述,这可以使用小波外推技术[12],[13],[382]来完成。与周期解相比,这种边界处理对频域参数的影响稍后通过数值分析进行。

13.3.2 周期边界条件

上一节的方程(13.114)—(13.116)给出了 n 个耦合的常微分方程,每个常微分方程都要使用后面介绍的方法求解 u_j,(w_j,θ_j)。对于数值实现,只能处理有限的序列,

换句话说，$u(x,t)$和 u_j 仅在区间$[0,t_f]$且 $j=0$ 到 $j=n$ 时已知。在方程(13.114)和(13.116)中，$j=0$ 至 $j=N-2$ 对应的常微分方程包含位于$[0,t_f]$之外的系数 u_j，(w_j，θ_j)。类似地，在另一个边界上，对于 $j=(n-1)-N+2$ 到 $j=n-1$，存在相同问题。

一种方法是假设函数 $u(x,t)$[$w(x,t)$和 $\theta(x,t)$类似]在时间上是周期性的，且其时间周期为 t_f。因此，左侧的未知系数取为

$$\begin{gathered} u_{-1}=u_{n-1} \\ u_{-2}=u_{n-2} \\ \vdots \\ u_{-N+2}=u_{n-N+2} \end{gathered} \tag{13.126}$$

类似地，右侧的未知系数，即 u_n，u_{n+1}，u_{n+N-2} 分别等于 u_0，u_1，u_{N-2}。在上述假设的情况下，方程(13.114)给出的耦合常微分方程可以用矩阵形式写成

$$\left\{\frac{\mathrm{d}^2\boldsymbol{u}_j}{\mathrm{d}x^2}\right\}=\frac{\rho A}{EA}\boldsymbol{\Lambda}^2\{\boldsymbol{u}_j\} \tag{13.127}$$

其中 $\boldsymbol{\Lambda}^2$ 是 $n\times n$ 循环连接系数矩阵，并且具有以下形式

$$\boldsymbol{\Lambda}^2=\frac{1}{\Delta t^2}\begin{bmatrix} \Omega_0^2 & \Omega_{-1}^2 & \cdots & \Omega_{-N+2}^2 & \cdots & \Omega_{N-2}^2 & \cdots & \Omega_1^2 \\ \Omega_1^2 & \Omega_0^2 & \cdots & \Omega_{-N+3}^2 & \cdots & 0 & \cdots & \Omega_2^2 \\ \vdots & \vdots & & \vdots & & \vdots & & \vdots \\ \Omega_{-1}^2 & \Omega_{-2}^2 & \cdots & 0 & \cdots & \Omega_{N-3}^2 & \cdots & \Omega_0^2 \end{bmatrix} \tag{13.128}$$

引入阻尼所需的一阶导数的 $\boldsymbol{\Lambda}^1$ 具有类似的形式。对于循环矩阵 $\boldsymbol{\Lambda}^1$(和 $\boldsymbol{\Lambda}^2$)[88]，特征值 λ_j 为

$$\lambda_j=\frac{1}{\Delta t}\sum_{k=-N+2}^{N-2}\Omega_k^1\mathrm{e}^{-2\pi\mathrm{i}jk/n}\quad j=0,1,\cdots,n-1 \tag{13.129}$$

其中 $\mathrm{i}=\sqrt{-1}$和相应的正交特征向量 $\boldsymbol{p}_j$($j=0,1,\cdots,n-1$)为

$$(\boldsymbol{p}_j)_k=\frac{1}{\sqrt{n}}\mathrm{e}^{-2\pi\mathrm{i}jk/n},\quad k=0,1,\cdots,n-1 \tag{13.130}$$

对于 $\boldsymbol{\Lambda}^1$，$\Omega_p^1=-\Omega_{-p}^1$($p=1,2,\cdots,N-2$)且 $\Omega_0^1=0$，可以得到 $\lambda_j=\mathrm{i}\beta_j$，其中

$$\beta_j=-\frac{2}{\Delta t}\sum_{k=1}^{N-2}\Omega_k^1\sin\left[\frac{2\pi kj}{n}\right]\quad j=0,1,\cdots,n-1 \tag{13.131}$$

从上面的推导可以看出，一阶导数和二阶导数的小波系数可以由下式获得

$$\{\dot{\boldsymbol{u}}_j\}=\boldsymbol{\Lambda}^1\{\boldsymbol{u}_j\} \tag{13.132}$$

$$\{\ddot{\boldsymbol{u}}_j\}=\boldsymbol{\Lambda}^2\{\boldsymbol{u}_j\} \tag{13.133}$$

二阶导数也可以写成

$$\{\ddot{\boldsymbol{u}}_j\}=\boldsymbol{\Lambda}^1\{\dot{\boldsymbol{u}}_j\} \tag{13.134}$$

将方程(13.132)代入方程(13.134)中,得到

$$\{\ddot{\boldsymbol{u}}_j\}=[\boldsymbol{\Lambda}^1]^2\{\boldsymbol{u}_j\} \tag{13.135}$$

尽管二阶连接系数矩阵 $\boldsymbol{\Lambda}^2$ 可以独立评估[36],也可以写成

$$\boldsymbol{\Lambda}^2=[\boldsymbol{\Lambda}^1]^2 \tag{13.136}$$

上述修改是因为这种形式有助于为稍后讨论的非周期解施加初始条件。因此,方程(13.127)可以写成

$$\left\{\frac{\mathrm{d}^2\boldsymbol{u}_j}{\mathrm{d}x^2}\right\}=\frac{\rho A}{EA}[\boldsymbol{\Lambda}^1]^2\{\boldsymbol{u}_j\} \tag{13.137}$$

如前所述,本节后面部分介绍的谱单元格式涉及特征值分析。这是通过使方程(13.127)中的矩阵对角化并使 ODE 解耦完成的。对于周期性边界条件,这些特征值解析是已知的,因此降低了计算成本。矩阵 $\boldsymbol{\Lambda}^1$ 可以写成

$$\boldsymbol{\Lambda}^1=\boldsymbol{\Phi}\boldsymbol{\Pi}\boldsymbol{\Phi}^{-1} \tag{13.138}$$

其中,$\boldsymbol{\Pi}$ 是包含对角项 $\mathrm{i}\beta_j$ 的对角矩阵,$\boldsymbol{\Phi}$ 是特征向量矩阵。使用方程(13.138),方程(13.127)可以解耦并写成

$$\frac{\mathrm{d}^2\hat{\boldsymbol{u}}_j}{\mathrm{d}x^2}=-\frac{\rho A}{EA}\beta_j^2\hat{\boldsymbol{u}}_j\quad j=0,1,\cdots,n-1 \tag{13.139}$$

$$\text{其中}\ \hat{\boldsymbol{u}}_j=\boldsymbol{\Phi}^{-1}\boldsymbol{u}_j \tag{13.140}$$

方程(13.116)可以类似地写成

$$GAK\left[\frac{\mathrm{d}^2\hat{w}_j}{\mathrm{d}x^2}-\frac{\mathrm{d}\hat{\theta}_j}{\mathrm{d}x}\right]=-\rho A\beta_j^2\hat{w}_j\quad j=0,1,\cdots,n-1 \tag{13.141}$$

$$EI\frac{\mathrm{d}^2\hat{\theta}_j}{\mathrm{d}x^2}+GAK\left[\frac{\mathrm{d}\hat{w}_j}{\mathrm{d}x}-\hat{\theta}_j\right]=-\rho I\beta_j^2\hat{\theta}_j\quad j=0,1,\cdots,n-1 \tag{13.142}$$

13.3.3 波数和群速度的估计:人工频散的存在

对于周期解,方程(13.105)[或方程(13.106)和(13.107)]给出的小波变换可以写成矩阵方程[13]

$$\begin{bmatrix} U_0 \\ U_1 \\ U_2 \\ \vdots \\ \vdots \\ \vdots \\ U_{n-1} \end{bmatrix}=\begin{bmatrix} 0 & 0 & 0 & \cdots & \varphi_{N-2} & \cdots & \varphi_2 & \varphi_1 \\ \varphi_1 & 0 & 0 & \cdots & 0 & \cdots & \varphi_3 & \varphi_2 \\ \varphi_2 & \varphi_1 & 0 & \cdots & 0 & \cdots & \varphi_4 & \varphi_3 \\ \vdots & \vdots & \vdots & & \vdots & & \vdots & \vdots \\ \varphi_{N-2} & \varphi_{N-3} & \varphi_{N-4} & \cdots & \cdots & \cdots & 0 & 0 \\ \vdots & \vdots & \vdots & & \vdots & & \vdots & \vdots \\ 0 & 0 & 0 & \cdots & \varphi_{N-3} & \cdots & \varphi_1 & 0 \end{bmatrix}\times\begin{bmatrix} u_0 \\ u_1 \\ u_2 \\ \vdots \\ \vdots \\ \vdots \\ u_{n-1} \end{bmatrix} \tag{13.143}$$

其中 U_j,φ_j 是 $\tau=j$ 时 $u(x,\tau)$ 和 $\varphi(\tau)$ 的值。对于这样的循环矩阵,方程(13.143)可以用卷积关系代替,卷积关系可以写成

$$\{\widetilde{\boldsymbol{U}}_j\}=\{\widetilde{\boldsymbol{K}}_{\varphi j}\cdot\widetilde{\boldsymbol{u}}_j\} \tag{13.144}$$

其中 $\{\widetilde{\boldsymbol{U}}_j\}$ 和 $\{\widetilde{\boldsymbol{u}}_j\}$ 分别是 $\{\boldsymbol{U}_j\}$ 和 $\{\boldsymbol{u}_j\}$ 的傅里叶变换。$\{\widetilde{\boldsymbol{K}}_{\varphi j}\}$ 是 $\{\boldsymbol{K}_\varphi\}=\{0\quad\varphi_1\quad\varphi_2\quad\cdots\quad\varphi_{N-2}\quad\cdots\quad 0\}$ 的傅里叶变换,这是方程(13.143)中给出的尺度函数矩阵的第一列。类似地,在方程(13.137)中,矩阵 $\boldsymbol{\Lambda}^1$ 也是一个循环矩阵,因此它可以写成

$$\left\{\frac{\mathrm{d}^2\,\widetilde{\boldsymbol{u}}_j}{\mathrm{d}x^2}\right\}=\frac{\rho A}{EA}\{\widetilde{\boldsymbol{K}}_{\Omega j}^2\cdot\widetilde{\boldsymbol{u}}_j\} \tag{13.145}$$

其中 $\{\widetilde{\boldsymbol{K}}_{\Omega j}^2\}$ 是 $\boldsymbol{K}_\Omega=\{\Omega_0^1\quad\Omega_{-1}^1\ \cdots\ \Omega_{-N+2}^1\ \cdots\ \Omega_{N-2}^1\ \cdots\Omega_1^1\}$ 的傅里叶变换,这是连接系数矩阵 $\boldsymbol{\Lambda}^1$ 的第一列。将方程(13.144)代入(13.145)中,有

$$\left\{\frac{\mathrm{d}^2(\widetilde{\boldsymbol{U}}_j/\widetilde{\boldsymbol{K}}_{\varphi j})}{\mathrm{d}x^2}\right\}=\frac{\rho A}{EA}\{\widetilde{\boldsymbol{K}}_{\Omega j}^2\cdot(\widetilde{\boldsymbol{U}}_j/\widetilde{\boldsymbol{K}}_{\varphi j})\} \tag{13.146}$$

$$\left\{\frac{\mathrm{d}^2\widetilde{\boldsymbol{U}}_j}{\mathrm{d}x^2}\right\}=\frac{\rho A}{EA}\{\widetilde{\boldsymbol{K}}_{\Omega j}^2\cdot\widetilde{\boldsymbol{U}}_j\} \tag{13.147}$$

由上式可得,FFT 系数 $\widetilde{K}_{\Omega j}^2$ 等于由方程(13.129)给出的矩阵 $\boldsymbol{\Lambda}^1$ 的本征值 $\mathrm{i}\beta_j$。因此,方程(13.147)可以写成

$$\frac{\mathrm{d}^2\,\widetilde{U}_j}{\mathrm{d}x^2}=-\frac{\rho A}{EA}\beta_j^2\,\widetilde{U}_j,\quad j=0,1,\cdots,n-1 \tag{13.148}$$

这里应该提到的是,通过关联方程(13.139)和(13.148),可以观察到方程(13.140)类似于周期性小波变换格式的傅里叶变换。

在谱有限元中,变换后的常微分方程形式如下

$$\frac{\mathrm{d}^2\widetilde{U}_j}{\mathrm{d}x^2}=-\frac{\rho A}{EA}\omega_j^2\,\widetilde{U}_j,\quad j=0,1,\cdots,n-1 \tag{13.149}$$

其中

$$\omega_j=\frac{2\pi j}{n\Delta t} \tag{13.150}$$

可以看出,对于给定的采样率 Δt,β_j 与 ω_j 在直到奈奎斯特频率 $f_{\mathrm{nyq}}=\dfrac{1}{2\Delta t}$ 的某个分数时都是精确匹配的。因此,与谱有限元类似,小波变换可以直接用于研究频率相关特性,如频谱和频散关系,但最高只能到 ω_{nyq} 的一定分数。这个分数取决于基的阶数,对于更高阶的基来说更大。在图 13.32(a)中,ω_j 和 β_j 与 ω_{nyq} 的一部分进行了比较。这项研究也有助于根据激励荷载的频率内容和基的顺序来确定所需的采样率,这将在后面用数值实验来解释。

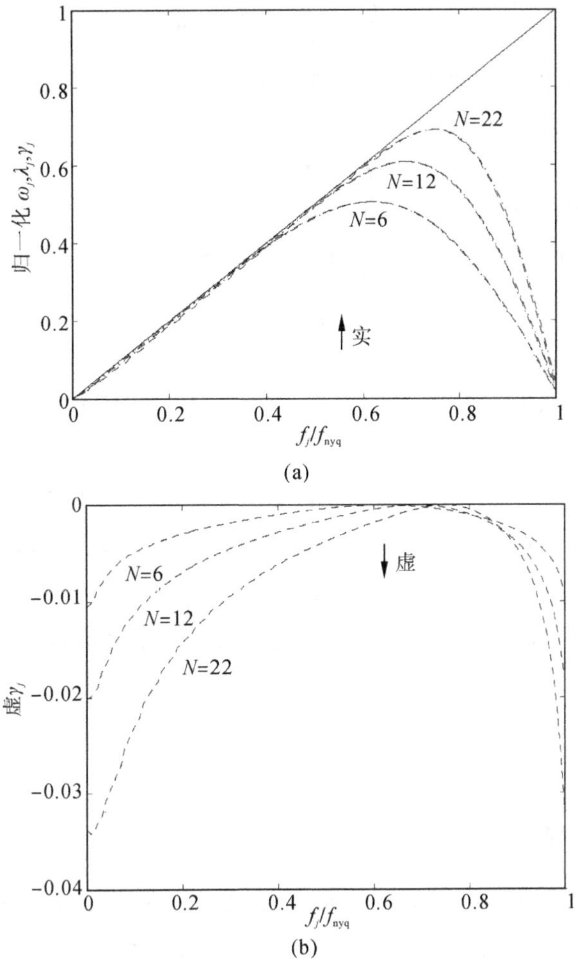

图 13.32　不同阶数(N)基的 ω_j、β_j 和 γ_j 的比较

(a)γ_j 的实部;(b)γ_j 的虚部

13.3.4　非周期边界条件

对于非周期解,使用 Daubechies 紧支撑小波的小波外推方法来处理边界。文献[12],[13],[382]中给出了详细的处理方法。简言之,该方法使用 $p-1$ 阶多项式($p=N/2$)来外推边界处的值。由于在这项工作中,小波是在时间上使用的,因此 LHS 上的未知系数(即 $u_{-1},u_{-2},\cdots,u_{-N+2}$)是从初始值外推而来的。RHS 上的系数 $u_n,u_{n+1},\cdots,u_{n+N-2}$ 是从已知系数 $u_{(n-1)-p+1},u_{(n-1)-p+2},\cdots,u_{n-1}$ 外推的。

如文献[245]所述,在处理边界之后,常微分方程(13.114)可以写成矩阵形式,类似于方程(13.137)

$$\left\{\frac{\mathrm{d}^2 \boldsymbol{u}_j}{\mathrm{d}x^2}\right\}=\frac{\rho A}{EA}[\boldsymbol{\Gamma}^1]^2\{\boldsymbol{u}_j\} \tag{13.151}$$

其中 $\boldsymbol{\Gamma}^1$ 是一阶连接系数矩阵。这些耦合的常微分方程使用特征值分析进行类似的解耦

$$\boldsymbol{\Gamma}^1=\overline{\boldsymbol{\Phi}}\ \overline{\boldsymbol{\Pi}}\ \overline{\boldsymbol{\Phi}}^{-1} \tag{13.152}$$

其中 $\overline{\boldsymbol{\Pi}}$ 是对角线特征值矩阵,$\overline{\boldsymbol{\Phi}}$ 是 $\boldsymbol{\Gamma}^1$ 的特征向量矩阵。设本征值为 $\mathrm{i}\gamma_j$,则对应于方程(13.139)、(13.141)和(13.142)的解耦常微分方程可以写成

$$\frac{\mathrm{d}^2\hat{u}_j}{\mathrm{d}x^2}=-\frac{\rho A}{EA}\gamma_j^2\hat{u}_j \quad j=0,1,\cdots,n-1 \tag{13.153}$$

$$GAK\left[\frac{\mathrm{d}^2\hat{w}_j}{\mathrm{d}x^2}-\frac{\mathrm{d}\hat{\theta}_j}{\mathrm{d}x}\right]=-\rho A\gamma_j^2\hat{w}_j \quad j=0,1,\cdots,n-1 \tag{13.154}$$

$$EI\frac{\mathrm{d}^2\hat{\theta}_j}{\mathrm{d}x^2}+GAK\left[\frac{\mathrm{d}\hat{w}_j}{\mathrm{d}x}-\hat{\theta}_j\right]=-\rho I\gamma_j^2\hat{\theta}_j \quad j=0,1,\cdots,n-1 \tag{13.155}$$

这些解耦常微分方程构造的谱单元格式[方程(13.153)至(13.155)]与周期解的谱单元表达式相似,区别只是 β_j 被 γ_j 取代。

与 β_j 为实数不同,γ_j 是复数。然而,在图 13.32(a)中对不同阶数的基的 γ_j 和 β_j 进行了比较,从数值实验中可以看出 γ_j 的实部与 β_j 相匹配,在图 13.32(b)中,绘制了不同基的 γ_j 的虚部。

13.3.5 谱单元方程

从前面的章节中,得到了一组在变换小波域中具有轴向、横向和剪切模式的铁木辛柯梁的常微分方程[方程(13.139)、(13.141)、(13.142)]。这些方程需要对 $\hat{u}_j$,$\hat{w}_j$,$\hat{\theta}_j$ 进行求解,并使用小波逆变换获得实际解 $u(x,t)$,$w(x,t)$,$\theta(x,t)$。对于有限长度的数据,可以使用变换矩阵[382]来获得小波变换及其逆变换。对于周期解,变换矩阵由方程(13.143)给出。对于有限长度结构所需的非周期解,则需要使用小波外推技术修改变换矩阵,这在上一节中进行了描述。

可以看出,变换后的常微分方程的形式与谱有限元[127]中的形式相似。因此,小波变换可以按照与谱有限元格式相同的方法进行构造,并且只有 ω_j 被 β_j 取代。在本节中,为了简化符号,以下省略了下标 j,并且以下所有方程对于 $j=0,1,\cdots,n-1$ 有效。

长度为 L 的单元的精确插值函数可以通过求解方程(13.139)、(13.141)和(13.142)获得,分别为

$$\hat{u}(x)=A\mathrm{e}^{-\mathrm{i}k_1x}+B\mathrm{e}^{-\mathrm{i}k_1(L-x)} \tag{13.156}$$

$$\hat{w}(x)=C\mathrm{e}^{-\mathrm{i}k_2x}+D\mathrm{e}^{-\mathrm{i}k_3x}+E\mathrm{e}^{-\mathrm{i}k_2(L-x)}+F\mathrm{e}^{-\mathrm{i}k_3(L-x)} \tag{13.157}$$

$$\hat{\theta}(x)=P_1Ce^{-ik_2x}+P_2De^{-ik_3x}+P_3Ee^{-ik_2(L-x)}+P_4Fe^{-ik_3(L-x)} \tag{13.158}$$

其中$\{P_1\quad P_2\quad P_3, P_4\}$是每组$k_1$、$k_2$和$k_3$的振幅比，并且$k_1$、$k_2$和$k_3$通过将方程(13.156)和(13.157)代入方程(13.139)、(13.141)和(13.142)获得。这里，k_1、k_2和k_3分别对应于三种模式，即轴向、横向和剪切。如前所述，β与ω精确匹配，直到ω_{nyq}的某个分数，因此k_1、k_2、k_3将与谱有限元中的波数(k_{f1}、k_{f2}、k_{f3})匹配。因此，小波变换中的这些k可以用于获得谱和频散关系。这将在本节后面通过数值算例进行详细解释。这里，k_1、k_2和k_3为

$$k_1=\frac{\beta}{c_0} \tag{13.159}$$

$$k_2, k_3=\left\{\frac{1}{2}\left[\left(\frac{1}{c_s}\right)^2+\left(\frac{Q}{c_{0q}}\right)^2\right]\beta^2\pm \sqrt{\left(\frac{\beta}{c_{0q}}\right)^2+\frac{1}{4}\left[\left(\frac{1}{c_{0q}}\right)-\left(\frac{Q}{c_{0q}}\right)^2\right]^2\beta^4}\right\}^{1/2} \tag{13.160}$$

其中，常数$c_0\equiv\sqrt{EA/\rho A}$，$c_{0q}\equiv\sqrt{EI/\rho A}$、$c_s\equiv\sqrt{GAK/\rho A}$和$Q\equiv\sqrt{\rho I/\rho A}$。欧拉-伯努利（Euler-Bernoulli）梁的解可以通过设置$Q=0$和$GAK=\infty$来获得。$\{\boldsymbol{a}\}=\{A\quad B\quad C\quad D\quad E\quad F\}$是要从变换的节点位移$\{\hat{\boldsymbol{u}}\}$中确定的未知系数，其中$\{\hat{\boldsymbol{u}}\}=\{\hat{u}_1\quad \hat{v}_1\quad \hat{\theta}_1\quad \hat{u}_2\quad \hat{v}_2\quad \hat{\theta}_2\}$，其中，$\hat{u}_1\equiv\hat{u}(0)$，$\hat{v}_1\equiv\hat{v}(0)$，$\hat{\theta}_1\equiv\hat{\theta}(0)$，$\hat{u}_2\equiv\hat{u}(L)$，$\hat{v}_2\equiv\hat{v}(L)$，$\hat{\theta}_2\equiv\hat{\theta}(L)$（有关单元自由度的详细信息，请参见图 13.33）。因此，可以将节点位移和未知系数关系表示为

$$\{\hat{\boldsymbol{u}}\}=[\boldsymbol{B}]\{\boldsymbol{a}\} \tag{13.161}$$

根据力的边界条件[方程(13.121)、(13.124)和(13.125)]，节点力和未知系数的关系为

$$\{\hat{\boldsymbol{F}}\}=[\boldsymbol{C}]\{\boldsymbol{a}\} \tag{13.162}$$

式中，$\{\hat{\boldsymbol{F}}\}=\{\hat{P}_1\quad \hat{V}_1\quad \hat{M}_1\quad \hat{P}_2\quad \hat{V}_2\quad \hat{M}_2\}$，$\hat{P}_1\equiv\hat{P}(0)$，$\hat{V}_1\equiv\hat{V}(0)$，$\hat{M}_1\equiv\hat{M}(0)$，$\hat{P}_2\equiv\hat{P}(L)$，$\hat{V}_2\equiv\hat{V}(L)$，$\hat{M}_2\equiv\hat{M}(L)$（见图 13.33）。

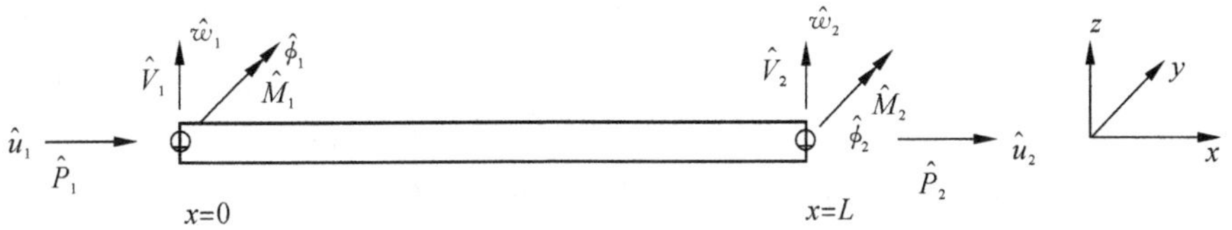

图 13.33 具有节点位移和力的铁木辛柯梁单元

根据方程(13.161)和(13.162)，可以获得变换节点力和位移之间的关系，类似于传统的有限元

$$\{\hat{\boldsymbol{F}}\}=[\boldsymbol{C}][\boldsymbol{B}]^{-1}\{\hat{\boldsymbol{u}}\}=[\hat{\boldsymbol{K}}]\{\hat{\boldsymbol{u}}\} \tag{13.163}$$

其中$[\hat{\boldsymbol{K}}]$是动态刚度矩阵。在从上述方程中确定常数$\{a\}$之后，可以将它们代入方程(13.156)至(13.158)中，以获得在任何给定x处的变换位移$\hat{u}$，$\hat{w}$，$\hat{\theta}$。

根据前一节中谱有限元和小波变换中变换后的ODE之间建立的对应关系，可以在小波变换中将向前和向后移动的波识别出来。因此，具有单个节点的半无限谱单元可以采用类似于谱有限元的方法在小波变换中构造，特别是对于周期解。在谱有限元中，通常使用偏移或半无限单元来允许响应泄漏，从而使信号不会缠绕。在小波分析中使用偏移单元是最小的，因为该方法可以通过使用非周期小波变换解有效地处理有限结构，而不会出现上述问题。

13.3.6 数值算例

本小节首先介绍了小波变换在频域和时域中对初等杆中波传播进行分析的实用性。尽管非周期小波变换解不存在与使用谱有限元的时域分析相关的环绕问题，但谱有限元可以有效地用于研究与频率相关的波参数，即波数和波速。

如第13.3.3节所述，类似于谱有限元，小波变换有限元可用于获得与频率相关的波特性，但最高只可达奈奎斯特频率f_{nyq}的一部分。本节采用小波变换，通过数值实验研究了谱和分散关系，以及非周期小波变换格式对这些参数的影响。此外，重点放在通过数值评估所需的采样率Δt，以便根据激励频率和基的阶数对所提出的小波变换有限元进行精确分析。上述推导是通过使用小波变换获得的频域特性与使用谱有限元得到的频域特性进行比较来完成的。此外，在时域分析中，使用比规定更大的Δt会导致虚假的传播频散模式，这一点在早些时候已经得到了证明。在这些例子中，调制正弦脉冲和宽带脉冲载荷都被用作激励。为了研究调制脉冲引起的响应，考虑了无限长杆，因此使用了周期性小波变换；而对于脉冲载荷，考虑了有限长杆和非周期性小波变换解。接下来，对具有两种耦合传播模式(即弯曲和剪切)的铁木辛柯梁进行响应分析。此示例显示了剪切模式的传播，这个模式仅在截止频率之后才开始传播。因此，与初等杆或欧拉-伯努利梁不同，调制脉冲的频率成分应该更高才能捕获这种模式。

本节中给出的所有数值示例均针对宽度($2b$)为6 mm、深度($2h$)为25 mm的各向同性铝杆和梁。梁的弹性特性如下：杨氏模量$E=70$ GPa，剪切模量$G=27$ GPa，密度$\rho=2700\ \mathrm{kg/m^3}$。铁木辛柯(Timoshenko)梁公式采用剪切修正系数$K=0.85$。如前所述，在$GAK=\infty$和$\rho I=0$的情况下，得到了欧拉-伯努利解。

杆中的纵波传播

在$\Delta t=1\ \mu\mathrm{s}$($f_{\mathrm{nyq}}=500$ kHz)和$\Delta t=2\ \mu\mathrm{s}$($f_{\mathrm{nyq}}=250$ kHz)时，使用小波变换获得了初等杆的频谱关系，分别如图13.34(a)和(b)所示。

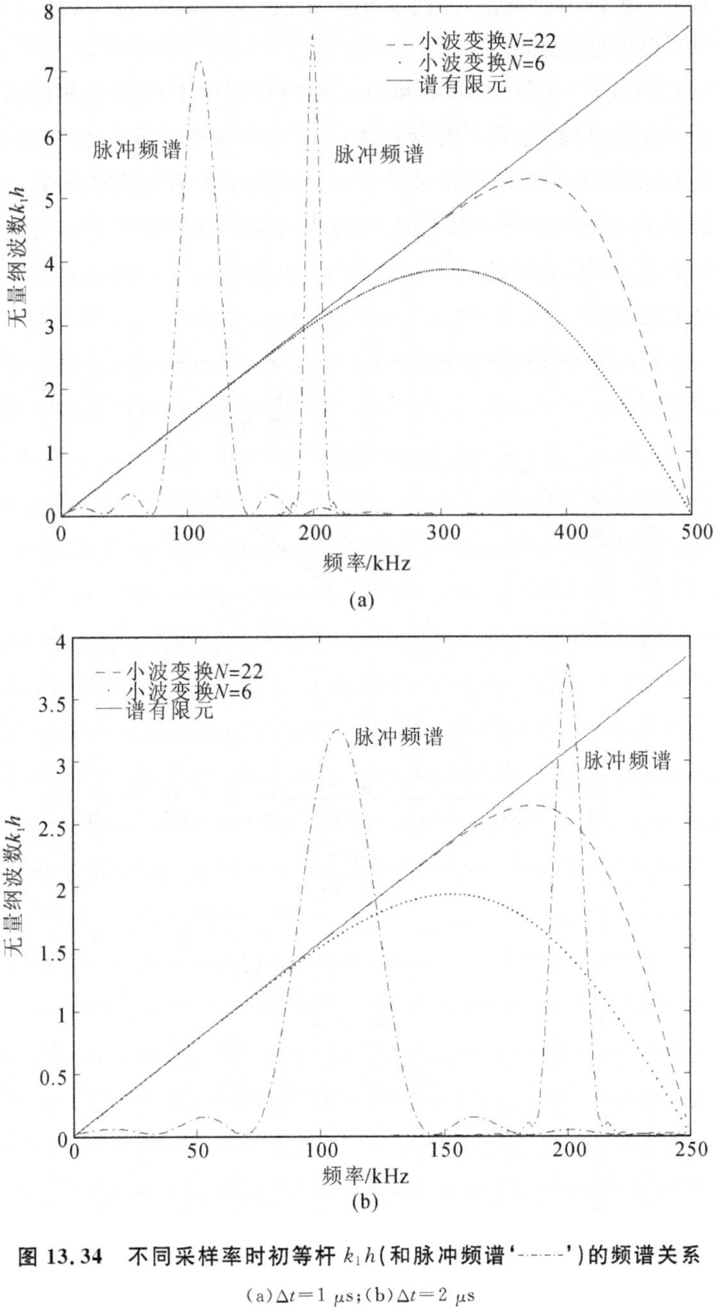

图 13.34　不同采样率时初等杆 k_1h(和脉冲频谱'-·-·-')的频谱关系

(a)$\Delta t=1\ \mu s$；(b)$\Delta t=2\ \mu s$

将每种情况的结果与谱有限元的结果进行比较表明，使用周期性小波变换获得的无量纲波数 k_1h 精确到 f_{nyq} 的分数 p_N，超过该分数 p_N 会观察到频散。从图 13.34(a)和(b)中可以看出，上述分数 p_N 仅随基的阶数 N 变化，并且与问题无关。对于 $N=22$，$p_N\approx0.6$，而对于 $N=6$，$p_N\approx0.36$。因此，对于 $\Delta t=1\ \mu s$，使用谱有限元可以获得

$f_{nyq}=500$ kHz频率范围的波特性，而使用小波变换（$N=22$）则可以获得 $f_N=0.6f_{nyq}=300$ kHz 频率区域的波特性。

图 13.35(a)和(b)给出从 $N=22$ 和 $N=6$ 的非周期小波变换和谱有限元导出的 $\Delta t=4\ \mu s$ 和 $\Delta t=8\ \mu s$ 时谱关系。因为非周期小波变换格式允许强制边界条件，进而消除了环绕问题，所以采用非周期小波变换格式对有限长度结构的分析。如前几节所述，如图 13.32(b)，非周期格式将虚部添加到从周期小波变换获得的实波数 k_1。该虚部是在 $\Delta t=4\ \mu s$ 时获得，其中 $N=22$ 和 $N=6$，如图 13.35(c)所示。这个虚部在物理上可以被认为是阻尼。

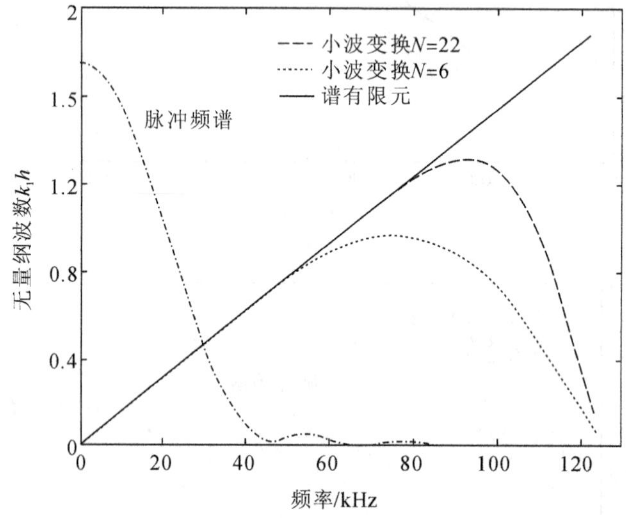

(a)

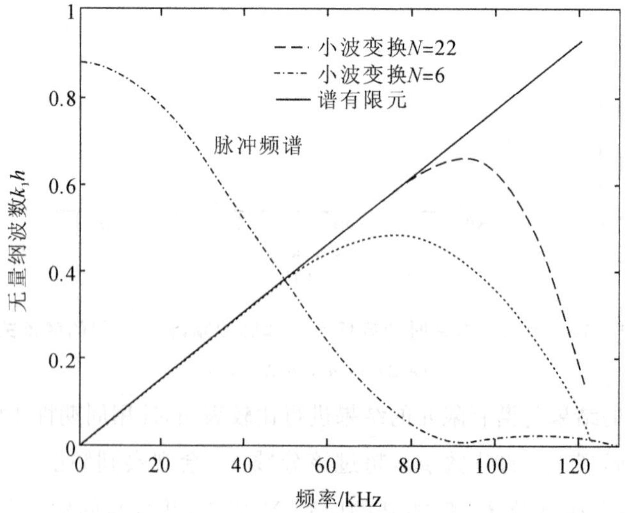

(b)

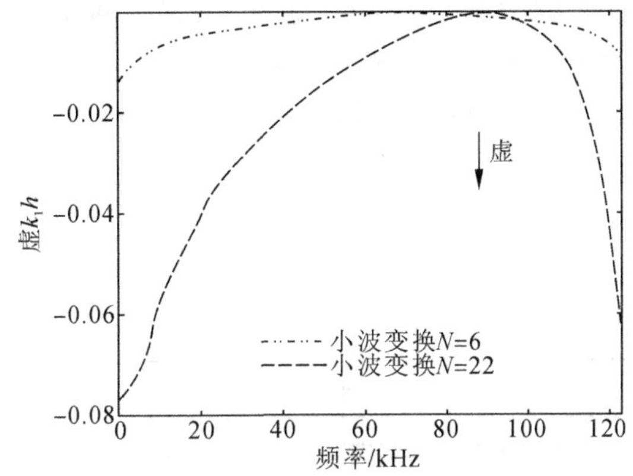

(c)

图 13.35 不同采样率时初等杆的频谱关系 k_1h(以及脉冲频谱'------')

(a)$\Delta t=4\ \mu s$;(b)$\Delta t=8\ \mu s$;(c)由于 $\Delta t=4\ \mu s$ 的非周期小波变换解而引入的 k_1h 的虚部

接下来,绘制了杆的频散关系。在杆中,波是非频散的,因此群速度和相速度是相同的,也就是说 $C_g/C_0=1$。在图 13.36 中,绘制了 $\Delta t=2\ \mu s$ 或 $f_{nyq}=250$ kHz 时从 $N=22$的小波变换得出的频散关系,并与从谱有限元获得的频散关系进行了比较。在该图中,绘制了无量纲群速度 C_g/C_0[其中 $C_g=\mathrm{Re}(d\omega/dk_1)$]和 $C_0=\sqrt{EA/\rho A}$与频率的关系。与频谱关系类似,频率几乎高达 f_N时,小波变换都可以预测到精确速度,在本例中,对于 $N=22$,这个频率大约等于 150 kHz。

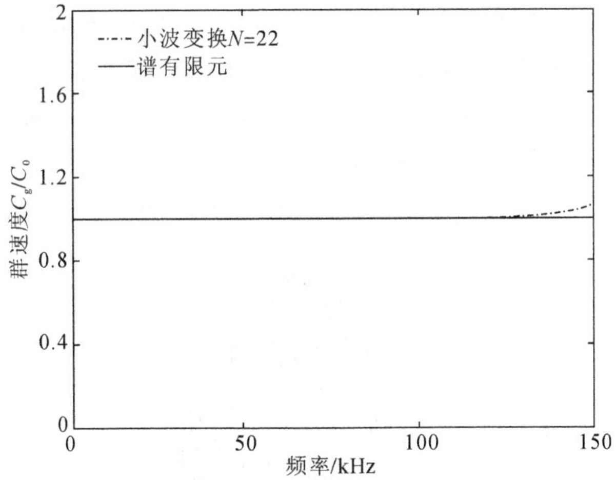

图 13.36 初等杆的频散关系(C_g/C_0,$C_0=\sqrt{EA/\rho A}$,最大 $f=0.6f_{nyq}=150$ kHz)

如前所述,上述研究的结果是根据激励频率和基的阶数 N 确定小波变换所需的 Δt。这通过数值实验进行了详细解释。首先,给出了使用周期性小波变换模拟在 110 kHz和 200 kHz 下调制的正弦脉冲响应。对于这种载荷,波以非频散方式传播,图 13.34(a)和(b)为脉冲频谱叠加图。

载荷沿轴向施加在无限梁上的点 C(见图 13.37),轴向速度在距离 C 点 $L=0.5$ m的 D 处测量。图 13.38(a)给出了在 200 kHz 正弦脉冲下使用小波变换($N=22$ 和 $N=6$)和谱有限元($\Delta t=1$ μs)获得的轴向速度。

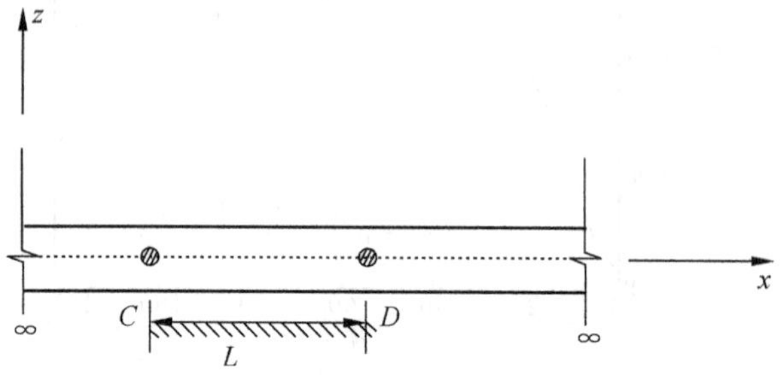

图 13.37 用于观察非频散传播模式的无限梁

可以看出,在这种情况下,使用 $N=22$ 的小波变换获得的结果与谱有限元完全匹配,而对于 $N=6$,其变化相当大。

可以使用图 13.34(a)来解释这一观察结果。从图 13.34(a)中可以看出,在施加 200 kHz 正弦脉冲的频率范围内,$N=22$ 的小波变换准确地预测了波数,但$N=6$的小波变换未能做到这一点。因此,图 13.38(a)的 $N=6$ 模拟结果无法捕捉到正确的波传播行为。在图 13.38(b)中,对于以 110 kHz 调制的正弦脉冲激励,给出了类似的轴向速度。在这种情况下,使用 $N=22$ 和 $N=6$ 的小波变换获得的结果与谱有限元结果完全匹配。从图 13.34(a)中可以看出,对于 110 kHz 载荷的频率范围,$N=22$ 和 $N=6$ 的小波变换给出了正确的频谱关系。从以上实验中可以总结出,如果载荷的频率成分在小波变换预测实际频谱关系的范围内,则用小波变换模拟的时域结果将是准确的。由于给定 N 的这个允许范围(在下文中表示为 f_N)是 f_{nyq}的固定分数 p_N,因此它可以分别通过减少或增加 Δt 来增加或减少。

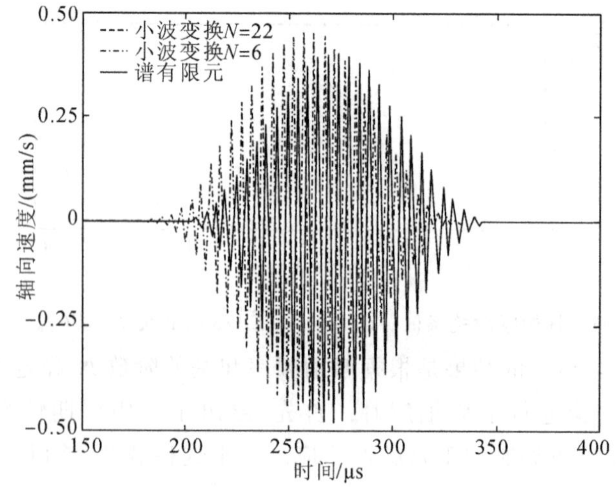

(a)

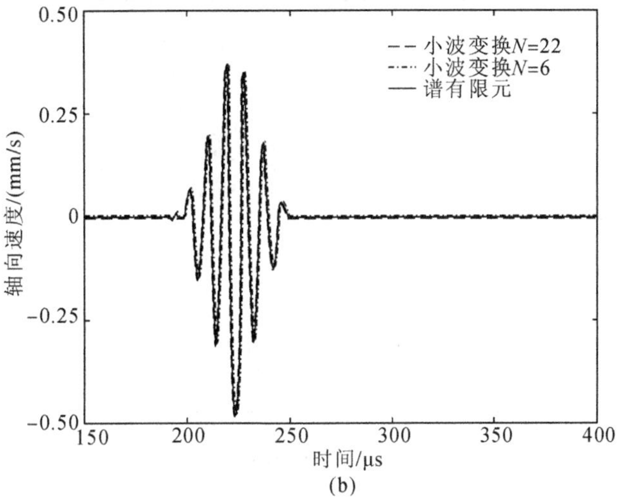

图 13.38 在图 13.37 **中** D **处测量的轴向速度，在图** 13.37 **中** C **处施加** $\Delta t=1\ \mu s$ **和** $L=0.5$ m

(a)200 kHz 处调制的正弦脉冲；(b)110 kHz 处调制的正弦脉冲

在图 13.39(a)和(b)中，分别给出了与图 13.38(a)、(b)类似的结果。然而，这里的模拟是在 $\Delta t=2\ \mu s$ 的情况下完成的。通过增加 Δt、f_{nyq} 和相应的 f_N 分别降低到 250 kHz、150 kHz($N=22$)和 90 kHz($N=6$)。至于 $\Delta t=2\ \mu s$ 时，如图 13.39(a)所示，对于 $N=22$ 和 $N=6$，f_N 均小于 200 kHz，由于 200 kHz 调制正弦负载，该采样率无法模拟波的传播，而当 f_{nyq} 大于 200 kHz 时，谱有限元给出了正确的结果。类似地，对于 110 kHz 的正弦负载，尽管如图 13.39(b)所示 $N=22$ 的小波变换解与谱有限元结果完全匹配，但 $N=6$ 的小波变换无法捕捉实际响应。从图 13.34(b)中可以看出：对于 $N=22$，激励频率 $f_N=150$ kHz，而对于 $N=6$，$f_N=90$ kHz。因此，对于给定 N 的小波变换，Δt 或 f_{nyq} 应该使得 f_N 大于激励频率。

接下来，使用非周期小波变换分析长度 $L=0.25$m 的无阻尼固定自由杆中的波传播。在杆自由端轴向方向施加单位宽带脉冲载荷，并在尖端测量轴向速度。载荷的持续时间为 50 μs，频率为 44 kHz。由于此处的激励频率远低于先前示例中使用的调制正弦脉冲激励频率，因此考虑了较高的 Δt，分别为 4 μs($f_{nyq}=128$ kHz)和 8 μs($f_{nyq}=64$ kHz)。脉冲频谱叠加在图 13.35(a)和(b)中。当 $\Delta t=4\ \mu s$，所有的频率(即 $f_{nyq}=128$ kHz，对于 $N=22$、$f_N\approx 77$ kHz 且 $N=6$、$f_N\approx 46$ kHz)，都高于激励频率，这也可以从图 13.35(a)中进行解释。因此，预计对于 $N=22$ 和 $N=6$，使用小波变换对 $\Delta t=4\ \mu s$ 进行的波传播分析都是正确的。类似地，如图 13.35(b)所示，对于 $N=22$、$f_{nyq}=64$ kHz、$f_N\approx 38$ kHz，以及对于 $N=6$、$f_N\approx 23$ kHz。在这种情况下，对于 $N=6$，激励频带超过 f_N，对于 $N=22$，激励频带也稍微超过 f_N。因此，与之前的情况不同，这将不会模拟出精确的响应。

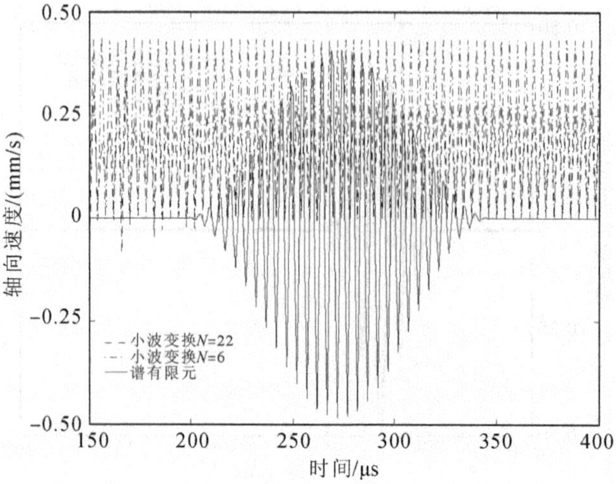

(a)

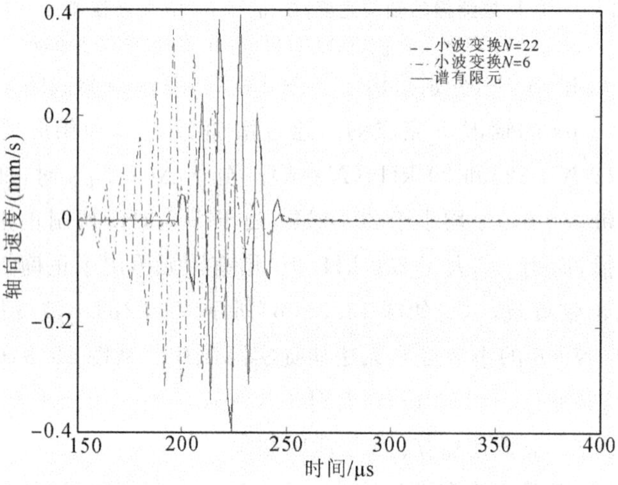

(b)

图 13.39　在图 13.37 中 D 处测得的轴向速度

(a)200 kHz 调制的正弦脉冲;(b)110 kHz 调制的正弦脉冲

(在 C 处施加,$\Delta t=2$ μs 且 $L=0.5$ m)

这些预测通过图 13.40(a)和(b)中给出的响应进行了验证。在图 13.40(a)中,绘制了使用小波变换($N=22$ 和 $N=6$)和 $\Delta t=4$ μs 获得的尖端冲击载荷引起的尖端轴向速度,并与谱有限元解决方法进行了比较。小波变换和谱有限元都需要一个单元来给出上述结果,这验证了构造的动态刚度矩阵的准确性。然而,谱有限元解是使用刚度为实际单元 100 倍的附加单节点偏移单元来获得的,从而减少环绕问题。谱有限元需要 T_w 为 32768 μs 的时间窗口,以完全消除由信号环绕引起的失真。然而,小波变换结果是在 $T_w=512$ μs 时获得的,并且这个结果的精度与 T_w 无关。因此,对于

$\Delta t=4\ \mu s$，$N=22$ 和 $N=6$ 时小波变换解决方法与的谱有限元解决方法都如期望的一样完全匹配。在图 13.40(b)中，除了 $\Delta t=8\ \mu s$ 外，绘制了与上图类似的结果。可以观察到，$N=6$ 的小波变换解是高度失真的，而对于 $N=22$ 的情况，除了小的偏差之外，响应与谱有限元解非常匹配。这可以证明对于 $N=22$，f_N 非常接近激励频率，但对于 $N=6$，f_N 是相反的。因此，如果需要使用小波变换进行精确响应，则需要先确定由非周期性小波变换的宽带脉冲载荷导致有限结构中波传播的精确模拟所需的 Δt。

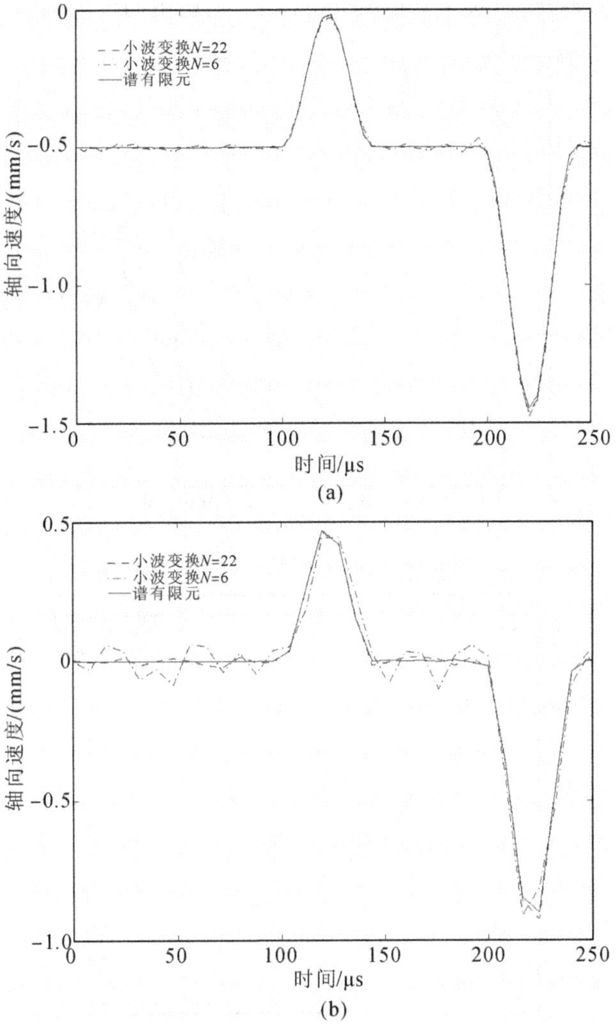

图 13.40　由轴向方向上施加尖端单位脉冲载荷激励的固定自由杆($L=0.25$ m)尖端的轴向速度

(a) $\Delta t=4\ \mu s$；(b) $\Delta t=8\ \mu s$

到目前为止，所有的频域和时域分析都是针对 $N=22$ 和 $N=6$ 进行的。从先前的实验中观察到，对应于允许频率范围 f_N 的分数 p_N 仅取决于 Daubechies 标度函数

基的阶数 N。图 13.41(a)是对于不同阶的基函数，以 $\frac{|k_f-k_w|}{|k_f|}$ 的形式绘制百分比误差相对于分数 f_j/f_{nyq} 的关系，其中 k_w、k_f 分别是使用小波变换和谱有限元获得的波数。可以看出，计算的误差可以忽略不计，并且直到某个 f_j/f_{nyq} 前几乎等于零，然后急剧增加。对于给定的 N，前面定义的分数 p_N 是最高频率分数，直到该分数误差仍然可以忽略不计，并且对于不同的 N，这也可以从图 13.41(a)中数值推导出来。虽然这里的波数对应于初等杆，但对于其他波导的波数，也适用同样的关系。

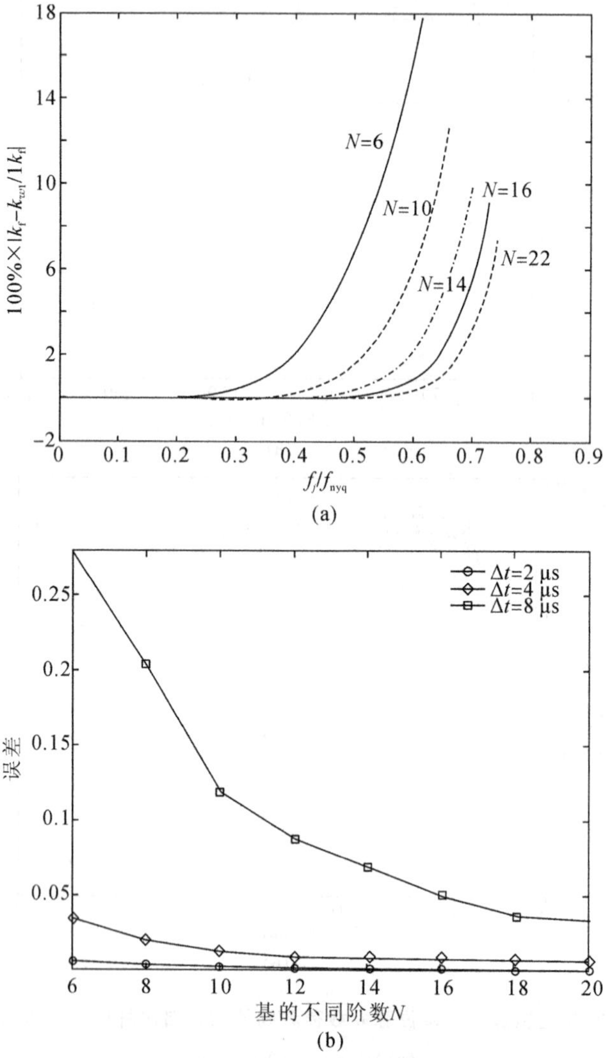

图 13.41　不同阶数 N 所引致的误差

(a)对于基的不同阶数(N)，波数 k_f(谱有限元)和 k_w(小波变换)的比较；

(b)不同 Δt 的小波变换时域分析误差

在图 13.41(b)中，针对不同的 N，通过逐渐减少 Δt 绘制了不同的误差曲线，在波传播时域分析中实现细化。$N=22$，$\Delta t=1\ \mu s$时的尖端脉冲载荷激励的固定自由杆中的尖端轴向速度被认为是最精细的解 w_f，这时时间窗口 $T_w=512\ \mu s$，保持时间窗口不变，通过将 Δt 从 2 μs 增加到 8 μs，从而减少采样点 n 的数量，进而得到粗略解 w_c。对于不同的 Δt，根据$\frac{\| w_f - w_c \|}{\sqrt{n}}$计算误差，并针对不同的 n 绘制出误差曲线。如前所述，当激励频率大于允许频率范围 f_N 时，使用小波变换的模拟将导致错误的结果。从图 13.41(b)中可以看出，对于给定的 Δt，误差随着 N 的增加而逐渐减小。这是由于随着 N 的升高，p_N和 f_N 也随之增加，激励频率(即 44 kHz)，变得更接近 f_N。因此，对于给定 Δt，模拟响应的精度随着 N 增加而提高。

铁木辛柯(Timoshenko)梁中的弯曲波传播

铁木辛柯梁具有两种耦合模式，即弯曲模式和剪切模式。在第 6.3 节中讨论了这种情况下使用傅里叶变换得到的波数。在这里，使用小波变换来求解同样的问题。

在图 13.42(a)中，对于 $\Delta t=2\ \mu s$，绘制了采用小波变换($N=22$ 和 $N=6$)和谱有限元得出的弯曲和剪切模式对应的无量纲波数 k_2h 和 k_3h。对于目前梁的构型，剪切模式 k_3的截止频率由 $f_0=\sqrt{GAK/\rho I}=62$ kHz 给出，这可以从图 13.42(a)中看出。因此，剪切模式将仅在频率成分大于 f_0的荷载下传播。类似地，图 13.42(b)显示了从非周期小波变换得出 $\Delta t=8\ \mu s$ 和 $\Delta t=2\ \mu s$ 的谱关系。

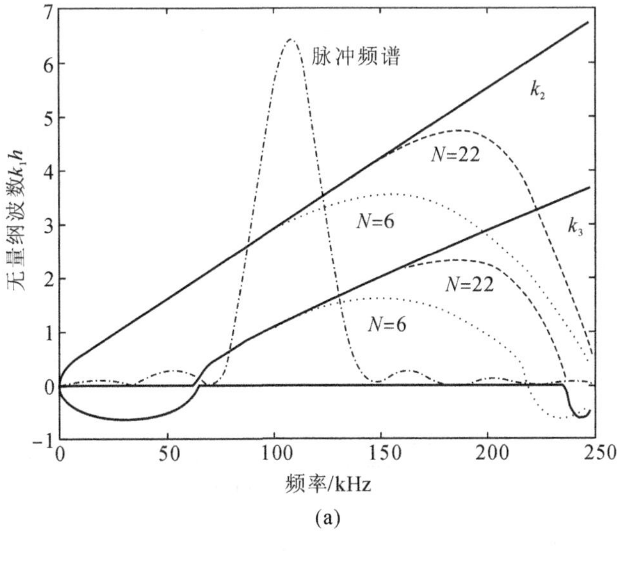

(a)

(a)

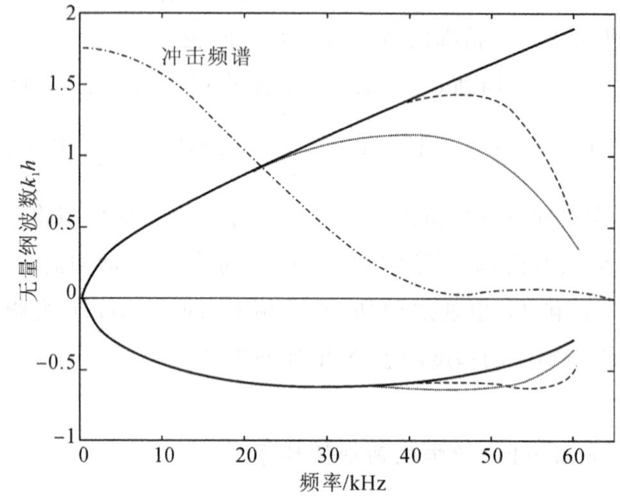

(b)

图 13.42 铁木辛柯梁 k_2h 和 k_3h 的谱关系

(a)$\Delta t=2\ \mu s$(和脉冲频谱‘-·-·-’)；(b)$\Delta t=8\ \mu s$(以及冲击频谱‘-·-·-’)

铁木辛柯梁的频散关系如图 13.43 所示。当 $\Delta t=1\ \mu s$ 时，无量纲区域速度 C_g/C_0 由 $N=22$ 的小波变换得出，并与谱有限元进行比较。欧拉-伯努利(Euler-Bernoulli)梁和铁木辛柯梁之间的一个显著差异是存在第二传播模式。直到 $f_N=300$ kHz 时的速度绘制在图 13.43 中，从该图可以看出，在这个频率范围内，除了在非常接近 f_N 的频率处的偏差，小波变换和谱有限元结果完全匹配。

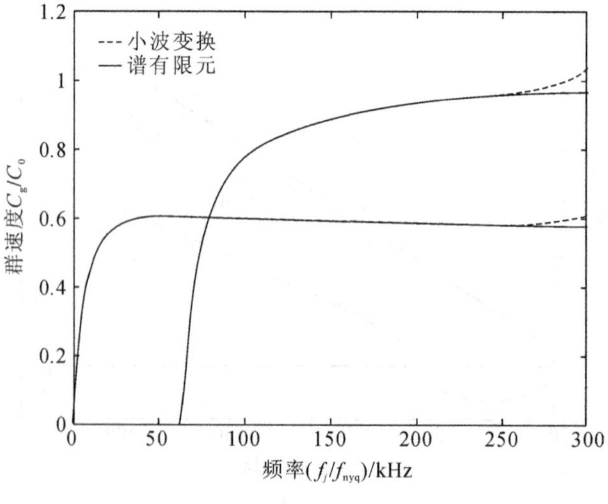

图 13.43 铁木辛柯梁的频散关系 C_g/C_0 ($C_0=\sqrt{EA/\rho A}$)

以 110 kHz(大于截止频率)调制的正弦载荷用于捕捉耦合模式同时存在,其载荷谱如图 13.42(a)所示。在图 13.44(a)和(b)中,显示了上述载荷引起的响应。横向速度是在距离 C 点 $L=2$ m 处的 D 处测量的(见图 13.37),其中载荷沿横向施加。这些模拟是在 $\Delta t=2$ μs 的情况下进行的,正如对初等杆所讨论的那样,对于这个 Δt,当 $N=22$ 时,$f_N=150$ kHz,当 $N=6$ 时,$f_N=90$ kHz。因此,$N=22$ 的小波变换将准确地预测速度,图 13.44(a)对此进行了验证,表明该解与相应的谱有限元解完全匹配。然而,从图 13.44(b)中绘制 $N=6$ 的小波变换获得的解显示出预期的频散,这里没有清晰可见的传播模式。

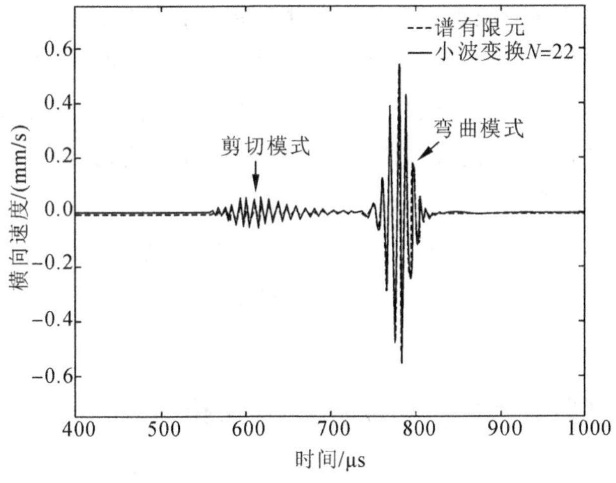

(a)

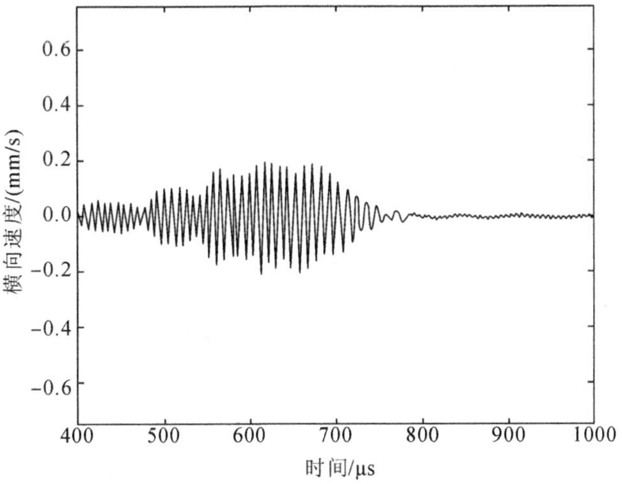

(b)

图 13.44　$\Delta t=2$ μs,$L=2.0$ m 时在图 13.37 中 C 处施加 110 kHz 调制正弦脉冲激励 D 处的横向速度

(a)谱有限元和小波变换,$N=22$;(b)小波变换,$N=6$

总结这项研究的观察结果,小波变换是一种捕捉波传播响应的有效方法。

然而,傅里叶谱有限元存在某些问题,特别是在无阻尼有限长度结构的时域分析中。小波变换的新颖之处在于,由于 Daubechies 小波基函数的局部化性质,它被证明对于无阻尼有限长度的波传播分析是有效的,而谱有限元由于相关的信号环绕问题而不能很好地工作。尽管谱有限元在时域分析方面有局限性,但它可以直接用于各种频域分析。在本节中,在谱有限元和小波变换之间建立了对应关系,用于确定波特性,即给定波导的频谱和频散关系。研究发现,小波变换可以预测高达阈值频率的精确波动行为,该阈值频率是奈奎斯特频率的一小部分。阈值频率可以通过适当地调整采样率或基函数的阶数来增加或减少。小波变换中所需的采样时间速率可以根据激励频率和基的阶数预先确定,以避免在分析中引入频散模式。通过使用具有不同采样率和基的阶数的小波变换获得调制正弦脉冲和宽带脉冲载荷引起的响应,验证了上述陈述。在下一节中,将介绍基于数值拉普拉斯变换的 SFEM 格式,该格式消除了与谱有限元相关的信号环绕问题和与小波变换有关的频散。

二维波导的小波变换可以采用与一维波导相同的过程导出,此处不作介绍。读者可以参考文献[322],其中可以获得小波变换的更多细节。

13.4 基于拉普拉斯变换的谱有限元格式

第 4.4.2 节介绍了数值拉普拉斯变换,并讨论了其优缺点。在本节中,我们将使用拉普拉斯变换的控制方程建立高阶铁木辛柯梁的 SFEM 模型。之前采用基于小波变换的 SFEM 和基于 FFT 的分析研究了这些梁中的波传播(详见第 8.2.1 节)。和以前一样,控制偏微分方程是建立谱单元格式的起点,这是在第 8 章中针对铁木辛柯梁得出的,其表达式如下所示

$$\delta u \Rightarrow \quad I_0\ddot{u} - I_1\ddot{\phi} - A_{11}\frac{\partial^2 u}{\partial x^2} + B_{11}\frac{\partial^2 \phi}{\partial x^2} = 0 \tag{13.164a}$$

$$\delta w \Rightarrow \quad I_0\ddot{w} - A_{55}\left(-\frac{\partial \phi}{\partial x} + \frac{\partial^2 w}{\partial x^2}\right) = 0 \tag{13.164b}$$

$$\begin{aligned}\delta \phi \Rightarrow \quad & -I_1\ddot{u} + I_2\ddot{\phi} - A_{55}\left(-\phi + \frac{\partial w}{\partial x}\right) + \\ & B_{11}\frac{\partial^2 u}{\partial x^2} - D_{11}\frac{\partial^2 \phi}{\partial x^2} = 0\end{aligned} \tag{13.164c}$$

其中($\dot{}$)表示时间导数。包含 A_{55} 的高频限值中的剪切修正系数为 $K_C=5/6$,与上述方程相关的横截面刚度系数由下式给出

$$[A_{ij} \quad B_{ij} \quad D_{ij}] = \int_{-h/2}^{+h/2} \bar{Q}_{ij}[1 \quad z \quad z^2] b\mathrm{d}z \tag{13.165}$$

横截面惯性系数为

$$I_i = \int_{-h/2}^{+h/2} \rho z^i b \mathrm{d}z, \quad i = 0,1,2 \tag{13.166}$$

其中 ρ 表示材料的密度，b 表示梁的宽度。内力表达式为

$$[N \quad M] = \int_{-h/2}^{+h/2} \sigma_{xx} b [1 \quad z] \mathrm{d}z, \quad [V] = \int_{-h/2}^{+h/2} \tau_{xz} b \mathrm{d}z \tag{13.167}$$

相关的力边界条件可以根据位移分量进行扩展，如下所示

$$\delta u \Rightarrow \quad N = A_{11}\frac{\partial u}{\partial x} - B_{11}\frac{\partial \phi}{\partial x} \tag{13.168a}$$

$$\delta w \Rightarrow \quad V = A_{55}\left(\frac{\partial w}{\partial x} - \phi\right) \tag{13.168b}$$

$$\delta \phi \Rightarrow M = -B_{11}\frac{\partial u}{\partial x} + D_{11}\frac{\partial \phi}{\partial x} \tag{13.168c}$$

接下来，首先将控制方程[方程(13.164)]变换到拉普拉斯波数域中，由于控制方程在空间和时间上都有常系数导数，因此假设通解形式为 $u(x,t) = \hat{u}(x,s)\mathrm{e}^{ikx-st}$，$w(x,t) = \hat{w}(x,s)\mathrm{e}^{ikx-st}$ 和 $\phi(x,t) = \hat{\phi}(x,s)\mathrm{e}^{ikx-st}$，其中 k 是波数，拉普拉斯变量 $s = \alpha + i\omega$，α 是常数，ω 是角频率。将这些方程代入方程(13.164)中，拉普拉斯域中的控制方程为

$$s^2 I_0 \hat{u} - s^2 I_1 \hat{\phi} + k^2 A_{11} \hat{u} - k^2 B_{11} \hat{\phi} = 0 \tag{13.169a}$$

$$s^2 I_0 \hat{w} - A_{55}(-ik\hat{\phi} - k^2 \hat{w}) = 0 \tag{13.169b}$$

$$-s^2 I_1 \hat{u} + s^2 I_2 \hat{\phi} - A_{55}(-\hat{\phi} + ik\hat{w}) - k^2 B_{11} \hat{u} + k^2 D_{11} \hat{\phi} = 0 \tag{13.169c}$$

其中，$\hat{u}$，$\hat{w}$，$\hat{\phi}$ 分别是 $u(x,t)$、$w(x,t)$ 和 $\phi(x,t)$ 的拉普拉斯格式。类似地，力边界条件方程(13.168a)被变换到拉普拉斯域中，并表示为

$$\begin{aligned} &N = \mathrm{i}kA_{11}\hat{u} - \mathrm{i}kB_{11}\hat{\phi}, \quad V = A_{55}(\mathrm{i}k\hat{w} - \hat{\phi}) \\ &M = -\mathrm{i}kB_{11}\hat{u} + \mathrm{i}kD_{11}\hat{\phi} \end{aligned} \tag{13.170}$$

上述耦合的控制方程必须针对场变量 $\hat{u}$，$\hat{w}$，$\hat{\phi}$ 求解，这需要计算波数和各自的振幅比。上述方程(13.169a)至方程(13.1691c)以矩阵形式写成

$$[\boldsymbol{W}]\{\overline{\boldsymbol{U}}\} = 0 \tag{13.171}$$

其中 $\overline{\boldsymbol{U}}$ 是场变量的向量$[\hat{u} \quad \hat{w} \quad \hat{\phi}]^{\mathrm{T}}$，$\boldsymbol{W}$ 是波矩阵，如下所示

$$\boldsymbol{W} = \begin{bmatrix} s^2 I_0 + k^2 A_{11} & 0 & -s^2 I_1 - k^2 B_{11} \\ 0 & s^2 I_0 + k^2 A_{55} & \mathrm{i}kA_{55} \\ -s^2 I_1 - k^2 B_{11} & -\mathrm{i}kA_{55} & s^2 I_2 + A^{55} + k^2 D_{11} \end{bmatrix} \tag{13.172}$$

上述矩阵方程(13.171)可以通过文献[127]中提出的伴随矩阵和奇异值分解(SVD)法来求解。期望的特征值是满足方程 $\det(\boldsymbol{W}) = 0$ 的潜在根，如下所示

$$ak^6+bk^4+ck^2+d=0 \tag{13.173}$$

其中 a、b、c、d 是包括材料性质和截面性质的常数，它们由下式给出

$$\begin{aligned}
a&=A_{55}(A_{11}D_{11}-B_{11}^2)\\
b&=(\alpha+\mathrm{i}\omega)^2(I_0A_{55}D_{11}-2I_1B_{11}A_{55})+\\
&\quad A_{11}I_0D_{11}+A_{11}A_{55}I_2-B_{11}^2I_0)\\
c&=(I_0A_{55}I_2+A_{11}I_0I_2+I_0^2D_{11}-I_1^2A_{55}-2I_1B_{11}I_0)\times\\
&\quad(\alpha+\mathrm{i}\omega)^4+A_{11}(\alpha+\mathrm{i}\omega)^2I_0A_{55}\\
d&=(I_0^2I_2-I_1^2I_0)(\alpha+\mathrm{i}\omega)^6+(\alpha+\mathrm{i}\omega)^4I_0^2A_{55}
\end{aligned}$$

上述双三次方程(13.173)得到 3 对根，分别为 $\pm\sqrt{k_a}$，$\pm\sqrt{k_b}$ and $\pm\sqrt{k_c}$，这是波矩阵[$\boldsymbol{W}$]的奇异值。一旦获得了这些根，就可以通过[$\boldsymbol{W}$]的零空间单元来获得特征向量/幅度比向量。因此，特征向量的计算等效于矩阵的零空间计算，并且 SVD 被用于具有与每个奇异值相对应的特征向量。因此，对于 6 个根/波数，获得了 6 个特征向量，并将这些特征向量以矩阵形式重新定义为振幅比矩阵$[\boldsymbol{R}]_{(3,6)}$。

梁模型(图 13.45)每个节点有 3 个自由度，每个单元有 2 个节点，因此每个单元有 6 个 DOF，都是节点未知数。在拉普拉斯波数域中，根据常微分方程理论，X 坐标中任何一点的位移都可以写成其所有解的线性组合，其表达为

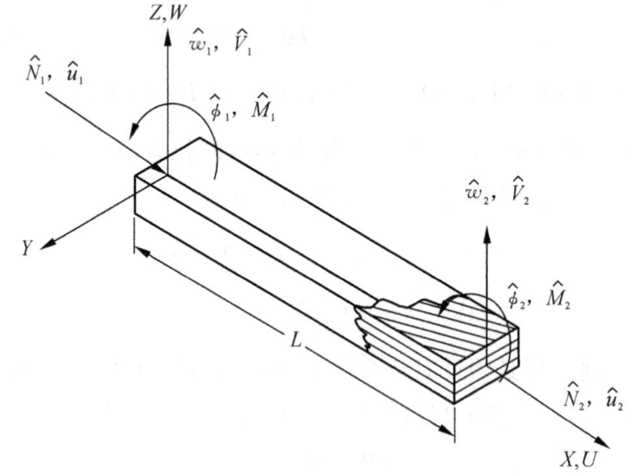

图 13.45 两节点三自由度梁模型

$$\begin{Bmatrix}\hat{u}\\ \hat{w}\\ \hat{\phi}\end{Bmatrix}=\begin{bmatrix}R_{11} & R_{12} & \cdots & R_{16}\\ R_{21} & R_{22} & \cdots & R_{26}\\ R_{31} & R_{32} & \cdots & R_{36}\end{bmatrix}$$

$$\begin{bmatrix} e^{ik_1x} & 0 & \cdots & 0 \\ 0 & e^{ik_2x} & \cdots & 0 \\ \vdots & \vdots & & 0 \\ \vdots & \vdots & & 0 \\ \vdots & \vdots & & 0 \\ 0 & \cdots & \cdots & e^{ik_6x} \end{bmatrix} \begin{Bmatrix} C_1 \\ C_2 \\ C_3 \\ C_4 \\ C_5 \\ C_6 \end{Bmatrix} \tag{13.174}$$

上述方程可以简明地写成

$$\hat{\boldsymbol{u}}_{(3,6)} = [\boldsymbol{R}]_{(3,6)} [\mathbf{DIAG}]_{(6,6)} \{\boldsymbol{C}\}_6 \tag{13.175}$$

其中$[\boldsymbol{R}]_{(3,6)}$是振幅比矩阵和矢量，$\{\boldsymbol{C}\}$是要根据边界条件确定的六个未知波常数。SFEM 构造过程遵循谱有限元或小波变换，也就是说，未知常数是通过计算方程(13.175)在 $x=0$(节点 1)和 $x=L$(节点 2)处得到。由此可以得到

$$\{\hat{\boldsymbol{u}}\} = \begin{Bmatrix} \hat{u}_{(x=0)} \\ \hat{u}_{(x=L)} \end{Bmatrix} = [\boldsymbol{T}_1]\{\boldsymbol{C}\} \tag{13.176}$$

使用方程(13.168a)中给出的力边界条件，力向量$\{\boldsymbol{f}\}=\{\boldsymbol{N}\ \ \boldsymbol{V}\ \ \boldsymbol{M}\}^{\mathrm{T}}$可以用未知常数$\{\boldsymbol{C}\}$写成$\{\boldsymbol{f}\}=\{\boldsymbol{P}\}\{\boldsymbol{C}\}$。当在节点 1 和节点 2 处评估力矢量时，获得节点力矢量与$\{\boldsymbol{C}\}$的关系为

$$\{\boldsymbol{f}\} = \begin{bmatrix} \{\boldsymbol{P}_{(x=0)}\} \\ -\{\boldsymbol{P}_{(x=L)}\} \end{bmatrix} \boldsymbol{C} = [\boldsymbol{T}_2\{\boldsymbol{C}\}] \tag{13.177}$$

结合方程(13.176)和(13.177)可以得到每个频率 ω_i 的节点力和节点位移矢量之间的关系

$$\{\boldsymbol{f}\} = [\boldsymbol{T}_2][\boldsymbol{T}_1]^{-1}\{\hat{\boldsymbol{u}}\} = [\boldsymbol{K}]\{\hat{\boldsymbol{u}}\} \tag{13.178}$$

其中$[\boldsymbol{K}]$是在每个频率 ω_i 下计算的动态刚度矩阵。

下面给出了基于 NLT 采用 FFT 实现频谱单元的实现过程频谱单元的实现。当前研究采用的是规则的、等距的矩形窗口进行傅里叶变换(FFT)，拉普拉斯域在时域中的响应 $\boldsymbol{u}(t)$则通过 NLT 反演得到，其结果如下

$$\boldsymbol{u}(t) = \mathrm{e}^{\alpha(n\Delta t)} \left\{ \Delta f \sum_{k=0}^{N-1} \left[\boldsymbol{K}(\alpha + \mathrm{i}k\Delta f)^{-1} f(\alpha + \mathrm{i}k\Delta f) \mathrm{e}^{\mathrm{i}(2\pi k\Delta f)(n\Delta t)} \right] \right\} \tag{13.179}$$

其中，$\boldsymbol{f}(\alpha+\mathrm{i}k\Delta f)$通过使用前向 FFT 计算得到，如下所示

$$f(\alpha + \mathrm{i}k\Delta f) = \Delta t \sum_{n=0}^{N-1} \left[f(n\Delta t)\mathrm{e}^{-\alpha(n\Delta t)} \right] \mathrm{e}^{-\mathrm{i}(2\pi k\Delta f)(n\Delta t)} \tag{13.180}$$

13.4.1　数值阻尼系数的类比

本节描述了拉普拉斯变量 α 的实部和黏性阻尼谱有限元模型的实部的定性等价

性。由于轴向弯曲-剪切耦合情况的复杂性，这里选择一维杆的例子来证明等效性，文献[94]给出的无阻尼杆的控制微分方程为

$$EA\frac{\partial^2 u(x,t)}{\partial x^2}-\rho A\frac{\partial^2 u(x,t)}{\partial t^2}=0 \tag{13.181}$$

其中 $u(x,t)$ 是轴向位移场，E 是杨氏弹性模量，ρ 是密度，A 是杆的横截面积。应用拉普拉斯变换，假设解为 $u=\hat{u}(x,s)\mathrm{e}^{(\mathrm{i}kx-st)}$，其中 k 是波数，$s=\alpha+\mathrm{i}\omega$ 是拉普拉斯变量，α 是拉普拉斯变量的实部，ω 是角频率。方程(13.181)可变换为

$$[-EAk^2-\rho As^2]\hat{u}=0 \tag{13.182}$$

并且 k 如下

$$k=\mp m\frac{1}{c_{\mathrm{p}}}[\omega-\mathrm{i}\alpha] \tag{13.183}$$

式中，$c_{\mathrm{p}}=\sqrt{\dfrac{EA}{\rho A}}$ 为相速度(或群速度)。

类似地，使用具有线性黏性阻尼杆的例子，阻尼系数表示为 η，其控制微分方程为

$$EA\frac{\partial^2 u(x,t)}{\partial x^2}-\eta A\frac{\partial u(x,t)}{\partial t}-\rho A\frac{\partial^2 u(x,t)}{\partial t^2}=0 \tag{13.184}$$

使用傅里叶变换，在小阻尼的极限下，我们得到了文献[94]中详细描述的波数

$$k=\pm\frac{1}{c_{\mathrm{p}}}\left[\omega-\mathrm{i}\frac{\eta}{2\rho}\right]=\pm\frac{1}{c_{\mathrm{p}}}[\omega-\mathrm{i}\bar{\eta}] \tag{13.185}$$

比较方程(13.183)和方程(13.185)，波数虚部中的参数 α 对 LSFEM 模型的无阻尼波动方程中的波数解起阻尼作用。需要注意的是，该阻尼因子不是结构中存在的阻尼，而是数值计算中出现的阻尼。

13.4.2 波数和群速度的计算

拉普拉斯变换的特征是存在作为阻尼参数变换的实部 α。当 $\alpha=0$ 时，我们得到了频散和谱关系，这与使用谱有限元获得的关系相似，这在第 8 章中图 8.5 的复合材料梁可以看到。本节中，我们将绘制非零 α 的频散关系，尽管该过程可以扩展到复合材料或夹层结构，在这里仅在各向同性的高阶梁使用。因为拉普拉斯变量 s 的实部表示阻尼，所以 $\alpha\neq 0$ 是因为阻尼波行为的存在。所有结构材料都具有一定的材料阻尼。尽管引入 α 的主要目的是消除时间信号的环绕，但如前所述，α 的引入表现为系统中的阻尼。在方程(13.173)中 α 的引入使得波数计算的特征方程的最后 3 个系数是复数，因此方程(13.173)的所有根都是复数。这个复数波数强调了波在本质上是不均匀的，这意味着波在传播时会发生衰减。

下面研究具有不同阻尼系数 α 的铝梁中波的传播特征，其中梁的材料性能为 $E=70$ GPa，$\nu=0.3$，$\rho=2700\ \mathrm{kg/m^3}$，假设横截面几何特性为宽度 $b=0.005$ m，厚度 $h=$

0.005 m。不同 α 的频散关系如图 13.46 和图 13.47 所示。图 13.46(a)显示了使用计算 α 的 Wedepohl 和 Wilcox 公式不同 α 时的频散关系，其中 $N=2048$，$\Delta t=2\ \mu s$，$T=N\Delta t$，从这个图中可以观察到少量关键信息。α 的两种近似值都能计算出相近的群速度。与无阻尼情况相同，轴向和弯曲波速不受拉普拉斯参数 α 的影响，而剪切波速会受到显著影响。事实上，我们看到剪切波在一个小频带上显示出负的群速度，且在变为零之前，在某个频率下逃逸到一个很大的值，并在截止频率之后开始再次传播，另外，与无阻尼情况相比，截止频率仅略有偏移。在这种情况下，波数和群速度具有相反的符号，因此观察到向后的波传播，并且能量在与相速度的移动方向相反的方向上传播[101]。文献[215]在对材料阻尼的影响进行研究时，在谱有限元模型中观察到剪切波群速度的类似上升现象。值得注意的是，一维高阶波导模型预测的轴向和弯曲波模式，对应于 S_0、A_0 和 A_1 的兰姆波模式的实验验证在相关文献中已经进行了介绍[63],[224],[230],[377],[383]。

此外，图 13.46(b)显示了不同 α 值下无量纲剪切模式群速度峰值的变化。曲线图表明，随着收敛/阻尼因子的增加，群速度的峰值减小，峰值(频带)的基底增大。然而，在本例中没有观察到频率偏移的变化，这是阻尼行为的典型特征。其次，当 $\alpha\to 0$ 时，图 13.47(a)显示，与具有非常高区域速度的点重合的频带趋于∞。在该图中，这表示为 $\alpha=0.1$ 时的剪切速度跳跃，其中无量纲峰值剪切群速度 $\left(\frac{C_g}{C_0}\right)$ 为 ±2933，并且显示它发生在 180 kHz 左右。截止频率是将波数 $k=0$ 代入方程(13.173)中来获得的，此时得到的方程为

$$(\alpha+\mathrm{i}\omega)=\sqrt{\frac{A_{55}I_0}{I_1^2-I_0I_2}} \tag{13.186}$$

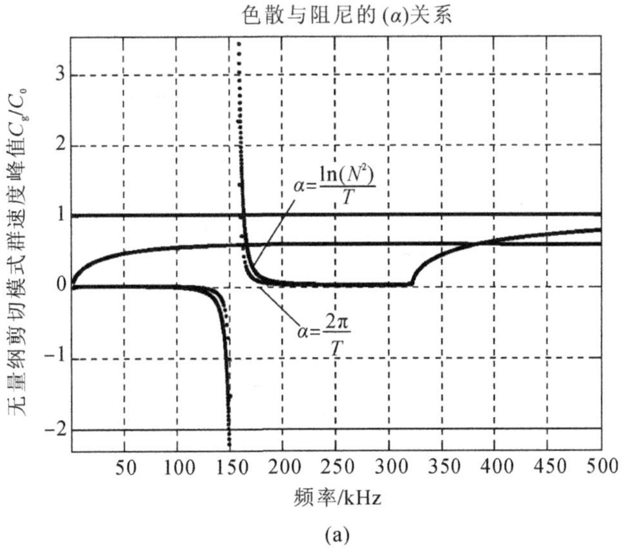

(a)

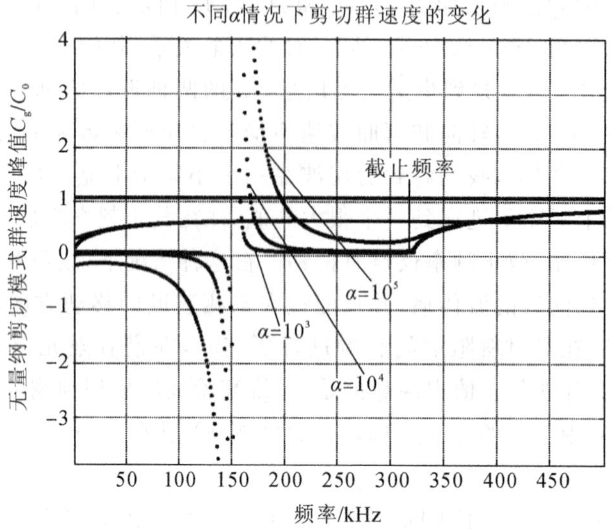

(b)

图 13.46　α 对频散及剪切群速度的影响

(a)不同 α 的频散关系;(b)不同 α 值下剪切群速度的变化

因此,在 $\alpha=\sqrt{\dfrac{A_{55}I_0}{I_1^2-I_0I_2}}$ 的极限情况下,截止频率偏移到零,这种情况如图13.47(b)所示,该图清楚地表明,在该极限值下,剪切模式几乎非频散传播,类似于轴向传播模式,并且大部分能量都转移到弯曲模式,使弯曲波以更高的速度传播。

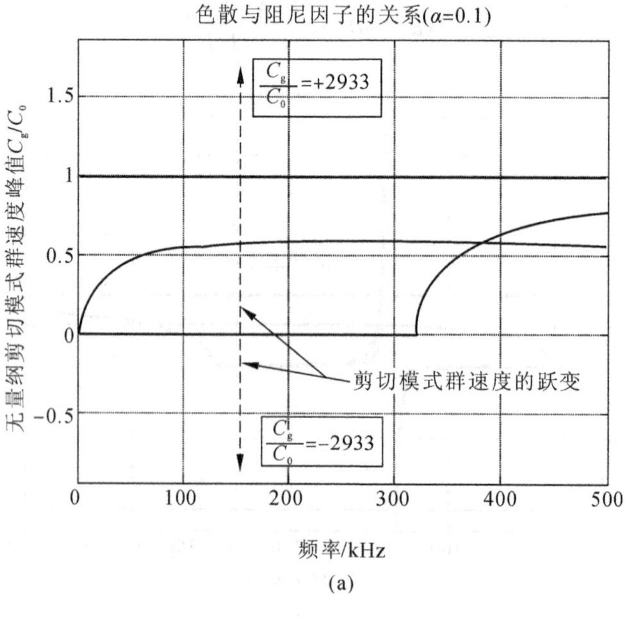

(a)

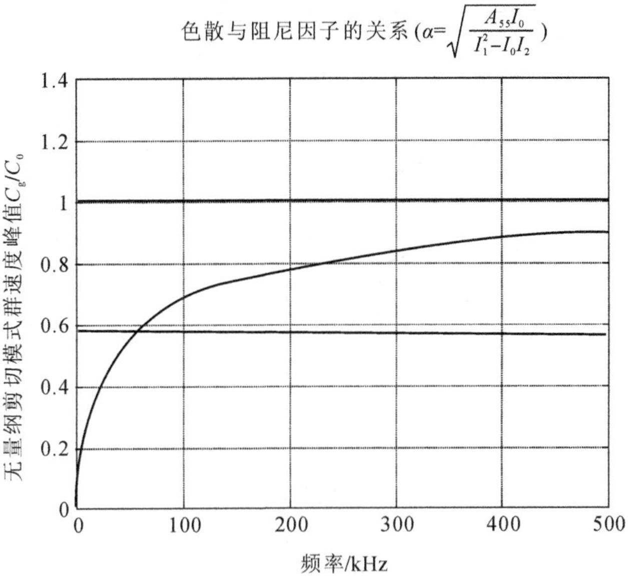

(b)

图 13.47 不同阻尼因子 α 值时的频散关系

AS-3501 的谱图如图 13.48(a)所示，其材料和几何特性如本节前面部分所述，另外 $\alpha=\frac{\ln(N^2)}{T}$，$N=2048$，$\Delta T=2\ \mu s$，$T=N\Delta T$。该图展示了低频区域剪切模式的实数正波数。在该区域，阻尼频散关系图[图 13.48(b)]展示了非常高的剪切模式群速度，其中波数从实数正值接近零。

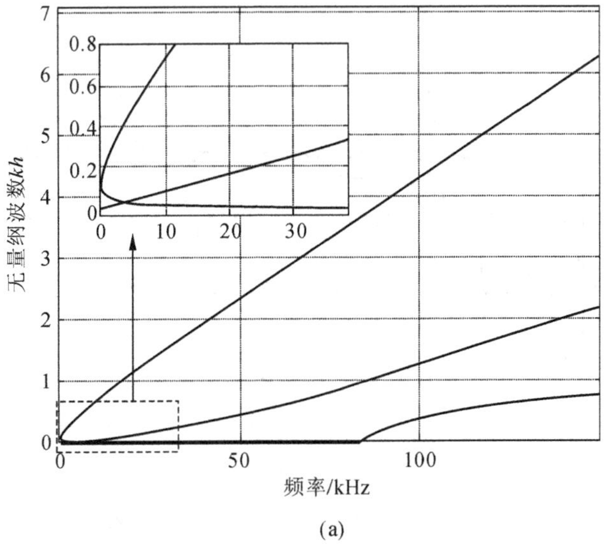

(a)

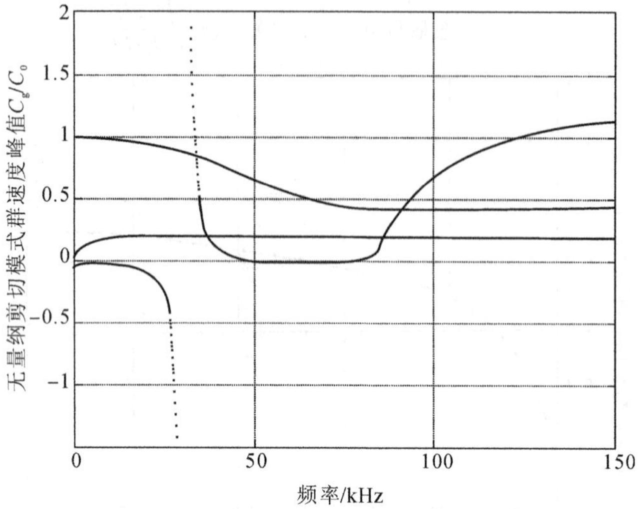

(b)

图 13.48 [$0^\circ_5/90^\circ_5$]**铺层的 AS-3501 复合材料梁的阻尼谱和频散关系**

(a)频率与阻尼因子的关系;(b)频散与阻尼因子的关系

梁具有不同刚度模量 A_{55} 值时，无量纲剪切模式群速度峰值的变化如图 13.49 所示。可以观察到，随着 A_{55} 的增加，截止频率向更高的频率移动，并且随着 $A_{55}\to\infty$(细梁极限)，将不会再观察到剪切模式，这与欧拉-伯努利梁理论的预测基本相同。

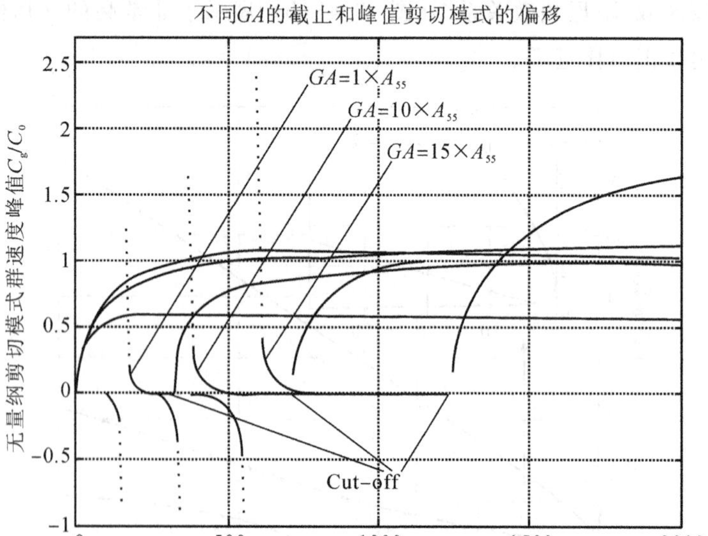

图 13.49 不同 α 和 G 的铝梁中群速度的变化图

13.4.3　数值算例

本节首先，针对 α 的两个不同公式，研究了梁模型上的响应行为，并为后续算例确定了 α 的值。随后，将构造的单元性能与 FEM 和谱有限元解进行比较，并在这个例子中清楚地指出了使用 FEM 和谱有限元进行波传播分析的缺点。最后，研究了轴向弯曲-剪切耦合行为以及低频区高剪切群速度的影响。

在这里，采用拉普拉斯参数 α 的两个公式进行了数值研究，这两个公式即第 4 章中给出的 Wilcox 和 Wedepohl 公式，由方程(4.49)和方程(4.50)给出。为比较上述方程对真实拉普拉斯参数的适用性，给出了具有尖端轴向和横向脉冲载荷的悬臂梁的响应图。输入力的时间历程与第 6 章(图 6.16)相同。对于轴向和横向载荷情况，采用四个不同的采样，其参数为 $N=256,512,1024,2048$，$\Delta t=1\ \mu s$。采用长度非常短(0.2 m)的悬臂梁，载荷加载在梁的自由端，并计算同一点的响应。这里要注意的是，谱有限元模型不能直接用于这种无阻尼短长度结构的波传播，在这种结构中，将发生来自边界的多次反射。因为引入了信号环绕，其结果是所获得的响应看起来完全失真。

图 13.50 和图 13.51 分别展示了不同采样点数时的轴向和横向激励情况下的响应，可以观察到，对于 $N=512$ 和 $N=1024$，方程(4.49)给出的收敛因子在 60% 的观测时间之后是不准确的；然而，方程(4.50)的使用在轴向和横向激励情况下为 80% 的时间历程提供了足够的精度。与此同时，从图中还可以观察到，通过使用方程(4.49)，在 $N=2048$ 个采样点时，得到的响应结果收敛于方程(4.50)的响应。这些例子表明，对于同样的期望精度，当使用 Wilcox 建议的收敛因子[方程(4.49)]时，需要更高数量的采样点。从图 13.50 和图 13.51 中可以看出，当使用方程(4.50)时，必须忽略波形尾部的最后 20%，因此建议将观测时间选择为 $1.2T$，其中 T 是所需的实际观测时间。因此，在当前的研究中，所有数值算例都使用方程(4.50)作为收敛因子。参考文献[249]对通过使用不同的窗口函数以及 FFT 的常规和奇数采样来控制和减少误差进行了详细研究，结果表明使用方程(4.49)所产生的误差约为 10^{-3}，方程(4.50)的误差为 10^{-6}，这适用于许多工程应用。因此，上述讨论表明，方程(4.50)为弹性波传播问题提供了更好的解决方案。

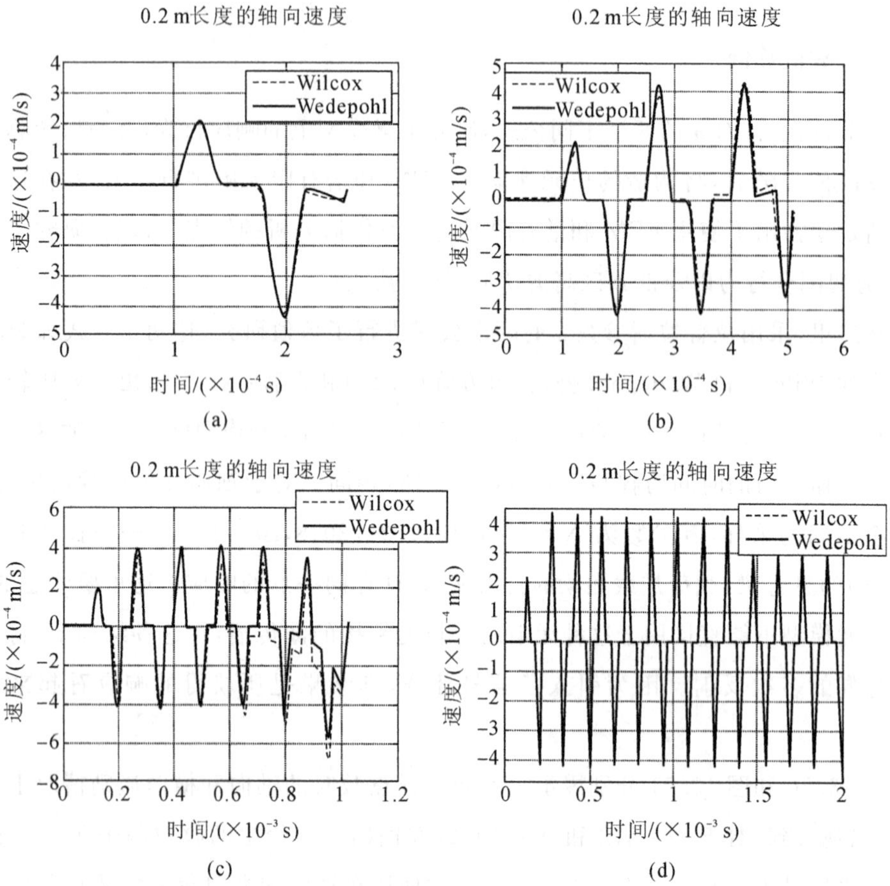

图 13.50 尖端的轴向响应

(a)$N=256$;(b)$N=512$;(c)$N=1024$;(d)$N=2048$

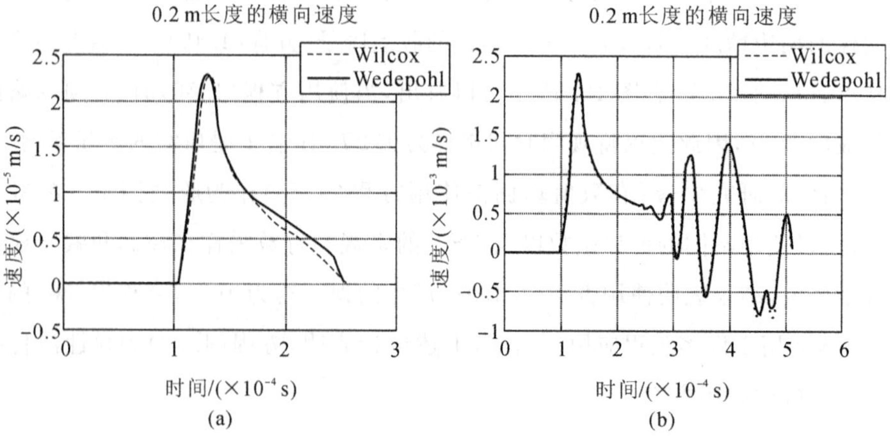

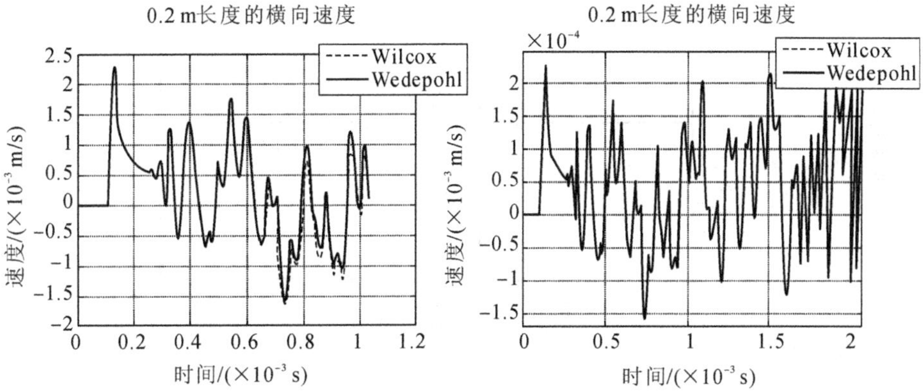

(c)　　　　(d)

图 13.51　尖端的横向响应

(a) $N=256$；(b) $N=512$；(c) $N=1024$；(d) $N=2048$

谱有限元模型的响应比较

本节的目的是展示拉普拉斯 SFEM(LSFEM)模型与谱有限元模型相比是如何消除信号环绕。首先，本文考虑在自由端横向加载相同脉冲载荷(第 6 章图 6.16 中的载荷)的简单悬臂梁，并在自由端测量横向响应。这里再次使用与之前使用的铝梁相同的材料和几何特性($E=70$ GPa，$\nu=0.3$，$\rho=2700$ kg/m^3，宽度 $b=0.005$ m，厚度 $h=0.005$ m)。悬臂梁的建模如图 13.52(a)所示。在谱有限元模型和 LSFEM 模型中固定边界条件使用偏移单元建模，其处理方式与 FEM 完全相同。

在本例中，所有分析都假设没有阻尼($\eta=0$)，图 13.52(b)展示了谱有限元对偏移单元不同刚度的响应。对于 $N=4096$ 个 FFT 点，偏移刚度随系数 β($\beta=10100150$)与梁刚度系数而变化，即 $(EI)_{\text{throw-off}}=\beta\times(EI)_{\text{beam}}$。根据图 13.52(b)，偏移单元的刚度值取实际梁刚度的 136 倍，以模拟实际条件。在谱有限元和 LSFEM 模型中，时间采样 Δt 取为 2 μs。从所加载荷可以看出，梁在前 100 μs 之前不应做出响应，这是正常的；然而，图 13.52(b)表明，情况并非如此，梁甚至在被激发之前就显示出响应，表现出环绕问题。

在图 13.52(c)中，可以看出，对于 $N=512,1024\cdots$ 个 FFT 点，谱有限元模型表现出严重的环绕问题；然而，随着时间窗口增加到 $N=16384$ 点，环绕被完全去除，并且与 LSFEM 模型相匹配，即使只有 $N=512$ 点，LSFEM 也没有信号环绕问题。为了更加清晰地分析，图 13.52(d)给出了 $N=512$ 点的 LSFEM 响应，以及仅 $N=16384$ 点的有限元响应和谱有限元响应。谱有限元和 LSFEM 都是在 MATLAB 和 Table 中编程的。表 13.1 显示了这两个模型 FFT 点数与计算性能的关系。

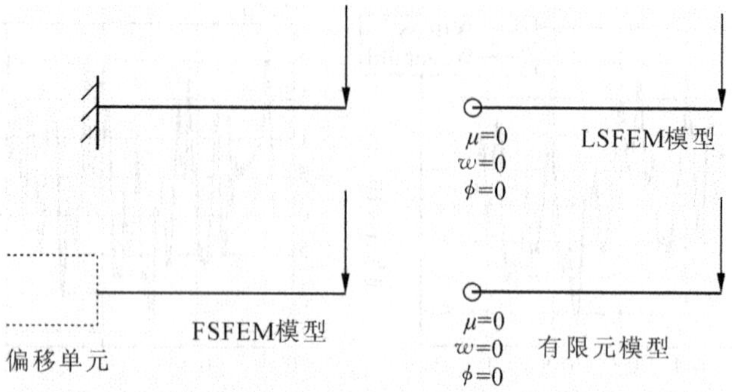

LSFEM模型
μ=0
w=0
ϕ=0
FSFEM模型
偏移单元
有限元模型

(a)

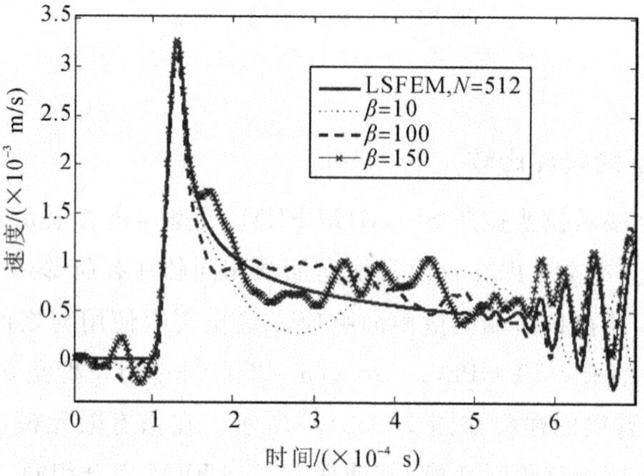

LSFEM,N=512
β=10
β=100
β=150
速度/(×10^{-3} m/s)
时间/(×10^{-4} s)

(b)

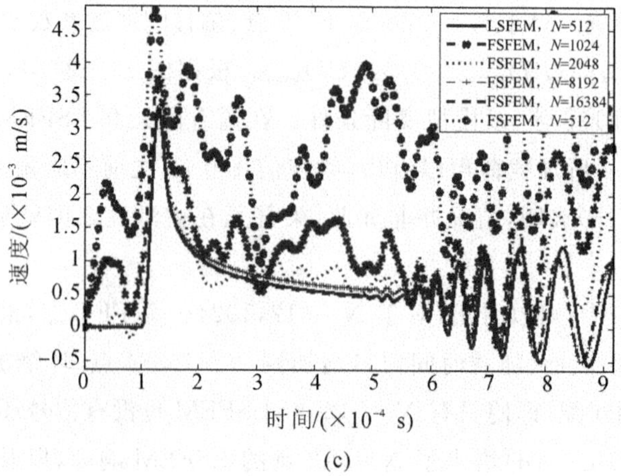

LSFEM，N=512
FSFEM，N=1024
FSFEM，N=2048
FSFEM，N=8192
FSFEM，N=16384
FSFEM，N=512
速度/(×10^{-3} m/s)
时间/(×10^{-4} s)

(c)

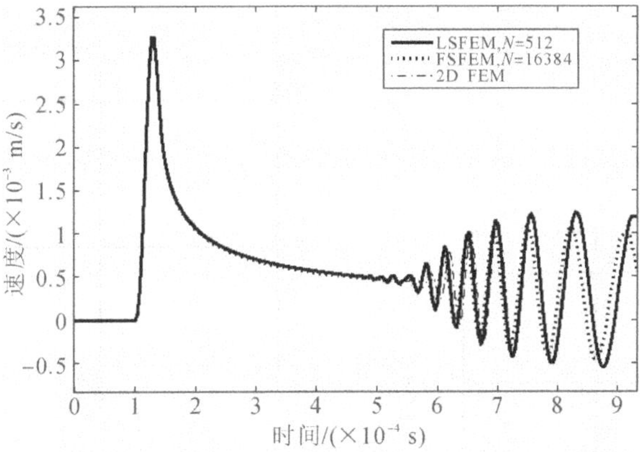

(d)

图 13.52　悬臂梁速度响应分析

(a)谱有限元、LSFEM 和 FEM 中的悬臂梁建模；(b)偏移单元的变刚度图；

(c)谱有限元和 LSFEM 计算的由横向载荷激励的横向速度响应的比较；

(d)谱有限元($N=16384$)、LSFEM($N=512$)和 FEM 计算的响应的比较

作为第二个例子，本节采用的三柱门式框架结构如图 13.53(a)所示。这里再次使用与上一个例子中考虑的相同宽带脉冲载荷(图 6.16)，该载荷施加在图中所示的第 3 点，并在第 9 点测量响应。对于框架的每个构件，采用与先前示例中相同的材料和几何特性。因为存在多个节点会导致多次反射。由于这些原因，节点之间的能量被捕获，导致响应在两个坐标方向上缠绕。这个算例的主要目的是看看是否可以使用 LSFEM 模型来消除这些问题。这个模型也通过传统的有限元模型进行了验证，其中有限元网格在长度和整个厚度上非常精细，并使用MSC Nastran通用 FEM 程序的 CQUAD 单元进行求解，传统有限元模型的自由度达到了 49000 个，以便获得收敛解。

表 13.1　悬臂梁模型的计算时间(s)

Model	$N=512$	$N=1024$	$N=2048$	$N=4096$	$N=8192$	$N=16384$
LSFEM	0.7444	—	—	—	—	—
谱有限元	0.7500	1.4063	3.1563	5.4688	10.9844	23.1094

在本例谱有限元模型[图 13.53(b)]中，预计将出现严重的信号环绕，使用三个偏移单元模拟固定边界条件。在 LSFEM 和谱有限元模型中，仅使用一个单元对每个梁构件进行建模，所用的时间采样率为 $\Delta t=2\ \mu$s。与前面的例子一样，我们需要得出当前问题的偏移刚度值的正确值。因此，偏移单元的刚度值与问题相关，并且将刚度值改变为 $\beta=2,4,6$ 倍获得梁刚度值，如图 13.53(b)所示。当 $\beta=5$ 和添加轻微阻尼($\zeta=0.018$)时，谱有限元模型给出了更好的响应，如图 13.5(d)所示。与 $N=4096$ 相比，$N=16384$ 也有非常微小的改善。表 13.2 显示了基于 FFT 的 SFEM 预测的 CPU 时间(以秒为单位)。

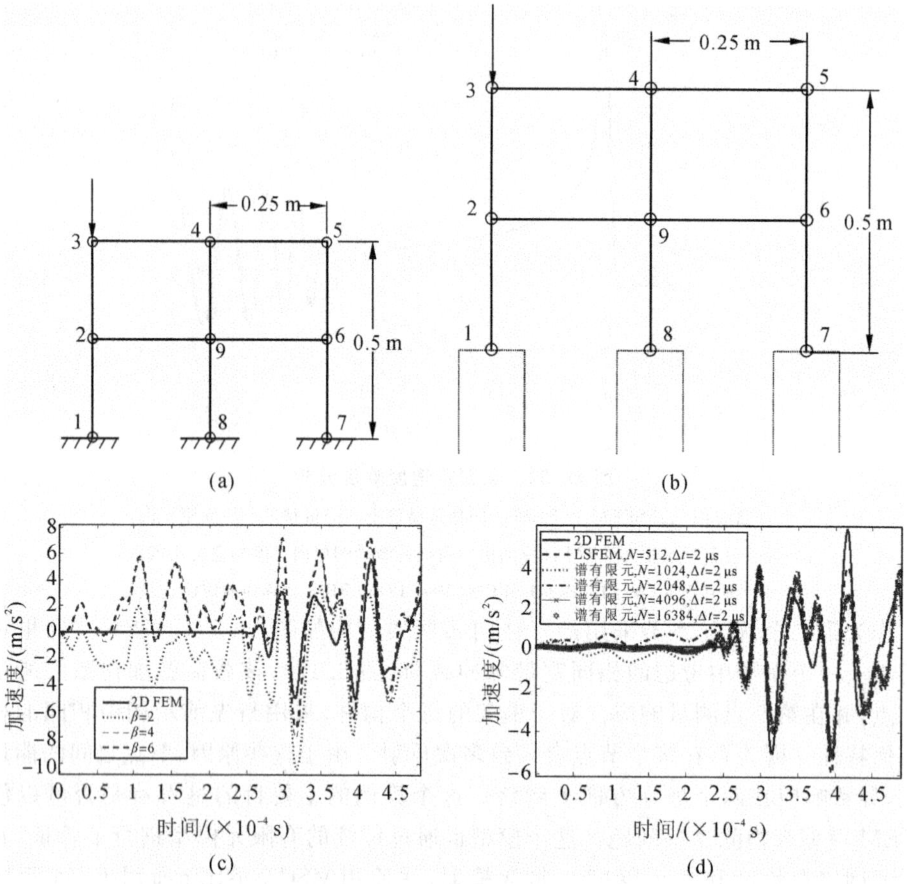

图 13.53 三柱门式框架结构

(a)三柱框架结构模型;(b)带偏移单元的谱有限元模型;(c)偏移单元的变刚度图;

(d)通过 FEM、谱有限元和 LSFEM 对点 9 处加速度的比较

表 13.2 三柱框架结构计算时间的比较(s)

Model	$N=512$	$N=1024$	$N=2048$	$N=4096$	$N=8192$	$N=16384$
LSFEM	3.040	—	—	—	—	—
谱有限元	—	9.5781	16.3438	29.5156	64.0156	132.8438

从上面的例子中,可以得出以下结果:

1. 在多重连接波导网络中,在谱有限元中对具有偏移单元的固定边界进行建模,不能保证精确捕获解,解的精度取决于偏移刚度的值。

2. 谱有限元中的偏移刚度值与问题高度相关,如前所述,该值只能通过试错过程获得。

3. 在计算上,对于相同的精度,特别是对于短波导无阻尼结构的建模,LSFEM 的计算结果比谱有限元模型高出一个数量级。

本节演示了 LSFEM 模型消除信号环绕的有效性，同时保留了谱有限元模型的所有良好特性，如对波参数的准确预测和提供频域响应的良好分辨率。换言之，LSFEM 模型中偏移单元的使用量是最小的，因为这些模型在时域和频域中都提供了响应的良好分辨率。

总　结

本章涵盖了谱有限元格式的三种不同变换，即基于傅里叶变换的变换、基于小波变换的变换和基于拉普拉斯变换的变换，仅对少数波导的谱有限元格式进行了推导，以演示谱单元的构造过程，为此推导了一维和二维波导的一些谱有限元模型。随后，本章详细讨论了不同变换 SFEM 的优缺点。结果表明，谱有限元存在严重的信号环绕问题，特别是对于较短的波导。它们需要用偏移单元来处理，以释放一些被捕获的能量，从而消除信号的环绕。利用小波变换可以完全去除信号的环绕。然而，频域响应仅精确到奈奎斯特频率的某一部分，超过该部分会引入不存在的传播。而 LSFEM 并不存在这些问题。真实的拉普拉斯变量起到阻尼的作用，并迫使响应在选定的时间窗口内衰减，从而完全消除信号环绕。但是拉普拉斯变量实部的非零值改变了传播关系，使波在负方向上传播，换句话说，可以看到对于拉普拉斯变量实部的某些特定值，波会发生反向传播。

如前所述，本章仅推导了少数波导的 SFEM，没有导出用于梯度功能复合材料结构和纳米结构的 SFEM，感兴趣的读者可以参考文献[127]和[322]。在所有的公式中，我们只使用变换后的控制方程的精确解作为单元格式的插值函数。在 90%的情况下，几乎不可能获得控制方程的精确解。一个简单的例子是锥形铁木辛柯梁的解，在这种情况下，可以使用频域中的变分方法来进行公式构造。这种方法首次用于使用频域变分方法求解锥形铁木辛柯梁中的波传播，详细信息见文献[128]。文献[57]给出了针对 FGM 结构的此类方法。对于这些波导，基本解将以在某种均匀构型中的波的形式给出。例如，对于锥形铁木辛柯梁单元，我们将假设梁是均匀的并求解，并在变分意义上拟合该解，最后确定单元的动态刚度矩阵。文中还给出了许多不同复杂度的数值例子，并在每种情况下介绍了研究波传播问题的 SFEM 模型的效率。

第 14 章

波在智能复合材料结构中的传播

14.1 介绍

智能复合材料是指内置或嵌入智能贴片材料的结构。通常以薄膜的形式将智能材料安装在结构各层之间，从而使复合层和板结构更加多功能化，即带有智能贴片的结构除了可承受载荷外，还具有振动控制、噪声控制、形状控制、损伤检测等多种功能。这种多功能结构称为主动结构。

智能材料是一种对多种输入均有响应的材料，与传统材料如铝、钢材料在载荷作用下发生变形不同，智能材料具有双向性。以一种陶瓷形式的锆钛酸铅压电材料为例（简称 PZT），在受到载荷作用时，会发生变形并产生电压。同样对其施加电压，不仅会产生电荷位移，而且还会产生机械应变。目前市面上有各种各样的智能材料，常用的智能材料有压电材料和磁致伸缩材料。压电材料同时对负载和电场作出响应，而磁致伸缩材料同时对载荷和磁场作出响应。换句话说，智能材料有助于将一种形式的能量转化为另一种形式。压电材料在载荷作用过程中机械能转变为电能，而相同结构受到电压时发生相反的情况。根据可实现能量转换的特性，智能材料可用作传感器或致动器以实现振动控制、噪声控制、损坏检测等功能。图 14.1 为嵌入压电贴片的层合复合材料板结构示意图，文献[363]对这些材料进行了详细的研究。

在智能材料贴片中，尤其是在压电材料中，通常利用机电耦合系数将机械位移和电位移关联起来。将压电贴片用作致动器时，该耦合系数表示致动器的能力，这个值越高则表明该材料越适合用作致动器材料。

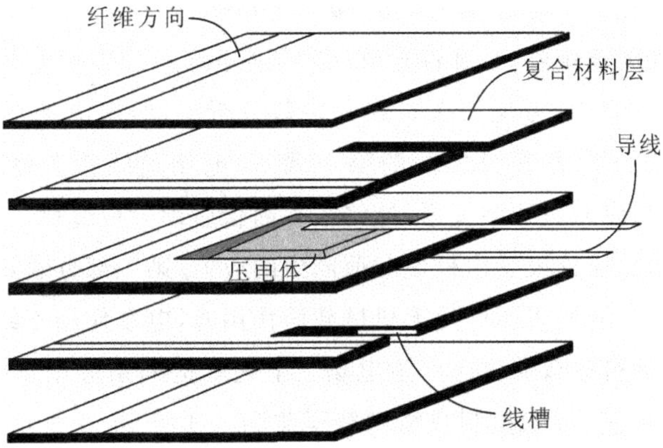

图 14.1　嵌入压电贴片的层合复合材料板结构示意图

本章主要研究波如何在智能复合结构中的传播，特别是能量的耦合对波数和群速度两个波参数的影响。本章将以智能复合材料本构模型的推导展开，考虑众多智能材料中的三种：PZT 的压电材料、TERFENOL-D 的磁致伸缩材料和铌酸铅锰钛酸铅或 PMN-PT 的电致伸缩材料，之所以考虑这些材料是因为它们能够以薄膜或薄板的形式铸造，从而嵌入复合材料中。然后研究波在嵌入这些智能材料贴片的智能复合材料中的传播特性，并针对这些智能复合材料波导构造谱单元，研究它们的响应和频散特性。

14.2　压电智能复合材料结构的本构模型

在详细介绍压电智能复合材料结构的本构模型之前，首先介绍一下压电材料的本构模型。假设压电材料处于二维应力状态，即平面应力状态。由于其对机械载荷和电场均有响应，因此包含两个本构关系：

$$\left.\begin{aligned}\{\boldsymbol{\sigma}\}_{3\times1}&=[\boldsymbol{C}]^{(E)}_{3\times3}\{\boldsymbol{\varepsilon}\}_{3\times1}-[\boldsymbol{e}]_{3\times2}\{\boldsymbol{E}\}_{2\times1}\\\{\boldsymbol{D}\}_{2\times1}&=[\boldsymbol{e}]^{T}_{2\times3}\{\boldsymbol{\varepsilon}\}_{3\times1}+[\boldsymbol{\mu}]^{(\sigma)}_{2\times2}\{\boldsymbol{E}\}_{2\times1}\end{aligned}\right\}\tag{14.1}$$

第一个为致动原理，第二个为感应定律，其中 $\{\boldsymbol{\sigma}\}^{\mathrm{T}}=\{\sigma_{xx}\quad\sigma_{yy}\quad T_{xy}\}^{\mathrm{T}}$ 表示应力，$\{\boldsymbol{\varepsilon}\}^{\mathrm{T}}=\{\varepsilon_{xx}\quad\varepsilon_{yy}\quad\gamma_{xy}\}^{\mathrm{T}}$ 表示应变，$[\boldsymbol{e}]$是大小为 3×2 的压电系数矩阵，单位为 N/V · mm。$\{\boldsymbol{E}\}^{\mathrm{T}}=\{E_x\quad E_y\}^{\mathrm{T}}=\{V_x/t\quad V_y/t\}^{\mathrm{T}}$ 为两个坐标方向上的外加电场，单位为 V/mm，其中 V_x、V_y 分别为两个方向的外加电压，t 为厚度参数。$[\boldsymbol{\mu}]$为在恒定应力下 2×2 的介电常数(用上标 σ 表示)，单位为 N/V/V。$\{\boldsymbol{D}\}^{\mathrm{T}}=\{D_x\quad D_y\}^{\mathrm{T}}$ 为两个坐标方向上的电位移矢量，单位为 N/V · mm。$[\boldsymbol{C}]$为恒定电场下的弹性矩阵。致动原理可表示为以下的矩阵形式：

$$\{\boldsymbol{\varepsilon}\}=[\boldsymbol{S}]\{\boldsymbol{\sigma}\}+[\boldsymbol{d}]\{E\} \tag{14.2}$$

上式中，$[\boldsymbol{S}]$为柔度矩阵，是弹性矩阵$[\boldsymbol{C}]$的逆矩阵。$[\boldsymbol{d}]=[\boldsymbol{C}]^{-1}[\boldsymbol{e}]$为力电耦合矩阵，单位为mm/V，且与方向有关。在大多数分析中，假定电场变化对力学性能的影响很小，故认为动能[方程(14.2)的第一项]与电场呈线性关系，感应电势[方程(14.2)的第二项]与应力呈线性关系，这将大大简化后续分析过程。

方程(14.2)第一部分表示由机械载荷产生的应力，第二部分表示由输入电压产生的应力。方程(14.2)清晰表明即使无机械载荷作用时，电场作用于结构同样会产生应力，或者给结构施加机械载荷时会产生电场。上述本构关系被用于各种结构控制中，如振动控制、噪声控制、形状控制或结构健康监测。如图14.2所示，使用尺寸为$L\times W\times t$的平板来演示压电材料的致动原理，其中L、W、t分别表示平板的长、宽和厚度，薄压电电极安装在平板的顶部和底部。

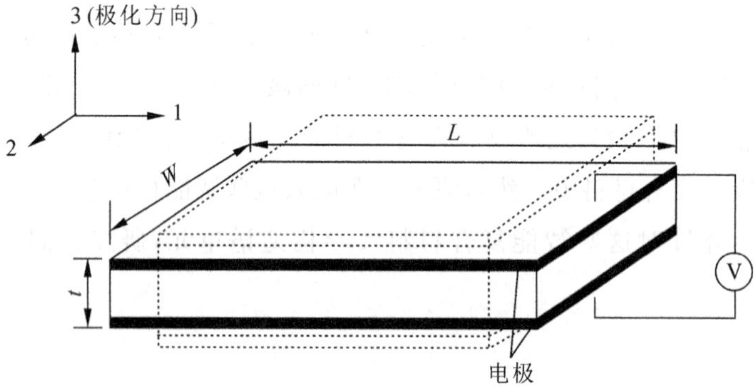

图14.2 压电平板中的致动原理示意图

上述平板称为压电双晶板。如图14.2所示，当电压在两极之间通过(通常称为极化方向)时，板长度、宽度和厚度方向的变形为：

$$V=\frac{d_{31}F}{\mu L}\text{或}V=\frac{d_{31}F}{\mu W}\text{或}V=\frac{d_{33}F}{\mu LW} \tag{14.3}$$

其中，μ为材料的介电常数。应变和电压之间的可逆性使压电材料成为传感器和致动器的最佳选择。

不同类型的压电材料被广泛应用于各种结构中。最常用的是PZT(锆钛酸铅)材料，由于其具有高机电耦合系数，可广泛用作大体积的致动器材料。聚偏氟乙烯(PVDF)由于机电耦合系数低，仅广泛用作传感器材料。随着智能复合结构的出现，一种名为压电纤维复合材料(PFC)的新型材料被发现是一种非常有效的致动器材料，可用于振动/噪声控制应用。

14.2.1　压电材料本构模型

上一节给出了压电材料本构模型的形式。本节将根据虚功原理(在第 2 章中介绍)建立压电材料的本构模型,然后推导压电复合材料的本构模型。本节使用张量符号以简洁表示其关系。压电介质的虚功原理表明,在以单位外法线 $\boldsymbol{n}$ 的表面 Γ 为界的任何体积 Ω 中,能量(动能加内能)的增长率等于作用在 Γ 上的表面牵引力做功的功率减去 Γ 上向外的电能通量[343]。虚功方程可以表示为方程(14.4a):

$$\frac{\partial}{\partial t}\int_{\Omega}\left(\frac{1}{2}\rho\dot{u}_j\dot{u}_j+U\right)\mathrm{d}\Omega=\int_{\Gamma}(t_j\dot{u}_j-n_j\varphi\dot{D}_j)\mathrm{d}\Gamma \tag{14.4a}$$

电场和力场的基本关系可归纳如下。

运动应力方程可以表示为:

$$\sigma_{ij,i}+f_i=\rho\ddot{u}_j \quad (\sigma_{ij}=\sigma_{ji}) \tag{14.4b}$$

静电的电荷方程为:

$$D_{i,i}=Q \tag{14.4c}$$

电场-电势关系为:

$$E_k=-\varphi_{,k} \tag{14.4d}$$

应变-机械位移关系为:

$$\varepsilon_{ij}=\frac{1}{2}(u_{i,j}+u_{j,i}) \tag{14.4e}$$

将 $t_j=n_i\sigma_{ij}$ 代入方程(14.4a)并应用散度定理可得:

$$\dot{U}=\sigma_{ij}\dot{\varepsilon}_{ij}+E_i\cdot\dot{D}_i \tag{14.4f}$$

Tiersten[343]给出了压电本构方程的详细推导过程。基本方法是确定类似于弹性应变能 U 的焓函数的形式,得到焓函数的二次齐次表达式。使用热力学原理和麦克斯韦方程建立力场和电场之间的耦合关系,类似于弹性应变能函数 U,焓函数 H 可定义为:

$$H(\varepsilon_{ij},E_i)=u-E_i\cdot D_i \tag{14.5}$$

上式称为电吉布斯自由能或焓。关于压电本构关系推导的详细描述,可查阅文献[343]。由公式(14.5)可得 H 的二次形式为:

$$H=\frac{1}{2}C_{ijkl}\varepsilon_{ij}\varepsilon_{kl}-e_{ijk}E_i\varepsilon_{jk}-\frac{1}{2}\epsilon_{ij}E_iE_j \tag{14.6}$$

其中 $C_{ijkl}=C_{ijlk}=C_{jikl}=C_{klij}$,$e_{ijk}=e_{ikj}$,$\varepsilon_{ij}=\varepsilon_{ji}$。

最普通的晶体结构(无对称中心的三斜晶体)包含 21 个独立的弹性常数(C_{ijkl})、18 个独立的压电常数(e_{ijk})和 6 个独立的介电常数(ϵ_{ij})。由于 e 是奇数张量,因此其不可能存在于任何具有对称中心的材料中。线性压电本构方程可表示为:

$$\sigma_{ij}=C_{ijkl}\varepsilon_{kl}-e_{kij}E_k \tag{14.7}$$

$$D_i=e_{ikl}\varepsilon_{kl}+\epsilon_{ik}E_k \tag{14.8}$$

14.2.2 智能压电复合材料的本构模型

如第 3 章所述，通过将方程纤维局部坐标转换为全局坐标，智能压电复合材料本构模型的推导方式与层合复合材料相同。应力和应变分量间的本构关系以纤维（材料）坐标系（1，2，3）表示，但不必使用纤维坐标系进行求解。复合材料层合结构由很多单层板组成，每个单层板相对于板坐标具有不同的纤维取向，因此必须建立一个可表示板/单层板层坐标（X，Y，Z）中所有层板本征行为的线性坐标变换系统。

首先，分析如图 14.3 所示坐标系中复合材料单层板和压电贴片的正交各向异性本构模型。可使用具有切口或开槽的厚基体纤维布加工复合结构，以便于复合结构铺层生产过程中安装压电贴片。

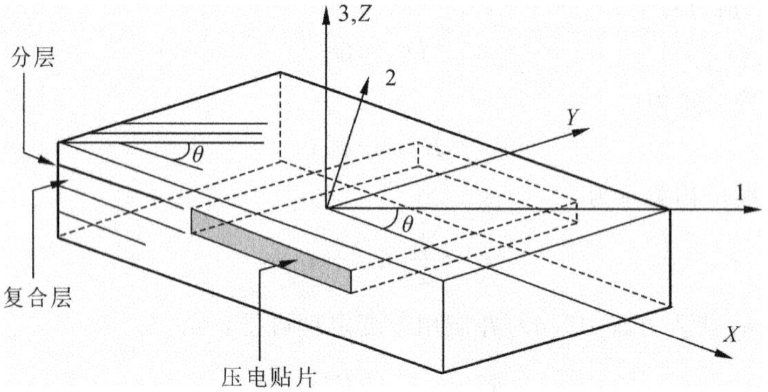

图 14.3 具有全局坐标系和材料坐标系的纤维增强单层板

常见耦合压电介质（见文献[301]）在纤维/材料坐标（1，2，3）中的完整三维正交各向异性本构模型可写为

$$\begin{Bmatrix}\sigma_{11}\\ \sigma_{22}\\ \sigma_{33}\\ \sigma_{23}\\ \sigma_{31}\\ \sigma_{12}\\ D_1\\ D_2\\ D_3\end{Bmatrix}=\begin{bmatrix}C_{11}&C_{12}&C_{13}&0&0&0&0&0&-e_{31}\\ C_{12}&C_{22}&C_{23}&0&0&0&0&0&-e_{32}\\ C_{13}&C_{23}&C_{33}&0&0&0&0&0&-e_{33}\\ 0&0&0&C_{44}&0&0&0&-e_{24}&0\\ 0&0&0&0&C_{55}&0&-e_{15}&0&0\\ 0&0&0&0&0&C_{66}&0&0&0\\ 0&0&0&0&e_{15}&0&\epsilon_{11}&0&0\\ 0&0&0&e_{24}&0&0&0&\epsilon_{22}&0\\ e_{31}&e_{32}&e_{33}&0&0&0&0&0&\epsilon_{33}\end{bmatrix}\begin{Bmatrix}\varepsilon_{11}\\ \varepsilon_{22}\\ \varepsilon_{33}\\ 2\varepsilon_{23}\\ 2\varepsilon_{31}\\ 2\varepsilon_{12}\\ E_1\\ E_2\\ E_3\end{Bmatrix} \tag{14.9}$$

其中 σ_{ij}、ε_{ij} 分别是纤维局部坐标系(1,2,3)下的应力和应变分量，其与图 14.3 所示铺层局部坐标系(X,Y,Z)的夹角为 θ。对于压电贴片，$\boldsymbol{D}_i$ 是与方向 $\boldsymbol{i}$ 垂直的面内的电位移分量。E_i 是电场分量，等于 $\boldsymbol{i}$ 方向的 $-\nabla\varphi$(φ 为电势)。方程(14.9)中 $\boldsymbol{C}$ 是弹性矩阵，e_{ij} 和 ϵ_{ij} 分别表示压电常数和介电常数。共轭变量的线性坐标变换，即(σ,ε)和(D,E)从纤维局部坐标系(1,2,3)到铺层局部坐标系(X,Y,Z)变换，其是围绕垂单层板垂直轴旋转这个变换可以写成

$$\begin{Bmatrix}\sigma\\ D\end{Bmatrix}=[\boldsymbol{T}]\begin{bmatrix}\bar{C} & -\bar{e}\\ \bar{e}^{\mathrm{T}} & \bar{\epsilon}\end{bmatrix}[\boldsymbol{T}]^{\mathrm{T}}\begin{Bmatrix}\varepsilon\\ E\end{Bmatrix} \tag{14.10}$$

其中变换矩阵 $\boldsymbol{T}$ 的形式为：

$$[\boldsymbol{T}]=\begin{bmatrix}[\boldsymbol{T}]_{11} & \boldsymbol{0}\\ \boldsymbol{0} & [\boldsymbol{T}]_{22}\end{bmatrix} \tag{14.11}$$

其中的子矩阵为

$$\left.\begin{aligned}[\boldsymbol{T}]_{11}&=\begin{bmatrix}\cos^2\theta & \sin^2\theta & 0 & 0 & 0 & -2\cos\theta\sin\theta\\ \sin^2\theta & \cos^2\theta & 0 & 0 & 0 & 2\cos\theta\sin\theta\\ 0 & 0 & 1 & 0 & 0 & 0\\ 0 & 0 & 0 & \cos\theta & \sin\theta & 0\\ 0 & 0 & 0 & \sin\theta & \cos\theta & 0\\ \cos\theta\sin\theta & -\cos\theta\sin\theta & 0 & 0 & 0 & \cos^2\theta-\sin^2\theta\end{bmatrix}\\ [\boldsymbol{T}]_{22}&=\begin{bmatrix}\cos^2\theta & \sin^2\theta & 0\\ \cos^2\theta & \sin^2\theta & 0\\ 0 & 0 & 1\end{bmatrix}\end{aligned}\right\} \tag{14.12}$$

因此，单层局部(变换)坐标中的本构关系最终可表示为

$$\begin{Bmatrix}\sigma_{xx}\\ \sigma_{yy}\\ \sigma_{zz}\\ \sigma_{yz}\\ \sigma_{zx}\\ \sigma_{xy}\\ D_{xx}\\ D_y\\ D_z\end{Bmatrix}=\left[\begin{array}{cccccc|ccc}\bar{C}_{11} & \bar{C}_{12} & \bar{C}_{13} & 0 & 0 & \bar{C}_{16} & 0 & 0 & -\bar{e}_{31}\\ \bar{C}_{12} & \bar{C}_{22} & \bar{C}_{23} & 0 & 0 & \bar{C}_{26} & 0 & 0 & -\bar{e}_{32}\\ \bar{C}_{13} & \bar{C}_{23} & \bar{C}_{33} & 0 & 0 & \bar{C}_{36} & 0 & 0 & -\bar{e}_{33}\\ 0 & 0 & 0 & \bar{C}_{44} & \bar{C}_{45} & 0 & -\bar{e}_{14} & -\bar{e}_{24} & 0\\ 0 & 0 & 0 & \bar{C}_{45} & \bar{C}_{55} & 0 & -\bar{e}_{15} & -\bar{e}_{25} & 0\\ \bar{C}_{16} & \bar{C}_{26} & \bar{C}_{36} & 0 & 0 & \bar{C}_{66} & 0 & 0 & \bar{e}_{36}\\ \hline 0 & 0 & 0 & \bar{e}_{14} & \bar{e}_{15} & 0 & \bar{\epsilon}_{11} & \bar{\epsilon}_{12} & 0\\ 0 & 0 & 0 & \bar{e}_{24} & \bar{e}_{25} & 0 & \bar{\epsilon}_{12} & \bar{\epsilon}_{22} & 0\\ \bar{e}_{31} & \bar{e}_{32} & \bar{e}_{33} & 0 & 0 & \bar{e}_{36} & 0 & 0 & \epsilon_{33}\end{array}\right]\begin{Bmatrix}\varepsilon_{xx}\\ \varepsilon_{yy}\\ \varepsilon_{zz}\\ 2\varepsilon_{yz}\\ 2\varepsilon_{zx}\\ 2\varepsilon_{xy}\\ E_x\\ E_y\\ E_z\end{Bmatrix} \tag{14.13}$$

其中本构矩阵中各元素分别为：

$$\bar{C}_{11}=4C_{66}\cos^2\theta\sin^2\theta+\cos^2\theta(C_{11}\cos^2\theta+C_{12}\sin^2\theta)+\sin^2\theta(C_{12}\cos^2\theta+C_{22}\sin^2\theta)$$

$$\bar{C}_{12}=-4C_{66}\cos^2\theta\sin^2\theta+\sin^2\theta(C_{11}\cos^2\theta+C_{12}\sin^2\theta)+\cos^2\theta(C_{12}\cos^2\theta+C_{22}\sin^2\theta)$$

$$\bar{C}_{13}=C_{13}\cos^2\theta-C_{23}\sin^2\theta,\quad \bar{C}_{23}=C_{23}\cos^2\theta+C_{13}\sin^2\theta$$

$$\bar{C}_{16}=-2C_{66}\cos\theta\sin\theta(\cos^2\theta-\sin^2\theta)+\cos\theta\sin\theta(C_{11}\cos^2\theta+C_{12}\sin^2\theta)-\cos\theta\sin\theta(C_{12}\cos^2\theta+C_{22}\sin^2\theta)$$

$$\bar{C}_{22}=4C_{66}\cos^2\theta\sin^2\theta+\sin^2\theta(C_{12}\cos^2\theta+C_{11}\sin^2\theta)+\cos^2\theta(C_{22}\cos^2\theta+C_{12}\sin^2\theta)$$

$$\bar{C}_{26}=2C_{66}\cos\theta\sin\theta(\cos^2\theta-\sin^2\theta)+\cos\theta\sin\theta(C_{12}\cos^2\theta+C_{11}\sin^2\theta)-\cos\theta\sin\theta(C_{22}\cos^2\theta+C_{12}\sin^2\theta)$$

$$\bar{C}_{33}=C_{33},\quad \bar{C}_{36}=C_{13}\cos\theta\sin\theta-C_{23}\cos\theta\sin\theta$$

$$\bar{C}_{44}=C_{44}\cos^2\theta+C_{55}\sin^2\theta,\quad \bar{C}_{45}=-C_{44}\cos\theta\sin\theta+C_{55}\cos\theta\sin\theta$$

$$\bar{C}_{55}=C_{55}\cos^2\theta+C_{44}\sin^2\theta$$

$$\bar{C}_{66}=C_{66}(\cos^2\theta-\sin^2\theta)^2+\cos\theta\sin\theta(C_{11}\cos\theta\sin\theta-C_{12}\cos\theta\sin\theta)-\cos\theta\sin\theta(C_{12}\cos\theta\sin\theta-C_{22}\cos\theta\sin\theta)$$

$$\bar{e}_{31}=e_{31}\cos^2\theta+e_{32}\sin^2\theta,\quad \bar{e}_{32}=e_{32}\cos^2\theta+e_{31}\sin^2\theta,\quad \bar{e}_{33}=e_{33}$$

$$\bar{e}_{14}=e_{15}\cos^2\theta\sin\theta+e_{24}\cos\theta\sin^2\theta,\quad \bar{e}_{24}=e_{24}\cos^3\theta+e_{15}\sin^3\theta$$

$$\bar{e}_{15}=e_{15}\cos^3\theta-e_{24}\sin^3\theta,\quad \bar{e}_{25}=e_{24}\cos^2\theta\sin\theta-e_{15}\cos\theta\sin^2\theta$$

$$\bar{e}_{36}=e_{31}\cos\theta\sin\theta-e_{32}\cos\theta\sin\theta,\quad \bar{\epsilon}_{11}=\epsilon_{11}\cos^4\theta+\epsilon_{22}\sin^4\theta$$

$$\bar{\epsilon}_{12}=\epsilon_{11}\cos^2\theta\sin^2\theta+\epsilon_{22}\cos^2\theta\sin^2\theta,\quad \bar{\epsilon}_{22}=\epsilon_{22}\cos^4\theta+\epsilon_{11}\sin^4\theta$$

$$\bar{\epsilon}_{33}=\epsilon_{33}$$

如第 2 章所述，当结构处于平面应力条件时，上述三维本构关系可以进行推导。在平面应力状态下，作用在垂直于纸面方向的法向应力可忽略不计。这里我们假设物体处于平面应力状态，如图 14.4 所示。

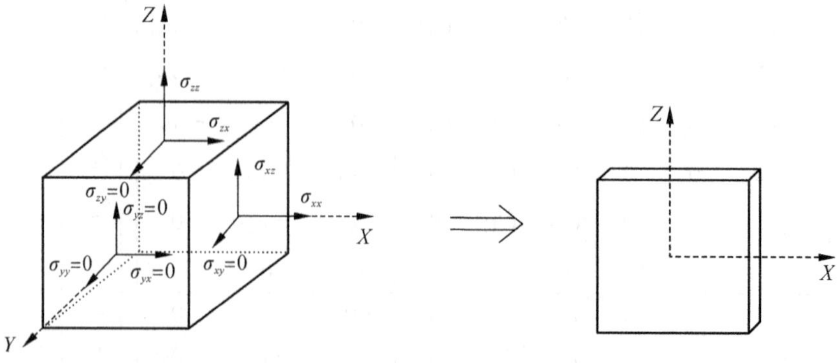

图 14.4　在 X-Z 平面上处于平面应力状态的单层板

此外，这里仅考虑沿 Z 轴施加的电场和平行于 X-Y 平面的电极中与电位移 D_z 相关的表面电荷，这等价于忽略沿平行于无电极 Y-Z、X-Z 平面的电位移 D_x 和 D_y 的影响。因此可得：

$$\sigma_{yy}=0 \quad \sigma_{xy}=0 \quad \sigma_{yz}=0 \quad D_x=0 \quad D_y=0$$

在方程(14.13)中，应力矢量和电位移矢量中的已知元素为 σ_{yy}、σ_{xy}、σ_{yz}、D_x 和 D_y，它们的值均为 0。将应变 ε_{yy}、ε_{xy} 和 ε_{yz} 以及电场 E_x、E_y 代入，嵌入压电材料的正交各向异性单层板在平面应力状态下本构模型可简化为

$$\begin{Bmatrix} \sigma_{xx} \\ \sigma_{zz} \\ \sigma_{zx} \\ D_z \end{Bmatrix} = \begin{bmatrix} \bar{\bar{C}}_{11} & \bar{\bar{C}}_{13} & 0 & -\bar{\bar{e}}_{31} \\ \bar{\bar{C}}_{13} & \bar{\bar{C}}_{33} & 0 & -\bar{\bar{e}}_{33} \\ 0 & 0 & \bar{\bar{C}}_{55} & 0 \\ \bar{\bar{e}}_{31} & \bar{\bar{e}}_{33} & 0 & -\bar{\bar{\epsilon}}_{33} \end{bmatrix} \begin{Bmatrix} \varepsilon_{xx} \\ \varepsilon_{zz} \\ 2\varepsilon_{zx} \\ E_z \end{Bmatrix} \tag{14.14}$$

令 $\Delta=-\bar{C}_{26}^2+\bar{C}_{22}\bar{C}_{66}$，根据平面应力简化后本构矩阵中的元素值为：

$$\bar{\bar{C}}_{11}=\bar{C}_{11}+\frac{1}{\Delta}[\bar{C}_{12}(\bar{C}_{26}\bar{C}_{16}-\bar{C}_{66}\bar{C}_{12})+\bar{C}_{16}(\bar{C}_{26}\bar{C}_{12}-\bar{C}_{22}\bar{C}_{16})] \tag{14.15a}$$

$$\bar{\bar{C}}_{13}=\bar{C}_{13}+\frac{1}{\Delta}[\bar{C}_{12}(\bar{C}_{26}\bar{C}_{36}-\bar{C}_{66}\bar{C}_{23})+\bar{C}_{16}(\bar{C}_{26}\bar{C}_{23}-\bar{C}_{22}\bar{C}_{36})] \tag{14.15b}$$

$$\bar{\bar{C}}_{33}=\bar{C}_{33}+\frac{1}{\Delta}[\bar{C}_{23}(\bar{C}_{26}\bar{C}_{36}-\bar{C}_{66}\bar{C}_{23})+\bar{C}_{36}(\bar{C}_{26}\bar{C}_{23}-\bar{C}_{22}\bar{C}_{36})] \tag{14.15c}$$

$$\bar{\bar{C}}_{55}=\bar{C}_{55}-\bar{C}_{45}^2/\bar{C}_{44} \tag{14.15d}$$

$$\bar{\bar{e}}_{31}=-\bar{e}_{31}+\frac{1}{\Delta}[\bar{e}_{32}(\bar{C}_{12}\bar{C}_{66}-\bar{C}_{16}\bar{C}_{26})+\bar{e}_{36}(\bar{C}_{16}\bar{C}_{22}-\bar{C}_{12}\bar{C}_{26})] \tag{14.15e}$$

$$\bar{\bar{e}}_{32}=-\bar{e}_{33}+\frac{1}{\Delta}[\bar{e}_{32}(\bar{C}_{23}\bar{C}_{66}-\bar{C}_{26}\bar{C}_{36})+\bar{e}_{36}(\bar{C}_{22}\bar{C}_{36}-\bar{C}_{23}\bar{C}_{26})] \tag{14.15f}$$

$$\bar{\bar{\epsilon}}_{33}=\bar{\epsilon}_{33}+\frac{1}{\Delta}[\bar{e}_{36}(\bar{C}_{22}\bar{e}_{36}-\bar{C}_{26}\bar{e}_{32})+\bar{e}_{32}(\bar{e}_{32}\bar{C}_{66}-\bar{C}_{26}\bar{e}_{36})] \tag{14.15g}$$

14.3　磁致伸缩材料的本构模型

一些磁性材料由于感应磁场的作用会在磁化方向上出现伸长和收缩，这种由于在居里温度以下自发磁化引起的磁畴变化而导致的结构变化称为磁致伸缩。因此，磁致伸缩材料具有将磁能转化为机械能的能力，反之亦然。磁能和机械能间的耦合表示其透射能力，这使得磁致伸缩材料可用于致动和传感设备。多年来，磁致伸缩材料的理论和实验研究一直是研究的热点。只有继续超磁致伸缩材料(例 如 TERFENOL－D)的发展，才有可能产生足够大的应变和力，以促使这些材料在致动器和传感器上应用。磁致伸缩材料可应用于微定位器、振动控制器、声呐发射器和绝缘体等设备中，同

样也在振动控制、噪声控制和结构健康监测等领域实现了应用。

磁致伸缩材料的本构关系由感应方程和致动方程组成。在感应方程中,磁通量密度是外加磁场和应力的函数;而在致动方程中,应变是外加磁场和应力的函数。感应和致动方程均通过施加外部磁场和机械应力实现耦合。通常使用非耦合模型对具有磁致伸缩材料的智能结构进行分析,非耦合模型基于磁致伸缩材料内磁场与线圈电流乘以每单位长度的线圈匝数成正比的假设[121]。基于此假设,实现了致动方程和感应方程的解耦。对于致动器,将由磁场引起的应变(与线圈电流成正比)作为等效节点载荷输入有限元模型中,用于计算体积力,因此可以在不采用有限元模型中智能自由度的情况下对应力进行分析。类似地,对于传感器,假设传感器线圈电流为零,根据有限元后处理结果可得,磁通密度与机械应力成正比。上述对磁场的假设导致磁力线违反了麦克斯韦方程中的连续性原则,另一方面,在耦合模型中,材料的磁通密度和应变是应力和磁场的函数,像非耦合模型一样,不存在对磁场的额外假设。Benbouzid 等人[31]对静态行为进行建模,而文献[30]使用有限元法对磁静情况下非线性磁弹性介质的动态行为进行了建模,其中磁力耦合是通过将磁导率和弹性模量均作为应力和磁场的函数实现的。然而,上述研究并没有给出一种简单的方法来分析具有耦合磁力特征的磁致伸缩智能结构。本节给出了磁和机械均为未知自由度的磁致伸缩材料耦合本构关系的数值表征方法,它可以直接用有限元、谱单元法等方法表达其数学格式。此外,该研究表明磁场与施加的线圈电流不成正比(非耦合模型的假设),它取决于磁致伸缩材料上的机械应力。该方法也演示了耦合模型如何保持磁通线连续性,避免了非耦合模型不连续的缺点。

磁致伸缩材料的本构关系本质上是非线性的[46]。一般磁致伸缩材料的行为预测由于其滞后的非线性特性而变得极其复杂。在结构应用中,由于上述非线性材料特性,系统模型将是非线性的,因此精确的非线性本构关系至关重要。早期研究通过考虑每个应力水平磁场四阶多项式,对磁致伸缩材料的非耦合非线性致动进行建模[185]。此方法对于没有曲线系数的应力曲线,其曲线系数必须通过最近的上应力水平曲线和下应力水平曲线的系数插值得到。

由于存在非线性曲线,为了表征本构模型,需要通过磁场和应力迭代计算得到磁通密度和应变。这可以通过将磁致伸缩展开为磁场的多项式拓展来实现,多项式展开中的未知常数由实验数据得到[46],为避免上述非线性迭代,可使用三层人工神经网络(ANN),它通过训练实验数据直接获得这种非线性映射关系。ANN 是一种可建立输入数据与输出数据间非线性参数化映射关系的通用逼近器,在本研究未对表征非线性本构模型的 ANN 方法进行描述。ANN 方法文献[120]中给出了这种方法的详细信息。

14.3.1　耦合本构模型概述

本节实验数据取自 Etrema 手册[46]中一种超磁致伸缩材料(TERFENOL-D)的数据，来验证所提出的模型。图 14.5 为手册中给出的不同应力下磁致伸缩-磁场实验数据，图 14.6 为不同磁场下的应力-应变曲线。

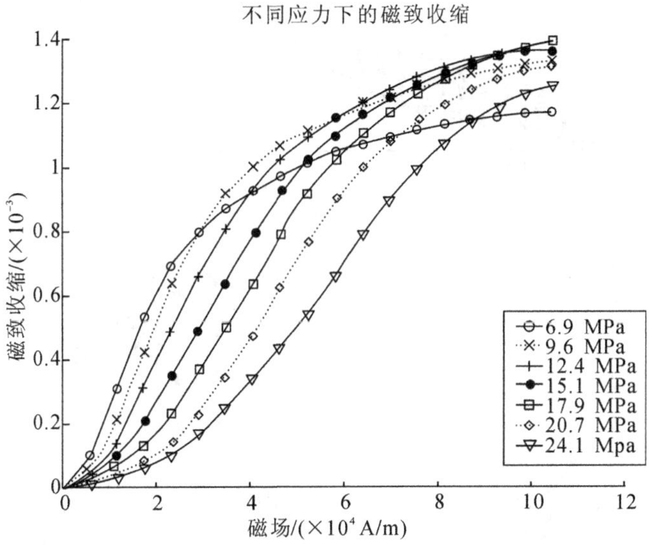

(a)

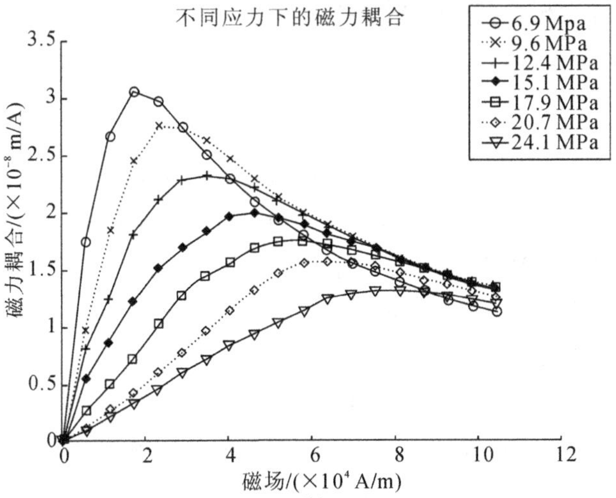

(b)

图 14.5　不同应力下磁致收缩-磁场数据

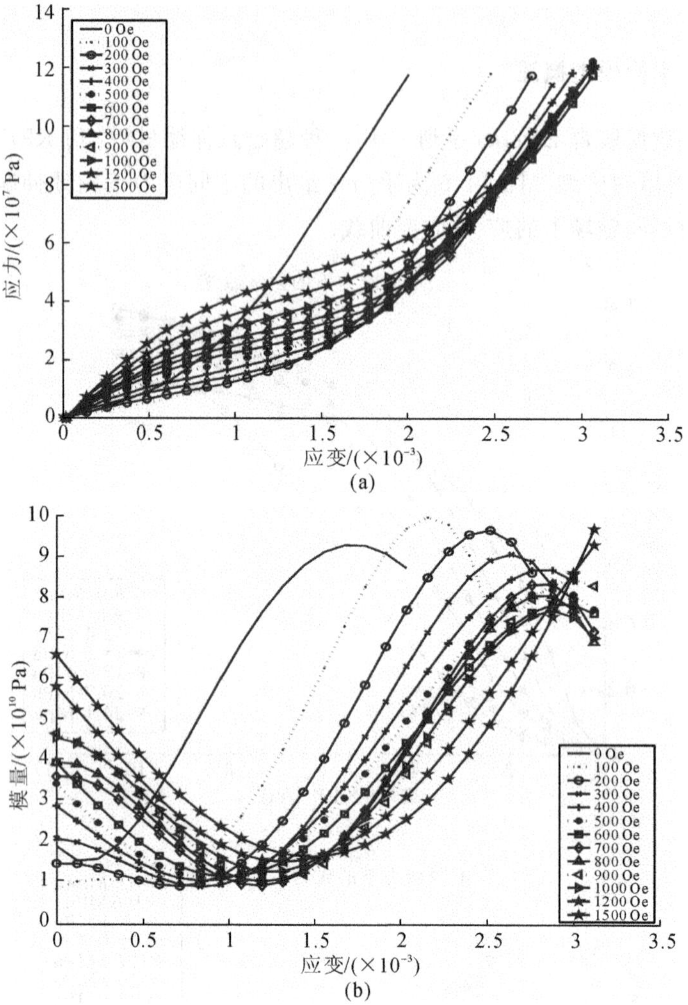

图 14.6 不同磁场下的应力-应变曲线

(a)不同磁场下的应力-应变关系曲线;(b)根据 ETREMA 数据绘制的不同磁场下模量-应变数据

磁致伸缩材料(TERFENOL-D)在外界磁场作用下会产生应变和应力,材料的磁化强度同样会发生改变。如文献[46],[144],[248]所述,磁致伸缩材料磁量和力学量之间的三维耦合本构关系由下式给出:

$$\{\boldsymbol{\varepsilon}\}=[\boldsymbol{S}^{(H)}]\{\boldsymbol{\sigma}\}+[\boldsymbol{d}]^{\mathrm{T}}\{\boldsymbol{H}\},\quad \{\boldsymbol{B}\}=[\boldsymbol{\mu}^{(\sigma)}]\{\boldsymbol{H}\}+[\boldsymbol{d}]\{\boldsymbol{\sigma}\} \tag{14.16}$$

其中$\{\boldsymbol{\varepsilon}\}$、$\{\boldsymbol{\sigma}\}$分别为应变和应力。$[\boldsymbol{S}^{(H)}]$为恒定磁场 H 下的弹性柔度,$[\boldsymbol{\mu}^{(\sigma)}]$为恒定应力 σ 下的磁导率。$[\boldsymbol{d}]$为磁力耦合系数,表征机械应变和磁场间的耦合度。通常,$[\boldsymbol{S}]$、$[\boldsymbol{d}]$和$[\boldsymbol{\mu}]$均为关于 σ 和 H 的非线性函数。方程(14.16)中第一项通常称为直接效应,第二项为逆效应,这两个方程一般分别用于致动和感应定律。应该注意的是,弹性常数对应于固定的磁场值,磁导率对应于固定的应力值。

磁致伸缩材料的智能结构（如传感器或致动器）一般使用非耦合模型进行分析。非耦合模型假设磁致伸缩材料内的磁场是恒定的，并且与电线圈电流乘以每单位长度的线圈匝数成正比[121]。因此，用由方程(14.16)给出的两个解耦方程求解致动和感应问题，这简化了分析，但存在一定局限性。

已知$[\boldsymbol{S}]$、$[\boldsymbol{d}]$和$[\boldsymbol{\mu}]$均与应力水平和磁场相关。当存在机械载荷时，应力和磁场均会发生变化，此时非耦合模型无法准确估计本构、性质，因此应使用方程(14.16)的耦合方程预测力响应和电磁响应。无论磁致伸缩材料用作传感器还是致动器，均需同时求解磁响应和力响应。由于其内在的非线性关系，解耦模型可能无法处理某些应用，例如：(1)振动控制中被动阻尼电路的建模；(2)结构健康监测中自感应传感器的开发。在这些应用中，必须同时求解耦合方程，并且求解耦合方程是对磁致伸缩材料结构进行通用分析的必要条件。

一般来说，与耦合模型相比，使用非耦合模型所产生的误差与问题有关。在某些情况下，使用非耦合模型与使用耦合模型相比存在非常大的差异[121]。本节分别使用线性和非线性模型分析耦合情况。在非线性耦合模型中，力学非线性和磁非线性在各自的域中解耦。一般用弹性模量表示非线性应力-应变关系，用材料的磁导率表示非线性磁通量-磁场关系。在这种情况下，假定磁力耦合系数为常数。

14.3.2 线性模型

由方程(14.16)，磁致伸缩材料的三维本构模型可表示为：

$$\{\boldsymbol{\sigma}\}=[\boldsymbol{Q}]\{\boldsymbol{\sigma}\}-[\boldsymbol{e}]^{\mathrm{T}}\{\boldsymbol{H}\},\quad \{\boldsymbol{B}\}=[\boldsymbol{e}]\{\boldsymbol{\varepsilon}\}+[\boldsymbol{\mu}^{(\varepsilon)}]\{\boldsymbol{H}\} \tag{14.17}$$

其中$[\boldsymbol{Q}]$为弹性矩阵，其为弹性柔度$[\boldsymbol{S}]$的逆矩阵，$[\boldsymbol{\mu}^{(\varepsilon)}]$是恒定应变下的磁导率。$[\boldsymbol{\mu}^{(\varepsilon)}]$、$[\boldsymbol{e}]$与$[\boldsymbol{Q}]$的关系如下：

$$[\boldsymbol{e}]=[\boldsymbol{d}][\boldsymbol{Q}],\quad [\boldsymbol{\mu}^{(\varepsilon)}]=[\boldsymbol{\mu}^{(\sigma)}]-[\boldsymbol{d}][\boldsymbol{Q}][\boldsymbol{d}]^{\mathrm{T}} \tag{14.18}$$

对于磁致伸缩耦合系数为零的普通磁性材料，磁导率$[\boldsymbol{\mu}^{(\varepsilon)}]=[\boldsymbol{\mu}^{(\sigma)}]$。

接下来我们研究耦合模型对磁致伸缩杆行为的影响。考虑长度为L、截面积为A、杨氏模量为Q的磁致伸缩杆。如果施加拉力F，杆会产生应变ε和应力σ，则杆的总应变能为：

$$\begin{aligned} U_e &= \frac{1}{2}\int_V \varepsilon\sigma \mathrm{d}V = \frac{1}{2}\int_V \varepsilon(Q\varepsilon - eH)\mathrm{d}V \\ &= \frac{1}{2}ALQ\varepsilon^2 - \frac{1}{2}ALe\varepsilon H \end{aligned} \tag{14.19}$$

杆的磁势能为：

$$U_M = \frac{1}{2}\int_V BH\mathrm{d}V = \frac{1}{2}\int_V (e\varepsilon + \mu H)H\mathrm{d}V$$
$$= \frac{1}{2}ALHe\varepsilon + \frac{1}{2}AL\mu^\varepsilon H^2 \tag{14.20}$$

在线圈电流 I 下，N 圈线圈所做的磁和机械外功是：

$$W_m = IN\mu^\sigma HA, \quad W_e = F\varepsilon L \tag{14.21}$$

系统的总势能为：

$$T_p = -(U_e - W_e) + (U_m - W_m)$$

将方程(14.20)和(14.21)代入上式，可得：

$$T_p = -\frac{1}{2}ALQ\varepsilon^2 + \frac{1}{2}ALe\varepsilon H + \frac{1}{2}ALHe\varepsilon +$$
$$\frac{1}{2}ALH\mu^\varepsilon H^2 - IN\mu^\sigma HA + F\varepsilon L \tag{14.22}$$

使用哈密顿原理，关于 H 和 ε 的两个方程可以表示(除以 AL 后)为：

$$-Q\varepsilon + eH = -\frac{F}{A}, \quad e\varepsilon + \mu^\varepsilon H = \frac{IN\mu^\sigma}{L} \tag{14.23}$$

由于方程(14.23)的第二个右侧不是 ε 的函数，则左侧磁通密度[方程(14.17)]也不是 ε 的函数，表明其保证了磁通线的连续性。消除方程(14.23)第一个式子中的 H，并代入方程(14.23)第二个式子中，则磁致伸缩材料的应力-应变关系可表示为：

$$H = \frac{(q\varepsilon - F/A)}{e}$$
$$\varepsilon = \frac{IN\mu^\sigma Ae + L\mu^\varepsilon F}{ALe^2 + AL\mu^\varepsilon Q} = \frac{IN\mu^\sigma Ae + L\mu^\varepsilon F}{AL\mu^\sigma Q} \tag{14.24}$$

根据方程(14.24)中的第二个方程，施加线圈电流 I 和拉伸应力 F/A 产生的总应变可表示为：

$$\varepsilon = \lambda + \varepsilon_\sigma \tag{14.25}$$

其中 λ 是线圈电流 I 引起的应变，称为磁致伸缩。ε_σ 是拉伸应力(弹性应变)对应的应变，如下式：

$$\lambda = \frac{IN\mu^\sigma Ae}{AL\mu^\sigma A} = \frac{INd}{L}, \quad \varepsilon_\sigma = \frac{L\mu^\varepsilon F}{AL\mu^\sigma Q} = \frac{F}{AQ^*} \tag{14.26}$$

其中 Q^* 是修正模量，$Q^* = Q\mu^\sigma/\mu^\varepsilon$，利用公式(14.18)可简化为：

$$Q^* = \frac{Q\mu^\sigma}{\mu^\sigma - d^2Q} = Q + \frac{e^2}{\mu^\varepsilon} \tag{14.27}$$

如果 μ^σ 远大于 d^2Q，则可假设 $\mu^\varepsilon = \mu^\sigma$、$Q^* = Q$，此时杆的总应变与非耦合模型相同。上式中第一项为磁场引起的应变，第二项为施加外部机械载荷引起的应变。但是对于 TERFENOL-D 材料[46]，μ^σ 与 d^2Q 值接近。将方程(14.25)中的应变值代入公式(14.24)的第一个方程中，磁场值将变为：

$$H=\frac{F}{Ae}\left(1-\frac{\mu^{\varepsilon}}{\mu^{\sigma}}\right)+\frac{IN}{L} \tag{14.28}$$

尽管方程(14.26)中的第一个磁致伸缩值(INd/L)在耦合和非耦合情况下是相同的，但磁场的值是不同的。令 r 为两个磁导率或两个弹性模量的比值。根据公式(14.27)，r 可表示为：

$$r=\frac{\mu^{\sigma}}{\mu^{\varepsilon}}=\frac{q^{*}}{Q} \tag{14.29}$$

如果 $r=1$，则耦合分析与非耦合分析的结果相似。

图 14.7 显示了在耦合系数为 15×10^{-9} m/A 时，不同恒定应变磁导率和弹性模量值对应的 r 值的等值线图。图 14.7(a)为不同磁导率和弹性模量值对应的r 值。图 14.7(b)为不同磁导率和修正弹性值对应的 r 值。由图可知当弹性模量值恒定时，磁导率增大，r 值减小。当磁导率恒定时，弹性模量增大，r 值同样增大。

图 14.8 显示了弹性模量为 15 GPa 时，不同磁导率和耦合系数对应的 r 值的等高线图。图 14.8(a)给出了不同恒定应变磁导率和耦合系数值对应的 r 值。图 14.8(b)给出了不同恒定应力磁导率和耦合系数值的 r 值。由图可知当磁导率恒定时，耦合系数增大，则 r 值增加；当耦合系数恒定时，磁导率增大，则 r 值减小。

在图 14.9 中，等高线图显示了恒定应变磁导率为 7×10^{-6} H/m 时，不同弹性模量和耦合系数对应的 r 值。图 14.9(a)给出了不同弹性模量和耦合系数值对应的 r 值。图 14.9(b)给出了不同修正弹性模量和耦合系数值对应的 r 值。由图可知当弹性模量恒定时，耦合系数增大，则 r 值增加；当耦合系数恒定时，弹性模量增大，则 r 值增大。

根据 Etrema 手册[46]给出的实验数据，依据最小化实验数据与方程(14.25)第二个方程数据之间的差异，采用最小平方法计算得到 Q、μ^{σ}、d 的最佳值。根据第一组实验数据，由方程(14.26)第一项得到磁致伸缩值，通过最小化总平方误差计算得到耦合系数，λ_{Error}如下式所示：

$$\lambda_{\text{Error}}=\sum(\lambda_{\exp}-\lambda)^{2} \tag{14.30}$$

同样在第二组实验数据中，考虑了压应力引起的应变(ε_{σ})。方程(14.26)第二个方程给出了弹性应变值 ε_{σ} 的表达式，其中通过最小化总平方误差计算得到 Q^{*}。

$$\varepsilon_{\sigma}^{\text{Error}}=\sum(\varepsilon_{\sigma}^{\text{cxp}}-\varepsilon_{\sigma})^{2} \tag{14.31}$$

根据方程(14.30)，使用第一组实验数据(图 14.5 所示)，计算出 d 值为 14.8×10^{-9} m/A。根据公式(14.31)，使用第二组实验数据(图 14.6 所示)，计算得到 Q^{*} 为 33.4 GPa。假设材料的恒定应变磁导率(μ^{ε})为 7×10^{-6} H/m，r 为 1.6，恒定应力磁导

率(μ^{σ})为 11.2×10^{-6} H/m，则 Q 为 20.8 GPa。由上述研究可得，对于类似TERFENOL-D的超磁致伸缩材料，采用耦合分析的结果优于非耦合分析结果。但是，对于耦合系数较低的磁致伸缩材料，非耦合分析与耦合分析结果相似。

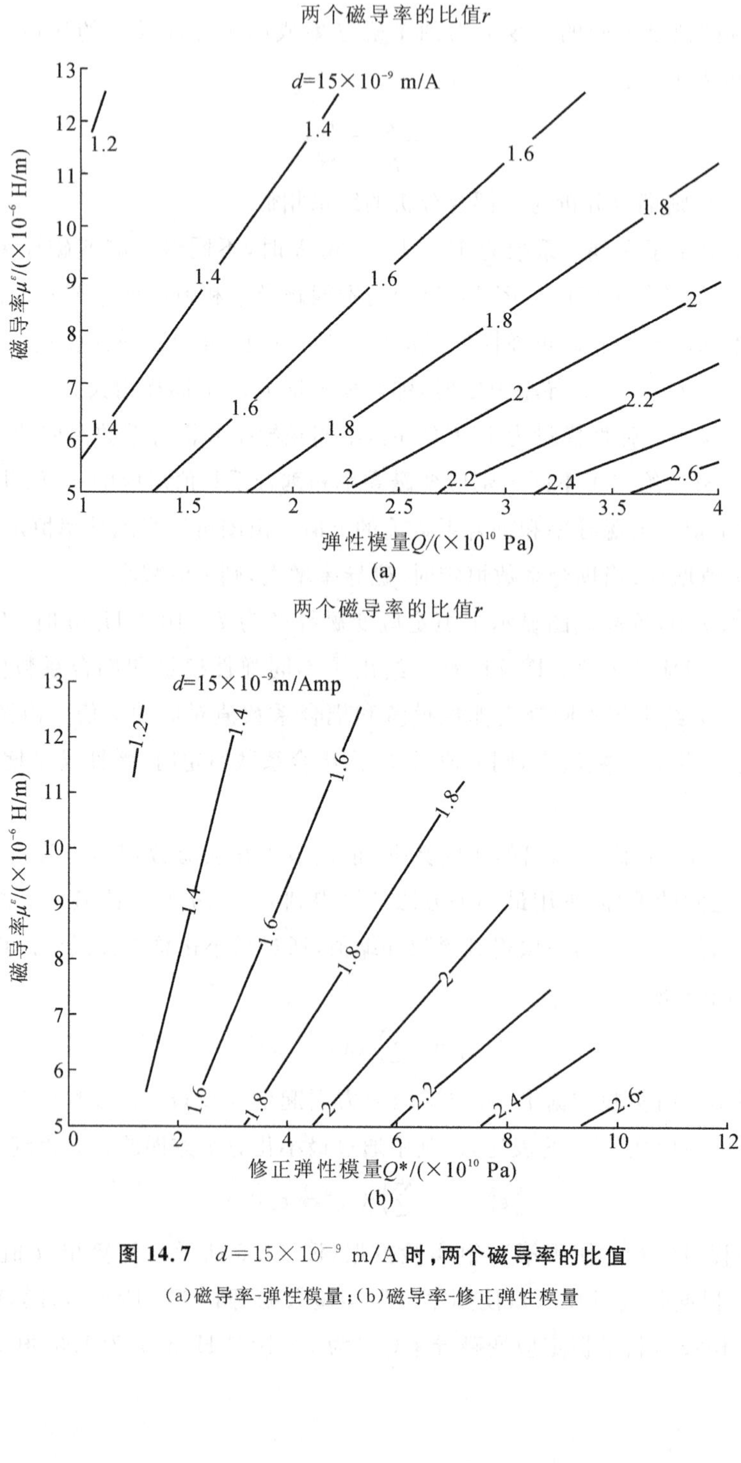

图 14.7　$d=15\times10^{-9}$ m/A 时，两个磁导率的比值

(a)磁导率-弹性模量；(b)磁导率-修正弹性模量

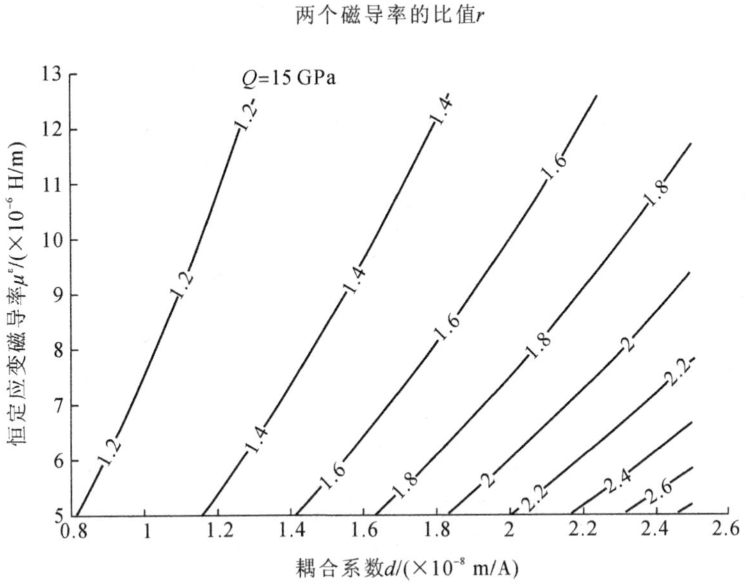

(a)

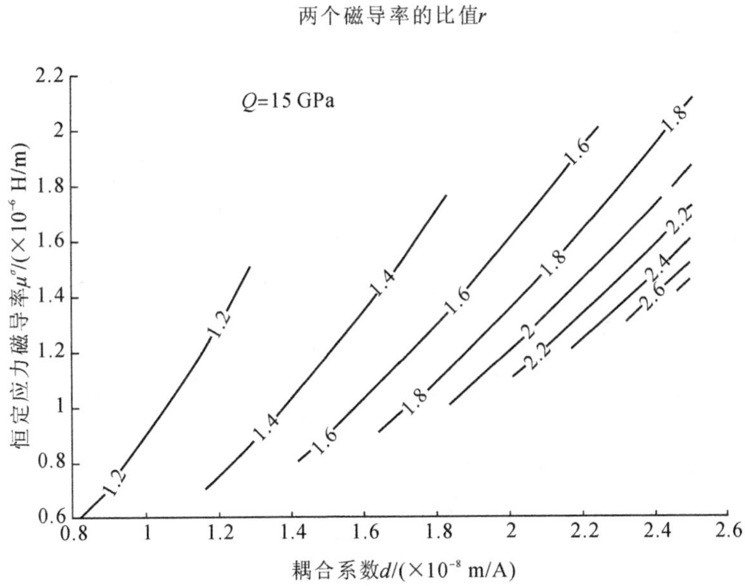

(b)

图 14.8　$Q=15$ GPa 时两个磁导率的比值

(a)耦合系数-恒定应变磁导率；(b)耦合系数-恒定应力磁导率

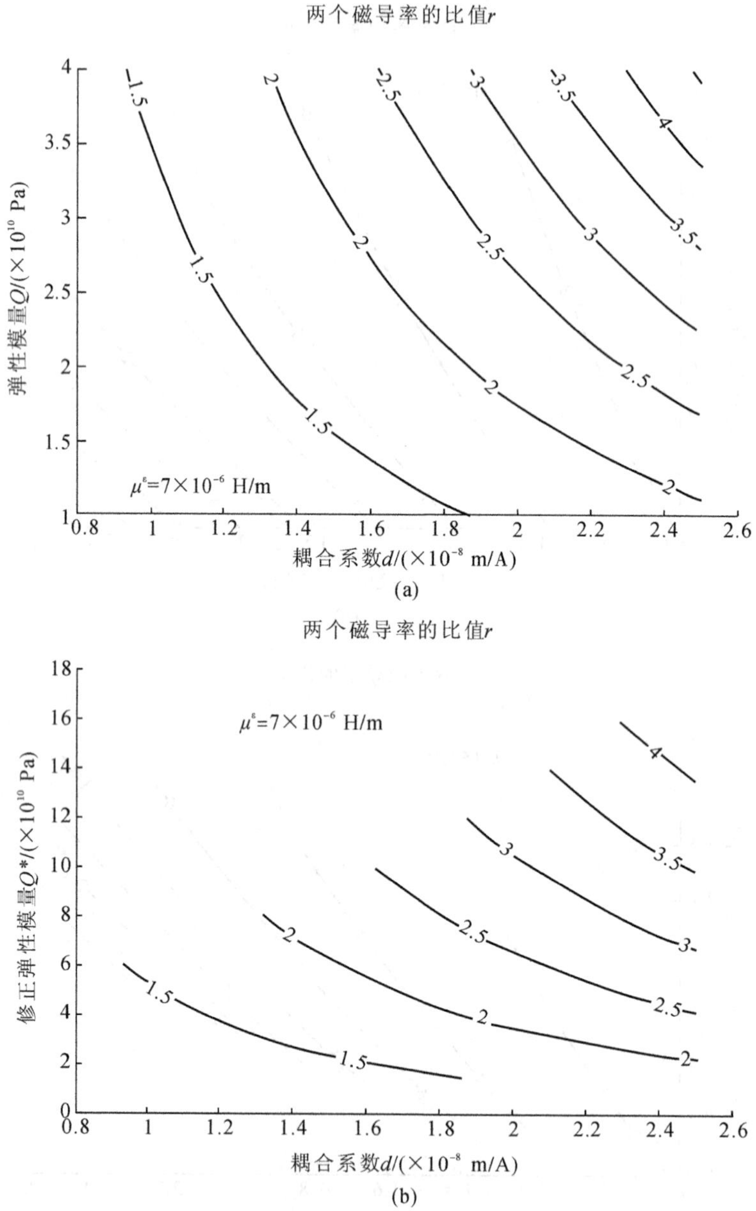

图 14.9　$\mu^{\varepsilon}=7\times10^{-6}$ H/m 时两个磁导率的比值

(a)耦合系数-弹性模量；(b)耦合系数-修正弹性模量

线性耦合模型无法对磁致伸缩率 λ 的高度非线性进行建模，而这是设计致动器所必需的。由于磁致伸缩材料模型是致动器线圈电流、单位长度线圈匝数和磁力系数的函数[公式(14.26)]，即使考虑具有线性耦合系数的非线性磁(磁场-磁通量)关系和机械(应力-应变)关系，也无法对其非线性关系进行建模。接下来介绍一个可以具有恒定磁耦合系数的非线性本构模型。该模型可以反映恒定磁耦合导致的非线性行为。

14.3.3　非线性耦合模型

本节基于耦合磁力公式建立的模型可以准确预测具有非线性磁和机械特性的磁致伸缩装置的机械响应和磁响应。该模型通过引入应力-应变关系和磁场-磁通量关系两条非线性曲线表征模型的非线性，实现机械域和磁域的非线性解耦。通常认为磁力系数是实参数标量值，利用双向耦合磁力学理论模拟磁致伸缩材料。以下构造过程将从本构关系开始。

如公式(14.17)两个方程所示，在早期的耦合线性模型中，应力(σ)和磁通密度(B)是应变(ε)和磁场(H)分量的函数。该方法的主要缺点是磁域(μ)和机械域(Q)之间的非线性未能实现解耦，因此在早期的研究中难以对非线性进行建模。为解决上述问题，本节根据机械应变(ε)和磁通密度(B)重新排列公式(14.17)中的两个方程，将机械非线性限制在应力-应变关系上，磁非线性限制在磁场-磁通量关系上。使用 Etrema 手册的一维实验数据对一维非线性建模进行研究，本构方程根据磁通密度(B)和应变(ε)可重新表示为：

$$\sigma=E\varepsilon-f^{\mathrm{T}}B,\quad H=-f\varepsilon+gB \tag{14.32}$$

其中

$$g=(\mu^{\varepsilon})^{-1},\quad f=gdQ=\frac{e}{\mu^{\varepsilon}},\quad E=Q+qdf=Q^{*} \tag{14.33}$$

与线性情况类似，同样对长度为 L、截面积为 A、弹性模量 E 的磁致伸缩杆施加一个拉伸外力 F，杆会产生应变 ε 和应力 σ，杆的总应变能则为：

$$U_e=\frac{1}{2}AL\varepsilon\sigma=\frac{1}{2}\varepsilon(E\varepsilon-fB)=\frac{1}{2}ALE\varepsilon^2-\frac{1}{2}AL\varepsilon fB \tag{14.34}$$

磁致伸缩杆中的磁势能为：

$$U_m=\frac{1}{2}ALBH=\frac{1}{2}AL(-F\varepsilon+fB)H=-\frac{1}{2}ALBF\varepsilon+\frac{1}{2}ALgB^2 \tag{14.35}$$

电流为 I 的 N 匝线圈所做的磁外功为：

$$W_m=INBA \tag{14.36}$$

机械功为：

$$W_E=F\varepsilon L \tag{14.37}$$

系统的总势能 $T_p=-U_e-U_m+W_m+W_e$，展开形式为：

$$T_p=-\frac{1}{2}ALE\varepsilon^2+ALfB\varepsilon-\frac{1}{2}ALgB^2+INBA+F\varepsilon L \tag{14.38}$$

假设 B 和 ε 为基本未知数，使用哈密顿原理，可得：

$$E\varepsilon-fB=\frac{F}{A},\quad -f\varepsilon+gB=\frac{IN}{L} \tag{14.39}$$

消除上式第一个方程中 B,则应变为:

$$\varepsilon=\frac{F/A+INfgL}{E-f^2g} \tag{14.40}$$

假设 E^* 为磁自由弹性模量,可得:

$$E^*=E-\frac{f^2}{g}-Q \tag{14.41}$$

线圈电流 I 和拉力 F 作用下总应变可表示为:

$$\varepsilon=\frac{INF}{glE^8}+\frac{F}{AE^*} \tag{14.42}$$

其中 $E=Q^*$ 为磁力硬化杆的弹性模量,$Q=E^*$ 为磁力柔性杆的弹性模量。磁硬化是指由于杆被短路的线圈缠绕而导致杆内的磁通量 $B=0$,磁柔性是指杆不受任何线圈的影响。根据方程(14.33)可得 E-Q 间的关系,使用方程(14.39)建立一维非线性磁致伸缩应力-应变和磁场-磁通量间的关系模型,其中 f 为标量实参,ε-$E(\varepsilon)$、B-$g(B)$为两条实参数非线性曲线。该模型的优势为仅需两条非线性曲线即可表示不同应力水平下的非线性特性,与该方法相反,磁致伸缩的直接多项式表示方法[185]则需要每个应力水平具有一条非线性曲线。根据 Etrema 手册[46]中的实验数据获得两条非线性曲线的系数和实参 f 的值,利用手册中的应变、施加线圈电流和应力水平值估计这些系数。取弹性模量为 30 GPa,f 为 75.3×10^6 m/A 作为初始猜想值,根据公式(14.39)两个方程分别计算得到磁通密度 B 和 $g(B)$。根据一系列 B 和 $g(B)$值,可绘制 B-$g(B)$关系曲线。通过反复试验计算即可获得弹性模量和 f 的初始值。

假设传感器线圈电流为零,应变和由于施加应力而产生的磁通量见下式:

$$B=\frac{E(\varepsilon)-\sigma}{f},\quad \varepsilon=\frac{g(B)}{f} \tag{14.43}$$

磁场利用磁通密度的六阶多项式近似,模量利用应变的六阶多项式近似,即:

$$\left.\begin{aligned}g(B)&=c_5B^5+c_4B^4+c_3B^3+c_2B^2+c_1B+c_0\\B&=d_5B^5+d_4B^4+d_3B^3+d_2B^2+d_1B+d_0\end{aligned}\right\} \tag{14.44}$$

$$\left.\begin{aligned}E(\varepsilon)&=a_6\varepsilon^6+a_5\varepsilon^5+a_4\varepsilon^4+a_3\varepsilon^3+a_2\varepsilon^2+a_1\varepsilon+a_0\\\varepsilon&=b_6\varepsilon^6+b_5\varepsilon^5+b_4\varepsilon^4+b_3\varepsilon^3+b_2\varepsilon^2+b_1\varepsilon+b_0\end{aligned}\right\} \tag{14.45}$$

上述曲线如图 14.10 所示,曲线系数见表 14.1,其中 B 的单位为特斯拉(T),$g(B)$单位为 A/m,$E(\varepsilon)$单位为 Pa。假设磁力耦合参数 f 为 75.3×10^6 m/A,其为 13.3×10^{-9} A/m的倒数。

表 14.1 六阶多项式的系数

编号	c	d	a	b
6	0	0	$4.5149\mathrm{e}^{28}$	$1.5853\mathrm{e}^{-50}$
5	$-2.1687\mathrm{e}^{6}$	$-1.9526\mathrm{e}^{-27}$	$7.6602\mathrm{e}^{25}$	$-6.1288\mathrm{e}^{-44}$

续表 14.1

编号	c	d	a	b
4	$1.5211e^{6}$	$1.1589e^{-21}$	$-4.2662e^{22}$	$-1.0355e^{-34}$
3	$3.5828e^{5}$	$-2.0047e^{-16}$	$-6.6788e^{19}$	$-4.0508e^{-27}$
2	$-2.0162e^{5}$	$2.0096e^{-12}$	$2.3911e^{16}$	$1.0806e^{-19}$
1	$2.2754e^{5}$	$4.77809e^{-6}$	$1.2539e^{13}$	$2.7977e^{-11}$
0	$-8.8129e^{3}$	$4.4329e^{-2}$	$3.3893e^{10}$	$-1.9704e^{-5}$

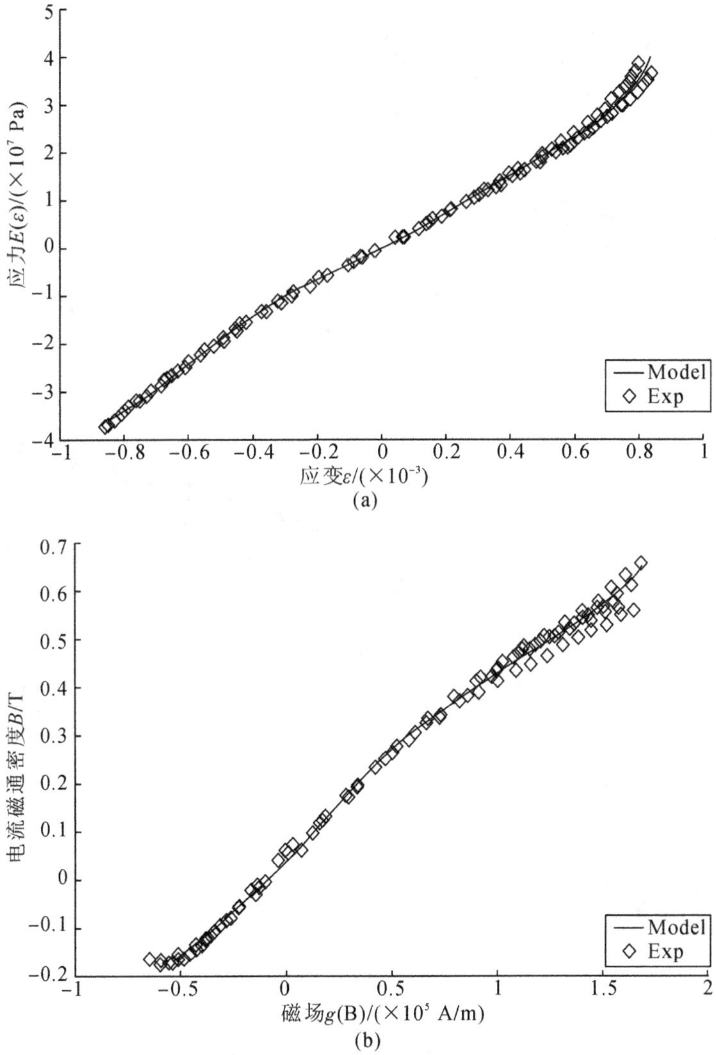

图 14.10　非线性曲线

(a)应变-应力曲线;(b)磁场-电流磁通密度曲线

根据方程(14.46)中的两条曲线和参数 f,绘制不同应力水平下的应变、磁致伸缩与外加磁场关系曲线,见图 14.11。

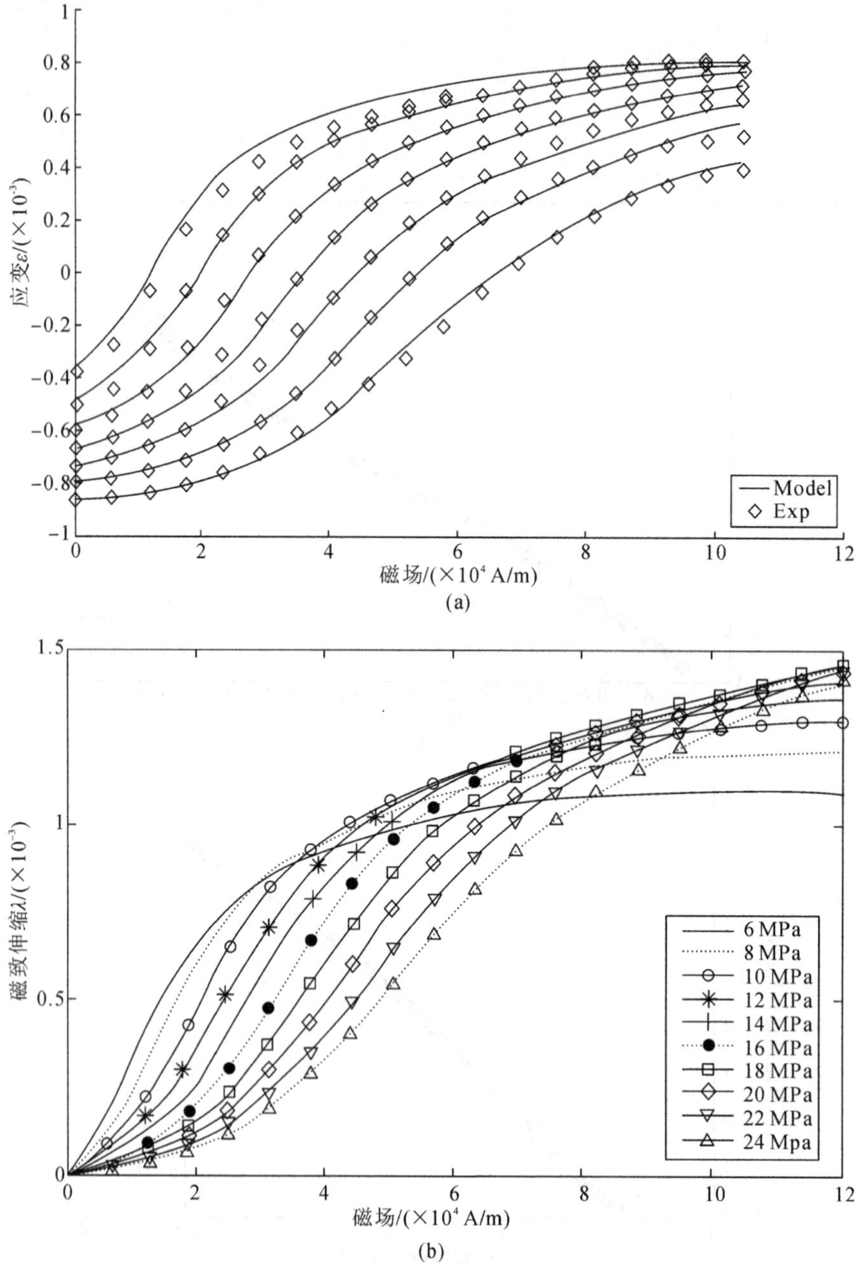

图 14.11 不同应力水平下的非线性曲线

(a)磁场-应变;(b)磁场-磁致伸缩

该模型与不同应力水平下应变-磁场关系实验数据基本吻合。同样，绘制不同磁场水平下的压缩应变-应力关系曲线和压缩应变-弹性模量关系曲线，见图 14.12。

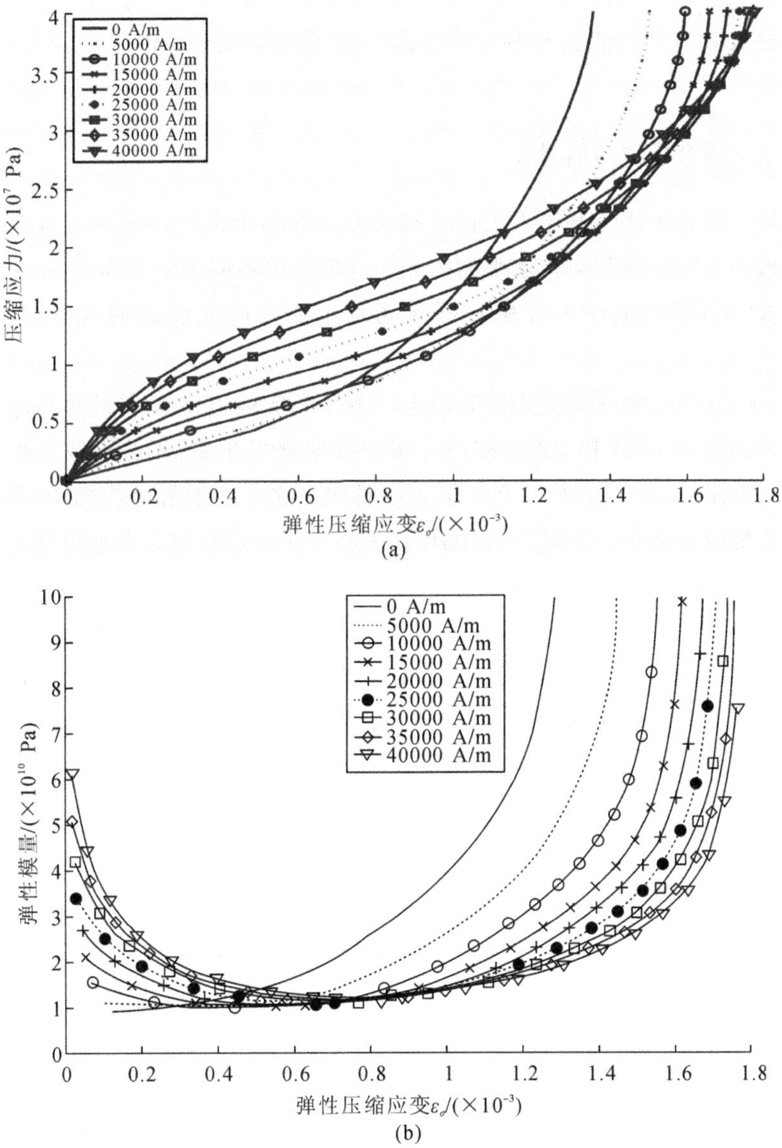

图 14.12　不同磁场水平下的非线性曲线

(a)应变-应力；(b)应变-模量

由图可知，对于每一个磁场水平，弹性模量最初先减小然后增大，文献[46]也进行了相关研究。由于模型中存在两条非线性曲线，因此根据应力和线圈电流计算磁通量和应变是一个迭代过程。磁通量、应变、应力和线圈电流计算方法如下：首先，假定磁

通量 B 为某个值，根据 B-$g(B)$ 曲线计算 $g(B)$ 值。然后根据磁场为线圈电流乘以致动器每单位长度的线圈匝数，利用方程(14.39)第二个式子可计算出应变值。利用此应变值，根据 ε-$E(\varepsilon)$ 曲线可求得 $E(\varepsilon)$ 值。最后利用方程(14.39)中第一个式子确定 B 的值。如果这个 B 值与假设的不一样，则继续迭代直到该值收敛。

14.3.4 不同耦合模型间的对比

本节将多项式方法与基于人工神经网络方法的结果进行对比[120]，这两种模型均考虑了磁致伸缩杆磁场和应力水平的变化。计算三种不同的应力水平(6.9 MPa、15.1 MPa 和 24.1 MPa)情况下杆中不同磁场水平的总应变和磁通密度，如图 14.13 所示。

图 14.13(a)为分别采用线性、多项式、ANN 和实验方法分别得到的总应变。在整个磁场范围内，多项式和 ANN 方法与实验数据密切匹配，线性模型结果与实验数据不匹配。但是，线性模型可用于中等应力-低磁场水平工况和高应力-中等磁场水平工况。对于低应力水平，线性模型只能用作平均意义。由于没有磁通量密度的实验数据(此处取 Etrema 手册给出的数据[46])，图 14.13(b)仅表示线性、多项式和 ANN 法的计算结果。与应变结果类似，ANN 模型和多项式模型的结果非常吻合。然而，线性模型的结果在整个磁场范围内不匹配。在线性模型中，对于低磁场水平下的中等应力水平，磁通量密度与非线性模型相匹配。对于高、低应力水平，线性模型只能作为其他方法的结果的平均值。

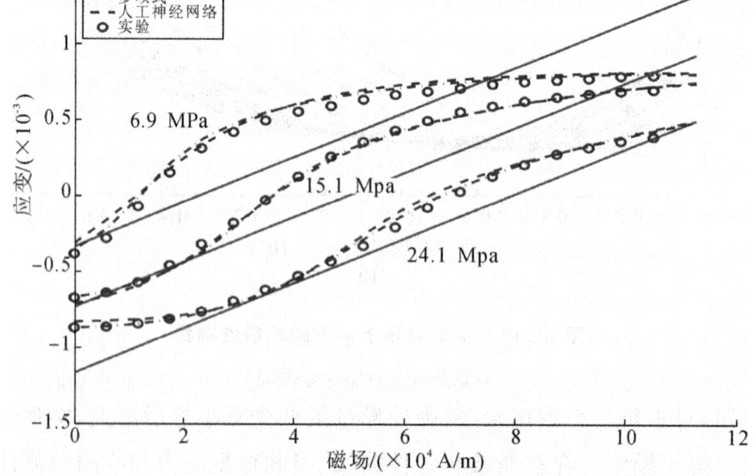

(a)

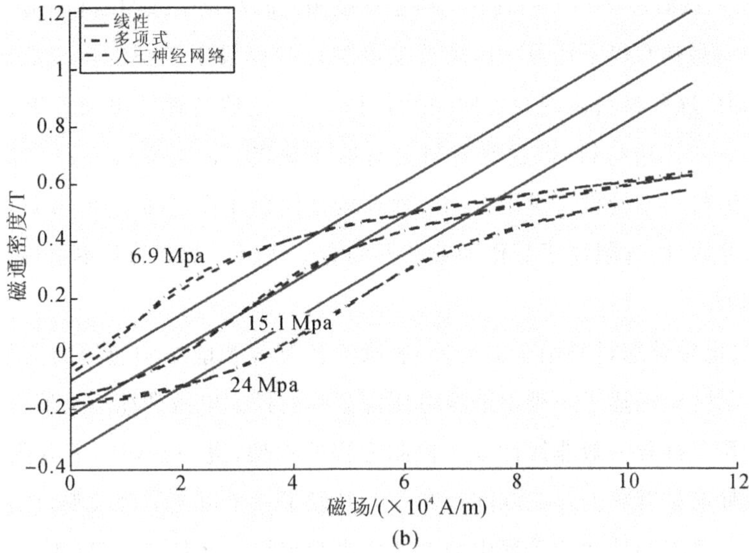

图 14.13　不同应力水平的非线性曲线

(a)磁场-应变;(b)磁场-磁通密度

14.4　电致伸缩材料的本构模型

压电陶瓷和电致伸缩陶瓷是可将电能转化为机械能的材料。由这些材料制成的致动器装置可提供微小、精确的位移，并具有快速响应时间。与电磁致动器相比，其更紧凑、功耗更低，并且不易过热[189]。基于上述原因，陶瓷致动器具有更广泛的商业应用，例如声呐换能器、精密机床、冲击式点阵打印机和超声波马达。

与压电材料类似，电致伸缩陶瓷也属于一类铁电体的离子晶体。铁电体由称为域的子体积组成，这些子体积具有均匀、永久、可重新定向极化的特点。每个域沿着允许的结晶方向随机进行定向极化，因此，晶体本身没有主体极化。当高于居里温度这一特征温度时，铁电材料从热释电(极性)状态转变到顺电(非极性)状态，并且自发极化消失[198],[269]。铁电陶瓷在一定温度下施加强电场，会产生出压电的过程，其中部分重新排列磁畴的极轴会产生晶体的宏观极化。由此产生的极化压电在电场作用下会发生变形，在机械应力作用下发生极化。对于低电场，[如 Pb(Zr,Ti)O_3 材料，当电场＜0.1 mV/m]，压电体的电感应应变响应与施加的电场成正比，电场与感应极化也成正比。然而，在大电场作用时，压电材料会发生机电滞后现象，导致压电致动器设备可能会产生问题[69]。基于铌酸镁铅 Pb($Mg_{1/3}Nb_{2/3}$)O_3(PMN)或其与钛酸铅的固溶体 Pb($Mg_{1/3}Nb_{2/3}$)O_3-PbTiO_3(PMN-PT)的电致伸缩材料具有最小滞后特性，除上述材料外，另一种材料钛酸钡($BaTiO_3$)具有与居里温度相关的双重电致伸缩和压电特性[352]。

电致伸缩器具有以下优点：(a)高致动电位；(b)高设定点精度；(c)低滞后。当没有施加电场时，这些材料表现为各向同性材料[116]。这些特性使电致伸缩器成为准静态微定位设备的首选材料，但这些材料具有以下缺点：(a)高非线性；(b)高温度敏感性。电致伸缩材料本构模型中固有的二次非线性使得建模更加复杂，并且会在波传播响应中引入非线性，这限制了其作为致动器的有效使用。本节的基本目标是建立电致伸缩材料模型。

目前，将电致伸缩材料用于振动控制/噪声控制等智能结构应用的文献报道还相对较少。文献[68]描述了一种由谐波电压源激励的杆式电致伸缩致动器。文献[116]建立了一个用于推导一般非线性系统控制方程的框架，进一步建立了有限元模型，并应用于电致伸缩悬臂梁上。文献[67]和[70]开发了一个可变形镜模型，该模型将电致伸缩材料用于静态和动态致动器中的自适应光学系统。文献[114]描述了无应力电致伸缩贴片的实验电模型，并使用该模型研究了薄板结构主动振动控制中的本构关系。

下面将简要讨论三种建立电致伸缩材料本构模型的方法。

14.4.1 基于极化的本构关系

文献[69]使用吉布斯能量建立基于极化的本构模型，可表示为：

$$G=-\frac{1}{2}s_{ijkl}^{p}T_{ij}T_{kl}-Q_{mnpq}T_{mn}P_{p}P_{q}+\frac{1}{2\kappa}\left\{|P|\ln\left(\frac{1+|\boldsymbol{P}|/P_s}{1-|\boldsymbol{P}|/P_s}\right)+P_s\ln[1-(|\boldsymbol{P}|/P_s)^2]\right\} \tag{14.46}$$

其中，κ 是一个与材料介电常数有关的材料常数，其单位是 m/V。

$$\left.\begin{aligned}&S_{ij}=-\frac{\partial G}{\partial T_{ij}},\quad E_i=-\frac{\partial G}{\partial P_i},\quad S=-\frac{\partial G}{\partial T}\\&E_i=-2Q_{klij}T_{kl}P_j+\frac{1}{k}\operatorname{arctanh}\left(\frac{|\boldsymbol{P}|}{P_s}\right)\frac{P_i}{|\boldsymbol{P}|}\end{aligned}\right\} \tag{14.47}$$

并且

$$S_{ij}=s_{ijkl}^{p}T_{kl}+Q_{ijmn}P_{m}P_{n} \tag{14.48}$$

其中极化 $\boldsymbol{P}$ 的大小由下式给出

$$|\boldsymbol{P}|=(P_kP_k)^{1/2} \tag{14.49}$$

方程(14.48)第一项模拟逆向电致伸缩效应或应力相关的介电行为。当没有应力时，此项为零，这将简化 Zhang 和 Rogers 提出的经验关系[387]：

$$|\boldsymbol{P}|=P_s\tanh(k|\boldsymbol{E}|) \tag{14.50}$$

其中$|\boldsymbol{E}|$是施加电场的大小。

14.4.2　二次模型

在此模型中，吉布斯自由能由文献[37]、[116]给出：

$$\begin{aligned}\Delta G=&-\frac{1}{2}\epsilon_{mn}^{\mathrm{T}}E_mE_n-\frac{1}{4}\epsilon_{mnop}E_mE_nE_oE_p-\frac{1}{6}\epsilon_{mnopqr}E_mE_nE_oE_pE_qE_r-\\&\frac{1}{2}s_{ijkl}^{E}T_{ij}T_{kl}-m_{mnij}E_mE_nT_{ij}-r_{mnijkl}E_mE_nT_{ij}T_{kl}\end{aligned} \tag{14.51}$$

根据方程(14.52)的偏导数可得电位移和机械应变：

$$\left(\frac{\partial\Delta G}{\partial E_m}\right)_T=-D_m,\left(\frac{\partial\Delta G}{\partial T_{ij}}\right)_E=-S_{ij}$$

忽略高阶介电项，可简化为低阶二次型：

$$\begin{aligned}D_m&=\epsilon_{mn}^{\mathrm{T}}E_n+2m_{mnij}E_nT_{ij}\\S_{ij}&=m_{ijmn}E_mE_n+s_{ijkl}^{E}T_{kl}\end{aligned} \tag{14.52}$$

14.4.3　双曲正切本构关系

焓函数由下式给出：

$$\begin{aligned}H=&-\frac{1}{2}\epsilon_{nm}^{T}E_mE_n-\frac{1}{2}s_{ijkl}T_{ij}T_{kl}-\frac{1}{k^2}r_{mnijkl}T_{ij}T_{kl}\tanh^2(k|\boldsymbol{E}|)\frac{E_mE_n}{|\boldsymbol{E}|^2}-\\&\frac{1}{k^2}m_{mnij}T_{ij}\tanh^2(k|\boldsymbol{E}|)\frac{E_mE_n}{|\boldsymbol{E}|^2}\end{aligned}$$

根据 H 的偏导数求得本构关系：

$$\left(\frac{\partial H}{\partial E_m}\right)_T=-D_m,\quad\left(\frac{\partial H}{\partial T_{ij}}\right)_E=-S_{ij}$$

因此，本构关系变为：

$$D_m=\epsilon_{mn}^{T}E_n+\frac{2}{k}m_{mnij}T_{ij}\frac{\sinh(k|\boldsymbol{E}|)E_n}{\cosh^3(k|\boldsymbol{E}|)|\boldsymbol{E}|}+\frac{2}{k}r_{mnij}T_{ij}T_{kl}\frac{\sinh(k|\boldsymbol{E}|)E_n}{\cosh^3(k|\boldsymbol{E}|)|\boldsymbol{E}|} \tag{14.53}$$

$$S_{ij}=s_{ijkl}^{E}T_{kl}+\frac{1}{k^2}m_{mnij}\tanh^2(k|\boldsymbol{E}|)\frac{E_mE_n}{|\boldsymbol{E}|^2}+\frac{2}{k^2}r_{mnij}T_{kl}\tanh^2(k|E|)\frac{E_mE_n}{|\boldsymbol{E}|^2} \tag{14.54}$$

在所有本构关系中，最常见的是二次模型。该模型对于低于 300 V/mm[116] 的小电场，也可给出较好结果。由于大多数结构在较高电场下非线性水平会很高，因此建议电场低于 300 V/mm，故本节选择二次模型。同时需要注意电位移、极化和电场之间存在一定关系，见下式：

$$D=\epsilon_0 E+P \tag{14.55}$$

其中$\epsilon_0=8.854187817\times10^{-12}\ C^2/N\cdot m^2$，为介电常数。极化和电场的关系如[69]中所示。

$$P=P_s\tanh(\kappa E) \tag{14.56}$$

方程(14.56)为方程(14.50)的一维简化。其中 $P_s=0.255\ C/m^2$，为饱和极化，$\kappa=2.48\ m/MV$是文献[68]给出小电场在 20℃下的常数。上式可简化为 $P=\epsilon^T E$，其中ϵ^T 为介电率，由相对介电常数乘以介电常数得到。

14.5 波在压电和电致伸缩致动器中的传播

波在压电、电致伸缩致动器中的传播分析非常相似，因此将其放在一节中描述。本节仅介绍一维波导分析，以了解波在这些结构中的散射特性。分析压电和电致伸缩结构的主要区别是后者具有非线性本构关系，因而表现为包含高次谐波产生的波响应。本节针对两种智能波导推导控制方程，研究波动特性，建立谱有限元，最后研究响应特性。

14.5.1 电致伸缩致动梁的控制方程

具有电致伸缩致动器的双压电晶片梁如图 14.14 所示。将前述推导的二次本构关系用电位移和应力表示为：

$$T_{ij}=-C_{ijkl}^{E}m_{klpq}E_pE_q+C_{ijkl}^{E}S_{kl} \tag{14.57}$$

$$D_m=\epsilon_{mn}^{T}E_n+2m_{mnij}E_nT_{ij} \tag{14.58}$$

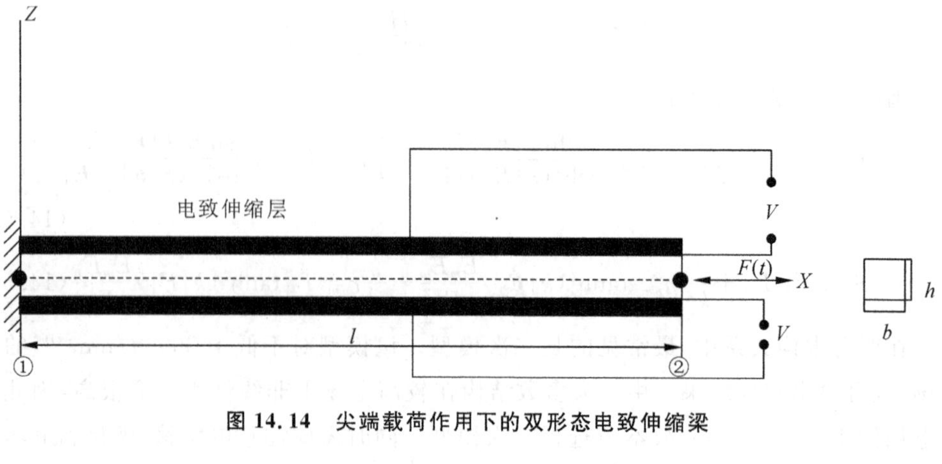

图 14.14 尖端载荷作用下的双形态电致伸缩梁

对于一维应力状态，考虑材料的对称性和平衡性，上述方程可简化为

$$T_1 = -C_{11}^E m_{12} E_3^2 + C_{11}^E S_1 \tag{14.59}$$

$$D_3 = \epsilon_3^T E_3 + 2m_{12} E_3 T_1 \tag{14.60}$$

根据欧拉-伯努利梁理论，位移场可表述为：

$$u(x,y,z,t) = u^0(x,t) - z\frac{\partial w(x,t)}{\partial x},\quad w(x,y,z,t) = w(x,t) \tag{14.61}$$

对应的应变和电场为：

$$S_1 = \left(\frac{\partial u^0}{\partial x} - z\frac{\partial^2 w}{\partial x^2}\right),\quad E_3 = -\frac{\partial \phi}{\partial z} \tag{14.62}$$

下面将基于哈密顿原理推导控制微分方程，哈密顿原理如下式所示：

$$\delta\int_{t_1}^{t_2}(T - U + W_e^* - W_m + W)\mathrm{d}t = 0 \tag{14.63}$$

方程(14.63)是力-电能耦合的广义哈密顿原理。其中 T 为系统动能，U 为势能，W_e^* 为互补电能，W_m 为磁能，W 为外部做功。对于线性系统，能量可准确表述。由于方程(14.57)和(14.58)是基于电焓函数导出的，因此可将哈密顿原理简化为文献[116]所述：

$$\int_{t_1}^{t_2}\left[\delta T + \int_V (D_n \delta E_n - T_{kl}\delta S_{kl})\mathrm{d}V + \delta W\right]\mathrm{d}t = 0 \tag{14.64}$$

在推导控制微分方程之前，本节作以下假设：(1)电势 ϕ 在梁高度坐标 z 方向上是线性的，$\phi = \frac{V_0}{h_{es}}z$，其中 h_{es} 为所有电致伸缩层的高度，V_0 为电压。因此电荷在整个梁上均匀。(2)忽略分布载荷的影响。因为$\frac{\partial E_3}{\partial z}=0$，故电场可表述为 $E_3 = -\frac{\partial\phi}{\partial z}\approx -\frac{V_0}{h_{es}}$，为一个常数。将方程(14.59)、(14.60)、(14.62)代入方程(14.64)，可得以下微分方程：

$$I_0\frac{\partial^2 u^0}{\partial t^2} - I_1\frac{\partial^3 w}{\partial x\partial t^2} - A_{11}\frac{\partial^2 u^0}{\partial x^2} + B_{11}\frac{\partial^3 w}{\partial x^3} = 0 \tag{14.65}$$

$$I_0\frac{\partial^2 w}{\partial t^2} + I_1\frac{\partial^3 u^0}{\partial x\partial t^2} - B_{11}\frac{\partial^3 u^0}{\partial x^3} + D_{11}\frac{\partial^4 w}{\partial x^4} = 0 \tag{14.66}$$

相应的边界条件为：

$$\left.\begin{aligned} &A_{11}\frac{\partial u^0}{\partial x} - B_{11}\frac{\partial^2 w}{\partial x^2} - A_{11}^e E_3^2 = N_x \\ &B_{11}\frac{\partial^2 u^0}{\partial x^2} - D_{11}\frac{\partial^3 w}{\partial x^3} = V_x \\ &-B_{11}\frac{\partial u^0}{\partial x} + D_{11}\frac{\partial^2 w}{\partial x^2} + B_{11}^e E_3^2 = M_x \end{aligned}\right\} \tag{14.67}$$

同时还得到一个称为传感器方程的附加方程，表述为：

$$A_1^e - E_z^2 A^e + A_2^e \frac{\partial u^0}{\partial x} - B^e \frac{\partial^2 w}{\partial x^2} = 0 \tag{14.68}$$

其中：

$$[I_0 \quad I_1] = \int_{-h/2}^{h/2} \rho [1 \quad z] b\mathrm{d}z, \quad [A_{11} \quad B_{11} \quad D_{11}] = \int_{-h/2}^{h/2} \bar{Q}_{11} [1 \quad z \quad z^2] b\mathrm{d}z,$$

$$[A_{11}^e \quad B_{11}^e] = \int_{-h/2}^{h/2} (\bar{Q}_{11}^e m_{12}) [1 \quad z] b\mathrm{d}z, \quad A_1^e = \int_{-h/2}^{h/2} \frac{\epsilon_3^T b}{2 m_{12}^2 C_{11}^E} \mathrm{d}z,$$

$$A^e = \int_{-h/2}^{h/2} b\mathrm{d}z, \quad A_2^e = \int_{-h/2}^{h/2} \frac{b}{m_{12}} \mathrm{d}z, \quad B^e = \int_{-h/2}^{h/2} \frac{zb}{m_{12}} \mathrm{d}z$$

14.5.2 压电梁的控制方程

我们在 14.2 节对压电材料的本构模型进行了讨论，其可表示为：

$$T_{ij} = -e_{kij} E_k + C_{ijkl}^E S_{kl} \tag{14.69}$$

$$D_k = \epsilon_{ki}^T E_i + e_{kij} S_{ij} \tag{14.70}$$

其中 e_{kij} 为压电张量，其他符号含义与电致伸缩梁一致。假设梁内为一维应力状态，利用哈密顿原理，可得以下微分方程：

$$I_0 \frac{\partial^2 u^0}{\partial t^2} - I_1 \frac{\partial^3 w}{\partial x \partial t^2} - A_{11} \frac{\partial^2 u^0}{\partial x^2} + B_{11} \frac{\partial^3 w}{\partial x^3} = 0 \tag{14.71}$$

$$I_0 \frac{\partial^2 w}{\partial t^2} + I_1 \frac{\partial^3 u^0}{\partial x \partial t^2} - B_{11} \frac{\partial^3 u^0}{\partial x^3} + D_{11} \frac{\partial^4 w}{\partial x^4} = 0 \tag{14.72}$$

相应的边界条件为：

$$A_{11} \frac{\partial u^0}{\partial x} - B_{11} \frac{\partial^2 w}{\partial x^2} - A_{11}^p E_3 = N_x \tag{14.73}$$

$$B_{11} \frac{\partial^2 u^0}{\partial x^2} - D_{11} \frac{\partial^3 w}{\partial x^3} = V_x \tag{14.74}$$

$$-B_{11} \frac{\partial u^0}{\partial x} + D_{11} \frac{\partial^2 w}{\partial x^2} + B_{11}^p E_3 = M_x \tag{14.75}$$

其中 $[A_{11}^p \quad B_{11}^p] = \int_{-h/2}^{h/2} e_{12} [1 \quad z] b\mathrm{d}z$ 。

由此可知，压电初等梁和电致伸缩初等梁的控制方程是相同的。电致伸缩材料的非线性本构行为仅改变了方程(14.67)中的自然边界条件。

14.5.3 波数和群速度的计算

由于电致伸缩梁和压电梁具有相同的控制方程，因此两种梁的波特性也相同。同时，除电致伸缩材料非线性本构模型中的非线性项是通过两个时域函数的卷积得到的外，两种谱有限元格式也是相似的。

和之前一样，利用谱分析研究波的特性，其中使用 DFT 将场变量转换到频域。本节场变量为轴向位移 $u^0(x,t)$ 和横向位移 $\omega(x,t)$。

由于使用了初等梁理论假设，根据横向位移推导斜率 $\theta(x,t)$，即：

$$u^0(x,t)=\sum_{n=1}^{N}\hat{u}_n(x,\omega_n)e^{i\omega_n t},\quad w(x,t)=\sum_{n=1}^{N}\hat{w}_n(x,\omega_n)e^{i\omega_n t} \tag{14.76}$$

将方程(14.76)代入方程(14.65)和(14.66)，可得：

$$-I_0\omega_n^2\hat{u}_n+I_1\omega_n^2\frac{d\hat{w}_n}{dx}-A_{11}\frac{d^2\hat{u}_n}{dx^2}+B_{11}\frac{d^3\hat{w}_n}{dx^3}=0 \tag{14.77}$$

$$-I_0\omega_n^2\hat{w}_n-I_1\omega_n^2\frac{d\hat{u}_n}{dx}-B_{11}\frac{d^3\hat{u}_n}{dx^3}+D_{11}\frac{d^4\hat{w}_n}{dx^4}=0 \tag{14.78}$$

方程(14.77)和(14.78)是常系数型微分方程，其指数解形式为：

$$\hat{u}_n(x,\omega_n)=\sum_{n=1}^{N}\tilde{u}_j e^{-ik_j x},\quad \hat{w}_n(x,\omega_n)=\sum_{n=1}^{N}\tilde{w}_j e^{-ik_j x} \tag{14.79}$$

其中 $i=\sqrt{-1}$，$\hat{u}_n$、$\hat{w}_n$ 为频率相关系数，$\tilde{u}_j$、$\tilde{w}_j$ 为根据三个位移和二个力边界条件得到的波系数，k_j 为与第 j 个模式相关的波数。将方程(14.79)代入方程(14.77)和(14.78)，可得确定波数的特征解，可表述为：

$$\begin{bmatrix}(I_0\omega_n^2-A_{11}k_j^2) & i(I_1\omega_n^2k_j-B_{11}k_j^3)\\ i(I_1\omega_n^2k_j-B_{11}k_j^3) & (-I_0\omega_n^2+D_{11}k_j^4)\end{bmatrix}\begin{Bmatrix}\tilde{u}_j\\ \tilde{w}_j\end{Bmatrix}=\begin{Bmatrix}0\\0\end{Bmatrix} \tag{14.80}$$

当方程有非零解时，上述矩阵的行列式为零。六阶多项式的 k_j 如下：

$$(1-r)k_j^6-c_1k_j^4-c_2k_j^2+c_3=0 \tag{14.81}$$

其中 $r=\dfrac{B_{11}^2}{A_{11}D_{11}}$，为轴向弯曲耦合参数，并且

$$c_1=\left(\frac{I_0}{A_{11}}-\frac{2I_1B_{11}}{A_{11}D_{11}}\right)\omega_n^2,\quad c_2=\left(\frac{I_0}{D_{11}}+\frac{I_1^2\omega_n^2}{A_{11}D_{11}}\right)\omega_n^2,\quad c_3=\frac{I_0^2\omega_n^4}{A_{11}D_{11}}$$

上述方程与第 8 章中初等复合材料梁的特征方程相似。特别注意，对于对称铺层时，r 为 0，从而解耦轴向和弯曲运动。方程(14.81)为六阶特征方程，然而它可以简化为三次方程，并且可以使用 Cardano 方法[34]进行代数求解。这在第 7 章第 7.1.3 节已进行了描述，本节不再解释。

图 14.15(a)为不同耦合系数 r 的频谱关系。厚度为 0.15 mm 的 AS/3501-6 石墨环氧树脂和由 PMN-PT[$0.9Pb(Mg_{1/3}Nb_{2/3})O_3$-$0.1PbTiO_3$]组成的相同厚度的电致伸缩层，分为以下四种铺层方案：

$(PMN\text{-}PT)_2/[0/0]_4/(PMN\text{-}PT)_2$ $(r=0.0)$

$(PMN\text{-}PT)_2/[0/90]_4/(PMN\text{-}PT)_2$ $(r=0.0569)$

$(PMN\text{-}PT)_4/[0/90]_2/(PMN\text{-}PT)_4$ $(r=0.026)$

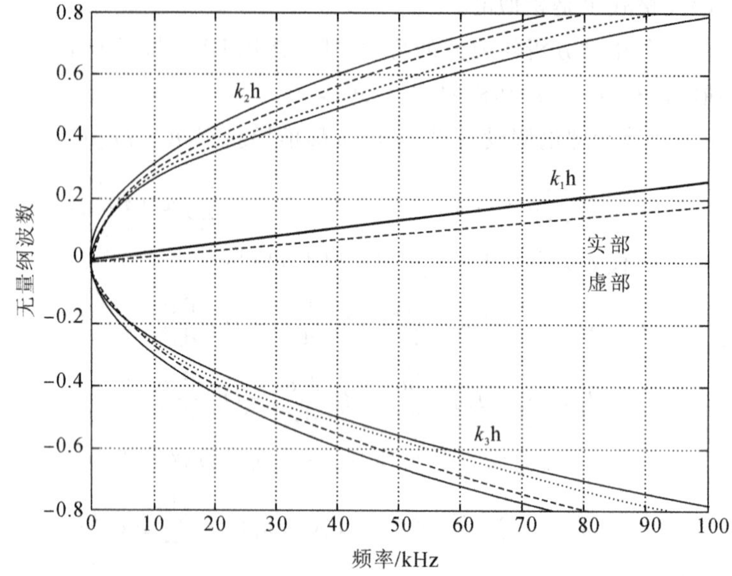

(a)

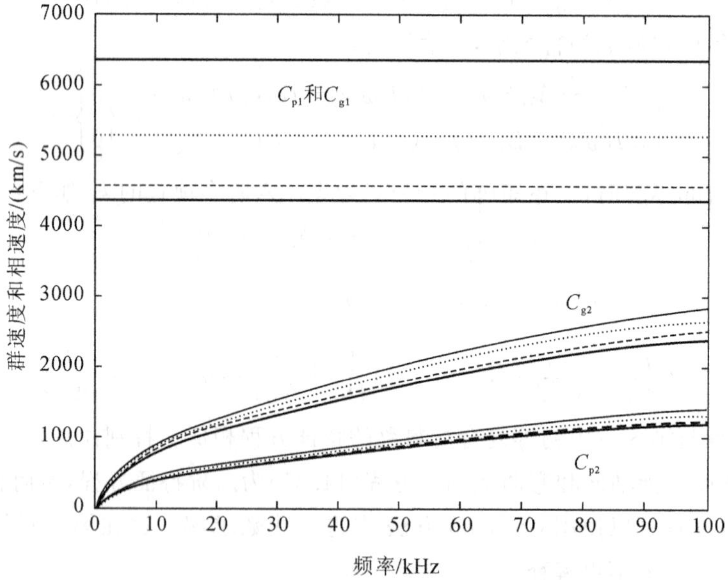

(b)

图 14.15 双形态电致伸缩复合材料频谱与频散关系

(a)频谱关系;(b)频散关系

$(PMN\text{-}PT)_5/[0/0]_2/(PMN\text{-}PT)_5(r=1.465\times10^{-4})$。

由图可看出存在三种传播模式。轴向模式(模式 1)是一条直线,表示对频率的线性依赖性,因此可以预期该模式是非频散的。第二个模式是高度频散的弯曲模式,而模式 3 是阻尼模式。图 14.15(b)为频散关系图，由图可得，随着电致伸缩层数的增加，群速度($C_g = \mathrm{d}\omega/\mathrm{d}k_j$)和相速度($C_p = \omega/k_j$)均降低。$C_{p1}$ 和 C_{g1} 分别为模式 1 的相速度和群速度，表明波的非频散性，而 C_{p2} 和 C_{g2} 分别为弯曲模式的相速度和群速度。使用一阶剪切变形和 Mindlin-Herrmann 假设处理梁，可以获得类似结果。

14.5.4　谱有限元公式

本节讨论梁的自由度与各向同性或复合材料梁相同(见图 13.1)。接下来使用计算出的波数构造一个同时具有压电和电致伸缩致动器的梁单元，即方程(14.77)和(14.78)的解可以用波数表示，这些被用作动态刚度的插值函数，如下式所示：

$$\begin{Bmatrix} \hat{u}(x,\omega_n) \\ \hat{w}(x,\omega_n) \end{Bmatrix} = \begin{bmatrix} R_{11} & R_{12} & R_{13} & R_{14} & R_{15} & R_{16} \\ R_{21} & R_{22} & R_{23} & R_{24} & R_{25} & R_{26} \end{bmatrix} \times \begin{Bmatrix} \tilde{u}_1 e^{-ik_j x} \\ \tilde{u}_2 e^{-ik_j (L-x)} \\ \tilde{w}_3 e^{-ik_j x} \\ \tilde{w}_4 e^{-ik_j (L-x)} \\ \tilde{w}_5 e^{-ik_j x} \\ \tilde{w}_6 e^{-ik_j (L-x)} \end{Bmatrix} \tag{14.82}$$

其中，R_{1j} 和 R_{2j} 为根据方程(14.80)得出的第 j 种传播模式的振幅比，可表示为：

$$R_{11} = 1 = R_{12}, \quad R_{13} = \mathrm{i}\frac{[B_{11}k_2^3 - I_1\omega^2 k_2]}{I_0\omega^2 - A_{11}k_2^2} = -R_{14}, \quad R_{15} = \mathrm{i}\frac{[B_{11}k_3^3 - I_1\omega^2 k_3]}{I_0\omega^2 - A_{11}k_3^2} = -R_{16}$$

$$R_{21} = -\mathrm{i}\frac{[B_{11}k_1^3 - I_1\omega^2 k_1]}{I_0\omega^2 D_{11}k_1^2} = -R_{14}, \quad R_{23} = R_{24} = R_{25} = R_{26} = 1$$

与其他一维波导相同，有限元公式出现两种情况，一种是单节点偏移单元，另一种是双节点有限长度单元。

有限长度单元

本节分析过程与 13.2 节类似，使用公式(14.83)给出的位移场的显示表达式，节点位移 $\hat{u}_1 = \hat{u}(0,\omega_n)$，$\hat{w}_1 = \hat{w}(0,\omega_n)$，$\hat{\theta}_1 = \hat{\theta}(0,\omega_n)$，$\hat{u}_2 = \hat{u}(L,\omega_n)$，$\hat{w}_2 = \hat{w}(L,\omega_n)$，$\hat{\theta}_2 = \hat{\theta}(L,\omega_n)$用波系数可表示为：

$$\{\hat{\boldsymbol{u}}\} = [\hat{\boldsymbol{T}}]\{\tilde{\boldsymbol{u}}\} \tag{14.83}$$

其中：

$$\{\hat{\boldsymbol{u}}\} = \{\hat{u}_1 \quad \hat{\omega}_1 \quad \hat{\theta}_1 \quad \hat{u}_2 \quad \hat{\omega}_2 \quad \hat{\theta}_2\}^{\mathrm{T}}$$

$$\{\widetilde{\boldsymbol{u}}\}=\{\widetilde{u}_1 \quad \widetilde{u}_2 \quad \widetilde{\omega}_3 \quad \widetilde{\omega}_4 \quad \widetilde{\omega}_5 \quad \widetilde{\omega}_6\}^{\mathrm{T}}$$

此处，$[\widehat{\boldsymbol{T}}]$为 6×6 的非对称非奇异矩阵，它是关于频率、材料特性和单元尺寸的函数。接下来，利用波系数将方程(14.73)至(14.75)中给出的力边界条件表示为：

$$\widehat{N}_1=-\widehat{N}_x(0,\omega_n),\quad \widehat{V}_1=-\widehat{V}_x(0,\omega_n),\quad \widehat{M}_1=-\widehat{M}_x(0,\omega_n)$$

$$\widehat{N}_2=\widehat{N}_x(L,\omega_n),\quad \widehat{V}_2=\widehat{V}_x(L,\omega_n),\quad \widehat{M}_2=\widehat{M}_x(L,\omega_n)$$

上式写成矩阵形式为：

$$\{\widehat{\boldsymbol{F}}\}=[\widehat{\boldsymbol{T}}_1]\{\widetilde{\boldsymbol{u}}\} \tag{14.84}$$

其中力矢量为$\{\widehat{\boldsymbol{F}}\}=\{\widehat{N}_1 \quad \widehat{V}_1 \quad \widehat{M}_1 \quad \widehat{N}_2 \quad \widehat{V}_2 \quad \widehat{M}_2\}^{\mathrm{T}}$。矩阵$[\widehat{\boldsymbol{T}}_1]$与$[\widehat{\boldsymbol{T}}]$性质相似，表示力的局部波动特性。将方程(14.83)中的$\{\widetilde{\boldsymbol{u}}\}$代入方程(14.84)，可得：

$$\{\widehat{\boldsymbol{F}}\}=[\widehat{\boldsymbol{T}}_1][\widehat{\boldsymbol{T}}]^{-1}\{\widehat{\boldsymbol{u}}\}=[\widehat{\boldsymbol{K}}]\{\widehat{\boldsymbol{u}}\} \tag{14.85}$$

其中$[\widehat{\boldsymbol{K}}]$为对称单元动态刚度矩阵。

单节点偏移单元

偏移单元是单节点梁单元，第二个节点延伸到无穷远，它是时域响应具有良好分辨率的单元，是为结果在分析频域中的有限元域中人为引入 DFT 周期性而引起的信号环绕问题构造的单元。如前面几章所述，在 SFEM 分析中不使用分离单元会导致信号在短波导中混叠，导致响应完全失真。此外，偏移单元有利于在结构中引入选择性阻尼。

这种单元通过去除公式(14.83)给定控制方程解中与反射波相关的项构造，可以得到以下表达：

$$\begin{Bmatrix}\widehat{u}(x,\omega_n)\\ \widehat{w}(x,\omega_n)\end{Bmatrix}=\begin{bmatrix}R_{11} & R_{13} & R_{15}\\ R_{21} & R_{23} & R_{25}\end{bmatrix}\begin{Bmatrix}\widetilde{u}_1\mathrm{e}^{-\mathrm{i}k_jx}\\ \widehat{w}_3\mathrm{e}^{-\mathrm{i}k_jx}\\ \widehat{w}_5\mathrm{e}^{-\mathrm{i}k_jx}\end{Bmatrix} \tag{14.86}$$

偏移单元的其余构造过程与有限长度单元相同，本小节不再重复。

在推导出 6×6 的对称动态刚度矩阵 $\boldsymbol{K}_n$ 和 6×1 的力向量后，通过卷积，用 DFT 将时域中电场的二次项转换到频域。频域中电场卷积由以下方程给出：

$$\mathrm{conv}(E_3^2)=\frac{1}{N}\sum_{l=1}^{N}\widehat{E}_{3_l}\widehat{E}_{3_{(n-l)}} \tag{14.87}$$

根据方程(14.87)，将方程(14.67)转换为频域，可得方程的最终形式，即为：

$$\{\hat{\boldsymbol{F}}_n\}=[\hat{\boldsymbol{K}}_n]\{\hat{\boldsymbol{u}}_n\}+\begin{Bmatrix} A_{11}^e \\ 0 \\ -B_{11}^e \\ -A_{11}^e \\ 0 \\ B_{11}^e \end{Bmatrix}\frac{1}{N}\sum_{l=1}^{N}\hat{E}_{3_l}\hat{E}_{3_{(n-l)}} \tag{14.88}$$

其中 $\hat{E}_3$ 为频域中施加的电场，$\{\hat{\boldsymbol{F}}_n\}$为频域中施加的机械输入，$\{\hat{\boldsymbol{u}}_n\}$为频域中的位移。

14.5.5　数值算例

本节的主要目标是通过数值算例研究电致伸缩复合材料梁的波特性，特别是明确高、低频载荷对非线性响应的影响规律。图 14.14 为顶部和底部都有电致伸缩层的悬臂梁。表 14.2 为具有 AS/3501-6 石墨-环氧树脂、八层[$0_4/90_4$]复合材料的悬臂梁特性参数。表 14.2 同时给出了 PMN-PT 电致伸缩材料的特性，对于压电致动器，表中还给出了用 PZT 层代替 PMN-PT 层的相同梁结构特性。

表 14.2　梁和电致伸缩材料特性参数

梁	E_1	144.48 GPa
	E_2	9.632 GPa
	G_{12}	4.128 GPa
	ν_{12}	0.3
	ρ	1389 kg/m^3
	L	0.5 m
	b	25 mm
	层厚	0.15 mm
电致伸缩体	E_1	120 GPa
	G_{12}	13.5 GPa
	ν_{12}	0.38
	ρ	7800 kg/m^3
	m_{12}	6.6×10^{-16} m^2/V^2
	介电常数	26000
	L	0.5 m
	b	25 mm
	层厚	0.15 mm

续表 14.2

压电致动器	E_1	107.6 GPa
	G_{12}	0.775 GPa
	ν_{12}	0.3
	ρ	7550 kg/m^3
	e_{12}	−9.6 C/m^2
	L	0.5 m
	b	25 mm
	层厚	0.15 mm

如前所述，本小节的主要目的是获得 PMN-PT 嵌入复合材料梁和 PZT 嵌入复合材料梁在图 14.16 所示纯机械激励下波传播行为的差异，该激励波形与第 6 章(图 6.16)略有不同。它同样是一个宽度为 50 μs、频率为 44 kHz 的脉冲，但此脉冲并不平滑。如图 14.14 所示，该载荷作用在悬臂复合材料梁的端部。

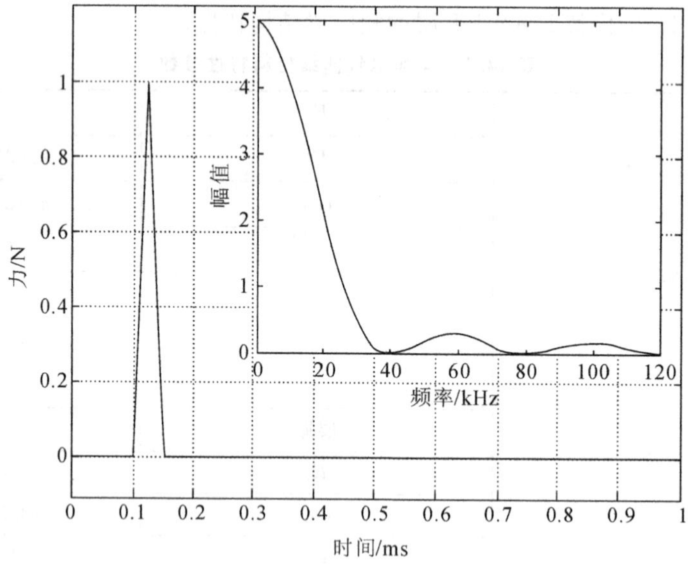

图 14.16 脉冲宽度为 50 μs 的三角脉冲波形与频谱

使用单个谱单元对梁进行建模，并记录同一点(尖端)的轴向波响应。图 14.17(a)和 14.17(b)分别为电致伸缩梁和 PZT 梁的情况，由于两种梁是根据相同的控制方程进行建模的，因此由图可知，在不存在电感应载荷时，波行为非常相似。

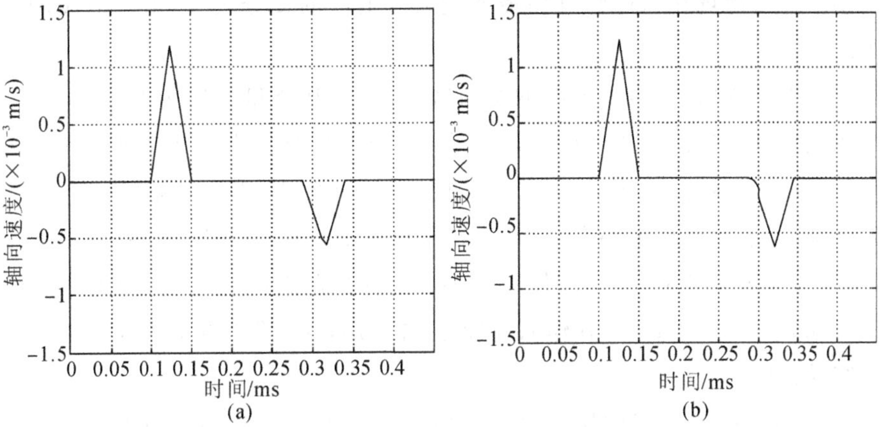

图 14.17　PMN-PT 和 PZT 在 1 N、50 μs 三角脉冲作用下的时域响应

接下来采用图 14.14 所示悬臂梁分析非线性对波响应的影响，梁性能参数见表 14.2。为了清楚地对非线性波可视化，使用 $E=E_0\sin(\omega t)$ 形式的电场和偏置或通过音调调制信号生成单频输入力，由于正弦波激励本身并不能提供所需的控制，故偏置场是给定的。前者有利于频域的可视化，后者有利于时域的可视化。耦合波频散性质的非线性将使任何其他输入信号波的识别变得非常困难。

图 14.18 为形如 $E(t)=EDC+E_0\sin(\omega t)$ 的正弦输入轴向速度的频谱图，其中频率 ω 为 2637 Hz。图 14.18(a)和 14.18(b)分别表示偏置场为 10 V/mm 时 E_0 分别为 20 V/mm 和 30 V/mm 的轴向速度。

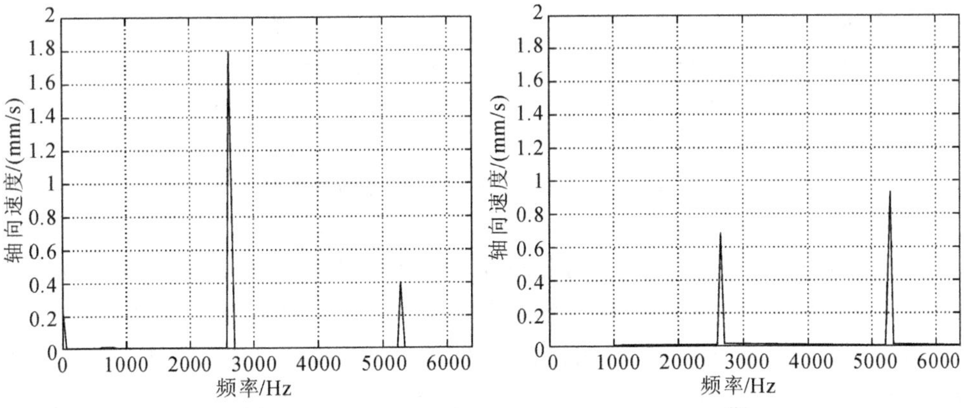

图 14.18　PMN-PT 材料非线性正弦脉冲的频域响应

(a) $E_0=20$ V/mm；(b) $E_0=30$ V/mm

由图可得：

1. 两个图中均存在两个峰值，一个为驱动频率 2637 Hz，第二个为 5273 Hz，这是由二次非线性产生的。

2. 第二个波出现在 2ω 处，其传播速度为入射波的二分之一，由入射波的二次谐波产生的。

3. 随着电场幅值增加，入射波的幅值减小，由于其能量转换为非线性波（二次谐波），其幅度急剧增加。需要注意的是，采用无限梁单元时，本节构造的谱单元可获得所有高次谐波的贡献值。然而，高次谐波振幅可能非常小，因此可能很难区分。

接下来，考虑相同的悬臂梁在突发信号激励下响应的情况，其中突发信号是由100 kHz频率采样的正弦信号，并使用 Hanning 窗口调制产生的。该信号的傅里叶变换可清楚地表示每一个频率（在输入中）的主导作用，这使得反射信号即使在频散介质中也很容易识别。

图 14.19(a)和图 14.19(b)分别表示电场强度为 100 V/mm 和 150 V/mm 时的时域图。由图可得，在 400 μs 左右出现一个非线性波，该时刻为入射脉冲两倍的时间，即该非线性波的传播速度比入射脉冲慢一半，因此其是入射脉冲的二次谐波分量。此规律对其他所有单频激励均成立。

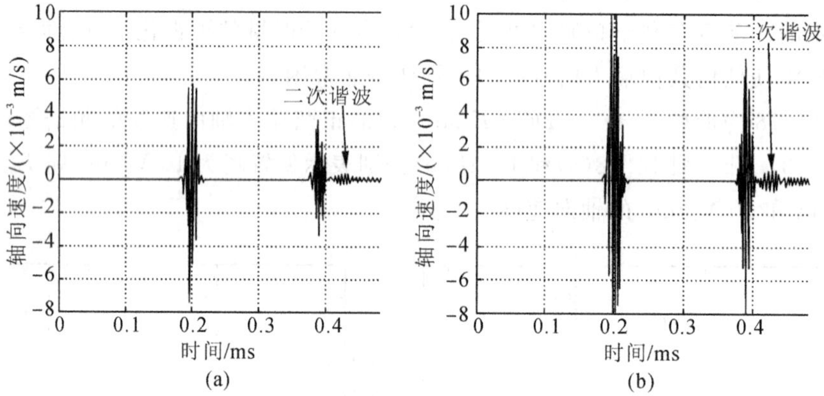

图 14.19 PMN-PT **材料非线性高斯调制脉冲的时域响应**

(a) $E_0=100$ V/mm；(b) $E_0=150$ V/mm

在下一个例子中，我们将对比分析在开环控制系统中，相同电场水平下压电致动器和电致伸缩致动器的控制权限。该示例有两个目标，首先是研究 PMN-PT 致动器随着电场振幅的增加而产生的控制行为，特别是分析非线性对控制性能的影响规律。第二个目标是针对给定的电场建立普遍适用的 PZT 致动器性能控制模型，以减小模式振幅。在本研究中，使用单频正弦波激励的单模控制和多模控制的宽带脉冲[图(14.16)]激励，研究两种材料对轴向速度的控制性能。

首先研究开环系统下的单模控制，为此我们使用 $E(t)=EDC+E_0\sin(\omega t+\phi)$ 类型的正弦激励（频率为 2637 Hz）作用于图 14.14 所示的梁（性质见表 14.2）。对于 PMN-PT 和 PZT 致动器，分别假定 EDC 为 6 V/mm 和 −10 V/mm，施加机械载荷

$F=F_0\sin(\omega t)$，其中 ω 为 2637 Hz。

图 14.20 和 14.21 分别为两个不同电场下 PZT 致动器在时域和频域的控制性能。由两图可得，对于非常小的电场 $E_0=2$ V/mm，在时域图中存在近 35%的响应抑制，而对于 $E_0=7$ V/mm 的电场，响应被全部抑制。因此，PZT 致动器的控制权限相当高。

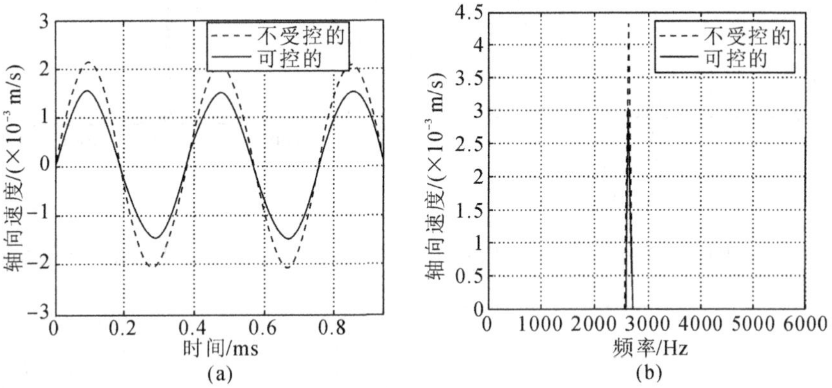

图 14.20　PZT 在 $EDC=-5$ V/mm、$E_0=-2$ V/mm、1 N 外力正弦输入下的响应

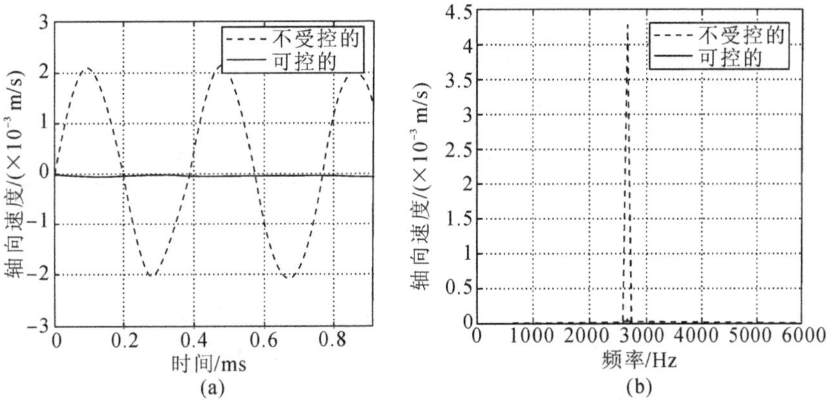

图 14.21　PZT 在 $EDC=-6$ V/mm、$E_0=-7$ V/mm、1 N 外力正弦输入下的响应

图 14.22 和 14.23 分别为 20 V/mm 和 30 V/mm 的两个电场的控制性能。由图可得：

1. PMN-PT 致动器需要更高的电场才能在响应中看到显著的控制效果。

2. 当电场 $E_0=20$ V/mm 时，时域响应降低近 60%。从频域图[图 14.22(b)]可清晰地看到 5200 Hz 附近存在非线性响应。此外，由于非线性的存在，控制响应往往会发生颤振。

3. 当电场 E_0 增加到 30 V/mm 时，时域响应的非线性更加明显，幅值增加。虽然响应幅值大幅下降，但非线性导致响应由正变为负。

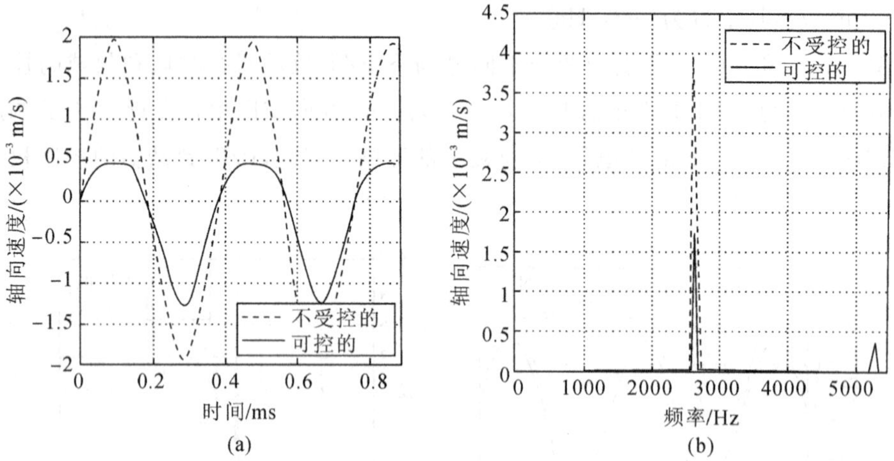

图 14.22 PMN-PT **在** EDC=10 V/mm、E_0=20 V/mm、1 N **外力正弦输入下的响应**

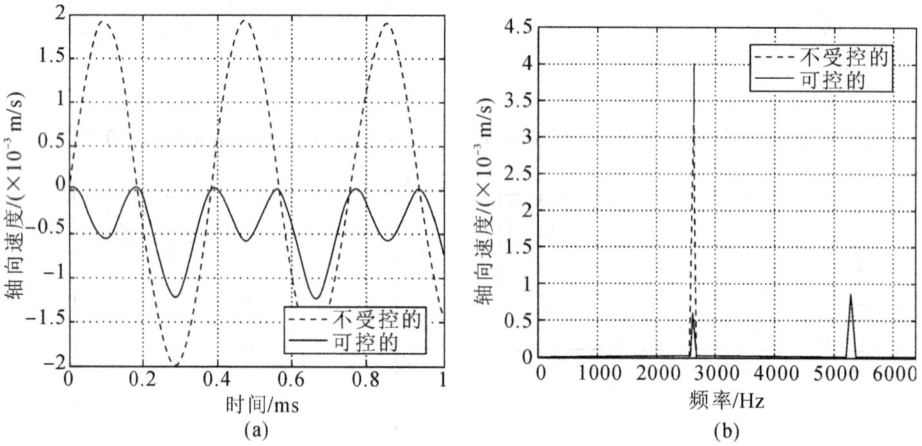

图 14.23 PMN-PT **在** EDC=10 V/mm、E_0=30 V/mm、1 N **外力正弦输入下的响应**

因此,关于单频激励的研究表明,PZT 致动器的权限比 PMN-PT 高。

接下来研究多类型激励下 PZT 和 PMN-PT 致动器控制权限的本质。在图14.14所示悬臂梁的顶端沿轴向施加如图 14.16 所示的三角形宽带脉冲,并对梁施加相同变化的电场和力(图 14.16)。需要注意的是,此处为研究 PZT 和 PMN-PT 致动器的控制性能,电场的大小是变化的。

图 14.24 和 14.25 分别为 PZT 致动器在时域和频域中的控制性能。由图可得,当电场为−5 V/mm 的小电场时,轴向响应明显降低;当电场为−7 V/mm 时,响应完全被控制。

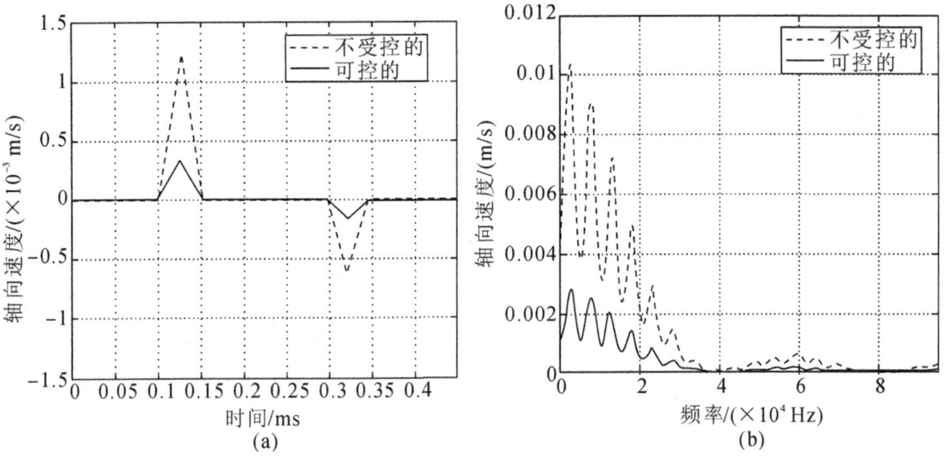

图 14.24 PZT 在 $E_0=-5$ V/mm、1 N 外力三角脉冲输入下的响应

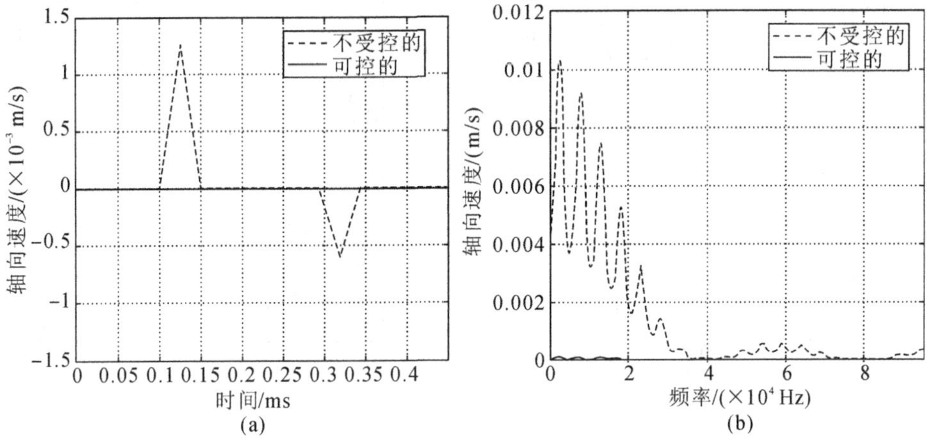

图 14.25 PZT 在 $E_0=-7$ V/mm、1N 外力三角脉冲输入下的响应

图 14.26 和 14.27 分别为 PMN-PT 致动器的性能曲线。当采取单模控制时，需要很高的电场才能观察到轴向响应。针对当前梁模型，需将电场提高到接近 30 V/mm(为得到可对比的响应降低，电场几乎是 PZT 致动器的 6 倍)，轴向响应才会显著降低。同时，在响应曲线中可以明显观察到非线性的影响。当 E_0 超过 30 V/mm 时，增加不会导致响应的进一步下降，即 $E_0=30$ V/mm 时，响应降低约 60%；E_0 大于 30 V/mm时[如图 14.27(a)所示，$E_0=40$ V/mm]，已减小的 60%响应部分幅值保持不变，而入射波和反射波的脉冲宽度分成两个小的三角形脉冲。该过程中引入的响应几乎为零，其与未受控情况下的峰值响应相对应，呈现上述规律的原因是 PMN-PT 致动器的本构模型中存在二次非线性。综上所述，PMN-PT 致动器用于多模控制时，响应水平最多可降低 60%。

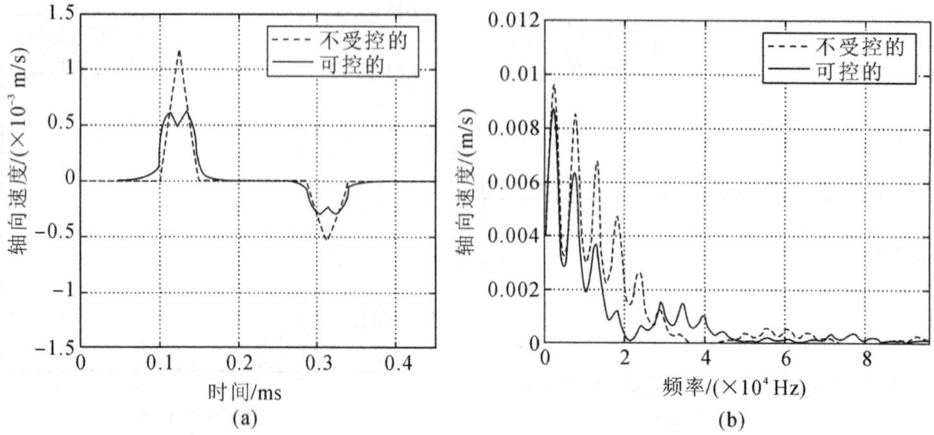

图 14.26 PMN-PT 在 $E_0=30$ V/mm、1 N 外力三角脉冲输入下的响应

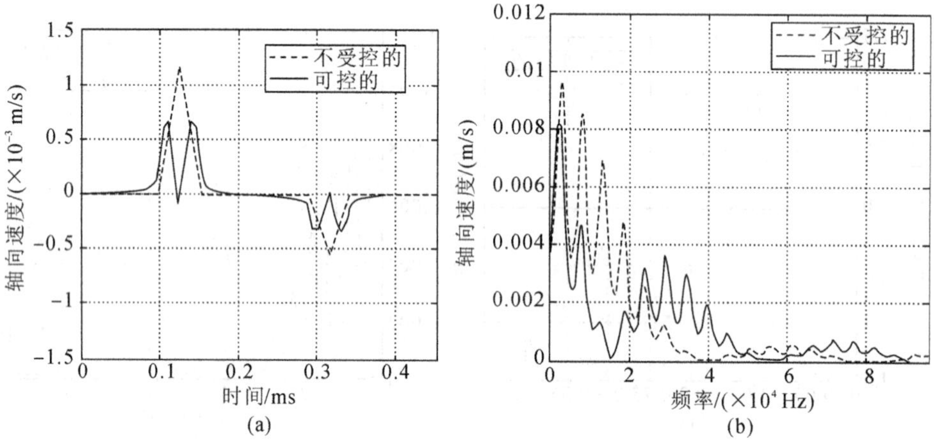

图 14.27 PMN-PT 在 $E_0=40$ V/mm、1 N 外力三角脉冲输入下的响应

14.6 波在磁致伸缩复合材料梁中的传播

本节给出了一个磁致伸缩复合梁材料在热、磁和机械载荷共同作用下的波传播频谱分析方法。该方法是基于高阶剪切理论(HSDT)与高阶泊松收缩理论的耦合公式，其中 HSDT 引入了更多的横向收缩模式，即本节主要提出 n 阶剪切变形和横向收缩理论，并研究高阶项是如何表现波的差异的。本节数值案例仅研究了频谱和频散关系，由于 SFEM 公式可根据第 13 章中介绍的相关方法获得，因此本节并未推导 SFEM 公式和响应曲线，SFEM 公式和响应分析已在文献[120]中给出。

14.6.1　具有 *m* 阶泊松横向收缩的 *n* 阶剪切变形理论

考虑 U_n 阶剪切变形理论以及 W_m 阶泊松收缩效应，轴向和横向位移场可表示为

$$\left.\begin{aligned} U(x,y,z,t) &= u_0(x,t) + \sum_{i=1}^{U_n} z^i u_i(x,t) \\ W(x,y,z,t) &= w_0(x,t) + \sum_{i=1}^{W_m} z^i w_i \end{aligned}\right\} \tag{14.89}$$

其中 u_0 和 w_0 分别为参考平面中的轴向位移和横向位移，z 是从参考平面测量的高度坐标，w_i 是收缩位移乘以高阶高度项。上述变量均是由于泊松比的影响而产生的。假设磁场为：

$$H_x(x,y,z,t)=H_{xp}(x,t),\quad H_y(x,y,z,t)=0,\quad H_z(x,y,z,t)=0 \tag{14.90}$$

其中 H_x、H_y、H_z 分别为 X、Y 和 Z 方向上任意点(x,y,z)的磁场分量，H_{xp} 是磁致伸缩贴片 p 中面沿 X 方向的磁场。假定特定层内沿厚度方向的磁场为常数，根据方程(14.89)，线性应变可表示为：

$$\left.\begin{aligned} \varepsilon_{xx} &= \frac{\partial u_0}{\partial x} + \sum_{i=1}^{U_n} z^i \frac{\partial u_i}{\partial x} - \alpha\Delta T \\ \varepsilon_{zz} &= \sum_{i=1}^{W_m} iz^{(i-1)} w_i - \alpha\Delta T \\ \gamma_{xz} &= \sum_{i=1}^{U_n} iz^{(i-1)} u_i(x,t) + \frac{\partial w_0}{\partial x} + \sum_{i=1}^{W_n} z^i \frac{\partial w+i}{\partial x} \end{aligned}\right\} \tag{14.91}$$

上式中，α 为材料的热膨胀系数，ΔT 为梁承受的温度变化。假定材料的本构关系如下式：

$$\left.\begin{aligned} \begin{Bmatrix}\sigma_{xx}\\ \sigma_{zz}\\ \tau_{xz}\end{Bmatrix} &= \begin{bmatrix} Q_{11} & Q_{13} & 0\\ Q_{13} & Q_{33} & 0\\ 0 & 0 & Q_{55}\end{bmatrix}\begin{Bmatrix}\varepsilon_{xx}\\ \varepsilon_{zz}\\ \gamma_{xz}\end{Bmatrix} - \begin{Bmatrix}e_{11}\\ e_{13}\\ e_{15}\end{Bmatrix}H \\ B_{xx} &= \begin{bmatrix}e_{11}\\ e_{13}\\ e_{15}\end{bmatrix}\begin{Bmatrix}\varepsilon_{xx}\\ \varepsilon_{zz}\\ \gamma_{xz}\end{Bmatrix} + \mu^{\varepsilon} H \end{aligned}\right\} \tag{14.92}$$

其中 σ_{xx}、ε_{xx} 分别为 x 方向的正应力和正应变，σ_{zz}、ε_{zz} 分别为 z 方向的正应力和正应变，τ_{xz}、γ_{xz} 分别为 x-z 平面内的剪应力和剪应变。$Q_{11}(z)$、$Q_{13}(z)$、$Q_{33}(z)$、$Q_{55}(z)$为

刚度系数，其一般可假设为高度坐标 z 的函数。应变能(U)、磁能(W_{mag})和动能(T)由下式给出：

$$U = \frac{1}{2}\int_0^L\int_A(\sigma_{xx}\varepsilon_{xx} + \sigma_{zz}\varepsilon_{zz} + \tau_{xz}\gamma_{xz})\mathrm{d}A\mathrm{d}x \tag{14.93}$$

$$\begin{aligned} W_{\mathrm{mag}} &= \int_0^L\int_A(\frac{1}{2}B_{xx}H + I_n\mu^{\sigma}H)\mathrm{d}A\mathrm{d}x \\ T &= \frac{1}{2}\int_0^L\int_A\rho(z)\left[(\frac{\partial U}{\partial t})^2 + (\frac{\partial W}{\partial t})^2\right] \end{aligned} \tag{14.94}$$

上式中 $\rho(z)$、L、A 分别为密度、长度和横截面面积。利用哈密顿原理，可得以下关于机械自由度(u_0、w_0、w_i 和 u_i)和磁自由度 H 的运动微分方程

$$\begin{aligned} &\delta u_0 : I_0\ddot{u}_0 + \sum_{i=1}^{U_n} I_i\ddot{u}_i - A_{11}\frac{\partial^2 u}{\partial x^2} - \\ &\sum_{i=1}^{U_n} A_{11}^{[i]}\frac{\partial^2 u_i}{\partial x^2} - i\sum_{i=1}^{W_m} iA_{13}^{[i-1]}\frac{\partial w_i}{\partial x} + A_{11}^{e}\frac{\partial H}{\partial x} = 0 \end{aligned} \tag{14.95}$$

$$\begin{aligned} &\delta u_m : I_{[m]}\ddot{u}_0 + \sum_{i=1}^{U_n} I_{[i+m]}\ddot{u}_i - A_{11}^{[m]}\frac{\partial^2 u}{\partial x^2} - \\ &i\sum_{i=1}^{W_m} iA_{13}^{[i+m-1]}\frac{\partial w_i}{\partial x} + mA_{55}^{[m-1]}\frac{\partial w_0}{\partial x} + \sum_{i=1}^{W_m} mA_{55}^{[i+m-1]}\frac{\partial w_i}{\partial x} - \\ &\sum_{i=1}^{U_n} A_{11}^{[i+m]}\frac{\partial^2 u_i}{\partial x^2} - \sum_{i=1}^{U_n} imA_{55}^{[i+m-2]}u_i + A_{11e}^{[m]}\frac{\partial H}{\partial x} - mA_{15e}^{[m-1]}H = 0 \end{aligned} \tag{14.96}$$

$$\begin{aligned} &\delta w_0 : I_0\ddot{w}_0 + \sum_{i=1}^{W_m} I_i\ddot{w}_i - A_{55}\frac{\partial^2 w_0}{\partial x^2} - \\ &\sum_{i=1}^{U_n} iA_{55}^{[i-1]}\frac{\partial u_i}{\partial x} - \sum_{i=1}^{W_m} A_{55}^{[i]}\frac{\partial^2 w_i}{\partial x^2} + A_{15}^{e}\frac{\partial H}{\partial x} = 0 \end{aligned} \tag{14.97}$$

$$\begin{aligned} &\delta w_m : I_{[m]}\ddot{w}_0 + \sum_{i=1}^{W_m} I_{i+m}\ddot{w}_i + mA_{13}^{[m-1]}\frac{\partial u_0}{\partial x} - A_{55}^{[m]}\frac{\partial^2 w_0}{\partial x^2} + \\ &m\sum_{i=1}^{U_n} A_{13}^{[i+m-1]}\frac{\partial u_i}{\partial x} + \sum_{i=1}^{W_m} imA_{33}^{[i+m-2]}w_i - \sum_{i=1}^{U_n} iA_{55}^{[i+m-1]}\frac{\partial u_i}{\partial x} - \\ &k_d\sum_{i=1}^{W_m} A_{55}^{[i+m]}\frac{\partial^2 w_i}{\partial x^2} - mA_{13\alpha}^{[m-1]}\Delta T - mA_{33\alpha}^{[m-1]}\Delta T - \\ &mA_{13e}^{[m-1]}H + A_{15e}^{[m]}\frac{\partial H}{\partial x} = 0 \end{aligned} \tag{14.98}$$

$$\delta H:-A_{11e}^{[0]}\frac{\partial u_0}{\partial x}-\sum_{i=1}^{U_n}A_{11e}^{[i]}\frac{\partial u_i}{\partial x}-\sum_{i=1}^{W_m}iA_{13e}^{[i-1]}w_i-A_{15e}^{[0]}\frac{\partial w_0}{\partial x}-$$
$$\sum_{i=1}^{U_n}iA_{15e}^{[i-1]}u_i-\sum_{i=1}^{W_m}A_{15e}^{[i]}\frac{\partial w_i}{\partial x}-A_\mu^\varepsilon H+I_nA_\mu^\sigma+(A_{11ea}+A_{13ea})\Delta T=0 \tag{14.99}$$

梁两端的相关力边界条件由下式给出：

$$N_x^{[0]}=A_{11}^{[0]}\frac{\partial u_0}{\partial x}+\sum_{i=1}^{U_n}A_{11}^{[i]}\frac{u_i}{\partial x}$$
$$\sum_{i=1}^{W_m}iA_{13}^{[i-1]}w_i-A_{11e}^{[0]}H+(A_{11\alpha}^{[0]}+B_{13\alpha}^{[0]})\Delta T$$
$$N_x^{[m]}=A_{11}^{[m]}\frac{\partial u_0}{\partial x}+\sum_{i=1}^{U_n}A_{11}^{[i+m]}\frac{\partial u_1}{\partial x}$$
$$(A_{11\alpha}^{[m]}+B_{13\alpha}^{[m]})\Delta T+\sum_{i=1}^{W_m}iA_{13}^{[i+m-1]}w_i-A_{11e}^{[m]}H$$
$$V_x^{[0]}=A_{55}^{[0]}\frac{\partial w_0}{\partial x}+\sum_{i=1}^{U_n}iA_{55}^{[i-1]}u_i+\sum_{i=1}^{W_m}A_{55}^{[i]}\frac{\partial w_i}{\partial x}-A_{15e}^{[0]}H$$
$$V_x^{[m]}=A_{55}^{[m]}\frac{\partial w_0}{\partial x}+\sum_{i=1}^{U_n}iA_{55}^{[i+m-1]}u_i+\sum_{i=1}^{W_m}A_{55}^{[i+m]}\frac{\partial w_i}{\partial x}-A_{15e}^{[m]}H \tag{14.100}$$

上式中 I_0、I_1、I_2、$\cdots I_n$ 分别为质量，一阶，二阶，…，n 阶梁每单位长度质量矩。这些质量矩如下式所示：

$$[\boldsymbol{I}_k]=\int_{h/2}^{h/2}\rho(z)[z^k]b\,\mathrm{d}z,\quad k=0,1,2,\cdots,n \tag{14.101}$$

刚度系数由下式给出

$$[\boldsymbol{A}_{ij}^{[k]}]=\int_{h/2}^{h/2}Q_{ij}[\boldsymbol{z}^k]b\,\mathrm{d}z \tag{14.102}$$

横截面恒定应变和恒定应力的导磁系数为

$$[A_\mu^\varepsilon\quad A_\mu^\sigma]=\int_{h/2}^{h/2}[\mu^\varepsilon\quad \mu^\sigma]b\,\mathrm{d}z \tag{14.103}$$

同样，截面磁力和热-磁耦合应力系数为

$$[A_{ije}^{[k]}\quad A_{ijea}^{[k]}]=\int_{h/2}^{h/2}e_{ij}z^k[1\quad \alpha]b\,\mathrm{d}z \tag{14.104}$$

横截面热刚度系数为

$$[\boldsymbol{A}_{ij\alpha}^{[k]}]=\int_{h/2}^{h/2}\alpha Q_{ij}[\boldsymbol{z}^k]b\,\mathrm{d}z \tag{14.105}$$

根据方程(14.100)，H 及其导数为

$$H=-\frac{1}{A_{\mu}^{\varepsilon}}\Big[A_{11e}^{[0]}\frac{\partial u_0}{\partial x}+\sum_{i=1}^{U_n}A_{11e}^{[i]}\frac{\partial u_i}{\partial x}\Big]-\frac{1}{A_{\mu}^{\varepsilon}}\Big[\sum_{i=1}^{W_m}iA_{13e}^{[i-1]}w_i+A_{15e}^{[0]}\frac{\partial w_0}{\partial x}+\sum_{i=1}^{U_n}iA_{15e}^{[i-1]}u_i\Big]-\frac{1}{A_{\mu}^{\varepsilon}}\Big[\sum_{i=1}^{W_m}A_{15e}^{[i]}\frac{\partial w_i}{\partial x}-I_nA_{\mu}^{\sigma}-(A_{11e\alpha}+A_{12e\alpha})\Delta T\Big] \tag{14.106}$$

$$\frac{\partial H}{\partial x}=-\frac{1}{A_{\mu}^{\varepsilon}}\Big[A_{11e}^{[0]}\frac{\partial^2 u_0}{\partial x^2}+\sum_{i=1}^{U_n}A_{11e}^{[i]}\frac{\partial^2 u_i}{\partial x^2}\Big]-\frac{1}{A_{\mu}^{\varepsilon}}\Big[\sum_{i=1}^{W_m}iA_{13e}^{[i-1]}\frac{\partial w_i}{\partial x}+A_{15e}^{[0]}\frac{\partial^2 w_0}{\partial x^2}\Big]-\frac{1}{A_{\mu}^{\varepsilon}}\Big[\sum_{i=1}^{U_n}iA_{15e}^{[i-1]}\frac{\partial u_i}{\partial x}+\sum_{i=1}^{W_m}A_{15e}^{[i]}\frac{\partial^2 w_i}{\partial x^2}\Big] \tag{14.107}$$

将上述方程代入方程(14.96)至(14.99)，可得：

$$\delta u_0: I_0\ddot{u}_0+\sum_{i=1}^{U_n}I_i\ddot{u}_i-A_{11}\frac{\partial^2 u}{\partial x^2}-\sum_{i=1}^{U_n}A_{11}^{[i]}\frac{\partial^2 u_i}{\partial x^2}-i\sum_{i=1}^{W_m}iA_{13}^{[i-1]}\frac{\partial w_i}{\partial x}-\frac{A_{11}^{e}}{A_{\mu}^{\varepsilon}}\Big[\sum_{i=1}^{W_m}A_{11e}^{[0]}\frac{\partial^2 u_0}{\partial x^2}+\sum_{i=1}^{U_n}A_{11e}^{[i]}\frac{\partial^2 u_i}{\partial x^2}\Big]-\frac{A_{11}^{e}}{A_{\mu}^{\varepsilon}}\Big[\sum_{i=1}^{W_m}iA_{13e}^{[i-1]}\frac{\partial w_i}{\partial x}+A_{15e}^{[0]}\frac{\partial^2 w_0}{\partial x^2}\Big]-\frac{A_{11}^{e}}{A_{\mu}^{\varepsilon}}\Big[\sum_{i=1}^{U_n}iA_{15e}^{[i-1]}\frac{\partial u_i}{\partial x}+\sum_{i=1}^{W_m}A_{15e}^{[i]}\frac{\partial^2 w_i}{\partial x^2}\Big]=0 \tag{14.108}$$

$$\delta w_0: I_0\ddot{w}_0+\sum_{i=1}^{W_m}I_i\ddot{w}_i-A_{55}\frac{\partial^2 w_0}{\partial x^2}-\sum_{i=1}^{U_n}iA_{55}^{[i-1]}\frac{\partial u_i}{\partial x}-\sum_{i=1}^{W_m}A_{55}^{[i]}\frac{\partial^2 w_i}{\partial x^2}-\frac{A_{15}^{e}}{A_{\mu}^{\varepsilon}}\Big[\sum_{i=1}^{W_m}A_{11e}^{[0]}\frac{\partial^2 u_0}{\partial x^2}+\sum_{i=1}^{U_n}A_{11e}^{[i]}\frac{\partial^2 u_i}{\partial x^2}\Big]-\frac{A_{15}^{e}}{A_{\mu}^{\varepsilon}}\Big[\sum_{i=1}^{W_m}iA_{13e}^{[i-1]}\frac{\partial w_i}{\partial x}+A_{15e}^{[0]}\frac{\partial^2 w_0}{\partial x^2}\Big]-\frac{A_{15}^{e}}{A_{\mu}^{\varepsilon}}\Big[\sum_{i=1}^{U_n}iA_{15e}^{[i-1]}\frac{\partial u_i}{\partial x}+\sum_{i=1}^{W_m}A_{15e}^{[i]}\frac{\partial^2 w_i}{\partial x^2}\Big]=0 \tag{14.109}$$

$$\delta w_m: I_{[m]}\ddot{w}_0+\sum_{i=1}^{W_m}I_{i+m}\ddot{w}_i+mA_{13}^{[m-1]}\frac{\partial u_0}{\partial x}+m\sum_{i=1}^{U_n}A_{13}^{[i+m-1]}\frac{\partial u_i}{\partial x}+\sum_{i=1}^{W_m}imA_{33}^{[i+m-2]}w_i-A_{55}^{[m]}\frac{\partial^2 w_0}{\partial x^2}-\sum_{i=1}^{U_n}iA_{55}^{[i+m-1]}\frac{\partial u_i}{\partial x}-k_d\sum_{i=1}^{W_m}A_{55}^{[i+m]}\frac{\partial^2 w_i}{\partial x^2}-\frac{A_{15e}^{[m]}}{A_{\mu}^{\varepsilon}}\Big[A_{11e}^{[0]}\frac{\partial^2 u_0}{\partial x^2}+\sum_{i=1}^{U_n}A_{11e}^{[i]}\frac{\partial^2 u_i}{\partial x^2}+\sum_{i=1}^{W_m}iA_{13e}^{[i-1]}\frac{\partial w_i}{\partial x}+A_{15e}^{[0]}\frac{\partial^2 w_0}{\partial x^2}\Big]-\frac{A_{15e}^{[m]}}{A_{\mu}^{\varepsilon}}\Big[\sum_{i=1}^{U_n}iA_{15e}^{[i-1]}\frac{\partial u_i}{\partial x}+\sum_{i=1}^{W_m}A_{15e}^{[i]}\frac{\partial^2 w_i}{\partial x^2}\Big]+\frac{mA_{13e}^{[m-1]}}{A_{\mu}^{\varepsilon}}\Big[A_{11e}^{[0]}\frac{\partial u_0}{\partial x}+\sum_{i=1}^{U_n}A_{11e}^{[i]}\frac{\partial u_i}{\partial x}\Big]+ \tag{14.110}$$

$$
\begin{aligned}
&\frac{mA_{13e}^{[m-1]}}{A_{\mu}^{\varepsilon}}\left[\sum_{i=1}^{W_m} iA_{13e}^{[i-1]}w_i + A_{15e}^{[0]}\frac{\partial w_0}{\partial x} + \sum_{i=1}^{U_n} iA_{15e}^{[i-1]}u_i\right]+\\
&\frac{mA_{13e}^{[m-1]}}{A_{\mu}^{\varepsilon}}\left[\sum_{i=1}^{W_m} A_{15e}^{[i]}\frac{\partial w_i}{\partial x}\right]+V_{bT}^{[m]}+V_{bI}^{[m]}=0\\
&\delta u_m: I_{[m]}\ddot{u}_0+\sum_{i=1}^{U_n} I_{[i+m]}\ddot{u}_i - A_{11}^{[m]}\frac{\partial^2 u_0}{\partial x^2} - \sum_{i=1}^{U_n} A_{11}^{[i+m]}\frac{\partial^2 u_i}{\partial x^2} - \sum_{i=1}^{W_m} iA_{13}^{[i+m-1]}\frac{\partial w_i}{\partial x}+\\
&mA_{55}^{[m-1]}\frac{\partial w_0}{\partial x}+\sum_{i=1}^{W_m} mA_{55}^{[i+m-1]}\frac{\partial w_i}{\partial x}+\sum_{i=1}^{U_n} imA_{55}^{[i+m-2]}u_i-\\
&\frac{A_{11e}^{[m]}}{A_{\mu}^{\varepsilon}}\left[A_{11e}^{[0]}\frac{\partial^2 u_0}{\partial x^2}+\sum_{i=1}^{U_n} A_{11e}^{[i]}\frac{\partial^2 u_i^2}{\partial x}+\sum_{i=1}^{W_m} iA_{13e}^{[i-1]}\frac{\partial w_i}{\partial x}+A_{15e}^{[0]}\frac{\partial^2 w_0}{\partial x^2}\right]-\\
&\frac{A_{11e}^{[m]}}{A_{\mu}^{\varepsilon}}\left[\sum_{i=1}^{U_n} iA_{15e}^{[i-1]}\frac{\partial u_i}{\partial x}+\sum_{i=1}^{W_m} A_{15e}^{[i]}\frac{\partial^2 w_i}{\partial x^2}\right]+\frac{mA_{15e}^{[m-1]}}{A_{\mu}^{\varepsilon}}\left[A_{11e}^{[0]}\frac{\partial u_0}{\partial x}+\sum_{i=1}^{U_n} A_{11e}^{[i]}\frac{\partial u_i}{\partial x}\right]+\\
&\frac{mA_{15e}^{[m-1]}}{A_{\mu}^{\varepsilon}}\left[\sum_{i=1}^{W_m} iA_{13e}^{[i-1]}w_i + A_{15e}^{[0]}\frac{\partial w_0}{\partial x} + \sum_{i=1}^{U_n} iA_{15e}^{[i-1]}u_i\right]+\\
&\frac{mA_{15e}^{[m-1]}}{A_{\mu}^{\varepsilon}}\left[\sum_{i=1}^{W_m} A_{15e}^{[i]}\frac{\partial w_i}{\partial x}\right]+N_{bT}^{[m]}+N_{bI}^{[m]}=0
\end{aligned}
\tag{14.111}
$$

类似地，方程(14.101)中给出的边界条件可表示为

$$
\begin{aligned}
N_x^{[0]} = {} & A_{11}^{[0]}\frac{\partial u_0}{\partial x}+\sum_{i=1}^{U_n} A_{11}^{[i]}\frac{u_i}{\partial x}+\sum_{i=1}^{W_m} iA_{13}^{[i-1]}w_i+\\
&\frac{A_{11e}^{[0]}}{A_{\mu}^{\varepsilon}}\left[A_{11e}^{[0]}\frac{\partial u_0}{\partial x}+\sum_{i=1}^{U_n} A_{11e}^{[i]}\frac{\partial u_i}{\partial x}\right]+\\
&\frac{A_{11e}^{[0]}}{A_{\mu}^{\varepsilon}}\left[\sum_{i=1}^{W_m} iA_{13e}^{[i-1]}w_i + A_{15e}^{[0]}\frac{\partial w_0}{\partial x} + \sum_{i=1}^{U_n} iA_{15e}^{[i-1]}u_i\right]+\\
&\frac{A_{11e}^{[0]}}{A_{\mu}^{\varepsilon}}\left[\sum_{i=1}^{W_m} A_{15e}^{[i]}\frac{\partial w_i}{\partial x}\right]+N_{nT}^{[0]}+N_{nI}^{[0]}\\
N_x^{[m]} = {} & A_{11}^{[m]}\frac{\partial u_0}{\partial x}+\sum_{i=1}^{U_n} A_{11}^{[i+m]}\frac{\partial u_1}{\partial x}+\sum_{i=1}^{W_m} iA_{13}^{[i+m-1]}w_i+\\
&\frac{A_{11e}^{[m]}}{A_{\mu}^{\varepsilon}}\left[A_{11e}^{[0]}\frac{\partial u_0}{\partial x}+\sum_{i=1}^{U_n} A_{11e}^{[i]}\frac{\partial u_i}{\partial x}\right]+\\
&\frac{A_{11e}^{[m]}}{A_{\mu}^{\varepsilon}}\left[\sum_{i=1}^{W_m} iA_{13e}^{[i-1]}w_i + A_{15e}^{[0]}\frac{\partial w_0}{\partial x} + \sum_{i=1}^{U_n} iA_{15e}^{[i-1]}u_i\right]+\\
&\frac{A_{11e}^{[m]}}{A_{\mu}^{\varepsilon}}\left[\sum_{i=1}^{W_m} A_{15e}^{[i]}\frac{\partial w_i}{\partial x}\right]+N_{nT}^{[m]}+N_{nI}^{[m]}
\end{aligned}
$$

$$\left.\begin{aligned}
V_x^{[0]} &= A_{55}^{[0]}\frac{\partial w_0}{\partial x} + \sum_{i=1}^{U_n} iA_{55}^{[i-1]}u_i + \sum_{i=1}^{W_m} A_{55}^{[i]}\frac{\partial w_i}{\partial x} + \\
&\quad \frac{A_{15e}^{[0]}}{A_\mu^\varepsilon}\left[A_{11e}^{[0]}\frac{\partial u_0}{\partial x} + \sum_{i=1}^{U_n} A_{11e}^{[i]}\frac{\partial u_i}{\partial x}\right] + \\
&\quad \frac{A_{15e}^{[0]}}{A_\mu^\varepsilon}\left[\sum_{i=1}^{W_m} iA_{13e}^{[i-1]}w_i + A_{15e}^{[0]}\frac{\partial w_0}{\partial x} + \sum_{i=1}^{U_n} iA_{15e}^{[i-1]}u_i\right] + \\
&\quad \frac{A_{15e}^{[0]}}{A_\mu^\varepsilon}\left[\sum_{i=1}^{W_m} A_{15e}^{[i]}\frac{\partial w_i}{\partial x}\right] + V_{nT}^{[0]} + V_{nI}^{[0]} \\
V_x^{[m]} &= A_{55}^{[0]}\frac{\partial w_0}{\partial x} + \sum_{i=1}^{U_n} iA_{55}^{[i+m-1]}u_i + \sum_{i=1}^{W_m} A_{55}^{[i+m]}\frac{\partial w_i}{\partial x} + \\
&\quad \frac{A_{15e}^{[0]}}{A_\mu^\varepsilon}\left[A_{11e}^{[0]}\frac{\partial u_0}{\partial x} + \sum_{i=1}^{U_n} A_{11e}^{[i]}\frac{\partial u_i}{\partial x}\right] + \\
&\quad \frac{A_{15e}^{[0]}}{A_\mu^\varepsilon}\left[\sum_{i=1}^{W_m} iA_{13e}^{[i-1]}w_i + A_{15e}^{[0]}\frac{\partial w_0}{\partial x} + \sum_{i=1}^{U_n} iA_{15e}^{[i-1]}u_i\right] + \\
&\quad \frac{A_{15e}^{[0]}}{A_\mu^\varepsilon}\left[\sum_{i=1}^{W_m} A_{15e}^{[i]}\frac{\partial w_i}{\partial x}\right] + V_{nT}^{[m]} + V_{nI}^{[m]}
\end{aligned}\right\}\tag{14.112}$$

其中

$$V_{bI}^{[m]} = -\frac{mA_{13e}^{[m-1]}}{A_\mu^\varepsilon}[I_n A_\mu^\sigma],\; N_{bI}^{[m]} = -\frac{mA_{15e}^{[m-1]}}{A_\mu^\varepsilon}[I_n A_\mu^\sigma],\; N_{bI}^{[0]} = -\frac{mA_{11e}^{[m-1]}}{A_\mu^\varepsilon}[I_n A_\mu^\sigma]$$

$$N_{nI}^{[m]} = -\frac{mA_{11e}^{[m]}}{A_\mu^\varepsilon}[I_n A_\mu^\sigma],\; V_{nI}^{[m]} = -\frac{mA_{15e}^{[m]}}{A_\mu^\varepsilon}[I_n A_\mu^\sigma],\; V_{nI}^{[0]} = -\frac{mA_{15e}^{[0]}}{A_\mu^\varepsilon}[I_n A_\mu^\sigma]$$

$$V_{bT}^{[m]} = -mA_{13\alpha}^{[m-1]}\Delta T - mA_{33\alpha}^{[m-1]}\Delta T - \frac{mA_{13c}^{[m-1]}}{A_\mu^\varepsilon}[(A_{11e\alpha} + A_{13e\alpha})]\Delta T$$

$$N_{bT}^{[m]} = -\frac{mA_{13e}^{[m-1]}}{A_\mu^\varepsilon}[(A_{11e\alpha} + A_{13e\alpha})]\Delta T$$

$$N_{nT}^{[0]} = (A_{11\alpha}^{[0]} + B_{13\alpha}^{[0]})\Delta T - \frac{A_{11e}^{[0]}}{A_\mu^\varepsilon}[(A_{11e\alpha} + A_{13e\alpha})]\Delta T$$

$$N_{nT}^{[m]} = (A_{11\alpha}^{[m]} + B_{13\alpha}^{[m]})\Delta T - \frac{A_{11e}^{[m]}}{A_\mu^\varepsilon}[(A_{11e\alpha} + A_{13e\alpha})]\Delta T$$

$$V_{nT}^{[m]} = -\frac{A_{15e}^{[m]}}{A_\mu^\varepsilon}[(A_{11e\alpha} + A_{13e\alpha})]\Delta T,\; V_{nT}^{[0]} = -\frac{A_{15e}^{[0]}}{A_\mu^\varepsilon}[(A_{11e\alpha} + A_{13e\alpha})]\Delta T$$

方程(14.113)为具有磁致伸缩贴片的 n 阶剪切变形梁的控制方程,其中也包括温度的影响。

14.6.2 谱分析

该梁具有 n 个自由度，位移矢量由下式给出：

$$\{\boldsymbol{u}(x,t)\}=\{u_0 \quad u_1 \quad u_2 \quad \cdots \quad u_{Un} \quad w_0 \quad w_1 \quad w_2 \quad \cdots \quad w_{Wm}\}^{\mathrm{T}} \tag{14.113}$$

首先，利用傅里叶变换将控制方程公式(14.113)转换到频域，即：

$$\begin{aligned}\{\boldsymbol{u}(x,t)\} &= \sum_{n=1}^{N}\{\tilde{u}_0 \quad \tilde{u}_1 \quad \cdots \quad \tilde{u}_{Un} \quad \tilde{w}_0 \quad \tilde{w}_1 \quad \cdots \quad \tilde{w}_{Wm}\}^{\mathrm{T}}\mathrm{e}^{-\mathrm{j}\omega_n t} \\ &= \sum_{n=1}^{N}\{\tilde{\boldsymbol{u}}(x,\omega)\}\mathrm{e}^{-\mathrm{j}\omega_n t}\end{aligned} \tag{14.114}$$

其中 ω_n 是第 n 个采样点的圆频率，N 是与奈奎斯特频率对应的频率索引，$\mathrm{j}^2=-1$ 是复数(由于 i 恰好是下标数，故用 j 表示)。当将上述方程代入控制偏微分方程时，其可简化为 N 个常系数型耦合常微分方程，其解的形式为 $A\mathrm{e}^{-\mathrm{j}kx}$，其中 k 为需要确定的波数。即该过程得到一个用于确定波数的特征方程，将其以矩阵形式可表示为：

$$[\boldsymbol{W}]\{\hat{\boldsymbol{u}}\}=\{\boldsymbol{0}\} \tag{14.115}$$

其中矩阵$[\boldsymbol{W}]$为：

$$[\boldsymbol{W}]=\begin{bmatrix} W_{u0u0} & W_{uiu0} & W_{w0u0} & W_{wmu0} \\ W_{u0wn} & W_{uium} & W_{w0ui} & W_{wmui} \\ W_{u0w0} & W_{uiw0} & W_{w0w0} & W_{wiwo} \\ W_{u0wm} & W_{uiwm} & W_{w0wm} & W_{wiwm} \end{bmatrix} \tag{14.116}$$

其中

$$W_{u0u0}=A_{11}^{[0]}k^2-I_{[0]}\omega^2+[A_{11e}^{[0]}A_{11e}^{[0]}k^2]/A_{\mu}^{e}$$

$$W_{u0um}=A_{11}^{[m]}k^2-I_{[m]}\omega^2+\mathrm{j}mkA_{15}^{[m-1]}+[A_{11e}^{[0]}A_{11e}^{[m]}k^2+m\mathrm{j}kA_{15e}^{[m-1]}A_{11e}^{[0]}]/A_{\mu}^{\varepsilon}$$

$$W_{uiu0}=A_{11}^{[i]}k^2-I_{[i]}\omega^2+i\mathrm{j}kA_{15}^{[m-1]}+[A_{11e}^{[0]}A_{11e}^{[i]}k^2-i\mathrm{j}kA_{15e}^{[m-1]}A_{11e}^{[0]}]/A_{\mu}^{\varepsilon}$$

$$\begin{aligned}W_{uium}=&A_{11}^{[i+m]}k^2+imA_{55}^{[i+m-2]}-I_{[i+m]}\omega^2+(m-i)\mathrm{j}kA_{15}^{[i+m-1]}+\\&[A_{11e}^{[i]}A_{11e}^{[m]}k^2+imA_{15e}^{[i-1]}A_{15e}^{[i-1]}A_{15e}^{[m-1]}-i\mathrm{j}kA_{11e}^{[m]}A_{15e}^{[i-1]}+m\mathrm{j}kA_{15e}^{[m-1]}A_{11e}^{[i]}]/A_{\mu}^{\varepsilon}\end{aligned}$$

$$W_{w0w0}=A_{55}^{[0]}k^2-I_{[0]}\omega^2+[A_{15e}^{[0]}A_{15e}^{[0]}k^2]/A_{\mu}^{\varepsilon}$$

$$W_{w0wm}=A_{55}^{[m]}k^2-I_{[m]}\omega^2+\mathrm{j}mkA_{35}^{[m-1]}+[A_{15e}^{[0]}A_{15e}^{[m]}k^2]/A_{\mu}^{\varepsilon}$$

$$W_{wiwm}=imA_{33}^{[i+m-2]}+A_{55}^{[i+m]}k^2-I_{[i+m]}\omega^2+(m-1)\mathrm{j}kA_{35}^{[i+m-1]}+[A_{15e}^{[i]}A_{15e}^{[m]}k^2]/A_{\mu}^{\varepsilon}$$

$$W_{u0w0}=A_{15}^{[0]}k^2+[A_{11e}^{[0]}A_{15e}^{[0]}k^2]/A_{\mu}^{\varepsilon}$$

$$W_{u0wm}=mk\mathrm{j}A_{13}^{[m-1]}+A_{15}^{[m]}k^2+[A_{11e}^{[0]}A_{15e}^{[m]}k^2]/A_{\mu}^{\varepsilon}$$

$$\begin{aligned}W_{uiwm}=&mk\mathrm{j}A_{13}^{[i+m-1]}+imA_{35}^{[i+m-2]}-ikkA_{55}^{[i+m-1]}+A_{15}^{[i+m]}k^2+[A_{11e}^{[i]}A_{15e}^{[m]}k^2+\\&i\mathrm{j}kA_{15e}^{[m]}A_{15e}^{[i-1]}]/A_{\mu}^{\varepsilon}\end{aligned}$$

$$W_{w0u0}=A_{15}^{[0]}k^2+[A_{11e}^{[0]}A_{15e}^{[0]}k^2]/A_{\mu}^{\varepsilon}$$

$W_{w0ui}=ikjA_{55}^{[i-1]}+A_{15}^{[i]}k^2+[A_{11e}^{[0]}A_{15e}^{[0]}k^2+ijkA_{15e}^{[0]}A_{15e}^{[i-1]}]/A_{\mu}^{\varepsilon}$

$W_{wmu0}=-mkjA_{13}^{[m-1]}+A_{15}^{[m]}k^2+[A_{11e}^{[0]}A_{15e}^{[m]}k^2]/A_{\mu}^{\varepsilon}$

$W_{wmui}=ijA_{55}^{[i+m-1]}-mkjA_{13}^{[i+m-1]}+A_{15}^{[i+m]}k^2+imA_{35}^{[i+m-2]}+[A_{11e}^{[i]}A_{15}^{[m]}k^2+ijkA_{15e}^{[m]}A_{15e}^{[i-1]}]/A_{\mu}^{\varepsilon}$

由于我们更关注$\{\hat{\boldsymbol{u}}\}$的非零解，方程(14.115)表明$[\boldsymbol{W}]$应该为奇异矩阵，即$[\boldsymbol{W}]$行列式必须等于零。由此生成一个关于k的多项式方程，其必须作为ω的函数进行求解。方程的形式为：

$$\sum_{i=0}^{2T_n} Q_{i+1}k^i = 0 \tag{14.117}$$

其中$T_n=(2+U_n+W_m)$。此处再次利用多项式特征值问题来求解波数。矩阵$[\boldsymbol{W}]$可表示为关于k的多项式，如下：

$$[\boldsymbol{W}]=[\boldsymbol{P}_2]k^2+j[\boldsymbol{P}_1]k+[\boldsymbol{P}_0],\quad [\boldsymbol{P}_0]=\omega^2[\boldsymbol{P}_{0_{AC}}]+[\boldsymbol{P}_{0_{DC}}] \tag{14.118}$$

其中

$P_{0_{DC}}(1+m,1+i_1)=-(-mi_1A_{55}^{[m+i_1-2]}A_{\mu}^{\varepsilon}-mi_1A_{15e}^{[m-1]}A_{15e}^{[i_1-1]})/A_{\mu}^{\varepsilon}$

$P_{0_{DC}}(1+m,2+U_n+i_2)=mi_2A_{15e}^{[m-1]}A_{13e}^{[i_2-1]}/A_{\mu}^{\varepsilon}$

$P_{0_{DC}}(2+U_n+n,1+i_1)=ni_1A_{15e}^{[i_1-1]}A_{13e}^{[n-1]}/A_{\mu}^{\varepsilon}$

$P_{0_{DC}}(2+U_n+n,2+U_n+i_2)=(ni_2A_{33}^{[n+i_2-2]}A_{\mu}^{\varepsilon}+ni_2A_{13e}^{[n-1]}A_{13e}^{[i_2-1]})/A_{\mu}^{\varepsilon}$

$P_1(1,1+i_1)=i_1A_{11e}^{[0]}A_{15e}^{[i_1-1]}/A_{\mu}^{\varepsilon}$

$P_1(1,2+U_n+i_2)=i_2(A_{13}^{[i_2-1]}A_{\mu}^{\varepsilon}+A_{13}^{[i_2-1]}A_{11e}^{[0]})/A_{\mu}^{\varepsilon}$

$P_1(1+m,1)=-mA_{11e}^{[0]}A_{15e}^{[m-1]}/A_{\mu}^{\varepsilon}$

$P_1(1+m,1+i_1)=-(-i_1A_{11e}^{[m]}A_{15e}^{[i_1-1]}+mA_{11e}^{[i_1]}A_{15e}^{[m-1]})/A_{\mu}^{\varepsilon}$

$P_1(1+m,2+U_n)=-m(A_{55}^{[m-1]}A_{\mu}^{\varepsilon}+A_{15e}^{[0]}A_{15e}^{[m-1]})/A_{\mu}^{\varepsilon}$

$P_1(1+m,2+U_n+i_2)=(i_2A_{13}^{[i_2+m-1]}A_{\mu}^{\varepsilon}+i_2A_{11e}^{[m]}A_{13e}^{[i_2-1]})/A_{\mu}^{\varepsilon}+$
$(-mA_{55}^{[i_2+m-1]}A_{\mu}^{\varepsilon}-mA_{15e}^{[i_2]}A_{15e}^{[m-1]})/A_{\mu}^{\varepsilon}$

$P_1(2+U_n,1+i_1)=i_1(A_{55}^{[i_1-1]}A_{\mu}^{\varepsilon}+A_{15e}^{[0]}A_{15e}^{[i_1-1]})/A_{\mu}^{\varepsilon}$

$P_1(2+U_n+n,1)=-n(A_{13}^{[n-1]}A_{\mu}^{\varepsilon}+A_{13e}^{[n-1]}A_{11e}^{[0]})/A_{\mu}^{\varepsilon}$

$P_1(2+U_n+n,1+i_1)=-(nA_{13}^{[i_1+n-1]}A_{\mu}^{\varepsilon}+nA_{11e}^{[i_1]}A_{13e}^{[n-1]})/A_{\mu}^{\varepsilon}+$
$(-i_1A_{55}^{[i_1+n-1]}A_{\mu}^{\varepsilon}-i_1A_{15e}^{[n]}A_{15e}^{[i_1-1]})/A_{\mu}^{\varepsilon}$

$P_1(2+U_n+n,2+U_n)=-nA_{15e}^{[0]}A_{13e}^{[n-1]}/A_{\mu}^{\varepsilon}$

$P_1(2+U_n+n,2+U_n+i_2)=(-nA_{15e}^{[i_2]}A_{13e}^{[n-1]}+i_2A_{15e}^{[n]}A_{13e}^{[i_2-1]})/A_{\mu}^{\varepsilon}$

$P_2(1,1)=-(-A_{11e}^{[0]}A_{11e}^{[0]}-A_{11}^{[0]}A_{\mu}^{\varepsilon})/A_{\mu}^{\varepsilon}, P_2(1,1+i_1)=-(-A_{11e}^{[i_1]}A_{\mu}^{\varepsilon}-A_{11e}^{[0]}A_{11e}^{[i_1]})/A_{\mu}^{\varepsilon}$

$P_2(1,2+U_n)=A_{11e}^{[0]}A_{15e}^{[0]}/A_{\mu}^{\varepsilon}, P_2(1,2+U_n+i_2)=A_{11e}^{[0]}A_{15e}^{[i_2]}/A_{\mu}^{\varepsilon}$

$P_2(1+m,1)=-(-A_{11}^{[m]}A_{\mu}^{\varepsilon}-A_{11e}^{[0]}A_{11e}^{[m]})/A_{\mu}^{\varepsilon}$

$P_2(1+m,1+i_1)=-(-A_{11}^{[i_1+m]}A_{\mu}^{\varepsilon}-A_{11e}^{[m]}A_{11e}^{[i_1]})/A_{\mu}^{\varepsilon}$

$P_2(1+m,2+U_n)=A_{15}^{[0]}A_{11e}^{[m]}/A_{\mu}^{\varepsilon},\quad P_2(1+m,2+U_n+i_2)=A_{15e}^{[i_2]}A_{11e}^{[m]}/A_{\mu}^{\varepsilon}$

$P_2(2+U_n,1)=A_{15e}^{[0]}A_{11e}^{[0]}/A_\mu^\varepsilon$，$P_2(2+U_n,1+i_1)=A_{15e}^{[0]}A_{11e}^{[i_1]}/A_\mu^\varepsilon$

$P_2(2+U_n,2+U_n)=-(-A_{55}^{[0]}A_\mu^\varepsilon-A_{15e}^{[0]}A_{15e}^{[0]})/A_\mu^\varepsilon$

$P_2(2+U_n,2+U_n+i_2)=-(-A_{55}^{[i_2]}A_\mu^\varepsilon-A_{15e}^{[0]}A_{15e}^{[i_2]})/A_\mu^\varepsilon$

$P_2(2+U_n+n,1)=A_{11e}^{[0]}A_{15e}^{[n]}/A_\mu^\varepsilon$，$P_2(2+U_n+n,1+i_1)=A_{11e}^{[i_1]}A_{15e}^{[n]}/A_\mu^\varepsilon$

$P_2(2+U_n+n,2+U_n)=-(-A_{55}^{[n]}A_\mu^\varepsilon-A_{15e}^{[0]}A_{15e}^{[n]})/A_\mu^\varepsilon$

$P_2(2+U_n+n,2+U_n+i_2)=-(-A_{15e}^{[n]}A_{15e}^{[i_2]}-A_{55}^{[n+i_2]}A_\mu^\varepsilon)/A_\mu^\varepsilon$

其中 i_1 和 m 的范围为 1 至 U_n，i_2 和 n 的范围为 1 至 W_m。同时[$\boldsymbol{P}_2$]和[$\boldsymbol{P}_0$]为对称矩阵，而[$\boldsymbol{P}_1$]为反对称矩阵。波数通常是复数，这意味着波在传播时会发生衰减。在绘制谱和频散关系前，我们首先检查截止频率的存在性，首先将 $k=0$ 代入公式(14.118)或者令矩阵[$\boldsymbol{P}_0$]的行列式等于零，从而得到截止频率的显式形式。仅考虑机械效应的截止频率见第 8 章[公式(8.34)]，FSDT 理论和 Mindlin-Herrmann 理论对应的截止频率(包括智能贴片和温度的影响)由下式给出：

$$\begin{aligned}&\left[0\quad 0\quad \sqrt{\frac{I_0A_{55}^{[0]}A_{11}^\mu+(A_{15e}^{[0]})^2}{A_{11}^\mu I_s}}\right]\\&\left[0\quad 0\quad \sqrt{\frac{(a_{ae}-\sqrt{a_{be}})I_0}{2I_gA_{11}^\mu}}\quad \sqrt{\frac{(a_{ae}+\sqrt{a_{be}})I_0}{2I_sA_{11}^\mu}}\right]\end{aligned}\tag{14.119}$$

其中

$$I_s=(I_0I_2-I_1^2)$$

$$a_{ae}=(A_{15e}^{[0]})^2+A_{55}^{[0]}A_{11}^\mu+A_{33}^{[0]}A_{11}^\mu+(A_{13e}^{[0]})^2$$

$$\begin{aligned}a_{be}=&(A_{15e}^{[0]})^4+2(A_{15e}^{[0]})^2+A_{55}^{[0]}A_{11}^\mu-2(A_{15e}^{[0]})^2A_{33}^{[0]}A_{11}^\mu+2(A_{15e}^{[0]})^2(A_{13e}^{[0]})^2+\\&(A_{55}^{[0]})^2(A_{11}^\mu)^2-2A_{55}^{[0]}(A_{11}^\mu)^2A_{33}^{[0]}-2A_{55}^{[0]}A_{11}^\mu(A_{13e}^{[0]})^2+(A_{33}^{[0]})^2(A_{11}^\mu)^2+\\&2A_{33}^{[0]}A_{11}^\mu(A_{13}^{[0]})^2+(A_{13e}^{[0]})^4\end{aligned}$$

注意当 e_{13} 和 e_{15} 不存在时，截止频率与磁力效应的耦合无关。此时截止频率为：

$$\left[0\quad 0\quad \frac{I_0A_{55}^{[0]}}{I_s}\right],\quad \left[0\quad 0\quad \frac{I_0A_{55}^{[0]}}{I_s}\quad \frac{I_0A_{33}^{[0]}}{I_s}\right]\tag{14.120}$$

接下来计算特定 U_n 和 W_m 对应的截止频率。当 $U_n=1$、$W_m=2$ 时，截止频率为：

$$\left[0\quad 0\quad \frac{I_0A_{55}^{[0]}}{I_s}\quad \frac{a_a+\sqrt{a_b}}{2I_a}\quad \frac{a_a-\sqrt{a_b}}{2I_a}\right]\tag{14.121}$$

当 $U_n=2$、$W_m=1$ 时，截止频率为：

$$\left[0\quad 0\quad \frac{I_0A_{33}^{[0]}}{I_s}\quad \frac{b_a+\sqrt{b_b}}{2I_b}\quad \frac{b_a-\sqrt{b_b}}{2I_b}\right]\tag{14.122}$$

当 $U_n=2$、$W_m=2$ 时，频率由下式给出：

$$\left[0\quad 0\quad \frac{c_a+\sqrt{c_b}}{2I_c}\quad \frac{c_a-\sqrt{c_b}}{2I_c}\quad \frac{d_a+\sqrt{d_b}}{2I_c}\quad \frac{d_a-\sqrt{d_b}}{2I_c}\right]\tag{14.123}$$

其中

$$I_s=(I_0 I_2-I_1^2),\quad I_a=-I_0 I_3^2-I_2^3+I_0 I_2 I_4-I_1^2 I_4+2I_1 I_2 I_3$$

$$I_b=-I_2 I_0 I_4+I_0 I_3^2+I_2^3-2I_1 I_2 I_3+I_1^2 I_4$$

$$I_c=-I_2^3-I_1^2 I_4+I_0 I_4 I_2-I_0 I_3^2+2I_1 I_2 I_3$$

$$a_a=4I_0 I_2 A_{33}^{[2]}+I_0 A_{33}^{[0]} I_4-4I_1^2 A_{33}^{[2]}-4I_0 I_3 A_{33}^{[1]}-I_2^2 A_{33}^{[0]}+4I_1 I_2 A_{33}^{[1]}$$

$$a_b=I_2^4 (A_{33}^{[0]})^2+16 (A_{33}^{[2]})^2 I_1^4-8I_2^3 A_{33}^{[0]} I_1 A_{33}^{[1]}+8I_2^2 A_{33}^{[0]} A_{33}^{[2]} I_1^2+16I_1 (A_{33}^{[1]})^2 I_2^2-$$
$$8I_0^2 I_2 A_{33}^{[2]} A_{33}^{[0]} I_4-32I_0^2 I_2 (A_{33}^{[2]})^2 I_3 A_{33}^{[i]}+32I_0 I_2^2 A_{33}^{[2]} I_1 A_{33}^{[1]}+8I_0 A_{33}^{[0]} I_4 I_1^2 A_{33}^{[2]}-$$
$$8I_0^2 A_{33}^{[0]} I_4 I_3 A_{33}^{[1]}+8I_0 A_{33}^{[0]} I_4 I_1 I_2 A_{33}^{[1]}+32I_1^2 A_{33}^{[2]} I_0 I_3 A_{33}^{[1]}+8I_0 I_3 A_{33}^{[1]} I_2^2 A_{33}^{[0]}-$$
$$32I_1 I_2 I_3 I_0 A_{33}^{[0]} A_{33}^{[2]}-32I_0 I_2 (A_{33}^{[2]})^2 I_1^2+8I_0 I_2^3 A_{33}^{[2]} A_{33}^{[0]}-2I_0 (A_{33}^{[0]})^2 I_4 I_2^2-$$
$$32I_1^3 A_{33}^{[2]} I_2 A_{33}^{[1]}+16I_0^2 I_3^2 A_{33}^{[0]} A_{33}^{[2]}+16I_0^2 I_2 I_4 (A_{33}^{[1]})^2-16I_1^2 I_4 I_0 (A_{33}^{[1]})^2+$$
$$16I_0^2 I_2^2 (A_{33}^{[2]})^2+I_0^2 (A_{33}^{[0]})^2 I_4^2-16I_2^3 I_0 (A_{33}^{[1]})^2$$

$$b_a=-4I_2 I_0 A_{55}^{[2]}+4I_3 I_0 A_{55}^{[1]}+I_2^2 A_{55}^{[0]}-4I_1 A_{55}^{[1]} I_2+4A_{55}^{[2]} I_1^2-A_{55}^{[0]} I_0 I_4$$

$$b_b=-16I_2^3 I_0 (A_{55}^{[1]})^2+16I_2^2 I_0^2 (A_{55}^{[2]})^2+16I_1^2 (A_{55}^{[1]})^2 I_2^2+I_0^2 I_4^2 (A_{55}^{[0]})^2+I_2^4 (A_{55}^{[0]})^2+$$
$$16 (A_{55}^{[2]})^2 I_1^4-32I_2 I_0^2 A_{55}^{[2]} I_3 A_{55}^{[1]}+32I_2^2 I_0 A_{55}^{[2]} I_1 A_{55}^{[1]}-8I_2 I_0^2 A_{55}^{[2]} A_{55}^{[0]} I_4+$$
$$8I_3 I_0 A_{55}^{[1]} I_2^2 A_{55}^{[0]}+32I_3 I_0 A_{55}^{[1]} A_{55}^{[2]} I_1^2-8I_3 I_0^2 A_{55}^{[1]} A_{55}^{[0]} I_4+ * I_1 A_{55}^{[1]} I_2 A_{55}^{[0]} I_0 I_4+$$
$$8A_{55}^{[2]} I_1^2 A_{55}^{[0]} I_0 I_4-32I_1 I_2 I_3 I_0 A_{55}^{[0]} A_{55}^{[2]}+8I_2^3 I_0 A_{55}^{[2]} A_{55}^{[0]}-32I_2 I_0 (A_{55}^{[2]})^2 I_1^2-$$
$$8I_2^3 A_{55}^{[0]} I_1 A_{55}^{[1]}+8I_2^2 A_{55}^{[0]} A_{55}^{[2]} I_1^2-2I_2^2 (A_{55}^{[0]})^2 I_0 I_4-32I_1^3 A_{55}^{[1]} I_2 A_{55}^{[2]}+$$
$$16I_2 I_0^2 I_4 (A_{55}^{[1]})^2+16I_0^2 I_3^2 A_{55}^{[0]} A_{55}^{[2]}-16I_1^2 I_4 I_0 (A_{55}^{[1]})^2$$

$$c_a=4I_0 I_2 A_{55}^{[2]}-4I_1^2 A_{55}^{[2]}+4I_1 I_2 A_{55}^{[1]}-I_2^2 A_{55}^{[0]}+I_0 I_4 A_{55}^{[0]}-4I_0 I_3 A_{55}^{[i]}$$

$$c_b=16I_0^2 I_2^2 (A_{55}^{[2]})^2-16I_2^3 (A_{55}^{[1]})^2 I_0+16I_1^4 (A_{55}^{[2]})^2-32I_0 I_2 (A_{55}^{[2]})^2 I_1^2-$$
$$2I_0 I_4 (A_{55}^{[0]})^2 I_2^2-32I_1^3 I_2 A_{55}^{[1]} A_{55}^{[2]}-8I_2^3 A_{55}^{[0]} I_1 A_{55}^{[1]}+ * I_2^2 A_{55}^{[0]} I_1^2 A_{55}^{[2]}-$$
$$8I_0^2 I_4 A_{55}^{[0]} I_3 A_{55}^{[1]}+8I_0 I_4 A_{55}^{[0]} I_1 I_4 A_{55}^{[1]}+8I_0 I_3 A_{55}^{[1]} I_2^2 A_{55}^{[0]}+32I_0 I_3 A_{55}^{[1]} I_1^2 A_{55}^{[2]}+$$
$$16I_1^2 I_2^2 (A_{55}^{[1]})^2-32I_0^2 I_2 A_{55}^{[2]} I_3 A_{55}^{[1]}+32I_0 I_2^2 A_{55}^{[2]} I_1 A_{55}^{[1]}+I_2^4 (A_{55}^{[0]})^2-$$
$$16I_4 I_1^2 (A_{55}^{[1]})^2+16I_4 I_2 (A_{55}^{[1]})^2 I_0^2-32I_3 I_2 I_1 A_{55}^{[2]} A_{55}^{[0]} I_0+8I_2^3 A_{55}^{[2]} A_{55}^{[0]} I_0+$$
$$8I_4 I_1^2 A_{55}^{[2]} A_{55}^{[0]} I_0-8I_4 I_2 A_{55}^{[2]} A_{55}^{[0]} I_0^2+16I_3^2 A_{55}^{[2]} A_{55}^{[0]} I_0^2+I_0^2 I_4^2 (A_{55}^{[0]})^2$$

$$d_a=I_0 A_{33}^{[0]} I_4-4I_0 I_3 A_{33}^{[1]}+4I_1 I_2 A_{33}^{[1]}-I_2^2 A_{33}^{[0]}+4I_0 I_2 A_{33}^{[2]}-4I_1^2 A_{33}^{[2]}$$

$$d_b=-32A_{33}^{[2]} A_{33}^{[0]} I_1 I_2 I_3 I_0+16A_{33}^{[2]} A_{33}^{[0]} I_3^2 I_0^2+8A_{33}^{[2]} A_{33}^{[0]} I_4 I_0 I_1^2-16 (A_{33}^{[1]})^2 I_4 I_0 I_1^2-$$
$$16 (A_{33}^{[1]})^2 I_2^3 I_0+I_0^2 (A_{33}^{[0]})^2 I_4^2+8I_0 A_{33}^{[0]} I_4 I_1 I_2 A_{33}^{[1]}-32I_0 I_2 l (A_{33}^{[2]})^2+$$
$$16 (A_{33}^{[1]})^2 I_4 I_2 I_0^2+16I_1^4 (A_{33}^{[2]})^2+32I_0 I_3 A_{33}^{[1]} I_1^2 A_{33}^{[2]}-8I_2^3 A_{33}^{[0]} I_1 A_{33}^{[1]}+$$
$$8I_2^2 A_{33}^{[0]} I_1^2 A_{33}^{[2]}-32I_1^3 I_2 A_{33}^{[1]} A_{33}^{[2]}+I_2^4 A_{33}^{[0]} A_{33}^{[0]}+16I_1^2 I_2^2 (A_{33}^{[1]})^2+$$
$$16I_0^2 I_2^2 (A_{33}^{[2]})^2-8A_{33}^{[2]} I_3 A_{33}^{[0]} I_4 I_2 I_0^2+8I_0 I_3 A_{33}^{[1]} I_2^2 A_{33}^{[0]}+$$
$$8A_{33}^{[2]} A_{33}^{[0]} I_2^3 I_0-8I_0^2 A_{33}^{[0]} I_4 I_3 A_{33}^{[1]}-32I_0^2 I_2 A_{33}^{[2]} I_3 A_{33}^{[1]}+$$
$$32I_0 I_2^2 A_{33}^{[2]} I_1 A_{33}^{[1]}-2I_0 l (A_{33}^{[0]})^2 I_4 I_2^2$$

高阶模式截止频率的表达式很长，因此，高阶模式截止频率的数值将在下节数值算例部分进行讨论。

14.6.3 数值算例

本节对 0.5 m 长的梁进行分析。10 层的层合板的总厚度为 50 mm，对几种不同类型的铺层方案（$[0^\circ_{10}]$、$[0^\circ_5/90^\circ_5]$、$[m/0^\circ_4/90^\circ_4/m]$）进行数值分析，其中 m 代表磁致伸缩层。对于$[0^\circ_{10}]$铺层方案，共有 10 个单层，每层厚 5 mm。对于$[m/0^\circ_4/90^\circ_4/m]$铺层方案，梁顶层和底层分别为 5 mm 厚的磁致伸缩材料，中间为八个总厚度为 40 mm 的复合层，其中顶部 4 层为 0°铺层，底部 4 层为 90°铺层。假设磁致伸缩材料的特性为 $E=30$ GPa、$\rho=9250$ kg/m^3，而复合材料特性参数分别为 $E_1=180$ GPa、$E_2=10.3$ GPa、$G_{12}=28$ GPa、$\rho=1600$ kg/m^3。

上一节已求得了 FSDT 理论和 Mindlin-Herrmann 理论的截止频率，本节将以数值方式获得高阶梁理论的截止频率，并将其绘制出来。

图 14.28 为具有不同收缩模式的五阶剪切变形梁（$U_n=5$）和具有不同剪切变形梁假设的五阶收缩模式（$W_m=5$）的截止频率。图 14.28(a)和(c)分别为$[0^\circ_{10}]$和$[m/0^\circ_4/90^\circ_4/m]$两种铺层的截止频率。对于这两种类型，我们有五个收缩截止频率和 0～10 个剪切截止频率，具体取决于梁理论假设。由此可得：

1. 该图表明第一收缩截止频率低于第一剪切截止频率，说明在分析中考虑收缩模式的重要性。

2. 如果加载频率为 100 kHz，则在动态分析中至少要考虑$[m/0^\circ_4/90^\circ_4/m]$铺层的三种收缩模式和三种剪切模式以及$[0^\circ_{10}]$铺层的三种收缩模式和两种剪切模式。对于加载频率分别为 20 kHz 和 10 kHz 的$[0^\circ_{10}]$和$[m/0^\circ_4/90^\circ_4/m]$铺层序列，使用经典梁理论足以满足要求。

3. 无论对剪切变形做任何假设，收缩模式的截止频率几乎不变。

4. 当剪切变形假设的阶数比相应的剪切模式多两个时，剪切截止频率遵循一定规律。例如，对于 $U_n=1$ 和 $U_n=2$，第一剪切截止频率是相同的；$U_n=3$ 时，该值略小于前几阶获得的频率值；$U_n>3$ 时，截止频率保持不变。

图 14.28(b)和(d)表示 $U_n=5$，且 W_m 从 0 至 10 变化时，$[0^\circ_{10}]$和$[m/0^\circ_4/90^\circ_4/m]$两种铺层方案的截止频率。对于这两种类型均有五个剪切截止频率和 0～10 个收缩截止频率，具体取决于梁理论假设。由此可得：

1. 该图表明第一收缩截止频率低于第一剪切截止频率，同样说明在分析中考虑横向收缩的重要性。

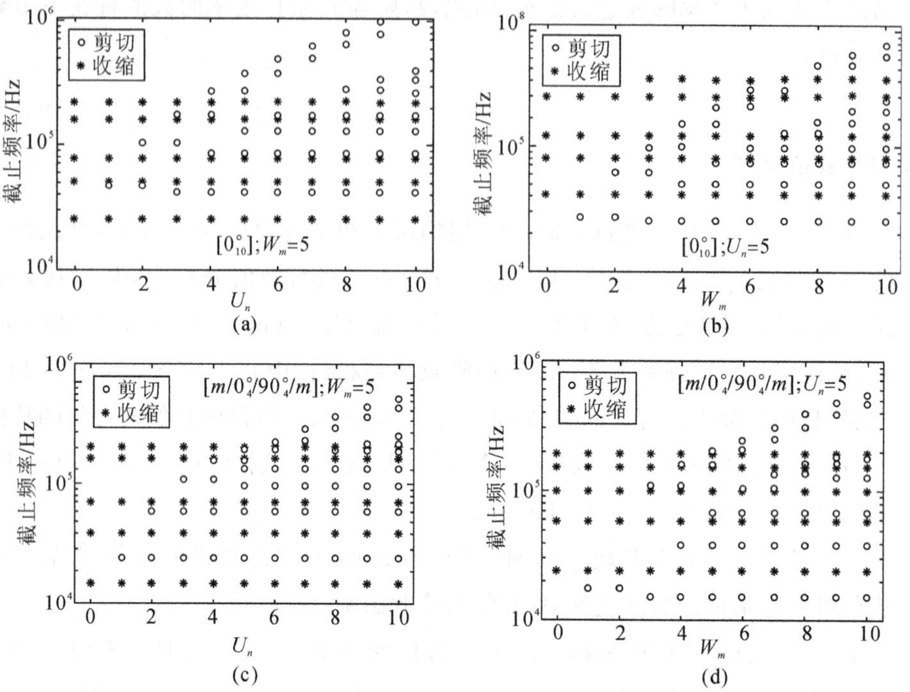

图 14.28 不同铺层序列和不同梁理论的截止频率

(a) $[0^\circ_{10}]$铺层，$W_m=5$；(b) $[0^\circ_{10}]$铺层，$U_n=5$；

(c) $[m/0^\circ_4/90^\circ_4/m]$铺层，$W_m=5$；(d) $[m/0^\circ_4/90^\circ_4/m]$铺层，$U_n=5$

2. 如果加载频率为 100 kHz，则在动态分析中至少要考虑$[m/0^\circ_4/90^\circ_4/m]$铺层的三种收缩模式和三种剪切模式以及$[0^\circ_{10}]$铺层序列的三种收缩模式和两种剪切模式。对于加载频率分别为 20 kHz 和 10 kHz 的$[0^\circ_{10}]$和$[m/0^\circ_4/90^\circ_4/m]$铺层方案，使用经典梁理论足以满足要求。

3. 无论假设任何收缩顺序，剪切模式的截止频率是恒定不变的。

4. 当收缩假设的阶数比相应的收缩模式多两个时，收缩模式的截止频率遵循一定规律。例如，对于$W_m=1$和$W_m=2$，第一收缩截止频率是相同的；$W_m\geqslant 3$时，截止频率保持不变。

接下来绘制频谱和频散关系，图 14.29 和图 14.30 为$[0^\circ_{10}]$铺层方案的频谱和频散关系。

图 14.29(a)显示了具有一阶收缩模式($U_n=4$，$W_m=1$)的四阶剪切变形梁假设的频谱关系，故图中存在四个剪切截止频率和一个收缩截止频率。图 14.29(c)为$U_n=1$、$W_m=4$时的频谱关系，故图中存在一个剪切截止频率和四个收缩截止频率。图 14.29(e)显示了具有四阶收缩模式($U_n=4$，$W_m=4$)的四阶剪切变形梁假设的频谱关系，故图中存在四个剪切截止频率和四个收缩截止频率。由图可得：

1. 在高频下，所有收缩模式接近弯曲模式，所有剪切模式接近轴向模式。

2. 计算中，高阶模式会改变低阶模式的频谱关系和群速度。

相应的频散关系分别如图 14.29(b)、(d)、(f)所示。由图可得：

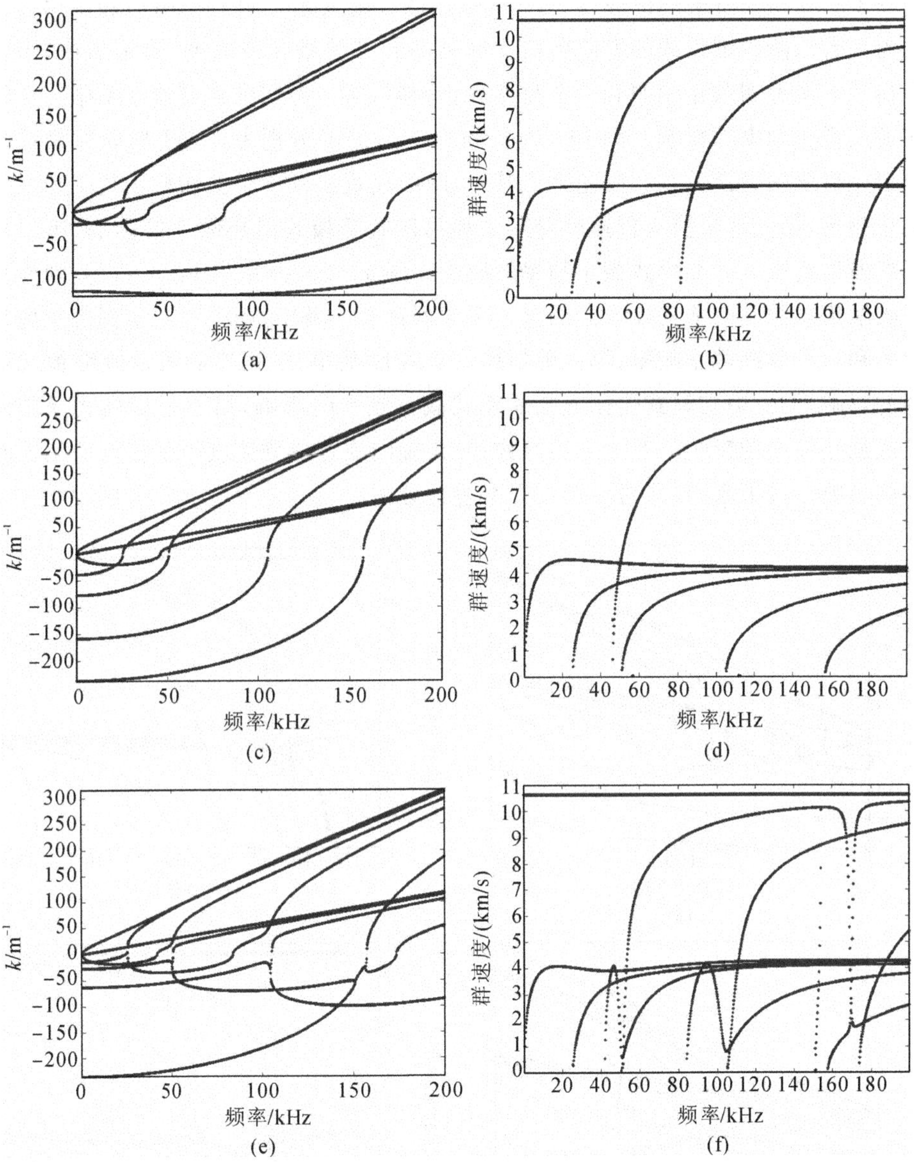

图 14.29　不同阶数[0°_{10}]铺层序列梁的频谱和频散关系

(a)频谱 $U_n=4, W_m=1$；(b)群速度 $U_n=4, W_m=1$；(c)频谱 $U_n=1, W_m=4$；(d)群速度 $U_n=1, W_m=4$；(e)频谱 $U_n=4, W_m=4$；(f)群速度 $U_n=4, W_m=4$

1. 轴向群速度接近 10.5 km/s 并且与梁的假设频率和阶数无关。在非常高的频率下，所有剪切模式都倾向于达到该速度。

2. 弯曲群速度从 0 开始，在 20 kHz 频率附近达到最大值 4.1 km/s。由于存在高阶收缩模式，该频率之后弯曲群速度少量降低。所有收缩群速度都趋向于在高频极限下达到该值。

图 14.30 为高阶梁理论假设下$[0^{\circ}_{10}]$铺层的频谱关系。图 14.30(a)和图14.30(b)分别为具有六阶收缩模式的七阶剪切变形梁的频谱关系和群速度，除了这些，由图仅可观察到 3 个剪切截止频率和 5 个收缩截止频率，第一剪切模式群速度受第二和第四收缩模式截止频率的影响。图 14.30(c)和图 14.30(d)分别为具有七阶收缩模式的八阶剪切变形梁的频谱关系和群速度。其中，图中仅观察到 4 个剪切截止频率和 5 个收缩截止频率，第一剪切模式群速度受第二和第四收缩模式截止频率的影响，第二剪切模式群速度受第五收缩模式截止频率的影响。图 14.30(e)和图 14.30(f)分别为具有八阶收缩模式的九阶剪切变形梁的谱关系和群速度。其中，图中仅观察到四个剪切截止频率和六个收缩截止频率，第一剪切模式群速度受第二、第四和第六收缩模式截止频率的影响，第二剪切模式受第五收缩模式截止频率的影响，第三剪切模式受第六收缩模式截止频率的影响。对于上述对称铺层，轴向或弯曲群速度不受任何剪切或收缩模式的影响。接下来，对非对称铺层方案进行分析。

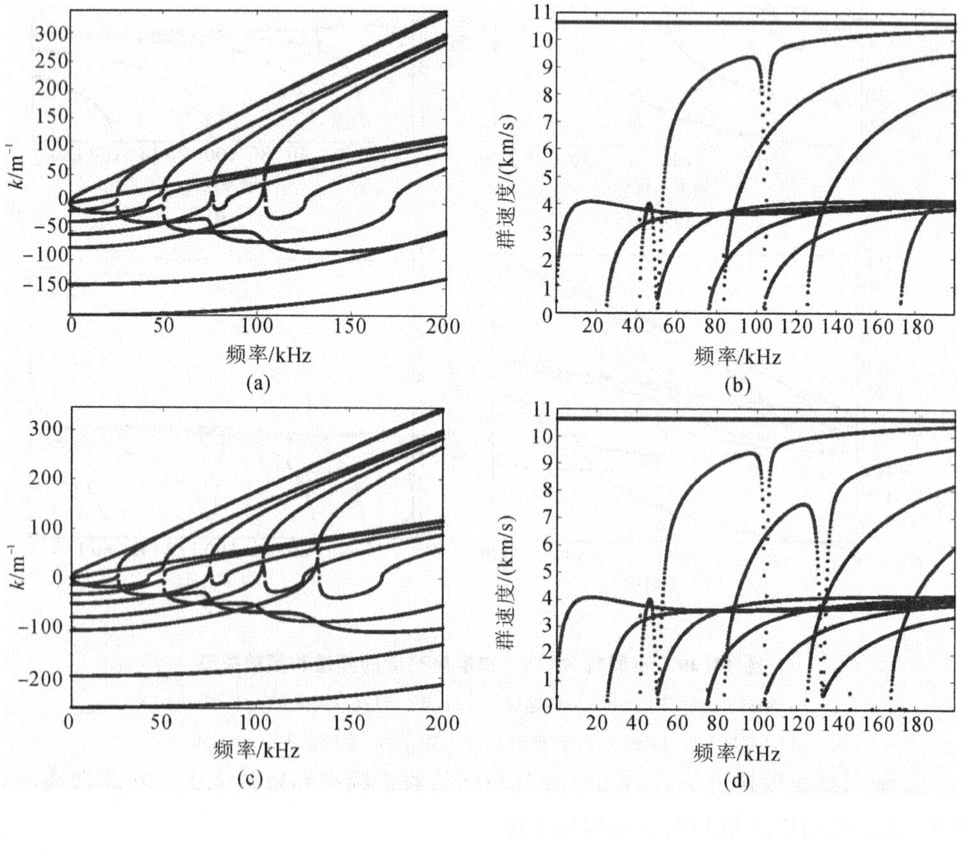

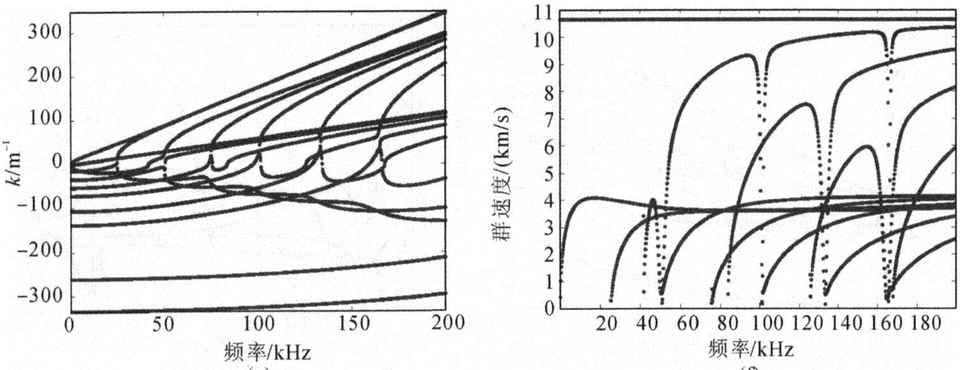

(e)　(f)

图 14.30　不同阶数$[0^{\circ}_{10}]$铺层序列梁的频谱和频散关系

(a)频谱 $U_n=7, W_m=6$;(b)群速度 $U_n=7, W_m=6$;(c)频谱 $U_n=8, W_m=7$;

(d)群速度 $U_n=8, W_m=7$;(e)频谱 $U_n=9, W_m=8$;(f)群速度 $U_n=9, W_m=8$

图 14.31 为$[m/0^{\circ}_4/90^{\circ}_4/m]$铺层方案时梁的频谱关系和群速度。非对称铺层与对称铺层不同，梁轴向群速度在整个频率范围内不是恒定的。在零频率时，群速度约为 5.1 km/s，而在 30 kHz 频率时，其下降到 1.5 km/s，在更高频率下群速度将再次增加。

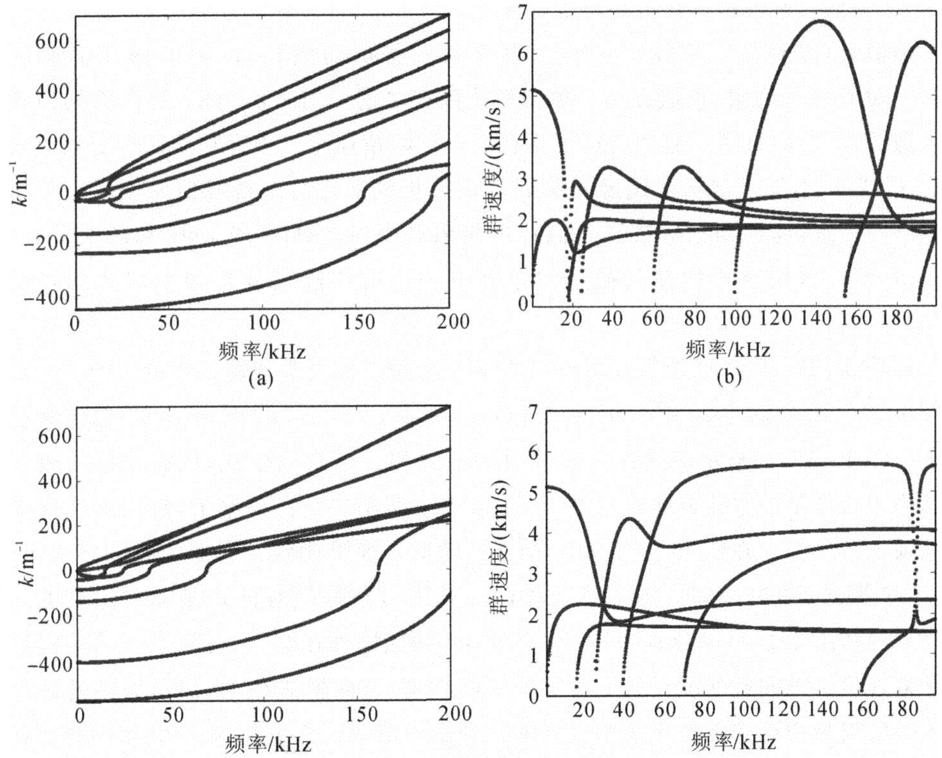

(a)　(b)

(c)　(d)

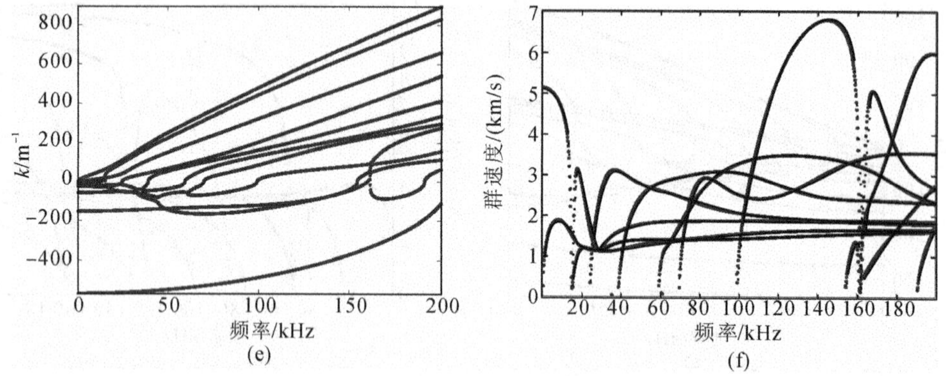

图 14.31　不同阶数[$m/0^{\circ}_{4}/90^{\circ}_{4}/m$]铺层序列梁的频谱和频散关系

(a)频谱 $U_n=5$,$W_m=1$;(b)群速度 $U_n=5$,$W_m=1$;(c)频谱 $U_n=1$,$W_m=5$;
(d)群速度 $U_n=1$,$W_m=5$;(e)频谱 $U_n=5$,$W_m=5$;(f)群速度 $U_n=5$,$W_m=5$

此外,轴向群速度在其截止频率低于 20 kHz 时受到第一收缩模式的影响,三种(轴向、剪切和弯曲)群速度在 60 kHz 频率以上都是恒定的。然而,另一种剪切模式表明第一剪切群速度在 40 kHz 处存在最大值,该频率在第二剪切截止频率之前,另外,第二剪切群速度不存在上述峰值速度。

类似地,如图 14.32(a)所示,当存在第三种剪切模式时,第二剪切群速度在 80 kHz处存在最大值,该值在第三剪切截止频率之前。与之前类似,第三剪切模式是最大剪切模式,而且第三剪切群速度不存在上述峰值速度。当存在第四种剪切模式时[图 14.32(b)],第三剪切群速度在第四剪切截止频率之前出现峰值。该图几乎与图 14.32(a)一致,均达到相应梁理论假设的极限频率(20 kHz、40 kHz 和60 kHz)。由此可得,所有剪切模式均在其截止频率和下一个剪切模式截止频率内达到峰值最大值。

此外,图 14.32(b)增加了收缩模式,以研究收缩模式对群速度的影响。图 14.32(c)和图 14.32(d)分别为 $U_n=4$、$W_m=1$ 和 $U_n=4$,$W_m=4$ 时[$m/0^{\circ}_{4}/90^{\circ}_{4}/m$]铺层梁的群速度。图 14.32(c)显示该梁存在四种剪切模式和一种收缩模式,该收缩模式改变了极低频率极限下的弯曲群速度。此外,在第一收缩模式截止频率下,轴向群速度受到收缩模式的影响。在图 14.32(d)中,由于四阶剪切变形梁假设有四个收缩模式,总共有 10 个模式(轴向、弯曲、四个剪切和四个收缩),跟踪所有模式是非常困难的。图 14.31(a)和图 14.31(b)分别为[$m/0^{\circ}_{4}/90^{\circ}_{4}/m$]铺层序列在 $U_n=5$、$W_m=1$ 时的频谱关系和群速度。轴向群速度受第一收缩模式的扰动,弯曲模式在 10 kHz 频率处达到最大值。所有剪切模式在截止频率后立即达到最大值,第一、第二、第三和第四剪切群速度分别在 38 kHz、75 kHz、142 kHz 和 192 kHz 达到最大值。图 14.31(c)和图 14.31(d)分别为[$m/0^{\circ}_{4}/90^{\circ}_{4}/m$]铺层梁在 $U_n=1$、$W_m=5$ 时的频谱关系和群速度,其中轴向群速度不受任何收缩模式的影响。第一剪切群速度在 41 kHz 处达到最大值，第三和第五收缩群速度在 190 kHz 频率附近相互影响。图 14.31(e)和图 14.31(f)分别为$[m/0^\circ_4/90^\circ_4/m]$铺层梁在$U_n=5$、$W_m=5$时的频谱关系和群速度，轴向群速度受第一收缩模式截止频率的影响，第三剪切模式受第五收缩模式截止频率的影响。

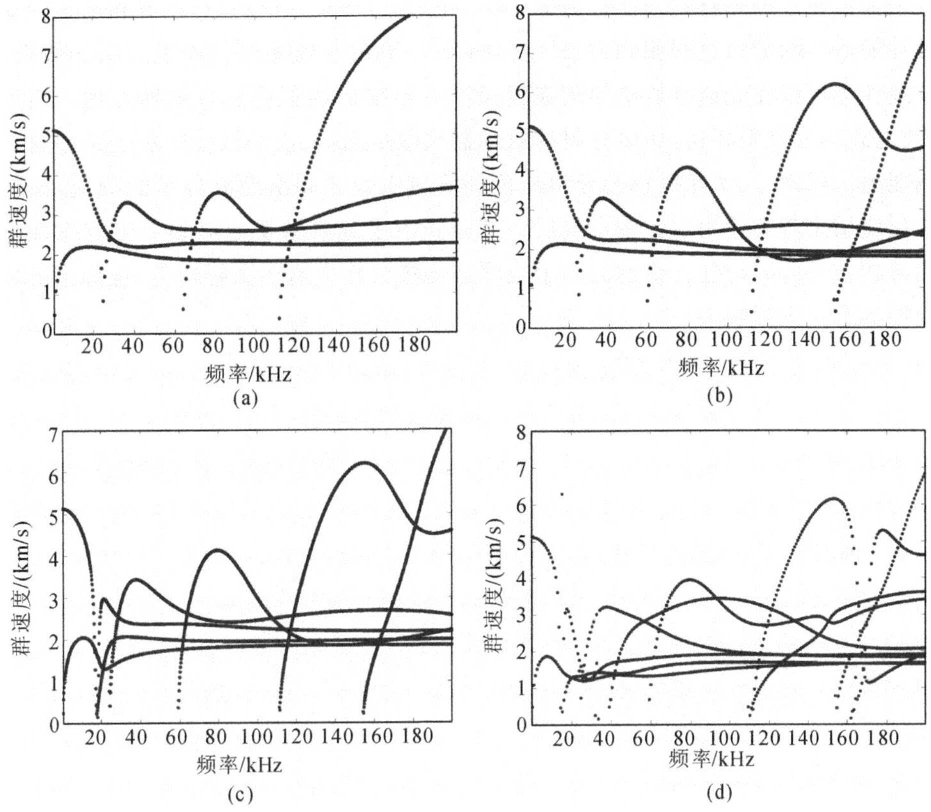

图 14.32　不同阶数$[m/0^\circ_4/90^\circ_4/m]$铺层序列梁的群速度

(a)$U_n=3$，$W_m=0$；(b)$U_n=4$，$W_m=0$；(c)$U_n=4$，$W_m=1$；(d)$U_n=4$，$W_m=4$

上述研究再次表明了高频率下对梁高阶理论的需求。由于高阶模式会影响低阶模式的频谱和频散关系，因此相比于根据截止频率预测得到的阶数，假定梁的阶数高于一阶或二阶对于计算结构的真实响应是至关重要的。

14.7　总　　结

本章的主要目的是获得具有嵌入式或表面贴装智能贴片的机械波导的波散射特性，考虑了压电、电致伸缩和磁致伸缩智能贴片。首先，建立了这些材料的本构模型，然后推导了控制方程并进行了频谱分析，最后进行了响应估计。研究表明，上述智能材料存在感应定律和致动原理两个定律。压电材料的两个定律是非耦合的；对于电致伸缩材料，尽管这些定律也是非耦合的，但它们是非线性的，而磁致伸缩材料的两个定律是高度耦合的，并且耦合导致本构关系呈现高度非线性，这种非线性关系的主要结果是引入了两种不同的渗透率，即应变渗透率和应力渗透率。本章介绍了一种基于多项式来表征磁致伸缩材料本征行为的方法，除了电致伸缩材料具有压电和电致伸缩材料贴片的波导的分析过程相似，只是电致伸缩物质在电场项中引入了二次非线性项，该非线性项可以在光谱分析中使用在傅里叶变换中的卷积算法有效地处理。结果表明，与电致伸缩材料相比，压电材料的致动器权限更高，二次非线性限制了这些材料的控制能力。然而，二次非线性会导致波传播响应中包含高次谐波分量的响应，该特性可广泛应用于各类应用中。本章最后一部分介绍了 n 阶剪切变形和泊松收缩理论以及高阶梁波导的波特性。给出的例子表明波传播分析中需要高阶理论，且理论阶数对波特性具有一定影响。

第 15 章

在含缺陷波导中波的传播

本章主要介绍含缺陷机械波导中波传播特性的相关研究工作。引起缺陷的原因众多,不同材料的波导缺陷原因并不相同。例如,金属中的缺陷通常以裂纹的形式存在,裂纹通常是由高振幅动态载荷引起的高应力造成的。此外,金属易受潮湿环境的腐蚀影响,这会导致金属在厚度方向上失去一部分材料,从而形成腐蚀坑。对于复合材料,高水平的动态应力可以导致层间分层,基体开裂甚至复合纤维断裂,与金属相比,这些失效是非常不同的。此外,层合复合材料容易吸收水分,从而导致强度和刚度降低。复合结构制造是一个涉及各种参数精确控制的过程。但是很难实现精确控制,样品中会因此出现孔隙。如果复合材料孔隙率超过 2.5%,则此类样品不适用于航空航天领域。因此,含缺陷波导中的波特性是值得研究的。本章的主要目标仅是讨论此类有缺陷波导中波传播的特点,而不讨论分析背后的机制。

值得注意的是,控制微分方程对于大多数含缺陷波导来说不可用,这意味着无法使用谱分析获得波数或群速度。因此,往往基于不同简化模型的装配和综合的方法来选择特殊有限元,进而得到此类结构的波动特性。在许多研究论文和专著中,通过减小损伤区域中的刚度来模拟损伤。尽管这种方法在获取波响应趋势方面是有效的,但这样的模型不能反映真实的物理问题。例如,在水平裂纹或分层复合结构中,入射波会引起模式转换。也就是说,轴向波会引起弯曲运动,反之亦然。这种基于物理过程的简化模型不能仅通过减小损伤区域中的刚度来构造。

在本章中,将介绍含缺陷波导中波的传播特性,包括单个贯穿分层失效的复合材料梁(或含有水平裂纹的金属梁)、多层梁、含有竖向裂纹或纤维断裂的梁、含有竖向裂纹的二维复合材料结构、涉及退化和腐蚀的梁以及具有一定孔隙度的梁。这些研究将在接下来的几部分中呈现。

15.1 单层复合材料梁中波的传播

本节提出带有分层缺陷梁的简化损伤模型，该模型可用于模拟复合材料中的单贯穿宽度方向分层或金属中的贯穿宽度水平裂纹。该模型可以在傅里叶变换和小波变换环境中进行公式化。如前所述，控制微分方程不适用于这种波导，因此无法进行谱分析以获得频谱和频散关系。

15.1.1 建模及计算原理

在这里，我们将含贯穿层裂梁分成跨裂纹区域的多个无损伤梁，并使用谱有限元方法进行合成，简化的建模原理如图 15.1 所示。

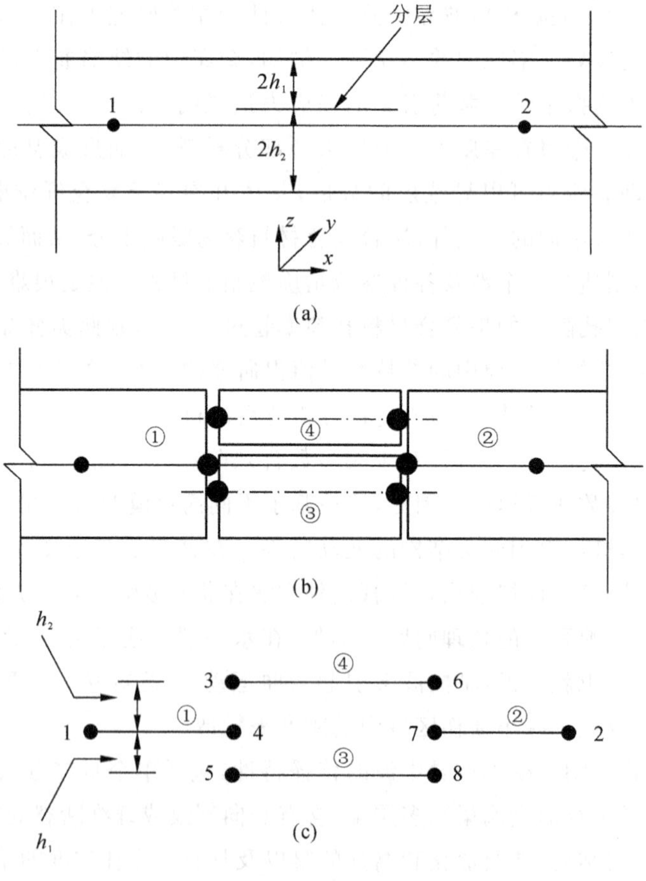

图 15.1 带有分层缺陷梁的简化模型

(a)原始的层裂梁；(b)损坏梁分裂成的基层和子层；(c)等效梁模型

分层损伤梁的谱元节点位置如图 15.1(c)所示。在没有分层损伤的情况下，节点 1 和节点 2 之间的一个谱单元足以用来支撑分析。将分层损伤视为不连续结构时，通过忽略分层损伤尖端处应力奇异性的影响，将单元数量从 1 个增加到 4 个，这需要另外引入 6 个节点来对单个基层压板和子层压板进行建模。对于子层压板单元(单元③和④)，节点位于子层压板的中间平面，并且单元长度等于分层损伤的长度。

这里做出的基本假设是，基层和子层压板的横截面在弯曲前后保持平直，并且在界面处斜率连续。在此假设下，运动学关系式为：

$$\{\hat{\boldsymbol{u}}_3\}=\begin{Bmatrix}\hat{u}_3^0\\ \hat{\omega}_3\\ \hat{\theta}_3\end{Bmatrix}=\begin{Bmatrix}\hat{u}_4^0+h_2\hat{\theta}_4\\ \hat{\omega}_4\\ \hat{\theta}_4\end{Bmatrix}=[\boldsymbol{S}_1]\{\hat{\boldsymbol{u}}_4\} \tag{15.1}$$

$$\{\hat{\boldsymbol{u}}_5\}=\begin{Bmatrix}\hat{u}_5^0\\ \hat{\omega}_5\\ \hat{\theta}_5\end{Bmatrix}=\begin{Bmatrix}\hat{u}_4^0-h_1\hat{\theta}_4\\ \hat{\omega}_4\\ \hat{\theta}_4\end{Bmatrix}=[\boldsymbol{S}_2]\{\hat{\boldsymbol{u}}_4\} \tag{15.2}$$

同理可得

$$\{\hat{\boldsymbol{u}}_6\}=[\boldsymbol{S}_1]\{\hat{\boldsymbol{u}}_7\},\{\hat{\boldsymbol{u}}_8\}=[\boldsymbol{S}_2]\{\hat{\boldsymbol{u}}_7\} \tag{15.3}$$

在这里，所有的向量都用 ^ 标记，以表示它们在频率域中是离散化的。我们可以根据基层节点 4(左界面)和 7(右界面)的位移分别绘制子层单元节点 3、5(左界面)和 6、8(右界面)的位移图，如图 15.1(c)所示。此外，$[\boldsymbol{S}_1]$和$[\boldsymbol{S}_2]$是由下式给出的 3×3 变换矩阵

$$[\boldsymbol{S}_1]=\begin{bmatrix}1&0&h_2\\0&1&0\\0&0&1\end{bmatrix},[\boldsymbol{S}_2]=\begin{bmatrix}1&0&-h_1\\0&1&0\\0&0&1\end{bmatrix} \tag{15.4}$$

根据左侧界面 AB 的平衡(图 15.2)，可以写出力的平衡方程

$$\begin{Bmatrix}\hat{N}_4\\ \hat{V}_4\\ \hat{M}_4\end{Bmatrix}+\begin{Bmatrix}\hat{N}_3\\ \hat{V}_3\\ \hat{M}_3\end{Bmatrix}+\begin{Bmatrix}0\\ 0\\ h_2\hat{N}_3\end{Bmatrix}+\begin{Bmatrix}\hat{N}_5\\ \hat{V}_5\\ \hat{M}_5\end{Bmatrix}+\begin{Bmatrix}0\\ 0\\ -h_1\hat{N}_5\end{Bmatrix}=\begin{Bmatrix}0\\0\\0\end{Bmatrix} \tag{15.5}$$

其矩阵形式为

$$\{\hat{\boldsymbol{f}}_4\}+[\boldsymbol{S}_1]^{\mathrm{T}}\{\hat{\boldsymbol{f}}_3\}+[\boldsymbol{S}_2]^{\mathrm{T}}\{\hat{\boldsymbol{f}}_5\}=\{0\} \tag{15.6}$$

同样地，从右侧界面 CD 的平衡，可以得到

$$\{\hat{\boldsymbol{f}}_7\}+[\boldsymbol{S}_1]^{\mathrm{T}}\{\hat{\boldsymbol{f}}_6\}+[\boldsymbol{S}_2]^{\mathrm{T}}\{\hat{\boldsymbol{f}}_8\}=\{0\} \tag{15.7}$$

具有节点 p 和 q 的第ⓙ个单元(ⓙ=①，②为基层压板，ⓙ=③，④为子层压板)的单元平衡方程可以写成

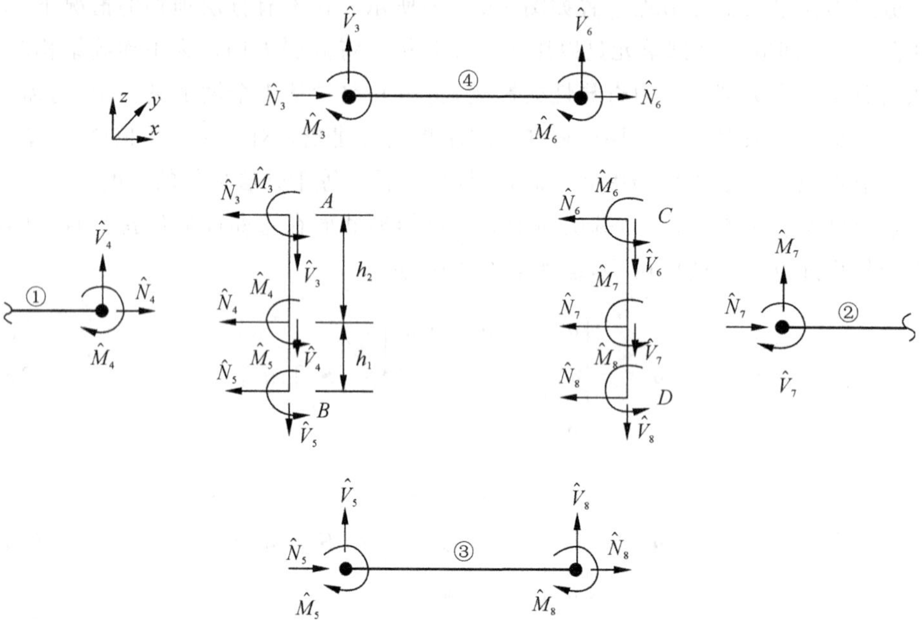

图 15.2 基底和子层单元之间界面处的力平衡

$$[\hat{\boldsymbol{K}}]^{\textcircled{j}}_{(6\times6)}\begin{Bmatrix}\hat{u}_p\\ \hat{u}_q\end{Bmatrix}=\begin{Bmatrix}\hat{f}_p\\ \hat{f}_q\end{Bmatrix} \tag{15.8}$$

这个方程可以使用刚度矩阵的 3×3 子矩阵重写为

$$\begin{bmatrix}\hat{K}^{\textcircled{j}}_{11} & \hat{K}^{\textcircled{j}}_{12}\\ \hat{K}^{\textcircled{j}}_{21} & \hat{K}^{\textcircled{j}}_{22}\end{bmatrix}_{(6\times6)}\begin{Bmatrix}\hat{u}_p\\ \hat{u}_q\end{Bmatrix}=\begin{Bmatrix}\hat{f}_p\\ \hat{f}_q\end{Bmatrix} \tag{15.9}$$

对于局部单元①的上述方程可以写成

$$\begin{bmatrix}\hat{K}^{①}_{11} & \hat{K}^{①}_{12}\\ \hat{K}^{①}_{21} & \hat{K}^{①}_{22}\end{bmatrix}_{(6\times6)}\begin{Bmatrix}\hat{u}_1\\ \hat{u}_4\end{Bmatrix}=\begin{Bmatrix}\hat{f}_1\\ \hat{f}_4\end{Bmatrix} \tag{15.10}$$

对于局部单元②，有

$$\begin{bmatrix}\hat{K}^{②}_{11} & \hat{K}^{②}_{12}\\ \hat{K}^{②}_{21} & \hat{K}^{②}_{22}\end{bmatrix}_{(6\times6)}\begin{Bmatrix}\hat{u}_7\\ \hat{u}_2\end{Bmatrix}=\begin{Bmatrix}\hat{f}_7\\ \hat{f}_2\end{Bmatrix} \tag{15.11}$$

对于局部单元③，有

$$\begin{bmatrix}\hat{K}^{③}_{11} & \hat{K}^{③}_{12}\\ \hat{K}^{③}_{21} & \hat{K}^{③}_{22}\end{bmatrix}_{(6\times6)}\begin{Bmatrix}\hat{u}_5\\ \hat{u}_8\end{Bmatrix}=\begin{Bmatrix}\hat{f}_5\\ \hat{f}_8\end{Bmatrix} \tag{15.12}$$

将(15.2)和(15.3)式中的$\hat{u}_5$和$\hat{u}_8$分别表示为$\hat{u}_4$和$\hat{u}_7$的函数，并将两边都乘以S_2^{T}，

从而得到

$$\begin{bmatrix} S_2^{\mathrm{T}}\hat{K}_{11}^{③}S_2 & S_2^{\mathrm{T}}\hat{K}_{12}^{③}S_2 \\ S_2^{\mathrm{T}}\hat{K}_{21}^{③}S_2 & S_2^{\mathrm{T}}\hat{K}_{22}^{③}S_2 \end{bmatrix}_{(6\times6)} \begin{Bmatrix} \hat{u}_4 \\ \hat{u}_7 \end{Bmatrix} = \begin{Bmatrix} S_2^{\mathrm{T}}\hat{f}_5 \\ S_2^{\mathrm{T}}\hat{f}_8 \end{Bmatrix} \tag{15.13}$$

对于局部单元④，有

$$\begin{bmatrix} \hat{K}_{11}^{④} & \hat{K}_{12}^{④} \\ \hat{K}_{21}^{④} & \hat{K}_{22}^{④} \end{bmatrix}_{(6\times6)} \begin{Bmatrix} \hat{u}_3 \\ \hat{u}_6 \end{Bmatrix} = \begin{Bmatrix} \hat{f}_3 \\ \hat{f}_6 \end{Bmatrix} \tag{15.14}$$

同样地，式(15.1)至(15.3)中的$\hat{u}_3$和$\hat{u}_6$表示为$\hat{u}_4$和$\hat{u}_7$的函数，并将两边都乘以S_1^{T}，我们得到

$$\begin{bmatrix} S_1^{\mathrm{T}}\hat{K}_{11}^{④}S_1 & S_1^{\mathrm{T}}\hat{K}_{12}^{④}S_1 \\ S_1^{\mathrm{T}}\hat{K}_{21}^{④}S_1 & S_1^{\mathrm{T}}\hat{K}_{22}^{④}S_1 \end{bmatrix}_{(6\times6)} \begin{Bmatrix} \hat{u}_4 \\ \hat{u}_7 \end{Bmatrix} = \begin{Bmatrix} S_1^{\mathrm{T}}\hat{f}_3 \\ S_1^{\mathrm{T}}\hat{f}_6 \end{Bmatrix} \tag{15.15}$$

将上述四个局部单元(两个基层单元和两个子层单元)的方程相结合进行组装，随后结合式(15.6)和(15.7)，得到以下形式

$$[\hat{\bar{\bar{\boldsymbol{K}}}}] \begin{Bmatrix} \hat{u}_1 \\ \hat{u}_4 \\ \hat{u}_7 \\ \hat{u}_2 \end{Bmatrix} = \begin{Bmatrix} \hat{f}_1 \\ 0 \\ 0 \\ \hat{f}_2 \end{Bmatrix} \tag{15.16}$$

其中$[\hat{\bar{\bar{\boldsymbol{K}}}}]$是

$$\begin{bmatrix} \hat{K}_{11}^{①} & \hat{K}_{12}^{①} & 0 & 0 \\ \hat{K}_{21}^{①} & \hat{K}_{22}^{①}+S_1^{\mathrm{T}}\hat{K}_{11}^{④}S_1+S_2^{\mathrm{T}}\hat{K}_{11}^{③}S_2 & S_1^{\mathrm{T}}\hat{K}_{12}^{④}S_1+S_2^{\mathrm{T}}\hat{K}_{12}^{③}S_2 & 0 \\ 0 & S_1^{\mathrm{T}}\hat{K}_{21}^{④}S_1+S_2^{\mathrm{T}}\hat{K}_{21}^{③}S_2 & S_1^{\mathrm{T}}\hat{K}_{22}^{④}S_1+S_2^{\mathrm{T}}\hat{K}_{22}^{③}S_2+\hat{K}_{11}^{②} & \hat{K}_{12}^{②} \\ 0 & 0 & \hat{K}_{21}^{②} & \hat{K}_{22}^{②} \end{bmatrix}$$

在内部节点 4 和 7 处将自由度进行缩合，平衡方程的最终形式为

$$[\hat{\bar{\boldsymbol{K}}}]_{(6\times6)} \begin{Bmatrix} \hat{u}_1 \\ \hat{u}_2 \end{Bmatrix} = \begin{Bmatrix} \hat{f}_1 \\ \hat{f}_2 \end{Bmatrix} \tag{15.17}$$

其中$[\hat{\bar{\boldsymbol{K}}}]$是具有嵌入式分层损伤的谱单元刚度矩阵。现在，只需要在复合梁和框架结构中可能存在分层损伤的地方用这个谱单元替换通常的谱单元，保持原始节点不变。因此，在模块化方法中插入该单元可以在传感器信号的部分测量的情况下，对复合梁和框架中的分层进行更快的建模和准确的预测。

在上述方法中，我们没有考虑分层表面之间的分布接触的影响，即来自子层压板④顶部和子层压板③底部的接触。在本节的研究中，将其建模为分层表面之间的黏弹性层，该模型不仅包括Ⅱ型断裂下界面摩擦滑移的影响，而且还可以用作线性化模型，以限制Ⅰ型断裂下的相互穿透和摩擦接触。另外然而，可以开发考虑非线性弹簧的更复杂的模型，以限制由于相互渗透而产生的不相容模式。文献[209]已经针对这方面进行了半解析研究。

图 15.3 显示了两个分层表面之间的分层区。考虑分布弹簧常数 K_x 和 K_z，以及分布式黏性阻尼系数 C_x 和 C_z，由于顶部和底部表面之间的相对运动，作用在子层压板③顶部表面和子层压板④底部表面上的分布式接触力矢量 $\hat{\boldsymbol{\Gamma}}_{\mathrm{t}}$ 和 $\hat{\boldsymbol{\Gamma}}_{\mathrm{b}}$ 的谱振幅，包括沿 x 的纵向力，沿 z 的横向力以及关于 y 轴的力矩，可以表示为

$$[\hat{\boldsymbol{\Gamma}}_{\mathrm{t}}]=\begin{bmatrix} K_x+\mathrm{i}\,\omega_n C_x & 0 \\ 0 & K_z+\mathrm{i}\,\omega_n C_z \\ z_{\mathrm{bt}}(K_x+i\,\omega_n C_x) & 0 \end{bmatrix}\begin{Bmatrix} \hat{u}_{\mathrm{b}}-\hat{u}_{\mathrm{t}} \\ \hat{w}_{\mathrm{b}}-\hat{w}_{\mathrm{t}} \end{Bmatrix}=[\boldsymbol{K}^*](\{\hat{\boldsymbol{u}}_{\mathrm{b}}\}-\{\hat{\boldsymbol{u}}_{\mathrm{t}}\}) \tag{15.18}$$

$$[\hat{\boldsymbol{\Gamma}}_{\mathrm{b}}]=-[\hat{\boldsymbol{\Gamma}}_{\mathrm{t}}] \tag{15.19}$$

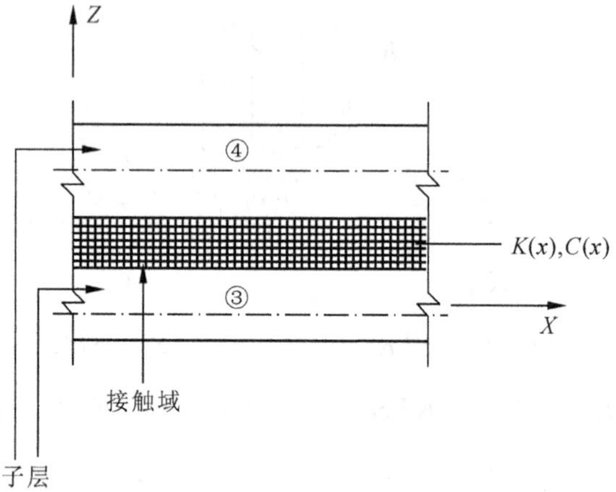

15.3 通过分布式线性弹簧常数 K 和分布式线性黏性阻尼系数 C 在分层表面之间实现的分布式接触

其中下标 t 和 b 分别表示与子层压板③的顶部表面和子层压板④的底部表面相关的量。在公式(15.18)中，z_{bt} 是分层表面之间的分离深度。根据铁木辛柯梁理论在方程(10.19)中的位移场表达，可以将子层压板③的顶部表面位移矢量 $\hat{\boldsymbol{u}}_{\mathrm{t}}$ 表示为

$$\{\hat{\boldsymbol{u}}_{\mathrm{t}}\}=\begin{Bmatrix} \hat{u}_{\mathrm{t}} \\ \hat{w}_{\mathrm{t}} \end{Bmatrix}=\begin{bmatrix} 1 & 0 & z_{\mathrm{t}}^{③} \\ 0 & 1 & 0 \end{bmatrix}\hat{\boldsymbol{u}}(x,\omega_n)^{③}=[\bar{\boldsymbol{S}}_1]\hat{\boldsymbol{u}}(x,\omega_n)^{③} \tag{15.20}$$

同样，可以将子层压板④的底层表面位移矢量 $\hat{\boldsymbol{u}}_{\mathrm{b}}$ 表示为

$$\{\hat{\boldsymbol{u}}_{\mathrm{b}}\}=\begin{Bmatrix}\hat{u}_{\mathrm{b}}\\ \hat{w}_{\mathrm{b}}\end{Bmatrix}=\begin{bmatrix}1 & 0 & z_{\mathrm{b}}^{④}\\ 0 & 1 & 0\end{bmatrix}\hat{\boldsymbol{u}}(x,\omega_n)^{④}=[\bar{\boldsymbol{S}}_2]\hat{\boldsymbol{u}}(x,\omega_n)^{④} \tag{15.21}$$

其中$z_{\mathrm{t}}^{③}$表示从子层压板③的局部参考平面测量的顶部表面的深度，$z_{\mathrm{b}}^{④}$表示从子层压板④的局部参考平面测量的底部表面的深度。使用谱单元形函数矩阵和节点位移矢量表示通用位移矢量$\hat{\boldsymbol{u}}(x,\omega_n)^{③}$和$\hat{\boldsymbol{u}}(x,\omega_n)^{④}$，可以形成一致的节点力矢量。因此，对于子层压板③，一致的节点力矢量为$\{\hat{\boldsymbol{f}}^{e③}\}=\int_0^L[\boldsymbol{N}^{e③}]$，其中$[\boldsymbol{N}^{e③}]$是单元③的形状函数矩阵。值得注意的是，上述分层建模方法可以结合在快速傅里叶变换、小波变换或拉普拉斯变换中，也就是说，根据求解问题的变换域，用于模拟裂纹前后梁段的各自健康谱单元可以是基于小波变换的谱有限元或基于傅里叶变换的谱有限元。

15.1.2　数值算例

本节首先将在上一节中构造的嵌入式分层谱单元与传统的有限元进行比较，以确定其处理高频输入信号的能力，随后，将对一种单层梁进行散射研究。上述这两项研究将使用图 15.4 中显示的脉冲信号。

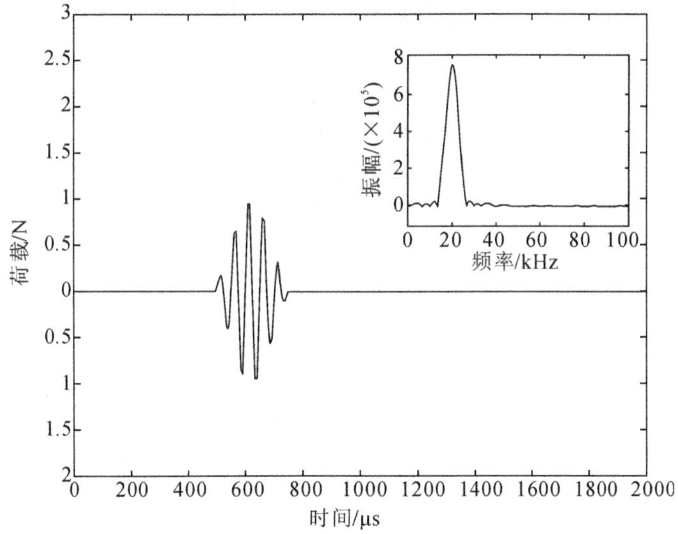

图 15.4　使用梯形窗口以 20 kHz 调制的单频脉冲正弦波

本例采用一个长度为 800 mm，横截面为 16 mm 高×10 mm 宽的 AS/3505，6 石墨-环氧悬臂梁，在距离梁根 400 mm 处引入 50 mm 中平面分层缺陷，使用一个具有 4096 个快速傅里叶变换采样点（$\Delta\omega=48.828$ Hz）的谱元进行建模。在有限元分析中，使用由 2560 个常应变三角形单元组成的精细网格，这里的单元尺寸与施加的激励波长相当。在垂直 XZ 平面上使用平面应力条件，在梁的顶端截面上横向施加一个 20 kHz 的单频脉冲正弦波(图 15.4)。

图 15.5 显示了在 0.84 ms 处变形的有限元网格，该网格在分层的中间长度处的分层表面之间具有最大滑移。为了方便查看，将节点位移放大了 10^5 倍，即使在这种情况下，可以看到变形后梁横截面上分层和基层之间的界面也是直的。这证明了在谱元构造过程中，基层压板和子层压板波导节点的旋转连续性假设[方程(15.1)至(15.3)]的合理性。此外，从图 15.5 可以看出，子层压板间没有相互穿透，而且分层表面的变形主要是平面内的。由于这个原因，在考虑与此处相同类型的Ⅱ型加载时，数值模拟的其余部分使用不考虑分布式接触的谱单元。图 15.6 显示了谱单元和二维有限元分析预测的在悬臂梁尖端中节点处的 $\dot{w}$ 图，时间历程中出现的第一个突发信号是入射波，下一个较小的信号是分层产生的反射，它是结构不连续性的反映，而最后一个信号是来自梁固定边界的反射波。谱单元波响应预测结果与有限元结果非常匹配，但是反射信号的相位有一点差异。

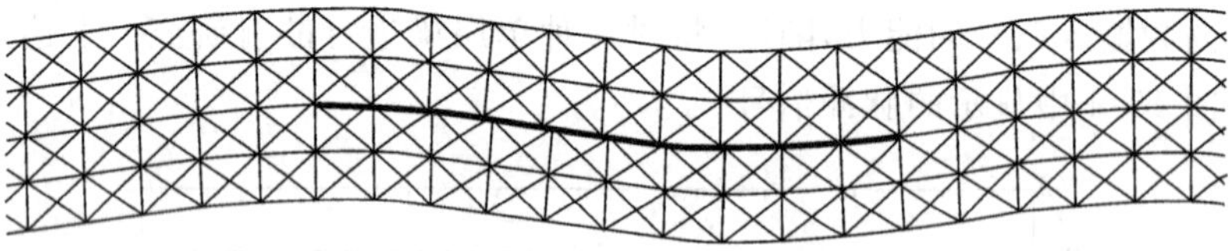

图 15.5 $t=0.84$ ms 时变形的有限元网格

注：节点位移放大了 10^5 倍。

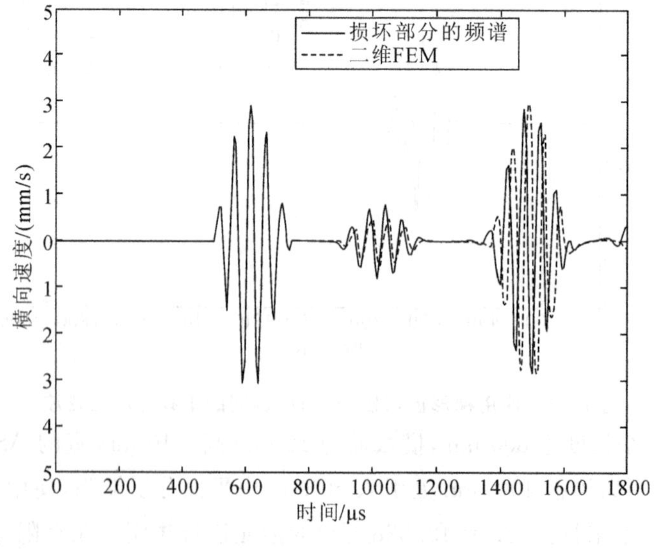

图 15.6 谱单元和二维常应变三角形有限元计算的悬臂梁尖端横向速度 $\dot{w}$ 时间历程

接下来，考虑悬臂梁中减层区域的分层。在健康监测应用中，在健康监测应用中，早期检测靠近铺层减薄、复合结合处或其他结构不连续性的脱层现象至关重要。如果分层长度较短，则可以假定上述使用的建模策略在此处有效，采用具有与前面示例中相同材料属性和具有减层设计[15.7(a)]的悬臂梁图 15.7(a)。

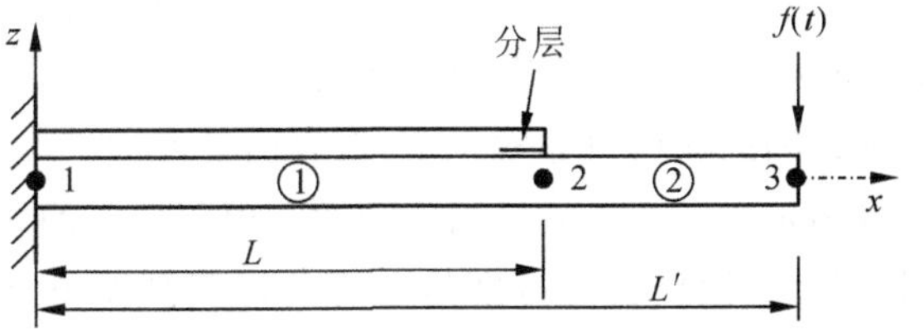

(a)

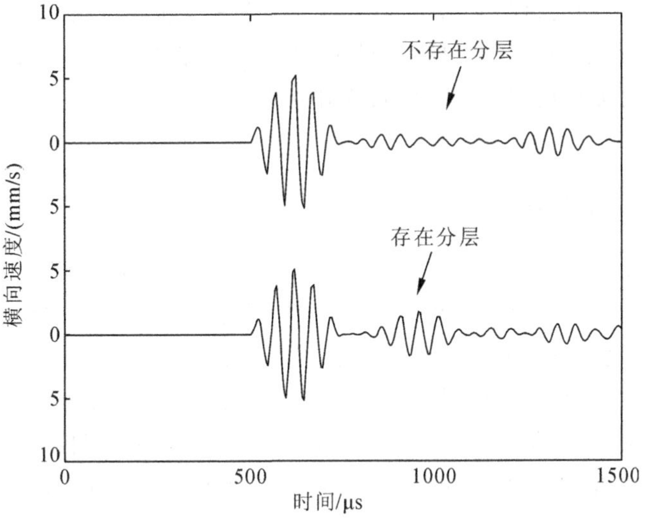

(b)

图 15.7　存在减层区域分层的悬臂梁结构模型及其结构谱分析

(a)存在减层区域分层的悬臂梁的构造($L=1$ m,$L'=1.5$ m)；

(b)在自由端施加横向调制正弦脉冲激励的自由端横向速度$\dot{w}$

这个模型从顶部开始有 5 层铺层减薄，在悬臂梁的固定端共有 15 层铺层，在铺层减薄处考虑一个长为 20mm 的脱层。模型中仅使用两个谱单元。自由端的横向速度历程如图 15.7(b)所示，对于未分层的情况，可以看到两个反射，第一个来自由于厚度的突然变化而产生的层降，第二个来自梁的固定端。对于具有分层的第二种情况，可以看到从层降区域的反射被加强了，显示出一个明显的斑点。在实际测量中，可以使用第二换能器来产生入射脉冲并测量分层两侧的反射脉冲。这样做可以非常准确地预测分层的长度。此外，通过使用所提出的光谱单元将测量的信号和模拟的信号相关联，可以在任何局部材料退化存在的情况下更新参考结构数据库。

15.2 含多分层复合材料梁中波的传播

在本节中，提出了一个简化的多次分层的谱有限元模型，用于在这种有缺陷的波导中进行波传播研究。该模型还可以处理剥离夹杂物的建模，例如嵌入复合材料中的MEMS传感器或薄膜传感器。由于厚度和平面尺寸的顺序存在显著差异，即使在传统的有限元法中，这种缺陷的建模也非常复杂，在界面处使用平面或实体有限元，会产生巨大的数值模型，特别是对于涉及波传播的问题。由于此类问题中的数值模型规模巨大，始终需要占用较高的计算资源，特别是在需要捕获高度瞬态脉冲传播时。在本章的研究中，系统推导了基底层压板和多个子层压板之间界面的一般形式。当其中一个中间子层具有不同的材料时，它可以被视为夹杂物。主要思路是使用诊断信号捕获这些分层端部或夹杂物与宿主材料之间的界面处的波传播和散射。如前所述，由于控制方程不可用，将通过谱有限元获得波散射特性。

15.2.1 建模及计算原理

在本节中，主要目标是在谱有限元(基于傅里叶变换的谱有限元或基于小波变换的谱有限元)中构造和求解一组约束方程，这组方程描述了含多个分层和夹杂物的梁，并允许两个子层之间横截面旋转 θ_y 的不连续性，分层构型如图 15.8 所示，这也允许将由不同材料制成的特定子层视为从宿主材料分离出来的夹杂物。为简单起见，我们假设分层或夹杂物和主体材料之间的滑移动力学由Ⅱ型断裂过程控制，不包括与分层的打开和关闭相对应的Ⅰ型断裂的任何影响，而导致的厚度方向上相互渗透和不相容。

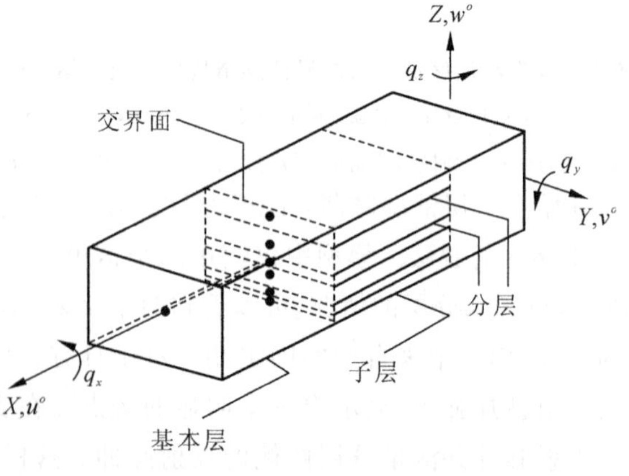

图 15.8 层合复合材料梁中贯穿分层的示意图

公式的推导是通过考虑图 15.9 中所示的两种情况进行泛化的。如图 15.9(a)所示，两个连续节点 p 和 q 被认为连接了界面两侧的两个单元。由于节点 p 和节点 q 之

间没有分层，因此这些节点处法向平面的平面内位移和旋转可以约束为

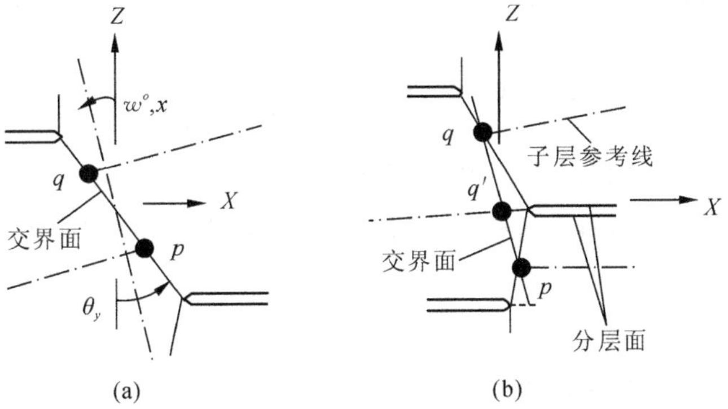

图 15.9 分层面的基层和子层及界面节点参与约束运动的情况

(a)节点之间无分层；(b)节点之间有分层

$$u_p^o + z_{pq}\theta_{y_p} = u_q^o, \quad \theta_{y_p} = \theta_{y_q} \tag{15.22}$$

其中 z_{pq} 是沿 z 方向节点 p 和节点 q 之间的距离。在图 15.9(b)中，考虑了单个分层，该分层位于界面上同一面上的节点 p 和节点 q 之间。这些节点中的每一个都属于表示分层上方或下方子层的单元。界面另一侧的节点 q' 属于表示基层压板的单元。由于在子层常剪切假设下，通过节点 q' 的法向平面必须以刚体模式旋转，因此通过节点 p 和节点 q 的不连续平面必须以约束方式旋转。包括节点 p 和节点 q' 在内的区域中的界面已在表示情况(a)的方程(15.22)中定义。现在，需要为界面节点 p 和节点 q 构造约束方程，这可以表示为

$$u_p^o + z_{p_t}\theta_{y_p} = u_q^o + z_{q_b}\theta_{y_q} \tag{15.23}$$

其中 z_{p_t} 是包含节点 p 的子层压板顶部表面深度，该深度从相应单元局部参考线测量。类似地，z_{q_b} 是包含节点 q 的子层压板底部表面深度，并从相应单元局部参考线测量。对于与节点 p 和节点 q 相关联的所有其他节点位移分量，约束方程可以写成

$$v_p^o = v_q^o, \quad w_p^o = w_q^o, \quad \theta_{x_p} = \theta_{x_q}, \quad \theta_{z_p} = \theta_{z_q} \tag{15.24}$$

可以自动实现上述位移约束，以模拟梁厚度上的多个分层或夹杂以及这些分层或夹杂构型在沿梁长度方向不同位置的变化。方程(15.22)至(15.24)进行适当的变换后，可以在全局级别进行集成，并形成节点位移向量中的多点约束(MPC)方程。考虑在情况(a)中获得的方程(15.22)以及方程(15.24)，可以将这六个方程以矩阵形式写成

$$\begin{bmatrix} 1 & 0 & 0 & 0 & z_{pq} & 0 & -1 & 0 & 0 & 0 & 0 & 0 \\ 0 & 1 & 0 & 0 & 0 & 0 & 0 & -1 & 0 & 0 & 0 & 0 \\ 0 & 0 & 1 & 0 & 0 & 0 & 0 & 0 & -1 & 0 & 0 & 0 \\ 0 & 0 & 0 & 1 & 0 & 0 & 0 & 0 & 0 & -1 & 0 & 0 \\ 0 & 0 & 0 & 0 & 1 & 0 & 0 & 0 & 0 & 0 & -1 & 0 \\ 0 & 0 & 0 & 0 & 0 & 1 & 0 & 0 & 0 & 0 & 0 & -1 \end{bmatrix} \begin{Bmatrix} \hat{u}_p^o \\ \vdots \\ \hat{\theta}_{z_p} \\ \hat{u}_q^o \\ \vdots \\ \hat{\theta}_{z_q} \end{Bmatrix} = 0 \tag{15.25}$$

例如，如果与界面相连的两个单元的节点编号为 $p,p+1$ 和 $q,q+1$，则方程(15.25)可以重写为

$$[\boldsymbol{C}_{u1}\quad \boldsymbol{0}\quad|\quad \boldsymbol{C}_{u2}\quad \boldsymbol{0}]\begin{Bmatrix}\boldsymbol{T}^{\mathrm{T}} & \hat{\boldsymbol{u}}_p^g\\ \boldsymbol{T}^{\mathrm{T}} & \hat{\boldsymbol{u}}_q^g\end{Bmatrix}=0 \tag{15.26}$$

其中 $\boldsymbol{C}_{u1}$ 和 $\boldsymbol{C}_{u2}$ 是方程(15.25)中的两个 6×6 子矩阵。在情况(b)中，界面也可以获得类似的形式。最后，所有这些位移约束方程都可以在全局层次集成为一个单矩阵方程，该方程为

$$\boldsymbol{C}_u\hat{\boldsymbol{u}}^g=0 \tag{15.27}$$

接下来，建立各界面上的节点力平衡方程如下

$$\sum_p \boldsymbol{S}_p'^{\mathrm{T}}\hat{\boldsymbol{f}}_p^e=\hat{\boldsymbol{f}} \tag{15.28}$$

其中求和符号表示特定横截面上的所有节点。这里，$\hat{\boldsymbol{f}}$是所考虑的界面上施加的载荷矢量。对于节点编号为 $p,p+1$ 和界面上的节点 p 的单元，有

$$\boldsymbol{S}_p'=\left[\begin{array}{cccccc|c}1&0&0&0&h_p&0&\\0&1&0&0&0&0&\\0&0&1&0&0&0&\\0&0&0&1&0&0&\boldsymbol{0}\\0&0&0&0&1&0&\\0&0&0&0&0&1&\end{array}\right] \tag{15.29}$$

其中 h_p 是节点 p 从梁的底部表面测量的 z 方向距离。方程(15.29)可以在全局层次上将单元节点位移矢量重写为

$$\sum_p \boldsymbol{S}'_p\boldsymbol{T}^{\mathrm{T}}\hat{\boldsymbol{K}}_p^e\boldsymbol{T}\hat{\boldsymbol{u}}_p^g=\boldsymbol{T}^{\mathrm{T}}\hat{\boldsymbol{f}}^g \tag{15.30}$$

方程(15.30)可以在全局层次上集成为一个关于力约束的单矩阵方程，该方程为

$$\boldsymbol{C}_f\hat{\boldsymbol{u}}^g=\boldsymbol{f}' \tag{15.31}$$

现在，使用两个惩罚参数α_u和α_f的两个对角矩阵来强制施加方程(15.27)中的位移约束和方程(15.31)中的力约束，以最小化静态势能，其表达式为

$$\hat{\prod}=\frac{1}{2}\hat{\boldsymbol{u}}^{g\mathrm{T}}\hat{\boldsymbol{K}}^g\hat{\boldsymbol{u}}^g-\hat{\boldsymbol{u}}^{g\mathrm{T}}\hat{\boldsymbol{f}}^g+\frac{1}{2}(\boldsymbol{C}_u\hat{\boldsymbol{u}}^g)^{\mathrm{T}}\alpha_u(\boldsymbol{C}_u\hat{\boldsymbol{u}}^g)+\frac{1}{2}(\boldsymbol{C}_f\hat{\boldsymbol{u}}^g-\boldsymbol{f}')^{\mathrm{T}}\alpha_u(\boldsymbol{C}_f\hat{\boldsymbol{u}}^g-\boldsymbol{f}') \tag{15.32}$$

在每个 ω_n 的频域中，将上述势能相对于全局位移向量$\hat{\boldsymbol{u}}^g$最小化后，我们得到了谱有限元平衡方程

$$(\hat{\boldsymbol{K}}^g+\boldsymbol{C}_u^{\mathrm{T}}\alpha_u\boldsymbol{C}_u+\boldsymbol{C}_f^{\mathrm{T}}\alpha_f\boldsymbol{C}_f)\hat{\boldsymbol{u}}^g=\hat{\boldsymbol{f}}^g+\boldsymbol{C}_f^{\mathrm{T}}\alpha_f\boldsymbol{f}' \tag{15.33}$$

请注意，约束方程[方程(15.27)和(15.31)]涉及不同的自由度，其运动由动态刚

度系数$\widehat{\boldsymbol{K}}_{ij}\boldsymbol{A}_{jl}$控制。因此，使用与相关自由度一致的惩罚参数$\alpha_u$和$\alpha_f$以实现足够的数值精度[72]很重要。并注意，在更新后的动态刚度矩阵中附加上元素值的顺序，即，

$$O(\boldsymbol{C}_u^{\mathrm{T}}\boldsymbol{C}_u)\approx(-6,0)O(\boldsymbol{C}_f^{\mathrm{T}}\boldsymbol{C}_f)\approx O[\min(\widehat{k}_{jj}^{e^2}),\max(\widehat{k}_{jj}^{e^2})] \tag{15.34}$$

这些值基于矩阵$\boldsymbol{C}_u$得出，其元素为 1 或 z_{pq}（复合材料梁子层的深度通常为 mm 量级），因此可以得到

$$\alpha_{u_{jj}}=|\widehat{k}_{jj}^{e}|\times10^{9},\alpha_{f_{jj}}=|\widehat{k}_{jj}^{e^{-1}}|\times10^{3} \tag{15.35}$$

其中$\alpha_{u_{jj}}$，$\alpha_{f_{jj}}$可作为求解方程(15.33)所表征约束系统的罚值参数选用。

15.2.2　数值算例

与之前一样，本节将使用传统的有限元模型验证上述模型。这里，考虑梁中存在一个和两个分层的情况。考虑长度为 0.8 m，厚度为 16 mm，宽度为 10 mm 的单向石墨-环氧$[0°]_{80}$复合材料悬臂梁，其中有一个 50 mm 的中平面分层。分层的中心距离梁的固定端 0.4 m，在尖端横向施加一个调制频率为 20 kHz 的单频正弦脉冲（图 15.4）。这个谱元模型有四个单元（两个位于基层压板，两个位于分层上下的子层压板），具有 4096 个快速傅里叶变换采样点（$\Delta\omega=48.828$ Hz），XZ 平面中的二维平面应力有限元由 2560 个常应变三角形单元精细网格组成，这些单元的尺寸与施加激励波长相同。

图 15.10 给出了自由端中平面处横向速度历程$\dot{w}$的比较。从 0.5 ms 开始的第一个脉冲是由尖端处的入射载荷引起的。在此之后，来自分层尖端的第一个反射在 $t=0.9088$ ms（标记为 *）到达。基于傅里叶变换的谱有限元和有限元的结果在缩放窗口内很好地匹配，并且与上一节中的单分层模型得到的结果一致。在基于傅里叶变换的谱有限元模型中，当 $k_i\rightarrow k_i(1-j\eta)$时通过添加一个小的阻尼 η 来避免逆快速傅里叶变换期间窗口失真引起的数值误差，其中 $\eta=1\times10^{-3}$。这样做是为了缓解与傅里叶变换的谱有限元模型相关的环绕问题。

接下来，研究由宽带载荷引起的波散射（图 6.16）。采用与前一个示例中相同的悬臂梁，但是在 $z=\pm4$ mm 处引入了两个长度为 50 mm 的中跨分层。图 15.11中分层梁的响应显示了第一个被分层散射的波到达的情况，该波伴随着其共振行为，并与有限元结果吻合。同样，在这里，对于阻尼波，取 $\eta=1\times10^{-3}$，由于阻尼的存在，可以观察到速度的微小衰减。但是，基于傅里叶变换的谱有限元模型准确地捕捉了峰值的性质。整体效果显示基于傅里叶变换的谱有限元模型对于多分层问题的精度处于可接受范围之内。

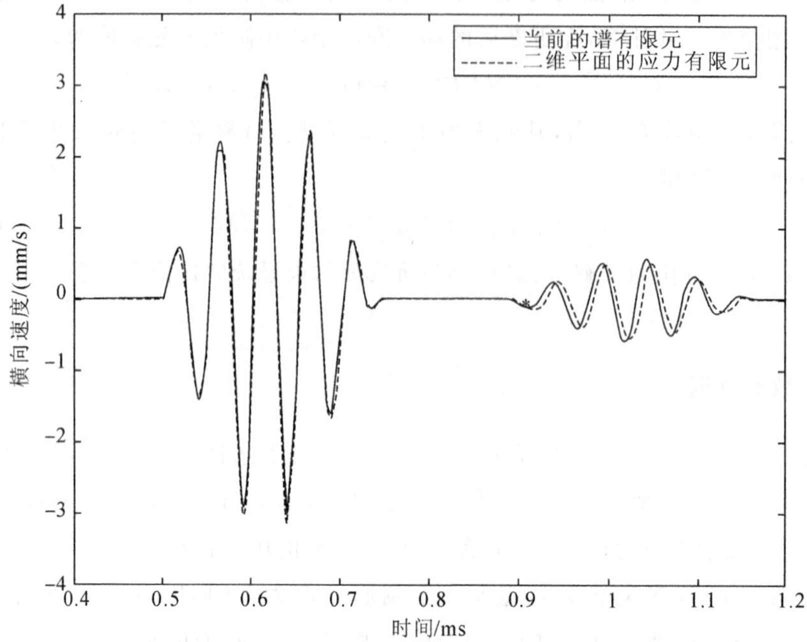

图 15.10　具有单个中平分层单向石墨-树脂复合材料悬臂梁的自由端处谱有限元和二维平面应力有限元获得的速度历程

注：星号标记显示了来自分层尖端的第一个反射的到达时刻。

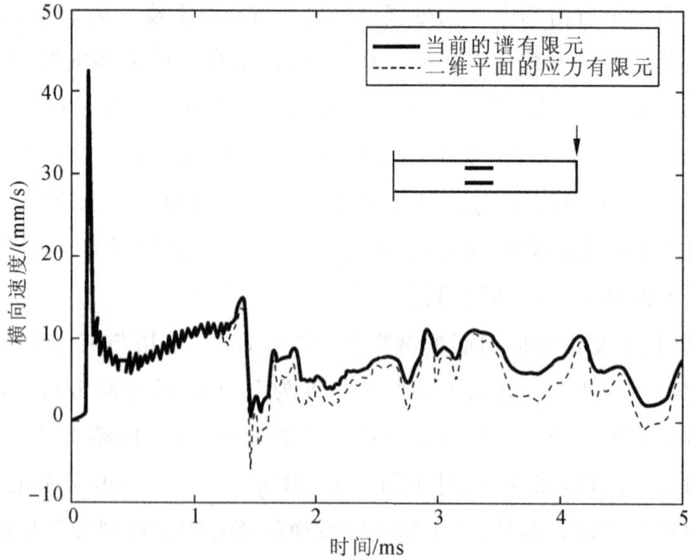

(a)

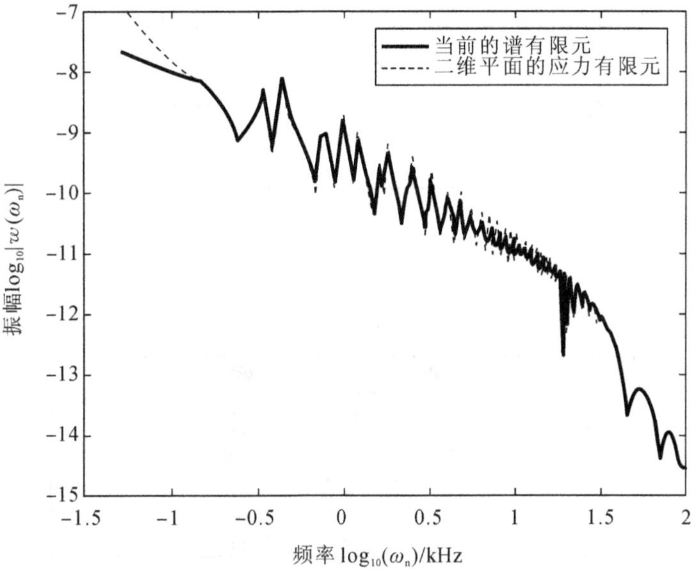

(b)

图 15.11　使用谱有限元和二维平面应力有限元获得的在跨中有两个对称分层的单向石墨-树脂复合材料悬臂梁自由端处的横向速度及位移谱

(a)横向速度历程；(b)横向位移谱

15.3　具有纤维断裂或垂直裂纹的复合梁中波的传播

建模原理与水平裂纹模型中相同，如图 15.12 所示，裂纹部件分为子层压板和基层压板，通过动态凝聚过程对形成损伤的节点进行运动学强化，消除内部节点。单个基层或子层压板的谱单元模型可以基于快速傅里叶变换的或基于小波变换。

在没有任何裂纹的情况下，单个谱单元在节点 1 和节点 2 之间[图 15.12(a)]足以捕获梁的精确动力学行为。考虑梁中的横向裂纹，该裂纹需要通过三个附加参数进行显示定义。这三个参数如下：

1. 横向裂纹的跨度位置[$x=L_1+\Delta L/2$，如图 15.12(a)所示，稍后将定义 L_1 和 ΔL]。

2. 底部裂纹尖端的厚度方向的位置($z=d_1$)。

3. 顶部裂纹尖端的厚度方向的位置($z=d_2$，$h=d_2-d_1$ 是裂纹深度)。

假设横向裂纹是一种穿透宽度的裂纹(沿 y 方向)，使用一维波导进行建模。图 15.12(b)中显示的单元离散对应于编号为①至⑥的六个内部波导单元，在这六个单元中，除节点 1 和节点 2 外，还将出现总共 10 个附加节点，与它们相关的自由度将通过动态凝聚过程被凝聚掉。因此，可以使用简单的两节点单元来模拟金属或复合材料梁中的横向裂纹，其中快速且重复的分析具备一定准确性，这对基于波的诊断信号的 SHM 应用中的损伤识别研究至关重要。

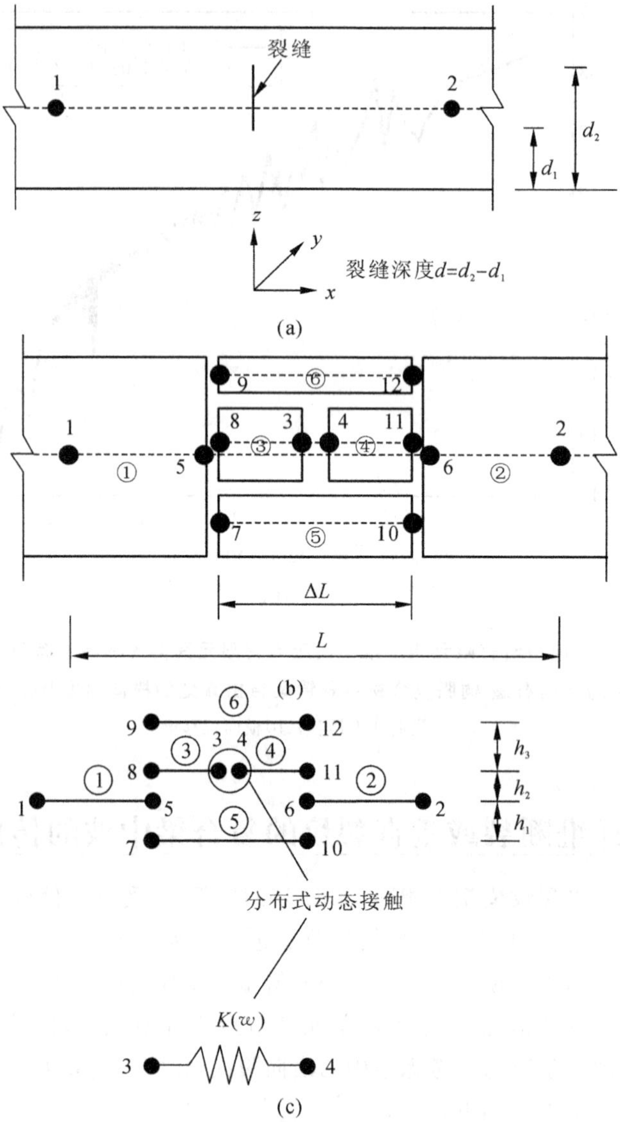

图 15.12 存在裂缝的受损梁结构模型

(a)具有纤维断裂的原始梁;(b)将受损梁分裂为基层和子层;(c)等效梁模型

由于采用该模型的主要目标是改进基于等效柔度、经验裂纹函数等的各种可用近似模型,因此对于所提出的单元离散技术(图 15.12),避免任何杂散散射效应是至关重要的。如图 15.12 所示,单元③和④预计表现为悬挂单元,特别是当其长度变长时。这可以通过两种方式避免,可以对单元③和④的长度施加入射波长方面的约束,或者选择更长的长度对单元③和④的顶面和底面施加适当的约束。

下文列出了实施这两个备选方案的计算结果。为了与标准有限元结果和其他数值模拟进行比较，对悬挂单元的长度施加了限制，在基本单元公式的基础上，建立了悬挂单元无界长度的约束方程。

如图 15.12(b)所示，我们考虑用 $\Delta L/2$ 表示相等长度的悬挂层压板。对于任何涉及多个谐波的任意动态激励，悬挂层压板长度上的界限是根据最小群波长施加的，其由下式给出

$$\Delta L < \mathrm{Min}(\lambda_g), \quad \lambda_g = \frac{C_g}{\omega_g} \tag{15.36}$$

其中 c_g 是群速度，定义为 $c_g = \mathrm{d}\omega/\mathrm{d}k$，$k$ 是波数，$\omega_g = \omega/2\pi$ 是激励频率。随着频率的增加，群波长 λ_g 减小。值得注意的是，λ_g 与单频激励的波长 $\lambda = c_p/\omega_g$ 相同，其中 c_p 是相速度，但与中心频率附近带限激励的 λ 不同。

考虑到波通过未开裂基层板到达，可使用方程(15.36)以近似的方式消除任何频散波散射。

本公式中采用的运动学假设是，基底层压板、子层压板和悬挂层压板之间的横截面界面保持平直，即在这些界面处斜率连续且恒定。在此假设下，可以将界面处的节点自由度关联如下：

$$\{\hat{\boldsymbol{u}}_7\} = \begin{Bmatrix} \hat{u}_7^o \\ \hat{\omega}_7 \\ \hat{\theta}_7 \end{Bmatrix} = \begin{Bmatrix} \hat{u}_5^o + h_1\hat{\theta}_5 \\ \hat{\omega}_5 \\ \hat{\theta}_5 \end{Bmatrix} = [\boldsymbol{S}_1]\{\hat{\boldsymbol{u}}_5\} \tag{15.37}$$

$$\{\hat{\boldsymbol{u}}_8\} = \begin{Bmatrix} \hat{u}_8^o \\ \hat{\omega}_8 \\ \hat{\theta}_8 \end{Bmatrix} = \begin{Bmatrix} \hat{u}_5^o + h_2\hat{\theta}_5 \\ \hat{\omega}_5 \\ \hat{\theta}_5 \end{Bmatrix} = [\boldsymbol{S}_2]\{\hat{\boldsymbol{u}}_5\} \tag{15.38}$$

$$\{\hat{\boldsymbol{u}}_9\} = \begin{Bmatrix} \hat{u}_9^o \\ \hat{\omega}_9 \\ \hat{\theta}_9 \end{Bmatrix} = \begin{Bmatrix} \hat{u}_5^o + h_3\hat{\theta}_5 \\ \hat{\omega}_5 \\ \hat{\theta}_5 \end{Bmatrix} = [\boldsymbol{S}_3]\{\hat{\boldsymbol{u}}_5\} \tag{15.39}$$

同理可得

$$\{\hat{\boldsymbol{u}}_{10}\} = [\boldsymbol{S}_1]\{\hat{\boldsymbol{u}}_6\},\ \{\hat{\boldsymbol{u}}_{11}\} = [\boldsymbol{S}_2]\{\hat{\boldsymbol{u}}_6\},\ \{\hat{\boldsymbol{u}}_{12}\} = [\boldsymbol{S}_3]\{\hat{\boldsymbol{u}}_6\} \tag{15.40}$$

其中，

$$[\boldsymbol{S}_1] = \begin{bmatrix} 1 & 0 & h_1 \\ 0 & 1 & 0 \\ 0 & 0 & 1 \end{bmatrix},\ [\boldsymbol{S}_2] = \begin{bmatrix} 1 & 0 & h_2 \\ 0 & 1 & 0 \\ 0 & 0 & 1 \end{bmatrix},\ [\boldsymbol{S}_3] = \begin{bmatrix} 1 & 0 & h_3 \\ 0 & 1 & 0 \\ 0 & 0 & 1 \end{bmatrix} \tag{15.41}$$

接下来，我们将考虑界面力的平衡，考虑基层压板和子层压板之间的左侧界面(图 15.12)，可以将相关节点力的平衡写成

$$\begin{Bmatrix}\hat{N}_5\\\hat{V}_5\\\hat{M}_5\end{Bmatrix}+\begin{Bmatrix}\hat{N}_7\\\hat{V}_7\\\hat{M}_7+h_1\hat{N}_7\end{Bmatrix}+\begin{Bmatrix}\hat{N}_8\\\hat{V}_8\\\hat{M}_8+h_2\hat{N}_8\end{Bmatrix}+\begin{Bmatrix}\hat{N}_9\\\hat{V}_9\\\hat{M}_9+h_3\hat{N}_9\end{Bmatrix}=\begin{Bmatrix}0\\0\\0\end{Bmatrix}$$

在矩阵形式下，并借助方程(15.41)，上式可以表示为

$$\{\hat{\boldsymbol{f}}_5\}+[\boldsymbol{S}_1]^{\mathrm{T}}\{\hat{\boldsymbol{f}}_7\}+[\boldsymbol{S}_2]^{\mathrm{T}}\{\hat{\boldsymbol{f}}_8\}+[\boldsymbol{S}_3]^{\mathrm{T}}\{\hat{\boldsymbol{f}}_9\}=\{\boldsymbol{0}\} \tag{15.42}$$

同样，考虑基层压板和子层压板之间的右侧界面(图 15.12)，可以将相关节点力的平衡写成

$$\{\hat{\boldsymbol{f}}_6\}+[\boldsymbol{S}_1]^{\mathrm{T}}\{\hat{\boldsymbol{f}}_{10}\}+[\boldsymbol{S}_2]^{\mathrm{T}}\{\hat{\boldsymbol{f}}_{11}\}+[\boldsymbol{S}_3]^{\mathrm{T}}\{\hat{\boldsymbol{f}}_{12}\}=\{\boldsymbol{0}\} \tag{15.43}$$

在裂纹表面，可以写成

$$\{\hat{\boldsymbol{f}}_3\}+\{\hat{\boldsymbol{f}}_4\}=\{\boldsymbol{0}\} \tag{15.44}$$

在假设列裂纹表面之间没有接触的情况下，$\{\hat{\boldsymbol{f}}_3\}=\{\boldsymbol{0}\}$且$\{\hat{\boldsymbol{f}}_4\}=\{\boldsymbol{0}\}$。裂纹表面之间的接触效应将在第 15.3.1 节中单独处理。

接下来，将讨论这些多重连通波导的集成。对于节点为 p 和 q 的第ⓙ个单元内部波导(ⓙ=①，②为基层，ⓙ=⑤，⑥为子层，ⓙ=③，④为悬挂层，如图 15.12 所示)，节点的单元平衡方程可以通用表示为

$$\begin{bmatrix}[\hat{\boldsymbol{K}}_{11}]^{ⓙ} & [\hat{\boldsymbol{K}}_{12}]^{ⓙ}\\ [\hat{\boldsymbol{K}}_{21}]^{ⓙ} & [\hat{\boldsymbol{K}}_{22}]^{ⓙ}\end{bmatrix}_{(6\times6)}\begin{Bmatrix}\{\hat{\boldsymbol{u}}_p\}\\\{\hat{\boldsymbol{u}}_q\}\end{Bmatrix}=\begin{Bmatrix}\{\hat{\boldsymbol{f}}_p\}\\\{\hat{\boldsymbol{f}}_q\}\end{Bmatrix} \tag{15.45}$$

对于内部单元①，上述方程式为

$$\begin{bmatrix}[\hat{\boldsymbol{K}}_{11}]^{①} & [\hat{\boldsymbol{K}}_{12}]^{①}\\ [\hat{\boldsymbol{K}}_{21}]^{①} & [\hat{\boldsymbol{K}}_{22}]^{①}\end{bmatrix}_{(6\times6)}\begin{Bmatrix}\{\hat{\boldsymbol{u}}_1\}\\\{\hat{\boldsymbol{u}}_5\}\end{Bmatrix}=\begin{Bmatrix}\{\hat{\boldsymbol{f}}_1\}\\\{\hat{\boldsymbol{f}}_5\}\end{Bmatrix} \tag{15.46}$$

或对于内部单元②，有

$$\begin{bmatrix}[\hat{\boldsymbol{K}}_{11}]^{②} & [\hat{\boldsymbol{K}}_{12}]^{②}\\ [\hat{\boldsymbol{K}}_{21}]^{②} & [\hat{\boldsymbol{K}}_{22}]^{②}\end{bmatrix}_{(6\times6)}\begin{Bmatrix}\{\hat{\boldsymbol{u}}_6\}\\\{\hat{\boldsymbol{u}}_2\}\end{Bmatrix}=\begin{Bmatrix}\{\hat{\boldsymbol{f}}_6\}\\\{\hat{\boldsymbol{f}}_2\}\end{Bmatrix} \tag{15.47}$$

同样，对于内部单元③，有

$$\begin{bmatrix}[\hat{\boldsymbol{K}}_{11}]^{③} & [\hat{\boldsymbol{K}}_{12}]^{③}\\ [\hat{\boldsymbol{K}}_{21}]^{③} & [\hat{\boldsymbol{K}}_{22}]^{③}\end{bmatrix}_{(6\times6)}\begin{Bmatrix}\{\hat{\boldsymbol{u}}_8\}\\\{\hat{\boldsymbol{u}}_3\}\end{Bmatrix}=\begin{Bmatrix}\{\hat{\boldsymbol{f}}_8\}\\\{\hat{\boldsymbol{f}}_3\}\end{Bmatrix} \tag{15.48}$$

利用方程(15.38)将$\{\hat{\boldsymbol{u}}_8\}$表示为$\{\hat{\boldsymbol{u}}_5\}$的函数，并通过前置乘法将方程(15.48)的两侧都乘以$[\boldsymbol{S}_2]^{\mathrm{T}}$，得到

$$\begin{bmatrix}[\boldsymbol{S}_2]^{\mathrm{T}}[\hat{\boldsymbol{K}}_{11}]^{③}[\boldsymbol{S}_2] & [\boldsymbol{S}_2]^{\mathrm{T}}[\hat{\boldsymbol{K}}_{12}]^{③}\\ [\boldsymbol{S}_2]^{\mathrm{T}}[\hat{\boldsymbol{K}}_{21}]^{③}[\boldsymbol{S}_2] & [\boldsymbol{S}_2]^{\mathrm{T}}[\hat{\boldsymbol{K}}_{22}]^{③}\end{bmatrix}_{(6\times6)}\begin{Bmatrix}\{\hat{\boldsymbol{u}}_5\}\\\{\hat{\boldsymbol{u}}_3\}\end{Bmatrix}=\begin{bmatrix}[\boldsymbol{S}_2]^{\mathrm{T}}\{\hat{\boldsymbol{f}}_8\}\\ [\boldsymbol{S}_2]^{\mathrm{T}}\{\hat{\boldsymbol{f}}_3\}\end{bmatrix} \tag{15.49}$$

内部单元④的平衡方程是

$$\begin{bmatrix} [\hat{\boldsymbol{K}}_{11}]^{④} & [\hat{\boldsymbol{K}}_{12}]^{④} \\ [\hat{\boldsymbol{K}}_{21}]^{④} & [\hat{\boldsymbol{K}}_{22}]^{④} \end{bmatrix}_{(6\times 6)} \begin{Bmatrix} \{\hat{\boldsymbol{u}}_4\} \\ \{\hat{\boldsymbol{u}}_{11}\} \end{Bmatrix} = \begin{Bmatrix} \{\hat{\boldsymbol{f}}_4\} \\ \{\hat{\boldsymbol{f}}_{11}\} \end{Bmatrix} \tag{15.50}$$

利用公式(15.40)将$\{\hat{\boldsymbol{u}}_{11}\}$表示为$\{\hat{\boldsymbol{u}}_6\}$的函数，并通过前置乘法将方程式(15.50)的两侧都乘以$[\boldsymbol{S}_2]^{\mathrm{T}}$，得到

$$\begin{bmatrix} [\boldsymbol{S}_2]^{\mathrm{T}}[\hat{\boldsymbol{K}}_{11}]^{④} & [\boldsymbol{S}_2]^{\mathrm{T}}[\hat{\boldsymbol{K}}_{12}]^{④}[\boldsymbol{S}_2] \\ [\boldsymbol{S}_2]^{\mathrm{T}}[\hat{\boldsymbol{K}}_{21}]^{④} & [\boldsymbol{S}_2]^{\mathrm{T}}[\hat{\boldsymbol{K}}_{22}]^{④}[\boldsymbol{S}_2] \end{bmatrix}_{(6\times 6)} \begin{Bmatrix} \{\hat{\boldsymbol{u}}_4\} \\ \{\hat{\boldsymbol{u}}_6\} \end{Bmatrix} = \begin{bmatrix} [\boldsymbol{S}_2]^{\mathrm{T}}\{\hat{\boldsymbol{f}}_4\} \\ [\boldsymbol{S}_2]^{\mathrm{T}}\{\hat{\boldsymbol{f}}_{11}\} \end{bmatrix} \tag{15.51}$$

内部单元⑤的单元平衡方程式为

$$\begin{bmatrix} [\hat{\boldsymbol{K}}_{11}]^{⑤} & [\hat{\boldsymbol{K}}_{12}]^{⑤} \\ [\hat{\boldsymbol{K}}_{21}]^{⑤} & [\hat{\boldsymbol{K}}_{22}]^{⑤} \end{bmatrix}_{(6\times 6)} \begin{Bmatrix} \{\hat{\boldsymbol{u}}_7\} \\ \{\hat{\boldsymbol{u}}_{10}\} \end{Bmatrix} = \begin{Bmatrix} \{\hat{\boldsymbol{f}}_7\} \\ \{\hat{\boldsymbol{f}}_{10}\} \end{Bmatrix} \tag{15.52}$$

借助方程(15.37)至(15.40)将$\{\hat{\boldsymbol{u}}_7\}$和$\{\hat{\boldsymbol{u}}_{10}\}$分别表示为$\{\hat{\boldsymbol{u}}_5\}$和$\{\hat{\boldsymbol{u}}_6\}$，并在方程(15.52)的两侧乘以$[\boldsymbol{S}_1]^{\mathrm{T}}$，得到

$$\begin{bmatrix} [\boldsymbol{S}_1]^{\mathrm{T}}[\hat{\boldsymbol{K}}_{11}]^{⑤}[\boldsymbol{S}_1] & [\boldsymbol{S}_1]^{\mathrm{T}}[\hat{\boldsymbol{K}}_{12}]^{⑤}[\boldsymbol{S}_1] \\ [\boldsymbol{S}_1]^{\mathrm{T}}[\hat{\boldsymbol{K}}_{21}]^{⑤}[\boldsymbol{S}_1] & [\boldsymbol{S}_1]^{\mathrm{T}}[\hat{\boldsymbol{K}}_{22}]^{⑤}[\boldsymbol{S}_1] \end{bmatrix}_{(6\times 6)} \begin{Bmatrix} \{\hat{\boldsymbol{u}}_5\} \\ \{\hat{\boldsymbol{u}}_6\} \end{Bmatrix} = \begin{bmatrix} [\boldsymbol{S}_1]^{\mathrm{T}}\{\hat{\boldsymbol{f}}_7\} \\ [\boldsymbol{S}_1]^{\mathrm{T}}\{\hat{\boldsymbol{f}}_{10}\} \end{bmatrix} \tag{15.53}$$

内部单元⑥的单元平衡方程式为

$$\begin{bmatrix} [\hat{\boldsymbol{K}}_{11}]^{(6)} & [\hat{\boldsymbol{K}}_{12}]^{(6)} \\ [\hat{\boldsymbol{K}}_{21}]^{(6)} & [\hat{\boldsymbol{K}}_{22}]^{(6)} \end{bmatrix}_{(6\times 6)} \begin{Bmatrix} \{\hat{\boldsymbol{u}}_9\} \\ \{\hat{\boldsymbol{u}}_{12}\} \end{Bmatrix} = \begin{Bmatrix} \{\hat{\boldsymbol{f}}_9\} \\ \{\hat{\boldsymbol{f}}_{12}\} \end{Bmatrix} \tag{15.54}$$

借助(15.39)和(15.40)等式将$\{\hat{\boldsymbol{u}}_9\}$和$\{\hat{\boldsymbol{u}}_{12}\}$分别表达为$\{\hat{\boldsymbol{u}}_5\}$和$\{\hat{\boldsymbol{u}}_6\}$，并在方程(15.54)的两侧乘以$[\boldsymbol{S}_3]^{\mathrm{T}}$，得到下面的表达式

$$\begin{bmatrix} [\boldsymbol{S}_3]^{\mathrm{T}}[\hat{\boldsymbol{K}}_{11}]^{⑥}[\boldsymbol{S}_3] & [\boldsymbol{S}_3]^{\mathrm{T}}[\hat{\boldsymbol{K}}_{12}]^{⑥}[\boldsymbol{S}_3] \\ [\boldsymbol{S}_3]^{\mathrm{T}}[\hat{\boldsymbol{K}}_{21}]^{⑥}[\boldsymbol{S}_3] & [\boldsymbol{S}_3]^{\mathrm{T}}[\hat{\boldsymbol{K}}_{22}]^{⑥}[\boldsymbol{S}_3] \end{bmatrix}_{(6\times 6)} \begin{Bmatrix} \{\hat{\boldsymbol{u}}_5\} \\ \{\hat{\boldsymbol{u}}_6\} \end{Bmatrix} = \begin{bmatrix} [\boldsymbol{S}_3]^{\mathrm{T}}\{\hat{\boldsymbol{f}}_9\} \\ [\boldsymbol{S}_3]^{\mathrm{T}}\{\hat{\boldsymbol{f}}_{12}\} \end{bmatrix} \tag{15.55}$$

15.3.1　裂纹表面之间的动态接触建模

通过构造嵌入横向裂纹的谱有限元可以捕捉由聚合物基体晶界和断裂纤维碎片引起的动态摩擦接触和黏度效应。类似的分层模型可以在文献[209]，[258]中找到。然而，一种更复杂的模型，如非线性弹簧，限制了由于相互穿透而引起的不协调开闭模式的发生，这在本章中不予考虑。图 15.12(c)显示了横向裂纹表面和关联悬挂层③

和④。裂纹表面的运动通过节点 3 和节点 4 的运动来拟合。假设沿裂纹表面分布的弹簧和黏弹性接触力可以集中在节点 3 和节点 4，其表达式为

$$\begin{Bmatrix} \{\hat{\boldsymbol{f}}_3\} \\ \{\hat{\boldsymbol{f}}_4\} \end{Bmatrix} = \begin{bmatrix} [\hat{\boldsymbol{K}}]^* & -[\hat{\boldsymbol{K}}]^* \\ -[\hat{\boldsymbol{K}}]^* & [\hat{\boldsymbol{K}}]^* \end{bmatrix}_{(6\times 6)} \begin{Bmatrix} \{\hat{\boldsymbol{u}}_4\} \\ \{\hat{\boldsymbol{u}}_3\} \end{Bmatrix} \tag{15.56}$$

其中，

$$[\hat{\boldsymbol{K}}]^* = \begin{bmatrix} (K_u + \mathrm{i}\omega C_u) & 0 & 0 \\ 0 & (K_w + \mathrm{i}\omega C_w) & 0 \\ 0 & 0 & (K_\theta + \mathrm{i}\omega C_\theta) \end{bmatrix} \tag{15.57}$$

其中 K_u，K_w，K_θ 是与节点 3 和节点 4 之间的相对纵向位移，横向位移和旋转相关的弹簧刚度，C_u，C_w 和 C_θ 是与之相关的黏性阻尼系数。

在六个内部单元[方程(15.46)至(15.54)]集成单元平衡方程之后，使用方程(15.42)至(15.44)和方程(15.56)，可以得到

$$\begin{bmatrix} [\boldsymbol{K}_{11}] & [\boldsymbol{K}_{12}] & [\boldsymbol{0}] & [\boldsymbol{0}] & [\boldsymbol{0}] & [\boldsymbol{0}] \\ [\boldsymbol{K}_{21}] & [\boldsymbol{K}_{22}] & [\boldsymbol{K}_{23}] & [\boldsymbol{0}] & [\boldsymbol{K}_{25}] & [\boldsymbol{0}] \\ [\boldsymbol{0}] & [\boldsymbol{K}_{32}] & [\boldsymbol{K}_{33}] & [\boldsymbol{K}_{34}] & [\boldsymbol{0}] & [\boldsymbol{0}] \\ [\boldsymbol{0}] & [\boldsymbol{0}] & [\boldsymbol{K}_{43}] & [\boldsymbol{K}_{44}] & [\boldsymbol{K}_{45}] & [\boldsymbol{0}] \\ [\boldsymbol{0}] & [\boldsymbol{K}_{52}] & [\boldsymbol{0}] & [\boldsymbol{K}_{54}] & [\boldsymbol{K}_{55}] & [\boldsymbol{K}_{56}] \\ [\boldsymbol{0}] & [\boldsymbol{0}] & [\boldsymbol{0}] & [\boldsymbol{0}] & [\boldsymbol{K}_{65}] & [\boldsymbol{K}_{66}] \end{bmatrix} \begin{Bmatrix} \{\hat{\boldsymbol{u}}_1\} \\ \{\hat{\boldsymbol{u}}_5\} \\ \{\hat{\boldsymbol{u}}_3\} \\ \{\hat{\boldsymbol{u}}_4\} \\ \{\hat{\boldsymbol{u}}_6\} \\ \{\hat{\boldsymbol{u}}_2\} \end{Bmatrix} = \begin{Bmatrix} \{\hat{\boldsymbol{f}}_1\} \\ \{\boldsymbol{0}\} \\ \{\boldsymbol{0}\} \\ \{\boldsymbol{0}\} \\ \{\boldsymbol{0}\} \\ \{\hat{\boldsymbol{f}}_2\} \end{Bmatrix} \tag{15.58}$$

其中，

$[\boldsymbol{K}_{11}] = [\hat{\boldsymbol{K}}_{11}]^{①}$，$[\boldsymbol{K}_{12}] = [\hat{\boldsymbol{K}}_{12}]^{①}$，$[\boldsymbol{K}_{21}] = [\hat{\boldsymbol{K}}_{21}]^{①}$

$[\boldsymbol{K}_{22}] = [\hat{\boldsymbol{K}}_{22}]^{①} + [\boldsymbol{S}_1]^{\mathrm{T}}[\hat{\boldsymbol{K}}_{11}]^{⑤}[\boldsymbol{S}_1] + [\boldsymbol{S}_2]^{\mathrm{T}}[\hat{\boldsymbol{K}}_{11}]^{③}[\boldsymbol{S}_2] + [\boldsymbol{S}_3]^{\mathrm{T}}[\hat{\boldsymbol{K}}_{11}]^{⑥}[\boldsymbol{S}_3]$

$[\boldsymbol{K}_{23}] = [\boldsymbol{S}_2]^{\mathrm{T}}[\hat{\boldsymbol{K}}_{12}]^{③}$，$[\boldsymbol{K}_{25}] = [\boldsymbol{S}_1]^{\mathrm{T}}[\hat{\boldsymbol{K}}_{12}]^{⑤}[\boldsymbol{S}_1] + [\boldsymbol{S}_3]^{\mathrm{T}}[\hat{\boldsymbol{K}}_{12}]^{⑥}[\boldsymbol{S}_3]$

$[\boldsymbol{K}_{32}] = [\hat{\boldsymbol{K}}_{21}]^{③}[\boldsymbol{S}_1]$

$[\boldsymbol{K}_{33}] = [\hat{\boldsymbol{K}}_{22}]^{③} + [\boldsymbol{S}_2]^{\mathrm{T}}[\boldsymbol{K}]^*$，$[\boldsymbol{K}_{34}] = -[\boldsymbol{S}_2]^{\mathrm{T}}[\boldsymbol{K}]^*$，$[\boldsymbol{K}_{43}] = -[\boldsymbol{S}_2]^{\mathrm{T}}[\boldsymbol{K}]^*$

$[\boldsymbol{K}_{44}] = [\hat{\boldsymbol{K}}_{11}]^{④} + [\boldsymbol{S}_2]^{\mathrm{T}}[\boldsymbol{K}]^*$，$[\boldsymbol{K}_{45}] = [\hat{\boldsymbol{K}}_{12}]^{④}[\boldsymbol{S}_2]$

$[\boldsymbol{K}_{52}] = [\boldsymbol{S}_1]^{\mathrm{T}}[\hat{\boldsymbol{K}}_{21}]^{⑤}[\boldsymbol{S}_1] + [\boldsymbol{S}_3]^{\mathrm{T}}[\hat{\boldsymbol{K}}_{21}]^{⑥}[\boldsymbol{S}_3]$，$[\boldsymbol{K}_{54}] = [\boldsymbol{S}_2]^{\mathrm{T}}[\hat{\boldsymbol{K}}_{21}]^{④}$

$[\boldsymbol{K}_{55}] = [\hat{\boldsymbol{K}}_{11}]^{②} + [\boldsymbol{S}_1]^{\mathrm{T}}[\hat{\boldsymbol{K}}_{22}]^{⑤}[\boldsymbol{S}_1] + [\boldsymbol{S}_2]^{\mathrm{T}}[\hat{\boldsymbol{K}}_{22}]^{④}[\boldsymbol{S}_2] + [\boldsymbol{S}_3]^{\mathrm{T}}[\hat{\boldsymbol{K}}_{22}]^{⑥}[\boldsymbol{S}_3]$

$[\boldsymbol{K}_{56}] = [\hat{\boldsymbol{K}}_{12}]^{②}$，$[\boldsymbol{K}_{65}] = [\hat{\boldsymbol{K}}_{21}]^{②}$，$[\boldsymbol{K}_{66}] = [\hat{\boldsymbol{K}}_{22}]^{②}$

15.3.2 表面断裂裂纹的建模

表面断裂裂纹的建模方法可以视为上述框架中的一种特殊情况。图 15.13(a)和(b)分别显示了顶部和底部表面断裂裂纹的内部单元。与嵌入横向裂纹相比,这些情况的唯一区别在于代表顶部子层压板(单元⑥)和底部子层压板(单元⑤)的那些单元和节点在图 15.12(b)中不存在。因此,在集成时删除这些单元平衡方程,进而可以获得用于顶部和底部表面断裂裂纹的方程(15.58)的修正方程。

首先精简裂纹表面的自由度(即节点 3 和节点 4),把方程(15.58)简化为

$$\begin{bmatrix} [\bar{\boldsymbol{K}}_{11}] & [\bar{\boldsymbol{K}}_{12}] & [\boldsymbol{0}] & [\boldsymbol{0}] \\ [\bar{\boldsymbol{K}}_{21}] & [\bar{\boldsymbol{K}}_{22}] & [\bar{\boldsymbol{K}}_{23}] & [\boldsymbol{0}] \\ [\boldsymbol{0}] & [\bar{\boldsymbol{K}}_{32}] & [\bar{\boldsymbol{K}}_{33}] & [\bar{\boldsymbol{K}}_{34}] \\ [\boldsymbol{0}] & [\boldsymbol{0}] & [\bar{\boldsymbol{K}}_{43}] & [\bar{\boldsymbol{K}}_{44}] \end{bmatrix}_{(12\times12)} \begin{Bmatrix} \{\hat{\boldsymbol{u}}_1\} \\ \{\hat{\boldsymbol{u}}_5\} \\ \{\hat{\boldsymbol{u}}_6\} \\ \{\hat{\boldsymbol{u}}_2\} \end{Bmatrix} = \begin{Bmatrix} \{\hat{\boldsymbol{f}}_1\} \\ \{\boldsymbol{0}\} \\ \{\boldsymbol{0}\} \\ \{\hat{\boldsymbol{f}}_2\} \end{Bmatrix} \tag{15.59}$$

其中

$$[\bar{\boldsymbol{K}}_{11}]=[\boldsymbol{K}_{11}],[\bar{\boldsymbol{K}}_{12}]=[\boldsymbol{K}_{12}],[\bar{\boldsymbol{K}}_{21}]=[\boldsymbol{K}_{21}]$$

$$[\bar{\boldsymbol{K}}_{22}]=[\boldsymbol{K}_{22}]+[\boldsymbol{K}_{23}][\boldsymbol{K}_{35}]^*$$

$$[\bar{\boldsymbol{K}}_{23}]=[\boldsymbol{K}_{25}]+[\boldsymbol{K}_{23}][\boldsymbol{K}_{36}]^*,[\bar{\boldsymbol{K}}_{32}]=[\boldsymbol{K}_{52}]+[\boldsymbol{K}_{54}][\boldsymbol{K}_{45}]^*$$

$$[\bar{\boldsymbol{K}}_{33}]=[\boldsymbol{K}_{55}]+[\boldsymbol{K}_{54}][\boldsymbol{K}_{46}]^*,[\bar{\boldsymbol{K}}_{34}]=[\boldsymbol{K}_{56}],[\bar{\boldsymbol{K}}_{43}]=[\boldsymbol{K}_{65}]$$

$$[\bar{\boldsymbol{K}}_{44}]=[\boldsymbol{K}_{66}]$$

$$[\boldsymbol{K}_{45}]^*=([\boldsymbol{K}_{44}]-[\boldsymbol{K}_{43}][\boldsymbol{K}_{33}]^{-1}[\boldsymbol{K}_{34}])^{-1}[\boldsymbol{K}_{43}][\boldsymbol{K}_{33}]^{-1}[\boldsymbol{K}_{32}]$$

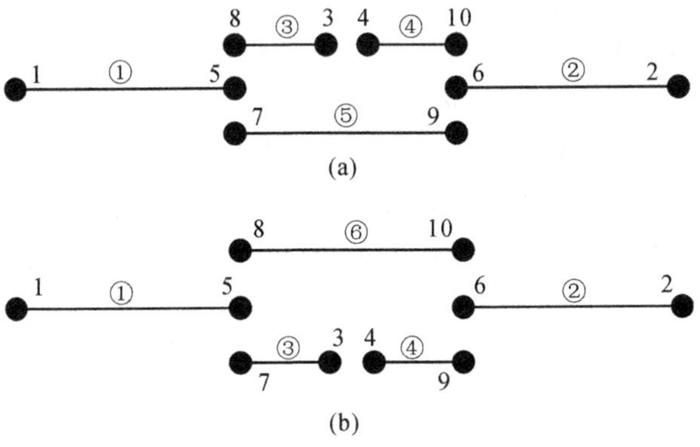

图 15.13 用谱单元表示顶部表面裂纹

(a)底部表面裂纹;(b)基层、子层和悬挂层

第二部考虑将节点 5 和节点 6 的自由度 6，从而得到代表嵌入横向裂纹的两个节点单元平衡方程的最终方程，可以表示为

$$\begin{bmatrix} [\hat{\boldsymbol{K}}_{11}] & [\hat{\boldsymbol{K}}_{12}] \\ [\hat{\boldsymbol{K}}_{21}] & [\hat{\boldsymbol{K}}_{22}] \end{bmatrix}_{(6\times 6)} \begin{Bmatrix} \{\hat{\boldsymbol{u}}_1\} \\ \{\hat{\boldsymbol{u}}_2\} \end{Bmatrix} = \begin{Bmatrix} \{\hat{\boldsymbol{f}}_1\} \\ \{\hat{\boldsymbol{f}}_2\} \end{Bmatrix} \tag{15.60}$$

其中

$$[\hat{\boldsymbol{K}}_{11}] = [\boldsymbol{K}_{11}] + [\boldsymbol{K}_{12}][\boldsymbol{K}_{51}]^*, [\hat{\boldsymbol{K}}_{12}] = [\boldsymbol{K}_{12}][\boldsymbol{K}_{52}]^*$$

$$[\hat{\boldsymbol{K}}_{21}] = [\boldsymbol{K}_{43}][\boldsymbol{K}_{61}]^*, [\hat{\boldsymbol{K}}_{22}] = [\boldsymbol{K}_{44}] + [\boldsymbol{K}_{43}][\boldsymbol{K}_{62}]^*$$

$$[\boldsymbol{K}_{61}]^* = ([\boldsymbol{K}_{33}] - [\boldsymbol{K}_{32}][\boldsymbol{K}_{22}]^{-1}[\boldsymbol{K}_{23}])^{-1}[\boldsymbol{K}_{32}][\boldsymbol{K}_{22}]^{-1}[\boldsymbol{K}_{21}]$$

$$[\boldsymbol{K}_{62}]^* = -([\boldsymbol{K}_{33}] - [\boldsymbol{K}_{32}][\boldsymbol{K}_{22}]^{-1}[\boldsymbol{K}_{23}])^{-1}[\boldsymbol{K}_{34}]$$

$$[\boldsymbol{K}_{51}]^* = -([\boldsymbol{K}_{22}]^{-1}[\boldsymbol{K}_{21}] + [\boldsymbol{K}_{22}]^{-1}[\boldsymbol{K}_{23}][\boldsymbol{K}_{61}]^*)$$

$$[\boldsymbol{K}_{52}]^* = -[\boldsymbol{K}_{22}]^{-1}[\boldsymbol{K}_{23}][\boldsymbol{K}_{62}]^*$$

与分层建模的情况类似，只需将理想梁的谱单元替换为此谱单元，即可在必须考虑横向裂纹存在的地方进行计算。为了强调该单元的新用途，将它的数值性能与标准平面应力有限元模拟进行了比较，详见第 15.3.4 节。在进一步进行数值研究之前，将讨论横向裂纹建模的另一种方法，其中讨论了适应更长的悬挂层和强制位移连续性的约束公式，需要注意的是，这是方程(15.36)的替代选择。

15.3.3 子层和悬挂层间界面上的分布式约束

对于图 15.12(b)中显示的更长子层⑤和⑥以及中间悬挂层③和④，特别是当 $\Delta L > \min(\lambda_g)$ 时，如在关于方程(15.36)所讨论的那样，在悬挂层和顶部以及底部子层间的水平界面上发生的界面滑动和其他不连续性可能对某些波相互作用产生显著影响，其受到限制。这需要悬挂层表面位移与相邻子层之间的位移连续的，可以表示为

$$\hat{\boldsymbol{u}}(x)_{\mathrm{t}}^{ⓙ} = \hat{\boldsymbol{u}}(x)_{\mathrm{b}}^{ⓛ} \tag{15.61}$$

其中上标ⓙ和ⓛ表示单元编号，下标 t 和 b 分别表示顶部或底部表面。在建立纤维断裂和分层模型时，可以消除这些约束。从图 15.12(a)可以看出，有四个需要施加约束的水平界面。考虑单元⑤和单元③，方程(15.61)可以使用通用场变量扩展为

$$\begin{bmatrix} 1 & 0 & z_{\mathrm{t}}^{⑤} \\ 0 & 1 & 0 \\ 0 & 0 & 1 \end{bmatrix} \begin{Bmatrix} \hat{u}^o \\ \hat{\omega} \\ \hat{\theta} \end{Bmatrix}^{⑤} = \begin{bmatrix} 1 & 0 & z_{\mathrm{b}}^{③} \\ 0 & 1 & 0 \\ 0 & 0 & 1 \end{bmatrix} \begin{Bmatrix} \hat{u}^o \\ \hat{\omega} \\ \hat{\theta} \end{Bmatrix}^{③} \tag{15.62}$$

此外，使用方程(15.62)中的单元形函数，得到

$$[\boldsymbol{H}_{\mathrm{t}}]^{⑤}[\boldsymbol{N}(x,\omega_n)]^{⑤}\{\hat{\boldsymbol{u}}\}^{⑤} = [\boldsymbol{H}_{\mathrm{b}}]^{③}[\boldsymbol{N}(x,\omega_n)]^{③}\{\hat{\boldsymbol{u}}\}^{③} \tag{15.63}$$

其中 $[\boldsymbol{N}(x,\omega_n)]^{ⓙ}$ 是第ⓙ个单元的形函数矩阵。同样，对于其他三个界面，约

束为

$$[\boldsymbol{H}_t]^{⑤}[\boldsymbol{N}(x,\omega_n)]^{⑤}\{\hat{\boldsymbol{u}}\}^{⑤}=[\boldsymbol{H}_b]^{④}[\boldsymbol{N}(x,\omega_n)]^{④}\{\hat{\boldsymbol{u}}\}^{④} \tag{15.64}$$

$$[\boldsymbol{H}_t]^{③}[\boldsymbol{N}(x,\omega_n)]^{③}\{\hat{\boldsymbol{u}}\}^{③}=[\boldsymbol{H}_b]^{⑥}[\boldsymbol{N}(x,\omega_n)]^{⑥}\{\hat{\boldsymbol{u}}\}^{⑥} \tag{15.65}$$

$$[\boldsymbol{H}_t]^{④}[\boldsymbol{N}(x,\omega_n)]^{④}\{\hat{\boldsymbol{u}}\}^{④}=[\boldsymbol{H}_b]^{⑥}[\boldsymbol{N}(x,\omega_n)]^{⑥}\{\hat{\boldsymbol{u}}\}^{⑥} \tag{15.66}$$

现在可以在方程(15.63)至(15.66)中使用方程(15.58)转换节点位移向量 $\{\hat{\boldsymbol{u}}\}^{⑤^{\mathrm{T}}}=\{\{\hat{\boldsymbol{u}}_8\}^{\mathrm{T}}\{\hat{\boldsymbol{u}}_3\}^{\mathrm{T}}\}$ 和 $\{\hat{\boldsymbol{u}}\}^{④^{\mathrm{T}}}=\{\{\hat{\boldsymbol{u}}_4\}^{\mathrm{T}}\{\hat{\boldsymbol{u}}_{11}\}^{\mathrm{T}}\}$，并且可以系统地凝聚内部节点。为了进一步说明，考虑第一个界面的约束，如方程(15.63)所示，通过变换可以改写为

$$\begin{bmatrix}[\bar{\boldsymbol{C}}_{11}] & [\bar{\boldsymbol{C}}_{12}]\\ [\bar{\boldsymbol{C}}_{21}] & [\bar{\boldsymbol{C}}_{22}]\end{bmatrix}_{(6\times 6)}\begin{Bmatrix}\{\hat{\boldsymbol{u}}_5\}\\ \{\hat{\boldsymbol{u}}_6\}\end{Bmatrix}=\begin{Bmatrix}\{\boldsymbol{0}\}\\ \{\boldsymbol{0}\}\end{Bmatrix} \tag{15.67}$$

由于在方程(15.67)中，$\{\hat{\boldsymbol{u}}_5\}$ 和 $\{\hat{\boldsymbol{u}}_6\}$ 是内部节点向量，因此被映射到节点 1 和节点 2。借助方程(15.59)的形式，方程(15.67)可以有以下变化

$$\begin{bmatrix}[\bar{\boldsymbol{C}}_{11}] & [\bar{\boldsymbol{C}}_{12}]\\ [\bar{\boldsymbol{C}}_{21}] & [\bar{\boldsymbol{C}}_{22}]\end{bmatrix}_{(6\times 6)}\begin{Bmatrix}\{\hat{\boldsymbol{u}}_1\}\\ \{\hat{\boldsymbol{u}}_2\}\end{Bmatrix}=\begin{Bmatrix}\{\boldsymbol{0}\}\\ \{\boldsymbol{0}\}\end{Bmatrix}\Rightarrow[\boldsymbol{C}(x,\omega_n)]^{①}\{\hat{\boldsymbol{u}}\}^{e}=\{\boldsymbol{0}\} \tag{15.68}$$

其他三个水平界面的类似约束可以以相同的方式获得，其中 $[\boldsymbol{C}(x,\omega_n)]^{ⓙ}, j=1,\cdots,4$ 是与嵌入横向裂纹的两节点单元自由度映射的多点约束相关的系数矩阵。引入罚参数 α 的对角矩阵并最小化频域的势能[216]，具有嵌入横向裂纹单元的动态刚度矩阵包括内部悬挂层无限长度可以表示为

$$[\hat{\hat{\boldsymbol{K}}}_U]=[\hat{\hat{\boldsymbol{K}}}]+[\hat{\hat{\boldsymbol{K}}}_C] \tag{15.69}$$

其中，

$$\begin{aligned}[\hat{\hat{\boldsymbol{K}}}_C]=&\int_0^{\frac{\Delta L}{2}}([\boldsymbol{C}]^{①^{\mathrm{T}}}\alpha[\boldsymbol{C}]^{①}+[\boldsymbol{C}]^{③^{\mathrm{T}}}\alpha[\boldsymbol{C}]^{③})\mathrm{d}x+\\ &\int_{\frac{\Delta L}{2}}^{\Delta L}([\boldsymbol{C}]^{②^{\mathrm{T}}}\alpha[\boldsymbol{C}]^{②}+[\boldsymbol{C}]^{④^{\mathrm{T}}}\alpha[\boldsymbol{C}]^{④})\mathrm{d}x\end{aligned} \tag{15.70}$$

15.3.4　数值算例

用于横向裂纹建模的谱有限元只需要三个额外的输入参数，裂纹的跨度位置 $(L_1+\Delta L/2)$ 以及顶部和底部裂纹尖端的深度位置 (d_1, d_2)。虽然局部分析中未包括裂纹尖端奇异性的影响，但在基于波的诊断中所提出单元的性能验证是必不可少的，其中大多数损伤模型都是通过弹簧或等效模型来拟合的，以便进行更快速的分析。在下一节中，使用开发的谱有限元模拟了具有中跨面裂纹纤维的单向复合材料悬臂梁对高频脉冲载荷的响应，并将响应与详细的二维传统有限元模型进行了比较，这些分析基于快速傅里叶变换的谱有限元。

采用长度为 800 mm，截面为 16 mm(厚度)×10 mm(宽度)的单向石墨-环氧悬臂梁，在梁的跨中引入了一个 8 mm 深的顶部断裂裂纹，在悬臂梁的尖端截面上施加了图 6.16 所示的脉冲载荷，使用具有嵌入裂纹的单个 SFE 进行谱有限元分析。使用方程(15.36)选择悬挂层 $L/2$ 的长度加载和响应，前向和反向变换分别使用 16384 个快速傅里叶变换采样点($\Delta\omega=12.2070$ Hz)。在详细有限元分析中，由 5120 个 X-Z 平面应力条件下的常数应变三角形单元组成，使用时间步长 $\Delta t=1\ \mu$s进行 Newmark 时间积分，这里单元大小与施加的激励波长相当，脉冲载荷在有限元模型的尖端截面上沿横向方向施加。

图 15.14 显示了由谱有限元和详细的二维有限元分析预测的尖端横截面中节点的$\dot{w}$历程曲线。在入射脉冲之后，可以看到在 0.55～0.6 ms 时波散射导致开裂现象，速度历程峰值幅度及其到达时间与二维有限元预测非常吻合。然而，在主峰值幅度之前可以看到一个小的额外峰值，这是由于在提出的建模中与实际的局部裂纹尖端行为相比所做的几项近似造成的。从裂缝散射的宽带波的到达时间以及信号中的相关峰值幅度来看，所提出的光谱元素预测的响应的总体趋势可以被视为可靠的。我们需要提到的另一个重要方面是，在详细的二维有限元分析中(在没有接触元素的情况下)，发现裂纹表面的相互渗透发生在图 15.14 所示的时间窗口之外，并且幅度可以忽略不计(裂纹表面之间的相对位移)。因此，它对于基于瞬态波的诊断来说不太重要。然而，持续载荷下的长时间监测和相关增量裂纹生长的相关研究，需要更深入基于有限元模型的频率相关的动态接触力识别策略，以此在现有的谱单元模型中用于更准确的分析。

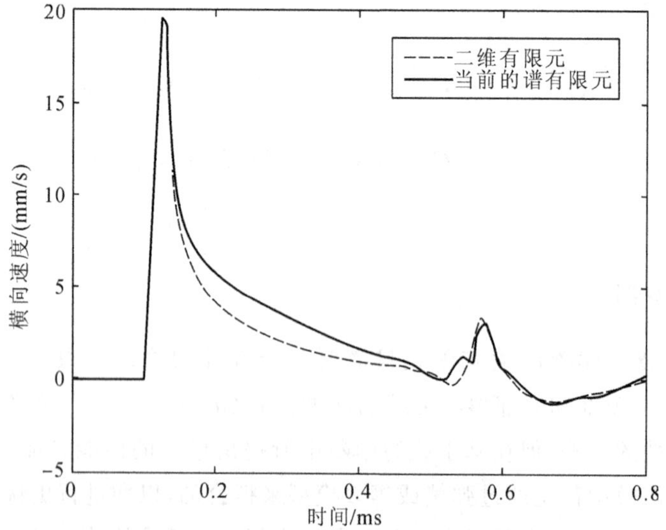

图 15.14　比较单个谱单元和详细的二维有限元模型在高频脉冲(图 6.16)加载下预测的悬臂梁尖端中平面处的横向速度$\dot{w}$的历程曲线

为了从散射波信息中确定纤维断裂的位置，我们使用了与前一个示例中相同的石墨-环氧悬臂梁进行研究。与图 15.14 中 8 mm 深表面裂纹相比，图 15.15 显示了中部具有对称 8 mm 深嵌入裂纹的悬臂梁尖端处的历程曲线$\dot{w}$，从弯曲波的群速度可以估计弯曲波到达时间，并在图 15.15 中用 * 表示，到达时间对于表面裂纹和嵌入裂纹都是相同的，但是由于嵌入裂纹存在，0.58 ms 时会出现一个较小的波包。

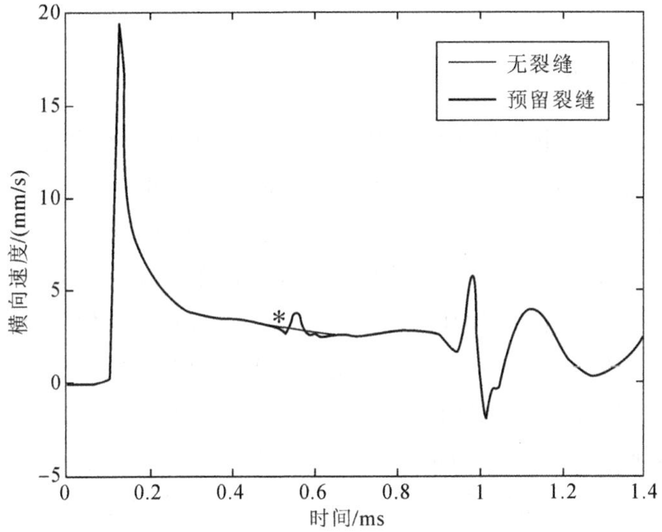

图 15.15　施加在悬臂梁尖端的横向高频脉冲(图 6.16)激励的悬臂梁自由端处的横向速度$\dot{w}$的历程曲线

(8 mm 深的嵌入裂纹以贯穿梁厚度方式对称地布置于梁跨中，* 显示了从裂纹反射波分析估计的到达时间)

15.4　退化复合材料结构中波的传播

材料退化在复合材料结构中很常见，特别是暴露在潮湿环境下时。由于复合材料的固有性质，有时候这种退化还会由于缺陷存在而加重。复合材料结构也容易受到孔隙的影响，水分停留在孔隙中，刚度降低，因此这些结构的承载能力下降。也就是说，吸湿会导致材料不可逆的湿热劣化，温度和湿度的变化会改变力学性能，力学性能降低会导致材料退化，影响了结构的尺寸稳定性。因此，有必要对结构进行持续监测，可采用对波的检测来实现这一目的。

在本节中，我们为具有退化区域的复合材料开发了简化的损伤模型。由吸湿和温度引起的材料性能降低可以通过实验直接测量，并且可以得到材料性能与湿度和温度的经验函数关系。该函数可以用于理论或谱有限元模型中，以确定波响应对材料退化的影响或者可以通过测量波响应来确定材料退化区域的位置。另一方面，可以通过确定健康结构的材料性能与实验获得的退化区域的材料性能之比来平均退化区域的材料性能，这个比率（称为 α）能够说明水分使结构刚度降低了多少。基于这种方法开发基于运动学的损伤模型，该模型在第 15.1 节中对单个分层损伤进行了描述。在这里，为材料退化开发两种损伤模型，第一种方法为基于实验直接得到的曲线的经验退化模型（EDM），而第二种方法称为平均退化模型（ADM）。

15.4.1 经验退化模型

复合材料的退化是由于纤维和基体在吸湿过程中产生的不均匀膨胀引起，这会导致基体裂纹和纤维/基体脱粘，纤维和基体之间的黏结减弱以及基体材料的软化也是复合材料强度降低的原因。为了在结构应用中充分利用复合材料的潜力，必须事先确定复合材料的含水量，特别是在设计阶段。目前在标准实验室条件下进行实验以确定湿度对复合材料弹性模量的影响的研究还很少[351]，单向复合材料的湿热变形在横向方向上比在纵向方向上大得多，两个方向变形的差异引起了复合层中的残余应力，这是因为纤维取向的多方向性抵制自由变形。吸湿的物理效应指树脂玻璃化转变温度 T_g 降低，在室温下，树脂的性能可能不会随着 T_g 的降低而改变，但在高温下，性能会受到严重影响。通常观察到的现象是，复合材料在吸湿后性能退化，其拉伸模量在相对湿度（RH）达到 50％之前会略有增加，然后随着相对湿度进一步增加而降低。因此，结构的刚度随相对湿度变化而变化。

湿度随时间增加并在一定时间后达到饱和水平，最大湿度取决于环境，在潮湿的空气中，它是相对湿度的函数。已经发现，最大湿度 C_m 与相对湿度 ϕ 的关系表达式[323]为

$$C_m = a\,\phi^b \tag{15.71}$$

其中 a 和 b 取决于材料的常数，这些常数的值可以通过实验获得的数据点拟合直线来获得，表 15.1 给出了不同研究者获得的 a 和 b 的值。从方程（15.71）中可以看出最大湿度对环境温度不敏感，但取决于环境的湿度[323]，这是一个有用的近似，同时也说明最大湿度 C_m 随温度变化[334]。

表 15.1 各研究者得出的复合材料 AS/3501 的 a 和 b 值

研究者	a	b
Springer[334]	0.019	1
DeIasi 和 Whiteside[90] —	0.0186 —	1.6，$\phi<60\%$相对湿度 1.9，$\phi>60\%$相对湿度
Whitney 和 Browning[379]	0.016	1.1

图 15.16 显示了两种不同温度下复合模量 E_x、E_y 和 E_z 随温度的变化关系，这些图是从文献[323]中获得的。根据图中内容，可以通过曲线拟合获得模量与湿度的函数关系，并写成以下形式，这些形式在方程(15.73)至(15.78)中给出，其中模量单位为 GPa，湿度 C 为百分比。

当温度 $T=366$ K 时，这些值为

$$E_x=16.344C^6-66.161C^5+92.479C^4-57.29C^3+13.769C^2-81.049C+134.39 \tag{15.72}$$

$$E_y=4.5804C^6-20.11C^5+32.943C^4-24.297C^3+7.7994C^2-1.8376C+9.6732 \tag{15.73}$$

$$E_z=1.2694C^6-6.2108C^5+11.629C^4-10.281C^3+4.129C^2-0.4398C+6.0866 \tag{15.74}$$

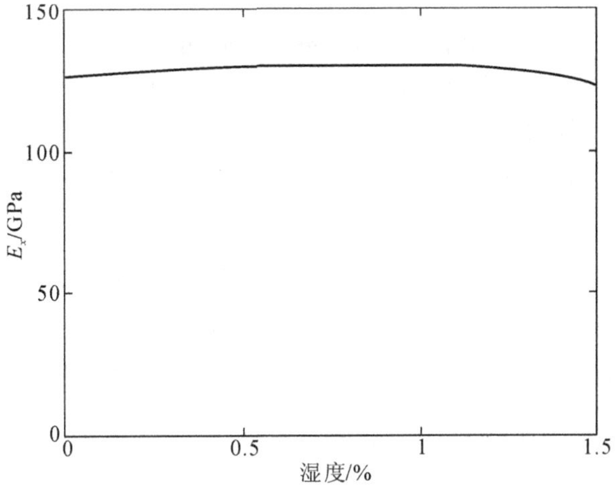

(a)

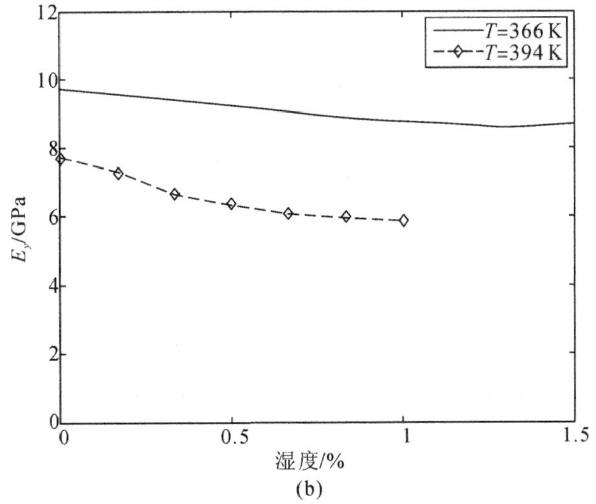

(b)

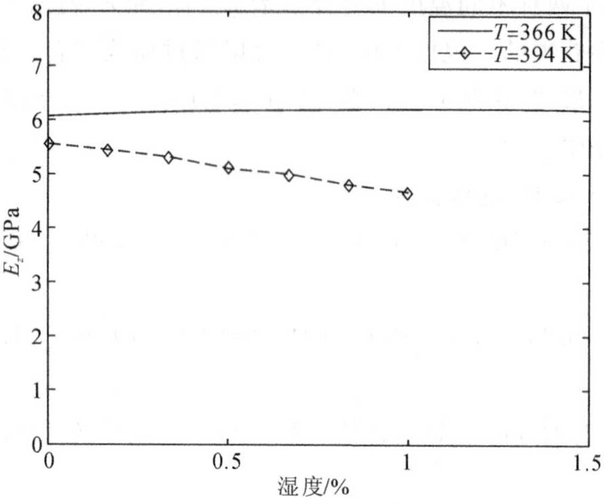

图 15.16 模量随湿度的变化[323]

(a)E_x 变化;(b)E_y 变化;(c)E_z 变化

当温度 $T=394$ K 时,这些值为

$$E_x=16.344C^6-66.161C^5+92.479C^4-57.29C^3+13.769C^2-81.049C+134.39 \tag{15.75}$$

$$E_y=-5.8703C^4+11.744C^3-5.3871C^2-2.3500C+7.7277 \tag{15.76}$$

$$E_z=-0.7275C^4+1.8871C^3-1.6856C^2-0.3426C+5.5415 \tag{15.77}$$

达到其湿度最大值的 99.9%所需的时间由以下表达式给出

$$t_m=\frac{0.67s^2}{D} \tag{15.78}$$

其中 t_m是最大时间,s 是厚度,D 是扩散系数。达到最大湿度所需的时间对环境不敏感,但它取决于复合材料的厚度 s 和温度 T,因为扩散系数 D_x取决于温度[323]。扩散系数 D 可以用下式与温度 T 相关联[334]

$$D=D_o\mathrm{e}^{\left[\frac{-C}{T}\right]} \tag{15.79}$$

其中 D_o和 C 是常数,T 是绝对温度。结合方程(15.78),方程(15.79)可以改写为以下形式

$$t_m=\frac{0.67s^2}{D_o\mathrm{e}^{\left[\frac{-C}{T}\right]}} \tag{15.80}$$

图 15.17 为方程(15.80)的图形表示。为了进行波传播分析,我们需要将上述获得的性能参数代入本构模型中,得到控制方程,进行谱分析,并将导出的波参数代入谱有限元模型中。

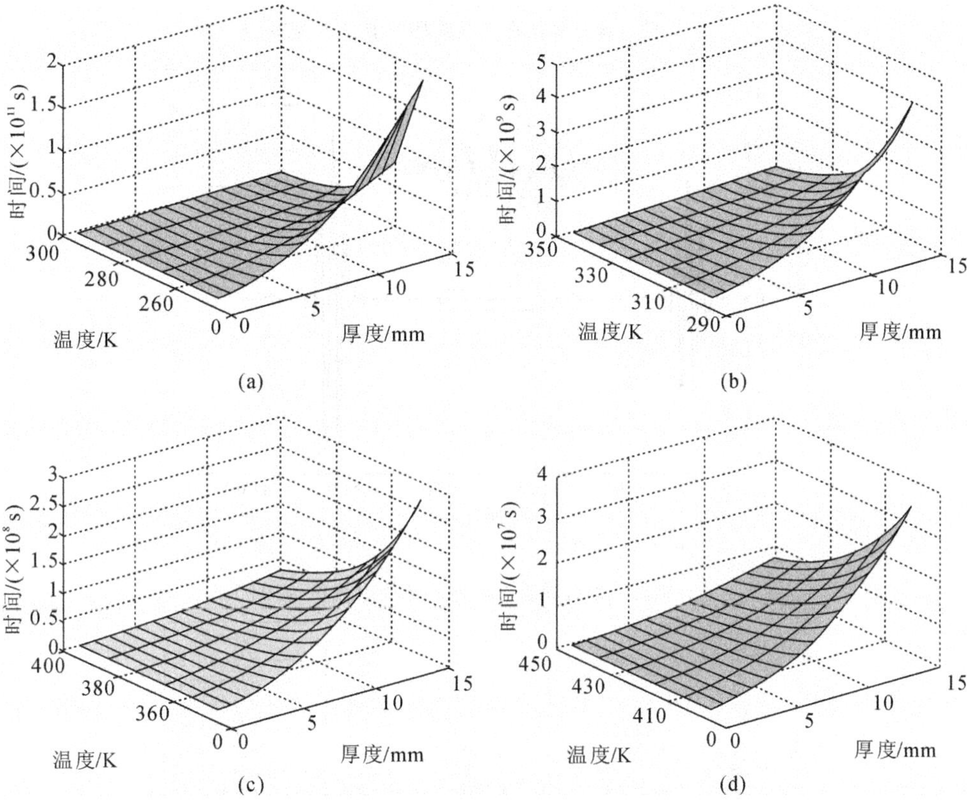

图 15.17　湿度在不同温度和厚度下达到饱和水平所需的时间

(a)在温度为 250 K 到 300 K 时;(b)在温度为 300 K 到 350 K 时;

(c)在温度为 350 K 到 400 K 时;(d)在温度为 400 K 到 450 K 时

在这个数值模拟采用了一个吸湿的 AS/3501 复合材料悬臂梁,使用基于小波变换的谱有限元方法对该悬臂梁进行求解,同时该问题也可以使用基于傅里叶变换的谱有限元求解。梁的尺寸如下:长度 $L=0.75$ m,宽度 $b=0.05$ m,厚度 $t=0.0013$ m。假定的材料性质如下:杨氏模量(E)是一个由于吸湿而变化的变量,其在方程(15.74)至(15.78)中给出;在没有剪切模量 G 随吸湿变化的数据的情况下,我们假定 G 为恒定值,并且其值为 $G_{12}=G_{13}=6.13$ GPa、$G_{23}=4.80$ GPa、$\nu_{12}=0.42$;质量密度为 1449 kg/m³。在这些算例中使用的 Daubechies 缩放函数的阶数为 22 阶,采样率 $\Delta t=1\ \mu$s,采用 1024 个采样点,时间窗口 $T_w=1024\ \mu$s。采用方程(15.71)计算湿度,其中 $a=0.0018$,$b=1$[334]。

在后面的分析中选取 37.6 kHz 正弦调制脉冲作输入信号,图 15.18(a)显示了在横向方向上施加调制载荷激励的梁的尖端横向速度。

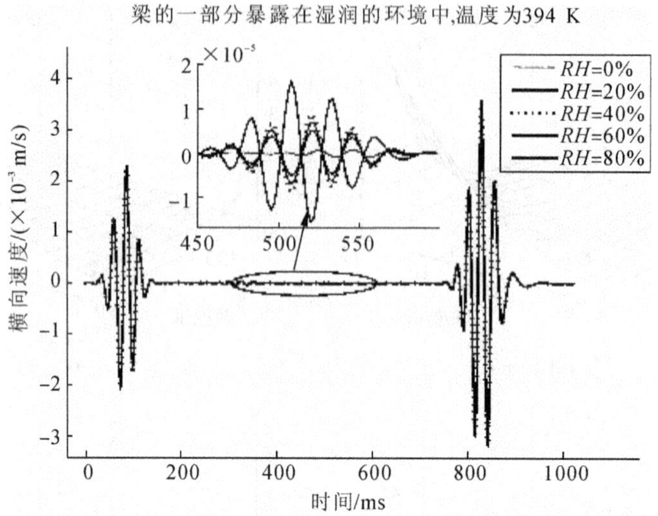

(a)

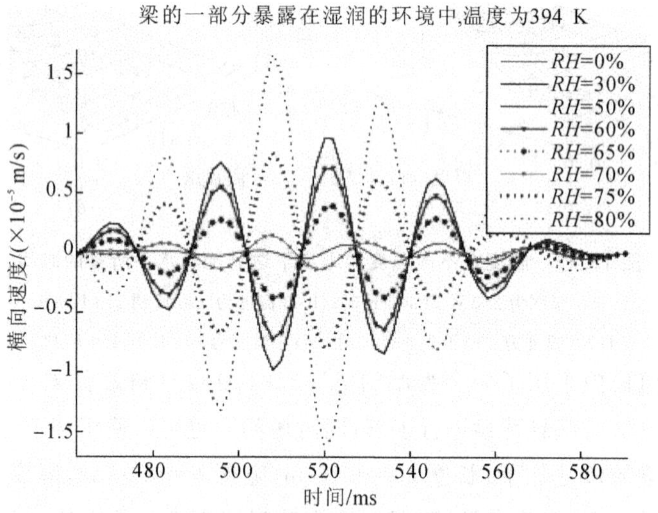

(b)

图 15.18　尖端调制载荷激励的梁尖端横向速度

(a)尖端横向速度的全局视图;(b)尖端横向速度的放大视图

本例中退化区域距固定端 0.25 m,并使用单一 WSFEM 进行建模。响应图是针对不同相对湿度(RH)值绘制的,从 0 到 80%,每次增加 20%。图 15.18(b)是图 15.18(a)的放大视图。观察图 15.18(b),发现相对湿度从 0%到 50%时响应幅值增加,随后湿度继续增加时响应幅值减小,当相对湿度为 30%和 60%时,其大小几乎相同,这意味着这两个相对湿度下的刚度几乎相同。当相对湿度超过 70%时,相位发生变化,这与张力模量 E_x 的变化一致,后者在相对湿度从 0%到 50%时先增加,然后湿度继续增大时减小,在相对湿度达到 70%之后,它迅速下降。换句话说,谱分析和谱有限元建模可以捕捉到这些效应对波传播响应的影响。采用基于运动学的假设对同样的问题进行稍微不同的处理，我们称这种处理方法用到的模型为平均退化模型。

15.4.2 平均退化模型

在一般退化模型中，退化区域的特征是材料力学性能（杨氏模量、密度等）由于吸湿等因素而降低。因此，在平面应力或平面应变条件下表示退化层合板的本构关系如下式所示：

$$\begin{Bmatrix} \sigma_{xx} \\ \sigma_{zz} \\ \tau_{xz} \end{Bmatrix} = \begin{bmatrix} \alpha_{11}Q_{11} & \alpha_{13}Q_{13} & 0 \\ \alpha_{13}Q_{13} & \alpha_{33}Q_{33} & 0 \\ 0 & 0 & \alpha_{55}Q_{55} \end{bmatrix} \begin{Bmatrix} \varepsilon_{xx} \\ \varepsilon_{zz} \\ \gamma_{xz} \end{Bmatrix} \tag{15.81}$$

其中 z 是层厚度方向，x 是纵向方向（0°纤维方向），α_{ij} 是退化因子，对于健康层它们是统一的。

我们采用了与模拟分层或垂直裂纹相同的方法来建模（请参见第 15.1 节和第 15.3 节）。在损坏区域两侧组装两个未损坏单元后，单元节点自由度被压缩，只需通过规定三组参数就能描述损伤：

1. 描述受损层压板的退化因子（α_{ij}）[方程式(15.81)]。
2. 未受损区域和受损区域之间界面的近似跨度位置。
3. 受损区域的长度。

图 15.19(a)显示了嵌入退化区谱单元的两个节点在梁中的位置。在没有退化的情况下，节点 1 和节点 2 之间采用一个谱单元足以进行分析。当将退化视为结构不连续时，如图 15.19(b)所示，单元的数量从一个增加到三个。为了模拟退化区（单元③）和周围未受损区域（单元①和②），引入了四个节点。在实际情况下，层合板中的基体裂纹密度可能会随着某些退化而减小，在这种情况下，单元①和③同样可采用退化的梯度层合板本构关系模型，即用式(15.81)表示。

与其他地方一样，“ ^ ”表示这些变量是在频域中定义的。运动学假设在内部单元节点 3、5 和 4、6 处的位移和旋转是连续的，其表达式为

$$\{\hat{\boldsymbol{u}}_5\} = \{\hat{u}_5^o \quad \hat{\omega}_5 \quad \hat{\theta}\}^{\mathrm{T}} = \hat{\boldsymbol{u}}_3,\ \{\hat{\boldsymbol{u}}_6\} = \{\hat{u}_6^o \quad \hat{\omega}_6 \quad \hat{\theta}\}^{\mathrm{T}} = \hat{\boldsymbol{u}}_4 \tag{15.82}$$

从左界面（节点 3 和 5 之间）和右界面（节点 4 和 6 之间）处的节点力和力矩的平衡，可以分别得到

$$\{\hat{\boldsymbol{f}}_3\} + \{\hat{\boldsymbol{f}}_5\} = \{\boldsymbol{0}\},\ \{\hat{\boldsymbol{f}}_4\} + \{\hat{\boldsymbol{f}}_6\} = \{\boldsymbol{0}\} \tag{15.83}$$

具有节点 p 和 q 的第 j（$j=1,2,3$）个内部单元的单元平衡方程可写为

$$\begin{bmatrix} [\hat{\boldsymbol{K}}_{11}]^{\textcircled{j}} & [\hat{\boldsymbol{K}}_{12}]^{\textcircled{j}} \\ [\hat{\boldsymbol{K}}_{21}]^{\textcircled{j}} & [\hat{\boldsymbol{K}}_{22}]^{\textcircled{j}} \end{bmatrix}_{(6\times 6)} \begin{Bmatrix} \{\hat{\boldsymbol{u}}_p\} \\ \{\hat{\boldsymbol{u}}_q\} \end{Bmatrix} = \begin{Bmatrix} \{\hat{\boldsymbol{f}}_p\} \\ \{\hat{\boldsymbol{f}}_q\} \end{Bmatrix} \tag{15.84}$$

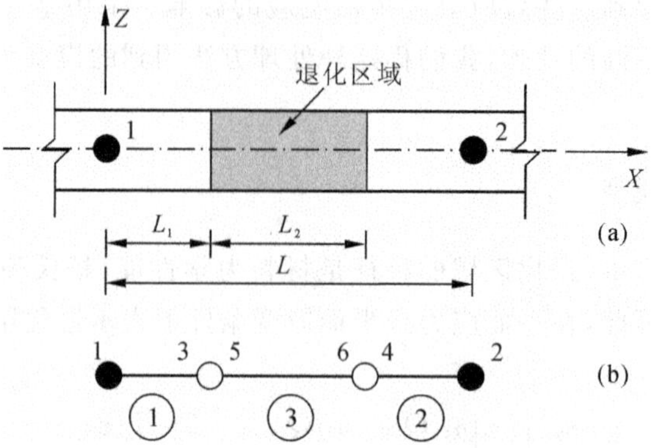

图 15.19 两节点梁平均退化模型

(a)具有长度为 L_2 的退化区的复合梁段(整个段由谱单元的端节点 1 和 2 表示);

(b)局部元素(显示由圆圈表示的内部单元编号①，②和③以及相关节点 1、3，2、4 和 5、6)

对三个内部单元①、②和③集成方程(15.84)，得到

$$\begin{bmatrix} [\hat{\boldsymbol{K}}_{11}]^{①} & [\hat{\boldsymbol{K}}_{12}]^{①} & [\boldsymbol{0}] & [\boldsymbol{0}] \\ [\hat{\boldsymbol{K}}_{21}]^{①} & [\hat{\boldsymbol{K}}_{22}]^{①}+[\hat{\boldsymbol{K}}_{11}]^{②} & [\hat{\boldsymbol{K}}_{12}]^{②} & [\boldsymbol{0}] \\ [\boldsymbol{0}] & [\hat{\boldsymbol{K}}_{21}]^{②} & [\hat{\boldsymbol{K}}_{22}]^{②}+[\hat{\boldsymbol{K}}_{11}]^{③} & [\hat{\boldsymbol{K}}_{12}]^{③} \\ [\boldsymbol{0}] & [\boldsymbol{0}] & [\hat{\boldsymbol{K}}_{21}]^{③} & [\hat{\boldsymbol{K}}_{22}]^{③} \end{bmatrix}_{(12\times12)} \times \tag{15.85}$$

$$\begin{Bmatrix} \{\hat{\boldsymbol{u}}_1\} \\ \{\hat{\boldsymbol{u}}_3\} \\ \{\hat{\boldsymbol{u}}_4\} \\ \{\hat{\boldsymbol{u}}_2\} \end{Bmatrix} = \begin{Bmatrix} \{\hat{\boldsymbol{f}}_1\} \\ \{\boldsymbol{0}\} \\ \{\boldsymbol{0}\} \\ \{\hat{\boldsymbol{f}}_2\} \end{Bmatrix}$$

在内部节点 3 和 4 的自由度凝结之后，并假设受损区域没有施加载荷，方程(15.85)可变换为

$$[\hat{\boldsymbol{K}}]_{(6\times6)} \begin{Bmatrix} \{\hat{\boldsymbol{u}}_1\} \\ \{\hat{\boldsymbol{u}}_2\} \end{Bmatrix} = \begin{Bmatrix} \{\hat{\boldsymbol{f}}_1\} \\ \{\hat{\boldsymbol{f}}_2\} \end{Bmatrix} \tag{15.86}$$

其中新的动态刚度矩阵$[\hat{\boldsymbol{K}}]$的子矩阵可以由下面公式计算得到

$$\left.\begin{aligned} &[\hat{\boldsymbol{K}}_{11}]=[\hat{\boldsymbol{K}}_{11}]^{①}-[\hat{\boldsymbol{K}}_{12}]^{①}([\hat{\boldsymbol{K}}_{22}]^{①}+[\hat{\boldsymbol{K}}_{11}]^{②})^{-1}[\boldsymbol{X}_2] \\ &[\hat{\boldsymbol{K}}_{12}]=[\hat{\boldsymbol{K}}_{12}]^{①}([\hat{\boldsymbol{K}}_{22}]^{①}+[\hat{\boldsymbol{K}}_{11}]^{②})^{-1}[\hat{\boldsymbol{K}}_{12}]^{②}[\boldsymbol{X}_1]^{-1}[\hat{\boldsymbol{K}}_{12}]^{③} \\ &[\hat{\boldsymbol{K}}_{21}]=[\hat{\boldsymbol{K}}_{21}]^{③}[\boldsymbol{X}_1]^{-1}[\hat{\boldsymbol{K}}_{21}]^{②}([\hat{\boldsymbol{K}}_{22}]^{①}+[\hat{\boldsymbol{K}}_{11}]^{②})^{-1}[\hat{\boldsymbol{K}}_{21}]^{①} \\ &[\hat{\boldsymbol{K}}_{22}]=[\hat{\boldsymbol{K}}_{22}]^{③}-[\hat{\boldsymbol{K}}_{21}]^{③}[\boldsymbol{X}_1]^{-1}[\hat{\boldsymbol{K}}_{12}]^{③} \\ &[\boldsymbol{X}_1]=([\hat{\boldsymbol{K}}_{22}]^{②}+[\hat{\boldsymbol{K}}_{11}]^{③})-[\hat{\boldsymbol{K}}_{21}]^{②}([\hat{\boldsymbol{K}}_{22}]^{①}+[\hat{\boldsymbol{K}}_{11}]^{②})^{-1}[\hat{\boldsymbol{K}}_{12}]^{②} \\ &[\boldsymbol{X}_2]=[\hat{\boldsymbol{K}}_{21}]^{①}+[\hat{\boldsymbol{K}}_{12}]^{②}[\boldsymbol{X}_1]^{-1}[\hat{\boldsymbol{K}}_{21}]^{②}([\hat{\boldsymbol{K}}_{22}]^{①}+[\hat{\boldsymbol{K}}_{11}]^{②})^{-1}[\hat{\boldsymbol{K}}_{21}]^{①} \end{aligned}\right\} \tag{15.87}$$

方程(15.86)是嵌入退化区谱单元的平衡方程，其中只需要使用端节点 1，2 的自由度来形成损坏结构的全局系统。现在将使用该模型对退化复合材料结构进行波传播分析。

15.4.3　数值算例

为了模拟刚度退化对诊断信号的影响，考虑长度为 0.8 m、厚度为 16 mm、宽度为 10 mm 的石墨-环氧悬臂梁。假设所有层厚度相等，铺层顺序为$(0^\circ_{40}/90^\circ_{80}/0^\circ_{40})$，在距离梁的固定端 0.3 mm 处引入一个 20 mm 长的退化区域。梁的谱有限元模型由单个受损谱单元组成，在 *X*-*Z* 平面(图 15.19)下处于平面应力条件下，假设所有 90°层都以相同因子 α_{11}[方程(15.82)]在纵向模式下退化。

在横向和剪切模式下，假设层是未受损的。然而，在实际情况下，横向和剪切模量也会退化，但是它们对结构在弯曲波激励下的损伤响应的影响(如目前情况)与纵向弹性模量退化的影响相比可以忽略不计。在尖端沿横向方向(与 *Z* 轴平行)施加 20 kHz 正弦脉冲，如图 15.4 所示，在分析中使用 2048 个快速傅里叶变换采样点。由于交叉铺层退化的变化，梁尖端处的横向速度历程如图 15.20(a)所示。出现在 0.5～0.75 ms处的第一个脉冲是入射波，在更高退化区域(α_{11}值较小)看到的下一个较小脉冲是来自退化区两端的反射，这里我们假设层在退化区内是均匀退化的。

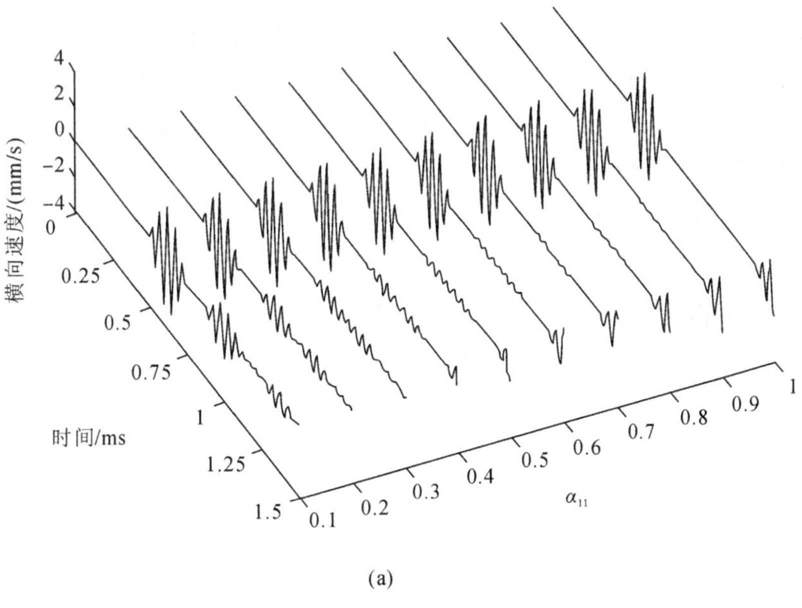

(a)

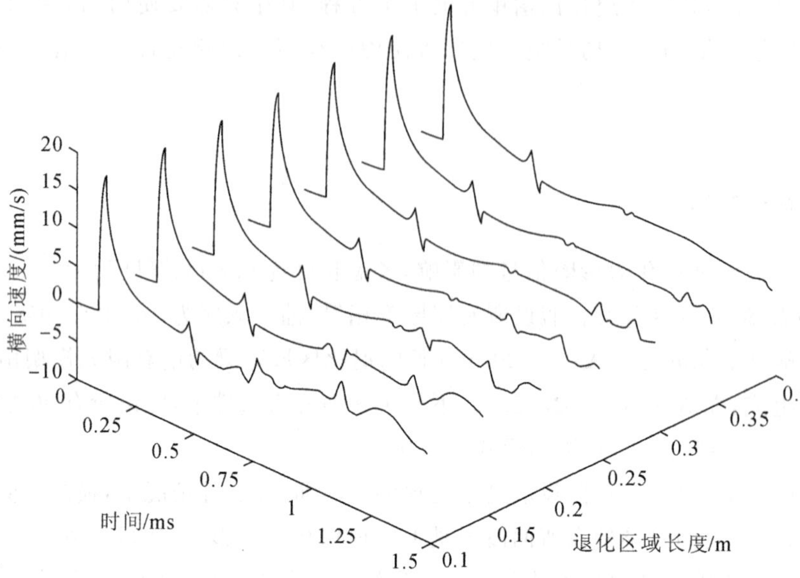

(b)

图 15.20 退化因子及退化区域长度对横向速度的影响

(a)由于退化因子 α_{11} 的变化而产生的横向速度历程(使用窄带诊断信号,退化区的长度为 20 mm);

(b)由于退化区长度的变化而产生的横向速度历程[使用宽带诊断信号(图 6.16),退化因子 $\alpha_{11}=0.2$]。

为了研究退化区长度的影响,我们考虑相同的悬臂梁,其中一个界面固定在距离尖端 0.4 m 处。采用图 6.16 所示的宽带信号而不是窄带负载。退化区的长度变化通过将另一个界面与固定端的距离从 0.1 m 移向 0.4 m 实现。最后一种情况表示梁的固定端一侧的一半梁退化。对于 $\alpha_{11}=0.2$,图 15.20(b)显示了梁尖处横向速度历程随退化区大小变化的变化,从图中可以看出,对于退化程度较高但是区域退化较小的区域(α 值较小),来自两个界面的两种反射都很容易检测到。

15.5 含垂直裂纹二维板中波的传播

在一维波导中推导简化的损伤模型并不简单明了,但在二维波导中,由于第二个维度中的附加波数代入控制微分方程,推导这样的简化模型非常困难。但是,有一个特殊情况,即具有单个垂直裂纹的板可以使用简单的柔性函数进行建模,本节将对此进行解释。

15.5.1 含垂直裂纹的二维板有限元建模

具有横向不扩展裂纹的谱板单元如图 15.21 所示,该单元的 X 方向上长度为 L,

而 Y 方向上板是无限长的(尽管具有 Y 方向窗口长度 L_y)。裂纹位于距板左边缘 L_1 处,在 Y 方向上的长度为 $2c$。

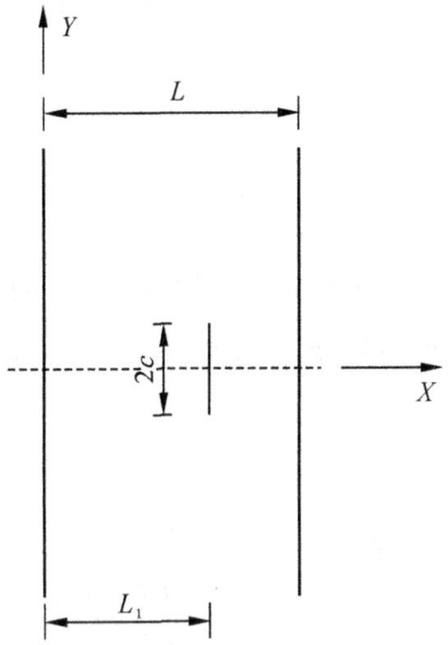

图 15.21　具有横向不扩展裂纹的板单元

根据对称铺层的经典板理论,频率 ω_n 处的位移场如下

$$\hat{w}(x,y) = \sum_{m=1}^{M} \tilde{w}(x)\ \mathrm{e}^{-\mathrm{j}\xi_m y}$$

$$= \sum_{m=1}^{M} (A_{mn}\ \mathrm{e}^{-\mathrm{j}k_1 x} + B_{mn}\ \mathrm{e}^{-\mathrm{j}k_2 x} + C_{mn}\ \mathrm{e}^{-\mathrm{j}k_1(L_1-x)} + D_{mn}\ \mathrm{e}^{-\mathrm{j}k_2(L_1-x)})\ \mathrm{e}^{-\mathrm{j}\xi_m y}$$

其中 k_1 和 k_2 是波数,它们是下面色散方程的解

$$D_{11}k^4 + (2D_{12} + 4D_{66})\xi_m^2 k^2 + (D_{22}\xi_m^4 - I_0\omega^2) = 0$$

其中 $\xi_m = 2m\pi/L_y$ 是 Y 方向波数。此外,力矩(M_{xx})和剪力(V_x)表达式为

$$M_{xx} = \frac{D_{11}\partial^2 \hat{w}(x,y)}{\partial x^2} + \frac{D_{12}\partial^2 \hat{w}(x,y)}{\partial y^2} \tag{15.88}$$

$$V_x = -\left(\frac{D_{11}\partial^3 \hat{w}(x,y)}{\partial x^3} + \frac{(D_{12}+4D_{66})\partial^3 \hat{w}(x,y)}{\partial x y^2}\right) \tag{15.89}$$

我们假设在裂纹的左侧和右侧分别有两个不同的位移场 $\hat{w}_1(x,y)$ 和 $\hat{w}_2(x,y)$,其波数域表示为 $\tilde{w}_1(x)$ 和 $\tilde{w}_2(x)$。这些表达式总共涉及 8 个常数,这些常数将在后续的公式中用向量 $\{\boldsymbol{c}\}$ 表示,这个向量可以表示为节点位移和旋转的函数 $\{\tilde{q}_1, \tilde{q}_2, \tilde{q}_3, \tilde{q}_4\} = \{\{\boldsymbol{u}\}_1, \{\boldsymbol{u}\}_2\}$,采用左边缘和右边缘的边界条件以及沿裂纹线的假想边界,如下所示

1. 在单元的左边缘($x=0$)

$$\tilde{w}_1(x) = \tilde{q}_1,\ \partial\tilde{w}_1(x)/\partial x = \tilde{q}_2$$

2. 在裂纹位置(对于 $\tilde{w}_1$, $x=L_1$;对于 $\tilde{w}_2$, $x=0$)

$\tilde{w}_1(x)=\tilde{w}_2(x)$（裂纹处位移的连续性）

$\partial\tilde{w}_1(x)/\partial x-\partial\tilde{w}_2(x)/\partial x=\tilde{f}_2$（裂纹处斜率的不连续性）

$M_{xx1}=M_{xx2}$（弯矩的连续性）

$V_{x1}=V_{x2}$（剪力的连续性）

3. 在单元右边缘（$x=L-L_1$）

$$\tilde{w}_2(x)=\tilde{q}_3 \quad \partial\tilde{w}_2(x)/\partial x=\tilde{q}_4$$

其中 M_{xx1} 和 V_{x1} 是从 $\hat{w}_1(x,y)$ 获得的力矩和剪力，同样 M_{xx2} 和 V_{x2} 是从 $\hat{w}_2(x,y)$ 获得的合力。$\tilde{f}_2$ 是沿裂纹边缘的斜率不连续函数 $\hat{f}_2(y)$ 的波数变换，$\hat{f}_2(y)$ 的计算方法将在本节稍后给出。

这些边界条件可以写成

$$\begin{bmatrix}\{\boldsymbol{M}\}_1 & \{\boldsymbol{0}\}\\ \{\boldsymbol{M}\}_2 & \{\boldsymbol{M}\}_3\\ \{\boldsymbol{0}\} & \{\boldsymbol{M}\}_4\end{bmatrix}\{\boldsymbol{c}\}=\begin{Bmatrix}\{\boldsymbol{u}\}_1\\ \{\boldsymbol{f}\}\\ \{\boldsymbol{0}\}\\ \{\boldsymbol{u}\}_2\end{Bmatrix},\{\boldsymbol{f}\}=\{0,\tilde{f}_2\}$$

其中，$\{\boldsymbol{c}\}=\{A_{mn}\quad B_{mn}\quad C_{mn}\quad D_{mn}\}$，$\{\boldsymbol{M}\}_1$、$\{\boldsymbol{M}\}_4\in\{\boldsymbol{C}\}^{2\times4}$，$\{\boldsymbol{M}\}_2$、$\{\boldsymbol{M}\}_3\in\{\boldsymbol{C}\}^{4\times4}$。求逆矩阵$\{\boldsymbol{M}\}$（称其为$\{\boldsymbol{N}\}$），常数$\{\boldsymbol{c}\}$可表示为

$$\{\boldsymbol{c}\}=\{\boldsymbol{N}\}\begin{Bmatrix}\{\boldsymbol{u}_1\}\\ \{\boldsymbol{f}\}\\ \{\boldsymbol{0}\}\\ \{\boldsymbol{u}_2\}\end{Bmatrix}=[\boldsymbol{N}](:,[1,2,7,8])\begin{Bmatrix}\{\boldsymbol{u}_1\}\\ \{\boldsymbol{u}_2\}\end{Bmatrix}+[\boldsymbol{N}](:,[3,4]\{\boldsymbol{f}\} \tag{15.90}$$

使用方程(15.88)和(15.89)，板的左右边缘的剪力和弯矩可以写成

$$\begin{Bmatrix}V_{x1}(0)\\ M_{xx1}(0)\\ V_{x2}(L)\\ M_{xx2}(L)\end{Bmatrix}=\begin{Bmatrix}\tilde{V}_1\\ \tilde{M}_1\\ \tilde{V}_2\\ \tilde{M}_2\end{Bmatrix}=\begin{bmatrix}\{\boldsymbol{P}_1\} & \{\boldsymbol{0}\}\\ \{\boldsymbol{0}\} & \{\boldsymbol{P}_2\}\end{bmatrix}\{\boldsymbol{c}\}$$

$$\{\boldsymbol{P}_1\},\{\boldsymbol{P}_2\}\in\{\boldsymbol{C}\}^{2\times4} \tag{15.91}$$

结合方程(15.90)和(15.91)，我们可以得到

$$\begin{Bmatrix}\tilde{V}_1\\ \tilde{M}_1\\ \tilde{V}_2\\ \tilde{M}_2\end{Bmatrix}=[\tilde{\boldsymbol{K}}]\begin{Bmatrix}\{\boldsymbol{u}_1\}\\ \{\boldsymbol{u}_2\}\end{Bmatrix}+\{\tilde{\boldsymbol{b}}\}$$

其中$[\tilde{\boldsymbol{K}}]$是裂纹板的频率-波数域单元刚度矩阵，而$\{\tilde{\boldsymbol{b}}\}$是由于裂纹的存在而产生的矢量。它们由以下得到

$$[\tilde{\boldsymbol{K}}]=\begin{bmatrix}\{\boldsymbol{P}_1\} & \{\boldsymbol{0}\}\\ \{\boldsymbol{0}\} & \{\boldsymbol{P}_2\}\end{bmatrix}[\boldsymbol{N}](:,[1,2,7,8]),\{\tilde{\boldsymbol{b}}\}=\begin{bmatrix}\{\boldsymbol{P}_1\} & \{\boldsymbol{0}\}\\ \{\boldsymbol{0}\} & \{\boldsymbol{P}_2\}\end{bmatrix}[\boldsymbol{N}](:,[3,4])$$

15.5.2 裂纹处的柔度

如果$\theta(y)$表示裂纹两侧的弯曲柔度，则斜率不连续函数可以写成

$$\hat{f}_2(y)=\theta(y)M_{xx}(L_1,y) \tag{15.92}$$

可以得到$\theta(y)$的无量纲形式[178]

$$\theta(\bar{y})=(6H/L_y)\alpha_{bb}(\bar{y})F(\bar{y}),\bar{y}=y/L_y$$

其中H是板的总厚度，$\alpha_{bb}(\bar{y})$是表示无量纲弯曲柔度系数的函数，$F(\bar{y})$是一个修正函数，函数$\alpha_{bb}(\bar{y})$由以下关系给出

$$\alpha_{bb}(\bar{y})=\alpha_{bb}^0 f(\bar{y})$$

其中

$$\alpha_{bb}^0=(1/H)\int_0^{h_0}\xi(1.99-2.47\xi+12.97\xi^2-23.117\xi^3+24.80\xi^4)^2\mathrm{d}h$$

$$\xi=h/H$$

其中h是表示裂纹形状的函数，h_0是中央裂纹深度。

$$f(\bar{y})=\exp[-(\bar{y}-\bar{y}_0)^2\mathrm{e}^2/2\bar{c}^2]$$

其中e是自然对数的底数，$\bar{C}$是归一化的半裂纹长度，为c/L_y。修正函数如下所示

$$F(\bar{y})=\frac{2c/H+3(\nu+3)(1-\nu)\alpha_{bb}^0[1-f(\bar{y})]}{2c/H+3(\nu+3)(1-\nu)\alpha_{bb}^0}$$

图 15.22 显示了不同裂纹长度c和中央裂纹深度h_0的$\theta(y)$变化。为了计算$\tilde{f}_2$，需要对$\hat{f}_2(y)$进行快速傅里叶变换。然而，在公式(15.92)中，裂纹位置的弯矩$M_{xx}(L_1,y)$表达式无法提前得知。因此，为了进行变换，需要进行一些拟合，我们假设弯矩不会因裂纹的存在而受到很大的扰动，并且有裂纹板的M_{xx}可以用未损坏板的$M_{xx0}f(y)$代替。此外，如果施加载荷是集中的，Y依赖于$\delta(y-y_0)$，那么$f(y)$也是如此。因此，应用傅里叶变换并使用狄利克雷函数的性质，我们有

$$\tilde{f}_2=M_{xx0}\theta(y_0)$$

其中，f_2是一个常数。通过这个常数，可以得到有裂纹板的第一个近似位移场和应力

场。这个新结果可以再次用来代替 M_{xx0}，使迭代可以持续进行，直到收敛为止。在当前研究中，由于目标是展示裂纹存在所引起的位移场的定性变化，因此没有进行迭代。接下来，我们将在谱有限元中使用这个模型，并进行波传播分析。

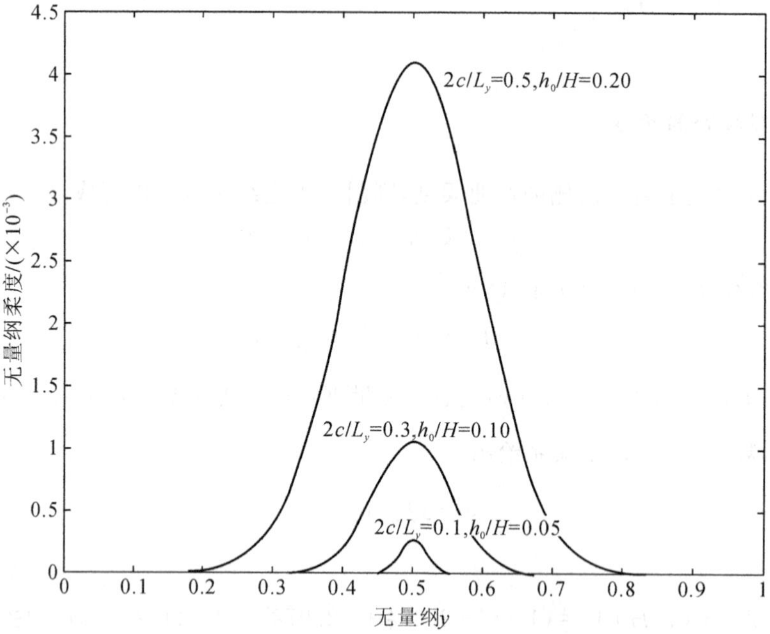

图 15.22 裂纹位置的无量纲柔度变化

本节研究了不扩展的横向裂纹对速度场的影响。为此，采用一个长度为 1.0 m 的 GFRP 板(图 15.21 中的 L)，需要该传播长度才能清楚地区分裂纹的位置(L_1)，其中裂纹长度为 0.1 m，Y 窗口长度 L_y 固定为 10.0 m。在这个例子中，考虑了对称铺层($[0^{\circ}_{10}]$)，其中每层厚度为 1.0 mm。该板在一端固定，在另一端受到相同的脉冲载荷(图 6.16)冲击。在图 15.23(a)中显示了板(横向速度)在不同裂纹位置的响应以及底部无损板的响应。

正如图 15.23 所示，裂纹的存在并不能明显改变弯曲模式的峰值幅值和群速度，并且来自固定端的反射在所有情况下都在 500 μs 到达。然而，由于裂纹的存在，在边界反射之前有一个额外的来自裂纹前沿的反射(分别在 250 μs、200 μs 和 150 μs 左右，对于 L_1=0.25 m、0.5 m 和 0.75 m)。这个波从一个固定横向裂纹散射的模式和在梁中由垂直裂缝引起的散射模式相似，第 15.3 节对此进行了介绍。接下来，在自由端施加一个调制脉冲，并在同一点测量横向速度，图 15.23(b) 显示了裂纹板和健康板的时间历程，可以清楚地看到额外的反射，这些反射随着 L1 的变化而改变它们的位置。这一段漏翻。

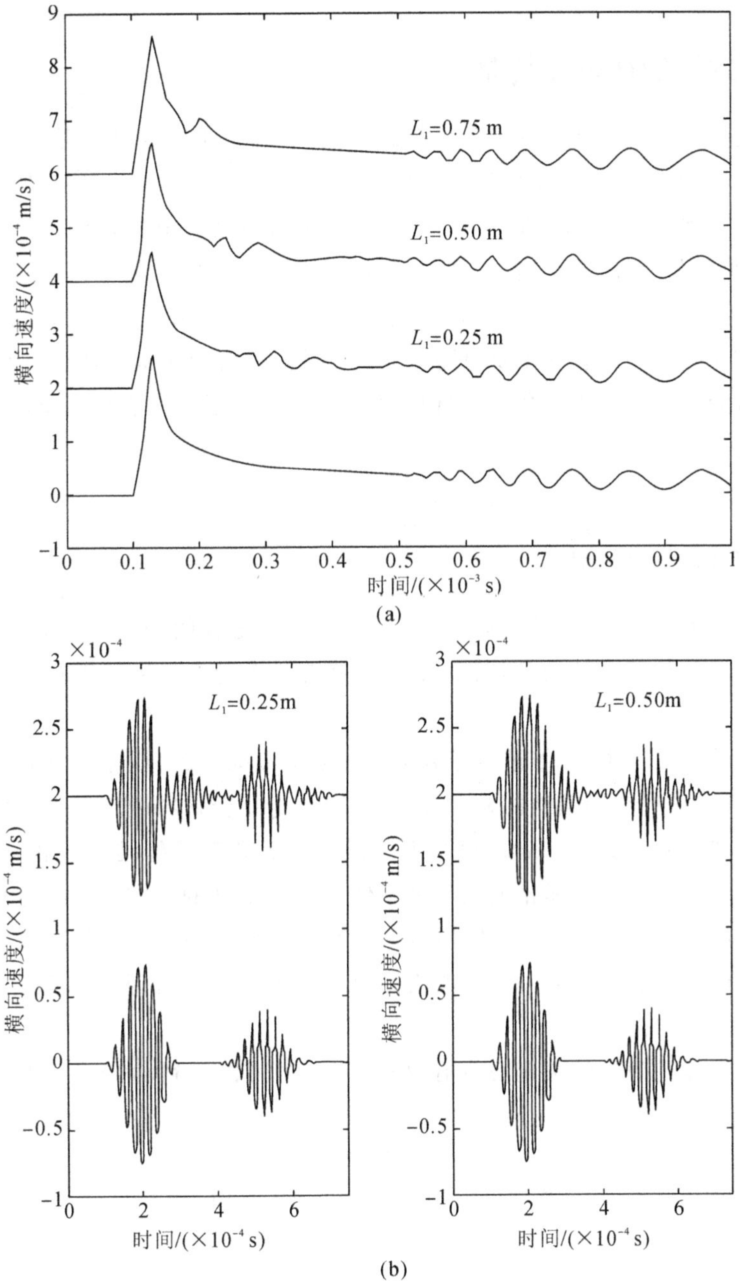

图 15.23　横向裂纹引起的散射

(a)宽带脉冲;(b)调制信号

15.6 多孔梁中的波传播

孔隙是复合材料制造过程中常见的缺陷之一，非常难以控制。无论多么小心，都会有少量孔隙，孔隙率通常用体积百分比来量化。对于航空航天应用，如果零件的孔隙率超过 2%，则达不到航空航天标准。大多数可用于测定孔隙率的方法都是破坏性方法，最常见的是燃烧实验。在本节中，我们提出了一种用于包含孔隙的复合材料的谱有限元模型，该模型可以通过波导响应测量方法来测量孔隙率。换句话说，可以非破坏性地测量孔隙率。它的主要思路是通过修改后的混合法则去计算获取孔隙率，该修改后的混合法则常用于多孔复合材料的本构模型，然后在谱有限元模拟中实现对波传播响应的分析。

15.6.1 修改的混合法则

在该模型的发展中，有两个阶段。首先，通过麦德森的修改混合规则模型[211-213]获得多孔复合结构的有效力学性能，然后将获得的性能参数用于谱有限单元模型的开发。

在混合法则方法中，纤维重量分数被视为独立变量。纤维、基体和孔隙的体积分数(V_f、V_m、V_p)由纤维和基体的密度(ρ_f、ρ_m)以及与复合材料微观结构相关的纤维相关和基体相关孔隙常数(α_{pf}、α_{pm})来控制。纤维相关孔隙是纤维内部和基体-纤维界面上充满空气的空腔。基体相关孔隙是基体中充满空气的空腔。纤维体积分数达到最大值，对应纤维重量分数，称为转换重量分数。在此转换点以下的孔隙相称为加工相关孔隙，在转换点之后，另一个孔隙相称为结构性孔隙，可用基体体积不足以填充完全压实组件中的自由空间。

体积相互作用模型的关键方程在文献[213]中可以找到，当 $W_f \leqslant W_{f\text{transition}}$，由下式给出

$$V_f = \frac{(1-W_f)\rho_m}{W_f\rho_m(1+\alpha_{pf})+(1-W_f)\rho_f(1+\alpha_{pm})} \tag{15.93}$$

$$V_m = \frac{W_f\rho_f}{W_f\rho_m(1+\alpha_{pf})+(1-W_f)\rho_f(1+\alpha_{pm})} \tag{15.94}$$

$$V_p = \frac{W_f\rho_m\alpha_{pf}(1-W_f)\rho_f\alpha_{pm}}{W_f\rho_m(1+\alpha_{pf})+(1-W_f)\rho_f(1+\alpha_{pm})} \tag{15.95}$$

当 $W_f \geqslant W_{f\text{transition}}$ 时，有

$$V_f = V_{\max},\quad V_m = V_{f\max}\frac{(1-W_f)\rho_f}{W_f\rho_m}$$
$$V_p = 1 - V_{f\max}\left[1+\frac{(1-W_f)\rho_f}{W_f\rho_m}\right] \tag{15.96}$$

$$W_{f\text{transition}} = \frac{V_{f\max}\rho_f(1+\alpha_{pm})}{V_{f\max}\rho_f(1+\alpha_{pm}) - V_{f\max}\rho_m(1+\alpha_{pf}) + \rho_m} \tag{15.97}$$

轴向和横向刚度可以使用修改后的混合法则计算为[213]

$$E_{\text{axial}} = (V_f E_f + V_m E_m)(1-V_p)^n \tag{15.98}$$

$$E_{\text{transverse}} = \left[\frac{E_f E_m}{(1-V_f)E_f + V_f E_m}\right](1-V_p)^n \tag{15.99}$$

其中 E_f 和 E_m 是纤维和基体的刚度值，n 的值与文献[210]中一样假设为 2。在这里，通过模拟孔隙率的影响，即在材料中存在的球形孔洞，来计算有效刚度。复合材料的密度由文献[212]给出

$$\rho_C = \frac{V_f}{W_f}\rho_f \tag{15.100}$$

这些有等效刚度和密度的表达式是从修改的混合法则模型中计算得到的，并被纳入了谱有限元公式中。因此，新构造的谱有限元梁单元将包括结构中的孔隙效应。

15.6.2　数值结果

本节分为几个部分，首先，基于改进的混合规则模型，对所建立的多孔光谱有限元模型的精度进行了研究。研究了所建立的多孔谱有限元模型的准确性，随后，分析波传播分析中不同参数和孔隙率之间的关系。此处，考虑整个梁结构为多空介质进行分析，研究了孔隙率变化对波数、群速度和与孔隙率变化相对应的时间响应的影响。通过解决优化问题，研究时间响应中第一次反射到达时间的变化，将其作为一个参数来得到梁结构中的孔隙率。在优化问题中，使用传统有限元法获得响应数据作为实验数据。但是，在实际情况下，当我们考虑真实结构时，整个结构可能不是多孔的。在基于波动传播原理的孔隙率预测模型中，多孔介质长度的变化会影响波动响应。这意味着需要找到多孔区域的长度以及孔隙率的变化。因此，在接下来的研究中，考虑梁的一部分为多孔介质，并研究波响应受区域长度变化（以相同孔隙率和不同孔隙率）的影响。使用本研究中得到的速度响应描述用于定位和量化复合梁结构中孔隙率的波散射方法。

实验设置

实验设置示意图如图 15.24 所示，它由一组 PZT 晶片发射器和接收器组成，用于放大来自传感器和 NI-PXI 6115 数据采集卡的数据，使用 NI-DAQ 卡的模拟输出通道生成音调突发信号来激活压电陶瓷晶片有源传感器(PWAS)，由 PWAS 接收器接收到的信号被放大并通过 NI-DAQ 卡传输到计算机。使用的 PWAS 传感器直径为 10 mm，厚度为 1 mm。使用苯基水杨酸盐将这些传感器与结构表面粘结在一起，距离为 200 mm。用 LabVIEW 软件过滤信号中的噪声。

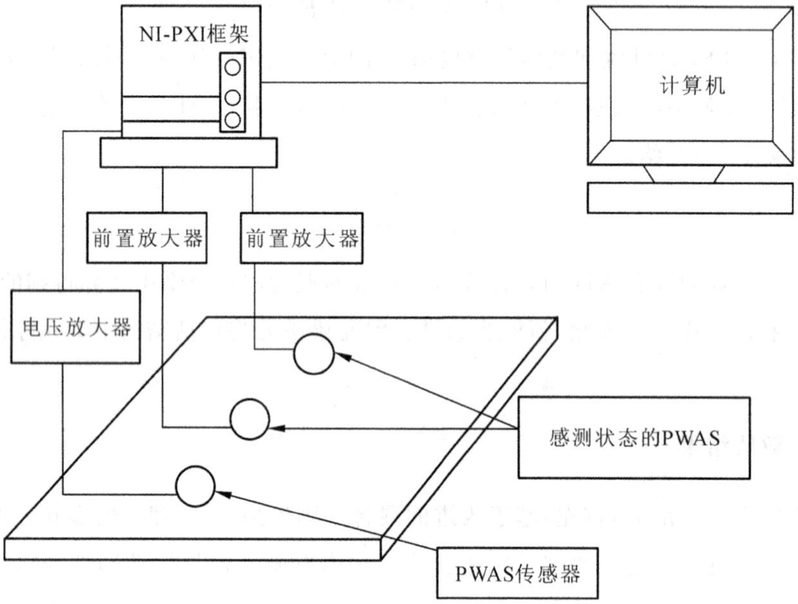

图 15.24 实验设置示意图

接下来讨论多孔复合材料样品的制备。所需铺层的复合层合板通过手工铺设和室温固化制备。在制备复合层合板时，固化压力是导致复合材料层合板多孔性的主要因素。这些层合板在室温和大气压下固化，在此过程中变化真空压力是实现不同孔隙率的最简单方法。ASTM 标准规定，在制备复合材料层合板时必须使用至少 0.5 bar (381 mm 汞柱)的最小压力，这限制了压力范围只能从 0.5 bar 到 1 bar 变化。使用较低压力制备的层压板会导致更高的孔隙，因为气泡和在固化过程中释放的挥发性物质不会排出。此外，由于压力在整个层合板中是均匀的，因此孔隙分布是均匀的，所以我们通过选择可用范围内的不同固化压力来制备具有不同孔隙率的层压板。

多孔谱有限元模型的验证

接下来，采用两个具有不同孔隙率的准各向同性 CFRP 层合板建立谱有限元梁/杆模型。通过改变固化压力来产生孔隙率差异，由于压力均匀施加在层合板上，因此假定孔隙分布也是均匀的。板的每层长度为0.5 m，横截面为 0.07 m×0.000148 m，材料特性为 $\rho_f=1.75\ \mathrm{g/cm^3}$，$\rho_m=1.2\ \mathrm{g/cm^3}$，$E_f=230$ GPa，$E_m=5$ GPa，复合材料刚度计算如下[212]

$$E_{\text{composite}}=(\eta_0\eta_l V_f E_f+V_m E_m)(1-V_p)^2 \tag{15.101}$$

其中 η_0 是纤维取向效率因子，用于解决在加载方向上纤维刚度对复合材料刚度作用减少的问题，而 η_l 是纤维长度效率因子，纤维取向因子 η_0 表达如下

$$\eta_0=\sum a(i)\cos^4\theta(i) \tag{15.102}$$

其中 $a(i)$ 是第 i 组平行纤维相对于总纤维的比例。

$\theta(i)$ 是第 i 组平行纤维相对于加载方向的角度。在本研究中，该因子的值为 0.5（对于铺层顺序，45°/−45°/0°/90°/0°/0°/90°/0°/−45°/45°）。因为对于具有高 L/D 比的复合材料，η_l 的变化对复合材料刚度的计算影响较小[212]，参数 η_l 取为 1。

这里使用基体燃烧法来确定孔隙体积分数。在马弗炉中燃烧试样，以降解并去除纤维周围的层压板基体，从而确定纤维质量分数[205]。通过使用数字游标卡尺和数字千分尺测量试样的尺寸来确定试样的体积后，再结合已知的纤维和基体的密度，即可以确定孔隙体积分数。纤维降解和对流会影响该技术的准确性，因为纤维也可能随着基体一起降解。但是，在这项研究中，因为基体燃烧法的简单性和可用性而采取了这种方法，并且用于层合板的增强材料——碳纤维符合该方法的要求。

假设结构中的孔隙率为基体孔隙率，使用方程(15.95)至(15.97)计算基体、纤维和孔隙的体积分数，使用方程(15.101)计算复合材料的刚度。在本研究中，假定孔隙均匀分布在梁的长度(波传播方向)上。表 15.2 显示了两个样品的纤维重量分数，与基体相关的孔隙率常数(孔隙体积分数与基体体积分数之比)以及体积分数(纤维、基体和孔隙)。表 15.3 显示了根据模型和实验计算出的复合材料刚度和复合材料密度的值，尽管使用模型模拟的刚度和密度值与实验结果存在一些差异，但这些值随着结构孔隙率变化的趋势非常相似。因此，结果表明该模型能够合理地预测材料性质随孔隙率变化。此外，从发展简化损伤模型的角度来看，数值模拟的准确性足以满足需求，特别是在结构健康监测(SHM)的背景下。接下来，将实验获得的响应速度与使用谱有限元模型得到的速度进行比较。用于分析的两个信号，一个是在轴向响应下以 200KHZ 调制的突发信号，而另一个是在横向响应下频率为 50kHz 的调制脉冲信号。在实验中，选择层板的中心部分，并将信号通过层板传播。传感器位于传播方向(轴向或 X 方向)上距离致动器 200 mm 的点上。

表 15.2 复合层板的质量分数、孔隙率常数和体积分数

样本	W_f	α_{pm}	V_f	V_m	V_p
1	0.6648	0.076	0.5583	0.4105	0.0312
2	0.6725	0.1113	0.5585	0.3966	0.0449

使用谱有限元方法得到结构响应，使用包括孔隙效应的改进混合法则模型来进行建模。图 15.25 表明了由模型获得的轴向载荷激励的轴向速度响应与实验结果非常相似。因此，可以说该模型成功模拟了结构中孔隙率的影响，并可以进一步使用该模型在复合梁结构量化孔隙率并定位多孔区域，即进行反问题的求解。

表 15.3 来自模型和实验的复合刚度(GPa)和密度(kg/m^3)

样本	E_{comp}(模型)	E_{comp}(实验)	ρ_{comp}(模型)	ρ_{comp}(实验)
1	62.1856	60.2213	1476.2	1462
2	60.3892	59.1074	1448.8	1457

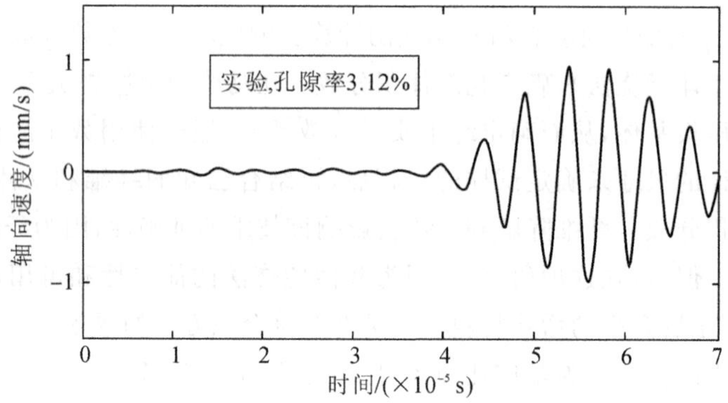

(a)

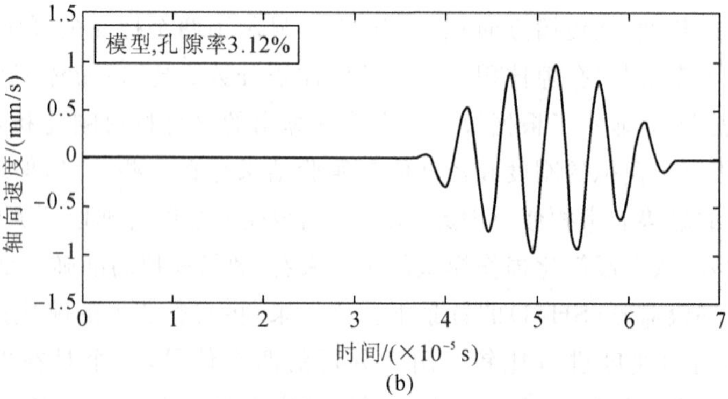

(b)

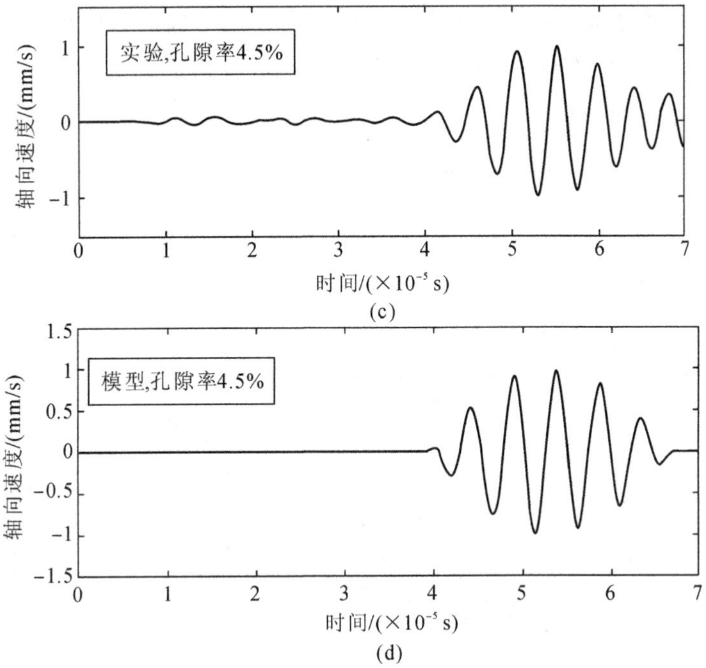

图 15.25　CFRP 层板的轴向速度响应

(a)实验,孔隙体积分数=3.12%;(b)模型,孔隙体积分数=3.12%;

(c)实验,孔隙体积分数=4.5%;(d)模型,孔隙体积分数=4.5%

孔隙对波参数的影响

进行了参数研究以确定群速度的变化,从而确定与结构孔隙率呈函数关系的速度响应。目的是表征模型的波响应对孔隙率变化的敏感性。为此采用了由 12 层单向纤维(沿 X 轴方向定向)组成的欧拉-伯努利梁。孔隙率被认为均匀分布在梁的整个长度(传播方向)。每层长度为 0.3 m,横截面为0.13 m×0.0002 m,材料性质来自文献[212],为 $\rho_f=1.6\ \mathrm{g/cm^3}$,$\rho_m=1.34\ \mathrm{g/cm^3}$,$\alpha_{pf}=0.081$,$\alpha_{pm}=0$,$V_{f\max}=0.466$,$E_f=58.6\ \mathrm{GPa}$,$E_m=2.7\ \mathrm{GPa}$。使用15.6.1节中给出的方程获得了层合复合材料梁的所有性质,进而将这些性质提供给谱单元梁模型进行分析,获得并绘制响应。随孔隙率和重量分数变化的波数、群速度和时间响应如图 15.26 至 15.29 所示。

图 15.26 显示了轴向和弯曲波数的变化情况。对于假定性质的材料,转变点处的孔隙率为 3.73%。从图中可以看出,一旦重量分数达到转变点,轴向波数的斜率会发生显著变化,这表明群速度发生了变化。这可以归因于复合材料结构中包含名为结构孔隙度的附加孔隙相,导致其孔隙率的突然增加,即在转变点之后重量分数的增加(转

变点处的孔隙率值为3.73%)。从图15.26(b)所示的弯曲波数图中可以得出相同的结论。接下来,研究孔隙率对波响应的影响。为此,我们考虑图15.28(a)和(b)中显示的宽带和窄带突发信号。

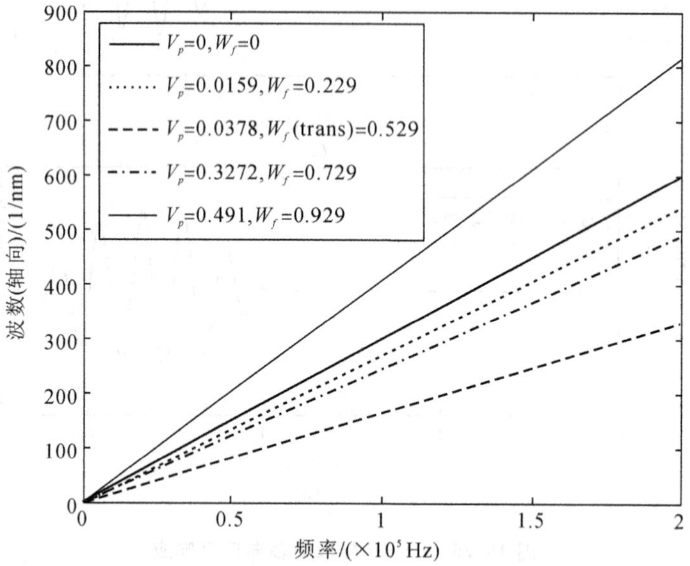

(a)

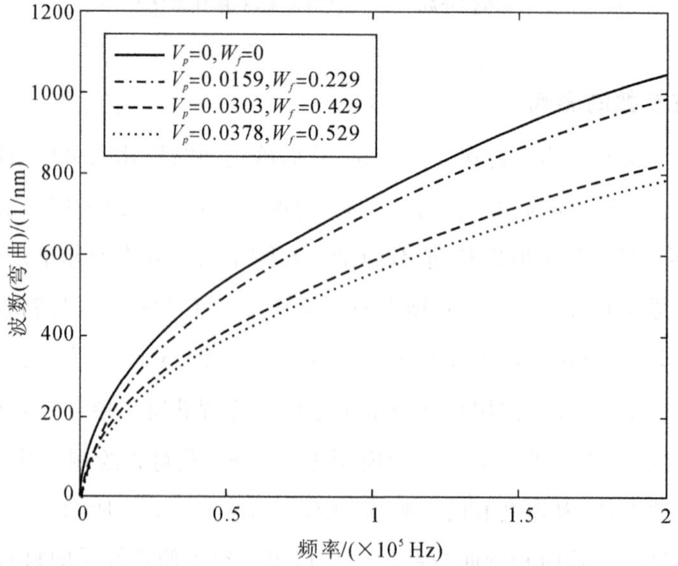

(b)

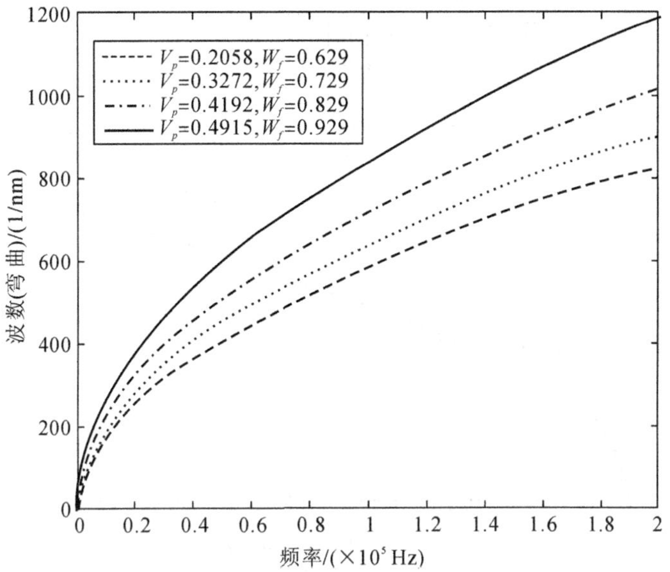

(c)

图 15.26 波数随孔隙率的变化

(a)轴向(过渡点以下和上方);(b)弯曲(过渡点以下);(c)弯曲(过渡点上方)

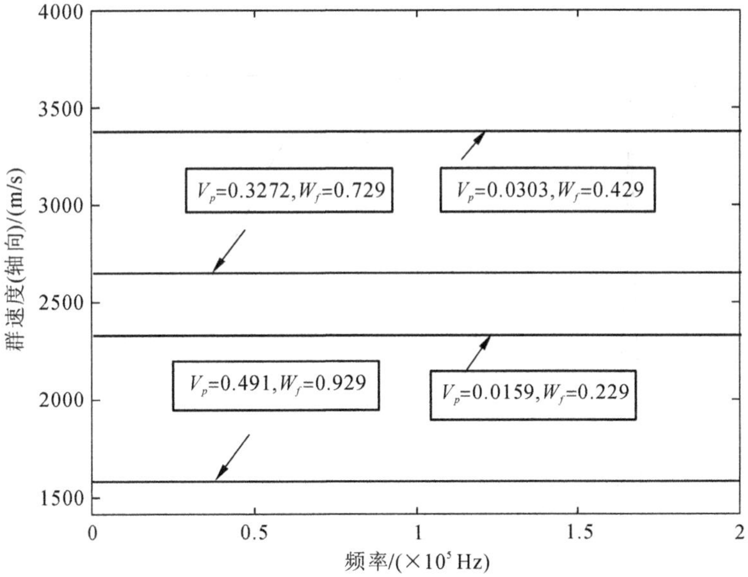

(a)

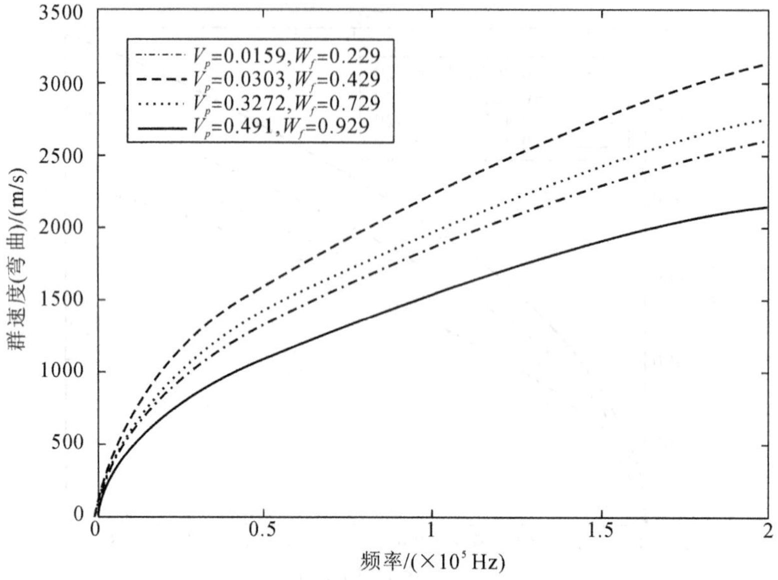

(b)

图 15.27 群速度随着孔隙率增加(低于和高于过渡点)的变化

(a)轴向;(b)弯曲

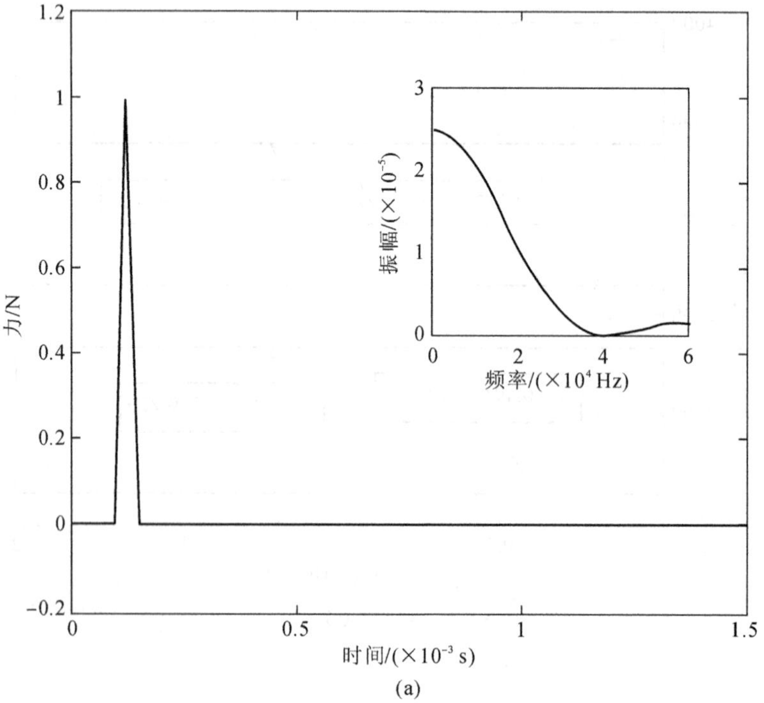

(a)

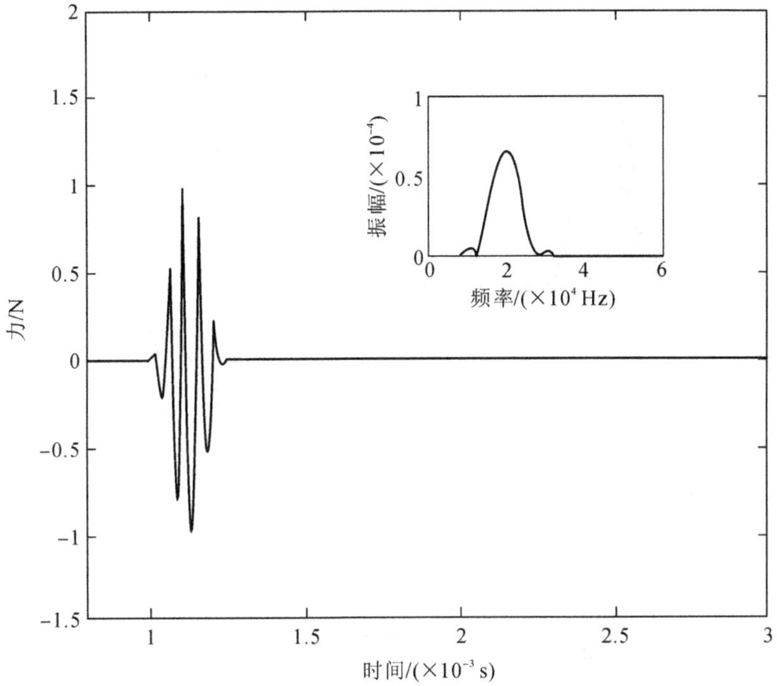

(b)

图 15.28 模拟中输入的力

(a)宽带脉冲;(b)窄带调制(20 kHz)脉冲

图 15.29(a)显示了宽带载荷激励的轴向速度响应,而图 15.29(b)显示了窄带突发载荷激励的横向速度响应。这两个图绘制了不同孔隙率和重量分数水平的函数。

从上述图中可以明显看出,复合材料结构中的孔隙率变化会导致速度响应发生显著变化,这是结构材料性质随孔隙率变化直接导致的。复合材料梁的波数取决于材料性质和梁的几何特性。因此,由于材料性质的变化,复合梁的波数也会发生变化。

孔隙率的变化会改变波数和群速度,这两者与波数直接相关。在结构健康监测中应用波传播分析时,第一次反射到达的时间是确定损伤位置的重要参数。第一次反射到达的时间是时间响应[图 15.29(a)]中入射脉冲和第一个反射脉冲之间的时间差,它直接取决于群速度。因此,可以使用由于孔隙率变化而导致的第一次反射到达时间的变化作为定位多孔区域和估计结构中孔隙率的参数。

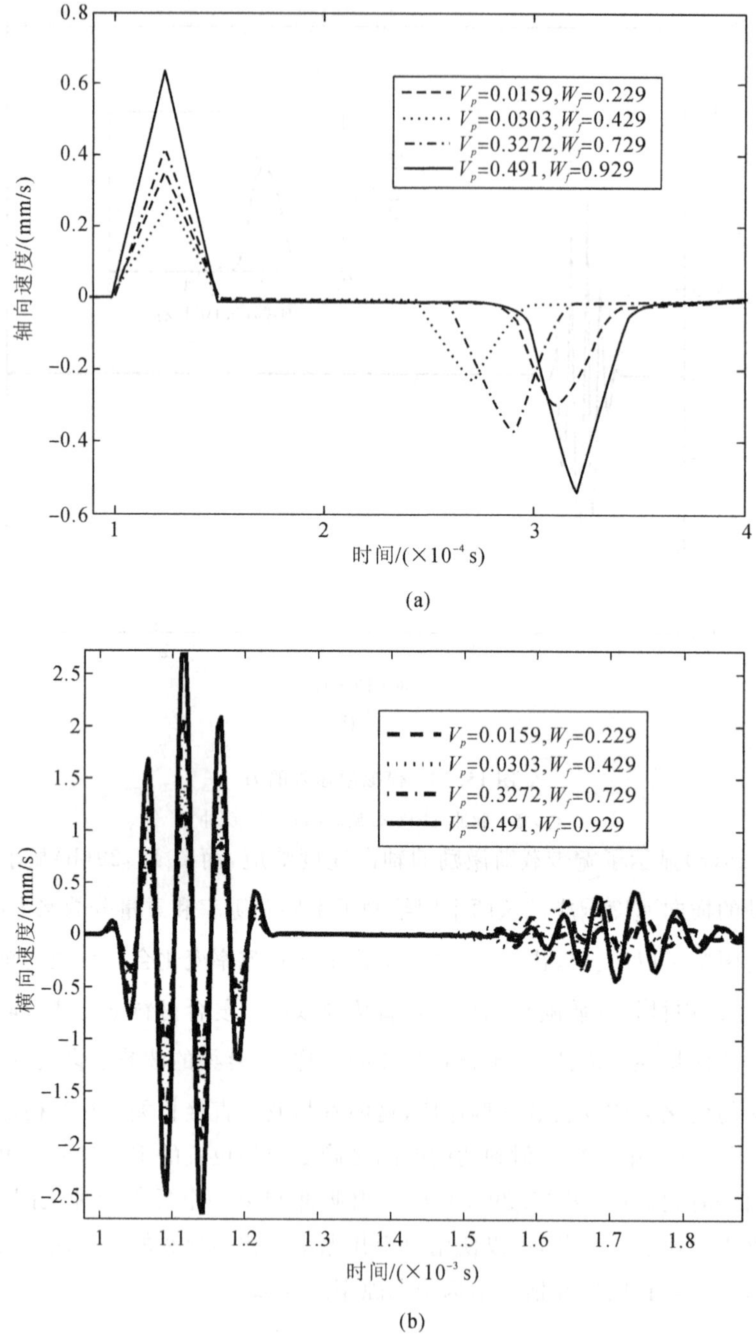

图 15.29　模拟中输入的力

(a)宽带脉冲;(b)窄带调制(20 kHz)脉冲

总　结

本章研究了机械波导中缺陷引起的波散射。除了多孔梁结构外，在这些有缺陷的波导中微分方程通常不可用，因此无法进行谱分析。对于某些含有缺陷的结构，如具有贯穿宽度分层和纤维断裂的复合材料梁型结构，将有缺陷区域构造为许多理想波导的组合，并通过位移运动学和谱有限元模型得到响应。数值研究发现这些谱有限元模型能够有效地捕获由于这些缺陷而产生的反射，采用这种方法对单一分层、纤维断裂和表面裂纹进行建模。然后，使用常剪切运动学模型对复合材料多层梁进行建模。通过建立的简化模型也能够准确地预测由这些缺陷引起的反射和波的传播。紧接着，建立了一种材料退化的复合材料波导模型。该模型的基本理念是准确捕捉由于材料退化而导致的材料性质变化。为此，采用了两种不同的方法来建立数值模型。在第一个模型中，根据文献中实验的温度和相对湿度的函数，建立了所有复合材料性质的经验关系。这些经验关系被输入到谱有限元数值模型中以获得响应。第二个模型基于运动学模型，其将退化区域的材料性质视为完美区域的一部分，并通过建立谱有限元模型以得到响应。这些研究表明，材料退化对整体波传播响应产生了显著影响。同样的经验方法可以用于材料腐蚀建模并研究及其波的传播研究。本章未对此进行研究。对此感兴趣的读者可以参考文献[132]，该文简要介绍了这种方法。

如前所述，由于相关公式中存在单个波数，因此可以建立简化的损伤谱有限元模型来描述一维波导。而二维解中存在一个额外的水平波数，致使建立谱有限元损伤模型非常困难。但是，对于具有垂直裂纹的二维复合材料波导，柔度函数可用来建立简化损伤模型，本文采用这种方法建立了简化的谱有限元模型，并用其在含裂纹的结构中得到了响应。研究表明，发展的模型可以准确地捕捉由这些缺陷引起的反射。

本章的最后一部分讨论了多孔复合材料中波传播。孔隙率是制造过程中由于不同压力而产生的制造缺陷。研究表明，纤维和基体的重量分数在多孔复合材料的材料性质预测中起着重要作用。孔隙率被量化为体积分数，并通过修改混合法则将其纳入模型中，然后编写谱有限元代码建立该模型以获得响应。此外，上述方法可以采用谱分析求解的控制微分方程，因此可以在这种多孔结构中获得波参数，即波数和群速度。研究表明，孔隙率的重量分数和体积分数都显著改变了复合结构中的波传播行为。

第 16 章

周期性波导中的波传播

周期结构可定义为具有特征性递归模式的异质域，该模式是通过“基本单元”或“重复体积元(RVE)”在空间中重复平移而实现。这些结构基本上是由许多相同的结构构成，通常被称为周期单元，这些周期单元在所有可能的方向上形成整体结构。纯晶体的原子点阵就是周期结构的一个典型例子。然而，周期结构的数学描述是基于由原子间作用势产生的力相互联系的离散刚度和质量。借助我们常用于推导波导理论的连续性假设，结构构件的质量和弹性是连续的，按规律排列时，就会形成周期结构。图 16.1(a)展示的是一个典型的周期结构。根据介质的形状和组成，单胞体现出不同层次的结构复杂性：介质模式越复杂，代表性单胞的尺寸就越大或者越复杂。通过简单的单胞分析即可反应周期性结构的整体行为，与结构域的大小或者其包含的单胞数量无关。

图 16.1(b)所示的蜂窝结构就是一个周期性结构的例子，该结构没有经过大幅修改就从自然界引入到实际应用。周期模式在化学和生物学等领域也很常见，比如以重复性单胞为基础形成周期几何体而闻名的晶状固体。一般来说，晶体可描述为点位置被原子占据的晶格[16.1(b)]，一些生物系统也具有周期性特征。

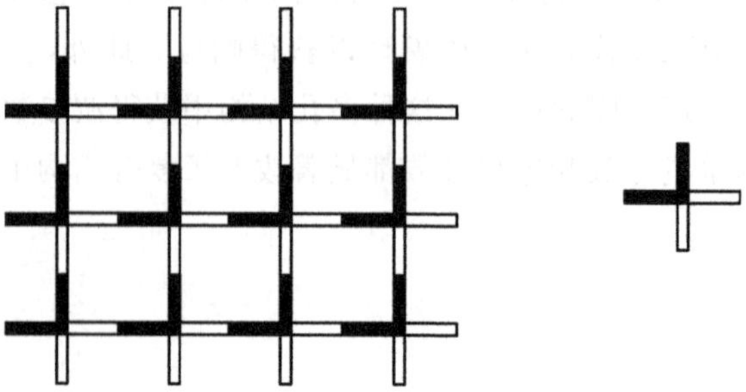

(a)

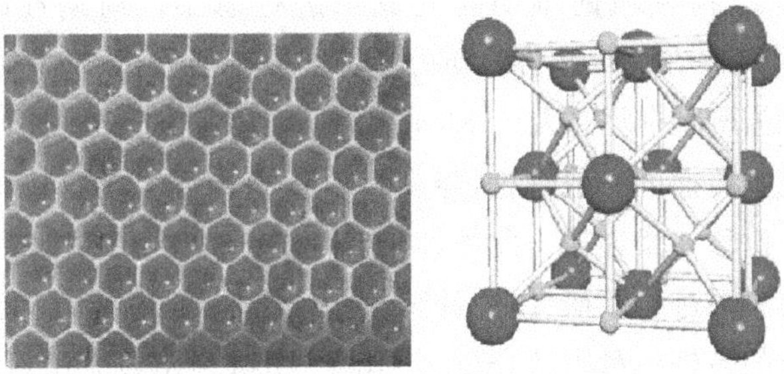

(b)

图 16.1　周期结构

(a)典型的周期结构；(b)自然周期结构的例子：蜂窝结构和铁碳晶格结构

工程中有许多结构本质上是周期性的，比如大量应用钢结构的土木工程，包括桁架、梁等结构，都应用了周期结构[图 16.2(a)]。现代工业界充分利用周期性特性来生产先进材料，设计具有优良性能的结构。航空航天工业经常对创新性概念开展先期研究，在设计结构时通常将重量作为一个基础性指标，更准确地说，强度重量比是一个定义结构构型效率的关键参数。

波在复合材料中的传播已在第 8 章中进行了研究。复合材料是周期结构的重要代表，最早被应用于航空航天工业，随后被引入到其他领域。复合材料在优异的力学性能和较轻的重量之间取得了很好的平衡，因此已取代铝合金并大量应用在许多航空部件或结构中。复合材料家族庞大且颇具多样化，其中具有明显周期性的材料主要有编织复合材料、蜂窝状结构、三明治板以及网状纤维增强板材。编织复合材料的灵感来自纺织品，其强度主要源于由柔性聚合物构成的密集网状物，如图16.2(b)所示。蜂窝结构通常应用于航空工业，由于其极轻的重量和对于剪切应力较好的抵抗力，被应用于机翼和叶片的核心部位。已经在第 9 章对这些材料进行了研究分析。

(a)　　　　(b)

图 16.2　工程中的周期性结构

(a)采用钢桁架结构的桥梁；(b)周期性复合材料的例子：类编织复合材料和蜂窝结构

本章将对周期结构领域的早期研究成果进行总结。周期性结构的研究始于Brillouin,他利用周期性方法对晶格的动力学特性进行了分析[44]。在周期性系统的研究中,该领域另一位著名的研究人员 Mead[227-229]提出了波在单自由度耦合和多自由度耦合周期性系统中传播的一般理论,与多自由度耦合系统相比,单自由度耦合周期性系统仅通过一个位移变量连接。此外,对传播区的边界频率与组成系统的单个元件的固有频率之间的关系进行了研究,并计算了一维结构的传播和衰减常数。传递矩阵是分析周期性系统的另外一种方法,Signorelli[325]团队利用该方法研究了波在周期性桁架系统中的传播,该研究分析采用基于结构的单个区间传递矩阵,可用于预测桁架结构的固有频率。同时,Keane[9]团队采用波、模式、阻抗和有限元等方法对单自由度的无阻尼周期性系统进行了研究和分析。这些分析旨在更好地表现出周期性特征的工程结构振动特性,并且阐述了对理想周期性的偏离影响。文献[29]研究了结构缺陷和近似周期性对周期结构特性的影响。

弹性波在周期性复合材料声子晶体中传播受到了广泛关注,特别是许多研究聚焦于弹性波无法在所谓"声子带隙"(PBG)中传播的特性。文献[376]运用集中质量法得到了相位常数面,对弹性波在通过二维声子晶体薄板时表现出的方向性传播特性进行了研究。文献[155]结合布洛赫定理和有限元法,对弯曲波在周期性网格结构中的传播特性进行了研究,这种周期性的网格结构在设计的过程中借鉴了声子晶体的形式。Wen[375]等人利用平面波展开法对含不同截面的周期性二元直梁进行了同样的分析。在本章中,我们将结合傅里叶级数的谱有限元法和布洛赫定理,提出一种计算具有周期性缺陷波导的波传播响应和波传播特性的方法。

与非周期结构的动态行为相比,周期结构的动态行为有很大不同。周期结构表现出带隙性质,带隙中的响应能量以特定频率有选择性地通过该结构传播,但在其他频率范围内,响应则被阻断,这些都是周期结构的特有性质。上述频率带分别称作通带和阻带。本章中,我们将专门研究具有裂纹和孔洞等周期性缺陷的波导中的波传播规律。我们将采用傅里叶级数的谱有限元法解决频率域的周期性结构问题,本章将用到在第 15 章中推导得到的一些简化损伤模型。

周期性系统另一个重要且有用的特点是计算过程简化,这是因为对于周期结构来说,只需分析其中一个周期性子系统,波在完整材料系统中的传播结果可由单个子系统的传播结果递推得出。本章的目标是研究具有嵌入周期性局部不均匀性(如裂纹和孔洞)的一维金属结构中的频散特性和带隙现象,并证明缺陷类型及其位置和取向对频散特性的影响。目前的工作仅是研究上述两种类型的缺陷,但格式是通用的,可应用于含任何周期性不连续缺陷的一维结构和任何类型的一维周期结构。

16.1　对重复性体积单元的一般考虑

周期性区域内单胞的定义并非唯一，大部分情况下是从方便的角度来选择合适的单胞描述周期性区域。举例来说，重要的是应确保被选择单胞不可进一步缩减，这意味着它是周期结构最小的可重复性单元，同时包含可定义这个区域的所有几何特征。图 16.3(a)展示了一个周期结构(一个含圆形孔洞的平板)以及两种可能的单胞：二者都可定义为重复性体积单元，但是考虑到上述定义，只有第一种不可进一步缩减。另一方面，同一周期结构可理解为不止一种单胞的重复，这种单胞具有不同的几何形状和结构，并且在尺寸和复杂性上相似。举例来说，图 16.3(b)中展示的两种重复性体积单元都是基础单胞。但考虑到数学分析的可行性，其中一种会比另外一种更好。对于最佳重复性体积单元的选取主要考虑特殊的应用、问题的本质以及分析的需要等方面。

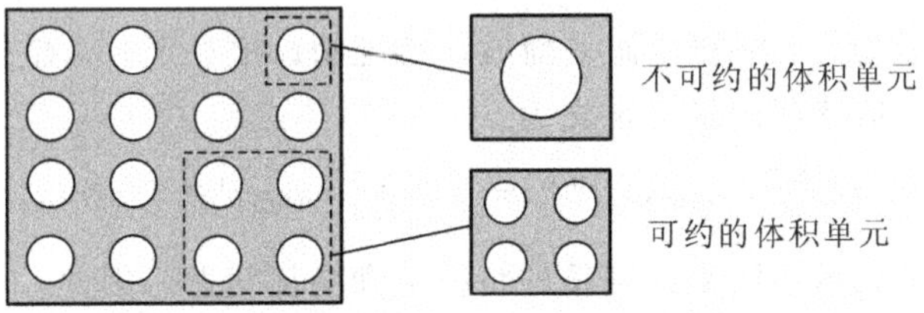

(a)

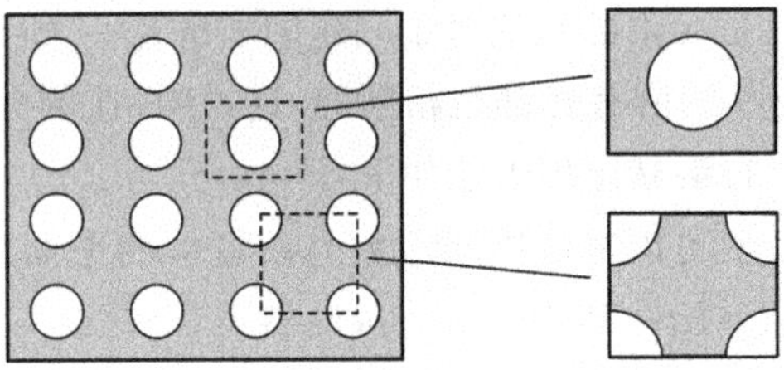

(b)

图 16.3　周期性结构(含孔板)

(a)含孔平板以及可缩减和不可缩减的重复性体积单元；

(b)含孔平板以及两种可能的重复性体积单元

16.2　布洛赫波定理

如前文所述，周期结构具有重复性相似单元，称之为单胞。这些单胞联接在一起，形成周期性波导。根据其连接方式不同，可能会产生多种对称轴。此类波导的分析方法是：先分析其中一个单胞，然后将其扩展到整个结构中。在本节中，我们将解释该定理，特别是在机械波传播的背景下。

布洛赫定理最初由费利克斯·布洛赫提出，主要用于解薛定谔方程，该方程描述了周期性势能区域电波的传导规律，这种区域与纯晶状固体的性质类似。定义$T_{\boldsymbol{R}}$为向量$\boldsymbol{R}$的转换系数，定义另外一个向量$\boldsymbol{V}$，以便于$T_{\boldsymbol{R}}$通过汉密尔顿函数与之交换。计算结果表明，动能是平动不变的，势能是周期性的。将其写成方程如下：

$$\begin{aligned}[T_{\boldsymbol{R}},V]f(\boldsymbol{r})&=T_{\boldsymbol{R}}V(\boldsymbol{r})f(\boldsymbol{r})-V(\boldsymbol{r})T_{\boldsymbol{R}}f(\boldsymbol{r})\\&=V(\boldsymbol{r}+\boldsymbol{R})f(\boldsymbol{r}+\boldsymbol{R})-V(\boldsymbol{r})f(\boldsymbol{r}+\boldsymbol{R})=0\end{aligned}\tag{16.1}$$

另一方面，$[T_{\boldsymbol{R}},T_{\boldsymbol{R}'}]=0$。因此，哈密顿量与所有晶体的转换参数是可以互换的，这表明其具有一组相似的特征状态。我们搜索转换参数$T_{\boldsymbol{R}}$的特征状态，对于满足问题边界条件的一般函数，在平面波基上将特征状态扩展后，特征值方程可写为：

$$T_{\boldsymbol{R}}f(\boldsymbol{r})=T_{\boldsymbol{R}}\sum_{q}C_{q}\mathrm{e}^{\mathrm{i}\boldsymbol{q}\cdot\boldsymbol{r}}=\sum_{q}C_{q}\mathrm{e}^{\mathrm{i}\boldsymbol{q}\cdot\boldsymbol{r}}\mathrm{e}^{\mathrm{i}\boldsymbol{q}\cdot\boldsymbol{R}}=t_{\boldsymbol{R}}\sum_{q}C_{q}\mathrm{e}^{\mathrm{i}\boldsymbol{q}\cdot\boldsymbol{r}}\tag{16.2}$$

我们定义特征值为$t_{\boldsymbol{R}}$，为确保上述计算准确性，$\mathrm{e}^{\mathrm{i}\boldsymbol{q}\cdot\boldsymbol{r}}$必须为常数。

$$\boldsymbol{q}\cdot\boldsymbol{r}=2\pi n+\text{constant}\Rightarrow\boldsymbol{q}=\boldsymbol{k}+\boldsymbol{G}$$

$\boldsymbol{k}$代表任意向量，$\boldsymbol{G}$代表倒数晶格向量，故$\boldsymbol{G}\cdot\boldsymbol{R}=2\pi n$。因此特征值$t_{\boldsymbol{R}}=\mathrm{e}^{\mathrm{i}\boldsymbol{k}\cdot\boldsymbol{R}}$，特征向量可以是动量为$\boldsymbol{k}+\boldsymbol{G}$的任何平面波。特征值$t_{\boldsymbol{R}}$相对于$\boldsymbol{K}+\boldsymbol{G}$是简并的，与该特征值对应的一个普适特征向量可定义为：

$$f_{k}(\boldsymbol{r})=\sum_{G}C_{(\boldsymbol{k}+\boldsymbol{G})}\mathrm{e}^{\mathrm{i}(\boldsymbol{k}+\boldsymbol{G})\cdot\boldsymbol{r}}=\mathrm{e}^{\mathrm{i}\boldsymbol{k}\cdot\boldsymbol{r}}\sum_{G}C_{(\boldsymbol{k}+\boldsymbol{G})}\mathrm{e}^{\mathrm{i}\boldsymbol{G}\cdot\boldsymbol{r}}=\mathrm{e}^{\mathrm{i}\boldsymbol{k}\cdot\boldsymbol{r}}u_{k}(\boldsymbol{r})$$

任意向量$\boldsymbol{k}$可表示不同平移算符的特征值和特征状态。因此，上述方程也是晶格的所有可能平移算符的特征状态。注意，通过倒数晶格向量，所有可能动量$\boldsymbol{q}$的无限和可以被缩减为离散和(仍然是无限的)，这对于问题的求解是一个巨大的简化。我们还应该注意到，对应$\boldsymbol{k}$和$\boldsymbol{k}+\boldsymbol{G}$的所有态都是相同的，这说明，在倒数空间$f_{k}=f_{(k+G)}$，$\forall\boldsymbol{G}$中，$f_{k}$函数是周期性的。布洛赫定理表述如下：

周期哈密顿量的特征态f_{k}可以写成周期函数与动量$\boldsymbol{k}$的平面波的乘积，该平面波被限制在第一布里渊区(The first Brillouin zone)。

即：

$$f_{k}(\boldsymbol{r})=\mathrm{e}^{\mathrm{i}\boldsymbol{k}\cdot\boldsymbol{r}}u_{k}(\boldsymbol{r})\tag{16.3}$$

其中u_{k}在$\boldsymbol{k}$和$\boldsymbol{r}$中具有周期性。进一步可推导出：

$$f_{k}(\boldsymbol{r}+\boldsymbol{R})=\mathrm{e}^{\mathrm{i}\boldsymbol{k}\cdot\boldsymbol{R}}f_{k}(\boldsymbol{r})\tag{16.4}$$

下面，我们将阐述布洛赫定理在有限元的应用。单胞(图16.4)运动方程的一般形式由单胞的有限元离散化产生，可表示如下形式：

$$\{\boldsymbol{F}\}=[\boldsymbol{K}]\{\boldsymbol{q}\}\tag{16.5}$$

其中，$[\boldsymbol{K}]$代表动态刚度矩阵，$\{\boldsymbol{q}\}$和$\{\boldsymbol{F}\}$分别广义节点位移和力向量。具体可写为：

$$\{\boldsymbol{q}\}=\{\{\boldsymbol{q}\}_{\mathrm{L}}\quad\{\boldsymbol{q}\}_{\mathrm{R}}\quad\{\boldsymbol{q}\}_{\mathrm{B}}\quad\{\boldsymbol{q}\}_{\mathrm{T}}\quad\{\boldsymbol{q}\}_{\mathrm{I}}\}^{\mathrm{T}}$$
$$\{\boldsymbol{F}\}=\{\{\boldsymbol{F}\}_{\mathrm{L}}\quad\{\boldsymbol{F}\}_{\mathrm{R}}\quad\{\boldsymbol{F}\}_{\mathrm{B}}\quad\{\boldsymbol{F}\}_{\mathrm{T}}\quad\{\boldsymbol{F}\}_{\mathrm{I}}\}^{\mathrm{T}}$$

其中，符号 L、R、B、T、I 分别表示左、右、下、上和晶胞内节点。

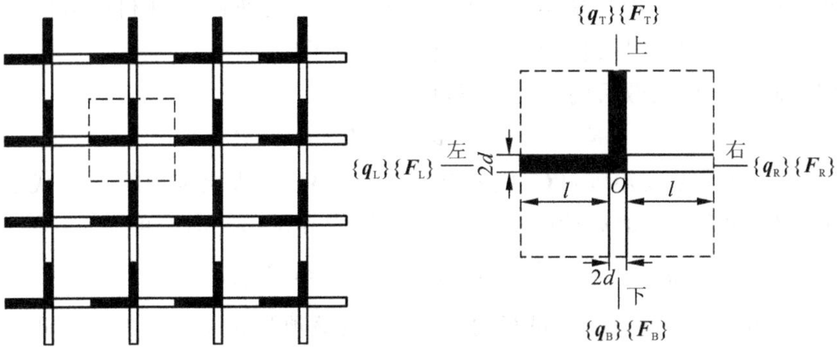

图 16.4　周期性网格结构以及单胞与其临近单胞的相互作用示意图

根据布洛赫定理，在单胞交界面上存在的广义位移和力之间的关系为：

$$\{\boldsymbol{q}_{\mathrm{R}}\}=\mathrm{e}^{\mathrm{i}k_x a}\{\boldsymbol{q}_{\mathrm{L}}\},\qquad \{\boldsymbol{q}_{\mathrm{T}}\}=\mathrm{e}^{\mathrm{i}k_y a}\{\boldsymbol{q}_{\mathrm{B}}\}$$

$$\{\boldsymbol{F}_{\mathrm{R}}\}=-\mathrm{e}^{\mathrm{i}k_x a}\{\boldsymbol{F}_{\mathrm{L}}\},\quad \{\boldsymbol{F}_{\mathrm{T}}\}=-\mathrm{e}^{\mathrm{i}k_y a}\{\boldsymbol{F}_{\mathrm{B}}\}$$

其中，k_x和k_y 分别代表 x 和 y 方向上的波数，a 代表单胞的长度。利用这些关系（周期性的边界条件），仅利用一个单胞的运动方程，就可以得到周期结构中任何位置的载荷响应。

16.3　周期结构的谱有限元模型

对于基于周期性方法进行傅里叶变换的周期性结构，为获取其频散特性和时域响应情况，需要利用子系统的谱有限元模型。本节采用两种不同的方法来获取动态刚度矩阵。第一种方法基于第 15 章中建立的谱有限元模型（见第 15.1 小节），该模型代表了含单裂纹梁的动态特性，但此方法的缺点是只能模拟水平方向的裂纹。第二种基于谱超元法，此方法中，采用传统二维有限元法与传统的一维完整谱单元模型耦合来模拟非常靠近缺陷的区域，该模型来自文献[321]。考虑到有限元模型的通用性，利用此方法可对任何方向、任何类型的缺陷进行建模。因此，该方法可以描述任何类型的周期性缺陷的频散特性。第一种方法的详细情况已经在第 15 章进行了详细分析，本章将主要对谱超元法进行阐述。

16.3.1　谱超元法

利用谱超元法可获取含周期性一般缺陷的一维结构子单元的动态刚度矩阵。对于结构具有水平缺陷的情况，将对利用此方法得到的结果与第十五章中利用谱有限元法对单水平缺陷得到的结果进行比较。在本方法中，不论缺陷区域是孔洞还是裂纹，都可利用传统有限元法划分网格，并且动态凝聚其刚度和质量矩阵，只保留连接自由度。这些自由度将进一步凝聚至仅保留波导连接，从而使单元可利用谱框架单元集成。文献[321]对一维波导谱超元的详细格式进行了讨论。

利用有限元网格离散后的运动方程可写为：

$$[\boldsymbol{K}]\{\boldsymbol{u}\}+[\boldsymbol{C}]\{\dot{\boldsymbol{u}}\}+[\boldsymbol{M}]\{\ddot{\boldsymbol{u}}\}=\{\boldsymbol{P}\} \tag{16.6}$$

其中，$[\boldsymbol{K}]$代表刚度矩阵，$[\boldsymbol{C}]$代表阻尼矩阵，$[\boldsymbol{M}]$代表质量矩阵，$\{\boldsymbol{u}\}$代表节点自由度向量，$\{\boldsymbol{P}\}$代表施加的载荷向量。在频率域，力和位移的向量可写为：

$$\{\boldsymbol{u}(t)\}=\sum\{\hat{\boldsymbol{u}}\}\mathrm{e}^{\mathrm{i}\omega t},\quad \{\boldsymbol{P}(t)\}=\sum\{\hat{\boldsymbol{P}}\}\mathrm{e}^{\mathrm{i}\omega t} \tag{16.7}$$

式中，求和是在不同频率上进行的，上标^代表该项是频率相关的。因此运动方程变为：

$$[\hat{\boldsymbol{K}}]\{\hat{\boldsymbol{u}}\}=\{\hat{\boldsymbol{P}}\},[\hat{\boldsymbol{K}}]=[\boldsymbol{K}]+\mathrm{i}\omega[\boldsymbol{C}]-\omega^2[\boldsymbol{M}] \tag{16.8}$$

式中，$[\hat{\boldsymbol{K}}]$代表区域的动态刚度矩阵。为了与波导的谱单元方程保持一致，可以利用瑞利阻尼对衰减矩阵进行处理，其表达式为：

$$[\boldsymbol{C}]=\alpha[\boldsymbol{M}]$$

因此动态刚度矩阵为：

$$[\hat{\boldsymbol{K}}]=[\boldsymbol{K}]-\bar{\omega}^2[\boldsymbol{M}],\quad \bar{\omega}^2=\omega^2-\mathrm{i}\alpha\omega$$

动态刚度矩阵$[\hat{\boldsymbol{K}}]$可以根据内部自由度和连接分块如下

$$\begin{bmatrix}\hat{\boldsymbol{K}}_{cc} & \hat{\boldsymbol{K}}_{ci}\\ \hat{\boldsymbol{K}}_{ic} & \hat{\boldsymbol{K}}_{ii}\end{bmatrix}\begin{Bmatrix}\hat{\boldsymbol{u}}_C\\ \hat{\boldsymbol{u}}_i\end{Bmatrix}=\begin{Bmatrix}\hat{\boldsymbol{P}}_C\\ \boldsymbol{0}\end{Bmatrix} \tag{16.9}$$

式中，子矩阵是频率相关的。

$$\begin{aligned}&[\hat{\boldsymbol{K}}_{cc}]=[\boldsymbol{K}_{cc}]-\bar{\omega}^2[\boldsymbol{M}_{cc}],\quad [\hat{\boldsymbol{K}}_{ci}]=[\boldsymbol{K}_{ci}]-\bar{\omega}^2[\boldsymbol{M}_{ci}]\\ &[\hat{\boldsymbol{K}}_{ic}]=[\boldsymbol{K}_{ic}]-\bar{\omega}^2[\boldsymbol{M}_{ic}],\quad [\hat{\boldsymbol{K}}_{ii}]=[\boldsymbol{K}_{ii}]-\bar{\omega}^2[\boldsymbol{M}_{ii}]\end{aligned} \tag{16.10}$$

并且$\{\hat{\boldsymbol{u}}_C\}$和$\{\hat{\boldsymbol{u}}_i\}$分别是连接自由度向量和内部自由度向量。通过消除$\{\hat{\boldsymbol{u}}_i\}$，超单元的刚度关系可写为：

$$\{\hat{\boldsymbol{P}}_c\}=[\hat{\boldsymbol{K}}_{ss}]\{\hat{\boldsymbol{u}}_C\},[\hat{\boldsymbol{K}}_{ss}]=[\hat{\boldsymbol{K}}_{cc}]-[\hat{\boldsymbol{K}}_{ci}][\hat{\boldsymbol{K}}_{ii}]^{-1}[\hat{\boldsymbol{K}}_{ic}] \tag{16.11}$$

该方程仅将连接位移$\{\hat{\boldsymbol{u}}_c\}$与连接力$\{\hat{\boldsymbol{P}}_C\}$进行了联系，不考虑所有的内部自由度。计算$[\hat{\boldsymbol{K}}_{ss}]$需要$[\hat{\boldsymbol{K}}_{ii}]^{-1}$，后者的阶数与$[\hat{\boldsymbol{K}}]$相当且与频率相关，因此其简化计算十分必要，具体实现方法如文献[321]所述。还有许多其他高效方法可以动态凝聚刚度矩阵，详细讨论见文献[318]。

作为波谱波导中框架单元的节点是假设平均位移和合力作用的横截面中心的点。每一个波导节点上都有3个自由度，包含2个位移自由度和1个扭转自由度。这些位移和对应的力可以表示为：

$$\{\hat{\boldsymbol{u}}\}=\begin{Bmatrix}\hat{u}\\ \hat{w}\\ \hat{\theta}\end{Bmatrix},\quad \{\hat{\boldsymbol{F}}\}=\begin{Bmatrix}\hat{F}\\ \hat{V}\\ \hat{M}\end{Bmatrix} \tag{16.12}$$

为了将超单元与谱单元组合,需进一步减少连接节点并得到平均位移与合力,如图 16.5 所示。计算方式如下:

$$\hat{u}=\frac{1}{A}\int\hat{\boldsymbol{u}}_c\mathrm{d}A,\quad \hat{w}=\frac{1}{A}\int\hat{\boldsymbol{w}}_C\mathrm{d}A,\quad \hat{\theta}=\frac{1}{I}\int\hat{\boldsymbol{u}}_c y\mathrm{d}A \tag{16.13}$$

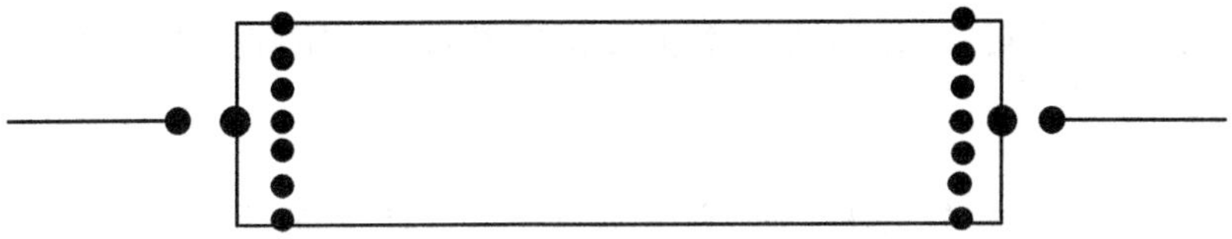

小圆点代表二维有限元连接,大圆点代表谱波导连接

图 16.5　超单元和谱波导单元之间的连接

式中,积分是在连接区域 A 进行的,I 是横截面的转动惯量。利用这个方法,$\{\hat{\boldsymbol{u}}_C\}$向量可以写为:

$$\{\hat{\boldsymbol{u}}_c\}=[\boldsymbol{T}]^{\mathrm{T}}\{\hat{\boldsymbol{u}}\}^{\mathrm{S}} \tag{16.14}$$

$[\boldsymbol{T}]$是变换矩阵,由等效波导单元表示的超单元刚度关系可写为:

$$\{\hat{\boldsymbol{P}}\}^{\mathrm{S}}=[\hat{\boldsymbol{K}}_{ss}]^{\mathrm{S}}\{\hat{\boldsymbol{u}}\}^{\mathrm{S}},\quad [\hat{\boldsymbol{K}}_{ss}]^{\mathrm{S}}\equiv[\boldsymbol{T}][\hat{\boldsymbol{K}}_{ss}][\boldsymbol{T}]^{\mathrm{T}} \tag{16.15}$$

式中,$[\hat{\boldsymbol{K}}_{ss}]^{\mathrm{S}}$ 是尺寸为 6×6 的具有周期性缺陷一维结构子单元的简化动态刚度矩阵。

16.3.2　$[\hat{\boldsymbol{K}}_{ss}]$的快速计算

如前文所述,$[\hat{\boldsymbol{K}}_{ss}]$的高效计算是绝对必要的,因此这里简要介绍一个快速计算的方法,更多的细节见文献[321]。对于$[\hat{\boldsymbol{K}}_{ss}]$的快速计算主要基于文献[201]和[333]所概括的方法。这里,我们将用代数表达式的概念进行描述:

$$\frac{1}{(a-x^2)}=\frac{1}{a}+\frac{x^2}{a^2}+\frac{x^4}{a^2(a-x^2)} \tag{16.16}$$

注意到,$[\hat{\boldsymbol{K}}_{ii}]^{-1}=[\boldsymbol{K}_{ii}]-\bar{\omega}^2[\boldsymbol{M}_{ii}]$,用 α 替代Λ_j,用 x 替代$\bar{\omega}$,则$[\hat{\boldsymbol{K}}_{ii}]^{-1}$可以表示为:

$$[\hat{\boldsymbol{K}}_{ii}]^{-1}=[\boldsymbol{K}_{ii}]^{-1}+\bar{\omega}^2[\boldsymbol{K}_{ii}]^{-1}[\boldsymbol{M}_{ii}][\boldsymbol{K}_{ii}]^{-1}+\bar{\omega}^4\sum_j^m\{\phi\}_j\left[\frac{1}{\Lambda_j^2(\Lambda_j-\bar{\omega}^2)}\right]\{\phi\}_j^{\mathrm{T}} \tag{16.17}$$

其中,我们用到了如下关系:

$$[\boldsymbol{K}_{ii}]^{-1}=[\boldsymbol{\Phi}][\boldsymbol{\Lambda}]^{-1}[\boldsymbol{\Phi}]^{\mathrm{T}},\quad [\boldsymbol{K}_{ii}]^{-1}[\boldsymbol{M}_{ii}][\boldsymbol{K}_{ii}]^{-1}=[\boldsymbol{\Phi}][\boldsymbol{\Lambda}]^{-1}[\boldsymbol{\Lambda}]^{-1}[\boldsymbol{\Phi}]^{\mathrm{T}} \tag{16.18}$$

在$[\widehat{\boldsymbol{K}}_{ii}]^{-1}$的表达式中，将模式向量从前两项中移除是非常重要的，这样误差将限制在多项式的第三项中。并且，由于分母中存在Λ_j^3项，这一项中的误差会伴随正态模式而快速衰减。

为了确定每一个频率下的$[\widehat{\boldsymbol{K}}_{ii}]^{-1}$，我们只需要在频率循环外部计算一次静态刚度矩阵的逆$[\boldsymbol{K}_{ii}]^{-1}$。由于仅需要部分模式，矩阵$[\boldsymbol{K}_{ii}]$和$[\boldsymbol{M}_{ii}]$为带状，子空间迭代法可以用于计算特征值和特征向量[24],[93]，这部分的计算量不算显著。

将上文提到的$[\widehat{\boldsymbol{K}}_{ii}]^{-1}$改写为频率相关和频率无关的矩阵。于是，经过整理后，$[\widehat{\boldsymbol{K}}_{ss}]$可简写为：

$$[\boldsymbol{K}_{ss}]^{\mathrm{S}}=[\boldsymbol{T}]\{[\boldsymbol{A}]-\bar{\omega}^2[\boldsymbol{B}]-\bar{\omega}^4[\widehat{\boldsymbol{C}}]-\bar{\omega}^6[\widehat{\boldsymbol{D}}]-\bar{\omega}^8[\widehat{\boldsymbol{E}}]\}[\boldsymbol{T}]^{\mathrm{T}} \tag{16.19}$$

其中：

$$[\boldsymbol{A}]=[\boldsymbol{K}_{cc}]-[\boldsymbol{G}_1][\boldsymbol{K}_{ic}]$$

$$[\boldsymbol{B}]=[\boldsymbol{M}_{cc}]+[\boldsymbol{G}_1][\boldsymbol{M}_{ii}][\boldsymbol{G}_1]^{\mathrm{T}}-[\boldsymbol{G}_1][\boldsymbol{M}_{ic}]-[\boldsymbol{H}_1][\boldsymbol{K}_{ic}]$$

$$[\widehat{\boldsymbol{C}}]=[\boldsymbol{H}_1][\boldsymbol{M}_{ic}]-[\boldsymbol{G}_1][\boldsymbol{M}_{ii}][\boldsymbol{H}_1]^{\mathrm{T}}-[\boldsymbol{H}_1][\boldsymbol{M}_{ii}][\boldsymbol{G}_1]^{\mathrm{T}}+\sum_j\{\boldsymbol{G}_2\}_j\left[\frac{1}{\Lambda_j^2(\Lambda_j-\bar{w}^2)}\right]\{\boldsymbol{G}_2\}_j^{\mathrm{T}}$$

$$[\widehat{\boldsymbol{D}}]=[\boldsymbol{H}_1][\boldsymbol{M}_{ii}][\boldsymbol{H}_1]^{\mathrm{T}}-\sum_j\{\boldsymbol{G}_2\}_j\left[\frac{1}{\Lambda_j^2(\Lambda_j-\bar{w}^2)}\right]\{\boldsymbol{H}_2\}_j^{\mathrm{T}}-\sum_j\{\boldsymbol{H}_2\}_j\left[\frac{1}{\Lambda_j^2(\Lambda_j-\bar{w}^2)}\right]\{\boldsymbol{G}_2\}_j^{\mathrm{T}}$$

$$[\widehat{\boldsymbol{E}}]=\sum_j\{\boldsymbol{H}_2\}_j\left[\frac{1}{\Lambda_j^2(\Lambda_j-\bar{w}^2)}\right]\{\boldsymbol{H}_2\}_j^{\mathrm{T}}$$

$$[\boldsymbol{G}_1]=[\boldsymbol{K}_{ci}][\boldsymbol{K}_{ii}]^{-1},[\boldsymbol{H}_1]=[\boldsymbol{M}_{ci}][\boldsymbol{K}_{ii}]^{-1}$$

$$\{\boldsymbol{G}_2\}_j=[\boldsymbol{K}_{ci}]\{\phi\}_j,\{\boldsymbol{H}_2\}_j=[\boldsymbol{M}_{ci}]\{\phi\}_j$$

矩阵$[\boldsymbol{A}]$、$[\boldsymbol{B}]$、$[\boldsymbol{H}_1]$、$[\boldsymbol{G}_1]$与频率无关，因此只需要在频率循环外部计算一次即可。参与计算$[\widehat{\boldsymbol{C}}]$、$[\widehat{\boldsymbol{D}}]$、$[\widehat{\boldsymbol{E}}]$的向量$\{\boldsymbol{G}_2\}_j$和$\{\boldsymbol{H}_2\}_j$，在前 m 个模式下计算并存储。文献[321]详细描述了这些公式的计算分析过程。

16.4 含缺陷周期性波导的频散特性

对于含周期性缺陷一维结构的频散特性，我们采用两种方法结合构造的动态刚度矩阵进行研究。第一种是基于多自由度耦合周期系统理论的行列式方程法，第二种是基于传递矩阵特征值的方法，其中子单元的传递矩阵的特征值是不同波在结构中传播所对应的传播常数。

16.4.1 行列式方程法

该结构的子单元在两个节点处连接，每个节点具有 3 个自由度，结构的其余部分形成一个具有 6 个耦合坐标的多自由度耦合周期系统。子单元的化简动刚度矩阵可分为左右 2 个自由度，子单元的运动方程可写为：

$$\begin{Bmatrix} \hat{\boldsymbol{F}}_{\mathrm{l}} \\ \hat{\boldsymbol{F}}_{\mathrm{r}} \end{Bmatrix} = [\hat{\boldsymbol{K}}] \begin{Bmatrix} \hat{\boldsymbol{u}}_{\mathrm{l}} \\ \hat{\boldsymbol{u}}_{\mathrm{r}} \end{Bmatrix} \equiv \begin{bmatrix} \hat{\boldsymbol{K}}_{\mathrm{ll}} & \hat{\boldsymbol{K}}_{\mathrm{lr}} \\ \hat{\boldsymbol{K}}_{\mathrm{rl}} & \hat{\boldsymbol{K}}_{\mathrm{rr}} \end{bmatrix} \begin{Bmatrix} \hat{\boldsymbol{u}}_{\mathrm{l}} \\ \hat{\boldsymbol{u}}_{\mathrm{r}} \end{Bmatrix} \tag{16.20}$$

其中，角标 l 代表单元左手侧的量，r 代表单元右手侧的量。根据布洛赫定理，左侧变量总是与右侧变量有一个指数因子相关，并可用复传播常数 $\mu=-\delta+\mathrm{i}\varepsilon$ 来描述这种关系，其中 ε 是相常数，δ 为衰减常数：

$$\begin{aligned} \{\hat{\boldsymbol{u}}_{\mathrm{r}}\} &= \mathrm{e}^{-\mu}\{\hat{\boldsymbol{u}}_{\mathrm{l}}\} = \mathrm{e}^{-\mathrm{i}kL}\{\hat{\boldsymbol{u}}_{\mathrm{l}}\} \\ \{\hat{\boldsymbol{F}}_{\mathrm{r}}\} &= -\mathrm{e}^{-\mu}\{\hat{\boldsymbol{F}}_{\mathrm{l}}\} = -\mathrm{e}^{-\mathrm{i}kL}\{\hat{\boldsymbol{F}}_{\mathrm{l}}\} \end{aligned} \tag{16.21}$$

其中，k 是复波数，其实部定义每单位长度的相位差，虚部定义每单位长度的衰减，L 是周期长度。将这些布洛赫关系代入运动方程会产生齐次矩阵方程，当矩阵的行列式消失时，该方程具有非零解，即：

$$|\hat{\boldsymbol{K}}_{\mathrm{rl}} + (\hat{\boldsymbol{K}}_{\mathrm{ll}} + \hat{\boldsymbol{K}}_{\mathrm{rr}})\mathrm{e}^{-\mu} + \hat{\boldsymbol{K}}_{\mathrm{lr}}\mathrm{e}^{-2\mu}| = 0 \tag{16.22}$$

在任何频率下，μ 的 6 个值都存在。与波传播相关的相位常数是多值的。若 ε_0 是介于 0 和 π 之间的解，那么 $\varepsilon_n=\varepsilon_0+2n\pi(n=0,\pm1,\pm2,\pm3,\cdots)$ 也是行列式方程的解。

因此，波数的实部，即单位长度的相位差，可以写为：

$$k_n = \pm(\varepsilon_0 + 2n\pi)/L \tag{16.23}$$

由于波数的实部是多值的，因此在周期系统中存在给定波数的无穷谐波序列。正波数和负波数分别与左行波和右行波相关。类似于行波的波数定义，衰减波的虚部波数分量可以定义为：

$$k_{\mathrm{decay}} = \pm\mathrm{i}\delta/L \tag{16.24}$$

与行波的多值解不同，衰减波是单值的。因此，计算并分离出对应于在波导中传播的 6 个波数，并且针对不同的构型绘制并研究对应于轴向波和外波的波数。

16.4.2 传递矩阵特征值方法

在这种方法中，通过将左侧和右侧的变量分组来重新排列周期性结构的子单元的运动方程，因此可以写为：

$$\begin{Bmatrix} \hat{\boldsymbol{u}}_{\mathrm{r}} \\ \hat{\boldsymbol{F}}_{\mathrm{r}} \end{Bmatrix} = [\boldsymbol{T}] \begin{Bmatrix} \hat{\boldsymbol{u}}_{\mathrm{l}} \\ \hat{\boldsymbol{F}}_{\mathrm{l}} \end{Bmatrix} \tag{16.25}$$

其中，$[\boldsymbol{T}]$是传递矩阵。利用布洛赫定理，子单元两侧的状态向量可以通过以下关系关联：

$$\begin{Bmatrix} \hat{\boldsymbol{u}}_{\mathrm{r}} \\ \hat{\boldsymbol{F}}_{\mathrm{r}} \end{Bmatrix} = \lambda \begin{Bmatrix} \hat{\boldsymbol{u}}_{\mathrm{l}} \\ \hat{\boldsymbol{F}}_{\mathrm{l}} \end{Bmatrix}, \text{其中 } \lambda = \mathrm{e}^{-\mu} \tag{16.26}$$

结合以上两个方程可得出一个特征值问题：

$$[\boldsymbol{T} - \lambda \boldsymbol{I}] \begin{Bmatrix} \hat{\boldsymbol{u}}_{\mathrm{l}} \\ \hat{\boldsymbol{F}}_{\mathrm{l}} \end{Bmatrix} = 0 \tag{16.27}$$

式中，$\boldsymbol{I}$ 是单位矩阵，λ 是 $\boldsymbol{T}$ 矩阵的特征值。由于 $\boldsymbol{T}$ 矩阵的性质，特征值通常是复数并且以倒数对的形式出现($\lambda_i, 1/\lambda_i$)。假设没有材料耗散，若$|\lambda_i|=1$，则存在纯传播波，对应于波的通带。在阻带中，特征值是实数值。单位圆内的特征值表示正(右)行波，而单位圆外的特征值表示负(左)行波。

使用计算机程序解决复数特征值问题是可行的，并且可用于查找所有特征值。因此，可以如上一节中讨论的那样计算周期系统的传播常数和波数。这种方法的一个主要缺点是，在较高频率下求解特征值问题时可能会出现数值不稳定。

16.5 数值算例

为了更好地理解一维缺陷结构中产生的频散特性和带隙，本章研究了不同类型的缺陷，并根据结果得出了关于波数变化和带隙现象的结论。根据缺陷类型，这些示例分为两大类，即有裂纹的结构和有孔的结构。梁的材料采用铝(弹性模量 $E=70$ GPa，剪切模量 $G=27$ GPa，密度 $\rho=2700\ \mathrm{kg/m^3}$)，周期单元的尺寸取为：长 $L=2.1$ m，宽 $B=0.05$ m，厚度 $t=0.01$ m。

本节主要考虑了四种不同的裂纹构型，即具有不同偏移量的单个水平裂纹、具有不同角度的单个角形裂纹、两个彼此上下且垂直距离不同的水平裂纹以及两个具有不同水平距离的交错水平裂纹。我们将分别讨论这四种裂纹的频散特性。

16.5.1　含周期性单水平裂纹的梁

如图 16.6(a)所示，一条周期性水平裂纹位于梁中，该裂纹相对于梁轴有一定偏移。此处水平裂纹的长度固定为 2 cm，偏移量 c 从 0 到 1.5 cm 变化。所考虑的四个具体偏移值分别为 0、0.5 cm、1 cm 和 1.5 cm，这几组数据将用于频散特性的绘制、比较和分析。水平裂纹的有限元模型如图 16.6(b)所示。

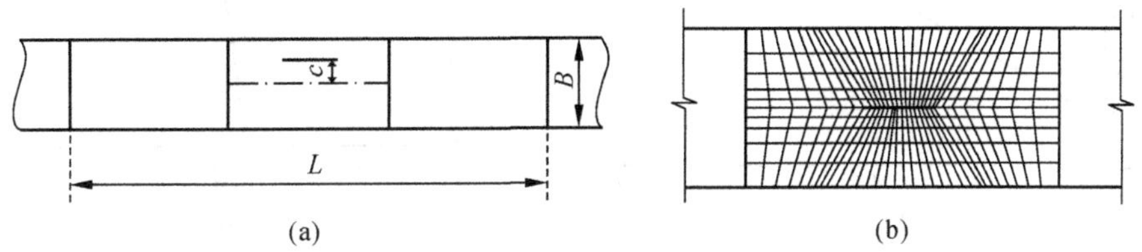

图 16.6　周期性单水平裂纹梁及其有限元网格分析

(a)含轴向裂纹的周期单胞；(b)用于模拟含偏移值为零轴向裂纹的有限元网格

由于水平裂纹可以同时使用 SFEM 法和谱超单元法进行建模，我们分别采用这两种方法获得了弯曲情况的频散特性，并比较了当裂纹位于梁中部(c=0)这种特殊情况时，梁的频散特性，如图 16.7 和 16.8 所示。从图中可以看出两种方法获得的波数实部一致，谱有限元方法得到的波数的虚部振幅较小。但就带隙而言，两种方法得到的带隙频率几乎相同，这验证了谱超单元方法的有效性。

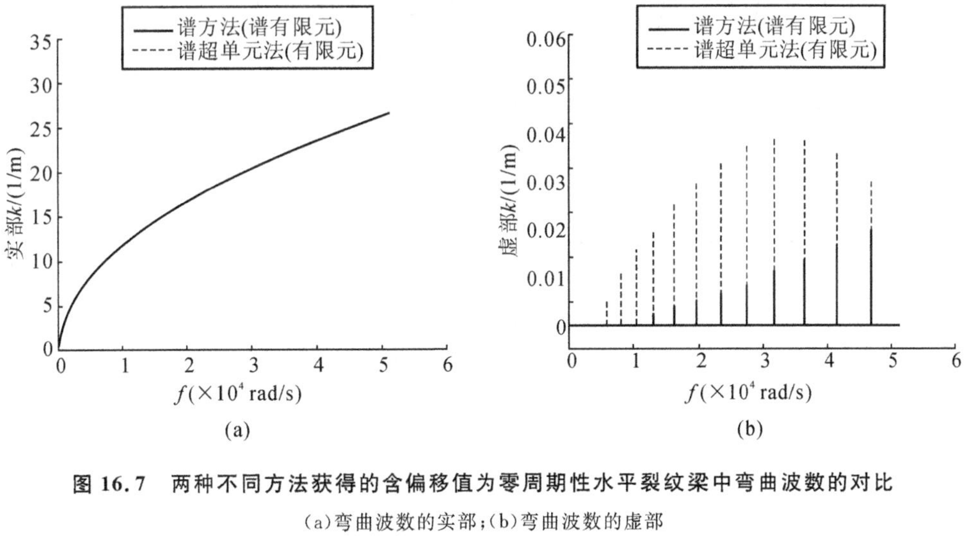

图 16.7　两种不同方法获得的含偏移值为零周期性水平裂纹梁中弯曲波数的对比

(a)弯曲波数的实部；(b)弯曲波数的虚部

图 16.9 和 16.10 显示了零偏移情况下转移矩阵的所有 6 个复特征值或多项式特征值问题的根。前两个对应轴向模式，其他四个对应弯曲模式。使用谱有限元法得到的不同偏移值的结果如图 16.11 和 16.12 所示，其表明弯曲波数中的带隙随着偏移量

的增加而减小，并且当裂纹位于梁的轴线处时，带隙为最大值。如果裂纹的长度保持不变，梁的形状和带隙的位置不会随着偏移量的变化而改变。

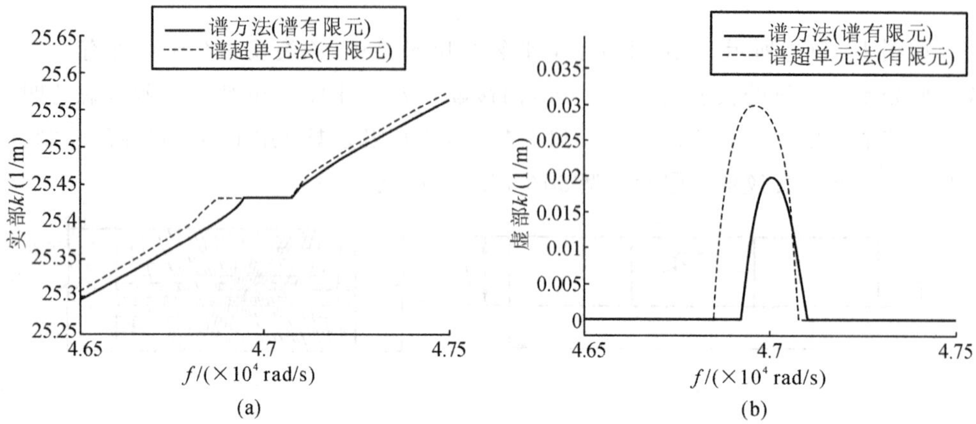

图 16.8　两种不同方法获得的偏移值为零周期性水平裂纹梁中弯曲波数带隙的对比

(a)弯曲波数实部的特定阻带；(b)弯曲波数虚部中的对应阻带

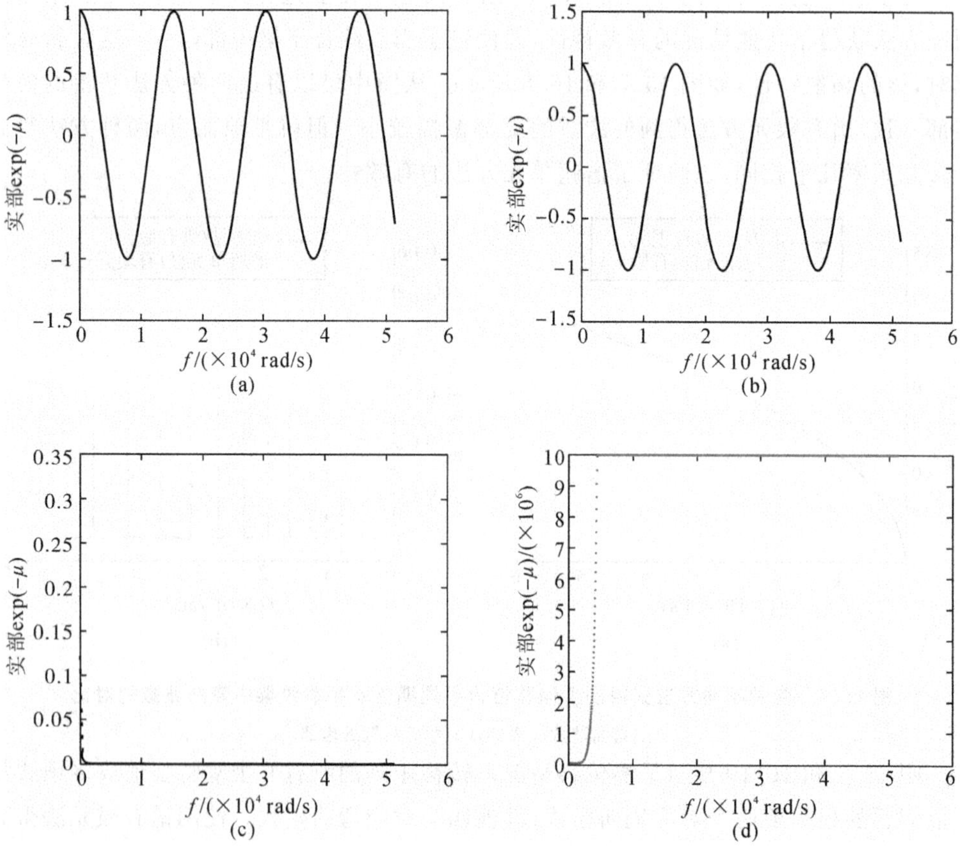

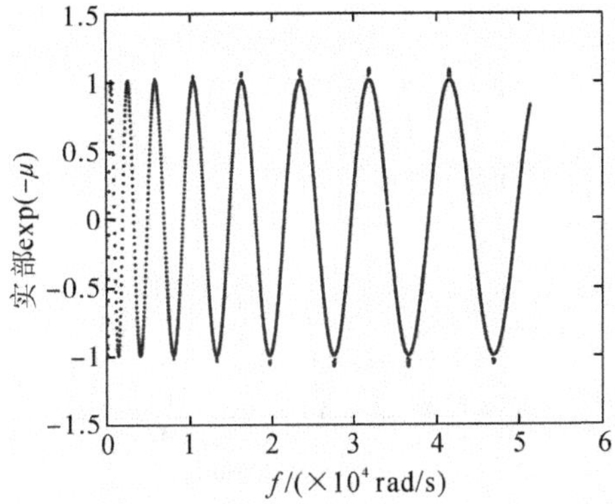

(e)

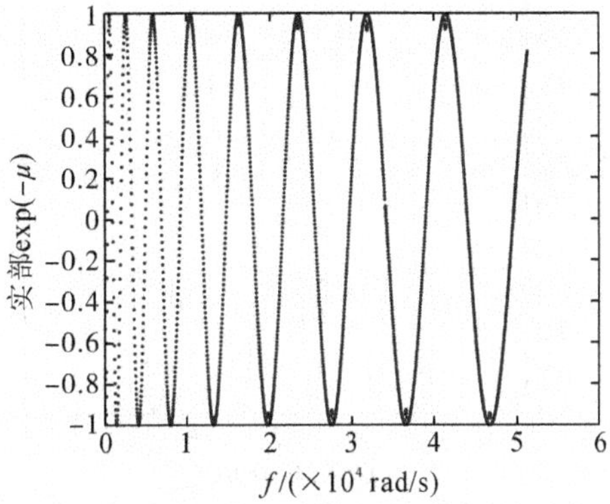

(f)

图 16.9　偏移值为零($c=0$)时,含周期性水平裂纹梁传递矩阵的 6 个特征值实部

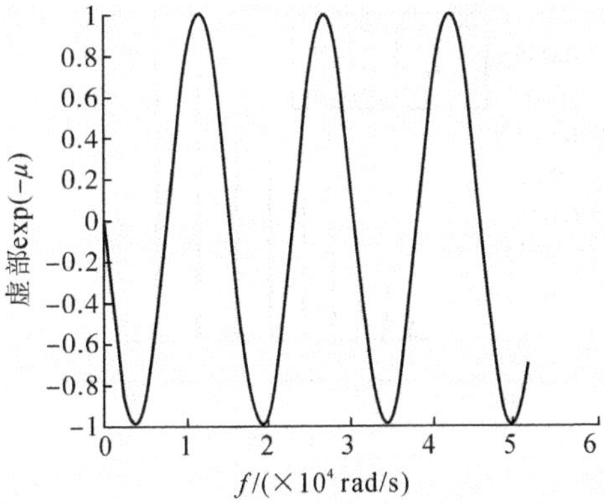

(a)

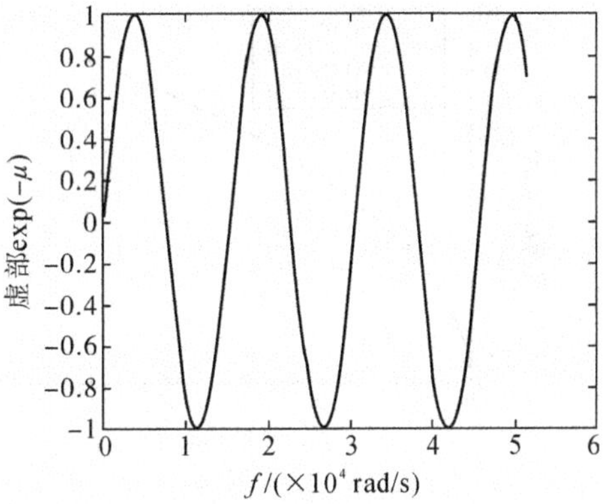

(b)

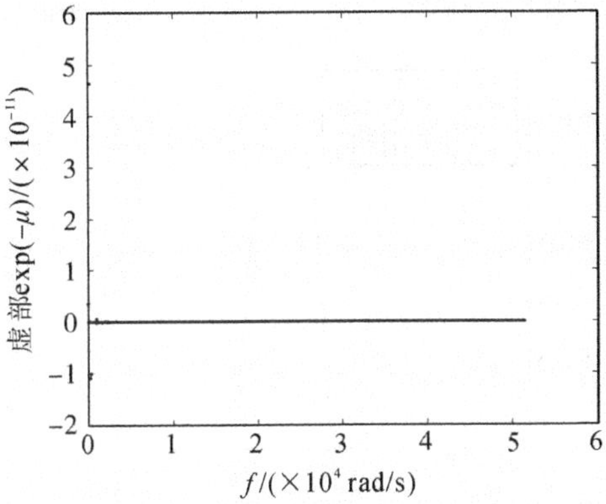

(c)

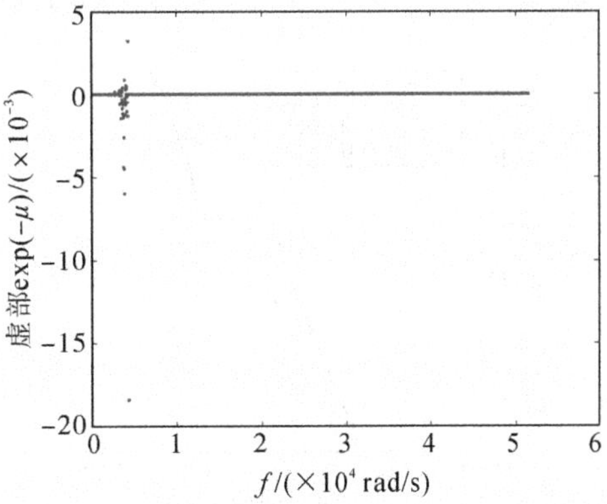

(d)

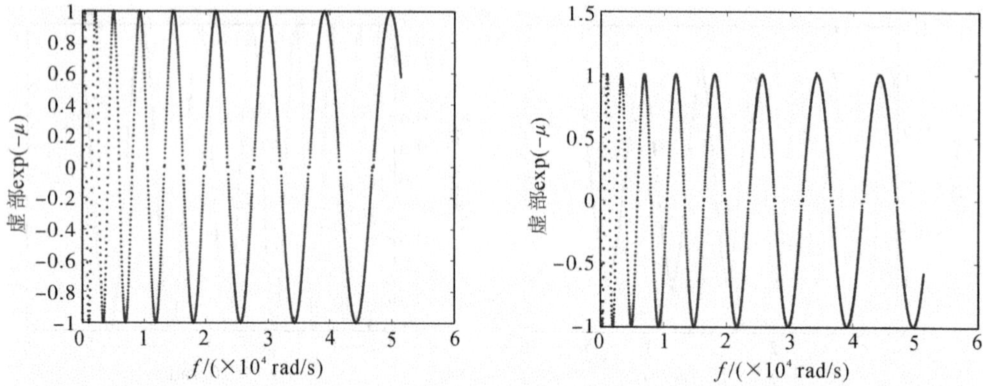

(e) (f)

图 16.10 偏移值为零($c=0$)时,含周期性水平裂纹梁传递矩阵的 6 个特征值虚部

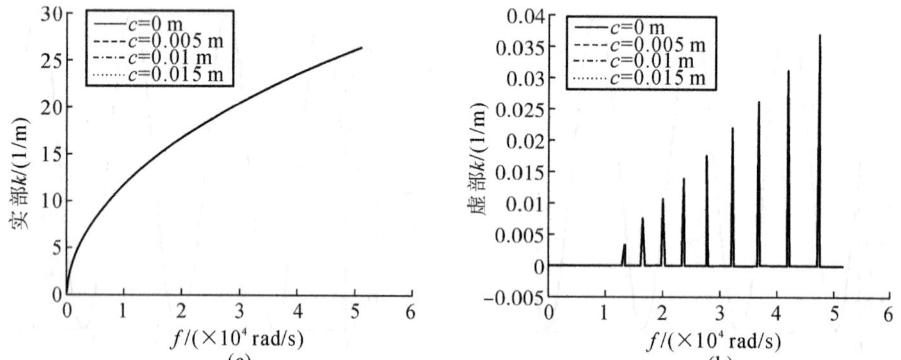

(a) (b)

图 16.11 偏移值 c 为 4 个不同值时,含周期性水平裂纹梁的弯曲波数

(a)弯曲波数的实部;(b)弯曲波数的虚部

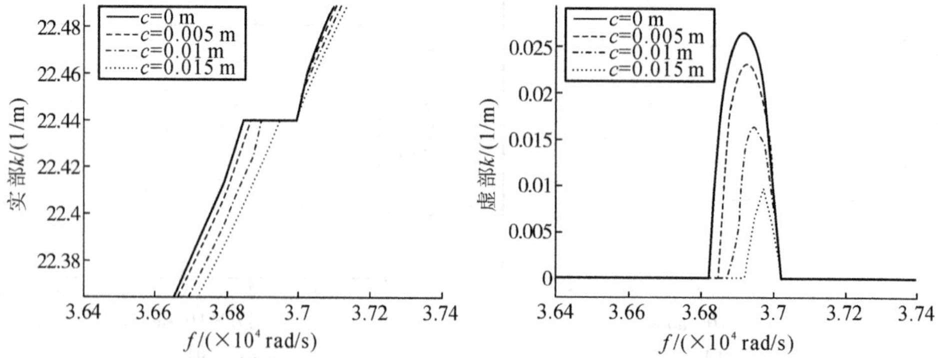

(a) (b)

图 16.12 偏移值 c 为 4 个不同值时,含周期性水平裂纹梁的弯曲波数带隙

(a)弯曲波数实部的特定阻带;(b)弯曲波数虚部相应的阻带

16.5.2　含两个周期性水平裂纹的梁

含两个周期性水平裂纹的梁如图 16.13 所示。图中水平裂纹长度为 2 cm，两裂纹垂直间距 d 从 1 cm 到 3 cm 不等。图 16.14 给出了不同情况下谱超元法的有限元模型。

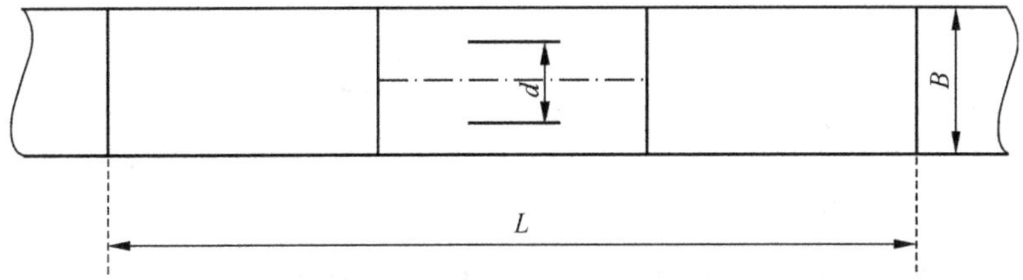

图 16.13　含两平行轴向裂纹的周期性单胞

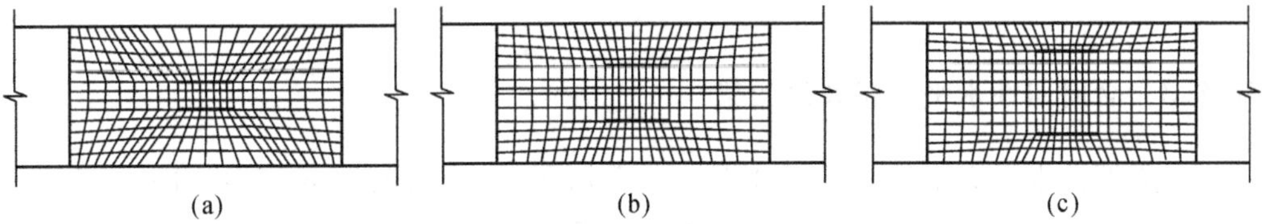

图 16.14　含两水平裂纹的有限元网格

(a)距离值 d 为 0.01 m；(b)距离值 d 为 0.02 m；(c)距离值 d 为 0.03 m

传递矩阵复数特征值的计算方法与前文相同。如图 16.15 和 16.16 所示，前两个图对轴向模式，后四个图表对应弯曲模式。弯曲波数的带隙随两裂纹间距的增加而减小，但距离的改变对弯曲波数影响非常小。此外，在裂纹长度不变时，带隙的边界频率也与两个裂纹之间的距离保持相同。

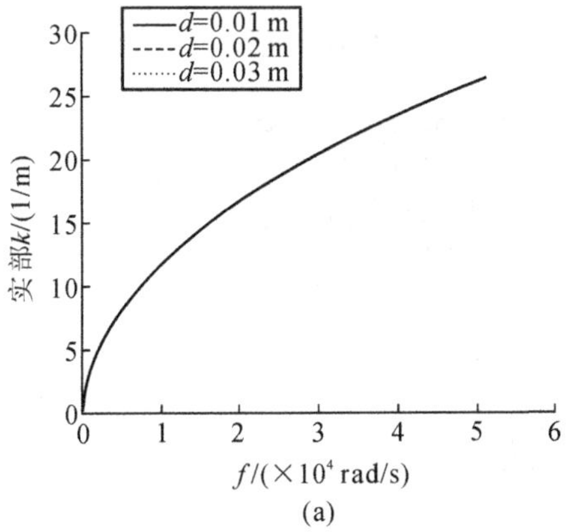

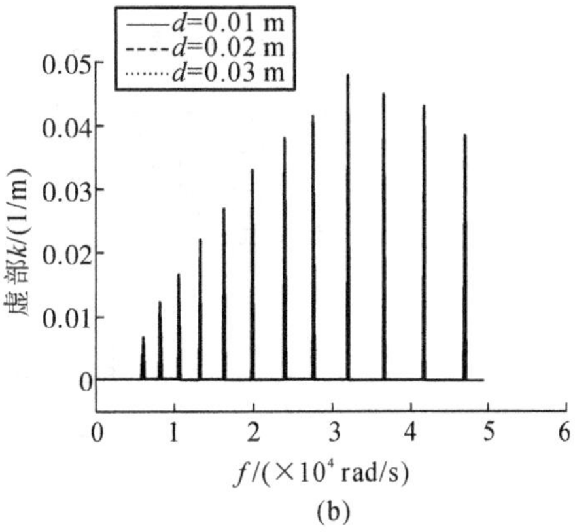

图 16.15　距离值 d 为 3 个不同值时，含两个上下排列周期性水平裂纹梁的弯曲波数

(a)弯曲波数的实部；(b)弯曲波数的虚部

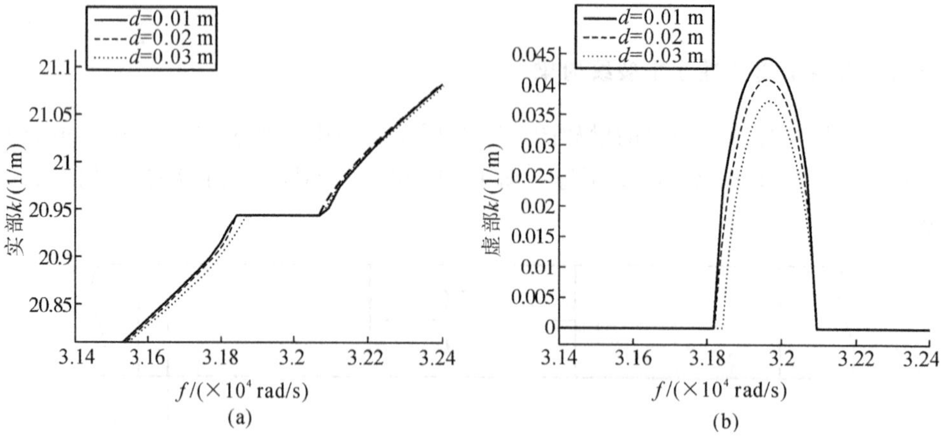

图 16.16 距离值 d 为 3 个不同值时，含两个上下排列周期性水平裂纹梁弯曲波数的带隙

(a)弯曲波数实部的特定阻带；(b)弯曲波数虚部相应的阻带

16.5.3 含周期性水平交错裂纹的梁

含周期性水平交错裂纹的梁如图 16.17 所示，对应的有限元模型如图 16.18 所示。图中两裂纹长度相同，均为 2 cm，两裂纹垂直间距 e 为 2 cm。两裂纹水平间距 d 在 0～4 cm 范围变化。

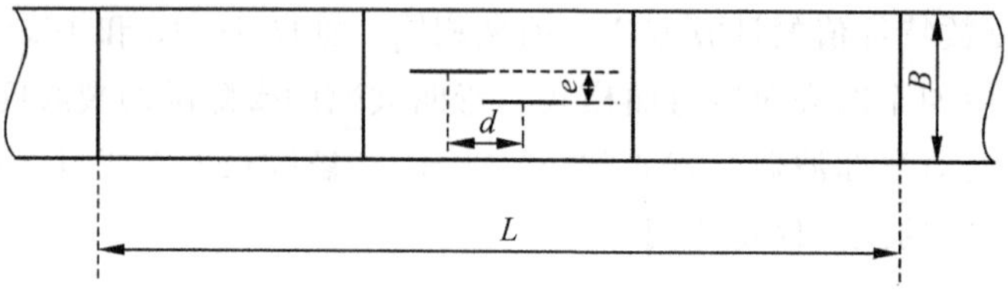

图 16.17 含两个轴向交错排列裂纹的周期性单胞

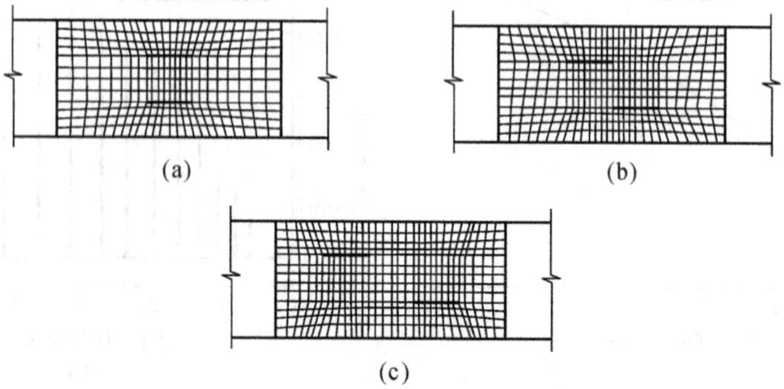

图 16.18 含交错裂纹的有限元网格

(a)距离值 d 为 0 m；(b)距离值 d 为 0.02 m；(c)距离值 d 为 0.04 m

如图 16.19 和 16.20 所示，弯曲波数中的带隙随着两个裂纹位置之间的距离的增加而减小，但是距离的改变对弯曲波数的影响非常小。

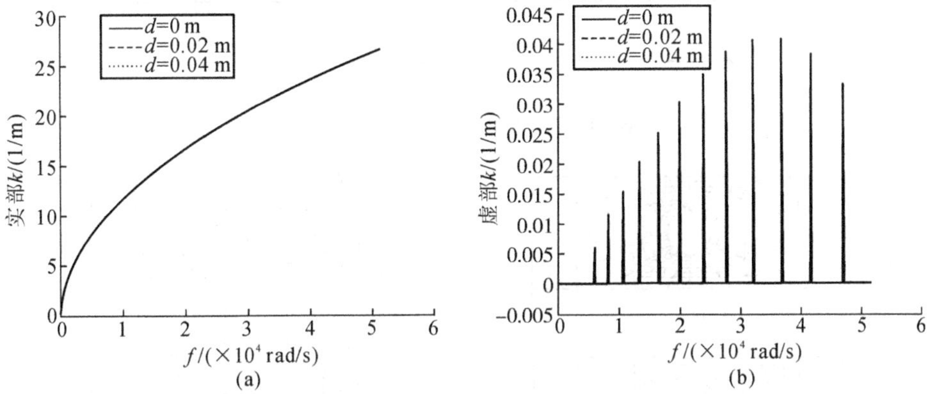

图 16.19　距离值 d 为三个不同值时，含周期性交错排列裂纹梁的弯曲波数

(a)弯曲波数的实部；(b)弯曲波数的虚部

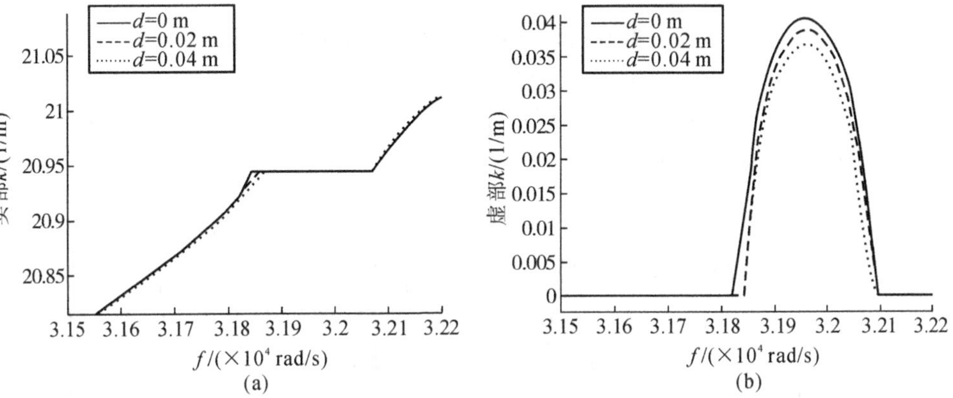

图 16.20　距离值 d 为三个不同值时，含周期性交错排列裂纹梁弯曲波数的带隙

(a)弯曲波数实部的特定阻带；(b)弯曲波数虚部相应的阻带

16.5.4　含周期性椭圆孔的梁

本例针对图 16.21 所示的周期性椭圆孔的频散特性进行研究。这里的椭圆孔是一个通用描述，但也包括两种极端情况：当短轴 b 趋于零时，圆孔将变为轴向裂纹。本例中，椭圆孔长轴 a 为 2 cm，其短轴 b 分 5 次从 2 cm 减小为 0。我们针对这 5 个不同的短轴值分别计算并绘制了轴向和弯曲情况下的频散特性，其有限元模型如图16.22 所示。

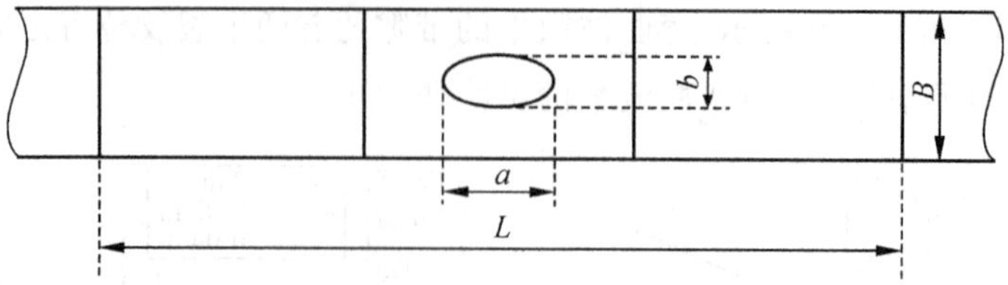

图 16.21 含椭圆孔的周期性胞元

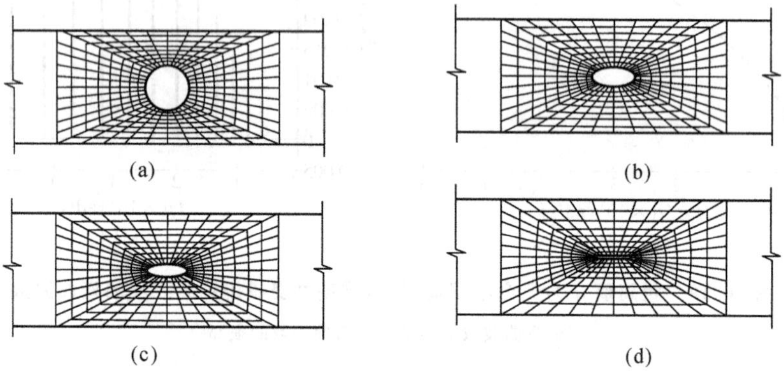

图 16.22 含椭圆孔的有限元网格

(a)b 为 0.02 m;(b)b 为 0.01 m;(c)b 为 0.0065 m;(d)b 为 0.001 m

图 16.23 和 16.24 展示了圆孔传递矩阵的全部特征值。前两个图表对应轴向模式,后四个图表对应弯曲模式。

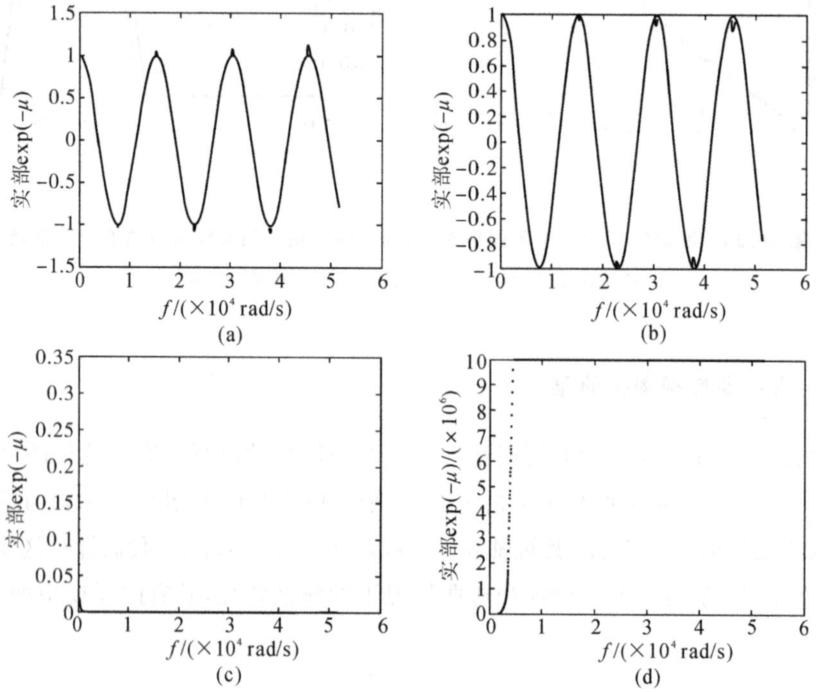

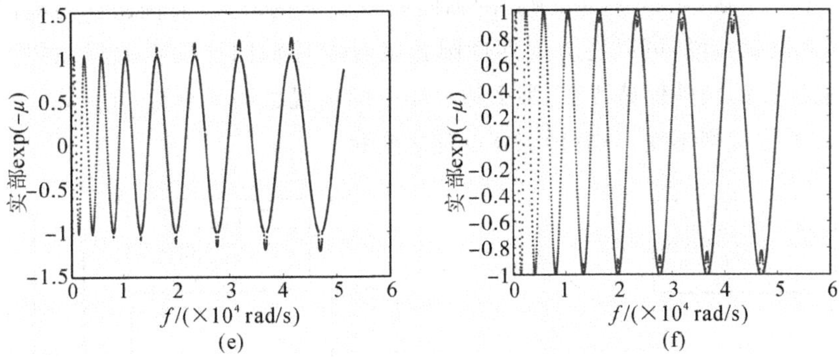

图 16.23　含周期性圆孔梁传递矩阵 6 个特征值的实部

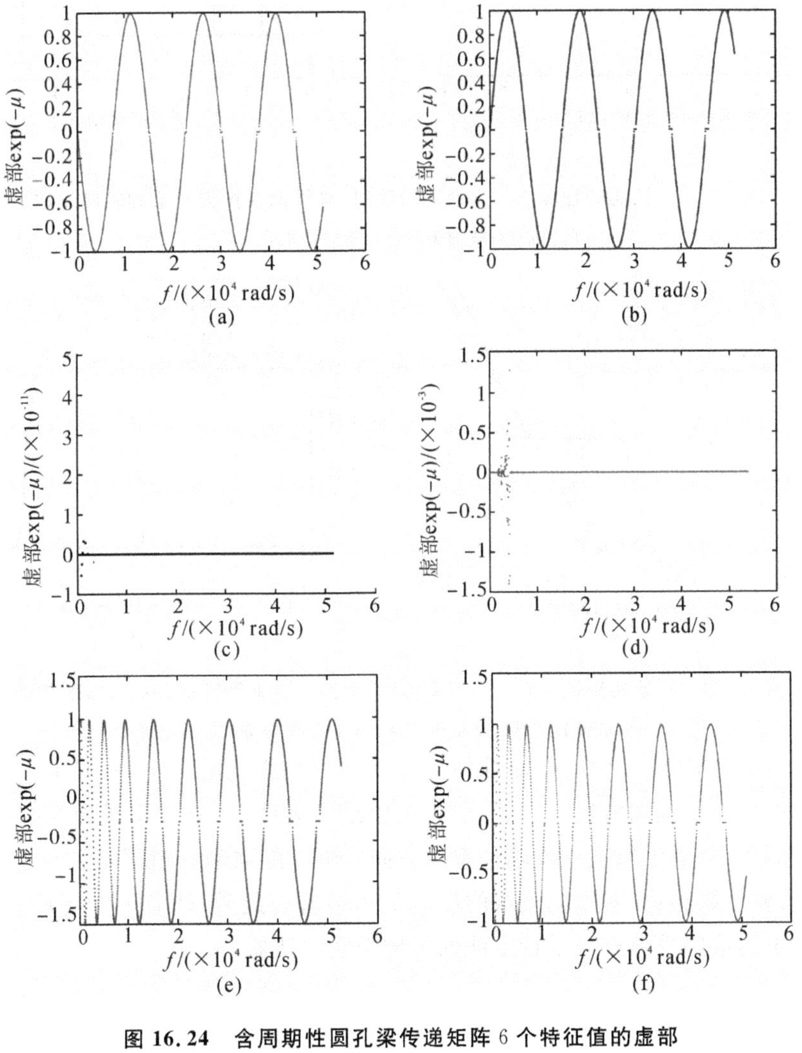

图 16.24　含周期性圆孔梁传递矩阵 6 个特征值的虚部

如图 16.25 和 16.26 所示，圆孔的轴向波数受影响最大，而椭圆孔的轴向波数受影响最小。也就是说，可以将含周期性圆孔梁看作是轴向波的带通滤波器。另一方面，如果椭圆孔的长轴保持不变，那么边界频率的位置也保持不变，并且无论短轴长度为何值，带隙位置都不变，只有带隙宽度随之变化。

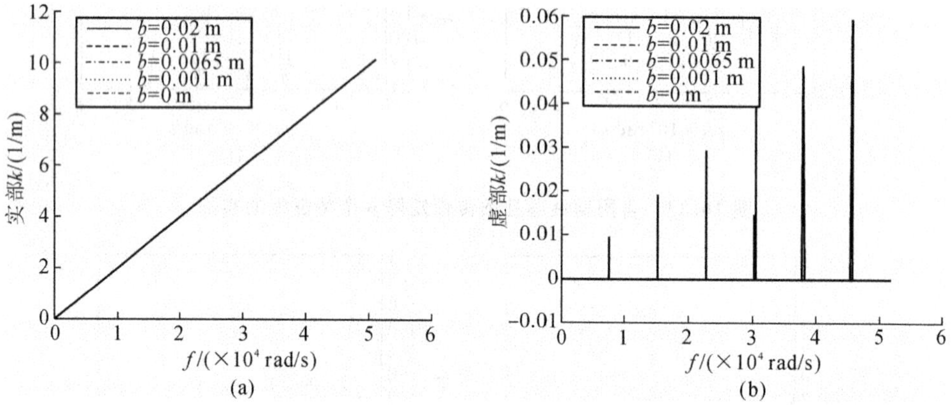

图 16.25 孔洞的短轴 b 为 5 个不同值时，含周期性椭圆孔梁的轴向波数

(a)轴向波数的实部；(b)轴向波数的虚部

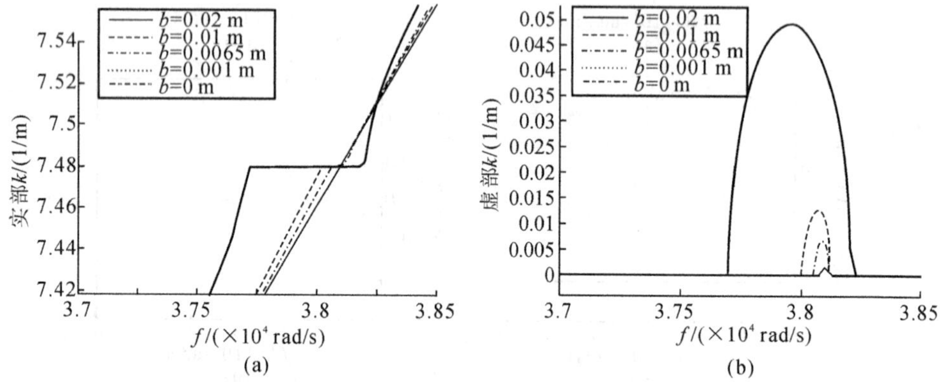

图 16.26 孔动的短轴 b 为 5 个不同值时，含周期性椭圆孔梁轴向波数的带隙

(a)轴向波数实部的特定阻带；(b)轴向波数虚部相应的阻带

如图 16.27 和 16.28 所示，弯曲波数也受到短轴变化的影响，但其水平裂纹和圆孔的带隙差异小于轴向波数。因此，所有试验结果表明，边界频率或带隙的位置仅取决于缺陷的大小，而不取决于缺陷位置或方向。唯一随缺陷方向不同而变化的参数是带隙，与弯曲波数相比，对轴向波数的影响更为显著。此外，还有一个更重要的发现：频散特性中的这些带隙充当了特定波的机械带通滤波器。

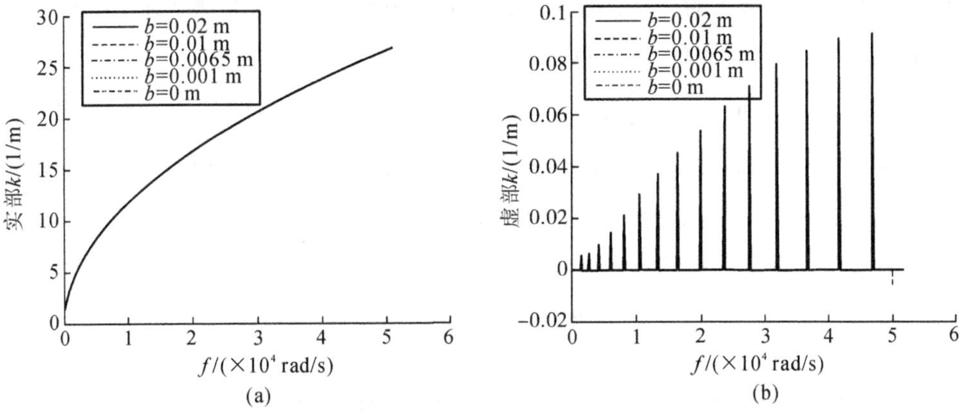

图 16.27　孔洞的短轴 b 为 5 个不同值时，含周期性椭圆孔梁的弯曲波数

(a)弯曲波数的实部；(b)弯曲波数的虚部

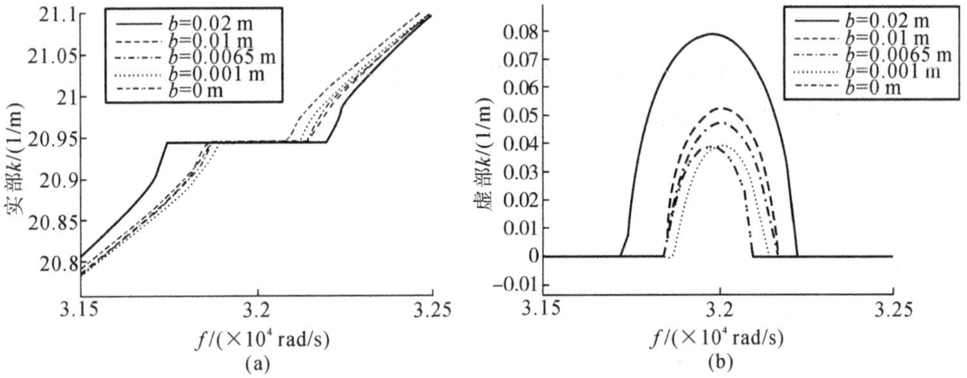

图 16.28　孔洞的短轴 b 为 5 个不同值时，含周期性椭圆孔梁弯曲波数的带隙

(a)弯曲波数实部的特定阻带；(b)弯曲波数虚部相应的阻带

16.6　谱有限元法在周期结构中的运用

如前文所述，研究波在周期结构中传播的谱有限元法公式，需要子单元传递矩阵的本征值和本征向量或前一章所讨论的多项式特征值问题的根。该公式对于每个节点具有 n 个自由度的任何一维周期性波导是通用的。在本例中，一维波导是每个节点具有 3 个自由度的框架单元，因此，该公式中 $n=3$，但 n 可以扩展为任何值。

对应于在结构中传播的 6 个波的 6 个特征值可以根据传播方向分为两组，即向前移动的波和向后移动的波，这可以通过计算特征值的大小来完成。如果小于 1，则波向前移动；反之，则波向相反方向移动。

特征向量的线性组合给出了周期结构起始节点的位移矢量，根据布洛赫定理，周期结构内其他任意节点的位移矢量都可以用起始节点的移位矢量来表示，因此将上述两个表述结合，可得到任意节点的移位矢量为：

$$\{\hat{\boldsymbol{u}}_n\}=\sum_{i=1,2,3}\{\phi\}_i\,\mathrm{e}^{-\mu_i n}C_i+\sum_{i=4,5,6}\{\phi\}_i\,\mathrm{e}^{-\mu_i(n-N)}C_i \tag{16.28}$$

其中$\{\phi\}_i$是特征向量，$\mathrm{e}^{-\mu_i}$是特征值，C_i是常系数，N是周期结构中子单元的指数，N是第一个单元的左节点和最后一个单元的右节点间从0到N变化，如图16.29所示。该方程可写成矩阵形式：

$$\{\hat{\boldsymbol{u}}_n\}=[\boldsymbol{\Phi}][\boldsymbol{\Lambda}]\{\boldsymbol{C}\} \tag{16.29}$$

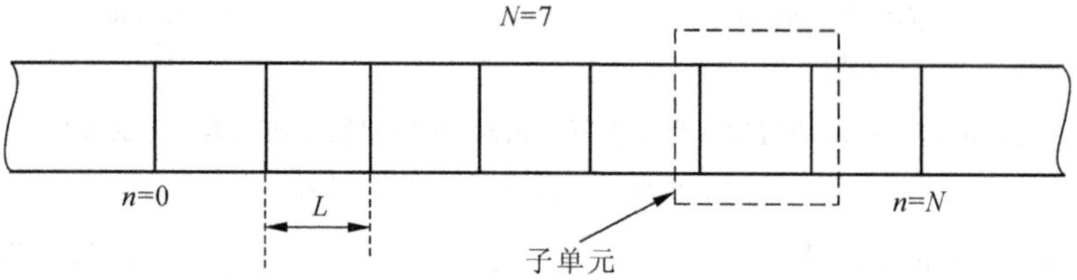

图16.29 具有7个周期性单元的一维周期性波导

式中，$[\boldsymbol{\Phi}]$是模式矩阵：

$$[\boldsymbol{\Phi}]_{(3\times6)}=[\{\boldsymbol{\phi}_1\}\quad\cdots\quad\{\boldsymbol{\phi}_6\}] \tag{16.30}$$

式中，$[\boldsymbol{\Lambda}]$是对角矩阵：

$$[\boldsymbol{\Lambda}]=\mathrm{Diag}[\mathrm{e}^{-\mu_1 n}\quad \mathrm{e}^{-\mu_2 n}\quad \mathrm{e}^{-\mu_3 n}\quad \mathrm{e}^{-\mu_4(n-N)}\quad \mathrm{e}^{-\mu_5(n-N)}\quad \mathrm{e}^{-\mu_6(n-N)}]_{(6\times6)} \tag{16.31}$$

$\{\boldsymbol{C}\}$是列向量：

$$\{\boldsymbol{C}\}=\{C_1\quad C_2\quad C_3\quad C_4\quad C_5\quad C_6\}^{\mathrm{T}} \tag{16.32}$$

因此，第一个单元的左侧节点和最后一个单元的右侧节点的位移向量可以表示为：

$$\left.\begin{aligned}\{\hat{\boldsymbol{u}}_1\}&=\{\hat{\boldsymbol{u}}_0\}=[\boldsymbol{\Phi}][\boldsymbol{\Lambda}]_0\{\boldsymbol{C}\}\\ \{\hat{\boldsymbol{u}}_r\}&=\{\hat{\boldsymbol{u}}_N\}=[\boldsymbol{\Phi}][\boldsymbol{\Lambda}]_N\{\boldsymbol{C}\}\end{aligned}\right\} \tag{16.33}$$

式中，$[\boldsymbol{\Lambda}]_0$和$[\boldsymbol{\Lambda}]_N$分别代表$[\boldsymbol{\Lambda}]$在$n=0$和$n=N$点的值。周期性结构的简化位移向量可以描述为：

$$\{\hat{\boldsymbol{u}}\}=\begin{Bmatrix}\hat{\boldsymbol{u}}_1\\ \hat{\boldsymbol{u}}_r\end{Bmatrix}=\begin{Bmatrix}[\boldsymbol{\Phi}][\boldsymbol{\Lambda}]_0\{\boldsymbol{C}\}\\ [\boldsymbol{\Phi}][\boldsymbol{\Lambda}]_N\{\boldsymbol{C}\}\end{Bmatrix}=[\boldsymbol{T}_D]\{\boldsymbol{C}\} \tag{16.34}$$

式中，$\boldsymbol{T}_D$是与未知系数向量$\{\boldsymbol{C}\}$和简化位移向量$\{\hat{\boldsymbol{u}}\}$相关的矩阵。因此，在子单元左侧节点的力向量可以描述为：

$$\{\hat{\boldsymbol{F}}_1\}=\{[\boldsymbol{K}_{LL}]+\mathrm{e}^{-\mu}[\boldsymbol{K}_{LR}]\}\{\hat{\boldsymbol{u}}_1\} \tag{16.35}$$

因此，在任何节点的力向量，考虑特征值和特征向量，可以描述为：

$$\{\hat{\boldsymbol{F}}_n\}=\sum_{i=1,2,3}\{[\hat{\boldsymbol{K}}_{LL}]+\mathrm{e}^{-\mu_i}[\hat{\boldsymbol{K}}_{LR}]\}\{\phi_i\}\mathrm{e}^{-\mu_i n}C_i+\sum_{i=4,5,6}\{[\hat{\boldsymbol{K}}_{LL}]+\mathrm{e}^{-\mu_i}[\hat{\boldsymbol{K}}_{LR}]\}\{\phi_i\}\mathrm{e}^{-\mu_i(N-n)}C_i \tag{16.36}$$

这个方程的矩阵形式可以描述为

$$\{\hat{\boldsymbol{F}}_n\}=[\boldsymbol{\Gamma}][\boldsymbol{\Lambda}]\{\boldsymbol{C}\} \tag{16.37}$$

式中，$[\boldsymbol{\Lambda}]$和$\{\boldsymbol{C}\}$已被定义，$[\boldsymbol{\Gamma}]$可以被定义为：

$$\left.\begin{aligned}&[\boldsymbol{\Gamma}]=[\{\boldsymbol{\Gamma}_1\}\cdots\{\boldsymbol{\Gamma}_6\}]\\&\{\boldsymbol{\Gamma}_i\}=\{[\hat{\boldsymbol{K}}_{LL}]+\mathrm{e}^{-\mu_i}[\hat{\boldsymbol{K}}_{LR}]\}\{\phi_i\}\quad,i=1,\cdots,6\end{aligned}\right\} \tag{16.38}$$

因此，第一个单元的左侧节点和最后一个单元的右侧节点的力向量可以描述为：

$$\left.\begin{aligned}&\{\hat{\boldsymbol{F}}_1\}=\{\boldsymbol{F}_0\}=[\boldsymbol{\Gamma}][\boldsymbol{\Lambda}]_0\{\boldsymbol{C}\}\\&\{\hat{\boldsymbol{F}}_r\}=\{\boldsymbol{F}_N\}=[\boldsymbol{\Gamma}][\boldsymbol{\Lambda}]_N\{\boldsymbol{C}\}\end{aligned}\right\} \tag{16.39}$$

式中，$[\boldsymbol{\Lambda}]_0$和$[\boldsymbol{\Lambda}]_N$分别代表$[\boldsymbol{\Lambda}]$在 0 和 N 点的值。周期性结构的简化位移向量可以描述为：

$$\{\hat{\boldsymbol{F}}\}=\begin{Bmatrix}\hat{\boldsymbol{F}}_1\\\hat{\boldsymbol{F}}_r\end{Bmatrix}=\begin{Bmatrix}[\boldsymbol{\Gamma}][\boldsymbol{\Lambda}]_0\{\boldsymbol{C}\}\\{}[\boldsymbol{\Gamma}][\boldsymbol{\Lambda}]_N\{\boldsymbol{C}\}\end{Bmatrix}=[\boldsymbol{T}_F]\{\boldsymbol{C}\} \tag{16.40}$$

式中，$[\boldsymbol{T}_F]$是与未知系数向量$\{\boldsymbol{C}\}$和简化位移向量$\{\hat{\boldsymbol{F}}\}$相关的矩阵。因此考虑边界节点的周期性结构的运动方程可以描述为：

$$\{\hat{\boldsymbol{F}}\}=[\boldsymbol{T_F}]\{\boldsymbol{C}\}=[\boldsymbol{T_F}][\boldsymbol{T_D}]^{-1}\{\hat{\boldsymbol{u}}\}=[\hat{\boldsymbol{K}}_{\boldsymbol{D}}]\{\hat{\boldsymbol{u}}\} \tag{16.41}$$

式中，$[\hat{\boldsymbol{K}}_{\boldsymbol{D}}]$是考虑边界节点的尺寸为 6×6 的简化动态刚度矩阵。

因此，如果周期性结构左右边界施加的力是已知的，利用上述公式可以推导出这些边界条件的位移。一旦边界位移向量已知，系数向量$\{\boldsymbol{C}\}$和任何中间节点的位移向量可轻易算出。

16.6.1　波的传播分析

本节通过周期性谱有限元法获得周期结构的时域响应，并将结果与使用传统二维有限元公式获得的响应进行比较。研究周期结构的例子分别为含两个垂直裂纹的一维波导和分别含两个、三个和四个圆孔的一维波导。在对含圆孔一维波导的研究中，将周期性单胞数量的三个值（$N=2$、3、4）进行分析，以对比周期性谱有限元法和二维有限元法的计算成本。

本研究运用铁木辛柯梁理论对谱框架单元进行建模。在所有案例中，结构构件默认为铝（弹性模量 E=70 GPa，剪切模量 G=27 GPa，密度 ρ=2700 kg/m^3），周期性单胞的长度、框架单元的长、宽和厚度分别取 L=0.5 m、B=0.05 m、t=0.01 m。图 16.30所示的光滑三角形脉冲用于所有算例的输入力函数，施加载荷的频率函数也一同显示在图中。

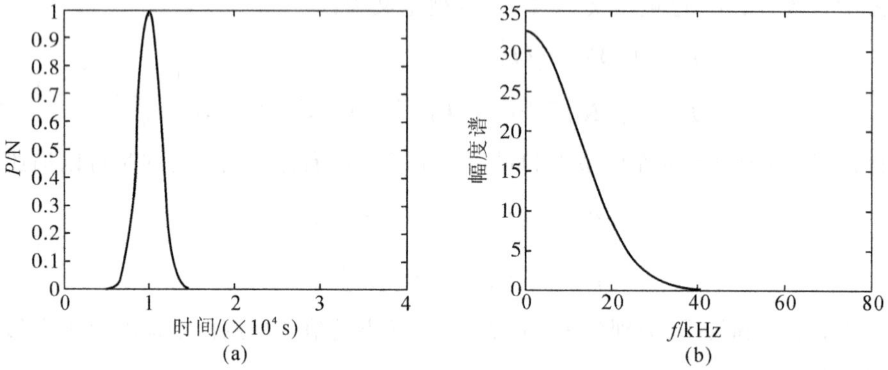

图 16.30　施加的冲击载荷

(a)平滑的三角脉冲(时域历史)；(b)频谱曲线

含两个圆孔的梁

在本例中，图 16.31(a)所示的是一个含两圆孔的梁，孔径为 2 cm，孔间距为 L。由于该结构存在多个类似的孔，可运用周期性谱有限元法获得波传播的响应。该结构含有 5 个单元和 6 个节点，其中单元①-②和④-⑤是前文所述用铁木辛柯理论建模得到的谱有限元；单元②-③和③-④是谱超单元，其中孔附近的区域与传统有限元接合，如图 16.31(b)所示；其余区域使用谱有限元法建模，所有内部节点都被简化，使谱超单元和单元⑤-⑥成为谱偏移单元。节点①是固定的，力首先作用在节点⑤的轴向，之后作用在其横向，并分别计算节点⑤在轴向和横向的速度。对应的二维有限元模型在整个厚度范围内约有 8440 个四节点平面应力单元。图 16.32(a)展示了冲击点的轴向速度，它显示了来自两个孔的两个反射。该图还表明周期方法和二维有限元法之间良好的一致性。类似地，冲击点的弯曲速度如图 16.32(b)所示，图中也可以看到两个反射，并且两种方法得到的响应也非常匹配。

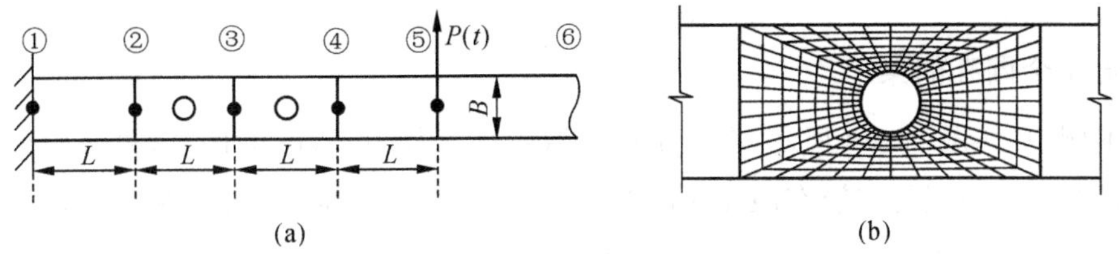

图 16.31 含有两个圆孔的梁及其有限元模型

(a)含两个圆孔的梁;(b)用于为圆孔建模的有限元网格

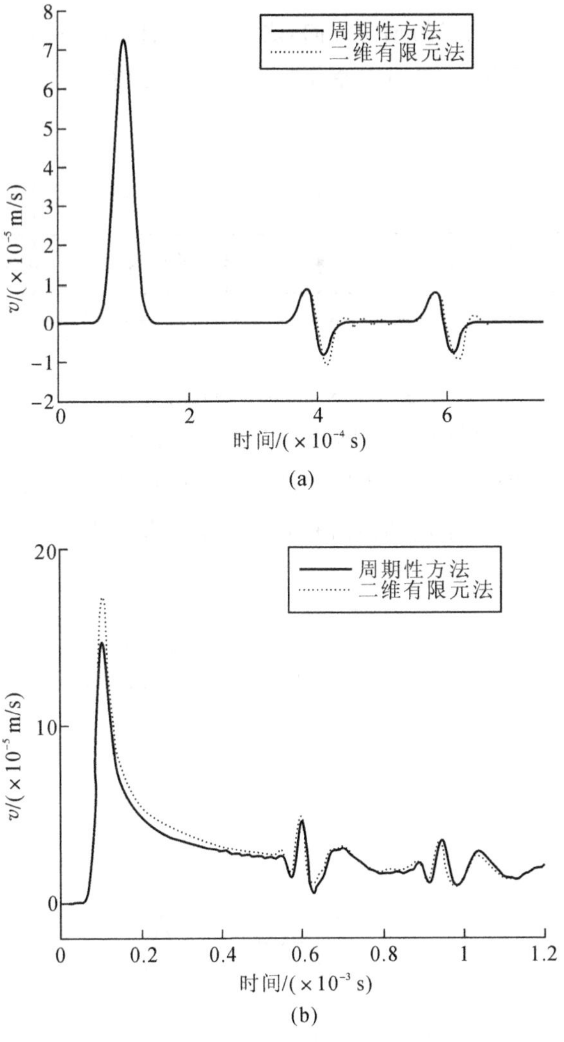

图 16.32 带有两个圆孔的梁

(a)冲击点的轴向速度;(b)冲击点的弯曲速度

含 4 个圆孔的梁

本例中，如图 16.33 所示，在一个梁中取 4 个直径为 2 cm 的圆孔，再次验证了周期性谱有限元模型与传统有限元法的对比。应注意的是，周期性谱有限元法的计算成本几乎与周期性单元数量无关，而在传统有限元法中，随着单元数量的增加，计算成本会显著增加。本例中的结构含有 7 个单元和 8 个节点，单元①-②和⑥-⑦是谱有限元，单元②-③、③-④、④-⑤和⑤-⑥是谱超单元，单元⑦-⑧是谱偏移单元。节点①是固定的，力首先作用在节点⑦的轴向方向，之后作用在横向方向，并计算在冲击点的相应位移。对应的二维有限元模型在整个厚度范围内约有 12880 个四节点平面应力单元。

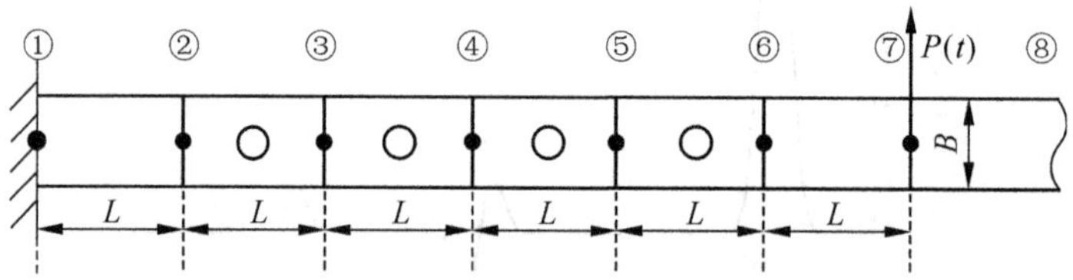

图 16.33 含 4 个圆孔的梁

图 16.34(a)和(b)分别展示了冲击点的轴向和弯曲速度。从两个响应图中都可以看到从圆孔处产生的反射，而由于轴向波的非频散性质，该反射在图 16.34(a)中更加清晰，两条曲线再次验证了周期性谱有限元法的效果，因为周期性方法和二维有限元法之间存在良好的一致性。

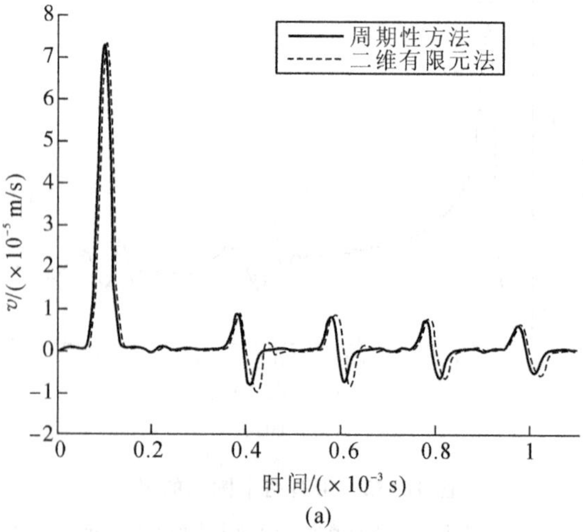

(a)

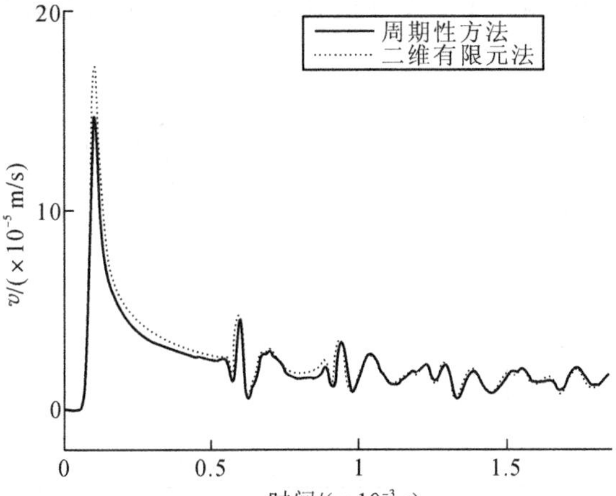

(b)

图 16.34　含四个周期性孔的梁

(a)冲击点的轴向速度；(b)冲击点的弯曲速度

含两个垂直裂纹的梁

为验证周期性谱有限元模型，这里列举了另一个一维周期性波导的例子：如图 16.35(a)所示，该波导含有两个长度为 2 cm 的垂直裂纹，裂纹间隔为 L。使用传统有限元法构建的相应谱超单元模型如图 16.35(b)所示。与之前一样，该模型含有 5 个单元和 6 个节点，其中单元①-②和④-⑤是运用铁木辛柯理论建模形成的谱有限元；单元②-③和③-④是谱超单元，其中裂纹附近的区域与传统有限元接合；其余区域使用谱有限元法建模，所有内部节点都被简化，使谱超单元和单元⑤-⑥成为谱偏移单元。节点①是固定的，该结构在节点⑤的位置先后受到轴向方向和横向方向的冲击，并计算冲击点的相应速度。之后再次使用二维有限元模型验证了通过周期性方法获得的响应，该二维有限元在整个厚度范围内约有 8440 个四节点平面应力单元。

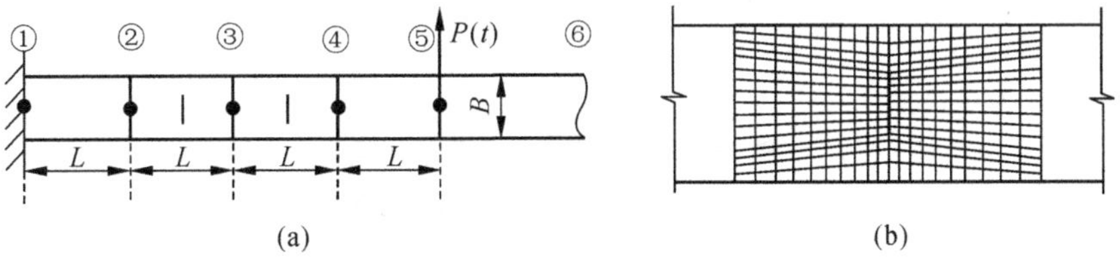

(a)　　(b)

图 16.35　含垂直裂纹的梁及其有限元模型

(a)含两垂直裂纹的梁；(b)用于模拟垂直裂纹的有限元网格

图 16.36(a)和(b)分别展示了冲击点的轴向和弯曲速度，清晰地体现出从裂纹处产生的两个反射，该图也体现出周期性谱有限元法和二维有限元法响应间良好的一致

性。总之,上述所有结果验证了周期性谱有限元法在一维周期结构中获得时域响应的准确性。

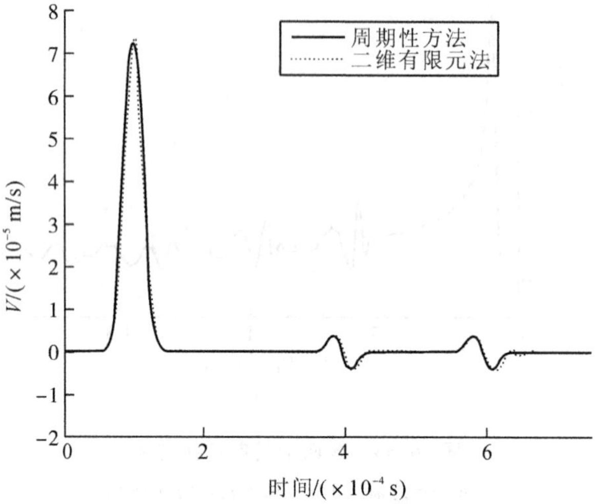

(a)

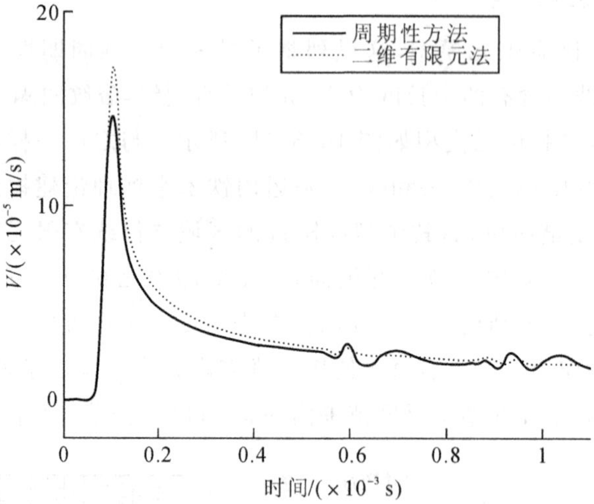

(b)

图 16.36 含两个垂直裂纹的梁

(a)撞击点的轴向速度;(b)撞击点的弯曲速度

16.6.2 周期性谱有限元法与有限元法的计算效率对比

本章所提出的方案显著降低了分析的计算成本。在周期性有限元法的公式中,仅需通过整个周期结构的简化动刚度矩阵来计算子单元的动刚度矩阵,该计算运用谱超元法完成，本章的前一部分已对其解释。

采用此方法的计算成本并不太高。因此，周期性谱有限元模型中涉及的计算成本几乎与子单元数量无关，而采用二维有限元法的计算成本几乎呈指数级增长，如图16.37所示。

计算成本通常通过CPU时间来衡量。在这里，我们比较了周期性谱有限元模型和传统有限元模型的CPU时间。为展示计算成本随周期性单胞数量增加的趋势，我们分别获得了含2孔、3孔和4孔梁的响应，数值实验测算了计算三种梁轴向速度所耗的CPU时间。谱有限元模型中的时间窗口取 $T_w=4096$ s，含2孔、3孔和4孔梁在二维有限元中的系统规模自由度分别为27867、35184和42501。

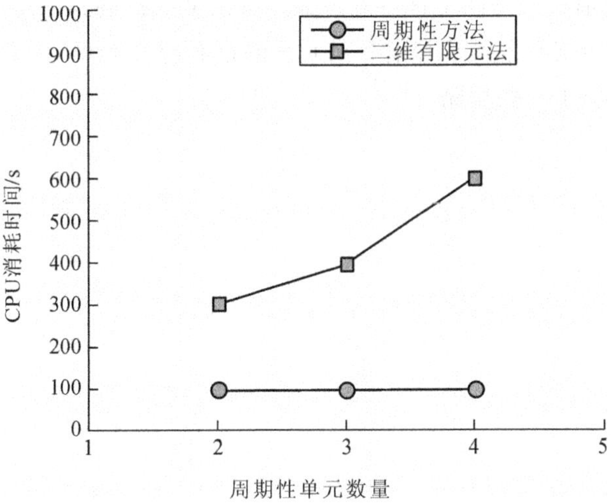

图 16.37　CPU 消耗时间对比图，以此作为计算成本的衡量标准

表 16.1　运用纽马克时间积分的二维有限元法和周期性谱有限元法的 CPU 时间对比

模型	二维有限元法 CPU 时间/s	周期性方法 CPU 时间/s
2 孔梁	300	95
3 孔梁	395	95
4 孔梁	600	95

总　　结

本章对含周期性缺陷的一维结构进行了研究，研究内容涉及谱关系的确定。研究结果表明，波数的虚部显示出带隙的存在。带隙即频率区域，带隙内的波数不随频率变化，这表明该波段的群速度将为零。本研究针对的是不同组合中的不同缺陷。值得注意的是，任何模式下的带隙都可以作为该模态下波的机械带通滤波器，可将孔洞和裂纹等缺陷有意引入具有一定周期性的结构中。由于对周期长度没有限制，这里可以将周期长度取一个非常大的值。如果结构荷载是频谱极小的突发荷载，则可以设计这样的结构，确保波仅在特定下传播，而在其他频率下停止。

本章还提出了一种基于傅里叶变换的周期性谱有限元法，用于在含缺陷一维多耦合周期性波导中分析波的传播。通过周期性谱有限元模型计算该结构的时域响应，并与二维有限元法进行了对比。采用这两种方法计算出的时域响应十分吻合，这进一步验证了所发展的谱有限元模型的准确性。除此之外，当周期性波导中周期性单元数量增加时，周期性谱有限元模型的计算效率要比传统二维有限元法高出几个数量级，图16.37所示的曲线清楚地反映了这一点。该方法也可以扩展到二维周期波导建模，但难度很大，原因是传统有限元法和谱有限元法的耦合存在难度，因此需要采用不同的方法，文献[94]提供了一些思路。

第 17 章

不确定波导中波的传播

在过去的几年里，我们见证了新材料研究的巨大进步，在航空航天和其他主要行业中，新型轻质材料的使用量迅速增长。与传统材料相比，这些材料在材料性能上表现出显著的变化，因此，造成了对各种结构问题的理解变得非常困难，这些材料性能的不确定性在设计中起到了重要作用。不确定性可能存在于结构本身的特性和结构所处的环境中。第一类不确定性可归为对材料特性及行为缺少足够的了解，另一类不确定性是由于载荷和边界条件随环境变量（如温度和压力）变化而变化。在考虑不确定的来源的同时，建模技术也是一个重要方面。在这种情况下，当可变性很大时，我们发现概率模型比确定性模型更有优势。在概率方法中，会考虑参数的不确定性，并用随机变量或随机场表示。数字计算机领域的发展使该领域的研究状况发生了变化。在结构设计的多种情况下，随着蒙特卡洛（蒙特卡洛模拟）等计算工具的出现，不确定性被纳入结构设计阶段。对不确定性的波传播分析进行建模的最大困难是这种分析所需的计算量。在这项工作中，我们用蒙特卡洛模拟与谱有限元分析（SFEM）模型相结合进行不确定波传播分析。

与不确定性相关的主要问题是材料性质的巨大可变性。金属或各向同性材料结构具有三种不同的性质，即杨氏模量、剪切模量和密度，这些都可能是不确定的。另一方面，在一个三维复合结构中，10 种材料性能都可能不确定（9 种刚度性能和密度）。本章旨在介绍材料的不确定性对波传播的影响，因此在本章中仅限于对金属结构进行研究。量化研究了不确定性对高频波传播响应的影响。考虑弹性模量和密度的不确定性，在谱有限元法环境中使用蒙特卡洛模拟进行分析。我们运用正态分布、威布尔分布和极值分布这三种不同的分布来描述材料属性的随机性，并研究它们对波在梁中传播的影响，用数值结果研究了材料的不确定性对高频波模式的影响。此外还研究了不同梁理论以及它们在动态脉冲载荷下的不确定响应。研究结果采用相应随机变量的变异系数(*COV*)来表示,用来衡量材料分散特性。本章展示了一些有趣的研究结果,以解释不确定性对动态脉冲载荷引起的波传播产生的真实影响。

17.1 谱有限元法环境下的蒙特卡洛模拟

蒙特卡洛模拟(MCS),或称为概率模拟,是一种允许人们在定量分析和决策中考虑风险的技术。蒙特卡洛模拟通过一系列随机值(概率分布)代替固有的不确定因素,来建立模型。根据估计的范围为每个任务选择一个随机值,基于随机值模拟计算,记录模拟结果,并重复该过程。完成一个蒙特卡洛模拟流程可能涉及成千上万次的计算,这取决于不确定因素的数量和为它们指定的范围。蒙特卡洛模拟产生可能结果值的分布,这些结果被用来描述模型中达到各种结果的可能性或概率。蒙特卡洛模拟能够为确定已知确性解问题提供准确解,因为只要采用大量的计算,它在统计学上会收敛到正确解。在蒙特卡洛直接模拟中,该过程首先根据输入参数的概率分布和相关性生成输入参数的样本。对于每个输入样本,执行确定性的谱有限元分析,然后得到一个输出样本。最后,通过得到的响应样本,可以得到响应的平均值和标准差。

响应 $\bar{y}$ 估计值的定义在文献[200]中做出了详细解释。

$$\bar{y} = \frac{1}{n} = \sum_{i=1}^{n} y_i \tag{17.1}$$

其中 n 是样本数量,y_i是第 i 个输入样本 $E[\bar{y}]=\mu_y$ 对应的响应。

$$Var(\bar{y})=E[(\bar{y}-E[\bar{y}])^2]=\frac{\sigma_y^2}{n} \tag{17.2}$$

其中和 $E[\bar{y}]$和 $Var(\bar{y})$是随机变量的期望值(一阶矩)和方差(二阶矩),$\mu_y=E[y]$和 $\sigma_y^2=nE[(y-E[\bar{y}])^2]$表示响应的未知均值和方差。分布的均值给出了分布是围绕哪个值展开的,方差是对分布范围的度量。在大多数不确定分析中,分布的分散性是用参数变异系数(*COV*)来衡量的,变异系数是样本方差的平方根与样本均值的比值。方差的平方根也被称为标准差,输出参数的变异系数也可以通过计算输出的变异系数与输入的变异系数比值来测量输入参数的灵敏度。本章将波数、速度、截止频率等波的参数作为输出参数,研究了材料特性的敏感性。

在波的传播分析中,参数 y 可以是轴向或横向速度的时间响应、频率响应函数、波数、群速度等内容。y 的每个值 y_i通过确定性的谱有限元程序或本研究使用的常规有限元程序(用于比较研究)获得。

17.2 结果和讨论

波在结构中的传播响应受多种因素控制，包括：波数、群速度，以及自然振动频率和相位信息。所有这些因素都取决于这些波传播介质的材料性质。由于本章研究中材料性质被认为是不确定的，因此与确定性响应相比，我们可以预期波的响应会有实质性的变化。因此，本节的目的是指出材料性质的不确定性对波数、群速度和系统固有频率的影响，将不确定的响应以速度时程、频率响应函数（FRF）或概率密度分布的形式表示，以便清楚地显示不确定性对这些参数的影响，本章的研究也考虑了宽带和调制高频突发载荷（tone-burst loading），特别研究了加载频率对不确定响应的影响。

从前面的章节中可以看出，杆和梁的高阶效应通过在高阶波模式中引入截止频率得以体现，这种形式实现了越过截止频率的传播。截止频率取决于材料性质和几何特性，并发生在高频情况下。如果该截止频率产生时的频率高于所研究的频率，仍然可以使用初等梁模型进行分析。材料性质和/或几何特性的不确定性会影响其数值，因此，需要进行详细的不确定性分析，该分析将在本小节中进行。正如上文所述，每个结果都可以通过结合蒙特卡洛模拟与谱有限元法的方式来得到。不确定性可以通过用随机变量来表示不确定参数，并用不同的概率分布函数来比较输出参数的分布规律。上述分析需创建输入随机变量，可以使用 MATLAB 内置函数来创建这些随机变量。这里使用的金属梁和杆的谱单元已在第 13 章中推导出。

本研究首先通过传统有限元法和谱有限元法两种方式开展了金属梁轴向和横向响应的比较研究。在这个研究中，杨氏模量和密度被假定为服从正态分布的随机变量。正如前面所讨论的，通过分析速度和波数的变化研究这些输出参数的变化。

17.2.1 不确定因素对速度时程的影响

我们研究了一个长 1 m，截面为 10 mm×10 mm 的矩形金属悬臂梁。在谱有限元法情况下，该梁用一个简单的铁木辛柯梁和一个基本杆来建模；在传统有限元法中，使用了 200 个一维梁和杆单元。杨氏模量和密度的确定值分别为 70 GPa 和 2700 kg/m^3。研究目标包括两方面，首先比较传统有限元法和谱有限元法预测的轴向和弯曲响应，并用前者验证后者，其次，量化由材料的不确定性引起的响应变化。对于有限元法和谱有限元法的比较，杨氏模量仅考虑为不确定且假设为正态分布。在模拟中使用了 10000 个随机生成的杨氏模量样本。在大多数的不确定分析中，从模拟数据中得到的参数的均值应该收敛到一个常数，这需要大量的样本，研究发现，10000 个样本足以满足这个条件。为了比较谱有限元法和有限元法的解，我们使用了图 17.1 所示两种不同的输入。

图 17.1(a)是一个宽带载荷，其快速傅里叶变换(FFT)给出的频率为 20 kHz，这个脉冲用于轴向波传播的情况。弯曲波本质上是高度频散的，使信号在梁中无频散传播的方法之一是使用图 17.1(b)所示的突发调制脉冲，调制频率为 5 kHz。图中所示脉冲的快速傅里叶变换仅在 5 kHz 时产生显著能量，而在 5 kHz 以下则没有。因此，波的传播速度相当于与 5 kHz 的频率对等，该脉冲用于弯曲波的传播。

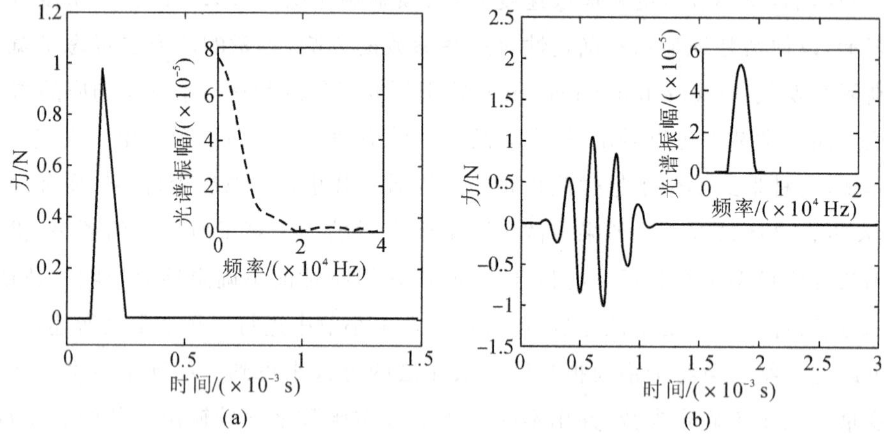

图 17.1 仿真中使用的输入力时程曲线

(a)宽带脉冲；(b)窄带脉冲(在 5 kHz 的调制)

首先，杨氏模量被认为是一个随机变量，蒙特卡洛模拟在传统有限元法和谱有限元法环境下使用 10000 个样本进行。图 17.2 和图 17.3 中的 min 和 max 表示通过蒙特卡洛模拟得到的第一次反射到达时间的最小值和最大值，det 表示材料性质确定的值。

图 17.2(a)和 17.2(b)展示了输入参数变异系数分别为 1% 和 10% 时，得到的轴向速度时间历程。从图中可以看出两点，首先是蒙特卡洛模拟在有限元法和谱有限元法下的预测结果非常吻合。其次，如果变异系数较小，不确定的响应与确定的响应相比不会有太大变化。由于介质的群速度取决于材料性质，材料性质的不确定性会导致预测群速度的变化，这可以通过观察第一次反射的到达时间来量化。从图 17.2(b)可以看出，第一次反射到达时间的总散射率为 15%，而在变异系数为 10% 的确定性情况下，其数值为 2000 m/s 左右。由材料性质的不确定性引入的群速度有明显的增加。

图 17.3(a)和(b)展示了在有限元法和谱有限元法下通过蒙特卡洛模拟得到的不同编译系数时的弯曲响应。与轴向波的情况一样，有限元法和谱有限元法的预测十分匹配。而与轴向波传播的情况不同时，对于较大的变异系数，在弯曲群速度中引起的

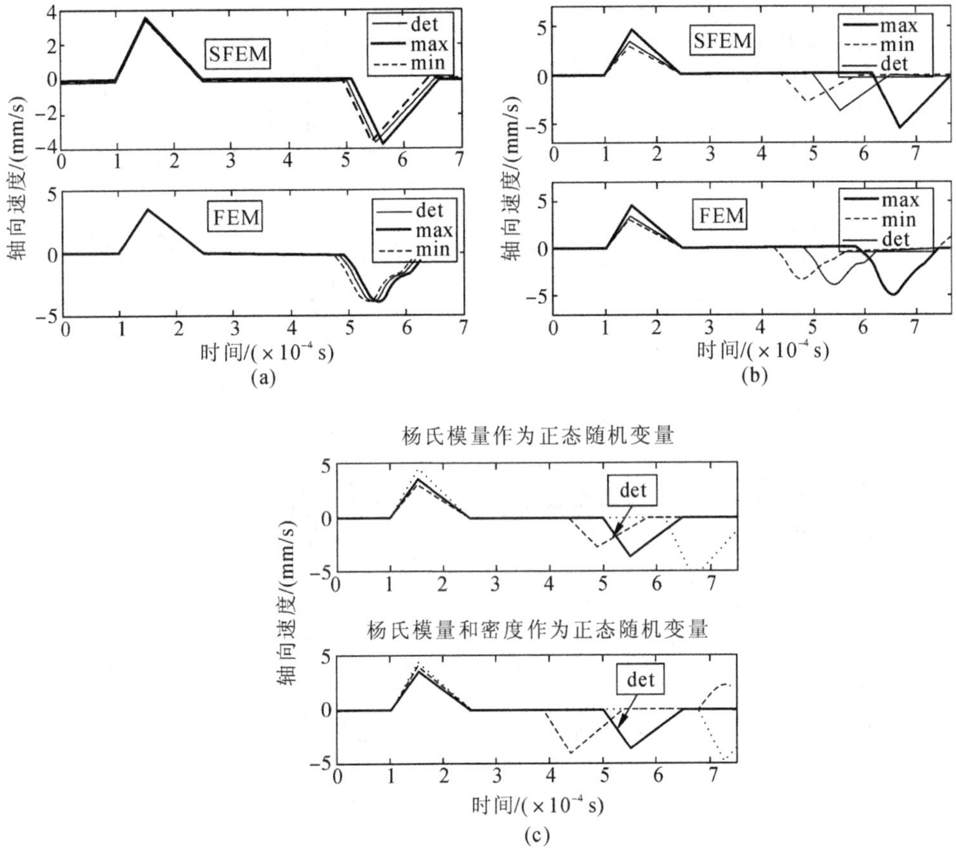

图 17.2　轴向速度响应

(a)不确定的杨氏模量(变异系数为 1%);(b)不确定的杨氏模量(变异系数为 10%);

(c)不确定的杨氏模量和密度(变异系数为 10%)

频散并不明显。接下来,假设杨氏模量和密度两个参数不确定且服从正态分布。图 17.3(c)和(d)分别展示了通过谱有限元法获得的变异系数为 10%的轴向和横向速度时程。从这些图中可看出,轴向和横向群速度都有明显的变化,与确定性响应相比,轴向速度的总散射约为 25%,弯曲速度约为 20%。就速度而言,这种变化导致轴向情况的群速度变为 3450 m/s,弯曲情况的群速度变为 350 m/s。图 17.3(c)是变异系数为 1%时的弯曲响应,从中可以得出结论,当输入参数的变异系数减小时,随着输入随机变量的数量从一个变为两个,时间响应的变化明显减小。

总之,材料参数的不确定性增加了群速度的总散射度。如果仅是模量不确定,那么弯曲群速度不会有明显变化。然而,当密度和模量都不确定时,弯曲群速度的总散射度接近 20%,输入参数变异系数为 10%。当输入参数的变异系数减小时,随着输入随机变量的数量从一个变为两个,时间响应的变化明显减小。

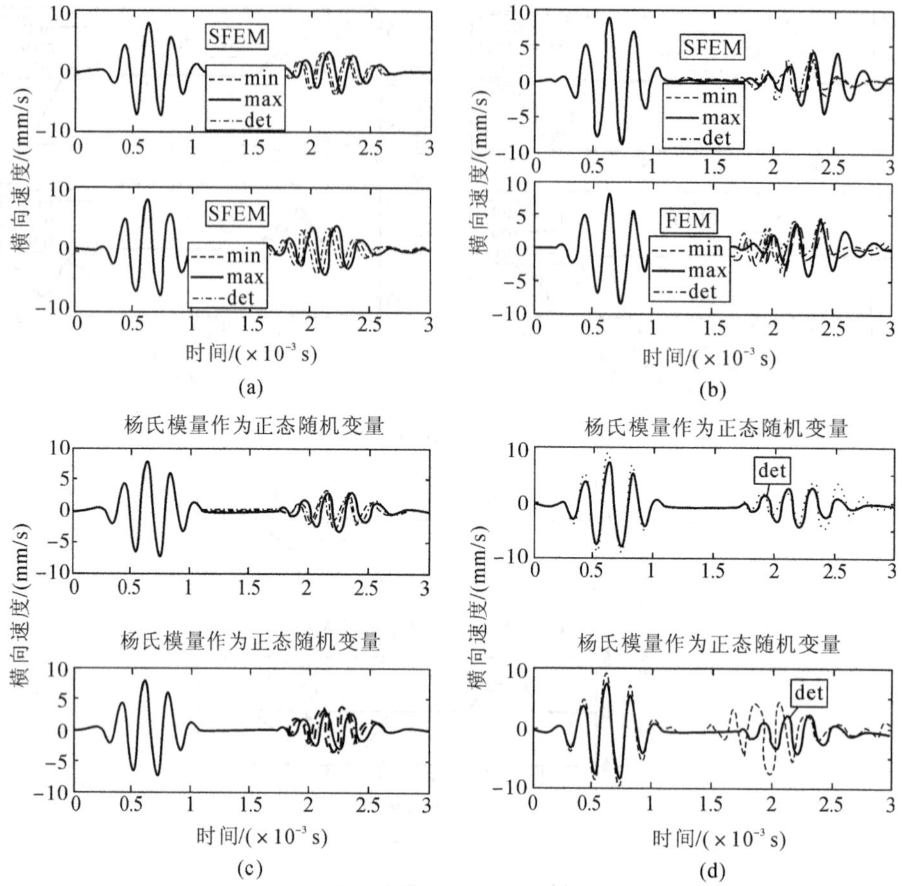

图 17.3 横向速度响应

(a)不确定的杨氏模量(变异系数为 1%);(b)不确定的杨氏模量(变异系数为 10%);
(c)不确定的杨氏模量和密度(变异系数为 1%);(d)不确定的杨氏模量和密度(变异系数为 10%)

17.2.2 蒙特卡洛模拟下有限元法和谱有限元法计算效率对比

为了确定谱有限元法在蒙特卡洛模拟下的计算效率,采用了与前面例子中相同的悬臂梁。将其建模为单一的铁木辛柯梁,研究两个不同的突发载荷,分别按照5 kHz和 50 kHz 的中心频率采样。图 17.4(a)展示了弯曲波的速度与 5 kHz 和50 kHz载荷的傅里叶变换频谱叠加的情况。

图 17.4(a)表明,5 kHz 的载荷将以 1400 m/s 的速度移动,而 50 kHz 的脉冲将以 1900 m/s的速度移动。这意味着,50 kHz 的脉冲将比 5 kHz 的载荷更快。因此,在 50 kHz 载荷中,反射将提前到达,与 5 kHz 载荷相比,它表现为一个较小的时间窗口。换句话说,50 kHz 突发载荷需要较小的时间窗口,这意味着与 5 kHz 突发载荷相比,

快速傅里叶变换点的数量较少。因此，我们可以预测，与加载频率为 5 kHz 相比，加载频率为 50 kHz 的谱有限元法求解会更快。

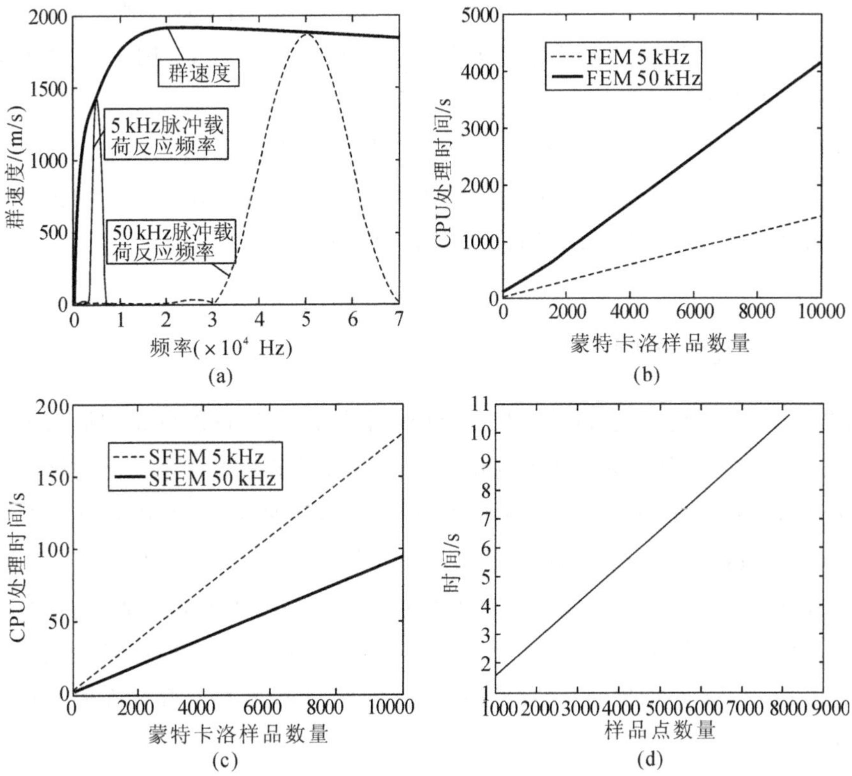

图 17.4　铁木辛柯梁在不同频率载荷作用下的谱分析

(a)梁的离散图(弯曲群速度)，其中 5 kHz 和 50 kHz 猝发信号的频谱振幅被放大叠加在上方，并将 CPU 时间作为不同猝发信号频率(5 kHz 和 50 kHz)样本数的函数图；(b)有限元法；(c)谱有限元法；(d)100 个样本中不同 FFT 点数量的谱有限元法

正如前面几章所述，当频率增加时，波长就会减小，传统的有限元模型规定，单元的长度应该与它的波长相当，通常来说，10～20 个单元可跨越一个波长。因此，在传统的有限元模型中，增加加载频率会增大问题规模，这必然会增加计算时间。这与谱有限元法的求解截然不同。在本例中，频率从 5 kHz 增加到 50 kHz，需要的常规单元数量从 200 个增加到 600 个。图 17.4(b)和(c)展示了使用两种不同的突发载荷激励悬臂梁的横向速度响应时，有限元法和谱有限元法下的蒙特卡洛模拟分别花费的时间与样本数的函数比较。在谱有限元法中，对于加载频率为 5 kHz 的信号，使用了5 μs 的时间采样率和 1024 个快速傅里叶变换点；对于加载频率为 50 kHz 的信号，使用的快速傅里叶变换样本数只有 512 个。传统的有限元法对于调制频率为 5 kHz 的突发脉冲载荷使用 200 个一维梁单元建模，对调制频率为 50 kHz 的突发脉冲载荷使用

600 个单元建模。分析中只有杨氏模量被假设为随机变量，并服从正态分布。从图中，可以清楚地看到，与传统的有限元法相比，谱有限元法在两种载荷下都更快。对于 5 kHz 的载荷，谱有限元法的速度是传统有限元法的 8 倍，计算响应所需时间不到 200 s。当载荷的频率为 50 kHz 时，速度增至传统有限元法的 48 倍。因此，在谱有限元法下，蒙特卡洛模拟消耗的计算资源是可以接受的。在本例中，对于 100 个样本的蒙特卡洛模拟，谱有限元法所花费的时间与快速傅里叶变换点数的关系如图 17.4(d)所示。CPU 时间变化是线性的，而且变化率相当小。总之，谱有限元法的模拟速度比传统有限元法快，而且计算时间随着载荷频率的增加而增加。

17.2.3 第一次反射到达时间分布

在本节中，重点是量化两种不同输入材料属性分布(即正态分布和极值分布)下，第一次反射到达时间分布的群速度变化。本研究采用了基于最小极值的极值Ⅰ型分布，即耿贝尔(Gumbel)分布。在这种情况下，只考虑弯曲响应，其中悬臂梁被建模为单个受点冲击载荷的铁木辛柯单元(图 17.1)。如图 17.5 所示，和之前一样，蒙特卡洛模拟中使用了 10000 个样本，目标是获取材料变化的输入变异系数，确定第一次反射的到达时间的变异系数。图中给出 Monte 来自蒙特卡洛模拟的实际直方图，Normal 和 Extreme 是理想的正态分布和极值分布，其样本均值和标准偏差从模拟数据中获得。

图 17.5 显示了在变异系数 10%时杨氏模量的 2 种不同分布下，第一次反射到达时间的分布。这里，密度被假定为确定的，不同的输入分布预测了类似的输出变异系

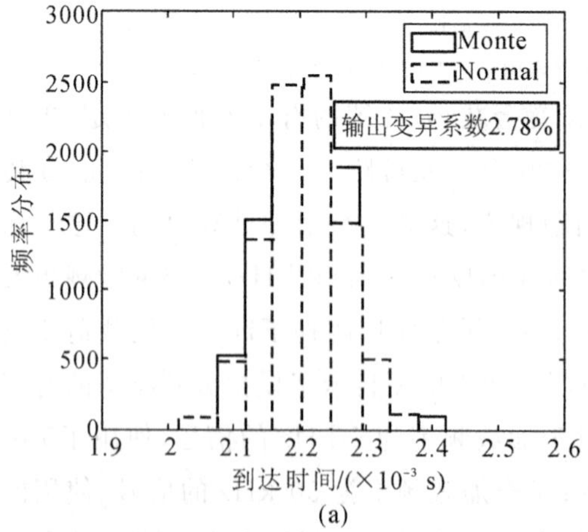

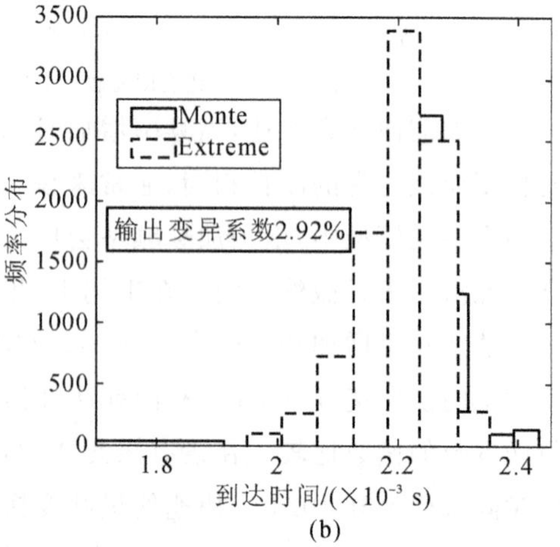

图 17.5 输入变异系数 10%的杨氏模量的两种分布下，第一次反射到达时间分布的直方图

(a)正态分布；(b)极值分布

数(约 2.9%)。接下来,密度和杨氏模量都假定为不确定的,并采用变异系数为 10%的正态和极值分布来模拟这些分布。和前面的情况一样,对于不同的分布,变异系数保持不变(大约 3.9%),如图 17.6 所示。对于不同的分布,我们看到输出分布的最大和最小没有明显的差异。总之,材料不确定性的不同分布并没有明显改变群速度的总变化界限。

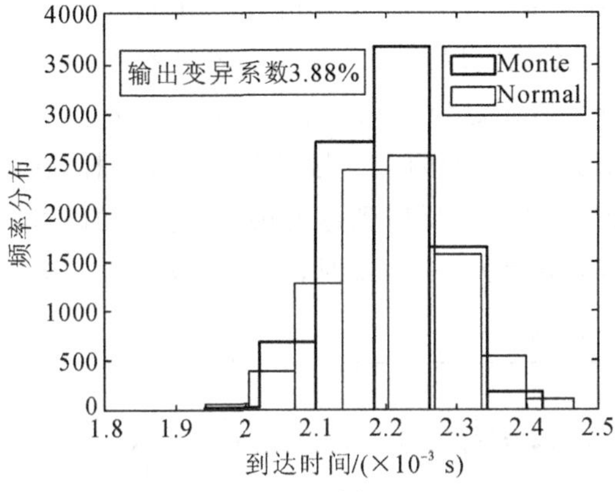

(a)

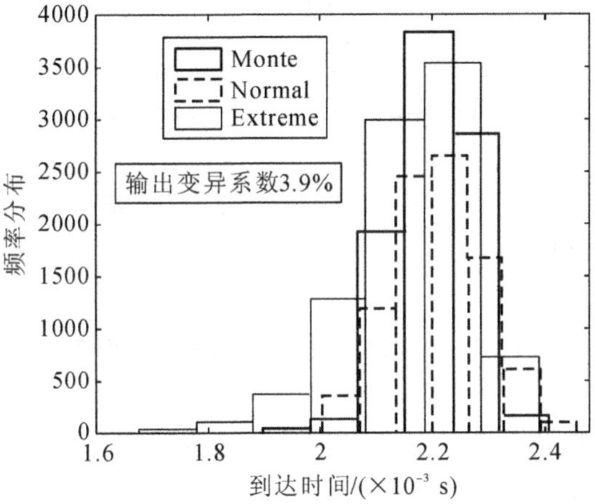

(b)

图 17.6　杨氏模量和密度不确定,且变异系数为 10%时,第一次反射到达时间分布的直方图

(a)正态分布;(b)极值分布

17.2.4　加载频率对时间历程的影响

图 17.1(b)所示的调制高频突发信号通常用于结构健康监测研究,以检测结构中是否存在裂纹,因为它们是非频散传播的。这些信号以一定的频率进行调制,频率取

决于裂纹的大小,也就是说,损伤越小,调制频率的值就越大。本节的目的是了解和估计在加载频率增加的情况下,由材料的不确定性引起的第一次反射到达的偏移程度。这在健康监测研究中是非常关键的,可以明确区分由损伤引起的第一次反射到达的偏移和材料不确定性引起的偏移。

本节中,对与上一节相同的悬臂梁采用单一的铁木辛柯梁模型进行建模。该梁受到调制频率从5kHz到50kHz不等的突发信号作用[图17.1(b)]。在每一种情况下,都是在考虑到杨氏模量不确定以及杨氏模量和密度都不确定的前提下得出的结果。在这两种情况下,变异系数固定为10%,图17.7(a)和(b)分别展示了频率为20 kHz和50 kHz时,速度随时间变化的响应。与前面的研究一样,在这两种情况下,当杨氏模量和密度都不确定时,第一次反射到达的偏移最大。加载频率为20 kHz时,群速度变为约720 m/s,加载频率为50 kHz时,群速度减小到660 m/s。

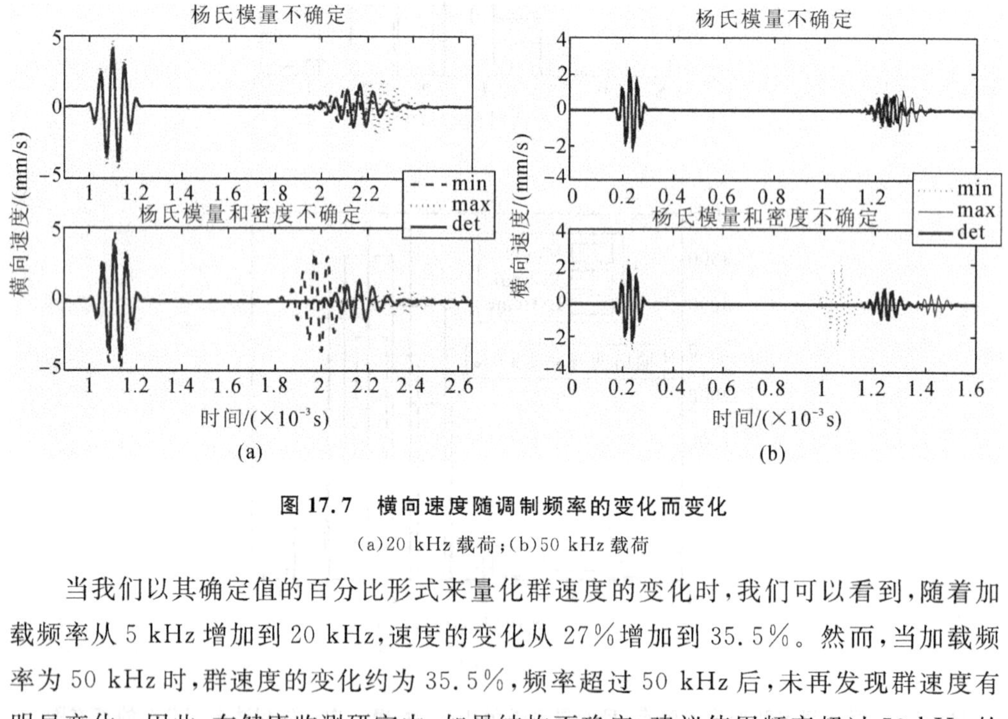

图17.7 横向速度随调制频率的变化而变化

(a)20 kHz载荷;(b)50 kHz载荷

当我们以其确定值的百分比形式来量化群速度的变化时,我们可以看到,随着加载频率从5 kHz增加到20 kHz,速度的变化从27%增加到35.5%。然而,当加载频率为50 kHz时,群速度的变化约为35.5%,频率超过50 kHz后,未再发现群速度有明显变化。因此,在健康监测研究中,如果结构不确定,建议使用频率超过50 kHz的调制信号,以便在损伤定位时能考虑到由材料不确定引起的反射脉冲的移位。

17.2.5 不同材料属性分布时的波数变异系数

一般来说,在波的分析中,波数参数决定了波在介质中的传播性质,波数参数对位置变量的作用就像频率对时间的作用及时间随频率的变化一样,是一个尺度因子。材料参数的不确定性会使波散射，这与确定性梁相比有很大不同。在有裂纹等缺陷的情况下，波的散射会有很大的不同，特别是在参数不确定的情况下。波的波数和群速度这两个参数可以帮助我们区分由材料不确定性和损伤造成的波散射。波传播分析在结构健康监测的应用中，第一次反射到达时间是一个重要参数，它直接取决于结构的群速度。然而，我们知道，波数和群速度之间有一个直接的关系，公式为 $C_g=\mathrm{d}\omega/\mathrm{d}k$。研究波数的变化与材料属性的变化是非常重要的，这将有助于我们在结构健康监测中深入了解群速度的变化类型及其对波数的依赖。在本例中，目的是量化波数的变异系数与输入参数的变异系数的变化。

本例中，材料属性（模量和密度）分别被假设为随正态分布、威布尔分布和极值分布变化。我们使用欧拉-伯努利梁的波数，公式为 $k^4=\omega^2\rho A/EI$，而对于杆则使用公式 $k^2=\omega^2\rho A/EA$。与前面介绍的研究一样，分析中使用了 10000 个随机产生的样本。

图 17.8 显示了材料特性正态分布的不同离散频率函数的变异系数图。从该图中可以得出以下观察结论：如图 17.8(a)所示，当杨氏模量不确定时，波数变异系数随着频率的增加而减小。另一方面，如果仅密度不确定[如图 17.8(b)所示]，波数变异系数的变化与之前的情况正好相反。图 17.8(a)和(b)展示了威布尔分布弯曲波数变异系数的变化。这些变化模式与正态分布的波数变异系数相同。在简单的杆和梁模型中，频率对波数变异系数的影响不会被注意到，因为在变异系数表达式的分母和微分中都有包含频率的项，它们会相互抵消。然而，在铁木辛柯梁模型中，频率对波数的变化有影响，这一点从第 6 章中得出的特征方程[公式(6.111)]的常数项（第三项）中可以明确看出。从以上两种情况和输入参数的极值分布可以得出结论：当杨氏模量和密度都不确定时，波数变异系数受频率的影响不大，如图 17.8(c)、图 17.9(b)、图 17.9(c)所示。事实上，与单一不确定输入变量的情况相比，在所有这些情况下，即使在低频范围内，当杨氏模量和密度都不确定时，波数的变化也非常大。图 17.10 显示了轴向波数变异系数，该图中表示了在给定的材料分布中，轴向波数变异系数大于弯曲波数变异系数，与之相反的弯曲情况下，波数变异系数没有显示出随频率的任何变化。

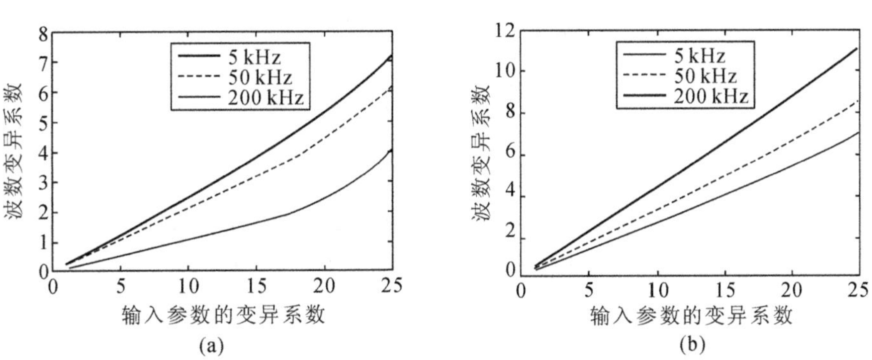

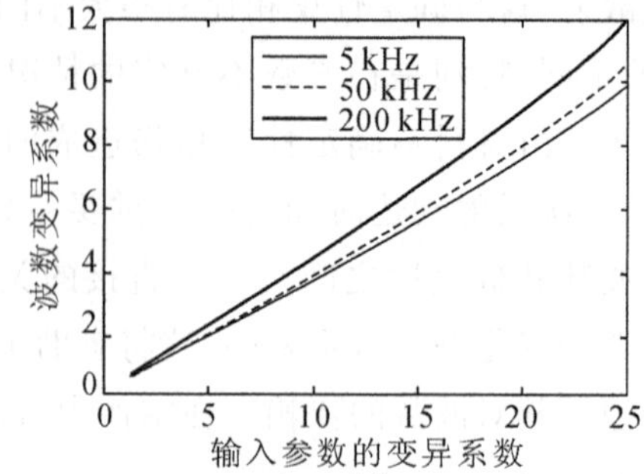

(c)

图 17.8 当输入参数作为正态随机变量变化时,波数(弯曲)变异系数随频率的变化情况

(a)杨氏模量;(b)密度;(c)杨氏模量和密度

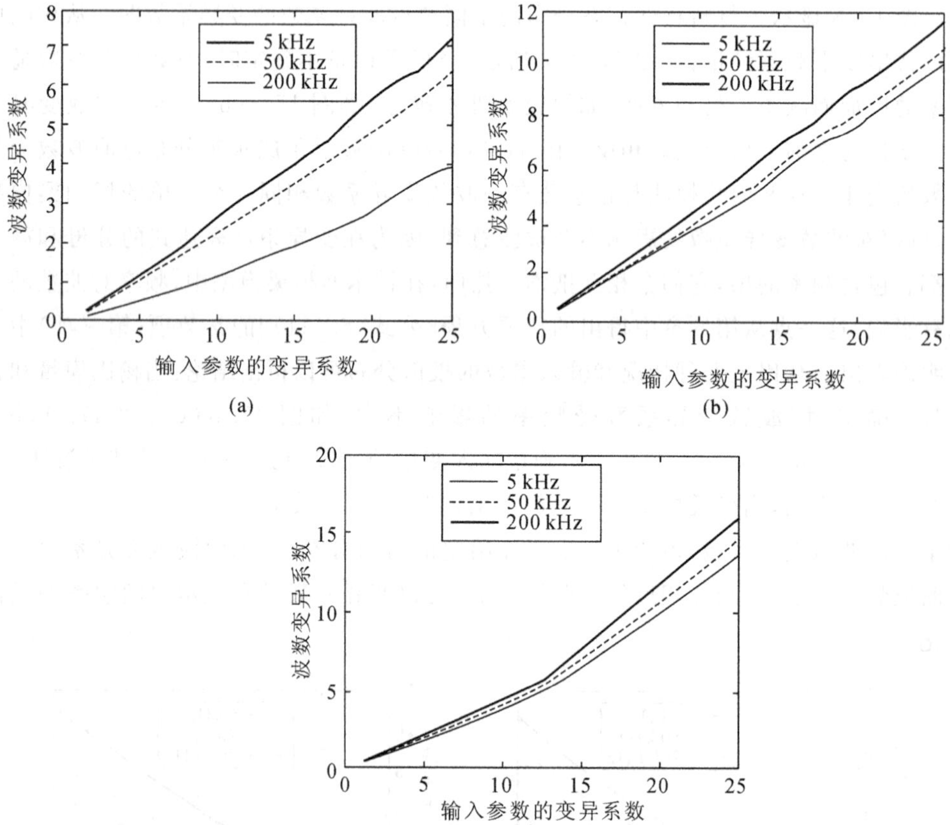

(c)

图 17.9 输入参数为威布尔分布和极值随机变量时,波数(弯曲)变异系数随频率的变化情况

(a)杨氏模量(威布尔分布);(b)杨氏模量和密度(威布尔分布);(c)杨氏模量和密度(极值分布)

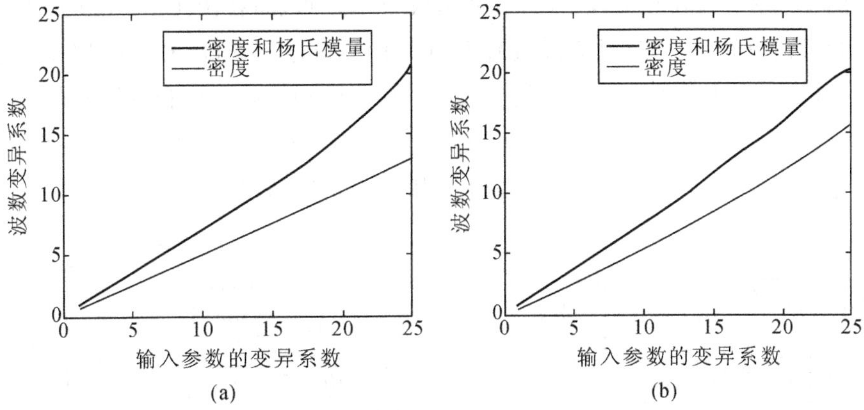

图 17.10　轴向波数的变异系数随输入参数的变异系数的变化产生的变化

(a)正态分布;(b)威布尔分布

17.2.6　不同类型输入分布的波数分布

图 17.11 至图 17.13 给出了通过对输入参数采用不同的概率密度函数而引起的波数变化,以量化材料不确定性的影响。主要研究了在考虑不确定输入参数为杨氏模量和密度的情况下,弯曲波数的变化。

图 17.11(a)和(b)显示了输入参数为正态随机变量,且异系数为 7%的情况下,在频率为 10 kHz 和 25 kHz 时弯曲波数的变化情况。为便于比较,我们使用了 10000 个样本进行蒙特卡洛模拟,并使用蒙特卡洛模拟的估计值获得相应输出样本的正态分布。

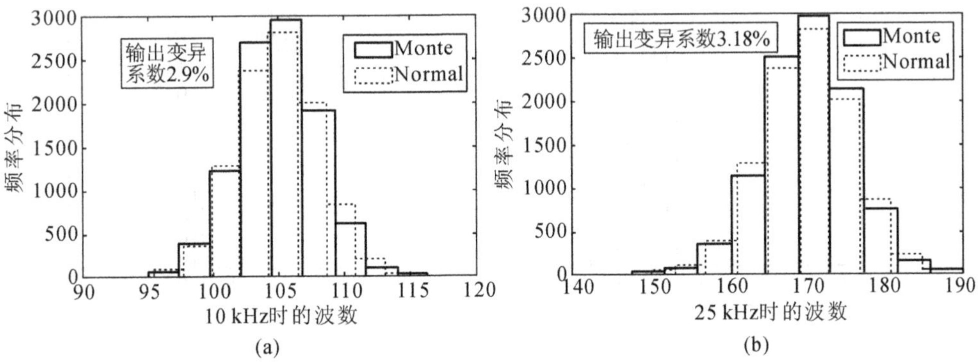

图 17.11　当密度和杨氏模量为不确定性的正态随机变量,且变异系数为 7%时,不同频率下的波数(弯曲)分布直方图

(a)频率 10 kHz;(b)频率 25 kHz

在图 17.12(a)和(b)中，输入参数采用威布尔分布，而在图 17.13(a)和(b)中，输入参数为极值分布。这里，计算波数所用的离散频率为 25 kHz 和 200 kHz。与前面的情况类似，这里用蒙特卡洛模拟估计值得到输出的相应威布尔和极值分布。结果表明，特定频率下的波数变化分布并不因概率分布函数类型的变化而发生很大变化，且无论分布类型如何，所得到的最小和最大极限值在所有情况下几乎相同。

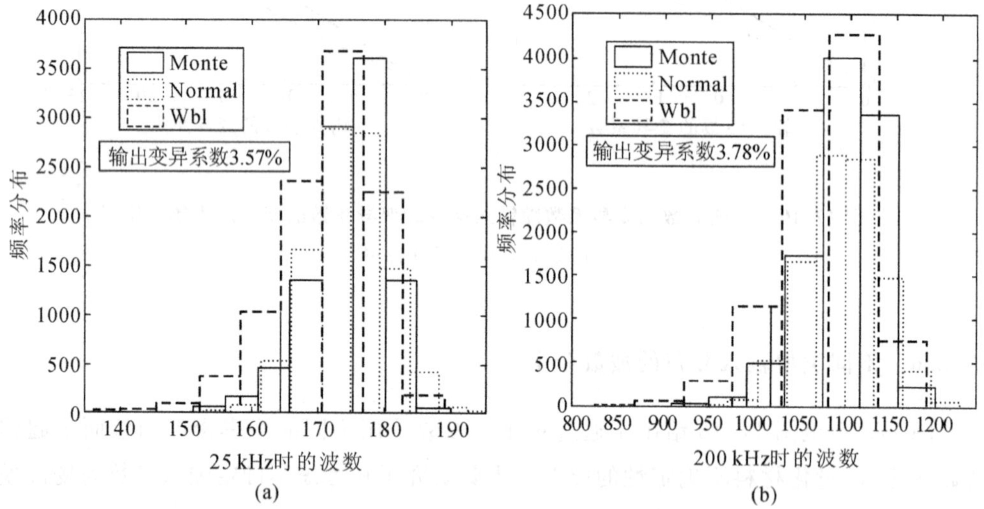

图 17.12 密度和杨氏模量为不确定性的威布尔随机变量，且变异系数为 7%时，不同频率下的波数(弯曲)分布直方图

(a)频率 25 kHz；(b)频率 200 kHz

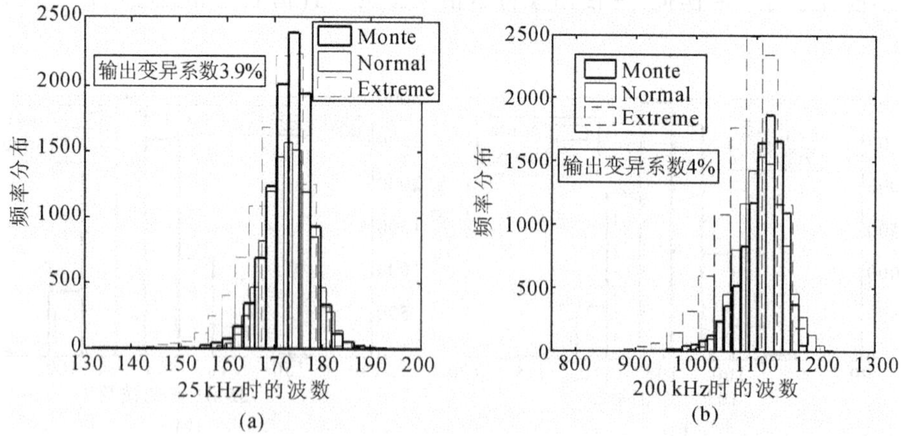

图 17.13 密度和杨氏模量为不确定性的极值随机变量，且变异系数为 7%时，不同频率下的波数(弯曲)分布直方图

(a)频率 25 kHz；(b)频率 200 kHz

17.2.7　材料不确定性对通过高阶理论获得的波数的影响

在基本杆中，由于轴向变形只有一个传播模式，波数随频率线性变化，因此它们是非频散的，这个模型被用于所有早期的模拟中。另一方面，基本梁具有波数，它是频率的非线性函数，因此是频散的。它有两类模式，其中一个是传播模式，另一个是倏逝模式。在这些初等模型中引入高阶效应的做法完全改变了波动力学。

我们在第 6 章介绍了高阶杆和梁理论（见第 6.3.1 和 6.3.2 小节）。梁运动学中加入剪切变形时，就会引入高阶梁效应，其表现形式是引入转动惯量，从而引入第二频谱。这个理论被称为铁木辛柯梁理论或一阶剪切变形理论。这些已在第 6 章的第 6.3.1小节详细讨论。本小节中，不确定性影响的波数表达式见方程（6.111），图 6.41 清楚展示了第二频谱的频谱关系图。同样，高阶杆理论也称为 Mindlin-Herrmann（明赫二氏）杆理论，该理论引入了一个新的模式——侧向收缩模式。本章中使用的波数表达式是在求解方程（6.127）后得到的，图 6.46 展示了所有传播和倏逝模式的相应频谱关系。

总之，高阶效应引入了截止频率以上的额外传播模式，它发生在非常高的频率中。事实上，截止频率的存在决定了一个特定的杆/梁使用初等模型还是高阶模型。也就是说，如果响应频率低于截止频率，我们仍然可以使用基本模型进行分析。截止频率由材料特性和结构的几何特性决定。鉴于确定实际结构的材料特性涉及更多的不确定性，我们重点研究结构的截止频率随材料特性变化而变化的情况。这里，将系统的几何特性认为是确定性的，并且不会在系统中引发高阶效应。然而，如果材料特性不确定，预测的截止频率对于决定使用何种分析方法可能会有很大的误导性。本例旨在确定由材料的不确定导致截止频率变化的偏移范围，以便在模拟过程中运用适当的理论。

图 17.14（a）显示了截止频率随输入参数（密度和剪切模量）变异系数变化而变化的情况。当随机变量数量从 1（仅密度或剪切模量）增加到 2（包括密度和剪切模量）时，我们可以看到截止频率的变异系数在增加。当输入的随机变量是密度时，截止频率的变异系数变化更大，特别是当输入的变异系数很高时。图 17.14（b）展示了当输入随机变量的变异系数为 20%，随机变量数量为 2（密度和剪切模量）时，剪切模式的上限和下限。其中，确定值的下限会从 161 kHz 降至 78 kHz，而上限为 271 kHz。此结果的下限表明，当输入参数有如此大的变化时，剪切模式有可能以比预期频率（161 kHz）更低的频率（这里是 78 kHz）传播，而这个现象即使对于薄梁，也不能用简单的欧拉-伯努利理论来解释。

不同输入分布的截止频率分布如图 17.15（a）和（b）所示。我们可以看到，在考虑两种分布的情况下，输出分布的变化几乎是相同的，而在这两种情况下，输入参数分别取正态分布和威布尔分布时，输出分布的变化与相应的输入分布模式不同。

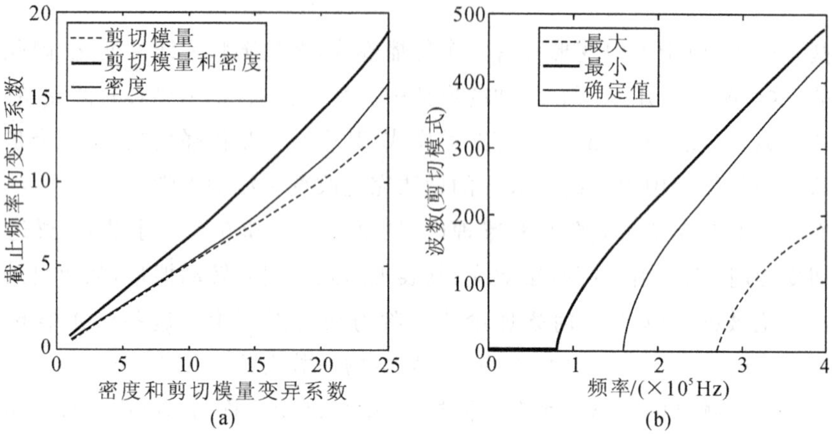

图 17.14 刚度模量和密度为不确定性的正态随机变量，且变异系数为 20%时，铁木辛柯梁剪切模态截止频率的变化

(a)变异系数的变化；(b)截止频率的最大和最小值范围

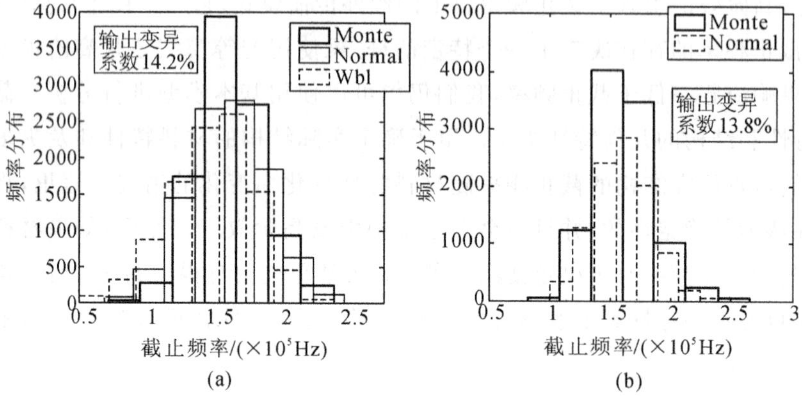

图 17.15 当密度和刚度模量都不确定，使用不同输入分布，且变异系数为 20%时，铁木辛柯梁剪切模式的截止频率分布直方图

(a)正态输入分布；(b)威布尔输入分布

图 17.16(a)展示了高阶杆收缩模式的变化。从图中我们可以看出，高阶杆截止频率的确定性值比前面高阶梁的要高得多。在载荷频率的最大限制(这里是 123 kHz)下，不确定响应与梁的情况具有相同的影响，可以与简单的基本杆模型一起使用。截止频率的分布与梁模型的分布模式相同[图 17.16(b)和(c)]所示。

最后，表 17.1 和表 17.2 分别列出了当杨氏模量和密度都不确定时，铁木辛柯梁(Timoshenko)和明赫二氏(Mindlin-Herrmann)杆截止频率随输入参数变异系数变化的总变化界限。

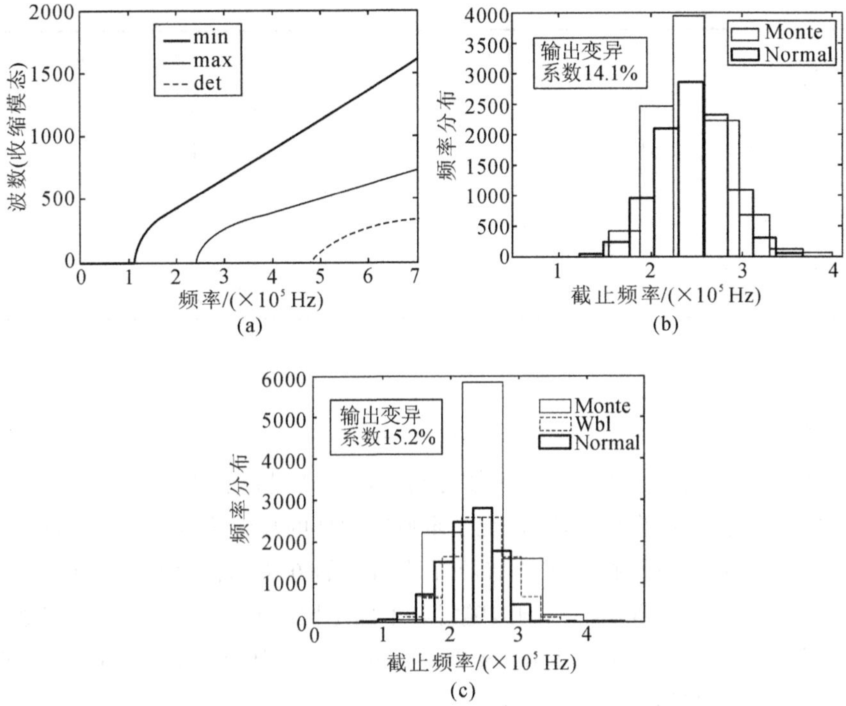

图 17.16　对于不确定的密度和刚度模量，高阶杆的截止频率变化(不同分布的变异系数为 20%)

(a)高阶杆收缩模态变化曲线;(b)正态分布;(c)威布尔分布

表 17.1　当铁木辛柯梁的杨氏模量和密度都不确定时，不同输入变量对应变异系数的截止频率的总变化范围(kHz)

变异系数(%)	正态分布		威布尔分布	
	最大值	最小值	最大值	最小值
1	165.74	157.25	158.44	149.02
5	185.48	141.32	173.07	134.35
10	216.86	126.11	198.22	112.34
15	246.62	98.58	223.69	85.24
20	271.24	78.12	245.54	67.33

表 17.2　当杨氏模量和密度都不确定时，高阶杆的截止频率随输入的不同变异系数变化的总界限(kHz)

变异系数(%)	正态分布		威布尔分布	
	最小值	最大值	最小值	最大值
1	278.66	262.82	280.74	260.47

续表 17.2

变异系数(%)	正态分布		威布尔分布	
	最小值	最大值	最小值	最大值
5	314.21	233.04	327.71	229.84
10	364.65	201.93	395.65	191.93
15	398.69	168.42	423.69	152.42
20	455.38	123.46	495.53	98.34

总　结

本章概述了金属梁中不确定波传播分析方法。通过蒙特卡洛模拟与基于傅里叶变换的谱有限元法相结合的手段,研究了金属梁和杆的高频响应随材料特性变化而变化的情况。与蒙特卡洛模拟和传统有限元法结合的方法相比,此方法的计算效率更高。本章重点研究了波数和时间响应随材料不确定性的变化,同时也研究了铁木辛柯梁模型中剪切模式截止频率的变化,该变化对分析研究中梁模型的选择有实际影响。通过上文的分析可归纳为:

1. 传统有限元法与谱有限元法的 CPU 时间比值随着加载频率的增加而增加(将加载频率从 5 kHz 增加到 50 kHz 后,倍数从 8 增加到 48)。

2. 只有在变异系数很大的情况下,所使用的随机变量数量的增加才会对响应值产生很大的影响。

3. 随着频率的增加,时间响应和频散关系的变化完全取决于非确定性的输入参数。

4. 不确定的轴向响应不会因加载频率的变化而受到显著影响。但是,由于频散的性质,不确定的弯曲响应会随频率的增加而稍有增加。

5. 无论输入参数呈何种分布,第一次反射时间的最大值和最小值以及波数变化分布在所有情况下几乎一致。

6. 对于材料性能中既有的不确定性,轴向响应比弯曲响应受到的影响更大。

7. 不确定性材料性能引发了梁的剪切模式和高阶杆的收缩模式。这种变化表明,即使是薄结构,但由于不确定性,需要在低频率下使用比预期频率更高的高阶理论。

虽然本章的研究只限于各向同性的一维波导,但所提出的方法可以扩展到复合材料和其他复杂结构,这些在文献[8]中得到了实现。

第 18 章

超弹性波导中波的传播

研究波在固体中的传播，特别是在非线性情况下的传播，是相当具有挑战性的，这需要一个稳定的、有效的、可扩展的计算框架。为了解决应力波传播数值建模中的各种问题，研究者们过去发展了众多的计算方法。当前研究中常用的计算方法是有限元法，我们在第 12 章中研究了有限元法的几种变形形式。固体力学中动力问题的求解，通常采用有限元方法对控制方程的空间部分进行离散化，并采用适当有限差分方法进行时间推进[21],[161],[169]。上述方法在研究大量线弹性问题中得到发展和完善。涉及非线性问题通常采用迭代求解，并且通常使用线性化过程[24]。

虽然这些方法在静态和低频动态问题上表现出了很好的效果，但它们在波传播研究中的扩展具有新的计算挑战。使用标准计算过程中，最简单的域中求解线性波动方程需要使用非常精细的空间网格。这对于捕获系统中存在的最小波长或相当的最高频率分量是必要的，但这反过来又导致了计算成本的显著增加。这在前面的章节中已经对其进行了详细解释，同时使用空间和时间离散化还会导致特征网格尺寸和特征时间步长的耦合。这通常会给出一个稳定包络线，在该包络线内数值模拟是稳定的。对于线性问题，已经开发了无条件稳定的时间步进方法，如纽马克方法[24],[161]。在这种情况下，时间步长很大程度上取决于待研究现象的时间尺度。本章提出了多种离散化方法，用于解决非线性波分析中遇到的一个或多个问题。本章可以看作是第 12 章的扩展，将解释第 12 章没有涉及的有限元法的一些变型方法。这些方法包括频域谱元法(谱有限元)(第 13 章描述的谱元法的扩展)，时域谱元法(TDSFEM)(基于勒让德和切比雪夫等正交多项式)，其中时域谱元法在第 12 章第 12.6 节中使用切比雪夫多项式进行了解释，而在本章中，我们将使用勒让德多项式、hp 自适应、泰勒-伽辽金模型(TGFEM)、广义伽辽金模型(GGFEM)、能量-动量守恒积分器等方法理论来重新讨论。

对于非线性问题求解，适用于线性问题求解的计算方法不一定继续适用。非线性的存在引入了各种新的特征，如高谐波激励、波形畸变、冲击波形成等，所有这些都需要对空间和时间网格进行更精细的离散化。也就是说，较高频率的激励导致波的传播波长较线性情况下的波长小得多，因此需要更精细的空间网格，响应谱中的高谐波频率分量决定了要比相应线性情况下小得多的时间步长，用来准确捕获响应时间剖面。非线性波动方程的数学复杂性，导致其不像线性波动分析那样可以通过空间和时间离散化的比获得稳定性边界，一般的解析方法不适合用来研究非线性动力学问题的时空离散化稳定性。因此，非线性固体中波传播的计算研究仍面临着许多需要解决的问题。

本章节对非线性波动方程的一些重要计算方法进行了比较研究，这些方法已证实对线性波动分析有效。但此工作没有考虑到涉及自适应性的计算过程。具体来说，针对一个简单的非线性杆波动方程求解，比较了频域谱元法、时域谱元法(基于勒让德和切比雪夫多项式等正交多项式)、泰勒-伽辽金法和广义伽辽金法与标准非线性有限元法之间的区别。值得一提的是，这里考虑的计算方法并没有让系统的能量和动量在每个时间步长上守恒。在缺乏严格数学手段来确保稳定性极限的情况下，像能量和动量一样，运动积分守恒是非线性波动方程计算方法稳定性的一个重要力学准则。本章中考虑的离散化不会使能量和动量在每个时间步长上守恒，因此它被归类为非守恒时间积分器。

在本章中，我们还对一维超弹性杆上不同的非守恒时间积分器进行了严格的比较研究。通过这一研究，确定了最优计算方法，该方法将用于研究高阶超弹性波导中波的传播。这部分研究中材料的非线性建模采用修正的 6 常数莫纳汉超弹性模型。

这种比较研究的目的是确定可用于研究超弹性波导中波传播的最佳计算方法。在非线性波动问题中，计算方法的最优性取决于非线性有限元模型的易表达性、线性化程度以及数值模拟的效率和精度。虽然这种比较研究仅是针对简单的杆状模型和某种特定形式的非线性，但我们假定从这种比较研究中得出的最佳计算方法，对于具有类似超弹性材料非线性的更大类模型来说也是最优的。为了验证这一点，在本章的最后，我们使用初始研究中确定的最优算法研究了非线性铁木辛柯梁模型中波的传播，其中非线性模型采用修正的 6 常数莫纳汉应变能函数进行建模。

本章主要内容如下：首先简要介绍超弹性理论，之后推导超弹性杆的动力学方程，并简要介绍了这种非线性波动方程的各种时域和频域有限元模型。比较了各种计算方法得到的结果，讨论了非线性杆模型中波传播的物理性质，得出了非线性杆方程的最佳计算方法。利用该优化计算方法研究了具有莫纳汉材料非线性的铁木辛柯梁中横波和纵波的传播。

18.1 超弹性理论

超弹性材料的特征是存在一个应变能函数，由此可以推导出应力张量和应变张量之间的关系。从纯粹的数学角度来看，超弹性本构模型可视为线性胡克定律在材料非线性和几何非线性方面的简单延伸。超弹性定律具备完整的数学逻辑原理，并且已经建立了适用于一系列材料的特殊本构模型[274]。应变能函数作为超弹性基本定义特征的假设，确保了这些材料定律是非耗散的，并且具有天然保守结构。这反过来又使得对许多基本应力和应变构型超弹性行为的分析研究成为可能，以便对不同的超弹性模型进行精确的比较。

除此之外，超弹性模型对数值方法的发展具有显著的优势。当非线性不显著时，超弹性模型的数学公式可以简化为标准的线性胡克定律。例如，这种小应变极限下超弹性定律的渐近性质可以用来检验新的数值算法的有效性。因此可以推断，为了利用超弹性本构关系固有的守恒性质，需正视超弹性的数学基础。然而，这一点已经得到了很好的发展，可以在各种参考文献中找到[55],[66],[223],[274],[384]。本小节在笛卡尔坐标系中对超弹性控制方程进行了总结。

这里介绍的一些概念可以认为是第 2 章中介绍的概念的扩展。将物体的初始无应力状态用参考构型 B_0 表示。如图 18.1 所示，将任意点 O 固定为原点，为参考构型 B_0 和当前构型 B_t 选择笛卡尔坐标系 $\{O, e_1, e_2, e_3\}$。基于参考构型 B_0 的拉格朗日公式贯穿始终，因此当前构型 B_t 没有明确地出现在这里给出的公式中。参考结构中物体所占用的体积及其边界面可以表示为 Ω 和 $\partial\Omega$。

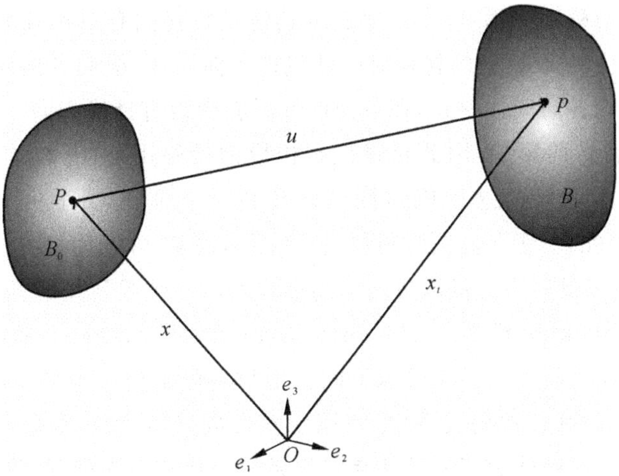

图 18.1　当前构型和参考构型的笛卡尔坐标

变形后，初始位置为 $x_i \in B_0$ 的粒子通过位移函数 u_i 与当前位置 $x_i^t \in B_t$ 关联为

$x_i^t = x_i + u_i$。符号$\{u,v,w\}$也可用于表示位移$\boldsymbol{u}_i$。变形梯度张量$\boldsymbol{F}_{ij}$定义为：

$$\boldsymbol{F}_{ij} = \boldsymbol{\delta}_{ij} + \frac{\partial \boldsymbol{u}_i}{\partial x_i} \tag{18.1}$$

其中$\boldsymbol{\delta}_{ij}$是克罗内克张量，当指数相等时取1，否则取值为0。从广义上讲，变形梯度是衡量物体在运动过程中的变形程度。

为应用于有限元模型公式，将右柯西-格林张量$\boldsymbol{C}_{ij}$和格林-拉格朗日应变张量$\boldsymbol{E}_{ij}$定义为：

$$\boldsymbol{C}_{ij} = \boldsymbol{F}_{ki}\boldsymbol{F}_{kj} \tag{18.2}$$

$$\boldsymbol{E}_{ij} = \frac{1}{2}(\boldsymbol{C}_{ij} - \boldsymbol{\delta}_{ij}) = \frac{1}{2}\left(\frac{\partial \boldsymbol{u}_i}{\partial x_j} + \frac{\partial \boldsymbol{u}_j}{\partial x_j} + \frac{\partial \boldsymbol{u}_k}{\partial x_i}\frac{\partial \boldsymbol{u}_k}{\partial x_j}\right) \tag{18.3}$$

可以看出，格林-拉格朗日应变张量测量的是线段从参考构型B_0变形到B_t时长度的相对变化[274]。右柯西-格林张量方程(18.2)的定义表明它是对称的、正定的。在方程(18.3)中定义的格林-拉格朗日应变张量也是如此。因此，与格林-拉格朗日应变张量相关的应变不变量可表示为[274]：

$$\boldsymbol{I}_1 = \boldsymbol{E}_{kk} \quad \boldsymbol{I}_2 = \frac{1}{2}(I_1^2 - \boldsymbol{E}_{ij}\boldsymbol{E}_{ji}) \quad I_3 = \det(\boldsymbol{E}) \tag{18.4}$$

应变的不变量$\boldsymbol{I}_1$、$\boldsymbol{I}_2$和$\boldsymbol{I}_3$提供了一种简洁的方法来处理应变能函数对应变张量的依赖性，这将在超弹性模型后续研究中加以说明。

超弹性材料的特征是存在应变能函数$\boldsymbol{W}$，该函数通常表示为柯西-格林张量$\boldsymbol{C}_{ij}$或格林-拉格朗日应变张量$\boldsymbol{E}_{ij}$的函数。使用$\boldsymbol{C}_{ij}$或$\boldsymbol{E}_{ij}$代替变形梯度$\boldsymbol{F}_{ij}$的原因是为了确保超弹性模型满足材料框架无关性原则[23]。换句话说，这种选择确保了超弹性本构关系不受刚体变换的影响。除了客观性或材料框架无关性的约束外，超弹性本构规律还需要满足材料对称性原则，即在任何表示其建模材料固有对称性的变换下，本构关系都必须保持不变[23]。典型的材料对称性包括各向同性、横向各向同性、完全各向异性等。本章只讨论各向同性材料，在各向同性材料中没有择优方向。因为不变量是标量，不受坐标系旋转的影响，因此超弹性本构模型最好用$\boldsymbol{C}_{ij}$或$\boldsymbol{E}_{ij}$的不变量来表示。本构模型对应变不变量的这种依赖性可以从数学上证明，并且可以在文献[23]和[274]中找到。因此，对于各向同性材料，应变能函数W可以用格林-拉格朗日应变张量或右柯西-格林张量的不变量以更简单的形式表示。已经开发了各种各向同性超弹性模型，如 Neo-Hookran 模型[23]、Mooney-Rivlin 模型[23]、Ogden 模型[274]、莫纳汉模型[257]和 Signorini 模型[310]，用于模拟不同类型材料的响应。本章不考虑不可压缩本构关系，在可压缩超弹性本构关系中，使用了 6 常数(M6)和 9 常数(M9)两种莫纳汉超弹性本构关系。这些代表了线性胡克定律系统二次和三次展开，并已被用来模拟各种各样的材料。它们在这项工作中与特定的材料性能联系起来使用，如下所述。

6 常数莫纳汉(Murnaghan)应变能函数由文献[288]给出，可表示为：

$$W=\frac{1}{2}(\lambda+2\mu)I_1^2-2\mu I_2+\frac{1}{3}(l+2m)I_1^3-2mI_1I_2+nI_3 \tag{18.5}$$

其中 I_i 是格林-拉格朗日应变张量 $\boldsymbol{E}_{ij}$ 的不变量。在方程(18.5)中 λ 和 μ 是标准的拉梅常数，而 l、m 和 n 是模拟这种特殊形式的超弹性非线性材料的参数。对方程(18.5)中应变能函数 W 的结构观察表明，当莫纳汉常数 l、m 和 n 为零时，它可以归结为标准的线弹性胡克定律[208]。可以进一步观察到，方程(18.5)中与莫纳汉常数相关的应变不变量的阶数比对应拉梅常数的值高一个数量级。由此可以推断，方程(18.5)给出的 6 常数莫纳汉超弹性模型，在应变中是二次非线性的。常数 l、m 和 n 是通过实验获得的，适用于各种材料[288]。然而，在本章中，这种超弹性模型仅用于 Massillon 砂岩这一特定材料。表 18.1 中给出了该材料的拉梅常数 λ、μ 和莫纳汉参数 l、m、n[288]。可以看出，这些常数使得这种材料具有很强的非线性，这是选择这种特殊材料的主要原因。

表 18.1　方程(18.5)中的砂岩材料常数[288]

λ	1.9 GPa	l	−7900 GPa
μ	6.3 GPa	m	−14435 GPa
ρ	2066.38 kg/m^{-3}	n	−17530 GPa

9 常数莫纳汉模型表示为[288]

$$W=\frac{1}{2}(\lambda+2\mu)\boldsymbol{I}_1^2-2\mu\boldsymbol{I}_2+\frac{1}{3}(l+2m)\boldsymbol{I}_1^3-2m\boldsymbol{I}_1\boldsymbol{I}_2+n\boldsymbol{I}_3+\nu_1\boldsymbol{I}_1^4+\nu_2\boldsymbol{I}_1^2\boldsymbol{I}_2+\nu_3\boldsymbol{I}_1\boldsymbol{I}_3+\nu_4\boldsymbol{I}_2^2 \tag{18.6}$$

其中 I_i 为格林-拉格朗日应变张量 $\boldsymbol{E}_{ij}$ 的不变量，λ 和 μ 为拉梅常数，l,m,n,ν_1,ν_2,ν_3 和 ν_4 是模拟 9 常数莫纳汉非线性材料参数。通过与 6 常数莫纳汉模型方程(18.5)的简单比较，可以看出 9 常数莫纳汉模型方程(18.6)是 6 常数模型的扩展，其中包含应变的三次非线性项。然而，9 常数莫纳汉模型的参数很难通过实验测量，只有与铝相对应的参数出现在文献[288]中，这些值在表 18.2 中列出。将表 18.2 中的参数 ν_i 设置为 0，便可通过模型方程(18.5)对铝的二次非线性进行研究。

表 18.2　方程(18.6)中铝的材料常数[288]

λ	57 GPa	l	−290 GPa	ν_1	−1400 GPa
μ	27 GPa	m	−310 GPa	ν_2	−5300 GPa
ρ	2.727 e×10^3 kg·m^{-3}	n	−260 GPa	ν_3	1700 GPa
				ν_4	−2900 GPa

一旦选择使用 $\boldsymbol{C}_{ij}$ 或 $\boldsymbol{E}_{ij}$ 来表示特定形式的超弹性应变能密度 W，则应力张量可以通过求 W 对应变张量的导数来计算。对于本节采用的拉格朗日公式，与格林-拉格朗日应变张量 $\boldsymbol{E}_{ij}$ 共轭的第二皮奥拉-基尔霍夫(PK-Ⅱ)应力张量 $\boldsymbol{S}_{ij}$ 表示为：

$$\boldsymbol{S}_{ij}=\frac{\partial W}{\partial \boldsymbol{E}_{ij}}=2\,\frac{\partial W}{\partial \boldsymbol{C}_{ij}} \tag{18.7}$$

第二皮奥拉-基尔奥夫(Piola-Kirchoff)应力张量 $\boldsymbol{S}_{ij}$ 可以解释为参考构型中单位面积的力。顺便说明,超弹性的几个优点之一是,应力张量和应变张量之间的关系可以用一种数学上合理的方法从应变能函数的表达式中得到。

对于各向同性超弹性材料,应变能仅为方程(18.4)中定义的应变不变量的函数,因此第二皮奥拉-基尔霍夫应力张量 $\boldsymbol{S}_{ij}$ 可简便表示为:

$$\boldsymbol{S}_{ij}=\frac{\partial W}{\partial \boldsymbol{I}_1}\frac{\partial \boldsymbol{I}_1}{\partial \boldsymbol{E}_{ij}}+\frac{\partial W}{\partial \boldsymbol{I}_2}\frac{\partial \boldsymbol{I}_2}{\partial \boldsymbol{E}_{ij}}+\frac{\partial W}{\partial \boldsymbol{I}_3}\frac{\partial \boldsymbol{I}_3}{\partial \boldsymbol{E}_{ij}} \tag{18.8}$$

$$\frac{\partial I_1}{\partial \boldsymbol{E}_{ij}}=\boldsymbol{\delta}_{ij}\quad \frac{\partial I_2}{\partial \boldsymbol{E}_{ij}}=I_1\boldsymbol{\delta}_{ij}-\boldsymbol{E}_{ji}\quad \frac{\partial I_3}{\partial \boldsymbol{E}_{ij}}=I_3\boldsymbol{E}_{ji}^{-1} \tag{18.9}$$

其中应变能函数 W 表示为格林-拉格朗日应变张量 $\boldsymbol{E}_{ij}$ 的函数。第二皮奥拉-基尔霍夫应力张量 $\boldsymbol{S}_{ij}$ 的柯西-格林张量 $\boldsymbol{C}_{ij}$ 的类似表达式可用方程(18.7)表示。

接下来给出了应变能函数 W 相对于应变不变量导数的封闭形式,因为这对接下来介绍的计算方法很有用。对于 6 常数莫纳汉模型方程(18.5),应变能函数的导数为:

$$\frac{\partial W}{\partial \boldsymbol{I}_1}=(\lambda+2\mu)\boldsymbol{I}_1+(l+2m)\boldsymbol{I}_1^2-2m\,\boldsymbol{I}_2 \tag{18.10}$$

$$\frac{\partial W}{\partial I_2}=-2\mu-2m\,I_1,\quad \frac{\partial W}{\partial I_3}=n \tag{18.11}$$

9 常数莫纳汉模型方程(18.6)的相应表达式由下式给出:

$$\frac{\partial W}{\partial I_1}=(\lambda+2\mu)\mathrm{I}_1+(\mathrm{l}+2m)I_1^2-2m\,I_2+4\,\nu_1 I_1^3+2\,\nu_2 I_1 I_2+\nu_3 I_3 \tag{18.12}$$

$$\frac{\partial W}{\partial I_2}=-2\mu-2m\,I_1+\nu_2 I_1^2+2\,\nu_4 I_1,\quad \frac{\partial W}{\partial I_3}=n+\nu_3 I_1 \tag{18.13}$$

第一皮奥拉-基尔霍夫张量 $\boldsymbol{P}_{ij}$ 对于超弹性方程强形式的建立是有用的,下面将对此进行讨论。第一皮奥拉-基尔霍夫应力张量 $\boldsymbol{P}_{ij}$ 由第二皮奥拉-基尔霍夫张量 $\boldsymbol{S}_{ij}$ 和变形梯度 $\boldsymbol{F}_{ij}$ 定义为:

$$\boldsymbol{P}_{ij}=\boldsymbol{S}_{ik}\boldsymbol{F}_{jk} \tag{18.14}$$

第一皮奥拉-基尔霍夫张量 $\boldsymbol{P}_{ij}$ 是一个两点张量,它可解释为当前构型中的力与参考构型中的面积之比。

18.2 各向同性杆的非线性控制方程

本章将使用一个稍作修改的 6 常数莫纳汉模型,如下式所示:

$$W=\frac{1}{2}\lambda\boldsymbol{I}_1^2+\mu\boldsymbol{I}_2+\frac{1}{3}A\,\boldsymbol{I}_3+B\,\boldsymbol{I}_1\boldsymbol{I}_2+\frac{1}{3}C\,\boldsymbol{I}_1^3 \tag{18.15}$$

$$I_1 = \boldsymbol{E}_{ii} \quad I_2 = \boldsymbol{E}_{ij}\boldsymbol{E}_{ji} \quad I_3 = \boldsymbol{E}_{ij}\boldsymbol{E}_{jk}\boldsymbol{E}_{ki} \tag{18.16}$$

其中 $\boldsymbol{I}_1$、$\boldsymbol{I}_2$、$\boldsymbol{I}_3$ 为拉格朗日应变张量 $\boldsymbol{E}_{ij}$ 的修正应变不变量。A、B 和 C 是决定莫纳汉模型非线性的常数。可以看出，在方程(18.15)中给出的修正模型，在数学上与前面介绍过的 6 常数莫纳汉模型方程(18.5)相似。

一个简单杆就是一个单模波导，结合方程(18.15)中给出的修正 6 常数莫纳汉模型，它的运动方程可以使用哈密顿原理[298]推导得到，如下式所示：

$$(\lambda + 2\mu)\frac{\partial^2 u}{\partial x^2} + \gamma \frac{\partial u}{\partial x}\frac{\partial^2 u}{\partial x^2} + f = \rho \frac{\partial^2 u}{\partial t^2} \tag{18.17}$$

$$\gamma = 2(A + 3B + C) \tag{18.18}$$

从方程(18.17)中的非线性波动方程可以看出，非线性是由一个非线性参数 γ 表征，它依赖于非线性的莫纳汉常数 A、B 和 C。方程(18.17)中的非线性波动方程必须提供适当的初始条件和边界条件，以此求解具体问题。

从方程(18.17)中非线性波动方程的结构可以看出，当非线性参数 γ 为零时，非线性方程恢复为线性波动方程。摄动方法通常用于研究弱非线性系统，对于小的 γ 值，可以对方程(18.17)中的非线性方程进行规则摄动分析，这就产生了一系列线性波动方程。方程(18.17)中半无限杆正弦载荷的显式解析解可以在文献[150]中找到。关于该方程正则摄动展开局限性的进一步结果可参见文献[89]。由于所考虑的数值方法具有较好的线性化效果，本节未考虑摄动方法。

18.3 超弹性分析的时域有限元模型

对于方程(18.17)中的非线性波动方程，本节对在时域分析中常用的各种离散方法进行了比较研究，方法包括标准非线性有限元模型(SGFEM)、时域谱有限元模型、泰勒-伽辽金有限元模型和广义伽辽金模型。频域法将在下一节中进行讨论。

18.3.1 标准伽辽金有限元模型

在标准伽辽金方法中，方程(18.17)中的控制方程首先用满足狄利克雷(Dirichlet)边界条件的试函数 ϕ 在整个区域上加权，以弱形式表示，具体为：

$$\int \left(\rho \frac{\partial^2 u}{\partial t^2}\phi + (\lambda + 2\mu)\frac{\partial u}{\partial x}\frac{\mathrm{d}\phi}{\mathrm{d}x} + \frac{1}{2}\gamma\left(\frac{\partial u}{\partial x}\right)^2 \frac{\mathrm{d}\phi}{\mathrm{d}x}\right)\mathrm{d}x = \int f\phi\,\mathrm{d}x \tag{18.19}$$

时间导数可由有限差分法近似。通常用于结构动力学[24,161]的纽马克(Newmark)方法(在前面的第 12 章中解释过)用于本方程时间积分，可以写成：

$$\dot{u}^{n+1} = \dot{u}^n + h[(1-\beta)\ddot{u}^n + \beta\ddot{u}^{n+1}] \tag{18.20}$$

$$u^{n+1}=u^n+h\dot{u}^n+h^2\left[\left(\frac{1}{2}-\alpha\right)\ddot{u}^n+\alpha\ddot{u}^{n+1}\right] \tag{18.21}$$

其中 α 和 β 是决定差分方法稳定性的纽马克参数。适当选择参数 α 和 β 时，纽马克方法对线性波动方程具有无条件稳定性[24,161]，这解释了它在计算固体力学中的广泛应用。采用牛顿-拉夫森法迭代求解由纽马克方法引起的时间离散非线性弱形式。在每一个 t_{n+1} 时刻，线性化都受到在第 $i+1$ 次迭代时位移 u_{i+1}^{n+1} 增量表示的影响（$u_{i+1}^{n+1}=u_i^{n+1}+\Delta u_i^{n+1}$），并且只保留增量 Δu_i^{n+1} 中的线性项。随后，利用有限元形状函数将位移函数和试验函数离散化。公式的细节详见文献[24]。有限元离散化（以下简称为SGFEM）的最终形式如下：

$$(d_1\boldsymbol{M}+\boldsymbol{K}-\boldsymbol{T}_i^{n+1})\Delta u_i^{n+1}=-\boldsymbol{R}_i^{n+1} \tag{18.22}$$

$$\left.\begin{aligned}\boldsymbol{M}_{eIJ}&=\int_e\rho\boldsymbol{N}_I\boldsymbol{N}_J\,\mathrm{d}x\\ \boldsymbol{K}_{eIJ}&=\int_e(\lambda+2\mu)\,\boldsymbol{N}'_I\boldsymbol{N}'_J\,\mathrm{d}x\\ \boldsymbol{T}_{eIJ}^{n+1}&=\int_e\gamma\,u'^{n+1}_{ei}\,\boldsymbol{N}'_I\boldsymbol{N}'_J\,\mathrm{d}x\end{aligned}\right\} \tag{18.23}$$

$$\begin{aligned}\boldsymbol{R}_{ei}^{n+1}=&(d_1\boldsymbol{M}_e+\boldsymbol{K}_e)u_{ei}^{n+1}-\int_e\boldsymbol{N}^{\mathrm{T}}f^{n+1}\mathrm{d}x-\int_e\frac{1}{2}\gamma\boldsymbol{N}'^{\mathrm{T}}(u'^{n+1}_{ei})^2\mathrm{d}x-\\&\boldsymbol{M}_e(d_1u_{ei}^n+d_2\dot{u}_{ei}^n+d_3\ddot{u}_{ei}^n)\end{aligned} \tag{18.24}$$

其中 d_is 是与纽马克常数 α 和 β 相关的常数，它们分别固定为 0.25 和 0.5。在每个时间瞬间假设加速度为零开始迭代[24],[161]，并且一直持续到残差收敛。然后，这个过程将沿时间轴前进，直到获得所需持续时间的解。

18.3.2 时域谱有限元模型

谱元法已经成为一种高效的偏微分方程数值解法。[48],[134],[176],[190] 正交多项式在谱元法中起着至关重要的作用，这类特殊函数的背景知识可以在[48]、[134]和[176]等参考文献中找到，因此本章没有详细阐述。第 12 章详细解释了时域谱有限元模型法和基于切比雪夫多项式的单元法，并给出了一些数值例子。在本章，我们将主要使用勒让德多项式来解决超弹性波的传播问题。

正如第 12 章所解释的那样，谱单元在形函数和正交点的选择上不同于常规有限元。每个单元中的节点固定在高斯-洛巴托点上[176]，这些点也是单元的正交点。在包含端点的约束下，在初等积分域内求出最优正交点得到高斯-洛巴托点。这对于有限元离散化尤其有用，因为单元间的连续性对于有限元的形式至关重要，是在这个过程中自然获得的。每个单元上的形函数都是采用标准有限元分析中的拉格朗日插值法得到。在公式中同时使用了勒让德多项式和切比雪夫多项式，得到勒让德多项式的高斯-洛巴托点作为方程的零点：

$$(1-\xi^2)P'_{N-1}(\xi)=0 \quad \xi\in[-1,1] \tag{18.25}$$

在方程(18.25)中，N 表示每个单元的节点数。正如在第 12 章中提到的，高斯-洛巴托点的切比雪夫多项式显式表达式可以通过下式得到：

$$\xi_i=-\cos\left(\frac{\pi i}{N-1}\right) \quad i\in\{0,\cdots,(N-1)\} \tag{18.26}$$

如前所述，谱元中的正交点与单元中的节点位置一致。换句话说，用于定义节点的高斯-洛巴托点也定义了正交点。这种方法的一个直接优势是质量矩阵是对角的，这在制定时间推进方法时具有显著的计算优势。用于数值积分的正交权值也可以从高斯-洛巴托点得到。对于勒让德多项式，与高斯-洛巴托点 ξ_i 有关的权值 w_i 由下式给出：

$$w_i=\frac{1}{N(N-1)[P_{N-1}(x)]^2} \tag{18.27}$$

对于切比雪夫多项式，其权值为：

$$\left.\begin{aligned} w_0=w_{N-1}&=\frac{\pi}{2(N-1)} \\ w_i&=\frac{\pi}{N-1} \quad i\in\{1,\cdots,(N-2)\} \end{aligned}\right\} \tag{18.28}$$

与常规有限元相比，选择具有相关权重的高斯-洛巴托点可获得更优的近似方案[48],[176],[190]。高阶谱单元可以很容易用一个高阶正交多项式表示，并且可以显著减少建模所需的单元数量，稍后将说明这一点。谱元法的其余方法与前一节中概述的伽辽金有限元法相同，因此这里不再详细阐述。

18.3.3 泰勒-伽辽金有限元模型

在泰勒-伽辽金法中，时间导数用控制方程表示为空间导数。然后将时间导数的这种表示用于时间未知量的泰勒展开式，再用标准伽辽金离散化。通过适当选择泰勒展开，可以使时间离散化的精度与伽辽金空间离散化的精度相当，从而弥补了标准伽辽金有限元模型的不足。泰勒-伽辽金法的稳定性已在文献[91]中讨论过。

方程(18.17)给出了非线性波动方程的泰勒-伽辽金有限元公式。为了方便在时间上进行泰勒展开，方程(18.17)中的非线性波动方程用新变量 $\boldsymbol{U}=[u \quad v]^{\mathrm{T}}$ 表示，其中 $v=\dot{u}$。U 的一阶和二阶导数可以用方程(18.17)中的控制方程写成空间导数的形式，如下所示：

$$\rho\begin{pmatrix}\dot{u}\\ \dot{v}\end{pmatrix}=\begin{pmatrix}\rho v\\ (\lambda+2\mu)u''+\dfrac{1}{2}\gamma(u'^2)'+f\end{pmatrix} \tag{18.29}$$

$$\rho\begin{Bmatrix}\ddot{u}\\ \ddot{v}\end{Bmatrix}=\begin{Bmatrix}(\lambda+2\mu)u''+\frac{1}{2}\gamma(u'^2)'+f\\ (\lambda+2\mu)v''+\frac{1}{2}\gamma(u'v')'+\dot{f}\end{Bmatrix}\tag{18.30}$$

目前，人们已经提出了多种方法来构造泰勒-伽辽金法[92],[312]。本章采用基于帕德近似的泰勒-伽辽金法[92]。向量 $\boldsymbol{U}$ 在时间上的泰勒展开可以用指数时间算子来表示

$$\boldsymbol{U}^{n+1}=\left(1+\Delta t\frac{\partial}{\partial t}+\frac{\Delta t^2}{2}\frac{\partial^2}{\partial t^2}+\cdots\right)\boldsymbol{U}^n=\mathrm{e}^{(\Delta t\frac{\partial}{\partial t})}\boldsymbol{U}^n\tag{18.31}$$

使用帕德近似去近似方程(18.31)中使用的指数算子，可以得到一整类泰勒-伽辽金式。指数函数 e^x 的帕德近似可以表示为 $\mathrm{e}^x\simeq R_{m,n}(x)=\dfrac{P_m(x)}{Q_n(x)}$，其中 P_m 和 Q_n 分别是 m 阶和 n 阶多项式。对于 m 和 n 的不同选择，可以得到多种方法。$m\leqslant2$ 和 $n\leqslant2$ 时，这项工作中使用的近似值总结在表 18.3 中。

表 18.3 指数函数的帕德近似

$R_{m,n}(x)$	$m=0$	$m=1$	$m=2$
$n=0$	1	$1+x$	$1+x+tx^2$
$n=1$	$1/(1-x)$	$(1+tx)/(1-tx)$	$(1+px+qx^2)/(1-rx)$
$n=2$	$1/(1-x+tx^2)$	$(1+rx)/(1-px+qx^2)$	$(1+tx+sx^2)/(1-tx+sx^2)$

在表 18.3 中，$p=2/3$，$q=1/6$，$r=1/3$，$s=1/12$，$t=1/5$。高阶方法通常采用多阶段方法实现[92],[312]。方程(18.17)中的非线性波动方程提供了二阶导数的直接表示，本章因为帕德近似值仅限于 $m,n\leqslant2$ 的情形，因此只考虑单阶公式。对应于 $m,n\leqslant2$，该方法的一般形式可写为

$$\left(1+\beta_1\Delta t\frac{\partial}{\partial t}+\beta_2\Delta t\frac{\partial^2}{\partial t^2}\right)\boldsymbol{U}^{n+1}=\left(1+\alpha_1\Delta t\frac{\partial}{\partial t}+\alpha_2\Delta t\frac{\partial^2}{\partial t^2}\right)\boldsymbol{U}^n\tag{18.32}$$

然后，将方程(18.32)中的时间导数用如方程(18.29)和(18.30)所示空间导数重写，通过对所得方程分别与满足狄利克雷边界条件的 ϕ_u 和 ϕ_v 函数取内积，得到该方程的弱形式。然后将弱形式线性化，并在每个时间步长使用牛顿-拉夫森方法进行求解，如标准伽辽金有限元模型所示。方程(18.32)中的泰勒-伽辽金有限元模型的最终形式如下所示

$$\begin{gathered}(\boldsymbol{M}-\beta_2\Delta t^2\boldsymbol{K}-\beta_2\Delta t^2\boldsymbol{T}_{u_i}^{n+1})\Delta\boldsymbol{u}_i^{n+1}+\beta_1\Delta t\boldsymbol{M}\Delta\boldsymbol{v}_i^{n+1}=-\boldsymbol{R}_{u_i}^{n+1}-(\beta_1\Delta t\boldsymbol{K}+\beta_1\Delta t\,\boldsymbol{T}_{u_i}^{n+1}+\\ \beta_2\Delta t^2\boldsymbol{T}_{v_i}^{n+1})\Delta\boldsymbol{u}_i^{n+1}+(\boldsymbol{M}-\beta_2\Delta t^2\boldsymbol{K}-\beta_2\Delta t^2\boldsymbol{T}_{u_i}^{n+1})\Delta\boldsymbol{v}_i^{n+1}=-\boldsymbol{R}_{v_i}^{n+1}\end{gathered}\tag{18.33}$$

$$\boldsymbol{T}_{u_{eiIJ}}^{n+1}=\int_e\gamma\,u'^{n+1}_{ei}\,\boldsymbol{N}'_I\boldsymbol{N}'_J\,\mathrm{d}x\tag{18.34}$$

$$\boldsymbol{T}_{v_{eiIJ}}^{n+1}=\int_e\gamma\,v'^{n+1}_{ei}\,\boldsymbol{N}'_I\boldsymbol{N}'_J\,\mathrm{d}x\tag{18.35}$$

$$
\begin{aligned}
\boldsymbol{R}_{u_{ei}}^{n+1} = & (\boldsymbol{M}_e - \alpha_2 \Delta t^2 \boldsymbol{K}_e) \boldsymbol{u}_e^n + \alpha_1 \Delta t \boldsymbol{M}_e \boldsymbol{v}_e^n + \\
& \alpha_2 \Delta t^2 \int_e \boldsymbol{N}^{\mathrm{T}} f^n \mathrm{d}x - \alpha_2 \Delta t^2 \int_e \frac{1}{2} \gamma \boldsymbol{N}'^{T} (u'^n_e)^2 \mathrm{d}x - \\
& (\boldsymbol{M}_e - \beta_2 \Delta t^2 \boldsymbol{K}_e) \boldsymbol{u}_{ei}^{n+1} + \beta_1 \Delta t \boldsymbol{M}_e \boldsymbol{v}_{ei}^{n+1} + \\
& \beta_2 \Delta t^2 \int_e \boldsymbol{N}^{\mathrm{T}} f^{n+1} \mathrm{d}x - \beta_2 \Delta t^2 \int_e \frac{1}{2} \gamma \boldsymbol{N}'^{T} (u'^{n+1}_{ei})^2 \mathrm{d}x
\end{aligned} \tag{18.36}
$$

$$
\begin{aligned}
\boldsymbol{R}_{v_{ei}}^{n+1} = & -\alpha_1 \Delta t \boldsymbol{K}_e \boldsymbol{u}_e^n + (\boldsymbol{M}_e - \alpha_2 \Delta t^2 \boldsymbol{K}_e) \boldsymbol{v}_e^n - \\
& \alpha_1 \Delta t \int_e \frac{1}{2} \gamma \boldsymbol{N}'^{\mathrm{T}} (u'^n_e)^2 \mathrm{d}x - \alpha_2 \Delta t^2 \int_e \gamma \boldsymbol{N}'^{\mathrm{T}} u'^n_e v'^n_e \mathrm{d}x + \\
& \alpha_1 \Delta t \int_e \boldsymbol{N}^{\mathrm{T}} f^n \mathrm{d}x + \alpha_2 \Delta t^2 \int_e \boldsymbol{N}^{\mathrm{T}} \dot{f}^n \mathrm{d}x - \beta_1 \Delta t \int_e \boldsymbol{N}^{\mathrm{T}} f^{n+1} \mathrm{d}x - \\
& \beta_2 \Delta t^2 \int_e \boldsymbol{N}^{\mathrm{T}} \dot{f}^{n+1} \mathrm{d}x + \beta_1 \Delta t \boldsymbol{K}_e \boldsymbol{u}_{ei}^{n+1} - (\boldsymbol{M}_e - \beta_2 \Delta t^2 \boldsymbol{K}_e) \boldsymbol{v}_{ei}^{n+1} + \\
& \beta_1 \Delta t \int_e \frac{1}{2} \gamma \boldsymbol{N}'^{\mathrm{T}} (u'^{n+1}_{ei})^2 \mathrm{d}x + \beta_2 \Delta t^2 \int_e \gamma \boldsymbol{N}'^{\mathrm{T}} u'^{n+1}_{ei} v'^{n+1}_{ei} \mathrm{d}x
\end{aligned} \tag{18.37}
$$

可以看出，方程(18.33)和(18.34)是耦合的，需要同时求解。这种问题计算规模的增加是泰勒-伽辽金法的主要缺点之一，并且在多阶公式中更为明显。泰勒-伽辽金有限元法的显著优势在于，与标准有限元差分时间离散化相比，它们具有更高的时间离散化精度。

18.3.4　广义伽辽金有限元模型(GGFEM)

下面介绍针对非线性波动方程(18.17)的广义伽辽金(GG)有限元方法[65]。在广义伽辽金方法中，利用弱形式方程(18.19)的时间变量内积得到半离散控制方程。用于近似未知数的时间演化的测试函数独立于用于空间近似的测试函数，这为提出解决方案提供了基础。本章广义伽辽金法考虑使用方程(18.19)中位移 u 的二阶时间近似。

时间离散化需要选择权函数 W 和试函数 $\hat{\phi}_i$，这些用无量纲参数 $\xi=(t-t_n)/\Delta t$ 表示。位移 u 的二阶近似可以写成：

$$
u(t)=\hat{\phi}_{-1} u^{n-1}+\hat{\phi}_0 u^n+\hat{\phi}_1 u^{n+1} \quad t^n \leqslant t < t^{n+1} \tag{18.38}
$$

$\hat{\phi}_i(i=-1,0,1)$是对所有 $\xi\in[-1,1]$在 $\xi=i$ 取单位值时定义的拉格朗日形函数。将方程(18.19)中弱形式与测试函数 $W(\xi)$内积并且使用方程(18.38)中时间近似，得出了如下的非线性弱形式

$$\int\Big\{\frac{\rho J_0}{\Delta t^2}(u^{n-1}-2u^n+u^{n+1})\phi+(\lambda+2\mu)(J_{-1}u'^{n-1}+J_0u'^n+J_1u'^{n+1})\phi'+\frac{1}{2}\gamma[J_{-1\,-1}(u'^{n-1})^2+J_{0\,0}(u'^n)^2+J_{1\,1}(u'^{n+1})^2+2J_{-1\,0}u'^{n-1}u'^n+2J_{0\,1}u'^nu'^{n+1}+2J_{-1\,1}u'^{n-1}u'^{n+1}]\phi'\Big\}\mathrm{d}x=\int J_0f\phi\mathrm{d}x \tag{18.39}$$

$$\left.\begin{aligned}J_0&=\int_{-1}^{1}W\mathrm{d}\xi\\J_i&=\int_{-1}^{1}W\hat{\phi}_i\mathrm{d}\xi\\J_{ij}&=\int_{-1}^{1}W\hat{\phi}_i\hat{\phi}_j\mathrm{d}\xi\quad i,j=-1,0,1\end{aligned}\right\} \tag{18.40}$$

非线性弱形式方程(18.39)用牛顿-拉夫森方法线性化，有限元的公式与前面的情况一样。由此得到的有限元模型如下：

$$\left(\frac{J_0}{\Delta t^2}\boldsymbol{M}+J_1\boldsymbol{K}+\boldsymbol{T}_i^{n+1}\right)\Delta u_i^{n+1}=-\boldsymbol{R}_i^{n+1} \tag{18.41}$$

$$\boldsymbol{T}_{eiIJ}^{n+1}=\int_e\gamma(J_{-11}u'^{n-1}_e+J_{01}u'^n_e+J_{11}u'^{n+1}_{ei})N'_IN'_J\mathrm{d}x \tag{18.42}$$

$$\begin{aligned}\boldsymbol{R}_{ei}^{n+1}=&J_0\int_e\boldsymbol{N}^{\mathrm{T}}f^{n+1}\mathrm{d}x-\frac{J_0}{\Delta t^2}\boldsymbol{M}_e(\boldsymbol{u}_e^{n-1}-2\boldsymbol{u}_e^n+\boldsymbol{u}_{ei}^{n+1})-\\&\boldsymbol{K}_e(J_{-1}\boldsymbol{u}_e^{n-1}+J_0\boldsymbol{u}_e^n+J_1\boldsymbol{u}_{ei}^{n+1})-\\&\int_e\frac{1}{2}\gamma\boldsymbol{N}'^{\mathrm{T}}[J_{-1\,-1}(u'^{n-1}_e)^2+J_{00}(u'^n_e)^2+J_{1\,1}(u'^{n+1}_{ei})^2+\\&2J_{-1\,0}u'^{n-1}_eu'^n_e+2J_{0\,1}u'^n_eu'^{n+1}_{ei}+2J_{-1\,1}u'^{n-1}_eu'^{n+1}_{ei}]\mathrm{d}x\end{aligned} \tag{18.43}$$

根据时间权函数 $W(\xi)$的具体选择，得到了各种广义伽辽金有限元方法。表 18.4 列出了某些权函数 W 对应的 J 值。权函数 W 的选择至关重要，因为一般情况下不能保证收敛性，表 18.4 所示的权函数是收敛性已知的后验函数。

由于这里给出的广义伽辽金法在时间上只有二阶精度，因此不能期望它像高阶泰勒-伽辽金法那样精确，这可以通过在广义伽辽金公式中使用高阶时间插值函数来解决[65]。该公式的主要优点是可以制定各种方案以实现任何所需的时间精度。对于线性波动方程，一些泰勒-伽辽金公式可以从广义伽辽金公式中得到[65]，因此该方法比标准伽辽金有限元模型更具通用性。

表 18.4 时间权函数 $W(\xi)$和对应的 J 值

$W(\xi)$	J_0	J_{-1}	J_0	J_1	$J_{-1\,-1}$	$J_{0\,0}$	$J_{1\,1}$	$J_{-1\,0}$	$J_{0\,1}$	$J_{-1\,1}$
$\delta(\xi-1)$	1	0	0	1	0	0	1	0	0	0
$\hat{\phi}_1(\xi)$	$\frac{1}{3}$	$-\frac{1}{15}$	$\frac{2}{15}$	$\frac{4}{15}$	$-\frac{1}{70}$	$\frac{8}{105}$	$\frac{13}{70}$	$-\frac{4}{105}$	$\frac{2}{21}$	$-\frac{1}{70}$

续表 18.4

$W(\xi)$	J_0	J_{-1}	J_0	J_1	J_{-1-1}	J_{00}	J_{11}	J_{-10}	J_{01}	J_{-11}
ξ^2	$\frac{2}{3}$	$\frac{1}{5}$	$\frac{4}{15}$	$\frac{1}{5}$	$\frac{6}{35}$	$\frac{16}{105}$	$\frac{6}{35}$	$\frac{2}{35}$	$\frac{2}{35}$	$-\frac{1}{35}$
$\xi H(\xi)^*$	$\frac{1}{2}$	$-\frac{1}{24}$	$\frac{1}{4}$	$\frac{7}{24}$	$\frac{1}{240}$	$\frac{1}{6}$	$\frac{49}{240}$	$-\frac{1}{40}$	$\frac{13}{120}$	$-\frac{1}{48}$
$\xi^2 H(\xi)$	$\frac{1}{3}$	$-\frac{1}{40}$	$\frac{2}{15}$	$\frac{9}{40}$	$\frac{1}{420}$	$\frac{8}{105}$	$\frac{71}{420}$	$-\frac{11}{840}$	$\frac{59}{840}$	$-\frac{1}{70}$

注：* $H(\xi-a)$为单位阶跃函数，当 $\xi\geqslant a$ 时等于 1，当 $\xi<a$ 时等于 0，此表中取 $a=0$。

18.4　超弹性波传播的频域谱单元法

第 13 章详细解释了各种一维和二维线性波导的频域谱元法公式。在本节中，这种方法将扩展到处理非线性超弹性波导问题。利用 N 点离散傅里叶变换将轴向位移 u 转换为频域，如下式所示：

$$u=\frac{1}{N}\sum_{k=0}^{N-1}\hat{u}_k\,\mathrm{e}^{\mathrm{i}\omega_k t}\tag{18.44}$$

$$\omega_n=\frac{2\pi n}{T}\tag{18.45}$$

$\{\hat{u}_0,\cdots,\hat{u}_{N-1}\}$是$\{u_1,\cdots,u_{N-1}\}$的离散傅里叶变换，其中$u_k=u(k\Delta t)$。

如何使用频域谱单元法获得线性响应已经在第 13 章中说明，因此这里不再重复。众所周知，各向同性杆中的线性响应是非频散的，并且波在传播时保持其形状。同时，为了获得良好的时间分辨率，确实有必要附加一个抛离单元或单节点单元。与第 13 章中使用的平衡方法（无积分方法）不同，我们将使用频域中的变分方法来推导建立超弹性杆的非线性谱有限元模型。

基于拉梅常数的杆的控制线性方程可以写成：

$$(\lambda+2\mu)\frac{\mathrm{d}^2\hat{u}_{0n}}{\mathrm{d}x^2}+\rho\omega_n^2\hat{u}_{0n}=0\tag{18.46}$$

$$\hat{F}_{0n}=(\lambda+2\mu)\frac{\mathrm{d}\,\hat{u}_{0n}}{\mathrm{d}x}\tag{18.47}$$

方程(18.46)和(18.47)的解可以用来构造谱单元。由于我们将使用变分方法来构造超弹性杆的谱有限元模型，需要首先计算动态形状函数。

方程(18.46)的解由下式得出：

$$\hat{u}_{0n}=A_n\mathrm{e}^{-\mathrm{i}k_n x}+B_n\mathrm{e}^{\mathrm{i}k_n(L-x)}\qquad k_n=\omega_n\sqrt{\frac{\rho}{\lambda+2\mu}}\tag{18.48}$$

将 $x=0$ 和 $x=L$ 处的边界条件代入简单杆常规有限元法中后，解的最终形式为：

$$\hat{u}_{0n}=[N_{1n}\quad N_{2n}]\begin{Bmatrix}\hat{u}_{0n}^1\\ \hat{u}_{0n}^2\end{Bmatrix}\tag{18.49}$$

$$N_{1n}(x)=\frac{\mathrm{e}^{-\mathrm{i}k_n x}-\mathrm{e}^{-\mathrm{i}k_n(2L-x)}}{1-\mathrm{e}^{-2\mathrm{i}k_n L}}$$

$$N_{2n}(x)=\frac{\mathrm{e}^{-\mathrm{i}k_n L}(\mathrm{e}^{\mathrm{i}k_n x}-\mathrm{e}^{-\mathrm{i}k_n x})}{1-\mathrm{e}^{-2\mathrm{i}k_n L}} \tag{18.50}$$

$$(\lambda+2\mu)\begin{bmatrix}-N'_{1n}(0) & -N'_{2n}(0)\\ N'_{1n}(L) & N'_{2n}(L)\end{bmatrix}\begin{Bmatrix}\hat{u}_{0n}^1\\ \hat{u}_{0n}^2\end{Bmatrix}=\begin{Bmatrix}\hat{F}_{0n}^1\\ \hat{F}_{0n}^2\end{Bmatrix} \tag{18.51}$$

方程(18.51)表示正则2节点单元的线性谱有限元。对于左抛离单元，线性方程的解可以写成：

$$\hat{u}_{0n}=N_n\hat{u}_{0n}^1 \qquad N_n=\mathrm{e}^{\mathrm{i}k_n x} \tag{18.52}$$

$$[\mathrm{i}\,k_n(\lambda+2\mu)]\hat{u}_{0n}^1=\hat{F}_{0n}^1 \tag{18.53}$$

其中上标为1的量表示节点1处的值。类似地，对于右抛离单元，显式解写成

$$\hat{u}_{0n}=N_n\hat{u}_{0n}^1 \qquad N_n=\mathrm{e}^{-\mathrm{i}k_n x} \tag{18.54}$$

$$[\mathrm{i}k_n(\lambda+2\mu)]\hat{u}_{0n}^1=\hat{F}_{0n}^1 \tag{18.55}$$

采用线性化杆模型的解作为非线性伽辽金频域谱元法的形状函数，这与前一节解释的时域标准伽辽金有限元模型非常相似。

涉及时域函数乘积的非线性项在频域表现为卷积。第14章在电致伸缩材料的非线性本构模型的情况下解释了这些术语。两个函数的乘积在时域内的卷积显式形式如下所示。如果 $\hat{f}$ 和 $\hat{g}$ 是两个时间相关函数，其傅里叶变换分别为 f 和 g，则乘积 fg 在时域中的离散傅里叶变换变换到频域如下：

$$fg=\frac{1}{N}\sum_{k=0}^{N-1}(\widehat{fg})_k\,\mathrm{e}^{\mathrm{i}\omega_k t} \tag{18.56}$$

$$(\widehat{fg})_n=\frac{1}{N}\sum_{k=0}^{N-1}\sum_{l=0}^{N-1}\hat{f}_k\,\hat{g}_l \tag{18.57}$$

其中，$k+l=n$ 或 $k+l-N=n$。

由于离散傅里叶变换是用来表示时间相关的变量，循环卷积(相对于线性卷积)需要用来解释密度泛函理论中使用的有限数量的点。fg 的离散傅里叶变换也可以通过取 $\hat{f}$ 和 $\hat{g}$ 的逆离散傅里叶变换来计算，在时域内将 f 与 g 相乘，然后将乘积 fg 变换到频域。这个变换过程，计算成本很高，不适合频域方法。如方程(18.57)所示，采用循环卷积方法对于频域公式是可行的，也是更有效的计算替代方法。在后续分析中，非线性项被当作频域中的循环卷积来处理。方程(18.57)中的二重求和将被简单地表示为 $\sum\limits_{k\oplus l=n}=n$。上述方法可以很容易地沿着类似的思路来计算包含两个乘积的计算项。

利用方程(18.44)，将方程(18.17)中的控制方程转化为下列频域方程：

$$(\lambda+2\mu)\frac{\mathrm{d}^2\hat{u}_n}{\mathrm{d}x^2}+\rho\omega_n^2\hat{u}_n+\hat{f}_n=\frac{\mathrm{d}\hat{g}_n}{\mathrm{d}x} \tag{18.58}$$

$$\hat{g}_n=\frac{\gamma}{2N}\sum_{k\oplus l=n}\frac{\mathrm{d}\hat{u}_k}{\mathrm{d}x}\frac{\mathrm{d}\hat{u}_l}{\mathrm{d}x} \tag{18.59}$$

轴向力 F 在频域的表达式为：

$$\hat{F}_n=(\lambda+2\mu)\frac{\mathrm{d}\hat{u}_n}{\mathrm{d}x}-\hat{g}_n \tag{18.60}$$

这些方程是非线性的，不能直接求解，因此需要采用迭代求解方法求解非线性解。为了实现这一点，控制方程采用变分形式表示，并采用标准伽辽金有限元法求解。

在伽辽金频域谱元模型公式中，通过将方程(18.58)与一个测试函数 $\hat{v}_n$ 相乘，将方程(18.58)中的非线性控制方程以变分形式表示，该测试函数 $\hat{v}_n$ 在杆 $\Sigma=[0,L]$ 的整个区域上定义良好，满足适当的本质边界条件。对于固定一端的杆，选择测试函数 $\hat{v}_n$ 使它们在固定端完全消失。对于有限元公式，域 Σ 被划分为不重叠的子域 Σ_e。利用方程(18.58)中相应线性方程的解得到了形函数。利用线性形状函数方程(18.49)对每个 Σ_e 域上的未知变量进行插值。方程(18.58)中控制方程的变分形式可写为：

$$\int_0^L\left[(\lambda+2\mu)\frac{\mathrm{d}^2\hat{u}_n}{\mathrm{d}x^2}+\rho\omega_n^2\hat{u}_n+\hat{f}_n-\frac{\mathrm{d}\hat{g}_n}{\mathrm{d}x}\right]\hat{v}_n dx=0 \tag{18.61}$$

整合方程(18.61)，并利用方程(18.60)作为边界条件，方程(18.58)的弱形式为：

$$\begin{aligned}&\int_0^L\left[(\lambda+2\mu)\frac{\mathrm{d}\hat{u}_n}{\mathrm{d}x}\frac{\mathrm{d}\hat{v}_n}{\mathrm{d}x}-\rho\omega_n^2\hat{u}_n\hat{v}_n\right]\mathrm{d}x=\hat{P}_n\hat{v}_n(L)+\\&\int_0^L\hat{f}_n\hat{v}_n\mathrm{d}x+\int_0^L\hat{g}_n\frac{\mathrm{d}\hat{v}_n}{\mathrm{d}x}\mathrm{d}x\end{aligned} \tag{18.62}$$

其中 P_n 是在杆的非固定端施加的任何外部载荷。当 $L\to\infty$ 时，方程(18.62)的变分形式仍然有效，在这种情况下，假设外力 P_n 为零。频域谱有限元模型(FSFEM)的一个独特特征是能够像处理有限域一样处理无限域。

使用方程(18.49)的线性解来近似每个域 Σ_e 上的 $\hat{u}_n$ 的变化，每个域 Σ_e 上的谱有限元方程可以写成：

$$\hat{\boldsymbol{K}}_n^e\hat{\boldsymbol{u}}_n^e=\hat{\boldsymbol{P}}_n^e+\hat{\boldsymbol{Q}}_n^e \tag{18.63}$$

$$\hat{\boldsymbol{K}}_n^e=\int_{\Sigma_e}[(\lambda+2\mu)\boldsymbol{N}_n'^{\mathrm{T}}\boldsymbol{N}_n'-\rho\omega_n^2\boldsymbol{N}_n^{\mathrm{T}}\boldsymbol{N}_n]\mathrm{d}x \tag{18.64}$$

$$\hat{\boldsymbol{P}}_n^e=\int_{\Sigma_e}\boldsymbol{N}^{\mathrm{T}}\hat{f}_n\mathrm{d}x \tag{18.65}$$

$$\hat{\boldsymbol{Q}}_n^e=\frac{\gamma}{2N}\sum_{k\oplus l=n}\int_{\Sigma_e}\boldsymbol{N}_n'^{\mathrm{T}}\hat{\boldsymbol{u}}_k^{e\mathrm{T}}\boldsymbol{N}_k'^{\mathrm{T}}\boldsymbol{N}_l'^{\mathrm{T}}\hat{\boldsymbol{u}}_l^e\mathrm{d}x \tag{18.66}$$

在方程(18.63)及(18.66)，$\hat{u}_n^e$ 表示单元 Σ_e 中轴向位移的离散傅里叶变换的第 n 分量节点值的向量。方程(18.62)中的边界力项可以在方程(18.65)适当的单元中体现，单个单元的组合与有限元分析中使用的完全相同。最终的谱有限元方程可以写为：

$$\hat{\boldsymbol{K}}_n\hat{\boldsymbol{u}}_n=\hat{\boldsymbol{P}}_n+\hat{\boldsymbol{Q}}_n \tag{18.67}$$

方程(18.67)的矩阵和向量对应方程(18.64)至(18.66)中矩阵和向量的全局等效组合。

用于求解方程(18.67)中非线性方程的迭代法，是基于文献[284]中提出的简单迭代方法。在第 i 次迭代时解$\hat{u}_n$近似表示为$\hat{u}_n^i$。本文采用的迭代求解方法可表示为：

$$\hat{\boldsymbol{K}}_n\hat{\boldsymbol{u}}_n^{i+1}=\hat{\boldsymbol{P}}_n+\hat{\boldsymbol{Q}}_n^i \tag{18.68}$$

利用线性方程组的解作为初始条件，开始迭代，为了观察迭代的收敛性，定义了迭代 i 处的残余力向量$\hat{\boldsymbol{R}}_n^i$：

$$\hat{\boldsymbol{R}}_n^i=\hat{\boldsymbol{K}}_n\hat{\boldsymbol{u}}_n^i-\hat{\boldsymbol{P}}_n-\hat{\boldsymbol{Q}}_n^i \tag{18.69}$$

对于一个选定的范数，迭代继续，直到残余力向量的范数下降到一个合适的公差限以下。

18.5 数值结果和讨论

利用先前开发的非守恒积分有限元法研究了材料非线性对简单杆中轴向波传播的影响。杆的材料性能参考铝的材料性能进行选择，如表 18.5 所示。假设杆的长度为 1 m，下面给出的所有结果都对应于固定-自由配置，其中杆的一端固定，而自由端受到脉冲外部载荷。

表 18.5 杆的材料性能

λ/GPa	μ/GPa	ρ/(kg · m^{-3})	A/GPa	B/GPa	C/GPa
57	27	2727	−320	−200	−190

采用高斯脉冲和猝发脉冲对脉冲外部载荷进行建模。图 18.2(a)和图 18.2(b)分别表示了典型的高斯脉冲和猝发脉冲及其频率含量。由于系统的局域频率分布，猝发信号通常被用来研究系统的频率响应。

在得到结果中，对于不同的数值格式，杆的线速度响应 v_0 和线速度响应 v_{nl} 的非线性附加如下所示：总速度响应 v 可以用 v_0+v_{nl} 表示，在施加外部脉冲载荷的点处计算响应，非线性响应计算将在后面展示：总响应 v 首先用本章讨论方法确定，然后用解非线性问题的同一有限元格式求解控制双曲波动方程，得到线性响应 v_0，再从总解 v 中减去线性响应，得到非线性解 v_{nl}。

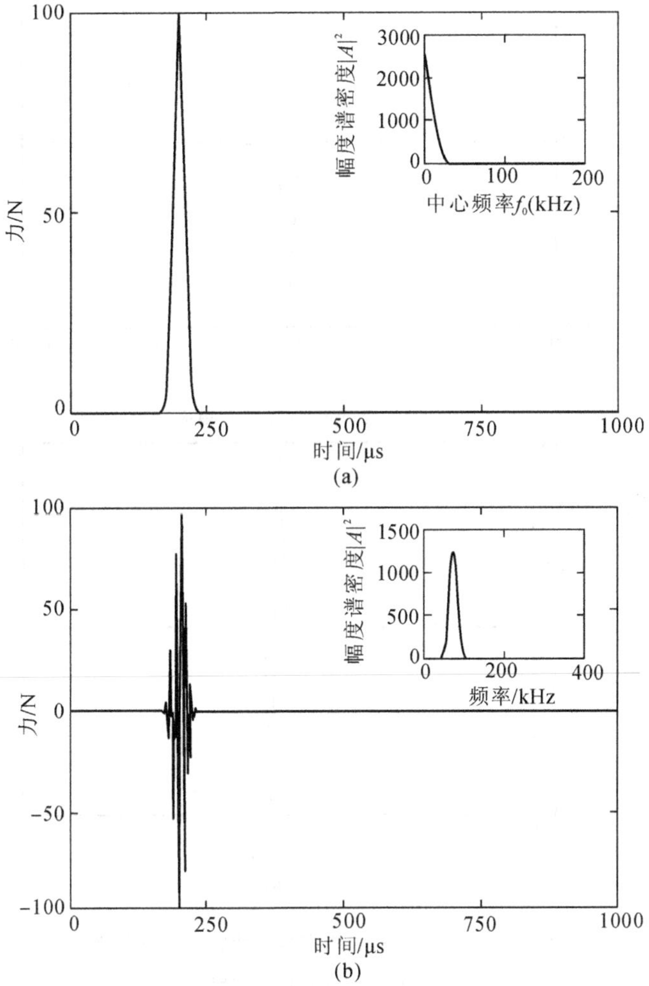

图 18.2　典型加载历史及其频率分布

(a)高斯脉冲；(b)猝发信号

为了研究不同有限元模型的收敛性，在数值试验的基础上选择了一个参考解。在此基础上，选取含 125 个线性单元的 2 节点标准有限元模型(SGFEM 模型)作为参考解。在没有特殊说明的情况下，时间步长固定在 1 μs。线性和非线性速度响应分别展示在图 18.3(a)和 18.3(b)中。从图中我们可以看到，在各向同性杆中的线性和非线性纵向超弹性波都是非频散的，虽然与线性响应相比，非线性响应的幅值较小，但非线性峰值与线性反射波同时出现。

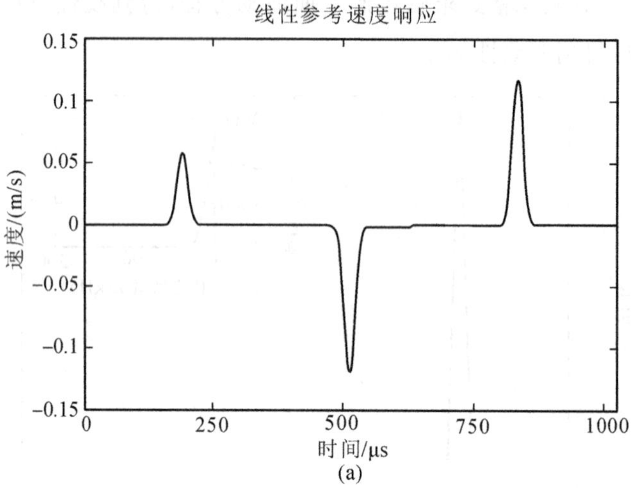

(a)

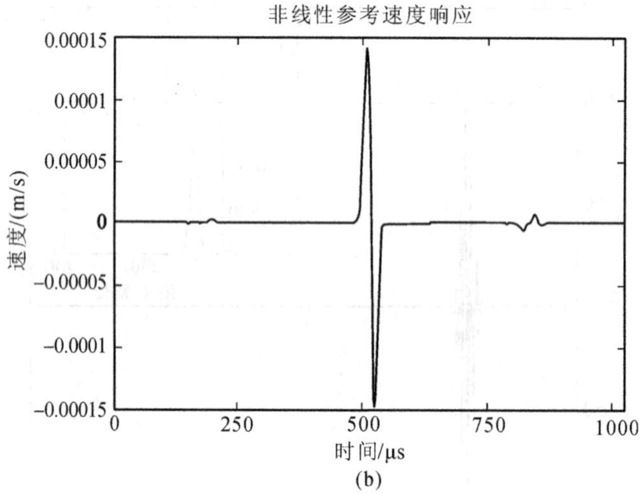

(b)

图 18.3　各向同性杆的线性和非线性参考速度响应

(a)线性速度;(b)非线性速度

针对响应计算点参考响应 v^* 的给定模型速度响应 v,通过为其引入误差函数ϵ_v,对不同有限元模型的收敛性进行研究。误差ϵ_v为:

$$\epsilon_v = \frac{\left[\sum_n (v_n - v_n^*)^2\right]^{\frac{1}{2}}}{\left[\sum_n v_n^{*2}\right]^{\frac{1}{2}}} \tag{18.70}$$

在时间迭代模型的离散时间步长上进行求和,直至选定的上限。在下面的结果中,这个上限设为 750 μs。这样做是为了将分析限制到固定端的第一个反射波。由于不同的离散形式,误差跨越不同的数量级,因此使用对数图来表示结果。

18.5.1　有限元方法的性能比较

下面给出了 3、5 和 8 节点单元勒让德和切比雪夫时域谱有限元模型的收敛性。对于 3 节点情况，标准伽辽金模型和两个谱模型的收敛性如表 18.6 和图 18.4 所示。在这种情况下，标准有限元的高精度是由高斯-勒让德积分比高斯-洛巴托积分的精度高所引起的。对于高阶单元，常规有限元的效率不高，因为对积分的满意近似要求较高。5 节点和 8 节点的勒让德和切比雪夫谱单元模型的比较如图 18.5 和 18.6 所示，可以看出，勒让德谱单元模型比切比雪夫模型更有效，这是因为高斯-洛巴托-勒让德点的近似性质比高斯-洛巴托-切比雪夫点的数值积分更好。采用 7 单元 8 节点勒让德谱单元模型计算的线性和非线性速度响应与参考解的对比如图 18.7 所示。

表 18.6　不同 3 节点有限元模型的收敛性

N_{el}	标准型		勒让德型		切比雪夫型	
	$\lg(\epsilon_{v_0})$	$\lg(\epsilon_{v_{nl}})$	$\lg(\epsilon_{v_0})$	$\lg(\epsilon_{v_{nl}})$	$\lg(\epsilon_{v_0})$	$\lg(\epsilon_{v_{nl}})$
15	−2.807	−0.940	−2.409	−0.6781	−1.029	−0.4933
25	−4.168	−2.870	−3.346	−1.383	−1.025	−0.5375
50	−3.633	−1.857	−3.583	−1.536	−1.015	−0.4750
75	−3.607	−1.184	−3.596	−1.341	−1.012	−0.3058
100	−3.602	−1.046	−3.599	−0.7006	−1.010	−0.2809

可以看出，使用高阶勒让德多项式，可以用相对粗糙的网格捕获非线性响应，与标准有限元方法相比，这具有显著的这一段应该紧着上一段吧，不能分开。

从图 18.4(a)、图 18.5(a)和图 18.6(a)可以看出，在对数尺度上，误差在−3.6 附近趋于饱和。采用标准有限元公式，用于测量误差的参考解对应 125 个 2 节点线性单元对应的响应，这说明误差图中 125 个单元对应点的局部最小值。选择此特殊参考解是基于一系列的数值计算结果，这些计算包含的单元数量逐渐增加，从计算结果中所观察到的反应没有显著差异。此外，通过将参考解截断到 750 μs 的时间窗口来计算误差，该时间窗口对应包含入射和第一反射脉冲的持续时间。研究发现，将单元数量增加到 125 个以上会导致相对误差(即相对于所选参考解计算的误差)增加，而在理论上，细化会产生更高的精度。从这个意义上分析，参考解与实际解有一定差异，但是和数值解相比已经足够精确。根据随着网格的细化误差趋于零的理论，对于参考解其计算的误差会趋于一个饱和值。

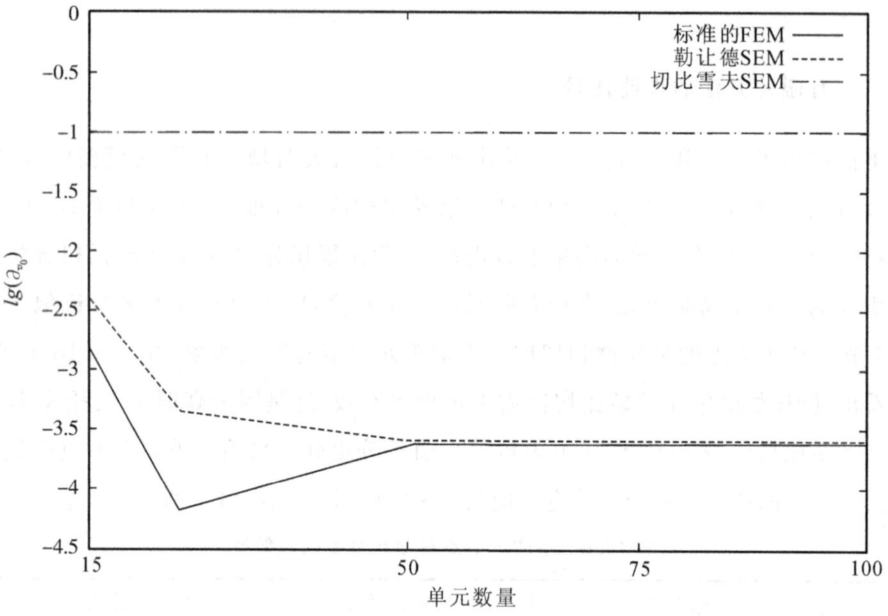

(a)

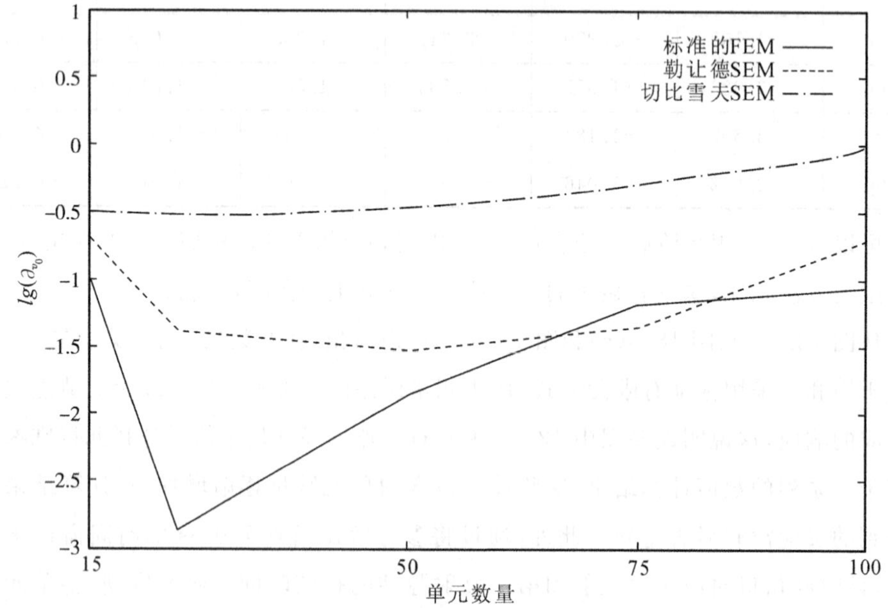

(b)

图 18.4　3 节点谱单元的收敛性

(a)线性响应收敛；(b)非线性响应收敛

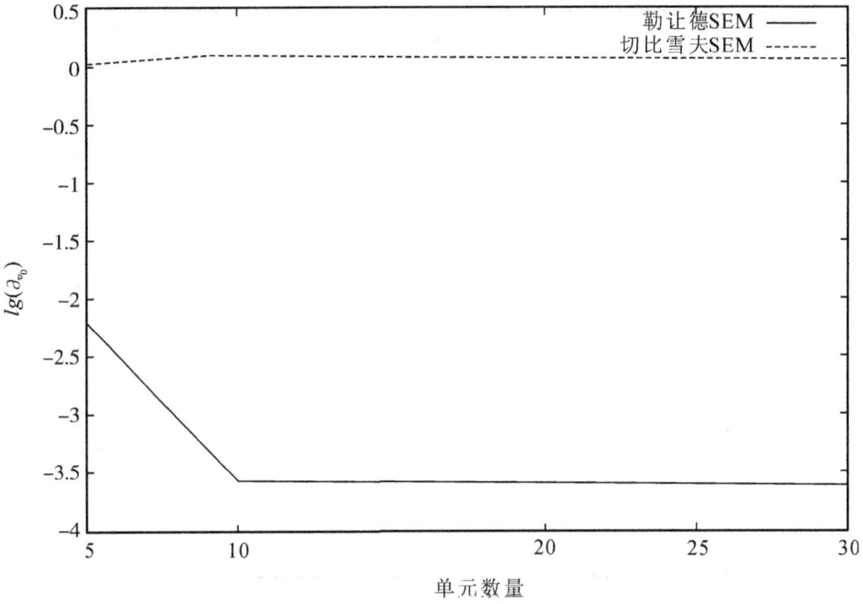

(a)

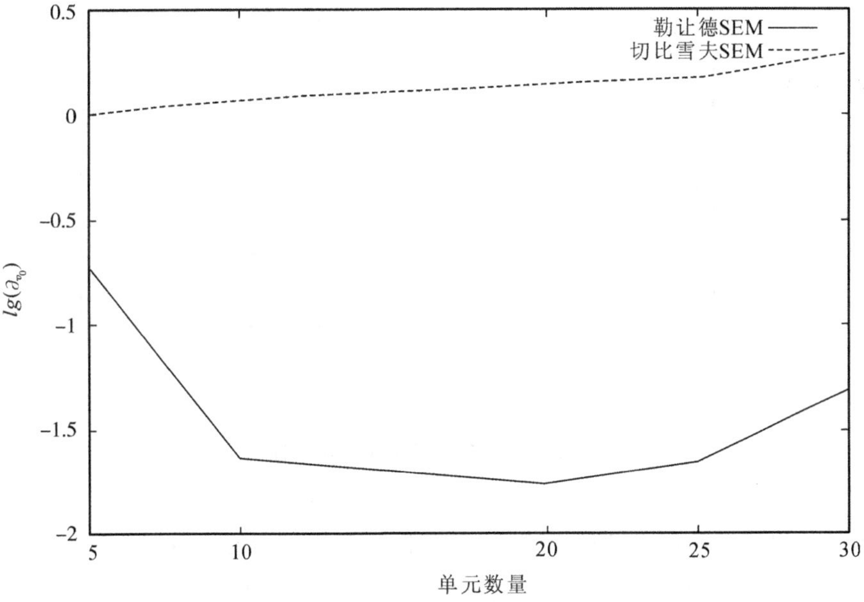

(b)

图 18.5　5 节点谱单元的收敛性

(a)线性响应收敛;(b)非线性响应收敛

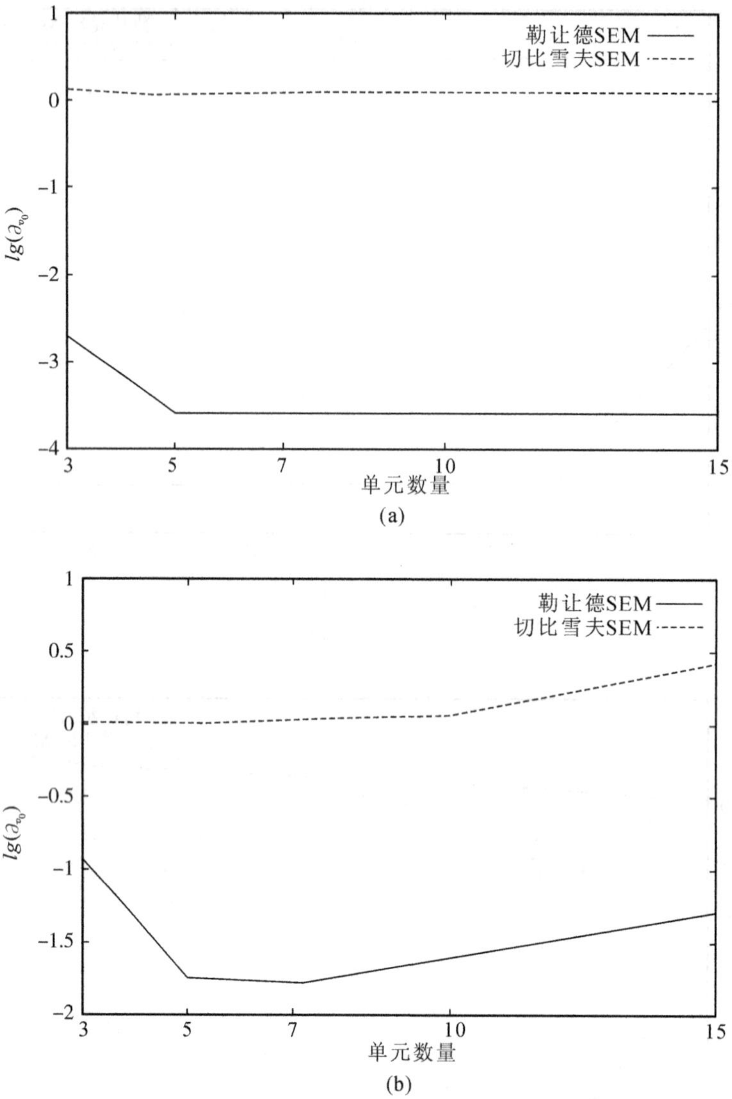

图 18.6　8 节点谱单元的收敛性

(a)线性响应收敛;(b)非线性响应收敛

另外值得注意的是,与勒让德谱单元法相比,标准有限元法得到的误差相对较小,如图 18.4、图 18.5 和图 18.6 所示。这可以解释如下:通过谱单元法得到解的特征是在计算解中存在小的振荡[134],这可以在图 18.7 中观察到。对于分别有 5 个节点和 8 个节点的勒让德谱单元,即使只有 20 个和 8 个单元,这些振荡对波响应的影响也可以忽略不计。然而,由于误差是根据选定的参考解计算出来的,而参考解没有这些振荡,因此误差的累计似乎表明谱有限元模型法不如标准有限元法分析精确。然而,从图

18.7可以看出，这些在研究问题的物理学时是微不足道的，因为小的振荡不会破坏非线性响应的重要物理特性。因此，勒让德谱有限元模型给出的结果精度在允许的范围内，并且因为较大的网格尺寸，其计算成本更低。

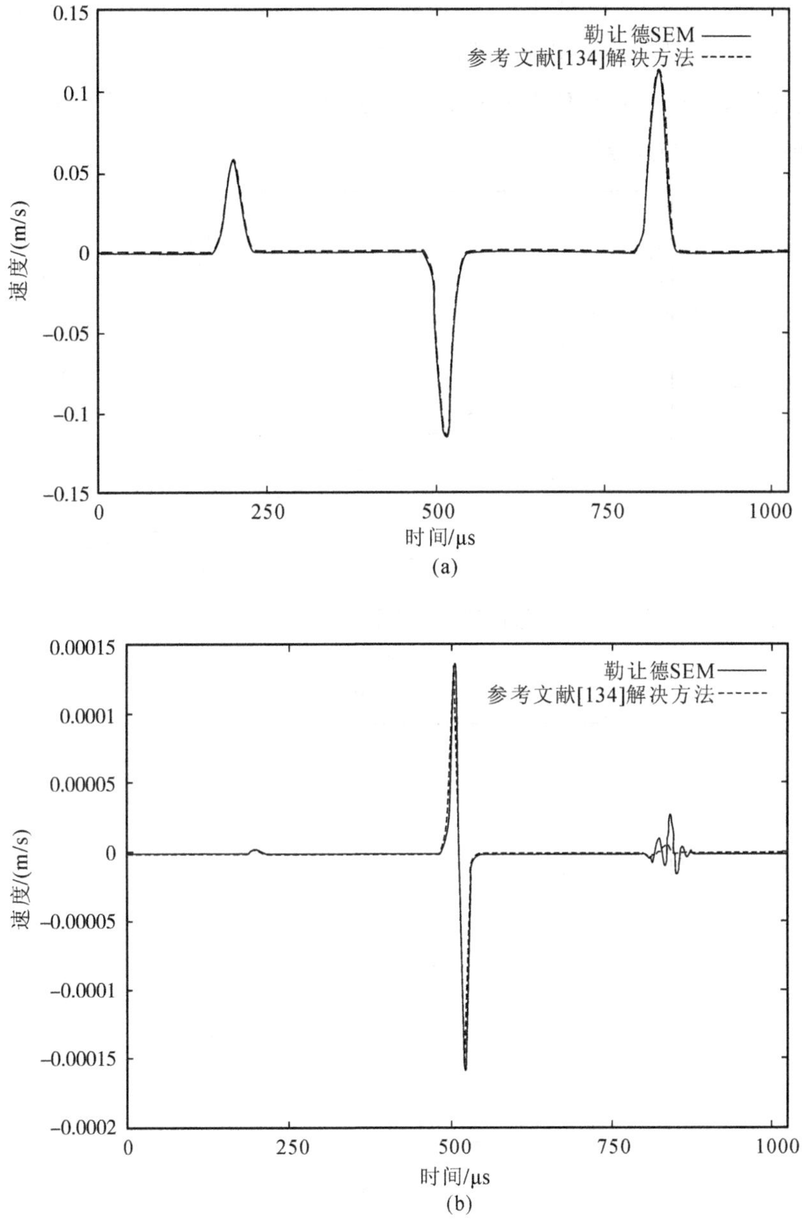

图 18.7　具有 7 个 8 节点勒让德谱单元的超弹性杆的线性和非线性响应

(a)线速度；(b)非线速度

接下来，我们将研究泰勒-伽辽金法(TG)的计算效率和精度。根据表18.3所示的帕德近似中 m 和 n 的选择，可以得到多种泰勒-伽辽金有限元模型。数值模型的计算表明，所有对应于 $m>n$ 的公式都是发散的，$(m,n)=(1,1),(1,2),(2,2)$ 对应的泰勒-伽辽金法的比较如图18.8所示。(1,2)和(2,2)方案比(1,1)方法更有效，因为它们具有更好的时间精度。采用泰勒-伽辽金(2,2)法计算的100个单元的线性和非线性速度响应如图18.9所示，使用泰勒-伽辽金法的一个显著优点是采用相对较大的时间步长，即可获得准确的结果。

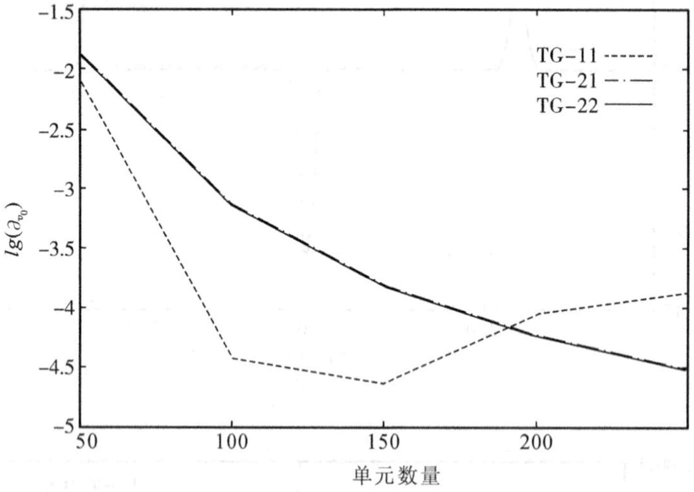

(a)

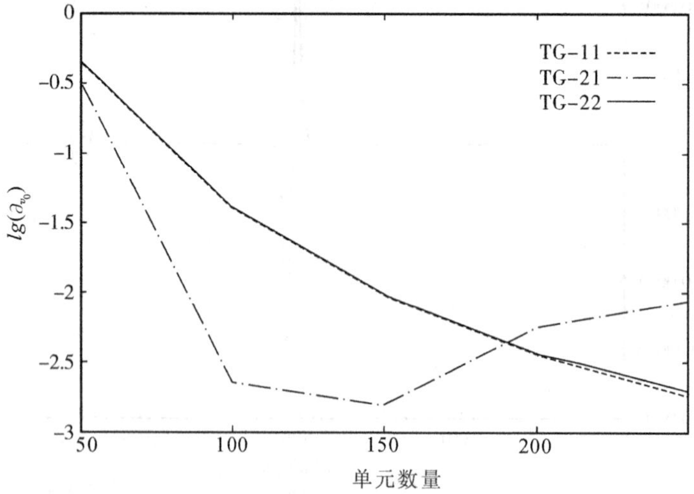

(b)

图 18.8 泰勒-伽辽金有限元模型的收敛性

(a)线性响应收敛；(b)非线性响应收敛

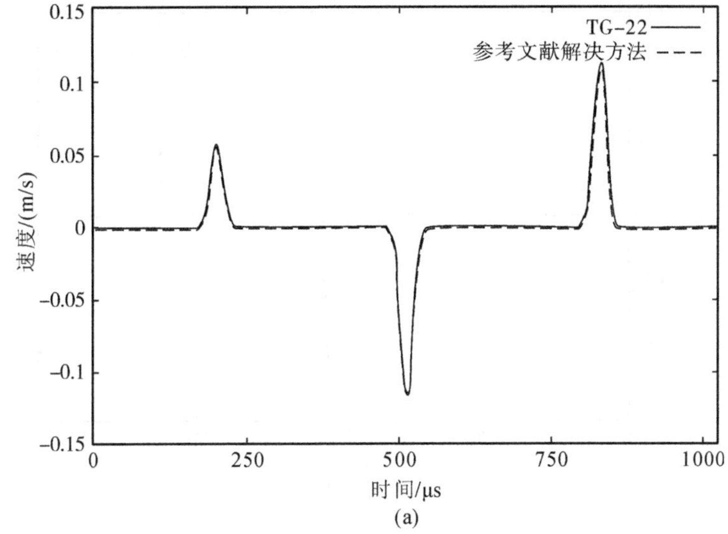

(a)

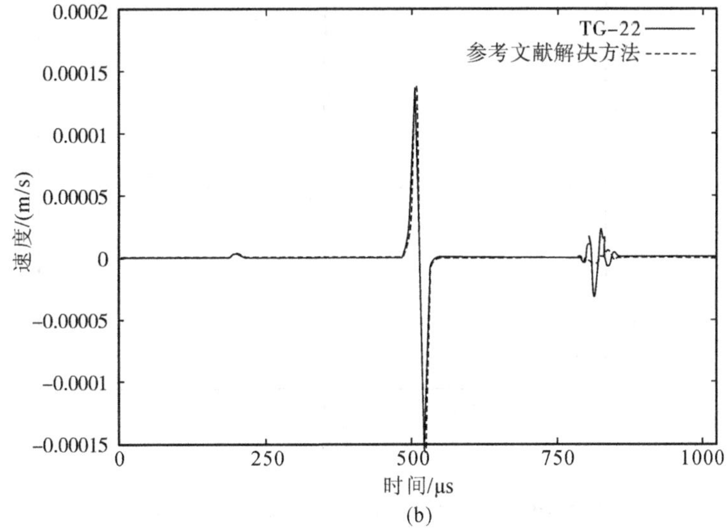

(b)

图 18.9　100 **个线性元素**，1 μs **次步进** TG-22 **解**

(a)线速度响应；(b)非线速度响应

作为说明，图 18.10 显示了时间步长为 4 μs 的 100 个单元 TG-22 离散化的响应，这主要是由于时间近似阶数与 TG-22 格式中的空间近似阶数相当[91]。

由图 18.8 可以看出，泰勒-伽辽金法的误差随着单元数的增加先减小后增大。这种行为很可能是由于较细的解与所选的参考解的比较，正如前面关于时域谱元方法部分所解释的那样。

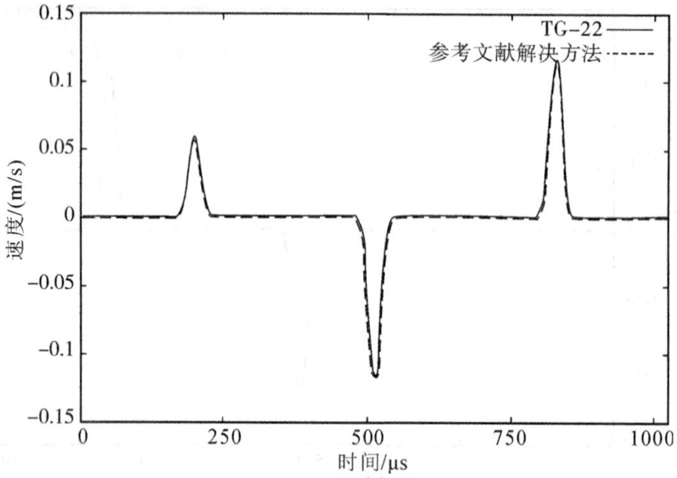

(a)

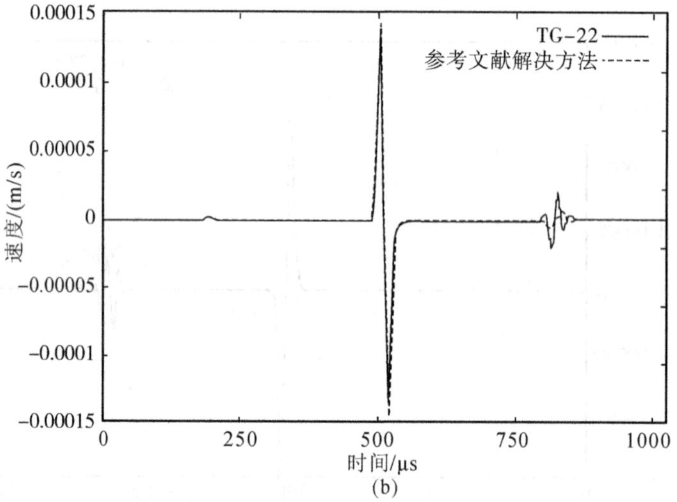

(b)

图 18.10 100 **个线性元素**, 4 μs **次步进** TG-22 **解**

(a)线速度响应;(b)非线速度响应

然后,对相同的各向同性杆,给出了广义伽辽金法的计算结果。表 18.4 所列的时间权重函数 W 是采用广义伽辽金公式得到,结果如图 18.11 所示。并在表 18.4 中列出,该模型采取的时间步长为 1 μs。从图 18.11 中可以明显看出,只有当$W(\xi)=\xi^2$时,该模型才能得到准确的结果,而其余的函数给出了严重阻尼的轴向响应。图18.12 展示了对应于 $W(\xi)=\xi^2$ 的广义伽辽金有限元法的收敛性。使用广义伽辽金有限元法精确求解非线性波动方程所需的时间步长为 1 μs,与标准伽辽金有限元模型式中的时间步长相当。因此广义伽辽金有限元法中的时间近似阶数与标准伽辽金有限元模型中的时间近似阶数是相同的。

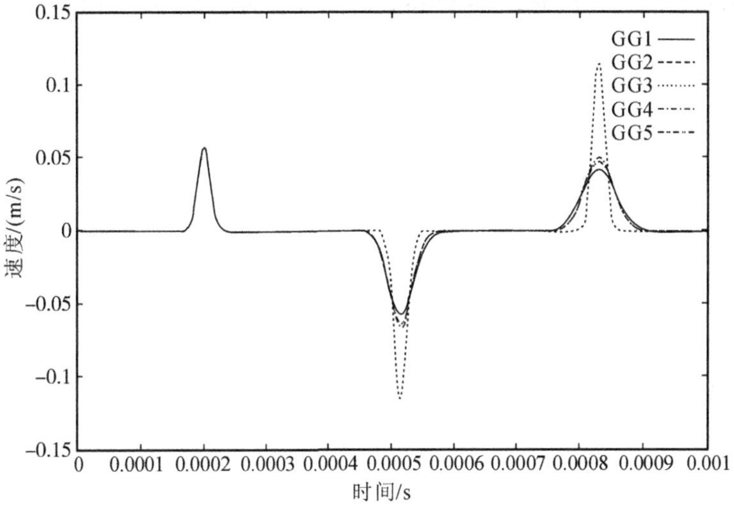

(a)

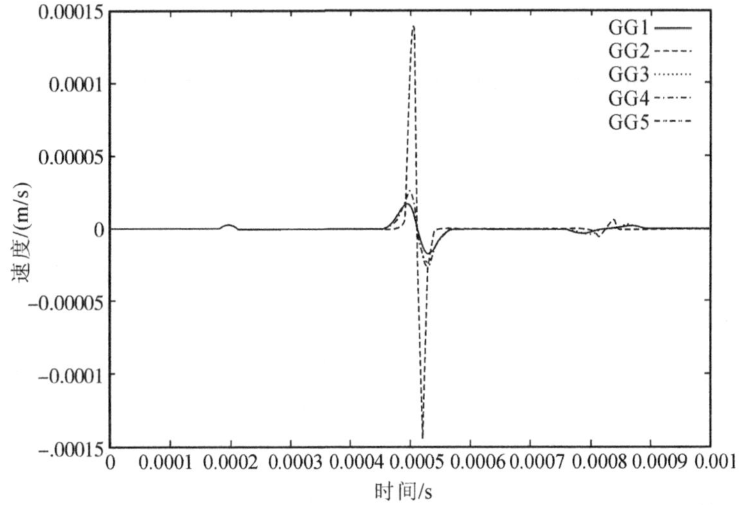

(b)

图 18.11　GG 有限元方案的比较

(a)线性轴向速度;(b)非线性轴向速度

现在,我们将比较所有上述方案的性能,并根据它们的计算效率(由一个特定方案以最少的计算工作,获得可接受精度解的能力决定),确定最佳的计算方案,并用于求解非线性波动方程。在泰勒-伽辽金法和广义伽辽金法中,TG-22 格式和对应于 $W(\xi)=\xi^2$ 的广义伽辽金法分别最有效。对于固定的空间离散,运用标准伽辽金有限元模型、TG-22 和 $GG[W(\xi)=\xi^2]$三种方法得到的速度响应如图 18.13 所示。标准伽辽金有限元模型和广义伽辽金有限元模型的时间步长为 1 μs,而泰勒-伽辽金方法的时间步长为 5 μs，精度相当。因此，TG-22 格式时间步长的增大，弥补了因求解模型规模太大这一缺点。

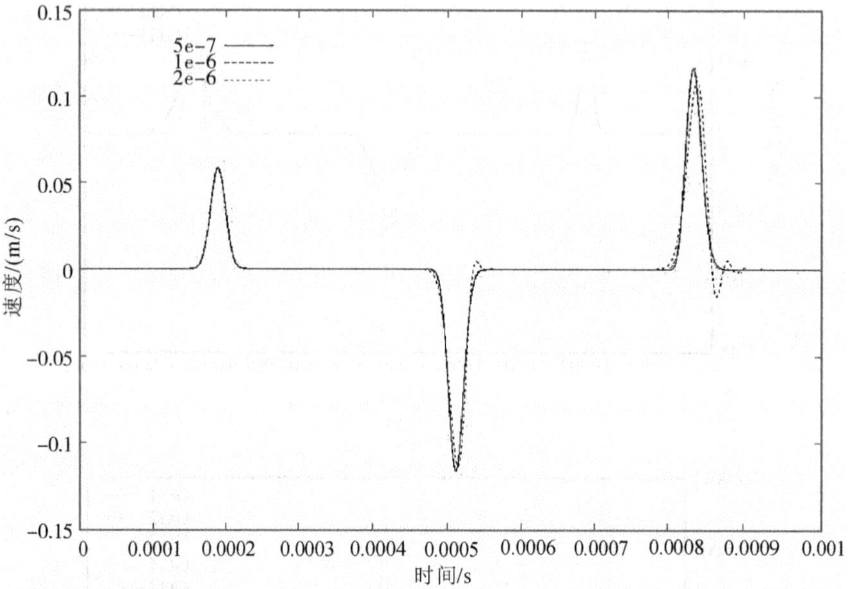

(a)

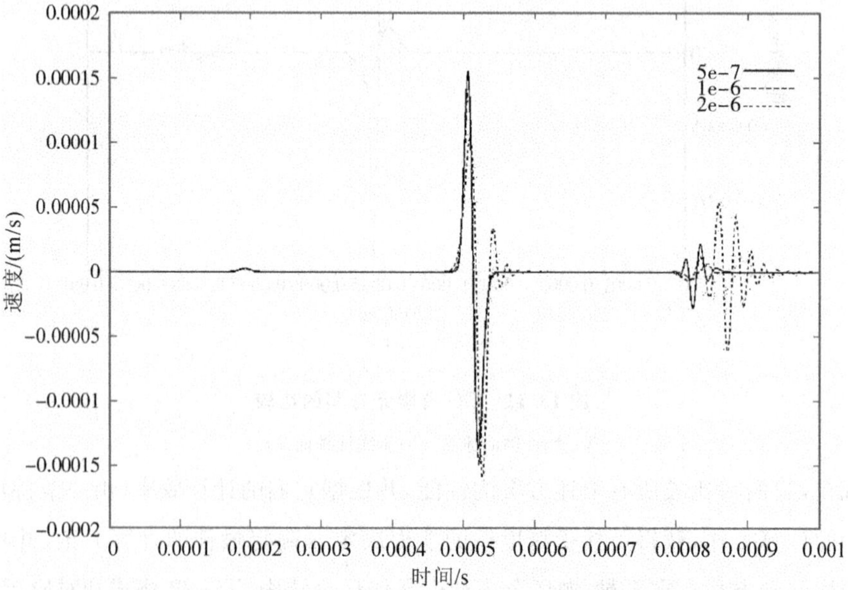

(b)

图 18.12 $W(\xi)=\xi^2$ **对应的 GG 有限元格式的收敛性**(Δt=0.5、1.0、2.0 μs)

(a)线性轴向速度；(b)非线性轴向速度

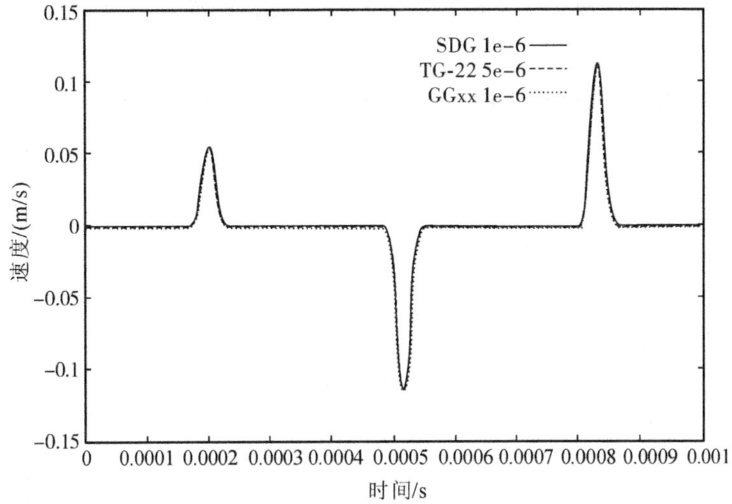

(a)

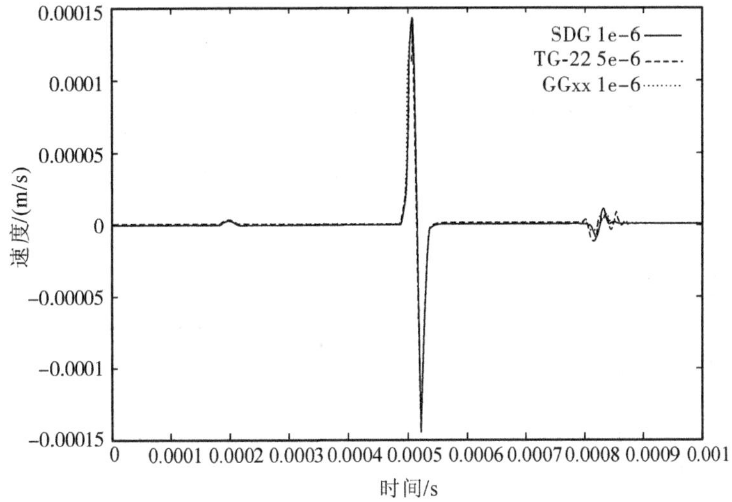

(b)

图 18.13　有限元方案比较：SDG、TG-22 和 GG[$W(\xi)=\xi^2$]

(a)线性轴向速度；(b)非线性轴向速度

18.5.2　频域谱有限元模型的性能

用频域谱元模型对有限长杆进行建模，需要使用半无限抛离单元[94],[127]对固定端进行建模，第 6 章和第 13 章对建模过程进行了阐述。为了避免信号缠绕问题，波数 k 的数值阻尼应为 $k(1-\mathrm{i}\eta)$的形式[127]，用频域谱元模型计算的轴向响应如图 18.14 所示，计算结果与参考响应之间的幅值差异是由引入了数值阻尼所导致。采用时间步长为 2 μs 的 2048 点快速傅里叶变换来计算响应。抛出刚度固定在 10 倍杆刚度，使用的数值阻尼为 $\eta=1\times10^{-5}$。

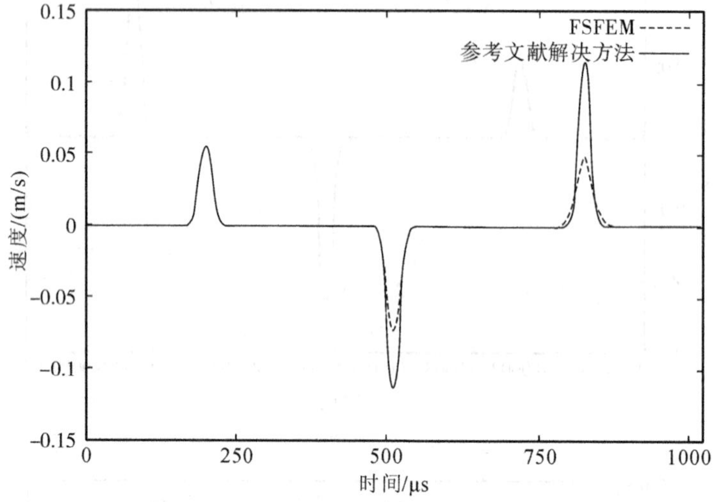

(a)

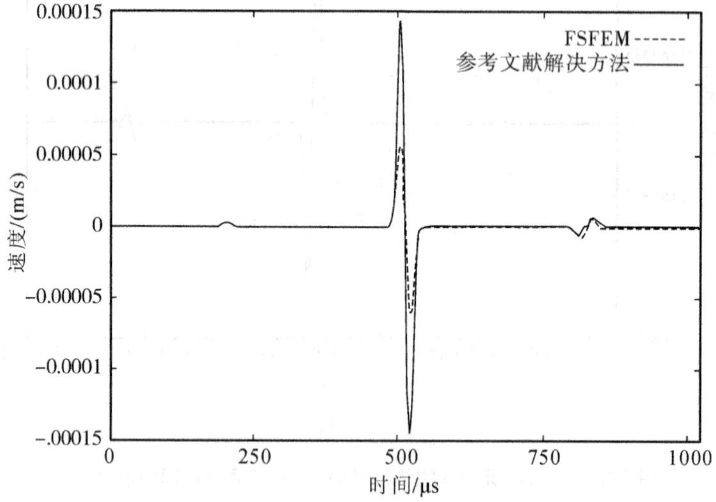

(b)

图 18.14 频域谱有限元解

(a)线速度响应；(b)非线速度响应

虽然该方法能够准确地预测周期波形，但由于增加了显著的阻尼以减小信号的环绕，该模型预测的反射振幅偏低。此外，处理三阶和高阶非线性变得非常困难。虽然该方法对线性问题非常有效，但与时域模型相比，非线性公式中卷积项的存在使该方法效率低下。

18.5.3　非线性对超弹性波导中波传播的影响

接下来我们将研究波在超弹性杆中传播的物理过程。机械波导中的非线性特性会引入一些在线性响应中看不到的附加效应，具体如下：

- 随着时间的推移，非线性变形急剧增大。
- 高次谐波参与响应。
- 大非线性的波陡化。
- 在弯曲波导的情况下，即使在各向同性波导中也存在模式耦合。也就是说，横向荷载引起轴向位移，反之亦然。

在这一部分中不考虑波陡化研究，因为它需要非常高的非线性水平，这与铝材料的情况不同。弯曲波导的研究将在第 18.6 节进行。

从图 18.3(b)所示的非线性响应可以看出，通过莫纳汉超弹性模型引入的材料非线性导致产生附加波(高次谐波)，其传播速度与线形波相同。这些新产生波的振幅变化和频谱可以通过采用高斯信号和猝发信号的响应来研究，所产生的非线性波的振幅随时间的增加如图 18.15(a)所示，变化近似为线性，这是因为该图中的大多数点都位于从原点绘制的 45°线上。

为了研究所生成的波的频率，研究了输入主频率约为 2.21×10^5 rad/s 的猝发信号的响应。非线性速度响应的频谱如图 18.15(b)所示。计算结果表明，图 18.15(b)中的主频约为 4.67×10^5 rad/s，几乎是输入频率的两倍。因此，产生波的频率是输入激励的两倍，换句话说，由于这种特殊形式的非线性，高次谐波容易激发。

综上所述，弹性模型会产生更高的谐波，当它们以与线形波相同的速度在介质中传播时，其振幅会增加。这些结果与文献[150]和[47]在半无限域中对非线性波动方程[方程(18.17)]的理论研究一致。然而，目前的非线性杆模型所预测振幅的无限增加在物理上是不合理的，因为它意味着向系统中添加了无限的能量。有人提出，当前模型仅对非线性波的小传播距离有效[89]，预计使用高阶杆模型将弥补这一缺陷。

18.5.4　不同有限元方法的数值效率总结

本节简要地讨论了前几个小节中所考虑的计算方法的相对优缺点，结果表明，频域方法对线性问题的有效性不能延续到非线性情况下，时域方法为研究非线性波动方程提供了更好的手段。在时域方法中，泰勒-伽辽金法即使在时间步长较大的情况下也能提供很好的结果，但是很难公式化，而且会导致模型规模的显著增大。与标准伽辽金有限元模型相比，广义伽辽金模型并没有提供任何特殊的优势，代价是需要更复杂的数学公式。另一方面，时域谱元法使问题规模明显减小，为非线性波动方程提供了良好的结果。除此之外，时域谱元法的表达式与标准伽辽金有限元模型具有相同的数学复杂度。因此，在比较研究的基础上，可以得出结论，时域谱元法，特别是以勒让德多项式为基函数的谱元法，非常适合研究方程(18.17)中的非线性波动方程。

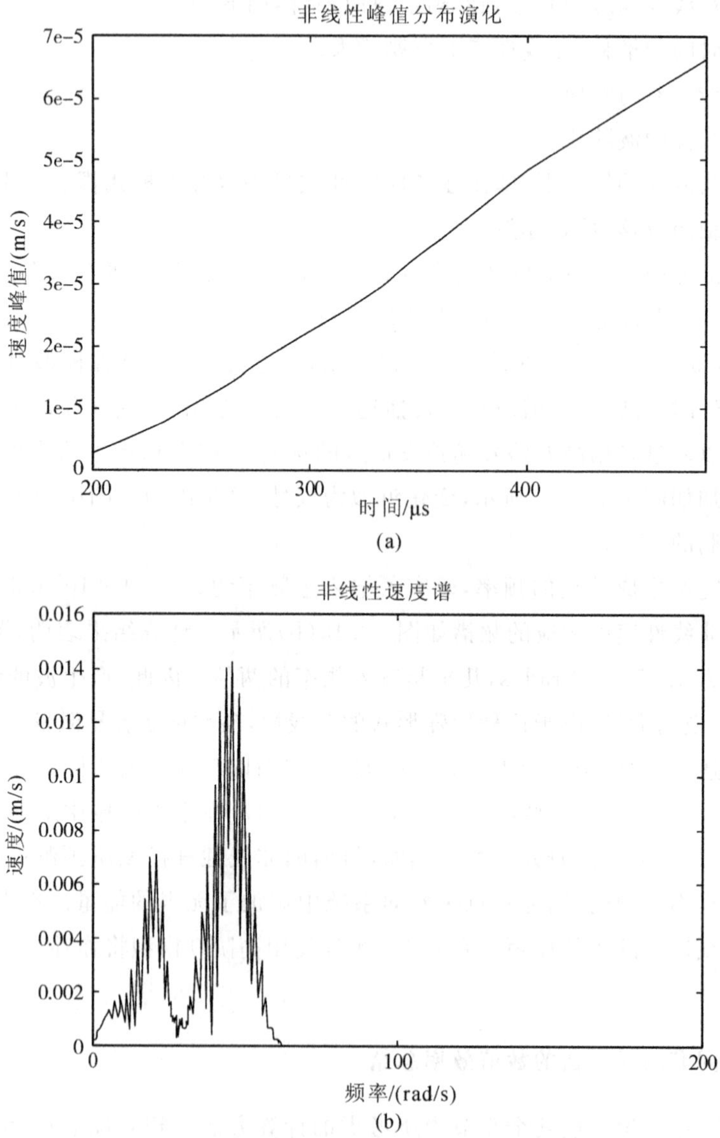

图 18.15　非线性纵波振幅演化与速度谱

(a)非线性振幅的演化；(b)非线性速度谱

18.6 非线性弯曲波在超弹性铁木辛柯梁中的传播

在前几节中，介绍了使用各种有限元方法在简单的非线性杆模型[方程(18.17)]中纵波传播的研究。在本节中，采用标准伽辽金有限元模型和勒让德谱有限元法对方程(18.15)中莫纳汉材料非线性的铁木辛柯梁中横波传播进行了研究[137]。在上一节中，我们发现在各种模型中，勒让德谱有限元法在预测超弹性杆的纵向响应时表现最好。虽然梁的动力学与杆的动力学有很大的不同，但是我们假定已识别的最优模型(即勒让德谱有限元模型)对于大类非线性问题(如超弹性铁木辛柯梁)同样表现良好。铁木辛柯梁的某些有限元模型由于使用了斜率的低阶多项式而表现出剪切自锁[291]。这些内容在 12 章进行了讨论和分析。

18.6.1 模型建立

由于在勒让德谱单元公式中使用了高阶基函数，有充分的文献证明这些单元不会表现出剪切锁定[134]，因此，采用超弹性铁木辛柯梁方程有两个理由：第一个是测试勒让德谱有限元法对更复杂波动方程的效率，第二个是为了说明横向和轴向模式的耦合，在简单的非线性杆模型中是不存在的。因此，第二个理由是为了解释莫纳汉模型方程(18.15)对横波在一维波导中的传播的影响。结合前几节的结果，说明材料非线性的莫纳汉形式对一维波导中纵波和横波传播存在一定影响。方程(18.15)给出了莫纳汉材料非线性的铁木辛柯梁的控制方程推导与方程(18.17)中非线性杆方程的推导相似。铁木辛柯梁的运动学模型，定向在 x-z 平面上，梁轴沿 x 轴方向，可以写成：

$$u_1=u(x,t)-z\theta(x,t) \quad u_2=0 \quad u_3=w(x,t) \tag{18.71}$$

从方程(18.71)中给出的运动学模式可以看出，纵向响应 u_1 有纯纵向模式 u 和剪切模式 θ 的贡献。为了进行比较，对于欧拉-伯努利梁模型，这种剪切模式的格式为 $\partial w/\partial x$[137]。因此，该项($\theta-\partial w/\partial x$)表示梁变形时截面的剪切变形。横向位移 u_3 采用单-横向模式 w 进行计算得到。用哈密顿原理得到的莫纳汉模型方程(18.15)给出了具有材料非线性的铁木辛柯梁的控制方程，因此模式 u、θ 和 w 控制方程的最终形式为：

$$\begin{aligned}&(\lambda+2\mu)A\frac{\partial^2 u}{\partial x^2}+\gamma_1\left(A\frac{\partial u}{\partial x}\frac{\partial^2 u}{\partial x^2}+I\frac{\partial\theta}{\partial x}\frac{\partial^2\theta}{\partial x^2}\right)+\\&\frac{1}{2}\gamma_2\frac{\partial}{\partial x}\left(\frac{\partial w}{\partial x}-\theta\right)^2+f_x=\rho A\frac{\partial^2 u}{\partial t^2}\end{aligned} \tag{18.72}$$

$$\left.\begin{aligned}&(\lambda+2\mu)I\frac{\partial^2\theta}{\partial x^2}+(\mu+\gamma_2)A\left(\frac{\partial w}{\partial x}-\theta\right)+\gamma_1 I\frac{\partial}{\partial x}\left(\frac{\partial u}{\partial x}\frac{\partial\theta}{\partial x}\right)=\rho I\frac{\partial^2\theta}{\partial t^2}\\&\mu A\frac{\partial}{\partial x}\left(\frac{\partial w}{\partial x}-\theta\right)+\gamma_2 A\frac{\partial}{\partial x}\left[\frac{\partial u}{\partial x}\left(\frac{\partial w}{\partial x}-\theta\right)\right]+f_z=\rho A\frac{\partial^2 w}{\partial t^2}\end{aligned}\right\} \tag{18.73}$$

$$\gamma_1=2(A+3B+C) \qquad \gamma_2=\frac{1}{2}(A+2B) \tag{18.74}$$

由此可见,非线性是由方程(18.15)中莫纳汉模型耦合了轴向模式 u 和横向模式 w 后引入。因此,纯横向载荷也会激发轴向波是非线性的一个非常重要特征,下面会就此进行说明。

18.6.2 数值结果和讨论

本节使用几个例子对方程(18.72),(18.73)和(18.74)给出了横波在超弹性铁木辛柯梁模型中的传播进行了说明。选择这些例子是为了强调勒让德谱有限元分析在研究超弹性一维固体中横向波传播方面的优势。

本章研究了单个长 1 m,宽 0.01 m(y 方向),深 0.15 m(z 方向),一端固定、自由端使用高斯脉冲激励的梁,如图 18.2(a)所示。高斯脉冲的峰值为 10^3 N,其以 200 μs 为中心,标准偏差为 10 μs。如前文所述,即使在纯粹的横向载荷下,材料非线性的存在也会耦合梁的横向和纵向模式。图 18.16(a)展示了使用标准非线性伽辽金有限元模型(使用牛顿-拉夫森法进行线性化,使用纽马克方法进行时间推进)研究的梁横向响应。图 18.16(a)展示了沿梁的长度方向的单元数量。我们可以清楚地看到,这些波是高度频散的,高次谐波的存在并不明显。

现在用五节点勒让德谱单元(图中缩写为 L5)研究同样的问题,如图 18.16(b)所示,横向响应随着离散化越细而收敛。为了比较,图18.16(b)中显示了使用 400 个标准 2 节点拉格朗日有限元法[也显示在图 18.16(a)中]获得的横向响应。可以看出,当使用勒让德谱元时,计算时间有显著的增加。这支持了早期得出的非线性杆方程结论。还可以看到,对于勒让德谱元的粗离散化[图 18.16(b)中的 L5-10],整个域的响应是高度振荡的,这是使用谱元进行粗离散得到的响应特征[134]。

图 18.17 所示为纯横向荷载的轴向响应,采用了 20 个 5 节点勒让德谱元,可以看出,有一个明显的轴向响应的纯横向载荷,这种轴向和横向模式的耦合是方程(18.72)、(18.73)和(18.74)中为莫纳汉应变能函数建立的非线性铁木辛柯梁模型的一个特征,可用来识别和表征新材料中的非线性。

为了捕捉高次谐波的存在,我们需要一个即使在频散介质中也能非频散的传播的脉冲,其中一种脉冲是猝发信号,这种信号在前面的章节中进行了详细的讨论。此外,铁木辛柯梁除了具有主要的弯曲模式传播外,还具有第二频谱,但其只出现在非常高的频率,由剪切变形引起。第 6 章和第 13 章详细讨论了铁木辛柯梁的频域谱有限元公式和相关理论。如果梁是超弹性的,那么由于非线性,也会产生更高的谐波。铁木辛柯梁由于存在两种传播模式,将产生两个额外的高谐波,一个是弯曲模式,另一个是剪切模式。

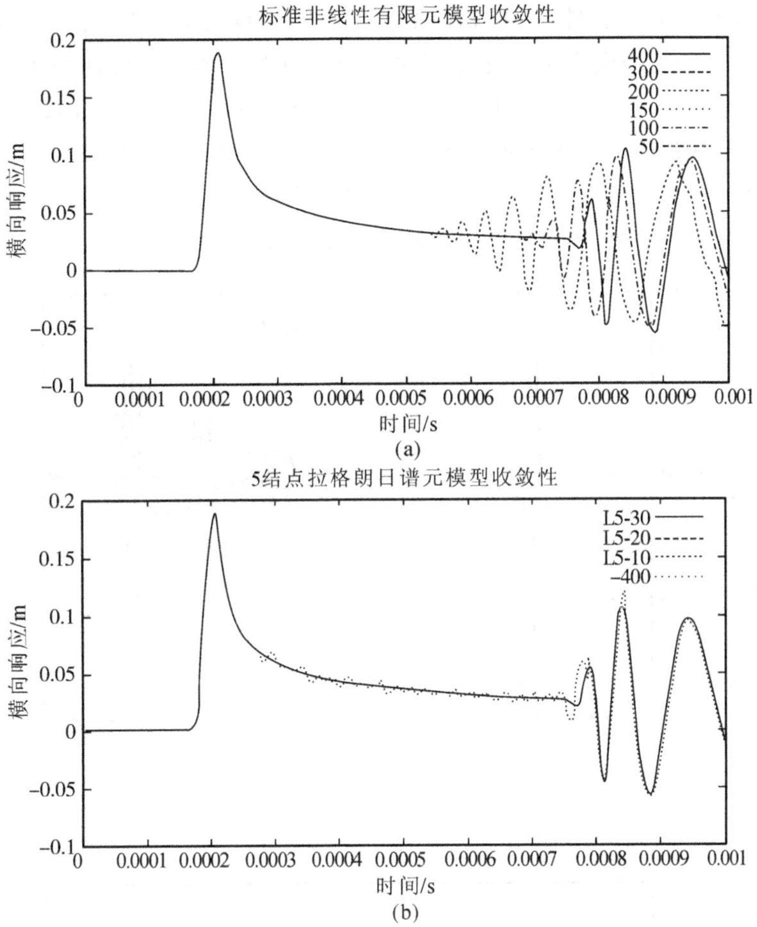

图 18.16　横向铁木辛柯梁响应的标准伽辽金有限元模型和 5 节点时域谱有限元模型的收敛性

(a)SGFEM 模型;(b)5 结点 TDSFEM 模型

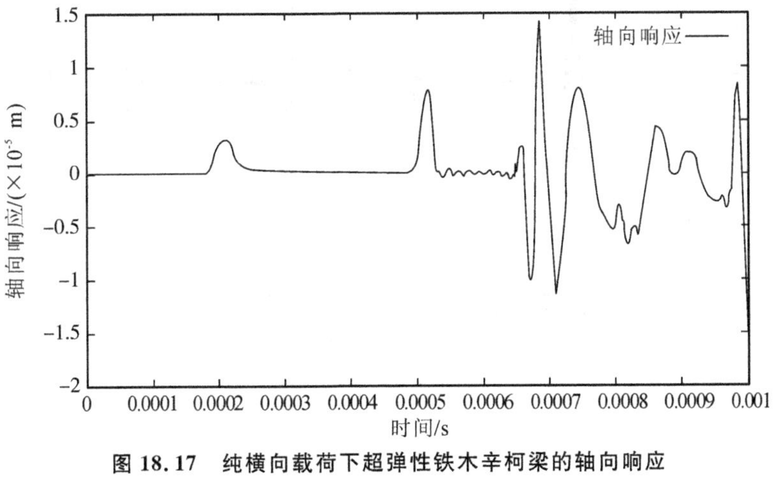

图 18.17　纯横向载荷下超弹性铁木辛柯梁的轴向响应

现在，我们将上一个例子中的相同梁置于不同调制频率的猝发信号下，并绘制总速度响应图，以确定响应中是否存在高次谐波。所施加的猝发脉冲如图 18.2(b)所示，其峰值幅度为 10^3 N，并以不同的主导频率调制。主导频率 140 kHz、220 kHz 和 300 kHz 对应的横向响应分别如图 18.18(a)、图 18.18(b)和图 18.18(c)所示。横向响应显示出一些有趣的特征，比如不同模式的传播，其速度依赖于输入频率。随着猝发信号调制频率的增加，我们可以清楚地看到高次谐波的存在。

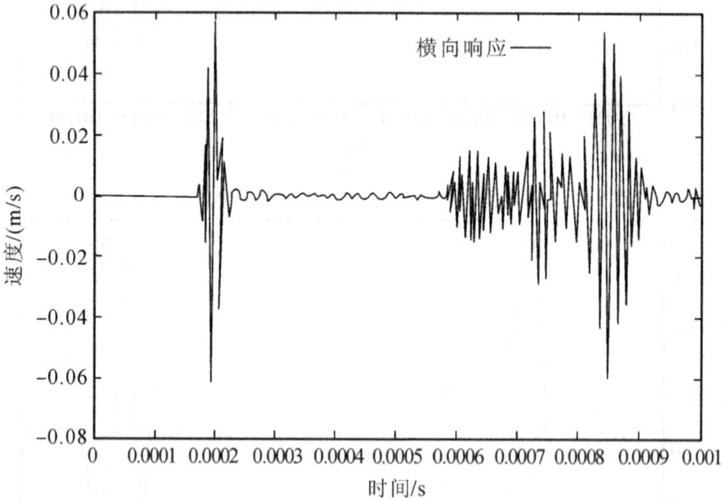

(a)

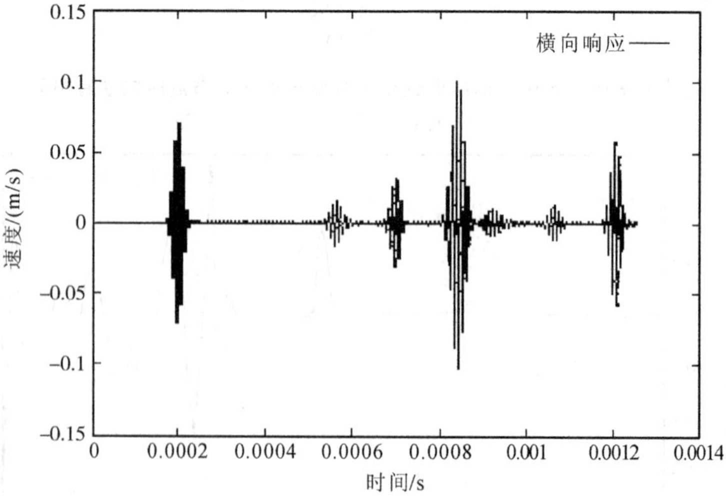

(b)

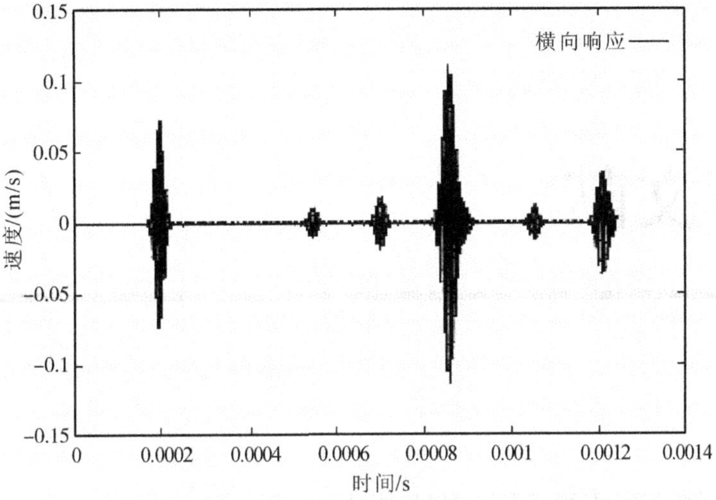

(c)

图 18.18　不同调制频率突发信号的非线性铁木辛柯梁响应

(a)主导频率为 140 kHz;(b)主导频率为 220 kHz;(c)主导频率为 300 kHz

总　结

本章首先从一个简单的非线性杆方程出发,对不同有限元在时域和频域的相对效率进行了比较。频域谱有限元分析在线性波动方程的时域计算上比标准有限元方法具有明显的优势,但在非线性波动方程的分析中,它的计算量很大。这里所采用的所有有限元方法都捕获了莫纳汉非线性材料轴向波传播的物理性质,但勒让德谱元法被认为是研究非线性材料波传播的最有效的方法。本章最后还介绍了这种方法在铁木辛柯梁横向波研究中的应用,研究了梁在高斯和猝发载荷作用下的响应,建立的数值有限元模型很好地反映了弯曲轴向耦合非线性梁的动力学特性。

参考文献

[1] ABRAMOVICH H, LIVSHITS A. Free vibration of non-symmetric crossply laminated composite beams[J]. Journal of Sound and Vibration, 1994, 176: 597-612.

[2] ABRAMOWITZ M, STEGUN I A. Handbook of mathematical functions[M]. New York: Dover, 1965.

[3] CHAKROBORTY A. Wave propagation in anisotropic and inhomogeneous medium[D]. bangalore: Indian Institute of Science, 2004.

[4] ACHENBACH J D. Wave propagation in elastic solids[M]. Amsterdam: North Holland Publication Company, 1973.

[5] AIFANTIS E. On the microstructural origin of certain inelastic models[J]. ASME Journal of Engineering Materials Technology, 1984, 106: 326-330.

[6] AIFANTIS E. The physics of plastic deformation[J]. International Journal of Plasticity, 1987, 3: 211-247.

[7] AIFANTIS E. On the role of gradients in the localization of deformation and fracture[J]. International Journal of Engineering Science, 1992, 30: 1279-1299.

[8] AJITH V. Wave propagation in healthy and defective composite structures under deterministic and nondeterministic framework [D]. Bangalore: Indian Institute of Science, 2013.

[9] KEANE A J, PRICE W G. On the vibrations of mono-coupled periodic and near-periodic structures[J]. Journal of Sound and Vibration, 1989, 128(3): 423-450.

[10] ALTAN B, AIFANTIS E. On the structure of the mode Ⅲ crack-tip in gradient elasticity[J]. Sripta Metallics and Materials, 1992, 26: 319-324.

[11] ALTAN B,AIFANTIS E. On some aspects in the special theory of gradient elasticity[J]. Journal of Mechanical Behavior of Materials,1997,8:231-282.

[12] AMARATUNGA K,WILLIAMS J R. Time Integrations Using Wavelets[C]// Proceedings of SPIE,Wavelet Application for Dual Use. 2491,Orlando,FL,1995: 894-902.

[13] AMARATUNGA K,WILLIAMS J R. Wavelet-Galerkin solution of boundary value problems[J]. Archives of Computational Methods in Engineering,1997,4(3):243-285.

[14] KEVIN AMARATUNGA,WILLIAMS J R,QIAN S,et al. Wavelet-Galerkin solutions for one-dimensional partial dierential equations[J]. International Journal for Numerical Methods in Engineering,1994,37:2703-2716.

[15] ARMANIOS E A,BADIR A M. Free vibration analysis of anisotropic thin-walled closed-section beams[J]. AIAA Journal,1995,33(10):1905-1910.

[16] ASHCROFT N W,DAVID M N. Solid State Physics[M]. New York:Rinehart and Winston,1976.

[17] ASKES H,AIFANTIS E. Numerical modeling of size effect with gradient elasticity formulation,meshless discretization and examples[J]. International Journal of Fracture,2002,117:347-258.

[18] ASKES H,METRIKINE A. Higher-order continua derived from discrete media: Continualisation aspects and boundary conditions[J]. International Journal of Solids and Structures,2005,42:187-202.

[19] ASKES H,SUIKER A S J,SLUYS L J. Dispersion analysis and element free Galerkin simulations of higher-order strain gradient models[J]. Materials Physics and Mechanics,2001,3:12-20.

[20] ASKES H,SUIKER A S J,SLUYS L J. A classication of higher-order strain-gradient models: Linear analysis[J]. Archive of Applied Mechanics,2002:171-188.

[21] BAILEY P B,EVERITT WN,ZETTL A. The SLEIGN2 Sturm-Liouville code manual. [EB/OL]. http://www. math. niu. edu/zettl/SL2,1996.

[22] BANKS HT,INMAN D J. On damping mechanisms in beams[J]. Journal of Applied Mechanics,1991,58:716-723.

[23] BASAR Y,WEICHERT D,PETROLITO J[J]. Applied mecha-nics Reviews,2001,54(6):B20-B21. Non-linear continuum mechanics of solids: Fundamen-

tal mathematical and physical conceptss.

[24] BATHE K J. Finite element procedures[M]. 3rd ed. New Jersey: Prentice Hall,1996.

[25] BAYO E,GARCA de JALN J,AVELLO A,Cuadrado J. An efficient computational method for real-time multibody dynamic simulation in fully Cartesian coordinates[J]. Computer Methods in Applied Mechanics and Engineering, 1991,92: 377-395.

[26] BEHFAR K,NAGHDABAD R. Nanoscale vibrational analysis of a multilayered graphene sheet embedded in an elastic medium[J]. Composite Science and Technology,2005,65:1159-1164.

[27] BEHFAR K, SEIFI P, GHANBARI R, et al. An analytical approach to determination of bending modulus of a multi-layered graphene sheet[J]. Journal of Thin Solid Films,2005,496(2):475-480.

[28] BELLMAN R E,KALABA R E,LOCKETT J. Numerical inversion of the Laplace Transform [M]. New York: American Elsevier Publishing Company,1966.

[29] BENAROYA H. Waves in periodic structures with imperfections[J]. Composites Part B:Engineering,1997,28(1-2):143-152.

[30] BENBOUZID M E H,KVARNSJO L,ENGDAHL G. Dynamic modeling of giant magnetostriction in terfenol-d rods by the finite element method[J]. IEEE transactions on magnetics,1995,31:1821-823.

[31] BENBOUZID M E H,REYNE G,MEUNIER G. Non-linear finite element modeling of giant magnetostriction[J]. IEEE Transactions on Magnetics, 1993,29:2467-2469.

[32] BENNETT M S,ACCORSI M L. Free wave propagation in periodically ring stiffened cylindrical shells[J]. Journal of Sound and Vibration,1994,171(1): 49-66.

[33] BENT A A. Piezoelectric fiber composite for structural actuation[D]. Cambridge:Massachusetts Institute of Technology,1994.

[34] BERGMANN L. Ultrasonics and their scientic and technical applications[M]. New York:Wiley,1948.

[35] BETHUNE D S,KLANG C H,VRIES M S De,et al. Cobalt-catalyzed growth of carbon nanotubes with single-atomic- layer walls [J]. Nature, 1993: 605-607.

[36] BEYLKIN G. On the representation of operators in bases of compactly supported wavelets [J]. SIAM Journal of Numerical Analysis, 1992, 6 (6): 1716-1740.

[37] BLACKWOOD G H,EALEY M A. Electrostrictive behavior in lead magnesium Niobate(pmn) actuators. Part Ⅰ:Materials perspective[J]. Smart Materials and Structures,1992,2:124-133.

[38] BLAIS J F,CIMMINO M,ROSS A,GRANGER D. Suppression of time aliasing in the solution of the equations of motion of an impacted beam with partial constrained layer damping[J]. Journal of Sound and Vibration,2009,326(3-5):870-882.

[39] BOULANGER P,HAYES M. Inhomogeneous plane waves in viscous fluids [J]. Continuum Mechanics and Thermodynamics,1990,2(1):

[40] BOUTIN C,AURIAULT J. Rayleigh scattering in elastic composite materials [J]. International Journal of Engineering Science,1993,31(12):1669-1689.

[41] BOYD J P. Solving Transcendental Equations[M]. Philadelphia:SIAM,2014.

[42] JOHN P B. Chebyshev and Fourier spectral methods[M]. 2nd ed. New York : Dover Publications Inc. 2000.

[43] BREKHOVSKIKH L M. Waves in layered media[M]. NewYork: Academic Press,1960.

[44] BRILLOUIN L. Wave propagation in periodic structures[M]. New York: McGraw-Hill 1946.

[45] BROWN T L L, BURSTEN B E, LEMAY H E. Chemistry: The central science[M]. 8th ed. New Jersey:Prentice Hall,1999.

[46] BUTLER J L. Application manual for the design of TERFENOL-D magnetostrictive transducers [R]. Technical Report TS 2003. Edge Technologies Inc, Ames lowa,1988.

[47] CANTRELL J H. Non-linear phenomena in solid state physics and technology [C]. Proceedings of the IEEE Ultrasonics Symposium,1990.

[48] CANUTO C,HUSSAINI M Y,QUARTERONI A,et al. Spectral methods: Fundamentals in single domains[M]. Springer,2006.

[49] CARDONA A,GERADIN M. Time integration of the equations of motion in mechanism analysis[J]. Computer and Structures,1989,33:801-820.

[50] CARLSSON L A,KARDOMATEAS G A. Structural and failure mechanics of sandwich composites[M]. New York:Springer,2010.

[51] CAUSHY A. Mmoire sur les systmes isotropes de points matriels. in: Oeuvres compltes[M]. Ire Srie Tome Ⅱ. Gauthier-Villars,1850: 351-386.

[52] CAUSHY A. Mmoire sur les vibrations dun double systme de molcules et de lther continu dans un corps cristallis[M]. In:Oeuvres compltes. lre Srie Tome Ⅱ. Gauthier-Villars,1850: 338-350.

[53] CAUSHY A. Note sur lquilibre et les mouvements vibratoires des corpssolides. in: Oeuvres compltes[M]. lre Srie Tome Ⅺ. Gauthier-Villars, 1851: 341-346.

[54] CAVIGLIA G,MORRO A. Inhomogeneous waves in solids and fluids[M]. Singapore:World Scientific,1992.

[55] CHADWICK P. Continuum mechanics: Concise theory and problems[M]. New York:Dover,1999.

[56] CHAKRABORTY A,GOPALAKRISHNAN S. Various numerical techniques for analysis of longitudinal wave propagation in inhomogeneous one-dimensional waveguides[J]. Acta Mechanica,2003,194:1-27.

[57] CHAKRABORTY A,Gopalakrishnan S. An approximate spectral element for the analysis of wave propagation in inhomogeneous layered media[J]. AIAA Journal,2006,44(7): 1676-1685.

[58] CHANDRASHEKHARA K,KRISHNAMURTHY K,ROY S. Free vibration of composite beams including rotary inertia and shear deformation [J]. Composite Structures,1990,14: 269-279.

[59] CHANG C,GAO J. Second-gradient constitutive theory for granular material with random packing structure [J]. International Journal of Solids and Structures,1995,32: 2279-2293.

[60] CHEN M Q,HWANG C,SHIH Y P. The computation of wavelet-Galerkin approximation on a bounded interval[J]. International Journal for Numerical Methods in Engineering,1996,39:2921-2944.

[61] CHEN S,LIU K,LIU Z. Spectrum and stability for elastic system with global or local Kelvin-Voigt damping[J]. SIAM Journal of Applied Mathematics, 1998,59(2):651-668.

[62] CHEN X L,LIU Y J. Square representative volume elements for evaluating the eective material properties of carbon nanotube-based composites [J]. Computational Materials Science,2004,29:1-11.

[63] CHEN Y,GUO L. On group velocity of elastic waves,in an anisotropic plate [J]. Journal of Sound and Vibration,2002,254(4):727-732.

[64] CHRISTENSEN R M. Mechanics of composite materials[M]. New York: Wiley,1979.

[65] CHUNG T J. Computational fluid dynamics[M]. Cambridge University Press,2002.

[66] CIARLET P G. An Introduction to dierential geometry with applications to elasticity[M]. New York:Springer,2005.

[67] HOM C L. Simulating electrostrictive deformable mirrors: Ⅱ. Non-linear dynamic analysis[J]. Smart Materials Structures,1999,8:700-708.

[68] HOM C L,SHANKAR N. A dynamics model for non-linear electrostrictive actuators[J]. IEEE Transactions on Ultrasonics,Ferroelectrics and Frequency Control,1998,45(2):409-420.

[69] HOM C L,PILGRIM S M,SHANKAR N,et al. Calculation of quasi-static electromechanical coupling coefficients for electrostrictive ceramic materials [J]. IEEE Transaction on Ultrasonics,Ferroelectrics and Frequency Control, 1994,41:541-551.

[70] HOM P D C L,DEAN,WINZER S R. Simulating electrostrictive deformable mirrors: Ⅰ. Non-linear static analysis[J]. Smart Materials Structures,1999,8: 691-699.

[71] COHENL A M. Numerical methods for Laplace transform inversion[M]. New York:Springer,2007.

[72] COOK R D,MALKUS R D,PLESHA M E. Concepts and applications of finite element analysis[M]. New York:John Wiley,1989.

[73] COOLEY JW,TUKEY O W. An algorithm for the machine calculation of complex Fourier series[J]. Mathematical Computations, 1965, 19(90): 297-301.

[74] COOPER H F. Reflection and transmission of oblique plane waves at a plane interface between viscoelastic media[J]. Journal of the Acoustical Society of America,1967,42(5):1064-1069.

[75] COOPER R M,NAGHDI P M. Propagation of nonaxially symmetric waves in elastic cylindrical shells[J]. Journal of Acoustical Society of America,1957, 29:1365-1372.

[76] COSSERAT E F. Theorie des Corps Deformable[M]. Hermann, Paris, 1909.

[77] COWPER G R. On the accuracy of Timoshenko beam theory[J]. ASCE Journal of Applied Mechanics, 1968, 94: 1447-1453.

[78] CREMMER L, HECKL M. Structure-Borne Sound[M]. Berlin: Springer-Verlag, 1973.

[79] CRUMP K S. Numerical inversion of Laplace transforms using a Fourier series approximation[J]. Journal of ACM, 1976, 23(1): 89-96.

[80] ALEMBERT D. Recherches sur la courbe que forme une corde tendu miseen vibration[M]. Histoire de l'acadmie royale des sciences et belles lettres de Berlin, 1747, 214-219.

[81] DAUBECHIES I. Orthonormal bases of compactly supported wavelets[J]. Communication in Pure and Applied Mathematics, 1988, 41(7): 906-966.

[82] DAUBECHIES I. Ten Lectures on Wavelets[J]. CBMS-NSF Series in Applied Mathematics(SIAM, Philadelphia), 1992, 6(6): 697.

[83] DAUKSHER W, EMERY A F. Accuracy in modelling the acoustic wave equation with Chebyshev spectral finite elements[J]. Finite Elements in Analysis and Design, 1997, 26: 115-128.

[84] DAUKSHER W, EMERY A F. An evaluation of the cost effectiveness of Chebyshev spectral and p-finite element solutions to the scalar wave equation[J]. International Journal for Numerical Methods in Engineering, 1999, 45: 1099-1113.

[85] DAUKSHER W, EMERY A F. The solution of elastoplastic and elastodynamic problems with Chebyshev spectral finite elements[J]. Computer Methods in Applied Mechanics and Engnieering, 2000, 188: 217-233.

[86] DAVIES B. Integral Transforms and Their Applications[M]. 3rd ed. New York: Springer Verlag, 2002.

[87] DAVIES B, MARTIN B. Numerical inversion of the Laplace transform: A survey and comparison of methods[J]. Journal of Computational Physics, 1979, 3: 1-32.

[88] PHILIP D J. Interpolation and approximation[M]. New York: Blaisdell, 1963.

[89] de LIMA W J N, Hamilton M F. Finite-amplitude waves in isotropic elastic plates[J]. Journal of Sound and Vibration, 2003, 265: 819-839.

[90] DELASI R, WHITESIDE J B. Effect of moisture on epoxy resins and composites[J]. Advanced Composite Materials-Environmental Effects, ASTM, 1978 (658): 2-20.

[91] DONEA J, HUERTA A. Finite element methods for flow problems[M]. chichester, UK: John Wiley & Sons, Ltd, 2003.

[92] DONEA J, ROIG B, HUERTA A. High-order accurate time-stepping schemes for convection-diffusion problems [J]. Computer Methods in Applied Mechanics and Engineering, 2000, 182: 249-275.

[93] DOYLE J F. Static and dynamic analysis of structures[M]. Kluwer, The Netherlands, 1991.

[94] DOYLE J F. Wave Propagation in Structures[M]. Springer, New York, 1997.

[95] SCHNEIDER D, WITKE T, SCHWARZ T, et al. Testing ultra-thin films by laser-acoustics[J]. Surface Coating Technology, 2000, 126: 136-141.

[96] DUBNER H, ABATE J. Numerical inversion of Laplace transforms by relating them to the finite Fourier cosine transform[J]. Journal of ACM, 1968, 15(1): 115-123.

[97] DURBIN F. Numerical inversion of Laplace transforms: An efficient improvement to dubner and abates method[J]. Computer Journal, 1974, 17(4): 371-376.

[98] DYM C L, SHAMES I H. Energy and finite element methods in structural mechanics[M]. London: Wiley Eastern Ltd, 1991.

[99] DYM C L, SHAMES I H. Solid mechanics: A variational approach (Augmented Edition)[M]. New York: Springer, 2013.

[100] ELMORE W C. Physics of Waves[J]. American Journal Of physics, 2008, 54(1): 670-671.

[101] ELMORE W C, HEALD M A. Physics of Waves[M]. Tokyo: McGraw-Hill Kogakusha, 1969.

[102] EPSTEIN C L, SCHOTLAND J. Pitfalls in the numerical solution of linear ill-posed problems[J]. SIAM Journal of Scientific and Statistical Computing, 1983, 4(2): 164-176.

[103] EPSTEIN C L, SCHOTLAND J. The bad truth about Laplace's transform [J]. SIAM Review, 2008, 50(3): 504-520.

[104] ERINGEN A C, SUHUBI E S. Non-linear theory of simple microelastic solids[J]. International Journal of Engineering Science, 1964, 2: 189-203.

[105] ERINGEN A C. Linear theory of non-local elasticity and dispersion of plane waves[J]. International Journal of Engineering Science, 1972, 10: 425-435.

[106] ERINGEN A C. On differential equations of non-local elasticity and solutions of screw dislocation and surface waves[J]. Journal of Applied Physics, 1983, 54: 4703-4710.

[107] Continuum mechanics at the atomic Scale[J]. Cryst Lattice Defects 1977(7): 68.

[108] ERINGEN A C. Non-local polar field models[M]. New York: Academic Press, 1996.

[109] ERINGEN A C. Microcontinuum field theories Ⅰ: Foundations and solids [M]. New York: Springer-Verlag, 1999.

[110] KRISHNAMURTHY E V, SEN S K. Numerica algorithms[M]. New Delhi: East West Press, 1986.

[111] WATARI F F, YOKOYAMA A, MATSUNO H, et. al. Fabrication of functionally graded implant and its biocompatibility [C] // Functionally Graded Materials in the 21st Century: A Workshop on Trends and Forecasts. New York: Springer Science, 2001: 187-190.

[112] FEYNMAN R P. There's plenty of room at the bottom[R]. Engineering Science, 1960: 22-36.

[113] FITCHER W B. A theory for inflated thin-wall cylindrical beams[R]. NASA Technical Note, TN D-3466, 1966.

[114] PABLO F, PETITJEAN B. Characterization of 0. 9PMN-0. 1PT patches for active vibration control of plate host structures[J]. Journal of Intelligent Material Systems and Structures, 2000, 11(11): 857-867

[115] FRENCH A P. Vibrations and waves[M]. New York: W. W. Norton Company, 1971.

[116] FRIPP M L R, HAGOOD N W. Distributed structural actuation with electrostrictors [J]. Journal of Sound and Vibration, 1997, 203(1): 11-40.

[117] FROSTIG Y, BARUCH M, VILNAY O, SHEINMAN I. High-order theory for sandwich beam behaviour with transversely flexible core[J]. Journal of Engineering Mechanics, 1992, 118(5): 1026-1043.

[118] FROSTIG Y, BARUCH M. Free vibrations of sandwich beams with a transversely flexible core: A high-order approach[J]. Journal of Sound and Vibration, 1994, 176 (2): 195-208.

[119] GAZIS D C. Three dimensional investigation of the propagation of waves in hollow circular cylinders- Ⅰ. Analytical foundation Ⅱ. Numerical results[J].

Journal of Acoustical Society of America,1959,31:568-578.

[120] GHOSH D P. Structural health monitoring of composite structures using magnetostrictive sensors and actuators[D]. Bangalore;India:Indian Institute of Science,2006.

[121] GHOSH D P. Gopalakrishnan S. Structural health monitoring in a composite beam using magnetostrictive material through a new FE formulation[C]//In Proceedings of SPIE,Smart Materials,Structures and Systems,Bellingham, WA,2003,5062: 704-711.

[122] GIBSON L J,ASHBY M F. Cellular solids[M]. Cambridge,uk:Cambridge University Press,1997.

[123] GOLUB G,VAN LOAN C. Matrix computations[M]. Baltimore:The Johns Hopkins University Press,1989.

[124] GOPALAKRISHNAN S. A deep rod finite element for structural dynamics and wave propagation problems [J]. International Journal of Numerical Methods in Engineering,2000,48:731-744.

[125] GOPALAKRISHNAN S. Behavior of isoparametric quadrilateral family of Lagrangian fluid finite elements [J]. International Journal for Numerical Methods in Engineering,2002,54(5):731-761.

[126] GOPALAKRISHNAN S. Modeling aspects in finite elements for structural health monitoring [C] // Encyclopedia on Structural Health Monitoring: Simulation Section,2009,2(42-Part4):791-809.

[127] GOPALAKRISHNAN S,CHAKRABORTY A,ROY M D. Spectral Finite Element Method[M]. Berlin:Springer,2006.

[128] GOPALAKRISHNAN S,DOYLE J F. Wave propagation in connected waveguides of varying cross-section [J]. Journal of Sound and Vibration, 1994, 175 (3): 347-363.

[129] GOPALAKRISHNAN S,ROY M D. Active control of structureborne noise in helicopter cabin transmitted through gearbox support strut [C] // Proceedings of IUTAM Symposium on Designing for Quietness,102. Kluwer Academic Publishers,2000.

[130] GOPALAKRISHNAN S. ROY M D. Optimal spectral control of broadband waves in smart composite beams with distributed sensor-actuator conguration[C]//SPIE Symposium on Smart Materials and MEMS, 2000: 4234-12.

[131] GOPALAKRISHNAN S,MARTIN M,DOYLE J F. A matrix methodology for spectral analysis of wave propagation in multiple connected Timoshenko beam[J]. Journal of Sound and Vibration,1992,158:11-24.

[132] GOPALAKRISHNAN S,RUZZENE M,Hanagud S. Computational techniques for structural health monitoring[M]. Berlin:Springer-Verlag,2012.

[133] GOPALAKRISHNAN S, NARENDAR S. Wave propagation in nanostructures [M]. Berlin,German:Springer,2013

[134] GOTTLIEB D, ORSZAG S A. Numerical Analysis of Spectral Methods: Theory and Applications[M]. Florida Capital City Press,1993.

[135] GOTTLIEB D,ORZAG S A. Numerical analysis of spectral methods:Theory an application[C]//In Regional Conference Series in Applied Mathematics. Philadelphia:SIAM,1977.

[136] GOURLEY A R. A note on trapezoidal methods for the solution of initialvalue problems[J]. Mathematics of Computation,1970,24:629-633.

[137] GRAFF K F. Wave motion in elastic solids[M]. New York:Dover Publications Inc. ,1991.

[138] GREEN A, RIVLIN R. Multipolar continuum mechanics[J]. Archives of Rational Mechanical Analysis,1964,17:113-147.

[139] GREEN A,RIVLIN R. Simple force and stress multipoles[J]. Archives of Rational Mechanical Analysis,1964,16:325-353.

[140] GREENSPAN J E. Vibration of a thick-walled cylindrical shell:Comparison of the exact theory with the approximate theories[J]. Journal of Acoustical Society of America,1960,32:571-578.

[141] GROSSMANN A,MORLE J. Decomposition of Hardy functions intosquare integrable wavelets of constant shape[J]. SIAM Journal of Mathematical Analysis,1984,15(4): 723-736.

[142] GROVES J F. WADLEY H N G. Functionally graded materials synthesisvia low vacuum directed vapor deposition[J]. Composites Part B:Engineering, 2011,28(1-2): 57-69.

[143] HADAMARD J. Cauchy's problems for linear equations with partial derivative of hyperbolic type[M]. Moscow:Nauka,1978.

[144] HALL D. FLATAU A. One-dimensional analytical constant parameter linear electromagnetic magneto-mechanical models of a cylindrical magnetostrictive

terfenol-d transducer [C] // Proceedings of ICIM94, 2nd International Conference on Intelligent Materials. Willamsburg:1994.

[145] HAMADA N,SAVADA S,Oshiyama A. New one-dimensional conductors: Graphitic microtubes[J]. Physical Review Letter,1992,68(10):1579.

[146] HAMILTON W R. On a general method in dynamics part-I[J]. Philosophical Transaction of the Royal Society,1834: 247-308.

[147] HAMILTON W R. On a general method in dynamics part-I[J]. Philosophical Transaction of the Royal Society,1835: 95-144.

[148] HAN X,LIUG R,XI Z C,et al. Transient waves in a functionally gradedcylinder [J]. International Journal of Solids and Structures,2001,38:3021-3037.

[149] HERNANDEZ C M, MURRAY T W, KRISHNASWARMY S. Photoacoustic characterization of the mechanical properties of thin film[J]. Applied Physics Letters,2002,80(4):691-693.

[150] HIKATA A,CHICK B,ELBAUM C. Dislocation contribution to the second harmonic generation of ultrasonic waves. Journal of Applied Physics,1965, 3(1):222-236.

[151] HILL R,FORSYTH S,MACEY P. Finite element modeling of ultrasound, with reference to transducers and AE waves[J]. Ultrasonics, 2004, 42: 253-258.

[152] HINTON E. OWEN D R J. Finite element programming[M]. New York: Academic Press,1977.

[153] HINTON E,ROCK T,ZIENKIEWICZ O C. A note on mass lumping and related processes in the finite element method[J]. Earthquake Engineering and Structural Dynamics,1976,4:245-249.

[154] HONG T K. KENNETT B L N. On a wavelet based method for the numerical simulation of wave propagation[J]. Journal of Computational Physics,2002, 183:577-622.

[155] HONG W J. Theoretical and experimental investigations of flexural wave propagation in periodic grid structures designed with the idea of phononic crystals[J]. Chinese Physics B,2009,18(6):2404-2408.

[156] HORIUCHI S,GOTOU T,FUJIWARA M. Single graphene sheet detected in a carbon nano film[J]. Applied Physics Letters,2004,84(13):2403-2405.

[157] HSU T,DRANO J S. Numerical inversion of certain Laplace transforms by

the direct application of fast Fourier transform (FFT) algorithm[J]. Computer and Chemical Engineering,1987,11(2):101-110.

[158] HU X F,SHENTON H W. Dead load based damage identication method for long-term structural health monitoring[J]. Journal of Intelligent Material Systems and Structures,2007,18(9):923-938.

[159] HUGHES TG R,TAYLOR R L,KANOKNUKULCHAL W. A simple and efficient finite element for plate bending[J]. International Journal for Numerical Methods in Engineering,1997,11(10):1529-1543.

[160] HUGHES T J R. Stability,convergence,and growth and decay of energy of the average acceleration method in non-linear structural dynamics[J]. Computer and Structures,1976,6:313-324.

[161] HUGHES T J R. The finite element method: Linear static and dynamic analysis[M]. Prentice-Hall,1987.

[162] HUNTER S C. Viscoelastic waves progress in solid mechanics[M]. Amsterdam: North Holland,1960.

[163] HUTMACHER D W,SITTINGER M,RISBUD M V. Scaold-based tissue engineering: Rationale for computer-aided design and solid free form fabrication systems[J]. Trends in Biotechnology,2004,22(7):354-362.

[163] HUTMACHER D W,SITTINGER M,RISBUD M V. Scaold-based tissue engineering: Rationale for computer-aided design and solid free form fabrication systems[J]. Trends in Biotechnology,2004,22(7):354-362.

[164] LIJIMA S. Helical microtubes of graphitics carbon[J]. Nature,1991,354: 56-58.

[165] LIJIMA S,Ichihashi T. Single-shell carbon nanotubes of 1-nm diameter[J]. Nature,1993,363:603-605.

[166] IRONS B M. A frontal solution program[J]. International Journal for Numerical Methods in Engineering,1970,2:5-32.

[167] MENITT R P,PEDDIESON J,BUCHANAN G R. Application of non-local continuum models to nanotechnology[J]. International Journal of Engineering Science,2003,41:305-312.

[168] KAPLUNOV J D,KOSSOVICH L YU,NOLDE E V. Dynamics of Thin walled elastic bodies[M]. Pittsburgh:Academic Press,1998.

[169] REDDY J N. Applied functional analysis and variational methods in engineering

[M]. Singapore:McGraw Hill,1986.

[170] JOLY P,KOMATITSCH D,VILOTTE J P. The solution of the wave equation by wavelet basis approximation[C]//Proceedings of the 1st Conference on Numerical Mathematics and Advanced Applications,Paris,1995.

[171] JONES R M. Mechanics of composite materials[M]. Washington: CRC Press,1975.

[172] STROMBERG J O. A modified Franklin system and higher-order spline systems on Rn as unconditional bases for hardy spaces[C]//Conference in Honour of A. Zygmund,Wadsworth Mathematics Series,New York,1982: 475-493.

[173] RAYLEIGH J W S. On waves propagated along the plane surface of an elastic solid[C]//Proceedings of London Mathematical Society,1885:4-11.

[174] KANE J H. Boundary element analysis in engineering continuum mechanics [M]. New Jersey:Prentice Hall,1992.

[175] KARIM M A,AWAL M A,KUNDU T. Elastic wave scattering by cracks and inclusions in plates: In-plane case[J]. International Journal of Solids and Structures,1992,29(19):2355-2367.

[176] KARNIADAKIS G E M. SHERWIN S H. Spectral/HP element methods for computational fluid dynamics[M]. Oxford Science Publication,1999.

[177] KAYSSER W A. Proceedings of the 5th International Symposium on Functionally Graded Materials[C]. Dresden,1998.

[178] KHADEM S E. Rezaee M. Introduction of modified comparison functions for vibration analysis of a rectangular cracked plate[J]. Journal of Sound and Vibration,2000,236(2):245-258.

[179] KHEDIR A A,REDDY J N. An exact solution for the bending of thin and thick cross-ply beams[J]. Composite Structures,1997,37:195-203.

[180] KIEBACK B,Neubrand A,Riedel H. Processing techniques for functionally graded materials[J]. Material Science and Engineering, 2003, 362(1/2): 81-105.

[181] KIM J,PAULINO G H. Finite element evaluation of mixed mode stress intensity factors in functionally graded materials[J]. International Journal for Numerical Methods in Engineering,2002,53:1903-1935.

[182] KIRCHOFF G. über das Gleichgewicht und die Bewegung einer elastischen

Scheibe[J]. Journal of Reine und Angewante Mathematik(Crelle) ,1850,40:51-88.

[183] KOIZUMI M, NIINO M. Overview of FGM research in Japan[J]. MRS Bulletin,1995,1:19-21.

[184] KREZIG E. Advanced engineering mathematics[M]. 9th ed. New York: MeGraw Hill,1992.

[185] KRISHNAMURTY A V, ANJANAPPA M, WANG Z, et al. Sensing of delaminations in composite laminates using embedded magnetostrictive particle layers[J]. Journal of Intelligent Material Systems Structures,1999,10:825-835.

[186] KRISHNAMURTY A V,ANJANAPPA M,WU Y F. The use of magnetostrictive particle actuators for vibration attenuation of flexible beams[J]. Journal Sound and Vibration,1997,206:133-149.

[187] KRNER E. On the physical reality of torque stresses in continuum mechanics[J]. International Journal of Engineering Science,1963,1:261-278.

[188] KRNER E. Elasticity theory of materials with long range cohesive forces[J]. International Journal for Solids and Structures,1967,3:731-742.

[189] UCHINO K. Electrostrictive actuators: Materials and application[J]. Ceramic Bull,1986,65:647-652.

[190] KUDELA P,KRAWCZUK M,OSTACHOWICZ W. Wave propagation modelling in 1D structures using spectral finite elements[J]. Journal of Sound and Vibration,2007,300:88-100.

[191] KUDIN K N,SCUSERIA G E,YAKOBSON B I. C2F,BN,and C nanoshell elasticity from ab initio computations[J]. Physical Review B, 2001, 64: 235-406.

[192] KUNIN I. Theory of elasticity with spatial dispersion one-dimensional complex structure[J]. Journal of Applied Mathematics and Mechanics, 1966, 30: 1025-1034.

[193] KUVSHINSKII E. Fundamental equations of the theory of elastic media with rotationally interacting particles[J]. Soviet Physics-Solid S tate,1961,2:1272-1281.

[194] LANCASTER P. Lambda matrices and vibrating systems[M]. Oxford: Pergamon Press,1966.

[195] LANCASTER P. Theory of matrices[M]. Pittsburgh:Academic Press,1969.

[196] LANGLEY R S. Wave motion and energy flow in cylindrical shells[J]. Journal of Sound and Vibration,1994,169(1):29-42.

[197] LANGLEY R S. The modal density and mode count of thin cylindrical and curved panels[J]. Journal of Sound and Vibration,1994,169(1):43-53.

[198] LANDAU L D,LIFSHITZ E M. Electrodynamics of continuous media[M]. Oxford:Pergamon Press,1960.

[199] LEISSA A W,CHANG J. A higher-order shear deformation theory of laminated elastic shells[J]. International Journal of Engineering Science, 1996, 23: 440-447.

[200] LEPAGE S. Stochastic Finite element method for the modeling of thermo-elastic damping in micro-resonators[D]. Ph. D thesis, Liège, Belgium: Universit de Lige,2006.

[201] LEUNG A Y T. Accelerated convergence of dynamic flexibility in series form[J]. Engineering Structures,1979,1:203-206.

[202] LEVIN V. The relation between mathematical expectations of stress and strain tensors in elastic micro heterogeneous media[J]. Journal of Applied Mathematics and Mechanics,1971,35:694-701.

[203] LI C,CHOU T W. A structural mechanics approach for analysis of carbon nanotubes[J]. International Journal of Solids and Structures,2003,10(40): 2487-2499.

[204] LIEW K M,HE X Q,KITIPORNCHAI S. Predicting nanovibration of multi-layered graphene sheets embedded in an elastic matrix[J]. Acta Materialia, 2006,54:4229-4236.

[205] LITTLE J E,YUAN X,JONES M I. Characterization of voids in fibre reinforced composite materials[J]. NDT & E International,2012,46:122-127.

[206] LIU G R. A step-by-step method of rule-of-mixture of fiber and particlereinforced composite materials[J]. Composite Structures,1998,40:313-322.

[207] LOCKETT F J. The reflection and refraction of waves at an interface between viscoelastic materials[J]. J. Mech. Phys. Solids,1962,10(1):53-64.

[208] LOVE A E H. A Treatise on the mathematical theory of elasticity[M]. 2nd ed. Cambridge:Cambridge University Press,1906.

[209] LUO H,HANAGUD S. Dynamics of delaminated beams[J]. International

Journal for Solids and Structures,2000,37:1501-1519.

[210] MACKENZIE J K. The elastic constants of a solid containing spherical holes [J]. Proceedings of Physical Society,1953,B63:2.

[211] MADSEN B, LILHOLT H. Physical and mechanical properties of unidirectional plant fibre composites: An evaluation of through influence of porosity [J]. Composites Science and Technology,2003,63:1265-1272.

[212] MADSEN B,THYGESEN A,LILHOLT H. Plant fiber composites: Porosity and volumetric interaction [J]. Composites Science and Technology, 2007, 65: 1584-1600.

[213] MADSEN B,THYGESEN A,LILHOLT H. Plant fiber composites: Porosity and stiffness[J]. Composites Science and Technology,2009,69(7-8):1057-1069.

[214] MAHAMOOD R M,ESTHER T,AKINLAB E T,SHUKLA M,PITYANA S. Functionally graded material: An overview[C]//Proceedings of the World Congress on Engineering,London,volume Ⅲ,2012.

[215] MAHAPATRA D R,GOPALAKRISHNAN S. A spectral finite element for analysis of axial-flexural-shear coupled wave propagation in laminated composite beams[J]. Composite Structures,2003,59:67-88.

[216] MAHAPATRA D R,GOPALAKRISHNAN S. Spectral finite element analysis of coupled wave propagation in composite beams with multiple delaminations and strip inclusions [J]. International Journal for Solids and Structures, 2004, 41: 1173-1208.

[217] ROY M D, GOPALAKRISHNAN S, SHANKAR T S. Spectral-element-based solution for wave propagation analysis of multiply connected unsymmetric laminated composite beams[J]. Journal of Sound and Vibration,2000,237(5):819-836.

[218] ROY M D,GOPALAKRISHNAN S,SHANKAR T S. A spectral finite element model for analysis of axial-flexural-shear coupled wave propagation in laminated composite beams[J]. Composite Structures,2003,59(1):67-88.

[219] MALKUS D S,PLESHA M E. Zero and negative masses in finite element vibration and transient analysis[J]. Computer Methods in Applied Mechanics and Engineering,1986,59:281-306.

[220] MALLAT S G. Multiresolution approximation and wavelets [J]. Preprint GRASP Lab. ,Department of Computer and Information Science. University of Pennsylvania,1986.

[221] MARKUS S. The mechanics of vibration of cylindrical shells[M]. Amsterdam: Elsevier, 1988.

[222] MARKWORTH A J, RAMESH K S, PARKS W P, Jr. Modelling studies applied to functionally graded materials[J]. Journal of Material Science, 1995, 30: 2183-2193.

[223] MARSDEN J E. HUGHES T J R. Mathematical foundations of elasticity [M]. New York: Dover, 1994.

[224] PHILIP L M. Negative group velocity lamb waves on plates and applications to the scattering of sound by shells[J]. Journal of Acoustical Society of America, 2003, 113(5): 2659-2662.

[225] MARTIN M T, GOPALAKRISHNAN S, DOYLE J F. Wave propagation in multiply connected deep waveguides[J]. Journal of Sound and Vibration, 1994, 174(4): 521-538.

[226] MARUR S R, KANT T. Transient dynamics of laminated beams: An evaluation with a higher-order refined theory[J]. Composite Structures, 1998, 41: 1-11.

[227] MEAD D J. Wave propagation and natural modes in periodic systems: Ⅰ Mono-coupled systems[J]. Journal of Sound and Vibration, 1975, 40(1): 1-18.

[228] MEAD D J. Wave propagation and natural modes in periodic systems: Ⅱ Multi-coupled systems[J]. Journal of Sound and Vibration, 1975, 40(1): 19-30.

[229] MEAD D J. Wave propagation in continuous periodic structures: Research contributions from Southhampton, 1964-1995 [J]. Journal of Sound and Vibration, 1996, 190(3): 495-524.

[230] MEITZLER A H. Backward-wave transmission of stress pulses in elastic cylinders and plates[J]. Journal of Acoustical Society of America, 1965, 38: 835-842.

[231] MEO M, ROSSI M. A molecular-mechanics based finite element model for strength prediction of single wall carbon nanotubes[J]. Materials Science and Engineering A, 2007, 454: 170-177.

[232] MEYER Y. Principe d'incertitude, bases hilbertiennes et algebres doperateurs[J]. Seminaire Bourbaki, 1987, 28: 209-332.

[233] MINDLIN R D. Influence of rotatory inertia and shear on flexural motions of

isotropic, elastic plates[J]. Journal of Applied Mechanics, 1951, 18: 31-38.

[234] MINDLIN R D, Tiersten H F. Effects of couple stresses in linear elasticity [J]. Archives of Rational Mechanical Analysis, 1962, 11: 415-448.

[235] MINDLIN R D, TIERSTEN HF. Effects of Couple-stresses in Linpar elasticity [J]. Archive for Rational Mechanics and Analysis, 1962, 11(1): 415-448.

[236] MINDLIN R D. Microstructure in linear elasticity[J]. Archives of Rational Mechanical Analysis, 1964, 16: 51-78.

[237] MINDLIN R D. An introduciton to the mathematical theory of Vibrations of elastic plates [M]. Singapore: World Scientific, 2006.

[238] MINDLIN R D. Micro-structure in linear elasticity[J]. International Journal for Solids and Structures, 1965, 1: 417-438.

[239] MINDLIN R D. Theories of elastic continua and crystal lattice theories[M]. In IUTAM Symposium Mechanics of Generalized Continua in Kroner, E. (Ed). Berlin: Springer-Verlag, 1968: 312-320.

[240] MINDLIN R D, ESHEL N. On first strain-gradient theories in linear elasticity[J]. International Journal for Solids and Structures, 1968, 4: 109-124.

[241] MINDLIn R D. HERRMANN G. A one-dimensional theory of compressional waves in an elastic rod[M]//Proceedings of First U. S. National Congress of Applied Mechanics. Chicago: American Society of Mechanical Engineers, 1989.

[242] MINTMIRE J W, DUNLAP B L, WHITE C T. Are fullerene tubules metallic[J]. Physical Review Letters, 1992, 68: 631-636.

[243] MIRSKY I, HERRMANN G. Nonaxially symmetric motions of cylindrical shells[J]. Journal of Acoustical Society of America, 1957, 29: 1116-1123.

[244] MITRA M. Wavelet based spectral finite elements for wave propagation analysis in isotropic, composite and nano composite structures [D]. Bangalore: Indian Institute of Science, 2006.

[245] MITRA M, GOPALAKRISHNAN S. Spectrally formulated wavelet finite element for wave propagation and impact force identication in connected 1D waveguides[J]. International Journal of Solids and Structures, 2005, 42: 4695-4721.

[246] MITRA M, GOPALAKRISHNAN S. Extraction of wave characteristics from wavelet based spectral finite element formulation [J]. Mechanical Systems and Signal Processing, 2006, 20: 2046-2079.

[247] MALLAT M. A theory for multiresolution signal decomposition: The wavelet representation [J]. IEEE Transactions on Pattern Analysis and Machine Intelligence, 1988, 11(7): 659-674.

[248] MOETT M B, CLARK A E, WUN-FOGLE M, et al. Characterization of terfenol-d for magnetostrictive transducers[J]. Journal of Acoustical Society of America, 1989, 89: 1448-455.

[249] MORENO P, RAMIREZ A. Implementation of the numerical Laplace transform: A Review[J]. IEEE Transactions on Power Delivery, 2008, 23(4): 2599-2609.

[250] MORLE J. Sampling theory and wave propagation[C]//NATO ASI Series, Issues in Acoustic Signal/Image Processing and Recognition. Berlin: Springer, 1983.

[251] MORLE J, ARENS G, FOURGEAU I, GIARD D. Wave propagation and sampling theory[J]. Geophysics, 1982, 47(2): 203-236..

[252] MOULIN E, ASSAAD J, DELEBARRE C, et al. Modeling of integrated Lamb waves generation systems using a coupled finite element normal mode expansion method[J]. Ultrasonics, 2000, 38: 522-526.

[253] RAHMAN M, BARBER J R. Exact expressions for roots of the secular equations for Rayleigh waves[J]. Journal of Applied Mechanics, 1995, 62(1): 250-252.

[254] MUHLHAUS H B, AIFANTIS E C. A variational principle for gradient plasticity [J]. International Journal of Solids and Structures, 1991, 28: 845-857.

[255] MUKHERJEE A, MUKHOPADHYAY M. Finite element free vibration of eccentrically stiffened plates [J]. Computers and Structures, 1988, 30 (6): 1303-1317.

[256] MULLER E, DRASAR C, SCHILZ J, KAYSSER W A. Functionally graded materials for sensor and energy applications [J]. Mater. Sci. & Eng., 2003, A362: 17-39.

[257] MURNAGHAN F D. Finite deformations of an elastic solid[M]. New York: John Wiley & Sons, 1951.

[258] NAG A, MAHAPATRA D R, GOPALAKRISHNAN S, et al. A spectral finite element with embedded delamination for modeling wave scattering in composite beams [J]. Composites Science and Technology, 2003, 63: 15: 2187-2200.

[259] NAKAMURA T, WANG T, SAMPATH S. Determination of properties of graded materials by inverse analysis and instrumented indentation[J]. Acta Materialia, 2000, 48(17): 4293-4306.

[260] NARENDAR S, GOPALAKRISHNAN S. Non-local scale eects on ultrasonic wave characteristics of nanorods[J]. Physica E: Low-Dimensional Systems and Nanostructures, 2010, 42: 1601-1604.

[261] NARENDAR S, GOPALAKRISHNAN S. Ultrasonic wave characteristics of nanorods via non-local strain gradient models [J]. Journal of Applied Physics, 2010, 107: 084312.

[262] NAYFEH A H. Wave propagation in layered anisotropic media[M]. Amsterdam: North Holland, 1995.

[263] NAYFEH A H, PAI P F. Linear and non-linear structural analysis[M]. New Jersey: John Wiley and Sons, 2004.

[264] NEMAT-ALLA M M, ATA M M, BAYOUMI M R, et al. Powder metallurgical fabrication and microstructural investigations of aluminium/steel functionally graded material[J]. Materials Sciences and Applications, 2011, 2: 1708-1718.

[265] NEMAT-NASEER S, KANG W, MCGEE J, et al. Experimental investigation of energy absorption characteristics of components of sandwich structures [J]. International Journal of Impact Engineering, 2007, 34(6): 1119-1146.

[266] NEWLAND D E. Wavelet analysis of vibration[J]. Part Ⅰ and part Ⅱ. Transactions of ASME: Journal of Vibration and Acoustics, 1994, 116: 409-425.

[267] NEWMARK N M. A method of computation for structural dynamics[J]. Journal of the Engineering Mechanics Division, ASCE, 1959, 85(1): 67-94.

[268] NOVOSELOV K S. GEIM A K. Electric field effect in atomically thin carbon films[J]. Science, 2004, 306(5696): 666-669.

[269] NYE J F. Physical Properties of Crystals[M]. New York: Oxford University Press, 1985.

[270] OMRI R. Fundamental closed-form solutions for solid and thin-walled composite beams including a complete out-of-plane warping model[J]. International Journal of Solids and Structures, 1998, 35(21): 2775-2793.

[271] ODEGARD G M, GATES T S, NICHOLSON L M, et al. Equivalent-continuum modeling of nano-structured materials[J]. Composite Science and Technology, 2002, 62: 1869-1880.

[272] ODEGARD G M, GATES T S, WISE K E, et al. Constitutive modeling of nanotube-reinforced polymer composites [J]. Composite Science and Technology, 2003, 63: 1671-1687.

[273] ODEGARD G M, PIPES R B, HUBERT P. Equivalent-continuum modeling of nano-structured materials[J]. Composite Science and Technology, 2004, 64: 1011-1020.

[274] OGDEN R W. Non-linear elastic deformations[M]. New York: Dover, 1997.

[275] OSTROVSKY L A, POTAPOV A S. Modulated waves, theory and applications [M]. Marycand: The Johns Hopkins University Press, 1999.

[276] PAGANO N J. Exact solutions for rectangular bi-directional composites and sandwich plates[J]. Journal of Composite Materials, 1970, 4: 20-33.

[277] PALMOV V. Fundamental equations of the theory of asymmetric elasticity [J]. Journal of Applied Mathematics and Mechanics, 1964, 28: 496-505.

[278] PATERA A T. A spectral element method for fluid dynamics: Laminar flow in channel expansion [J]. Journal of Computational Physics, 1984, 54: 468-488.

[279] PHAN C N, FROSTIG Y, KARDOMATEAS G A. Analysis of sandwich beams with a compliant core and with in-plane Rigidity extended high-order sandwich panel theory versus elasticity[J]. Journal of Applied Mechanics, 2012, 79(4): 1-11.

[280] PHILIP J, HESS P, FEYGELSON T, BUTLER J E, CHATTOPADHYAY S, CHEN K H, CHEN L C. Elastic mechanical and thermal properties of nanocrystalline diamond films[J]. Journal of Applied Physics, 2002, 93(4): 2164-2171.

[281] PIESSENS R. Gaussian quadrature formulas for the numerical integration of Bromwich's integral and the inversion of the Laplace transform[J]. Journal of Engineering Mathematics, 1971, 5(1): 1-9.

[282] PIPES R B, HUBERT P. Helical carbon nanotube arrays: Mechanical properties [J]. Composite Science and Technology, 2002, 62: 419-428.

[283] PIPES R B, HUBERT P. Scale effects in carbon nanostructures: Selfsimilar analysis[J]. Nano Letters, 2003, 3(2): 419-428.

[284] PIPKINS D S, ATLURI S N. Non-linear analysis of wave propagation using transform methods[J]. Computational Mechanics, 1993, 11: 207-227.

[285] POIREE B. Complex harmonic plane waves, Physical Acoustics[M]. New

York:Plenum Press,1991.

[286] POLYANIN A D,ZAITSEV V F. Handbook of exact solutions for ordinary differential equations[M]. Boca Raton:CRC Press,1995.

[287] POOT M,VAN DER ZANT H S J. Nanomechanical properties of few layer graphene membranes[J]. Applied Physics Letters,2008,92:6.

[288] PORUBOV A V,MAUGIN G A. Cubic non-linearity and longitudinal surface solitary waves [J]. International Journal of Non-Linear Mechanics, 2009, 44: 552-559.

[289] POVSTENKO Y Z. The non-local theory of elasticity and its applications to the description of defects in solid bodies [J]. Journal of Mathematical Sciences,1999,97 (1):3840-3845.

[290] POWEL M J D. A Fortran subroutine for solving systems of non-linear[M]. Numerical Methods for Non-linear Algebraic Equations,P. Rabinowitz,ed. , Ch. 7:115-161,Algebraic Equations,1970.

[291] PRATHAP G. Barlow points and Gauss points and the aliasing and best fit paradigms[J]. Computers and Structures,1996,58:321-325.

[292] PRATHAP G,Bhashyam G R. Reduced integration and shear flexible beam element[J]. International Journal for Numerical Methods in Engineering, 1982,18:211-243.

[293] PROSSER W H,GORMAN M R,DORIGHI J. Extensional and flexural waves in a thin-walled graphite/epoxy tube [J]. Journal of Composite Materials,1992,26(14):418-427.

[294] TIMOSHENKO S P. On the correction factor for shear of the differential equation for transverse vibrations of bars of uniform cross-section [M]. Philosophical Magazine,1921: 744-746.

[295] QATU M S. Accurate equations for laminated composite deep thick shells [J]. International Journal of Solids and Structures,1999,36:1917-2941.

[296] QIAN S,WEISS J. Wavelets and the numerical solution of boundary value problems[J]. Applied Mathematics Letter,1993,6(1):47-52.

[297] QIAN S,WEISS J. Wavelets and the numerical solution of partial differential equations[J]. Journal of Computational Physics,1993,106(1):155-175.

[298] RAMABATHIRAN A A. Wave propagation in hyperelastic waveguides[D]. Bangalore:Indian Institute of Science,2012.

[299] RAMPRASAD R,SHI N. Scalability of phononic crystal heterostructures

[J]. Applied Physics Letters,2005,87:1111101.

[300] REDDY J N. PANGA S D. Non-local continuum theories of beams for the analysis of carbon nanotubes [J]. Journal of Applied Physics, 2008, 103:023511.

[301] REDDY J N. Mechanics of Laminated Composite Plates[M]. Boca Raton: CRC Press,1997.

[302] REDDY J N. LIU C F. A higher-order shear deformation theory of laminatedelastic shells[J]. International Journal of Engineering Science,1985,23:440-447.

[303] REITON F E. Applied bessel functions[M]. New York:Dover,1965.

[304] RIZZI S A. A spectral analysis approach to wave propagation in layered solids[D]. Indiana:Purdue university,1989.

[305] ROBERTSSON J O A,BLANCH J O,SYMES W W,et al. Galerkin-wavelet modeling of wave propagation: Optimal finite difference stencil design[J]. Mathematical Computations and Modeling,1994,19:31-38.

[306] ROSE J L. Ultrasonic Waves in Solid Media[M]. Cambridge: Cambridge University Press,1999.

[307] TOUPIN R. Elastic materials with couple-stresses[J]. Archives of Rational Mechanical Analysis,1962,11:385-414.

[308] RU C Q,Aifantis E. A simple approach to solve boundary-value problems in gradient elasticity[J]. Acta Mechanica,1993,101:59-68.

[309] RU C Q. Column buckling of multiwalled carbon naotubes with interlayer radial displacements[J]. Physical Review B,2000,62:16962-16967.

[310] RUSHCHITSKY J J,CATTANI C. Similarities and differences in the description of the evolution of quadratically non-linear hyperelastic plane waves by Murnaghan and Signorini potentials[J]. International Journal of Applied Mechanics,2006,42(9):997-1010.

[311] Ruzzene M,BAZ A. A strip element method for analyzing wave scattering by a crack in a fluid-filled composite cylindrical shell[J]. Composite Science and Technology,2001,60:1985-1996.

[312] SAFJAN A, ODEN J T. High-order Taylor-Galerkin methods for linear hyperbolic systems [J]. Journal of Computational Physics, 1995, 120: 206-230.

[313] SAITO R,TAKEYA T,KIMURA T,et al. Ramanintensity of single-walled carbon nanotubes[J]. Physical Review B,1998,57:4145.

[314] SAKHAEE-POUR A, AHMADIAN M T. Potential application of single layered graphene sheet as strain sensor[J]. Solid State Communications, 2008,147:336-340.

[315] SAKHAEE-POUR A, AHMADIAN M T, VAFAI A. Applications of singlelayered graphene sheets as mass sensors and atomistic dust detectors[J]. Solid State Communications, 2008,4:168-172.

[316] SAKHAEE-POUR A, AHMADIAN M C T, NAGHDABADI R. Vibrational analysis of single-layered graphene sheets[J]. Nanotechnology, 2008, 19:085702.

[317] SAMPATHKUMAR A, MURRAY T W, EKINCI K L. Photothermal operation of high frequency nanoelectormechanical systems[J]. Journal of Applied Physics, 2006,88:223104.

[318] SASTRY C V S, MAHAPATRA D R, GOPALAKRISHNAN S, et al. An iterative system equivalent reduction expansion process for extraction of high frequency response from reduced order finite element model[J]. Computer Methods in Applied Mechanics and Engineering, 2003,192:1821-1840.

[319] SAVAIDIS G, ZHU H. Transient dynamic analysis of a cracked functionally graded material by a biem[J]. Computational Material Science, 2003,26:167-174.

[320] SCHULZ U, PETERS M, BACH FR-W, TEGEDER G. Graded coatings for thermal, wear and corrosion barriers[J]. Material Science and Engineering, 2003, A362:61-80.

[321] GOPALAKRISHNAN S, DOYLE J F. Spectral super-elements for wave propagation in structures with local non-uniformities[J]. Computer Methods in Applied Mechanics and Engineering, 1995,121:77-90.

[322] GOPALAKRISHNAN S, MITRA M. Wavelet Methods for Dynamical Problems[M]. Boca Raton: CRC Press, Taylor & Francis group, 2010.

[323] SHEN C H, SPRINGER G S. Moisture absorption and desorption of composite materials[J]. Journal of Composite Materials, 1976,10:2-20.

[324] SIGMUND O, SONDERGAARD J J. Systematic design of phononic bandgap materials and structures by topology optimization[J]. Philosophical Transactions of Royal Society, 2003,361(1806):1001-1019.

[325] SIGNORELLI J, VON FLOTOW A H. Wave propagation, power flow, and

resonance in a truss beam[J]. Journal of Sound and Vibration,1988,126(1): 127-144.

[326] SIMO J C, WONG S S. Unconditionally stable algorithms for rigid body dynamics that exactly preserve energy and momentum [J]. International Journal for Numerical Methods in Engineering,1991,31:19-52.

[327] SLUYS L J. Wave propagation,localization and dispersion in softening solids [D]. Delft. Holland:Delft University of Technology,1992.

[328] SMITH P W. Phase velocity and displacement characteristics of free waves in thin cylindrical shells[J]. Journal of the Acoustical Society of America,1955, 27:1065-1072.

[329] SMITH S W. The scientist and engineers guide to digital signal processing [M]. california:California Technical Publishers,1997.

[330] SOLIE L P,AULD B A. Elastic waves in free anisotropic plates[J]. Journal of Acoustic Society of America,1973,54(1):50-65.

[331] SONG O,LIBERESCU L. Structural modeling and free vibration analysis of rotating composite thin-walled beams[J]. Journal of the American Helicopter Society,1997,42:358-369.

[332] SOROKIN S V. Analysis of propagation of waves of purely shear deformation in a sandwich plates[J]. Journal of Sound and Vibration,2006,291:1208-1220.

[333] SOTIROPOULOS G H. Comment on substructure synthesis methods[J]. Journal of Sound and Vibration,1984,94:150-153.

[334] SPRINGER G S. Environmental effects on epoxy matrix composites[C]// Composite Materials: Testing and Design(Fifth Conference, ASTM, STP 674.),1979:291-312.

[335] SRIVASTAVA D,WEI C,CHO K. Nanomechanics of carbon nanotubes and composites[J]. Applied Mechanics Review,2003,56(2):215-230.

[336] STRANG G, FIX G J. An analysis of finite element method[M]. New Jersey:Prentice Hall,1973.

[337] SUIKER A, DE BORST R. Micro-mechanical modelling of granular material. Part 1: Derivation of a second-gradient micro-polar constitutive Theory[J]. Acta Mechanica,2001,49:161-180.

[338] SURESH S. Mortensen A. Fundamentals of functionally graded materials [M]. London:IOM Communications Ltd. ,1998.

[339] TALBOT A. The accurate numerical inversion of Laplace transforms[J]. Journal of Inst. Mathematical Application,1979,23:99-120.

[340] TAUCHERT T R. Energy principles in structural mechanics[M]. Tokyo：MeGraw Hill,1974.

[341] THOSTENSON E T, CHOU T W. On the elastic properties of carbon nanotube-based composites: Modelling and characterization[J]. Journal of Physics D,2003,36:573-582.

[342] THOSTENSON E T,REN Z,CHOU T W. Advances in science and technology of carbon nanotubes and their composites: A review[J]. Composites Science and Technology,2001,61(13):1899-1912.

[343] TIERSTEN H F. Linear piezoelectric plate vibrations[M]. New York: Plenum Press,1969.

[344] TIKHONOV A N,ARSENIN V Y. Solution of ill-posed problems[M]. New York:John Wiley,1977.

[345] TIMOSHENKO S,GOODYEAR J N. Theory of Elasticity[M]. New York: McGraw Hill,1951.

[346] TIMOSHENKO S P. On the transverse vibrations of bars of uniform crosssection [J]. Philosophical Magazine,1922: 125-131.

[347] TISSEUR F,HIGHAM N J. Structured pseudospectra for polynomial eigenvalue problems, with applications[J]. SIAM J. Matrix Anal. Appl., 2001, 23(1): 187- 208.

[348] TOUPIN R. Theories of elasticity with couple-stress[J]. Archives of Rational Mechanical Analysis,1964,17:85-112.

[349] TRANTER C J. Bessel functions[M]. New York:Hart,1968.

[350] TRIANTAFYLLIDIS N,BARDENHAGEN S. On higher order gradient continuum theories in 1-d non-linear elasticity. Derivation from and comparison to corresponding discrete models[J]. Journal of Elasticity,1993,33:259-293.

[351] TSAI S W, HAHN H T. Introduction to composite materials[M]. Lancaster, Pennsylvania:Technomic,1980.

[352] UCHINO K. Ferroelectric devices[M]. New York:Marcel Dekker,2000.

[353] UNGER D, AIFANTIS E. Strain gradient elasticity theory for antiplane shear cracks. Part Ⅰ:Oscillatory displacements[J]. Theoretical and Applied Fracture Mechanics,2000,34:243-252.

[354] UNGER D, AIFANTIS E. Strain gradient elasticity theory for antiplane shear cracks. Part Ⅱ:Monotonic displacements[J]. Theoretical and Applied Fracture Mechanics,2000,34:253-265.

[355] VASILIEV A,DMITRIEV S,MIROSHNICHENKO A. Multi-field approach

in mechanics of structural solids[J]. International Journal of Solids and Structures,2010,47:510-525.

[356] VEIDT M, LIUB T, KITIPORNCHAI S. Modeling of Lamb waves in composite laminated plates excited by interdigital transducers[J]. NDT & E International,2002,35(7):437-447.

[357] VEILLON F. Numerical inversion of Laplace transform[J]. Communications in ACM,1974,17(10):587-591.

[358] VENKATESH A,RAO K P. A laminated anisotropic curved beam and shell stiffening finite element[J]. Composite Structure,1982,15:197-202.

[359] VERDICT G S,GIEN P H,BURGE C P. Finite element study of Lamb wave interactions with holes and through thickness defects in thin metal plates [J]. NDT & E International,1996,29(4):248.

[360] VIKTOROV I A. Rayleigh and Lamb waves[M]. New York: Plenum Press,1967.

[361] VILLERY E. Change of magnetization by tension and by electric current[J]. Annuls of Physical Chemistry,1865,126:87-122.

[362] VINSON J R. The Behavior of sandwich structures of isotropic and composite materials[M]. Basel:Technomic,1999.

[363] VARADAN V K, VINOY K J, GOPALAKRISHNAN S. Smart material systems and MEMS: Design and development methodologies[M]. New York:John Wiley and Sons Ltd,2006.

[364] VOIGT W. Theoretische studien ber die elasticittsverhltnisse der krystalle [J]. Ⅱ. Untersuchung des elastischen Verhaltens eines Cylinders auskrystallinscher Substanz,auf dessen Mantelflche keine Krfte wirken, wenn die in seinem Innern wirkenden Spannungen lngs der Cylinderaxe constant sind. Abhandlungen der Mathematischen Classe der Kniglichen Gesellschaft der Wissenschaften zu Gttingen,1887,34:53-79.

[365] VOIGT W. Theoretische studien ber die elasticittsverhltnisse der krystalle [J]. Ⅲ. Untersuchung des elastischen Verhaltens eines Cylinders auskrystallinscher Substanz, auf dessen Mantelflche keine ussern Drucke wirken,wenn die in seinem Innern wirkenden Spannungen linere Functionen der Axenrichtung sind. Abhandlungen der Mathematischen Classe der Kniglichen Gesellschaft der Wissenschaften zu Gttingen,1887,34:80-100.

[366] WAKASHIMA K, HIRANO T, NIINO M. Space applications of advanced structural materials[J]. ESA Special Publication,1990(97):303.

[367] WANG C Y,RU C Q,MIODUCHOWSKI A. Applicability and limitations of simplied elastic shell equations for carbon nanotubes[J]. Journal of Applied Mechanics,2004,71:622-631.

[368] WANG C Y,RU C Q,MIODUCHOWSKI A. Applicability and limitations of simplied elastic shell equations for carbon nanotubes[J]. Journal of Applied Mechanics,2004,71:622-631.

[369] WANG C Y,RU C Q,MIODUCHOWSKI A. Axisymmetric and beamlike vibrations of multiwall carbon nanotubes[J]. Physical Review B, 2005, 72:075414.

[370] WAN J C, ZHEN W. A selective review on recent development of displacement-based laminated plate theories [J]. Recent Patents on Mechanical Engineering,2008,1: 29-44.

[371] WATANABE Y, INAGUMA Y, SATO H, et al. Fabrication method for functionally graded materials under centrifugal force: The centrifugal mixed-powder method[J]. Materials,2009,2(4):2510-2525.

[372] WAZHIZU K. Variational methods in elasticity and plasticity [M]. 2nd ed. New York:Pergamon Press,1974.

[373] WEDEPOHL L M. Power system transients: Errors incurred in numerical inversion of the Laplace transform[J]. Proceedings of the 26th Midwest Symposium on Circuit Systems,1983:174-178.

[374] WEEKS W T. Numerical inversion of Laplace transforms using Laguerre functions[J]. Journal of ACM,1996,13(3):419-426.

[375] WEN J. Theoretical and experimental investigation of flexural wave propagation in straight beams with periodic structures: Application to a vibration isolation structure[J]. Journal of Applied Physics,2005,11: 97.

[376] WEN J. The directional propagation characteristics of elastic wave in two-dimensional thin plate phononic crystals[J]. Physics Letters A,2007,364: 323-328.

[377] WERBY M F,UBERALL H. The analysis and interpretation of some special properties of higher-order symmetric lamb waves: The case for plates[J]. Journal of Acoustical Society of America,2002,111(6):2686-2691.

[378] FLUGGE W. Viscoelasticity[M]. Berlin:Springer-Verlag,1975.

[379] WHITNEY J M,BROWNING C E. Some anomalies associated with moisture diffusion in epoxy matrix composite materials [J]. Advanced Composite

Materials: Environmental Effects, ASTM special technical publications, 1978: 43-60.

[380] WIDDER D. The Laplace transform[M]. New Jersey: Princeton University Press,1941.

[381] WILCOX D J. Numerical Laplace transform inversion[J]. Int. J. of Electr. Eng. Education,1978,15:247-265.

[382] WILLIAMS J R,AMARATUNGA K. A discrete wavelet transform without edge effects using wavelet extrapolation[J]. Journal of Fourier Analysis and Applications,1997,3(4):435-449.

[383] WOLF J,NGOC T D K,KILLE R,MAYER W G. Investigation of lamb waves having a negative group velocity[J]. Journal of Acoustical Society of America,1988,83(1): 122-126.

[384] WRIGGERS P. Non-linear finite element methods[M]. Berlin:Springer,2008.

[385] VOIGT W. Theoretische studien ber die elasticittsverhltnisse der krystalle [J]. I. Ableitung der Grundgleichungen aus der Annahme mit Polaritt begabter Molekle. Abhandlungen der Mathematischen Classe der Kniglichen Gesellschaft der Wissenschaften zu Gttingen,1887,34:3-52.

[386] LUO X X,CHUNG D D L. Vibration damping using flexible graphite[J]. Carbon,2000,38:1510-1512.

[387] ZHANG X D,ROGERs C A. A macroscopic phenomenological formulation for coupled electromechanical effects in piezoelectricity [J]. Journal of Intelligent Material Systems and Structures,1993,4:307-316.

[388] XI Z C,LIU G R,LAM K Y,et al. Dispersion and characteristic surfaces of waves in laminated composite circular cylindrical shells [J]. Journal of Acoustical Society of America,2000,108(5):2179-2186.

[389] XI Z C,LIU G R,LAM K Y,et al. A strip element method for analyzing wave scattering by a crack in a fluid-filled composite cylindrical shell[J]. Composite Science and Technology,2000,60:1985-1996.

[390] YAKOBSEN B I,BRABEC C J,BERNHOLC J. Nanomechanics of carbon tubes: Instabilities beyond linear response[J]. Physical Review Letters, 1996,76:2511.

[391] YAKOBSON B I,BRABEC BERNHOLC J. Nanomechanics,carbon nanotubes: Synthesis, structure, properties and applications. [M] New York: Springer-Verlag,1996.

[392] YANG J,GUO S. On using strain gradient theories in the analysis of cracks [J]. International Journal of Fracture,2005,133:L19-L22.

[393] YOON J,RU C Q,MIODUCHOWSKI A. Sound wave propagation in multiwall carbon nanotubes[J]. Journal of Applied Physics,2003,93(8):4801-4806.

[394] ZENKERT D. Sandwich Construction[M]. UK:EMAS Publishing,1997.

[395] ZHANG X, KUN K, SHARMA P, et al. An atomistic and non-classical continuum field theoretic perspective of elastic interactions between defects (force dipoles) of various symmetries and application to graphene [J]. Journal of Mechanics and Physics of Solids,2006,54:2304-2329.

[396] ZHAO G,ROSE J L. Boundary element modeling for defect characterization [J]. International Journal for Solids and Structures, 2003, 40 (11): 2645-2658.

索引表(中英文对照版)

Active structures,669;活性结构,537

Actuator authority,670;致动器,537

Anisotropic material,5,119;各向异性材料,4,89

Artificial dispersion,632;人工频散,503

Artificial neural network,680,694;人工神经网络,545,559

Average degradation model,776;平均退化模型,626

Axial-flexural coupling,246;轴向-弯曲耦合,186

Axial-flexural-shear-coupling,547;轴向-弯曲-剪切耦合,433

Bandgaps,113,122,413,448,802,836;带隙,85,91,322,351,649,676

Pass band,113,811;通带,85,657

Phononic,802;声子,649

Stop band,113,811;阻带,85,657

Barlow points,510;巴洛点,402

Beam response;171,梁响应,128

Concentrated mass,160;集中质量,121

Elastic boundary,155;弹性边界,104

Elastic foundation,167;弹性基础,125

Free boundary,139;自由边界,自由铰支座,103

Infinite beam,152;无限梁,113

Pinned boundary,153;固定边界,固定铰支座,115

Pretension,163;预张拉,预张力,122

Stepped beam,159;阶梯梁,119

Viscoelastic beam,169;黏弹性梁,127

Beat phenomenon,110;拍现象,83

Beltrami-Mitchell equations,40;Beltrami-Mitchell 方程,31

Bessel function,200,329,566;贝塞尔函数,150,252,448

Bimorph plate,672;压电双晶板,539

Bloch theorem,113,802,803,810,827;布洛赫定理,85,649,650,656,669

Born-Karman theory,46,403,404;玻恩-卡曼理论,36,315,316

Breathing mode,242;呼吸模态, 183
Brillouin zone,804;布里渊区,651
Burnout test,788;燃尽实验,634
Carbon nanotube,7,10;碳纳米管,5,7
Armchair,362;扶手椅型,280
Zigzag,362;锯齿形,280
Cardano's method, 220; 卡尔达诺法,166
Castigliano's theorem, 130; 卡氏定理,97
Cauchy's stress tensor,22,24,31,32;柯西应力张量, 16,18,24,25
Cauchy-Green tensor,867,870;柯西格林张量,699,701
Central difference,484;中心差分,381
Chebyshev polynomials,864;切比雪夫多项式, 696
integration domain, 873; 积分区域, 702
Chirality,361;手性, 280
Christoffel symbol,120;克里斯托费尔符号, 90
CLPT,66,77,284;经典层合板理论,51,59,215
Companion matrix method, 123, 124, 283,287,333,339,349,367,368,581,589,600,653;伴随矩阵法, 93,94,216, 219, 257, 261, 270, 284, 285,383,522
Compatibility equations, 41; 相容方程,32
Complementary strain energy,479;应变余能, 376
Complementary work,477,479;余功,375,376
Constitutive model,14,25;本构模型,10,19
Actuation law,671;致动原理,538
Electrostrictive materials,698,700;电致伸缩材料,559,561
ESGT,44,48,49;爱林根应力梯度理论,34,38,39
ESGT model,389,414,431,441;爱林根应力梯度理论模型, 300, 325,338,344,
ESGT theory,410;爱林根应力梯度理论,318
Lamina,66;层合板,51
Local theory,25;局部理论,9
Magnetostrictive material, 678, 680,690;磁致伸缩材料,536,543,546
Murnaghan model,865,868,869;莫纳汉模型,698,701,702
Piezoelectric composites,671,674;压电复合材料,539,540
Piezoelectric material, 672; 压电材料,539
Sensing law,671;感应定律,538
Viscoelastic material, 145; 黏弹性材料,108
Contractional mode, 248; 收缩模态,187

Convolution,83;卷积,62
Cosserat theory,42,44;Cosserat 理论,33,34
Coupled stress theory,42,44;偶应力理论,34
CPT,57,66,234,296,431,782;经典板理论,45,52,176,177,225,630
Creep,143;蠕变,108
Critical Poisson's ratio,222;临界泊松比,167
Crystal lattice,48;晶格,37
Cut-off frequency,113,118,228,229,248,856;截止频率,85,88,171,172,187,692
Thermo-elastic wave,349;热弹性波,269
2D Functionally graded structures,342;二维功能梯度结构,263
2D Sandwich plate,311;二维夹层板,238
2D composite layer,555;二维复合材料层,439
Axisymmetric wave,274;轴对称波,208
Antisymmetric Lamb wave,254;反对称兰姆波,192
Beam on elastic foundation,168;弹性基础梁,126
Contractional mode,252;收缩模态,190
Depth wise graded beam,326;厚度梯度梁,250
Doubly bounded media,206;双有界介质,154
nanobeams,364;纳米梁,322
Timoshenko beam,413;论铁木辛柯梁,322
Lamb wave modes,231;兰姆波模态,174
Lengthwise graded beam,337;纵向梯度梁,259
MWCNT local beam,470;MWCNT 局部梁,370
Mindlin-Herrmann rod,39,128,176,185,187,248;明德林-赫尔曼杆,30,95,132,139,141,187
Monolayer graphene,435;单层石墨烯,340
Nanocomposite beam,451,460,464;纳米复合材料梁,353,360,363
P-Wave,214,217;P 波,161,162
S-Wave,214,217;S 波,161,162
Thick beam,250;厚梁,189
Thin composite tube,270;复合材料薄管,206
Isotropic plate,236;各向同性板,178
Daubenchies wavelets,93,95;Daubenchies 小波,71,72
Deformation gradient,15,16;变形梯度,11,12
Determinantal equation approach,810;行列式方程法,656
Dirac delta function,594;狄拉克 δ 函数,472
Direct time integration,477,533,536;

直接时间积分，375,421,424
Wilson-θmethod,541;Wilson 法，427
Average acceleration method,539;平均加速度法，426
Central difference,537;中心差分，424
Crank-Nicholson method,539;Crank-Nicholson 法，426
Energy momentum conserving,10;动量守恒方案，8
Explicit method,40,566;显式,424,448
Implicit method,539,566;隐式，426,448
Linear acceleration method,540;线性加速法，427
Newmark-method,540,546,553,596,616,769,864,872,903;纽马克法，427,431,438,473,491,619,696,703,729
Simpson's rule,539;辛普森法则，426
Trapezoidal rule,539,540,542;梯形法则，426,426,428
Dirichlet boundary condition,134;狄利克雷边界条件，100
Dispersion relation,108;频散关系,82
Divergence theorem,27,491;散度定理,20,386
Dummy displacement method,491;虚位移法,386
Dynamic shape functions,879;动态形函数,708
Dynamic stiffness matrix,568,569;动态刚度矩阵,449,450
2D-composite,588;二维复合材料;469
LSFEM FSDT beam,655;一阶剪切变形梁,524
Periodic structures,806,810,822;周期性结构,652,657,669
Rods,573;杆,453
WSFEM frame element,635;小波变换有限元框架单元,508
Earthquake sound,209;地震声,157
EB beam theory,364,406,472;欧拉-伯努利梁理论,282,316,370
EB theory,37,182,234,702;欧拉-伯努利理论,29,136,176,563
Composites,291;复合材料,222
Rotating beam,192;旋转梁,144
Elastic symmetry,29;弹性对称性,21
Isotropic symmetry,30;各向同性对称性,23
Monoclinic symmetry,29;单斜各向异性,22
Orthotropic symmetry,30;正交各向异性,23
Triclinic symmetry,29;三斜对称性,21
Electro-mechanical coupling,670;力电耦合，539
Energy functional,486,488;能量泛函,382,383
Energy theorems,489;能量理论，373
Escape frequency,122;逃逸频率，91
ESGT nanorods,386
ESGT 纳米杆,300,300

ESGT model,414,472;爱林根应力梯度理论模型, 302,303
1D Modulus,48;一维模型, 38
2D Modulus,48;二维模型, 38
3D Modulus,48;三维模型, 38
DWCNT,425;双壁碳纳米管, 328
Integro-PDEs,46,48;积分偏微分方程, 36,37
Kernel function,44,46;核函数, 35,36
Kernel properties,47;核函数特性, 36
MWCNT,414;多壁碳纳米管, 325
Non-local modulus,45,47;非局域模量,35,36
SWCNT,421,422;单层碳纳米管, 328
TWCNT,464;三壁碳纳米管, 329
Euler angles,586;欧拉角, 465
Eulerian frame of reference,15,18;欧拉参考系,10,13
Evanescent wave,112,113,193,194,257;倏逝波,85,115,145,161,194
Extreme value distribution,840,847,851;极值分布,678,685,688
FEM,11,28,128,473;有限元法,8,21,147,372
h-type,10,476,495,518,542,559,563;h 型,8,374,389,408,429,444,446
p-type,476,518;P 型,374,408
Legendre Spectral,528;勒让德谱,415
Area coordinates,499;面积坐标,393
Chebyshev spectral,528;切比雪夫谱,415
Collocation points,523;配点,412
Consistent load vector,495;一致加载矢量,389
Consistent mass matrix,494;一致质量矩阵,388
Damping matrix,494;阻尼矩阵,389
Force method,474;力法,372
Galerkin method,485;伽辽金法,381
Generalized Galerkin,864,871,876,广义伽辽金,697,702
Hyperelsatic waveguides,871;超弹性波导,697
Isoparametric,504,505,508,510,511;等参,397,398,400,402,403
Mass matrix,494;质量矩阵,388
Modal matrix,534;模式矩阵,422
Mode acceleration method,536;模式加速法,423
Orthogonality conditions,534;正交条件,423
Pascal triangle,498;帕斯卡三角形,392
Shape functions,495,496;形函数,389,390
Shear locking,476,498,519,520,902;剪切锁定,374,392,409,410,728
Spectral matrix,534;谱矩阵,422
Standard Galerkin,871;标准伽辽金,702
Stiffness matrix,494;刚度矩阵, 389
Stiffness method,474;刚度法, 373
Sub-parametric,505,531;亚参, 398,419

Super convergent,10,518,519,563;超收敛,8,408,409,446
Super-parametric,505;超参, 398
Taylor-Galerkin scheme,10,864,871,874,888;泰勒-伽辽金方法,8,697,702,704,719
Time domain spectral,10,522,563,871,872;时域谱,8,412,446,702,703
Choleski decomposition,495,532,540;Choleski 分解,389,420,421,427
Dynamics,536;动力学,421
Frontal solver,495,533;波前法,389,421
Gauss elimination,495;高斯消去法,389
GMRES method,533;GMRES 方法,421
Model analysis,533;模式法, 421
Mode acceleration method,535;模式法加速法, 422
Normal mode method,535;正则模式法,422
Static,531;静态,419
FGM structures,5,55,72,77;
Power law,75;指数定律,58
Centrifugal method,74;离心法,57
Exponential law,75;指数定律,57
Powder metallurgy,74;粉末冶金,57
SBS method,75;SBS 方法,58
Solid freeform fabrication method,74;无模固相制造方法,57
Vapor deposition technique,74;气相沉积技术,57
Finite difference technique,483;有限差分法,380
Flügge's equation,372;Flügge 公式,288
Flexibility function,782;柔性函数,632
Framed structure,171;框架结构,129
FRF,567,621,623,841;频率响应函数,449,495,496,680
FSDT,37,177,242,248,251,257,311,332,334,337,409,422,464,465,471,519,730,856;一阶剪切变形理论,29,133,183,187,190,194,238,254,257,259,319,330,363,364,370,409,586,692
Nanobeam,409;纳米杆,320
Gauss-Newton method,601;高斯-牛顿法,478
Gibbs free energy,700;吉布斯自由能,539,561,562
Governing equations,31;控制方程,24
n^{th} order Magnetostrictive beam,726;n 阶磁致伸缩梁,583
nth order SDT,719;n 阶剪切变形理论,577
2D FGM waveguides,325;二维功能梯度材料波导, 263
2D waveguides,188;二维波导, 155
2D-composites,279;二维复合材料, 211

Composite tubes, 265; 复合材料管, 201
EB beams,147;欧拉-伯努利梁,110
Electrostrictive beams,701,704;电致伸缩梁, 563,564
Elementary 1D composites,241;初等一维复合材料, 183
ESGT EB nanobeams,406;爱林根应力梯度理论欧拉-伯努利梁, 318
ESGT nanorods,386;爱林根应力梯度理论纳米杆, 301
FEM,495;有限元法, 394
Fourth-order SGT,394;四阶应力梯度理论, 305
Higher-order sandwich beam, 297; 高阶夹层梁,226
Hyperelastic rods,874;超弹性杆,679
Lengthwise graded FGM rod, 327; 纵向梯度功能梯度材料杆,250
MWCNT non-local ESGT beam,418;多壁碳纳米管非局域爱林根应力梯度理论梁,326
Piezoelectric beams, 704; 压电材料梁,564,
Rods,132;杆,99
Sandwich plates,313;夹层板,238
Second-order SGT,393;二阶应力梯度理论,306
Strong form,473,488;强形式,372,384
SWCNT ESGT non-local beam, 422; SWCNT ESGT 非局部光束 330
Weak form,474,488,493;弱形式,373,384,388
Gradient elasticity, 8-10, 13, 41-43, 359;梯度弹性,6-8,9,32-33,277
ESGT,44;爱林根应力梯度理论,34
ESGT nanorods,403;爱林根应力梯度纳米杆,314
Stability of second-order SGT,394;二阶应力梯度理论稳定性,307
Strain gradient theory,10,14,44,50,399,471;应变梯度理论,7,9,34,39,312,370
Stress gradient theory,10,14,44,386,399;应力梯度理论,7,9,34,312
Green's elastic solid,25,26;格林弹性固体,19,20
Green's function,48;格林函数,37
Green-Lagrange strain tensor, 867,869;格林-拉格朗日应变张量,699,700
Green-Lindsay model, 350; Green-Lindsay 模型,270
Group speed,7,8,115,117,122;群速度,6,86,88,91
2D Sandwich plate, 329; 二维夹芯板,244
Beam on elastic foundation,168;弹性基础上的梁,127
Beam with pretension, 165; 预紧力梁,124
Euler-Bernoulli beam,150;欧拉-伯努利梁,112

Elementary rod,136;初等杆,102
ESGT nanorods,386,303
Gradient elasticity models,471;梯度弹性模型,371
Lengthwise graded beam,337;纵向梯度梁,259
Magnetostrictive beam,726;磁致伸缩材料,536
Rotating beam,192;旋转梁,145
Second-order SGT nanorods,396;二阶应力梯度理论模型, 305
Thick composite beam,249;复合材料梁或厚梁模型, 188
Viscoelastic rod,146;黏弹性杆,109
Haar wavelets,93;Haar 小波, 99
Hadamard's condition,102;哈达玛适定性条件, 77
Hamilton's principle, 35, 128, 186, 255,299,477,489,493,500,502;哈密顿原理, 27,29,95,132,140,194,227, 375,385,388,394,395,264
Composite cylindrical tube, 264; 复合圆柱管, 200
Depthwise graded beam,331;深度梯度梁, 254
Hyperelastic Timoshenko beam, 902; 超弹性铁木辛柯梁,728
Isotropic EB beam,147,148;欧拉-伯努利梁,110,111
Isotropic plates,431;各向同性板,178
Isotropic rod,112;各向同性杆,84
Lengthwise graded beam,337;纵向梯度梁,259
Lengthwise graded rod,327;纵向梯度杆,250
Magnetostrictive rod,683,691;磁致伸缩杆,547,554
Nanocomposite,455;纳米复合材料,353
Rotating beams,196;旋转梁,144
Tapered waveguide,196;锥形波导,147
Hanning window, 713; Hanning 窗口,138
Helmholtz decomposition,10,205,40, 292,599,208,239,242,277;赫姆霍兹分解,477
Helmholtz potentials,588,赫姆霍兹势
Hexagonal lattice, 363, 362; 六方晶格,280
Hooke's law,25,26;胡克定律,19,21, 22,26,32,37,41,48,319,698,699,700
Hookean elastic solid, 25; 胡克弹性体,19,
Hyperelastic material,5,11,25;超弹性材料,4,8
Hyperelasticity, 865, 866, 867, 869, 870;超弹性,697
Hysteresis,143;滞后,108
Inertial coupling,5,242;惯性耦合,4, 182,460
Inhomogeneous waves, 115, 121, 325, 369;不均匀波,249
Integral transform, 9, 79, 131, 565; 积

分变换
CFT,81,82,83,84,85,79,80;连续傅里叶变换,60,61,64,78
Convolution,709,83,89,459,629,740;卷积,569
DFT,79,84,85,86,87,192,149,328,570,591,103,114,244,570,704,878,880;离散傅里叶变换,60,63,78,101,110,178,184,241,339,708,708,709
DWT,90,462,464,465,471,94,459;离散傅里叶变换,72,281,359,
FFT,85,87,101,102,108,131,145,366,369,333,374,434,538,567,570,622;快速傅里叶变换,63,64,66,67,78,81,98,108,601,681,725
Fourier series,79,102,280,377,523,591,594,596,617,83,374,568;傅里叶级数,60,63,287,289,449,473
Fourier transform,9,10,101,187,206,236,434,471,565,625,647,655,786,806,878,79,138;傅里叶变换,7,60,79,103
Laplace transform,9,79,101,108,139,297,655;拉普拉斯变换,7,60,77,81,225,241
Multi-transforms,297;多重变换,225,241
NLT,102,654;数值拉普拉斯变换,77,520,225
STFT,89;短时傅里叶变换,60,67
Wavelet transform,9,79,104,131,297,315,451,569,623,632,651,744,90,131,139,451;小波变换,7,60,68,99,103,104,360,447,466,495
Interatomic potentials,46;原子间作用势,36,647
Inverse problems,567,793;反问题,495,449,639
Jacobi-Davidson method,125,368;开尔文-沃伊特模型,94,284
Jacobian,17,506,509,515,531;雅可比行列式,12,399,400,406,419
Kelvin-Voigt model,145,255;Kelvin—Voigt 模型,108,194
Kirchoff shear,236;kirch off 剪力,178
Lagrange interpolation,524;拉格朗日插值,413
Lagrangian frame of reference,14,20;拉格朗日参考系,10,15
Lamé constants,31,45,206,868,810;拉梅常数,24.35.154,155,700,708
Lamina,58,62;薄板,45
Laminated composites,57,241,598,599;层状复合材料,44
Lateral contraction mode,856,189;侧向收缩模态,692
Lattice dynamics,44,403,801,46,47;晶格动力学,34,37,314,35,36
Lattice parameter,49,45,48,51;晶格参数,38,35,37,41
Legendre polynomials,477,864;勒让德多项式,375,696,714

Levenberg-Merquardt method, 601; Levenberg-Merquardt 法,478
Lord-Shulman model, 350; Lord-Shulman 模型,271
Love's thin shell theory,271;Love 薄壳理论,206
Macro-mechanics, 57, 61, 241; 宏观力学,45,48,182
Magnetostriction,678;磁致伸缩,537
Mass matrix 476,497,503,510;质量矩阵 73,388,396
Lumped,512;集成,404
Adhoc,512,514;特殊的,36,223,407
Consistent,513;一致的,427,245
HRZ,512,513;Hinton-Rock-Zeikienwich;513
Optimal,512,515;优化的,478
Maxwell model, 145; 麦克斯韦模型,108
Maxwell's equations,679;麦克斯韦方程,544
MEMS sensors,753;传感器,604,536
Method of moments, 484; 加权余量法 380
Micro morphic theory,42 微观结构理论,33
Micro polar theory,42;微极理论 33,
Micro-continuum,42;微观连续介质理论,33
Micromechanics, 57, 58, 241; 微观力学,45,48,182
Mindlin plate theory,234,313;明德林板理论,248
Mindlin's microstructure theory, 42; Mindlin 微观结构理论,33
Mindlin-Herrmann theory, 730, 856; Mindlin-Herrmann 理论,586,692
Mode conversion, 5, 172, 620; 模态转换,142
Mode-Ⅰ fracture,748,753; Ⅰ型断裂,601,604
Mode-Ⅱ fracture, 748, 751, 753; Ⅱ型断裂,601,603,604
Modeling,14;建模,7,57,9
ab-initio,121;从头算,91
Continuum modeling, 43; 连续介质模型,33
Molecular dynamics,43,121;分子动力学,33,91
Modified rule of mixtures,788;修改的混合法则,635
Mohr's circle,211;莫尔圆,159
Monte Carlo simulations,11,839;蒙特卡洛模拟,8,679
SFEM,840;谱有限元法,679
Mooney-Rivlin model, 868; Mooney-Rivlin 模型,699
Murnaghan model, 11; Murnaghan 模型,8
Nanocomposites, 451; 纳米复合材料,353
Nanostructures,7,11,360;纳米结构,

6,278
CNT,361-363;碳纳米管,279-281
DWNT,369;双壁纳米管,286
Fullerenes,361;富勒烯,279
Graphene,43,427,430,444,472;石墨烯,34,336,371
Graphite,363;石墨,280
Layered graphene, 430; 层合石墨烯,337
MWCNT,361,364,369;多层碳纳米管,278,281,287
Nanoplate,440;纳米板,344
Nanowire,362;纳米线,279
Single graphene,430;单石墨烯,331
SWCNT, 361, 362; 单壁碳纳米管,278,279
TWCNT,464;三壁碳纳米管,363
Nanotechnology,360;纳米技术, 278
Navier's equation, 39, 206, 207, 239, 277;纳维方程, 31,154,155,180,211
NEMS,7;纳米机电系统, 5
Neo-Hookean model, 868; Neo-Hookean 模型, 699
Neumann boundary condition, 134; 冯·诺伊曼边界条件,100
Newton-Raphson method, 122, 541, 872,875,903;牛顿-拉夫森算法, 92, 428,703,705,729
Newtonian path,129;牛顿路径, 96
Non-conserving time integrators, 865; 非守恒时间积分器, 697
Non-local theory,13,121;非局域理论, 9,91
Normal distribution, 840, 842, 844, 847, 851; 正态分布, 678, 680, 682, 685,688
Normal mode method,477,495,375;自然模式法,389 正态模式法
Numerical integration; 510, 数值积分, 402
Chebyshev-Gauss-obatto,524;
chebyshev-Gquss-Labatto, 413
Gauss quadrature, 508, 510, 511, 519, 884;高斯积分, 400,402,402,409
Gauss-Labatto, 515, 522, 873, 884;
Gauss-Labatto, 406,412,703,714
Gauss-Legendre-Lobatto,524,526;
Legendre's Gauss-Labatto,413,415
Newton-Coates method, 515; Newton-Coutes method 方法,406
Nyquist frequency, 83, 87, 89, 104, 250,286,333,366,407,434,462,464, 465,471,572,581,596,633,637,649, 667,727;奈奎斯特频率, 62,66,67, 79,189,217,255,282,317,339,361, 363,365,370,452,461,473,504,508, 520,535,583
Orthogonal polynomials,524;正交多项式, 413
Chebyshev,477,524,525; 切比雪夫, 375,413,414
Jacobi,524;雅可比, 413

Legendre's,524;勒让德，413,415
Orthotropic material,62;正交各向异性材料，48
Ovaling,242,266;变形，183,201
Padë approximations，874;帕德近似，705
Partial wave technique，10，242，277，283，342，588;部分波技术，7，183，211,215,264,469
Phase speed，109，115，559;相速度，82,86
Beam an elastic foundation，169;弹性基础上的梁，127
Beam with pretension，165;预张力梁，124
EB beam,150;欧拉-伯努利梁，112
Elementary rod,136;初等杆，102
Rotating beam,193;旋转梁,145
Second-order SGT nanorods,396;二阶SGT纳米杆,308
Viscoelastic rod,146;黏弹性杆,109
Phononic crystals,802;声子晶体,649
Plane strain，33，34，211，777;平面应变,25,27,158,626
Plane stress，33，62，63，67，212，235，251,254,267,777,780;平面应力,48,49,52,160,177,190,192,202,626,628
Plate edge wave propagation,237;板边缘波传播,179
PMPE,128,477,489,491;最小势能原理,96,375,385,386
Polynomial eigenvalue problem，180，250,307,318,319,366,369,425,444,445,572,728,822;多项式特征值问题，135,189,235,245,282,283,284,288,322,332,350,453,658,668
Powell's Dogleg method，601;Powell's Dogleg法,478
Prüfer transformation，328;Prüfer 变换,251
Principal direction,66;主方向,51
Principle of virtual work，25，26，28，53,129,432,477,489,672;虚功原理，19,20,21,41,97,338,375,385
Probability density distribution，841;概率密度分布,680
Proportional damping,494,517;比例阻尼,388
PWAS sensors，791;压电晶片有源传感器,637
Quadratic functional，486;二次泛函,382
QZ algorithm,124,287,368;QZ算法，94,218,284
Rational Krylov method,125,368;有理Krylov法,94,284
Rayleigh-Ritz method，475，477，489，492,493;瑞利-里兹法,373,375,385,387,388
Regula-Falsi method，226，240;试位法,170,181
Representative volume，58;代表性体

积,45
Ring frequency,274;环频率,200
Ritz functions, 475, 493; 里兹函数, 373,387
Rod response,142;杆响应,106
Concentrated mass,140;集中质量,105
Elastic boundary,139;弹性边界,104
Fixed and free boundary,139;固定与自由边界,104
Infinite rod,136;无限长杆,102
Stepped rod,142;阶梯形杆,107
Viscoelastic rods,143;黏弹性杆,107
Rule of mixtures,60,75,77,241,451,788;混合法则,46,58,混合规则,182,混合法,635
Sandwich structures, 293; 夹芯结构,223
EHSaPT, 297; 扩展高阶夹芯板理论,225
ESL theories, 295, 296; 等效单层理论,225
FSDT,296;一阶剪切变形理论,225
HSaPT,296;高阶夹芯板理论,226
Layer wise theories,295;分层概念理论,225
Scalar potential,205,208;标量势函数,154,156
Screw dislocation,47;螺位错,36
Second Piola-Kirchoff tensor,869;第二皮奥拉-基尔霍夫应力张量,700,
SFEM,10,116,122,128,243,279,565;谱有限元法,8,87,447
Average degraded model,776;平均退化模型,626
Beam with vertical cracks,758;垂直裂纹梁,610
Composite plate 248;复合材料板,187
Composite 2D element,588;复合材料二维单元,469
Composite layer throw-off element, 593;复合材料层偏离单元,471
Composite plate throw-off element, 606;复合材料板偏离单元,482
Constrained transverse cracks,767;约束横向裂纹,617
Degraded composites,771;退化复合材料,620
Dynamic contact element,764;动态接触单元,614
EB beam,795;欧拉-伯努利梁,640
Empirical degraded model,772;经验退化模型,621
Framed element,586;框架单元,388,465,463,466
Higher-order composite beam,330,571,580;高阶复合材料梁,451
Hyperleastic rods;超弹性杆, 708
Laplace transform, 9; 拉普拉斯变换, 451
Laplace transform based,667;基于拉普拉斯变换, 520
Merits and demerits,620;优缺点, 494

Multiple delamination, 753; 多分层, 604
Plate with vertical cracks,782;垂直裂纹二维板, 629
Porous beams,788;多孔梁, 635
Single delamination, 754, 757; 单分层, 607
Stiffened structures,609,611,615;加筋结构, 490,492
Super element,806;超单元, 652
surface-breaking cracks,765;表面断裂裂纹, 616
Throw-off element,567,576,708;偏移单元, 448,456,569
Wavelet,569;小波, 450
Wavelet transform-based;625,基于小波, 498
Shear correction factor,254,179;剪切修正因子, 29,134
Signal aliasing, 139, 624; 信号混叠, 103,497
Signal wraparound,104,138,567,576,622,624,625,644,649,656,661,663,667,898;信号环绕, 79,448,456,495,497,514,520,529,533,535,568
Similarity transformation,534;相似变换, 422
Sinc function,86;辛格函数, 65
Smart Material,10;智能材料,8
Ferroelectrics,698;铁电, 559
PFC,672;压电纤维复合材料, 538
Piezoelectric materials, 669; 介电材料, 555
PMN-PT,670;铌酸铅镁-钛酸铅,537
PVDF,672;压电复合材料, 539
PZT,10,672;锆钛酸铅, 8,536
TERFENOL-D,670,680;超磁致伸缩材料, 543
Spectrum relations,108;频谱关系, 82
Standard Linear Solid model,145;标准线性固体, 109
Stiffness coupling,57,112,255;刚度耦合, 4,182,193
Radial mode,275;径向模态, 208
Strain 7 应变,5
Engineering strain,17;工程应变, 12
Logarithmic strain,17;对数应变, 12
True strain,17;真实应变, 12
Strain energy,479;应变能, 377
Complementary,480;应变余能, 378
Strain energy density,28,480;应变能密度, 21,377
Strain energy function,867;应变能函数, 699
Laplacian-based,51;基于拉普拉斯算子的, 40
Strain invarients,867;应变不变量, 699
Eulerian,18,20;欧拉, 13,15
Lagrangian,18,20;拉格朗日, 15
Normal stress,22,34;正应力, 16,18
Principal stress,23;主应力, 17
Stress invariants,24;应力不变量, 17

Stress relaxation,143;应力松弛，108

Stress transformation matrix,65;变换矩阵，51

Structural health monitoring,5,11;结构健康监测，4,8

Strum-Liouville BVP，328；Strum-Liouville 边值问题，251

Subspace averaging scheme,122;子空间平均化方法,92

Surface-breaking crack,765;表面断裂裂纹，616

System transfer function,83;系统传递函数，63

Theory of elasticity,13,14;弹性理论，9,10

Timoshenko beam theory,37,178,179等;铁木辛柯梁理论,29,133,134 等

Second frequency spectrum,182;第二频谱,137

Transfer matrix eigenvalue approach,810,811;传递矩阵法,656,657

Transition frequency，116；跃迁频率,87

Trust-Region Dogleg method，601；Trust-Region Dogleg 方法,478

TSDT,464,465,471;三阶逐层剪切变形,363,364,670,

Van der Waals forces,416,362,372,383;范德华力,279,282,285,287,288,289,296,324,325,326,336,353

Variational principles,477,487;变分原理,96,251

Vector potential,205,208;矢量势,156

Virtual work,489;虚功,385

Viscoelastic material，121；黏弹性材料,91

Viscoelasticity,169;黏弹性,91

Wave matrix,123;波矩阵

Waveguides,112;波导,535

1D Composite waveguides,241;一维复合材料波导,460

2D Composites，277；二维复合材料,211

2D FGM,357;二维功能梯度结构;二维夹芯结构,225

Composite Cylindrical tubes,264;复合圆柱管,199

Defective,743;有缺陷的,595

Degraded composites,771;退化复合材料，620

Delaminated beam,744;分层梁，596

Depthwise graded beam,330;深度梯度梁，252

ESGT EB beam,408;爱林根应力梯度欧拉-伯努利梁，318

non-local FSDT beams,409;一阶剪切变形梁，319

ESGT nanorods，386；ESGT 纳米杆,300

Flexural,146;弯曲，84

Functionally graded，365；功能梯度，249

Graphene in an elastic medium,440;弹性介质内的石墨烯,344
Higher-order,175,248;高阶,132,187
Higher-order nanorods using the ESGT models,401;高阶爱林根应力梯度理论杆, 313
Hyperelastic,863;超弹性, 698
Hyperelastic Timoshenko beam, 902;超弹性铁木辛柯梁, 728
Lengthwise graded beam,337;纵向梯度梁, 259
Lengthwise graded rod,327;纵向梯度杆, 250
Longitudinal,112,132;纵向,84
beam with magnetostrictive,719;磁致伸缩复合材料梁,577
beam with multiple delaminations,753;多分层复合材料梁,604
Non-local FSDT beam, 414; 非局部FSDT梁,324
Periodic,799;周期性,647
Periodic cracks,812;周期性单水平裂纹,658
Periodic ellipticcal hole,814;周期性椭圆孔,664
Beam with four circular holes,830;含四个圆孔,670
Periodic horizontal cracks,812;周期性水平裂纹,662
Periodic horizontal staggered cracks,814;周期性交错排列裂纹,663
Beam with two circular holes,829;含两个圆孔,670
Periodic two horizontal cracks,813;含两个周期性水平裂纹,662
Beam with Two vertical cracks,832;含两个垂直裂纹的梁,674
Porous beams,788;多孔梁,635
Rotating beam,191;旋转梁,144
Sandwich structures, 293; 三明治结构,224
Strain gradient nanorods,391;应变梯度纳米杆,304
Tapered,193;锥形, 147
Thermo-elastic wave propag Ation in Fun ction-ally Graded wavegulde s,349;二维功能梯度结构的表述,270
Torsional,112;扭转,84
Uncertain structures, 11; 不确定结构, 8
beam with fiberbreaks on vertical cracks,758;垂直裂纹的复合梁, 610
Wavelength,3;波长, 2
Wavenumber,3,7,8;波数, 2,6
1D elementary composite;248,一维初等复合材料,186
waveguide,248;波导, 187
2D Composite plate,284;二维复合材料板, 215
2D Sandwich plate, 319; 二维夹层板, 238
Iaminated composite 2D,281;层压复合

材料二维板，215
2D layered FGM structure，346；FGM 结构，269
Beam on elastic foundation，167，168；弹性基础上的梁，弹性基础梁 125
Beam with pretension，163；预张力梁，122
Composite tubes，270；复合材料管，205
Critical，399；临界，312
Damped thick composite beam，257；阻尼复合材料厚梁，194
Depthwise graded beam，332；深度梯度梁，厚度梯度梁，255
Doubly bounded media，228；双有界介质，171
DWCNT Nanocomposite beam；双壁碳纳米管纳米复合材料梁，464
EB beam，149，150；欧拉-伯努利梁，112
EB composite beam，244；欧拉伯努利梁，111，112
Elementary rods，136；基本杆，102
Lengthwise graded beam，338，339；纵向梯度梁，259
Lengthwise graded rod，327；纵向梯度杆，250
Magnetostrictive beam，719；磁致伸缩梁，587
Mindlin-Herrmann rod，189；明德林-赫尔曼杆，143
Naive，329；原始的，252
Rayleigh wave，222；瑞利波，167
Rotating beam，192，193；旋转梁，144，145
Tapered rod，197；锥形杆，148
Thin plates，237，238；薄板，176，178
Viscoelastic rod，146；黏弹性杆，109
Wavenumber transform solution，237；波数变换解，179
Waves；波，
SH Waves，9，206，209，212；SH 波，7，154，157，158
SV Waves，9，206，209，211；SV 波，7，154，157，159
Anti-symmetric Lamb wave，231，253；反对称兰姆波，174，191
Circularly crested，1；圆形，1
Contraction wave，242；收缩波，183
Dispersive，8，111；频散，6，83
Electro-chemical，1；电化学，1
Electromagnetic，2；电磁，2
Inhomogeneous，326，330，369，465；非均质，43，48，51
Lamb wave，9，10，224，230，240，248，253，591，599；兰姆波，7，169，173，181，187，191，469，476
Longitudinal，5；纵，4
Mechanical，2；机械的，2
Non-dispersive，8，110，136；非频散，6，83，102
Ply-dropped plate，607；铺层递减排布方式的板，483
QP-Waves，282；QP 波，214

QS-Waves,282;QS 波,214
QSH-Waves,120;水平极化的 QSH 波,90
QSV-Waves,120,282;垂直极化的 QSV 波,90,QSV 波 214,90,214
Rayleigh wave,9,47,213,219,240;瑞利波,7,36,160,165,180
S-Waves,120,209,210,277;S 波,90,156,157,170,211,476
Shock,1;冲击,4
Smart composites,669;智能复合材料,537
Spiral,1;螺旋,1
Standing waves,1,2,4,224;驻波,1,3,169
Stiffened Structures,615;加筋结构,490
Surface waves,595;表面波,473
Symmetric Lamb wave,231,253;对称兰姆波,174,191
Time harmonic waves,3;时间谐波,2
Transverse wave,5;横波,4
Traveling wave,2;行波,2
Water,1;水,1
Wedepohl formula,656,661;Wedepohl 公式,529
Weibull distribution,851;威布尔分布,678,688
Weighted residual techniques,474,481,563;加权余量法,373,378,446
Wilcox formula,656,661;Wilcox 公式,525,529
Z-transforms,538;Z 变换,425